Inhaltsverzeichnis

Liebe Schülerinnen, liebe Schüler!

Dieses Lehr- und Arbeitsbuch beinhaltet die Lernziele und Lerninhalte des 1991 in Kraft getretenen **Rahmenlehrplanes für die Ausbildungsberufe Bürokaufmann/-kauffrau und Kaufmann/Kauffrau für Bürokommunikation.**

Der Lehrplan nennt für das Fach **Allgemeine Wirtschaftslehre** folgende Lernziele:

Die Schülerinnen und Schüler sollen

- einen Überblick über die Betriebsfunktionen der einzelnen Wirtschaftsbereiche erhalten, um die betriebswirtschaftlichen Zusammenhänge im einzelnen Betrieb und deren Verknüpfung mit der Gesamtwirtschaft zu erkennen und zu verstehen,
- ihre in der Praxis des Ausbildungsbetriebes erworbenen fachlichen Erfahrungen in den Unterricht einbringen, um auf diese Weise Theorie und Praxis miteinander zu verknüpfen,
- die Fähigkeit erwerben, Arbeitsaufgaben im Beruf aufgrund ihres erworbenen Wissens situationsgerecht und eigenständig zu erfüllen; d. h., zu planen, zu ordnen und die gefundenen Lösungswege zu begründen. Solche Arbeitsaufgaben sind z. B.
  - Vorgänge zur Beschaffung einschließlich der Lagerung und des Transportes von Waren und des bei Vertragsverletzungen rechtlich und kaufmännisch richtigen Verhaltens,
  - Vorgänge zur Leistungserstellung und Leistungsverwertung in Fertigungs- und Dienstleistungsbetrieben,
  - Vorgänge zur Verkaufsabwicklung sowie der für den Absatz notwendigen Organisation und ihrer Planungsinstrumente,
  - Vorgänge im Geld- und Kapitalverkehr sowie das Verständnis der Zusammenhänge zwischen Kapitalbeschaffung und Kreditsicherung,
  - Vorgänge zur rechtlich einwandfreien und kaufmännisch richtigen Durchführung von Zahlungen.

Diesen Lernzielen will dieses Lehrbuch gerecht werden.

Der Stoff ist in geschlossene Unterrichtseinheiten mit folgendem Aufbau gegliedert:

Problem: Ein Beispiel weist Sie auf die Problemstellung hin, damit Sie wissen, worum es geht.

Sachdarstellung: Hier erhalten Sie die Sachinformation, erläutert durch viele anschauliche mehrfarbige Skizzen.

Ein Lehrbuch muss bei seiner Darstellung der Lerninhalte eine Maximalposition in Übereinstimmung mit den Zielen und Inhalten des Lehrplans ausweisen. Von ihr wird der Lehrer ausgehen und seinen Unterricht den Rahmenbedingungen der Klasse einerseits und den Prüfungsanforderungen andererseits anpassen.

Zusammenfassung: Der Lernstoff wird auf das Wesentliche zusammengefasst. Um lange Wiederholungen zu vermeiden, werden teilweise am Textrand senkrechte farbige Balken angebracht. Diese entsprechen der Zusammenfassung, die für Sie *lerntechnisch* sehr wichtig ist. Mithilfe dieser Zusammenfassungen wird Ihnen die Vorbereitung auf die Klassenarbeiten und nicht zuletzt für die Abschlussprüfung wesentlich erleichtert.

Aufgaben: Anhand der dort gestellten Fragen und Aufgaben können Sie prüfen, ob Sie die Probleme erfasst und verstanden haben. Die Festigung des Gelernten durch Lösung ist unerlässlich.

Der **kaufmännische Schriftverkehr** ist bei wichtigen Kapiteln enthalten. Eine *Schriftverkehrs-aufgabe* wird jeweils in folgenden Stufen gelöst:

1. Erarbeitung des betriebswirtschaftlichen Sachverhalts
2. Gliederung des Brieftextes
3. Musterbrief

Im Schriftverkehr lernen Sie nicht nur kaufmännische Briefe zu schreiben. Jedesmal ist Ihnen eine betriebliche Situation praxisgerecht gegeben, die Sie rechtlich und betriebswirtschaftlich erfassen und entscheiden müssen. So wenden Sie Ihre Kenntnisse und Fähigkeiten an.

Die Zulassungsgutachten des Bayerischen Staatsministeriums für Unterricht, Kultus, Wissenschaft und Kunst verlangten zur genauen Anpassung an die bayerischen Lehrpläne die Erweiterung der Sachgebiete an einigen Stellen. In einem Anhang wurden zusätzliche Lerninhalte für die Schulen in Bayern eingebracht.

Das ausführliche **Sachwortverzeichnis** am Schluss des Buches soll Ihnen das Auffinden des jeweiligen Problemkreises erleichtern. Außerdem finden Sie dort ein **Verzeichnis der Gesetzesabkürzungen**.

Wir wünschen, dass Ihnen das Lernen und Arbeiten mit diesem Buche Freude macht und es Ihnen dazu verhilft, Ihr Berufsziel gut zu erreichen.

Die Verfasser

Vorwort zur 8., überarbeiteten Auflage

Das Werk befindet sich durchgehend auf dem Stand der Gesetzgebung vom 1. Januar 1999 mit einer Fülle von gesetzlichen Änderungen:

1. Änderungen des Aktiengesetzes auf Grund des **Stückaktiengesetzes** vom 25. März 1998
2. Änderung auf Grund des **Gesetzes zur Einführung des Euro (EuroEG)** vom 9. Juni 1998
3. Wichtige Änderungen des Kaufmanns- und Firmenrechts auf Grund des **Handelsrechtsreformgesetzes (HRefG)** vom 22. Juni 1998
4. Zahlreiche Änderungen infolge des **Gesetzes zur Neuregelung des Fracht-, Speditions- und Lagerrechts (Transportrechtsreformgesetz – TRG)** vom 25. Juli 1998
5. Neubearbeitung des Kartellgesetzes entsprechend der **Neufassung des Gesetzes gegen Wettbewerbsbeschränkungen (GWB)** vom 26. August 1998
6. Am 1. Januar 1999 ist die **Insolvenzordnung** in Kraft getreten. Die Konkursordnung und die Vergleichsordnung haben am 31. Dezember 1998 ihre Gültigkeit verloren.

Infolge der **Einführung des Euro** am 1. Januar 1999 und der Gründung der **Europäischen Zentralbank** und deren alleinige Zuständigkeit für die Geldpolitik musste der Abschnitt 11.5.2.1 neu verfasst werden. Die Umstellung auf den Euro wurde in diesem Buch berücksichtigt, soweit die gesetzlichen Regelungen bzw. Institutionen und Behörden diese bereits durchgeführt haben. Daher gibt es Kapitel sowie Kapitelabschnitte, die erst in Folgeauflagen auf den Euro umgestellt werden können. Fußnoten verweisen hierauf.

Die Verfasser

Vorwort zur 9., überarbeiteten Auflage

Das Werk wurde, soweit erforderlich, aktualisiert und befindet sich auf dem Stand der Gesetzgebung zum 1. Januar 2001.

Die Verfasser

© Verlag Gehlen

Faltblatt Anhang: Deutsche Aktienkurse und wichtige volkswirtschaftliche Daten seit 1970

© Erich Schmidt Verlag

Berufsbildungsgesetz
vom 14. August 1969 mit Änderungen bis zum 23. September 1990

§ 1 Berufsbildung. (1) Berufsbildung im Sinne dieses Gesetzes sind die Berufsausbildung, die berufliche Fortbildung und die berufliche Umschulung.

(2) [1] Die Berufsausbildung hat eine breit angelegte berufliche Grundbildung und die für die Ausübung einer qualifizierten beruflichen Tätigkeit notwendigen fachlichen Fertigkeiten und Kenntnisse in einem geordneten Ausbildungsgang zu vermitteln. [2] Sie hat ferner den Erwerb der erforderlichen Berufserfahrungen zu ermöglichen.

(3) Die berufliche Fortbildung soll es ermöglichen, die beruflichen Kenntnisse und Fertigkeiten zu erhalten, zu erweitern, der technischen Entwicklung anzupassen oder beruflich aufzusteigen.
. . .

(5) Berufsbildung wird durchgeführt in Betrieben der Wirtschaft, in vergleichbaren Einrichtungen außerhalb der Wirtschaft, insbesondere des öffentlichen Dienstes, der Angehörigen freier Berufe und in Haushalten (betriebliche Berufsbildung) sowie in berufsbildenden Schulen und sonstigen Berufsbildungseinrichtungen außerhalb der schulischen und betrieblichen Berufsbildung.

1.1 Die Regelungen der Berufsausbildung

In der Versandgroßhandlung Meyer & Co. KG werden wegen des guten Weihnachtsgeschäfts und des gleichzeitigen Ausfalls mehrerer Angestellten durch Grippe Überstunden notwendig. Herr Meyer bittet deshalb den 17-jährigen Auszubildenden Franz Braun: „Könnten Sie bitte ausnahmsweise in den nächsten Tagen täglich eine Stunde länger arbeiten?"

Muss der Auszubildende dieser Bitte entsprechen oder kann er die Mehrarbeit mit Recht verweigern?

Sachdarstellung

1.1.1 Das duale Ausbildungssystem

Die Berufsausbildung in der Bundesrepublik Deutschland geschieht im Wesentlichen durch das *Zusammenwirken zweier Ausbildungsbereiche,* nämlich durch den

- **Lernort Betrieb,** in dem der Auszubildende seine praktische Ausbildung erhält, und den
- **Lernort Berufsschule,** in welchem dem jungen Menschen die theoretische Berufsbildung vermittelt wird.

Diese Verbindung von betrieblicher und schulischer Bildung bezeichnet man als **duales System** (duo = zwei). Während die betriebliche Ausbildung sich nach dem *Ausbildungsberufsbild,* dem *Ausbildungsrahmenplan* und den *Prüfungsanforderungen* zu richten hat, erfolgt die schulische Ausbildung nach dem vorgeschriebenen Lehrplan des Kultusministeriums des einzelnen Bundeslandes. Dabei arbeiten Schule, Ausbildungsbetriebe, Industrie- und Handelskammern bzw. Handwerkskammern eng zusammen, um möglichst eine aufeinander abgestimmte Ausbildung zu erreichen.

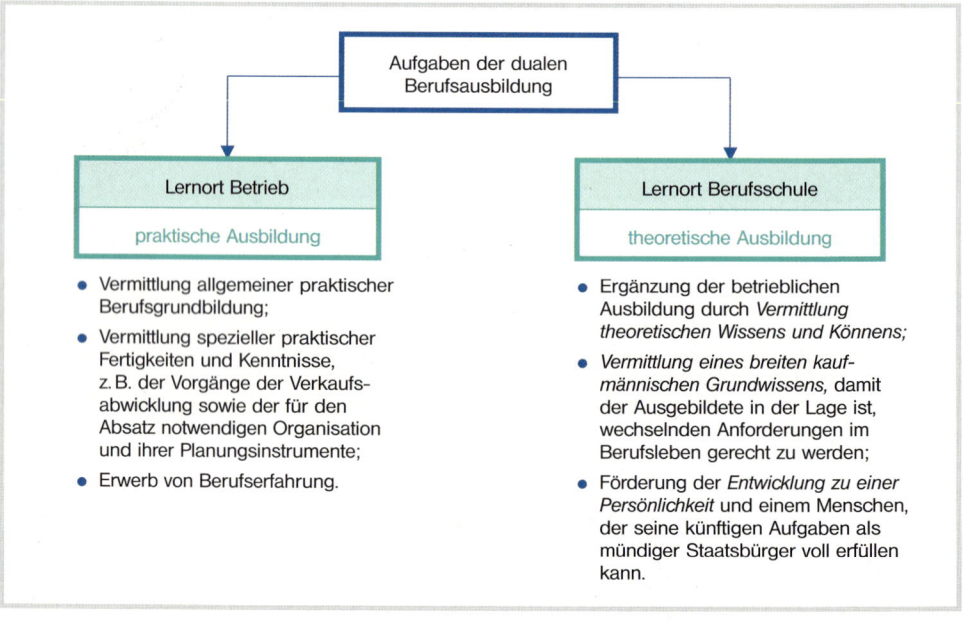

Der Auszubildende besucht während seiner Ausbildung die Berufsschule in der Regel drei Jahre lang (in den einzelnen Bundesländern bestehen abweichende Regelungen). Jugendliche, die in keinem Ausbildungsverhältnis, sondern in einem Arbeitsverhältnis stehen, sind ebenfalls berufsschulpflichtig. Der Arbeitgeber hat den Jugendlichen für die Teilnahme am Berufsschulunterricht freizustellen (JArbSchG § 9, BBiG § 7).

1.1.2 Die Berufsfindung und die Berufsanforderungen für kaufmännische Berufe

Je besser die Ausbildung des Einzelnen, umso größer ist die Leistungsfähigkeit der Gesellschaft. Eine gute Berufsausbildung ist also auch Angelegenheit der Allgemeinheit. Aber auch für den Einzelnen macht sich eine gute Ausbildung bezahlt.

Wer einen kaufmännischen Beruf, z. B. Kaufmann für Bürokommunikation, ergreifen will, sollte anhand der in den Ausbildungsberufsbildern aufgezählten Ausbildungsinhalte in Abstimmung mit den Tests der Berufsberatung feststellen, ob er dafür geeignet ist. Auch die Veröffentlichungen der *Bundesanstalt für Arbeit* in Nürnberg helfen den richtigen Beruf zu wählen. Solche Schriften sind z. B.

- STEP-Selbsterkundungsprogramm zur Berufswahl
- „beruf aktuell . .“ Taschenbuch zur Berufswahl
- Scheckheft zur Berufswahl
- „blätter zur berufskunde“

Betriebsbesichtigungen, Betriebspraktika, Ferienarbeit und Diskussionen mit Ausbildungsleitern dienen ebenfalls der Berufsfindung.

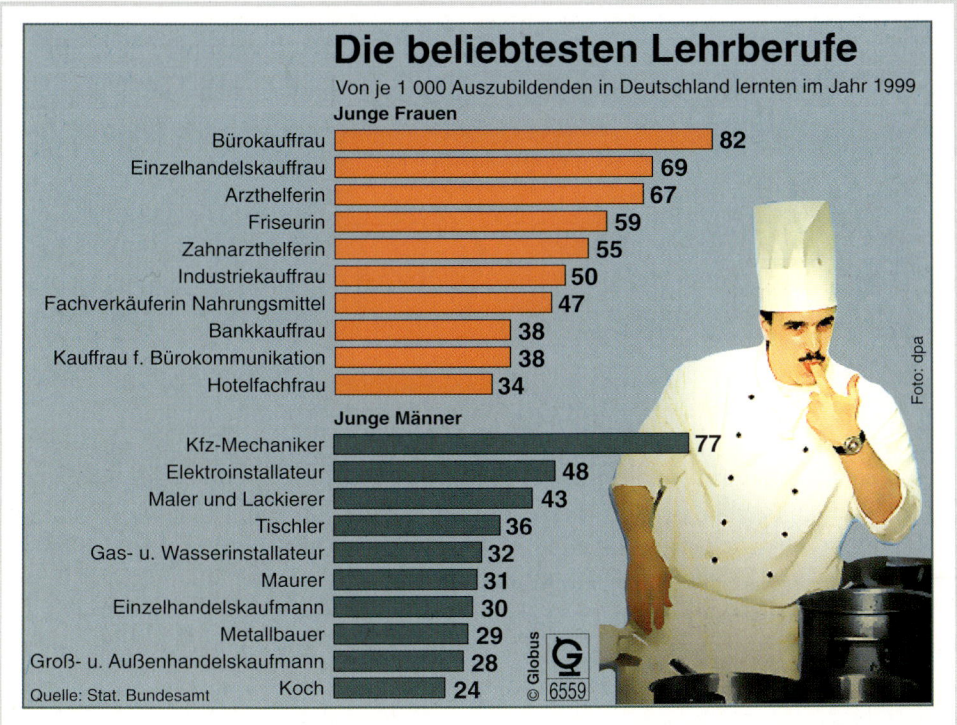

Die beliebtesten Lehrberufe

Von je 1 000 Auszubildenden in Deutschland lernten im Jahr 1999

Junge Frauen

Bürokauffrau	82
Einzelhandelskauffrau	69
Arzthelferin	67
Friseurin	59
Zahnarzthelferin	55
Industriekauffrau	50
Fachverkäuferin Nahrungsmittel	47
Bankkauffrau	38
Kauffrau f. Bürokommunikation	38
Hotelfachfrau	34

Junge Männer

Kfz-Mechaniker	77
Elektroinstallateur	48
Maler und Lackierer	43
Tischler	36
Gas- u. Wasserinstallateur	32
Maurer	31
Einzelhandelskaufmann	30
Metallbauer	29
Groß- u. Außenhandelskaufmann	28
Koch	24

Foto: dpa

© Globus 6559

Quelle: Stat. Bundesamt

Um ein tüchtiger Kaufmann zu sein braucht man heute neben guten allgemeinen schulischen Kenntnissen ein überdurchschnittliches, fachliches Können. Man muss fleißig, ausdauernd, ehrlich, gewissenhaft, ordnungsliebend, geistig wendig, vielseitig und im Auftreten gewandt sein. Selbständig zu denken und verantwortlich zu handeln müssen zur Selbstverständlichkeit werden.

Sein Hauptaufgabengebiet als Kaufmann wird später einmal sein, sich zu bemühen, Rohstoffe und Handelswaren bei gleicher Qualität billiger einzukaufen, technisch und qualitativ verbesserte Erzeugnisse zu einem günstigeren Preis als die Konkurrenz auf den Markt zu bringen, um immer neue Käuferschichten zu gewinnen. Der Kaufmann muss dem Verbraucher sagen (z. B. in der Werbung, im Verkaufsgespräch usw.), welche Vorteile und Annehmlichkeiten seine Produkte bringen, wie man mit deren Hilfe sich das Leben leichter und schöner machen kann. Je mehr es ihm gelingt, mit seinem Angebot an Produkten oder Dienstleistungen Markterfolge zu erringen, umso besser kann er die betriebliche Leistungsfähigkeit (Kapazität) ausnutzen, Leerlauf vermeiden und damit mehr verdienen.

1.1.3 Die Ausbildungsordnung

Rechtsgrundlage für die gesamte Berufsausbildung ist das am 14. August 1969 verkündete und seit 1. September 1969 in Kraft befindliche **Berufsbildungsgesetz** (BBiG). Es enthält die Bestimmungen über die Zuständigkeit für die Berufsausbildung, den Berufsausbildungsvertrag, die Berechtigung zum Einstellen und Ausbilden, die Ausbildungsordnung, die Prüfungen, Berufsfortbildung und Umschulung sowie Vorschriften über die Bildung von Berufsbildungsausschüssen und die Berufsbildungsforschung.

Die Ausbildung in den verschiedenen Ausbildungsberufen wird durch die **Ausbildungsordnung** geregelt (BBiG § 25).

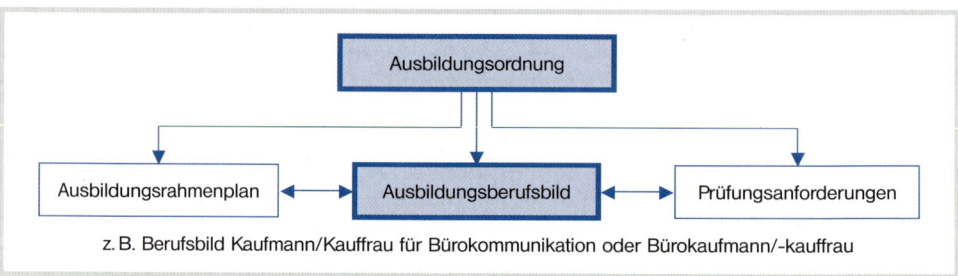

z. B. Berufsbild Kaufmann/Kauffrau für Bürokommunikation oder Bürokaufmann/-kauffrau

Die **Mittel zur Ordnung der Ausbildung** umfassen bundeseinheitlich:

- Das **Ausbildungsberufsbild.** Es legt die Bezeichnung des Ausbildungsberufes, die Dauer der Ausbildung und die Kenntnisse und Fertigkeiten, die Gegenstand der Ausbildung sind, fest.
- Den **Ausbildungsrahmenplan.** Dies ist eine Erläuterung zum Ausbildungsberufsbild (z. B. Bürokaufmann/Bürokauffrau), die den Ausbildenden zur richtigen sachlichen und zeitlichen Gliederung des Ausbildungsstoffes anleitet.
- Die **Prüfungsanforderungen.** Sie legen den Umfang der zu beherrschenden Kenntnisse und Fertigkeiten für die Zwischen- und Abschlussprüfung fest.

Die Ausbildung von Jugendlichen in anderen als den anerkannten Ausbildungsberufen ist verboten.

1.1.4 Der Berufsausbildungsvertrag

Der **Berufsausbildungsvertrag** wird zwischen dem Ausbildenden und dem Auszubildenden und – wenn dieser minderjährig ist – mit dem gesetzlichen Vertreter geschlossen (BBiG § 4). Der wesentliche Vertragsinhalt ist nach Vertragsabschluss, aber noch vor Beginn der Ausbildung, schriftlich niederzulegen und von den vertragschließenden Parteien zu unterschreiben. Die *Vertragsniederschrift* muss Angaben enthalten über

- die Namen der vertragschließenden Parteien,
- den Ausbildungsberuf (Art und Ziel der Berufsausbildung, sachliche und zeitliche Gliederung),
- Beginn und Dauer der Berufsausbildung,
- Ausbildungsmaßnahmen außerhalb der Ausbildungsstätte,
- Dauer der regelmäßigen täglichen Ausbildungszeit,
- Dauer der Probezeit,
- Zahlung und Höhe der Vergütung,
- Dauer des Urlaubs,
- Voraussetzungen, unter denen der Berufsausbildungsvertrag gekündigt werden kann.

Die zuständige Industrie- und Handelskammer anerkennt den Vertrag und trägt ihn in das **Verzeichnis der Berufsausbildungsverhältnisse** ein.

1.1.4.1 Die Rechte und Pflichten der Ausbildungspartner

Beide Vertragsparteien übernehmen gegenseitig Rechte und Pflichten (siehe BBiG §§ 6–12 und JArbSchG §§ 32–35).

Pflichten des Auszubildenden[1] (= Rechte des Ausbildenden)	Pflichten des Ausbildenden[1] (= Rechte des Auszubildenden)
• Lernpflicht • Dienstleistungspflicht • Befolgen von Anweisungen • Beachten der Betriebsordnung • Sorgfaltspflicht • Schweigepflicht über Betriebsgeheimnisse • Berufsschulpflicht • Führung des Berichtsheftes • ärztliche Untersuchung, wenn unter 18 Jahren	• Ausbildungspflicht • Aushändigung des Ausbildungsberufsbildes • Bereitstellung der Ausbildungsmittel, z. B. Werkzeuge, Fachliteratur • Freistellung zum Berufsschulbesuch • Gewährung von Urlaub • Übertragung nur ausbildungsbezogener Tätigkeiten • Sorgepflicht, z. B. keine körperliche oder sittliche Gefährdung • Anmeldung zur Zwischen- und Abschlussprüfung • Zahlung einer Vergütung • Ausstellung eines Zeugnisses

Gemeinsames Ziel ist die Kenntnisse und Fertigkeiten zu erlernen bzw. zu vermitteln, um das Ausbildungsziel nach dem **Ausbildungsberufsbild,** z. B. das des Kaufmanns/der Kauffrau für Bürokommunikation, zu erreichen.

---

[1] Einzelheiten siehe Berufsausbildungsvertrag des Deutschen Industrie- und Handelstages, Bonn.

1.1.4.2 Dauer und Beendigung des Berufsausbildungsverhältnisses

Die Berufsausbildung wird in **Stufen** durchgeführt (BBiG § 26):

3. Ausbildungsjahr	**Stufe besonderer beruflicher Fachbildung** Vermittlung der für eine qualifizierte Berufstätigkeit erforderlichen praktischen und theoretischen Kenntnisse und Fertigkeiten
2. Ausbildungsjahr	**Stufe allgemeiner beruflicher Fachbildung** Vermittlung fachlichen Verständnisses und Förderung der Fähigkeit, sich in neue Aufgaben und Tätigkeiten schnell einzuarbeiten.
1. Ausbildungsjahr	**Stufe beruflicher Grundbildung** Vermittlung von Grundfertigkeiten und Grundkenntnissen als Grundlage für die weiterführende berufliche Fachbildung

Entsprechend der Ausbildungsordnung soll das Berufsausbildungsverhältnis nicht mehr als **drei**[1] **Jahre** und nicht weniger als **zwei Jahre** dauern. Bei besonderer Vorbildung oder ausgezeichneten Leistungen kann es verkürzt werden (BBiG §§ 25, 29).

Die **Probezeit,** innerhalb der das Ausbildungsverhältnis schriftlich ohne Angabe von Gründen fristlos gelöst werden kann, muss mindestens **einen Monat** und darf längstens **drei Monate** betragen (BBiG § 13).

Nach der Probezeit besteht **Kündigungsschutz** bis zum Ende der Ausbildungszeit. Eine **vorzeitige Beendigung** des Ausbildungsverhältnisses ist dann nur noch in folgenden Fällen möglich:

- im **gegenseitigen Einverständnis;**
- wenn ein **wichtiger Grund** vorliegt (fristlos), z. B. bei Tätlichkeiten, vorsätzlicher Sachbeschädigung, Unterschlagung. Es muss innerhalb von zwei Wochen, nachdem der wichtige Grund bekannt ist, schriftlich gekündigt werden. Der schuldige Vertragspartner (Ausbildender oder Auszubildender) kann vom anderen Schadenersatz verlangen (BBiG §§ 15, 16).
- bei **Berufswechsel** oder **Aufgabe der Berufsausbildung** (vier Wochen Kündigungsfrist, Schriftform, BBiG §§ 14, 15);
- bei **Tod des Ausbildenden;**
- bei **Insolvenz der Ausbildungsstätte;**
- bei **Aufgabe** oder **Verlegung** des Betriebes.

Das Berufsausbildungsverhältnis **endet** mit Ablauf der Ausbildungszeit[2]. Besteht der Auszubildende vorher die **Abschlussprüfung** *(Kaufmannsgehilfenprüfung), so endet es mit Bestehen dieser Prüfung.* Gleichzeitig entsteht der Anspruch auf Gehaltszahlung (BBiG § 14).

Der Ausbildende hat dem Auszubildenden bei Beendigung des Berufsausbildungsverhältnisses ein **Zeugnis** auszustellen. Das Zeugnis *muss Angaben* enthalten über Art, Dauer und Ziel der Berufsausbildung sowie über die erworbenen Fertigkeiten und Kenntnisse des Auszubildenden. *Auf Verlangen* des Auszubildenden sind auch Angaben über Führung, Leistung und besondere fachliche Fähigkeiten aufzunehmen (BBiG § 8).

Wird der Auszubildende nach Abschluss der Ausbildungszeit weiterbeschäftigt, so gilt er auf unbestimmte Zeit als angestellt. Es kann auch vereinbart werden, drei Monate vor Ende zu erklären, ob der Auszubildende weiterbeschäftigt wird bzw. werden will [BBiG § 17, vgl. auch BBiG § 5 (1)].

---

[1] Bei bestimmten gewerblichen Ausbildungsberufen, z. B. Industrie-, Kfz-Mechaniker u. a., dauert die Ausbildungszeit $3\frac{1}{2}$ Jahre.

[2] Besteht der Auszubildende die Abschlussprüfung nicht, so verlängert sich das Berufsausbildungsverhältnis *auf sein Verlangen* bis zur nächstmöglichen Wiederholungsprüfung, längstens um ein Jahr.

1.1.5 Die Bestimmungen des Jugendarbeitsschutzgesetzes

Die Beschäftigung von Personen, die noch nicht 18 Jahre alt sind, insbesondere deren Arbeitszeit, wird durch das *Jugendarbeitsschutzgesetz* (JArbSchG) geregelt.

Es sind dabei zu unterscheiden:

- **Kinder.** Das sind Personen, die noch keine 15 Jahre alt sind oder noch der Vollzeitschulpflicht unterliegen. *Kinderarbeit ist verboten.* Beschränkt zulässig ist eine Beschäftigung von Kindern über 13 Jahre:
  - bis zu drei Stunden täglich in der Landwirtschaft, bis zu zwei Stunden täglich mit Austragen von Zeitungen und Zeitschriften und mit Handreichungen beim Sport;
  - im Rahmen des Betriebspraktikums während der Vollzeitschulpflicht;
  - bei Veranstaltungen, wie Theater- und Musikaufführungen usw. [mit besonderer Genehmigung der Aufsichtsbehörde] (JArbSchG §§ 2, 5, 6).

  Die schulischen Leistungen dürfen durch die Beschäftigung nicht beeinträchtigt werden.

- **Jugendliche.** Das sind die übrigen noch nicht 18 Jahre alten Personen. Für sie regelt das Jugendarbeitsschutzgesetz:
  - **Arbeitszeit.** Die tägliche Arbeitszeit darf in der Regel höchstens acht Stunden und nicht mehr als 40 Stunden in der Woche betragen (JArbSchG § 8). Jugendliche, die noch nicht 15 Jahre alt sind, dürfen außerhalb eines Berufsausbildungsverhältnisses nur bis zu sieben Stunden täglich und höchstens 35 Stunden wöchentlich beschäftigt werden. Jugendliche ab 15 Jahren dürfen, wenn an einzelnen Werktagen die Arbeitszeit auf weniger als acht Stunden verkürzt ist, an den übrigen Werktagen derselben Woche achteinhalb Stunden beschäftigt werden.
  - **Ruhepausen.** Bei einer Arbeitszeit von mehr als viereinhalb bis sechs Stunden muss die Ruhepause mindestens 30 Minuten betragen, bei einer Arbeitszeit von mehr als sechs Stunden mindestens 60 Minuten (JArbSchG § 11).
  - **Freizeit.** Zwischen Ende der Arbeitszeit und Arbeitsbeginn am nächsten Tag müssen mindestens zwölf beschäftigungsfreie Stunden liegen. Zwischen 20:00 und 6:00 Uhr dürfen Jugendliche in der Regel nicht beschäftigt werden (in bestimmten Branchen gibt es Sonderregelungen) (JArbSchG §§ 13, 14).
  - **Urlaub.** Er richtet sich nach dem Alter des Jugendlichen. Es erhalten: 15-Jährige mindestens 30 Werktage, 16-Jährige mindestens 27 Werktage und 17-Jährige mindestens 25 Werktage Urlaub im Jahr. Der Urlaub ist möglichst zusammenhängend in der berufsschulfreien Zeit zu gewähren (JArbSchG § 19).
  - **Berufsschulbesuch.** Für die Teilnahme am Berufsschulunterricht muss der Jugendliche von der Arbeit freigestellt werden. Die Zeit des Berufsschulunterrichts wird voll auf die Arbeitszeit angerechnet. Ein Abzug an Entgelt darf nicht stattfinden. Beginnt der Unterricht vor 9:00 Uhr, so darf der Jugendliche vorher nicht beschäftigt werden. Beträgt die Schulzeit an einem Tag mehr als fünf Unterrichtsstunden zu je 45 Minuten, so ist der restliche Tag arbeitsfrei (aber nur an einem Tag pro Woche). Für Prüfungen und am Tag vor der schriftlichen Abschlussprüfung ist der Jugendliche von der Arbeit freizustellen (JArbSchG §§ 9, 10).

- **Beschäftigungsbeschränkungen.** Arbeiten, welche die Leistungsfähigkeit des Jugendlichen übersteigen oder bei denen er gesundheitlichen oder sittlichen Gefahren ausgesetzt ist, sind verboten. An Sonn- und Feiertagen sowie an Samstagen dürfen Jugendliche nicht beschäftigt werden. Hier gibt es Sonderregelungen für bestimmte Branchen und Einrichtungen, z. B. für den Einzelhandel, für Krankenanstalten, für das Gaststättengewerbe. Wenn Jugendliche ausnahmsweise am Samstag, Sonntag oder Feiertag arbeiten, haben sie Anspruch auf einen anderen arbeitsfreien Tag (oder Halbtag) in derselben Woche. Akkordarbeit und andere tempoabhängige Arbeit ist für Jugendliche (mit wenigen Ausnahmen) verboten (JArbSchG §§ 15–18 und 22–24).

- **Gesundheitsschutz.** Vor Eintritt in das Berufsleben sowie ein Jahr nach Beginn der Beschäftigung muss der Jugendliche kostenfrei ärztlich untersucht werden. Vorher darf er nicht eingestellt werden (JArbSchG § 32 ff.).

Zusammenfassung

- Grundlage der Berufsausbildung ist das **Berufsbildungsgesetz** vom 14. August 1969.
- Die **Ausbildungsordnung** enthält die Grundsätze der Ausbildung für den jeweiligen Ausbildungsberuf.
- Der **Berufsausbildungsvertrag** muss durch die Industrie- und Handelskammer bzw. die Handwerkskammer genehmigt und im Verzeichnis der Berufsausbildungsverhältnisse eingetragen werden.
- Auszubildender und Ausbildender haben **gegenseitig Rechte und Pflichten**.
- Das Berufsausbildungsverhältnis soll nicht mehr als drei und nicht weniger als zwei Jahre betragen.
- Die **Probezeit** muss mindestens einen Monat und darf längstens drei Monate betragen.
- Nach der Probezeit besteht **Kündigungsschutz** (Ausnahmen!).
- Der Auszubildende gilt als angestellt, wenn er nach Abschluss der Ausbildungszeit weiterbeschäftigt wird.
- Das **Jugendarbeitsschutzgesetz** wurde zum Schutz der arbeitenden Jugend erlassen.
- **Kinderarbeit** ist verboten (mit wenigen Ausnahmen).
- Für **Jugendliche** regelt das Gesetz:
  - **Arbeitszeit.** Höchstens acht Stunden täglich und 40 Stunden pro Woche.
  - **Ruhepausen.** Bei Arbeitszeit über viereinhalb bis sechs Stunden → 30 Minuten Pause, bei Arbeitszeit über sechs Stunden → 60 Minuten Pause.
  - **Freizeit.** Mindestens zwölf Stunden nach Beschäftigungsende. Keine Beschäftigung zwischen 20:00 und 6:00 Uhr (mit bestimmten Ausnahmen).
  - **Urlaub.** 15-Jährige mindestens 30 Werktage, 16-Jährige mindestens 27 Werktage, 17-Jährige mindestens 25 Werktage.
  - **Berufsschulbesuch.** Schultag = Arbeitstag.
  - **Beschäftigungsbeschränkungen.** Keine schwere körperliche Arbeit und Arbeit mit sittlicher Gefahr. Arbeitsverbot an Samstagen, Sonntagen und Feiertagen (mit Ausnahmen). Verbot von Akkord- und Fließarbeit (mit wenigen Ausnahmen).
  - **Gesundheitsschutz.** Ärztliche Untersuchungspflicht vor Beschäftigungsaufnahme und ein Jahr danach.

1 Welche Anforderungen muss ein kaufmännisch Auszubildender erfüllen?

2 Eine Auszubildende soll regelmäßig die Kinder des Firmeninhabers beaufsichtigen; ein anderer Auszubildender muss gelegentlich Frühstück für seine Kollegen holen. Beurteilen Sie diese Fälle anhand des Berufsausbildungsvertrages!

3 Wie lange dauert die Berufsausbildungszeit?

4 Warum wird eine Probezeit vereinbart? Wie lange dauert sie?

5 Bestimmte Gründe erlauben die vorzeitige Auflösung des Ausbildungsverhältnisses auch nach der Probezeit. Beurteilen Sie daraufhin folgende Fälle und begründen Sie Ihre Entscheidung!

a) Die Eltern des Auszubildenden Fritz Krüger ziehen von Stuttgart nach Leipzig um. Fritz will dort seine Berufsausbildung fortsetzen.

b) Als die Auszubildende Ruth Junker in Briefen wiederholt Fehler macht, wird sie vom Abteilungsleiter vor den anderen Mitarbeitern mit sehr beleidigenden Äußerungen beschimpft.

c) Der Auszubildende Kurt Oßwald entdeckt sein Interesse für Datenverarbeitung. Er möchte deshalb seine Berufsausbildung als Industriekaufmann aufgeben und innerhalb der Branche in einen Großbetrieb wechseln.

d) Der Firmeninhaber Maier und der Auszubildende Karl Schuster merken trotz dreimonatiger Probezeit erst später, dass sie nicht miteinander auskommen.

e) Als der Auszubildende Hans Keller vom Chef zurechtgewiesen wird, antwortet er mit dem Götz-Zitat.

6 Was müssen Sie unternehmen, wenn Sie am Ende Ihrer Berufsausbildungszeit die Firma wechseln wollen (vgl. BBiG § 17)?

7 In welchen der folgenden Fälle wird gegen das Jugendarbeitsschutzgesetz verstoßen? Begründen Sie Ihre Meinung anhand des JArbSchG § 8 ff.!

a) Der 16-jährige Fritz ist in einer Elektrogroßhandlung als Auszubildender tätig. Er muss samstags arbeiten.

b) Ein 16-Jähriger, der in Ausbildung steht, arbeitet täglich neun Stunden.

c) Die Auszubildende Monika hat am Vormittag sechs Stunden Unterricht zu je 45 Minuten. Am selben Nachmittag muss Monika im Betrieb arbeiten.

d) Ein Auszubildender will mit seinen Eltern in Urlaub fahren. Er ist seit zwei Monaten in Ausbildung. Das Urlaubsgesuch wird abgelehnt.

e) Volker, 15 Jahre alt, tritt am 1. Juli in eine Eisenwarengroßhandlung zur Ausbildung ein. Im laufenden Jahr werden ihm 14 Tage Urlaub gewährt.

f) Die Auszubildenden eines Betriebes müssen an ihrem Schultag von 7:30 bis 8:30 Uhr arbeiten. Der Berufsschulunterricht beginnt um 9:00 Uhr.

g) Die 18-jährige Auszubildende Margarete arbeitet (einschließlich Berufsschulbesuch) montags bis freitags täglich sieben Stunden und samstags sechs Stunden.

h) Einem Jugendlichen, der im 3. Ausbildungsjahr steht, wird seine Ausbildungsvergütung um die Berufsschulzeit gekürzt.

i) Ein 14-jähriger Junge muss an seinen schulfreien Nachmittagen seinem Vater in der Landwirtschaft helfen und schwere Arbeiten wie ein Erwachsener verrichten.

j) Um sich ein Moped kaufen zu können verrichtet der 16-jährige Auszubildende Otto an seinem freien Samstag mit Zustimmung seines Vaters als Handlanger schwere Arbeit auf dem Bau.

k) Ein 17-jähriger kräftiger Hilfsarbeiter leistet Akkordarbeit in einer Fabrik.

l) Ein 17-jähriger Auszubildender hat bis 20:00 Uhr gearbeitet. Am nächsten Tag muss er um 7:30 Uhr wieder mit der Arbeit beginnen.

8

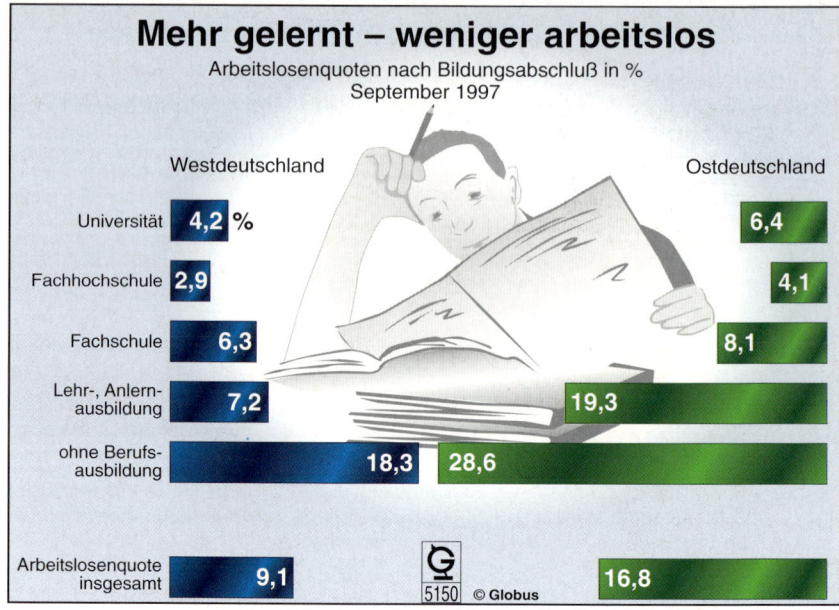

Mehr gelernt – weniger arbeitslos

Arbeitslosenquoten nach Bildungsabschluß in %
September 1997

	Westdeutschland	Ostdeutschland
Universität	4,2 %	6,4
Fachhochschule	2,9	4,1
Fachschule	6,3	8,1
Lehr-, Anlern-ausbildung	7,2	19,3
ohne Berufs-ausbildung	18,3	28,6
Arbeitslosenquote insgesamt	9,1	16,8

5150 © Globus

Welchen Zusammenhang erkennen Sie zwischen Arbeitslosigkeit und Berufsausbildung aus dieser Statistik?

9

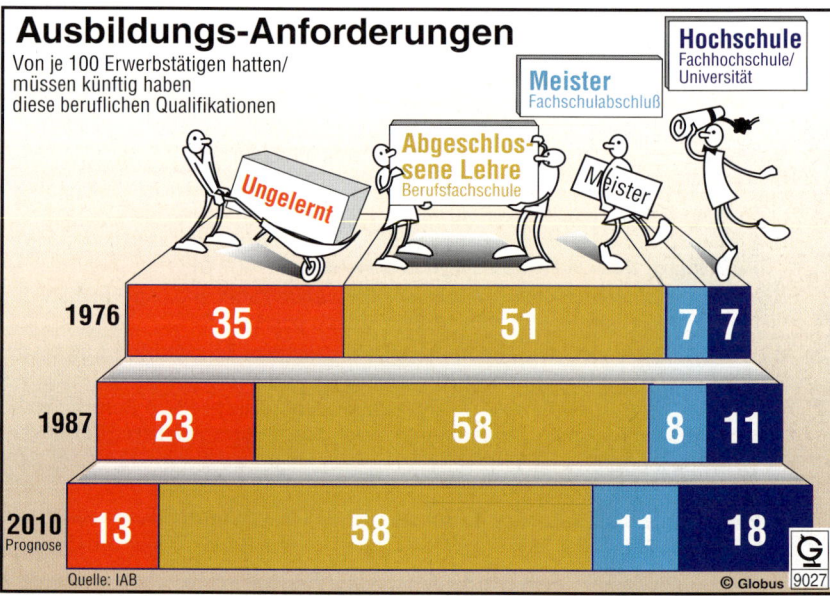

Ausbildungs-Anforderungen

Von je 100 Erwerbstätigen hatten/
müssen künftig haben
diese beruflichen Qualifikationen

Ungelernt

Abgeschlossene Lehre Berufsfachschule

Meister Fachschulabschluß

Hochschule Fachhochschule/Universität

1976	35	51	7	7
1987	23	58	8	11
2010 Prognose	13	58	11	18

Quelle: IAB

© Globus 9027

Welche Erkenntnisse gewinnen Sie aus dieser Bildstatistik

a) für die Schulbildung,
b) für die Berufsausbildung?

Der Wirtschaftskreislauf zwischen Haushalten, Kreditinstituten und Unternehmen

Güterlieferung

Verkaufserlös

Gütererzeugung

Güterverteilung

Arbeitsentgelt

Arbeit

Arbeitsentgelt

Arbeit

Verkaufserlös

Güterlieferung

Investitionen

Investitionen

Einkommen

Verwendung

Sparen bei Banken und Sparkassen

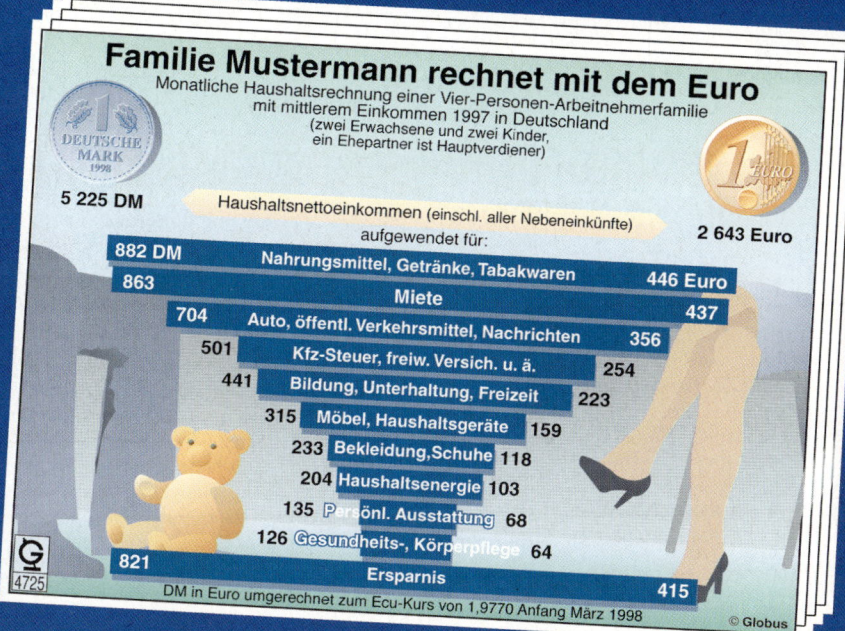

Familie Mustermann rechnet mit dem Euro

Monatliche Haushaltsrechnung einer Vier-Personen-Arbeitnehmerfamilie mit mittlerem Einkommen 1997 in Deutschland (zwei Erwachsene und zwei Kinder, ein Ehepartner ist Hauptverdiener)

1 DEUTSCHE MARK 1998

1 EURO

5 225 DM — Haushaltsnettoeinkommen (einschl. aller Nebeneinkünfte) — **2 643 Euro**

aufgewendet für:

DM		Euro
882	Nahrungsmittel, Getränke, Tabakwaren	446
863	Miete	437
704	Auto, öffentl. Verkehrsmittel, Nachrichten	356
501	Kfz-Steuer, freiw. Versich. u. ä.	254
441	Bildung, Unterhaltung, Freizeit	223
315	Möbel, Haushaltsgeräte	159
233	Bekleidung, Schuhe	118
204	Haushaltsenergie	103
135	Persönl. Ausstattung	68
126	Gesundheits-, Körperpflege	64
821	Ersparnis	415

DM in Euro umgerechnet zum Ecu-Kurs von 1,9770 Anfang März 1998

G 4725

© Globus

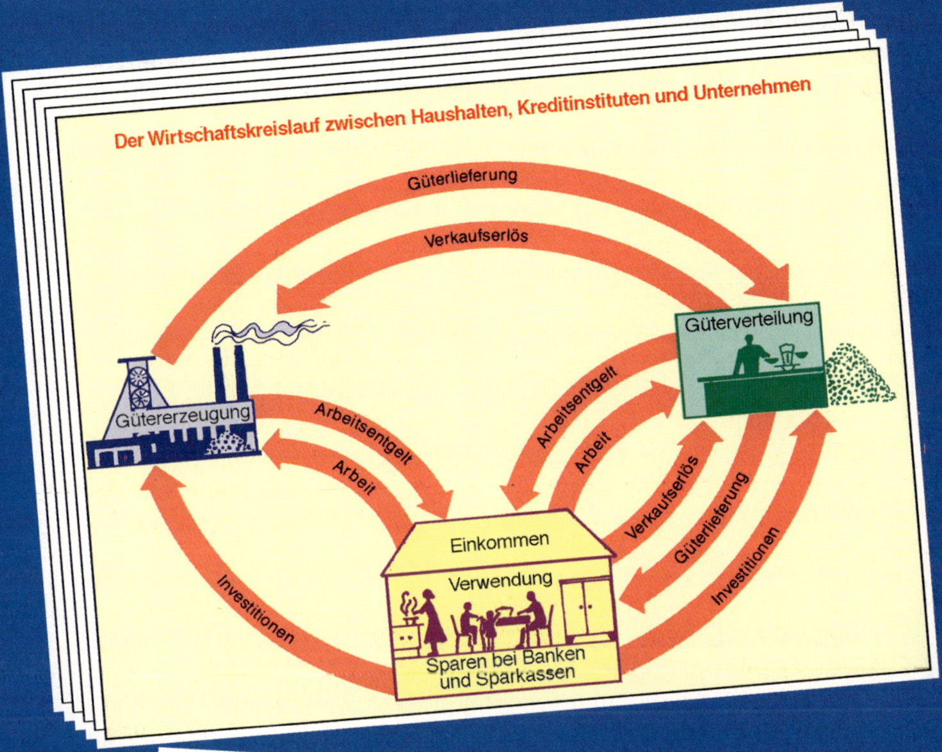

2.1 Ausgewählte wirtschaftliche Grundbegriffe

2.1.1 Einzelwirtschaft – Volkswirtschaft

Alle Unternehmen und Betriebe (**Einzelwirtschaften**) wirken in der größeren Einheit **Volkswirtschaft** (gesamte Wirtschaft eines Staates) zusammen. Diese ist gekennzeichnet durch eine bestimmte Wirtschaftsform, z. B. soziale Marktwirtschaft, eine gemeinsame Währung, einheitliche staatliche Wirtschaftspolitik, geografische und staatliche Gegebenheiten. So entsteht ein enger Leistungs- und Verflechtungszusammenhang, ein Organismus, der die Einzelwirtschaften einander zuordnet und aufeinander abstimmt.

Durch Export und Import stehen die Volkswirtschaften der einzelnen Staaten miteinander in Verbindung. Diese lockere und veränderliche Verflechtung nennt man **Weltwirtschaft.** Auf dem Wege des Güteraustausches mit anderen Volkswirtschaften schafft sie für alle Beteiligten die Möglichkeit das zu beschaffen, was in der eigenen Wirtschaft fehlt, z. B. bestimmte Rohstoffe u. a.

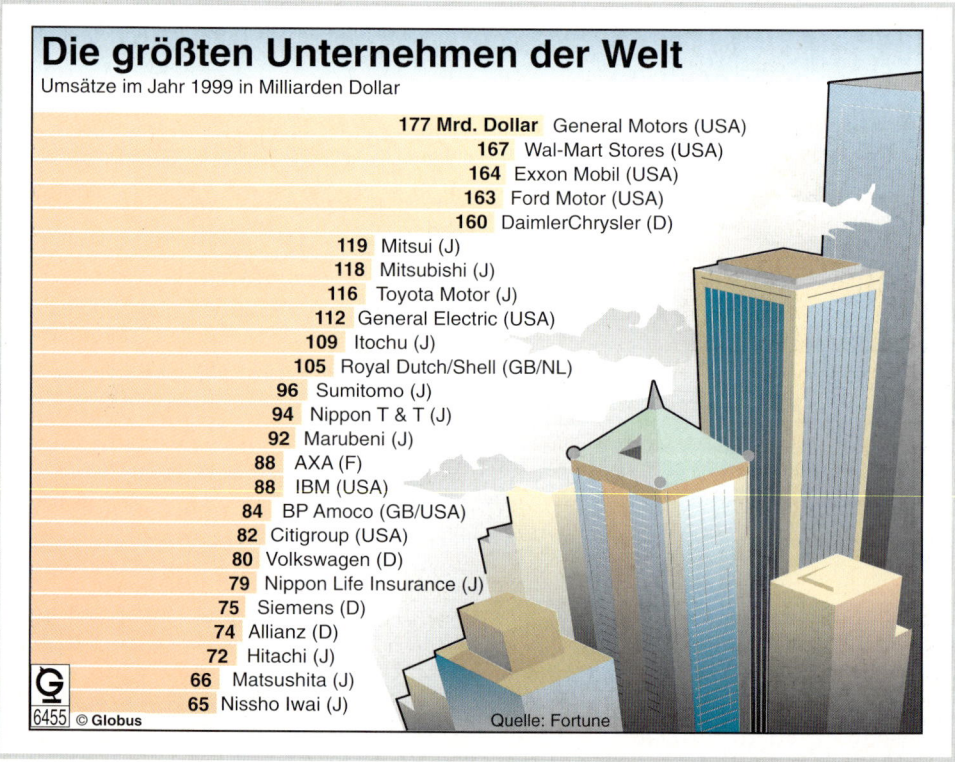

Die größten Unternehmen der Welt

Umsätze im Jahr 1999 in Milliarden Dollar

177 Mrd. Dollar	General Motors (USA)
167	Wal-Mart Stores (USA)
164	Exxon Mobil (USA)
163	Ford Motor (USA)
160	DaimlerChrysler (D)
119	Mitsui (J)
118	Mitsubishi (J)
116	Toyota Motor (J)
112	General Electric (USA)
109	Itochu (J)
105	Royal Dutch/Shell (GB/NL)
96	Sumitomo (J)
94	Nippon T & T (J)
92	Marubeni (J)
88	AXA (F)
88	IBM (USA)
84	BP Amoco (GB/USA)
82	Citigroup (USA)
80	Volkswagen (D)
79	Nippon Life Insurance (J)
75	Siemens (D)
74	Allianz (D)
72	Hitachi (J)
66	Matsushita (J)
65	Nissho Iwai (J)

6455 © Globus

Quelle: Fortune

Riesen werden zu Giganten – das zeigen die zahlreichen Unternehmensfusionen der letzten Wochen, Monate und Jahre. Aus Daimler-Benz und Chrysler wurde DaimlerChrysler. Mit einem Umsatz von 160 Milliarden Dollar liegt der neue Konzern jetzt an fünfter Stelle in der Weltrangliste der größten Unternehmen. Die beiden Ölmultis Exxon und Mobil nehmen heute als Exxon Mobil mit 164 Milliarden Dollar Umsatz den dritten Rang ein. Größter unter den Großen ist der US-Autobauer General Motors mit 177 Milliarden Dollar Umsatz. Zweitgrößtes Unternehmen der Welt ist der Handelskonzern Wal-Mart Stores (USA) mit 167 Milliarden Dollar Umsatz. Unter den 25 größten Unternehmen der Welt, die in unserer Grafik aufgeführt sind, haben elf ihren Hauptsitz in Japan, sieben in den USA und vier in Deutschland. (Quelle: Globus)

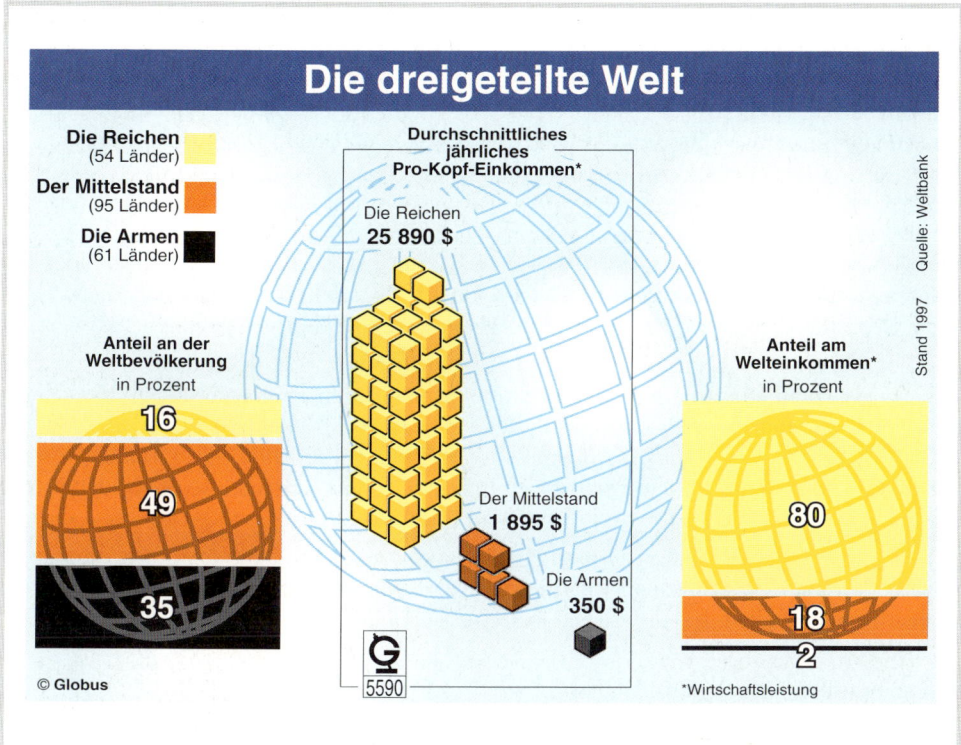

Trotz der ungeheuren Fortschritte in der Wissenschaft und in der Technik lebt noch immer der größere Teil der Menschheit in bitterer Armut; alljährlich verhungern Millionen von Menschen.

Selbst in den hoch entwickelten Staaten, z. B. Westeuropas und Nordamerikas gibt es nicht wenige Menschen, die ein kärgliches Dasein fristen müssen. Sie sind sich ihrer Not besonders bewusst, leben sie doch in einer Welt des scheinbaren Überflusses, ohne daran teilhaben zu können.

Aber auch Menschen, denen es „gut" geht, sind mit dem Erreichten oft noch nicht zufrieden. Wachsender Wohlstand erzeugt immer neue Wünsche. Es wird also stets ein Missverhältnis bestehen zwischen den Ansprüchen an das Leben und den Möglichkeiten sie zu befriedigen.

Um existieren zu können benötigt der Mensch wie alle Lebewesen *ausreichende Nahrung* sowie – je nach den klimatischen Bedingungen – *Kleidung* und *Unterkunft*. Außerdem braucht er ein *Mindestmaß an Ausbildung*. Diese **lebensnotwendigen Bedürfnisse (Existenzbedürfnisse)** treten jedoch mit der fortschreitenden kulturellen, sozialen und wirtschaftlichen Entwicklung eines Volkes immer mehr in den Hintergrund zugunsten nicht lebensnotwendiger Güter.

Wenn wir uns einen neuen Mantel kaufen, dann geschieht dies meist nicht, um uns besser vor der Kälte zu schützen. Vielleicht erscheint uns der alte Mantel abgetragen oder unmodern oder er passt nicht mehr zu anderen Kleidungsstücken. Vielleicht ahmen wir nur das Beispiel eines Bekannten nach oder wir wollen anderen zeigen, dass wir uns etwas leisten können. Es mag aber auch sein, dass es uns einfach Freude macht etwas Neues und Schönes zu besitzen.

Die **nicht lebensnotwendigen Bedürfnisse** gehören in einer gut entwickelten Volkswirtschaft zu den entscheidenden Antriebskräften für das menschliche Handeln. Hierzu rechnen wir nicht den Wunsch nach *gefälliger* Kleidung, *wohlschmeckendem* Essen und einer *behaglichen* Wohnung, sondern auch das Verlangen nach *Musik, Büchern, Theaterbesuchen, Reisen* usw. Die Grenzen zwischen lebensnotwendigen und nicht lebensnotwendigen Bedürfnissen sind fließend.

Das Bestreben, der Zeit und der persönlichen Eigenart entsprechend gekleidet zu sein, können wir als ein Kulturbedürfnis bezeichnen; dagegen muss der Wunsch nach besonders teurer oder auffälliger Kleidung als Luxusbedürfnis gelten.

Die Bedürfnisse des Einzelnen sind in seiner seelischen und geistigen Eigenart begründet. Sie werden als **Individualbedürfnisse** bezeichnet. Da der Mensch in der Gesellschaft lebt, werden seine Bedürfnisse sehr stark von seiner Umgebung und vom Zeitgeist geprägt.

Aus dem Zusammenleben der Menschen ergibt sich aber auch noch ein anderes: die von allen gleichermaßen empfundene Notwendigkeit, bestimmte Aufgaben gemeinsam zu lösen, Aufgaben also, die der Einzelne nicht bewältigen kann. Zu diesen **Kollektivbedürfnissen** gehören z. B. der Wunsch nach Ausbau des *Bildungswesens,* Erhaltung der *natürlichen Umwelt,* Verbesserung des *Verkehrs- und Nachrichtennetzes,* Errichtung von *Krankenhäusern,* Versorgung mit *Wasser und Energie.*

Je komplizierter die technischen, wirtschaftlichen und sozialen Verhältnisse werden, desto mehr bedarf es im Interesse aller gemeinschaftlicher Regelungen und Maßnahmen. Bei den modernen Industriegesellschaften lässt sich daher auch eine ständige Zunahme der Kollektivbedürfnisse beobachten.

Gemeinsam ist allen Bedürfnissen, dass wir einen *Mangel* mehr oder minder stark empfinden und dass wir danach *streben,* diesen Mangel zu *beseitigen.* Abgesehen von den Existenzbedürfnissen sind die Bedürfnisse so gut wie *nicht begrenzt.*

Die Bedürfnisse der Menschen sind der Ausgangspunkt für den Wirtschaftsprozess. Aus ihnen entsteht der **Bedarf** der Nachfrage an Gütern, mit denen die Bedürfnisse befriedigt werden können.

Aus dem Bedarf entsteht die **Nachfrage** nach Gütern, wobei der Einzelne aus der Vielzahl seiner Bedürfnisse das auswählt, was ihm am wichtigsten erscheint und was er mit seinem Einkommen, seiner Kaufkraft, erwerben kann. Verfügbares Einkommen und Bedürfnisrangordnung müssen miteinander in Einklang gebracht werden. Die Nachfrage ist der *marktwirksame Bedarf.*

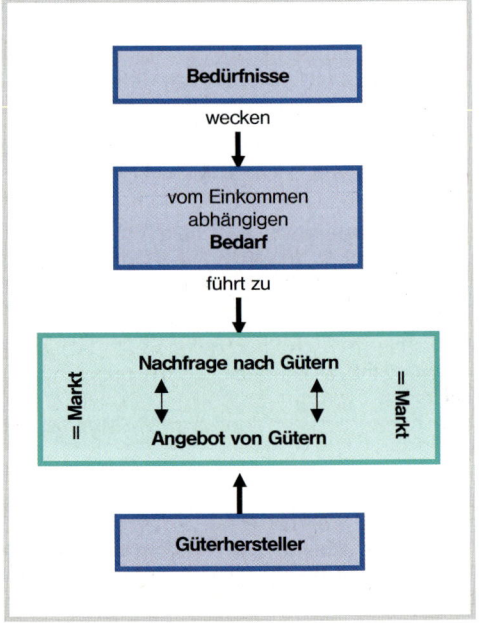

Dieser Nachfrage nach Gütern steht ein vielfältiges **Güterangebot** gegenüber. Dort, wo Nachfrage und Angebot zusammentreffen, entsteht ein **Markt.** Der Regulator für den Ausgleich von Nachfrage und Angebot ist der **Preis,** der sich am Markt bildet.

Zusammenfassung

- Die Bedürfnisse des Einzelnen werden als **Individualbedürfnisse** bezeichnet.

- Die **Individualbedürfnisse** werden unterteilt in *Existenzbedürfnisse,* wie einfache Nahrung, Kleidung und Unterkunft sowie Grundbildung (lebensnotwendige Bedürfnisse), und *nicht lebensnotwendige Bedürfnisse,* wie Streben nach Erhöhung des Lebensstandards und des Lebensgefühls.

- Die Bedürfnisse der Gesellschaft heißen **Kollektivbedürfnisse.**

Aufgaben

1 Notieren Sie 30 Bedürfnisse, die Sie selbst haben, und ordnen Sie diese nach ihrer Dringlichkeit! Kennzeichnen Sie durch die Buchstaben E (= Existenzbedürfnisse), N (= nicht lebensnotwendige Bedürfnisse), I (= Individualbedürfnisse) und K (= Kollektivbedürfnisse) jeweils die Bedürfnisart!

2 Welche Folgen ergäben sich in einer hoch entwickelten Volkswirtschaft, wenn sich die Menschen von heute auf morgen mit der Befriedigung ihrer Existenzbedürfnisse begnügten?

3 Durch welche Einflüsse werden immer neue Wünsche der Verbraucher geweckt?

4 Was würde sich in Ihrem Tagesablauf ändern, wenn plötzlich die Leistungen der Gemeinwesen, z. B. Ihrer Gemeinde, entfielen?

5 Welche Gefahr entsteht für die Menschheit durch ungezügelte Befriedigung wirtschaftlicher Bedürfnisse (Wegwerfgesellschaft)?

6 Welche Gefahren können sich für die Menschheit aus den ungleichen Einkommensverhältnissen – siehe Abb. auf S. 25 – ergeben?

7 a) Welche Aufgaben hat die Werbung außer der Weckung von neuen Bedürfnissen?

b) Weshalb ist es nicht gerechtfertigt der Werbung vorzuwerfen, sie manipuliere den Verbraucher, sie übe „Konsumzwang" oder gar „Konsumterror" aus?

2.1.3 Die Güter

Problem

Wir verlangen nach einem guten Essen, um unseren Hunger zu stillen, nach einem bequemen Sessel, um uns auszuruhen, oder wir wollen ins Kino gehen, um zwei unterhaltsame Stunden zu verbringen. Womit erfüllen wir diese Wünsche? Wie nur ist es möglich, diese Bedürfnisse zu befriedigen?

Sachdarstellung

Alles, was geeignet ist, unsere Bedürfnisse zu befriedigen, wird als **Gut** bezeichnet. Es können **Sachgüter** sein, aber auch körperliche oder geistige **Leistungen,** die von anderen für uns erbracht werden. Werden die Güter bei ihrer Verwendung verbraucht, z. B. Nahrungs- und

Genussmittel sowie Rohstoffe, gehören sie zu den **Verbrauchsgütern;** erlauben sie hingegen eine Nutzung über einen längeren Zeitraum hinweg, nennen wir sie **Gebrauchsgüter.** Dazu gehören z. B. Häuser, Einrichtungen, Maschinen, Werkzeuge.

Auch **Rechte,** z. B. ein Patent, ein Guthaben auf einem Bankkonto, ein Wertpapier, eine Fahrkarte, eine Kapitalbeteiligung an einem Unternehmen usw. zählen zu den Gütern.

Jede wirtschaftliche Tätigkeit ist letztlich auf die Befriedigung von Bedürfnissen gerichtet. Güter, die unmittelbar der Bedürfnisbefriedigung dienen, heißen **Konsumgüter.** Es können Verbrauchs- oder Gebrauchsgüter sein.

Dient ein Gut hingegen zur Herstellung eines anderen Gutes, zählt es zu den **Produktionsgütern.** Hierbei kann es sich um Stoffe handeln, die bei der Produktion verbraucht werden, oder aber um Gebrauchsgüter, die zur Leistungssteigerung bei der Produktion eingesetzt werden.

Es hängt also von der jeweiligen Verwendung ab, ob ein Gut zu den Konsumgütern oder zu den Produktionsgütern gehört. Koks, der im Haushalt für Heizzwecke eingesetzt wird, ist ein Konsumgut. Dient er dagegen in einem Stahlwerk zur Verhüttung von Eisenerz, ist er ein Produktionsgut.

Einige Güter, z. B. Edelsteine, kommen nur sehr selten vor. Bei anderen Gütern ist das zwar nicht der Fall, aber auch sie stehen nicht unbeschränkt zur Verfügung. Häufig müssen sie der Natur erst mühselig abgerungen werden. Auch die menschliche Arbeitskraft ist begrenzt.

Wir müssen also davon ausgehen, dass die Güter bei weitem nicht ausreichen, um alle Bedürfnisse zu befriedigen. Die Güter sind **knapp.**

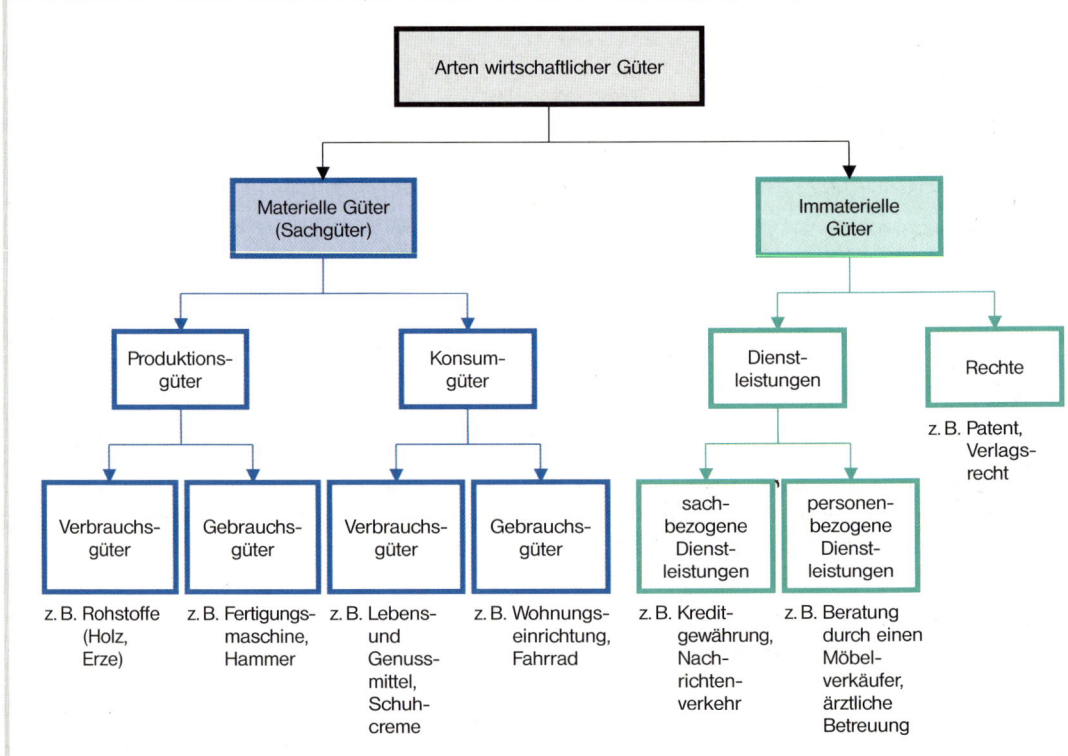

Ein Gut wird dadurch knapper, dass – bei gleichbleibendem Angebot – die Nachfrage steigt. *Freie Güter,* d. h. im Überfluss vorkommende Güter, gibt es kaum. Selbst Wasser und Luft können zu *wirtschaftlichen,* d. h. knappen *Gütern* werden.

Wie schon im Zusammenhang mit der Nachfrage als marktwirksamen Bedarf dargestellt, bilden die insgesamt vom Produktionsbereich bereitgestellten Güter das **Angebot.**

Zusammenfassung

- Alle Mittel zur Befriedigung von Bedürfnissen werden **Güter** genannt.

- Nach der Art des Gutes sind *Sachgüter* und *Dienstleistungen* zu unterscheiden; nach der Nutzungsdauer werden die Sachgüter in Gebrauchsgüter und Verbrauchsgüter unterteilt.

- Güter, die unmittelbar zum Gebrauch oder Verbrauch durch die Menschen bestimmt sind, heißen *Konsumgüter;* Güter, die zur Herstellung anderer Güter verwendet werden, nennen wir *Produktionsgüter.*

- Die meisten Güter sind knapp.

- Im Überfluss vorhandene Güter werden „freie" Güter genannt.

Aufgaben

1 In welchen Fällen kann auch die Luft zu einem wirtschaftlichen Gut werden?

2 In welcher Situation ist ein Liter Wasser „wertvoller" als ein kg Gold?

3 Wodurch unterscheiden sich Gebrauchs- und Verbrauchsgüter?

4 Welche Beispiele könnte man bei der folgenden Einteilung anführen? Übertragen Sie das Schema in Ihr Heft!

	Verbrauchsgüter			Gebrauchsgüter		
Konsumgüter	×	×	×[1]	×	×	×
Produktionsgüter	×	×	×	×	×	×

5 Wie könnte man die Konsumgüter entsprechend der Rangfolge der Individualbedürfnisse einteilen?

6 Welche wirtschaftlichen Folgen entstehen aus der zunehmenden Güterknappheit, z. B. von Erdöl, Zinn (Automobilindustrie!), Kupfer?

2.1.4 Das ökonomische Prinzip

Problem

Mit 80 Liter Benzin im Autotank gehen wir dann wirtschaftlich um, wenn wir versuchen, damit möglichst viele Kilometer zurückzulegen. Wir handeln aber auch wirtschaftlich, wenn wir weniger Kilometer in kürzerer Fahrzeit zurücklegen, falls eine bestimmte Fahrzeit zum Ziel gesetzt wird.

Umgekehrt könnte man auch die Zielsetzung haben eine Entfernung von 500 km

a) mit möglichst wenig Benzinverbrauch unabhängig von der Fahrzeit zurückzulegen,

b) mit kürzester Fahrzeit unabhängig vom Benzinverbrauch zurückzulegen.

In allen Fällen liegt je nach Zielsetzung wirtschaftliches Handeln vor. Worin liegt der Unterschied zwischen den beiden Fahrweisen?

[1] Die Kreuze dienen zur Entwertung der Leerstellen des Schemas, was teilweise von Schulbuchzulassungsbehörden (Kultusministerien) verlangt wird.

Es entspricht dem allgemeinen Vernunftprinzip, auch Rationalprinzip genannt, dass wir danach trachten, mit einem bestimmten Einsatz von Mitteln einen möglichst großen Erfolg zu erzielen oder aber einen bestimmten Zweck mit einem möglichst geringen Einsatz von Mitteln zu erreichen. Dieser Grundsatz gilt selbstverständlich auch für jede wirtschaftliche Tätigkeit, der ja immer eine Mittel-Zweck-Beziehung zugrunde liegt. Wir sprechen dann vom **ökonomischen Prinzip.** Je nachdem, ob die verfügbaren Mittel oder aber der Zweck festgelegt sind, stellt sich das ökonomische Prinzip als **Maximalprinzip** oder als **Minimalprinzip** dar.

Angenommen, eine Unternehmung verfügt nur noch über einen begrenzten Vorrat eines Rohstoffes, während nach dem hieraus hergestellten Produkt dringend gefragt wird. Sie wird versuchen, aus diesem Stoff möglichst viele Erzeugnisse herzustellen (Maximalprinzip).

Kann sie hingegen nur eine bestimmte Anzahl dieser Güter absetzen, so wird sie bestrebt sein, mit einem möglichst geringen Rohstoffverbrauch auszukommen (Minimalprinzip).

▶ **Das Maximalprinzip**

▶ **Das Minimalprinzip**

Wir haben bereits erkannt, dass das Ziel jeder wirtschaftlichen Tätigkeit die Befriedigung menschlicher Bedürfnisse ist. Wir haben weiterhin festgestellt, dass die Bedürfnisse unbegrenzt sind, während die zur Bedürfnisbefriedigung geeigneten Mittel, d. h. die Güter, nur in beschränktem Umfang zur Verfügung stehen. Diese Knappheit der Güter zwingt die Menschen zu wirtschaften, d. h. die verfügbaren Güter so einzusetzen, dass insgesamt ein möglichst großes Maß an Bedürfnisbefriedigung erreicht wird.

Das ökonomische Prinzip gilt sowohl bei der Gütererzeugung als auch für die Güterverteilung und den Güterverbrauch. Die Wirtschaft umfasst alle Einrichtungen und Maßnahmen zur Befriedigung von Bedürfnissen durch die **planvolle Erzeugung, Verteilung** und **Verwendung** von Gütern.

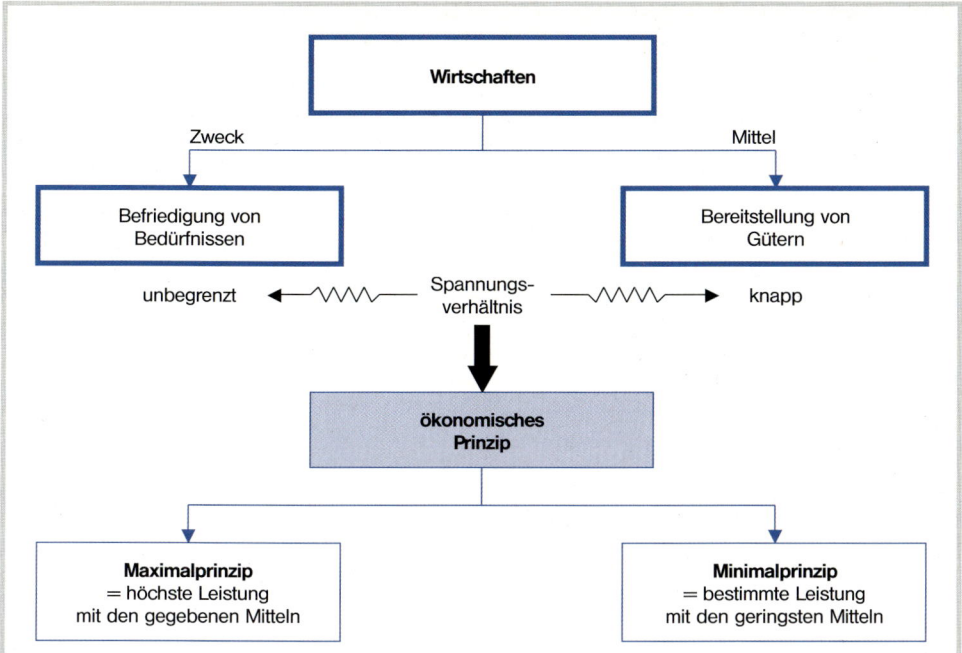

Aufgaben

1 Weshalb ist Wirtschaften ohne planvolles Handeln nicht denkbar?

2 Warum wäre bei freien Gütern das Wirtschaften sinnlos?

3 Welche Beispiele können Sie aus Ihrer täglichen Anschauung für die Anwendung des Maximalprinzips angeben?

4 Warum muss auch eine Hausfrau wirtschaften?

5 Nennen Sie Beispiele für wirtschaftliche Entscheidungen, die nicht nur nach vernünftigen (rationalen) Gesichtspunkten getroffen werden!

Zusammenhang zwischen Angebot, Nachfrage und Preisbildung

Siehe Anhang Seite 496 ff.

2.1.5 Investieren – Sparen – Konsumieren

Problem

Unternehmungen, Haushalte und den Staat bezeichnet man als Wirtschaftssubjekte. Die Unternehmungen stellen Güter her, kaufen, lagern und verkaufen Güter. Haushalte erhalten Einkommen für gewährte Arbeitsleistung oder in Form von Zinsen für Kapitalanlagen. Die Haushalte verbrauchen und sparen Einkommen oder nehmen Kredite auf. Der Staat tritt als Käufer auf und begegnet uns insbesondere als Steuereinnehmer. Import- und Exportgeschäfte verbinden die Volkswirtschaft mit dem Ausland.

Jede dieser täglich millionenfach vorkommenden Handlungen, auch „ökonomische Transaktionen" genannt, ist ein Teil des überaus komplizierten *Wirtschaftsprozesses.* Es ist sehr schwierig dieses Geschehen „in den Griff" zu bekommen, also überschauen, verstehen, beeinflussen oder gar lenken zu können. Seit Mitte des 18. Jahrhunderts dient als Erkenntnishilfe die sogenannte Kreislaufbetrachtung, vergleichbar dem Blutkreislauf des Menschen.

Überlegen Sie, welche wirtschaftlichen Größen in diesem Kreislauf fließen müssen!

Sachdarstellung

2.1.5.1 Der Zusammenhang zwischen Produktion und Verbrauch: Einfacher Wirtschaftskreislauf zwischen Unternehmungen und Haushalten

Bei der einfachsten Betrachtung des volkswirtschaftlichen Kreislaufs werden folgende Bedingungen vorausgesetzt:

1. Als Wirtschaftssubjekte gibt es **private Haushalte** und **Unternehmungen.**

   Der Staat und die Außenwirtschaft werden also in dieses Kreislaufmodell nicht mit einbezogen.

2. Die privaten Haushalte sind sowohl *Arbeitnehmer-* als auch *Unternehmerhaushalte.* Sie verfügen ausschließlich über die Produktionsfaktoren Arbeit, Boden und Kapital.

3. Die Haushalte verbrauchen ihre Einkommen ohne Ersparnisse zu bilden.

4. Der Güterverbrauch der Haushalte entspricht genau der Güterproduktion der Unternehmungen (Einkommensverwendung = Einkommensbildung). Es gibt also keine Neu- und keine Ersatzinvestitionen, z. B. einer Fabrikhalle, Kauf einer neuen Maschine.

5. Zwischen den Haushalten bzw. zwischen den Unternehmungen gibt es keinen Austausch von Faktorleistungen (Lohn, Zins, Güter).

Für die Unternehmungen stellt das Entgelt, das an die Haushalte für die Bereitstellung der *Produktionsfaktoren* zu zahlen ist, *Kosten* dar, für die Haushalte hingegen bildet dieses Entgelt das *Einkommen.* Faktorkosten und Faktorentgelte sind also gleich groß. Die Gesamtheit der in einer Volkswirtschaft produzierten Güter ist das **Nationaleinkommen.**[1]

Die beim Erwerb des Nationaleinkommens durch die Haushalte entstehenden Verkaufserlöse fließen wieder in die Betriebe zurück. Dort wird das Geld wiederum für die Zwecke der Produktion, also für neu entstandene Kosten ausgegeben. Diese Faktorkosten bedeuten aber gleichzeitig Faktorentgelte, d. h. neue Geldeinkommen der Haushalte, die dafür wieder die von den Betrieben hergestellten Güter erwerben können usw. Die Güter- und Geldströme verlaufen dabei in entgegengesetzter Richtung.

---

[1] Am 28. April 1999 wurde in Deutschland das revidierte europäische System volkswirtschaftlicher Gesamtrechnung (ESVG) eingeführt. Dabei erfolgte eine Umstellung der Begrifflichkeiten Sozialprodukt in Nationaleinkommen sowie Bruttosozialeinkommen in Bruttonationaleinkommen.

Das Kreislaufgeschehen zeigt folgende Abbildung:

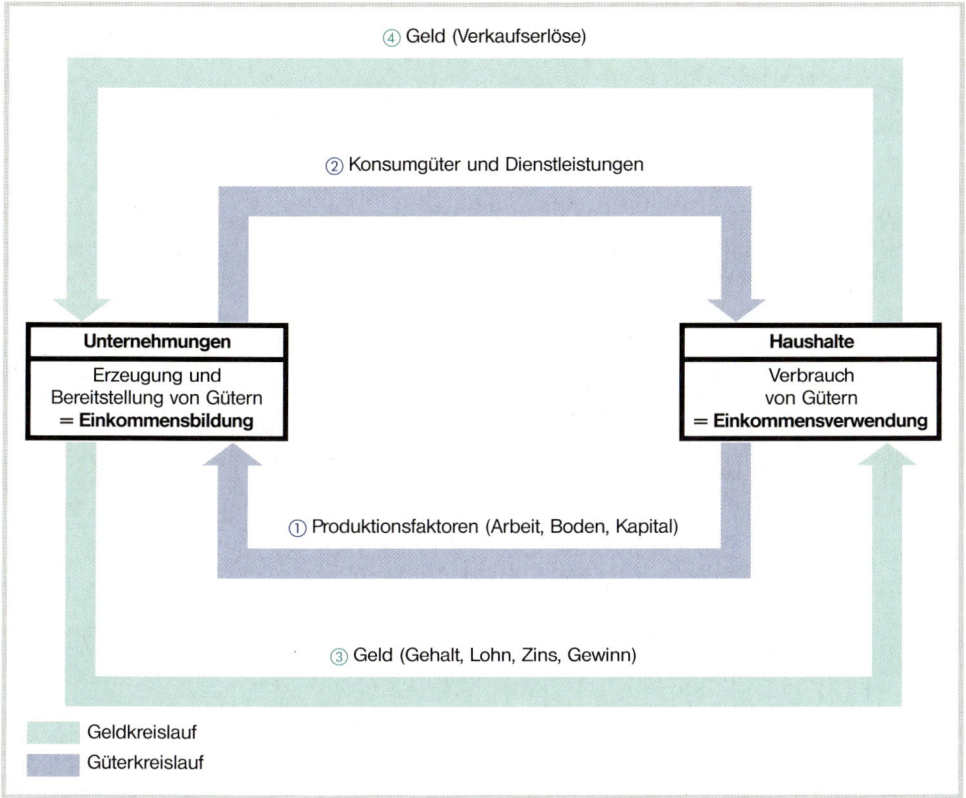

Der **Kreislauf der Güter** entsteht durch die produktiven Beiträge der Haushalte; er führt über die Betriebe wieder in die Haushalte zurück, wo die erzeugten Güter verbraucht werden.

Der **Kreislauf des Geldes** entsteht in den Betrieben bei den Leistungen für das Sozialprodukt und führt über die Haushalte wieder zurück in die Betriebe.

2.1.5.2 *Der einfache Wirtschaftskreislauf mit Einbeziehung von Sparen und Investieren*

Die bisherige Kreislaufbetrachtung war stark vereinfacht. Es wurde u. a. angenommen, dass die erzeugten Güter sofort verbraucht werden, und dass andererseits die Haushalte ihr gesamtes Geldeinkommen für Konsumzwecke ausgeben. In Wirklichkeit wird jedoch ein erheblicher Teil der Güter zur Vergrößerung und Verbesserung des volkswirtschaftlichen Produktionsapparates verwendet, d. h., diese produzierten Güter werden nicht an die Haushalte weitergeleitet, sondern verbleiben in den Unternehmungen und erhöhen dort das Sachvermögen.

Wir bezeichnen diesen Vorgang als **Investierung.** Auf der anderen Seite wird nur ein mehr oder weniger großer Teil des Einkommens verbraucht, der Rest wird gespart. **Sparen** heißt nichts anderes als Konsumverzicht. Konsumieren bedeutet umgekehrt Verbrauch von Einkommen.

2.1.5.3 Das Gleichgewicht zwischen Sparen und Investieren

Nun ist zwar **Sparen** vom Einzelnen her gesehen eine Tugend und eine Notwendigkeit, volkswirtschaftlich bedeutet es jedoch zunächst einmal Konsumverzicht und damit einen Ausfall an kaufkräftiger Nachfrage. Sofern also der Nachfrageausfall bei Konsumgütern nicht durch eine verstärkte Nachfrage nach Investitionsgütern ausgeglichen wird, geht insgesamt die Nachfrage zurück, damit aber auch die Beschäftigung und damit das Einkommen. Nachträglich betrachtet entspricht zwar einer zusätzlichen Ersparnis immer eine zusätzliche Investierung, diese Investierung kann aber unplanmäßig erfolgen, indem z. B. Waren nicht abgesetzt werden konnten. **Die Volkswirtschaft befindet sich nur dann im Gleichgewicht, wenn die freiwilligen Ersparnisse mit den geplanten Investierungen übereinstimmen.** Das ist jedoch nicht ohne weiteres zu erwarten. Die Entscheidung über die Verwendung des Einkommens für Verbrauchsausgaben oder Ersparnisse treffen die Haushalte. Diese Entscheidung ist weit gehend durch die Konsumgewohnheiten bestimmt.

Investierungen hingegen werden von den Unternehmen geplant. Da sich diese Entscheidungen vor allem an der künftigen Entwicklung des Absatzes, der Kosten und damit des Gewinns mit all ihren Unsicherheiten orientieren müssen, sind sie sehr starken Schwankungen unterworfen.

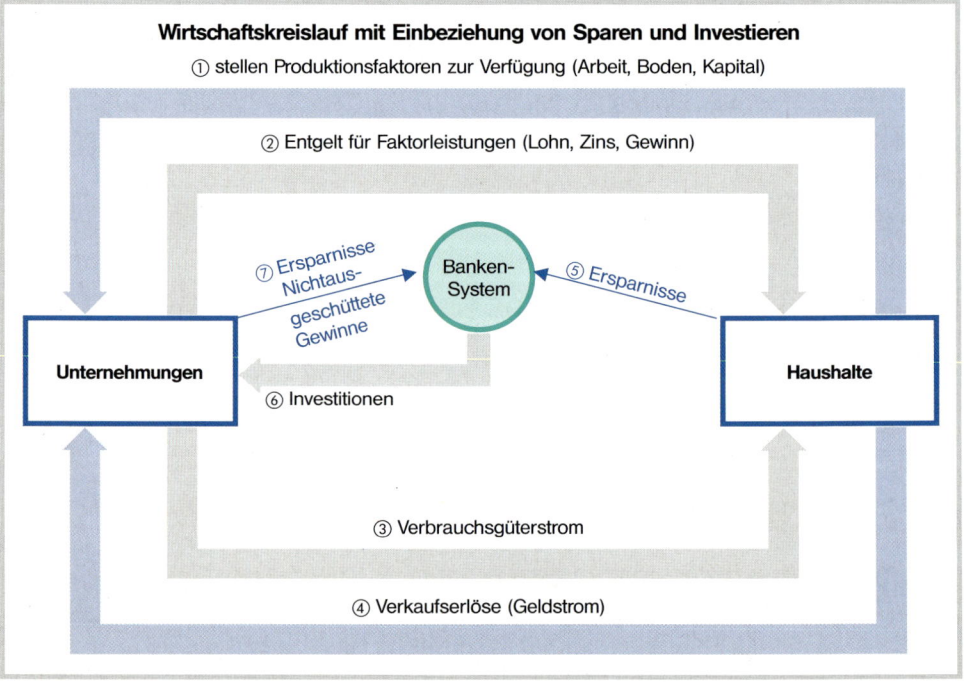

Wirtschaftskreislauf mit Einbeziehung von Sparen und Investieren

① stellen Produktionsfaktoren zur Verfügung (Arbeit, Boden, Kapital)

② Entgelt für Faktorleistungen (Lohn, Zins, Gewinn)

Banken-System

⑦ Ersparnisse Nichtaus-geschüttete Gewinne

⑤ Ersparnisse

Unternehmungen

Haushalte

⑥ Investitionen

③ Verbrauchsgüterstrom

④ Verkaufserlöse (Geldstrom)

Die *Investierungen* erweisen sich somit als der *entscheidende* Faktor der volkswirtschaftlichen Beschäftigung und damit der Einkommensbildung. Gerade in den hoch entwickelten Volkswirtschaften mit ihren großen Ersparnissen kommt es daher darauf an, dass ständig genügend *Anreize* für neue Investierungen vorhanden sind, wenn Vollbeschäftigung und Wachstum der Wirtschaft weiterhin gesichert sein sollen.

Volkswirtschaftliche Gesamtrechnungen

Verwendung und Entstehung in Mrd. lfr.	1996	1997	1998	1999
Entstehungsrechnung				
1. Produktionswert (zu Herstellungsspreisen)	1 126,5	1 225,4	1 305,0	1 442,5
2. Vorleistungen	623,5	669,8	711,0	795,2
3. Bruttowertschöpfung (1–2)	503,1	555,6	594,0	647,3
4. Gütersteuern	67,8	76,2	79,3	91,6
5. Gütersubventionen	– 7,3	– 7,2	– 7,6	– 7,1
Verwendungsrechnung				
6. Konsumausgaben (7+8+9)	376,5	397,0	412,2	447,3
7. private Haushalte	263,6	277,7	287,7	303,3
8. der pOE[1]	10,2	11,3	12,9	14,1
9. des Staates	102,8	107,9	111,6	129,9
10. Bruttoanlageinvestitionen (13+14+15)	113,6	127,6	130,0	167,0
11. Exporte (12+13)	597,7	685,5	756,7	829,9
12. von Gütern	248,6	279,6	319,1	302,5
13. von Dienstleistungen	349,1	406,0	437,6	527,4
14. Importe (15+16)	524,3	585,6	633,2	712,4
15. von Gütern	313,0	351,2	386,8	424,8
16. von Dienstleistungen	211,3	234,3	246,4	287,6
Verteilungsrechnung				
17. Arbeitnehmerentgelt	299,6	319,6	337,3	366,2
18. Betriebsüberschuss	197,5	228,5	247,3	250,3
19. Produktions- und Importabgaben	66,4	76,5	81,1	115,3
20. BIP[2] (3+4+5+6+7+8+9+10+11–14=17+18+19)	563,5,	624,6	665,7	731,8
21. Saldo des Arbeitnehmerentgelts mit der übrigen Welt	– 56,1	– 63,4	– 73,8	–
22. Saldo der Produktions- u. Importabg. mit der übr. Welt	– 4,3	– 4,4	– 4,5	–
23. Saldo der Vermögenseinkommen mit der übrigen Welt	90,5	81,7	54,3	–
24. Bruttonationaleinkommen (20+21+22+23)	593,6	638,5	641,7	–
25. Abschreibungen	83,4	83,9	87,1	–
26. Nettonationaleinkommen (24–25)	510,2	554,6	554,6	–
27. BIP zu konstanten Preisen	554,0	594,2	624,0	670,8
28. BIP Wachstumsrate (%)	2,9	7,3	5,0	7,5
29. BIP pro Kopf (in 1 000)	1 356,0	1 484,0	1 561,0	1 692,0
30. Arbeitnehmerentgelt pro Kopf (in 1 000)	1 475,0	1 521,0	1 535,0	1 582,0

[1] private Organisationen ohne Erwerbszweck
[2] Bruttoinlandsprodukt
Quelle: ESVG95, Europäisches System Volkswirtschaftlicher Gesamtrechnungen

Die DM-Beträge sind in nominalen, nicht in *konstanten* Preisen angegeben. Diese Unterscheidung ist sehr wichtig, da nur die konstanten oder realen Preise die Wirklichkeit aufzeigen. Nominale Preise geben die Werte gemäß den Preisverhältnissen der jeweiligen Jahre an, bei den konstanten Preisen ist die Inflationsrate, also der Grad der Geldentwertung gegenüber dem Basisjahr berücksichtigt.

Zusammenfassung

- **Sparen** bedeutet Verzicht auf den Verbrauch von Gütern. Die Sparquote hängt im Wesentlichen von der Höhe des Einkommens ab. **Investitionen** sind die Schaffung von Produktivvermögen.

- Ein **Gleichgewicht zwischen Sparen und Investieren** besteht nur dann, wenn insgesamt die Investitionspläne der Unternehmungen und die Sparpläne der Haushalte übereinstimmen. Dies ist jedoch nicht zu erwarten.

- Entscheidend für die Entwicklung des Volkseinkommens und für das Wachstum der Volkswirtschaft sind die **Investierungen** der Unternehmungen.

1 Beschreiben Sie das Kreislaufschema auf Seite 33!

2 Warum entspricht das Sozialprodukt dem Wert des Volkseinkommens? Erläutern Sie den Sachverhalt mithilfe des Kreislaufschemas!

3 Warum befindet sich eine Volkswirtschaft bei der Übereinstimmung von Investieren und Sparen im Gleichgewicht?

4 Welche Bedeutung hat der technische Fortschritt für die Investierungen?

5 Inwiefern bilden steuerliche Maßnahmen zur Wirtschaftsförderung einen Anreiz für vermehrte Investitionen?

6 In welcher Form können Ersparnisse durch die Haushalte angelegt werden?

7 Überlegen Sie die volkswirtschaftlichen und politische Folgen, wenn ein Drittel der Arbeitnehmer arbeitslos wäre! (Auswirkungen auf Sparen, Investieren, Preise, Löhne, Wirtschaftswachstum, Geldwertstabilität, Außenwirtschaft.)

2.2 Zielkonflikt Ökonomie – Ökologie

Problem

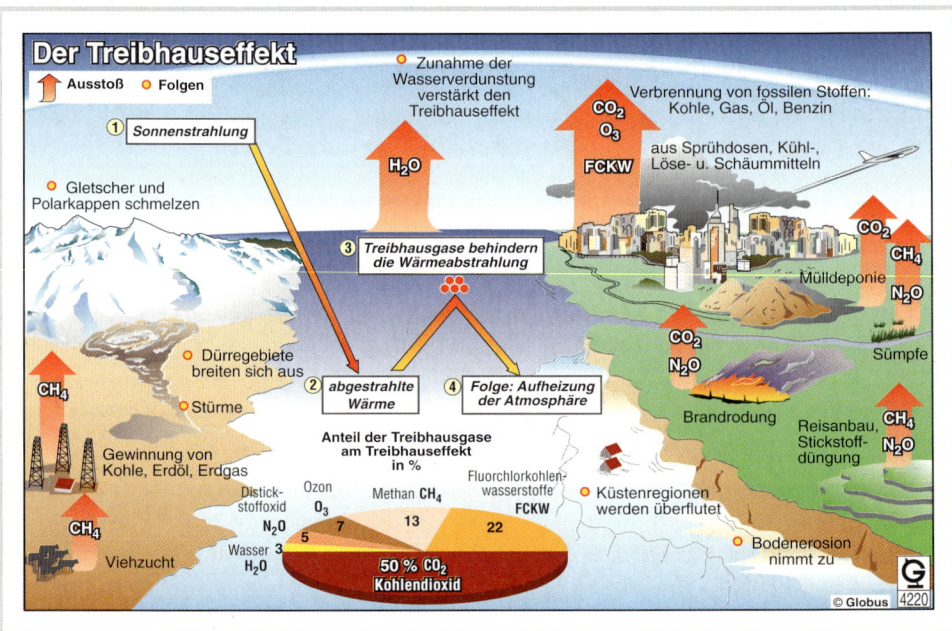

Die Temperatur auf der Erde steigt stetig – die Verantwortung tragen wir Menschen. Rund 22 Milliarden Tonnen Kohlendioxid – das mit 50 Prozent maßgeblich am Treibhauseffekt beteiligt ist – strömen jedes Jahr aus den Auspuffrohren und Schornsteinen in die Atmosphäre. Die abgestrahlte Wärme der Erde wird zu einem großen Teil nicht in den Weltraum entlassen, sondern reflektiert.

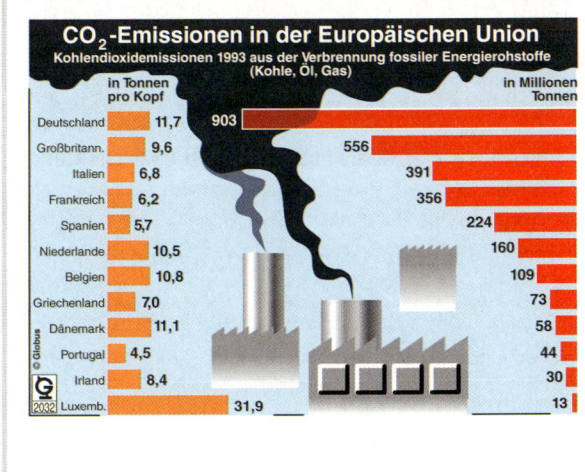

CO₂-Emissionen in der Europäischen Union

Kohlendioxidemissionen 1993 aus der Verbrennung fossiler Energierohstoffe
(Kohle, Öl, Gas)

	in Tonnen pro Kopf	in Millionen Tonnen
Deutschland	11,7	903
Großbritann.	9,6	556
Italien	6,8	391
Frankreich	6,2	356
Spanien	5,7	224
Niederlande	10,5	160
Belgien	10,8	109
Griechenland	7,0	73
Dänemark	11,1	58
Portugal	4,5	44
Irland	8,4	30
Luxemb.	31,9	13

© Globus 2032

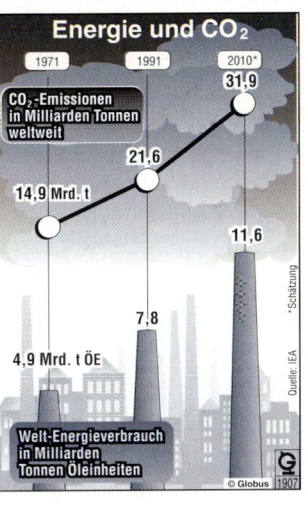

Energie und CO₂

1971   1991   2010*

CO₂-Emissionen in Milliarden Tonnen weltweit

31,9

21,6

14,9 Mrd. t

11,6

7,8

4,9 Mrd. t ÖE

Welt-Energieverbrauch in Milliarden Tonnen Öleinheiten

*Schätzung

Quelle: IEA

© Globus 1907

Naturwissenschaftler befürchten Klimaveränderungen mit katastrophalen Auswirkungen für die Menschheit (Anwachsen der Dürrezonen, Überschwemmungen durch Anwachsen des Meeresspiegels durch den sogenannten **Treibhauseffekt** infolge der bei jeder Verbrennung entstehenden Emission von Kohlendioxyd. 1990 wurden 22,5 Milliarden Tonnen Öl, Kohle, Gas und Holz verbrannt. Hierdurch verändert sich die Zusammensetzung der Atmosphäre, sodass mehr Wärme als bisher auf die Erde einwirken kann.

Dies ist nur *ein* Beispiel. Das **Waldsterben** wird schon seit über zehn Jahren beobachtet. Die **Ozonschicht** über den Polen der Erde wird dünner, wodurch die für das Leben auf der Erde gefährliche ultraviolette Strahlung weniger absorbiert (abgehalten) wird. **Luft- und Gewässerverschmutzungen** zerstören unsere Umwelt ebenso wie Bodenverseuchung, Müllberge und Lärmbelästigung.

Sachdarstellung

Ziel der „Ökonomie", d. h. der Wirtschaft, ist die bestmögliche Versorgung der Menschen mit Gütern und Dienstleistungen. Dies geschieht so gut wie möglich nach dem *ökonomischen Prinzip,* bei der Güterproduktion meist nach dem Minimalprinzip, nämlich ein bestimmtes Ziel mit dem geringsten Mitteleinsatz zu erreichen. Bester Regulator hierfür ist das Streben nach möglichst hoher Gewinnerzielung der einzelnen Unternehmungen (siehe S. 46 f.!).

Ziel der „Ökologie" ist, so sparsam und schonend wie möglich mit den „Ressourcen" der Güterproduktion, d. h. den Rohstoffen wie Erdöl, Holz, Erzen usw., mit dem Wasser und mit der Luft, umzugehen. Die **Umwelt,** Quell allen Lebens auf dieser Erde, darf nicht zerstört, sondern muss erhalten werden.

Zwischen Ökonomie und Ökologie bestehen sehr starke Wechselbeziehungen, die unvermeidbar zu **Zielkonflikten** führen, z. B.:

Die Güterproduktion und der Gütertransport verursachen Umweltbelastungen durch Luftverschmutzung (Schwefeldioxyd, Stickoxyd, Ruß, Staub) Gewässerverunreinigung, Abfallbeseitigung usw. Rohstoffe und Energie werden verbraucht.

Es gibt folgende Möglichkeiten die Umweltbelastung zu verringern.

1. **Weniger Wirtschaftswachstum,** d. h. weniger Güterproduktion und weniger Dienstleistungen. Dies kann aber den Abbau von Arbeitsplätzen und dadurch verursachte Arbeitslosigkeit zur Folge haben.

2. **Umweltschutzinvestitionen so umfassend wie möglich.** Die Folge sind Preissteigerungen, da die Unternehmer die hohen Kosten hierfür in die Preise einkalkulieren. Auch der Staat kann für die Umweltschutzinvestitionen nur das Geld ausgeben, das er von den Steuerzahlern eingenommen hat. Höhere Steuerbelastung der Bürger kann also die Folge sein.

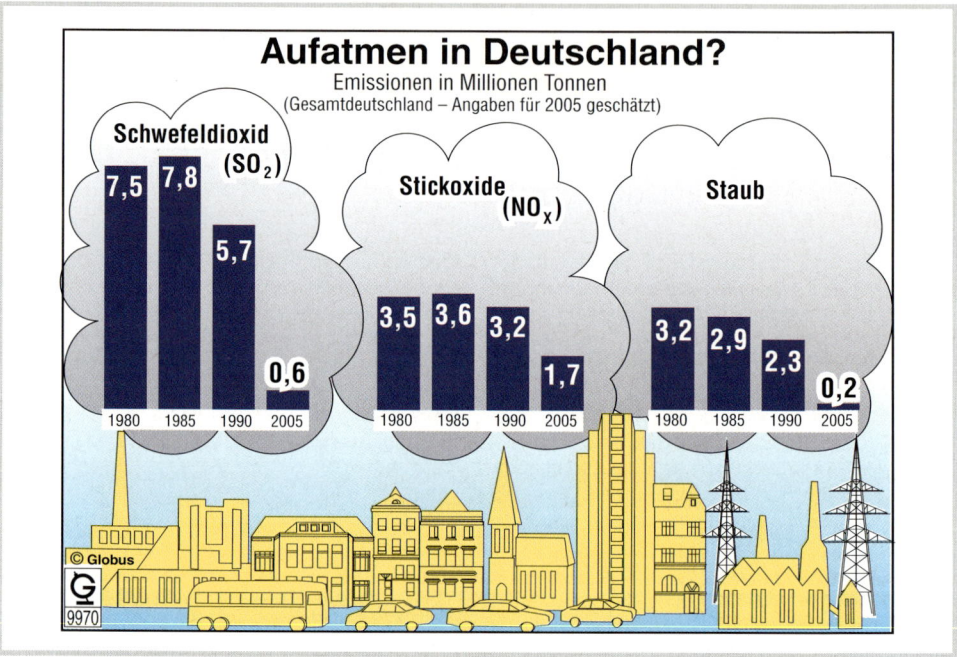

3. **Sparsamer Verbrauch von Rohstoffen und Energie.** Diese Forderung wird durch strenge Anwendung des ökonomischen Prinzips verwirklicht. Dennoch ist ein Umdenken erforderlich, da viele Knappe Rohstoffe durch weniger knappe ersetzt werden können, Energie noch weit mehr aus Sonnenstrahlung, Wind und Wasserkraft als aus Verbrennung von Erdöl, Kohle und Erdgas gewonnen werden kann. Die Energiegewinnung aus Atomkraftwerken ist mit besonderen Risikoproblemen behaftet.

4. **Mehr Recycling,** d. h. Wiederverwendung bereits genutzter Rohstoffe, z. B. Papier, Glas, Aluminium usw.

Die Ökologie muss bei diesen Zielkonflikten den Vorrang haben, wenn durch Umweltbelastung und Umweltzerstörung eine wesentliche Beeinflussung der Gesundheit der Bevölkerung droht und die Lebensgrundlagen der Menschen beeinträchtigt werden. Hierzu ist aber nicht nur die Industrie herausgefordert, sondern jeder einzelne Bürger, der durch zahlreiche Maßnahmen beim Güterverbrauch zum Umweltschutz beitragen kann.

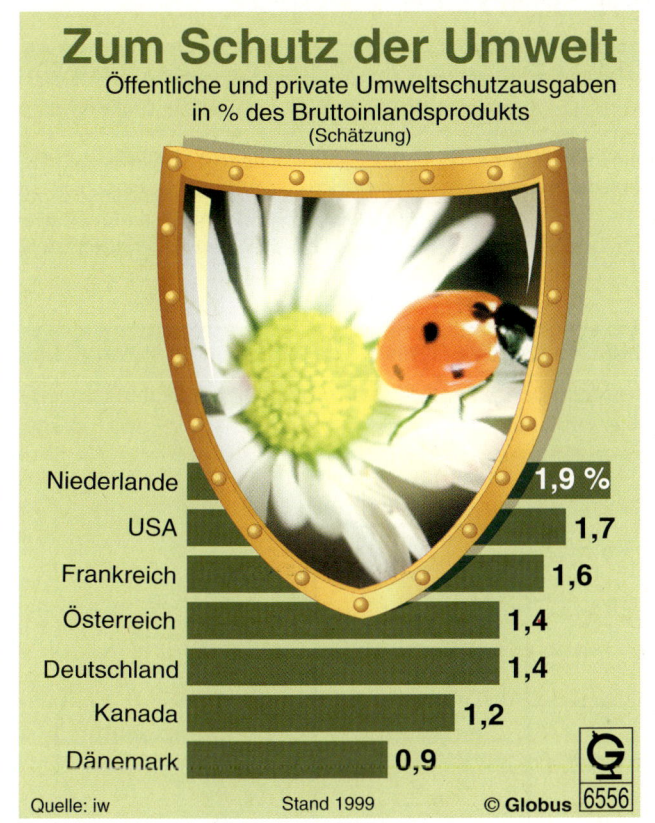

Zum Schutz der Umwelt
Öffentliche und private Umweltschutzausgaben
in % des Bruttoinlandsprodukts
(Schätzung)

Niederlande	1,9 %
USA	1,7
Frankreich	1,6
Österreich	1,4
Deutschland	1,4
Kanada	1,2
Dänemark	0,9

Quelle: iw   Stand 1999   © Globus 6556

Stand 1999 für Anteile am BIP, sofern wesentliche Veränderung:

Dänemark	0,9
Deutschland	1,4
USA	1,7
Niederlande	1,9
Frankreich	1,6

Zusammenfassung

■ Beim **Zielkonflikt Ökonomie – Ökologie** geht es um das Problem „Wirtschaftswachstum" (Produktion von Gütern und Dienstleistungen) einerseits und „Umweltschädigungen" andererseits.

Aufgaben

1 Was versteht man unter dem Zielkonflikt Ökonomie – Ökologie?

2 Welche Erkenntnisse gewinnen Sie aus den Abbildungen „Energie und CO_2", „Der Treibhauseffekt", „CO_2-Emissionen in der Europäischen Union" und „Milliarden für die Umwelt"?

3 In welchem Zusammenhang stehen Ökologie und
   a) Beschäftigung (Arbeitslosigkeit)
   b) Realeinkommen der Bürger?

4 Wie kann jeder einzelne Verbraucher zur Schonung der Umwelt beitragen? Nennen Sie zehn Beispiele!

2.3 Die Produktionsfaktoren

Problem

Bei jeder Güterart, vom Bleistift bis zum Computer, vom Auto bis zum Wolkenkratzer, lässt sich die Produktion auf die Hauptelemente zurückführen: Boden (Natur), Arbeit des Menschen und Produktionskapital, z. B. Maschinen.

a) Welcher entscheidende Faktor fehlt bei diesem Beispiel?

b) Welche Probleme ergeben sich bei der Überlegung, welchen Anteil die einzelnen Produktionsfaktoren haben müssen, um das Gut nach dem ökonomischen Prinzip herstellen zu können?

Sachdarstellung

Die volkswirtschaftliche Güterproduktion umfasst alle wirtschaftlichen Handlungen von der Urerzeugung über die Be- und Verarbeitung bis hin zur Verteilung knapper Güter. Die Konsumation der Güter gehört nicht mehr dazu.

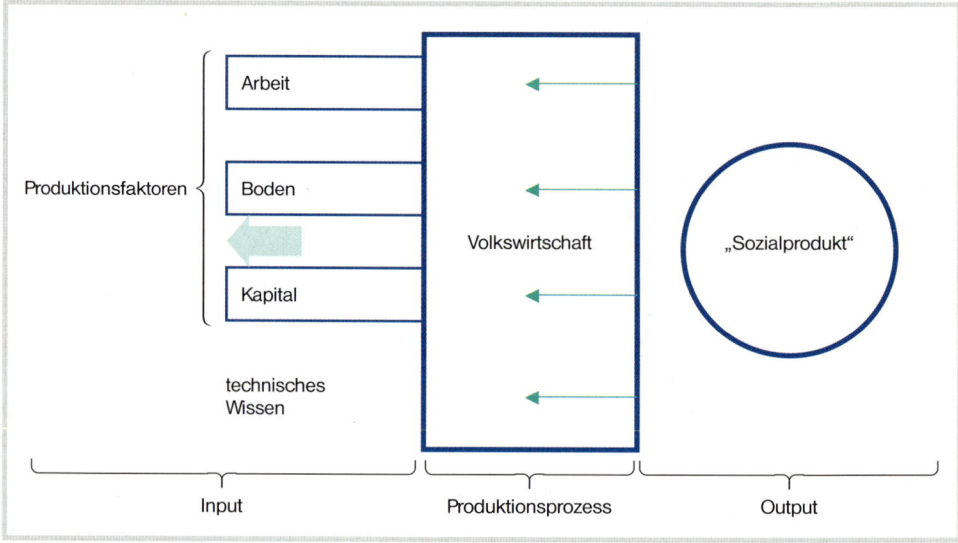

Die gesamte Volkswirtschaft wird als vereinfachtes Modell gesehen. Auf der einen Seite geht ein „Input" ein und auf der anderen Seite kommt in einer Periode, z. B. einem Jahr, durch die Produktion in der „Riesenunternehmung Volkswirtschaft" ein „Output" heraus.

Die betriebswirtschaftlichen Produktionsfaktoren Arbeit, Betriebsmittel und Werkstoffe werden **Elementarfaktoren** genannt, Planung, Leitung und Organisation werden als **dispositive Faktoren** bezeichnet.

2.3.1 Der Boden

Nur ein Drittel der Erdoberfläche ist festes Land und selbst davon kann wiederum nur etwa ein Zehntel landwirtschaftlich genutzt werden. Die Vorräte der Erde an Erzen, Kohle und Erdöl sind auf viele Stellen verteilt; sie sind oft nur schwer zugänglich und es ist schon jetzt abzusehen, wann sie erschöpft sein werden. Der Reichtum der Natur ist also begrenzt. Boden ist nicht beliebig vermehrbar.

Umso wichtiger ist es, dass mit der Umwelt schonend umgegangen wird. Dies verlangt in erster Linie folgende Maßnahmen:

- Sparsamer Verbrauch von Rohstoffen und Energie
- Ersatz knapper Rohstoffe durch weniger knappe
- Recycling, d. h. Wiederverwendung bereits genutzter Rohstoffe, z. B. Papier, Glas, Aluminium u. ä.
- Schonung der Umwelt: Weniger Abgase, Rauch und Staub, weniger Müll (Abfälle) und weniger Abwässer, weniger Chemikalienverbrauch in der Landwirtschaft und in der Industrie.

2.3.2 Die Arbeit

Die Schätze dieser Erde fallen uns nicht in den Schoß. Sie müssen dem Boden oft mühselig abgerungen werden; vielfach müssen sie umgeformt und umgewandelt werden, damit sie sich zur Befriedigung menschlicher Bedürfnisse eignen. Schließlich müssen sie dorthin gebracht werden, wo man sie gerade benötigt. Hierzu ist jeweils **Arbeit** erforderlich, und zwar *körperliche* wie *geistige* Arbeit.

Um bei unserem einfachen Beispiel zu bleiben: es muss erhebliche Arbeit aufgewandt werden, bis wir unser tägliches Brot verzehren können. Felder müssen gedüngt und gepflügt werden; es folgt die Aussaat, und später, wenn nicht ein Unwetter alle Mühe vergeblich werden ließ, kann die Ernte eingebracht werden. Der Weizen muss gedroschen und zur Mühle gebracht werden. Von dort bezieht der Bäcker das Mehl, aus dem er Brot oder Brötchen herstellt.

Wir sind so daran gewöhnt, die Güter verbrauchs- oder gebrauchsfertig angeboten zu bekommen, dass wir uns häufig keine Gedanken mehr darüber machen, welche Mühe und Überlegung erforderlich sind, bis das Gut konsumreif ist.

Die Arbeit ist – ebenso wie der Boden – ein ursprünglicher, natürlicher **Produktionsfaktor.** Nicht alle Menschen sind fähig oder willig zu arbeiten. Dem Produktionsfaktor Arbeit sind durch die *Arbeitsfähigkeit* und *Arbeitswilligkeit* Grenzen gesetzt.

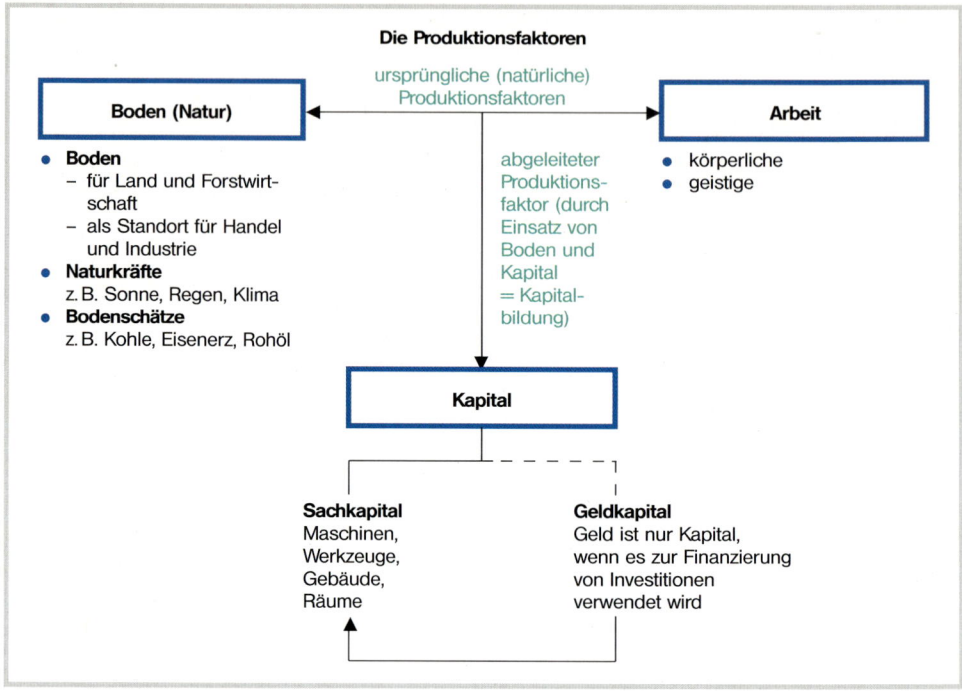

2.3.3   Das Kapital

Eine rein mengenmäßige Ausweitung des Produktionsfaktors Arbeit ist – zumindest in den hoch entwickelten Volkswirtschaften – nur noch in bescheidenem Umfang möglich. Es kommt also für die wirtschaftliche Entwicklung entscheidend darauf an, den Erfolg der Arbeit zu steigern. Dies geschieht durch Werkzeuge, Maschinen und Vorrichtungen aller Art. Die Entwicklung dieser Hilfsmittel von den einfachen Geräten der Vergangenheit bis hin zu den komplizierten Apparaten und Automaten der Gegenwart bildet einen Teil der Kulturgeschichte der Menschheit. Diese Sachgüter sind nicht unmittelbar zum Konsum bestimmt; sie werden produziert, um die Produktion anderer Sachgüter zu ermöglichen und die Arbeit ergiebiger zu gestalten. Wir bezeichnen in der Volkswirtschaftslehre diese *produzierten Produktionsmittel,* zu denen auch die Produktionsstätten, also die gewerblich genutzten Gebäude und Räume, und die bei der Sachgütererzeugung eingesetzten Stoffe gehören, als **Kapital.** Im Gegensatz zum Boden und zur menschlichen Arbeitskraft ist das Kapital kein ursprünglicher, sondern ein *abgeleiteter (derivativer) Produktionsfaktor;* die Kapitalgüter – oder sagen wir: die Produktionsgüter – werden vom Menschen geschaffen, um als „Mittel" bei der Produktion anderer Sachgüter eingesetzt zu werden.

Der Bau von Werkstätten und die Herstellung von Werkzeugen, Maschinen usw. ist jedoch zeitraubend und erfordert Material und Arbeitskraft, sodass auch die Produktion von Kapitalgütern nicht unbegrenzt möglich ist.

2.3.4 Verbindung spezialisierten Wissens

Der wirtschaftliche und technische Fortschritt ist vor allen Dingen auf einen vierten Faktor zurückzuführen, den wir als die *Verbindung wissenschaftlicher rkenntnisse* bezeichnen können.

Umwälzende Erfindungen waren früher das Werk einzelner bedeutender Männer, heute ergeben sie sich aus der *Teamarbeit* von Wissenschaftlern aller möglichen Fachrichtungen. Ähnliches gilt für die Leitung großer Betriebe. Die Unternehmerpersönlichkeit wird immer mehr durch Führungsgruppen ersetzt, die aus hervorragenden Spezialisten gebildet werden.

Bei der gewaltigen *Ausweitung des Wissens* in den letzten Jahrzehnten vermag der Einzelne, sei er auch noch so begabt, auf sich allein gestellt nichts mehr auszurichten. Entscheidend ist vielmehr die sinnvolle **Verbindung spezialisierten Wissens.**

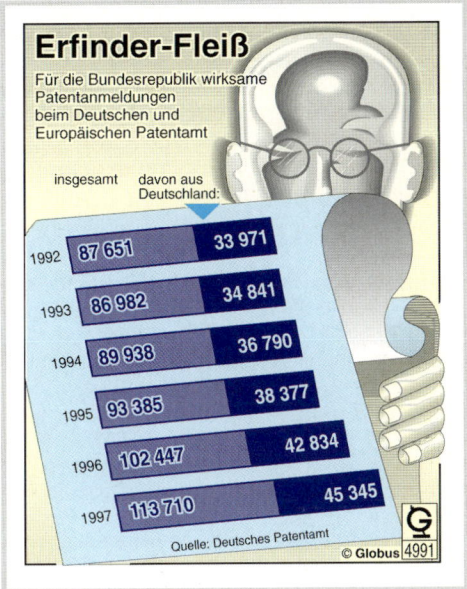

Produktionsfaktoren			
ursprünglich		abgeleitet	
Boden	Arbeit	Kapital	Verbindung spezialisierten Wissens

Ursprünglich war der Boden der wichtigste Produktionsfaktor, da Arbeitskräfte in genügender Zahl zur Verfügung standen und der Kapitalbedarf bei der noch wenig entwickelten Technik gering war. Mit der Industrialisierung wuchs der Kapitalbedarf und damit die Bedeutung des Produktionsfaktors Kapital. Je reichlicher jedoch die Wirtschaft mit Kapital versorgt werden kann, desto wichtiger wird die Organisation der Betriebe, durch die Menschen mit den unterschiedlichsten Kenntnissen und Erfahrungen zu einer leistungsfähigen Einheit verbunden werden. Mit der Änderung der Bedeutung der einzelnen Produktionsfaktoren war und ist gleichzeitig eine Verlagerung der Macht und des Ansehens der Personen verbunden, die über diese Produktionsfaktoren verfügen.

2.3.5 Kombination und Substitution der Produktionsfaktoren

Kombinieren heißt, Teile miteinander verbinden, *substituieren* bedeutet, eine Sache durch eine andere ersetzen, z. B. Energie aus Erdöl durch Kohleenergie.

Bei der Güterproduktion werden die Produktionsfaktoren Boden, Arbeit und Kapital kombiniert oder substituiert. Der vierte betriebswirtschaftliche Faktor Planung, Leitung und Organisation

43

spielt dabei die entscheidende Rolle, um beim Produktionsprozess das ökonomische Prinzip zu verwirklichen, d. h. mit gegebenen Faktoren einen höchsten Ertrag zu erzielen (Maximalprinzip) oder mit geringstem Faktoreinsatz einen bestimmten Ertrag zu erzielen (Minimalprinzip).

Die Produktionsfaktoren werden mit Preisen *bewertet.* Die Mengen der Produktionsfaktoren multipliziert mit den Preisen je Einheit ergeben die **Kosten der Produktion.**

Im betriebswirtschaftlichen Produktionsprozess wird in der Regel die **Minimalkostenkombination** angestrebt, d. h. also, eine bestimmte Gütermenge mit geringsten Faktorkosten zu erzeugen.

Beispiel: Angenommen eine Arbeitsstunde kostet das Unternehmen 25,00 EUR, eine Maschinenstunde 15,00 EUR. Es ergeben sich durch Faktorkombinationen drei Verfahren:

Verfahren	Arbeits-stunden	Kosten/EUR	Maschinen-stunden	Kosten/EUR	Kosten insgesamt
I	2	50,00	1	15,00	65,00
II	1	25,00	2	30,00	55,00
III	3	75,00	0	0,00	75,00

Ergebnis: Die kostengünstigste Faktorkombination ist Verfahren II.

Bei der Minimalkostenkombination kann der **Substitution,** d. h. dem Austausch eines Produktionsfaktors durch einen anderen, eine erhebliche Bedeutung zukommen. Der Einsatz von Maschinen kann beispielsweise menschliche Arbeitskraft ersetzen. Der Faktor Kapital substituiert den Faktor Arbeit.

Die Substitution kann hierbei den Produktionskosten gegenüber *indifferent,* d. h. unterschiedslos, sein. Beim Ersatz von Arbeitskraft durch Maschinen müsste dann die Einsparung von Personalkosten durch die Erhöhung der Kapitalkosten sich ausgleichen. Ist dagegen die Substitution der Produktionsfaktoren gegenüber den Produktionskosten nicht indifferent, sind Kosteneinsparungen möglich. Die Minimalkostenkombination kann auf diese Weise erreicht werden.

Zusammenfassung

- Ursprüngliche, d. h. naturgegebene **Produktionsfaktoren** sind der **Boden** und die menschliche **Arbeitskraft.**

- In der Volkswirtschaftslehre verstehen wir unter dem **Boden** vor allem die in der Natur vorkommenden Grundstoffe für die Gütererzeugung, die natürlichen Energiequellen sowie die klimatischen Verhältnisse.

- Die Stoffe und Kräfte der Natur stehen nur in beschränkter Menge zur Verfügung; sie können vielfach erst durch **Arbeit** für den Menschen nutzbar gemacht werden.

- Der Produktionsfaktor Arbeit umfasst die körperliche und die geistige Arbeit.

- Die Arbeitskraft wird durch die Arbeitsfähigkeit und Arbeitswilligkeit begrenzt; hierbei spielen Altersaufbau, Gesundheitszustand und Bildungsniveau eines Volkes eine wichtige Rolle.

- Eine wesentliche Ausweitung der Produktion ist durch einen verstärkten Einsatz des Produktionsfaktors **Kapital** möglich. Unter dem Begriff **Kapital** werden in der Volkswirtschaftslehre Produktionsstätten und alle die Güter zusammengefasst, die zur Herstellung anderer Güter dienen. Hierzu gehören auch die Hilfsmittel und die bei der Produktion eingesetzten Stoffe.

- Die Kapitalgüter sind nicht von Natur aus vorhanden, sondern müssen erst vom Menschen geschaffen werden. Kapital ist daher ein *abgeleiteter (derivativer)* Produktionsfaktor.

- Der wirtschaftliche und technische Fortschritt entsteht vor allem aus der **Verbindung spezialisierten Wissens.**

- Die **Kosten der Produktion** ergeben sich aus der Menge der Produktionsfaktoren, multipliziert mit dem Preis je Faktoreinheit einer bestimmten Gütermenge.

- Die **Minimalkostenkombination** ist das Ziel der betrieblichen Produktion. Eine bestimmte Gütermenge soll mit geringsten Faktorkosten erzeugt werden. Bei der Minimalkostenkombination wird das *ökonomische Prinzip* als Minimalprinzip verwirklicht.

- Die **Substitution** ist der Austausch eines Produktionsfaktors durch einen anderen, z. B. Arbeit durch Kapital (Maschinen). Sie ist wesentlich für die Minimalkostenkombination.

Aufgaben

1 Weshalb sind der Boden und die menschliche Arbeitskraft nicht beliebig zu vermehren?

2 Der Wert, der in einen Arbeitsplatz investierten Anlagen wie Gebäude, Maschinen, Betriebsausstattung, Fahrzeuge u. Ä., betrug 1999 durchschnittlich 250 000,00 EUR fünfzehnmal mehr als im Jahr 1960.

  a) Weshalb sind seit 1960 die Kosten eines Arbeitsplatzes fünfzehnmal höher?

  b) Erklären Sie die Aussage, dass sich aber die realen Kosten eines Arbeitsplatzes durchschnittlich etwa vervierfacht haben!

  c) Welche volkswirtschaftlichen Auswirkungen hat diese Entwicklung?

3 An welchen Beispielen wird besonders deutlich, dass sich das Klima erheblich auf die Wirtschaftsweise eines Volkes auswirkt?

4 Weshalb ist es falsch, nur die körperliche Arbeit als produktiv anzusehen?

5 Wodurch unterscheiden sich Arbeit und Sport in der Freizeit?

6 a) In welcher Beziehung stehen Bildungsniveau und Lebensstandard eines Volkes zueinander? Welche Schlussfolgerungen ergeben sich daraus z. B. für die Entwicklungshilfe?

  b) Es heißt, dass die Bildungspolitik von heute die wirtschaftliche Entwicklung von morgen bestimme. Welche Erfordernisse ergeben sich daraus?

7 Weshalb wird das Kapital als abgeleiteter Produktionsfaktor bezeichnet?

8 Warum leistet ein Team von Spezialisten wesentlich mehr als eine gleiche Zahl von Menschen, die auf sich allein gestellt arbeiten?

9 Was versteht man

  a) unter Kombination,
  b) unter Substitution
    der Produktionsfaktoren?
  c) Bilden Sie jeweils ein Beispiel hierzu!

10 a) Was ist die Aussage dieser Abbildung?

  b) Welche volkswirtschaftlichen Probleme entstehen durch diese Entwicklung?

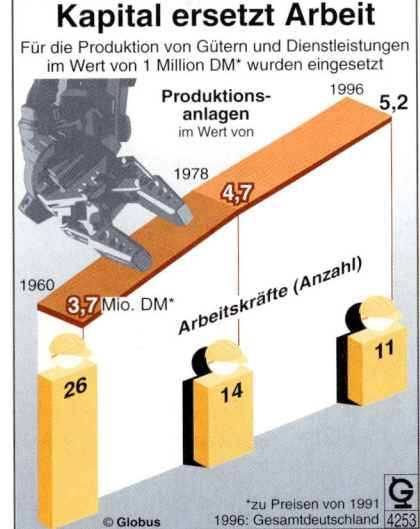

Kapital ersetzt Arbeit

Für die Produktion von Gütern und Dienstleistungen im Wert von 1 Million DM* wurden eingesetzt

Produktionsanlagen im Wert von

1996 5,2
1978 4,7
1960 3,7 Mio. DM*

Arbeitskräfte (Anzahl)

26   14   11

© Globus

*zu Preisen von 1991
1996: Gesamtdeutschland 4253

2.4 Ziele erwerbs- und gemeinwirtschaftlicher Betriebe

Problem

„Ohne Gewinn raucht kein Schornstein!" Dieser Ausspruch des Sozialistenführers *August Bebel* (1840$1913) trifft den Kern des Problems. Nur wenn es sich „lohnt", ist in der freien Wirtschaft der Unternehmer bereit, sein Kapital und seine Arbeitskraft einzusetzen und das Risiko zu übernehmen. Der *Gewinn* ist gleichsam der Motor, welcher die Wirtschaft in Gang hält. Gleichzeitig regelt er wirtschaftliches Tun und Lassen, d. h. dort, wo große Gewinne erwartet werden, wird investiert, dort wo Gewinne ausbleiben, wird die Produktion umgestellt oder stillgelegt.

Marktwirtschaft, freier Wettbewerb und Gewinnerzielung sind die Fundamente einer freiheitlichen **Erwerbswirtschaft.**

Von einem staatlichen Krankenhaus erwarten wir beste ärztliche Versorgung, von der Deutschen Bundesbahn z. B. günstige Fahrpreise für den Berufsverkehr. Hier ist der betriebliche Leistungsprozeß nicht auf Gewinnerzielung, sondern auf *Bedarfsdeckung* gerichtet. Solche **gemeinwirtschaftlichen** Betriebe haben offensichtlich andere Zielsetzungen als erwerbswirtschaftliche Betriebe.

Was soll nun aber darüber entscheiden, ob der betriebliche Leistungsprozeß erwerbswirtschaftlich oder gemeinwirtschaftlich ablaufen soll? Wo liegen die Vorzüge der Erwerbswirtschaft, wo diejenigen der Gemeinwirtschaft?

Sachdarstellung

2.4.1 Gewinnerzielung als Ziel der erwerbswirtschaftlichen Betriebe

Gewinn ist aus folgenden Gründen notwendig:

- als Lebensunterhalt für den Unternehmer,
- zum Ausbau des Unternehmens durch Investitionen, notwendig durch technische und wirtschaftliche Fortentwicklung,
- zur Sicherung der Arbeitsplätze.

Im Gewinnstreben zeigt sich das **ökonomische Prinzip,** d. h., entweder mit geringstem Aufwand einen bestimmten Erfolg oder mit bestimmten Mitteln einen größtmöglichen Erfolg zu erzielen.

Der Gewinn setzt sich also aus folgenden Teilen zusammen:

- **Unternehmerlohn** für die vom Unternehmer geleistete Arbeit,
- **Kapitalzins** für das von den Eigentümern oder dem Inhaber des Unternehmens investierte Kapital,
- **Risikoprämie** für die Bereitschaft durch Investitionen Wagnisse einzugehen.

Ungehemmtes Gewinnstreben ist in der modernen Wirtschaft durch die gegenseitige Abhängigkeit von Arbeitgeber und Arbeitnehmer nicht möglich. Auch die progressive Besteuerung der Gewinne schränkt das Gewinnstreben dann ein, wenn sie zu hoch wird. Mitbestimmung der Arbeitnehmer und Gewerkschaften sowie zunehmende Lasten zur sozialen Sicherung der Arbeitnehmer können die Initiative des Unternehmers ebenfalls beeinträchtigen.

2.4.2 Sicherheitsstreben und Versorgung als Zielsetzung der gemeinwirtschaftlichen Betriebe

Versorgungsunternehmungen, wie Elektrizitäts-, Gas- und Wasserwerke, städtische Verkehrsbetriebe, die Träger der Sozialversicherungen (Krankenkassen, Bundes- und Landesversicherungsanstalten, Bundesanstalt für Arbeit, Berufsgenossenschaften), sind **gemeinwirtschaft-**

liche oder *öffentlich-rechtliche* Betriebe. Bei ihnen ist der betriebswirtschaftliche Leistungs-prozess im Gegensatz zu erwerbswirtschaftlichen Unternehmungen nicht auf Gewinnmaximierung, sondern auf *bestmögliche Bedarfsdeckung* an Sachgütern und Dienstleistungen gerichtet. Ihre Tätigkeit ist am *Gemeinwohl* ausgerichtet. Vorsorge und soziale Sicherheit der Bevölkerung haben gemeinwirtschaftliche Betriebe in erster Linie zum Ziel.

Würde der Grundsatz der Gewinnmaximierung für öffentliche Krankenanstalten gelten, müssten viele geschlossen werden oder ihre Bettenzahl drastisch reduzieren, da die Einnahmen vielfach die Kosten bei weitem nicht decken. Eine ansteigende Sterblichkeitsziffer infolge medizinischer Unterversorgung wäre die Folge.

Es gibt auch viele gemeinwirtschaftliche Betriebe, die nicht nur in der Lage sind ihre Kosten zu decken, sondern darüber hinaus Gewinn erzielen können, z. B. technische Werke zur Energie- und Wasserversorgung u. a. Überschüsse dienen aber hier nicht dem Wohl einzelner Privatpersonen, sondern der Allgemeinheit.

Gemeinwirtschaftliche Betriebe erhalten vom Staat, sozusagen als Gegenleistung für die Übernahme staatlicher Aufgaben, bestimmte Vorrechte gegenüber der Privatwirtschaft, z. B. die Befreiung von der Körperschaft- und Gewerbesteuer.

Es wäre ein Trugschluss, hieraus die Forderung abzuleiten, sämtliche Wirtschaftsbetriebe in die Form der Gemeinwirtschaft überzuführen, d. h. zu verstaatlichen. Es gibt keine ergiebigere Art des Wirtschaftens als die auf Initiative und Leistung des Einzelnen beruhende Erwerbswirtschaft. Organisatorischer Leerlauf und Fehlplanungen sind minimal. Warnendes Beispiel sind die Volkswirtschaften mit zentralverwaltungswirtschaftlichen Wirtschaftsordnungen der diktatorisch regierten Länder. Oft bergen gemeinwirtschaftliche Betriebe auch die Gefahr der Misswirtschaft und der Verfolgung privater Interessen unter dem Deckmantel der Gemeinwohlorientierung. Ihre Wirtschaftlichkeit lässt sich nicht in einer Gewinn- und Verlustrechnung wie bei den Privatbetrieben erkennen. Dort, wo soziale Forderungen dem Gewinnstreben entgegenstehen, hat die Gemeinwirtschaft ihren Platz. Das ausgewogene Verhältnis zwischen erwerbs- und gemeinwirtschaftlichen Betrieben in der Bundesrepublik Deutschland ist neben anderen Einrichtungen der sozialen Marktwirtschaft Ursache für den Wohlstand und den sozialen Frieden in unserem Land.

Zusammenfassung

- *Erwerbswirtschaftliche* Betriebe haben das größtmögliche **Gewinnstreben** (Gewinnmaximierung) zum Ziel. Hierbei wird das ökonomische Prinzip angewendet.

- Der **Gewinn** setzt sich aus Unternehmerlohn, Kapitalverzinsung und Risikoprämie zusammen.

- *Gemeinwirtschaftliche* Betriebe haben bestmögliche Bedarfsdeckung an Sachgütern und Dienstleistungen zum Ziel. Sie sind am Gemeinwohl ausgerichtet.

- Gemeinwirtschaftliche Betriebe sind *öffentlich-rechtliche Körperschaften* (staatliche Betriebe).

- Soziale Erfordernisse stehen in gemeinwirtschaftlichen Betrieben oft der Erzielung von Überschüssen entgegen.

- Ein an den sozialen Notwendigkeiten ausgerichtetes Verhältnis zwischen Staat- und Privatbetrieben innerhalb der Wirtschaftsordnung der sozialen Marktwirtschaft garantiert Wohlstand und sozialen Frieden unseres Landes.

1 Wodurch unterscheidet sich der betriebliche Leistungsprozess in erwerbs- und in gemein-wirtschaftlichen Betrieben?

2 Welche Arten gemeinwirtschaftlicher Betriebe kennen Sie?

3 Weshalb kann der Gewinn als der stärkste Motor der Wirtschaft bezeichnet werden?

4 Erklären Sie den Begriff „Gemeinwohl"!

5 Weshalb kann die gesamte Bedarfsdeckung einer Volkswirtschaft nicht durch erwerbs-(privat-)wirtschaftliche Betriebe erfüllt werden? Nennen Sie Beispiele!

2.5 Funktionen der einzelnen Wirtschaftsbereiche in der Gesamtwirtschaft

Problem

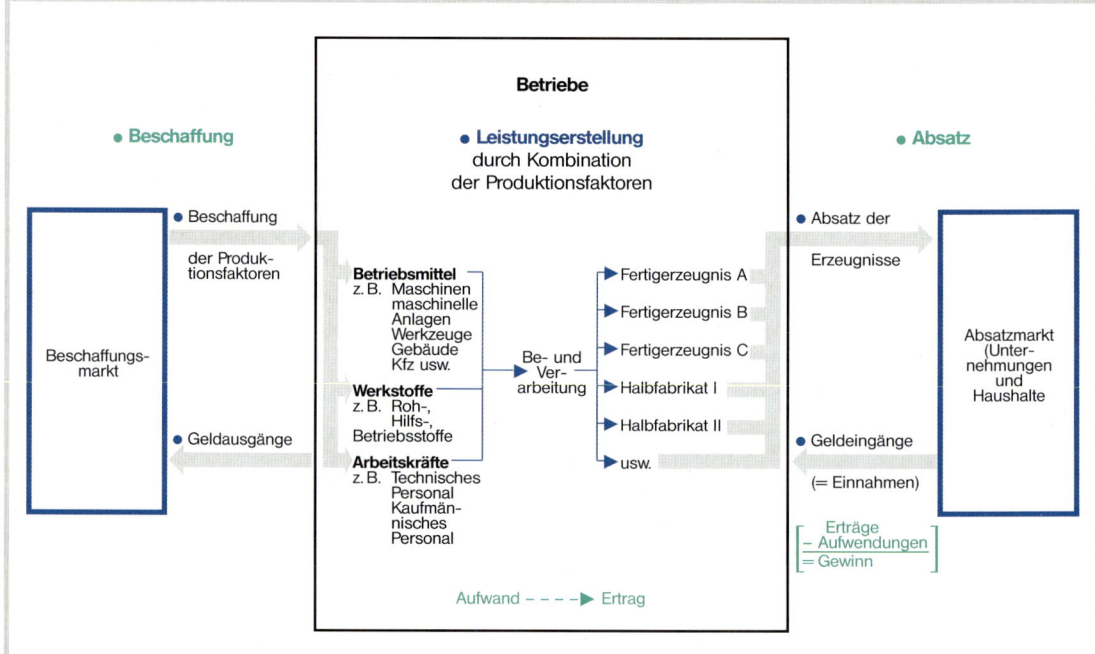

Denken Sie diesen Leistungsprozess am Beispiel der Bleistiftherstellung durch! Werkstoffe sind hierfür Zedernholz, Graphit, Ton, Lacke usw., Betriebsmittel sind Spezialmaschinen, Werkzeuge und teilautomatisierte Fertigungsstraßen, Arbeitskräfte sind Facharbeiter, Angelernte, Techniker, Ingenieure, kaufmännisches Personal von der Büroangestellten bis zum Diplom-Kaufmann in der Führungsebene der Unternehmung.

Beschaffung und Absatz müssen aufeinander abgestimmt sein. Suchen Sie nach Problemen in diesem betrieblichen Leistungsprozess!

2.5.1 Die Gliederung der Wirtschaft (Wirtschaftsstufen)

Nur wenige Güter verbraucht man so, wie sie in der Natur vorkommen. Meist müssen vorher Veränderungen an ihnen vorgenommen werden. Diese Aufgabe übernehmen die Wirtschaftsbetriebe (Unternehmungen). Sie sind tätig in den folgenden **Wirtschaftsbereichen:**

- Urerzeugung
- Weiterverarbeitung
- Verteilung und sonstige Dienstleistungen.

◼ Urerzeugung

Aus der Urerzeugung stammen die Grundstoffe der Güter.

Zum Teil stellt diese die Natur zur Verfügung. Sie brauchen nur „eingesammelt" zu werden (Jagd, Fischerei, Sammeln wilder Früchte). Zum größten Teil verlangt ihre Erzeugung aber noch zusätzliche menschliche Arbeit (Bergbau, Landwirtschaft, Forstwirtschaft).

◼ Weiterverarbeitung

Durch Weiterverarbeitung werden die Güter der Urerzeugung gewöhnlich verbrauchsreif. Dies wird durch Betriebe der **Industrie,** z. B. Kleiderfabriken, Stahlwerke im Großen, und durch das **Handwerk,** wie Bäcker, Schreiner im Kleinen, besorgt.

Die **Grundstoffindustrie** (Eisenhütte, Kohlensäurefabrik) stellt der Fertigung die Ausgangsstoffe zur Verfügung. Die **Produktions- oder Investitionsgüterindustrie** (Maschinenfabrik, Schiffswerft) ist Voraussetzung für alle anderen Betriebe, da sie Maschinen, maschinelle Anlagen und andere Hilfsmittel für ihre Arbeit erzeugt. Die **Konsumgüterindustrie** (Lebensmittel-, Zigaretten-, Möbelfabrik) steht dem Verbrauch am nächsten. Sie baut auf den oben genannten Industriebetrieben auf und stellt Waren für den Bedarf des Verbrauchers her.

◼ Verteilung und sonstige Dienstleistungen

▶ Der Handel als Verteiler

Im Verteilungsbereich werden die Güter anderen Unternehmen oder dem Verbraucher zugeführt.

- Die **Großhändler** (Verteiler, die Güter an Wiederverkäufer weitergeben) übernehmen bestimmte, miteinander verwandte Güterarten von vielen Erzeugern einer Branche in großen Mengen, um sie an Einzelhändler oder Weiterverarbeiter zu verkaufen.
- Die **Einzelhändler** geben die Güter gewöhnlich in kleinen Mengen an den Endverbraucher ab. Je nach dem Umfang der Sortimente, der Art des Vertriebssystems usw. unterscheidet man eine Fülle besonderer Einzelhandelsformen.

▶ Sonstige Dienstleistungen

Die Dienstleistungsbetriebe dienen unmittelbar oder mittelbar den Unternehmungen und Haushalten.

- Die **Kreditinstitute** (Banken und Sparkassen) stellen den Unternehmern Geld zum Einkauf von Gütern und zur Errichtung neuer Anlagen (Investitionen) oder den Verbrauchern Mittel zur Anschaffung von Gebrauchsgütern (Konsumgüterfinanzierung) usw. zur Verfügung.

- Die **Versicherungen** übernehmen Risiken verschiedener Art, die der einzelne Betrieb allein nicht tragen könnte.

- Die **Verkehrsunternehmen** (Deutsche Bahn AG, Deutsche Post AG, Reedereien, Luftverkehrsgesellschaften) überbrücken auf schnelle und zweckmäßige Weise die Entfernungen zwischen den verschiedenen Partnern in der Wirtschaft. Sie dienen dem Güter-, Nachrichten- und Personenverkehr.

- Die **weiteren Dienstleistungsbetriebe** sind Werbeunternehmen, Treuhandbüros, freie Berufe, wie Steuerberater, Rechtsanwälte, Vertreter, Makler usw. Je entwickelter und komplizierter ein Wirtschaftsaufbau wird, desto häufiger entstehen solche Spezialbetriebe.

■ Verbrauch in den Haushalten

Alle Wirtschaftsbetriebe erstellen ihre Leistungen nur mit dem einen Ziel, sie an die **Verbraucher** abzusetzen. Die Letztverbraucher (Konsumenten) bezeichnet man auch als **Haushalte.**

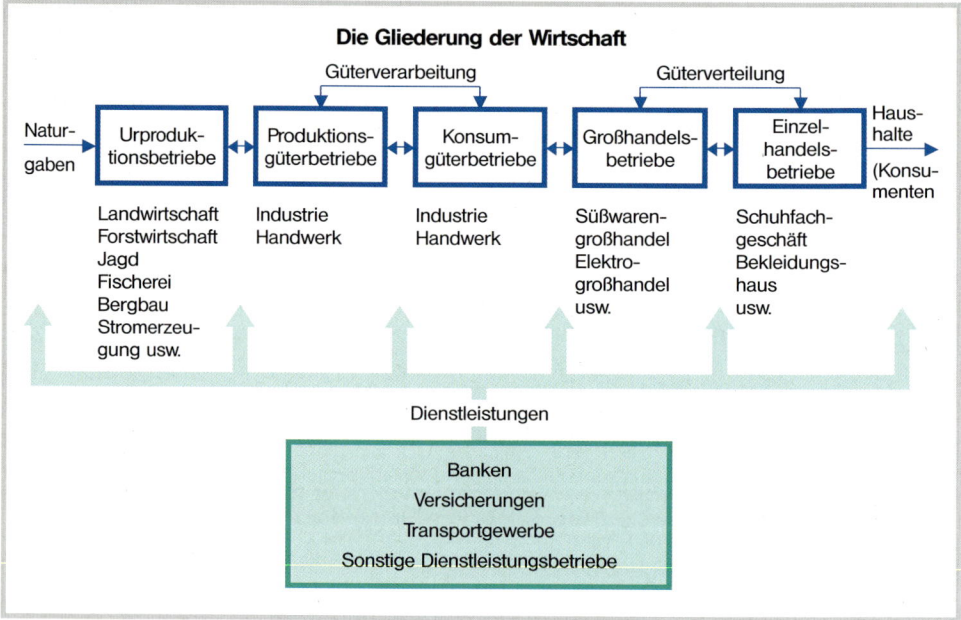

Die Produktion von Sachgütern wird in den Betrieben durch eine möglichst *zweckmäßige Kombination der Produktionsfaktoren* vollzogen. Hierbei spielt zwar die menschliche Arbeitskraft eine wichtige Rolle, es bedarf jedoch auch des Einsatzes von Stoffen und Kräften, die aus dem Boden gewonnen wurden, sowie der Verwendung von allerlei Hilfsmitteln, wie Werkzeugen, Maschinen usw. Ziel der Produktion ist immer die Befriedigung von Bedürfnissen.

2.5.2 Das Zusammenwirken der Wirtschaftsbereiche – Arbeitsteilung

Die ursprünglichste Form der **Arbeitsteilung** ergab sich aus Alter und Geschlecht, wie wir das heute noch bei primitiv lebenden Völkern vorfinden.

Mit der dichteren Besiedlung und der Entstehung von Dörfern und Städten bildeten sich dann die ersten handwerklichen Grundberufe heraus, wie Schmied, Weber und Töpfer. Aus der Aufteilung dieser Grundberufe entstanden weitere Berufe. Diese **berufliche** oder **gesellschaftliche**

Arbeitsteilung steigerte nicht nur den Arbeitserfolg, sondern sie brachte auch den *Zwang zum Güteraustausch* und damit die gegenseitige *Abhängigkeit* mit sich.

Während sich ursprünglich die Erzeugung und der Verbrauch der Güter innerhalb einer Wirtschaftseinheit, der Großfamilie, vollzogen, geschah nunmehr die Produktion bestimmter Güter in den *Betrieben*, während der Konsum von Gütern in den *Haushalten* vor sich ging.

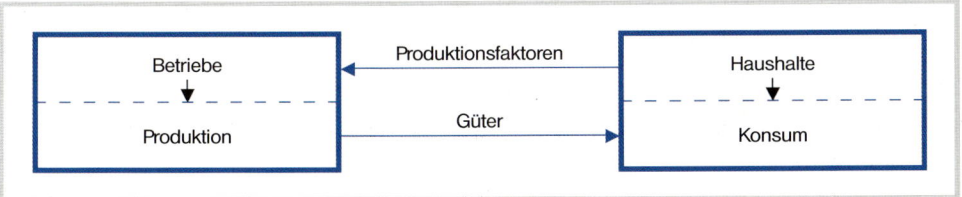

Stark vereinfacht stellt sich jetzt das Bild der Wirtschaft so dar: Die Haushalte verzichten auf die Produktion der Güter, die sie benötigen. Sie stellen den Betrieben die Produktionsfaktoren, z. B. Arbeitskraft, zur Verfügung und erhalten zum Ausgleich einen Anspruch auf einen entsprechenden Anteil an den Gütern, die in den Betrieben durch die gemeinsame Arbeit aller geschaffen wurden.

Die entscheidende Verbesserung des Arbeitserfolges ergab sich jedoch erst, als man daranging, die *einzelnen Arbeitsvorgänge innerhalb* des Betriebes in Verbindung mit einem *verstärkten Einsatz von Maschinen* auf *mehrere* Personen aufzuteilen. Diese **technische** Arbeitsteilung war aber nur in größeren Betrieben, insbesondere in *Industriebetrieben* möglich. Damit stieg die Zahl der *unselbständigen* Beschäftigten, eine Entwicklung, die bis heute noch nicht abgeschlossen ist.

Der einzelne Betrieb hat in der modernen *arbeitsteiligen* Wirtschaft bei der Herstellung eines Gutes nur einen mehr oder weniger großen Anteil am gesamten Produktionsprozess.

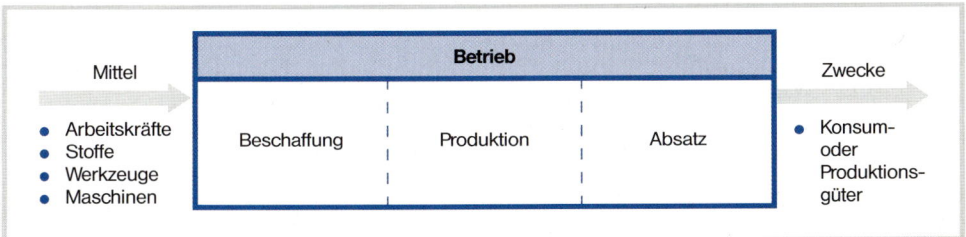

Dies soll am Beispiel einer Papierfabrik gezeigt werden: Papier wird u. a. aus Holzschliff und Zellstoff sowie aus Lumpen und Altpapier hergestellt. Die Papierfabrik bezieht den Holzschliff, sofern sie ihn nicht selbst herstellt, von einer Holzschleiferei, den Zellstoff vom Zellstoffwerk. Diese wiederum erhalten das Material vom Sägewerk, das seinerseits von forstwirtschaftlichen Betrieben beliefert wird.

Verfolgen wir den Weg des Gutes Papier in der Richtung zum menschlichen Konsum, stellen wir fest, dass sich an die Papierfabrik Druckereien sowie die Papier verarbeitende Industrie anschließen, etwa eine Papierwarenfabrik, die Schreibblöcke, Tüten oder Servietten herstellt.

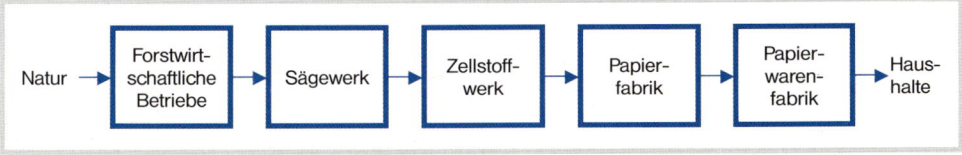

Der einzelne Betrieb ist allerdings nicht, wie es zunächst den Anschein haben mag, als ein Glied in einer Kette anzusehen, die geradewegs von der Natur zu den Haushalten führt, sondern er ist in Wirklichkeit in ein ganzes *Geflecht von Beziehungen* eingeordnet.

Das folgende Schaubild zeigt, welche Betriebe am Zustandekommen eines farbig bedruckten Briefbogens beteiligt sein können, bis er dem Verbraucher zur Verfügung steht. Vermittelnd zwischen diesen zahlreichen Betrieben, sorgt der Markt immer wieder für die Weiterleitung des Gutes. Seine dauernde Ausgleichswirkung ermöglicht den reibungslosen Austausch der Waren.

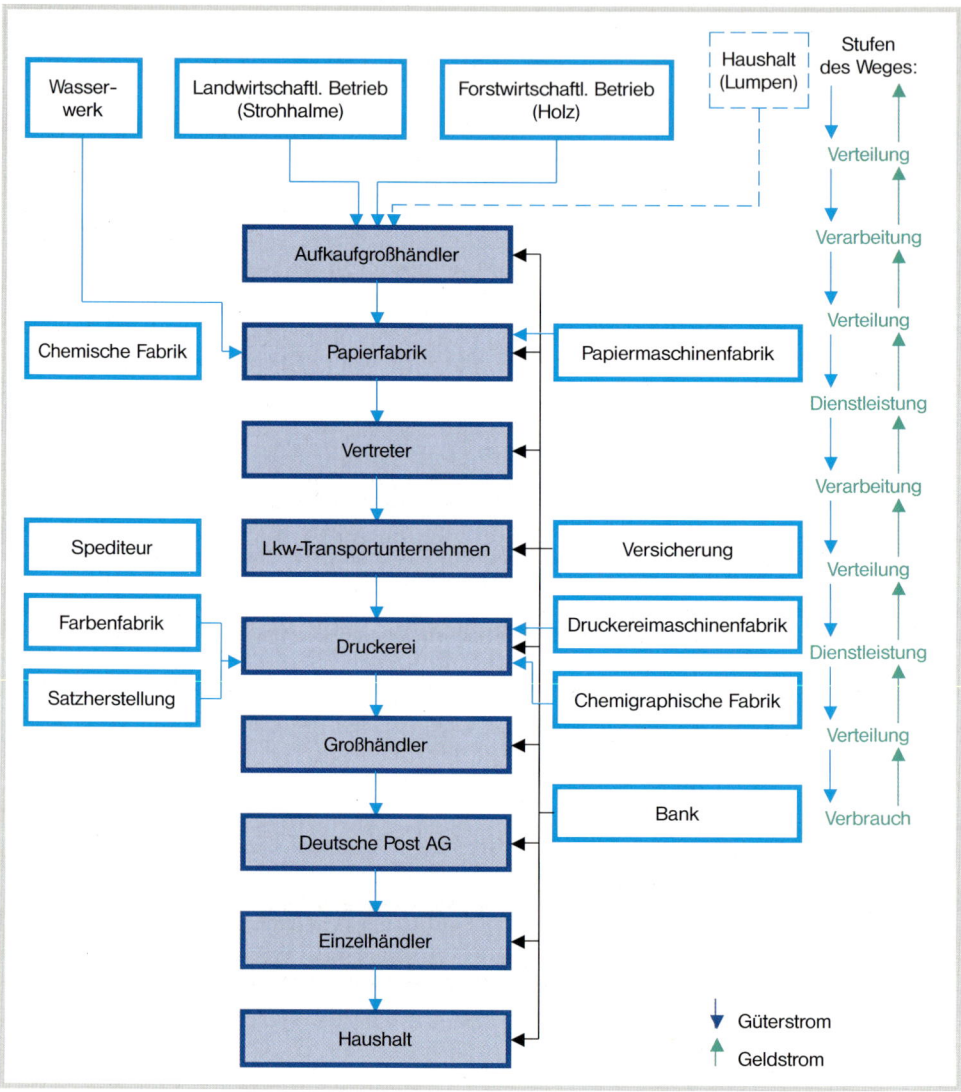

Das Beispiel ist stark vereinfacht. In Wirklichkeit sind noch viele weitere Unternehmen für die Erstellung und Verteilung dieses Gutes unmittelbar oder mittelbar beschäftigt. Dies zeigt, wie eng die Wirtschaftseinheiten miteinander verflochten sind und wie sie gegenseitig voneinander abhängen.

■ Am Anfang des weit verzweigten Produktionsprozesses stehen die **Urproduktionsbetriebe.** Sie gewinnen die Stoffe und Kräfte der Natur aus dem Anbau oder Abbau des Bodens und der Nutzung seiner Energiequellen. Zu den Urproduktionsbetrieben gehören insbesondere *die Land- und Forstwirtschaft, die Fischerei, der Bergbau, Wasserkraftwerke und die Erdölgewinnungsbetriebe.*

■ An die Urproduktionsbetriebe schließen sich die **Verarbeitungsbetriebe** in der Form von *Handwerksbetrieben* und *Industriebetrieben* an. Sie stellen Produktionsgüter oder Konsumgüter her.

■ In dem komplizierten System von Güterströmen, die von der Natur hin zu den Haushalten fließen, sind mannigfaltige *Verteilungsvorgänge* und *Umgruppierungen der Güter* erforderlich. Diese Aufgaben übernimmt weit gehend der **Handel.**

■ **Dienstleistungsbetriebe** im engeren Sinne sind z. B. die Verkehrsbetriebe, freie Berufe wie Rechtsanwälte, Makler, Anzeigenagenturen und Auskunfteien, vor allem aber auch die Banken und Versicherungen.

■ Durch die **Arbeitsteilung** ist jeder Betrieb in ein Geflecht wirtschaftlicher Beziehungen eingebettet.

■ In der modernen arbeitsteiligen Wirtschaft hat der einzelne Betrieb nur noch einen mehr oder minder großen Anteil an der Herstellung eines Gutes.

Aufgaben

1 Warum ist Arbeitsteilung in unserer Wirtschaft notwendig?

2 Was ist die Ursache für die produktionssteigernde Wirkung der Arbeitsteilung?

3 Weshalb bewirkt die Arbeitsteilung eine gegenseitige wirtschaftliche Abhängigkeit?

4 Warum schafft die Arbeitsteilung günstigere Voraussetzungen für die Verwendung von Maschinen und Werkzeugen?

5 Wo liegen die Grenzen der Arbeitsteilung? Welche Nachteile kann die Arbeitsteilung bringen?

6 Worin liegt die Ursache dafür, dass der einzelne Betrieb nur noch einen mehr oder minder großen Anteil an der Herstellung eines Gutes hat?

7 Nennen Sie 20 Verarbeitungsbetriebe Ihres Heimatbereichs und ordnen Sie diese nach Industrie- und Handwerksbetrieben!

8 Mit welchen Betrieben kann ein Lebensmitteleinzelhandelsbetrieb verflochten sein?

9 Weshalb wäre es falsch, die Produktion eines Gutes als einen Strang aufzufassen, der von der Natur zu den Haushalten führt?

10 Bilden Sie je ein Beispiel

a) für die gesellschaftliche Arbeitsteilung,
b) für die technische Arbeitsteilung!

```
┌─────────────────────────────────────┐
│   Steigerung des Arbeitserfolges     │
└─────────────────────────────────────┘
                  ↓ durch
┌─────────────────────────────────────────────────────────────┐
│                    Arbeitsteilung                             │
├───────────────────────────────┬───────────────────────────────┤
│ Gesellschaftliche Arbeitsteilung ──▶ Technische Arbeitsteilung │
├───────────────────────────────┼───────────────────────────────┤
│ Bildung von Berufen            │ Aufteilung der Arbeits-       │
│ Entstehung von Betrieben       │ vorgänge im Betrieb (Arbeitszerlegung) │
└───────────────────────────────┴───────────────────────────────┘
         ↓ Folge                            ↓ Folge
```

- Trennung von Produktion und Konsum
- Güteraustausch
- Abhängigkeit
- Verstärkter Einsatz von Kapitalgütern

- Tendenz zum größeren Betrieb
- Vergrößerung der Zahl der Unselbstständigen

11

Bruttowertschöpfung nach Wirtschaftsbereichen – in jeweiligen Preisen –*

Jahr	1980	1985	1989	1990	1991[7]	1995[7]	1996[7]	1997[7]
in Mrd. DM								
Bruttowertschöpfung (unbereinigt)[1][2]	1 415,9	1 774,3	2 151,9	2 342,5	2 763,8	3 330,2	3 413,8	3 511,1
Unternehmen								
Land- u. Forstwirtschaft	30,5	31,9	37,2	37,2	40,9	36,4	39,0	39,9
Produzierend. Gewerbe[3]	624,8	740,2	870,0	938,7	1 078,5	1 143,8	1 140,6	1 161,0
Handel und Verkehr[4]	218,7	261,5	311,3	346,6	416,5	487,8	490,7	506,6
Dienstlstg.unternehmen[5]	338,3	490,8	641,0	708,5	842,9	1 182,6	1 254,3	1 310,5
darunter Handwerk	145,3	151,8	182,0	206,0	...	...	...	...
Staat, priv. Haush. usw.[6]	203,7	249,9	292,6	311,5	385,0	479,8	489,2	493,1
Anteile in v. H. der un-bereinigten Bruttowert-schöpfung								
Bruttowertschöpfung (unbereinigt)[1][2]	100	100	100	100	100	100	100	100
Unternehmen								
Land- u. Forstwirtschaft	2,2	1,8	1,7	1,6	1,5	1,1	1,1	1,1
Produzierend. Gewerbe[3]	44,1	41,7	40,4	40,1	39,0	34,3	33,4	33,1
Handel und Verkehr[4]	15,6	14,7	14,5	14,8	15,1	14,6	14,4	14,4
Dienstlstg.unternehmen[5]	23,9	27,7	29,8	30,2	30,5	35,5	36,7	37,3
darunter Handwerk	10,3	8,6	8,5	8,8	...	...	...	...
Staat, priv. Haush. usw.[6]	14,4	14,1	13,6	13,3	13,9	14,4	14,3	14,0

* Früheres Bundesgebiet, seit 1991 Deutschland.
[1] Die Bruttowertschöpfung der Volkswirtschaft ist um die nicht abziehbare Umsatzsteuer und die Einfuhrabgaben niedriger als das Bruttoinlandsprodukt.
[2] Vor Abzug der unterstellten Entgelte für Bankdienstleistungen.
[3] Energiewirtschaft (einschließlich Wasserversorgung) und Bergbau, Verarbeitendes Gewerbe, Baugewerbe.
[4] Einschließlich Nachrichtenübermittlung.
[5] Kreditinstitute und Versicherungsunternehmen, Wohnungsvermietung, sonstige Dienstleistungsunternehmen.
[6] Gebietskörperschaften und Sozialversicherung, häusliche Dienste und private Organisationen ohne Erwerbszweck.
[7] Vorläufig.

(Quelle: BMWi Wirtschaft in Zahlen 98, S. 46)

a) Welche Art der Arbeitsteilung erkennen Sie aus dieser Statistik?

b) Stellen Sie in einem Kreisdiagramm die prozentualen Anteile der Bruttowertschöpfung dar (1980 und 1997). Welche Erkenntnisse ziehen Sie aus diesen Zahlen?

c) Auch Ihr Ausbildungsbetrieb hat seine Verflechtung in der arbeitsteiligen Wirtschaft der Bundesrepublik Deutschland. Zeichnen Sie für Ihren Betrieb ein analoges Schaubild zum Beispiel auf S. 52 (Papierfabrik)!

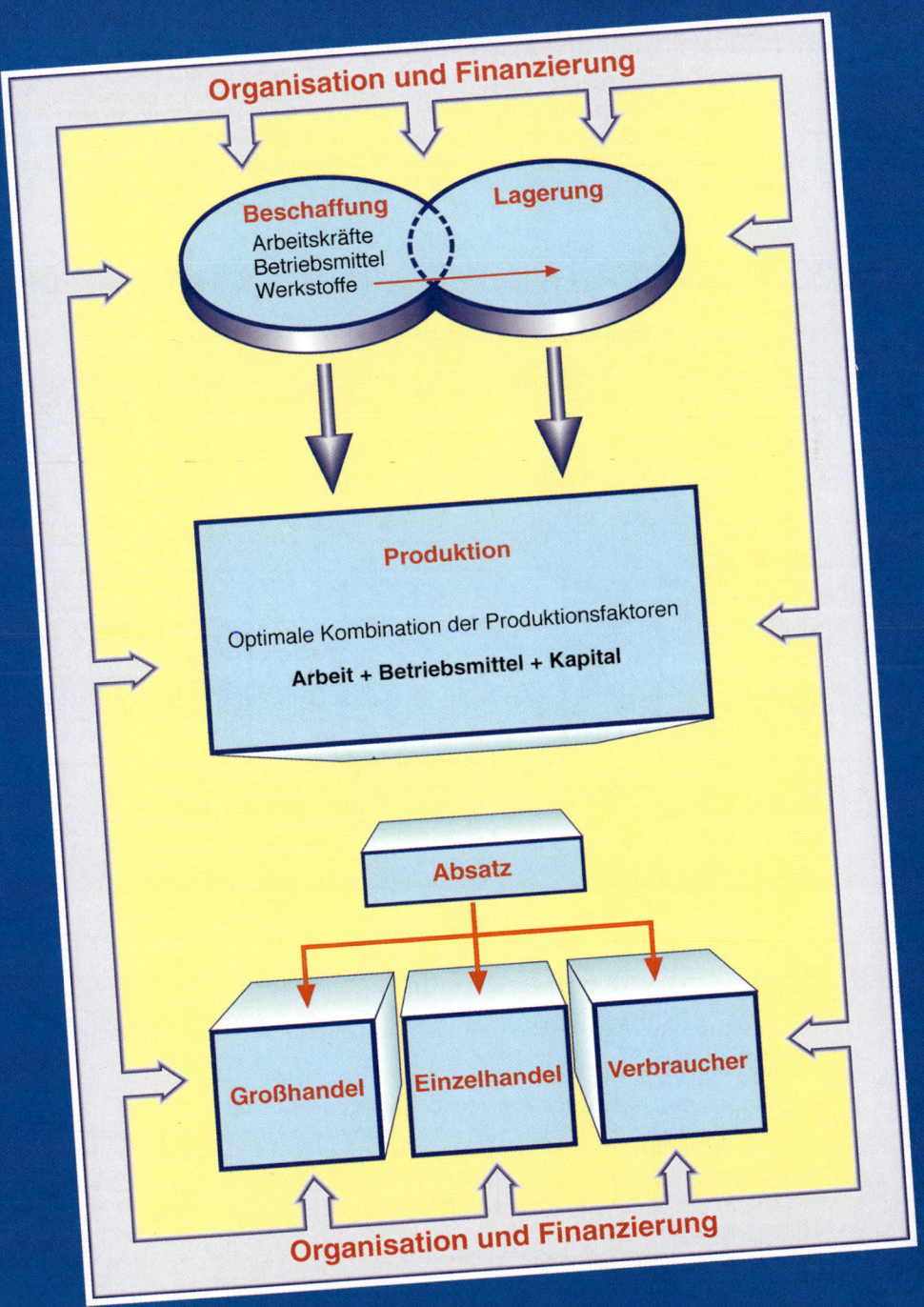

3.1 Grundfunktionen von Sach- und Dienstleistungsbetrieben – dargestellt am Industriebetrieb

Problem

Aufgabe des Industriebetriebs ist es, Rohstoffe und Materialien aus der Natur zu gewinnen, z. B. Lehm für Ziegel, Kohle für die Eisenverhüttung, diese Stoffe zu veredeln, z. B. Schmierstoffe, Treibstoffe, Kunststoffe aus Erdöl herzustellen, und Güter aller Art, z. B. Automobile, Möbel, Baukräne, Nägel u. a. durch Be- und Verarbeitung mithilfe von Maschinen, Chemikalien und Handarbeit zu produzieren.

Wie bewältigt der Industriebetrieb aber diese komplizierte Aufgabe, vom Rohstoff zum marktreifen Endprodukt zu kommen?

Sachdarstellung

3.1.1 Der Industriebetrieb als „Input-Output"-System

Die Leistungserstellung ist ein Umformungsprozess: Der „Input" – das sind die zur Produktion eingesetzten **Produktionsfaktoren**, also Güter und Leistungen – wird in den „Output", das Erzeugnisprogramm des Betriebes umgeformt. Dabei muss darauf geachtet werden, dass der Prozess so wenig umweltbelastend wie möglich abläuft.

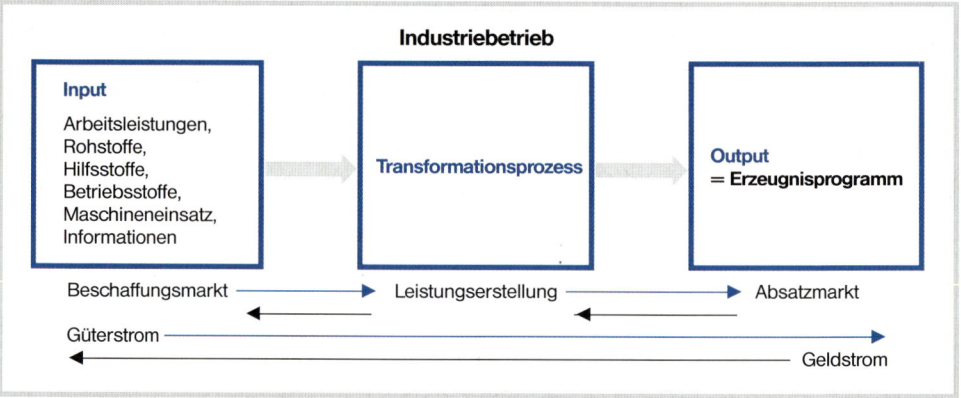

3.1.2 Die Beschaffung und Lagerung

Im Rahmen der **Grundfunktion Beschaffung** sind dem Industriebetrieb zuzuführen:

- Werkstoffe (Roh-, Hilfs-, Betriebsstoffe, Fertigteile),
- menschliche Arbeit (ausführende und leitende Arbeitskräfte),
- Betriebsmittel (Maschinen, Geräte, Werkzeuge, Transporteinrichtungen, Gebäude, Grundstücke).

Die **Beschaffung von Kapital** wird dem Finanzierungsbereich, nicht der Grundfunktion Beschaffung zugeordnet. Sie bleibt hier unberücksichtigt.

Aufgabe der Beschaffung ist es, die erforderlichen Produktionsfaktoren in der *gewünschten Menge,* zum *vorgeplanten Zeitpunkt* oder für den *erforderlichen Zeitraum* verfügbar zu machen. Der vorhandene Finanzspielraum begrenzt den Umfang der Beschaffung. Das **ökonomische Prinzip** und die **ökologischen Notwendigkeiten** sind zu beachten.

Die **Tätigkeiten** im Rahmen der Grundfunktion Beschaffung umfassen:

- Das Ausfindigmachen der richtigen, technisch, ökologisch und wirtschaftlich geeignetsten *Betriebsmittel* und deren Einkauf.

- Die Auswahl der vorteilhaftesten *Werkstoffe* sowie deren *Einkauf* und **Lagerung.** Im Hinblick auf die Lagerhaltung geht es dabei vor allem um den optimalen Lagerbestand und den eisernen Bestand im Materiallager, d.h. um den Bestand für Roh-, Hilfs- und Betriebsstoffe.

- Das Auffinden der geeignetsten *Arbeitskräfte* und deren Einstellung.

3.1.3 Die Produktion

Die Produktion erstellt durch **Kombination der Produktionsfaktoren** die betriebliche Leistung nach dem *ökonomischen Prinzip* (siehe S. 56).

Aufgabe der Produktion ist es, die im Fertigungsprogramm nach Menge und Qualität festgelegten Erzeugnisse möglichst rationell, d.h. kostengünstig und umweltverträglich, herzustellen. Dabei sind folgende **Größen von entscheidendem Einfluss:**

- der Standort des Betriebes,

- die Art der Kombination der Produktionsfaktoren,

- der Stand des technischen Fortschritts.

Die *optimale Kombination der Produktionsfaktoren* Arbeit, Betriebsmittel und Werkstoffe hat zum Ziel, den Faktoreinsatz möglichst wirkungsvoll zu gestalten.

Sie wird entscheidend beeinflusst von der Art der Fertigungsdurchführung: Einzel- oder Mehrfachfertigung, Werkstätten-, Gruppen- oder Fließfertigung – und der angewandten Produktionstechnik – Handarbeit, Mechanisierung, Automation (vgl. S. 68 ff.).

3.1.4 Der Absatz

Aufgabe der Grundfunktion Absatz ist es, durch den Verkauf der Erzeugnisse auf dem Markt den *Rückfluss des investierten Kapitals* und damit die weitere *Produktion* des Unternehmens sicherzustellen.

Durch *kreative* (= schöpferische, einfallsreiche) *Marktsuche* bzw. *Markterschließung* und planmäßige *Marktgestaltung* wird ein gesicherter, möglichst ansteigender Absatz der Produkte angestrebt. Hilfsmittel dazu sind: Marktforschung, Einsatz absatzpolitischer Instrumente (z.B.

Produktgestaltung, Werbung, Preispolitik, Vertriebsmethoden, Kundendienst u. a.) und Zusammenwirken aller absatzpolitischen Aktivitäten im Bereich des Vertriebs.

Der Absatz der Produkte schließt den betrieblichen Umsatzprozess. Die Vergütungen des Marktes in Form von Aufwandsersatz und Gewinn durch Verkauf der erzeugten Produkte sorgen für einen laufenden Rückfluss der investierten Mittel und ein angemessenes Entgelt für die Arbeit, das Risiko und den Kapitaleinsatz des Unternehmers.

3.1.5 Die Finanzierung[1]

Um die Aufgaben der Grundfunktionen Beschaffung einschließlich Lagerung, Produktion und Absatz durchführen zu können benötigt das Unternehmen **Geld für Investitionen**, z. B. für Gebäude, Maschinen, Werkstoffe u. a. **(= Kapital)** sowie für die Zahlung der laufenden Aufwendungen, z. B. für benötigtes Personal (Löhne, Gehälter, Sozialleistungen), für in Anspruch genommene Dienste aller Art (z. B. für Steuerberatung, Rechtsschutz, Werbeagenturleistungen u. a.) usw.

Die **Beschaffung von Geld oder Sachgütern** für die Zwecke der Unternehmung (Kapital) und die Abstimmung zwischen Kapitalbedarf und verfügbarem Kapital, also die **Kapitaldisposition,** heißt **Finanzierung.** Die *Grundfunktionen* (Beschaffung einschließlich Lagerung, Produktion, Absatz, Finanzierung) stehen in einer engen *wechselseitigen Abhängigkeit.* Der Betriebserfolg hängt entscheidend von dem richtigen Zusammenwirken dieser Funktionsbereiche ab.

3.1.6 Die Organisation

Der betriebliche Umsatzprozess ist nur funktionsfähig, weil im Industriebetrieb eine Vielzahl von Mensch-Mensch-Beziehungen, Mensch-Sachmittel-Beziehungen und Sachmittel-Sachmittel-Beziehungen bestehen. Dieses Zuordnungsgeflecht innerhalb des Unternehmens mit den Elementen Aufgabe, Person, Sachmittel ist seine Organisation. Sie schlägt sich nieder in Regelungen über

- den inneren Aufbau des Unternehmens: **Aufbauorganisation** (Wer hat was zu tun?),

- die erforderlichen Arbeitsabläufe: **Ablauforganisation** (Wie ist etwas zu tun?).

Aufgabe der *Aufbauorganisation* ist die Verteilung der Zuständigkeiten auf die im arbeitsteiligen Umsatzprozess tätigen Mitarbeiter. Aufgabe der *Ablauforganisation* ist die Untersuchung und Steuerung der betrieblichen Arbeitsabläufe.

Die Aufgabengliederungen im Rahmen der Aufbauorganisation eines Unternehmens lassen sich in **Organigrammen** veranschaulichen (siehe Abbildung S. 59).

---

[1] Siehe auch ausführliche Darstellung im Kapitel 9 Finanzierung und Investition.

Vereinfachter Organisationsplan eines Industriebetriebes (Organigramm)

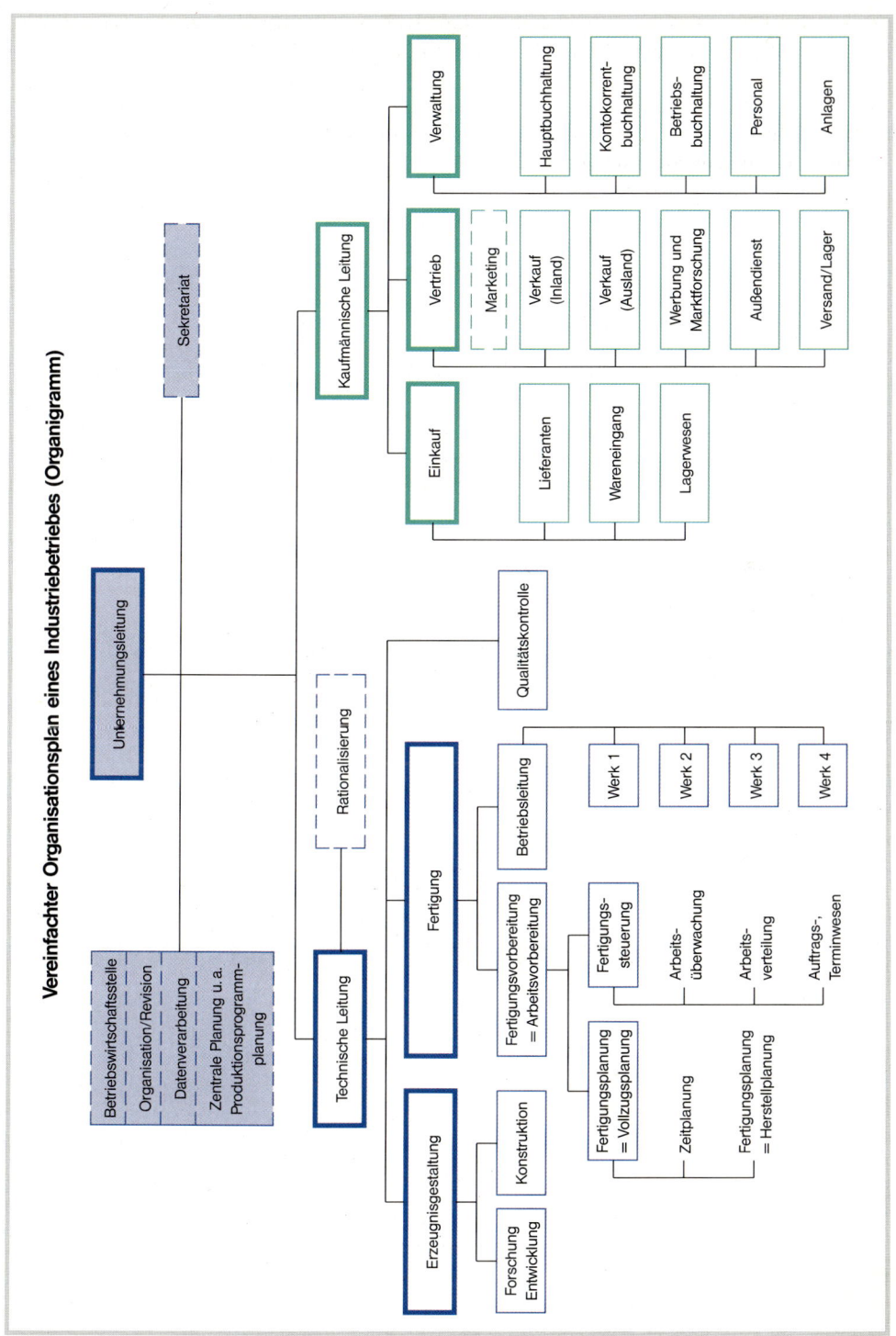

- Der Industriebetrieb ist ein **„Input-Output"-System** mit Beziehungen zum Beschaffungs- und Absatzmarkt.

- Der **betriebliche Umsatzprozess (Leistungsprozess)** besteht aus den **Grundfunktionen**
  - **Beschaffung** einschließlich **Lagerung**
  - **Produktion** (Leistungserstellung durch Transformation)
  - **Absatz** (Leistungsverwertung)
  - **Finanzierung**

- Alle Grundfunktionen stehen im Wertekreislauf des Betriebes in einer **engen wechselseitigen Abhängigkeit.**

- **Aufgabe der Beschaffung** ist es, die betrieblichen Produktionsfaktoren – menschliche Arbeitsleistung, Betriebsmittel, Werkstoffe – dispositionsgemäß, d. h. die richtige Menge zum richtigen Zeitpunkt an dem richtigen Ort, bereitzustellen. **Einkauf** und **Lagerhaltung** sind deshalb im Rahmen der Beschaffung zu optimieren.

- **Aufgabe der Produktion** ist die möglichst rationale, umweltverträgliche betriebliche Leistungserstellung durch dispositionsgerechte Umwandlung der Produktionsfaktoren in marktgerechte Erzeugnisse. Der Produktionsprozess wird wesentlich vom Standort und der Wirksamkeit des Einsatzes der Produktionsfaktoren bestimmt. Die optimale Faktorkombination ist von der Art der Fertigungsdurchführung und der angewandten Produktionstechnik abhängig.

- **Aufgabe des Absatzes** ist es, die erstellten betrieblichen Leistungen auf dem Markt ertragbringend zu verwerten. Schöpferische Marktsuche und Markterschließung, planmäßige Marktgestaltung und mithilfe des absatzpolitischen Instrumentariums aufeinander abgestimmte Marktaktivitäten sind für den Absatzerfolg entscheidend.

- **Aufgabe der Finanzierung** ist die Beschaffung und Disposition des für das Erreichen des Unternehmungszweckes erforderlichen Kapitals.

- Die **Organisation hat die Aufgabe,** die Beziehungsgefüge innerhalb der einzelnen Grundfunktionen sowie im Gesamtbetrieb zu gliedern und Menschen und Sachmittel planvoll und übersichtlich einander zuzuordnen. **Aufbau-** und **Ablauforganisation** sind Eckpfeiler der Gesamtorganisation.

Aufgaben

1 Welche Aufgaben haben die Grundfunktionen a) Beschaffung und Lagerung und b) Produktion in Ihrem Ausbildungsbetrieb?

2 Wovon ist der wirkungsvolle Einsatz der Produktionsfaktoren
a) Arbeit,
b) Betriebsmittel,
c) Werkstoffe abhängig?

3 Welche Aufgaben haben
a) Finanzierung und
b) Organisation im Industriebetrieb?

4 Mit welchen Mitteln können die Absatzziele des Unternehmens erreicht werden?

5 Stellen Sie die Aufbauorganisation Ihres Ausbildungsbetriebs in einem Organigramm wie auf S. 59 dar!

3.2 Leistungserstellung und -verwertung in Sach- und Dienstleistungsbetrieben

3.2.1 Der Leistungsprozess in einem Industriebetrieb

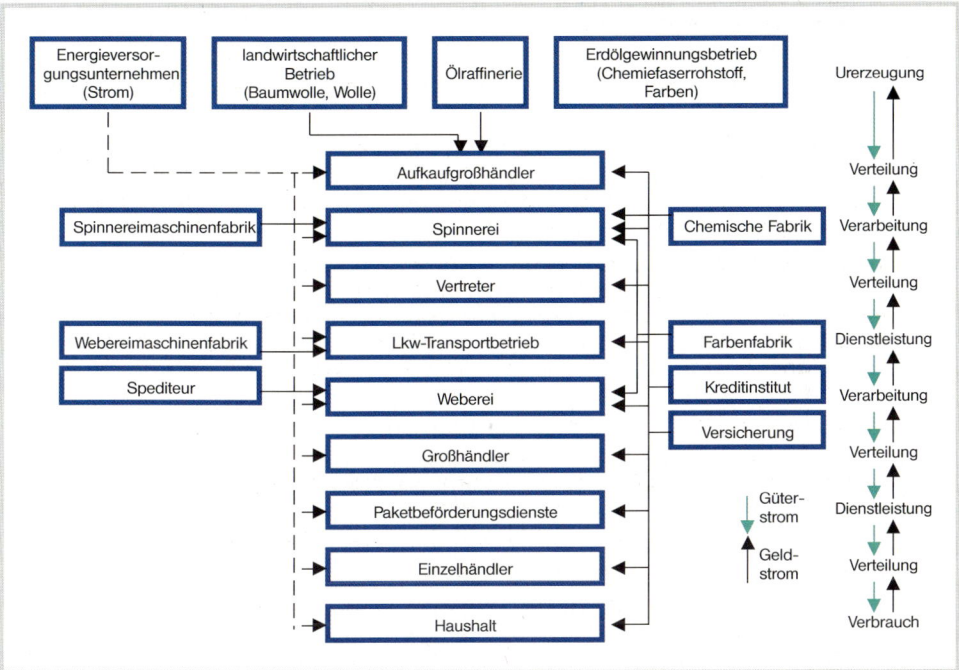

Das Schaubild zeigt, welche Betriebe an Herstellung und Vertrieb eines buntfarbigen Vorhangstoffes beteiligt sein können bis dieser dem Verbraucher zur Verfügung steht. Vermittelnd zwischen diesen zahlreichen Betrieben sorgt der Markt immer wieder für die Weiterleitung des Gutes. Seine dauernde Ausgleichswirkung ermöglicht den reibungslosen Austausch der Waren.

Das Beispiel ist stark vereinfacht. In Wirklichkeit sind noch viele weitere Unternehmen mit der Erstellung und Verteilung dieses Gutes unmittelbar oder mittelbar beschäftigt.

Welche Merkmale kennzeichnen den Industriebetrieb in diesem Geflecht der Wirtschaftsbeziehungen zwischen verschiedenen Unternehmen?

3.2.1.1 Kennzeichen der industriellen Leistungserstellung

Der Industriebetrieb wird geprägt von dem Vorhandensein aller betrieblichen Grundfunktionen, nämlich: Beschaffung und Lagerung, Produktion, Absatz, Leitung und Verwaltung einschließlich Finanzierung und Organisation. Kennzeichnend für die Besonderheit industrieller Betriebe gegenüber Handel und anderen Dienstleistungsunternehmen ist die **Funktion Fertigung,** also **die Produktion.** Die erzeugten Güter dienen entweder dem Verbrauch oder als Halbfabrikate für die Herstellung anderer Produktionsgüter.

Alle *Verfahrenstechniken,* jeder Einsatz von Energie, von Roh-, Hilfs- und Betriebsstoffen in einem Unternehmen müssen heute unter Gesichtspunkten des *Umweltschutzes* beurteilt werden. Der *industrielle Fertigungsprozess belastet* genauso wie das Transportieren, Lagern, Umschichten und Verteilen von Waren im Handel oder die Nutzung technischer Geräte aller Art in den sonstigen Dienstleistungsbetrieben mehr oder weniger die *Umwelt.*

Das bedeutet, dass das Unternehmungsziel Renditeerzielung auf die Dauer nur zu erreichen ist, wenn gleichzeitig eine **umweltbewusste Betriebsführung** die **größtmögliche Umweltschonung** anstrebt.

Industriebetriebe unterscheiden sich zumeist voneinander durch das Vorherrschen eines Produktionsfaktors, z. B. Arbeit, Material. Typisch sind:

▶ Arbeitskostenintensive Betriebe

Industriebetriebe mit einem überwiegenden Anteil von Lohn- und Lohnnebenkosten an den Gesamtkosten werden als *arbeitskostenintensiv produzierend* bezeichnet.

Sie sind meist von geringen Möglichkeiten der Mechanisierung, Maschinisierung und Automatisierung geprägt. Viele von Hand durchzuführende Montage-, Kontrolltätigkeiten und sonstige Arbeiten führen auch dann zu hohen Arbeitskosten und damit zu hohen Preisen, wenn die Ausbringungsmengen gesteigert werden.

Beispiele: Spielwarenherstellung, herkömmliche Uhrenherstellung, Musikinstrumentenbau, keramische und Glas verarbeitende Industrie.

▶ Anlageintensive Betriebe

Bezeichnend für Industriebetriebe mit hoher Anlagenintensität ist der überwiegende Anteil an festen, von der Beschäftigungslage unabhängigen Kosten. Sie werden hervorgerufen durch hohe Abschreibungen auf teure, hochwertige Anlagegüter mit zumeist langer Nutzungsdauer, hohen Pflege- und Wartungskosten sowie hohen Kosten für den Umweltschutz und großen Zinsbelastungen aufgrund des erforderlichen Kapitaleinsatzes. Solche kapitalintensiven Betriebe benötigen eine hohe Auslastung ihrer Fertigungsanlagen, um die Kosten je Stück niedrig halten zu können.

Beispiele: Braunkohlenindustrie, Wasserkraftwerke, Schiffsbau, gesamte chemische Industrie, z. B. Raffinerien.

▶ Rohstoff-(= material-)intensive Betriebe

Industriebetriebe mit hohem Rohstoffeinsatz, an dem nur verhältnismäßig wenige oder nur geringfügige Kosten verursachende Arbeiten durchgeführt werden, haben eine rohstoffintensive Produktion. Deshalb geben die Rohstoffe auch den Kostenausschlag im Gesamtkostengefüge. Dieses kann durch günstige Beschaffung und Lagerung positiv beeinflusst werden.

Der Rohstoffeinsatz kann dabei in großen Mengen mit relativ geringem Einzelwert (z. B. Lehm für Ziegel) oder in geringen Mengen mit hohem Einzelwert (z. B. Aufbereitung von Diamanten oder Gold für industrielle Zwecke) durch die Faktorkombination festgelegt sein.

Beispiele: Textilindustrie, Lederindustrie, Ziegelherstellung, Möbelherstellung, Fleischwarenindustrie, Schmuckwarenindustrie.

▶ Energiekostenintensive Betriebe

Energiekostenintensive Fertigung ist ein *Spezialfall der rohstoffintensiven Fertigung.* Wegen ihrer kostenmäßigen Bedeutsamkeit wird sie hier besonders dargestellt.

Industriebetriebe dieser Art sind durch einen hohen Verbrauch an Primärenergie (Kohle, Öl) und Sekundärenergie (Strom) gekennzeichnet. Der Energieverbrauch bestimmt in Verbindung mit dem Standort (Kraftwerksnähe oder -ferne) ihre Kostenstruktur.

Beispiele: Aluminiumherstellung, Eisenverhüttung u. a.

Bezeichnend für alle Industriebetriebe ist heute das Bemühen, durch Einsatz weiterentwickelter technischer Verfahren und hochwertiger, neuzeitlicher Betriebsmittel die Produktivität zu steigern, die Umweltbelastung zu senken und die Arbeitskostenintensität zu mindern. Die Kostenstruktur verändert sich hin zu verstärkter Anlagenintensität. Daraus ergibt sich, dass alle Vorgänge in einem Industriebetrieb von technischen **und** wirtschaftlichen **und** ökologischen Gegebenheiten beeinflusst werden. Dies trifft für die Konstruktion, die sich an absatzwirtschaftlichen Überlegungen zu orientieren hat, genauso zu, wie für die Qualität der Fertigung, die technische Notwendigkeiten, Entsorgung und wirtschaftliche Zweckmäßigkeit zu verbinden hat.

Für die Industriebetriebe sind heute folgende **Merkmale** typisch:

- **Weit gehende Arbeitsteilung,** fachliche Spezialisierung auf wenige Ausführungen und Handgriffe und die Möglichkeit, ungelernte und angelernte Arbeitskräfte einsetzen zu können.

- **Maschinenarbeit,** Einsatz technischer Hilfsmittel aller Art stehen gegenüber der Handarbeit im Ganzen gesehen im Vordergrund. Exakte Planung und Steuerung der Fertigung, Einsatz von Spezialmaschinen bei Serien- und Massenfertigung, von Halb- und Vollautomaten und von Transferstraßen verbunden mit hoher Ausbringung bei verhältnismäßig geringen Stückkosten prägen das Bild.

- **Produktion für den unbekannten Markt** ist vorherrschend, wenngleich bei Groß-Objekt-Fertigung, z. B. Elektromaschinenbau, Schiffsbau, Kundenwünsche in Form von Sonderanfertigungen üblicherweise in vollem Umfang berücksichtigt werden.

- **Hoher Kapitaleinsatz und hoher Anteil** fester Kosten als Folge des verstärkten Einsatzes von aufwendigen Betriebsanlagen, großen Stückzahlen, größerer Vorratshaltung führen dazu, dass die Unternehmen häufig als Gesellschaftsunternehmen, z. B. AG, GmbH, geführt werden, weil das Kapital nicht mehr von einem allein aufzubringen ist. Der Zwang zur Auslastung durch die hohen Fixkosten macht den Industriebetrieb anfällig gegenüber größeren Absatzschwankungen.

- Geringe **Bindung des Arbeitnehmers** an den Betrieb. Der Bezug zum Erzeugnis als Ganzem und damit zum Betriebsgeschehen ist wegen der mangelnden Kenntnis der Bedeutung des eigenen Tuns schwach ausgeprägt. Gegengesteuert wird neuerdings durch Aufgabenerweiterung für den einzelnen Arbeitnehmer und durch verstärkte Einführung von Gruppenarbeit.

- Das „Job-Denken" des Arbeitnehmers wird durch die Mehrzahl der angewandten Produktionsmethoden gefördert. Es muss deshalb durch betriebseigene Bildungs- und Sozialarbeit in Verbindung mit zusätzlichen sozialen Leistungen zu vermehrtem Gemeinsinn umgelenkt werden.

- **Verminderung von Umweltbelastungen.** Dies wird angestrebt durch *sparsamen Umgang mit den natürlichen Ressourcen,* z. B. Sparen von Energie, Wasser, Nutzen aller *Möglichkeiten der Wiederverwertung,* z. B. Altölaufbereitung, sortenreines Trennen von Abfällen, Verschnitt und Müll, z. B. Aluminium, Weißblech, Glas, Papier, Hartplastik, Weichplastik, kompostierbare Stoffe, Restmüll, *Senkung der Emissionen,* z. B. Einbau von Rauch- und Entschwefelungsfiltern in Kohlekraftwerke.

3.2.1.2 Beziehung des Industriebetriebes zu den Beschaffungs- und Absatzmärkten

Der Industriebetrieb ist aufgrund seiner arteigenen Aufgabe der Produktion in ein Geflecht von Beziehungen zu folgenden Märkten eingegliedert:

- Beschaffungsmärkte (Inland und Ausland),
- Absatzmärkte (Inland und Ausland).

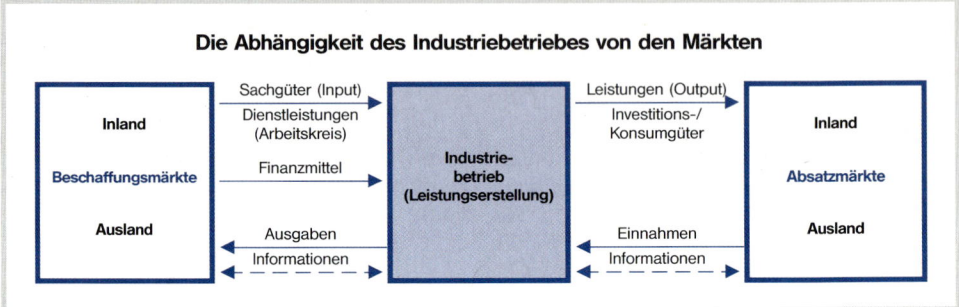

Die Abhängigkeit des Industriebetriebes von den Märkten

▶ **Abhängigkeit von Beschaffungsmärkten**

Der Industriebetrieb hängt auf der **Beschaffungsseite** ab vom:

- **Arbeitsmarkt** im Hinblick auf die Gewinnung von Arbeitskräften in der erforderlichen Qualifikation und Anzahl. Arbeitsamt und betriebliche Personalabteilung wirken hier zusammen;
- **Gütermarkt** unter Berücksichtigung der Tatsache, dass für die Produktion sowohl Investitionsgüter (Anlagen, technische Apparaturen aller Art) als auch Roh-, Hilfs- und Betriebsstoffe erforderlich sind;
- **Geld- und Kapitalmarkt** für die Beschaffung von kurz- und langfristig zur Verfügung stehenden Mitteln, um die Finanzierung von Beschaffung und Produktion sowie die Aufbereitung des Absatzmarktes sicherzustellen.

▶ **Abhängigkeit von Absatzmärkten**

Auf der **Absatzseite** hängt der Industriebetrieb ab vom:

- **Investitionsgütermarkt,** sofern sein Erzeugnisprogramm Investitionsgüter umfasst, z. B. Werkzeugmaschinen, Kräne u. a. 38 % der Unternehmen produzieren in der Bundesrepublik Deutschland Investitionsgüter.
- **Konsumgütermarkt,** sofern sein Produktionsprogramm auf die Herstellung von Ver- oder Gebrauchsgütern ausgerichtet ist, z. B. Lebensmittel, Automobile, Kühlschränke u. a. 42 % der industriellen Unternehmen stellen Konsumgüter her.

Gegebenenfalls kann der Betrieb auf der Absatzseite sowohl vom Investitions- als auch vom Konsumgütermarkt abhängig sein. Dies ist der Fall, wenn verwendungsabhängig das hergestellte Produkt sowohl als Investitions- als auch als Konsumgut eingesetzt werden kann, z. B. Kleintransporter.

► **Internationale Abhängigkeiten (Import-, Exportmärkte)**

Durch Verflechtung der Geld- und Güterströme im Welthandel beschafft der Industriebetrieb seine Produktionsfaktoren nicht nur im Inland, sondern auch in den Ländern, die an der europäischen Währungsunion teilnehmen (Eurozone) und im sonstigen Ausland, z. B. Gastarbeiter, Maschinen aus anderen EU-Ländern, Kapital vom Eurokapitalmarkt. Dementsprechend setzt er seine Produkte auch in diesen Wirtschaftsräumen ab und darüber hinaus ggfs. auch weltweit.

So wirkt das Geschehen auf ausländischen Investitions- und Konsumgütermärkten auf die heimische Industrie zurück.

3.2.2 Abgrenzung des Industriebetriebs von Handels- und Dienstleistungsbetrieben

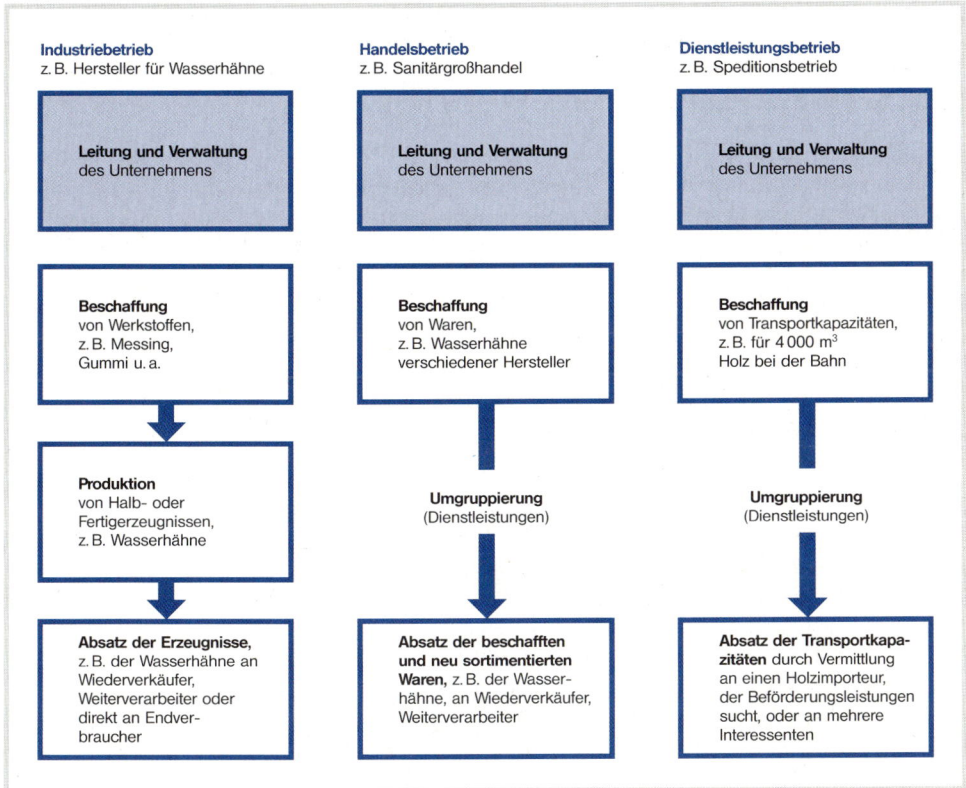

■ **Betriebsfunktionsbezogene Abgrenzung**

Beim Industriebetrieb sind alle vier betrieblichen Funktionen vorhanden. Beim Handel, bei den Kreditinstituten und Versicherungen wie bei Betrieben des Transport- und Verkehrswesens entfällt die Funktion Produktion.

■ Aufgabenbezogene Abgrenzung des Handels

Der Handel leitet die Ware als Sammler und Verteiler vom Erzeuger zum Verbraucher. Damit überbrückt er die räumliche Entfernung zwischen beiden. Durch Großabnahme und Einlagerung von Waren aller Art, die er dann rechtzeitig und in der erforderlichen Menge an den Bedarfsort heranbringt, gleicht er Zeitunterschiede zwischen Erzeugung und Verbrauch – also Warenüberfluss und Warenmangel – aus und mindert die Gefahr des Verderbs und des Veraltens.

Nicht zuletzt aber erschließt der Handel wieder neue Absatzgebiete und Käuferkreise, indem er auch berät und wirbt. Neuartigen Erzeugnissen ist er ein Wegbereiter.

■ Aufgabenbezogene Abgrenzung der Kreditinstitute

Banken und Sparkassen, auch Kreditinstitute genannt, sind kaufmännische Betriebe, die gewerbsmäßig den **Zahlungsverkehr** (bare, halbbare, bargeldlose Zahlung), den **Kreditverkehr** (Betriebskredite u. a.) und den **Kapitalverkehr** (Wertpapiergeschäfte u. a.) durchführen.

■ Aufgabenbezogene Abgrenzung der Versicherungen

Versicherungsgesellschaften decken als kaufmännische Betriebe einen durch besondere Ereignisse aufgetretenen Schaden oder hervorgerufenen Vermögensbedarf, indem sie die Belastungen auf eine Vielzahl von Personen verteilen *(Risikoübernahme).* Sie bewahren den Kaufmann vor Verlusten.

■ Aufgabenbezogene Abgrenzung der Transport- und Verkehrsbetriebe

Transport- und Verkehrsbetriebe führen als kaufmännische Betriebe den Transport von Gütern oder Personen durch oder vermitteln solche Dienstleistungen. Beschafft werden Transportkapazitäten, abgesetzt Beförderungsleistungen.

Zusammenfassung

- ■ **Aufgabe des Industriebetriebs** ist die wirtschaftliche Erstellung von Sachleistungen, d. h. die Fertigung von Gütern durch optimale Kombination der Produktionsfaktoren.

- ■ Die **Grundfunktionen Beschaffung, Produktion, Absatz,** Leitung und Verwaltung einschließlich **Finanzierung** und **Organisation** kennzeichnen den Industriebetrieb.

- ■ Die **Grundfunktion Fertigung** unterscheidet den Industriebetrieb von anderen Wirtschaftsbetrieben.

- ■ Das **Vorherrschen eines Produktionsfaktors** kennzeichnet Industriebetriebe. Danach werden sie unterteilt in:
  - ● arbeitskostenintensive,
  - ● anlageintensive,
  - ● rohstoff-(material-)intensive,
  - ● energiekostenintensive Betriebe.

- **Besonderheiten des Industriebetriebs** gegenüber anderen Betrieben sind ferner:
  - die weit gehend vorangetriebene Arbeitsteilung,
  - das Überwiegen der Maschinen- über die Handarbeit, das mit hoher Ausbringung und niedrigen Stückkosten verbunden ist,
  - die vorrangige Produktion für den unbekannten Markt,
  - der hohe Kapitaleinsatz und der damit verbundene hohe Anteil fester Kosten, der zu hoher Auslastung zwingt und zu Unelastizität gegenüber Absatzschwankungen führt,
  - die geringe Bindung der Beschäftigten an den Betrieb, das Vorherrschen des „Job-Denkens" der Arbeitnehmer,
  - das Streben nach Verminderung der durch die Fertigung entstehenden Umweltbelastungen.

- Bei **Handel, Kreditinstituten, Versicherungen, Transport-** und **Verkehrsbetrieben entfällt die Funktion Produktion** und die anderen betrieblichen Grundfunktionen erfüllen zum Teil etwas andere Aufgaben.

- Die **Leistungserstellung des Handels** besteht in der Umgruppierung und Verteilung der Waren, die **der Kreditinstitute** in der Durchführung des Zahlungs-, Kredit- und Kapitalverkehrs für andere, die **der Versicherungen** in der Übernahme von Risiken und die **der Transport- und Verkehrsbetriebe** in der Übernahme von Beförderungsleistungen gegen Entgelt.

- Der **Industriebetrieb** ist aufs engste **verflochten** mit den **Beschaffungsmärkten** (Arbeitsmarkt, Gütermarkt, Geld- und Kapitalmarkt) sowie den **Absatzmärkten** (Investitions- und Konsumgütermärkte) des **In-** und **Auslandes.**

- **Ökologisches Denken,** ökologieorientierte Herstellungsverfahren und wirksames Bemühen zur Abfallminderung, -umwandlung, -nutzung und Verminderung der Umweltbelastungen müssen alle Leistungserstellungs- und -verwendungsprozesse durchziehen und von allen Mitarbeitern verwirklicht werden.

Aufgaben

1 Welche der betrieblichen Grundfunktionen ist typisch für den Industriebetrieb?

2 Welche Merkmale kennzeichnen einen modernen Industriebetrieb?

3 Wie können Industriebetriebe nach dem Vorherrschen eines Produktionsfaktors eingeteilt werden?

4 Stellen Sie an je einem Beispiel aus den Ausbildungsbetrieben, in denen Sie und Ihre Mitschüler beschäftigt sind, die Kostenstruktur zweier verschiedener Betriebe dar, d. h. eines arbeitskosten- und eines anlageintensiven Betriebes!

5 Wie unterscheidet sich der Industriebetrieb von
  a) Handelsbetrieb, b) Kreditinstitut, c) Versicherungsbetrieb, d) Betrieben des Transport- und Verkehrswesens?

6 Inwiefern hängen Sach- und Dienstleistungsbetriebe von den Beschaffungs- und Absatzmärkten ab?

7 Wie erklären sich die Abhängigkeiten deutscher Unternehmen von den internationalen Wirtschaftsbeziehungen?

8 a) Welche Umweltbelastungen entstehen bei der Erstellung der betrieblichen Leistung in Ihrem Ausbildungsbetrieb?
  b) Wie wird versucht sie zu vermindern?
  c) Welche ökologischen Erfordernisse sind heute an jeden Sach- und Dienstleistungsbetrieb zu stellen?

3.3 Verfahren der Leistungserstellung

3.3.1 Industrielle Fertigungsverfahren

„Beim neuen Kleinwagen packt rund um die Uhr der Roboter zu. In den Werkshallen sind 60 Prozent der Arbeiten automatisiert. Seit einiger Zeit schaffen hier in vollem Betrieb 439 Roboter, 61 Laser-, 49 elektronische Überwachungssysteme, 570 automatisch gesteuerte innerbetriebliche Transportfahrzeuge und über 100 Elektronenrechner. Das Werk zählt auch 7 000 Beschäftigte."

Die Automatisierung in den modernen Industriebetrieben schreitet sich beschleunigend fort. Ihr Anwendungsbereich dehnt sich zunehmend auf die Prozesstechnik, die Fertigungsverfahren, aus. Überlegen Sie die Vor- und Nachteile des in der Abbildung dargestellten Fertigungsverfahrens! Welche anderen Verfahren gibt es noch?

3.3.1.1 Einteilung der Fertigungsverfahren

Je nach *Art der zu erstellenden Leistung* werden verschiedene Fertigungsverfahren angewandt:

- Die Einteilung der Fertigungsverfahren nach der **Häufigkeit der Wiederholung des Fertigungsvorgangs**, d. h. der Menge gleichartiger Erzeugnisse, führt zu folgenden Produktionstypen:

© Verlag Gehlen

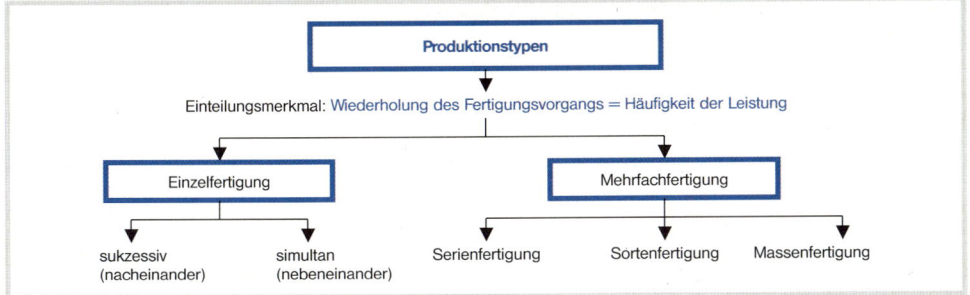

- Die Einteilung der Fertigungsverfahren nach der **Art der Fertigungsorganisation,** d. h. den Prinzipien ihres Ablaufes, führt bei der Herstellung beweglicher Produkte zu folgenden Organisationstypen der Fertigung:

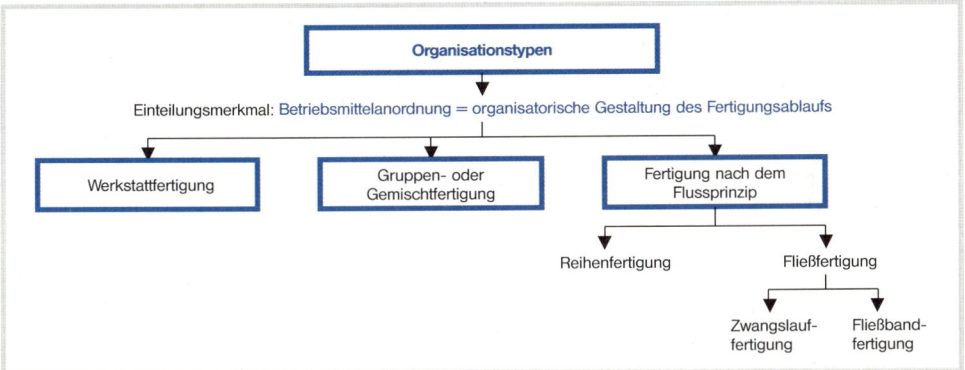

3.3.1.2 *Fertigungsdurchführung in unterschiedlichen Produktionstypen*

Die *Art* und der *Umfang,* wie oft *Güter* in sich *ständig wiederholenden Vorgängen* gefertigt werden, unterscheidet Einzel- und Mehrfachfertigung.

▪ *Einzelfertigung*

Einzelfertigung liegt vor, wenn von **einem Erzeugnis nur eine Einheit hergestellt** wird, z. B. ein Gebäude, eine Spezialmaschine, ein Hochseefrachter. Keines der erzeugten Güter gleicht bei diesem Fertigungsverfahren dem anderen. Einzelfertigung vollzieht sich in den Organisationsformen der Handarbeit, Werkbank- und Werkstattfertigung.

Sie kann *nebeneinander* (simultan) und *nacheinander* (sukzessiv) durchgeführt werden.

▪ *Mehrfachfertigung*

Mehrfachfertigung tritt als **Serienfertigung, Sortenfertigung** und **Massenfertigung** auf.

Serienfertigung liegt vor, wenn die einzelnen Erzeugnisse des Fertigungsprogrammes sich verhältnismäßig stark voneinander unterscheiden, aber durch Bündeln von Aufträgen eine begrenzte Stückzahl gleichartiger Produkte hergestellt wird, z. B. Schuhe, Automobile, Fertighäuser. Die einander folgenden Serien weichen aufgrund der unterschiedlichen Konstruktion der Produkte mehr oder weniger voneinander ab. Meist sind große Umrüstungen von Serie zu Serie erforderlich. Je nach der Menge der Erzeugnisse, die in einer Serie gefertigt werden, handelt es sich um *Großserienfertigung,* z. B. Automobilindustrie, oder *Kleinserienfertigung,* z. B. Werkzeugmaschinenbau.

Sortenfertigung liegt vor, wenn Produkte erzeugt werden, die in ihrer Art der Herstellung und des verwendeten Rohstoffes sehr eng verwandt sind, z. B. Herstellung von Werkzeugen (Flachzangen, Schraubenziehern, Feilen u. a.).

Bei Sortenfertigung geht man von einem Grunderzeugnis aus, z. B. Walzblech, das in verschiedenen Abmessungen und Stärken, also verhältnismäßig geringen Abweichungen vom Grunderzeugnis, hergestellt wird. Die Erzeugnisspielarten können, abgesehen von kleineren Umrüstvorgängen je Sorte, mit der gleichen Fertigungsapparatur und in fast demselben Herstellungsprozess gefertigt werden wie das Grunderzeugnis.

Massenfertigung ist durch völlige Gleichartigkeit des Produktes und große Häufigkeit der Wiederholung des Fertigungsvorganges gekennzeichnet. Sie eignet sich für hohe Stückzahlen.

Bei der **einfachen Massenfertigung** wird nur **ein** gleichartiges Produkt in großen Mengen hergestellt. Sie findet sich z. B. bei Elektrizitäts-, Gas-, Wasserwerken, Sodafabriken u. a.

Bei der **mehrfachen Massenfertigung** werden mehrere Erzeugnisse gleichzeitig in sehr großen Stückzahlen über längere Zeit hergestellt, wobei für jedes Produkt eine eigene Fertigungsapparatur zur Verfügung steht (Parallelproduktion), z. B. bei Glühbirnen, Dosenmilch, Transistoren, Kugelschreiberminen. Der Fertigungsablauf kann dabei um so vollkommener gestaltet werden, je größer die Stückzahlen sind und je dauerhafter die Fertigung unverändert bleibt.

Massenfertigung vollzieht sich als **Fließband-** oder als **automatische Fertigung** (siehe S. 72 ff.!).

3.3.1.3 *Fertigungsdurchführung bei unterschiedlicher Produktionsorganisation*

Die *Art,* wie der *Fertigungsablauf organisatorisch gestaltet* ist, d. h. Betriebsmittel und Arbeitsplätze angeordnet sind und der Durchlauf organisiert ist, unterscheidet die **Organisationstypen, Werkstatt-, Gruppenfertigung** und **Fertigung nach dem Flussprinzip** *(Reihen-* und *Fließfertigung)* voneinander.

Beispiel: Fertigung eines Möbelstückes Stufe für Stufe in der Werkstatt oder vollautomatische Herstellung von Schrauben und Dübeln.

▪ *Werkstattfertigung*

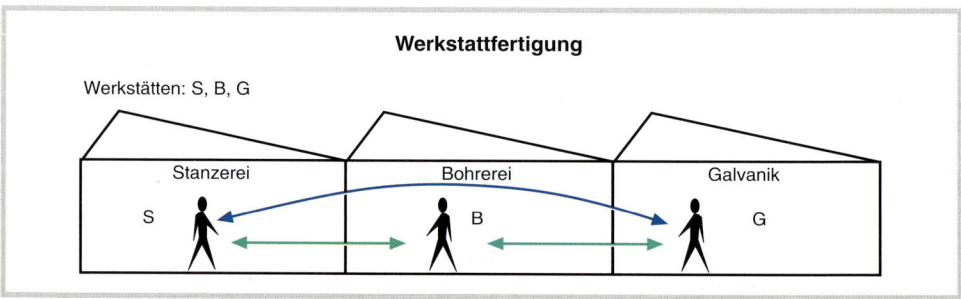

Bei der Werkstattfertigung werden *Maschinen* oder *Arbeitsplätze mit gleicher oder ähnlicher Arbeitsaufgabe zusammenhängend in einer Werkstatt angeordnet,* z. B. Fräserei, Dreherei, u. a.

Werkstattfertigung wird gewählt, wenn es auf ein *hohes Maß an Beweglichkeit und Anpassungsfähigkeit der Herstellung* ankommt. Dies ist bei Betrieben der Fall, bei denen die Art und Anzahl der herzustellenden Erzeugnisse häufig wechseln, z. B. in der Kleinserienfertigung, in Reparaturbetrieben im Sondermaschinenbau. Solche Betriebe müssen ihre Werkstätten mit Universalmaschinen ausstatten, um eine möglichst vielseitige Verwendungsfähigkeit zu erreichen.

70

▪ *Gruppenfertigung*

Die Gruppen- oder Gemischtfertigung unterscheidet sich von der Werkstattfertigung dadurch, dass für bestimmte Baugruppen, z. B. Zahnräder, Wellen u. a., alle für den Fertigungsprozess erforderlichen Maschinen und Arbeitsplätze in einer Werkstätte zu Gruppen zusammengefasst sind. Die Gruppen erstellen Zwischenprodukte und können die Organisation innerhalb ihrer Gruppe weit gehend selbständig festlegen. Die Maschinen und Arbeitsplätze werden *nach dem Arbeitsfluss angeordnet,* sodass erhebliche Transportzeiten und Kosten für Zwischenlager eingespart werden.

Diese Art der Fertigungsorganisation erfordert ein möglichst gleichbleibendes Produktionsprogramm und einen gleichbleibenden Produktionsumfang, um nicht freistehende Kapazitäten zu haben. Sie kommt besonders bei der Serien- und Sortenfertigung vor. In der Praxis finden sich oft Mischformen aus Werkstatt- und Gruppenfertigung.

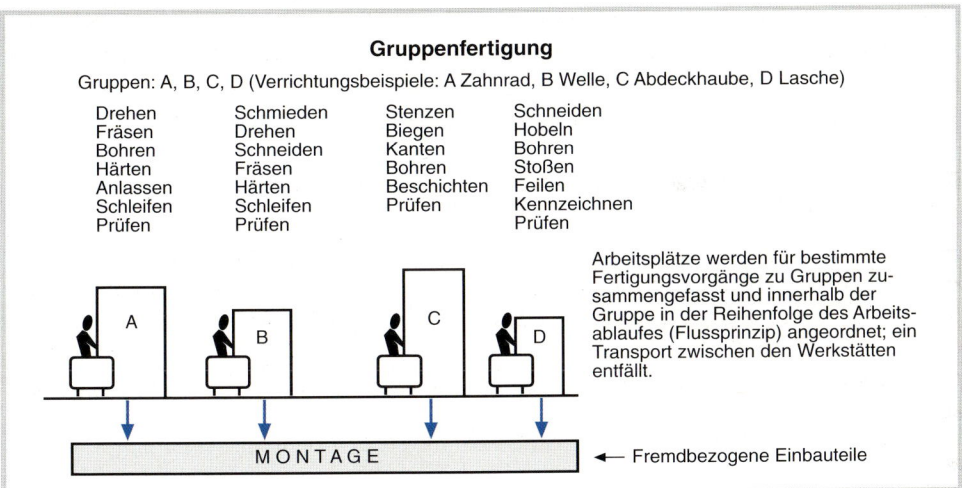

Gruppenfertigung

Gruppen: A, B, C, D (Verrichtungsbeispiele: A Zahnrad, B Welle, C Abdeckhaube, D Lasche)

Drehen	Schmieden	Stenzen	Schneiden
Fräsen	Drehen	Biegen	Hobeln
Bohren	Schneiden	Kanten	Bohren
Härten	Fräsen	Bohren	Stoßen
Anlassen	Härten	Beschichten	Feilen
Schleifen	Schleifen	Prüfen	Kennzeichnen
Prüfen	Prüfen		Prüfen

Arbeitsplätze werden für bestimmte Fertigungsvorgänge zu Gruppen zusammengefasst und innerhalb der Gruppe in der Reihenfolge des Arbeitsablaufes (Flussprinzip) angeordnet; ein Transport zwischen den Werkstätten entfällt.

MONTAGE ← Fremdbezogene Einbauteile

▪ *Fertigung nach dem Flussprinzip*

Fertigungsverfahren, die nach dem Flussprinzip aufgebaut sind, ordnen die *Arbeitssysteme* – Maschinen und Arbeitsplätze – nach dem Ablauf des Herstellungsprozesses an.

▶ Reihenfertigung

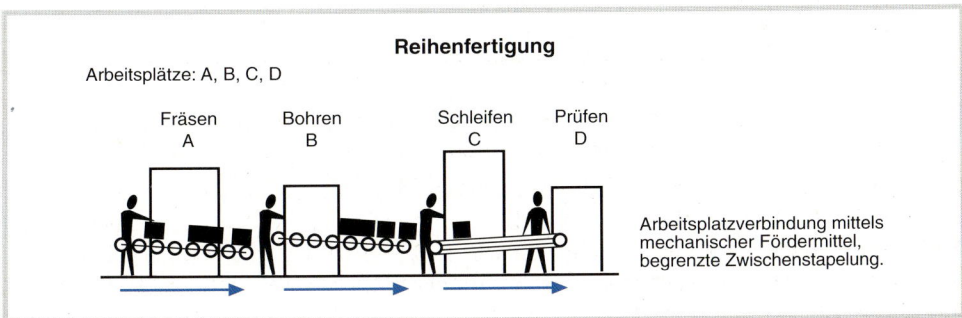

Reihenfertigung

Arbeitsplätze: A, B, C, D

| Fräsen | Bohren | Schleifen | Prüfen |
| A | B | C | D |

Arbeitsplatzverbindung mittels mechanischer Fördermittel, begrenzte Zwischenstapelung.

Die Reihenfertigung ist ein *Fertigungsorganisationstyp*, bei dem die *Fertigungsapparatur und die Arbeitsplätze nach dem Flussprinzip angeordnet* sind. Die herzustellenden Produkte durchlaufen diese in jeweils der gleichen Reihenfolge. Ist die *Anordnung straßenartig*, so liegt eine besondere Form der Reihenfertigung vor, die *Straßen-* oder *Linienfertigung, z. B.* in der Reifenindustrie (Fließstraßenfertigung).

Bei der Reihenfertigung besteht *keine direkte, zeitliche Bindung* zwischen den einzelnen Arbeitsplätzen bei der Weitergabe der Arbeitsgegenstände. Der zerlegte Arbeitsprozess ist ohne Zeitzwang. Die Beförderung von Arbeitsplatz zu Arbeitsplatz geschieht von Hand oder mittels Rutschen, Drehtischen, Förderbändern.

▶ Fließfertigung

Bei der **Fließfertigung** sind die *Betriebsmittel und Arbeitsplätze ebenfalls nach dem Fertigungsablauf* der Erzeugnisse angeordnet. Der Arbeitsablauf ist *zeitlich so festgelegt*, dass die zu bearbeitenden Gegenstände die einzelnen Maschinen und Arbeitsplätze in *dauernder Folge* durchlaufen. Kennzeichnend ist der Fließtransport mit einem *Fördermittel, z. B.* Röllchenbahn. Dadurch entstehen keine ablaufbedingten Wartezeiten, sodass die voneinander abhängigen Menschen und Maschinen nacheinander die vorzunehmenden Arbeitsgänge verrichten können.

Die Fließfertigung kann entweder *zwangsweise* (naturbedingt) oder *organisiert* sein.

- **Zwangslauffertigung oder naturbedingte Fließfertigung** liegt vor bei der Herstellung von Zucker, Bier, Gas, Mehl u. a. sowie in der gesamten chemischen Industrie.

  Der chemische oder technische Prozess zwingt hier zu einer bestimmten Arbeitsplatzfolge, ohne dass die Möglichkeit einer größeren Abweichung besteht. Der Arbeitsablauf selbst ist durch die technischen Voraussetzungen bestimmt. Der Mensch hat hauptsächlich zu überwachen.

- **Fließbandfertigung (= organisierte Fließfertigung)** liegt vor, wenn der Fertigungsprozess in *zeitlich aneinander gereihte Arbeitsgänge* aufgeteilt ist, genaue Zeiten für den **Arbeitstakt** vorgegeben sind und *mechanische Fördermittel* („Band") eingesetzt werden, z. B. im Fahrzeugbau.

  Taktzeit *(Arbeitstakt)* ist nach REFA die Zeit, in der jeweils eine Mengeneinheit fertig gestellt wird, also die Zeitspanne, die für einen Arbeitsgang zur Verfügung steht.

Fließbandfertigung ist die konsequente Weiterentwicklung der Fließfertigung, indem statt der Weiterbeförderung von Hand oder mittels verschiedener Fördereinrichtungen ein einheitliches, ständig in Betrieb befindliches Transportmittel eingesetzt wird, das die Werkstücke entlang den Arbeitssystemen befördert.

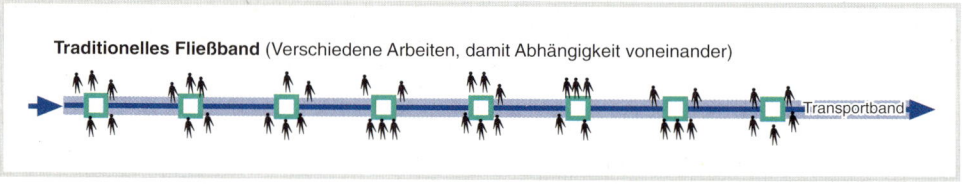

Traditionelles Fließband (Verschiedene Arbeiten, damit Abhängigkeit voneinander) — Transportband

Fließbandfertigung findet sich in der Elektroindustrie, in der optischen Industrie, in der Automobilproduktion.

Um *Fließbandarbeit* durchführen zu können muss die Möglichkeit gegeben sein, die Arbeitsgänge in so kleine Schritte zu zerlegen *(Arbeitszerlegung)*, dass die Werkstücke an den Arbeitsplätzen innerhalb der Taktzeit oder einem Vielfachen davon bearbeitet werden können. Weitere
Voraussetzung ist, dass *größere Stückzahlen* des gleichen, konstruktiv völlig ausgereiften Erzeugnisses über einen längeren Zeitraum hinweg produziert werden können.

Die Fließbandorganisation unterliegt wegen ihrer *sozialen Problematik* erheblicher Kritik. Dies
wird verständlich, weil es Arbeitsplätze am Band gibt, wo Arbeiter, u. U. bis zu 800-mal am Tag
die gleichen Schrauben festziehen müssen.

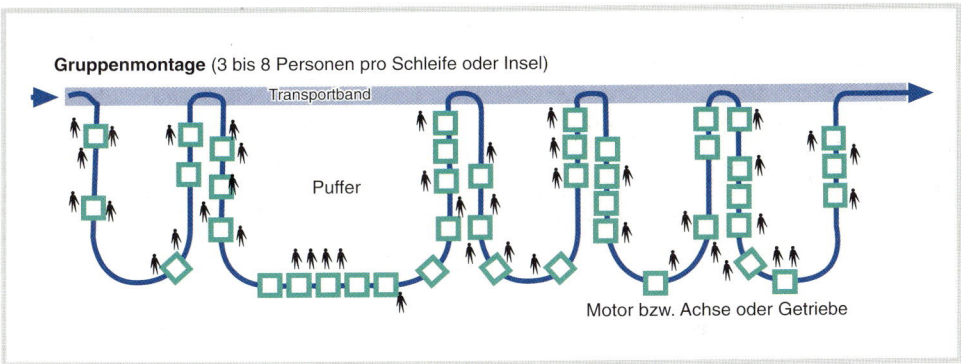

Das traditionelle geradlinige Band (siehe S. 72) wird durch *Schleifen im Nebenflussbereich* und *Montage-
inseln* als *Pufferzonen* unterbrochen. *Individual-* (= Arbeitsausführung durch **eine** Person) und *Gruppen-
montagen* (= Arbeitsausführung durch zwei oder mehrere Personen) werden eingeführt.

Die Unternehmen der Automobil- und Elektroindustrie haben ihre Fabrikation deshalb in der
Absicht umgestaltet, die Fließbandarbeit menschlicher zu gestalten. Immer mehr von ihnen
lassen das Band langsamer laufen und fassen die Arbeiter zu einer **Gruppe** so zusammen, dass
sie sich *bei der Arbeit abwechseln* können. Andere ersetzen das Fließbandsystem durch **Boxen-
strukturen** (= Bearbeitungsstationen). Die Rohkarosserie eines Fahrzeugs wird dabei durch
ein **fahrerloses Transportsystem (Carriersystem)** computergesteuert zu einer Bearbeitungs-
station (Standbox) transportiert, um dort von einer Arbeitsgruppe von 2 bis 4 Mitarbeitern bearbeitet zu werden. Die Taktbindung wie beim Fließband entfällt dabei. Das Verfahren trägt
dazu bei, die Gruppenverantwortlichkeit der Mitarbeiter zu stärken, die *Arbeitsplätze menschen-
gerechter* zu gestalten, die *Qualität zu steigern* und früher übliche Taktausgleichs- und *Ver-
lustzeiten zu senken.*

Dennoch kann auf das Fließband in vielen Produktionsbereichen der Großserienfertigung nicht
verzichtet werden. Allerdings bemüht man sich, die Menschen durch Einsatz von immer mehr
Automaten (Industrieroboter) von schwerer körperlicher und besonders gesundheitsschäd-
licher Arbeit und von eintönigen Arbeitsvorgängen soweit wie möglich zu entlasten.

3.3.1.4 *Automatisierte Produktion (Automation)*

Automation ist die **Übernahme von unterschiedlichen Aufgaben,** wie Antrieb, Werkzeug-
bewegung, Werkstückbewegung, Umrüstvorgänge und Mess-, Regel- und Prüfvorgänge **durch
Maschinen.** Sie eignet sich besonders gut als Produktionstechnik für die Fertigung nach dem
Flussprinzip.

Dies deshalb, weil sich die Automaten durch mechanische Regler und elektronische Steuerungs-vorrichtungen *selbsttätig* den wechselnden Produktionsbedingungen anpassen können. Sie berichtigen ihre eigenen Fehler, überprüfen das Erzeugnis und ersetzen sogar ihre abgenutzten Teile. Auf diese Weise wird ein *ununterbrochener* Produktionsfluss erreicht.

Häufig werden hierbei auch *elektronische Großrechenanlagen* eingesetzt, aufgrund deren Berechnung *Steuerbefehle unmittelbar in die Automaten* eingegeben werden.

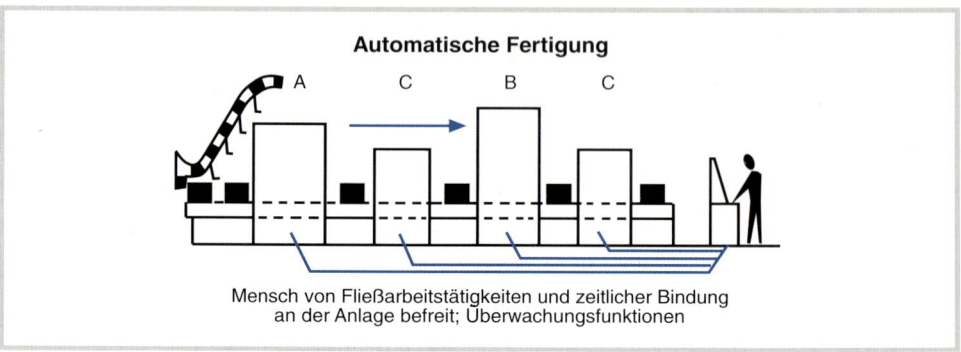

Automatische Fertigung

Mensch von Fließarbeitstätigkeiten und zeitlicher Bindung
an der Anlage befreit; Überwachungsfunktionen

Je nach dem Grad der Automatisierung besteht die *Tätigkeit des Menschen am Fließband* im Einrichten, Materialzu- und -abführen, im Instandhalten und Überwachen. Je höher der Auto-matisierungsgrad, desto mehr beschränkt sich das menschliche Tun auf die *bloße Überwachung von zentralen Schaltstellen.*

Die Tätigkeit in den Schalt- und Kontrollzentralen erfordert *hohe, dauernde Konzentration,* was zu erheblicher *nervlicher* und *einseitiger körperlicher Beanspruchung* führt. Darüber hinaus verlagert sich die menschliche Arbeit bei Automation generell mehr von der Durchführung hin zur Planung, Vorbereitung und Überwachung.

Voll automatisierte Fertigung erfordert *hohe Investitionen* und bedingt *in der Regel hohe Stück-zahlen.* Sie kommt deshalb vor allem für die Großserien- und Massenfertigung in Frage.

Zusammenfassung

- ■ Die **Fertigungsverfahren** können unterschieden werden
  - ● nach der Leistungswiederholung (=Produktionstypen) und
  - ● nach der Produktionsorganisation (= Organisationstypen).
- ■ **Einzelfertigung** liegt vor, wenn von einem Erzeugnis nur eine Einheit hergestellt wird. Sie kann simultan (nebeneinander) und sukzessiv (nacheinander) durchgeführt werden.
- ■ **Serienfertigung** liegt vor, wenn standardisierte Erzeugnisse in von vornherein begrenzter Stückzahl (Losgröße) hergestellt werden. Je nach produzierter Menge handelt es sich um Groß- oder Kleinserienfertigung.
- ■ **Sortenfertigung** liegt vor, wenn von einem Grunderzeugnis verhältnismäßig wenige Spiel-arten in einem fast gleichen Herstellungsprozess mit der gleichen Fertigungsapparatur gefertigt werden.
- ■ **Massenfertigung** liegt vor bei
  - ● Produktion großer Stückzahlen gleichartiger Produkte über längere Zeit hinweg,
  - ● großer Häufigkeit der Wiederholung des Fertigungsvorgangs.
- ■ **Werkstattfertigung** ist ein Arbeitssystem, bei dem Maschinen oder Arbeitsplätze mit gleicher oder ähnlicher Arbeitsaufgabe zusammenhängend in einer Werkstätte angeordnet werden. Es handelt sich um ein bewegliches, anpassungsfähiges Fertigungsverfahren.

- **Gruppenfertigung** ist ein ortsgebundenes Arbeitssystem, bei dem für einzelne Teilbereiche des Fertigungsprozesses, z. B. für die Herstellung einer Zahnradwelle, alle erforderlichen Maschinen oder Arbeitsplätze nach dem Arbeitsfluß geordnet, in einer Werkstätte zu Gruppen so zusammengefasst sind, dass die Gruppe, sich weit gehend selbst organisierend, das Zwischenprodukt erstellen kann.

- **Reihenfertigung** liegt vor, wenn die Maschinen und Arbeitsplätze nach dem Ablauf des Herstellungsprozesses (Flussprinzip) angeordnet sind und sich der Produktionsdurchlauf ohne unmittelbare Zeitvorgabe abwickelt.
  Straßen- oder Linienfertigung heißt eine *Reihenfertigung* mit straßenartig angeordneter Fertigungsapparatur.

- **Fließfertigung** ist ein Fertigungsverfahren, bei dem der Arbeitsablauf zeitlich so festgelegt ist, dass die zu bearbeitenden Gegenstände die einzelnen nach dem Flussprinzip angeordneten Maschinen und Arbeitsplätze in dauernder Folge durchlaufen. Sie kann *Zwangslauffertigung* oder *organisierte Fließfertigung* (Fließbandfertigung) sein.

- **Fließbandfertigung** (= organisierte Fließfertigung) liegt vor, wenn der Fertigungsprozess in zeitlich aneinander gereihte Arbeitsgänge aufgeteilt ist, genaue Taktzeiten vorgegeben sind und mechanisierte Beförderungsmittel (Band) eingesetzt werden. Fließbandfertigung ist zwar sehr rationell und hat viele Vorteile, aber auch nicht zu übersehende Nachteile, vor allem die Monotonie der Arbeit.

- **Automation** *(Vollautomation)* ist eine Produktionstechnik, bei der Maschinen nach einem *vorher festgelegten Programm selbstständig sich steuernd und kontrollierend arbeiten* und einen fortlaufenden Produktionsprozess ermöglichen. Automation setzt *Massenproduktion* voraus und erfordert eine sehr weit gehende Planung und Vorbereitung durch entsprechend ausgebildete Fachkräfte.

Aufgaben

1 Welche Vor- und Nachteile ergeben sich aus Einzel- und Massenfertigung? Stellen Sie diese in einer Übersicht mit folgendem Aufbau dar:

Fertigungsverfahren	Einzelfertigung	Massenfertigung
Vorteile	–	–
Nachteile	–	–

2 Welcher Unterschied besteht zwischen den Organisations- und den Produktionstypen der Fertigung?

3 Was versteht man unter „Flussprinzip"?

4 Wie unterscheiden sich
a) Werkstatt-, Gruppen- und Fließfertigung?
b) Sorten-, Serien- und Massenfertigung?

5 Nennen Sie Beispiele für Fließbandfertigung!

6 Überlegen Sie Vorteile und Nachteile der Fließfertigung und geben Sie an, wo die Ansatzpunkte für soziale Konflikte liegen!

7 Welche Alternativen zur reinen Fließbandfertigung werden in letzter Zeit in einzelnen europäischen Automobilfabriken angewandt?

8 Untersuchen Sie die verschiedenen Organisationstypen der Fertigung unter dem Gesichtspunkt der humanen Arbeitsbedingungen für den einzelnen Arbeitnehmer!

9 a) Welche Vor- und Nachteile hat die Automatisierung der Produktion? Stellen Sie diese in einer Übersicht zusammen.
b) Welche Auswirkungen hat die Automation für un- und angelernte Arbeitskräfte?

3.3.2 Organisationsformen des Leistungsprozesses im Dienstleistungsbereich, dargestellt am Handelsbetrieb

Problem

Die Handelsbetriebe übernehmen gewerbsmäßig, d. h. in der dauernden Absicht Gewinn zu erzielen, den Austausch von Waren, ohne diese wesentlich zu verändern.

Mit welchen Organisationsformen bewältigt der Handel diese Aufgaben?

Sachdarstellung

3.3.2.1 Bedeutung und Aufgaben des Handels

Der Handel leitet die Ware als Sammler und Verteiler unter Einsatz einer ausgeklügelten Logistik möglichst kostengünstig vom Erzeuger zum Verbraucher (Raumüberbrückung). Hierbei werden folgende Handelsaufgaben erfüllt:

- **Sortimentsbildung,** also die Auswahl der Waren für die Kunden nach Art, Menge, Qualität, Preislage;

- **Lagerhaltung** für den Kunden, der nur Vorratshaltung in kleinen Mengen betreibt;

- **Warenverteilung** durch den Verkauf kleiner Bedarfsmengen an die Kunden (Mengenausgleichsaufgabe durch Distribution), Lieferservice;

- **Kundenberatung** als verkaufsfördernde Dienstleistung, z. B. qualifizierte Beratung über Wareneigenschaften, Gebrauchsanleitungen, Geschmacksberatungen oder Informationen über Neuerungen;

- **Markterschließung** durch sorgfältige Beobachtung der Absatzmöglichkeiten und Werbemaßnahmen. Hierzu gehört auch die Weitergabe von Verkaufserfahrungen, Anregungen und Hinweisen des Einzelhändlers an Großhändler und Erzeuger;

- **Veredelung** der Ware durch unwesentliche Bearbeitung wie Mischen, Rösten, Reinigen, Herrichten, Reifenlassen u. Ä.

3.3.2.2 Organisationsformen der Handelsbetriebe

Der Handel tritt in verschiedenen **Organisationsformen (= Betriebsformen)** auf. Diese wandeln sich aufgrund des starken Wettbewerbs und der Veränderung der Verbrauchergewohnheiten immer wieder, sodass neue Formen entstehen.

Der **Einzelhandel** verkauft über seine Organisationsformen vom Großhandel oder vom Erzeuger oder von Einkaufsverbänden bezogene Waren in der Regel ohne weitere Be- oder Verarbeitung an den Endverbraucher. Er vermag nur bei großen Umsätzen die Vorteile des Großeinkaufs durch entsprechende Abschlüsse ohne allzu großes *Risiko* richtig auszunützen.

Andererseits würde der Verkauf fabrikmäßig hergestellter Erzeugnisse in kleinen Mengen vom Produzenten eine viel zu umfangreiche und zu kostspielige Vertriebsorganisation verlangen.

Diese Schwierigkeiten überbrückt der **Großhandel** mit seinen Organisationsformen. Er übernimmt die von den Betrieben der letzten Herstellungsstufe erzeugten Fertigwaren und versorgt mit ihnen die Einzelhändler. Dem Hersteller macht er damit den Abnehmerkreis kleiner und übersichtlicher, während er dem Einzelhändler erspart, mit allzu vielen Lieferfirmen in Verbindung zu treten.

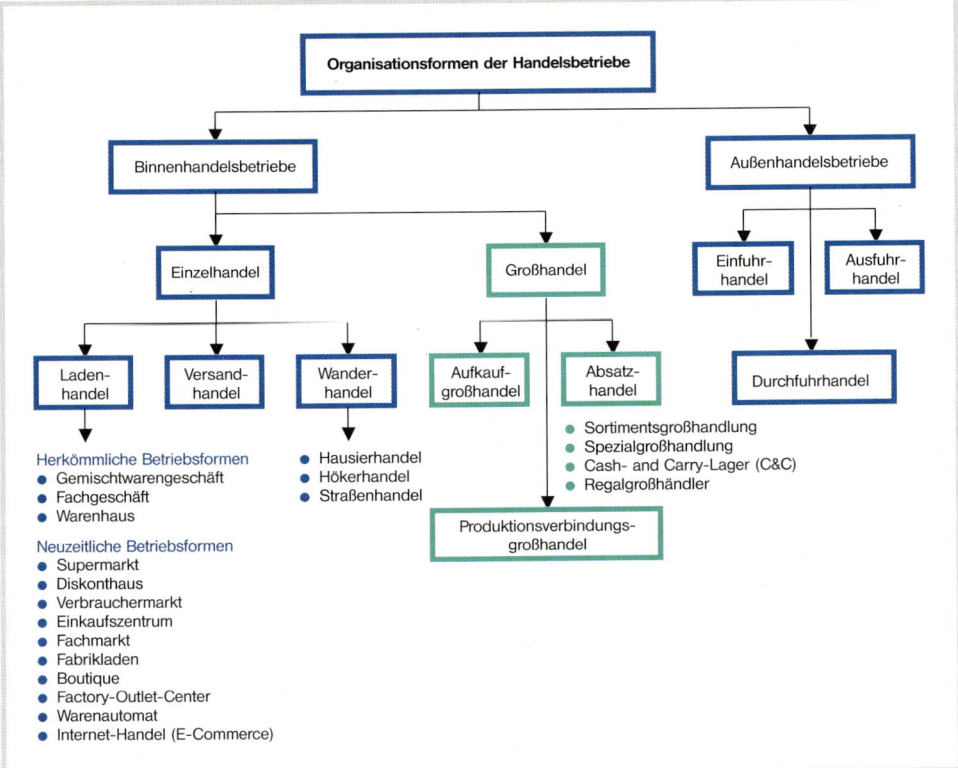

Indem der *Absatzgroßhandel* auch die Waren einlagert und einen täglichen Lieferservice bietet, erübrigt sich sowohl für seine Lieferer als auch für seine Abnehmer eine umfangreiche *Lagerhaltung* mit entsprechender Kapitalbindung, sodass deren Logistikkosten gesenkt werden. Durch günstige Zahlungsbedingungen bietet er außerdem nach beiden Seiten hin eine wichtige *Finanzhilfe*.

Zusammenfassung

■ Die **Organisationsformen** der Handelsbetriebe beruhen – wie die der übrigen Dienstleistungsbetriebe – auf ihren besonderen Aufgaben bei der Leistungserstellung und -verwertung.

■ **Aufgaben der Handelsbetriebe** sind:
- Warenverteilung vom Hersteller zum Verwender
- Lagerhaltung einschließlich Risikoübernahme und Finanzierung
- Sortimentsgestaltung
- Veredelung
- Kundenberatung
- Markterschließung.

■ Die Organisationsformen des Leistungsprozesses im Handel zeigen sich in den **Betriebsformen der Binnenhandelsbetriebe** – Einzel- und Großhandelsbetriebsformen – und in denen der **Außenhandelsbetriebe** (siehe obiges Schaubild).

1 Nennen Sie Organisationsformen

a) des Einzelhandels, in denen Sie schon eingekauft haben,

b) des Großhandels, mit denen Sie in Ihrem Ausbildungsbetrieb oder privat in Berührung gekommen sind.

2 Welche Aufgaben umfasst der Prozess der Leistungserstellung und Leistungsverwertung im Handel? Stellen Sie die Aufgabenbereiche zusammen und erläutern Sie diese durch Beispiele.

3 Die Organisationsformen Filialunternehmen, Verbrauchermärkte und Warenhäuser verbuchen einen steigenden Anteil am Umsatz des Einzelhandels.

a) Auf welche Ursachen führen Sie dies zurück?

b) Wie sollte der selbständige Einzelhändler reagieren, um bei dieser Entwicklung auch zukünftig bestehen zu können?

4 Weshalb ist der Verbraucher auf die Leistungserstellung in den Organisationsformen des Handels angewiesen, wenn er seine vielfältigen Bedürfnisse befriedigen will?

5 a) Beschreiben Sie den Ablauf der Leistungserstellung und Leistungsverwertung in Ihrem Ausbildungsbetrieb.

b) Vergleichen Sie den festgestellten Ablauf mit dem einer Ihnen bekannten Organisationsform des Handels (d. h. Fachgeschäft, Supermarkt) und arbeiten Sie die Unterschiede und Gemeinsamkeiten heraus.

6 Machen Sie mithilfe des Branchen-Telefonbuches „Gelbe Seiten" der Deutschen Telekom AG eine Zusammenstellung über andere Dienstleistungsbetriebe und ihre Organisationsformen (z. B. Banken, Makler u. a.) und ermitteln Sie, welche Leistung diese Betriebe erbringen.

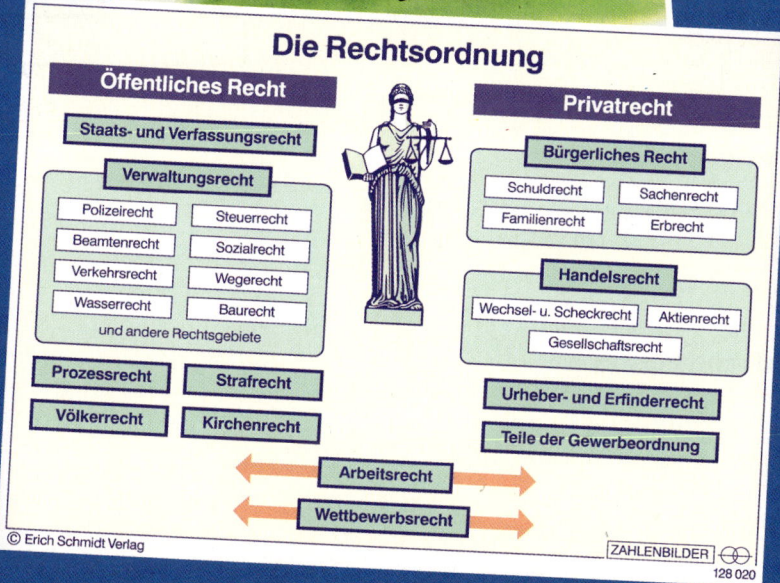

Die Rechtsordnung

Öffentliches Recht

Staats- und Verfassungsrecht

Verwaltungsrecht

Polizeirecht	Steuerrecht
Beamtenrecht	Sozialrecht
Verkehrsrecht	Wegerecht
Wasserrecht	Baurecht

und andere Rechtsgebiete

Prozessrecht **Strafrecht**

Völkerrecht **Kirchenrecht**

Privatrecht

Bürgerliches Recht

Schuldrecht	Sachenrecht
Familienrecht	Erbrecht

Handelsrecht

Wechsel- u. Scheckrecht	Aktienrecht
Gesellschaftsrecht	

Urheber- und Erfinderrecht

Teile der Gewerbeordnung

Arbeitsrecht

Wettbewerbsrecht

© Erich Schmidt Verlag

ZAHLENBILDER

128 020

4.1 Überblick über ausgewählte Rechtsbegriffe

4.1.1 Rechtssubjekte und Rechtsobjekte

Problem

Die Witwe Müller hat keine Verwandten mehr und schreibt in ihr Testament, dass Erbe ihres Vermögens ihre beiden Hunde „Hektor" und „Bella" sein sollen. Können die Hunde erben?

Marion erzählt ihrer Freundin Gabriele: „Meine Eltern besitzen in der Schweiz eine Ferienwohnung. Zur Zeit macht ein Geschäftskollege meines Vaters dort Urlaub." Gabriele meint: „Das stimmt aber nicht. Deine Eltern besitzen die Wohnung gegenwärtig nicht!" Hat sie Recht?

Die Auszubildenden Hubert und Franz haben festgestellt, dass ihrem Ausbildungsbetrieb, der Elektrogroßhandlung Vogel & Co., Heizlüfter mit dem Zusatz geliefert wurden: „Die Ware bleibt bis zur vollständigen Bezahlung unser Eigentum." Hubert meint: „Wenn die Heizlüfter also dem Lieferer noch gehören, dürfen wir sie nicht weiterverkaufen." Franz dagegen ist der Ansicht: „Wenn das so wäre, hätte doch die Lieferung für uns gar keinen Sinn!" Wer hat Recht?

Sachdarstellung

4.1.1.1 Die Rechtssubjekte

Jedes in der Rechtsordnung verankerte Recht und auch jede dort festgelegte Pflicht setzt einen Träger voraus. Dieser **Träger** von **Rechten und Pflichten ist immer eine Person**[1].

Wir unterscheiden dabei zwei Arten von Personen:

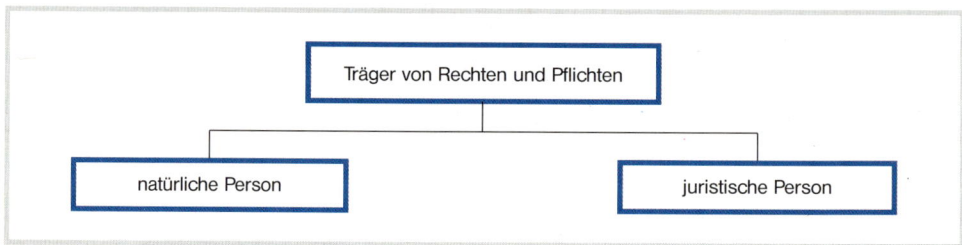

■ **Natürliche Person**

Jeder lebende Mensch ist eine **natürliche Person** *(Rechtssubjekt)*, gleichgültig, ob alt oder jung, intelligent oder dumm, gesund oder krank.

Tiere sind keine Personen.

■ **Juristische Personen**

Eine **juristische Person** ist *keine natürliche Person,* sondern eine **Personenvereinigung** (von natürlichen Personen) oder eine **Vermögensmasse** *(Rechtssubjekt),* BGB §§ 21 ff.

---

[1] Siehe auch S. 85 ff.!

Es kann unterschieden werden:

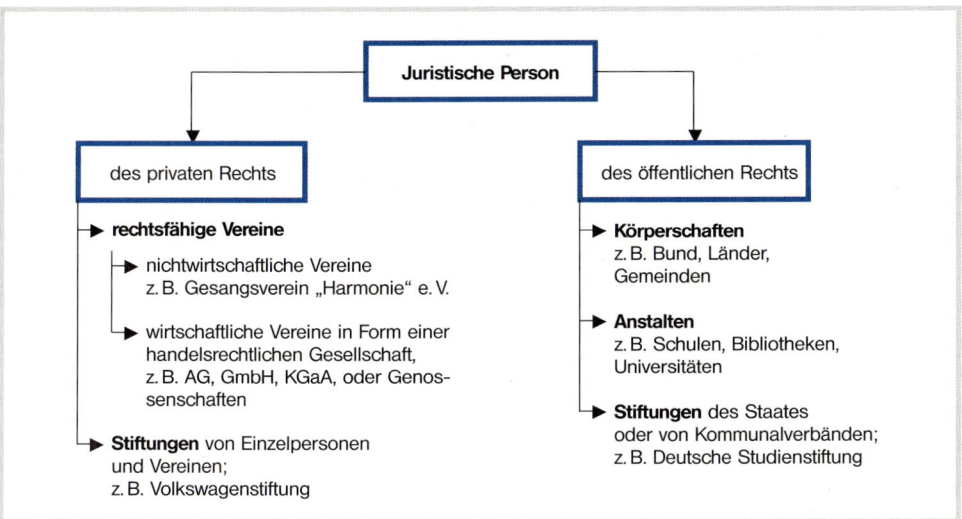

Jede juristische Person kann – vertreten durch eine natürliche Person – *klagen und verklagt werden.*

Beispiel: Die Eisenhütten-AG kommt ihrer Streupflicht bei Glatteis nicht nach. Herr Mauser fällt und bricht sich das Bein. Er kann seine Ansprüche gegen die Eisenhütten-AG, nicht aber gegen ein Vorstandsmitglied direkt geltend machen.

4.1.1.2 Die Rechtsobjekte

Den *Rechtssubjekten* (natürlichen und juristischen Personen) dienen die **Rechtsobjekte.** Das sind **Gegenstände** im rechtlichen Sinne. Rechtsobjekte können wie folgt unterschieden werden:

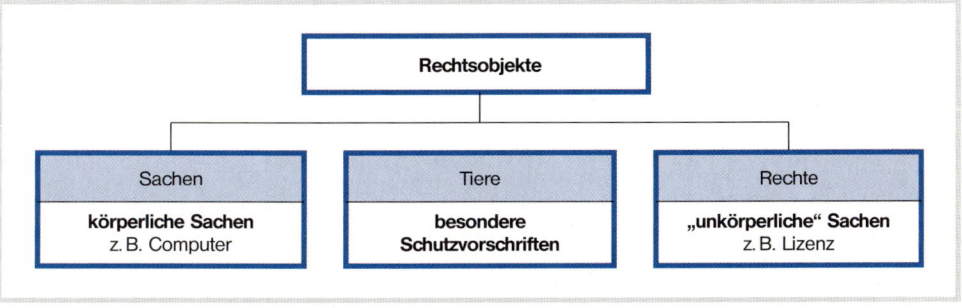

■ Sachen

Sachen sind nur **körperliche Gegenstände** *(Rechtsobjekt),* BGB § 90.

Sie können *fest, flüssig* oder *gasförmig* sein. Flüssigkeiten oder Gase gelten jedoch nur dann als Sache, wenn sie in einem entsprechenden Behälter sind; z. B. das Propangas in der Campingflasche ist eine Sache, nicht dagegen die freie Luft.

Sachen können u. a. wie folgt unterschieden werden:

nach der Beweglichkeit	bewegliche Sachen **Mobilien,** alle Sachen außer Grundstücke	unbewegliche Sachen **Immobilien,** Grundstücke
nach der Vertretbarkeit	**vertretbare Sachen, Gattungssachen,** ersetzbar durch andere nach *Maß, Gewicht* und *Zahl* bestimmbare Sachen, z. B. alle mehrfach gefertigten Gegenstände, wie Bücher, Möbel, Konserven	**nichtvertretbare Sachen, Speziessachen;** z. B. Modellkleid, Originalgemälde, Formel-1-Rennwagen

■ Tiere

Tiere sind *keine* Sachen. Sie werden durch besondere Gesetze geschützt, z. B. Tierschutzgesetz. Auf sie sind für die *Sachen geltenden Vorschriften entsprechend* anzuwenden, soweit nicht etwas anderes bestimmt ist (BGB § 90 a).

■ Rechte

Rechte und **unkörperlich** *(Rechtsobjekt),* z. B. Forderungen, Patente, Lizenzen, Bezugsrechte, Pfandrechte.

4.1.2 Besitz und Eigentum

Im täglichen Leben wird zwischen *Besitz* und *Eigentum* oft nicht genau unterschieden. Marions Eltern sind zwar Eigentümer, können aber während des Aufenthalts des Geschäftskollegen nicht Besitzer sein; dieser ist andererseits Besitzer, ohne Eigentümer zu sein (vgl. Problem S. 80!).

Ein anderes Beispiel macht dies deutlich:

Der Büromaschinengroßhändler Wolf stellt der Maschinenfabrik Klein & Co. ein Farbkopiergerät zum Ausprobieren zur Verfügung.

Klein & Co. sind **Besitzer,** solange sie den Apparat ausprobieren, sie also die **tatsächliche Herrschaft** ausüben können. Wolf bleibt **Eigentümer**; er kann **rechtlich** verfügen, z. B. durch Kaufvertrag. Geben Klein & Co. den Farbkopierer zurück, wird Wolf gleichzeitig auch wieder Besitzer (BGB § 854). Besitz und Eigentum können demnach sowohl getrennt als auch vereinigt sein.

Die Herrschaft über eine Sache ist möglich durch:		
Eigentum: rechtliche Herrschaft über eine Sache; z. B. Vermieter eines Autos. Der Eigentümer einer Sache kann im Rahmen der Gesetze mit ihr nach Belieben verfahren und andere von jeder Einwirkung ausschließen, BGB § 903	**Alleineigentum:** Eigentümer ist *eine* Person	**Gemeinsames Eigentum:** a) *Miteigentum nach Bruchteilen,* jedem gehört ein frei verfügbarer Anteil; Recht, jederzeit Teilung zu verlangen; Verwaltung gemeinsam, BGB § 1008 ff., z. B. Sammelverwahrung von Wertpapieren b) *Eigentum zur gesamten Hand,* allen gehört alles. Die Gesellschafter können nur gemeinsam über die Anteile verfügen; BGB § 718 ff., z. B. Einlagen der OHG-Gesellschafter.
Besitz: tatsächliche Herrschaft über eine Sache; z. B. Mieter eines Autos, BGB § 854	**Alleinbesitz**	**Mitbesitz** BGB § 866 mittelbarer – unmittelbarer Besitz, BGB §§ 854, 868

Eigentum und Besitz werden übertragen durch:		
Eigentum	Einigung und Übergabe von beweglichen Sachen	BGB § 929
	Auflassung und Eintragung im Grundbuch von unbeweglichen Sachen	BGB §§ 873, 925
Besitz	Übergabe von beweglichen Sachen	BGB § 854
	Gebrauchsüberlassung von unbeweglichen Sachen	BGB § 854

Verkauft jemand eine Sache, ohne Eigentümer zu sein, so erwirbt der Käufer trotzdem das Eigentum, wenn er annehmen konnte, der Verkäufer sei Eigentümer – **gutgläubiger Erwerb** – (BGB § 932).

Kein Eigentum erwirbt der Käufer bei *gestohlenen* oder *verloren gegangenen* Sachen. Dies gilt nicht für Geld oder Inhaberpapiere sowie für Sachen, welche bei einer öffentlichen Versteigerung erworben wurden (BGB § 935).

Die **wirtschaftliche Bedeutung des Eigentums** ist von der rechtlichen zu unterscheiden. Die Möglichkeit der freien Entfaltung der Persönlichkeit verbunden mit dem Streben nach Eigentum ist ein Element der freien Marktwirtschaft. Dieses Streben ist in allen Bevölkerungsschichten anzutreffen, da Eigentum mit als wesentliches Merkmal der gesellschaftlichen Stellung angesehen wird. Durch Umverteilung der Gewinne wird eine gerechtere Eigentumsbildung angestrebt.

Eigentumsbildung durch Sparen, d. h. durch Konsumverzicht, wäre reizlos, wenn nicht die Möglichkeit bestünde das Eigentum zu vererben. **Privateigentum** und **Erbrecht** sind **unabdingbar** verbunden. Allerdings übt der Staat durch die nach Verwandtschaftsgrad gestaffelte Erbschaftsteuer eine Ausgleichsfunktion aus.

Eigentum wird allgemein als **Vermögen** bezeichnet. Es umfasst also alle Sachen und Rechte, welche einer Person zustehen.

Eigentum schließt gleichzeitig das Recht ein, damit *nach Belieben zu verfahren,* wenn nicht das Gesetz oder die Rechte Dritter verletzt werden.

Das *Privateigentum* kann, wenn es uneingeschränkt eingesetzt werden darf, die Gefahr bergen, dass der wirtschaftlich Stärkere den wirtschaftlich Schwächeren ausbeutet. Jedoch „*Eigentum verpflichtet.* Sein Gebrauch soll zugleich dem Wohle der Allgemeinheit dienen" (GG Art. 14).

Durch vielerlei gesetzliche Beschränkungen wird die **soziale Verpflichtung** dokumentiert, Eigentum auch zum Gemeinwohl einzusetzen. Vorschriften über die *Mitbestimmung,* des *Wohnungsrechts,* des *Nachbarrechts,* des *Baurechts* und des *Umweltschutzes* engen wie allgemeine Bestimmungen über den *Wucher* den Spielraum der absoluten Verfügungsmöglichkeit über das Privateigentum ein und betonen seine soziale Bindung.

Zusammenfassung

- **Rechtssubjekte**
  - natürliche Person: jeder lebende Mensch
  - juristische Person: Personenvereinigung oder Vermögensmasse
- Es gibt **juristische Personen** des *privaten* und des *öffentlichen* Rechts.
- **Rechtsobjekte**
  - Sachen: körperlich
  - Tiere: besondere Rechtsvorschriften
  - Rechte: unkörperlich

- **Besitz** ist die tatsächliche Verfügungsgewalt über eine Sache.

- **Eigentum** ist die rechtliche Verfügungsgewalt über eine Sache.

- Das Eigentum wird übertragen:

  bei beweglichen Sachen → durch Einigung und Übergabe,
  bei unbeweglichen Sachen → durch Auflassung und Eintragung ins Grundbuch.

- Bei gestohlenen Sachen ist kein gutgläubiger Erwerb möglich.

- Die Möglichkeit der Eigentumsbildung ist eine Triebfeder der freien Marktwirtschaft.

- Privateigentum bedingt die Möglichkeit der Vererbung.

Aufgaben

1 Nennen Sie Beispiele für juristische Personen des privaten Rechts!

2 Der Auszubildende Mayer meint: „Wir haben in der Rechtsabteilung unserer Firma einen Juristen, Herrn Dr. Volz. Das ist auch eine juristische Person!" Nehmen Sie dazu Stellung!

3 Wann sind Gase Sachen?

4 Um welche Arten von Sachen handelt es sich (Mehrfachnennung ist möglich)?
  a) Skistiefel
  b) Wochenendgrundstück
  c) Pkw mit Sonderausstattung
  d) 10 Eier, Größe 3.

5 Herr Groß stiehlt einen Rubin-Ring und schenkt ihn Fräulein Müller. Diese schenkt ihn ihrer Mutter, welche ihn an Frau Scholz verkauft. Ist Frau Scholz Eigentümerin geworden?

6 Könnten Klein & Co. das Farbkopiergerät verkaufen (vgl. S. 82)? Begründen Sie Ihre Meinung!

7 Jörgen verkauft Ihnen ein Buch, von dem er behauptet, dass es ihm gehört. Beim Durchblättern entdecken Sie einen Namensstempel auf Seite 2 des Buches: Fritz Müller. Sie kaufen trotzdem.
  a) Sind Sie Eigentümer geworden und dürfen Sie das Buch behalten, wenn sich herausstellt, dass das Buch ausgeliehen war und Fritz Müller es zurückfordert? Begründen Sie Ihre Meinung!
  b) Wie wäre die Sachlage zu beurteilen, wenn das Buch gestohlen worden wäre?

4.1.3 Die Rechts- und Geschäftsfähigkeit

Problem

Der verwitwete Unternehmer Heinz Braun, Eigentümer einer Textilgroßhandlung, ist gestorben und hinterlässt seinen vier- und zwölfjährigen Söhnen Hans und Hermann das Geschäft. Die beiden Auszubildenden Kurt Fink und Alois Brandtner rätseln. Kurt fragt: „Ja, müssen wir denn jetzt Anweisungen von Hermann befolgen?" Da meint Alois: „Ich glaube nicht, obwohl – ihm gehört doch nun die Firma zusammen mit Hans!" – Wie sollen sie sich verhalten?

Der fünfjährige Fritz kauft ein. Damit er nichts vergisst, hat die Mutter ihm alles aufgeschrieben. Den Zettel gibt er dem Einzelhändler ab. Als alles gerichtet ist, sagt Fritz: „Jetzt möchte ich noch 300 g Rahmbonbons!" Wie soll sich der Einzelhändler verhalten?

4.1.3.1   Die Rechtsfähigkeit

Rechtsfähig ist jeder, der Träger von *Rechten* und *Pflichten* sein kann.

Zu unterscheiden sind *natürliche* und *juristische* Personen. Natürliche Personen sind alle Menschen, juristische Personen dagegen Zusammenschlüsse, die rechtlich als „Person" betrachtet werden und deshalb u. a. Eigentum besitzen können, z. B. eine Aktiengesellschaft. Während juristische Personen sofort volle Handlungsfreiheit haben, ist diese bei natürlichen Personen teilweise beschränkt oder sogar ausgeschlossen. Hans und Hermann sind zwar Eigentümer geworden, können aber über ihr Eigentum noch nicht verfügen. Das Vormundschaftsgericht bestellt für sie einen *Vormund*.

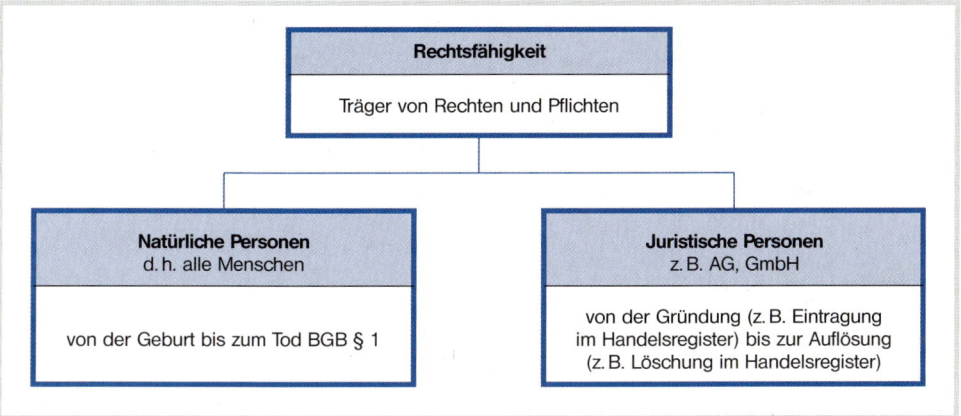

4.1.3.2   Die Geschäftsfähigkeit

Fritz kann aufgrund seines Alters noch keinen Vertrag rechtskräftig abschließen. Mit dem Zettel erklärt er lediglich als *Bote* den Willen seiner Mutter. Er ist zwar rechtsfähig, aber **geschäftsunfähig.** Das Recht, *Verträge gültig abschließen* zu können, setzt *Rechts- und Geschäftsfähigkeit* voraus.

Geschäftsfähigkeit ist die Fähigkeit Rechtsgeschäfte *selbständig* und *rechtswirksam* abzuschließen.

Geschäftsunfähig ist

- wer das 7. Lebensjahr nicht vollendet hat;
- wer dauernd geistesgestört ist (BGB § 104).

Geschäftsunfähige können *keinerlei* Rechtsgeschäfte gültig abschließen. Für sie handelt stellvertretend der gesetzliche Vertreter – die Eltern oder der Vormund bzw. ein Betreuer.

Beschränkt geschäftsfähig sind

- alle vom vollendeten 7. bis 18. Lebensjahr (BGB § 106).

Sabine, 17 Jahre alt, hat sich ein „unmögliches Kleid" gekauft. Der Vater schimpft, dafür gebe er sein Geld nicht her, und – lässt die Sache auf sich beruhen.

Der Vertrag ist zunächst in der Schwebe, d. h. **schwebend unwirksam,** und gilt erst, wenn der gesetzliche Vertreter zustimmt. Die Zustimmung kann auch *stillschweigend* erteilt werden, es sei denn, der Vertragspartner des Minderjährigen hat den gesetzlichen Vertreter ausdrücklich zur Genehmigung aufgefordert. Ist der **Minderjährige** inzwischen **unbeschränkt geschäftsfähig** geworden, so tritt *seine* Genehmigung an die Stelle der des gesetzlichen Vertreters. Er muss also auch *ausdrücklich zustimmen* (BGB § 108).

Beschränkt Geschäftsfähige können aber unter bestimmten Voraussetzungen auch frei und unabhängig entscheiden. Die 17-jährige Büroangestellte Sabine darf ohne weiteres im Rahmen des mit Zustimmung ihres gesetzlichen Vertreters geschlossenen Arbeitsvertrags Vereinbarungen treffen, z. B. den Urlaub festlegen, ohne nochmals den Vater fragen zu müssen (BGB § 113).

Ein beschränkt Geschäftsfähiger darf **ohne Einwilligung** des gesetzlichen Vertreters vollgültig Geschäfte abschließen, die

- ihm nur rechtliche Vorteile bringen, z. B. Schenkung (BGB § 107);

- er mit Geld bezahlt, das ihm für diesen Vertrag oder zur freien Verfügung gegeben wurde, z. B. Taschengeld (BGB § 110);

- er im Rahmen eines mit Zustimmung des gesetzlichen Vertreters selbständig betriebenen Erwerbsgeschäftes vornimmt, z. B. Lebensmittelgeschäft, Frisörsalon (BGB § 112);

- im Rahmen des mit Zustimmung des gesetzlichen Vertreters geschlossenen Arbeitsvertrages anfallen (BGB § 113).

Voll oder **unbeschränkt geschäftsfähig** sind

- **alle Volljährigen.**

Kann ein **Volljähriger** aufgrund einer *psychischen Krankheit* oder einer *körperlichen, geistigen oder seelischen Behinderung* seine Angelegenheiten ganz oder teilweise nicht besorgen, so bestellt das Vormundschaftsgericht auf seinen Antrag oder von Amts wegen für ihn einen **Betreuer** (BGB § 1896).

Zusammenfassung

- **Rechtsfähig** sind alle natürlichen und juristischen Personen.

- Die **Geschäftsfähigkeit** gliedert sich in drei Stufen

1. Geschäftsunfähigkeit	Rechtsgeschäfte sind nichtig
2. beschränkte Geschäftsfähigkeit	Rechtsgeschäfte sind schwebend unwirksam
3. volle Geschäftsfähigkeit	Rechtsgeschäfte sind voll gültig

- **Schwebend unwirksame Verträge** bedürfen der Genehmigung des gesetzlichen Vertreters. Sie können auch stillschweigend genehmigt werden, außer wenn der Erziehungsberechtigte ausdrücklich zur Genehmigung aufgefordert wurde. Ist der **Minderjährige** inzwischen **unbeschränkt geschäftsfähig** geworden, so tritt *seine* Genehmigung an die Stelle der Genehmigung des gesetzlichen Vertreters. Er muss also auch *ausdrücklich zustimmen* (BGB § 108).

- Auch beschränkt Geschäftsfähige können in bestimmten Fällen vollgültige Verträge schließen.

1 Worin unterscheiden sich Rechts- und Geschäftsfähigkeit bei natürlichen und bei juristischen Personen?

2 Warum sind u. U. auch Erwachsene geschäftsunfähig?

3 Beurteilen Sie folgende Fälle und begründen Sie Ihre Ansicht:

   a) Die 16-jährige Ursula kauft von ihrem gesparten Taschengeld eine Perücke zu 95,00 DM. Der Vater verlangt, dass sie diese zurückgibt. Der Verkäufer weigert sich die Perücke zurückzunehmen.

   b) Kurt, sechs Jahre alt, hat für seine Mutter eingekauft. Vom Restgeld nimmt er eine DM und kauft fünf Wundertüten. Die aufgerissenen Tüten bringt die Mutter ins Geschäft zurück und will das Geld dafür haben.

   c) Die 17-jährige Büroangestellte Franziska kündigt ihren mit Einwilligung des gesetzlichen Vertreters geschlossenen Arbeitsvertrag zum 31. März. Der Vater teilt der Firma mit, dass er als gesetzlicher Vertreter die Kündigung rückgängig mache.

   d) Die 14-jährige Barbara hat von einer Tante zum Geburtstag ein Fahrrad erhalten. Da die Eltern mit der Tante Streit haben, erklären sie: „Von der lassen wir uns nichts schenken", und geben das Fahrrad zurück.

4 Wovon hängt die Gültigkeit von Verträgen mit beschränkt Geschäftsfähigen ab?

5 Wie würden Sie einen schwebend unwirksamen Vertrag beurteilen, wenn der Minderjährige inzwischen volljährig wird [vgl. BGB § 108 (3)]?

4.2 Das Zustandekommen von Rechtsgeschäften

Problem

Herr Kufler, Inhaber einer Maschinengroßhandlung, erhält am 22. September von seiner Bank ein Schreiben: „Hiermit kündigen wir Ihnen das gewährte Darlehen über 85 000 EUR gemäß § 8 Ziff. 1 des mit Ihnen abgeschlossenen Darlehensvertrags zum 31. Dezember." Da die Aufträge in der letzten Zeit stark zurückgegangen sind, braucht Herr Kufler das Geld dringend. Er ist deshalb in großer Aufregung. Darf denn die Bank einseitig von sich aus die Rückzahlung verlangen?

Sachdarstellung

4.2.1 Ein Vertrag kommt zustande

Eine **Willenserklärung** ist die *rechtlich wirksame Äußerung* einer geschäftsfähigen Person, durch welche sie bewusst eine *Rechtsfolge* herbeiführen will, z. B. Angebot, Kündigung, Anfechtung, Rücktritt vom Vertrag.

Demnach ist die *Willenserklärung* der Bank im obigen Beispiel für den Kunden bindend, ob er es will oder nicht. Durch sie ist ein **Rechtsgeschäft** entstanden, er muss das Darlehen zurückzahlen.

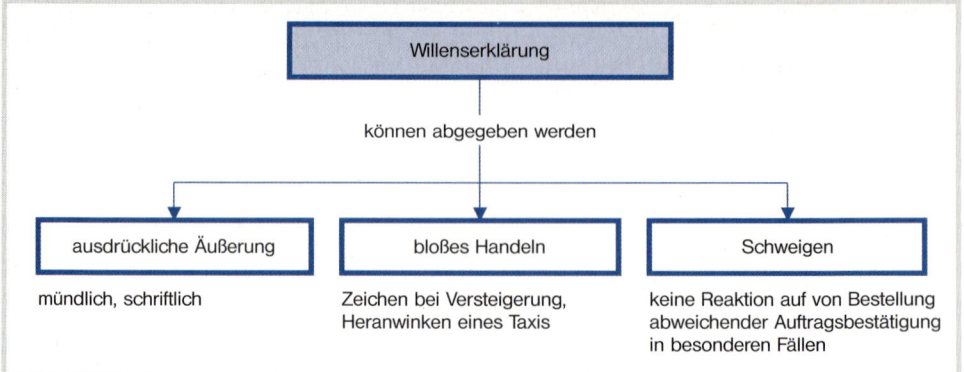

Bei **einseitigen Rechtsgeschäften** ist lediglich die *Willenserklärung einer Partei* nötig, z. B. beim Testament, bei der Kündigung oder der Anfechtung.

Einseitige Rechtsgeschäfte können *empfangsbedürftig* und *nicht empfangsbedürftig* sein. Nicht empfangsbedürftige Rechtsgeschäfte sind z. B. Testamente, zu den empfangsbedürftigen Rechtsgeschäften gehören z. B. die *Mahnung* und die *Kündigung.*

Bei **zwei- oder mehrseitigen Rechtsgeschäften** sind *Willenserklärungen aller Beteiligten* notwendig. Diese Erklärungen müssen **inhaltlich übereinstimmen,** damit ein **Vertrag** entsteht (BGB § 151).

Schweigen als Willenserklärung auf einen Antrag gilt in der Regel als *Ablehnung* (vgl. z. B. BGB §§ 146, 147). Geht einem **Kaufmann,** der *regelmäßig* für einen anderen Kaufmann *Geschäfte ausführt,* z. B. Handelsvertreter, Handelsmakler, Kommissionär, ein Antrag von diesem zu, so gilt *Schweigen als Annahme* des Antrags. Will er den Auftrag nicht übernehmen, so muss er *unverzüglich* antworten (HGB § 362). Erteilt z. B. ein Großhändler seiner Hausbank den Auftrag, 150 DaimlerChrysler-Aktien zu kaufen, so muss die Bank unverzüglich antworten, wenn sie den Antrag nicht annehmen will.

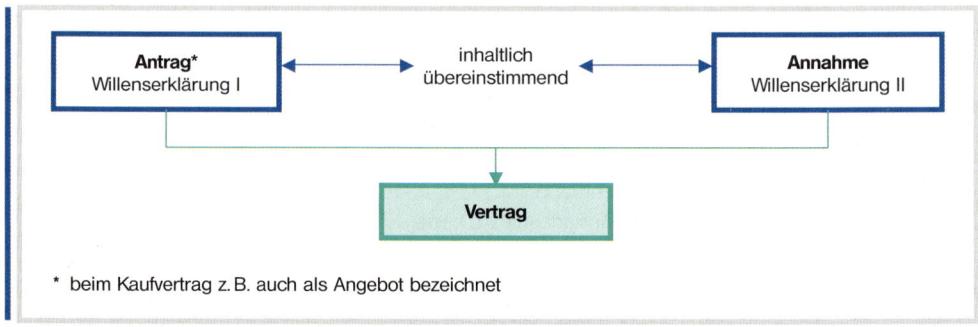

* beim Kaufvertrag z. B. auch als Angebot bezeichnet

4.2.2 Die Bindung an die Willenserklärung

Auf dem Antragsvordruck für die Kraftverkehrsversicherung einer Versicherungsgesellschaft steht u. a.: „Die Haftpflichtversicherung gilt als angenommen, wenn der Versicherer nicht binnen zweier Wochen die Annahme abgelehnt hat. Im Übrigen hält sich der Antragsteller einen Monat an diesen Antrag gebunden."

Sind keine besonderen Abmachungen getroffen, so ist ein **Antrag** so lange **bindend,** bis der Empfänger unter verkehrsüblichen Umständen, wie Hinsendung, angemessene Überlegungsfrist, Rücksendung, eine Antwort erwarten kann. Es muss auf mindestens gleich schnellem Wege geantwortet werden, z. B. Antrag durch Telefax, dann Annahme durch Telefax oder Telefon. Der Anbietende kann die **Bindung** von vornherein **ausschließen,** z. B. freibleibendes Angebot, Zwischenverkauf vorbehalten (BGB § 145).

Die **Bindung** an den Antrag **erlischt,** wenn dieser

- dem Antragenden gegenüber **abgelehnt** oder
- **verspätet angenommen** wurde (BGB § 146):
  - Ein *Antrag gegenüber Anwesenden* kann nur *sofort* angenommen werden. Dies gilt auch bei telefonischem Antrag.
  - Ein *Antrag gegenüber Abwesenden* kann nur bis zu dem Zeitpunkt angenommen werden, bis unter regelmäßigen Umständen – Hinsendung, Überlegungsfrist, Rücksendung – eine Antwort erwartet werden kann (BGB § 147).
  - Ist eine Frist gesetzt, z. B. „...... gilt bis 15. März ..", dann ist die Annahme nur *innerhalb der Frist* möglich (BGB § 148).

Wird ein Antrag, z. B. vom Käufer *verspätet angenommen* oder *abgeändert,* so gilt die Annahme als *neuer Antrag,* der dann selbst wieder angenommen werden muss (BGB § 150).

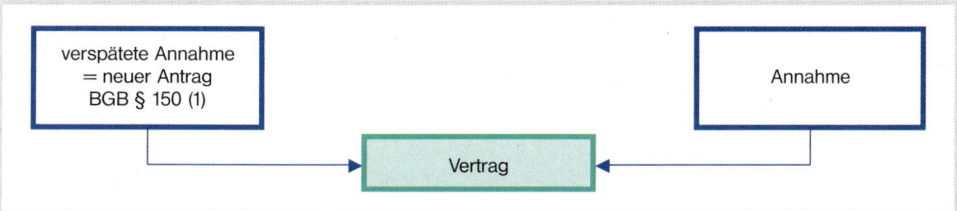

Außerdem gibt es Rechtsgeschäfte, die von *vornherein* ungültig, d. h. **nichtig** sind; z. B. die Willenserklärung eines geschäftsunfähigen Kindes. Andere Rechtsgeschäfte können *nachträglich* **angefochten** werden. Sie sind dann als von Anfang an nichtig anzusehen (BGB §§ 105, 116 ff.).[1]

Zusammenfassung

- Beim **einseitigen Rechtsgeschäft** ist *eine* Willenserklärung nötig.
- **Zwei- oder mehrseitige Rechtsgeschäfte,** d. h. **Verträge,** bestehen aus *mindestens zwei* inhaltlich übereinstimmenden Willenserklärungen.
- Die **Bindung an eine Willenserklärung** besteht so lange, bis unter verkehrsüblichen Umständen eine Antwort erwartet werden kann.
- Die verspätete Annahme eines Antrags gilt als neuer Antrag.

Aufgaben

1 Nehmen Sie dazu Stellung, ob in folgenden Fällen ein Vertrag zustande gekommen ist! Beschreiben Sie gegebenenfalls Antrag und Annahme:
  a) Herr Braun nimmt wortlos an einem Kiosk eine Zeitung, legt eine DM hin und geht mit einem Gruß weiter.
  b) Frau Groß winkt ihrer Freundin zu, die sie auf dem Gehweg jenseits der Straße entdeckt. Ein vorbeifahrender Taxifahrer sieht dieses Zeichen, hält an und will Frau Groß einsteigen lassen, da sie ihn ja mit dem Winken angehalten habe.

[1] Siehe Seite 93 ff. Die Nichtigkeit und Anfechtbarkeit von Verträgen!

c) Der Hotelier Maurer ruft seinen Metzger Schulz an: „Schicken Sie mir bis 10 Uhr das Gleiche wie gestern." Schulz antwortet: „In Ordnung."

d) Herr Gruber will eine neue Geschäftsverbindung anbahnen und hat mit Telefax beim Weingut „Sonnenhalde" 200 Flaschen Kaiserstühler Weißherbst bestellt. Nach 14 Tagen trifft die Mitteilung mit der Briefpost ein, dass der Wein in den nächsten Tagen geliefert werde.

e) Wie würden Sie im Fall d) urteilen, wenn das Weingut nach zwei Tagen telefonisch die Lieferung ankündigt?

2 Warum ist die zeitliche Bindung an einen Antrag eingeschränkt?

4.3 Abschluss und Erfüllung des Kaufvertrags

① Herr Lehmann, Prokurist der Lampenfabrik Hofmann GmbH & Co., 83026 Rosenheim, ruft beim Elektorgroßhändler Brauner, 80807 München, an: „Herr Brauner, ich habe noch einen Restposten von 12 Stück der Nachttischlampen, die Sie letzten Monat bezogen haben." Herr Brauner erwidert: „Ausgezeichnet, die kann ich gleich brauchen!" – Ist ein Kaufvertrag zustande gekommen?

② Der Einzelhändler Lehmann stellt fest, dass sein Vorrat an Rheinwein zu Ende geht. Er will 500 Flaschen beziehen. Kann er telefonisch beim Weingut „Freiherr von Limburg" in Rüdesheim bestellen oder muss die Bestellung über eine so große Menge schriftlich erfolgen, um rechtsgültig zu sein?

③ Ein ermüdeter Wanderer kommt durstig an einen Rastplatz und seufzt: „Jetzt würde ich 100 DM für eine Flasche Bier geben!" Herr Kunze hört dies, holt aus seinem Rucksack eine Flasche Bier und sagt: „Ich nehme Ihr Angebot an!"

④ Die Stenotypistin Ruth Müller vertippt sich und bestellt statt 60 Flaschen „Würzburger Stein" 600 Flaschen. Als am nächsten Morgen der Fehler bemerkt wird, ist die Bestellung bereits beim Lieferanten eingetroffen. Müssen 600 Flaschen, wie bestellt, abgenommen werden?

4.3.1 Verpflichtungsgeschäft – Erfüllungsgeschäft

Für den Abschluss eines Kaufvertrags – dies gilt entsprechend auch für die übrigen Verträge – gibt es zwei Möglichkeiten:

● Stimmt die *Bestellung (Annahme) inhaltlich* mit dem *Angebot (Antrag)* überein, so ist der Kaufvertrag geschlossen.

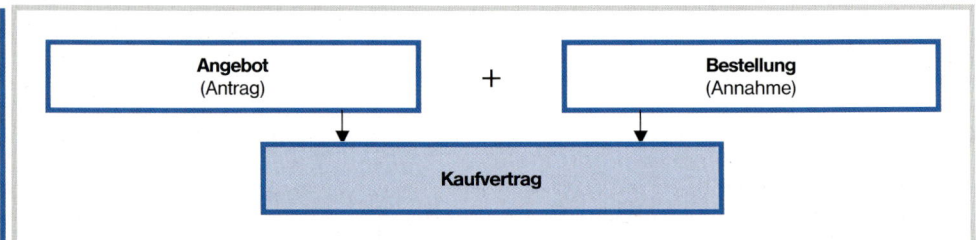

- Erfolgt eine Bestellung ohne Angebot, so wird der Kaufvertrag durch die *Bestellung (Antrag)* und die *Bestellungsannahme (Annahme)* geschlossen. Wird unverzüglich geliefert, kann die Bestellungsannahme entfallen.

Bestellung
(Antrag)
+
Bestellungsannahme
(Annahme)
Kaufvertrag

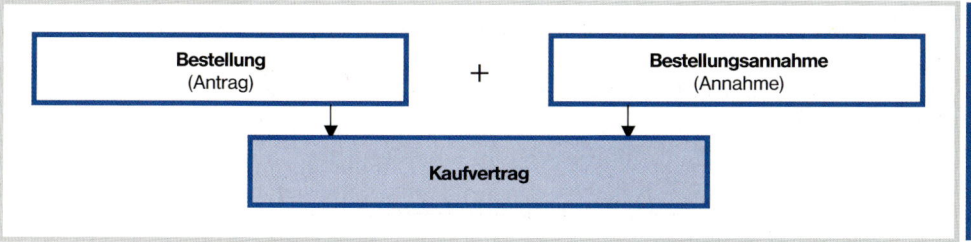

Dem **Verpflichtungsgeschäft** in Form des Kaufvertrags muss das **Erfüllungsgeschäft** zur ordentlichen Vertragsabwicklung folgen (BGB §§ 433, 929).

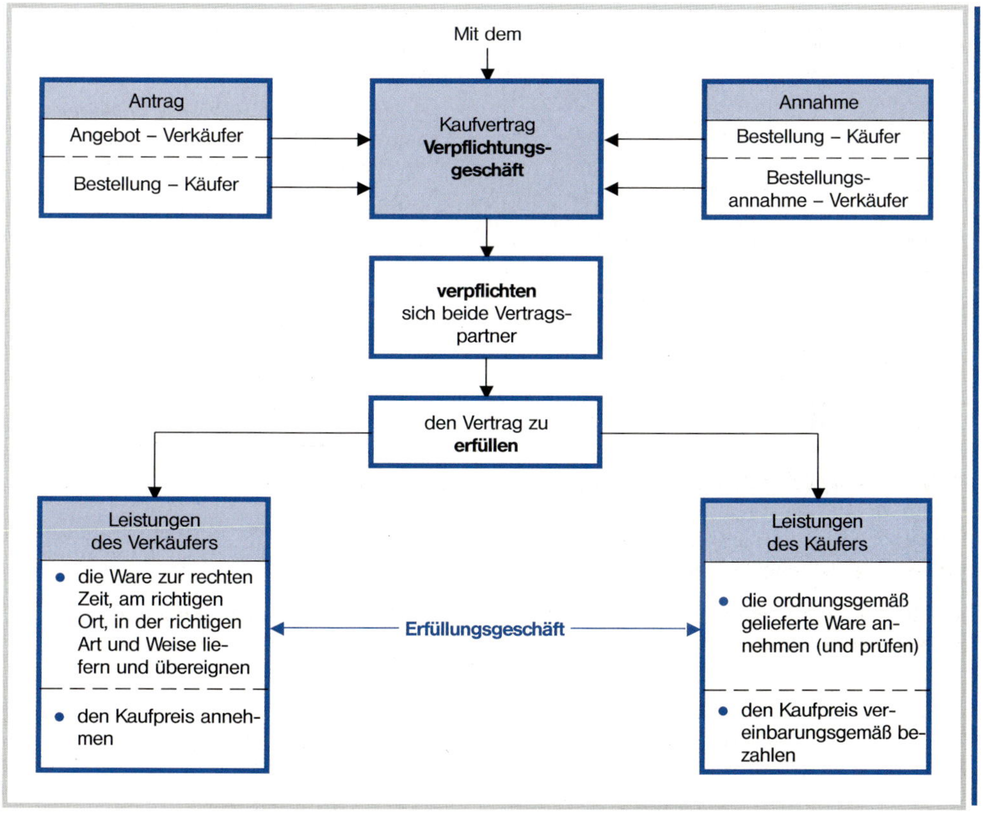

Mit dem
Antrag
Angebot – Verkäufer
Bestellung – Käufer
Kaufvertrag
Verpflichtungsgeschäft
Annahme
Bestellung – Käufer
Bestellungsannahme – Verkäufer
verpflichten
sich beide Vertragspartner
den Vertrag zu
erfüllen
Leistungen des Verkäufers
die Ware zur rechten Zeit, am richtigen Ort, in der richtigen Art und Weise liefern und übereignen
den Kaufpreis annehmen
Erfüllungsgeschäft
Leistungen des Käufers
die ordnungsgemäß gelieferte Ware annehmen (und prüfen)
den Kaufpreis vereinbarungsgemäß bezahlen

Nach Abschluss des Kaufvertrags vorgebrachte Verkaufsbedingungen, z. B. auf der Rückseite der Rechnung aufgedruckte Liefer- und Zahlungsbedingungen, haben *rechtlich keine Bedeutung*. Lediglich der Vertragsinhalt ist maßgebend.

Stimmen die Willenserklärungen von Käufer und Verkäufer nicht überein, so ist kein Kaufvertrag zustande gekommen:

- Angebot + abweichende Bestellung = **kein** Kaufvertrag
- Bestellung + abweichende Bestellungsannahme = **kein** Kaufvertrag

Werden einer Privatperson *nicht bestellte Waren* ins Haus geschickt, so ist *kein* Kaufvertrag zustande gekommen. Die Ware braucht auch nicht – selbst wenn der Absender dies ausdrücklich wünscht – zurückgesandt werden. Der Empfänger der Gegenstände muss diese lediglich eine angemessene Frist mit derselben Sorgfalt aufbewahren, mit der er seine eigenen Sachen behandelt.

Eine Ausnahme kann der **Handelskauf** bilden. Zwischen zwei Kaufleuten, die in *regelmäßiger* Geschäftsverbindung stehen, z. B. einem Importgroßhändler und einem Sortimentsgroßhändler, ist es z. B. *dauernd üblich,* dass der Importeur alle Neuheiten *ohne besondere Bestellung* dem Sortimenter liefert. Dieser übernimmt in der Regel die Ware ohne weiteres. Hier gilt Schweigen als Zustimmung. Will der Sortimentsgroßhändler die Ware (ausnahmsweise) nicht, so muss er unverzüglich ablehnen.

4.3.2 Die Vertragsfreiheit

Es entspricht der freiheitlichen Grundhaltung unserer Gesellschaft, dass der *Inhalt der Verträge frei bestimmt* werden kann. Nur wenn keine besonderen Abmachungen getroffen wurden, gilt die gesetzliche Regelung. Diese Möglichkeiten erlauben es die Verträge so abzufassen, dass sie genau auf den Einzelfall passen.

Obwohl Verträge grundsätzlich einzuhalten sind, schützt der Gesetzgeber den Einzelnen und die Gesellschaft vor *Missbrauch der Vertragsfreiheit.* Verträge sind ungültig **(nichtig),** wenn sie z. B. gegen die guten Sitten verstoßen, wie etwa bei Wucher. Bereits gültige Verträge können **angefochten** *werden,* wenn es sich z. B. herausstellt, dass ein Warenmangel *arglistig verschwiegen* wurde.

Grundsatz von Treu und Glauben. Die Vertragspartner sind beim Abschluss und bei der Erfüllung eines Vertrags darauf angewiesen, dass jeder seine Pflichten ordnungsgemäß beachtet. Es heißt deshalb im BGB § 242: „Der Schuldner ist verpflichtet, die Leistung so zu bewirken, wie Treu und Glauben mit Rücksicht auf die Verkehrssitte es erfordern." Dabei ist auch auf die allgemein geltenden *Handelsbräuche (Handelsusancen)* und *Gewohnheiten* Rücksicht zu nehmen. Selbst das Ausüben eines bestehenden Rechts kann gegen Treu und Glauben verstoßen. Wenn z. B. ein Hersteller längere Zeit geduldet hat, dass ein Konkurrent seine patentierte Maschine nachbaut, so darf er nicht warten, bis der Konkurrent viel verdient hat, um dann plötzlich auf Schadenersatz zu klagen. Ein solches Vorgehen wäre eine *unzulässige Rechtsausübung* (BGB §§ 157, 242, HGB § 346).

Kontrahierungszwang. In Sonderfällen *muss* ein Unternehmen kraft Gesetzes einen Vertrag schließen, sobald der Antrag gestellt ist. Dies gilt vor allem für die Deutsche Bahn AG und die Deutsche Post AG, die sich nicht weigern kann einen Brief zu befördern, da sie z. Z. noch das alleinige Recht zur Beförderung bestimmter Briefe hat *(Beförderungsmonopol).*

4.3.3 Grenzen der Vertragsfreiheit durch Formvorschriften

Bei wenigen Verträgen und einseitigen Rechtsgeschäften, in denen übereilten Entschlüssen vorgebeugt werden soll und die für den Einzelnen von besonderer Bedeutung sind, sind gesetzlich vorgeschriebene Formvorschriften einzuhalten:

Formen	Wesen	verlangt u. a. bei	Gesetzliche Regelung
● Schrift-form	eigenhändige Unterschrift erforderlich	Schuldversprechen, Schuld-anerkenntnis, Bürgschaft (unter Kaufleuten formlos!), Konkurrenzklausel (BGB §§ 766, 780, 781; HGB §§ 74, 350).	BGB § 126
● Öffent-liche Beglaubi-gung	eigenhändige Unterschrift wird von einem Notar be-glaubigt[1]	Anträge auf Eintragung ins Grundbuch, Handels-, Ver-eins-, Güterrechtsregister (BGB §§ 77, 1560; HGB § 12; GBO § 29).	BGB § 129 Beurkun-dungsgesetz § 39 ff.
● Notarielle Beurkun-dung	Über die Verhandlung wird vom Notar eine Niederschrift aufgenommen, den Beteilig-ten vorgelesen und von ihnen genehmigt und unter-schrieben. Der Notar unter-schreibt ebenfalls.	Veräußerung und Belastung von Grundstücken, Schen-kungsversprechen, Be-schlüsse der Hauptver-sammlung einer AG (BGB §§ 313, 518; AktG § 130).	BGB § 128 Beurkun-dungsgesetz § 6 ff.

4.3.4 Die Nichtigkeit von Verträgen

Trotz Vertragsfreiheit kann nicht jedes beliebige Rechtsgeschäft abgeschlossen werden. Auf-grund gesetzlicher Vorschriften sind bestimmte Geschäfte *von vornherein ungültig*, d. h. **nichtig,** auch wenn die Willenserklärungen übereinstimmen.

Mangel	Art des Vertrags und gesetzliche Grundlage
in der **Geschäftsfähigkeit**	Verträge mit *Geschäftsunfähigen*, z. B. die sechsjährige Christel kauft ein Puppenkleidchen [BGB § 105 (1)].
im **rechtsgeschäftlichen Willen**	Verträge, die im *Zustand der Bewusstlosigkeit oder* vor-übergehender *Störung* der *Geistestätigkeit* abgeschlossen wurden, z. B. ein Betrunkener verkauft im Vollrausch seine wertvolle Armbanduhr [BGB § 105 (2)].
	Scheingeschäfte, z. B. ein Grundstückskauf wird, um Grunderwerbsteuer zu sparen, mit einem niedrigeren Wert notariell beurkundet (BGB § 117).
	Scherzgeschäfte, nicht ernstlich gemeinte Willenserklä-rung, die in der Erwartung abgegeben wird, dass die mangelnde Ernsthaftigkeit erkannt wird, z. B. „Ein König-reich für ein Glas Bier!" (BGB § 118).

[1] Auch andere Urkundspersonen (z. B. Standesbeamte) und sonstige Stellen (z. B. Behörden, Gerichte) können beglaubigen (z. B. Zeugnisabschriften, Fotokopien) bzw. beurkunden.

Mangel	Art des Vertrags und gesetzliche Grundlage
im **Inhalt des Rechtsgeschäfts**	Verträge, die gegen ein *gesetzliches Verbot* verstoßen, z. B. der Rauschgifthändler Lutz kauft 300 g Haschisch (BGB § 134).
	Verträge, die gegen die *guten Sitten* verstoßen *(Wucher)*; d. h., wenn unter Ausbeutung der Notlage, des Leichtsinns oder der Unerfahrenheit eines anderen dieser auffällig übervorteilt wird; z. B. von einem Gastarbeiter wird der doppelte Preis für Lebensmittel verlangt (BGB § 138).
in der **Form**	Verträge, die gegen die durch *Gesetz* vorgeschriebene oder durch Rechtsgeschäft *bestimmte Form* verstoßen; z. B. Kaufvertrag über eine Eigentumswohnung ohne notarielle Beurkundung (BGB § 125).

Verträge mit *beschränkt Geschäftsfähigen* sind **schwebend unwirksam.** Die *Wirksamkeit des Vertrags* hängt von der *Genehmigung des gesetzlichen Vertreters* ab. Fordert der Vertragspartner den gesetzlichen Vertreter zur Genehmigung auf und genehmigt dieser nicht innerhalb von zwei Wochen den Vertrag, so gilt die Genehmigung als verweigert. Der Vertrag ist nichtig (BGB § 108).

4.3.5 Die Anfechtung von Verträgen

Verträge, die zunächst voll gültig sind, werden durch **Anfechtung** *rückwirkend ungültig.* Die Vertragspartner werden so gestellt, als ob kein Vertrag abgeschlossen worden wäre.

Anfechten kann:

- Wer bei Abgabe seiner Willenserklärung im **Irrtum** war:
  - *Irrtum in der Erklärung,* wer sich verschreibt oder verspricht, z. B. Angebotspreis 8,94 EUR, tatsächlich geschrieben 8,49 EUR [BGB § 119 (1)].
  - *Irrtum durch falsche Übermittlung,* z. B. ein Bote richtet etwas falsch aus, ein Telegramm geht verstümmelt ein (BGB § 120).
  - *Irrtum über verkehrswesentliche Eigenschaften einer Person oder einer Sache;* z. B. Abschluss eines Zielgeschäftes mit einem Geschäftspartner, der im Konkurs ist; Kauf eines Patentes, das sich als nicht verwertbar herausstellt [BGB § 119 (2)].

Rechtlich unerheblich ist der *Motivirrtum;* z. B. wer Aktien gekauft hat in der Hoffnung, der Kurs werde rasch steigen, kann nicht wegen Irrtums anfechten. Bei falscher Kalkulation ist keine Anfechtung möglich, da im Erklärungsvorgang dem Dritten gegenüber kein Irrtum steckt.

- Wer durch **arglistige Täuschung** zum Vertragsabschluss veranlasst wurde, z. B. ein preisgünstiger Gebrauchtwagen wird vom Verkäufer als unfallfrei bezeichnet, obwohl der Unfallschaden in der Werkstatt des Verkäufers behoben wurde (BGB § 123).
- Wer **widerrechtlich durch Drohung** einen Vertrag zu schließen gezwungen wurde; z. B. ein Vertreter droht einem entlassenen Vorbestraften, dessen Vorstrafen in der Nachbarschaft zu erzählen, wenn er nicht einen Kaufvertrag über eine Waschmaschine unterschreibe (BGB § 123).

Nicht jede Drohung ist widerrechtlich. So ist z. B. die Androhung einer gerichtlichen Klage wegen Zahlungsverzugs rechtlich nicht zu beanstanden.

Anfechtungsgrund	Anfechtungsfrist
Irrtum	**Unverzüglich**, d. h. *ohne schuldhaftes Zögern*, nachdem der Irrtum entdeckt wurde. Nach 30 Jahren seit Abgabe der Willenserklärung ist die Anfechtung ausgeschlossen (BGB § 121).
Täuschung bzw. **Drohung**	**Innerhalb eines Jahres** nach Kenntnis der Täuschung bzw. Aufhören der Zwangslage. Nach 30 Jahren seit Abgabe der Willenserklärung ist die Anfechtung ausgeschlossen (BGB § 124).

Schadenersatz muss bei *Anfechtung wegen Irrtums* unter Umständen der Anfechtende seinem Vertragspartner leisten. Dieser soll keinen Schaden dadurch erleiden, dass er auf die Gültigkeit des Vertrages vertraute. Deshalb wird ihm, sofern er den Anfechtungsgrund nicht kannte oder erkennen musste, der *Vertrauensschaden* ersetzt, d. h., er wird so gestellt, als ob der Vertrag nicht geschlossen worden wäre.

Zusammenfassung

■ **Verpflichtungsgeschäft**
  → Angebot und Bestellung ——————┐
  oder   ├—→ **Kaufvertrag**
  → Bestellungen und Bestellungsannahme ┘

Erfüllungsgeschäft
  → Leistungen des Verkäufers
  → Leistungen des Käufers

■ **Grundsatz der Vertragsfreiheit** bedeutet:
  1. freie Entscheidung, ob ein Vertrag geschlossen werden soll oder nicht,
  2. freie Entscheidung über den Inhalt der Verträge,
  3. freie Entscheidung zur Auflösung der Verträge.

■ **Bei fehlender vertraglicher Regelung gilt das Gesetz.**

■ Bestimmte Unternehmen haben **Kontrahierungszwang,** z. B. die Deutsche Post AG.

■ Verträge unterliegen *grundsätzlich* keinen Formvorschriften.

■ **Nichtige Verträge** = von **vornherein** ungültig.
  Anfechtbare Verträge = zunächst voll gültig, durch Anfechtung **rückwirkend** ungültig.

■ **Nichtige Verträge** sind
  Verträge mit *Geschäftsunfähigen*
  Verträge, die im *Zustand der Bewusstlosigkeit* oder vorübergehender *Störung der Geistestätigkeit* geschlossen werden
  Scheingeschäfte
  Scherzgeschäfte
  Verträge, die gegen ein *gesetzliches Verbot* verstoßen
  Verträge, die gegen die *guten Sitten* verstoßen
  Verträge, die gegen *Formvorschriften* verstoßen

■ **Schwebend unwirksame Verträge** werden mit *beschränkt Geschäftsfähigen* geschlossen. Genehmigung durch gesetzlichen Vertreter.

■ **Anfechtbare Verträge**
  Willenserklärung enthält rechtserheblichen *Irrtum*
  Willenserklärung durch *arglistige Täuschung* veranlasst
  Willenserklärung *widerrechtlich durch Drohung* erzwungen

■ **Anfechtung**
  bei Irrtum: unverzüglich nach Entdeckung
  bei arglistiger Täuschung und bei Drohung: innerhalb eines Jahres nach Kenntnis bzw. Aufhören der Zwangslage
  nicht mehr möglich, wenn seit Abgabe der Willenserklärung 30 Jahre vergangen sind.

1 Auf welche Weise kommt ein Kaufvertrag zustande, wenn ein Kunde schreibt: „Liefern Sie mir bis in 14 Tagen nochmals 200 Dosen Ananas wie gehabt."

2 Wie erfüllt der Käufer den Kaufvertrag?

3 Nennen Sie Beispiele, wo Verpflichtungs- und Erfüllungsgeschäft zeitlich zusammenfallen!

4 Warum sind die Geschäftsbedingungen auf der Rechnung für die Gültigkeit des Vertrages ohne Bedeutung?

5 Welche Gefahr bestünde, wenn unbestellte Ware zurückgesandt werden müsste?

6 Warum hat der Gesetzgeber keine starren Vorschriften für alle Verträge festgelegt?

7 Warum wurden gesetzliche Bestimmungen geschaffen, die auch durch Verträge nicht geändert werden können, z. B. Dauer der Probezeit bei Berufsausbildungsverhältnissen mindestens ein Monat, höchstens drei Monate?

8 Warum *muss* die Deutsche Telekom AG z. B. ein Telegramm befördern?

9 Eine Nebenstrecke der Deutschen Bahn AG ist unrentabel. Weshalb *muss* die Deutsche Bahn AG auch solche unrentablen Strecken mit Bussen befahren, wozu sich kein Privatunternehmen bereit fände?

10 a) Weshalb gilt die Formfreiheit nicht für alle Rechtsgeschäfte?
b) Nennen Sie besondere Vorschriften und geben Sie Beispiele dazu!

11 Beurteilen Sie folgenden Fall hinsichtlich der Formvorschrift: Zwei Kaufleute schließen telefonisch einen Vertrag über die Lieferung von Feinblechen über 25 000,00 EUR.

12 Welcher Unterschied besteht zwischen Nichtigkeit und Anfechtbarkeit von Verträgen?

13 Beurteilen Sie folgende Fälle im Hinblick auf Anfechtbarkeit und Nichtigkeit! Begründen Sie jeweils Ihre Ansicht!

a) Der Hof des Bauern Köhler ist stark verschuldet. Die Bank gewährt keinen weiteren Kredit. In seiner Not erhält er von einem Privatmann ein Darlehen zu 30 % Zinsen jährlich.

b) Herr Kopp übernimmt für seinen Stammtischfreund Funk eine mündliche Bürgschaft in Höhe von 15 000,00 EUR (vergleichen Sie auch HGB § 766!).

c) Die Firma Kost bestellt heute schriftlich statt 35 Stück 53 Stück.

d) Die sechsjährige Ruth kauft mit ihrem Taschengeld 10 Tafeln Schokolade.

e) Herr Meyers kauft im Hinterzimmer einer Gastwirtschaft zwei Pistolen und ein Jagdgewehr, ohne eine Waffenbesitzkarte zu haben.

f) Der Radiohändler Weis verkauft ein Fernsehvorführgerät als fabrikneu. Die Benützung verschweigt er dem Kunden.

g) Der Kaufmann Bullinger droht seinem säumigen Kunden: „Wenn Sie nicht bis übermorgen gezahlt haben, schicke ich Ihnen den Gerichtsvollzieher ins Haus!"

h) Im Unterricht werden Verträge besprochen. Beim Schenkungsvertrag zieht der Lehrer einen 50-DM-Schein aus der Brieftasche und gibt ihn Fritz mit den Worten: „Den schenke ich dir!" Fritz sagte „Danke!" und steckt den Schein ein.

14 Groß verkauft Maier ein Wochenendgrundstück, ohne den Notar in Anspruch zu nehmen. Die Notargebühren sollen gespart werden. Ist der Vertrag gültig?

15 Wie beurteilen Sie folgende Angebote:

a) In der Kalkulation ist ein Rechenfehler enthalten. Als Angebotspreis erhalten wir je Stück 16,80 EUR. Zu diesem Preis bieten wir die Ware an.

b) Eine mit 24,20 EUR kalkulierte Ware bieten wir wegen eines Schreibfehlers zu 22,40 EUR je Stück an.

4.4 Wichtige Vertragsarten für die Wirtschaft

Problem

Dipl.-Kaufmann Heinz Schulze fliegt anlässlich eines Geschäftsbesuchs von München nach Hamburg. Er wird in der näheren Umgebung einige Kunden besuchen. Von der Firma car-hire erhielten wir folgendes Angebot: „VW Golf für 30,00 EUR/Tag (+ 0,50 EUR/km) oder für 55,00 EUR/Tag (incl. aller km); Mercedes C 180 für nur 40,00 EUR (+ 0,54 EUR/km) oder für 90,00 EUR/Tag (incl. aller km)."

Welcher Vertrag soll hier abgeschlossen werden? Für welches Angebot wird sich Herr Schulze nach Abwägung aller Gesichtspunkte entscheiden?

Sachdarstellung

Bei aller Vielfalt der Vertragsarten ist allen gemeinsam, dass sie durch *Antrag* und *Annahme* zustande kommen. Die *Rechte* des einen Vertragspartners sind die *Pflichten* des anderen und umgekehrt. Mit dem *Vertragsabschluss* (**Verpflichtungsgeschäft**) verpflichten sich die Vertragspartner, den Vertrag zu *erfüllen* (**Erfüllungsgeschäft**).

Im Geschäftsleben ist es wegen der rechtlichen Folgen wichtig, ähnliche Verträge aufgrund der gesetzlichen Bestimmungen abzugrenzen.

Am Beispiel des **Dienstvertrages**, des **Werkvertrages** und des **Werklieferungsvertrags** sollen solche Abgrenzungsmöglichkeiten aufgezeigt werden:

Dienstvertrag, BGB §§ 611–630, **Werkvertrag**, BGB §§ 631–650 und **Werklieferungsvertrag**, BGB § 651, unterscheiden sich wesentlich im *Vertragszweck* und in der sich daraus ergebenden *Zielsetzung*.

▶ Abgrenzung hinsichtlich des **Vertragszwecks**:

- **Dienstvertrag:** Leistung von Arbeiten gegen Entgelt, BGB § 611; *persönliche* Dienstleistungspflicht, BGB § 613;
  - *unselbstständiger* Dienstvertrag: z. B. kaufmännisches Arbeitsverhältnis, HGB §§ 59–75 h;
  - *selbstständiger* Dienstvertrag: z. B. Anwalt – Klient.
- **Werkvertrag:** Verpflichtung des Unternehmers zur Herstellung des *versprochenen Werkes* (Sache oder ein durch Arbeit oder Dienstleistung herbeizuführender Erfolg) gegen Entgelt, BGB § 631, z. B. Architekt – Bauherr, Gebäudereinigung.
- **Werklieferungsvertrag:** Verpflichtung des Unternehmers, das Werk aus einem *von ihm zu beschaffenden Stoff* gegen Entgelt herzustellen, BGB § 651. Ist das Werk eine *Gattungssache*, gelten die Vorschriften über den *Kauf*, BGB § 433 ff; bei *Speziessachen* die Vorschriften über den *Werkvertrag*, BGB § 611 ff. Dies gilt auch, wenn nur Zutaten oder sonstige Nebensachen geliefert werden, BGB § 651; z. B. Schneiderin liefert lediglich Knöpfe und Nähseide.

▶ Abgrenzung hinsichtlich der **Zielsetzung**:

- **Dienstvertrag:** Geschuldet wird eine **Dienstleistung** (Arbeitsleistung) ohne Zusage eines Erfolgs, BGB § 611; z. B. Operation eines Arztes; Kundenbesuch eines Reisenden.
- **Werkvertrag:** Geschuldet wird ein **Arbeitsergebnis**; Herstellung des versprochenen Werkes entsprechend der zugesicherten Eigenschaften, sonst Nachbesserung bzw. Wandelung oder Minderung, BGB §§ 631, 633, 634.
- **Werklieferungsvertrag:** Entsprechend Werkvertrag!

Die wichtigsten Verträge für die Wirtschaft sind:

Vertragsart	Vertragsinhalt verpflichtet beide Vertragspartner *(Verpflichtungs-geschäft)*, den Vertrag zu erfüllen *(Erfüllungs-geschäft)*	Gesetzliche Regelung
● Kaufvertrag	Übereignung von Sachen oder Rechten gegen Geld, z. B. Waren, Patente	BGB §§ 433–514
● Tauschvertrag	Gegenseitige Übereignung von Sachen oder Rechten	BGB § 515
● Werkvertrag	Verrichtung einer bestimmten Arbeit durch einen Dritten gegen Entgelt, z. B. Autoreparatur, Malerarbeiten im Büro	BGB §§ 631–650
● Beförderungs-vertrag	*Werkvertrag* mit der Verpflichtung, eine Beförderung(-sleistung) zu erbringen	BGB § 631, HGB § 460; verschiedene Sondervorschriften, wie EVO, LuftVG
● Werkliefe-rungsvertrag	Neben der Arbeit (siehe Werkvertrag) liefert der Unternehmer auch das Material gegen Bezahlung, z. B. Reiseprospekt, Werbefilm, Anfertigung eines Einbauschrankes	BGB § 651
● Dienstvertrag (meist Arbeits-vertrag)	Leistung von Diensten, z. B. Arbeiten eines Angestellten gegen Entgelt	BGB §§ 611–630
● Berufsausbil-dungsvertrag	Ausbildung in einem anerkannten Ausbildungsberuf	BBiG §§ 5–16
● Reisevertrag	Der Reiseveranstalter muss dem Reisenden eine Gesamtheit von Reiseleistungen (Reise) erbringen	BGB §§ 651 a–k
● Gesellschafts-vertrag	Regelung der Zusammenarbeit von Geschäftsteilhabern, z. B. bei OHG, KG, GmbH	BGB §§ 705–740, AktG § 16, GmbHG § 2 usw.
● Leihvertrag	*Unentgeltliche* Überlassung von beweglichen Sachen oder Grundstücken zum Gebrauch; später Rück-(Frei-)gabe *derselben* Gegenstände, z. B. Leihfässer für Öl	BGB §§ 598–605
● Darlehensver-trag (Kredit-vertrag)	*Entgeltliche* oder *unentgeltliche* Überlassung von (vertretbaren) Sachen zum Verbrauch; später Rückgabe *gleichartiger* Dinge, z. B. Geldkredit, 1 kg Markenbutter	BGB §§ 607–610
● Mietvertrag	*Entgeltliche* Überlassung von Sachen zum *Gebrauch*, z. B. Benutzung einer Werkzeugmaschine, Mietwohnung	BGB §§ 535–580
● Leasing-vertrag	*Mietvertrag*; meist Finanzierung durch Leasinggeber, Leasingnehmer spart Investitionsmittel; oft Verlängerungs- bzw. Kaufoption[1] für Leasingnehmer	BGB § 535 ff.
● Pachtvertrag	*Entgeltliche* Überlassung von Sachen zum *Gebrauch und Fruchtgenuss*, z. B. landwirtschaftlicher Betrieb samt Erträgen	BGB §§ 581–597

[1] Option = Entscheidungsrecht; Anwartschaft auf Erwerb einer Sache.

Vertragsart	Vertragsinhalt verpflichtet beide Vertragspartner *(Verpflichtungs-geschäft)*, den Vertrag zu erfüllen *(Erfüllungs-geschäft)*	Gesetzliche Regelung
● Versiche-rungsvertrag	*Ersatz* des Vermögensschadens bzw. Zahlung eines vereinbarten Betrags oder einer Rente nach Eintritt des Versicherungsfalls gegen vorherige *Prämienzah-lung*	Versicherungs-vertragsgesetz § 1 ff.
● Kontovertrag	*Entgeltlicher Geschäftsbesorgungsvertrag* durch die Bank (Kontoführung, Ausführung von Aufträgen wie Überweisung, Scheckeinzug)	BGB § 675 (siehe auch HGB § 355)

Zusammenfassung

■ Alle Verträge entstehen durch **Antrag** und **Annahme**.

■ Jedesmal müssen die **Willenserklärungen inhaltlich übereinstimmen**.

■ Ähnliche Verträge müssen anhand der gesetzlichen Bestimmungen genau abgegrenzt werden.

Aufgaben

Beurteilen Sie folgende Fälle! Um welche Vertragsarten handelt es sich? Begründen Sie Ihre Ansicht!

1 Die Maschinenfabrik Ulm schickt Rohre an die Galvanisieranstalt Ulm zum Vernickeln.

2 Zeitungsanzeige: „Leihwagen billigst! Geringe Gebühren! Nur 0,65 EUR je km."

3 Aus einem Kostenvoranschlag: „Installation einer Zentralheizung … Materialkosten 22 000,00 EUR, Löhne 8 000,00 EUR."

4 Wir geben einem Angestellten 2 000,00 EUR Baukostenzuschuss, rückzahlbar in Monats-raten von 100,00 EUR.

5 Anzeige in der Tageszeitung: Briefmarken: Biete Deutsches Reich vor 1914, suche Bundes-republik 1955 bis 1960.

6 Anzeige in einer Fachzeitschrift: Ingenieur mit konkurrenzloser Erfindung sucht Geldgeber zur gemeinsamen Auswertung.

7 Frau Krüger bekommt überraschend Besuch und geht zu Frau Braun: „Bitte, können Sie mir bis morgen 10 Eier leihen?"

8 Welcher Vertrag wird mit dem Kauf einer Fahrkarte geschlossen?

9 Der Baustoffgroßhandlung Volz KG wird vom Grundstückseigentümer gestattet, gegen Bezahlung Kies abzubauen.

10 Welches ist der wesentliche Unterschied zwischen einem Werk- und einem Dienst-vertrag?

11 Herr Müller holt sich am Automaten eine Schachtel Zigaretten.

4.5 Anbahnung, Durchführung und Erfüllung des Kaufvertrags

4.5.1 Das Angebot

Problem

In der Bürozubehörfabrik Obermaier & Co. GmbH gelten u. a. folgende Grundsätze:

- Jede *Anfrage*, die wir absenden, muss möglichst so gehalten sein, dass der Lieferer uns ein genaues Angebot unterbreiten kann.

- Jedes *Angebot*, das wir abgeben, muss möglichst so genau sein, dass der Kunde nur noch „ja" zu sagen braucht.

Welche Vorteile haben diese genauen Anweisungen? Warum sind sie bei neuen Lieferern und Kunden nicht immer anwendbar?

Sachdarstellung

4.5.1.1 Wesen des Angebots

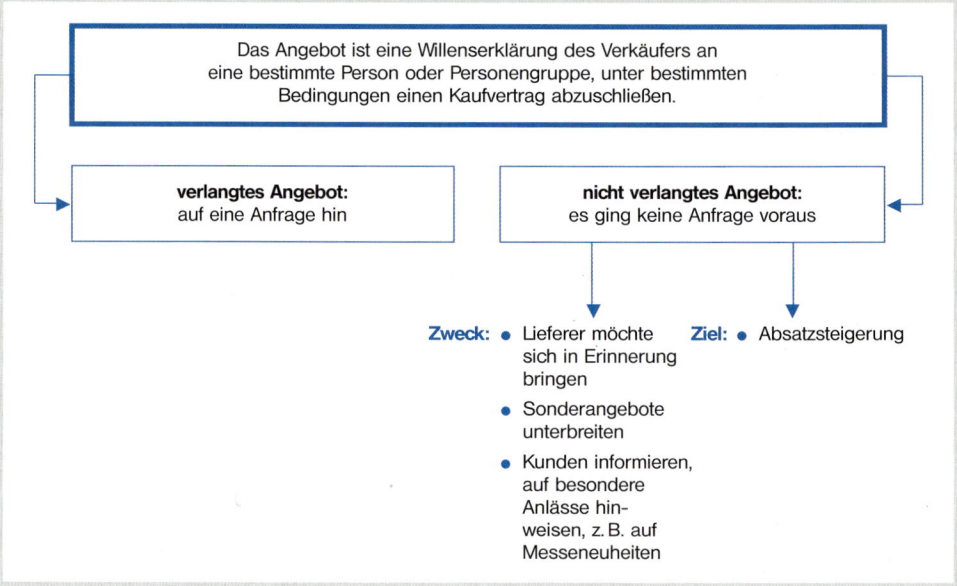

Das Angebot ist **verbindlich**, es sei denn, dass der Anbieter die Bindung ausgeschlossen hat (BGB § 145).

Wollen wir die Ware *verschiedenen Kunden* anbieten, so schließen wir die Bindung durch eine **Freizeichnungsklausel** aus:

- unverbindlich, ohne Gewähr, ohne Obligo, Zwischenkauf vorbehalten, solange Vorrat reicht.

Außerdem besteht rechtlich *keine Bindung mehr* an ein Angebot,

- wenn zu spät bestellt wurde, d. h. das Angebot (Antrag) zu spät angenommen wurde;

- wenn das Angebot abgeändert wurde;

- wenn das Angebot rechtzeitig vom Lieferer widerrufen wurde. Der Widerruf muss spätestens gleichzeitig mit dem Angebot eintreffen; z. B. der Widerruf geht als Telefax zeitgleich mit dem durch die Briefpost zugestellten Angebot ein.

Eine besondere **Form** des Angebots ist **nicht vorgeschrieben**. Um Unstimmigkeiten zu vermeiden, ist in sehr vielen Fällen Schriftform zu empfehlen.

Keine Angebote sind: Schaufensterauslagen, Zeitungsanzeigen u. Ä., da hier die Willenserklärung an die Allgemeinheit gerichtet ist. Sie sind lediglich eine Aufforderung zu bestellen, d. h. einen Antrag zu machen.

4.5.1.2 Inhalt des Angebots

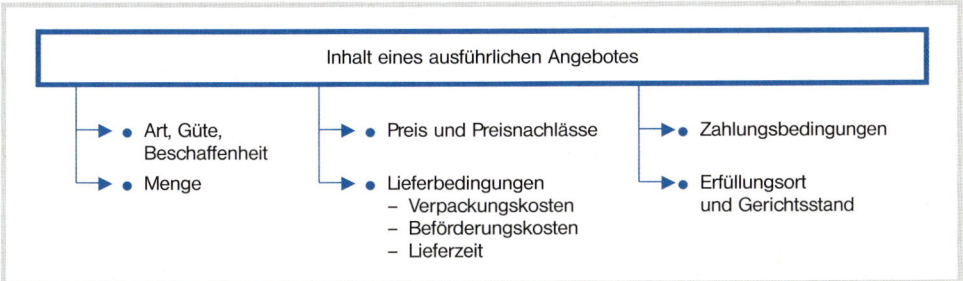

■ Die Art, Güte und Beschaffenheit der Ware

Sie kann gekennzeichnet sein durch:

Art	Genaue Bezeichnung der Ware
Güte	z. B. Auslese, I. Wahl, II. Wahl, Handelsklassen (bei Obst), Durchschnittsqualität (faq = fair average quality), DIN-Normen
Beschaffenheit	Muster (Stoff, Papier), Proben (Wein, Waschmittel), Standards (Baumwolle), Warenzeichen (Markenartikel), Gütezeichen, Abbildungen, Beschreibungen

Ist nichts besonderes vereinbart, so ist mittlere Art und Güte, d. h. Durchschnittsware, zu liefern (BGB § 243, HGB § 360).

■ Die Menge

Die **Menge** der angebotenen Ware ist ausschlaggebend für den Preis. Wird eine *Mindestmenge* unterschritten, wird oft ein *Kleinmengenzuschlag* erhoben.

Die Menge selbst muss genau bestimmt sein, z. B. hl, m, kg, Zentner, Dutzend; möglich sind auch *handelsübliche* Bezeichnungen, wie Sack, Pack, Ballen, Waggon.

Um das Reingewicht der Ware zur Berechnung des Preises zu ermitteln, kann als **Tara** angesetzt werden:

Effektivtara	= tatsächliches Verpackungsgewicht
Stück- oder Prozenttara	= handelsübliches Verpackungsgewicht
Zolltara	= nach Zollvorschriften festgelegtes Verpackungsgewicht

Für die Ermittlung des günstigsten Angebots ist wichtig, ob noch besondere **Abzüge** gewährt werden, z. B.

Gutgewicht	für Einwiegverluste
Leckage	für Flüssigkeitsverluste
Verschnitt	für Stoffverschnitt bei Textilien
Refaktie	für schadhafte oder unbrauchbare Teile (§ 380 HGB)

■ Der Preis und die Preisnachlässe

Im **Preis** zeigt sich, wie günstig wir eingekauft haben. Allerdings ist nicht allein der reine Warenpreis entscheidend. Von besonderer Bedeutung sind auch die Preisnachlässe und die Lieferbedingungen.

▶ **Wettbewerbsbestimmungen nach dem Rabattgesetz und der Zugabeverordnung**

Preisnachlässe und *Zugaben* unterliegen genauen Vorschriften. Grundlagen sind das *Gesetz über Preisnachlässe (Rabattgesetz)* und die *Zugabeverordnung*.

Die wichtigsten Regelungen sind:

● **Rabatt** darf nicht uneingeschränkt gewährt werden. Erlaubt ist **Mengenrabatt** in handelsüblicher Höhe, in bar oder als sog. Naturalrabatt (Draufgabe oder Dreingabe), **Treuerabatt** für langjährige Kunden sowie **Rabatt an Wiederverkäufer**, Großverbraucher (z. B. Hotels) und Betriebsangehörige für deren eigenen Bedarf. Bei bestimmten Anlässen (z. B. Räumungsverkauf) kann **Sonderrabatt** gegeben werden (RabattG §§ 7, 9).

● **Bonus** ist eine nachträgliche Vergütung, die viele Lieferer ihren Kunden bei Erreichung einer bestimmten Umsatzhöhe gewähren.

● **Barzahlungsnachlass**, der den Käufer zur Barzahlung bewegen soll, darf dem *Endverbraucher* nur bis zu *höchstens 3 %* des Kaufpreises gegeben werden. Ein eventuelles Zahlungsziel darf längstens *einen* Monat betragen. Die übliche Bezeichnung als Barzahlungsrabatt ist hier eigentlich nicht sinnvoll, da es sich um einen **Skonto** handelt (RabattG §§ 2 und 3).
  Oft berücksichtigen die Geschäftsinhaber diesen Nachlass bereits im Verkaufspreis, indem sie die Waren zu Nettopreisen abgeben.

● **Zugaben** sind **grundsätzlich verboten**, ausgenommen dann, wenn sie *unmittelbar mit einem Kauf zusammenhängen*. Sie dürfen jedoch nicht in der Werbung erwähnt oder als Geschenk bezeichnet werden. **Zulässig** sind nur **Gegenstände von geringem Wert**, wie kleine Taschenkalender, Taschenspiegel, Kinderluftballons, Papierwimpel, die mit dem Firmenaufdruck des Geschäftsinhabers versehen werden (ZugabeVO § 1).

● **Geschenke** an Kunden sind gestattet, wenn sie nicht mit *einem Kauf in direktem Zusammenhang stehen*, z. B. Weihnachtsgaben, Jubiläumsgebinde (ZugabeVO § 1).

▶ **Behandlung in der Kalkulation**

Listenpreis	100 %		270,00 EUR
– 33$\frac{1}{3}$ % Rabatt	33$\frac{1}{3}$ %		90,00 EUR
Rechnungspreis	66$\frac{2}{3}$ %	100 %	180,00 EUR
– 3 % Skonto		3 %	5,40 EUR
Bareinkaufspreis		97 %	174,60 EUR
+ Bezugskosten			11,20 EUR
Bezugspreis (Einstandspreis)			185,80 EUR

Preise, Verkaufs- und Leistungseinheiten sowie **Gütebezeichnungen,** die sich auf Preise beziehen, müssen beim Anbieten von Waren oder Leistungen und bei der Werbung gegenüber Letztverbrauchern angegeben werden, z. B. 1 kg, 4,99 EUR Handelsklasse I.

■ *Die Lieferbedingungen*

▶ **Die Verpackungskosten**

Die Kosten der **Übergabe** trägt der *Verkäufer.* Dazu gehören auch die Kosten der im Preis einkalkulierten **Übergabeverpackung** *(Verkaufsverpackung).* Die Werbung benutzt diese Verpackung besonders dazu ein Markenbewusstsein beim Verbraucher zu schaffen.

Viele Waren, insbesondere Markenartikel, werden nur verpackt verkauft: Schokolade, Seife, Zucker, Knäckebrot, Konserven u. v. a. *Kleine Artikel* erhalten oft zur Verhinderung von Ladendiebstählen bei Selbstbedienung eine **Umverpackung** (z. B. Ware wird auf Karton eingeschweißt).

Werden Waren versandt, so wird noch eine stabile **Versandverpackung** benötigt. Diese **Kosten trägt der Käufer** (HGB § 380, BGB § 448).

Da **Warenschulden Holschulden** sind, müsste der Käufer die Ware beim Lieferer abholen. In der modernen Wirtschaft ist dies nicht möglich; deshalb muss der Käufer die Versandverpackung bezahlen.

Vertraglich kann **vereinbart** werden, die Verpackungskosten auf verschiedene Weise zu berechnen:

- Verpackung wird wie Ware berechnet: „brutto für netto", b/n, bfn, z. B. 10 kg Reingewicht (netto) je kg 1,80 EUR, Kiste (Tara) 1 kg, Gesamtgewicht (brutto) 11 kg; Preis 11 × 1,80 = 19,80 EUR.
- Verpackung wird nicht berechnet: „270,00 EUR einschließlich Verpackung",
- Verpackung wird bei Rücksendung gutgeschrieben: „Verpackung 30,00 EUR, bei frachtfreier Rücksendung volle (zwei Drittel, halbe) Gutschrift",
- Verpackung wird geliehen: „Leihverpackung, bitte unverzüglich zurücksenden!",
- Verpackung stellt der Käufer zur Verfügung.

Nach der **Verordnung über die Vermeidung von Verpackungsabfällen** *(VerpackV) müssen Transport-, Verkaufs-* und *Umverpackungen* (z. B. bei eingeschweißten Batterien) vom Hersteller bzw. Vertreiber kostenlos zurückgenommen werden. Sie werden wiederverwertet. Die höchsten Recyclingquoten haben mit 93 % die Papierverpackungen und mit 89 % die Glasbehälter.

▶ **Die Beförderungskosten**

Maßgebend für Preisvergleiche ist auch, ob die Beförderungskosten im Preis enthalten sind. Da Warenschulden Holschulden sind, muss der Käufer die Transportkosten bezahlen (BGB § 448). Die Vertragspartner können aber die gesetzliche Regelung der Beförderungskosten abändern:

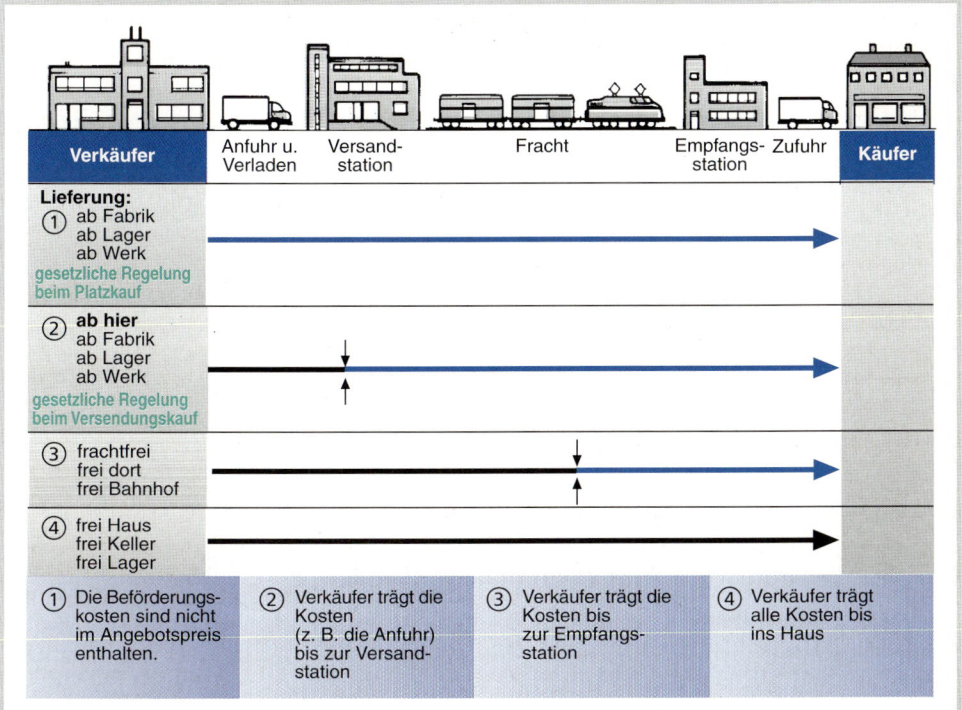

► **Die Lieferzeit**

Sie kann für die Annahme eines Angebots entscheidend sein.

Ist nichts vereinbart, so muss **sofort** geliefert werden (BGB § 271).

Vielfach wird ein Liefertermin vereinbart: „Lieferung in vier Wochen", „Ende September".

Fixgeschäft. Da eine verspätete Lieferung u. U. völlig wertlos sein kann, z. B. wenn ein Brautkleid nach dem Hochzeitstermin geliefert wird, kann bestimmt werden, dass an einem festgelegten Kalendertag, z. B. „Lieferung am 15. April **fix**" oder innerhalb einer genau bestimmten Frist geliefert wird (BGB § 361, HGB § 376).

■ *Die Zahlungsbedingungen*

Die **Zahlungsbedingungen** verpflichten den Käufer, den Kaufpreis zu zahlen und das Geld auf seine Kosten dem Lieferer zu schicken, denn **Geldschulden sind Schick- oder Bring-schulden**[1] (BGB §§ 270 ff.).

Wurden keine Abmachungen getroffen, muss der Käufer **sofort** bezahlen.

Abweichend davon können jedoch andere *Zahlungstermine* vereinbart werden, z. B.:

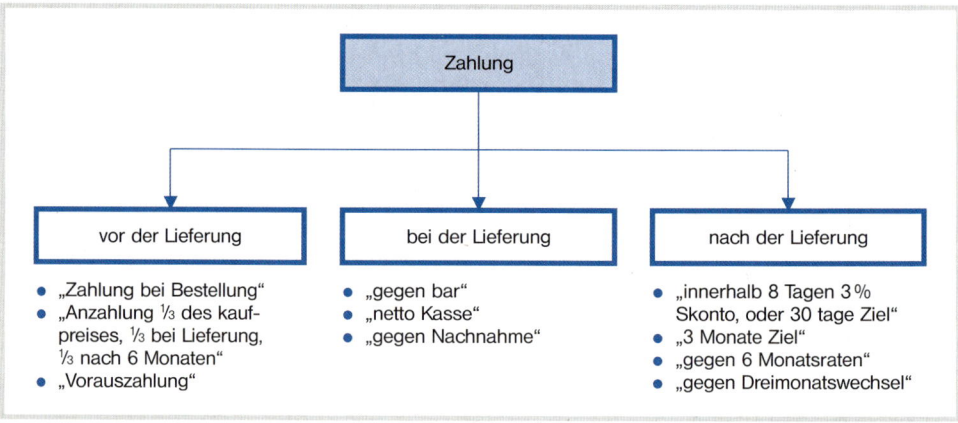

Bei **Abzahlungsgeschäften** *(Ratenkäufen)* kann der Käufer den Vertrag innerhalb *einer Woche schriftlich widerrufen*. Dieses *Widerrufsrecht* gilt unter besonderen Voraussetzungen auch bei **Haustürgeschäften,** „Kaffeefahrten".

Bei Zahlung mit *Scheck* oder *Wechsel* gilt die Zahlung erst dann als geleistet, wenn diese Geldersatzmittel eingelöst sind. Ihre Annahme als Zahlung durch den Gläubiger erfolgt also stets *erfüllungshalber* und nicht *an Erfüllungs Statt*.

■ *Der Erfüllungsort und der Gerichtsstand*

Erfüllungsort ist der Ort, an dem die Warenlieferung des Verkäufers bzw. die Zahlung des Käufers erfüllt wird. Er ist – wenn nichts anderes vereinbart wurde – der Wohn- bzw. Firmensitz des jeweiligen Waren- und Geldschuldners (BGB § 269). Am Erfüllungsort geht die **Gefahr auf den Käufer über**, wenn die Ware beschädigt oder vernichtet wird, verloren geht oder verdirbt.

---

[1] Ausnahme: Wechselschulden sind Holschulden.

Da Geldschulden Schick- oder Bringschulden sind, muss der Käufer, obwohl er an seinem Firmensitz (= Erfüllungsort) *erfüllt* hat, auch das Transportrisiko für das Geld tragen. Verliert z. B. sein Bote unterwegs das Geld, muss er nochmals zahlen (BGB § 270).

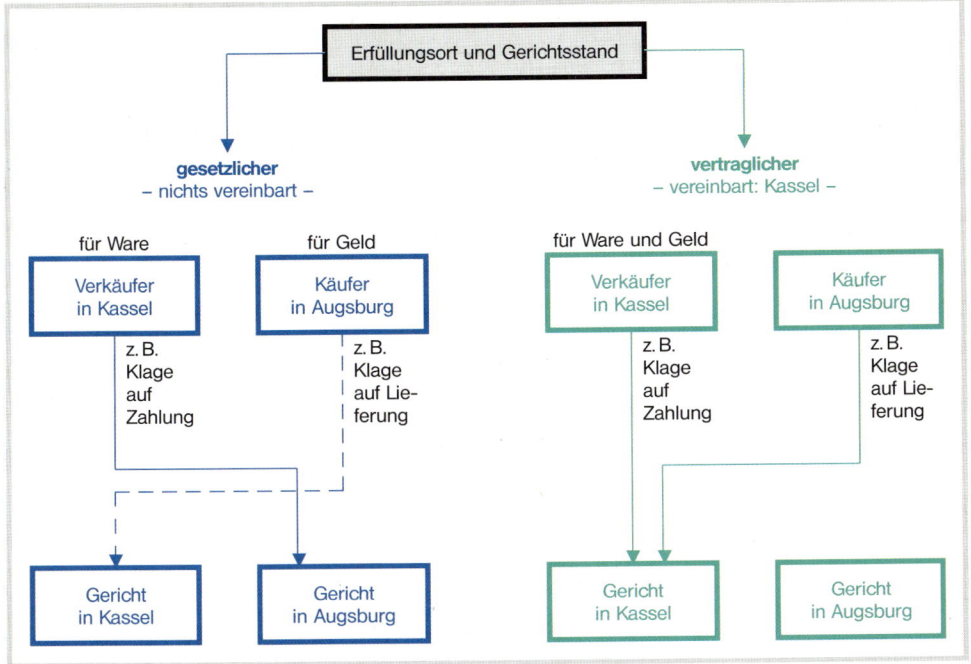

Der **gesetzliche Erfüllungsort** ist dem oben erwähnten Kauf

für die Ware   = Geschäftssitz des Lieferers   = Kassel
für die Bezahlung = Geschäftssitz des Käufers   = Augsburg

Wenn Verkäufer und Käufer an verschiedenen Orten wohnen, spricht man von einem **Versendungskauf**. Wohnen sie in demselben Ort, so ist es ein **Platzkauf**.

Beim *Versendungskauf* geht die Gefahr der Beschädigung, Vernichtung und des Verlustes der Waren auf den Käufer über, sobald der Verkäufer die Waren am Erfüllungsort einem Transport-unternehmen übergeben hat. Bei Lieferung mit einem werkseigenen Lkw geht die Gefahr mit der Übergabe der Ware an den Käufer über. Beim *Platzkauf* geht die Gefahr mit der Übergabe an den Käufer über (BGB §§ 446, 447).

Beim **vertraglichen Erfüllungsort** wird z. B. der Erfüllungsort für die Geldschuld an den Geschäftssitz des Verkäufers gelegt. Dies ist wichtig für den rechtzeitigen Zahlungseingang (Skontoabzug!).

Der **Gerichtsstand** richtet sich bei Streitfällen *immer* nach dem Wohn- bzw. Geschäftssitz des jeweiligen Schuldners, d. h., eine Klage ist bei dem für den Wohn- bzw. Geschäftssitz des Schuldners zuständigen Amtsgericht bzw. beim Landgericht (Streitwert ab 10 000 DM[1]) einzureichen.

Kaufleute und **juristische Personen des öffentlichen Rechts**, z. B. Gemeinden, können davon abweichend *Gerichtsstände vereinbaren* (ZPO § 29).

[1] Der Streitwert in EUR ist noch nicht festgelegt.

Privatpersonen können im gerichtlichen Mahnverfahren ebenfalls Gerichtsstandvereinbarungen treffen. Die Vereinbarung muss jedoch *gesondert* und *schriftlich* abgeschlossen sein. Wird dem Mahnbescheid widersprochen, so wird der Rechtsstreit unabhängig von möglichen Vereinbarungen an das für den Wohnsitz des Schuldners zuständige Gericht verwiesen (ZPO §§ 38, 696); z. B. Verkäufer Würzburg, Käufer Hannover, vereinbarter Erfüllungsort für Mahnverfahren Würzburg, Streitwert 1 800,00 EUR; nach Widerspruch gegen Mahnbescheid wird der Gerichtstermin in Hannover angesetzt werden.

Für Großgläubiger steigen durch den Zwang zur dezentralisierten Prozessführung die Prozess- und Verwaltungskosten erheblich an. Um dies zu vermeiden, liefern z. B. Versandgeschäfte in der Regel nur gegen Nachnahme.

■ *Eigentumsvorbehalt*

Beim Verkauf von *Waren auf Ziel* wird der Verkäufer für seine Forderung möglichst eine *zusätzliche Sicherheit* für die gelieferte Ware verlangen. Zum Schutz des Verkäufers wird deshalb oft im Kaufvertrag gesondert ein Eigentumsvorbehalt vereinbart. Vielfach ist dieser bereits in den Allgemeinen Geschäftsbedingungen bzw. den Liefer- und Zahlungsbedingungen des Verkäufers enthalten.

Der **Eigentumsvorbehalt** ist eine *vertragliche Vereinbarung*, nach welcher erst dann der Käufer Eigentümer wird, wenn der Kaufpreis bezahlt ist. Bis dahin ist er unmittelbar Besitzer der Sache. Es ist keine besondere Form vorgeschrieben (BGB § 455).

Die *Übergabe* der Sache erfolgt also *vor* der Bezahlung, die *Eigentumsübertragung* jedoch *aufschiebend bedingt*, wobei die Bedingung in der Zahlung des Kaufpreises besteht [BGB §§ 929, 158 (1)].

Ein Eigentumsvorbehalt kann auch stillschweigend vereinbart sein, wenn es

- **branchenüblich** ist oder
- **bei ständiger Geschäftsverbindung**, wobei vorausgesetzt ist, dass die Verträge regelmäßig einen Eigentumsvorbehalt enthalten.

Ein nachträglicher Eigentumsvorbehalt durch einseitige Willenserklärung des Verkäufers, z. B. durch einen Vermerk auf der Rechnung, ist unwirksam.

Der Eigentumsvorbehalt ist somit bei Raten- und Zielverkäufen angebracht, da der Verkäufer das Recht hat – sobald der Käufer in Zahlungsverzug ist – vom Vertrag ohne Fristsetzung *zurückzutreten* und die *Ware zurückfordern*. Ggf. kann auch *Schadenersatz* wegen Nichterfüllung verlangt werden. Beim Insolvenzverfahren des Käufers hat der Verkäufer ein *Aussonderungsrecht* (BGB § 455, InsO § 47).

Der Eigentumsvorbehalt **erlischt** aus den folgenden Gründen, die z. T. nicht im Interesse des Verkäufers liegen:

- **Bezahlung** des Kaufpreises (BGB § 455);
- **Rücktritt vom Vertrag** bei *Zahlungsverzug* des Käufers und Rückforderung der Ware;
- **Verzicht** des Verkäufers auf den Eigentumsvorbehalt durch ausdrückliche Erklärung;
- **Weiterverkauf** der unter Eigentumsvorbehalt gelieferten Ware **(Vorbehaltsware)** an einen Dritten *mit Einwilligung* der Verkäufers (BGB § 185), z. B. Verkauf der vom Großhändler unter Eigentumsvorbehalt gelieferten Waren durch den Einzelhändler an einen Kunden;

- **Gutgläubiger Erwerb** durch einen Dritten *ohne ausdrückliche Einwilligung* bzw. Genehmigung durch den Eigentümer, wenn dieser

  – darauf vertraute, dass der Verkäufer der Eigentümer ist (BGB § 932) oder

  – bei einem Kaufmann darauf vertraute, dass dieser zur Verfügung berechtigt sei (HGB § 366);

- **Verbindung** des Vorbehaltsguts **mit einem Grundstück**, sodass es *wesentlicher Bestandteil* wird, z. B. Einbau von unter Eigentumsvorbehalt gelieferten Rohren in ein Gebäude (BGB § 946);

- **Verbindung** *(Vermischung)* der Vorbehaltsware mit anderen **beweglichen Gegenständen** so, dass sie *wesentliche Bestandteile* einer einheitlichen Sache werden. Die bisherigen Eigentümer werden Miteigentümer. Ist eine Sache die Hauptsache, so wird ihr Eigentümer Alleineigentümer, z. B. Einbau von zugekauften Einzelheiten in Motoren, Mischung verschiedener Teesorten (BGB § 947);

- bei **Verarbeitung** oder **Umbildung** des Vorbehaltsgutes zu einer **neuen beweglichen Sache**. Eigentümer wird der Verarbeiter, wenn der Wert seiner Arbeit nicht wesentlich geringer ist als der Wert des Stoffes. Als Verarbeiten gilt auch Schreiben, Zeichnen, Malen, Drucken usw., z. B. ein Künstler bemalt einen Stoff (BGB § 950).

Weil der Eigentumsvorbehalt, wie oben dargestellt, in vielen Fällen nicht ausreicht, muss seine Wirksamkeit erweitert werden.

Die wichtigsten Arten des **erweiterten Eigentumsvorbehalts** sind:

- **Der verlängerte Eigentumsvorbehalt:** Er liegt vor, wenn dem Verkäufer beim *Weiterverkauf der Waren* die dabei entstehenden *Forderungen abgetreten* werden.

- **Der Kontokorrentvorbehalt:** Er ist dann gegeben, wenn sich das Vorbehaltsrecht des Lieferers auf *alle* seine Lieferungen an den Käufer bezieht.
  Er *erlischt* an **allen** gelieferten Vorbehaltsgütern erst, wenn **alle** Forderungen beglichen sind.

Zusammenfassung

- ◼ Die gesetzlichen Bestimmungen für die Angaben im Angebot gelten nur, wenn nichts anderes vereinbart wurde (Vertragsfreiheit).

- ◼ Das Angebot ist grundsätzlich rechtlich bindend. Die Bindung kann erlöschen oder durch eine *Freizeichnungsklausel* ausgeschlossen sein.

- ◼ Das Angebot ist an keine Form gebunden.

- ◼ Das Angebot enthält in der Regel Angaben über
  - Art, Güte und Beschaffenheit der Ware
  - Menge
  - Preis und Preisnachlässe
  - Lieferbedingungen
  - Zahlungsbedingungen
  - Erfüllungsort und Gerichtsstand

- ◼ Der **Listenpreis** kann sich um **Preisnachlässe** vermindern; zuerst wird *Rabatt* durch den Lieferer abgesetzt. Von diesem Rechnungspreis (Zieleinkaufspreis) kann noch *Skonto* durch den Käufer abgezogen werden.

- ◼ **Warenschulden sind Holschulden.** Deshalb trägt der Käufer:
  1. die Kosten der Versandpackung,
  2. die Beförderungskosten ab der Ablieferung bei einem Transportunternehmen (Bundesbahn, Spediteur).

- Wenn nichts vereinbart ist, **muss sofort geliefert werden**. Es können auch feste Liefertermine (Fixgeschäft) oder Lieferfristen vereinbart werden.

- **Geldschulden sind Bring- oder Schickschulden.** Der Käufer muss, wenn nichts anderes vereinbart ist, sofort bezahlen und den Kaufpreis auf seine Kosten an den Lieferer schicken.

- Am Erfüllungsort geht die **Gefahr der Beschädigung** oder Vernichtung der Ware auf den Käufer über.

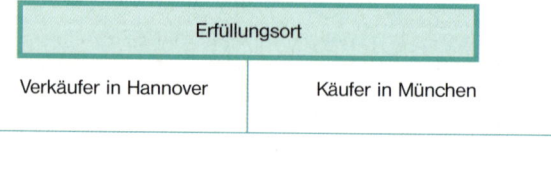

Erfüllungsort	
Verkäufer in Hannover	Käufer in München

gesetzlicher
nichts vereinbart = Wohnsitz
des Schuldners
für Waren = Hannover
für Geld = München

vertraglicher
vereinbart, z. B.
„Erfüllungsort für beide
Teile Hannover"
für Waren = Hannover
für Geld = Hannover

- Der **Gerichtsstand** richtet sich nach den Wohn- bzw. Geschäftssitz des jeweiligen Schuldners, d. h., beim jeweils zuständigen Amts- bzw. Landgericht kann Klage erhoben werden.

- **Gerichtsstandsvereinbarungen** sind stark eingeschränkt.

- Der Eigentumsvorbehalt dient der **Warenkreditsicherung**. Er muss **gesondert vereinbart** werden. Die Eigentumsübertragung wird hierdurch so lange aufgeschoben, bis der Kaufpreis bezahlt ist.

- Der Eigentumsvorbehalt **erlischt** z. B. durch Bezahlung, Weiterverkauf, gutgläubigen Erwerb, Rücktritt bei Zahlungsverzug, Verzicht des Verkäufers.

- Der **verlängerte Eigentumsvorbehalt** umfasst auch die **Forderungen**, z. B. beim Weiterverkauf.

- Der **Kontokorrentvorbehalt** bezieht sich auf **alle Lieferungen** an einen bestimmten Kunden.

Aufgaben

1 Weshalb werden mündliche Angebote oft schriftlich bestätigt?

2 Beurteilen Sie die Angabe in einer Zeitungsanzeige: „Solange Vorrat reicht."

3 Welche Gründe können einen Lieferer zu einem unverlangten Angebot veranlassen?

4 Weshalb beeinflusst die Menge den Einzelpreis?

5 „Warenschulden sind Holschulden." Welche rechtlichen Auswirkungen hat diese Angabe?

6 Worin besteht der Unterschied zwischen Rabatt, Bonus und Skonto?

7 Nennen Sie Waren, bei denen die Versandverpackung geliehen bzw. bei Rücksendung gutgeschrieben wird!

8 Was bedeutet „frachtfrei", „ab Lager", „frei Lager", „ab hier"?

9 Welche Gründe können vorliegen, dass wir ein Angebot bei sonst gleichem Preis mit 25 % Rabatt und 2 % Skonto einem Angebot mit 40 % Rabatt und 3 % Skonto vorziehen?

10 „Warenschulden sind Holschulden" – „Geldschulden sind Bring- oder Schickschulden". Lassen sich diese Sätze miteinander vereinbaren?

11 a) Weshalb liefern Versandhäuser bei neuen Kunden und kleinen Rechnungsbeträgen gegen Nachnahme?

b) Warum wird bei Spezialmaschinen oft eine Anzahlung verlangt?

12 Welche Probleme ergeben sich wegen des Gerichtsstands für einen Verkäufer mit vielen, weit verstreut wohnenden Kunden, wenn keine Zahlungen eingehen?

13 Der Möbelgroßhändler Scholz KG, 85221 Dachau, verkauft an Herrn O. Tobler, 85354 Freising, eine Polstergarnitur für 3 600,00 EUR. Geben Sie an, wo jeweils der gesetzliche Erfüllungsort und der Gerichtsstand ist, und begründen Sie Ihre Ansicht!

14 Die Glashütte Bayern, Nürnberg, liefert an die Haushaltswarengroßhandlung Binder KG, Mannheim, eine Kiste mit Vasen. Die Vasen gehen auf dem Transport zu Bruch. Wer hätte in folgenden Fällen den Schaden zu tragen (vergleiche GüKG):

a) Die Kiste wird mit einem werkseigenen Fahrzeug der Glashütte geliefert.

b) Die Kiste wird ordnungsgemäß in Nürnberg einem Spediteur übergeben. Dieser liefert mit eigenem Lkw.

c) Beim Umladen von Waggon zu Waggon bei der Bundesbahn kippt die Kiste auf den Bahnsteig.

d) Auf dem Transport vom Güterbahnhof Mannheim zur Firma Binder rutscht die Kiste vom Lastwagen des Rollunternehmers.

e) Unser Lkw holt die Kiste vom Güterbahnhof Mannheim ab und stößt mit einer Straßenbahn zusammen.

Begründen Sie jeweils Ihre Meinung!

15 a) Was verstehen Sie unter dem Eigentumsvorbehalt?

b) In welchen Fällen ist die Vereinbarung eines Eigentumsvorbehalts anzuraten?

c) Wann kann der Eigentumsvorbehalt stillschweigend vereinbart sein?

d) Nennen Sie mindestens vier Fälle, in welchen der Eigentumsvorbehalt erlischt! Geben Sie jeweils dazu ein Beispiel!

16 Elektromeister Kuhn hat die ihm von Elektrogroßhändler Thomas Seib unter Eigentumsvorbehalt gelieferten Lichtkabel im Neubau von Herrn Groß installiert. Als Kuhn nicht bezahlt, verlangt sein Lieferer die Herausgabe der Kabel. Vergleichen Sie BGB § 946 und begründen Sie, warum diese Bestimmung auch im geschilderten Fall sinnvoll ist!

17 Weshalb genügt der einfache Eigentumsvorbehalt vielfach bei Lieferung an den Endverbraucher, nicht dagegen bei Lieferungen an Wiederverkäufer?

18 Weshalb hat es im Allgemeinen wenig Sinn, Lebensmittel unter Eigentumsvorbehalt zu liefern?

Aufgabe

Unsere Firma: Bayerische Bekleidungswerke AG, Landsberger Straße 80$86, 86179 Augsburg.

Vorgang: Am 6. November .. hatte das Textilkaufhaus „Modezentrum", Marktplatz 10, 72764 Reutlingen, bei uns angefragt, ob wir noch Blazer aus der laufenden Kollektion auf Lager hätten. Eine Rückfrage im Lager ergab, dass noch folgende Herrenblazer lieferbar sind: 20 Stück Art. Nr. 58, marineblau, Gr. 48; 15 Stück Art. Nr. 59, marineblau, Gr. 50; 10 Stück Art. Nr. 61, marineblau, Gr. 54; 10 Stück Art. Nr. 78, braun, Gr. 48; 15 Stück Art. Nr. 89, schwarz, Gr. 50; 15 Stück Art. Nr. 90, schwarz, Gr. 52. Material: Kammgarn-Trevira mit 45% Schurwolle. Preise: Gr. 48/50 je Stück 45,00 EUR, Gr. 52/54 je Stück 50,00 EUR zuzüglich USt. Lieferzeit etwa 1 Woche frei Haus durch Lkw; Zwischenverkauf vorbehalten; Zahlung: 10 Tage/3% Skonto, Ziel 30 Tage.

Angaben zur Bearbeitung: Schreiben Sie am 9. November .. das Angebot an das Textilkaufhaus, z.H. von Herrn Arnold!

Lösung

Der betriebswirtschaftlich-rechtliche Sachverhalt

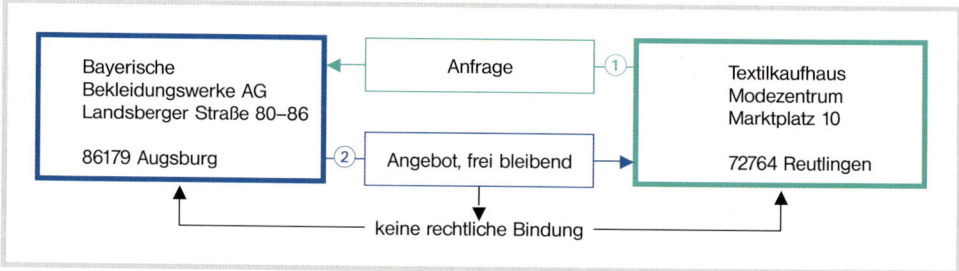

① Die Anfrage des Textilkaufhauses veranlasst die Bekleidungswerke AG, ein Angebot abzugeben.

② Da die Abnahme durch das Modezentrum noch nicht feststeht, es sich aber um einen Restposten handelt, behält sich die Bekleidungswerke AG den Zwischenverkauf vor. Sie ist also rechtlich nicht gebunden und drängt gleichzeitig das Modezentrum zu einer raschen Entscheidung.

Gliederung des Brieftextes

Bezugszeichenzeile: *Ihre Zeichen, Ihre Nachricht vom:* R/L ..-11-06; *Unsere Zeichen, Unsere Nachricht vom:* Pa/3; *Ort:* Augsburg; *Datum:* ..-11-09.

Betreff: Angebot über Herrenblazer

Inhalt:

1. Anrede
2. Dank für Anfrage
3. Beschreibung der Ware
4. Hinweis auf möglichen Zwischenverkauf
5. Liefer- und Zahlungsbedingungen
6. Schlusssatz
7. Gruß

---

[1] Briefgestaltung nach DIN 5008 ist Inhalt des Faches Textverarbeitung.

BAYERISCHE BEKLEIDUNGSWERKE AG
AUGSBURG

Bayerische Bekleidungswerke AG · Postfach 11 19 16 · 86044 Augsburg

Textilkaufhaus
„Modezentrum"
z.H. Herrn Arnold
Marktplatz 10

72764 Reutlingen

Ihr Zeichen, Ihre Nachricht vom	Unser Zeichen, unsere Nachricht vom	Telefon, Name (08 21) 61 25 -	Datum
R/L ..-11-06	Pa/3	2 19 Herr Pantle	..-11-09

Angebot über Herrenblazer

Sehr geehrter Herr Arnold,

für Ihre Anfrage danken wir Ihnen sehr. Wir können Ihnen noch folgende Blazer anbieten:

20 Stück	Art. Nr. 58	marineblau	Größe 48	je 45,00 EUR netto
15 Stück	Art. Nr. 59	marineblau	Größe 50	je 45,00 EUR netto
10 Stück	Art. Nr. 61	marineblau	Größe 54	je 50,00 EUR netto
10 Stück	Art. Nr. 78	braun	Größe 48	je 45,00 EUR netto
15 Stück	Art. Nr. 89	schwarz	Größe 50	je 45,00 EUR netto
15 Stück	Art. Nr. 90	schwarz	Größe 52	je 50,00 EUR netto

Die Blazer sind aus hochwertigem Kammgarn-Trevira mit 45 % Schurwolle hergestellt.

Da es sich um einen sofort verfügbaren Restposten handelt, für den auch von anderer Seite Interesse besteht, behalten wir uns den Zwischenverkauf ausdrücklich vor.

Die Blazer werden etwa eine Woche nach Auftragseingang mit unserem Lkw frei Haus geliefert.

Unsere Zahlungsbedingungen sind:
Bei Zahlung innerhalb 10 Tagen 3 % Skonto oder 30 Tage Ziel.

Bitte entscheiden Sie sich rasch!

Mit freundlichen Grüßen

Bayerische Bekleidungswerke AG

ppa. *Köhler*   i.V. *Hopf*

Köhler   Hopf

Geschäftsräume Landsberger Straße 80–86, 86179 Augsburg · **Telefon** (08 21) 61 25 - 0 · **Telefax** (08 21) 6 13 95 · **Kontoverbindungen** Deutsche Bank AG Augsburg (BLZ 720 700 01) Konto-Nr. 824 571 · Postbank München (BLZ 700 100 80) Konto-Nr. 142 753 - 802
Vorsitzender des Aufsichtsrates: Karl-Heinz Schumann · Vorstand: Dipl.-Kfm. Heinrich Roth, Reinhard Wielen, Dr. rer. pol. Richard Sommer · Registergericht: Amtsgericht Augsburg · Handelsgerichtsnummer: HRB 734

Aufgabe 1

Unsere Firma: Süddeutsche Konservenfabrik GmbH, Wiblinger Straße 16, 89340 Leipheim.

Vorgang: Der C&C-Großmarkt Maurer GmbH, Neue Straße 76, 09117 Chemnitz, hat schon längere Zeit nichts mehr von uns bezogen, obwohl eine Bestellung fällig wäre. Wir unterbreiten deshalb dem Kunden ein Sonderangebot: Junge Erbsen sehr fein, Markerbsen ¹/₁-Dose je 0,54 EUR; Junge Erbsen fein, Markerbsen, ¹/₁-Dose je 0,51 EUR; Feine junge Brechbohnen I, ¹/₁-Dose je 0,48 EUR; Junge Brechbohnen, ¹/₁-Dose je 0,44 EUR; Stangenspargel, sehr stark, ¹/₁-Dose je 4,70 EUR; Stangenspargel, stark ¹/₁-Dose je 3,95 EUR, jeweils zuzüglich USt. Auf diese Preise werden bis 1. Dezember .. 13 % Sonderrabatt gewährt, bei Abnahme von je 1 000 Dosen zusätzlich 2 % Mengenrabatt. Alle Konserven 1. Qualität; Lieferung sofort oder auf Abruf; die Preise gelten ab Fabrik. Zahlungsbedingungen: 10 Tage nach Rechnungsdatum 2 % Skonto, 60 Tage Ziel. Beste Bedienung!

Angaben zur Bearbeitung: Machen Sie dem C&C-Großmarkt am 20. November .. ein Sonderangebot!

Aufgabe 2

Unsere Firma: Drahtwerke GmbH, Messerschmittstraße 60 A, 85053 Ingolstadt.

Vorgang: Wir haben von Gebr. Fauth, Eisenwarengroß- und -einzelhandel, Mainstraße 25, 63065 Offenbach, (F/Gü) am 14. November .. eine Anfrage wegen Schrauben, Drahtstiften und sonstigen Kleineisenteilen erhalten. Wir senden unsere Großhandelspreisliste R 45 und den dazugehörenden Katalog. Auf die dort verzeichneten Preise erhält der Kunde einen Einführungsrabatt von 6 %. Andererseits soll er uns Referenzen angeben. Die Liefer- und Zahlungsbedingungen sind der Liste R 45 zu entnehmen. Bitte um Auftrag. Der neue Kunde soll durch einwandfreie Bedienung gewonnen werden.

Angaben zur Bearbeitung: Schreiben Sie am 17. November .. das Angebot!

4.5.2 Die Bestellung und die Bestellungsannahme

Problem

Die Großhandlung Sautter & Co., Aschaffenburg, bestellt bei der Lampenfabrik Bayreuth aufgrund eines drei Monate alten Angebots Lampen für 22 700,00 EUR. Die Lampenfabrik will nicht liefern. Weshalb kann die Großhandlung trotz des Angebots nicht auf Lieferung bestehen?

Sachdarstellung

In jedem Kaufvertrag (Verpflichtungsgeschäft) ist eine Bestellung enthalten: Eine **Bestellung nach vorausgegangenem Angebot** gilt als

- *Annahme,* wenn es *unverändert* bleibt. Der *Kaufvertrag ist geschlossen.*

Eine **Bestellung nach vorausgegangenem Angebot** gilt als

- *Angebot (Antrag),* wenn die Angebotsbedingungen in der Bestellung abgeändert werden. Dasselbe gilt, wenn ein Angebot unverändert, aber *verspätet* angenommen wurde (BGB § 150).

Ebenso gelten **Bestellungen ohne vorheriges Angebot** als **Antrag** an den Lieferer zum Vertragsabschluss. Sie haben die gleiche Wirkung, wie wenn ein Angebot *abgeändert* oder *verspätet angenommen* worden ist.

Ohne vorheriges Angebot wird z. B. bestellt

- bei geringem Wert der bestellten Ware – in größeren Zeitabständen muss man sich von der Preiswürdigkeit überzeugen –;
- bei Ersatzteilkäufen, da hier kaum auf andere Lieferer ausgewichen werden kann.

Die **Bestellung** ist an **keine Form** gebunden, d. h., sie kann mündlich, telefonisch oder schriftlich, mindestens aber auf dem gleich schnellen Weg wie das Angebot erteilt werden. Mit ihr erklären wir unseren Willen zum Kauf, sodass mit dieser Willenserklärung dann der Kaufvertrag zustande kommt. Besonders bei größeren Bestellungen ist Schriftform üblich und als Beweismittel bei Rechtsstreitigkeiten wichtig. In der Bestellung sollen – wenn keine Abänderungen getroffen werden – alle für den Kaufvertrag wesentlichen Punkte wiederholt werden wie: Art, Menge und Preis der Ware, genaue Liefer- und Zahlungsbedingungen. Besondere Vereinbarungen wie Umtausch- und Rücksendungsrecht, Vertragsstrafe müssen bestätigt werden. Oft schickt der Anbieter vorgedruckte Bestellformulare zur vereinfachten Abwicklung der Bestellung mit. Auch Vertreter und Reisende führen Bestellvordrucke mit sich.

Erhalten wir nachträglich ein noch günstigeres Angebot, so können wir die Bestellung widerrufen. Der **Widerruf** muss spätestens mit der Bestellung beim Verkäufer eintreffen. Sonst ist er wirkungslos.

Die besondere Angabe der **Versandanschrift** in der Bestellung ist besonders im Möbelhandel von Bedeutung. Der Endabnehmer erhält vom Hersteller die Waren direkt zugeschickt, ohne dass die Ware das Lager des Großhändlers berührt. Als Absender erscheint jedoch der Name des Großhändlers, sodass der Kunde den Namen des Herstellers nicht erfährt. Dadurch soll Direkteinkäufen beim Hersteller vorgebeugt werden.

Gilt die *Bestellung als Annahme* des Angebots, so braucht sie vom Lieferer *nicht bestätigt* zu werden. Tut er es dennoch, so ist dies rechtlich ohne Bedeutung. Ist die *Bestellung als Antrag* zu verstehen, so *muss* sie *bestätigt* werden.

Die **Bestellungsannahme (Auftragsbestätigung) kann** erteilt werden

- wenn der Lieferzeitpunkt erst längere Zeit später ist;
- wenn eine fernmündliche Bestellung nochmals genau wiederholt werden soll;
- wenn ein Kunde erstmals bestellt (mit Dank!).

Die **Bestellungsannahme (Auftragsbestätigung) muss erteilt werden**

- wenn das Angebot abgeändert wurde [BGB § 150 (2)];
- wenn das Angebot verspätet angenommen wurde [BGB § 150 (1)];
- wenn ohne vorheriges Angebot bestellt wurde;
- wenn das Angebot freibleibend war (BGB § 145).

Wird auf ein abgeändertes Angebot oder auf eine verspätete Bestellung hin geliefert, so erfolgt damit die Annahme stillschweigend.

Aufgaben

1 Was soll die Bestellung auf ein Angebot enthalten?

2 Weshalb können wir uns mit einer Bestellung nicht beliebig Zeit lassen?

3 Welche Bedeutung hat unsere Bestellung, wenn wir nicht mit allen Punkten des Angebots übereinstimmen?

4 Werden mehr Bestellungen mündlich oder schriftlich abgegeben? Begründen Sie Ihre Aussage!

5 Welche Vorteile bietet ein vom Anbieter vorgedrucktes Bestellformular, z. B. eine Bestellkarte, für beide Vertragspartner?

6 Suchen Sie Fälle, bei denen der Besteller als Versandanschrift die Adresse seines Kunden angibt!

7 Auf welche Weise kommt ein Kauf zustande, wenn ein Kunde schreibt: „Liefern Sie mir bis in 14 Tagen nochmals 800 Dosen Erbsen wie gehabt"?

8 Warum ist es zweckmäßig, bei längerer Lieferfrist eine Bestellungsannahme zu schicken?

9 Suchen Sie Fälle, bei denen ohne vorheriges Angebot bestellt wurde!

10 Untersuchen Sie, ob es sich bei folgenden Bestellungen um Antrag oder Annahme handelt:

   a) Bestellung von 20 Kisten Wein am 20. November .. auf Angebot vom 15. November ..

   b) Bestellung auf ein Zeitungsinserat hin.

   c) Bestellung von 10 Stühlen auf ein Sonderangebot hin.

   d) Bestellung von 150 Dosen Schinken; die 400 angebotenen Dosen sind uns zu viel!

   e) Bestellung von 500 Jeans-Hosen am 25. März .. auf Angebot aus den USA vom 1. März ..

   f) Bestellung einer Klimaanlage für ein Bürohochhaus, Auftragswert 350 000,00 EUR, am 25. März .. auf Angebot aus Hannover vom 1. März ..

11 In welchen Fällen ist bei Aufgabe 10 eine Bestellungsannahme

   a) notwendig?

   b) angebracht?

   c) nicht notwendig?

12 Entwerfen Sie ein Formular für Bestellungen!

Nach Vergleich und gründlicher Prüfung aller eingegangenen Angebote wird der Kaufmann bei einem der Lieferer seine gewünschte Ware bestellen. Dies geschieht in der Regel schriftlich durch *Brief oder Vordruck*. Die Bestellung ist aber an **keine Form** gebunden. In der Bestellung sollten die wesentlichen Punkte des Angebots wiederholt werden, z. B.

- Art der Ware mit Bestellnummer,
- Güte, Beschaffenheit, Größe, Farbe usw.,
- Bestellmenge,
- Preis,
- Liefer- und Zahlungsbedingungen,
- ggf. Sondervereinbarungen.

Verwechseln Sie nicht die Begriffe „Bestellung" und „Auftrag": Eine **Bestellung** liegt vor, wenn ein **Kunde** einen Lieferer auffordert, ihm eine bestimmte Ware zu liefern. Im Gegensatz dazu ist der **Auftrag** beim **Lieferer** der Organisationsbegriff dafür, die durch die Kundenbestellung veranlasste Lieferung auszuführen.

■ Die Bestellung mit Brief

Aufgabe

Firma: Spielwarenhandlung Egon Schäfer eKfm., Lindenstraße 4, 55606 Kirn.

Vorgang: Am 25. September .. bat Herr Schäfer die Spielwarenfabrik Heinz Kloose GmbH, Münchener Straße 211, 94315 Straubing, um ein Angebot über Spielwaren. Das Angebot wurde am 30. September .. unter den Zeichen A-ci-23 abgegeben. Am 4. Oktober .. bestellt Herr Schäfer zu den im Angebot angegebenen Bedingungen zur sofortigen Lieferung: 200 Stück Autos, Bestell-Nr. 304, je 3,00 EUR; 100 Stück Anhänger, Bestell-Nr. 308, je 2,50 EUR; 80 Stück Garagen, Bestell-Nr. 310, je 2,10 EUR. Eine Auftragsbestätigung mit Angabe der kürzesten Lieferzeit wird erwartet.

Angaben zur Bearbeitung: Schreiben Sie die Bestellung!

Lösung

Der betriebswirtschaftlich-rechtliche Sachverhalt

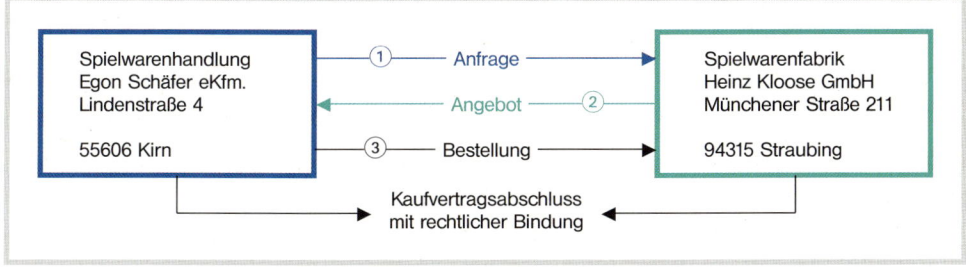

① Die Spielwarenhandlung Schäfer richtet an die Spielwarenfabrik Kloose eine Anfrage.

② Die Spielwarenfabrik gibt ein Angebot (= Antrag) ab.

③ Durch die Bestellung (= Annahme) kommt ein Kaufvertrag zustande. Beide Vertragspartner sind rechtlich gebunden.

Gliederung des Brieftextes

Bezugszeichenzeile: *Ihr Zeichen, Ihre Nachricht vom:* A-ci-23; ..-09-30; *Unser Zeichen, unsere Nachricht vom:* Kl ..-09-25; *Telefon, Name:* (0 67 52) 4 86 72 Frau Klaiber; *Datum:* ..-10-04

Betreff: Bestellung von Spielzeug

Inhalt:
1. Anknüpfung an das erhaltene Angebot
2. Bestellung der gewünschten Artikel
3. Bitte um Bestätigung
4. Verbindlicher Schluss
5. Gruß

Musterbrief siehe S. 117!

■ Die Bestellung mit Vordruck

Der Bestell-Vordruck ist genormt (DIN 4992). Trotzdem gibt es in der Praxis noch verschiedene Bestellvordrucke. In den Vordruck müssen in der Regel Nummer, Artikel, Menge und Preis eingetragen werden. (Bezieht man Ware fast ausschließlich vom gleichen Lieferer, werden Bestellvordrucke verwendet, auf denen die einzelnen Warenarten vorgedruckt sind, sodass der Einzelhändler nur noch die Bestellmenge einzutragen hat.)

Der Eintrag in den genormten Bestellvordruck kann erfolgen entweder

- *manuell* mit Hilfe der **Schreibmaschine** oder
- *vollautomatisch* mit Hilfe der **EDV-Anlage über ein druckendes Ausgabegerät,** z. B. elektronischen Drucker oder Laser-Drucker.

Vor Ausfertigung der Bestellung über die EDV-Anlage ruft der Sachbearbeiter aus dem Stammsatz für bezogene Materialien einen *Bestellvorschlag* ab. Dieser ausgedruckte Bestellvorschlag führt alle für diesen Artikel infrage kommenden Lieferer auf und gibt dazu den jeweiligen Einkaufspreis an, sodass beim günstigsten Lieferer die benötigte Ware bestellt werden kann. Zur Anfertigung der Bestellung gibt der Sachbearbeiter in das Ausgabegerät *lediglich die Artikelnummer und die Bestellmenge* ein. Die Bestellung wird daraufhin mit allen Einzelheiten, die im Computer gespeichert sind, z. B. Warenart, Lieferungs- und Zahlungsbedingungen, Liefertermin, Versandart und Lieferanschrift, Versicherungsvorschriften usw., selbsttätig ausgedruckt.

Aufgabe

Firma: Lederwaren Martina Häussler eKfr., Lerchenstraße 44, 84453 Mühldorf.

Vorgang: Frau Häussler bestellt *auf Vordruck* nach Katalog bei ihrem langjährigen Lieferer, der Lederwarenfabrik Manfred Borchers KG, Fabrikstraße 2, 09111 Chemnitz, folgende Lederwaren: Nr. 187, Herrengeldbörsen, 30 St., je 12,00 EUR, 360,00 EUR; Nr. 188, Herrengeldbörsen, 20 St., je 13,00 EUR, 260,00 EUR; Nr. 192, Damengeldbörsen, 20 St., je 8,00 EUR, 160,00 EUR; Nr. 193, Damengeldbörsen, 10 St., je 9,20 EUR, 92,00 EUR; Nr. 194, Damengeldbörsen, 15 St., je 9,50 EUR, 142,50 EUR; Nr. 314, Brieftaschen, 25 St., je 14,00 EUR, 350,00 EUR; Nr. 316, Brieftaschen, 30 St., je 17,00 EUR, 510,00 EUR; Nr. 420, Schmuckkästen, 12 St., je 20,50 EUR, 246,00 EUR; Nr. 425, Schmuckkassetten, 10 St., je 30,80 EUR, 308,00 EUR; Nr. 426, Schmuckkassetten, 8 St., je 34,10 EUR, 272,80 EUR; Nr. 520, Damenhandtaschen; 5 St., je 33,00 EUR, 165,00 EUR; Nr. 528, Damenhandtaschen, 15 St., je 34,50 EUR, 517,50 EUR; Nr. 529, Damenhandtaschen, 10 St., je 38,10 EUR, 381,00 EUR; Nr. 534, Damenhandtaschen, 20 St., je 45,00 EUR, 900,00 EUR, Nr. 536, Damenhandtaschen, 8 St., je 62,00 EUR, 496,00 EUR; Nr. 580, Aktentaschen, 15 St., je 28,50 EUR, 427,50 EUR; Nr. 584, Aktentaschen, 25 St., je 29,00 EUR, 725,00 EUR.

Angaben zur Bearbeitung: Prüfen Sie den Bestellvordruck auf S. 118 auf seine rechnerische Richtigkeit!

116

EGON SCHÄFER e. Kfm.

Spielwarenhandlung ————————————————— Kirn

Spielwarenhandlung Egon Schäfer e. Kfm. · Postfach 1 86 · 55606 Kirn

Spielwarenfabrik
Heinz Kloose GmbH
Münchener Straße 211

94315 Straubing

Ihr Zeichen, Ihre Nachricht vom	Unser Zeichen, unsere Nachricht vom	Telefon, Name (0 67 52) 4 86 72	Datum
A-ci-23 . . - 09 - 30	Kl . . - 09 - 25	Frau Klaiber	. . - 10 - 04

Bestellung von Spielzeug

Sehr geehrte Damen und Herren,

ich danke Ihnen für Ihr Angebot und bitte Sie, zu den angegebenen Bedingungen sofort zu liefern:

200 Stück Autos   Bestell-Nr. 304   je 3,00 EUR
100 Stück Anhänger   Bestell-Nr. 308   je 2,50 EUR
 80 Stück Garagen   Bestell-Nr. 310   je 2,10 EUR

Bitte bestätigen Sie diese Bestellung und teilen Sie mir die kürzeste Lieferzeit mit.

Wenn Sie diese Probebestellung zu meiner Zufriedenheit ausführen, können Sie in Kürze mit weiteren Bestellungen rechnen, da diese Artikel sich bei mir sehr gut verkaufen lassen.

Mit freundlichen Grüßen

Spielwarenhandlung Schäfer e. Kfm.

Schäfer

Schäfer

Geschäftsräume	Telefax	Geschäftszeiten	Kontoverbindungen
Lindenstraße 4 55606 Kirn	(0 67 52) 4 87 33	08:00 – 12:00 Uhr 13:00 – 20:00 Uhr	Kirner Volksbank (BLZ 562 610 73) Konto-Nr.648/76-01 Postbank Frankfurt (BLZ 500 100 60) Konto-Nr. 175 7 88 - 608

MARTINA HÄUSSLER e. Kfr.

LEDERWAREN · MÜHLDORF

Martina Häussler e. Kfr. · Postfach 68 · 84450 Mühldorf

Lederwarenfabrik
Manfred Borchers KG
Fabrikstraße 2

09111 Chemnitz

BESTELLUNG

Bestell-Nr.	992

Ihr Zeichen, Ihre Nachricht vom	Unser Zeichen, unsere Nachricht vom	Telefon, Name (0 86 31) 44 71–	Datum
.. - 01 - 01	Ho / So	69 Frau Hof	.. - 12 - 04

Zusatzdaten des Bestellers				Frei für Lieferer		
Versandart	frei X	unfrei	Verpackungsart	Versandzeichen		Liefertermin sofort
Versandanschrift (Warenempfänger)						Empfangs- / Abladestelle

Pos.	Sachnummer	Bezeichnung der Lieferung / Leistung	Menge und Einheit	Preis je Einheit EUR	Betrag EUR
1	187	Herrengeldbörsen	30 Stück	12,00	360,00
2	188	Herrengeldbörsen	20 Stück	13,00	260,00
3	192	Damengeldbörsen	20 Stück	8,00	160,00
4	193	Damengeldbörsen	10 Stück	9,20	92,00
5	194	Damengeldbörsen	15 Stück	9,50	142,50
6	314	Brieftaschen	25 Stück	14,00	350,00
7	316	Brieftaschen	30 Stück	17,00	510,00
8	420	Schmuckkasten	12 Stück	20,50	246,00
9	425	Schmuckkassetten	10 Stück	30,80	308,00
10	426	Schmuckkassetten	8 Stück	34,10	272,80
11	520	Damenhandtaschen	5 Stück	33,00	165,00
12	528	Damenhandtaschen	15 Stück	34,50	517,50
13	529	Damenhandtaschen	10 Stück	38,10	381,00
14	534	Damenhandtaschen	20 Stück	45,00	900,00
15	536	Damenhandtaschen	8 Stück	62,00	496,00
16	580	Aktentaschen	15 Stück	28,50	427,50
17	584	Aktentaschen	25 Stück	29,00	725,00
					6 313,30

Mit freundlichen Grüßen

Martina Häussler

Martina Häussler

Geschäftsräume	Telefon	Geschäftszeiten	Kontoverbindungen	
Lerchenstraße 44	(0 86 31) 44 71 - 0	8:00 – 13:00, 14:00 – 20:00 Uhr	Volksbank AG Mühldorf	(BLZ 711 910 00) Konto-Nr. 164 874
84453 Mühldorf	**Telefax**	sonnabends 8:00 – 16:00 Uhr	Postbank München	(BLZ 700 100 80) Konto-Nr. 830 614 - 804
	(0 86 31) 44 71 - 86			

Übungsaufgaben

Aufgabe 1

Firma: Freizeit-Center Werner Römmele OHG, Ringstraße 131, 39576 Stendal.

Vorgang: Bestellung bei der Firma Leinweber & Co. KG, Soltauer Allee 84, 21335 Lüneburg, am 1. März .. nach einer Anzeige in der Zeitschrift „Auto und Reise" folgende Artikel: 50 St. Sicherheitssonnenbrillen, Modell 6660, für Herren, Durolens CR 39, bruchfest, St. 12,00 EUR; 40 St. Exquisit-Sonnenbrillen, Modell 6920, für Damen, bruchfestes Sicherheitsglas, mit Reflexbelag, St. 18,00 EUR 20 St. Variomatic-Sonnenbrillen, Modell 2781, für Damen und Herren, goldfarbenes Gestell, optisch geschliffene Gläser, St. 24,00 EUR. Die Preise enthalten die Umsatzsteuer. Stellen Sie bei gutem Verkauf weiteren Bezug in Aussicht! Auf rasche Lieferung drängen!

Angaben zur Bearbeitung: Schreiben Sie die Bestellung in Form eines *Briefes! Unser Zeichen:* rö-bi; *Telefon, Name:* (0 39 31) 27 58-16 Herr Mayer; *Datum:* ..-03-01.

Aufgabe 2

Firma: Wohnkultur Petra Kaschta eKfr., Postfach 10 18 09, 86008 Augsburg.

Vorgang: Bei der Möbelfabrik Jürgen Petersen GmbH, Industriestraße 40-44, 99091 Erfurt, werden mit Vordruck zur sofortigen Lieferung bestellt: Nr. 5580 Polstergarnitur mit 2 Sesseln, 2 St., je 670,00 EUR; Nr. 5593 Polstergarnitur mit 2 Sesseln, 3 St., je 1 020,00 EUR; Nr. 5595 Polstergarnitur mit 3 Sesseln, 5 St., je 1 070,00 EUR; Nr. 5604 Fernsehsessel, feststehend, 10 St., je 190,00 EUR; Nr. 5608 Fernseh-sessel, drehbar, 15 St., je 180,00 EUR; Nr. 5610 Fernsehsessel, verstellbar, 10 St., je 220,00 EUR; Nr. 5641 Polsterhocker, 12 St., je 95,00 EUR; Nr. 5644 Polsterhocker, 8 St., je 114,00 EUR; Nr. 5648 Polsterhocker, 5 St., je 132,00 EUR; Nr. 5672 Liegen, 12 St., je 138,00 EUR; Nr. 5687 Liegen, 7 St., je 215,00 EUR.

Angaben zur Bearbeitung: Bestellen Sie die gewünschten Artikel durch Eintrag in einen *Bestell-Vordruck (vgl. Vordruck auf S. 118!)* ! *Bestellung Nr.:* 774; *Datum:* ..-06-18; *Unser Zeichen:* Ka-Ki; *Angebot vom:* ..-06-14; *Versandart:* frei; *Liefertermin:* ..-06-30.

Aufgabe 3

Firma: Büromaschinen-Vertrieb Pfaff & Peylon OHG, Bahnhofstraße 35, 92318 Neumarkt.

Vorgang: Das Angebot vom 5. August .. wurde geprüft und in Ordnung befunden. Bestellung von Schreibmaschinen bei der Büromaschinenfabrik Karl Rosenfelder GmbH, Schießbergstraße 22, 74564 Crailsheim: 20 St. Art.-Nr. 1175 „Tippa 110", elektronische Typenradschreibmaschine, Portable, 4,2 kg, je 195,00 EUR; 15 St. Art.-Nr. 1180, „Tippa 160", elektronische Typenradschreibmaschine, Portable, 4,6 kg, je 245,00 EUR; 15 St. Art.-Nr. 1190, „Tippa 260", elektronische Typenradschreibmaschine, Por-table, Speicher 18 000 Zeichen, 5,2 kg, je 395,00 EUR; Lieferung: spätestens in 14 Tagen.

Angaben zur Bearbeitung: Bestellen Sie die Schreibmaschine in Form eines *Briefes! Ihr Zeichen, Ihre Nachricht vom:* R/S ..-08-05; *Unser Zeichen; Telefon, Name:* (0 91 81) 3 15 69; *Datum:* ..08-10.

4.5.3 Überwachung der ordnungsgemäßen Erfüllung des Kaufvertrags

Problem

Das Schreibwarengeschäft Hammer schreibt der Schreibwarengroßhandlung Kapfenstein & Co. KG: „Auf den Besuch Ihres Vertreters Höfer hin bestellen wir..." Welche Maßnahmen löst ein solches Schreiben aus?

Sachdarstellung

Die Abwicklung eines Auftrags kann voll manuell, teils maschinell oder voll maschinell, z. B. mit EDV, vorgenommen werden. Im Einzelnen richtet sie sich nach den betrieblichen Gegeben-heiten.

Eine Bestellung bewirkt eine Reihe von Arbeitsgängen, deren Ablauf wie folgt sein könnte:

4.5.3.1 Die Auftragsbestätigung (Bestellungsannahme)[1]

Um eine **Auftragsbestätigung** erteilen zu können, ist es notwendig, die *Lieferbereitschaft* festzustellen. Dies kann anhand von Termininformationen aus dem Lager, aber auch über die EDV geschehen:

- *Prüfung des Lagerbestands,* ggf. Reservierung der entsprechenden Menge. Reicht der Lagerbestand nicht aus, dann
- *Prüfung,* ob aus den *laufenden Bestellungen* die Ware verfügbar ist.
- Festlegung der *Liefertermine.*

Jetzt kann der Auftrag mit dem Liefertermin bestätigt werden.

Bei *neuen* Kunden empfiehlt es sich, um insbesondere bei größeren Aufträgen das Risiko möglichst auszuschalten, vorher noch genaue *Auskünfte* über den künftigen Kunden einzuholen. Auf jeden Fall sollte die Ware unter *Eigentumsvorbehalt* geliefert werden.

Die in der Bestellungsannahme enthaltenen Angaben werden während der Vertragsabwicklung immer wieder herangezogen. Deshalb ist es in der Praxis üblich, mit **Vordrucksätzen** zu arbeiten. Hier können z. B. *Bestellungsannahme, Lieferschein, Versandanzeige* und *Rechnung* in einem Arbeitsgang mit nur geringfügigen Änderungen hergestellt werden.

Bei Aufträgen, welche sofort abgewickelt werden können, erübrigt sich auf alle Fälle eine Auftragsbestätigung. Der Auftrag geht sofort als Versandauftrag an das Lager. Die Ware wird ausgeliefert.

---

[1] Für folgende Vordrucke im Lieferantenverkehr wurden Normen festgelegt: DIN 4991 Rechnung, DIN 4992 Bestellung (Auftrag), DIN 4993 Bestellungsannahme (Auftragsbestätigung), DIN 4994 Lieferschein/Lieferanzeige.

4.5.3.2 Die Überwachung der Auftragszusammenstellung (Kommissionierung)

Umfasst ein Auftrag *mehrere Artikel* und sind diese nicht oder nur teilweise sofort verfügbar, so muss der *Auftrag* nach Artikeln *auseinandergezogen* werden. Dadurch ist es möglich, wenn Ware vom Hersteller kommt, beim Eingang im Lager festzustellen, für welche Kundenaufträge die Zugänge zu reservieren sind.

Der gesamte Kundenauftrag ist in einer *Auftragskartei* oder einem *Auftragsspeicher* zu überwachen.

Die **Reservierung** kann *körperlich*, d. h., die Ware wird gesondert gelagert, oder *buchmäßig* durch Abbuchung in der Bestandskartei oder im Bestandsspeicher erfolgen.

Bei der *manuellen Lieferdisposition* wird die zur Lieferung vorgesehene Menge, nachdem sie aus der Lagerbestandskartei abgetragen ist, gesondert gekennzeichnet, z. B. durch eine Reservierungskarte. Bei der *elektronischen Lieferposition* werden bei jedem Lagerzugang der Dispositionsspeicher und der Auftragsspeicher abgefragt. Ist eine ausreichende Versandmenge ermittelt und der Liefertermin erreicht, werden die reservierten Bestände zur Lieferung freigegeben.

Bei sehr großen Aufträgen können nach Absprache mit dem Kunden auch *Teillieferungen* erfolgen.

4.5.3.3 Die Versandanzeige, der Lieferschein und die Rechnung

Der Kunde erhält, oft durch gesonderte Post, eine **Versandanzeige**, sobald die Ware *versandfertig* ist. Damit kann er sich auf den Empfang der Ware vorbereiten, z. B. Bereitstellung von Lagerraum bei einer großen Sendung. Die Versandanzeige enthält, da sie meist als Teil eines Vordrucksatzes hergestellt ist, alle Angaben der Auftragsbestätigung.

Die Ware wird anhand des **Lieferscheins** (ohne Angabe von Preisen) bereitgestellt, kontrolliert, ob sie nach Art und Zahl stimmt, verpackt und mit den entsprechenden *Versandpapieren,* z. B. Frachtbrief, versehen abgeschickt. Der Lieferschein wird der Sendung *beigelegt* und ist damit Kontrollpapier beim Auspacken durch den Kunden.

Die **Rechnung** ist die Unterlage für die Bezahlung des Kaufpreises. Bei Kleinaufträgen wird sie oft handschriftlich, sonst als Vordruck maschinenschriftlich oder auch durch die EDV erstellt.

Zu unterscheiden sind **Einzel-** und **Sammelrechnungen.** Für den einzelnen Auftrag wird eine Einzelrechnung erteilt. Bezieht eine Kunde laufend Ware gegen Lieferschein, so wird ihm nach einem bestimmten Zeitraum, z. B. einem Monat, eine Sammelrechnung mit den unterschriebenen Lieferscheinen als Anlagen zugeschickt. Zur Kontrolle werden die Rechnungen *fortlaufend nummeriert.* Um Unregelmäßigkeiten zu vermeiden, darf keine Ware ohne Lieferschein ausgeliefert werden. Gleichzeitig muss für jeden Lieferschein eine Rechnung vorliegen.

Von jeder Rechnung sind *mehrere Ausfertigungen* erforderlich für:

● Kunden
● Verkaufsabteilung
● Buchhaltung
● Vertreter zur Provisionsabrechnung
● Mahnabteilung zur Terminüberwachung für den Zahlungseingang
● Leergutüberwachung

Jede Rechnung muss vor dem Ausgang durch eine *Gesamtprüfung, Stichprobenprüfung, Teilprüfung* (z. B. Multiplikation, Addition, Umsatzsteuer) oder *Überschlagsprüfung* kontrolliert werden, denn

- Menge, Preis, Artikelbezeichnung, Qualität, Rabatt und andere Daten können falsch sein;
- Maschinen können auch falsch rechnen.

4.5.3.4 Die Überwachung der Zahlungstermine

Je nach den vereinbarten Bedingungen hat der Kunde den **Kaufpreis** *sofort* oder *nach Ablauf einer bestimmten Frist* zu bezahlen.

Die *Mahnabteilung* hat aufgrund der Mitteilung durch die Buchhaltung alle Zahlungseingänge zu registrieren. Die Überwachung erstreckt sich zunächst auf die Einhaltung der Zahlungstermine. Gleichzeitig muss die Mahnabteilung jedoch auch überwachen, dass z. B. nicht *unberechtigt Skonto* abgezogen wurde, wenn die Skontofrist bereits verstrichen war.

Ist die *Zahlungsfrist verstrichen* und/oder ist der zu zahlende Betrag nicht voll eingegangen, wird *gemahnt*.

Zusammenfassung

- Vom **Eingang der Bestellung** bis zum Zahlungseingang des Kunden muss eine lückenlose Kontrolle gewährleistet sein.
- **Neue Kunden** sollen erst nach Überprüfung ihrer Kreditwürdigkeit beliefert werden.
- **Vordrucksätze** rationalisieren die Verkaufsabwicklung.
- Die Auftragsbestätigung darf erst erteilt werden, wenn die Lieferbereitschaft festgestellt ist.
- Sammelrechnungen werden bei Einzellieferungen gegen Lieferschein erteilt.
- **Rechnungskontrolle** kann erfolgen durch Gesamt-, Stichproben-, Teil- oder Überschlagsprüfung.

Aufgaben

1 Worin besteht der Unterschied zwischen einem Lieferschein und einer Versandanzeige?

2 Weshalb müssen Bestellung und Rechnung vor Absendung der Rechnung nochmals überprüft werden? Was gilt bei Abweichungen?

3 Welche Vorteile hat die Verwendung eines Vordrucksatzes im Durchschreibeverfahren?

4 Wie ist die Abwicklung des Verkaufs in Ihrem Ausbildungsbetrieb geregelt?
  a) Verfolgen Sie einen Vorgang von der Bestellung bis zur Bezahlung durch den Kunden!
  b) Welche Vordrucke werden dabei verwendet?
  c) Machen Sie, wenn nötig, Verbesserungsvorschläge!

5 Unterscheiden Sie körperliche und buchmäßige Reservierung!

6 Wer erhält eine Rechnungsausfertigung? Geben Sie auch jeweils eine Begründung dafür an!

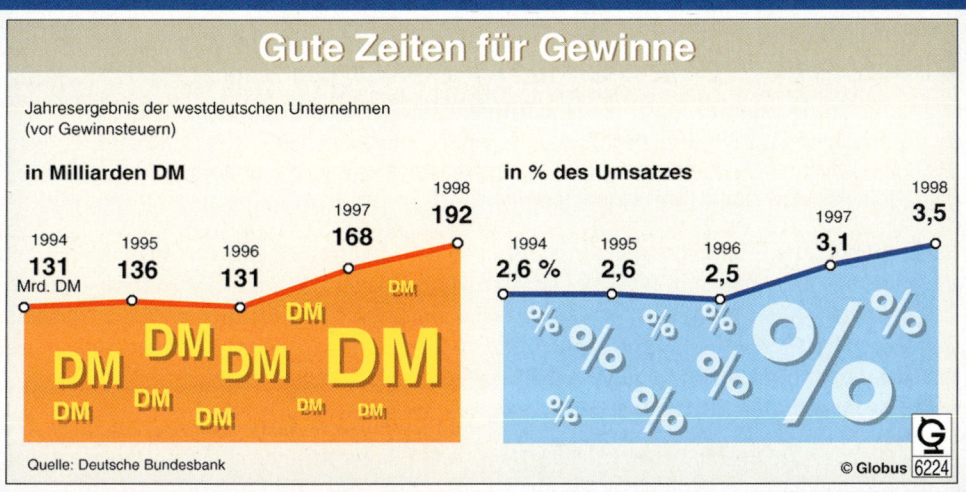

Gute Zeiten für Gewinne

Jahresergebnis der westdeutschen Unternehmen
(vor Gewinnsteuern)

in Milliarden DM

1994	1995	1996	1997	1998
131 Mrd. DM	**136**	**131**	**168**	**192**

in % des Umsatzes

1994	1995	1996	1997	1998
2,6 %	**2,6**	**2,5**	**3,1**	**3,5**

Quelle: Deutsche Bundesbank

© Globus 6224

5.1 Instrumente der Absatzpolitik

5.1.1 Produkt- und Sortimentspolitik

Problem

(1) Das Unternehmen für Unterhaltungselektronik „Europhon" AG, Mannheim, hat eine neue HiFi-Lautsprecher-Generation „Audinom" entwickelt. Es ist zu klären, ob auch die äußere Formgebung der Lautsprecherboxen geändert oder ob lediglich die Lautsprecher ausgetauscht werden sollen. Welche Gründe können dafür sprechen, dass lediglich die Lautsprecher ausgetauscht werden, aber dennoch die Modellbezeichnung geändert wird?

(2) Die Haushaltsgeräte GmbH, Augsburg, hat auf dem einheimischen Markt mit den Waschmaschinen „Aquasoft" und dem Wäschetrockner „Softair" durch Preiswürdigkeit, Zuverlässigkeit und gute Verarbeitung innerhalb kurzer Zeit einen beachtlichen Marktanteil erobern können. In der Geschäftsleitung wird überlegt, ob aufgrund der Wertschätzung der Produkte das Sortiment um den neuentwickelten Geschirrspüler „Klarfix" erweitert werden soll. Geschäftsführer Grüner ist dafür, da der Geschirrspüler das Sortiment abrunde. Geschäftsführer Bauer hat Bedenken, da in den letzten Wochen zwei Konkurrenzprodukte auf den Markt gekommen seien. Welche Bedenken könnte Herr Bauer haben?

Sachdarstellung

Das Käuferverhalten und damit die Absatzchancen für die Produkte einer Unternehmung werden durch die **Produkt-** und die **Sortimentspolitik** des Herstellers entscheidend beeinflusst. Die Produktpolitik ist dabei nicht als technisches, sondern als marktbezogenes Problem zu betrachten.

5.1.1.1 Die Produktgestaltung

Die Gestaltung der Produkte – und damit auch im weiteren Sinn des Sortiments – ist fortwährend Veränderungen unterworfen und hat zum Ziel, durch *Produktinnovation, Produktvariation* und *Produktelimination* das Produktionsprogramm optimal zu entwickeln.

■ Die Produktinnovation

Die *Entwicklung neuer Produkte* – **Produktinnovation** – für ein Unternehmen lebenswichtig, da die Erzeugnisse der laufenden Produktion über kurz oder lang wirtschaftlich und technisch überholt sind. Typische Beispiele sind die Produkte der Automobil- und der chemischen Industrie.

Bei der Produktinnovation ist zu unterscheiden, ob es sich um eine **Marktneuheit,** d. h. ein für alle neues Produkt handelt, z. B. Videokameras, Minikassetten, oder um eine **Betriebsneuheit,** d. h., um ein auf dem Markt zwar bekanntes, für das Unternehmen jedoch neues Produkt handelt. Der *Anstoß* zur Produktinnovation kann *unternehmensintern* oder *-extern* erfolgen. Jedes neue Produkt muss im Hinblick auf seine Absatzchancen exakt geplant werden.

Die Hauptprobleme bei der Gestaltung einer Produktneuheit sind: die *Gewinnung von Ideen,* die *Prüfung der Ideen* und die *Verwirklichung der Ideen.* Für gut befundene Ideen werden auf ihre Wirtschaftlichkeit nach folgenden Geschichtspunkten untersucht:

1. Welche Chance hat das Produkt im Vergleich zu anderen Produkten?
2. Wie lange wird es voraussichtlich auf dem Markt sein (Lebenszyklus)?
3. Wie sind die Produktionsmöglichkeiten (Kapazitätsausnutzung, -erweiterung)?
4. Werden die Kosten für Entwicklung, Produktion und Absatz voraussichtlich wieder durch die Erlöse gedeckt werden?

Ist die letzte Frage zu bejahen, so wird die **Idee verwirklicht,** d. h., das Produkt wird hergestellt und getestet (z. B. Versuchswagen – „Erlkönige" genannt – bei Automobilfabriken).

■ Die Produktvariation

Von **Produktvariation** spricht man, wenn *bereits am Markt* befindliche Produkte geändert werden. Ziel der Produktvariation ist im Allgemeinen die *Produktverbesserung,* aber auch die *Produktdifferenzierung.*

Der Käufer erhält als **Produktverbesserung** ein verändertes und damit neues Produkt, das alte ersetzt, z. B. Modellwechsel bei Autos, Verbesserungen und Veränderungen am alten Modell, etwa ein neuartiges Bremssystem, geänderte Vorderachse, ohne dass dadurch die Karosserie verändert wird. Der Kunde erhält etwas Neues und doch Vertrautes.

Von **Produktdifferenzierung** wird gesprochen, wenn das *Produktionsprogramm geändert* wird und das alte Produkt weiterhin am Markt bleibt; z. B. ein Automodell wird seither und auch weiterhin serienmäßig mit Frontantrieb geliefert, jetzt aber auf besonderen Wunsch mit Allradantrieb ausgestattet.

■ Die Produktelimination

Die **Produktelimination** bewirkt die **Bereinigung des Produktionsprogramms,** d. h., die Herstellung veralteter und unrentabler Produkte wird eingestellt; z. B. Aufgabe der Produktion des VW-„Käfers" zugunsten des VW-Golf und des VW-Polo.

Der Entscheidung ein Produkt nicht mehr herzustellen, gehen genaue Analysen voraus, z. B. Kostenanalyse, Rentabilitätsanalyse. Die **Entscheidungsgesichtspunkte** im Hinblick auf eliminierungsverdächtige Produkte können quantitativ oder qualitativ sein, z. B. sinkender Umsatz und/ oder Marktanteil, sinkender Deckungsbeitrag und sinkende Rentabilität, Störungen im Produktionsablauf, negativer Einfluss auf das Firmenimage (z. B. Reparaturanfälligkeit), Änderung der Bedarfsstruktur oder von gesetzlichen Vorschriften (z. B. verschärfte Abgasbestimmungen bei Ölbrennern).

5.1.1.2   Die Sortimentsgestaltung

Die Gestaltung des **Sortiments** im *Handel* und die Gestaltung des **Produktprogramms** im *Industriebetrieb* beruhen auf folgenden unternehmerischen Entscheidungen:

- Was soll im Produktprogramm bzw. Sortiment enthalten sein *(Art der Güter)?*
- Wie viele Produkte sollen im Produktprogramm bzw. Sortiment enthalten sein *(Menge der Güter)?*
- Wann sollen die Güter im Produktprogramm bzw. Sortiment zur Verfügung stehen (zeitliche Gestaltung)?

Damit werden das *Leistungsprogramm* hinsichtlich der *Produkte* und der *Produktlinien* und das Sortiment hinsichtlich der *Sortimentsbreite* und *-tiefe* festgelegt.

Die **Produktlinie** in der Industrie ist jeweils eine in enger Beziehung stehende Gruppe von Produkten, z. B. Möbel, Haushaltsmaschinen. Dabei wird die **Programmbreite** von der *Zahl der Produktlinien,* die **Programmtiefe** von der *Zahl der* verschiedenen *Ausführungen* innerhalb einer Produktlinie bestimmt, z. B. verschiedene Typen von Kaffeeautomaten, Baukastensystem beim Kfz – verschiedene Ausstattungen, Motoren, Reifen usw.

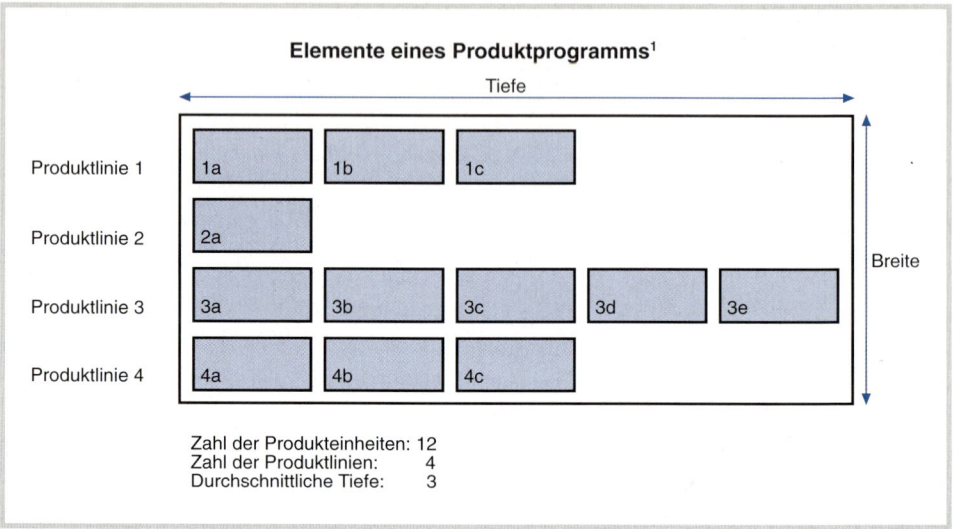

Elemente eines Produktprogramms[1]

■ *Der Sortimentsaufbau*

Im Handel entspricht die **Warengruppe** der Produktlinie in der Industrie. Die **Sortimentstiefe** wird durch *verschiedene Warenarten* und *-sorten,* die **Sortimentsbreite** durch die *Zahl der Warengruppen* bestimmt.

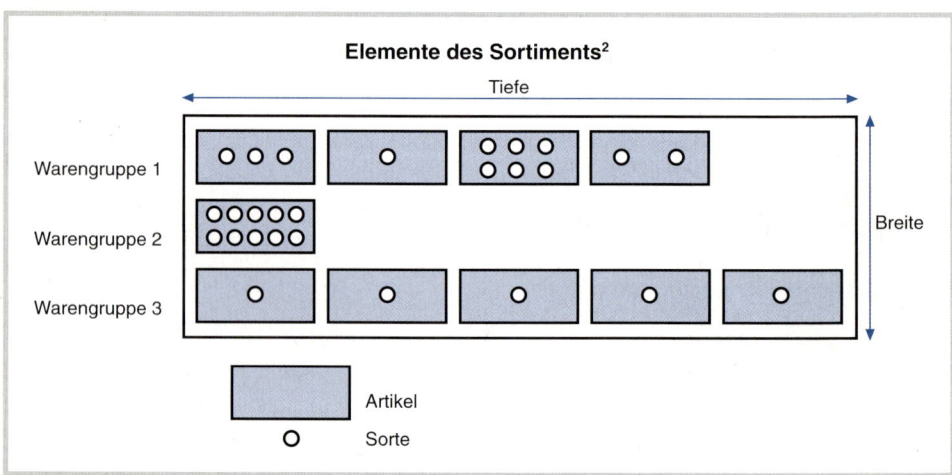

Elemente des Sortiments[2]

[1] Meffert, H., Marketing, 6. Aufl., Wiesbaden 1982, Seite 372.
[2] Meffert, a.a.O., S. 373.

Das Sortiment des Groß- und Einzelhandels ist dabei nach verschiedenen Gesichtspunkten zusammengesetzt:

- Orientierung nach dem *Material (Herkunftsorientierung):* z. B. Textilien, Lebensmittel, Lederwaren;
- Orientierung nach dem *Verbrauch (Bedarfs- oder Erlebnisorientierung):* z. B. Sportartikel, Autozubehör, Heimwerkerbedarf;
- Orientierung nach *Preislagen:* das Sortiment wird nach Preislagen gebildet, z. B. „Billigpreisgeschäfte" oder Geschäfte für gehobene Ansprüche;
- Orientierung nach der *Selbstverkäuflichkeit:* Waren, die intensive Beratung erfordern, werden nicht geführt, z. B. Selbstbedienungsgeschäfte in den verschiedenen Branchen.

Die Tiefe und Breite des Sortiments z. B. einer Großhandlung richtet sich nach deren Aufgaben.

Einteilung des Sortiments nach dem Warenkatalog		
	Sortimentstiefe	**Sortimentsbreite**
gering	**flaches Sortiment** nur wenige Artikel einer Warengruppe	**enges Sortiment** nur eine oder wenige Warengruppen
ausgeprägt	**tiefes Sortiment** viele Artikel und Sorten einer Warengruppe	**breites Sortiment** viele Warengruppen

Eine **Sortimentsgroßhandlung** führt meist ein *breites,* dafür *flaches* Sortiment.

Im Gegensatz dazu führt die **Spezialgroßhandlung** meist ein *enges,* dafür aber *tiefes* Sortiment.

■ Die Sortimentsbereinigung

Die **Sortimentsbereinigung** ist ein Teil der *Sortimentspflege.* Da die Märkte sich ständig ändern, ist es aus wirtschaftlichen Gesichtspunkten notwendig, unrentable Artikel und Sorten aus dem Sortiment zu streichen. Dadurch verkleinert sich einerseits die Zahl der angebotenen Waren, andererseits wird Platz geschaffen zur Aufnahme neuer Produkte.

■ Die Sortimentserweiterung

Bei der **Sortimentserweiterung** werden neue Artikel und Sorten in das Sortiment aufgenommen, von denen sich der Unternehmer entsprechende Umsätze verspricht.

Wenn der Sortimentserweiterung eine Sortimentsbereinigung vorausgegangen ist, können die neuen Artikel anstelle der alten treten. Ist dies nicht der Fall, muss die betriebliche Kapazität, z. B. der Lagerraum, erweitert werden.

Die Sortimentserweiterung kann sowohl die Sortimentstiefe als auch die Sortimentsbreite oder beides beeinflussen.

Eine Sonderform der Sortimentserweiterung ist die **Diversifikation**[1]. Hier nimmt ein Unternehmen *zusätzlich* **neue Produkte** in das Sortiment auf, die auf *zusätzlichen* **neuen Märkten** angeboten werden.

---

[1] Diversifikation (lat.) = Veränderung, Mannigfaltigkeit des Waren- und Produktionssortiments eines Unternehmens (laut Duden).

Die Diversifikation dient dadurch

- der **Wachstumssicherung** eines Unternehmens, da der Bedarf sich laufend ändert und die Veränderungen jetzt erfasst werden können;

- der **Risikostreuung,** da die Unternehmenspolitik darauf abhebt, dass Umsätze und Gewinne aus verschiedenen Quellen stammen, die einander nicht berühren.

Es können drei Arten der Diversifikation unterschieden werden:

(1) **Horizontale Diversifikation:** Das Sortiment wird durch *neue Produkte erweitert,* welche mit dem seitherigen Sortiment in Zusammenhang stehen. Dadurch wird das Programm *verbreitert.*

Beispiel: Eine Weingroßhandlung verkauft zusätzlich neu Fruchtsäfte und Branntweine.

(2) **Vertikale Diversifikation:** Hier werden Waren in das Sortiment übernommen, die mit dem seitherigen Angebot sowohl in Richtung Absatz der Erzeugnisse als auch in Richtung Herkunft im Zusammenhang stehen können. Dadurch wird die *Tiefe* des Programms *vergrößert.*

Beispiel: Einer Großhandlung gliedert sich eine Reihe von Einzelhandelgeschäften an; eine Möbelgroßhandlung beteiligt sich an einer Möbelfabrik.

(3) **Laterale Diversifikation:** Vorstoß in *neue Gebiete;* zwischen dem seitherigen und dem neuen Sortiment bestehen keine Zusammenhänge. Diese Diversifikation ist einerseits sehr risikoreich.

Beispiel: Eine Baustoffgroßhandlung kauft eine Süßwarengroßhandlung. Eine Bürobedarfsgroßhandlung schließt sich mit einem Fertighaushersteller zusammen.

Besonders in der Großindustrie ist durch die Konzernverflechtungen die Diversifikation stark verbreitet; z. B. DaimlerChrysler, Siemens, Bosch, ITT.

Die Sortimentsgestaltung bzw. die Gestaltung des Produktprogramms sollte möglichst so erfolgen, dass unter Berücksichtigung der räumlichen, personellen, produktionstechnischen, finanziellen und sonstigen Gegebenheiten das **optimale Sortiment bzw. Produktprogramm** erreicht wird. Dies ist dann gegeben, wenn ein *größtmöglicher Deckungsbeitrag* erzielt wird.

Zusammenfassung

- Die **Produkt-** und die **Sortimentspolitik** beeinflussen maßgeblich das Käuferverhalten und die Absatzchancen der Erzeugnisse oder Handelswaren. Sie müssen deshalb optimiert werden.

- **Produktinnovation** ist die Entwicklung neuer Produkte:
  - Marktneuheit
  - Betriebsneuheit

- **Produktvariation** ist die Änderung bereits am Markt befindlicher Produkte:
  - Produktverbesserung
  - Produktdifferenzierung

- **Produktelimination** ist Bereinigung des Produktionsprogramms durch Aufgabe veralteter und/oder unrentabler Produkte.

- **Produktprogramm** (Industrie):
  - Zahl der Produktlinien *(Programmbreite)*
  - Zahl der Produkte *(Programmtiefe)*

- **Sortiment** (Handel):
  - Zahl der Warengruppen *(Sortimentsbreite)*
  - Warenarten und -sorten *(Sortimentstiefe)*

- **Sortimentsgroßhandlungen** führen meist ein *breites,* aber *flaches* Sortiment.

- **Spezialgroßhandlungen** führen meist ein *tiefes,* aber *enges* Sortiment.
- Die Sortimentspflege umfasst *Sortimentsbereinigung* und *Sortimentserweiterung.*
- Eine Sonderform der Sortimentserweiterung ist die

  Diversifikation

  ↦ *horizontale Diversifikation*   → neues, aber im Zusammenhang stehendes Programm derselben Stufe *(Verbreiterung)*

  ↦ *vertikale Diversifikation*   → neues, aber im Zusammenhang stehendes Programm in Richtung Absatz oder Herkunft *(Vertiefung)*

  ↦ *laterale Diversifikation*   → *neues,* vom seitherigen völlig unabhängiges *Programm*

- Die Diversifikation dient der *Wachstumssicherung* und der *Risikoverteilung.*

Aufgaben

1 Nennen Sie Beispiele für Produktinnovation, Produktvariation und Produktelimination

  a) bei Automobilen,

  b) bei fotografischen Geräten,

  c) in der Branche Ihres Ausbildungsbetriebs!

2 Worin besteht der Unterschied zwischen einer Produktverbesserung und einer Produktdifferenzierung?

3 Welches ist die Voraussetzung, dass eine Produktidee verwirklicht wird?

4 Beurteilen Sie die Problemfälle auf Seite 124!

5 Suchen Sie nach Beispielen für Produktelimination wegen

  a) Änderung der Bedarfsstruktur,

  b) Änderung gesetzlicher Vorschriften!

6 Gliedern Sie das Produktprogramm Ihres Ausbildungsbetriebes nach Programmbreite und Programmtiefe.

  a) Wie viele Produktlinien sind erkennbar?

  b) Wie viele Ausführungen enthält die jeweilige Produktlinie?

  c) Wie groß ist die durchschnittliche Tiefe?

7 Welche Sortimentsbereinigung und Sortimentserweiterung wurden in Ihrem Ausbildungsbetrieb durchgeführt, seit Sie dort als Auszubildender sind?

8 Welche Folgen hat eine Sortimentserweiterung ohne Sortimentsbereinigung?

9 Welche Zusammenhänge können zwischen einem breiten/engen und einem tiefen/flachen Sortiment bestehen?

10 Wie könnte das Sortiment folgender Betriebsformen im Handel gekennzeichnet werden?

  a) Aufkaufgroßhandel,

  b) Tuchgroßhandel,

  c) Warenhaus,

  d) Haushaltsartikelgroßhandel,

  e) Einheitspreisgeschäft.

11 Welche Chancen aber auch Risiken beinhaltet die laterale Diversifikation?

5.1.2 Preispolitik

Die Getränkegroßhandlung Maurer KG möchte ihre „California"-Fruchtsäfte bei ihren Abnehmern einführen. Welche Überlegungen wird Herr Maurer treffen, um gegen die Konkurrenz anzukommen?

Sachdarstellung

5.1.2.1 Die Preisgestaltung

Jede Entscheidung über die **Festsetzung eines Preises** wird durch *betriebliche,* z. B. Kosten, und *außerbetrieblich Faktoren,* z. B. Stellung auf dem Markt, Konkurrenz, beeinflusst. Der Marktpreis richtet sich nur insoweit nach den Kosten, als er auf Dauer gesehen kostendeckend sein muss. Preispolitische Entscheidungen sind u.a. zu fällen bei:

- **erstmaliger Preisfestsetzung:** Bei neuen Produkten kann in der Einführungsphase versucht werden, einen relativ hohen *Abschöpfungspreis* zu erzielen, der dann mit der Erschließung des Marktes gesenkt wird, z. B. Laptops; bei Erschließung von Massenmärkten werden relativ niedrige Preise verlangt; ebenso bei einmaligen Aufträgen, z. B. bei der Ausschreibung öffentlicher Aufträge.

- **Preisänderungen**
  - wegen Nachfrage- und Kostenänderungen, bei Sonderaktionen zur Nachfragebelebung;
  - aufgrund des Verhaltens der Konkurrenz, z. B. laufende Preisunterbietung.

Im Wesentlichen ist *Ziel der Preisgestaltung* ein möglichst hoher Gewinn – **Gewinnmaximierung.** Dieser wird durch die Verwirklichung betriebs- und marktgerichteter Ziele angestrebt.

Zieleinrichtungen der Preisgestaltung	
betriebsgerichtete Ziele	**marktgerichete Ziele**
• Anpassung des Absatzes an die Liefermöglichkeiten der Hersteller • Vollbeschäftigung • Verwirklichung einer optimalen Kostensituation	• Maximierung des Absatzes • Kundengewinnung und Kundenerhaltung • Gewinnung einer Vorzugsstellung im Wettbewerb (Gewinnung von Marktanteilen) • Ausschaltung von Konkurrenten

In der Praxis kann sich die Preisgestalung an den *Kosten,* der *Nachfrage* oder der *Konkurrenz* orientieren.

- **Kostenorientierte Preisgestaltung** liegt vor, wenn z. B. die Kosten zuzüglich Gewinnzuschlag als Preis festgesetzt werden. Dieses Vorgehen hat u. a. den Vorteil, dass es verhältnismäßig einfach ist und die Kunden trotz eines angemessenen Gewinns nicht übervorteilt werden. Nachteilig ist jedoch, dass mit dem starren Gewinnzuschlag nicht alle Gewinnmöglichkeiten ausgeschöpft werden, wenn etwa die Nachfrager bereit wären, auch höhere Preise zu zahlen.

- **Nachfrageorientierte Preisgestaltung** richtet sich nach den Wertvorstellungen der Nachfrager, nicht nach den verursachten Kosten. Welcher Preis kann erzielt werden? Die Antwort ist abhängig u. a. von der Wertschätzung des Produkts, vom Ruf des Herstellers bzw. des Verkäufers. Ist die Nachfrage groß, wird ein hoher Preis gefordert und umgekehrt.

- **Konkurrenz- und branchenorientierte Preisgestaltung** hat als *Leitpreis* den durchschnittlichen Branchenpreis oder den Preis des Marktführers, z. B. Benzinpreise, Preise für Filme kosmetische Artikel. Der Preis kann im Einzelfall auch um den Leitpreis schwanken. Es wird auf eine eigenunternehmerische aktive Preispolitik verzichtet und nur bei einer Änderung des Leitpreises reagiert.

Bei jeder Preisgestaltung muss das Unternehmen die Stellung seines Produkts am Markt genau analysieren und dann die entsprechenden Entscheidungen treffen. Es soll versucht werden, den **optimalen Preis** zu finden und damit die *Gewinnmaximierung* zu erreichen.

5.1.2.2 Die Preisstellung

Die Preisstellung (Preisfestsetzung) für eine Ware kann nach dem **Bruttopreissystem** oder dem **Nettopreissystem** erfolgen.

■ Bruttopreissystem

Beim **Bruttopreissystem** werden dem Abnehmer aus verschiedenen Anlässen vom Verkäufer *Preisnachlässe* – **Rabatte**[1] – eingeräumt. Diese sind neben anderen Instrumente der *Preisdifferenzierung*. Der Bruttopreis abzüglich Rabatt ergibt den zu zahlenden Betrag. Die Rabatte können aus verschiedenen Gründen gegeben werden. Im Rabattgesetz von 1933 sind die wichtigsten Rabatte gesetzlich geregelt.

Durch verschieden hohe Rabattsätze können Kunden veranlasst werden, entsprechend große Aufräge zu erteilen.

Die wichtigsten **Rabattarten,** um welche der Bruttopreis gekürzt wird, sind:

- **Wiederverkäuferrabatt:** Dieser Rabatt wird besonders bei Waren mit empfohlenem Verkaufspreis angewandt. Der Einzelhändler deckt mit dem Preisnachlass seine Kosten und seinen Gewinn.

  Beispiel: Empfohlener Verkaufspreis 840,00 EUR (= Bruttopreis), Wiederverkäuferrabatt 33⅓ %; Nettopreis 560,00 EUR.

- **Mengenrabatt:** Er dient dazu, den Käufer zur Abnahme größerer Mengen anzuregen und ermöglicht dadurch, die Auftragsabwicklung zu rationalisieren. Der Verkäufer spart Verwaltungskosten, da bei einem Auftrag über 25 Stück dieselben Verwaltungsarbeiten wie bei einem Auftrag über 10 000 Stück anfallen. Der Mengenrabatt ist oft gestaffelt und nimmt mit der Auftragsgröße zu; z. B. bei Abnahme von 500–1 000 Stück = 5 %, bis 5 000 Stück = 8 %, über 5 000 Stück = 10 % Rabatt.

[1] In der Praxis hat sich aus Konkurrenzgründen ein **Rabattunwesen** mit Dutzenden neuer Rabattarten herausgebildet, z. B. **Aktionsrabatt** für Sonderangebote und Verkaufsaktionen; **Anti-Aktionsrabatt:** Zusage, Waren nicht zu Sonderangeboten mit Niedrigpreisen zu nutzen; **Konzentrationsrabatt:** Nachlass, wenn mehrere Händler gemeinsam ordern; **Datenträger-Austauschrabatt:** Nachlass für Verrechnung per Computerdatenträger usw.

- **Naturalrabatt:** Der Mengenrabatt kann auch in Form der *Drein-* oder *Draufgabe* gegeben werden.

  - **Dreingabe:** Es wird nicht die ganze gelieferte Menge berechnet; z. B. Lieferung von 500 Flaschen Wein, berechnet werden 490 Flaschen.
  - **Draufgabe:** Es wird die bestellte Menge berechnet, aber zusätzlich noch Ware dazugegeben; z. B. 500 Flaschen berechnet, aber 512 Flaschen geliefert.

- **Treuerabatt:** Langjährigen Kunden kann eine Dauerpreisermäßigung in Form eines Treuerabatts eingeräumt werden. Dieser kann sich im Laufe der Jahre erhöhen. Er fördert die Bindung an den Lieferer.

- **Sonderrabatt:** Dieser wird bestimmten Personenkreisen oder aus besonderen Anlässen eingeräumt.

  - **Jubiläumsrabatt** bei Geschäftsjubiläen (im Einzelhandel) nach jeweils 25 Jahren [UWG § 7 (3)];
  - **Personalrabatt** für Arbeiter, Angestellte und Vertreter des Unternehmens und für deren Familie (Rabattgesetz § 9);
  - **Behördenrabatt,** da diese meist als Großverbraucher auftreten;
  - **Messerabatt** für Aufträge während einer Messe;
  - **Rabatte** bei Winter- und Sommerschlussverkäufen (UWG §§ 7, 8);
  - **Saisonrabatt** zur zeitlichen Verteilung des Auftragseinganges.

- **Funktionsrabatt:** Er wird gewährt, wenn der Käufer für den Verkäufer besondere Arbeiten erledigt, z. B. Abfüllen, Abpacken, Übernahme der Werbung.

Die Rabattsätze können für alle Abnehmer gleich hoch sein. In der Praxis jedoch sind sie meist nicht für alle Abnehmer gleich, sondern werden jeweils vereinbart, wobei Gesichtspunkte wie Auftragsgröße, Dauer der Geschäftsbeziehung, Zahlungsmoral berücksichtigt werden.

▣ *Nettopreissystem*

Beim **Nettopreissystem** werden die zu zahlenden Preise festgesetzt. Die Gewährung von Rabatten ist nicht mehr vorgesehen.

Um die Kostenvorteile bei Großaufträgen auch hier dem Kunden zugute kommen zu lassen werden oft von der *Auftragsgröße abhängige* **Staffelpreise** festgesetzt.

Preisstaffel			
Artikel	**Abnahme/ Karton**	**Karton EUR**	**Stück EUR**
Brechbohnen	5– 10	11,76	0,49
jung, fein I	11– 25	11,28	0,47
850 ml	21– 50	10,80	0,45
(je Karton	51–100	10,32	0,43
24 Dosen)	101–500	9,96	0,415
	über 500	9,60	0,40
Mindestabnahme: 5 Karton, Preise ohne USt.			

5.1.2.3   Die Konditionenpolitik

Wesentliche Grundsätze der Konditionenpolitik eines Unternehmens wurden bei den Lieferungs- und Zahlungsbedingungen bereits behandelt.[1] Hier sollen einige zusätzliche Probleme erörtert werden.

---

[1] Vgl. Abschnitt 4.5.1 das Angebot

Neben den Rabatten als Mittel der Absatzpolitik sind noch zwei Sonderformen zu betrachten: *Bonus* und *Skonto*. Außerdem können Vereinbarungen über *Mindestabnahmemengen* und *Frankogrenzen* die Vertragsgestaltung beeinflussen.

● **Bonus:** Im Gegensatz zu den Rabatten wird der *Bonus* (Gutschrift) erst am *Ende* einer Abrechnungsperiode meist in Form einer *Umsatzgutschrift* (**Umsatzbonus**) gewährt.

Er wird dann gegeben, wenn innerhalb einer *bestimmten Periode, z. B.* innerhalb eines Jahres, ein *bestimmter Umsatz*, z. B. 80 000 EUR, erreicht wird. Der Bonus wird dann für *alle* Umsätze gutgeschrieben. Er kann auch so gewährt werden, dass erst ab einer bestimmten Umsatzgröße, z. B. Umsätze über 30 000 EUR, dem Käufer für die diese Grenze übersteigenden Umsätze der Bonus gegeben wird.

In beiden Fällen wird der Käufer angeregt, eine bestimmte Umsatzgröße anzustreben, um Kostenvorteile zu erlangen.

● **Skonto:** Dies ist ein *Nachlass* für einen nicht in Anspruch genommenen *Lieferantenkredit*. Er kann sowohl beim *Bruttopreissystem* als auch beim *Nettopreissystem* gewährt werden. Die Gewährung von Skonto soll zur kurzfristigen Zahlung anregen, z. B. „Ziel 30 Tage, bei Zahlung innerhalb von 10 Tagen 3 % Skonto". Im Verkauf an den letzten Verbraucher dürfen höchstens 3 % bei einer Skontofrist von längstens einem Monat gewährt werden (Rabatt §§ 2 und 3).

Die Skontosätze sind meist branchenüblich, jedoch kann durch individuelle Vereinbarung davon abgewichen werden.

Wenn Rabatt und Skonto gewährt werden, so wird zunächst der Rabatt (durch den Verkäufer) abgesetzt. Von diesem *Zieleinkaufspreis* wird dann Skonto berechnet und vom Käufer abgezogen, wenn er innerhalb der Skontofrist bezahlt.

● **Mindestabnahmemengen:** Aus Gründen der Rentabilität kann ein Verkäufer eine **Mindestabnahmemenge** festlegen, unter welcher er nicht verkauft. Der Kunde muss sich dann entweder nach einer anderen Bezugsquelle umsehen oder die entsprechende Mindestabnahmemenge kaufen.

Beispiel: Ein Importeur führt als Aufkaufgroßhändler exotische Früchte ein. Würde er jeden „Tante-Emma-Laden" beliefern, so würde sein Verteilerapparat aus Kostengründen nicht vertretbar aufgebläht. Er wird deshalb Mindestabnahmemengen festlegen und weitgehend nur den Sortimentsgroßhandel für Obst und Gemüse beliefern. Dort kann dann der Einzelhändler auf dem (regionalen) Großmarkt einkaufen.

Ähnliches gilt auch für den Einkauf von Handwerkern beim Großhandel. Soll trotzdem nur eine geringe Menge gekauft werden, so verlangt der Verkäufer, um seine Kosten bei solchen Kleinaufträgen zu decken, einen **Mindestmengenzuschlag.** Dieser wird oft auch als *Kleinmengenzuschlag* oder *Anbruchzuschlag* bezeichnet.

● **Frankogrenzen** sind Gegenstand der Lieferbedingungen. In der Kalkulation können die Transportkosten für eine bestimmte Entfernung vom Geschäftssitz des Verkäufers aus einkalkuliert sein. Sie werden dann nur gesondert berechnet, wenn der angegebene Transportweg überschritten wird. Wer die Ware jedoch selbst holt, erhält dafür keine Transportkostenvergütung.

Beispiele: Ein Großhändler liefert alle Waren innerhalb eines Landkreises frei Haus; ein Fertighaushersteller berechnet erst ab 100 km Entfernung (Luftlinie) zwischen Werk und Baustelle Transportkosten; ein Warenhaus liefert die Waren am Ort kostenlos aus.

- Die **Preisfestsetzung wird durch** *betriebliche* und *außerbetriebliche* Faktoren beeinflusst.

- **Ziel** der Preisgestaltung ist *Gewinnmaximierung*.

- **Preisgestaltung** kann sein
  - kostenorientiert
  - nachfrageorientiert
  - konkurrenz- und branchenorientiert

- Die **Preisstellung** kann nach zwei Systemen erfolgen: Bruttopreissystem und Nettopreissystem.

- Wichtige **Rabattarten** sind:
  - Wiederverkäuferrabatt
  - Mengenrabatt
  - Naturalrabatt – Dreingabe/Draufgabe
  - Treuerabatt
  - Sonderrabatt, z. B. Jubiläumsrabatt, Personalrabatt, Behördenrabatt, Messerabatt
  - Funktionsrabatt

- **Bonus** ist eine nachträgliche Umsatzvergütung.

- **Skonto** soll möglichst rasche Zahlung bewirken.

- **Mindestabnahmemengen** können aus Rentabilitätsgründen vom Verkäufer vorgeschrieben werden. Es können andererseits auch *Mindestmengenzuschläge* (Kleinmengenzuschläge) erhoben werden.

- **Frankogrenzen** geben an, in welchem Umkreis ein Verkäufer ohne Berechung von Transportkosten (franko) liefert.

1 Was verstehen Sie unter einem Leitpreis?

2 Wann dürfen bei einer nachfrageorientierten Preisgestaltung kostenorientierte Überlegungen nicht vernachlässigt werden?

3 Weshalb wird der Naturalrabatt oft als Mengenrabatt bezeichnet?

4 Welche Rabatte werden in Ihrem Ausbildungsbetrieb gewährt?

5 Warum ist es meist günstiger, auch auf Kosten eines Bankkredits, Skonto in Anspruch zu nehmen? Berechnen Sie den Vorteil in EUR nach folgenden Angaben: Rechnungsbetrag 8 430,00 EUR, Ziel 30 Tage, bei Barzahlung innerhalb 10 Tagen 3 % Skonto, Überziehungskredit bei der Bank 15 %.

6 Wie unterscheiden sich Mengenrabatt und Bonus?

7 Beurteilen Sie das Bruttopreissystem in Vergleich zum Nettopreissystem im Hinblick auf möglichst günstige Konditionen aus der Sicht des Käufers!

8 Beschreiben Sie die Preisfestsetzung in Ihrem Ausbildungsbetrieb!

9 Welches der beiden Bonussysteme halten Sie für günstiger? Begründen Sie Ihre Meinung!

10 Vergleichen Sie die verschiedenen Preisstellungen und Lieferbedingungen der Lieferer Ihres Ausbildungsbetriebs!

5.1.3 Verkaufskonditionen und Kundendienst

■ Verkaufskonditionen

Durch *günstige* **Verkaufsbedingungen** hat ein Unternehmen zusätzliche Möglichkeiten, sich am Markt gegenüber den Konkurrenten *Vorteile* – **Präferenzen** – zu schaffen.

Gegenstand dieser Verkaufskonditionen können sein:

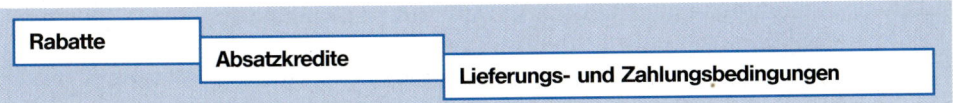

- **Absatzkredite:** Sie können vom Lieferer selbst gewährt oder vermittelt werden. Auch die Einräumung eines Zahlungsziels bzw. Zahlung mit Wechsel sind Absatzkredite. Man unterscheidet:
- *Absatzgeldkredit:* Der Lieferer gewährt dem Kunden einen Geldbetrag zur gebundenen oder freien Verfügung; z. B. zur Einrichtung einer Kühlanlage.
- *Absatzwarenkredit:* Der Kaufpreis wird für die gelieferte Ware gestundet.

- **Lieferungs- und Zahlungsbedingungen:** Sie können bei gleichem Preis für die Erteilung eines Auftrags entscheidend sein, wenn sie entsprechend großzügig sind, z. B. Übernahme der Frachtkosten, Einräumung von Zahlungsfristen und Gewährung von Skonto.

■ Kundendienst

Auch **Kundendienstleistungen,** das sind *zusätzliche Leistungen vor* und *nach* dem Kauf, können zur Bildung von *Präferenzen* beim Abnehmer führen. Eingehende *technische Beratung* und ggf. Lösungsvorschläge bei Finanzierungsproblemen führen zum Kauf. Als Kundendienst im engeren Sinn werden die zusätzlichen Leistungen nach dem Kauf bezeichnet.

Ein zuverlässiger Kundendienst führt bei guten Produkten zur *Markentreue;* d. h., der Kunde wird aufgrund seiner positiven Erfahrungen veranlasst, auch künftig nicht das Produkt zu wechseln.

Je stärker die Stellung des Verkäufers am Markt, desto leichter lassen sich seine Preisvorstellungen durchsetzen und desto geringer braucht das Entgegenkommen bei den übrigen Verkaufsbedingungen zu sein.

Formen der Kundendienstleistungen[1]

Zeitpunkt Art	vor dem Kauf	nach dem Kauf Kundendienst i. e. S.
technisch **(Hardware)**	technische Beratung Projektausarbeitung Problemlösungsvorschläge Vorträge Lieferung zur Probe	Änderungsdienst Montage Ersatzteilversorgung Wartung Reparaturdienst
kaufmännisch **(Software)**	Kinderhort Bestelldienst Parkraum Beratung und Information Lieferung zur Probe	Umtauschrecht Zustellen Verpacken Kundenschulung

[1] Nach Meffert, a.a.O., S. 383.

Grundsätzlich kann gesagt werden, dass bei allen Marktformen die Preis- und die Konditionen- politik nicht isoliert betrachtet werden können. Besonders beim Oligopol ist die Beobachtung der Reaktion der Konkurrenz auf eigene Änderung der Preise und/oder der Verkaufskonditionen wichtig. Präferenzen im Bereich der Verkaufskonditionen können bei gleichem oder sogar ge- ringfügig höherem Preis für den Kaufentschluss entscheidend sein.

Zusammenfassung

- Günstige *Verkaufsbedingungen, sachkundige Beratung* und *guter Kundendienst* verschaffen einer Unternehmung **Präferenzen** (= Vorteile gegenüber Mitbewerbern) am Markt.

- **Absatzkredite** des Lieferes können die Kaufbereitschaft entscheidend beeinflussen.

- Die Gewährung günstiger Preise und Verkaufsbedingungen hängt von der Stellung des Ver- käufers am Markt ab.

- **Kundendienstleistungen** umfassen die Zeit vor und nach dem Verkauf.

Aufgaben

1 Weshalb hängt die Preispolitik als Mittel des Absatzes von der Stellung des Verkäufers am Markt ab?

2 Welche Absatzkredite gewährt Ihr Ausbildungsbetrieb bzw. nimmt er in Anspruch?

3 Weshalb ist nicht allein der Preis entscheidend für den Absatz?

4 Erklären Sie, was Sie unter Kundendienst im engeren Sinn verstehen?

5 Welche Kundendienstleistungen gewährt Ihr Ausbildungsbetrieb?

5.1.4 Die Werbung – Public Relations

Problem

(1) Werbeüberschriften aus Illustrierten: „Diese Technik hat nur einer – Duplicon." „Argenta ‚dentalcenter'. Zahnpflege, wie Zahnmedizi- ner sie fordern." „Reißen Sie sich mal was Leckeres auf. Schlemmertopf aus Fröhlich's Küche." „Jasmin Q.– der Duft für die Mädchen von heute." Jeden Tag wird der Einzelne viel- fach mit derartigen Aussagen konfrontiert, wird an sein Gefühl oder seine Vernunft appelliert. Er soll beeinflusst werden, soll manipuliert werden. Er soll kaufen, was die Werbung als schön und begehrenswert an- preist. Gelingt dies?

(2) „Es ist verboten, für Zigaretten ... im Rundfunk oder im Fernsehen zu werben." LMBG § 22[1]. Welche anderen Möglichkeiten der Werbung nützt die Zigarettenindustrie?

Sachdarstellung

5.1.4.1 Die Absatzwerbung

■ **Grundsätze der Absatzwerbung**

Jede **Werbung** versucht, den Menschen zu einem *bestimmten Handeln* zu veranlassen. *Wirt- schaftliche Werbung* zielt darauf ab, den Absatz zu fördern, den *Umworbenen* zum Kauf von Waren oder zur Inanspruchnahme von Dienstleistungen anzuregen. Deshalb ist wirtschaftliche Wer- bung vorwiegend **Absatzwerbung.**

[1] LMBG = Lebensmittel- und Bedarfsgegenständegesetz vom 15. August 1974 mit späteren Änderungen.

Die wichtigsten **Grundsätze der Werbung** sind:

Wirksamkeit		
	Wahrheit	
		Wirtschaftlichkeit

▶ **Die Wirksamkeit der Werbung**

Jede Werbung soll *wirksam* sein, damit das beabsichtigte Ziel erreicht wird. Deshalb muss jede *Werbemaßnahme* genau *geplant* werden.

Im **Werbeplan** werden die Einzelheiten für die Durchführung der Werbung festgelegt. Im Wesentlichen wird überlegt:

wer?	↓	*Hersteller, Händler* oder *Werbeagentur*
sagt was?	↓	Inhalt der *Werbemitteilung, Werbebotschaft*
wann?	↓	*Streuzeit*; sie ist der günstigste Zeitpunkt für den Einsatz der Werbemittel
wem?	↓	*Streukreis*; dies ist der umworbene Personenkreis nach *Zielgruppen* (Einzel- oder Massenwerbung)
wo?	↓	*Streugebiet*; dies ist das Einsatzgebiet für die Werbung, im Allgemeinen das Absatzgebiet; z. B. Einzelhandelsanzeige in der Lokalzeitung
wie?	↓	Einsatz der *Werbemittel*, ggf. Kombination
mit welchen finanziellen Mitteln?	↓	*Werbeetat, Werbebudget*, d. h., welche Geldmittel stehen zur Verfügung

Wesentliche **Aufgaben** der Werbung sind:

1. *Unterrichtung und Aufklärung des Verbrauchers,* um ihm einen Marktüberlick zu verschaffen. Mittel hierzu ist die informative und sachbezogene Werbung; z. B. für Rundfunkgeräte: „... Automatischer, vollelektronischer Sendersuchlauf mit Frequenzanzeige ...“ Weniger geeignet ist die suggestive, emotionale Werbung; z. B. für Waschmittel: „Die drei schönsten Düfte dieser Welt ...“

2. *Erwerb von Vertrauensgewinn* für Waren und Dienstleistungen, um ein *Markenimage* aufzubauen. So wurde durch einprägsame Werbung erreicht, dass ein Markenimage für eine ganze Warengruppe gesetzt wird; z. B. wird Pulverkaffee oft gleich Nescafé, Kolagetränk gleich Coca Cola gesetzt.

3. *Vereinheitlichung der Nachfrage* durch Lenkung der Bedürfnisse. Durch massive Werbung für wenige Produkte wird die Nachfrage konzentriert.

4. *Wecken neuer Bedürfnisse,* z. B.: Trimm-Dich-Welle führt zu erhöhtem Absatz von Heimtrainingsgeräten, Fahrrädern usw.

5. *Vermittlung psychologischer Anreize,* ein Produkt oder eine Dienstleistung zu kaufen, z. B.: „Der neue Guwo-Wohn-Katalog bringt das große Wohn-Vergnügen“.

Die Werbewirksamkeit als entscheidender Faktor hängt davon ab, ob es gelingt, den Umworbenen zum *Kaufentschluss* zu veranlassen. Nach der **AIDA-Formel** läuft erfolgreiche Werbung in folgenden Stufen ab:

Attention ⟶ Aufmerksamkeit erregen
Interest ⟶ Wecken des Interesses am Produkt
Desire ⟶ Besitzwunsch
Action ⟶ Kauf

▶ **Die Wahrheit der Werbung**

Die Werbung sollte insbesondere der **sachlichen Unterrichtung** des Umworbenen dienen. Andererseits wird oft versucht, durch *Illusionen* und *Assoziationen* („Mister seven – Der Duft, den Frauen männlich finden" – „Vulcano – Der Geschmack von Freiheit und Abenteuer") den Umworbenen zum Kauf zu beeinflussen. Der Käufer spricht vielfach auf eine Mischung von Sachinformation und Scheinwelt an.

Allerdings darf die Werbung keine unwahren Behauptungen aufstellen, da ein getäuschter und verärgerter Kunde nicht nur nicht mehr kauft, sondern auch andere veranlasst, vom Kauf abzusehen. Die Gefahr, dass ein Kunde sich getäuscht fühlt, ist auch gegeben, wenn Superlative oder Übertreibungen verwendet werden (siehe S. 149!).

▶ **Die Wirtschaftlichkeit der Werbung**

Zur Beurteilung, ob Werbung wirtschaftlich ist, müssen *Werbeaufwand* und *Werbeerfolg* zueinander in Beziehung gesetzt werden. Dies ist jedoch nur theoretisch möglich, da am Markt gleichzeitig viele andere Faktoren, z. B. Verhalten der Konkurrenz, Kaufkraftveränderungen, das Käuferverhalten beeinflussen.

Auch ist die Beurteilung zwangsläufig unterschiedlich, je nachdem, ob mit der Werbemaßnahme eine *Absatzsteigerung* oder eine *Preiserhöhung* – bei ggf. gleicher Menge – erreicht oder ein *Absatzrückgang* aufgefangen werden soll.

■ **Werbemittel und Werbeträger**

Jedem Werbenden steht eine Vielzahl von Werbemöglichkeiten, die **Werbemittel,** zur Verfügung. Werden diese kombiniert eingesetzt, z. B. Rundfunk-, Fernseh- und Plakatwerbung, so muss die Werbung genau abgestimmt sein. Viele Firmen bedienen sich deshalb der Erfahrung und Hilfe von *Werbeberatern* oder von *Werbeagenturen,* welche die Werbung ganz oder teilweise abwickeln.

Übersicht über die wichtigsten Werbemittel	
grafische Werbemittel	• *Anzeigen* in Zeitungen, Zeitschriften und Illustrierten u. a. • *Werbedrucke* als Zeitungs- und Zeitschriftenbeilagen, Prospekte, Kataloge, Handzettel u. a. • *Werbeplakate* an Plakatsäulen, Plakatwänden, Häusern, Fahrzeugen • *Lichtwerbung* an Häusern, in Schaufenstern, auf Dächern • *Werbebriefe* als persönlicher oder als Schemabrief
Werbe-veranstaltungen	• *Werbevorträge*, z. B. bei Betriebsbesichtigungen, Ausstellungen u. a. • *Werbefunk-* und *Werbefernsehsendungen* (Spots) • *Werbefilme* • *Werbevorführungen*, z. B. Modenschauen • *Werbeumzüge*, z. B. Lautsprecherwagen
Ausstattung	• *Ausstattung* von Geschäfts-, Verkaufs- und Ausstellungsräumen, Schaufenstern, Vitrinen
Werbe-verkaufshilfen	• *Werbegeschenke*, Werbepackungen, Zugaben, Warenproben • *Kundendienst*, z. B. eigene Reparaturwerkstatt, Wartungsverträge

Für jedes Werbemittel wird ein **Werbeträger** benötigt, mit dem es wirksam werden kann, z. B. Anzeige → Zeitung, Plakat → Hauswand, Werbefilm → Lichtspielhaus. Die Werbeträger werden auch als *Werbe-Media* bezeichnet.

Die *Auswahl der Werbemittel* wird unter dem Gesichtspunkt getroffen, dass das Werbemittel **nachhaltig** wirken soll. Es muss im Gedächtnis haften bleiben. Dies geschieht durch häufige Wiederholung einer Werbebotschaft, eines Werbeslogans, in Wort, Bild und evtl. Musik, z. B. Fernsehspots bestimmter Biermarken. Um Gewöhnung an die Werbebotschaft und damit ein Nachlassen der Aufmerksamkeit zu vermeiden, wird die *Werbebotschaft variiert,* ohne dass aber der Grundgehalt verloren geht, z. B. verschiedenartige Anzeigen für *ein* Automodell: einmal wird die Wirtschaftlichkeit, einmal der große Kofferraum, einmal die Leistungsfähigkeit usw. hervorgehoben.

■ Die Werbearten

Die Erscheinungsformen der Werbung sind vielfältig. Es werden im Folgenden die wichtigsten Arten genannt.

Arten der Werbung	
nach der Zahl der Umworbenen	**nach der Zahl der Werbenden**
• Einzelwerbung	• Einzel- oder Alleinwerbung

• Massenwerbung
  – gezielte Gruppenwerbung
  – gestreute Allgemeinwerbung
	• Kooperative Werbung
	  – Sammelwerbung
	  – Gemeinschaftswerbung

Nach der **Zahl der Umworbenen** werden zwei Arten von Werbung unterschieden:

- Bei der **Einzelwerbung** richtet sich die Werbemaßnahme *direkt* an den einzelnen Umworbenen, z. B. Werbebrief, Werbegespräch, auch telefonisch. Die Werbekosten, aber auch der Werberfolg sind hier relativ hoch.

- Die **Massenwerbung** richtet sich
  - *gezielt* an eine **Gruppe von Umworbenen,** z. B. Arzneimittelwerbung an Ärzte (Adressenverlage stellen Umschläge mit Adressen her) oder
  - *gestreut* an die **Allgemeinheit,** z. B. Postwurfsendung, Zeitungsbeilage, Rundfunk- und Fernsehwerbung.

Nach der **Zahl der Werbenden** sind zu unterscheiden:

- Die **Einzel- oder Alleinwerbung** – *Individualwerbung* – wird immer von einem Unternehmen durchgeführt.

- Die **kooperative Werbung** umfasst zwei Gruppen:
  - Bei der **Sammelwerbung** finden sich verschiedene, namentlich genannte Werbende zusammen, um gemeinsam, aber jeder unter seiner Firma, zu werben, z. B. gemeinsame Anzeige aller am Bau eines Kaufhauses beteiligten Firmen bei der Einweihung; gemeinsame Anzeige der Hotels einer Kurstadt; gemeinsame Anzeige verschiedener Autovertragswerkstätten, die einen gemeinsamen Gebrauchtwarenmarkt unterhalten.

– **Gemeinschaftswerbung** liegt vor, wenn in der Werbung der Einzelne nicht erwähnt wird, also anonym bleibt, sondern allgemein für eine Gruppe oder Branche geworben wird; z. B. Optik: „Gutes Sehen – Gutes Aussehen"; Wein: „Kenner trinken Württemberger!"; landwirtschaftliche Produkte: „Aus deutschen Landen frisch auf den Tisch".

● nach den **Marktzielen**

– **einführende Werbung:** bei neuen Produkten
– **Erhaltungswerbung,** Erinnerungswerbung
– **Ausweitungswerbung**

▉ *Der Werbeetat*

Im *Werbeplan* werden die Mittel für alle Werbmaßnahmen eingeplant.

Die Höhe des **Werbeetats,** des *Werbeaufwands* oder des *Werbebudgets,* beeinflusst entscheidend die Überlegungen über die Werbemöglichkeiten. Die zur Verfügung stehenden Beträge können nach verschiedenen Verfahren und Gesichtspunkten ermittelt werden:

● Der Werbeaufwand wird *einseitig nach der gegebenen Finanzlage des Unternehmens* festgesetzt: d. h., sobald die Mittel verbraucht sind, wird die Werbung eingestellt. Die ist nur möglich, wenn der Umsatz wenig werbeabhängig ist.

● Der Werbeaufwand richtet sich *einseitig nach dem Werbeaufwand der Konkurrenz.* Dieses Vorgehen ist gerechtfertigt, wenn die Konkurrenz eine große Werbekampagne startet.

● Der Werbeaufwand richtet sich *sowohl nach den Werbezielen als auch nach den verfügbaren Mitteln.* Hier wird ein Optimum an Werbeerfolg erreicht.

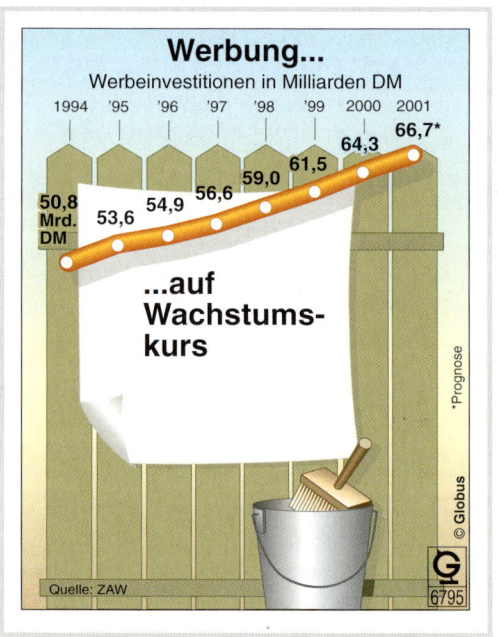

▉ *Die Werbeerfolgskontrolle*

Die **Werbeerfolgskontrolle** ist bei allen Werbemaßnahmen notwendig, da sich jede Werbung letztlich *rentieren* soll.

Soll die **Werberendite** für die gesamte Werbung einer Unternehmung ermittelt werden, so wird der Umsatzzuwachs in Beziehung zu den Werbekosten gesetzt.

$$\text{Werberendite} = \frac{\text{Umsatzzuwachs}}{\text{Werbekosten}}$$

5.1.4.2 Public Relations

Die *Öffentlichkeitsarbeit* einer Unternehmung wird als **Public Relations** (öffentliche Beziehungen) bezeichnet. Zwischen der Werbung und den Public Relations besteht eine bestimmte Verwandtschaft. Trotzdem ist das Ziel beider Bestrebungen verschieden.

Die *Werbung* dient ausschließlich dem *Warenabsatz. Public Relations* verfolgen den Zweck, durch Öffentlichkeitsarbeit das *Image,* den Ruf des Unternehmens, *zu bilden* und *zu verbessern.* Mittel hierzu sind Betriebsbesichtigungen, Pressekonferenzen, Zeitungsberichte, Interviews, Filme u. a. So wirken sie mittelbar werbend ebenfalls auf den Absatz ein. In großen Unternehmungen sorgen geschulte PR-Fachleute für eine wirkungsvolle Unterrichtung der Öffentlichkeit.

In Großbetrieben dient besonders die *Presseabteilung* den Public Relations.

Zusammenfassung

- ■ Werbung soll wirksam, wahr und wirtschaftlich sein.
- ■ Jeder **Werbeplan** hängt entscheidend vom Werbeetat ab.
- ■ Werbung will einen Umworbenen oder eine Umworbenengruppe veranlassen, Interesse und Wunsch in Kauf umzusetzen.
- ■ Wirtschaftliche Werbung ist überwiegend **Absatzwerbung.**
- ■ Die **AIDA-Formel** (Attention, Interest, Desire, Action) kennzeichnet den möglichen Stufenplan erfolgreicher Werbung.
- ■ Die **Einwirkung der Werbung** auf

  Sinne
  + Aufmerksamkeit
  + Gedächtnis ──▶ führen zur Willenswirkung = Kaufentschluss
  + Vorstellung
  + Gefühl

- ■ **Unwahre Behauptungen** in der Werbung vertreiben Kunden.
- ■ **Werbeaufwand** und **Werbeerfolg** müssen in einem vernünftigen Verhältnis stehen.
- ■ **Arten** der Werbemittel sind
  - ● grafische Werbemittel
  - ● Werbeveranstaltungen
  - ● Ausstattung
  - ● Werbeverkaufshilfen
- ■ Jedes **Werbemittel** braucht einen **Werbeträger.**
- ■ **Werbemittel müssen nachhaltig** wirken und **variiert** werden.
- ■ **Arten der Werbung** können unterschieden werden:
  - ● nach der Zahl der Umworbenen
  - ● nach der Zahl der Werbenden
  - ● nach den Marktzielen
- ■ Der **Werbeetat** kann sich richten nach
  - ● der eigenen Finanzlage
  - ● der Werbung der Konkurrenz
  - ● den Werbezielen und der Finanzlage
- ■ Der **Werbeerfolg** schlägt sich in der **Werberendite** nieder.
- ■ **Public Relations** (Öffentlichkeitsarbeit) dienen mittelbar der Werbung.

---

1 Wann ist die günstigste Streuzeit für Werbung für Frühjahrsgarderobe

   a) in der Fachzeitschrift für den Textileinzelhandel?

   b) in der örtlichen Tageszeitung?

   Begründen Sie Ihre Meinung!

2 Nehmen Sie Stellung dazu, dass Werbung für Zigaretten gesetzlich eingeschränkt wurde und ggf. verboten werden soll!

3 Der Mensch soll durch Werbung manipuliert werden. Wie kann er sich dagegen wehren?

4 Worin unterscheiden sich Sammelwerbung und Gemeinschaftswerbung?

5 Welche Werbemittel eignen sich für die Werbung für a) Waschmittel, b) EDV-Anlage, c) Schuhe? Begründen Sie jeweils Ihre Meinung!

6 Welche Arten von Werbung (Mehrfachnennungen möglich) liegen bei folgenden Anzeigen vor:

   a) „Ich trinke Quellgeist, weil er besser als Allgemeinplätzchen schmeckt." Quellgeist. Einer für alle.

   b) Südmotor stellt eine neue Idee des Energiesparens vor: Die Formel E.

   c) Leicht – mit viel Geschmack. Genuss im Stil der Zeit. Deutschland beliebteste Leicht-Zigarette.

   d) Die neue Orma Gefriertruhe ARCTIS 3000 Jumbo sprengt die Dimensionen. Sie spart 50 % Energie und bleibt bei Stromausfall 54 Stunden eiskalt. Orma.

   e) Inspiré. Ein Duft so spontan wie Sie.

   f) Es passiert nie über Nacht. Die Wandlung vom guten Sehen zu schlechtem Sehen ist ein langdauernder Prozess ... Leistungsgemeinschaft der Augenoptiker.

   g) Jede Stunde verschenken die Deutschen 1 515 Tonnen Kohle. Pfandbriefe und Kommunalobligationen. Ab 100 EUR bei allen Banken und Sparkassen.

7 Welche Werbemittel werden in Ihrem Ausbildungsbetrieb eingesetzt?

8 Suchen Sie je drei Beispiele für

   a) suggestive Werbung,

   b) informative Werbung!

5.1.5 Die Verkaufsförderung – Sales Promotion

Die Großhandlung für Gartenbedarf Leitner & Co., Straubing, plant einen groß angelegten Werbefeldzug für die neuentwickelten Mäher „Rasant". Da verschiedene Zusatzgeräte mitproduziert wurden, ist Verkaufsleiter Müller der Meinung: „Wir müssen unsere Händler mit den neuen Mähern und den Zusatzgeräten vertraut machen, damit sie auch die Kunden beraten können." – Welche Maßnahmen wird er vorschlagen?

Die **Verkaufsförderung (Sales Promotion)** hat das Ziel, das *Produkt an den Kunden* zu bringen. Hier unterscheidet sie sich von der *Werbung*, deren Aufgabe es ist, den *Kunden* zum Kauf zu motivieren, d. h., ihn *an das Produkt* heranzuführen.

Verkaufsförderung	Produkt ——————▶ Kunde
Werbung	Kunde ——————▶ Produkt

Zielgruppen der Verkaufsförderung sind:

- die eigene *Vertriebsorganisation* (staff promotion)
- der *Handel* (dealer promotion) und die *Absatzmittler* (merchandising), z. B. Handelsvertreter
- die *Endabnehmer* (consumer promotion).

Dabei können für jede Zielgruppe eine Vielzahl von Maßnahmen geplant werden. Beispiele hierfür sind:

Zielgruppe	Verkaufsförderungsmaßnahmen
eigene Vertriebs-organisation	Verkäuferausbildung, gezieltes Verkäufertraining, Verkaufsprämien, Ideenwettbewerbe, Tonbildschau, Produktmuster, Verkaufstreffen mit Erfahrungsaustausch, Informations- und Argumentationsmaterial usw.
Absatzmittler und Handel	Händlerpreisausschreiben, Tagungen, Händlerzeitschrift, Beratung und Schulung des Personals des Händlers, Schaufensteraktionen, Einführungsmuster, Prospekte, Produktdemonstration, Sprungwerbung, d. h. Werbung des Herstellers direkt an Verbraucher gerichtet; Display-Material (Ausstellungshilfen, wie Ständer, Regale, Verkaufsgondeln); Einsatz von Hostessen und Propagandistinnen usw.
Endverbraucher	Preisausschreiben, Einführungspreise, „Alt-für-Neu"-Tauschaktion, Kundenzeitschrift, Werksbesichtigung, kostenlose Proben, Vorführung im Einzelhandelsgeschäft usw.

Alle Verkaufsförderungsmaßnahmen müssen genau vorgeplant sein, z. B.:

- *Ziel:* Was soll mit den Maßnahmen erreicht werden, z. B. Einführung einer neuen Rechenmaschine?
- *Zielgruppen:* Wer soll angesprochen werden, z. B. eigene Vertriebsorganisation?
- *Zeitdauer:* Über welche Zeit soll die vorgesehene Maßnahme durchgeführt werden, z. B. vier Wochen?
- *Zielgebiet:* Wo soll die Maßnahme durchgeführt werden, z. B. regional oder überregional?
- *Maßnahme:* Was soll gemacht werden?
- *Etat:* Welche Mittel stehen zur Verfügung?
- *Organisation und Durchführung:* Wie soll im Einzelnen vorgegangen werden?

Zusammenfassung

- ■ **Sales Promotion** ist die Verkaufsförderung.
- ■ Das Produkt wird dem Kunden durch **Verkaufsförderungsmaßnahmen** nahe gebracht.
- ■ Verkaufsförderungsmaßnahmen müssen genau vorgeplant werden.

1 Welche Zielgruppe spricht die Werbung, welche die Verkaufsförderung überwiegend an?

2 Inwiefern unterstützt die Verkaufsförderung die Werbung?

3 Welche Maßnahmen werden in Ihrem Ausbildungsbetrieb zur Verkaufsförderung durchgeführt?

5.2 Marktforschung

Problem

Ein Industriebetrieb, der Miederwaren und Bademoden herstellt, besitzt im Inland einen Marktanteil von 20 % und vertreibt seine Artikel in mehr als zehn Ländern, auch im außereuropäischen Raum. Ziel der Absatzpolitik ist es, in Zukunft den deutschen Marktanteil zu halten und den Export weiter auszubauen. Wie kann dieses Ziel erreicht werden?

Sachdarstellung

5.2.1 Aufgaben der Marktforschung

Der Absatzmarkt des traditionellen Handwerksbetriebs, z. B. eines Malermeisters, ist noch überschaubar. Je vielschichtiger und weiträumiger die Absatzmärkte werden und je vielgestaltiger die Produkte sind, die verkauft werden sollen, desto wichtiger wird eine *systematische Erforschung des Absatzmarktes.* Das unternehmerische Risiko besteht im Wesentlichen darin, dass aufgrund des *künftigen* Absatzes schon heute *bindende* Entscheidungen über Investitionen getroffen werden müssen, obwohl die zukünftige Entwicklung nicht mit Sicherheit vorausgesehen werden kann.

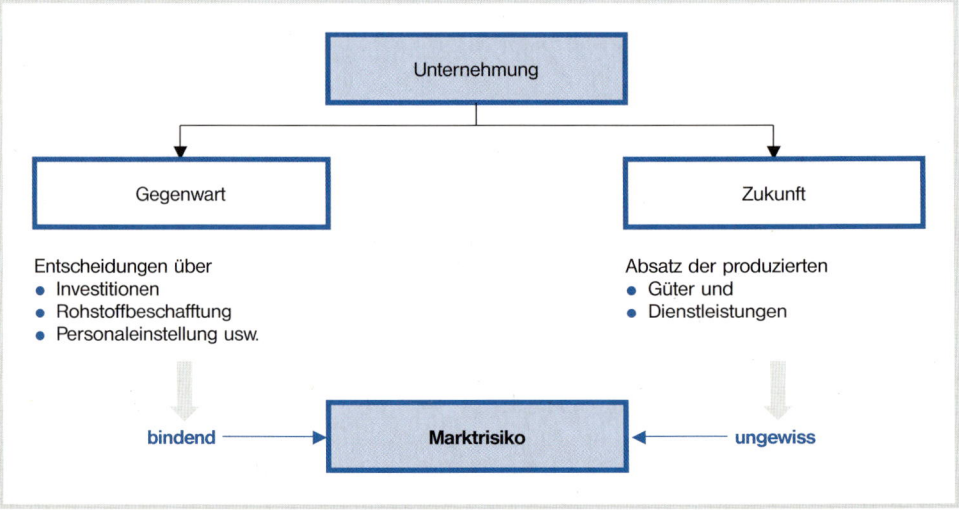

© Verlag Gehlen

Je lückenhafter und verschwommener die Informationen über die künftige Entwicklung des Absatzes sind, desto enger ist der Planungshorizont der Unternehmung und desto größer ist die Unsicherheit, unter der langfristige unternehmerische Entscheidungen, z. B. für bestimmte Investitionen, getroffen werden müssen. Zur Verringerung des unternehmerischen Risikos kommt es demnach darauf an, möglichst viele und genaue Informationen über den Markt zu sammeln und sie systematisch aufzubereiten und auszuwerten.

Je umfassender die Marktforschung betrieben wird, desto größer ist die Wahrscheinlichkeit, dass die *Marktprognose* (Marktvorhersage), auf der letztlich die gesamte Absatzplanung beruht, die tatsächliche Entwicklung des Marktes erfasst.

5.2.2 *Käufer- und Verkäufermarkt*

Je nachdem, wie die Marktsituation auf einen bestimmten Teilmarkt ausgeprägt ist – Verkäufer- oder Käufermarkt –, müssen anbietende oder nachfragende Unternehmen aktiv und kreativ am Markt tätig werden.

Ein **Käufermarkt** liegt vor, wenn das Angebot auf dem Markt insgesamt größer ist als die Nachfrage. Dies ist heute bei den meisten Absatzmärkten der Fall. So dient Marketing dazu, alle Möglichkeiten der Absatzforschung und aktiven Marktgestaltung einzusetzen, um aus dem Absatzmarkt einen möglichst großen Nutzen für das Unternehmen herauszuholen. Dazu ist es notwendig, Nachfrage zu wecken und eine Vorzugsstellung (Präferenz) für den eigenen Artikel oder das eigene Sortiment zu schaffen.

Als Instrumente des Marketings zur Minderung des Marktrisikos auf dem Absatzmarkt dienen dem Unternehmen alle Möglichkeiten zur Absatzforschung und zur Marktgestaltung.

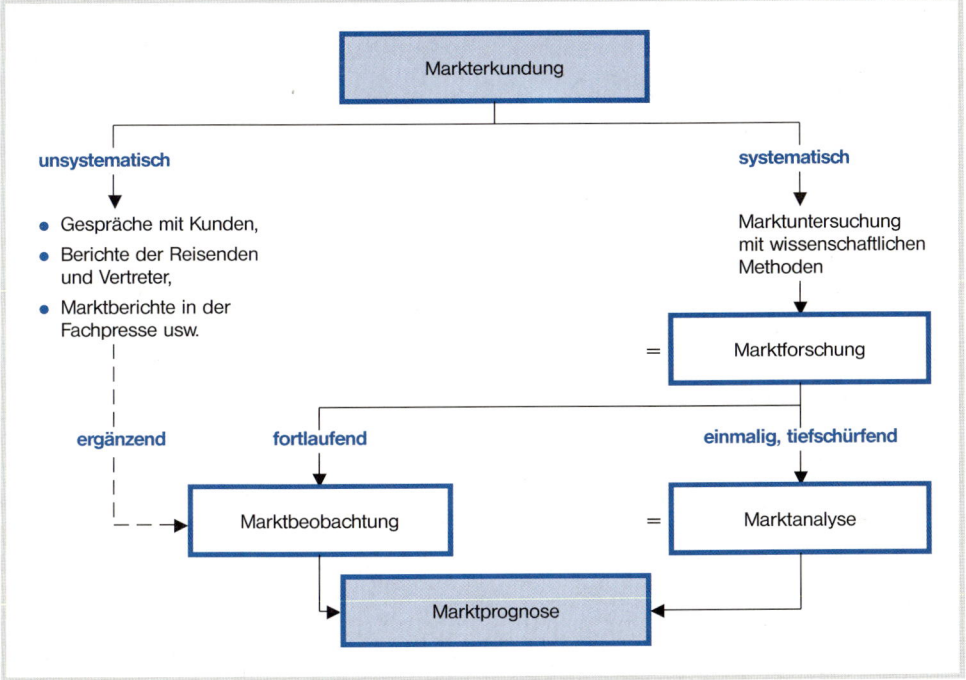

Ein **Verkäufermarkt** liegt vor, wenn die Nachfrage größer als das Angebot ist, wie dies zeitweise auf dem Rohölmarkt der Fall war. In dieser Situation dient Marketing für den nachfragenden Unternehmer, also z. B. den Mineralölgroßhändler, dazu, alle Möglichkeiten der Beschaffungsmarktforschung und Beeinflussung des Beschaffungsmarktes einschließlich der Lagerung einzusetzen, um neue Märkte zu erschließen und aus den vorhandenen Beschaffungsmärkten einen möglichst hohen Nutzen für das Unternehmen herauszuholen. Der Beschaffungsbereich ist unter diesen Umständen der Engpass. Alle Anstrengungen sind darauf gerichtet, die Beschaffungskapazität rationell zu erweitern.

Die Marktforschung untersucht vor allem folgende **Faktoren:**

- **Größe und Beschaffenheit des Bedarfs**, z. B.:
  - Zahl, soziale Stellung und Einkommen der (möglichen) Endkäufer bzw. Zahl, Größe, Kapitalkraft und Arbeitsweise der Abnehmerbetriebe.
  - Subjektive Meinungen, Wünsche, Absichten und Motive der Käufer.
  - Handelt es sich um Erst-, Erneuerungs- oder Nachholbedarf?
  - Welcher weitere Bedarf ist vorhanden?

- **Konkurrenzverhältnisse,** z. B. Marktanteil, Zahl und Stärke der Konkurrenten sowie ihre Verhaltensweise;

- **Marktgebiet,** z. B. Ausdehnung, vorhandene Absatzwege und Transportwege;

- **Einfluss der allgemeinen Wirtschaftspolitik des Staates** und der **Konjunkturbewegungen;**

- **Reaktion der Käufer** auf Änderung der Qualität, Preise, Produktgestalt und Verpackung sowie des Kundendienstes;

- **Zweckmäßigkeit der vorhandenen Absatzorganisation,** z. B. des Einsatzes von Reisenden oder Handelsvertretern.

In einem weiteren Sinne gehört zur Marktforschung auch die systematische Erforschung des Beschaffungsmarktes.

5.2.3 Methoden der Marktforschung

Die Informationen, die als Entscheidungsgrundlage für die Absatzplanung erforderlich sind, können durch die *Methoden der Sekundär- und Primärforschung* gewonnen werden.

- Bei der **Sekundärforschung** (= Schreibtischforschung) greift der Betrieb auf *betriebsinterne* oder *betriebsexterne* Unterlagen zurück.

Betriebsinterne Informationsquellen können sein:
- Buchhaltung;
- Verkaufsstatistik;
- Kosten- und Leistungsrechnung;
- Kundenkartei;
- Reiseberichte.

Als *betriebsexterne* Informationsquellen kommen u. a. in Frage:
- *Amtliche Statistiken,* z. B. Informationsmaterial des Statistischen Bundesamtes, der Statistischen Landsämter;

– *Fachliche* und *wissenschaftliche Informationsstellen,* z. B. Wirtschaftsverbände (Verband der Deutschen Industrie), Industrie- und Handelskammern, Wirtschaftswissenschaftliche Institute (Institut für Wirtschaftsforschung in Berlin; Ifo-Institut für Wirtschaftsforschung, München; Deutsches Industrieinstitut, Köln);

– *Informationen aus fachlichem Schrifttum,* z. B. Fachliteratur, Zeitschriften und Zeitungen, Firmenveröffentlichungen.

- Die **Primärforschung** (= Feldforschung) versucht, die erforderlichen Marktfakten durch *eigene Erhebungen* zu beschaffen. Deshalb ist die Primärforschung auch zeitraubender und kostspieliger als die Sekundärforschung.

  Die Primärforschung bedient sich vor allem der *Technik der Befragung.* Die Befragung von Verbrauchern oder Wiederverkäufern kann

  – **einmalig** (Marktanalyse) oder
  – **fortlaufend** (Marktbeobachtung)

  vorgenommen werden.

Die Feldforschung wird durch persönliche oder telefonische *Interviews* oder durch den Versand von *Fragebogen* durchgeführt. Bei der Befragung wird vielfach nur ein Teil von Personen aus einer Zielgruppe herausgegriffen (= **Teilerhebung**). Die ausgewählten Personen müssen jedoch repräsentativ sein, d. h. hinsichtlich der Untersuchungsmerkmale, z. B. Alter, Geschlecht, Beruf, mit der Zielgruppe übereinstimmen.

Für die fortlaufende Befragung eignet sich die *Panelerhebung.* Ein für eine bestimmte Zielgruppe repräsentativer Personenkreis – das Panel – wird über einen längeren Zeitraum hinweg in bestimmten Zeitabständen befragt. Durch Wiederholen der gleichen Fragen im Zeitabstand können dann Meinungs- und Verhaltensänderungen festgestellt werden.

Beim Haushaltspanel werden z. B. die Einkäufe der Haushalte, gegliedert nach Menge, Qualität, Marke, Preis, Art der Einkaufsquelle usw. erfasst.

Zusammenfassung

■ Die **Markterkundung** kann unsystematisch oder aber systematisch unter Anwendung wissenschaftlicher Methoden durchgeführt werden. Nur im letzteren Fall liegt Marktforschung vor.

■ **Marktforschung** zu einem bestimmten Zeitpunkt heißt Marktanalyse, die fortlaufende Marktforschung wird als Marktbeobachtung bezeichnet.

■ Aus **Marktanalysen** und **Marktbeobachtung** entsteht die Marktprognose, welche die Grundlage für die Absatzplanung bildet.

■

Methoden der Marktforschung

Sekundärforschung	**Primärforschung**
Schreibtischforschung	Feldforschung
	Befragung
betriebsintern betriebsextern	einmalig fortlaufend (Panel)

1 Für welche Betriebe ist Marktforschung existenznotwendig?

2 Weshalb ist es wichtig Marktforschung so umfassend wie möglich zu betreiben?

3 Welche Konsequenzen ergeben sich aus einer falschen Marktprognose?

4 Wägen Sie die Vor- und Nachteile der Frageform des persönlichen Interviews und der schriftlichen Befragung gegeneinander ab!

5 Warum ist es wichtig, nicht nur objektive Tatbestände, sondern auch subjektive Meinungen und Beweggründe zu erfassen?

6 Nennen Sie Informationen, die sich aus den folgenden Unterlagen der Sekundärforschung gewinnen lassen:
- Verkaufsstatistik,
- Reiseberichte,
- Kundenkartei.

7 Erläutern Sie die Auswirkungen, welche folgende Ergebnisse der Marktforschung auf die Absatzplanung bestimmter Wirtschaftszweige haben können!
  a) Die Bevölkerung tendiert zu größerer Sparsamkeit; es wird z. B. weniger gereist.
  b) Die Spiele der Weltmeisterschaft werden im Fernsehen übertragen.
  c) Die Unfallstatistik weist einen deutlichen Trend zu tödlichen Verkehrsunfällen auf.
  d) Eine zunehmende Zahl von Konsumenten wünscht eine weniger aufwendige Verpackung.
  e) Kunststoffe entwickeln sich immer mehr zum Ersatzgut von Holz und Metall.

5.3 Rechtliche Bestimmungen zum Absatz

5.3.1 Gesetz gegen unlauteren Wettbewerb – Vorschriften über Preisangaben

Problem

Die Süddeutsche Bekleidungsfabrik GmbH hat eine neue Verkaufsfiliale eingerichtet. Zwei Tage vor Eröffnung erscheint eine große Zeitungsanzeige: „Übermorgen um 9 Uhr Eröffnung unserer neuen Filiale in der Hauptstraße 36. Die ersten fünf Kunden werden jeweils im Wert von 400 DM kostenlos eingekleidet!" Die übrigen Textileinzelhändler der Stadt sind empört und wollen gegen das Verschenken der Kleidungsstücke gerichtlich vorgehen, da dies unlauterer Wettbewerb sei. Wie ist die Rechtslage?

Sachdarstellung

5.3.1.1 Unlauterer Wettbewerb

Jeder Produzent will seinen Absatz möglichst steigern, um mehr Gewinn zu erzielen. Dies erlauben ihm die Gewerbefreiheit und der freie Wettbewerb unserer Wirtschaftsordnung. Damit Auswüchse im Konkurrenzkampf vermieden und unterbunden werden können, wurde eine Reihe von gesetzlichen Vorschriften erlassen.

Dazu gehören der *Patentschutz,* der *Gebrauchs-* und der *Geschmacksmusterschutz,* der Schutz der *Marken* und der *Gütezeichen,* das *Rabattgesetz* und die *Zugabeverordnung.*

Besonders ist das **Gesetz gegen den unlauteren Wettbewerb (UWG)** vom 7. Juni 1909 zu beachten. Als Grundsatz gilt die *Generalklausel* des § 1, dass derjenige, der im wirtschaftlichen Konkurrenzkampf gegen die *guten Sitten* verstößt, auf Schadenersatz oder Unterlassung verklagt werden kann.

Sittenwidrig sind insbesondere Handlungen, die dem Geschäftsgebaren eines ordentlichen Kaufmanns widersprechen, z. B. unwahre Behauptungen über die Konkurrenz.

Die allgemeine Fassung lässt eine dehnbare Auslegung zu, zumal sich im Konkurrenzkampf die Ansichten über Erlaubtes und Unerlaubtes ändern, z. B. bei der *Superlativwerbung* (siehe unten!).

- **Unerlaubte Werbung** liegt bei folgenden Handlungen vor:

    - bei *falschen Angaben* über *geschäftliche Verhältnisse,* z. B. die Größe der Unternehmung, über die Beschaffenheit, Herkunft, Herstellungsart oder den Preis einzelner Waren oder gewerblicher Leistungen;

    - bei *falschen Angaben* über das gesamte *Angebot, Preislisten, Bezugsquellen;*

    - *bei falschen Angaben* über den Besitz von *Auszeichnungen,* über den *Zweck* des Verkaufs, z. B. Totalausverkauf, wenn nur ein Artikel aufgegeben wird, und über die *vorrätige Menge* (UWG § 3).

- **Strafbare Werbung** ist dann gegeben, wenn der Anschein eines besonders günstigen Angebots hervorgerufen werden soll. Dies ist dann der Fall, wenn *wissentlich falsche und irreführende Angaben* gemacht werden über

    - Beschaffenheit, Ursprung und Herstellungsart (z. B. Bodenteppich handgeknüpft – maschinengeknüpft)

    - die Art des Bezugs oder die Bezugsquellen von Waren

    - den Besitz von Auszeichnungen

    - Anlass und Zweck des Verkaufs und über die Menge der Vorräte.

  Es können bis zu zwei Jahren Freiheitsstrafe oder eine Geldstrafe verhängt werden (UWG § 4).

- **Vergleichende Werbung** ist jede Werbung, die sich unmittelbar oder mittelbar auf einen Mitbewerber oder dessen Waren oder Dienstleistungen bezieht. Sie ist *erlaubt* (vgl. UWG § 21).

    Sie verstößt jedoch u. a. gegen die guten Sitten, wenn

    - sie sich nicht auf Waren oder Dienstleistungen für den *gleichen Bedarf* oder *denselben Zweck* bezieht;

    - sie sich nicht *objektiv* auf eine oder mehrere relevante, nachprüfbare und typische Eigenschaften oder den Preis dieser Waren oder Dienstleistungen (z. B. Reisen) bezieht;

    - sie im geschäftlichen Verkehr zu *Verwechslungen* zwischen dem Werbenden und einem Wettbewerber führt;

    - sie Waren, Dienstleistungen, Tätigkeiten oder die Verhältnisse eines Mitbewerbers *herabsetzt* oder *verunglimpft* usw.

- **Superlativwerbung** ist gestattet, wenn die Kunden diese Werbung als subjektives Werturteil des werbenden Unternehmens verstehen oder wenn die Behauptung nachprüfbar stimmt, z. B. Brauerei Henninger: „Karamalz, das meistgekaufte Malzgetränk in Deutschland" und „Das Größte, wenn's um den gesunden Durst geht"; „Subaru, Der meistgekaufte Allrad-Pkw der Welt"; Waschmittelhersteller: „Das strahlendste Weiß meines Lebens".

- **Verkauft der Großhändler** an den *letzten Verbraucher*, darf nicht auf diese Tatsache besonders hingewiesen werden, da dieser sonst der Meinung ist, besonders günstig zu kaufen.

  Ausnahmen von diesem Verbot sind möglich,

  – wenn auch dem Endverbraucher die jeweiligen Großhandelspreise eingeräumt werden, oder

  – wenn ausdrücklich auf verschiedene Preise beim Verkauf an den Handel und den Endverbraucher hingewiesen wird (UWG § 6 a).

- **Waren aus Insolvenzmasse:** Wer öffentlich Warenverkauf aus einer Insolvenzmasse ankündigt, obwohl diese Waren nicht mehr zur Insolvenzmasse gehören, kann wegen Ordnungswidrigkeit mit einer Geldstrafe bis zehntausend Deutsche Mark belegt werden (UWG § 6).

- **Warenbezugsscheine, Einkaufsausweise:** Wer an letzte Verbraucher Berechtigungsscheine und Ausweise zum Warenbezug ausgibt, kann auf Unterlassung verklagt werden. Ausnahmen sind dann gegeben, wenn diese Ausweise nur zum einmaligen Einkauf berechtigen (UWG § 6 b).

- **Geschäfte mit Schneeballeffekt:** Wer Nichtkaufleute zur Abnahme von Waren oder sonstigen Leistungen mit dem Versprechen veranlasst, ihnen besondere Vorteile zu gewähren, wenn diese ihrerseits andere zum Abschluss entsprechender Verträge veranlassen, wird mit einer Freiheitsstrafe bis zu zwei Jahren oder einer Geldstrafe bestraft (UWG § 6 c).

Weitere Tatbestände des unlauteren Wettbewerbs können sein:

- **Anschwärzen.** Es werden unwahre Behauptungen über die Konkurrenz aufgestellt, die diese schädigen *(üble Nachrede)*.

  Vorsätzlich gemachte falsche Behauptungen werden als *strafbare Verleumdung* geahndet (UWG §§ 14, 15).

- **Der Verrat von Geschäftsgeheimnissen** und die **Verwertung** oder Mitteilung an Dritte **von Zeichnungen, Modellen, Rezepten,** technischen Vorschriften und dergleichen durch Arbeitnehmer ist strafbar. Dasselbe gilt für denjenigen, der die erlangten Kenntnisse weiter ausnützt (UWG §§ 17, 18). Wer zu **Verrat verleitet**, z. B. zur Industriespionage, wird bestraft (UWG § 20).

Die im UWG aufgeführten Bestimmungen über Ausverkäufe, Jubiläumsverkäufe, Räumungsverkäufe, Winter- und Sommerschlussverkäufe haben besonders im Einzelhandel Bedeutung (Einzelheiten siehe UWG § 7 ff.).

5.3.1.2 Vorschriften über Preisangaben

Preisnachlässe und *Zugaben* unterliegen genauen Vorschriften. Grundlagen sind das **Gesetz über Preisnachlässe** *(Rabattgesetz),* die **Zugabeverordnung,** das **Gesetz zur Regelung der Preisangaben** und die **Preisangabenverordnung.**

Preise, Verkaufs- und Leistungseinheiten sowie **Gütebezeichnungen,** die sich auf Preise beziehen, müssen beim Anbieten von Waren oder Leistungen und bei der Werbung gegenüber Letztverbrauchern angegeben werden.

Dabei ist unter „Preis" der **Endpreis** zu verstehen, d. h. der Preis einschließlich der Umsatzsteuer unabhängig von einer eventuellen Rabattgewährung.

Wenn für Waren oder Leistungen Liefer- oder Leistungsfristen von mehr als **vier Monaten** bestehen – z. B. beim Autokauf –, so können für diese Fälle Preise mit *Änderungsvorbehalt* angegeben werden. Die voraussichtlichen Liefer- und Leistungsfristen sind ebenfalls zu vermerken.

Bei **offenen Waren** ist der *Preis je kg* oder 100 Gramm bzw. *je 1* oder 100 Milliliter anzugeben. Alle ausgestellten oder zum Verkauf bereitgehaltenen Waren sind durch *Preisschilder* oder *Beschriftung* der Ware auszuzeichnen.

Bei **Krediten** ist der Preis der *Gesamtbelastung* pro Jahr in einem Prozentsatz des Kredits anzugeben und als *„effektiver Jahreszins"* zu bezeichnen.

5.3.1.3 *Ansprüche bei Verstoß gegen Wettbewerbsgesetze*

Wer gegen die Bestimmungen des UWG, des RabattG oder der ZugabeVO verstößt, kann verklagt werden:

- auf *Unterlassung*
- auf *Schadenersatz,* bei schuldhaftem Handeln.

In bestimmten Fällen, z. B. bei strafbarer Werbung, kann eine zusätzliche Strafe ausgesprochen werden. Diese Verstöße werden ohne besonderen Antrag verfolgt (UWG §§ 4, 6 c, 17, 18).

Zusammenfassung

- **Unlauterer Wettbewerb** liegt vor, wenn im Konkurrenzkampf gegen die Generalklausel des § 1 UWG, d. h. gegen die guten Sitten verstoßen wird.

- **Einzeltatbestände unlauteren Wettbewerbs**
  - unerlaubte Werbung
  - strafbare Werbung
  - vergleichende Werbung
    – Ausnahme: System-, Abwehr-, Fortschrittsvergleich
  - Hinweis auf Großhändlereigenschaft
  - Waren aus Insolvenzmasse
  - Warenbezugsscheine, Einkaufsausweise
  - Geschäfte mit Schneeballeffekt
  - Anschwärzen
  - Verrat von Geschäftsgeheimnissen
  - Verleitung zum Verrat von Geschäftsgeheimnissen

- **Superlativwerbung** ist unter bestimmten Voraussetzungen erlaubt.

- Im Gesetz gegen unlauteren Wettbewerb sind **Wettbewerbsregeln** aufgestellt. Es enthält Strafvorschriften für Zuwiderhandlungen.

- Als Barzahlungsnachlass an Endverbraucher dürfen höchstens 3 % eingeräumt werden.

- **Zugaben** sind grundsätzlich verboten (für Ausnahmen siehe ZugabeVO § 1!).

- Die Angabe von **Preisen** bei Waren und Dienstleistungen gegenüber Letztverbrauchern ist gesetzliche Vorschrift.

1 Liegt nach Ihrer Meinung bei der Geschäftseröffnung (siehe Beispiel Seite 148) unlauterer Wettbewerb vor? Begründen Sie Ihre Meinung!

2 Unter welchen Voraussetzungen ist vergleichende Werbung erlaubt? Suchen Sie Beispiele!

3 Unterscheiden Sie: unerlaubte und strafbare Werbung!

4 Beurteilen Sie die folgenden Fälle anhand des UWG und begründen Sie jeweils Ihre Entscheidung, ob unlauterer Wettbewerb vorliegt (mit Angabe des entsprechenden Paragraphen):

a) Auf dem Briefbogen der Mechanikerwerkstatt Maier & Sohn ist ein großer Fabrikkomplex abgebildet.

b) Der Großhändler Munding erzählt dem Fabrikanten Scholz, die Metallwarenfabrik Groß & Co. sei pleite. Er habe heute einen Antrag auf Eröffnung eines Insolvenzverfahrens gestellt.

c) Der Kaufmann Rommel sagt seinem Auszubildenden Hartmann, er solle doch über seinen Klassenkameraden Färber in der Berufsschule versuchen, die Lieferanten und die Einkaufspreise von dessen Ausbildungsbetrieb zu erfahren.

d) Ein Hersteller lässt in Italien Geräte herstellen, auf welche er „Made in Germany" aufkleben lässt.

e) Die Ziegelei Motzer inseriert: „Größter Dachziegelhersteller Süddeutschlands".

f) Die Ölfirma Gruber & Co. schreibt: „Wechseln Sie jetzt das Motoröl! Fragen Sie nach Gruber-Super-Öl; es gibt kein besseres!"

g) Herr Braun erzählt seiner Stammtischrunde, sein neuer Pkw sei wegen verschiedener Fabrikationsmängel in den ersten 14 Tagen fünfmal zur Reparatur gewesen.

h) Die Großhandlung Meyer GmbH wirbt in der Eisenwarenfachzeitschrift: „Unsere Waren sind billiger und schöner als die Waren unserer Konkurrenzfirma Schuber KG."

i) Anzeige in einer Tageszeitung: „Wir haben die schönsten Biergläser! Vergleichen Sie!"

j) Aus einem Werbebrief: „Wir haben 20 Mill. EUR Umsatz im Jahr! Diese Tatsache zeigt, dass unsere Kunden Vertrauen zu unseren Waren haben." Der tatsächliche Umsatz betrug jedoch nur 10 Mill. EUR.

5 Weshalb müssen die Kaffee-Filialgeschäfte ihre Sonderangebote unabhängig davon an jedermann verkaufen, ob er Kaffee kauft oder nicht?

6 In welcher Form kann im Einzelhandel Barzahlungsrabatt gegeben werden?

7 Erklären Sie ein Geschäft mit Schneeballeffekt.

5.3.2 Der Rechtsschutz der Erzeugnisse (Marken- und Musterschutz)

Problem

Diplom-Ingenieur Hofer, Leiter des Konstruktionsbüros, ist es gelungen, ein völlig neuartiges Federungssystem für Personenkraftwagen zu entwickeln. – Die chemische Fabrik Dr. Schroth GmbH hat eine neue Tablette gegen Grippe entwickelt. Sie will sie unter der Bezeichnung „Gripstop" auf den Markt bringen. – Der Bildhauer und Maler Hohmann hat für die Fränkische Porzellanfabrik AG ein neues Tafelgeschirr entworfen. Wie können diese Leistungen vor missbräuchlicher Ausnützung geschützt werden?

In allen drei Fällen haben menschliche Erfindungskraft und Fantasie Leistungen hervorgebracht, welche die Betreffenden für sich wirtschaftlich nützen wollen. Damit nicht Unberechtigte Missbrauch treiben, bietet der Staat Schutz durch die Gewährung von *Patent-, Marken-* und *Musterschutz.*

5.3.2.1 Der Patentschutz

Jeder Erfinder hat an seiner Erfindung ein wirtschaftliches und auch ein ideelles Interesse. Um die wirtschaftliche Nutzung allein zu erlangen, kann er beim *Deutschen Patent- und Markenamt* in *München* seine Erfindung *patentieren,* d. h. vor Nachahmungen schützen lassen. Grundlage hierfür ist das Patentgesetz vom 16. Dezember 1980.

Patente werden für Erfindungen erteilt, die *neu* sind, auf einer *erfinderischen Tätigkeit* beruhen und *gewerblich anwendbar* sind (PatG § 1).

Nicht patentiert werden Erfindungen, deren Veröffentlichung oder Verwertung der öffentlichen Ordnung oder den guten Sitten zuwiderlaufen würden, z. B. ein Universal-Einbruchswerkzeug (PatG § 2).

Es sind zwei Patentarten zu unterscheiden:

Sach- oder Erzeugnispatent	Verfahrenspatent
geschützt ist die Sache, z. B. Wischer für Autoscheinwerfer (PatG § 9)	geschützt ist das Herstellungsverfahren, z. B. neuartiges Verfahren zur Gewinnung von Erdöl aus Ölschiefer (PatG § 9)

Da oft an derselben Aufgabe ganz verschiedene Menschen unabhängig voneinander arbeiten, entsteht das Problem der *Doppelerfindungen.* Hier erlangt nur – wie auch in den übrigen Fällen – der ein Anrecht auf das Patent, der *zuerst* den Antrag auf Patenterteilung schriftlich beim Deutschen Patent- und Markenamt eingereicht hat.

Die **Patentanmeldung** muss enthalten:

* Antrag auf Erteilung des Patents,
* Patentanspruch; d. h. Angabe, was patentfähig geschützt werden soll,
* Beschreibung der Erfindung,
* Zeichnungen, auf die sich Patentansprüche beziehen (PatG § 35).

Wenn die Anmeldung in Ordnung ist, wird das Patent erteilt. Die **Patenterteilung** wird im *Patentblatt* bekanntgemacht. Gleichzeitig wird auch die *Patentschrift* veröffentlicht (PatG § 44 ff.). Innerhalb von drei Monaten nach der Veröffentlichung kann jeder gegen das Patent *Einspruch* erheben (PatG § 59). Über die Erteilung des Patents wird für den Inhaber eine Urkunde ausgefertigt [VO über das Deutsche Patent- und Markenamt (§ 5 a)].

Der Patentschutz wird für höchstens *20 Jahre* erteilt. Die Gebühren steigen von 100 DM im dritten Patentjahr bis auf 3 300 DM im 20. Patentjahr. Für das Patent kann nach Ablauf entsprechend den Bestimmungen der EU für *weitere fünf Jahre* ein *ergänzender Schutz* (**ergänzendes Schutzzertifikat[1]**) gewährt werden; (Gebühren von 4 500 DM im 1. Jahr bis 7 000 DM im 5. Jahr). Danach erhält jedermann das Recht, die geschützte Erfindung selbst zu verwerten.

---

[1] Zertifikat = (amtliche) Bescheinigung

Der Erfinder kann sein Patent *verkaufen, verpfänden* oder *vererben*. Eine **Lizenz** liegt vor, wenn der Patentinhaber einem *Dritten die Benützung* des Patents gegen angemessene Entschädigung überläßt; z. B. beim Wankelmotor (Kreiskolbenmotor) wurden u. a. Lizenzen nach USA und Japan vergeben.

Soll Patentschutz auch im Ausland gewährleistet sein, so müssen jeweils *Auslandspatente* angemeldet werden. Das *Europäische Patentamt,* welches gleichzeitig für 20 europäische Staaten Patente erteilt, ist in München eingerichtet.

Arbeitnehmererfindungen, z. B. in Forschungslaboratorien, können, wenn sie mit der betrieblichen Tätigkeit in Zusammenhang stehen, als *Diensterfindungen* vom Arbeitgeber gegen Zahlung einer angemessenen Vergütung in Anspruch genommen werden (siehe Gesetz über Arbeitnehmererfindungen vom 25. Juli 1957).

5.3.2.2 *Der Gebrauchs- und der Geschmacksmusterschutz*

Hierdurch sollen neue Produkte vor Nachahmung durch die Konkurrenz geschützt werden. Durch den Musterschutz erhält ein Unternehmer einen zeitlich begrenzten monopolartigen Anspruch, die von ihm entwickelten Produkte allein herzustellen.

■ *Gebrauchsmuster*

Als **Gebrauchsmuster** werden *Erfindungen* geschützt, die *neu* sind, auf einem *erfinderischen Schritt* beruhen und *gewerblich anwendbar* sind (Gebrauchsmuster-Gesetz – GebrMG – §§ 1, 3).

Es lassen sich also Erzeugnisse mit *neuen technischen Merkmalen* – die nicht lediglich auf rein handwerkliches Können zurückzuführen sind – als Gebrauchsmuster schützen. Auch für die *kleinen Erfindungen,* die die strengen Anforderungen des Patentrechts nicht erfüllen, steht der Gebrauchsmusterschutz zur Verfügung.

Das Gebrauchsmuster wird beim Deutschen Patentamt angemeldet, in die *Gebrauchsmusterrolle* eingetragen und veröffentlicht. Der Schutz dauert *drei Jahre* und kann zunächst um drei Jahre, sodann jeweils um zwei Jahre bis auf höchstens zehn Jahre verlängert werden. Die Kennzeichnung der Ware mit „DBGM" = Deutsches Bundesgebrauchsmuster ist möglich.

Durch die Eintragung eines Gebrauchsmusters erhält der Inhaber das alleinige Recht, den Gegenstand des Gebrauchsmusters gewerbsmäßig herzustellen und die so produzierten Gegenstände zu verkaufen bzw. zu gebrauchen (siehe GebrMG § 11!).

■ *Geschmacksmuster*

Als **Geschmacksmuster** eignen sich *Muster,* d. h. Darstellungen in der Fläche, z. B. Stoffmuster, Tapeten oder *Modelle,* d. h. dreidimensionale, plastische Erzeugnisse, z. B. Vasen, Geschirr, Schmuck usw. Geschützt sind nicht nur Formen, sondern auch Farbkombinationen und fließende Farbtönungen.

Das Geschmacksmuster wird beim Deutschen Patentamt zur Eintragung in das *Musterregister* angemeldet und dort als Modell oder als fotografische oder sonstige grafische Darstellung des Musters hinterlegt. Schutzdauer und Abbildungen der geschützten Geschmacksmuster werden im *Geschmacksmusterblatt* veröffentlicht. Über die Eintragung des Geschmacksmusters wird für den Inhaber eine Urkunde ausgefertigt. Die Schutzfrist beträgt fünf Jahre und kann um jeweils fünf bis auf zwanzig Jahre verlängert werden (Geschmacksmustergesetz vom 18. Dezember 1986 – GeschMG – §§ 1, 8, 9, VO über das Deutsche Patentamt § 11 b).

■ *Marke*

Als **Marke** können *alle Zeichen,* insbesondere Wörter einschließlich Personennamen, Abbildungen, Buchstaben, Zahlen, Hörzeichen, dreidimensionale Gestaltungen einschließlich der Form einer Ware und die sonstigen Aufmachungen einschließlich Farben und Farbzusammenstellungen geschützt werden. Sie müssen geeignet sein Waren oder Dienstleistungen eines Unternehmens von denjenigen anderer Unternehmen zu unterscheiden.

Außerdem können **geschäftliche Bezeichnungen** geschützt werden, dazu zählen *Unternehmenskennzeichen* – wie Firma oder eine besondere Bezeichnung des Geschäftsbetriebs – und *Werkstitel,* z. B. Namen oder besondere Bezeichnungen von Druckschriften, Filmwerken, Tonwerken und Bühnenwerken.

Grundlage ist das **Gesetz über den Schutz von Marken und sonstigen Kennzeichen (MarkenG)** vom 25. Oktober 1994. Andere Schutzvorschriften, z. B. Gebrauchsmusterschutz, werden durch das Markengesetz nicht ausgeschlossen (MarkenG § 2).

Wortmarke		Buchstabenmarke	Bildmarke	Zahlenmarke

ASPIRIN® hilft bei Kopfschmerzen Erkältung, Rheuma BAYER 20 Tabletten — dtv — Shell — 4711

Unternehmens-kennzeichen	Unternehmens-kennzeichen	Werkstitel	Werkstitel

 SEAT Volkswagen Gruppe

SIEMENS

 iWZ

 HÖRZU

Die Marke ist ein wirksames **Werbemittel** z. B. auf Verpackungen, in Anzeigen usw. Sie wird beim Deutschen Patentamt in ein *Register* eingetragen und auf *zehn Jahre* geschützt. Die Schutzdauer kann um jeweils *zehn Jahre* verlängert werden (MarkenG §§ 4, 47).

Marken ohne Unterscheidungskraft können nicht eingetragen werden. *Verboten* ist u. a. die Benützung von Staats-, Länder- und Gemeindewappen, amtlichen Prüfzeichen und Kennzeichen internationaler Organisationen, z. B. Rotes Kreuz. Ebenso dürfen die Marken nicht gegen die öffentliche Ordnung oder gegen die guten Sitten verstoßen (MarkenG § 8).

■ *Gütezeichen*

Gütezeichen werden von *verschiedenen* Herstellern *gleichartiger Erzeugnisse* als Gewähr für eine bestimmte Mindestqualität verwandt. Oft sind die Hersteller zu einem besonderen Verband zusammengeschlossen *(Verbandszeichen).* Die Überwachung der Gütezeichen liegt beim *Ausschuss für Lieferbedingungen und Gütesicherung* (**RAL**) beim Deutschen Normenausschuss.

Solche Gütezeichen sind z. B.:

Zusammenfassung

- Die gewerblichen Erzeugnisse können geschützt werden
  - durch **Patent:** Schutz neuer Erfindungen und Herstellungsverfahren aufgrund erfinderischer Tätigkeit
  - als **Gebrauchsmuster:** Schutz neuer Erfindungen aufgrund eines erfinderischen Schrittes
  - als **Geschmacksmuster:** Schutz von Mustern und Modellen
  - durch **Marke:** Schutz vor Verwendung der Marke durch Unbefugte
  - durch **Gütezeichen:** Einhaltung einer Mindestqualität durch die berechtigten Verwender.
- Eine **Lizenz** berechtigt zur wirtschaftlichen Ausnützung des Patents durch den Lizenznehmer.
- Diensterfindungen durch Arbeitnehmer stehen dem Arbeitgeber gegen angemessene Vergütung zu.
- Marken sind wirksame Werbemittel.
- Als **Marken** können Zeichen, als geschäftliche **Bezeichnungen** Unternehmenskennzeichen und Werktitel geschützt werden.
- Gütezeichen werden durch den Ausschuss für Lieferbedingungen und Gütesicherung (RAL) überwacht.

Aufgaben

1 Welche Patentarten können Sie unterscheiden? Geben Sie dazu Beispiele!

2 Wann ist die Vergabe einer Lizenz sinnvoll?

3 Wie kann sich ein Erfinder gegen Missbrauch seiner Erfindung im Ausland schützen?

4 Weshalb steigen die Gebühren für ein Patent bis zum Ende des 20. Patentjahres?

5 Weshalb wird ein Patent nicht für unbegrenzte Zeit erteilt?

6 Suchen Sie Marken und die dazugehörigen Unternehmenskennzeichen!

7 Wie können Sie erkennen,
  a) ob ein Produkt patentiert ist?
  b) ob ein Gebrauchsmuster vorliegt?

8 Nennen Sie einige Erfindungen, die nicht patentfähig sind (siehe PatG § 1)!

9 Welche Vorteile bietet das Gütezeichnen im Unterschied zur Marke?

5.3.3 Haftung für fehlerhafte Produkte

Problem

„Rückruf von 20 000 PKWs der Firma Matura aus der Juni-/Juli-Produktion zum kostenlosen Auswechseln schadhafter Bremsbeläge." Solche und ähnliche Zeitungsmeldungen tauchen immer wieder auf.

Wer haftet, wenn Herr Müller, der eines der oben erwähnten Autos fährt, inzwischen einen schweren Autounfall hatte, als die Bremsen in einer Kurve versagten?

Sachdarstellung

Durch das **Gesetz über die Haftung für fehlerhafte Produkte** *(Produkthaftungsgesetz – ProdHaftG)* vom 15. Dezember 1989 werden alle Verbraucher und Verwender vor fehlerhaften Produkten geschützt. Gleichzeitig sollen die Hersteller dazu gezwungen werden, ihre Kontrollen zu verschärfen, um nur Waren einwandfreier Qualität herzustellen.

Wird durch den *Fehler eines Produkts*

- jemand getötet,
- jemand verletzt oder
- eine Sache beschädigt,

so haftet der Hersteller des Produkts und ist verpflichtet, Schadenersatz zu leisten (ProdHaftG § 1).

Eine *Ersatzpflicht* des Herstellers wird jedoch u. a. *ausgeschlossen,*

- wenn er das Produkt nicht in den Verkehr gebracht hat,
- wenn das Produkt nicht für den Verkauf hergestellt wurde,
- wenn der Fehler nach dem Stand der Wissenschaft und Technik in dem Zeitpunkt, in dem der Hersteller das Produkt in den Verkehr brachte, nicht erkannt werden konnte (ProdHaftG § 1).

Ein Produkt hat *nicht* allein deshalb einen Fehler, weil später ein verbessertes Produkt in den Verkehr gebracht wurde.

Als **Hersteller** gilt, wer das Endprodukt oder ein Teilprodukt, z. B. Einbaumotor, hergestellt hat. Als Hersteller gilt auch, wer das Produkt mit seinem Namen oder seinem Warenzeichen gekennzeichnet hat. Weiterhin gilt als Hersteller, wer das Produkt in den Bereich der Europäischen Wirtschaftsgemeinschaft eingeführt hat (ProdHaftG § 4).

Die Haftung des Herstellers ist auf 160 Millionen DM begrenzt. Wenn bei einem Schadensfall mit mehreren Beteiligten dieser Betrag überschritten würde, so wird anteilig gekürzt (ProdHaftG § 10).

Zusammenfassung

- Der Hersteller haftet bei Tötung, Verletzung oder Sachbeschädigung durch ein fehlerhaftes Produkt.
- Ein Produkt gilt nicht als fehlerhaft, wenn ein verbessertes Nachfolgemodell auf den Markt kommt.

5.4 Die Absatzorganisation

Bei der Absatzorganisation geht es um die unternehmerische Entscheidung bei folgenden Problemen:

1. Soll der Absatz **direkt** mit unternehmenseigener Organisation, z. B. eigenen Verkaufsnieder-
   lassungen oder **indirekt** mithilfe selbstständiger Absatzbetriebe, z. B. Groß- und Einzelhandel, durchgeführt werden?

2. Welche **Absatzmittler,** wie Reisende, Handelsvertreter, Kommissionäre, Handelsmakler,
   Spediteure, Frachtführer und Lagerhalter, sollen eingesetzt werden?

Die Entscheidung ist in erster Linie abhängig von

● der **Wirtschaftlichkeit** der getroffenen Maßnahmen (optimales Kosten-Ertragsverhältnis)
● der Förderung und Sicherung **bester** Absatzmöglichkeiten.

Problem

Auf welchem Absatzweg werden am besten verkauft:

a) Kühlschränke
b) Lastkraftwagen
c) Schuhe
d) Gemüsekonserven

e) Fertighäuser
f) Tiefziehpressen für eine Autoherstellung
g) Bücher

Begründen Sie Ihre Entscheidung! Wo liegen die organisatorischen Unterschiede?

Sachdarstellung

5.4.1 Absatzwege und Absatzformen

Je nach Art des erzeugten Gutes muss genau überlegt werden, auf welchem Weg die Waren zum
Verwender gelangen. Ein Hersteller von Lastkraftwagen kann seine Fahrzeuge z. B. direkt an die
Verwender verkaufen. Dieser Weg wäre z. B. bei einem Gemüsekonservenhersteller undenkbar,
da er zur Belieferung von Hunderttausenden von Haushalten eine riesige und unrentable Ver-
sandabteilung einrichten müsste. Ein Bettwäschehersteller könnte indessen versuchen, über
Kataloge direkt oder über den Einzelhandel indirekt an den Endverbraucher zu verkaufen.

5.4.1.1 Der direkte Absatz

Beim **direkten Absatz** übernimmt der Hersteller sämtliche Verteilerfunktionen bis zum Verwender, d. h. zum Verbraucher oder Weiterverarbeiter. Es wird keine Absatzstelle eingeschaltet, die nicht zum Unternehmen gehört.

Dabei sind zwei *Vertriebsformen* des direkten Absatzes zu unterscheiden:

- **Zentralisierter Absatz:** Die Ware wird direkt durch die *Geschäftsleitung* abgesetzt, siehe ① der Abbildung. Er kommt besonders bei Groß- und Einzelobjekten vor, z. B. Schiffsbau, Druckmaschinen.

- **Dezentralisierter Absatz:** Siehe ② und ③ der Abbildung. Hier wird nicht von der Zentrale aus abgesetzt, sondern durch unternehmenseigene Absatzstellen. Solche können sein:
  - *Verkaufsbüros.* Sie sind meist regional gegliedert und rechtlich unselbstständig. Kleinere Bestellungen werden sofort vom Verkaufslager aus erledigt.

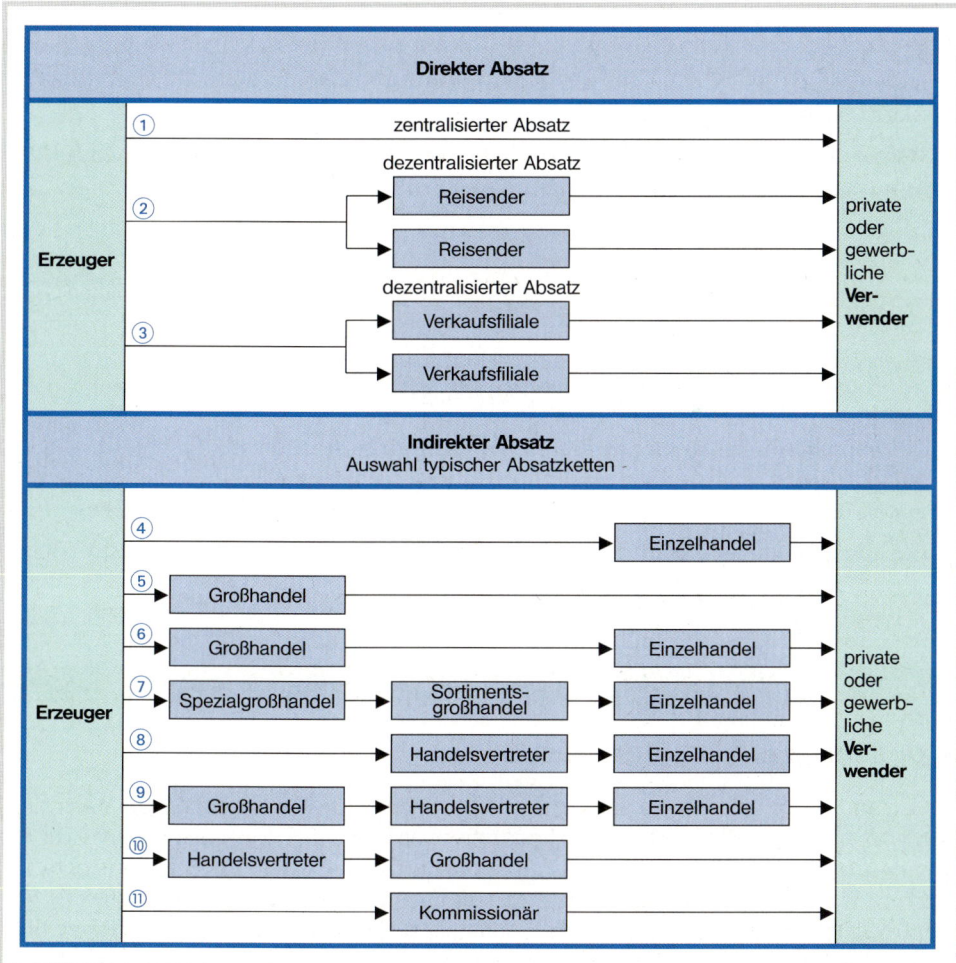

- *Verkaufsfilialen.* Der Hersteller übernimmt in werkseigenen Läden die Funktionen des Einzelhandels. Besonders geeignet sind Massenartikel, die gleichzeitig Markenartikel sind, z. B. Salamander-Schuhe, WMF-Erzeugnisse.
- *Auslieferungslager.* Hier können besonders gewerbliche Verwender die Waren beziehen. Auslieferungslager finden sich vielfach auch im Außenhandelsgeschäft.
- *Reisende.* Sie sind an die Weisungen des Auftraggebers gebunden. Näheres siehe S. 120!

Der direkte Absatz bietet sich nur in bestimmten Fällen an. Er kann z. B. durchgeführt werden, wenn es sich um *Markenartikel* handelt, wenn die Abpackungen sich in *konsumfähigen Größen* halten, z. B. Kastenbier in der Verkaufsniederlassung einer Brauerei, oder wenn es, wie schon erwähnt, Einzelobjekte sind.

Die **Vorteile** sind dann u. a.:
- *geringere Vertriebskosten,* Teildeckung durch nicht weitergegebene Gewinne an den Handel,
- *raschere Belieferung* ab Werk durch kürzere Vertriebswege,
- *besserer Kundendienst,* der vielfach vom Hersteller übernommen wird, z. B. Brenner in der Ölheizung,
- *besserer Kontakt* zum Verbraucher bzw. Weiterverarbeiter,
- *bessere Beratung* durch betriebseigene Fachleute.

Als **Nachteile** treten für den Hersteller auf:
- *Lagerhaltung:* diese Funktion wird sonst vom Handel übernommen,
- *erhöhte Kosten* durch Aufblähung des eigenen Vertriebsapparates,
- *kleine Auftragsgrößen,* da auch die Endverbraucher bestellen.

5.4.1.2 Der indirekte Absatz

Weitaus die meisten Artikel werden nicht direkt vom Hersteller an den Verwender abgesetzt, sondern es werden *selbstständige Absatzbetriebe,* wie Groß- und Einzelhandel, und *selbstständige Absatzmittler,* wie Handelsvertreter, Kommissionäre und Makler, zwischengeschaltet (siehe S. 120 ff.).

Die so entstehenden **Absatzketten** können **ein-** oder **mehrstufig** sein, je nachdem, ob eine – siehe ⑥ ⑦ ⑪ der Abbildung auf S. 159 – oder mehrere Zwischenstufen – siehe ⑥ bis ⑩ der Abbildung S. 159 – beim Absatz mitwirken.

Der indirekte Absatz ist u. a. *zwangsläufig* notwendig, wenn
- die *Spezialisierung der Produktion* so stark ist, dass die Sortimentsbreite für den direkten Absatz zu gering ist;
- der *Absatz komplementärer* (d. h. ergänzender) *Warengruppen* erforderlich ist, z. B. Möbel, Matratzen, Roste, Vorhangstoffe;
- der eigene *Produktionsumfang zu gering* ist, um den Markt zu versorgen; hier bietet sich Absatz an den Aufkaufgroßhandel an;
- bei *Massenproduktion* die direkte Lieferung völlig unwirtschaftlich wäre; z. B. eine Molkerei müsste pfundweise Butter an die Verbraucher senden;
- die *Lagerhaltung* besonders *schwierig* ist.

Die Zusammenarbeit zwischen Herstellern und Großhändlern zur Verbesserung des Absatzes der beteiligten Unternehmen bezeichnet man als *vertikale Kooperation.* Die Entwicklung ist stark branchenabhängig, weshalb sich verschiedene Arten dieser Kooperationsform herausgebildet haben.

Ein typisches Beispiel für eine solche moderne Kooperationsform ist das **Franchising-Vertriebssystem**.

Franchising (gesprochen: fräntschaising) ist ein *Vertrag* zwischen einem *Hersteller oder Groß-händler* und einem *Handelsbetrieb*, dem das Recht zum Verkauf eines bestimmten Sortiments eingeräumt wird. Der Produzent wird Franchisegeber, der Händler Franchisenehmer genannt.

Durch das Franchising-System *spart der Produktionsbetrieb Kapital* für den Aufbau eines optimal organisierten Vertriebsnetzes. Der Handelsbetrieb bleibt trotz aller vertraglichen Bindungen ein *selbstständiger Unternehmer* für seinen meist räumlich begrenzten Markt, z. B. Opel-Händler oder Coca-Cola-Abfüller.

Zusammenfassung

- Es gibt zwei **Arten von Absatzwegen:**
  - **direkter Absatz,** d. h., der Hersteller übernimmt alle Verteilerfunktionen bis zum Verwender, z. B. mit Verkaufsfilialen, Reisenden u. a.
    - zentralisierter Absatz: ohne Absatzstellen
    - dezentralisierter Absatz: eigene Absatzstellen werden eingeschaltet
  - **indirekter Absatz,** d. h., der Hersteller setzt das Produkt ab mithilfe von
    - selbständigen Absatzbetrieben, z. B. Groß- und Einzelhandel
    - selbständigen Absatzmittlern, z. B. Handelsvertretern, Kommissionären.
- **Absatzketten** sind ein- oder mehrstufig.
- **Vertikale Kooperationsformen** sind Verbindungen zwischen Großhandel und Hersteller zur Steigerung der Leistungs- und Wettbewerbsfähigkeit.

Aufgaben

1 Worin unterscheiden sich direkter und indirekter Absatz?

2 Suchen Sie Beispiele
  a) für direkten, zentralisierten Absatz,
  b) für direkten, dezentralisierten Absatz.
  Versuchen Sie die Gründe und Ursachen für den direkten Absatz dabei festzustellen!

3 Weshalb ist Preis- und Konditionenpolitik beim Absatz wichtig?

4 Stellen Sie fest, wie der Absatz in Ihrem Ausbildungsbetrieb organisiert ist!

5 Nennen Sie Beispiele für Produkte, die gleichzeitig über verschiedene Absatzketten verkauft werden! Beschreiben Sie jeweils den Absatzweg!

6 Welche Folgen hat die Übernahme des Warenabsatzes durch den Handel für einen Industriebetrieb
  a) hinsichtlich seines Vertriebs,
  b) in Bezug auf seine Produktionsplanung?

7 Ein Hersteller für Elektrogeräte liefert über die Handelskette: Hersteller – Großhandel – Einzelhandel – Verbraucher. Untersuchen Sie, wer jeweils zuständig sein könnte für: Lagerung, Werbung, Transport, Kundendienst, Preis- und Konditionenpolitik (Mehrfachnennungen sind möglich)! Begründen Sie Ihre Entscheidungen!

5.4.2 Absatzmittler

Problem

Die Süddeutsche Metallwarenfabrik AG hat einen neuen Patentkochtopf entwickelt und bietet über Reisende den Topf u. a. der Haushaltswarengroßhandlung Mezger & Co. an. Herr Mezger beurteilt die Absatzchancen nicht so positiv und will nicht bestellen. Was tun? Nach Rücksprache mit der Firmenleitung wird vereinbart, dass Herr Mezger 200 Töpfe zum Verkauf auf Lager nimmt, diese aber nicht kauft, sondern für die Metallwarenfabrik AG absetzen will, um dann mit ihr abzurechnen. Wie beurteilen Sie diese Entscheidung?

Die **Distributionspolitik** *(Verteilungspolitik)* umfasst alle Entscheidungen und Maßnahmen, die im Zusammenhang mit dem Weg eines Erzeugnisses vom Hersteller zum Verbraucher (Käufer) getroffen werden müssen, damit das Produkt möglichst jederzeit auf dem Markt erhältlich ist.

Dabei geht es einmal um die Wahl des *geeigneten Vertriebssystems,* die Wahl der *Absatzwege* (direkter Verkauf durch den Hersteller oder Einschaltung z. B. des Handels), vor allem aber um die Wahl der zweckmäßigsten **Absatzmittler.**

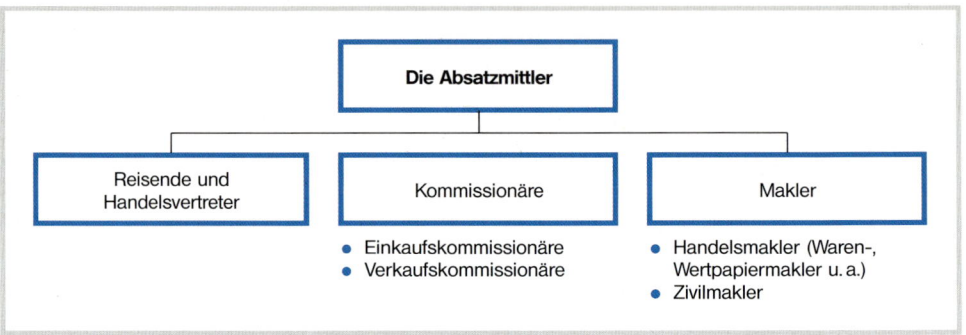

5.4.2.1   *Der Reisende*

Der **Reisende** ist ein Absatzmittler des direkten Absatzweges. Er hat die gleiche rechtliche Stellung wie die übrigen kaufmännischen Angestellten (Handlungsgehilfen). Darüber hinaus ist er gleichzeitig *Handlungsbevollmächtigter.* Er kann

- *Kaufverträge* abschließen (Abschlussvertreter),
- *Zahlungen* bei entsprechender Vollmacht kassieren,
- *Mängelrügen* entgegennehmen (HGB §§ 54, 55).

Dafür erhält er neben einem **festen Gehalt (Fixum)** als zusätzlichen Leistungsanreiz **Provision,** meist vom Umsatz, und **Spesen,** welche verschieden ersetzt werden können: *Spesen* aufgrund von *Belegen, feste Spesen* ohne Einzelnachweis oder *Vertrauensspesen* nach Angaben ohne Einzelnachweis.

Da der Reisende als Angestellter dem Arbeitgeber ganz zur Verfügung steht, kann er den Markt besser bearbeiten als der Handelsvertreter. Er konzentriert seine Arbeit auf den Absatz der Produkte *eines* Unternehmens. Er ist auch flexibler einsetzbar, z. B. um kurzfristig in einem Gebiet eine Werbeaktion durchzuführen. Allerdings ist ein ausgedehntes Vertriebssystem mit Reisenden teuer, sodass im Allgemeinen nur kapitalstarke Firmen und solche, die nach der Art ihrer Produktion dazu gezwungen sind, ein Netz von Reisenden unterhalten, z. B. beim Großmaschinenbau.

Der Reisende schreibt in kurzen Abständen oder täglich **Reiseberichte** *(Besuchsberichte),* in welchen er besonders auf Erfahrungen und Beobachtungen hinweist, wie Erfolg einer Werbekampagne, Vorgehen der Konkurrenz, Kundenwünsche, Mängelrügen usw.

Um die Bearbeitung zu erleichtern werden die Reiseberichte oft auch auf Vordrucken erstattet.

5.4.2.2 Der Handelsvertreter

Der **Handelsvertreter** ist als **selbstständiger Kaufmann** ein Glied in der indirekten Absatz-
kette.

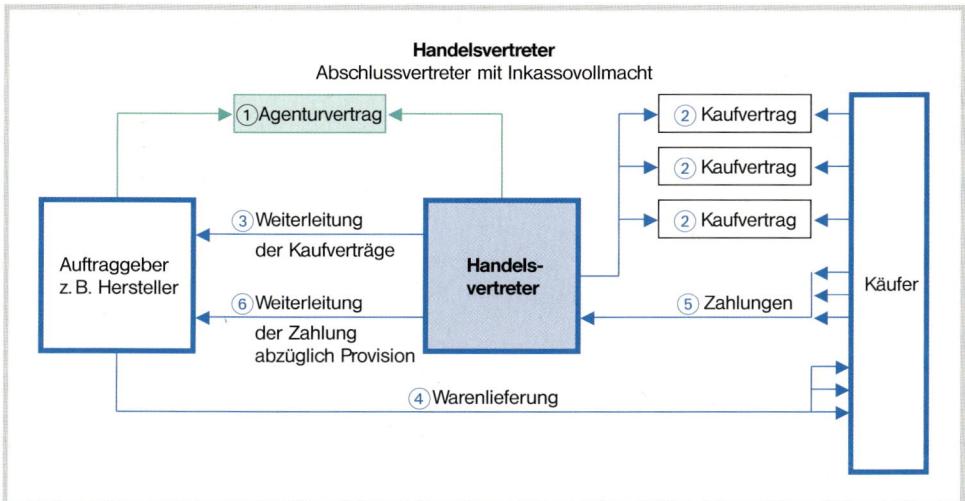

Er schließt mit seinem Auftraggeber einen **Agenturvertrag,** in welchem gegebenenfalls alle über
die Regelungen des HGB hinausgehenden Einzelheiten festgelegt sind. Wenn nicht ausdrücklich ausgeschlossen, darf der Vertreter gleichzeitig *mehrere* Firmen vertreten. Dies gilt
nicht für Konkurrenzartikel, sondern nur für *Komplementärartikel;* z.B. der Vertreter einer
Likörfabrik vertritt gleichzeitig Whisky und Sekt.

Die Handelsvertreter können nach verschiedenen **Arten** unterschieden werden:

● nach der **Vertretungsmacht:**

- *Abschlussvertreter.* Er kann seine Verträge rechtswirksam **im Namen und auf Rechnung seines Auftraggebers** abschließen. Er hat auch *Inkassovollmacht.*
- *Vermittlungsvertreter.* Er kann Verträge vermitteln (HGB §§ 55, 91, 91 a).
  Beide Vertreter nehmen Mängelrügen und Mitteilungen über nicht angenommene Waren
  entgegen.

● nach dem **Tätigkeitsgebiet:**

- *Platzvertreter.* Der Vertreter ist für *einen* Ort zuständig.
- *Bezirks- oder Gebietsvertreter.* Er hat als Tätigkeitsgebiet einen bestimmten Raum zu
  bearbeiten, z.B. einen oder mehrere Landkreise, einen Regierungsbezirk usw.
- *Reisevertreter.* Sein Tätigkeitsgebiet wird von Fall zu Fall festgelegt.

● nach dem **Aufgabengebiet:**

- Warenvertreter
- Versicherungsvertreter
- Schifffahrtsvertreter
- Transportvertreter

Der Handelsvertreter muss **Pflichten** einhalten:

Pflicht zur	
Bemühung	Er muss sich um Vermittlung oder den Abschluss von Verträgen bemühen und die Interessen des Auftraggebers wahren [HGB § 86 (1)].
Benachrichtigung	Der Auftraggeber ist von jeder Vermittlung und von jedem Auftrag unverzüglich zu benachrichtigen [HGB § 86 (2)].
Sorgfalt	Die Aufgaben müssen mit der Sorgfalt eines ordentlichen Kaufmanns wahrgenommen werden [HGB § 86 (3)].
Verschwiegenheit	Betriebsgeheimnisse darf er nicht während und auch nicht nach Beendigung des Vertragsverhältnisses verwerten oder anderen mitteilen (HGB § 90).

Seine **Rechte** sind insbesondere:

Recht auf	
Unterlagen	Der Auftraggeber muss die nötigen Unterlagen, wie Muster, Preislisten, Werbedrucksachen, Geschäftsbedingungen usw. zur Verfügung stellen (HGB § 86 a).
Benachrichtigung	Der Auftraggeber muss unverzüglich die Annahme oder Ablehnung eines vermittelten Geschäftes mitteilen (HGB § 86 a).
Provision	• *Abschlussprovision* erhält der Vertreter für alle ausgeführten Aufträge, die durch ihn vermittelt oder abgeschlossen wurden. Bei Nachbestellungen hat er ebenfalls Provisionsanspruch [HGB § 87 (1)]. Der *Bezirksvertreter* erhält Provision auch für Aufträge aus seinem Bezirk, die nicht über ihn laufen [HGB § 87 (2)]. • *Delkredereprovision* ist zu bezahlen, wenn der Handelsvertreter schriftlich für den Eingang der Zahlungen haftet (HGB § 86 b). • *Inkassoprovision* erhält er zusätzlich für ordnungsmäßig eingezogene Gelder (HGB § 87).
Buchauszug	Zur *Kontrolle* der monatlichen (spätestens nach drei Monaten vorgeschriebenen) Abrechnung kann der Handelsvertreter einen Buchauszug über alle für ihn provisionspflichtigen Geschäfte verlangen. *Aufwendungen* werden nur ersetzt, wenn dies in der Branche üblich ist (HGB § 87 c, 87 d).
Ausgleich	*Nach Beendigung* des Vertragsverhältnisses kann der Handelsvertreter innerhalb eines Jahres verlangen einen angemessenen finanziellen Ausgleich dafür zu erhalten, dass sein Auftraggeber weiter mit vom Vertreter geworbenen Kunden Geschäfte macht. Der Ausgleich beträgt höchstens eine Jahresprovision aus dem Durchschnitt der letzten fünf Jahre. Der Ausgleichsanspruch besteht nicht, wenn der Handelsvertreter selbst gekündigt hat (HGB § 89 b).

Die **Kündigung** eines Agenturvertrags kann im *1. Jahr* mit einer Frist von *einem Monat,* im *2. Jahr* mit einer Frist von *zwei Monaten,* im *3. bis 5. Jahr* mit einer Frist von *drei Monaten* und danach mit einer Frist von *sechs Monaten* auf Monatsende erfolgen (HGB § 89).

Der Einsatz von Handelsvertretern ermöglicht es, ein Absatzgebiet lückenlos verhältnismäßig billig zu erschließen, da die Handelsvertreter auf *Erfolgsbasis* arbeiten. Nachteilig kann sich auswirken, dass der Handelsvertreter nicht seine ganze Arbeitskraft für den Absatz der Produkte einer Firma einsetzt, da er meist noch andere Vertretungen parallel bearbeitet. Unmittelbar konkurrierende Produkte dürfen jedoch nicht vertreten werden. In den letzten Jahren zeigte sich verstärkt, dass die selbstständigen Handelsvertreter ihr Dienstleistungsangebot durch Einrichtung von Musterlagern, Auslieferungslagern, eigene Büros, verstärkte Kundenbesuche und -beratungen entscheidend erweitert haben. Fast zwei Drittel aller Industriebetriebe haben beim Absatz selbstständige Handelsvertreter eingesetzt.

5.4.2.3   Der Kommissionär

Der **Kommissionär** ist ein selbstständiger Kaufmann, da er es *gewerbsmäßig* übernimmt, *Waren* **auf Rechnung eines anderen,** nämlich der Metallwarenfabrik (vgl. Problem S. 161!), **im eigenen Namen** zu verkaufen (HGB § 383).

Es gibt zwei **Arten** von Kommissionären:

*   *Einkaufskommissionär,*
*   *Verkaufskommissionär.*

Für den Absatz ist besonders der Verkaufskommissionär von Bedeutung.

Grundlage ist ein **Kommissionsvertrag** zwischen dem **Kommissionär,** der *selbstständiger Kaufmann* ist, und dem Auftraggeber, dem **Kommittenten.** Der Kommissionär kann *ständig* oder *von Fall zu Fall* eingesetzt werden. Für seine Tätigkeit erhält er eine *Provision,* wenn das Geschäft ausgeführt ist. Haftet der Kommissionär für die Verbindlichkeiten, so steht ihm zusätzlich *Delkredereprovision* zu.

Banken und Sparkassen treten oft als Kommissionäre auf, wenn sie *Wertpapiere* an der Börse *im eigenen Namen,* aber *auf Rechnung ihrer Kunden* kaufen und verkaufen. Sie können dabei vom Recht auf Selbsteintritt Gebrauch machen.

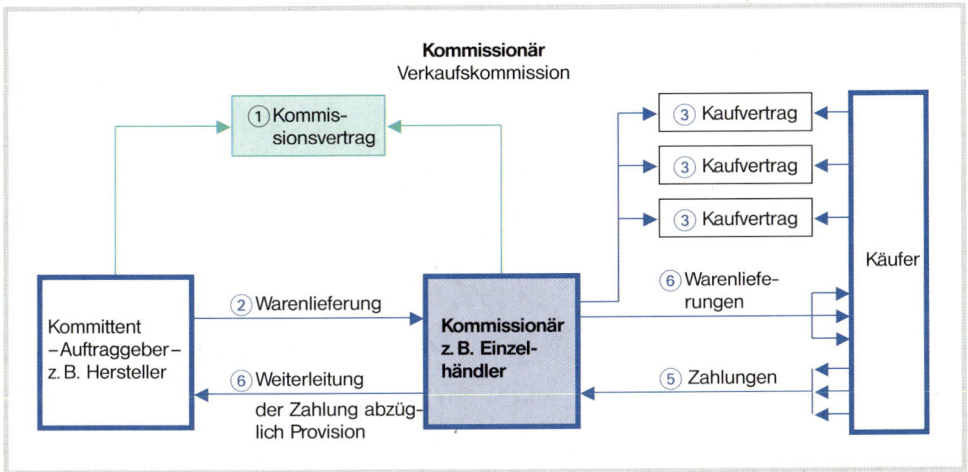

Für Kommissionär und Kommittent ist das Kommissionsgeschäft vorteilhaft. Bei der *Einführung* neuer Waren, insbesondere bei modischen oder sonst risikoreichen Artikeln, übernimmt der Kommissionär die Ware in sein *Kommissionslager* mit dem Recht, nicht verkaufte Ware nach Ablauf einer gewissen Frist, z. B. einer Saison, *zurückzugeben*. Damit trägt der Auftraggeber, z. B. der Hersteller, allein das *Absatzrisiko;* andererseits übernimmt der Kommissionär die *Lagerhaltung* und die Abrechnung. Er braucht erst *nach Abwicklung* des Verkaufs zu *bezahlen* und kann sein *Sortiment* risikolos durch Neuheiten *ergänzen* und *verbreitern*. Die Kommissionsware ist äußerlich nicht besonders gekennzeichnet.

Im *Außenhandel* werden im Kommissionsgeschäft **Konsignationslager** eingerichtet. Diese entsprechen dem inländischen Kommissionslager.

5.4.2.4 *Der Makler*

Der Makler ist ein **selbstständiger Kaufmann,** der mit seinem Auftraggeber in keinem dauernden Vertragsverhältnis steht. Er **vermittelt von Fall zu Fall den Abschluss von Verträgen.** Die *Handelsmakler* haben für die Wirtschaft dank ihrer meist ausgezeichneten Marktkenntnisse und -übersicht auf Märkten und Börsen im In- und Ausland große Bedeutung. Sie sparen ihren Auftraggebern Zeit und Kosten.

Im Einzelnen können folgende Makler unterschieden werden:

- Die wichtigsten **Handelsmakler** sind (HGB §§ 93 ff.)
  - *Warenmakler (Produktenmakler):* Er vermittelt Verträge über Kauf oder Verkauf von Waren. Tätigkeitsgebiete sind vielfach die internationalen Warenbörsen.
  - *Wertpapiermakler (Effektenmakler):* Er vermittelt Verträge über Kauf und Verkauf von Wertpapieren (Effekten) an der Wertpapierbörse. Die amtlichen Börsenkurse werden von *vereidigten Kursmaklern* festgesetzt. Sie sind von der Landesregierung ernannte und vereidigte Handelsmakler. Daneben gibt es freie Makler.

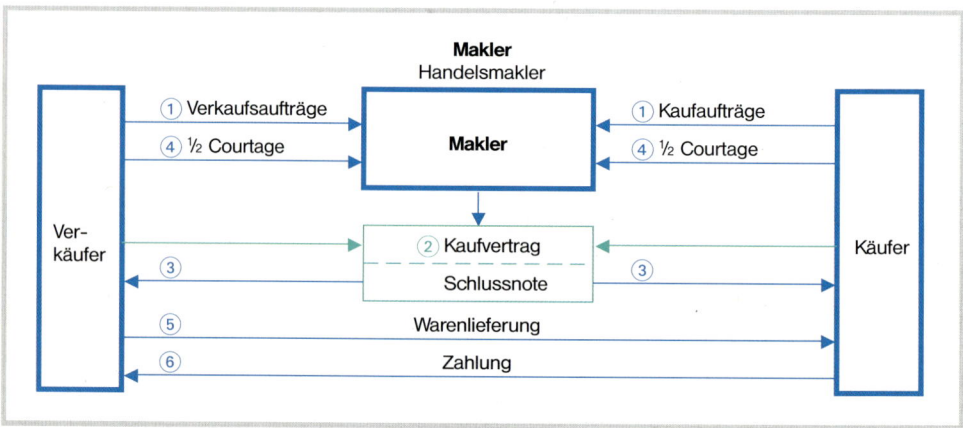

Der Handelsmakler hat Anspruch auf **Maklerlohn** *(Courtage).* Jede Partei hat davon die Hälfte zu bezahlen (HGB § 99). Auslagenersatz erhält der Makler nur, wenn dies besonders vereinbart wurde.

■ Der **Handelsvertreter** hat

die *Pflicht* zur
- Bemühung
- Benachrichtigung
- Sorgfalt
- Verschwiegenheit

das *Recht* auf
- Unterlagen
- Benachrichtigung
- Provision
- Buchauszug
- Ausgleich

■ Vergleichende Übersicht

	Reisender	Handelsvertreter
Rechtsgrundlage	Arbeitsvertrag	Agenturvertrag
Rechtsstellung	Handlungsbevollmächtigter	selbstständiger Kaufmann
Tätigkeit	Abschluss oder Vermittlung von Verträgen im Namen und auf Rechnung des Arbeitgebers	Abschluss oder Vermittlung von Verträgen im fremden Namen auf fremde Rechnung
Dauer der Tätigkeit	ständig, bis zur Kündigung	ständig, bis zur Kündigung
Vergütung	Fixum, Provision, Spesen	Provision (Umsatz-, Delkredere-, Inkassoprovision)

■ Der Handelsvertreter darf **gleichzeitig andere Produkte** vertreten. Diese Produkte ergänzen sich meist.

■ Vergleichende Übersicht

	Kommissionär	Handelsmakler
Rechtsgrundlage	Kommissionsvertrag	Maklervertrag (Vermittlungsvertrag)
Rechtsstellung	selbstständiger Kaufmann	selbstständiger Kaufmann
Tätigkeit	Abschluss von Verträgen im eigenen Namen auf fremde Rechnung	Vermittlung von Verträgen
Dauer der Tätigkeit	ständig oder von Fall zu Fall	von Fall zu Fall
Vergütung	Provision, ggf. Delkredereprovision, Ersatz der Aufwendungen	Maklergebühr (Courtage), *kein* Ersatz der Aufwendungen

■ Die **Bedeutung des Verkaufskommissionärs** im Warenhandel liegt insbesondere in der Einführung neuer Produkte und im Außenhandel.

■ Der Kommittent behält das **Absatzrisiko.**

■ Der **Verkaufskommissionär** übernimmt die Lagerhaltung und die Abrechnung nach der Bezahlung.

■ Der **Handelsmakler** wird nur im Bedarfsfall eingesetzt und ist dann wegen seines Informationsvorsprungs unentbehrlich.

■ Der Handelsmakler ist *beiden Parteien* verpflichtet.

1 Weshalb ist ein Reisender immer gleichzeitig Handlungsbevollmächtigter?

2 Warum erhält der Reisende neben dem Fixum Provision?

3 Suchen Sie Beispiele, wo es sich anbietet, Reisenden nur Vermittlungsvollmacht zu erteilen!

4 Stellen Sie fest, ob in Ihrem Ausbildungsbetrieb Reisende und/oder Vertreter eingesetzt sind! Halten Sie den Einsatz für optimal?

5 Geben Sie jeweils mindestens drei Komplementärartikel (keine Konkurrenzartikel!) für folgende Vertreter an, die an Sortimentsgroßhändler bzw. Einzelhändler verkaufen:

    a) Vertreter für Herrenhemden,   d) Vertreter für Vorhangstoff,
    b) Vertreter für Wein,   e) Vertreter für Schuhe,
    c) Vertreter für Bonbons,   f) Vertreter für Büroschränke.

6 Welches besondere Recht steht dem Bezirksvertreter zu? Versuchen Sie eine logische Begründung für die Bestimmung des § 87 (2) HGB zu geben!

7 Welche Wirkung hat wohl die Vereinbarung einer Delkredereprovision auf die Bonität der Kaufverträge, die der Handelsvertreter schließt?

8 Die Textilveredelungs-GmbH hat am 20. April ihren Handelsvertretern Haug und Schlüter gekündigt. Wann endet jeweils der Agenturvertrag, wenn Haug zweieinhalb Jahre, Schlüter sieben Jahre lang die Waren der Textilveredelungs-GmbH verkaufte (vgl. HGB § 89)?

9 Schlüter macht einen Ausgleichsanspruch nach HGB § 89 b geltend. Wie hoch wäre dieser höchstens, wenn alle Voraussetzungen erfüllt sind? Provisionen der sieben Jahre: 26 500 EUR, 34 000 EUR, 38 000 EUR, 32 000 EUR, 39 500 EUR, 46 000 EUR, 42 500 EUR.

10 Suchen Sie nach Begründungen, die den Ausgleichsanspruch des Handelsvertreters rechtfertigen!

11 Welche Gründe könnten
    a) für den Einsatz von Reisenden,
    b) für den Einsatz von Vertretern sprechen?

12 Wie heißen die Parteien, welche den Kommissionsvertrag abschließen?

13 Warum ist es für den Kunden im Allgemeinen nicht erkenntlich, ob er Kommissionsware kauft?

14 Zeitungskioske erhalten Zeitschriften und Tageszeitungen in Kommission. Weshalb ist in diesem Fall das Kommissionsgeschäft sinnvoll?

15 Stellen Sie fest, ob Ihr Ausbildungsbetrieb mit Kommissionären zusammenarbeitet!

16 Nennen Sie die Unterschiede zwischen Kommissionär und Handelsmakler!

17 Welche Vorteile bietet das Kommissionsgeschäft für den Kommissionär?

18 Wann wird sich ein Unternehmen eines Maklers bedienen?

Träger der Güterbeförderung: Spediteur, Frachtführer, Lagerhalter

Siehe Anhang Seite 500 ff.

5.5 Der Güterverkehr

Problem

Entscheiden Sie (ganz grob) über die Wahl des Transportmittels! Es können auch mehrere Transportmittel richtig sein.

a) 10 t afrikanisches Holz von Hamburg in ein Furnierwerk nach Dresden
b) 2 000 t Rheinkies nach Heilbronn
c) 10 Lkw von Ulm nach New York
d) 200 Pkw von Stuttgart nach Wien

e) Arzneimittel (Wert 100 000 EUR, Gewicht 36 kg) von Berlin nach Schanghai
f) 35 t Stückgüter von Friedrichshafen nach Bamberg
g) 1 000 Gehwegplatten von Bamberg nach Zwickau

Stellen Sie für Ihre Grobentscheidung in den Fällen a) bis g) weitere Gesichtspunkte für eine Feinentscheidung fest, falls solche überhaupt vorliegen!

Sachdarstellung

5.5.1 Übersicht über die Träger des Güterverkehrs

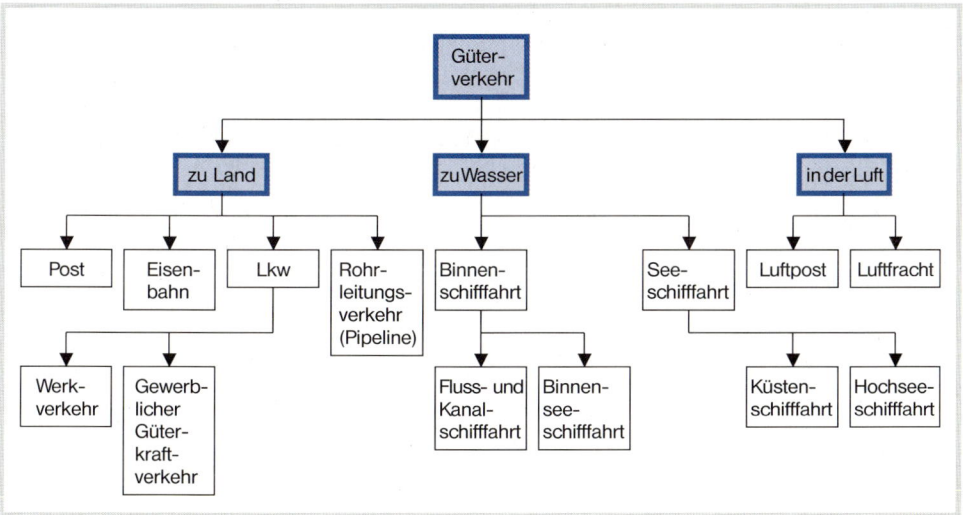

Die betriebliche Entscheidung über die Wahl des Verkehrsträgers (Transportmittels) ist u. a. abhängig von

- den Versandvorschriften des Kunden
- den Eigenschaften der Ware (Gewicht, Sperrigkeit, Verpackungsart, Verderbgefahr)
- der Absatzreichweite des Großhändlers, d. h. der Entfernung des Kunden vom nächsten Großhandelslager
- der Lieferhäufigkeit
- der Transportdauer
- der Transportsicherheit
- den Transportkosten

5.5.2 Der Güterverkehr durch Post, Bahn, Binnenschifffahrt und Luftverkehr

5.5.2.1 Die Güterbeförderung durch die Deutsche Post AG

Der Güterverkehr der Post umfasst:

Sendungen mit gewöhnlicher Beförderung
Paket* (gewöhnliches)

* Für **Selbstbucher:** Dies sind Unternehmen mit starkem Frachtpostverkehr (mindestens 500 Sendungen jährlich), die ihre Sendungen ohne Paketschein aufliefern. Die Gebühren werden im Allgemeinen einmal wöchentlich vom Postgirokonto abgebucht.

Im Absenderumkreis von 550 km erreicht ein Postpaket den Empfänger am ersten Werktag nach der Einlieferung.

Eine Sendungsverfolgung ist bei allen Post-Paketen möglich: Der Nachweis der Einlieferung erfolgt auf der Einlieferungsliste. Die mit **Identcodes** versehenen Sendungen werden bei folgenden Verarbeitungsschritten erfasst:

- Eingang im Abgangs-Frachtzentrum
- Eingang im Eingangs-Frachtzentrum und
- Auslieferung

Diese Sendungsverfolgung ermöglicht eine Nachforschung innerhalb kurzer Zeit.

Sendung mit Zusatzleistungen			
Sperrgut*	Besonderer Wert (Wertbetrag $\times$ 0,006 DM)[1]	Nachnahmepaket	gegen Rückschein

* Paketsendungen, die länger als 120 cm, breiter oder höher als 60 cm sind oder eine besondere betriebliche Behandlung erfordern, zählen als *sperrige Pakete.*

33 moderne Frachtpostzentren, rund 480 Zustellbasen, 14 000 Zustellfahrzeuge und 50 000 Mitarbeiter bilden das Rückgrat der neuen Frachtpostlogistik der Deutschen Post AG.

Eilige Inlandssendungen versendet die **Deutsche Post Express GmbH.** Sie garantiert die Zustellung von Briefen und Paketen am Tage nach der Einlieferung am Postschalter und bietet auch die Abholung durch einen Post Express-Kurier gegen Aufpreis an. Das Höchstgewicht für Postkurierpakete beträgt 20 kg. Wenn es auf jede Minute ankommt, dann hat der Kunde die Wahl zwischen der Zustellung vor neun; vor zehn oder vor zwölf Uhr (gegen Aufpreis).

■ Die Haftung der Post

Grundsätzlich haftet die Post für Schäden aus der nicht ordnungsgemäßen Ausführung ihrer Dienstleistungen.

Bei Verlust oder Beschädigung eines gewöhnlichens Post-Paketes ersetzt die Post den unmittelbaren Schaden – auch Teilbeschädigungen werden ersetzt – bis zum *Betrag von 1 000,00 DM.*[1] Bei Verlust oder Beschädigung eines Post-Paketes mit der *Zusatzleistung „Besonderer Wert"* wird der unmittelbare Schaden – auch bei Teilbeschädigungen – bis zur Haftungssumme von 100 000,00 DM[1] ersetzt. Auch Post-Pakete mit der Zusatzleistung „Besonderer Wert" laufen verdeckt im normalen Frachtstrom. Sie können äußerlich vom gewöhnlichen Post-Paket nicht unterschieden werden.

Schadenersatzansprüche verjähren in einem Jahr, gerechnet vom Tage der Einlieferung an.

[1] Die Deutsche Post AG stellt die postalischen Wertgrenzen sowie die Postentgelte (Briefmarken) am gesetzlichen Stichtag 1. Januar 2002 auf den Euro um.

5.5.2.2 Die Güterbeförderung durch die Deutsche Bahn AG (DB AG)

■ **Der Frachtvertrag**

Die Deutsche Bahn AG ist **Frachtführer** (HGB § 407, siehe Seite 500). Sie muss alle Güter befördern, sofern sie den gesetzlichen Erfordernissen entsprechen (Beförderungspflicht).

Für jede Sendung wird ein Frachtbrief als Beweis für den geschlossenen Frachtvertrag ausgestellt (siehe Abb. Seite 181).

■ **Die Leistungsangebote im Schienenverkehr**

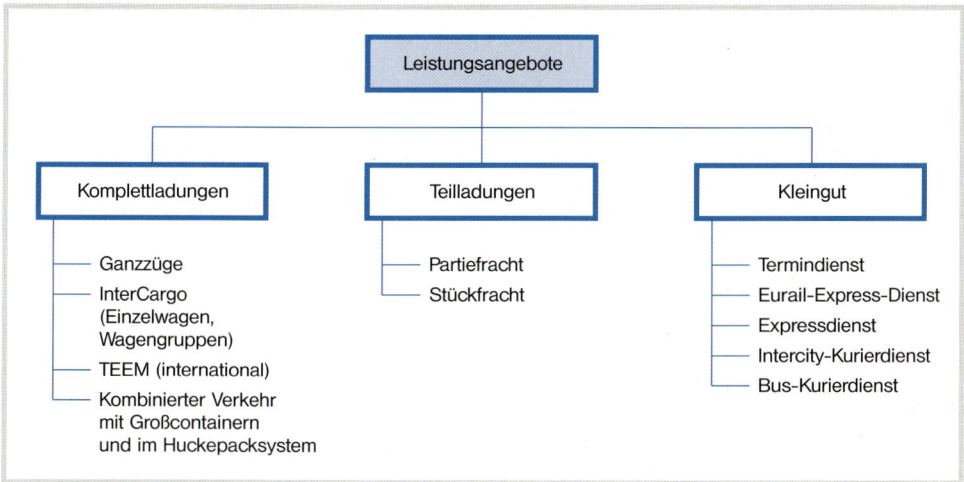

▶ **Ganzzüge**

Ganzzüge bestehen aus Wagenladungen, die in Quelle-Ziel-Verbindungen schnell und direkt vom Versender zum Empfänger befördert werden.

▶ **InterCargo (ICG)**

ICG-Züge befördern Wagenladungen, Großcontainer, Partie- und Stückfracht im Nachtsprung mit garantierter Beförderungszeit, und zwar im Entfernungsbereich von mehr als 200 km zwischen den 11 bedeutendsten Wirtschaftszentren der Bundesrepublik Deutschland.

▶ **TEEM (Trans-Europa-Express-Merchandises)**

Beförderung nicht nur von Ladungen über die Grenzen hinaus mit zum Teil besonderen Zügen. Einige ICG haben an TEEM Anschluss.

▶ **Kombinierter Ladungs-Verkehr Schiene/Straße (KLV)**

mit Großcontainern (Frachtführer ist Firma Transfracht) und im Huckepacksystem (Abwicklung durch die Firma Kombiverkehr); das Gut verbleibt geschützt im Beförderungsgefäß, Beförderung mit ICG, TEEM oder besonderen Zügen des KLV.

▶ Partiefracht

Stückgut (z. B. in Kisten, Fässern oder Säcken verpackte Ware) als Sendung ab 1 Tonne (t) bis unterhalb der kompletten Wagenladung wird in ICG oder anderen Zugsystemen über Nacht von Haus zu Haus zwischen festgelegten Bahnhöfen befördert; dabei werden Lastkraftwagen für den Straßenvor- und -nachlauf der Sendung eingesetzt.

▶ Stückfracht

unterscheidet sich von der Partiefracht durch die Obergrenze von 1 t. Über 500 Stückfracht-bahnhöfe werden durch Straßenvor- und -nachlauf von allen Orten der Bundesrepublik erreicht, sodass die Fracht schon innerhalb 24 Stunden (maximal 48 Stunden) beim Empfänger eintrifft.

▶ Termindienst

Sendungen bis zu 80 kg, abends aufgegeben, stehen garantiert am nächsten Tag bis 8:00 Uhr am Zielbahnhof bereit.

▶ Eurail-Express-Dienst

für die garantiert termingerechte Beförderung des eiligen Kleingutes über die Grenzen hinaus; Zollbehandlung durch die Eisenbahn.

▶ Expressdienst

Kleingutsendungen werden rund um die Uhr mit dem nächstgeeigneten Zug, z. B. dem nächsten Reisezug, befördert. Zehn Minuten nach Ankunft der Sendung auf dem Zielbahnhof wird der Empfänger fernmündlich zur Abholung aufgefordert.

▶ Intercity-Kurierdienst (IC-Kurierdienst)

Besonders eilige Sendungen bis zu 10 kg können sogar bis einer Minute vor Abfahrt eines IC-Zuges des Personenverkehrs aufgegeben werden. IC-Züge verbinden knapp 40 Bahnhöfe im Stundentakt. Haus-Haus-Verkehr ist durch Taxidienste gewährleistet.

▶ Bus-Kurierdienst

Fahrplanmäßige Übergabe und Abholung von Sendungen bis 20 (ausnahmsweise bis 50) kg an den jeweiligen Haltestellen der über 3 000 Bahnbuslinien.

Im Ladungsverkehr ist auch die dekadenweise, unbare Zahlung im **Frachtstundungsverfahren** möglich.

■ Die Berechnung und Bezahlung der Fracht

▶ Beförderungspreise

Die Beförderungspreise der Bahn im Schienenverkehr (für den DB AG-Güterverkehr – alternatives und ergänzendes Angebot zum Ladungsverkehr auf der Schiene – gelten die gleichen Tarife wie für den gewerblichen Güterkraftverkehr) setzen sich aus dem Beförderungsentgelt (der sogenannten **Fracht**) und der **Umsatzsteuer** zusammen. Für Straßenvor- und -nachlauf kommen **Stückguthausfracht** und – bei Expressgut – **Rollgeld** hinzu. Für Zusatz- und Nebenleistungen berechnet die DB besondere Entgelte. Einige davon sind in Tarifen veröffentlicht.

Die Beförderungspreise hängen ab von Gewicht, Beförderungsweite (Entfernung), Güterklasse, Art des verwendeten Wagens und der Schnelligkeit der Beförderung. Bei Kleingut kann die Sperrigkeit zu einer Verteuerung gegenüber dem Normalpreis führen.

Grundlagen der Frachtberechnung sind der **Deutsche Eisenbahn Gütertarif (DEGT)** in seinen Teilen A, B und C, die Entfernungslisten und die Frachtsatzzeiger (Heft A).

▶ Frachtzahlung

Der Absender entscheidet – entsprechend den branchenüblichen Lieferbedingungen – durch Anbringen eines „Zahlungsvermerkes" im Frachtbrief bzw. auf der Expressgut- oder Termingutkarte, ob er selbst oder der Empfänger ganz oder teilweise die Fracht bezahlt. Falls die Fracht den Warenwert übersteigt oder es sich um leicht verderbliche Güter handelt, **muss der Absender** die Fracht **selbst zahlen.**

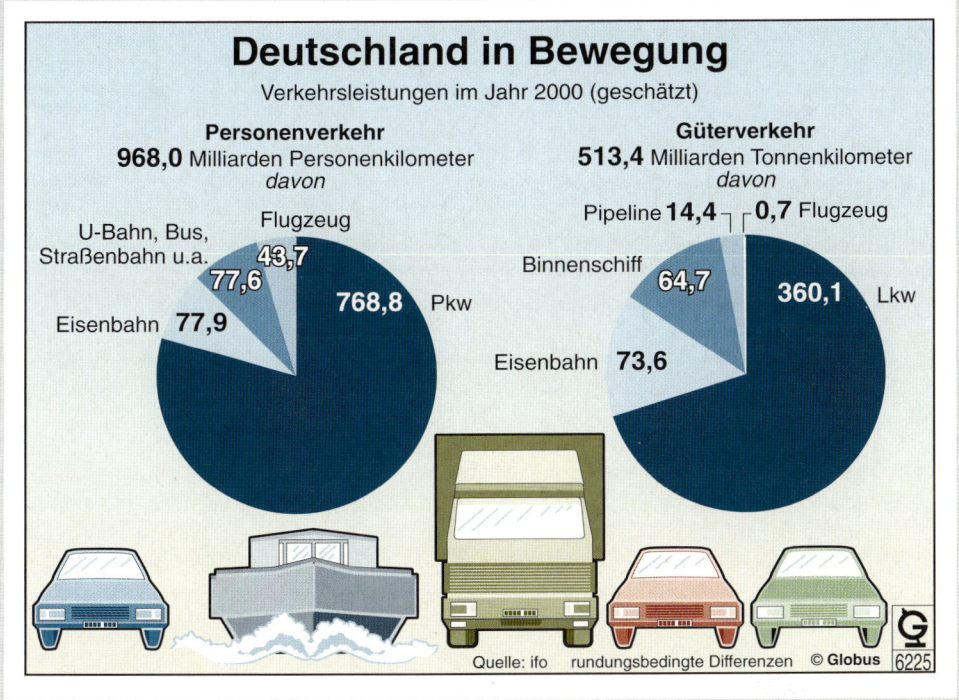

■ Die Haftung der Deutschen Bahn AG

Die Bahn **haftet** für **Vorsatz, Fahrlässigkeit** und **Zufall,** und zwar bei Verlust, Minderung und Beschädigung der Güter, für Lieferung an einen Nichtberechtigten und für die Nichtbeachtung einer nachträglichen Verfügung. Wird die Lieferfrist überschritten, so haftet die Bahn für den nachgewiesenen Schaden bis zur Höhe der Fracht. Sie übernimmt **keine Haftung bei höherer Gewalt.**

Der Empfänger einer Sendung muss äußerlich erkennbare Schäden sofort beanstanden und eine Tatbestandsaufnahme beantragen. **Schadenersatzansprüche** kann in der Regel nur derjenige stellen, der den Frachtbrief besitzt. Kommen Waren beschädigt an, so ist die Güterabfertigung innerhalb einer Woche zu verständigen.

Bei **Verlust** wird der Marktpreis zuzüglich Fracht ersetzt. Bei **Teilverlusten** wird ein Sachverständigengutachten erstellt. Als Beweismittel ist der Frachtbrief vorzulegen. Die Bahn haftet höchstens bis zu 50,00 EUR je kg. Wurde ein Lieferwert auf der Sendung angegeben, so ersetzt die Bahn auch den Vermögensschaden bis zur Höhe des Lieferwertes. Ein Vermögensschaden kann z. B. in Verdienstausfall durch verspätete Lieferung bestehen.

5.5.2.3 *Der Güterkraftverkehr* *(Güterkraftverkehrsgesetz vom 22. Juni 1998)*

Gewerblicher **Güterkraftverkehr** ist die Güterbeförderung mit Kraftfahrzeugen (Lkw) auf den Straßen.

Die Lastkraftwagen müssen einschließlich Anhänger ein höheres Gesamtgewicht als 3,5 Tonnen haben. Der gewerbliche Güterkraftverkehr ist **erlaubnispflichtig.** Die Erlaubnis wird für fünf Jahre erteilt, wenn der Unternehmer seinen Sitz im Inland hat, *zuverlässig* und *fachlich geeignet* und *finanziell leistungsfähig* ist. Erlaubnisbehörde ist eine von der Landesregierung bestimmte Behörde, z. B. das Landratsamt. Die Erlaubnisbehörde übt die Aufsicht über die Unternehmer des gewerblichen Güterverkehrs aus.

Es besteht unbeschränktes **Kabotagerecht,** d. h. jeder Unternehmer, der eine Gemeinschaftslizenz besitzt, kann grenzüberschreitend Güter befördern. So kann ein deutscher Unternehmer Fracht in Frankreich aufnehmen und in die Niederlande transportieren.

Mit einer **Güterschaden-Haftpflichtversicherung** muss sich der Unternehmer gegen alle Schäden versichern, die sich bei der Beförderung sowie beim Be- und Entladen eines Gutes ergeben können.

Werkverkehr ist der Kraftverkehr für eigene Zwecke eines Unternehmens, mit eigenen Lkw und eigenem Personal. Der Werkverkehr ist erlaubnisfrei und ist nicht versicherungspflichtig.

Das **Bundesamt für Güterverkehr** im Geschäftsbereich des Bundesministeriums für Verkehr ist für die Verwaltungsaufgaben des Bundes auf dem Gebiet des Verkehrs zuständig. Es überwacht den gesamten Güterverkehr der in- und ausländischen Unternehmen.

▶ Privatwirtschaftliche Paketdienste

Sie sind infolge der Verteuerung des Paketdienstes der Deutschen Post AG als direkte Konkurrenz hierzu entstanden.

Von den rund 1,35 Milliarden Paketsendungen, die in der Bundesrepublik Deutschland jährlich befördert werden, entfallen etwa 45 Prozent auf private Paketdienste. Meist sind es Großspediteure, die diesen Kleingutverkehr übernehmen, um ihre bestehenden Lagerkapazitäten in ihren Großterminals, ihre oft zahlreichen Linien-Fernverkehrsverbindungen und ihre Datenverarbeitungssysteme noch besser zu nutzen.

5.5.2.4 Der Binnenschiff-Güterverkehr

Der Güterbeförderung auf Binnengewässern dienen Motorschiffe, Schleppkähne und Schlepper, Schubverbände.

Motorschiffe sind Binnenschiffe mit eigenem Motorantrieb. Sie werden auch als *Selbstfahrer* bezeichnet. Ihre Transportleistung ist erheblich höher als die eines gleich großen Schleppkahnes.

Schleppkähne sind antriebslose, bemannte Binnenschiffe, die von Schleppern oder Selbstfahrern mit starker Maschine gezogen werden. Die Kähne werden mit einem Schlepper durch Trossen zu einem **Schleppzug** verbunden.

Schubverbände werden durch *Schubleichter* und *Schubboote* gebildet. Mehrere antriebslose, unbemannte Leichter werden zusammengekoppelt und von einem Schubboot mit starkem Motorantrieb geschoben.

Schleppzüge und Schubverbände transportieren Massengut, das in besonders großen Mengen regelmäßig anfällt.

Schubverbände haben gegenüber Schleppzügen folgende Vorteile: geringere Besatzung, niedrigerer Baupreis, geringerer Energieverbrauch und bessere Manövrierfähigkeit.

Schiffsregister. Alle Schiffe, die auf Binnengewässern verkehren, müssen in das Schiffsregister ihres Heimathafens eingetragen werden, wenn sie eine Tragfähigkeit von mehr als 20 t oder eine Maschinenleistung von mehr als 100 PS haben, ferner alle Schlepper, Tankschiffe und Schubboote.

Die Schiffsregister werden bei den Amtsgerichten geführt. Der Schiffseigner muss die Eintragung seines Schiffes bei der Registerbehörde seines Heimatortes, d. h. desjenigen Ortes, von dem aus die Schifffahrt mit dem Schiffe betrieben wird, beantragen.

- Der Binnenschiffsgüterverkehr eignet sich besonders für den Transport
    - von **Massengütern** wie Steine, Kohle, Getreide, Öl, Holz
    - über weite Entfernungen
    - ohne Rücksicht auf Schnelligkeit

- Güterbeförderung mit Binnenschiffen ist wesentlich *billiger* als mit der Bahn oder mit Lkw.

- **Versandarten sind:**
    - *Charterung* = Miete eines ganzen Schiffes, eines Schiffsteils oder eines bestimmten Schiffsraums.
    - *Stückgüter,* z. B. Fahrzeuge oder Kisten.

- Der **Frachtbetrag** ist abhängig von
    - der Ladungsmenge
    - der Fahrtrichtung
    - den benötigten Lade- oder Löschzeiten (Ausladen des Schiffes).

- Befrachtungskosten trägt in der Regel der Versender, Löschkosten der Empfänger.

- Der **Ladeschein** in der Binnenschifffahrt ist in der Regel kein Warenwertpapier, dagegen aber das **Konnossement.** Wer über das Konnossement rechtmäßig verfügt, ist Eigentümer der Ware.

5.5.2.5 Der Luftfrachtverkehr

- Lufttransport durch Flugzeuge ist besonders geeignet für
  - eilbedürftige Güter, z. B. Medikamente
  - hoch empfindliche und wertvolle Güter, z. B. Messgeräte oder Kunstgegenstände
- Der **Luftfrachtbrief** ist ein Warenbegleitpapier.
- Die **Haftung im Luftfrachtverkehr** ist meist sehr schwierig zu bestimmen, weil unterschiedliche internationale Regelungen bestehen.
- Im **Luftpostverkehr** werden Briefe und Pakete befördert.

5.5.2.6 Kombinierter Güterverkehr

Unter kombiniertem Verkehr versteht man die Beförderung von Gütern in Ladeeinheiten – Paletten-, Kleinbehälterverkehr, Huckepackverkehr und Großbehälterverkehr (Containerverkehr) – mit verschiedenen Transportmitteln (Lkw, Schiff, Bahn, Flugzeug), ohne dass der Transportbehälter ausgeladen oder gewechselt werden muss.

Paletten-, Kleinbehälterverkehr, Huckepackverkehr werden seit Jahren von den Verkehrsträgern durchgeführt. Erst seit etwa 10 Jahren wurde der Großbehälterverkehr (**Containerverkehr**) stark ausgedehnt.

Im günstigsten Fall wickelt sich der Containerverkehr folgendermaßen ab: Die Behälter werden vom Verlader (Lieferer) vollgepackt, versiegelt, verzollt mit dem Lkw zum nächsten Containerbahnhof („Container-Terminal") der Bahn (z. B. München, Nürnberg, Würzburg) gefahren, auf besondere Container-Tragwagen verladen, mit dem Containerzug (z. B. Delphin) zum Seehafen (z. B. Bremen), transportiert, dort wiederum mithilfe besonderer Containerbrücken im Schiff verstaut, über die See gebracht und dem Kunden auf die gleiche Weise zugestellt. Auch mit dem Flugzeug ist der Transport möglich.

Der entscheidende **Vorteil des Containerverkehrs** liegt in der Schnelligkeit der Beförderung. Containerzüge verkehren nämlich fast doppelt so schnell wie normale Güterzüge und die Umschlagszeiten sind erheblich gesenkt. So kann z. B. ein Vollcontainerschiff bei gleicher Ladung statt in drei Tagen in sechs bis acht Stunden beladen werden. Dadurch verringern sich die Umschlagskosten stark. Außerdem vermindert sich die Gefahr der Beschädigung und des Diebstahls, da jedes Umpacken entfällt. Der Verlader kann darüber hinaus noch bis zu 90 % an Verpackungsmaterial einsparen.

Beim **Huckepackverkehr** arbeiten Straße und Schiene ebenfalls eng zusammen. Der Transport vom Verlader zum Umschlagbahnhof und vom Zielbahnhof zum Empfänger erfolgt dabei auf der Straße. Die Strecke zwischen diesen beiden Bahnhöfen wird auf der Schiene zurückgelegt. Dabei haben sich drei Techniken entwickelt:

Bei der **Rollenden Landstraße** werden komplette Lastzüge oder Sattelzüge auf speziellen Waggons der Eisenbahnen (Niederflurwagen) befördert. Der Lkw fährt über spezielle Rampen auf die Eisenbahnwaggons. Während der Fahrt begleitet der Fahrer seinen Lkw im Liegewagen. Beim Transport von **Sattelanhängern** wird mithilfe der Zugmaschine oder durch einen Kran verladen. Da die Zugmaschine jedoch nicht auf der Schiene mitfährt, ist das Verhältnis der Nutzlast zum Gesamtgewicht günstiger als bei der Rollenden Landstraße. Beim Transport von **Wechselbehältern** werden spezielle Lkw-Aufbauten mithilfe eines Kranes vom Lkw-Chassis auf Eisenbahnwaggons umgeladen. Wechselbehälter sind unselbständige Ladeeinheiten, ähnlich dem Container.

Entscheidend für das Ausnutzen dieser Vorteile ist, dass Verlader, Spediteure und Transportunternehmen (Bahn, Reederei, Güterkraftverkehrsunternehmer, Luftfahrtgesellschaften) eng zusammenarbeiten und für einen reibungslosen Ablauf sorgen.

Der Güterverkehr wird von folgenden Verkehrsträgern durchgeführt:

■ **Güterverkehr der Deutschen Post AG**
- Paket

■ **Güterverkehr der Deutschen Bahn AG** (DB AG)
- **Kleingut** im IC-Kurierdienst, Termindienst, als **Eurail-Express-Gut** oder Stückfracht
- **Teilladung** als Partiefracht oder Stückfracht
- **Komplettladungen** im Ganzzug, TEEM und InterCargo oder im Großcontainerverkehr (TFG)

■ **Güterkraftverkehr** (Lkw-Verkehr)
- Gewerblicher Güterkraftverkehr (erlaubnispflichtig), Pflicht zur Güterschaden-Haftpflichtversicherung
- Werkverkehr (nicht versicherungspflichtig)
- Privatwirtschaftliche Paketdienste

Binnenschiffahrt für den Transport von Massengütern auf schiffbaren Flüssen und Seen.
- *Charterung* ist die Miete eines ganzen Schiffes oder eines Schiffsteils (Laderaum)
- *Stückgüter*

■ **Luftfrachtverkehr** für besonders eilbedürftige, empfindliche oder hochwertige Güter.

■ **Kombinierter Güterverkehr** ist die Güterbeförderung in Ladeeinheiten wie *Containern* (verladbar auf Schiff, Lkw oder Eisenbahnwagen), Collicos, Paletten, Klein- und Großbehälter. Der Transportbehälter muss in keinem Fall beim Transport entladen werden.

1 Eine Kunde in Paris benötigt ein wichtiges Ersatzteil (50 kg) für eine Arzneimittelverpakkungsmaschine sofort. Für welches Transportmittel würden Sie sich entscheiden? Begründen Sie Ihre Entscheidung!

2 Wie versendet ein Münzenhändler Goldmünzen im Wert von 112 000 DM[1] am schnellsten und sichersten von Stuttgart nach Magdeburg? Das Gewicht der Sendung beträgt 2,3 kg.

3 Stellen Sie die Haftungsart, den Schadenersatz und die Haftungsträger fest! Kopf für die Tabelle in Ihrem Heft:

	Haftungsart (z. B. Fahrlässigkeit)	Schadenersatz	Haftungsträger
a)	×[2]	×	×
b)	×	×	×
usw.			

a) Ein Paket mit der Zusatzleistung „Besonderer Wert 20 000 DM"[1] geht durch Brand eines Transportfahrzeugs verloren.

b) Pakete gehen durch Blitzschlag verloren.

c) Der Postzusteller verliert einen Einschreibebrief.

---

[1] DM bis 01.01.2002
[2] Die Kreuze dienen zur Entwertung der Leerstellen des Schemas, was teilweise von Schulbuchzulassungsbehörden (Kultusministerien) verlangt wird.

d) Ein Stückgut wird statt nach Freiburg nach Schwein befördert, weil der Absender einen falschen Bestimmungsort angab.

e) 60 000 Liter Benzin gehen infolge eines Zugunglücks verloren. Der Lok-Führer hatte ein Signal nicht beachtet.

f) Ein Güterzug, voll beladen mit Pkw, verunglückt, weil sich durch ein Unwetter mit Überschwemmungen die Bahngleise lockerten. Die meisten Pkw wurden schwer beschädigt.

g) Durch Versehen eines Bahnbediensteten bleibt eine Terminsendung mit 60 kg Kirschen bei der Aufgabestelle liegen. Die Kirschen sind verfault.

h) Durch Fehlsendung der Bahn wird die Lieferfrist für eine Maschine um eine Woche überschritten.

4 Stellen Sie durch Befragung bei der Bahn Folgendes fest: Was ist ein Collico, eine Palette, Huckepackverkehr, Frachtstundungsverfahren, Bahnnachnahme, Leergut, Sperrgut!

5 Wie ist die Zahlungsbedingung „Zahlung gegen Frachtbriefdoppel" zu verstehen?

6 Denken Sie das volkswirtschaftliche Problem „Schiene oder Straße" durch! Beachten Sie dabei, dass Investitionen aus Steuermitteln weit mehr dem Straßenbau als der Bundesbahn zufließen! (Siehe hierzu Transportstatistik auf der Seite 173!)

7 Worin liegen die Vorteile

a) des Eisenbahngüterverkehrs, b) des Lkw-Güterverkehrs gegenüber anderen Verkehrsträgern?

8 Der gewerbliche Güterverkehr ist erlaubnispflichtig. Welche Voraussetzungen müssen für die Erlaubniserteilung erfüllt sein (GüKG § 3)?

9 Stellen Sie fest, welche Voraussetzungen für den Werkverkehr nach GüKG § 48 erforderlich sind!

10 a) Warum verlangt der Gesetzgeber für den Lkw-Güterverkehr (außer Werkfernverkehr) Tarif-, Versicherungs- und Haftpflicht?

b) Warum ist der Werkverkehr hiervon entbunden?

11 a) Welche Güter eignen sich besonders für den Rohrleitungsverkehr (Pipelines)?

b) Welche Vorteile begünstigen den in der Zukunft immer stärkeren Ausbau des Rohrleitungsverkehrs?

12 Warum ist in der Binnenschifffahrt die Fracht

a) bei geringer Ladung höher,
b) bei Talfahrt niedriger,
c) bei langen Lade- und Löschzeiten höher?

5.5.3 Wichtige Versandpapiere

5.5.3.1 Der Paketversand durch die Deutsche Post AG

Zum Paketversand muss ein **Post-Paketschein** ausgefüllt werden (Durchschreibevordrucksatz mit zwei Durchschlägen).

Beispiel: Die Arzneimittelfabrik Hohmann KG, Schwarzwaldstraße 15, 76137 Karlsruhe, sendet ein Paket an die Sütex-Außenhandels-GmbH, Ahornstr. 15, 07745 Jena.

Versandschein für Post-Pakete **(Inland)** ohne Nachnahme bzw. eingeschriebene Blindensendungen-Schwer
Durchschreibesatz! Beim Ausfüllen mit Kugelschreiber bitte fest aufdrücken.
Zum Abziehen des Haftetiketts Trennleiste bitte nach hinten knicken. **Wichtige Hinweise s. Rückseite Bl. 2**

Absender
Hohmann KG

Schwarzwaldstraße 15

76137   Karlsruhe
(Postleitzahl)   (Ort)

R a u m   f ü r   I d e n t c o d e - L a b e l

B i t t e   n i c h t   b e s c h r i f t e n !

Vorausverfügungen

R a u m   f ü r   K l e b e z e t t e l !

B i t t e   n i c h t   b e s c h r i f t e n !

Empfänger

Sütex-Außenhandels GmbH

Vermerke über Zusatzleistungen usw.

☐ Unfrei   ☐ Eigenhändig   ☐ Rückschein

☐ Sperrgut   ☐ Eingeschriebene Blindensendung-Schwer

☐ _____

Ahornstraße 15
(Straße und Hausnummer/KEIN Postfach)

07745   Jena
(Postleitzahl)   (Bestimmungsort)

Aufschriftzettel

Übungsaufgaben

Aufgabe 1

Die Firma Leder-Wedel, Jahnstraße 19, 85049 Ingolstadt, sendet der Kundin Petra Sollinger, Hohe Leite 118, 01326 Dresden, eine bestellte Leder-Reisetasche per Post-Paket zu.

Füllen Sie die Post-Paketkarte aus!

Aufgabe 2

Füllen Sie die Post-Paketkarte aus: LBT Elektrik Klimpel OHG, Messestraße 5, 18106 Rostock, senden mit der Zusatzleistung „Rückschein" ein Post-Paket an die Datex-GmbH, Homburger Straße 7, 60486 Frankfurt.

Aufgabe 3

Stellen Sie fest, welche Postversandvordrucke Ihr Ausbildungsbetrieb benötigt, und gestalten Sie darüber einen Bericht für Ihr Berichtsheft!

5.5.3.2 Versandpapiere der Deutschen Bahn AG (DB AG)

Zur Versandabfertigung von Frachtgut oder Wagenladungen bei der Bahn muss ein **Frachtbrief** und ein **Beklebezettel** *bzw. Adressen-Anhänger* ausgefüllt werden.

Der Frachtbrief beweist den Abschluss des **Frachtvertrags** (HGB § 408 ff.).

Der Frachtbrief wird in **drei Originalausfertigungen** ausgestellt, die vom Absender unterzeichnet werden. Der Absender kann verlangen, dass auch der Frachtführer (Bahn) den Frachtbrief unterzeichnet.

Eine Ausfertigung ist für den Absender bestimmt, eine ist Begleitpapier des Gutes und eine behält der Frachtführer.

Der Frachtführer kann die Ausstellung eines Frachtbriefs mit folgenden Angaben verlangen:

1. Ort und Tag der Ausstellung;
2. Name und Anschrift des Absenders;
3. Name und Anschrift des Frachtführers (also der Bahn);
4. Stelle und Tag der Übernahme des Gutes sowie die für die Ablieferung vorgesehene Stelle;
5. Name und Anschrift des Empfängers und eine etwaige Meldeadresse;
6. die übliche Bezeichnung der Art des Gutes und die Art der Verpackung, bei gefährlichen Gütern ihre nach den Gefahrgutvorschriften vorgesehene, sonst ihre allgemein anerkannte Bezeichnung;
7. Anzahl, Zeichen und Nummern der Frachtstücke;
8. das Rohgewicht oder die anders angegebene Menge des Gutes;
9. die vereinbarte Fracht und die bis zur Ablieferung anfallenden Kosten sowie einen Vermerk über die Frachtzahlung;
10. den Betrag einer bei der Anlieferung des Gutes einzuziehenden Nachnahme;
11. Weisungen für den Zoll und sonstige amtliche Behandlung des Gutes;
12. eine Vereinbarung über die Beförderung in offenem, nicht mit Planen gedecktem Fahrzeug oder auf Deck.

In den Frachtbrief können weitere Angaben eingetragen werden, die die Parteien für zweckmäßig halten. Dies entspricht den Regelungen des Beförderungsvertrags im internationalen Straßengüterverkehr (CMR).

Beispiel (siehe Seite 181): Die Chemotechnik GmbH, Dieselstraße 7, 14482 Potsdam, sendet frei in vier Kisten PVC-Gefäße (Auftrags-Nr. XN-7300/65) mit einem wirklichen Gewicht von 125 kg an die Chemiegroßhandlung Bäuerle & Sohn, Ackerweg 5, 08529 Plauen.

Für den **Kleingutverkehr** und den **Inlands-Wagenladungsverkehr** gibt es besondere Frachtbriefvordrucke.

Übungsaufgaben

Aufgabe 1

Füllen Sie den Frachtbrief aus: Die Schrotthandels-AG, Bremer Straße 96, 46397 Bocholt, sendet eine Wagenladung Aluminiumschrott (25,2 t) mit Wagen Omm Nr. 716 399, Lastgrenze 28 t, an das Aluminiumschmelzwerk Kawule & Co. KG in Feldstraße 18-24, 39116 Magdeburg unfrei, Auftrags-Nr. 7599, Datum 03.08…

Aufgabe 2

Als Expressgut nimmt die Bahn nur Gegenstände an, die sich nach dem Ermessen des Versandbahnhofs zur Beförderung im Gepäckwagen eines Personenzugs eignen und wenn die Abfertigungsbefugnisse des Versand- und Empfangsbahnhofs diese Beförderungsart zulassen. Annahmestellen sind die Expressgutabfertigungen der Bahnhöfe. Füllen Sie den Vordruck für folgenden Expressgutversand aus: Die Weingroßhandlung Müllerschön & Co., Maingasse 5, 97084 Würzburg, sendet als Expressgut 6 Kisten Wein, Gewicht 145,2 kg, unfrei an das Schloßhotel, Mittelbreite, 06849 Dessau.

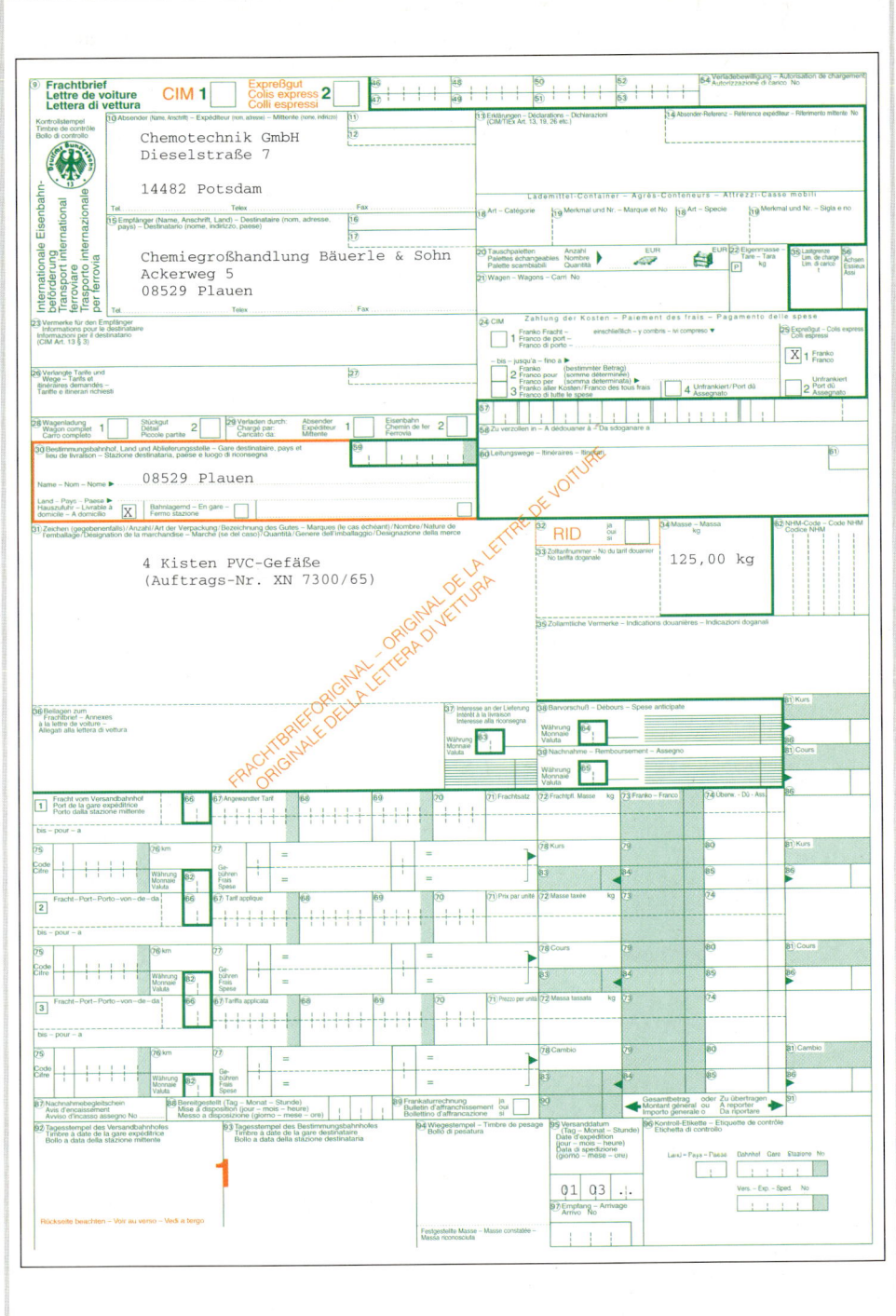

5.5.4   Bestimmungsgründe für bestmögliche Güterbeförderung

① Versand und Fuhrpark werden in vielen Unternehmungen als Bereiche angesehen, die zwar notwendig, aber lästig sind, kaum Probleme aufwerfen und keine besondere Qualifikation der Mitarbeiter bedürfen. Was meinen Sie hierzu?

② Überlegen Sie, welche Probleme auftauchen können und welche Entscheidungen in den folgenden Fällen getroffen werden müssen:

1. Fall: 5 Werkzeugmaschinen sollen von der Fabrik in Stuttgart nach Schwerin innerhalb von 8 Tagen befördert werden. Der Empfänger hat keinen Bahnanschluss.

2. Fall: 5 000 Tonnen Kohle sollen von der Zeche im Ruhrgebiet zu einem Kraftwerk am Neckar befördert werden.

3. Fall: Ein Großversandhaus versendet täglich zwischen 3 000 und 5 000 Pakete und Päckchen.

4. Fall: Empfindliche Schaltgeräte sollen so schnell wie möglich nach Japan befördert werden.

5.5.4.1   Die optimale Art der Güterbeförderung

Die optimale = bestmögliche Auswahl der Beförderungsart hängt von verschiedenen Faktoren ab, z. B.:

- der **Art der Güter** und deren Eigenschaften (Gewicht, Verpackungsart, Sperrigkeit, Verderb)
- der Art der infrage kommenden **Transportmittel**
- der möglichen **Beförderungsdauer**
- den **Beförderungspreisen**
- der Sicherheit der Beförderung (dem **Beförderungsrisiko)**
- dem Haftungsumfang
- der Umweltverträglichkeit.

Es sollte eine **Transportkostenrechnung** aufgestellt werden, die nach folgendem Schema aufgebaut sein kann:

1. allgemeine Beschreibung der Transportaufgabe (Gut, Verpackung, Gewicht und Volumen, benötigtes Fahrzeug, Termine, mögliche Transportarten),
2. Kosten der Versandvorbereitung je Sendung (Laderaumbeschaffung, Ausstellen der Frachtpapiere),
3. Kosten der Verpackung und Kennzeichnung der Sendung,
4. Kosten der Beladung, Umladung, Zwischenlagerung und Entladung,
5. reine Frachtkosten je Sendung, unterschieden nach einzelnen Verkehrsarten,
6. Warenversicherungs- und Warenschadenskosten,
7. Warenzins- und Warenlagerkosten,
8. Gesamtkosten (Ziffern 2 bis 7 je Sendung × Zahl der Sendungen pro Zeitabschnitt).

Für die **Berechnung der Kosten des eigenen Transportgeräts** wird ein Kalkulationsschema verwendet, in dem verschiedene Kostenkategorien unterschieden werden:

1. variable Kosten je Jahr,
2. feste Kosten I je Jahr (jährlich ausgabenwirksam),
3. feste Kosten II je Jahr (nicht jährlich ausgabenwirksam),
4. gesamte Fahrzeugkosten je Jahr (Ziffern 1 bis 3),
5. Fahrpersonalkosten,
6. Gesamtkosten für Fahrzeug und Fahrpersonal je Jahr (Ziffer 5).

5.5.4.2 *Vergleich verschiedener Gütertransportmöglichkeiten*

Die **DB** befördert mit Verkehrsleistungen auf Schiene und ggf. Straße flächendeckend alle Güter. Nicht jeder Verlader hat jedoch einen Privatgleisanschluss, sodass die Kombination von Schienenverkehr mit Lkw-Vor- und -Nachlauf zu gewissen Verzögerungen führen kann. Die **Post** übernimmt zwar die Annahme und die Zustellung an und nach allen Orten, jedoch ist das Gewicht der Sendung nach oben begrenzt. Der **Lkw** ermöglicht den Haus-Haus-Verkehr ohne Umladen (wie auch der KLV – siehe S. 171 –), jedoch ist das Schadensrisiko schon wegen höherer Unfallgefahr größer. Bei der **Binnenschifffahrt** sind die Beförderungspreise relativ niedrig; dafür dauert die Beförderung längere Zeit. Im **Luftverkehr** werden die Waren zwar schnell befördert, doch sind die Preise verhältnismäßig hoch, Sendungsgrößen und Transportmengen beschränkt.

5.5.4.3 *Verwendung einer Entscheidungstabelle für die bestmögliche Güterbeförderung*

Sie dient dazu, **neben den Kosten** (siehe S. 172) die *nicht berechenbaren qualitativen Faktoren* zu gewichten und dadurch besser in den Griff zu bekommen. Zu diesen Faktoren gehören besonders:

- stete Verfügbarkeit des Fahrzeugs,
- Pünktlichkeit bei Abholung und Ablieferung,
- Schnelligkeit des Gesamttransports,
- Kundenservice am Empfangsplatz,
- Werbewirkung des Fahrzeugs,
- Beweglichkeit hinsichtlich Anpassung und Änderungen von Produktion und Absatz,
- Be- und Entladehilfe des Fahrpersonals,
- Wahrnehmung von Inkassoaufgaben,
- Reibungslosigkeit der Versandabwicklung am Abfertigungsplatz.

Die Tabelle enthält drei wesentliche Spalten:

- **Wertfaktor.** Er soll die Bedeutung zum Ausdruck bringen, die der Transportmanager den einzelnen Entscheidungsmaßstäben beimisst. Jeder Entscheidungsfaktor wird mit einem Wertfaktor versehen. Das wichtigste Kriterium erhält die höchste Zahl, die weiteren werden mit den ihrer Bedeutung entsprechenden niedrigeren Ziffern belegt.
- **Punktwert.** Mit ihm wird für jedes Verkehrsmittel gesondert die Eignung sowie der Grad beurteilt, mit dem es das entsprechende Kriterium im Vergleich zu den anderen Verkehrsarten erfüllt. Als Kategorien haben sich bewährt: optimal, gut, noch brauchbar, mangelhaft und ungeeignet mit den Punktziffern 5 für die beste und weiter bis zu 1 für die schlechteste Eignung.

● **Punktzahl.** Sie ergibt sich aus der Multiplikation von Wertfaktor und Punktwertung, die Gesamtpunktzahl des einzelnen Verkehrsmittels aus der Summe aller Einzelpunktzahlen.

Praktische Anwendungen des beschriebenen Verfahrens haben gezeigt, dass die Transportentscheidungen erleichtert und verbessert werden. Der damit verbundene Arbeitsaufwand hält sich in engen Grenzen. Eine wichtige Nebenwirkung ist die späte Nachprüfbarkeit der Entscheidung und die Erfolgskontrolle.

Zusammenfassung

■ Die Entscheidung über die Wahl der Art des Transportmittels hängt von mehreren Faktoren ab.

■ Die **optimale Beförderungsart** ist die preisgünstigte unter den gleichwertig geeigneten Transportmitteln.

■ **Wirtschaftlichkeit** ist das Verhältnis von Transportbetriebsleistung zu Transportkosten in einem gleichen Zeitraum.

■ Mithilfe einer **Entscheidungstabelle** ist es möglich die optimale Beförderungsart auch bei schwierigen Transportsituationen zu ermitteln.

Aufgaben

1 Zum Eingangsbeispiel auf S. 182:
   a) Was halten Sie von der Aussage bei ①?
   b) Welche Transportentscheidung würden Sie bei ② in den Fällen 1 bis 4 treffen?

2 Von welchen Faktoren hängt in erster Linie die optimale Art der Güterbeförderung ab?

3 Was versteht man unter Wirtschaftlichkeit der Transportleistung? Nennen Sie zwei Beispiele für unwirtschaftliches Verhalten!

4 Beschreiben Sie die besonderen Vorteile und Nachteile der Güterbeförderung bei den einzelnen Verkehrsträgern a) Post, b) Bahn, c) Güterkraftverkehr, d) Binnenschiffahrt, e) Luftverkehr!

Erstellen Sie hierfür in Ihrem Heft eine Tabelle nach folgendem Muster:

Art der Güterbeförderung	Vorteile	Nachteile

5 Stellen Sie anhand der Darstellung über die Transportkostenrechnung (Seite 182 f.) und in Abschnitt 5.5.4.4 eine Entscheidungstabelle für die optimale Güterbeförderung in Ihrem Ausbildungsbetrieb auf, falls die Transportentscheidungen nicht von vornherein eindeutig getroffen werden können. Sprechen Sie hierüber mit Ihrem Ausbildungsleiter!

Zu 1: Allgemeine Beschreibung der Transportaufgabe

Ziffer 2 bis 8	Wertfaktor	Punktwert	Punktzahl (Wertfaktor × Punktwert)

Auszug aus den „Allgemeinen Geschäftsbedingungen" eines Lieferers.

4. Lieferung

a) Die Lieferung erfolgt ab Lieferwerk oder ab Lager auf Rechnung und Gefahr des Bestellers.

b) Die Versendung erfolgt in handelsüblicher Verpackung, die wir nach den bei uns allgemein gültigen Sätzen berechnen. Wir sind berechtigt, jedoch nicht verpflichtet, im Interesse und für Rechnung des Bestellers eine Transportversicherung abzuschließen. Äußerlich erkennbare Transportschäden sind dem Beförderungsunternehmen bei Ablieferung anzuzeigen.

c) Angegebene Liefertermine sind unverbindlich. Ihre Nichteinhaltung berechtigt den Besteller nur dann zum Rücktritt vom Vertrag oder zum Schadenersatz, wenn eine angemessene Nachfrist erfolglos verstrichen ist und uns grobes Verschulden an der Verzögerung trifft.

d) Ereignisse außerhalb unseres Einflussbereiches wie höhere Gewalt, Betriebs- und Transportstörungen oder sonstige außergewöhnliche Umstände im eigenen oder fremden Betrieb berechtigen uns die Lieferfristen zu verlängern oder vom Vertrag ganz oder teilweise zurückzutreten.

e) Teillieferungen sind zulässig und können gesondert berechnet werden.

6.1 Die Bedarfsermittlung (Beschaffungsplanung)

Problem

Die Büromaschinengroßhandlung Volkert & Schüle KG, Landshut, will Archivregale neu in ihr Sortiment aufnehmen, da schon öfter Kunden sich dafür interessierten. Wo können solche Regale rasch und günstig eingekauft werden?

Sachdarstellung

6.1.1 Vorüberlegungen zur Beschaffung

Die **Beschaffungsplanung** umfasst die langfristige Versorgung einer Unternehmung mit

- Gütern,
- Dienstleistungen und
- Rechten, z. B. Patenten, Lizenzen, Konzessionen.

Im **Groß- und Einzelhandel** spielt die Beschaffungsplanung eine entscheidende Rolle, weil nicht produziert wird.

In der **Industrie** hat die Beschaffung insbesondere in materialintensiven Betrieben, z. B. in der Automobilindustrie, große Bedeutung. Auch in Unternehmen, die mit hochwertigen Rohstoffen arbeiten, ist wegen der starken Bindung von Kapital *planvoller Einkauf* Voraussetzung für die *optimale Leistungsfähigkeit der Produktion.*

Um dem Einkauf die reibungslose Beschaffung der benötigten Waren und Rohstoffe zu ermöglichen ist es notwendig, dass die anfordernden Stellen genau ihren Bedarf angeben. Dabei sind unter anderem folgende Überlegungen wichtig:

- Sobald Bedarf besteht, ist der Einkauf zu unterrichten. Dann kann rechtzeitig und preisgünstig eingekauft werden.

- Um eine zu große Kapitalbindung und auch Verderb, Veralten (Ladenhüter!) zu vermeiden, sollen nur bestimmt benötigte Mengen angefordert werden.

- Nur bei bewährten Waren kann unter Umständen etwas großzügiger disponiert werden.

- Bei der Konstruktion neuer Geräte muss entschieden werden, welche Teile selbst hergestellt – Beschaffung von Rohmaterial – und welche fertig bezogen werden sollen – Beschaffung von Fertigteilen.

- In der Produktion sollen möglichst Normteile und handelsübliche Waren verwandt werden, da alle Sonderwünsche bei der Beschaffung Zeit und Geld kosten.

- Zur Sortimentsergänzung müssen eventuell im Industriebetrieb Handelswaren zugekauft werden.

- Der Einkauf muss unverzüglich Bescheid erhalten, wenn bestimmte Artikel zeitweise oder überhaupt nicht mehr benötigt werden.

6.1.2 A-B-C-Analyse

Bei der Vielfalt der Artikel, welche eingekauft werden müssen, lohnt es sich, das Hauptaugenmerk auf bestimmte Waren zu richten.

Hierbei kann die **A-B-C-Analyse** (A-B-C-Methode) gute Dienste leisten. Alle Waren werden nach dem Wert in einer Tabelle erfasst, angefangen bei den Waren mit dem höchsten bis zu den Waren mit dem niedrigsten Wert. Dabei kann sich z. B. zeigen, dass

- A: 15 % der Waren mengenmäßig oft mehr als 60 % des Wertes
- B: 25 % der Waren mengenmäßig oft mehr als 30 % des Wertes
- C: 60 % der Waren mengenmäßig oft nur   10 % des Wertes

ausmachen. Es leuchtet ein, dass beim Einkauf von A-Waren besonders auf günstige Preise und Liefer- und Zahlungsbedingungen zu achten ist.

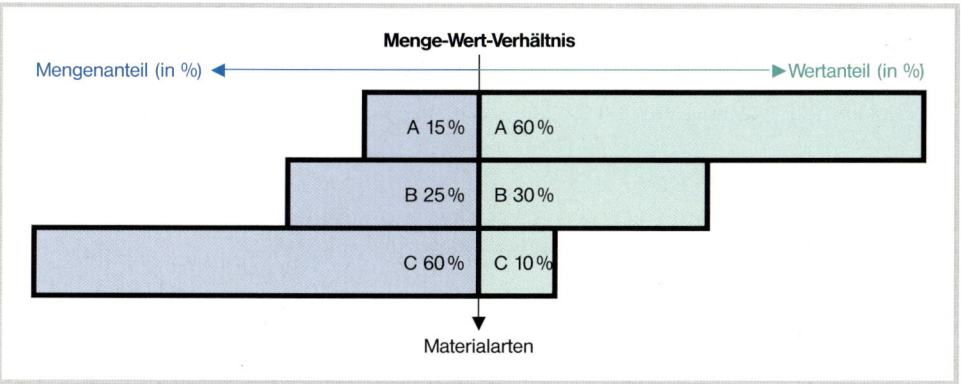

Menge-Wert-Verhältnis

Mengenanteil (in %) ◄───────────────────────────────────►Wertanteil (in %)

A 15 % | A 60 %
B 25 % | B 30 %
C 60 % | C 10 %

Materialarten

Das gleiche Verfahren kann auch auf die Lieferer angewandt werden. So können z. B. auf 10 % aller Lieferer rund 90 % der Einkäufe entfallen.

Zentrale Beschaffung aller Waren eines Unternehmens ist grundsätzlich anzustreben, damit nicht doppelt disponiert wird. Trotzdem ist im Großbetrieb oft keine zentrale Einkaufsplanung möglich, ja es kann sogar sein, dass der Einkauf nach Märkten getrennt ist, z. B. Bundesrepublik Deutschland, Europäische Union (EU), USA, übrige Weltmärkte.

Andererseits schließen sich auch Handels- und Industrieunternehmen zu zentraler Beschaffung zusammen, um durch eine Massierung der Nachfrage auf dem Markt die besten Bedingungen auszuhandeln.

6.1.3   Die Beschaffungsplanung als Mengenplanung

Die Mengenplanung für die zu beschaffenden Waren ist abhängig:

- beim Handel vom *Absatzplan,*
- in der Industrie vom *Produktions-* und vom *Absatzplan.*

Aus dem Produktionsplan ist die Menge der zu beschaffenden Rohstoffe und Waren ersichtlich. Außerdem können Überlegungen angestellt werden, ob die eigenen betrieblichen Kapazitäten ausreichen oder ob mehr auf Fremdfertigung, z. B. im Lohnauftrag, zurückgegriffen werden soll.

Die **optimale Bestellmenge** ist anzustreben. Sie ist dann gegeben, wenn

- die *Preisvorteile* durch größeren Einkauf, z. B. in Form von Mengenrabatt, günstigeren Liefer- und Zahlungsbedingungen, durch
- die *Kostennachteile* der erhöhten Lagerhaltung, z. B. Miete, Zins für das in Waren investierte Kapital,

gerade ausgeglichen werden.

Problematisch ist die Vorhersage des **zukünftigen Bedarfs.** Als Unterlagen für *Vorausschätzungen* können die Absatzstatistiken der vergangenen Jahre herangezogen werden. Einflüsse, welche die künftige Absatzentwicklung beeinflussen können, wie Geschmackswandel, Konkurrenz, Konjunkturentwicklung, Lohn- und Preisentwicklung, sind schwer zu schätzen.

6.1.4 Die Beschaffungsplanung als Zeitplanung

Sie erfordert genaue Überlegungen hinsichtlich Lieferzeit und Liefermenge.

Bei dem sehr häufigen **Bestellpunktverfahren** ist auf der Lagerkarte ein *Bestellpunkt* oder ein *Richtbestand,* auch *Meldebestand* genannt, angegeben. Dieser Richtbestand setzt sich aus dem Bedarf in der Beschaffungszeit und dem Mindestbestand (eiserner Bestand) zusammen.

Beispiel: Bedarf täglich 80 Stück, Beschaffungszeit 10 Tage, Mindestbestand 200 Stück

Bestellpunkt = (80 · 10) + 200 = 1 000 Stück; d. h., sobald der Bestellpunkt erreicht ist, erfolgt eine Nachbestellung über eine wirtschaftlich sinnvolle Bestellmenge.

Der Bestellpunkt wird	
erhöht	**herabgesetzt**
• wenn der Bedarf steigt	• wenn der Bedarf sinkt
• wenn die Beschaffungszeit sich verlängert	• wenn die Beschaffungszeit sich verkürzt

Daneben können noch weitere Gesichtspunkte für den Zeitpunkt des Einkaufs maßgebend sein, z. B.:

• wenn *Preiserhöhungen* kurzfristig erwartet werden,

• wenn bestimmte *Sondertermine* anfallen, wie Mustermessen, Ausstellungen, saisonale Sonderangebote, z. B. bei Obst- und Gemüsekonserven.

Beim **Bestellrhythmusverfahren** wiederholen sich die festen Liefertermine periodisch. Dabei ergeben sich unter Umständen höhere Bestände, da wegen der fixen Termine mehr bestellt werden muss, um zu vermeiden, dass der eiserne Bestand verbraucht wird.

Es gibt vier Möglichkeiten der Einkaufsdisposition:

Liefertermin	Liefermenge	Auswirkung	
veränderlich	veränderlich	Bestellpunktverfahren mit	veränderlicher Liefermenge
veränderlich	fest	Bestellpunktverfahren mit	fester Liefermenge
fest	veränderlich	Bestellrhythmusverfahren mit	veränderlicher Liefermenge
fest	fest	Bestellrhythmusverfahren mit	fester Liefermenge

6.1.5 Die Beschaffungsplanung als Preisplanung

Sie beruht auf der Kalkulation des **aufwendbaren Einkaufspreises** (*retrograde* oder *Rückwärtskalkulation*). Es werden also auf Preisanalysen beruhende *Preisziele* aufgestellt, die im Einkauf erreicht werden sollen.

Nicht umsonst heißt es, dass schon im günstigen Einkauf der Gewinn liege. Diese Aussage gewinnt besonders an Gewicht dadurch, dass der erzielbare Verkaufspreis durch den Marktpreis (Angebot und Nachfrage) oft ziemlich genau festliegt.

Je stärker die *eigene Marktstellung* ist, z. B. Warenhauskonzern, Handelskette, umso mehr wird es gelingen, beim Einkauf *Preisvorteile* gegenüber den Mitbewerbern zu erlangen und vertraglich zu sichern. Ist jedoch der Lieferer in einer starken Marktposition, so kann dieser u. U. die Preise diktieren. Dann muss versucht werden, z. B. durch Rationalisierung, die Preisnachteile auszugleichen.

Es gibt daneben Fälle, z. B. Bezug von Strom, Heizöl, wo der einzelne Abnehmer auf die Preise kaum Einfluss nehmen kann.

Zusammenfassung

- Die **Beschaffung** versorgt ein Unternehmen mit Gütern, Dienstleistungen und Rechten.
- Der **Beschaffungsplan** umfasst: Mengenplanung, Zeitplanung, Preisplanung.
- Die **optimale Bestellmenge** erfordert ein Minimum an Beschaffungs- und Lagerkosten.
- Die **A-B-C-Analyse** gewichtet die Warensorten.
- **Bestellpunkt** (Richtbestand oder Meldebestand) = (täglicher Bedarf · Beschaffungszeit in Tagen) + Mindestbestand.
- **Bestellrhythmus** = feste Liefertermine wiederholen sich periodisch.
- Die anfordernden Abteilungen müssen die Einkaufsabteilung von allen sie betreffenden Vorgängen im Betrieb unterrichten.
- Mit der **Preisplanung** wird der aufwendbare Einkaufspreis festgelegt.

Aufgaben

1 Weshalb ist auch im Großbetrieb möglichst zentrale Beschaffung anzustreben?

2 Welche überbetrieblichen Zusammenschlüsse zum gemeinsamen Einkauf kennen Sie?

3 Aus welchen Teilbereichen setzt sich die Beschaffungsplanung zusammen?

4 Gliedern Sie überschlägig die Waren Ihres Ausbildungsbetriebs nach der A-B-C-Methode!

5 Berechnen Sie den Bestellpunkt: Wochenbedarf 350 Stück, Lieferzeit 3 Wochen, Mindestbestand 250 Stück.

6 Orientieren Sie sich, wie die Beschaffungsplanung in Ihrem Ausbildungsbetrieb durchgeführt wird!

7 Weshalb ist das Bestellpunktverfahren dem Bestellrhythmusverfahren überlegen?

6.1.6 Die Bezugsquellen

Problem

Die Eisenwarengroßhandlung P. Gärtner GmbH & Co. KG möchte ihr Sortiment auf Motorrasen- mäher ausdehnen. Woher kann sie erfahren, wer solche Mäher herstellt?

Sachdarstellung

Beim Bezug von Waren greift die Einkaufsabteilung zunächst auf bereits vorhandene Bezugs- quellen zurück *(interne Informationen)*. Es müssen jedoch laufend alle Möglichkeiten ausge- schöpft werden, eventuell neue, günstigere Bezugsquellen durch *externe Informationen* zu er- schließen.

6.1.6.1 Interne Bezugsquelleninformationen

Bei bereits *bestehenden Geschäftsverbindungen* werden die *Liefererkartei* oder die *Warenkar- tei* als **Bezugsquellenkarteien** herangezogen.

● Auf der **Liefererkartei** sind alle Waren ersichtlich, die uns ein einzelner Lieferer beschaffen kann.

Sie enthält außerdem genaue Angaben über
– Qualität der einzelnen Artikel
– Lieferbedingungen
– Lieferzeit
– Zahlungsbedingungen
– Preise.

A	B	C	D	E	F	G	H	I	J	K	L	M	N	O	P	Q	R	S	T	U	V	W	X	Y	Z
Jan.		Febr.		März		April		Mai		Juni		Juli		Aug.		Sept.		Okt.		Nov.			Dez.		
1	2	3	4	5	6	7	8	9	10	11	12	13	14	15	16	17	18	19	20	21	22	23	24	25	26	27	28	29	30	31

Karten-kopf

Lieferfirma: Werkzeugfabrik Schober & Co. Laufener Str. 108 74081 Heilbronn	Sachbearbeiter: Herr Schweizer	Kurzbezeichnung
Telefon: 07131/ 67244	Lieferbedingung: ab Werk	31008
	Zahlungsbedingungen: 3% Sk / 10T Ziel 2 Monate	

Karten-rumpf

Warenart	Bestell-Nr.	Unsere Artikel-Nr.	Anfrage vom	Angebot vom	Preis je Einheit EUR		Bemerkungen
Kreissägeblatt 300 mm Ø	1424	200226	16.01. …	20.01. …	8,20	St.	
Kreissägeblatt 350 mm Ø	1425	200227	16.01. …	20.01. …	11,15	St.	
Kreissägeblatt 400 mm Ø	1426	200228	16.01. …	20.01. …	13,95	St.	
Spiralbohrer 13 teilig rs 1,5 – 6,5 mm	2117	200740		02.03. …	2,98	Satz	
Spiralbohrer 19 teilig rs 1 – 10 mm	2119	200741		02.03. …	6,30	Satz	

Karten-fuß

Kurz-Druck 6 000/ . . Nr. 7158

Die **Liefererkartei** kann dabei in Form von einzelnen *Karteikarten* geführt werden.

- Die **Warenkartei (Artikelkartei)** gibt Aufschluss über die verschiedenen Lieferer, welche den gleichen Artikel liefern können. Die Auflistung aller dieser Lieferer kann manuell oder mit der EDV erfolgen.

Liste der möglichen Lieferer für einen Artikel

```
TEILE-NUMMER      : 200226         KL: w-krsgbl                              ST:A
BENENNUNG         : Kreissägeblatt
TEILEART          : W BEZUGSART :              BASISMENGE: 0      MASSEINHEIT :ST
STUECKLISTEN-NR.:                              LAGERPLATZ: 2-376
                   FENSTER LIEFERANTEN
 NR LIEFE.NR       KLASSIFIZIERUNG             ST LIEFERANTEN-NAME
  8  31008         Werkzeuge                   H  Schober & Co.
 11  31009         Werkzeuge                   H  H. Groß GmbH & Co. KG
 12  31014         Werkzeuge                   H  Südd. Werkzeuge GmbH
 17  31017         Werkzeuge                   H  Berger & Klein KG
```

Die Zusammenstellung aller Daten der Lieferer, die infrage kommen, ist damit eine unentbehrliche Hilfe beim Vergleich verschiedener Angebote (siehe Abschnitt 6.2.2 Der Angebotsvergleich!).

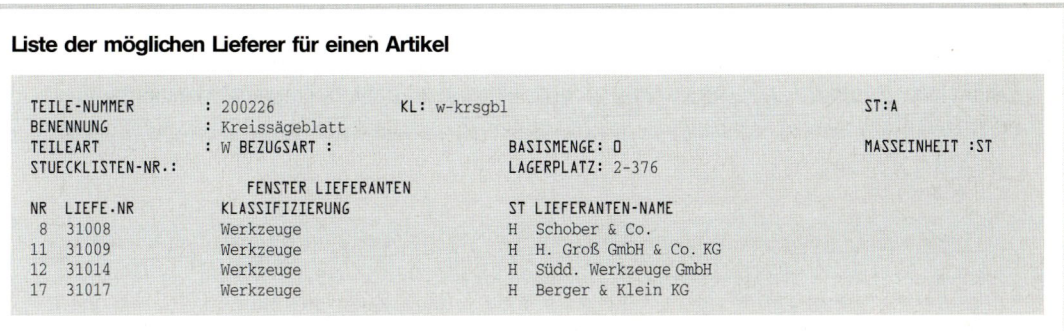

```
...................................................................................
LIEFERANT: 31008    T-NR: 200226    KLASSIF: Werkzeuge   NAME: Schober & Co.     GESCHAEFTSZWEIG:   STATUS:4
  ADRESSDATEN        : STRASSE                           KAT-PLZ   ORT           Werkzeugfabrik
  RECHNUNGSADRESSE   : Lauffener Str. 108                D-74081 Heilbronn
  SONSTIGES          : SACHBEARBEITER: Herr Schweizer
  KONDITIONENDATEN   : Preis/St.    Lieferb.  Lieferzeit
                       8,20         ab Werk   14
                       RABATT BONUS  SKTO-TAGE SKONTO     ZAHLUNGSZIEL LIMIT        USTSATZ
                       0,00  0,00    10        3,00       60           0,00         16,00
  LETZTES ANGEBOT    : 20. Januauar ..
------------------------------------------------------------------------------------
LIEFERANT: 31009    T-NR: 200226    KLASSIF: Werkzeuge   NAME: H. Groß GmbH & Co. KG  GESCHAEFTSZWEIG: STATUS:4
  ADRESSDATEN        : STRASSE                           KAT-PLZ   ORT           Präzisionswerkzeuge
  RECHNUNGSADRESSE   : Postfach 10  15 08                D-34130 Kassel
  SONSTIGES          : SACHBEARBEITER: Herr Weise
  KONDITIONENDATEN   : Preis/St.    Lieferb.  Lieferzeit
                       8,15         ab Werk   30
                       RABATT BONUS  SKTO-TAGE SKONTO     ZAHLUNGSZIEL LIMIT        USTSATZ
                       0,00  0,00    0         0,00       30           0,00         16,00
  LETZTES ANGEBOT    : 3. April ..
------------------------------------------------------------------------------------
LIEFERANT: 31014    T-NR: 200226    KLASSIF: Werkzeuge   NAME: Südd. Werkzeuge    GESCHAEFTSZWEIG:   STATUS:4
  ADRESSDATEN        : STRASSE                           KAT-PLZ   ORT
  RECHNUNGSADRESSE   : Benzstr. 30-32                    D-93053 Regensburg
  SONSTIGES          : SACHBEARBEITER: Frau Grein
  KONDITIONENDATEN   : Preis/St.    Lieferb.  Lieferzeit
                       9,05         frei Haus 10
                       RABATT BONUS  SKTO-TAGE SKONTO     ZAHLUNGSZIEL LIMIT        USTSATZ
                       0,00  0,00    14        2,00       30           0,00         16,00
  LETZTES ANGEBOT    : 12. April ..
```

6.1.6.2 Externe Bezugsquelleninformationen

Obwohl der seitherige Lieferer nicht grundlos gewechselt wird, orientiert sich ein wendiger Kaufmann immer über neue Liefermöglichkeiten und neue Produkte. Diese Bezugsquellen erfährt er z. B. durch:

- Vertreterbesuche

- Besuch von Messen und Ausstellungen

- Fachzeitschriften, z. B. Branchenberichte, Messen- und Marktberichte, firmenkundliche Berichte

- Mustersendungen

- Bezugsquellenverzeichnisse. Dazu zählen Sammlungen von Prospekten; Katalogen; Preislisten; Besuchskarten; früheren Angeboten; Adressbüchern und Branchenverzeichnissen wie „Wer liefert was?", „ABC der Deutschen Wirtschaft", „Einkaufs-1×1 der deutschen Industrie", Branchen-Fernsprechbücher „Gelbe Seiten", Deutsches Bundestelefonbuch für die gewerbliche Wirtschaft.

Alle diese Unterlagen über Bezugsquellen müssen in ein *Ordnungssystem* gebracht werden, damit sie jederzeit zugriffsbereit sind.

Anhand dieser Daten kann ebenfalls eine **Bezugsquellenkartei** angelegt werden.

Zusammenfassung

- Bezugsquellen können anhand
  - interner Informationen, z. B. Lagerkartei, oder
  - externer Informationen, z. B. Fachzeitschriften, Messen,

  festgestellt werden.
- Vor der Beschaffung müssen möglichst viele Bezugsquellen für den gesuchten Artikel festgestellt werden.
- Unterlagen wie Prospekte, Preislisten, Kataloge werden systematisch gesammelt und in einer Bezugsquellenkartei erfasst.
- Durch Vergleich mit neuen Bezugsquellen muss die Leistungsfähigkeit des seitherigen Lieferers laufend überprüft werden.

Aufgaben

1 Warum orientiert sich auch ein zufriedener Kunde immer über neue Liefermöglichkeiten?

2 Nennen Sie Möglichkeiten, neue Lieferanschriften zu bekommen!

3 Suchen Sie in Ihrer Tageszeitung geeignete Anzeigen! Wie würden Sie die Anfrage formulieren?

4 Welche Unterlagen könnten zusätzlich über Lieferer gesammelt werden?

5 Wie werden in Ihrem Ausbildungsbetrieb Bezugsquellen ermittelt?

6.2 Anfrage – Angebotsvergleich
Allgemeine Geschäftsbedingungen

6.2.1 Die Anfrage

Problem

In der Fachzeitschrift „Der Möbelhändler" wurden die neuesten Modelle der Kölner Möbelmesse besprochen. Dabei interessieren uns besonders die Modelle der Berliner Tischfabrik, die wir bisher noch nicht in unserer Möbelgroßhandlung führen. Wir schreiben deshalb an den Berliner Hersteller. Worum werden wir bitten?

Sachdarstellung

Mit einer **Anfrage** soll festgestellt werden, welche Waren ein bestimmter Lieferer zu bestimmten Bedingungen liefern kann.

Die Anfrage ist **unverbindlich.** Daher können bei der Suche nach einem bestimmten Artikel beliebig viele Lieferer *ohne rechtliche Bindung* angeschrieben werden. Auf diese Weise kann die günstigste Bezugsquelle ermittelt werden.

Durch eine Anfrage können

- *Geschäftsbeziehungen neu* angebahnt werden,
- *seitherige Lieferer* zur Abgabe eines Angebots aufgefordert werden.

Die Anfrage kann

- *allgemein sein:* „Teilen Sie uns Ihr gesamtes Lieferprogramm mit …" „Wir bitten um den Besuch eines Vertreters."
- *bestimmt sein:* „Bieten Sie uns 2 t Packpapier, braun, in Bogen A2, 150 g/m^2 mit Muster an."

Die Anfrage ist an *keine* bestimmte *Form* gebunden. Sie kann also schriftlich, mündlich, telegrafisch usw. erfolgen.

Zusammenfassung

- Die Anfrage ist **immer unverbindlich** und an keine Form gebunden.
- Durch die Anfragen werden
  a) neue Geschäftsverbindungen angebahnt,
  b) bestehende Geschäftsverbindungen erneuert.
- Die Anfrage kann **allgemein** gehalten oder auf eine bestimmte Ware **gezielt** gerichtet werden.

Aufgaben

1 Warum ist der Anfragende nicht gebunden?

2 Was wird auf eine Anfrage hin erwartet?

3 In welchen Fällen werden wir eine bestimmte Anfrage senden?

Aufgabe

Unsere Firma: Elektrogroßhandlung Baumgärtner KG, Neckarstraße 135, 70190 Stuttgart.

Vorgang: In der Fachzeitschrift ØLichtø lag ein Prospekt der Beleuchtungskörperfabrik Schulz & Hofmann GmbH, Cottbuser Straße 66, 01587 Riesa, bei. Da wir unser Sortiment ausbauen wollen, fordern wir von Schulz & Hofmann ein genaues Angebot für 10 Glasplatten-Pendelleuchten, sechsflammig, Ø 37 cm, Bestell-Nr. 681; 15 Kunststoff-Pendelleuchten, einflammig, Ø 35 cm, Bestell-Nr. 912; 5 Messinggehänge, dreiflammig, Rauchgläser, Ø 42 cm, Bestell-Nr. 107. Das Angebot soll auch Angaben über Sonderbedingungen, wie Mengenrabatte und Boni (Umsatzrückvergütung), enthalten. Referenzen sind zu benennen und ausführliche Kataloge zu senden.

Angaben zur Bearbeitung: Fordern Sie von der Firma Schulz & Hofmann GmbH ein Angebot an!

Lösung

Der betriebswirtschaftlich-rechtliche Sachverhalt

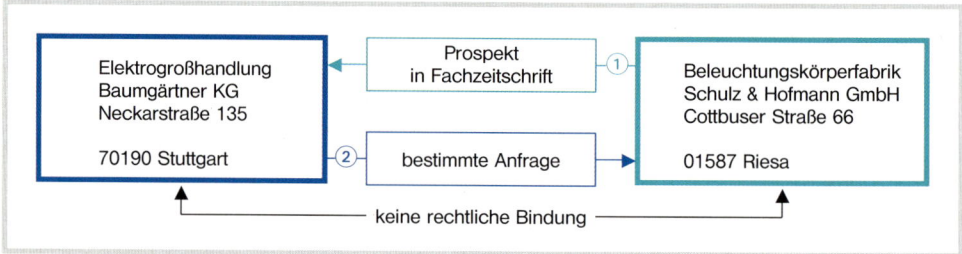

(1) Die Elektrogroßhandlung Baumgärtner KG wird durch den Prospekt auf die Firma Schulz & Hofmann GmbH aufmerksam.

(2) Die Anfrage der Baumgärtner KG soll die Schulz & Hofmann GmbH veranlassen ein Angebot abzugeben. Die Anfrage ist rechtlich ohne Bedeutung.

Gliederung des Brieftextes

Bezugszeichenzeile: *Ihr Zeichen, Ihre Nachricht vom:* –; *Unser Zeichen, unsere Nachricht vom:* B/Ri; *Telefon, Name:* (07 11) 5 32 21-368 Frau Bühler; *Datum:* ..-10-06

Betreff: Anfrage nach Lampen

Inhalt:

1. Anrede
2. Begründung der Anfrage
3. Bitte um ein Angebot
4. Was soll geliefert werden?
5. Welche Sonderbedingungen werden eingeräumt?
6. Bitte um Angabe von Referenzen und Beilage von Katalogen
7. Verbindlicher Schluss
8. Gruß

Elektrogroßhandlung Baumgärtner KG

STUTTGART

Baumgärtner KG · Postfach 10 22 45 · 70018 Stuttgart

Beleuchtungskörperfabrik
Schulz & Hofmann GmbH
Cottbuser Straße 66

01587 Riesa

Ihr Zeichen, Ihre Nachricht vom	Unser Zeichen, unsere Nachricht vom	Telefon, Name (07 11) 5 32 21 -	Datum
	B/ri	368 Frau Bühler	. . - 10 - 06

Anfrage nach Lampen

Sehr geehrte Damen und Herren,

in der Fachzeitschrift „Licht" fanden wir Ihren Farbprospekt. Da wir unser Sortiment erweitern wollen, bitten wir Sie um ein Angebot mit Angabe der genauen Liefer- und Zahlungsbedingungen für:

10 Glasplatten-Pendelleuchten, sechsflammig, ø 37 cm	Best-Nr. 681
15 Kunststoff-Pendelleuchten, einflammig, ø 35 cm	Best-Nr. 912
5 Messinggehänge, Rauchgläser, dreiflammig, ø 42 mm	Best-Nr. 107

Welchen Mengenrabatt räumen Sie ein? Welche Umsatzhöhe ist erforderlich, um am Jahresende eine Umsatzrückvergütung zu erhalten?

Bitte geben Sie uns Referenzen an, da wir bisher noch nicht mit Ihnen zusammengearbeitet haben. Senden Sie uns bitte Ihr Angebot bald zu und legen Sie ausführliche Kataloge mit Preislisten bei.

Wenn das Angebot günstig ausfällt, können Sie mit einer Bestellung rechnen.

Mit freundlichen Grüßen

Baumgärtner KG

ppa. *Bühler*

Bühler

Geschäftsräume	Telefon	Telefax	Kontoverbindungen
Neckarstraße 135 70018 Stuttgart	(07 11) 5 32 21 - 0	(07 11) 5 32 24 60	Deutsche Bank Stuttgart (BLZ 600 455 04) Konto-Nr. 328 216 Postbank Stuttgart (BLZ 600 100 70) Konto-Nr. 1024 38 - 706

Aufgabe 1

Unsere Firma: Textilgroßhandels-GmbH, Bahnhofstraße 60, 90402 Nürnberg.

Vorgang: Am 20. September .. fragen wir bei unserem Lieferer, der Weberei Hans Huber eKfm., Isenburgstraße 98, 60388 Frankfurt, an, ob er noch einen Extraposten Frottiertücher für das Weihnachtsgeschäft liefern kann. Gedacht ist an Handtücher 50 × 100 cm, Badetücher 100 × 150 cm, Gästetücher 30 × 50 cm, Walk-Frottierstoff, 100 % Baumwolle, Farbe sortiert. Der Preis müsste sehr günstig sein. Voraussichtliche Abnahmemenge je Art 2 000 bis 3 000 Stück. Das Angebot mit genauen Angaben wie Farbe usw. muss uns unverzüglich unterbreitet werden, da noch andere Firmen eingeschaltet sind.

Angaben zur Bearbeitung: Schreiben Sie am 20. September .. den Brief an die Weberei Huber!

Aufgabe 2

Unsere Firma: Bamberger Metallwarengroßhandlung GmbH, Seewiesenstraße 9–15, 96049 Bamberg.

Vorgang: Wir suchen für Kochtöpfe einen neuen Lieferer. Von einem Vertreter haben wir erfahren, dass die Feinmechanische Werkstätte Blum OHG, Rheinstraße 12, 77652 Offenburg, solche Töpfe herstellt. Wir senden drei Muster und erbitten jeweils ein Angebot in verschiedenen Qualitäten: einbrennlackiert, emailliert und in Aluminium.

Angaben zur Bearbeitung: Fragen Sie am 10. Oktober .. bei der Firma Blum an und verlangen Sie ein Angebot!

6.2.2 Der Angebotsvergleich

Problem

„Wer die Wahl hat, hat die Qual!" Auf unsere Anfragen nach 80 Stück Kombinationsregalen hin erhielten wir drei Angebote über Regale gleicher Qualität, die wir in einem Vordruck (siehe S. 197!) gegenüberstellen. Für welches Angebot entscheiden wir uns?

Sachdarstellung

Wenn auf unsere Anfragen hin verschiedene Angebote eingegangen sind, müssen sie verglichen werden, um eine Entscheidungsgrundlage zu erhalten.

Um diese Angebote miteinander vergleichen zu können und sich dann für einen bestimmten Lieferer zu entscheiden, müssen *neben*

- den *Lieferer-* und *Zahlungsbedingungen,*
- den sich daraus ergebenden *Einstandspreisen*
  auch
- die *Zuverlässigkeit* und der *Kundendienst*

des Lieferers mit in die Überlegungen einbezogen werden.

Preise können nur dann verglichen werden, wenn sie vereinheitlicht sind, d. h., es wird für jedes Angebot der **Bezugspreis (Einstandspreis)** berechnet. Das ergibt einen ersten Anhaltspunkt.

Gleichartige Qualität bei den Angeboten vorausgesetzt muss jetzt die Auswirkung der *Preisnachlässe* berücksichtigt werden. Gleichzeitig sind die Lieferzeiten in Beziehung zum *Bestellpunkt*, zum *Meldebestand* zu setzen. Es ist zu prüfen, ob die *Lieferzeit ausreicht*.

Angebotsvergleich (nachgefragte Menge 80 Stück)			
Vertragsbedingungen	**Angebot A**	**Angebot B**	**Angebot C**
Preis je Stück	14,70 EUR	16,00 EUR	14,30 EUR
Lieferbedingungen	ab Werk	frei Haus	ab Werk
Gesamtpreis			
Bezugskosten	33,50 EUR	–	35,00 EUR
Bezugspreis			
Zahlungsbedingungen	3 % Skonto, 1 Monat Ziel	netto Kasse	2 % Skonto, 3 Monate Ziel
Lieferzeit	10 Tage	sofort	3 Wochen
Besondere Bedingungen	Eigentumsvorbehalt	–	Mindestabnahme 100 Stück

Wurde früher schon Ware von einem der Anbieter bezogen, ist auch ein *Vergleich mit früheren Angeboten* angebracht. Bei starken Preiserhöhungen seit der letzten Lieferung lässt sich vielleicht eine Preisermäßigung aushandeln.

Es darf jedoch bei einem Angebotsvergleich **nicht nur rein rechnerisch** entschieden werden. Entscheidend ist zu berücksichtigen, ob z. B.

- die **Allgemeinen Geschäftsbedingungen**[1] annehmbar sind;

- der Lieferer **zuverlässig** ist und die Lieferfrist einhält;

- der Lieferer **gleichbleibende Qualität** garantiert;

- **Reklamationen** zügig und ordentlich erledigt werden;

- der **Kundendienst** gewährleistet ist:
  - *kaufmännischer Kundendienst,* wie Kreditgewährung, Garantiegewährung, Information und Beratung beim Kauf,
  - *technischer Kundendienst,* wie Montage, Wartung, Inspektion, Reparatur, Ersatzteilversorgung;

- eventuell **Gegengeschäfte** möglich sind;

- der Lieferer mitdenkt, indem er z. B. nicht nur genau nach Vorschrift anbietet, sondern auch Änderungsvorschläge unterbreitet, die in der Produktion zu Kostensenkungen führen.

Ganz besonders ist zu beachten, dass sich der Absender nicht vollständig auf *einen* Lieferer konzentrieren soll. Fällt dieser nämlich aus, kann es zu empfindlichen und kostspieligen Störungen der eigenen Produktion kommen, z. B. wenn in einer Autofabrik der einzige Reifenlieferant ausfällt.

Alle vorstehenden Gesichtspunkte wirken auf die Entscheidung ein, sodass es oft eines verantwortlichen Einkäufers bedarf, um die richtige Entscheidung zu treffen. Auf jeden Fall soll ein verantwortungsbewusster Einkäufer so handeln, dass seine Entscheidungen objektiven Kontrollen standhalten.

---

[1] Siehe Abschnitt 6.2.3 Die Allgemeinen Geschäftsbedingungen!

Aufgaben

1 Weshalb können Angebote nicht ohne weiteres verglichen werden?

2 Führen Sie die fehlenden Berechnungen für die drei Angebote auf S. 197 durch (nachgefragte Menge 80 Stück; vgl. Problem S. 196!)!

a) Welches der Angebote würden Sie annehmen (Verbrauch je Tag 3 Stück, Bestellpunkt 75 Stück)? Begründen Sie Ihre Entscheidung!

b) Wie wirkt sich die Vertragsbedingung „Mindestabnahme 100 Stück" bei Ihrer Entscheidung aus?

3 Auf die Anfrage der Lebensmittelgroßhandlung Scholz KG nach Spargelkonserven ging von drei verschiedenen Lieferern je ein Angebot ein.

Angebot A: Bei Abnahme ab 1 000 Dosen 1,10 EUR je Dose, frei Haus
　　　　　　Bei Abnahme ab 5 000 Dosen 10 % Mengenrabatt
　　　　　　Zahlungsbedingungen: Zahlbar sofort mit 2 % Skonto
　　　　　　Lieferzeit: sofort

Angebot B: 0,96 EUR je Dose ab Werk, Frachtkosten 150,00 EUR
　　　　　　Mindestabnahme 8 000 Dosen
　　　　　　Zahlungsziel: 30 Tage, 2 % Skonto bei Zahlung innerhalb 10 Tagen
　　　　　　Lieferung: sofort

Angebot C: Bei Abnahme ab　 500 Dosen 1,10 EUR je Dose, frei Haus
　　　　　　Bei Abnahme ab 1 000 Dosen 1,05 EUR je Dose, frei Haus
　　　　　　Bei Abnahme ab 5 000 Dosen 1,00 EUR je Dose, frei Haus
　　　　　　Zahlungsbedingungen: netto Kasse
　　　　　　Lieferzeit: 30 Tage nach Bestellung

Wir unterstellen, dass zwischen den angebotenen Dosen keine Qualitätsunterschiede bestehen. Wir wollen 6 000 Dosen bestellen.

a) Vergleichen Sie die Angebote, indem Sie diese in eine Tabelle eintragen!

b) Begründen Sie, für welches Angebot Sie sich entscheiden werden und warum die anderen Angebote nicht in Frage kommen!

6.2.3　Die Allgemeinen Geschäftsbedingungen

Um *nicht bei jedem Kaufvertrag* alle generell für eine **Vielzahl von Verträgen allgemeinen Vertragsbestandteile und -bedingungen** jedesmal neu festhalten zu müssen, haben viele Unternehmungen meist auf der Rückseite des Auftragsformulars ihre **Allgemeinen Geschäftsbedingungen (AGB)** stehen, das sogenannte *„Kleingedruckte"*.

© Verlag Gehlen

Damit es für den Käufer keine unliebsamen Überraschungen im Streitfall mehr gibt, sind im **Gesetz zur Regelung des Rechts der Allgemeinen Geschäftsbedingungen (AGB-Gesetz)** vom 29. Juni 2000 (Neufassung) genaue Vorschriften festgelegt.

Grundsätzlich sind die AGB nur dann **Vertragsbestandteil** in Verträgen mit *Nichtkaufleuten (einseitiger Handelskauf),* wenn

- der Käufer ausdrücklich darauf hingewiesen wird[1];
- der Käufer vom Inhalt der AGB Kenntnis nehmen kann[1];
- der Käufer mit der Geltung der AGB einverstanden ist (AGBG §§ 2, 24).

Wichtig ist, dass *persönliche Vertragsabsprachen* **Vorrang** vor den AGB haben (Individualabreden – AGBG § 4). Im Gesetz wird der die AGB anwendende Kaufmann „Verwender" genannt.

Die **Generalklausel** des AGBG gibt an, dass Bestimmungen in den AGB unwirksam sind, wenn sie den Kunden „entgegen den Geboten von *Treu und Glauben unangemessen* benachteiligen" (AGBG § 9).

Das AGBG unterscheidet:

- **Klauselverbote mit Wertungsmöglichkeit.** Diese Bestimmungen sind zwar nicht generell verboten; sie können aber unwirksam sein, wenn der Kunde *unangemessen stark benachteiligt* wird. Im Zweifel entscheidet das Gericht (AGBG § 10).
- **Klauselverbote ohne Wertungsmöglichkeit.** Diese Bestimmungen dürfen nicht in den AGB stehen (AGBG § 11).

Im Folgenden werden einige Beispiele zu § 11 aufgezeigt. Dabei wird der Gesetzestext mit Geschäftsbedingungen aus der Praxis verglichen und gleichzeitig begründet, weshalb die Klausel ungültig ist (die Begründungen beruhen auf rechtskräftigen Gerichtsentscheidungen).

Geschäftsbedingungen aus der Praxis	Gesetzestext	Begründung für die Ungültigkeit
Kurzfristige Preiserhöhungen: Preiserhöhungen vor der Lieferung gehen zulasten des Käufers.	AGBG § 11 Nr. 1: Eine Bestimmung, welche die Erhöhung des Entgelts für Waren oder Leistungen vorsieht, die innerhalb von vier Monaten nach Vertragsabschluss geliefert oder erbracht werden sollen, ist unwirksam.	Die Klausel ist unwirksam, wenn die Lieferung innerhalb von vier Monaten vereinbart wurde.
Leistungsverweigerungsrecht: Eine Verzögerung der Zahlungsverpflichtungen ist aus der Leistung eines Garantiedienstes nicht herzuleiten.	AGBG § 11 Nr. 2: Eine Bestimmung, durch die … ein dem Vertragspartner des Verwenders zustehendes Zurückbehaltungsrecht, … ausgeschlossen oder eingeschränkt wird … ist unwirksam.	Die Klausel ist unwirksam, da sie das Zurückbehaltungsrecht ausschließt.

---

[1] Ausnahme: z. B. Kauf aus einem Automaten, an der Theatergarderobe; hier genügt Aushang der AGB.

Geschäftsbedingungen aus der Praxis	Gesetzestext	Begründung für die Ungültigkeit
Mahnung, Fristsetzung: Bei verspäteter Zahlung müssen wir 2 % Verzugskosten berechnen.	AGBG § 11 Nr. 4: Eine Bestimmung, durch die der Verwender von der gesetzlichen Obliegenheit freigestellt wird, den anderen Vertragsteil zu mahnen oder ihm eine Nachfrist zu setzen, ist unwirksam.	Die Klausel ist unwirksam, da sie keine Mahnung und keine Nachfrist vorsieht.
Beschränkung auf Nachbesserung: Die Mängelhaftung beschränkt sich grundsätzlich auf die Nachbesserung.	AGBG § 11 Nr. 10 b: Eine Bestimmung, durch die … die Gewährleistungsansprüche gegen den Verwender … auf ein Recht auf Nachbesserung … beschränkt werden, ist unwirksam, sofern dem anderen Vertragsteil nicht ausdrücklich das Recht vorbehalten wird, bei Fehlschlag der Nachbesserung … Herabsetzung der Vergütung oder … nach seiner Wahl Rückgängigmachung des Vertrags zu verlangen.	Die Klausel ist unwirksam, da sie nicht beim Scheitern der Nachbesserung ein Wiederaufleben der gesetzlichen Gewährleistungsansprüche vorsieht.
Gewährleistung, Ausschlussfrist für Mängelanzeigen: Beanstandungen, welche nicht innerhalb 8 Tagen nach Empfang der Ware gegenüber dem Verkäufer schriftlich erhoben werden, können nicht berücksichtigt werden.	AGBG § 11 Nr. 10 e: Eine Bestimmung, durch die … der Verwender dem anderen Vertragsteil für die Anzeige nicht offensichtlicher Mängel eine Ausschlussfrist setzt, die kürzer als die Verjährungsfrist für den gesetzlichen Gewährleistungsanspruch ist, ist unwirksam.	Die Klausel ist unwirksam, da sie auch versteckte Mängel erfasst und für diese eine gegenüber der gesetzlichen Verjährungsfrist verkürzte Ausschlussfrist festsetzt.

Die §§ 10 und 11 des AGBG finden *keine Anwendung bei zweiseitigen Handelskäufen,* denn es wird davon ausgegangen, dass Kaufleute die Probleme und Nachteile, die ggf. in den AGB des Vertragspartners stecken, erkennen können und sich entsprechend wehren. Sie brauchen also nicht den strengen Schutz des AGBG (AGBG § 24).

Das *AGBG gilt nicht* u. a. für Arbeitsverträge, erbrechtliche Verträge, familienrechtliche Verträge, wie Ehe- und Unterhaltsverträge, Gesellschaftsverträge, vgl. AGBG § 23!

Zusammenfassung

- Das AGBG schützt den Kunden vor unseriösen AGB.

- Individuelle **Vertragsabsprachen** haben **Vorrang** vor den **AGB.**

- **Generalklausel des AGBG:** AGB sind unwirksam, wenn sie den Kunden entgegen den Grundsätzen von Treu und Glauben unangemessen benachteiligen.

- Die Klauselverbote *gelten nicht* bei *zweiseitigen Handelskäufen.*

1 Der Privatmann Schulze kauft vom Haushaltsgerätehändler Motz eine Waschmaschine. Die AGB der Firma Motz werden zugrunde gelegt. Darin steht u. a.:

a) Bei angezeigten Mängeln nehmen wir eine Nachbesserung vor. Arbeits- und Materialkosten gehen zu unseren Lasten. Wege- und Transportkosten sind vom Käufer zu tragen.

b) Weiter gehende Ansprüche wegen Gewährleistung sind ausdrücklich ausgeschlossen.

c) Erfolgen Preiserhöhungen acht Wochen nach Vertragsabschluss und ist die Ware noch nicht geliefert, so wird der neue Preis berechnet.

d) Versteckte Mängel sind unverzüglich nach Entdeckung, spätestens nach acht Monaten anzuzeigen.

Beurteilen Sie diese AGB anhand des AGBG § 11!

2 Wie wären die Fälle a) bis d) bei einem zweiseitigen Handelskauf zu beurteilen!

3 Nennen Sie Beispiele, bei denen entschieden werden muss, ob die AGB unwirksam sind oder nicht! Verwenden Sie dazu AGBG § 10!

4 Prüfen Sie die Rechtslage in den folgenden Fällen mit Hilfe des AGBG und entscheiden Sie!

a) Herr Schick hat Möbel gekauft und sie in einem Möbelhaus gegen Entgelt in einem Schuppen abgestellt. Ein Balken fällt vom Dach und beschädigt die Wohnungseinrichtung. Der Möbelhändler verweist auf die Allgemeinen Geschäftsbedingungen, in denen die Haftung für solche Schäden ausgeschlossen ist.

b) Autofahrer Flohr montiert die vor zwei Tagen gerade gekauften, aber mangelhaften Autoreifen. Die Reifenfirma lehnt die Haftung ab und verweist auf die Klausel in ihren Lieferbedingungen, wonach Mängelrügen nur innerhalb eines Tages nach Lieferung erhoben werden dürfen.

c) Herr Dorner lässt sich eine Blitzschutzanlage installieren und ist überrascht, als der Lieferant nach einem Jahr erscheint, um die Anlage zu warten. Jetzt erst stellt er fest, dass die Lieferbedingungen eine Klausel enthalten, wonach die Firma für die nächsten zehn Jahre gleichzeitig die Wartung übernimmt.

d) Frau Gehrlich fliegt nach Lissabon und steckt auf dem Flugplatz noch schnell 5,00 EUR in einen Versicherungsautomaten, um eine Flugversicherung abzuschließen. Bei der Lektüre der Police stellt sie fest, dass die von ihr gebuchte Flugstrecke nicht in den Versicherungsschutz einbezogen ist, was am Automaten nicht kenntlich gemacht war.

6.3 Ablauf eines Beschaffungsvorgangs

Problem

In der Arbeitsvorbereitung der Küchenmaschinenfabrik Maurer oHG wird u. a. festgestellt, dass der Meldebestand an Elektroeinbaumotoren erreicht ist. Deshalb wird eine entsprechende Bedarfsmeldung über die Lagerverwaltung an den Einkauf weitergeleitet.

Welche wesentlichen Arbeitsvorgänge werden notwendig, bis die Motoren im Lager sind?

Sachdarstellung

Im Folgenden soll der Ablauf eines Beschaffungsvorgangs für Fertigungsmaterial in den wesentlichen Grundzügen dargestellt werden. Der Beschaffungsvorgang wird hierbei in drei Teile gegliedert:

- die **Beschaffungsanbahnung;**
- der **Beschaffungsabschluss;**
- die **Beschaffungsabwicklung.**

6.3.1 Die Beschaffungsanbahnung

▶ **Bedarfsmeldung** *(Anforderung)*

Sobald im Lager oder in der Materialdisposition festgestellt wird, dass z. B. bei Fertigungsmaterial oder bei Hilfs- und Betriebsstoffen der **Meldebestand** erreicht ist, also Bedarf entsteht,
wird eine **Bedarfsmeldung** an die Einkaufsabteilung weitergeleitet. Die Datenträger für diese
Bedarfsmeldungen sind je nach dem Organisationsgrad des Unternehmens verschieden, z. B.
Vordrucke, Pendelkarten, EDV-Listen.

Die Bedarfsmeldung wird von der *Einkaufsabteilung* überprüft und weitergeleitet.

▶ **Anfrage** *(Angebotseinholung)*

Wenn nicht von vornherein ein Lieferant feststeht, z. B. weil er konkurrenzlos ist, werden mit *ge-
zielten Anfragen* mögliche Lieferer zur Abgabe von genauen und (möglichst) verbindlichen Angeboten aufgefordert. Dabei sind ggf. auch neue Anbieter einzubeziehen, welche sich aufgrund
neuer Informationen *(Bezugsquellen)* ergeben haben. Die Anfragen können auch als Vordrucke
versandt werden. Dadurch wird die spätere vergleichende Bearbeitung erleichtert.

▶ **Angebotsprüfung und Angebotsvergleich**

Ehe die Entscheidung für einen Lieferer fällt, müssen die Angebote ausgewertet werden:

● Bei der **Angebotsprüfung** werden alle eingehenden Angebote
  – *formell* überprüft; z. B. ob es mit der Anfrage übereinstimmt,
  – *materiell* überprüft; z. B. Preis, Liefer- und Zahlungsbedingungen, Qualität.

● Beim **Angebotsvergleich** müssen die Angebote insbesondere hinsichtlich der Preise und der
  sonstigen Bedingungen *vergleichbar gemacht* werden (vgl. auch Abschnitt 6.2.2 Der Angebotsvergleich, Seite 196 f.!).

Sodann wird der am besten geeignete Lieferer ausgewählt. Es muss nicht immer der zunächst
günstigste Lieferer gewählt werden. Oft spielen auch andere Gesichtspunkte, wie langjährige
Geschäftsverbindungen, eine Rolle.

6.3.2 Der Beschaffungsabschluss

▶ **Abschlussverhandlungen**

Unter Umständen kann es vorteilhaft sein, mit dem ausgewählten Lieferer noch abschließend
zu verhandeln, um ein *optimales Angebot* zu erhalten.

▶ **Bestellung**

Diese kann sowohl Antrag als auch Annahme sein (vgl. Abschnitt 4.5.2 Die Bestellung und
die Bestellungsannahme, Seite 112!). Zweckmäßig ist auch hier (Mehrfach-)Vordrucke zu verwenden, um den beteiligten Stellen Nachricht geben zu können. In der Praxis vielfach übliche
Sechsfach-Vordrucke werden wie folgt verwandt:

● **Original** = *Bestellung*

- **Durchschläge**
  - als *Bestellungsbestätigung* durch den Lieferer
  - zur *Lieferterminüberwachung*
  - zur *Rechnungsprüfung*
  - zur *Warenannahme* (bleibt dort)
  - zur *Wareneingangsmeldung* an den Einkauf.

▶ **Bestellungsbestätigung** *(Auftragsbestätigung)*

Ist die Bestellungsannahme *Vertragsbestandteil,* so **muss** sie zur Gültigkeit des Vertrags erteilt werden. Sonst **kann** sie gegeben werden.

6.3.3   Die Beschaffungsabwicklung

Bei der Beschaffungsabwicklung handelt es sich überwiegend um *Kontrollen der Termine, des Wareneingangs und der Rechnung.*

▶ **Terminüberwachung**

Die Terminüberwachung und die Termineinhaltung sind besonders wichtig, da der Fertigungsablauf bei verspäteter Lieferung gestört werden könnte. Die Termine können dabei je nach Wichtigkeit z. B. tage- oder wochenweise oder im 10-Tage-Rhythmus überwacht werden.

▶ **Wareneingang**

Die Wareneingangsabteilung hat insbesondere zwei Aufgaben:
- *Bestätigung* (nach Prüfung), dass die Lieferung vertragsgemäß erfolgte;
- *Benachrichtigung* des Einkaufs und der Terminüberwachung über die Wareneingänge.

▶ **Rechnungsprüfung**

Sobald der mangelfreie Wareneingang festgestellt ist, muss wegen eventueller Skontofristen unverzüglich die Rechnung bearbeitet werden.

Sie muss anhand der Bestellung verglichen werden, also *sachlich* überprüft werden. Darüber hinaus ist sie auch *rechnerisch* zu überprüfen. Diese Überprüfung kann dauernd (permanent) oder in Stichproben erfolgen.

Damit ist der Beschaffungsvorgang abgeschlossen.

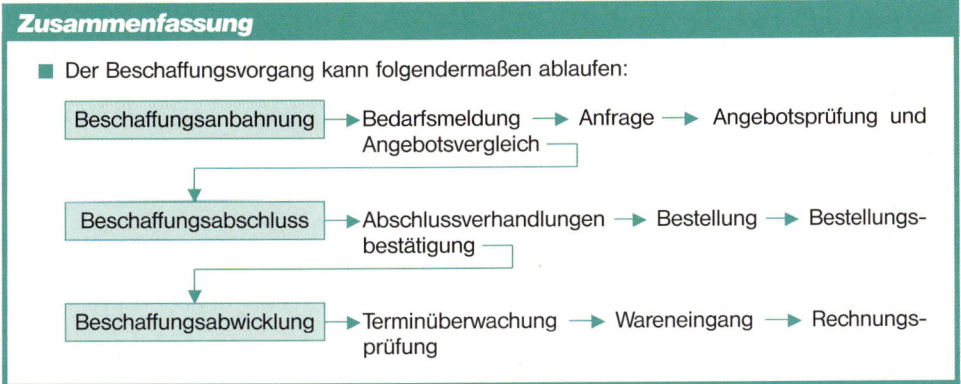

Zusammenfassung

■ Der Beschaffungsvorgang kann folgendermaßen ablaufen:

Beschaffungsanbahnung → Bedarfsmeldung → Anfrage → Angebotsprüfung und Angebotsvergleich

Beschaffungsabschluss → Abschlussverhandlungen → Bestellung → Bestellungsbestätigung

Beschaffungsabwicklung → Terminüberwachung → Wareneingang → Rechnungsprüfung

Aufgabe

1 Beschreiben Sie den Beschaffungsvorgang in Ihrem Ausbildungsbetrieb!

6.4 Vertragsverletzungen bei der Warenbeschaffung

6.4.1 Störungen des Kaufvertrags

Problem

Prokurist Neumann, Chef der Beschaffungsabteilung einer Metallwarenfabrik, hat wie immer alle Hände voll zu tun. Heute will es wieder einmal gar nicht klappen. Drei Lieferungen müssen beanstandet werden: Falsche Blechstärken wurden geliefert. Eine neue Punktschweißmaschine funktioniert nicht, ihre elektronische Anlage ist nicht in Ordnung. Eine Lieferung Hartmetallwerkzeuge weicht in mehreren Positionen von der Bestellung ab. Soeben meldet der Sachbearbeiter für Terminüberwachung, dass die Maschinenfabrik Mühlbauer GmbH trotz Mahnung zwei Stanzmaschinen nicht geliefert hat. Ein Engpass in der Herstellung wird die unausweichliche Folge sein. Herr Neumann will gleich in der Verkaufsabteilung anfragen, ob wir hierdurch nicht selbst in Lieferungsschwierigkeiten geraten. Das kann Schadenersatzprobleme geben.

Herr Neumann lässt sich aber nicht aus der Ruhe bringen. Kauf und Verkauf laufen eben nicht immer reibungslos ab.

Sachdarstellung

Erfüllen Verkäufer oder Käufer ihre vertraglichen oder gesetzlichen Verpflichtungen aus einem Kaufvertrag nicht oder nicht vollständig, so liegen *Sachmängel, Verzug des Gläubigers* oder *Verzug des Schuldners* vor. Der Kaufmann nennt diese **Störungen des Kaufvertrags:**

auf der **Beschaffungsseite**
- Lieferungsverzug und
- mangelhafte Lieferung

auf der **Absatzseite**
- Annahmeverzug und
- Zahlungsverzug

Bei allen Störungen in der Erfüllung der Vertragspflichten kann der geschädigte Partner seine Rechte nach **gesetzlichen Bestimmungen (BGB, HGB)** und den **Geschäftsbedingungen des Kaufvertrags** wahren. Dabei sollen im Geschäftsleben die kaufmännischen Gesichtspunkte zur Behebung der Störungen ausschlaggebend sein.

So wird sich der Kaufmann erst mit seinem Geschäftspartner in Verbindung setzen, um die Ursachen für die Vertragsstörung zu erfahren. Erst, wenn gütliche Verhandlungen scheitern, wird von den vertraglichen Vereinbarungen und den gesetzlichen Bestimmungen Gebrauch gemacht. Im Einzelfall kann die Rechtslage so kompliziert sein, dass die Hilfe des Rechtsanwalts in Anspruch genommen werden muss.

Um *nicht bei jedem Kaufvertrag* alle generell für eine **Vielzahl von Verträgen allgemeine Vertragsbestandteile und -bedingungen** jedesmals neu festhalten zu müssen haben viele Unternehmungen meist auf der Rückseite des Auftragsformulars ihre **Allgemeinen Geschäftsbedingungen** stehen, das sogenannte *„Kleingedruckte"* (siehe Abschnitt 6.2.3).

6.4.2 Die Sachmängelhaftung (mangelhafte Lieferung)

Problem

Ein Möbelgroßhändler erhält von einer Möbelfabrik 30 verschiedene Hängeschränkchen aus Kunststoff für Badezimmer geliefert.

Die unverzügliche Prüfung durch den Lagerleiter ergibt, dass der Inhalt der Lieferung nicht einwandfrei war.

Auf der Mitteilung des Lagers an den Einkauf steht:

1. Zwei Schränkchen der Serie „Lux 300" weisen in der Rückwand mehrere dünne Haarrisse auf; die Schränkchen wären eventuell noch verkäuflich.

2. Statt fünf Schränkchen der Serie „Compact 200" enthält die Lieferung sieben Schränkchen der Serie „Quick 100"; „Quick" wurde vor einem halben Jahr wegen mangelnder Nachfrage aus dem Verkaufsprogramm entfernt.

3. Drei Schränkchen der Serie „Box 250" weisen sehr starke Farbfehler und Unebenheiten auf; sie sind auf jeden Fall unverkäuflich.

Wie beurteilen Sie die Rechtslage in den drei Fällen der mangelhaften Lieferung?

Sachdarstellung

Eine der häufigsten Vertragsstörungen ist die fehlerhafte Ausführung von Bestellungen: falsche Ware wird geschickt, die Stückzahlen stimmen nicht mit der Bestellung überein, Geräte funktionieren nicht oder sind beschädigt. Oft stellen sich Mängel erst durch den Gebrauch der Ware heraus. Großhändler und Einzelhändler erfahren Mängel oft erst durch ihre Kunden.

Der Käufer muss feststellen, ob die vom Lieferer gesandte Ware im Zeitpunkt des Gefahrenübergangs, spätestens bei ihrem Eintreffen, mit Mängeln behaftet war.

■ Prüfungspflicht

Er hat die Pflicht zur Prüfung bei

zweiseitigem Handelskauf: **unverzüglich,** d. h. ohne schuldhaftes Verzögern;

einseitigem Handelskauf: **innerhalb von sechs Monaten** nach Lieferung. Hierbei ist aber zu beachten, dass nach einigen Monaten die Entstehung des Mangels schlechter zu beweisen ist (HGB § 377, BGB § 477).

Durch die Prüfung können folgende **Mängel** festgestellt werden:

Mangel in der **Art,**	z. B. falsche Ware (Stockschirme statt Taschenschirme).
Mangel in der **Menge,**	z. B. zu viel Ware (1 000 statt 100 Flaschen Wein), zu wenig gelieferte Ware gilt als Teil-Lieferungsverzug.
Mangel in der **Qualität/ Beschaffenheit,**	z. B. verdorbene, beschädigte Ware, falsche oder fehlerhafte Warenverpackung (Stoffe mit Webfehlern), Fehlen bestimmter Eigenschaften (Stoff mit einfach statt doppelt gezwirntem Faden).
Offene Mängel	sind ohne weiteres sofort erkennbar, z. B. ein Kratzer in einem Möbelstück.
Versteckte Mängel	werden meist erst später ersichtlich, z. B. verdorbene Konserven, Materialfehler einer Maschine.

Beispiele:

Beispiele:
- Bei verpackten Waren muss der Käufer Stichproben machen.
- Gelieferte Maschinen müssen probeweise in Betrieb genommen werden.
- Bei einer Konservenlieferung müssen einige Dosen geöffnet werden.
- Verderbliche Waren müssen so rasch wie möglich geprüft werden.

■ Rügepflicht des Käufers

Aufgrund der unverzüglichen Prüfung einer Lieferung hat der Käufer das Recht, eine mangelhafte Ware zurückzusenden, falls der Verkäufer ausdrücklich oder stillschweigend zustimmt. Ansonsten besteht nach HGB § 379 Aufbewahrungspflicht. Hierzu muss er aber den Verkäufer von dem Mangel in Kenntnis setzen und ihm in einer **Mängelrüge** die Art des Mangels genau mitteilen.

Der Käufer muss aber hierbei bestimmte **Rügefristen** beachten:

	Rügefrist für offene Mängel	Rügefrist für versteckte Mängel
Käufer und Verkäufer sind Kaufleute (HGB § 377)	unverzüglich	unverzüglich nach Entdeckung, jedoch innerhalb sechs Monaten nach Lieferung
Nur ein Vertragspartner ist Kaufmann oder **beide sind Privatleute** (BGB § 477)	innerhalb sechs Monaten nach der Lieferung	

Diese gesetzlichen Fristen gelten aber nur, wenn Käufer und Verkäufer keine längeren oder kürzeren Rügefristen im Kaufvertrag vereinbart haben. Vermerke auf Lieferungsanzeigen und Rechnungen, die nach Vertragsschluss versandt worden sind, gelten nicht als gültige Vereinbarungen.

Die Mängelrüge kann **formlos** erteilt werden; auch ein Handlungsreisender muss sie entgegennehmen (HGB § 55).

Im kaufmännischen Geschäftsgebrauch ist es aber üblich, eine Rüge schriftlich zu erteilen. Mündliche, fernmündliche oder per Telefax erteilte Rügen sollten schriftlich bestätigt werden. In jedem Falle ist es aber wichtig die *Art der Mängel* genau zu *beschreiben*.

Unterlässt der Käufer die Mängelrüge, so gilt die Lieferung als angenommen oder genehmigt. Der Käufer verliert dann seine ihm zustehenden Rechte. Dies gilt aber nicht, wenn der Verkäufer die mangelhafte Lieferung arglistig verursacht hat [HGB § 377 (2) und (5)].

■ Rechte des Käufers

Grundsätzlich hat der Käufer Anspruch auf Ersatz jeglichen Schadens, der durch die mangelhafte Lieferung entstanden ist, auch für *Folgeschäden*, z. B. beim Kauf eines kranken Schafes, das die ganze Herde ansteckt. Der Verkäufer muss bei Folgeschäden aber den Schaden *verschuldet* haben, also durch Vorsatz oder Fahrlässigkeit.

Solche **Gewährleistungsansprüche** werden in der Geschäftspraxis meist durch vertragliche Vereinbarungen ausgeschlossen, falls gesetzliche Vorschriften, z. B. das AGBG, nicht zwingend sind. Hierbei ist die Marktposition des Käufers oder Verkäufers entscheidend. Ein kleiner

Zulieferer eines Kaufhaus-Konzerns wird jede Vertragsbedingung annehmen, wenn er hierdurch eine langfristige, umsatzstarke Absatzchance wahrnehmen kann. Besitzt der Lieferant weit gehend eine Monopolstellung für seine Erzeugnisse, so wird er dem Käufer die Vertragsbedingungen diktieren können.

Durch das **Gesetz zur Regelung des Rechts der Allgemeinen Geschäftsbedingungen (AGBG)** wird insbesondere der Endverbraucher vor unangemessenen, ihm Nachteile bringenden Vertragsbedingungen geschützt (siehe Seite 198 f.!).

Der Anspruch auf kostenlose Fehlerbeseitigung kann dem Käufer einer neuen Sache aber nie genommen werden.

Liegen keine vertraglichen Vereinbarungen vor, stehen dem Käufer bei rechtzeitig erteilter Mängelrüge folgende gesetzliche Gewährleistungsansprüche zu, die er aber nur *wahlweise* geltend machen kann (BGB § 459 ff.):

▶ **Wandelung (Rückgängigmachung des Vertrags)**

Beispiel: Mangelhafte Ware wird zurückgegeben. Der Kaufpreis wird zurückverlangt, falls er bereits bezahlt worden ist.

Der Rücktritt ist auch dann noch möglich, wenn ein versteckter Mangel vorlag, der erst bei der Verarbeitung der Ware ersichtlich wird.

▶ **Minderung (Herabsetzung des Kaufpreises)**

Beispiel: Bei einem kleinen Fehler, der die Verwendungsmöglichkeit der Ware kaum beeinträchtigt, wie Webfehler bei Stoffen, kaum sichtbare Kratzer bei Möbeln, leichte Brennfehler bei Porzellan und Glas, Fehlfarben usw., wird der Käufer die Ware behalten, aber eine Herabsetzung des Kaufpreises verlangen.

Die Wandelung oder Minderung ist dann vollzogen, wenn sich der Verkäufer auf Verlangen des Käufers mit ihr einverstanden erklärt (BGB § 465).

▶ **Ersatzlieferung**

wenn es überhaupt möglich ist, einen gleichartigen und gleichwertigen Ersatz zu liefern (Gattungssachen).

Beispiel: Ein altes Rosenthal-Porzellan, das beschädigt wurde, kann nicht ersetzt werden. Dagegen ist der Ersatz eines modernen Porzellans, Katalog-Nr. 334, möglich. Der Käufer wird stets auf Ersatz bestehen, wenn er günstig eingekauft hatte, wenn für ihn geschmacklich keine andere Ware infrage kommt oder wenn in der Zwischenzeit die Preise gestiegen sind.

Vom Gewährleistungsumtausch (Ersatzlieferung) ist der Kulanzumtausch (meist als Umtausch bezeichnet) zu unterscheiden. Der Kulanzumtausch bezieht sich immer nur auf **fehlerlose** Ware und kann beschränkt werden (z. B. „Umtausch innerhalb 14 Tagen"; „Umtausch ausgeschlossen").

▶ **Schadenersatz**

● **Der Lieferer muss Schadenersatz leisten, wenn der Ware eine bei Vertragsschluss ausdrücklich zugesicherte Eigenschaft fehlt.**

Beispiel: Eine Textilgroßhandlung erhält von einer Weberei Stoff für mehrfarbige Markisen mit der Zusicherung, der Stoff sei absolut farbecht. Eine Kunde reklamiert den Stoff, da die Farben ineinander fließen. Er ist so verärgert, dass er erklärt, in diesem Geschäft nichts mehr zu kaufen. Dem Großhändler entsteht ein Schaden durch den Verlust des Kunden, denn es entgehen ihm Gewinne, die er bei weiteren Käufern des Kunden erzielt hätte. Für diesen Schaden muss die Weberei einstehen.

● **Der Lieferer muss Schadenersatz leisten, wenn er einen Warenmangel arglistig verschweigt.**

Beispiel: Ein Reifenhändler verkauft einem Kunden, der fabrikneue Reifen verlangt, runderneuerte Reifen. Nach 5 000 km Fahrt entsteht hierdurch ein Verkehrsunfall. Der Händler muss den gesamten Schaden ersetzen.

Keine Gewährleistungsansprüche kennt das Gesetz in den Fällen, in denen

1. die Mängel unerheblich sind;

2. der Käufer die Ware trotz Kenntnis des Mangels ohne Vorbehalt annimmt und nicht rügt;

3. die Ware auf einer öffentlichen Versteigerung oder „in Bausch und Bogen" gekauft wurde.
(BGB §§ 459 ff., 460, 461, 464)

Alle oben genannten Rechte aus einem Kaufvertrag können auch bei einem **Werklieferungsvertrag** geltend gemacht werden, sofern es sich um eine vertretbare Ware (Gattungssache) handelt.

Ist die Ware aber nicht vertretbar (Speziessache), so gelten die Vorschriften über den **Werkvertrag.** Hier kann die Beseitigung des Mangels durch Reparatur verlangt werden, wenn sie für den Hersteller nicht mit einem unverhältnismäßig hohen Aufwand verbunden ist. Ist dies nicht möglich, hat der Käufer die üblichen Gewährleistungsansprüche (BGB §§ 631, 633, 638, 651).

Eine über die gesetzliche Gewährleistungspflicht hinausgehende **Garantie** berechtigt grundsätzlich nur zur **Reparatur,** wenn nicht vertraglich ausdrücklich etwas anderes vereinbart wurde (BGB § 477).

Produkthaftung. Ein Hersteller innerhalb der Europäischen Union (EU) muss grundsätzlich für den Schaden haften, der durch einen Mangel seines Produkts beim privaten Verbraucher entsteht, z. B. den Schaden eines Autounfalls infolge werksmäßig mangelhafter Bremsanlage eines Fahrzeugs. Der Geschädigte muss aber eine Selbstbeteiligung von 500,00 EUR tragen. Kleine Schäden werden also nicht ersetzt (Produkthaftungsgesetz vom 15. Dezember 1989).

Der Hersteller kann sich von der Haftungsverpflichtung befreien, wenn er entlastende Umstände geltend machen kann, z. B. Entwicklungsrisiken bei einem Arzneimittel (siehe auch Seite 157).

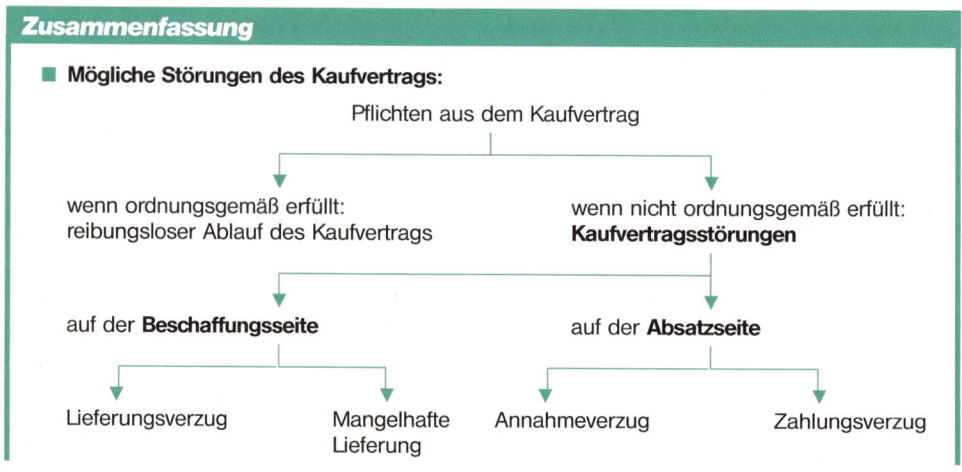

Zusammenfassung

■ **Mögliche Störungen des Kaufvertrags:**

Pflichten aus dem Kaufvertrag

wenn ordnungsgemäß erfüllt: reibungsloser Ablauf des Kaufvertrags

wenn nicht ordnungsgemäß erfüllt: **Kaufvertragsstörungen**

auf der **Beschaffungsseite**

auf der **Absatzseite**

Lieferungsverzug

Mangelhafte Lieferung

Annahmeverzug

Zahlungsverzug

- ■ **Mängel in der**

Art	Menge	Qualität oder Beschaffenheit
= falsche Ware	= zu viel oder zu wenig	– fehlerhafte Ware – Fehlen zugesicherter Eigenschaften

  - offene Mängel: sofort erkennbar
  - versteckte Mängel: nicht sofort erkennbar

- ■ **Prüfungspflicht des Käufers**

beim zweiseitigen Handelskauf *unverzüglich*	beim einseitigen Handelskauf: *innerhalb von sechs Monaten nach Lieferung*

- ■ **Rügepflicht des Käufers**
  - Formlose Erteilung
  - Besondere Rügefrist bei

offenen und versteckten Mängeln	zweiseitigen und einseitigen Handelskäufen

  Gesetzliche Rügepflicht gilt nur dann, wenn vertraglich keine anderen Vereinbarungen getroffen worden sind.

- ■ **Gesetzliche Gewährleistungsansprüche des Käufers**

Wandelung	Minderung = Preisnachlass	Ersatzlieferung	Schadenersatz wegen Nichterfüllung

  → bei Fehlen zugesicherter Eigenschaften
  → bei arglistiger Täuschung

- ■ **Vertragliche Regelungen** schließen gesetzliche Gewährleistungsansprüche meist aus.

- ■ **Produkthaftung** besteht für Hersteller innerhalb der EU für Mängel ihrer Produkte bei privaten Verbrauchern.

- ■ Alle Rechte aus einem Kaufvertrag können auch bei einem **Werklieferungsvertrag** geltend gemacht werden, sofern es sich um eine vertretbare Ware (Gattungssache) handelt.

- ■ Ist die Ware aber *nicht vertretbar* (Speziessache), so gelten die Vorschriften über den **Werkvertrag.** Hier kann die Beseitigung des Mangels durch Reparatur verlangt werden, wenn sie für den Hersteller nicht mit einem unverhältnismäßig hohen Aufwand verbunden ist. Ist dies nicht möglich, hat der Käufer die üblichen Gewährleistungsansprüche.

- ■ Eine über die gesetzliche Gewährleistungspflicht hinausgehende **Garantie** berechtigt grundsätzlich nur zur **Reparatur,** wenn nicht vertraglich ausdrücklich etwas anderes vereinbart wurde.

1 Welche Aussagen sind falsch?

a) Ein einseitiger Handelskauf ist ein Kaufvertrag zwischen Erwachsenen und Minderjährigen.

b) Ein zweiseitiger Handelskauf ist ein Kaufvertrag zwischen Kaufleuten nach HGB.

c) Einen sofort erkennbaren, meist äußerlich sichtbaren Mangel an einer Warenlieferung nennt man einen offenen Mangel.

d) Beim einseitigen wie beim zweiseitigen Handelskauf besteht unverzügliche Prüfungspflicht des Kaufmanns.

2 Ordnen Sie die Mängelarten einem der Beispiele für mangelhafte Lieferung zu!

Mängelarten:
Mangel in der (1) Art, (2) Qualität, (3) Menge und (4) Beschaffenheit

Beispiele für mangelhafte Lieferung:

a) Lieferung von 40 statt vier Handbohrmaschinen

b) Farbabweichung bei einer Stofflieferung

c) Ein Schrank ist mit Eiche statt Kiefer, wie verlangt, furniert

d) Ein Tisch ist furniert, statt wie im Kaufvertrag vereinbart, aus massivem Holz

e) Ein Autoreifen hält die Luft nicht

f) In ein Buch sind zu viele Seiten eingebunden

g) Maschinen-Ersatzteile entsprechen nicht den bestellten Artikel-Nummern

h) Die Windschutzscheibe eines Autos ist nicht wasserdicht

3 a) Warum muss der Käufer bestimmte Rügefristen beachten?

b) Nennen Sie diese Rügefristen!

c) „Unverzüglich" bedeutet „ohne schuldhaftes Zögern". Klären Sie den Rechtsbegriff „Verschulden" (BGB § 276) und bilden Sie ein Beispiel für nicht schuldhaftes Handeln für den Fall der Rügepflicht!

d) In welchem Fall haben diese Rügefristen keine Gültigkeit?

e) Stellen Sie im Zusammenhang mit der Rügefrist den Inhalt des § 11 Ziffer 4 AGBG fest!

f) Welche Rechtsfolgen treten ein, wenn nicht oder nicht rechtzeitig ein Mangel gerügt wird?

g) Weshalb wird eine Mängelrüge in der Geschäftspraxis schriftlich erteilt?

4 Welche Aussagen über gesetzliche Gewährleistungsansprüche bei mangelhafter Lieferung zwischen Kaufleuten sind richtig?

a) Unter Wandelung versteht man die Herabsetzung des Kaufpreises.

b) Minderung heißt Preisminderung.

c) Umtausch heißt Rückgängigmachung eines Kaufvertrags.

d) Ersatzlieferung ist nur bei Gattungssachen möglich.

e) Der Lieferer muss Schadenersatz leisten, wenn einer Ware eine bei Vertragsabschluss ausdrücklich zugesicherte Eigenschaft fehlt.

5 Wie ist die Rechtslage bei Gewährleistungsansprüchen zwischen Kaufleuten beim

a) Werklieferungsvertrag

b) Werkvertrag

c) Garantiefällen?

210

6 Die Maschinenfabrik K. u. E. Esenwein OHG, Heilbronn, bestellte am 8. Dezember .. bei der Firma Friedrich Lausterer, Reutlingen, zwei Öllagertanks, Typ A 313, je 10 000 l Inhalt zum Preis von 2 100,00 EUR/Stück, frei Haus.

Die Lieferung erfolgte am 15. Januar des folgenden Jahres durch die Spedition Krautter, Reutlingen.

Bei der Prüfung der Öllagertanks durch die Wareneingangskontrolle am selben Tage wurde festgestellt, dass einer der beiden Tanks nicht dicht ist („kleines Loch an der Seitenwand").

a) Um welche Art eines Mangels handelt es sich hier?

b) Welche anderen Arten von Mängeln gibt es noch? Geben Sie jeweils ein Beispiel an!

c) Welche Rechte stehen dem Käufer bei mangelhafter Lieferung wahlweise zu?

d) Welches dieser Rechte würden Sie im vorliegenden Falle geltend machen? Begründung!

7 a) Die Eisenwarengroßhandlung Weber OHG in München erhielt am 12. Februar .. von der Fahrradfabrik Adler KG in Dresden folgendes Angebot:

Herrenfahrräder „Diamant" zu 690,00 EUR je Stück, Preis frei bleibend.

Die Großhandlung bestellte am 18. Februar .. 20 Fahrräder zum Preis von 690,00 EUR je Stück. Die Lieferung erfolgte am 20. März .. Die Fahrradfabrik berechnet 700,00 EUR je Stück und begründet die Preissteigerung mit erhöhten Lohnkosten.

Begründen Sie, welchen Preis die Eisenwarengroßhandlung Weber OHG bezahlen muss!

b) Bei der Warenannahme wurde festgestellt, dass bei zwei Fahrrädern der Rahmen verzogen ist. Ein Fahrrad weist starke Lackschäden auf.

(1) Innerhalb welcher Frist müssen diese Mängel gerügt werden?

(2) Erläutern Sie, welche gesetzlichen Rechte die Großhandlung in jedem dieser beiden Fälle geltend machen kann!

8 Das „Gesetz zur Regelung des Rechts der Allgemeinen Geschäftsbedingungen" (AGBG) dient zum Schutz des Verbrauchers vor unlauteren Machenschaften der Kaufleute im sogenannten „Kleingedruckten" eines Vertrags, d. h., den für das Vertragsverhältnis geltenden Allgemeinen Geschäftsbedingungen.

Stellen Sie mithilfe des Gesetzestextes[1] fest, wie folgende Vereinbarungen in den Allgemeinen Geschäftsbedingungen rechtlich zu beurteilen sind!

a) Sämtliche Gewährleistungsansprüche sind ausgeschlossen.

b) Wandelung und Minderung sind ausgeschlossen. Es besteht lediglich ein Nachbesserungs- und Ersatzlieferungsrecht, bei dem der Kunde die Kosten des Transports sowie die Arbeits- und Materialkosten zu tragen hat.

c) Haftung für Schäden, die wegen Fehlens einer zugesicherten Eigenschaft eintreten, sind ausgeschlossen.

d) Es bestehen keine Gewährleistungsansprüche für einzelne Teile einer Sache.

e) Es besteht nur Haftung aufgrund der Garantie des Herstellers der Ware.

f) Die Rügefrist beträgt 14 Tage, bei Aufträgen über 2 000,00 EUR vier Wochen.

g) Die Gewährleistungsansprüche sind ausgeschlossen, wenn offene Mängel nicht unverzüglich mitgeteilt werden.

h) Bei versteckten Mängeln besteht nach Ablauf von drei Monaten keine Gewährleistungspflicht.

[1] Siehe Gönner-Wiegel, Gesetzessammlung für Wirtschaftsschulen, Verlag Gehlen, 40. Auflage 1999.

9 Erwin Schäfer, Spielwarengeschäft, Wiesenweg 15, 75181 Pforzheim, erhält von der Spielwarengroßhandlung Adam & Schreiber, Neumarkt 24, 08560 Zwickau, eine Sendung (mehrere Pakete) Spielwaren.

a) Die Ware wird Schäfer durch den bahnamtlichen Rollfuhrunternehmer zugestellt.

aa) Worauf erstreckt sich die Prüfung, die Schäfer noch in Anwesenheit des Überbringers vornimmt?

ab) Die Prüfung zeigt, dass zwei Pakete stark beschädigt sind. Der Inhalt, 20 elfteilige Kinderporzellanservices, ist z. T. zu Bruch gegangen. Der Schaden muss, da die Ware einwandfrei verpackt war (kein Vermerk auf Frachtbrief), durch unsachgemäße Behandlung während des Bahntransports entstanden sein. Was wird Schäfer zu tun haben, um seine Rechte gegenüber der Deutschen Bahn AG zu wahren?

b) Schäfer packt sodann die übrige Ware aus, um sie gründlich zu überprüfen. In welcher Frist muss er prüfen?

c) Drei Pakete enthalten Holztraktoren. Es zeigt sich, dass ein Teil der Traktoren Lackschäden aufweist. Außer einer optischen Beeinträchtigung besitzen sie vollen Spielwert.

ca) Welches Recht könnte Schäfer in diesem Fall gegenüber dem Lieferer geltend machen? Kurze Begründung!

cb) Welche weiteren Rechte stehen dem Käufer zu, wenn der Verkäufer eine mit Qualitätsmängeln behaftete Ware liefert?

d) Schäfer verkauft und liefert am 1. Dezember eine Rennbahn mit Trafo und vier Rennwagen. Innerhalb welcher Zeit könnte gemäß BGB der Kunde Mängel der Ware bei Schäfer geltend machen?

10 a) Was versteht man unter Produkthaftung?
b) Bilden Sie ein Beispiel hierzu!
c) Was versteht man unter Selbstbeteiligung bei der Produkthaftung?

Schriftverkehr1 zu 6.4.2 Die Sachmängelhaftung

Aufgabe

Unsere Firma: Radio Braun, Elektro-Groß- und Einzelhandel, Eschenstraße 15, 81547 München.

Vorgang: Am 3. Januar .. trifft eine Sendung Samy-HiFi-Anlagen der Firma Import-Export Jansen & Co., Ringstraße 14, 22145 Hamburg, ein. Die Verkaufsabteilung erhält folgende Meldung von der Lagerabteilung, welche die Sendung sofort überprüfte:

Beanstandungen der Lieferung EN 4008

1. Tuner Super 3200
   Nr. 344887: Skala zerbrochen
   Nr. 344889: Gehäuse hat Kratzer

2. Ein CD-Player Japose NX 3 wurde zu wenig geliefert.

---

[1] Briefgestaltung nach DIN 5008 ist Inhalt des Faches Textverarbeitung.

Der verantwortliche Sachbearbeiter der Verkaufsabteilung macht folgende Erledigungsnotiz:

RG Nr. 344887: Rücksendung, Ersatzlieferung anfordern
RG Nr. 344889: Minderung um 10%, da noch verkäuflich
CD Japose NX 3: Nachlieferung als Post-Paket anfordern

Angaben zur Bearbeitung: Schreiben Sie am 4. Januar .. an den Lieferer die Mängelrüge!

Lösung

Der betriebswirtschaftlich-rechtliche Sachverhalt

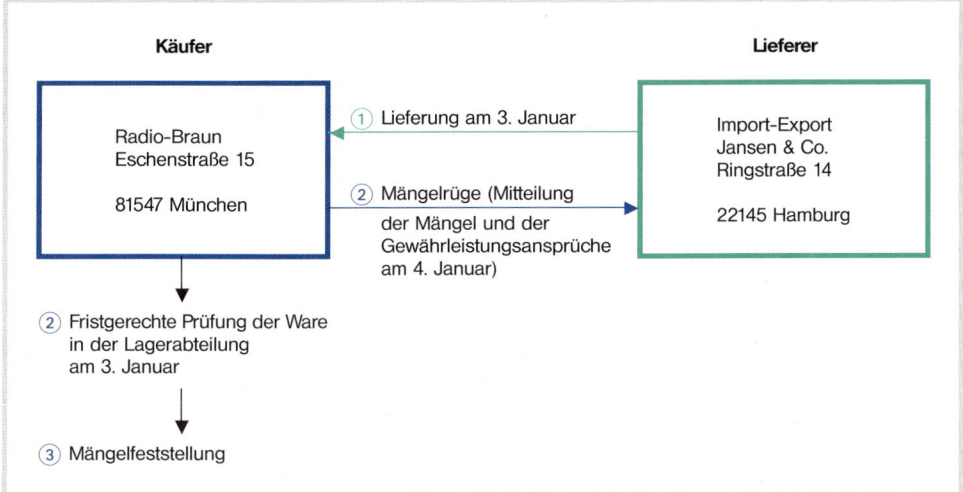

1. Da keine vertraglichen Vereinbarungen zwischen den Geschäftspartnern genannt sind, stehen der Firma Radio-Braun die gesetzlichen Gewährleistungsansprüche zu: Wandlung, Minderung, Neulieferung und Schadenersatz wegen Nichterfüllung.

2. Wenn die Sendung am 3. Januar eintraf und am gleichen Tag geprüft wurde sowie am 4. Januar die Mängelrüge an den Lieferer abging, sind die gesetzlichen Prüfungs- und Rügefristen (unverzüglich) eingehalten worden.

Gliederung des Brieftextes

Bezugszeichenzeile: *Ihre Zeichen, Ihre Nachricht vom: –; Unser Zeichen, unsere Nachricht vom:* Pa/N; *Name:* (0 89) 8 22 10-414 Karl Paulsen; *Datum:* ..-01-04

Betreff: Mängelrüge

Inhalt:

1. Anrede
2. Empfangsbestätigung der Sendung
3. Schilderung der Sachmängel
4. Gewährleistungsansprüche
5. Verbindlicher Schluss
6. Gruß

Radio-Braun · München

Radio Braun · Felsenstraße 15 · 81680 München

Import-Export
Jansen & Co.
Ringsstraße 14

22145 Hamburg

Ihr Zeichen, Ihre Nachricht vom	Unser Zeichen, unsere Nachricht vom	Telefon, Name (089) 8 22 10 -	Datum
	Pa / N	414 Karl Paulsen	. . - 01 - 04

Mängelrüge

Sehr geehrter Herr Jansen,

Ihre Lieferung EN 4008 von verschiedenen Stereoanlagen ist bei uns eingetroffen.

Leider haben wir bei der unverzüglichen Überprüfung der Sendung folgende
Mängel festgestellt:

1. Tuner Super 3200
   Nr. 334 887: Skala ist zerbrochen
   Nr. 344 889: Gehäuse weist Kratzer auf
2. Ein CD-Player Japose NX 3 wurde zu wenig geliefert.

Unsere Gewährleistungsansprüche lauten:

a) Der Tuner Super 3200 Nr. 344 887 ist mit einer zerbrochenen Skala unverkäuflich.
   Wir haben das Gerät heute an Sie zurückgesandt und bitten um Neulieferung bis zum
   10. Januar ..
b) Tuner Super 3200 Nr. 344 889 ist zu einem herabgesetzten Verkaufspreis noch abzusetzen. Wir bitten Sie mit einer Preisminderung von 10 % einverstanden zu sein.
c) Auf den CD-Player Japose NX 3 wartet seit Wochen ein guter Kunde.
   Bitte liefern Sie das Gerät umgehend nach.

Wir nehmen an, dass Sie unsere Gewährleistungsansprüche billigen und bitten
darum in Zukunft auf sorgfältigere Ausführung unserer Bestellungen zu achten.

Mit freundlichen Grüßen

RADIO-BRAUN

i. A. *Paulsen*

Paulsen

Geschäftsräume	**Telefax**	**Kontoverbindungen**
Felsenstraße 15	(0 89) 86 21 44	Bayerische Vereinsbank (BLZ 700 202 70) Konto-Nr. 003 856 800
81680 München		Postbank München (BLZ 700 100 80) Konto-Nr. 284 62 - 802

Übungsaufgaben

Aufgabe 1

Unsere Firma: Gebr. Braunfels KG, Großhandlung für Haushaltswaren, Parkstraße 15, 60322 Frankfurt.

Vorgang: Die Prüfung der Glaswarenlieferung der Firma Südglas-AG, Mühlenstraße 8–12, 07745 Jena, ergibt folgende Sachmängel:

1. 10 Biergläser Nr. 1008 sind in der oberen Hälfte voller Schlieren, was wohl auf einen Schmelzfehler zurückzuführen ist. Die Gläser sind nicht mehr verkäuflich.

2. 20 Whiskygläser Nr. 735/N zeigen leichte Trübungen. Sie sind zu einem herabgesetzten Preis als 3. Wahl noch verkäuflich.

3. Alle 150 Glasschalen Nr. 355/3/P zeigen kleine Risse. Sie sind unverkäuflich. Wir verzichten auf Nachlieferung, da wir inzwischen ein weit billigeres Angebot für ähnliche Schalen erhielten.

Vermerk des Leiters der Einkaufsabteilung für die Reklamation:

Zu Pos. 1: Ersatzlieferung verlangen! Eile geboten wegen Weihnachtsgeschäft.
Zu Pos. 2: Preisnachlass von 50 % verlangen!
Zu Pos. 3: Rücksendung; Verzicht auf Ersatzlieferung.

Angaben zur Bearbeitung: Schreiben Sie die Mängelrüge an die Glasfabrik (Datum: 3. März ..)! Die Prüfungs- und Rügefristen wurden eingehalten. Vertragliche Vereinbarungen stehen den gesetzlichen Gewährleistungsansprüchen nicht entgegen.

Aufgabe 2

Vorgang: Import-Export Jansen & Co., Ringstraße 14, 22145 Hamburg (siehe Aufgabe S. 212 f.), ist mit der Reklamation der Firma Radio-Braun nicht einverstanden. Die Geräte sind vor Versand genau geprüft worden. Die Sachmängel können daher nur beim Transport entstanden sein, wofür gemäß § 13 der Kaufvertragsbedingungen der Käufer die Haftung trägt. Der fehlende CD-Player Japose NX 3 wird heute als Post-Paket abgesandt. Die Import-Export-Firma bittet um Entschuldigung für das Versehen.

Angaben zur Bearbeitung: Schreiben Sie den Antwortbrief der Firma Jansen & Co. auf die Mängelrüge der Firma Radio-Braun! Datum: 6. Januar ..

Aufgabe 3

Vorgang: Die Firma Müller OHG, Fertigbauten, Lagerstraße, 99086 Erfurt, erhält heute die vor acht Tagen bei der Firma Beer & Fritz, Baustoffe, Sanitär, Böblinger Straße 16, 70178 Stuttgart, bestellte Ware, Lieferschein Nr. 4120.

Bei Prüfung der Ware werden folgende Mängel festgestellt:

1. Vier von den bestellten fünf Kristallspiegeln haben starke Kratzspuren, einer ist wegen unsachgemäßer Verpackung zerbrochen.

2. Die zehn 120-l-Druckspeicher für Badewanne und Waschtisch erhielten wir ohne die geforderte Frostschutzautomatik.

Angaben zur Bearbeitung: Teilen Sie im Auftrag Ihrer Firma dem Lieferer in einem Schreiben die Tatbestände mit und nehmen Sie darin die Rechte Ihrer Firma wahr, die unter Beachtung folgender Umstände am günstigsten sind:

zu 1. Für Kristallspiegel liegt inzwischen ein günstigeres Angebot vor.

zu 2. Im gesamten Bauprogramm der Müller OHG werden Druckspeicher nur mit Frostschutzautomatik eingebaut. Die Fertigstellung eines Hauses verzögert sich wegen des Fehlens der Automatik. Dem Bauherrn ist deshalb eine Konventionalstrafe von 100,00 EUR je Tag zu zahlen.

6.4.3 Der Lieferungsverzug

Problem

Ein Lebensmittel-Discounter aus Magdeburg bestellte am 2. März .. bei der Süßwarenfabrik Erwin Müller, Industriestraße 178–180, Postfach 305, 8500 Nürnberg, 20 000 Tafeln Schokolade, Vollmilch, Best.-Nr. 703, zum Preis von 5 500,00 EUR.

Die Lieferung sollte bis Ende März erfolgen. Dieser Termin wurde auch bestätigt. Am 5. April ist die Lieferung noch nicht eingetroffen. Durch einen Telefonanruf erfahren wir, dass die Süßwarenfabrik wegen Auftragsüberlastung in Lieferschwierigkeiten geraten ist.

Wie beurteilen Sie die Rechtslage, wenn wir bei einem anderen Lieferer die Schokolade sofort, aber 12,5 % teurer erhalten können?

Sachdarstellung

Ein Lieferer kann in Lieferungsverzug kommen, wenn er seine Lieferpflicht aus einem rechtsgültig abgeschlossenen Kaufvertrag nicht erfüllt.

Der Lieferungsverzug liegt aber nur vor, wenn er in einer *Verzögerung der Leistung* seine Ursache hat. Die Leistung muss also „nachholbar" sein. Anderenfalls liegt *Unmöglichkeit der Leistung* vor, welche andere Rechtsfolgen nach sich zieht.

■ Voraussetzungen

- Die Lieferung muss **fällig** sein, d. h., der Schuldner muss nicht oder nicht rechtzeitig geleistet haben [BGB § 284 (1)].

- Die Lieferung muss nach Fälligkeit durch eine **Mahnung** angefordert werden [BGB § 284 (1)]. Der Schuldner wird jeweils nach Eintritt der vertraglich vereinbarten Fälligkeiten gemahnt.

  Eine Mahnung ist nicht erforderlich:

  – wenn der Leistungstermin *kalendermäßig* bestimmt ist, z. B. „Lieferung am 1. April", „Lieferung im September" [BGB § 284 (2)]; in diesem Falle wird der Schuldner gewissermaßen durch den Kalender gemahnt. Dies gilt auch für das *Fixgeschäft,* bei dem der Leistungstermin von so entscheidender Bedeutung ist, dass mit seiner Einhaltung das Geschäft steht oder fällt (BGB § 361).

    Beispiel: Lieferung zum 28. Februar fest (fix). Es genügt nicht die bloße Berechnungsmöglichkeit nach dem Kalender, z. B. 2 Wochen nach Abruf.

  – Bei der *Selbstinverzugsetzung,* d. h., wenn der Lieferer ausdrücklich erklärt, dass er nicht liefern werde.

- Der Lieferer muss **schuldhaft,** d. h. *vorsätzlich* oder *fahrlässig* die Lieferung verzögern oder unterlassen (BGB §§ 276, 285). Bei Gattungssachen ist aber Verschulden nicht erforderlich.

Vorsätzlich handelt, wer absichtlich eine Handlung vollzieht und den Eintritt des Schadens voraussieht.

Fahrlässig handelt, wer die den Umständen nach angemessene Sorgfalt außer Acht lässt.

Beispiel: Eine Baumaterial-Großhandlung unterlässt die Beleuchtung und Abschrankung einer Lagerstraße in der Hoffnung, es werde schon nichts passieren. Der Inhaber handelt fahrlässig und wird bestraft, wenn jemand in den Graben stürzt und sich verletzt.

216

■ *Rechte des Käufers*

Unter diesen Voraussetzungen kann der Käufer

▶ **ohne Nachfristsetzung**

● **Lieferung verlangen.**

   Beispiel: Der Käufer kann eine Ware von keiner anderen Firma erhalten.

● **Lieferung und Schadenersatz wegen verspäteter Lieferung verlangen,** wenn ein Verzögerungsschaden eingetreten ist.

   Beispiel: Ein Käufer erleidet deshalb einen Verspätungsschaden, weil er mit einem wichtigen Ersatzteil für eine Maschine nicht rechtzeitig beliefert wurde und auch von keiner anderen Seite eine Lieferung erreichen kann. Die Produktion liegt still [BGB § 286 (1)].

▶ **nach Stellung und Ablauf einer angemessenen Nachfrist**

● **Lieferung ablehnen und vom Vertrag zurücktreten.**

   Beispiel: Wird innerhalb der Nachfrist nicht geliefert, verzichtet der Käufer auf die Lieferung, wenn die Preise inzwischen gesunken sind oder er ein günstigeres Angebot erhielt (BGB § 286);

   oder

● **Lieferung ablehnen und Schadenersatz wegen Nichterfüllung verlangen.**

   Beispiel: Wenn Verkäufer innerhalb der Nachfrist nicht liefert, aber der Käufer die Ware so dringend braucht, dass er sie zu einem höheren Preis von einer anderen Firma beschaffen muss (Deckungskauf [vgl. BGB § 326]). Den Preisunterschied muss der Lieferer bezahlen [BGB § 286 (2)].

▶ **Keine Nachfrist wird gesetzt**

● Beim **Fixkauf.** Besonders bedeutsam für den Kaufmann ist der vom bürgerlichen Fixgeschäft (BGB § 361) zu unterscheidende Fixkauf als Handelskauf. Ein Handelskauf liegt vor, wenn der Vertrag von einem Kaufmann im Rahmen seines Handelsgewerbes abgeschlossen wird. Dabei wird der Liefertermin und seine Einhaltung zum wesentlichen Vertragsbestandteil (Zusatz „fix", „fest"). Der Käufer kann ohne Rücksicht auf Verschulden des Verkäufers vom Vertrag zurücktreten. Zur Geltendmachung eines Schadens wegen Nichterfüllung muss auch hier ein Verschulden des Verkäufers vorliegen. Besteht der Käufer trotz der Lieferungsverzögerung auf Erfüllung des Kaufvertrags, muss er unverzüglich nach Ablauf des Liefertermins dem Verkäufer ausdrücklich mitteilen, dass er auf Lieferung bestehe (HGB § 376).

● Beim **Zweckkauf,** d. h. wenn die verzögerte oder unterlassene Lieferung für den Käufer keinen Sinn mehr hat.

   Beispiel: Lieferung von Christbäumen nach Weihnachten.

   Während hier der Käufer sein mangelndes Interesse dem Gläubiger darlegen muss, wird beim Fixgeschäft das mangelnde Interesse durch die genaue Festlegung des Liefertermins bzw. der Lieferfrist für den Gläubiger erkennbar.

● Bei der **Selbstinverzugsetzung.**

■ Schadenberechnung beim Lieferungsverzug

Steht im Gesetz „Schadenersatz wegen Nichterfüllung", muss der Geschädigte so gestellt werden, als sei wirklich der Vertrag erfüllt worden. Der Schaden ist stets durch Geld zu ersetzen (BGB § 249).

Verlangt nun der Käufer von seinem Lieferer Schadenersatz wegen Nichterfüllung, muss er dem Lieferer den Schaden durch eine Schadenersatzberechnung beweisen können. Hat der Kunde z. B. bei einem Deckungskauf einen höheren Preis bezahlen müssen, so kann aufgrund der Rechnung ein **konkreter – tatsächlicher – Schaden** nachgewiesen werden. Ein **abstrakter – angenommener – Schaden** entsteht dadurch, dass einem Käufer durch verspätete Lieferung oder Nichtlieferung Gewinn entgangen ist – ein Auftrag konnte z. B. nicht ausgeführt werden – oder dass sein Ruf als ordentlicher Geschäftsmann nachweisbar geschädigt wurde. Dieser abstrakte Schaden ist meist schwierig nachzuweisen und zu berechnen, da konkrete Beweise fehlen. Deshalb vereinbart der Käufer mit dem Lieferer häufig eine **Vertragsstrafe** *(Konventionalstrafe)*. Im Kaufvertrag wird dann vereinbart, dass bei Lieferungsverzug eine bestimmte Geldsumme an den Käufer zu zahlen ist. Derartige Vereinbarungen werden vielfach im Baugewerbe getroffen (BGB §§ 249, 252, 339).

■ Haftung beim Lieferungsverzug

Befindet sich der Lieferer im Lieferungsverzug, erweitert sich seine Haftung auch auf Beschädigung oder Vernichtung der Ware durch **Zufall** (BGB § 287).

In der Regel haftet der Kaufmann nicht für Zufall, d. h. für Schäden, die er nicht verschuldet hat. Eine besondere Art des Zufalls ist die **höhere Gewalt.** Sie liegt dann vor, wenn ein Schaden auch nicht durch Anwendung äußerster Sorgfalt vermieden werden kann, z. B. bei Naturkatastrophen wie Überschwemmungen, Hagel und Blitzschlag, aber auch bei einem Streik oder bei Transportunglücksfällen. Der sich im Lieferungsverzug befindliche Kaufmann haftet aber auch für Schäden, die durch höhere Gewalt entstehen.

■ Die Vorschriften des AGBG beim Lieferungsverzug

Das Gesetz zur Regelung des Rechts der Allgemeinen Geschäftsbedingungen (ABGB) *verbietet bei Kaufverträgen zwischen Kaufleuten und Endverbrauchern* (Nichtkaufleuten) folgende Vereinbarungen:

- Klauseln, die unangemessen lange, oder nicht hinreichend bestimmte Leistungsfristen vereinbaren (AGBG § 10, Ziffer 1).
- Den Vorbehalt einer unangemessen oder nicht hinreichend bestimmten Nachfrist (AGBG § 10, Ziffer 2).
- Ausschluss oder Beschränkung der Haftung für *Vorsatz* und *grobe Fahrlässigkeit* (AGBG § 11, Ziffer 7). Für *leichte Fahrlässigkeit* dagegen kann die Haftung ausgeschlossen oder beschränkt werden.
- Schadenersatz kann erst nach Mahnung und Nachfristsetzung verlangt werden (AGBG § 11, Ziffer 4).
- Ausschluss des Rücktrittsrechts und des Rechts auf Schadenersatz wegen Nichterfüllung, auch bei teilweisem Leistungsverzug (AGBG §§ 8 und 9).

■ **Lieferungsverzug = Nichterfüllung der Lieferpflicht**

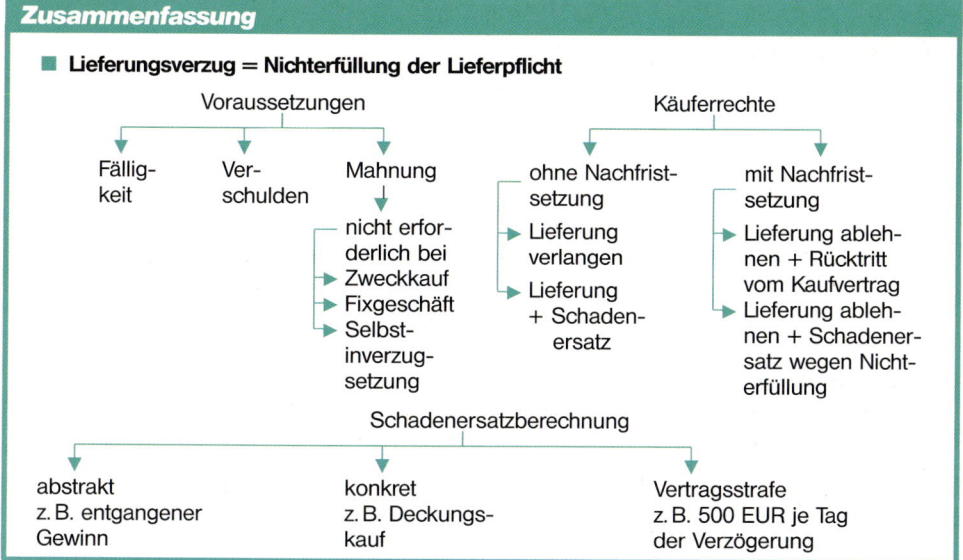

1 Welche Aussagen sind falsch?

a) Der Lieferer gerät in Lieferungsverzug, wenn er einen vertraglich vereinbarten Liefertermin nicht einhält.

b) Voraussetzung für den Lieferungsverzug ist allein die Fälligkeit der Lieferung.

c) Schuldhaftes Handeln kann Vorsatz oder Fahrlässigkeit sein.

d) Ein Fixgeschäft liegt dann vor, wenn sofort geliefert werden muss, also auf dem schnellsten Versandwege nach Eingang der Bestellung.

e) Bei einem Fixgeschäft ist eine Mahnung nicht erforderlich, um den Schuldner in Verzug zu setzen.

f) Selbstinverzugsetzung liegt dann vor, wenn der Lieferer ausdrücklich erklärt, dass er nicht liefern will, da z. B. die Ausführung eines Großauftrags die Erledigung von Kleinaufträgen unmöglich mache.

2 a) Übertragen Sie das Schema in Ihr Heft und stellen Sie die Käuferrechte bei den Ziffern ① bis ⑦ dar!

Rechte des Käufers beim Lieferungsverzug			
ohne Nachfristsetzung		**mit Nachfristsetzung**	
① oder ②	– –	③ oder ④	– –
Eine Nachfristsetzung ist nicht erforderlich bei			
⑤ ⑥ ⑦		– – –	

b) Suchen Sie für die Nummern ① bis ⑦ nach Beispielen aus der Geschäftspraxis, wie Sie sie vielleicht schon selbst kennen gelernt haben!

3 Stellen Sie die Begriffe fest, die in nachstehendem Text fehlen und mit einer Nummer gekennzeichnet sind!

Bei einem Schadenersatz wegen Nichterfüllung infolge eines Lieferungsverzugs muss der Schaden stets durch (1) ersetzt werden. Kann der Schaden rechnungsmäßig, z. B. bei einem Deckungskauf, nachgewiesen werden, so spricht man von (2). Ein abstrakter Schaden dagegen liegt vor, wenn er dem Käufer (3) entgangen ist. Um allen Beweisschwierigkeiten zu entgehen und Verhandlungen überflüssig zu machen, wird in Verträgen häufig eine (4), mit dem Fremdwort (5) genannt, vereinbart.

4 Erklären Sie folgende rechtlichen Begriffe!
a) Haftung
b) höhere Gewalt
c) Zufall
d) Vorsatz
e) Fahrlässigkeit

5 BGB § 287 lautet:

[1] Der Schuldner hat während des Verzugs jede Fahrlässigkeit zu vertreten. [2] Er ist auch für die während des Verzugs durch Zufall eintretende Unmöglichkeit der Leistung verantwortlich, es sei denn, dass der Schaden auch bei rechtzeitiger Leistung eingetreten sein würde.

Bilden Sie Beispiele für Satz 1 und Satz 2 dieses Gesetzesparagraphen!

6 Wie beurteilen Sie folgende Klauseln in den „Allgemeinen Geschäftsbedingungen" für Verträge mit Nichtkaufleuten, z. B. Endverbrauchern!
a) Die Lieferung erfolgt so schnell wie möglich.
b) Wir liefern drei Monate nach Eingang der Bestellung.
c) Im Falle des Lieferungsverzugs behalten wir uns vor, im darauf folgenden Halbjahr zu liefern. Der Käufer ist bis zu diesem Zeitpunkt verpflichtet, die Ware abzunehmen und zu bezahlen.
d) Bei Nichtabnahme der bestellten Ware verlangen wir Schadenersatz in Höhe des Warenwerts.
e) Jegliche Haftung für eventuelle Schäden ist ausgeschlossen.
f) Bei Lieferungsverzögerungen über zwei Monate hinaus gewähren wir 10 % Vergütung vom Warenwert.
g) Ein Rücktrittsrecht bzw. ein Recht auf Schadenersatz besteht im Falle des Lieferungsverzugs dann nicht, wenn wir eine Teillieferung erbracht haben.

7 Die Elektrogerätefabrik Kuhnle OHG, Mannheim, unterbreitet dem Elektro-Center, Leipzig, am 3. März folgendes Angebot:

Kühltruhen NX3, Preis 650,00 EUR je Stück ohne Umsatzsteuer, Preis frei bleibend, lieferbar sofort ab Fabrik.

Am 6. März bestellt das Elektrogeschäft 15 Kühltruhen, worauf am 8. März Kuhnle die Bestellung schriftlich bestätigt.
a) Muss das Elektro-Center die Kühltruhen abnehmen, wenn am 10. März von Kuhnle die Nachricht eintrifft, dass er den Angebotspreis wegen Kostensteigerung auf 680,00 EUR erhöhen müsse und ihm die Lieferung nur zu diesem Preis möglich sei. Wie ist die Rechtslage?
b) Angenommen, das Elektrogeschäft sei mit dem Preis einverstanden, doch die Kühltruhen würden ihm innerhalb von drei Wochen nicht geliefert. Was muss unternommen werden und welche Rechte stehen dem Elektro-Center zu?
c) Wie wäre die Rechtslage, wenn das Elektrogeschäft die Kühltruhen fix zum 13. März bestellt und die Kuhnle OHG den Liefertermin bestätigt hätte?
d) Welches Gericht wäre im Falle eines Rechtsstreits zwischen der Kuhnle OHG und dem Elektro-Center zuständig?
e) Welche Schadenersatzsumme müsste die Kuhnle OHG leisten, wenn das Elektro-Center wegen eines dringenden Großauftrags bei einem anderen Lieferer gleichartige Kühltruhen zum Preis von 750,00 EUR gekauft hätte (Deckungskauf)?

Aufgabe

Unsere Firma: Chemiewerke Petersen GmbH, Fernstraße 18–22, 44359 Dortmund.

Vorgang: Wir bestellten am 18. April .. bei der Blechverpackungsfabrik Bühler & Co., Böckinger Straße 104, 74078 Heilbronn, 500 Stück 50-Liter-Blechkanister Nr. 0078/56 fix zum 20. Mai .. In der Auftragsbestätigung vom 25. April .. wurde abweichend von unserer Bestellung für die Lieferzeit vermerkt: „Lieferung in vier bis fünf Wochen."

Am 30. Mai .. sind die dringend benötigten Blechkanister immer noch nicht eingetroffen. Telefonisch geben uns Bühler & Co. die Antwort, sie seien wegen eines großen Export-Auftrags in Lieferungsschwierigkeiten geraten.

Da wir die Blechemballagen dringend benötigen, um nicht unsere Lieferungen zu verzögern, mahnen wir die Lieferung schriftlich an und setzen als Frist den 10. Juni .. Wir machen Bühler darauf aufmerksam, dass wir bei Nichteinhaltung dieses Termins die Lieferung ablehnen und Schadenersatz wegen Nichterfüllung verlangen, da ein Deckungskauf dann nicht mehr zu vermeiden ist.

Angaben zur Bearbeitung: Schreiben Sie die Mahnung an die Firma Bühler & Co.! Datum: 1. Januar ..

Lösung

Der betriebswirtschaftlich-rechtliche Sachverhalt

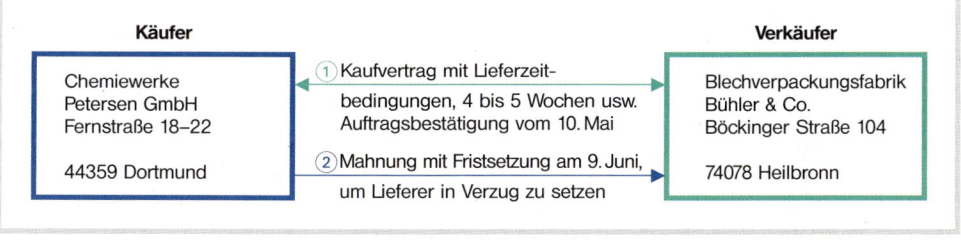

① Durch unsere Bestellung und die Auftragsbestätigung des Lieferers ist ein Kaufvertrag wirksam zustande gekommen. Das Fixgeschäft, das die Anmahnung des Lieferers zur Inverzugsetzung erspart hätte, kam nicht zustande, da wir mit der von unserer Bestellung abweichenden Auftragsbestätigung einverstanden waren. Schweigen bedeutet unter Kaufleuten Zustimmung (siehe aber S. 88!).

② Um Rechte aus dem Lieferungsvertrag geltend machen zu können muss dem Lieferer

    a) eine Mahnung zugehen,
    b) eine angemessene Nachfrist zur Lieferung gestellt werden.

③ Eine Selbstinverzugsetzung des Lieferers würde Mahnung und Nachfristsetzung ersparen, doch die Blechverpackungsfabrik erklärte uns telefonisch und nicht schriftlich, dass sie voraussichtlich nicht liefern könne. Um einem Rechtsstreit vorzubeugen ist es besser, Mahnung und Nachfristsetzung schriftlich vorzunehmen.

---

[1] Briefgestaltung nach DIN 5008 ist Inhalt des Faches Textverarbeitung.

Gliederung des Brieftextes

Bezugszeichenzeile: *Ihr Zeichen, Ihre Nachricht vom:* –; *Unser Zeichen, unsere Nachricht vom:* Gö/N; *Telefon, Name:* (0231) 16 42 55-377 Otto Schleyer; *Datum:* ..-06-01

Betreff: Lieferungsverzug

Inhalt:

1. Anrede
2. Hinweis auf Bestellung und Auftragsbestätigung
3. Hinweis auf telefonische Antwort
4. Lieferung verlangen und Nachfristtermin 10.06. setzen
5. Hinweis auf Rechtsfolgen bei Nichteinhaltung
6. Verbindlicher Schluss
7. Gruß

Musterbrief: siehe Seite 223!

Übungsaufgaben

Aufgabe 1

Unsere Firma: Papiergroßhandlung Fritz Neumann OHG, Brücknerstraße 25, 97080 Würzburg.

Vorgang: Wir bestellten am 18. Juli .. bei der Papierfabrik Guntram & Söhne, Unionstraße 15–18, 68309 Mannheim, 200 000 Blatt Pluricop-Umdruckpapier extra, 80 g/m^2, weiß. Lieferzeit: Etwa 10 Tage. Der Auftrag wurde von der Papierfabrik am 20. Juli .. durch Telefax ohne Änderung bestätigt. Da am 1. August .. die Sendung nicht eingetroffen ist, rufen wir bei der Papierfabrik an. Es wird uns Lieferung binnen drei Tagen versprochen. Dieser Termin wird aber wiederum nicht eingehalten.

Angaben zur Bearbeitung: Setzen Sie als Nachfrist den 10. August .., und teilen Sie mit, dass Sie bei Nichteinhaltung dieses Termins die Lieferung ablehnen und Schadenersatz wegen Nichterfüllung verlangen, falls hierdurch ein Deckungskauf notwendig wird. Weisen Sie auch darauf hin, dass unzuverlässige Lieferanten bei neuen Aufträgen grundsätzlich nicht mehr berücksichtigt werden. *Ihr Zeichen:* gl/407; *Unser Zeichen:* neu-op; *Briefdatum:* ..-08-05

Aufgabe 2

Unsere Firma: Hans Schreiber, Großhandel für Bürobedarf, Lange Straße 40, 17489 Greifswald.

Vorgang: Am 16. April .. wurde bei der Firma Papierfabrik AG, Ansbacher Straße 120–122, 90449 Nürnberg, 50 000 Blatt Schreibmaschinenpapier 80 g, Best.-Nr. 2003, zum Preis von 400,00 EUR bestellt. Die Lieferung sollte bis spätestens 28. April des gleichen Monats erfolgen. Dieser Termin wurde uns auch bestätigt. Am 28. April erreichte uns ein Telefaxschreiben, in dem angekündigt wird, dass die Sendung nicht rechtzeitig eintreffen könne, da die Papierfabrik z. Z. mit Aufträgen überlastet sei.

Angaben zur Bearbeitung: Schreiben Sie unter dem Datum 2. Mai .. an die Papierwerke AG und weisen Sie auf Ihre Rechte hin! Das Papier wird von ihnen dringend benötigt. Es hätte auch von einer Konkurrenzfirma beschafft werden können, die zwar für die gleiche Qualität 430,00 EUR verlangt, aber dafür auch sofort liefert.

Aufgabe 3

Unsere Firma: Oskar Schuster GmbH, Elektrogroßhandlung, Brunnenweg 3, 13159 Berlin.

Vorgang: Wir bestellten am 10. Juli .. bei der Bayerischen Elektrofabrik AG, Nürnberger Straße 40–44, 96050 Bamberg, 250 Waschautomaten WA 2007, 180 Kühlschränke K 630 und 120 Elektroherde E 007. Lieferzeit bis Ende September .. In der Auftragsbestätigung vom 15. Juli .. wurde uns Lieferung bis zum 10. Oktober .. zugesichert. Bis heute sind die Elektrogeräte noch nicht eingetroffen. Per Telefax gab uns der Hersteller heute die Zusage, die Geräte in den nächsten Tagen zu liefern.

Angaben zur Bearbeitung: Ihr Abteilungsleiter beauftragt Sie, am 15. Oktober .., der Bayerischen Elektrofabrik AG zu schreiben, und gibt Ihnen folgende Notiz:

1. Nachfrist bis zum 9. November ..
2. Bei Nichteinhaltung Deckungskauf
3. Abbruch der Geschäftsbeziehung androhen.

Chemiewerke PETERSEN GMBH · Dortmund

Petersen GmbH · Postfach 44 87 · 44227 Dortmund

Blechverpackungsfabrik
Bühler & Co.
Böckinger Straße 104

74078 Heilbronn

Ihr Zeichen, Ihre Nachricht vom	Unser Zeichen, unsere Nachricht vom	Telefon, Name (0231) 164255-	Datum
Sw .. - 05 - 30	Gö / N .. - 04 - 18	377 Otto Schleyer	.. - 06 - 01

Lieferungsverzug

Sehr geehrte Damen und Herren,

unsere Bestellung vom 18. April .. über

      500 Stück 50-Liter-Blechkanister Nr. 00 78 / 56

haben Sie bestätigt. Sie vermerkten als Lieferzeit „Lieferung in vier bis fünf Wochen".

Am 30. Mai 19.. waren die Blechkanister noch nicht eingetroffen. Auf unsere telefonische Nachfrage konnten Sie keinen verbindlichen Liefertermin nennen.

Da wir die Blechkanister dringend benötigen, bitten wir um sofortige Lieferung. Als letzten Liefertermin setzen wir Ihnen den 10. Juni ..

Sollten Sie nicht in der Lage sein diesen Termin einzuhalten nehmen wir einen Deckungskauf vor. Wir lehnen dann Ihre Lieferung ab und verlangen Schadenersatz wegen Nichterfüllung.

Wir freuen uns, wenn Ihnen die rechtzeitige Lieferung möglich ist.

Mit freundlichem Gruß

CHEMIEWERKE PETERSEN GMBH
DORTMUND

ppa. *Schleyer*
Schleyer

Geschäftsräume
Ursebecker Damm 18
44359 Dortmund
Registergericht Dortmund, HRB 7737
Geschäftsführer: Dr. rer. nat. Karl Petersen

Telefon
(0231) 164255-0

Telefax
(0231) 164258

Kontoverbindungen
Stadtsparkasse Dortmund
(BLZ 440501 99)
Konto-Nr. 558 700

Postbank Dortmund
(BLZ 440100 46)
Konto-Nr. 6789 87-469

6.4.4 Der Annahmeverzug

Problem

In der Verkaufsabteilung der Textilgroßhandlung Friedrich Baumann OHG in Magdeburg gibt es Ärger: Laut Mitteilung der bahnamtlichen Spedition Heilbronn hat das Textilgeschäft Moser in Heilbronn-Böckingen unsere Lieferung Nr. NZ 3008 über 100 Herrenanzüge nicht angenommen. Herr Hinterleitner, der Leiter der Verkaufsabteilung, vergleicht sofort unsere Lieferpapiere mit den Kaufvertragsunterlagen. Alles ist in Ord-nung. Wir haben die richtige Ware zur richtigen Zeit an den richtigen Kunden gesandt. Es ist auch kein Schreiben des Textilgeschäfts Moser da, das die Annahmeverweigerung begründet.

Die Ware liegt nun im Lager der bahnamtlichen Spedition in Heilbronn und verursacht täglich Lagerkosten. Was soll Herr Hinterleitner nun unternehmen, um den aus der Annahmever-weigerung entstehenden Schaden abzuwenden?

Sachdarstellung

■ Wesen des Annahmeverzugs

Der Käufer gerät in Annahmeverzug, wenn er die *ordnungsgemäß gelieferte Ware nicht annimmt.* Hierbei ist es gleichgültig, aus welchen Gründen er die Warenannahme verweigert (BGB §§ 293 f.).

Ordnungsgemäße Lieferung heißt Lieferung *zur rechten Zeit, an den rechten Ort* und *in der richtigen Güte und Menge.* Wegen unwesentlichen Mängeln kann die Abnahme gemäß BGB § 433 (2) nicht verweigert werden.

Die Gefahr für die Ware trägt im Falle der Nichtannahme bei Gattungsschulden jetzt der Käufer. Der Lieferer haftet nur noch für Vorsatz und grobe Fahrlässigkeit.

■ Die Rechte des Verkäufers

- Der Lieferer hat das Recht auf Gegenleistung. Er kann daher die Ware zurücknehmen und in seinem Lager aufbewahren **oder** am Ort des Käufers auf dessen Rechnung und Gefahr in einem öffentlichen Lagerhaus einlagern und *den Käufer auf Abnahme der Ware verklagen.*

  Eine Einlagerung kommt aber nur bei nicht hinterlegungsfähigen Sachen in Frage, z. B. einem Waggon Weizen. Hinterlegungsfähige Sachen, meist Geld, müssen beim Amtsgericht verwahrt werden [HGB § 373 (1), aber BGB § 372 (1)].

- Der Lieferer kann auf die Klage verzichten und durch eine öffentliche Versteigerung einen **Selbsthilfeverkauf** vornehmen lassen [HGB § 373 (2) bis (4)].

  Vo welchem dieser Rechte der Lieferer Gebrauch macht, richtet sich nach Art und Umfang des Geschäfts, nach Art und Dauer der Geschäftsverbindung mit dem Kunden usw. Der Kaufmann zieht der Klage meist den Selbsthilfeverkauf vor, da er dadurch schneller und sicherer zu seinem Geld kommt und zunächst ihm und dann auch dem Käufer Gerichts- und Anwaltskosten erspart bleiben.

- Der Lieferer kann die Ware entgegenkommenderweise *zurücknehmen und anderweitig verkaufen,* z. B. bei gutem Absatz, kleinem Rechnungsbetrag, gutem Kunden usw.

■ Der Selbsthilfeverkauf

Zur Durchführung des Selbsthilfeverkaufs legt das Gesetz zum Schutz des Käufers dem Lieferer Pflichten auf:

- Er muss dem Käufer den *Ort* der Aufbewahrung der Ware mitteilen.

- Er muss dem Käufer eine Frist zur Abnahme der Ware stellen und den Selbsthilfeverkauf androhen (BGB § 384; HGB § 373).

- Er muss dem Käufer, wenn dieser die Ware dennoch nicht annimmt, rechtzeitig *Ort* und *Zeitpunkt* des Selbsthilfeverkaufs mitteilen, damit er Gelegenheit hat, selbst an der Versteigerung teilzunehmen.

  Beim Selbsthilfeverkauf werden die Waren meist öffentlich versteigert. Bei Waren mit einem Börsen- oder Marktpreis ist eine Versteigerung nicht notwendig. Sie können auch durch einen vom Gericht bevollmächtigten Makler *freihändig* verkauft werden. Käufer und Verkäufer können bei der Versteigerung mitbieten. Der Ort der Versteigerung ist in der Regel der Wohnort des Käufers. Ist dort kein befriedigender Versteigerungserlös zu erwarten, z. B. in einem kleinen Dorf, kann ein anderer, geeigneter Ort gewählt werden (BGB §§ 383, 385; HGB § 373).

- Er muss dem Käufer das *Ergebnis des Selbsthilfeverkaufs* unverzüglich mitteilen. Die entstandenen Kosten sowie die Differenz zwischen Rechnungspreis und Mindererlös muss der Käufer tragen, da der Selbsthilfeverkauf auf seine Rechnung erfolgt. Ein etwaiger Mehrerlös, der durch sprunghafte Preiserhöhung möglich sein kann, gehört dem Käufer (BGB § 304).

Die Pflicht zur *Androhung* des Selbsthilfeverkaufs *entfällt,* wenn es sich um leicht verderbliche Waren handelt, z. B. Obst. Diesen besonderen Selbsthilfeverkauf nennt man **Notverkauf** (BGB § 384).

■ *Haftung beim Annahmeverzug*

Wie beim Lieferungsverzug der Verkäufer, haftet hier der Käufer auch für Schäden durch Zufall.

Zusammenfassung

- ■ Der **Annahmeverzug** tritt ein, wenn der Käufer die ordnungsgemäß gelieferte Ware nicht annimmt.
- ■ **Rechte des Verkäufers**
  - **Lagerung der Ware** auf Kosten und Gefahr des Käufers und **Klage** gegen den Käufer auf Abnahme der Ware.
  - **Selbsthilfeverkauf** = Verkauf der Ware durch
    - öffentliche Versteigerung
    - freihändigen Verkauf, wenn die Ware einen Börsen- oder Marktpreis besitzt.
- ■ **Rücknahme der Ware,** da anderweitiger Verkauf vorteilhafter.
- ■ **Pflichten des Verkäufers**
  - Androhung und Fristsetzung des Selbsthilfeverkaufs (SHV) } entfällt beim Notverkauf
  - dem Käufer Ort und Zeitpunkt des SHV bekanntgeben
  - Abrechnung des SHV nach vollzogenem Verkauf
    - *Mindererlös trägt* } der Käufer
    - *Mehrerlös erhält*
- ■ **Haftung beim Annahmeverzug:** Der Verkäufer haftet nur für Vorsatz und grobe Fahrlässigkeit.

---

1 Wann gerät der Käufer in Annahmeverzug?

2 Was versteht man unter „ordnungsgemäßer Lieferung"?

3 Wie beurteilen Sie folgende Situationen:

a) Eine Sendung Weihnachtsgebäck, die auf 15. Dezember bestellt war, trifft am 20. Dezember ein. Der Großhändler nimmt die Ware nicht an.

b) Ein Schuhgroßhändler erhält eine Paketsendung Schuhe in seine Privatwohnung statt in sein Geschäft. Da dies schon mehrfach geschah, ist er so verärgert, dass er die Annahme der Pakete verweigert.

c) Das Ehepaar Großmann bestellt zur Lieferung auf 18. März Möbel. Herr Großmann verweigert die Annahme am 15. März, da er inzwischen ein neues Auto gekauft hat und die Möbel nicht bezahlen kann.

4 Welche Rechte hat der Verkäufer, wenn sich der Käufer im Annahmeverzug befindet?

5 Erklären Sie den Begriff „Selbsthilfeverkauf"!

6 Welche Pflichten hat der Verkäufer bei der Durchführung eines Selbsthilfeverkaufs?

7 Was geschieht beim Selbsthilfeverkauf a) mit einem Mindererlös, b) mit einem Mehrerlös?

8 Wie verhalten Sie sich als Lieferer in den folgenden Fällen:

a) Ein langjähriger guter Kunde verweigert aus unerklärlichen Gründen die Annahme einer Lieferung über 2 500,00 EUR.

b) Ein Kunde gerät in Annahmeverzug für einen Warenwert von 70,00 EUR.

c) Eine Schwerlastlieferung, die über 800 km transportiert worden ist, wird vom Kunden nicht angenommen. Soll die Ware in einem öffentlichen Lagerhaus am Ort des Käufers eingelagert oder ins eigene Lager zurücktransportiert werden?

d) Nehmen wir an, es handle sich im Fall c)
   1. um Fertigteile für einen Brückenbau,
   2. um einen Scraper (Erdbewegungsmaschine) für den Straßenbau?
   Entscheiden Sie über Klage oder Selbsthilfeverkauf!

e) Eine Teppichlieferung wird von einem Großhändler nicht angenommen. Der Großhändler hat seinen Geschäftssitz in einem kleinen Dorf nahe der Autobahn bei Leipzig. Wo würden Sie den Selbsthilfeverkauf durchführen lassen?

9 Wie beurteilen Sie die Rechtslage in folgenden Fällen:

a) Eine ordnungsgemäß gelieferte Warensendung wird nicht angenommen, weil der Empfänger kurzfristig verreist ist. Der Verkäufer hat den Zeitpunkt der Lieferung nicht angekündigt, weil hierzu kein Anlass vorhanden war (BGB § 293).

b) Eine nicht angenommene Maschine wird vom Verkäufer ohne weitere Mitteilung an den Käufer versteigert und der Mindererlös dem Käufer in Rechnung gestellt (BGB § 384, HGB § 373).

c) Wie wäre die Rechtslage im Fall b), wenn es sich um eine Lkw-Ladung Tomaten aus Italien gehandelt hätte?

d) Ein Lieferer erzielt bei einem Selbsthilfeverkauf überraschend einen Mehrerlös, da sich die Warenpreise plötzlich stark erhöht haben. Der Käufer, der den Annahmeverzug verursachte, verlangt Herausgabe des Mehrerlöses.

e) Der Käufer einer Möbellieferung verweigert schuldhaft die Warenannahme. Beim Rücktransport (Werkverkehr) verursacht der Lkw-Fahrer durch leichte Fahrlässigkeit einen Unfall, bei dem die Ware völlig vernichtet wird. Wer muss den Schaden tragen (BGB §§ 300, 324, 278, 276)?

f) Wie wäre die Rechtslage im Falle e), wenn bei dem Lkw-Fahrer ein Alkoholgehalt von 2,9 Promille festgestellt worden wäre?

Aufgabe

Unsere Firma: Stolzenberg KG, Büromöbelfabrik, Illerstraße 15–20, 93057 Regensburg

Vorgang: Die Firma Karl Weller & Co., Büroeinrichtungen, Marktplatz 5, 73728 Esslingen bestellt am 13. August .. mit Bestellschein Nr. 388 verschiedene Büromöbel im Wert von 1 500,00 EUR. Liefer-zeit: Spätestens am 20. des Monats fix. Am 19. August .. werden die Möbel durch die Spedition Herold GmbH, Torstraße 3, 70173 Stuttgart, ordnungsgemäß ausgeliefert. Herold teilte uns auf einer Durch-schrift des Lieferscheins Nr. 1006 mit, dass Weller die Möbel nicht angenommen habe. Sie seien nun in seinem Lager in Stuttgart verwahrt.

Angaben zur Bearbeitung:

a) Prüfen und begründen Sie, ob sich der Käufer Weller & Co., im Annahmeverzug befindet!

b) Fragen Sie bei Weller & Co. nach dem Grund für die Annahmeverweigerung, teilen Sie ihm den Einlagerungsort für die Büromöbel mit und machen Sie vorsorglich auf HGB § 373 sowie darauf aufmerksam, dass die Kosten der Einlagerung und Versteigerung wie auch ein etwaiger Minder-erlös zu Lasten des Käufers gehen!

Lösung

Der betriebswirtschaftlich-rechtliche Sachverhalt

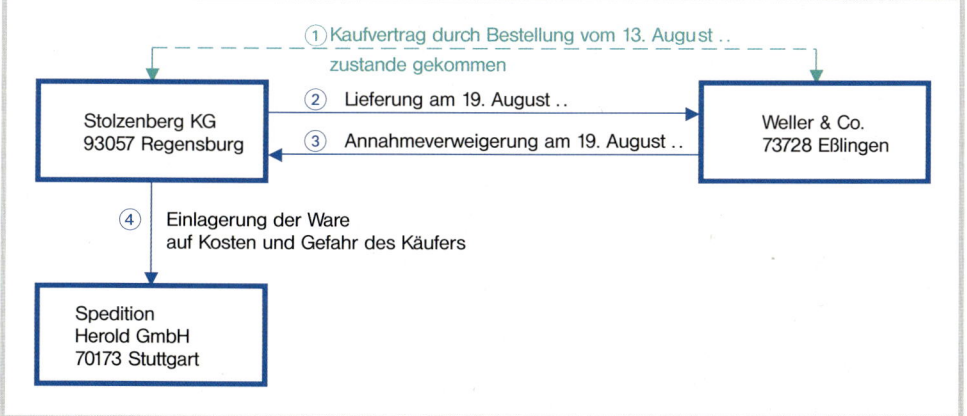

1) Zwischen Käufer und Verkäufer ist durch Angebot und Bestellung (Bestellschein Nr. 388) ein rechts-gültiger Kaufvertrag zustande gekommen (Verpflichtungsgeschäft).

2) Der Vergleich des Lieferscheins mit dem Bestellschein ergibt, dass die Möbel dem Käufer ord-nungsgemäß ausgeliefert worden sind: zur rechten Zeit, an den rechten Ort und in der richtigen Art und Weise.

3) Da Weller die ordnungsgemäß gelieferten Möbel nicht annimmt, befindet er sich im Annahme-verzug nach HGB §§ 293 und 294.

4) Die Folgen des Annahmeverzuges sind für die Stolzenberg KG nach HGB § 373:
   a) Einlagerung der Ware auf Kosten und Gefahr des Käufers
   b) Mitteilung des Lagerungsortes der Ware
   c) Androhung des Selbsthilfeverkaufs

[1] Briefgestaltung nach DIN 5008 ist Inhalt des Faches Textverarbeitung.

Gliederung des Brieftextes

Bezugszeichenzeile: *Ihr Zeichen, Ihre Nachricht vom: –; Unser Zeichen, unsere Nachricht vom:* Gö/W; *Telefon, Name:* (09 41) 742 11 - 88 Petra Gölze; *Datum:* . .-08-21

Betreff: Annahmeverzug

Inhalt:

1. Hinweis auf Bestellung und ordnungsgemäße Lieferung
2. Feststellung der Annahmeverweigerung
3. Bitte um Erklärung der Ursachen für die Annahmeverweigerung
4. Mitteilung des Einlagerungsorts
5. Setzung einer Nachfrist und Androhung des Selbsthilfeverkaufs
6. Hinweis auf Kosten
7. Verbindlicher Schluss
8. Gruß

Musterbrief: siehe S. 229!

Übungsaufgaben

Aufgabe 1

Unsere Firma: EKA-Möbelgroßhandel, Ilmenauer Straße 163, 39122 Magdeburg.

Vorgang: Unser Kunde, das Möbel- und Einrichtungshaus Bohl in 74564 Crailsheim hat am 18. Dezember . . bei uns Schlafzimmereinrichtungen Marke „Schlafwohl" und 3 Wohnzimmereinrichtungen Marke „Komforta" zur Lieferung auf 15. September . . bestellt. Bereits am 20. Dezember . . haben wir unsere Auftragsbestätigung an die Firma Bohl versandt.

Mit firmeneigenem Möbeltransporter haben wir die bestellte Ware termingerecht in Crailsheim angeliefert.

Am 15. Januar . . gegen 16:00 Uhr teilt uns unser Fahrer, Herr Hansen, telefonisch mit, dass die Firma Bohl die Abnahme der bestellten Möbel verweigert. Gründe hierfür wurden ihm nicht genannt. Er will nun wissen, was er mit seiner Ladung machen soll, da er die Ladefläche benötige, um auf der Rückfahrt in unserer Hanauer Filiale Küchenmöbel übernehmen zu können.

Wir beauftragen ihn die Möbel im „Velag"-Lagerhaus in Crailsheim einzulagern. Kurz darauf teilt er uns dann mit, dass er den Auftrag zur Einlagerung weisungsgemäß durchgeführt habe.

Angaben zur Bearbeitung: Schreiben Sie als Sachbearbeiter in der Verkaufsabteilung der EKA-Möbelgroßhandlung einen Brief an die Firma Bohl! Datum 16. Januar . . Ihr Chef notierte bereits auf einem Zettel:

1. Nach den Gründen für die Annahmeverweigerung fragen!
2. Einlagerungsort mitteilen!
3. Abnahmefrist setzen und Selbsthilfeverkauf androhen!
4. Auf Kosten und Gefahr der Einlagerung aufmerksam machen!

Aufgabe 2

a) Entwerfen Sie auf den Text für die Mitteilung des Versteigerungstermins für das Einführungsbeispiel auf S. 227. Der Selbsthilfeverkauf findet am 2. September . . um 15:00 Uhr in den Lagerräumen der Spedition Herold GmbH in Stuttgart statt.

b) Entwerfen Sie einen Text für die Mitteilung des Selbsthilfeverkauf-Ergebnisses an Karl Weller & Co. (siehe Einführungsbeispiel)! Die vom Versteigerer beglaubigte Abrechnung lautet über 1 200,00 EUR; Transport- und Einlagerungskosten betragen 180,00 EUR; die Versteigerungskosten belaufen sich auf 36,00 EUR. Der Forderungsbetrag der Abrechnung soll innerhalb von acht Tagen auf unser Konto Nr. 389 999 bei der Dresdner Bank AG, Regensburg, überwiesen werden.

© Verlag Gehlen

STOLZENBERG KG BÜROMÖBELFABRIK · REGENSBURG

Stolzenberg KG · Illerstraße 15–20 · 93057 Regensburg

Karl Weller & Co.
Büroeinrichtungen
Marktplatz 5

73728 Esslingen

Ihr Zeichen, Ihre Nachricht vom	Unser Zeichen, unsere Nachricht vom	Telefon, Name (09 41) 7 42 11 -	Datum
	Gö / W	88 Petra Gölze	. . - 08 - 21

Annahmeverzug

Sehr geehrter Herr Weller,

wir haben Ihre Bestellung vom 13. August .. ordnungsgemäß ausgeführt.

Durch die Spedition Herold GmbH, Torstraße 3, 70173 Stuttgart, ist uns mitgeteilt worden, dass Sie die Annahme der Ware verweigert haben. Sie befinden sich daher im Annahmeverzug.

Bitte teilen Sie uns den Grund für Ihr Verhalten mit, das uns unerklärlich ist.

Die Ware wurde bei der oben genannten Spedition eingelagert.

Falls Sie bis zum 28. d. M. die Ware nicht abgenommen bzw. uns keinen triftigen Grund für Ihre Annahmeverweigerung mitgeteilt haben, machen wir von unserem Recht des Selbsthilfeverkaufs Gebrauch.

Die Einlagerungs- und Versteigerungskosten sowie auch einen etwaigen Mindererlös haben Sie zu tragen.

Mit freundlichen Grüßen

Büromöbelfabrik STOLZENBERG KG

ppa. *Gölze*

Gölze

Geschäftsräume	**Telefon**	**Telefax**	**Kontoverbindungen**	
Illerstraße 15–20	(09 41) 7 42 11 - 0	(09 41) 7 42 15	Commerzbank Regensburg	(BLZ 750 400 62) Konto-Nr. 337 89
93057 Regensburg			Postbank München	(BLZ 700 100 80) Konto-Nr. 284 62 - 802

Aufgabe 3

Unsere Firma: Eisele & Co., Maschinengroßhandel, Veith-Stoß-Straße 39, 09125 Chemnitz.

Vorgang: Die Milchverwertung GmbH, Bunsenstraße 10, 81735 München, bestellte am 8. Januar .. eine Spezialmaschine zum Abpacken von Milch in Papptüten. Die Auftragsbestätigung erfolgte 5 Tage später. Als Liefertermin wurde Anfang Mai .. vereinbart.

In der Zwischenzeit hat sich die Geschäftsleitung der Milchverwertung GmbH entschlossen auf Flaschenabfüllung umzustellen.

Als am 12. Mai .. die Maschine geliefert wird, verweigert die Milchverwertung GmbH die Annahme mit der Begründung, die Lieferung erfolgte zu spät. Die Verpackungsmaschine wird im Lagerhaus Wenz KG, Hellensteinstraße 23–26, 81245 München, eingelagert.

Angaben zur Bearbeitung: Fordern Sie die Milchverwertung GmbH zur Abnahme auf. Legen Sie die Rechtslage dar. Kündigen Sie weitere Maßnahmen an für den Fall, dass die Maschine nicht abgeholt wird. (Datum 13. Mai ..)

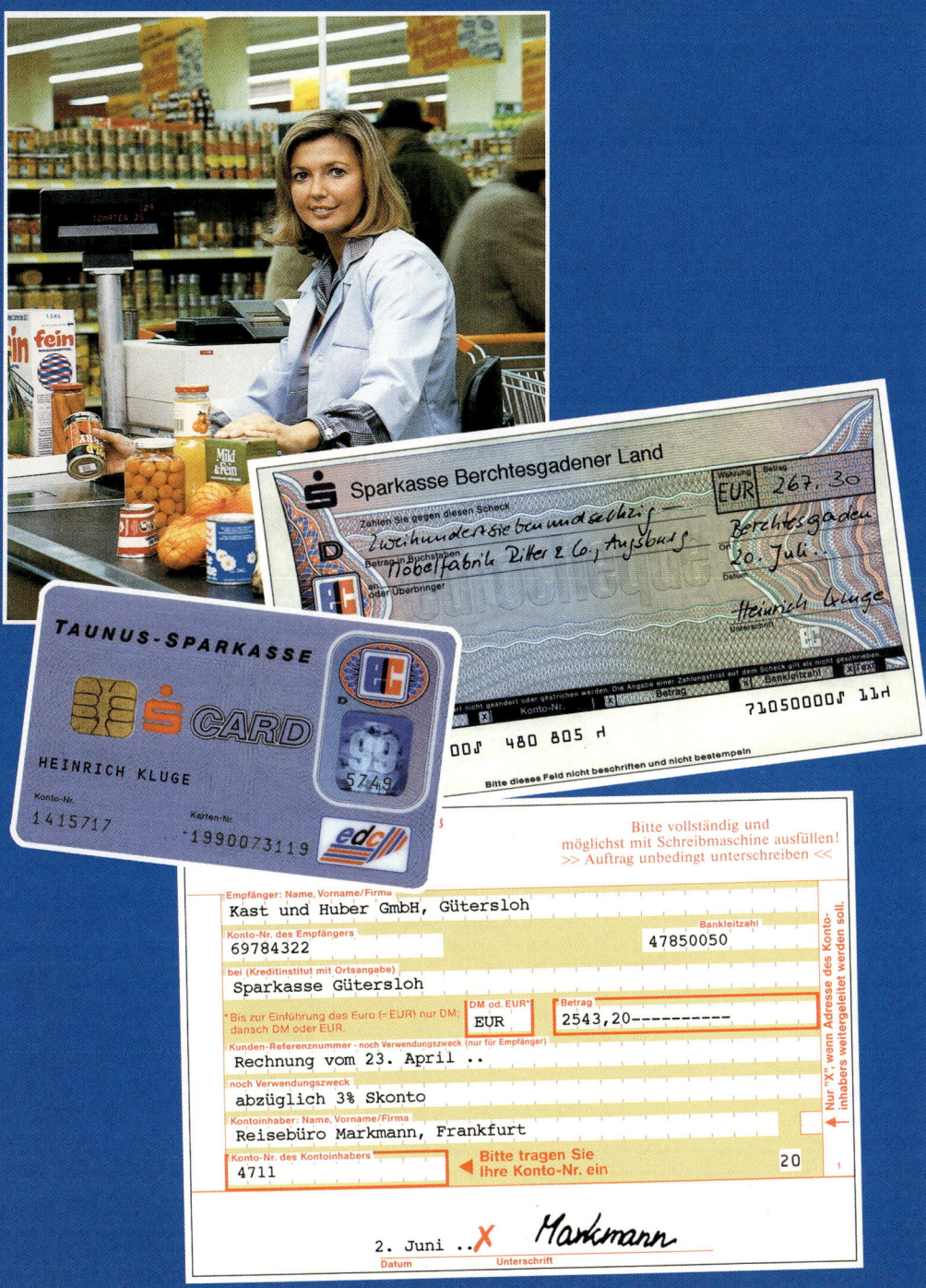

7.1 Überblick über den Zahlungsverkehr[1]

7.1.1 Zahlungsmittel, Zahlungsarten und Zahlungsformen – Träger des Zahlungsverkehrs

7.1.1.1 Zahlungsmittel, Zahlungsarten und Zahlungsformen

Problem

Christian Wegener hat in einem Elektro-Fachgeschäft ein Kofferradio gekauft. Er überlegt sich nun, auf welche Weise er zahlen soll. Er könnte mit Banknoten und Münzen gleich *bar an der Kasse zahlen,* er könnte sich aber auch eine Rechnung geben lassen und von seinem Girokonto den Betrag *überweisen* oder mit einem *Scheck* zahlen. Besäße er ein *Postgirokonto,* würden ihm Postüberweisung und Postscheck die gleichen Dienste leisten. Wollte er z. B. erst in drei Monaten zahlen, könnte er einen *Wechsel* auf sich ziehen lassen und ihn unterschreiben. Wovon könnte seine Entscheidung für die Art der Zahlung abhängen?

Sachdarstellung

Zahlungsmittel sind Geld- und Geldersatzmittel.

Folgende Übersicht zeigt die verschiedenen Zahlungsarten und Zahlungsformen.

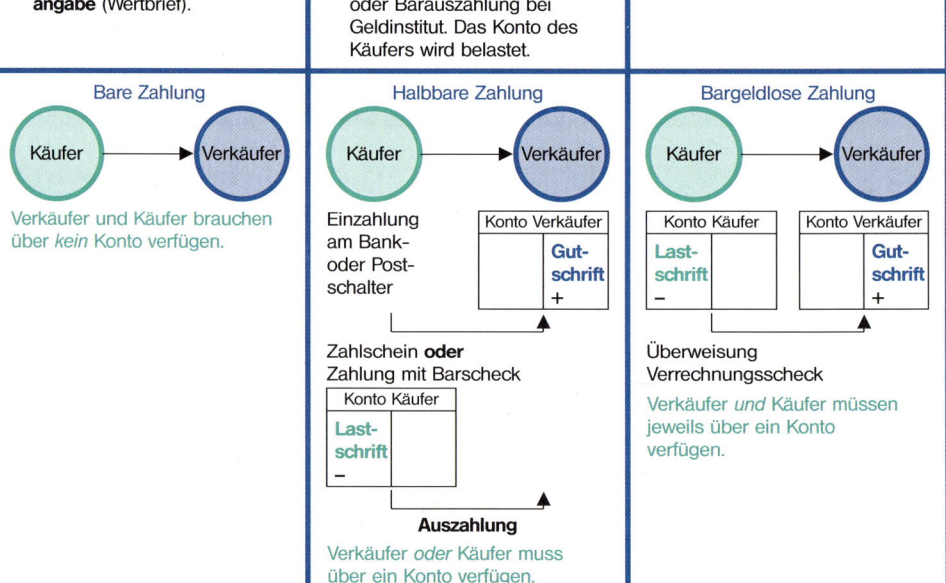

Barzahlung:	**Halbbare Zahlung:**	**Bargeldlose zahlung:**
• Der Käufer übergibt dem Verkäufer **Geldscheine** oder **Münzen** (Quittung, Kassenzettel, Kassenbon).	• Der Käufer zahlt am Schalter einer Bank, Sparkasse oder der Post mit einem **Zahlschein** bar ein. Dem Verkäufer wird das Geld auf einem Konto gutgeschrieben.	• Der Käufer überweist das Geld von seinem Bank- oder Postgirokonto mit einer **Bank- oder Postüberweisung** auf das Konto des Verkäufers.
• Der Käufer zahlt durch **Postanweisung.**	• Käufer zahlt mithilfe eines **Briefes mit Wertangabe** (Wertbrief).	• Käufer zahlt mit **Barscheck.** Verkäufer erhält Gutschrift oder Barauszahlung bei Geldinstitut. Das Konto des Käufers wird belastet.	• Der Käufer zahlt mit einem **Verrechnungsscheck oder Wechsel** (bei Bankeinzug).

---

[1] Am 1. Januar 1999 wurde die DM auf den Euro umgestellt. Euro-Scheine und -Münzen werden erst ab 1. Januar 2002 ausgegeben. Bis zu diesem Zeitpunkt ist die DM gesetzliches Zahlungsmittel. Zahlreiche Einzelhandelsbetriebe zeichnen ihre Preise bereits in DM als auch in EUR aus.

232   © Verlag Gehlen

Geld ist entweder *Bargeld* (Banknoten und Münzen) oder *Buchgeld* (Guthaben oder Kredit auf Bankkonten).

Geldersatzmittel sind im Umlauf befindliche *Schecks* und *Wechsel,* die gegenüber dem Bar- und Buchgeld eine Reihe von Vorzügen aufweisen, z. B. größere Sicherheit bei Verlust (siehe Seite 247 ff.).

Unter **Zahlungsarten** versteht man drei Möglichkeiten der Begleichung von Geldschulden, je nachdem, ob man dabei ein Konto verwendet oder nicht: Barzahlung, halbbare Zahlung und bargeldlose Zahlung.

Die **Zahlungsformen** sind unterschiedliche Zahlungsweisen bei jeder einzelnen Zahlungsart, z. B. Postanweisung, Zahlschein, Barscheck usw.

7.1.1.2 Träger des Zahlungsverkehrs

Wer am halbbaren und bargeldlosen Zahlungsverkehr teilnehmen will, muss ein Konto besitzen. Solche Konten heißen **Girokonten** im Gegensatz zu Sparkonten. Das Girokonto soll möglichst ein Guthaben aufweisen, Überziehungen sind gegen hohe Zinszahlung jedoch möglich.

Konten können bei Geldinstituten eröffnet werden.

Wer ein Girokonto bei einem Geldinstitut eröffnen will, muss sich persönlich ausweisen und seine Unterschrift hinterlegen. Hält die Bank den Antragsteller für vertrauenswürdig, erhält er die Scheck- und Überweisungsformblätter, mit denen er nun am halbbaren und bargeldlosen Zahlungsverkehr teilnehmen kann. Die Vordrucke aller Geldinstitute der Bundesrepublik Deutschland sind inhaltlich und in der Größe genormt, sie unterscheiden sich aber im Farbton. Ohne diese Normung wäre die Abrechnung mit Datenverarbeitungsanlagen nicht möglich.

In der Bundesrepublik Deutschland haben sich gleichartige Geldinstitute zu fünf Gironetzen zusammengeschlossen:

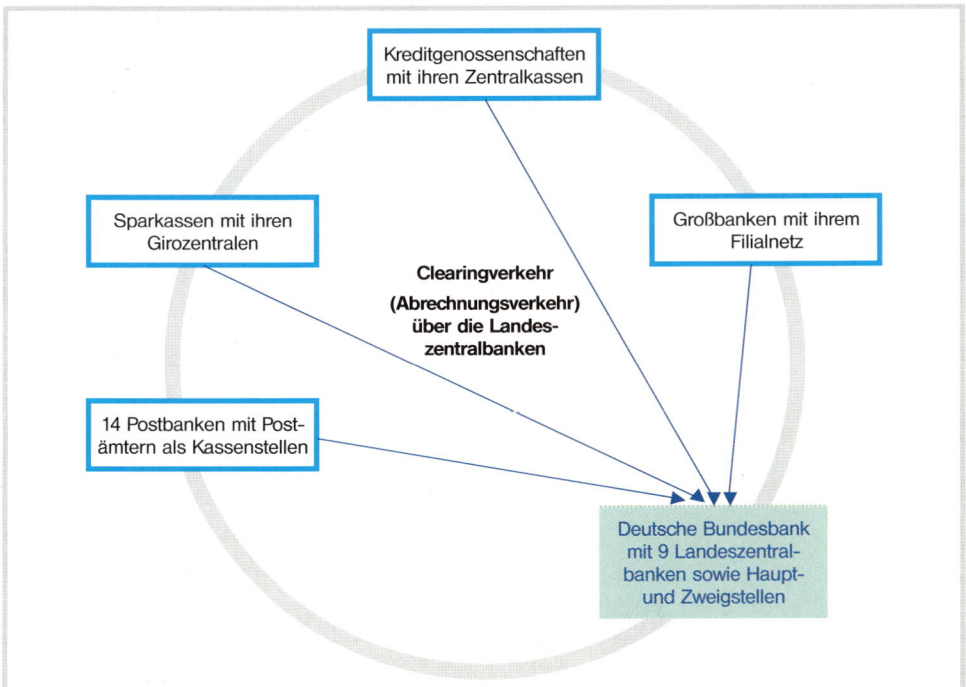

Da alle Geldinstitute der fünf Gironetze miteinander in Kontenverbindung stehen, ist es für die Teilnehmer am Zahlungsverkehr gleichgültig, wo sich die Konten befinden. Es kann also ohne weiteres von der Volksbank Neuruppin an die Dresdner Bank Hamburg oder von der Sparkasse Elmshorn an die Postbank München überwiesen werden.

Alle Geldinstitute oder deren Verrechnungszentralen unterhalten Konten bei den Landeszentralbanken. Im **Abrechnungs-** oder **Clearingverkehr** werden Forderungen und Verbindlichkeiten der Banken untereinander bargeldlos ausgeglichen.

Zusammenfassung

- **Zahlungsmittel** sind *Geld* (Bargeld oder Buchgeld) und *Geldersatzmittel* (Schecks, Wechsel).
- Es gibt drei Zahlungsarten, je nachdem, ob Konten zur Zahlung benutzt werden oder nicht: die **Barzahlung,** die **halbbare Zahlung** und die **bargeldlose Zahlung.**
- Voraussetzung zur Teilnahme am bargeldlosen Zahlungsverkehr ist ein **Girokonto.**
- Über das Gironetz der Landeszentralbanken stehen alle Geldinstitute miteinander in Kontenverbindung. Im **Clearingverkehr** rechnen sie gegenseitig ab.
- Die Vordrucke zur Durchführung des Zahlungsverkehrs – wie Schecks und Überweisungen – unterscheiden sich bei den verschiedenen Gironetzen nur im Farbton.

Aufgaben

1 Warum gibt es verschiedene Zahlungsarten?

2 Weshalb eröffnen die Geldinstitute die Konten nur vertrauenswürdigen Personen?

3 Warum haben sich die Geldinstitute zu Gironetzen zusammengeschlossen?

4 Warum sind die Vordrucke der Geldinstitute genormt? Warum unterscheiden sie sich im Farbton?

7.1.2 Die Barzahlung und die halbbare Zahlung

Problem

In der Buchhaltungsabteilung der Maschinenfabrik Ganter OHG in Düsseldorf werden Liefererrechnungen bezahlt. Hierzu wird teils von drei Bankkonten, teils vom Postgirokonto überwiesen, in wenigen Fällen wird mit einem Zahlschein gezahlt und bei einer Rechnung wird zur Zahlung eine Postanweisung benutzt. Vielfach werden Rechnungen mit Bank- und Postscheck bezahlt.

Wovon kann die Entscheidung des Kaufmanns für eine bestimmte Zahlungsart abhängen?

Sachdarstellung

7.1.2.1 Barzahlung durch Übergabe von Banknoten und Münzen

Die Barzahlung ist vor allem in Einzelhandelsgeschäften üblich. Sonst hat sie ihre Bedeutung eingebüßt, da sie durch das Vorzählen und Nachzählen der Geldbeträge unbequem, zeitraubend und unsicher ist. Als Beweis für die Zahlung erhält der Kunde eine **Quittung.** Dies kann ein *Kassenzettel,* ein *Kassenbon* der Registrierkasse oder ein besonderer *Quittungsvordruck* sein. Auf Rechnungen wird bei Bezahlung ein *Quittungsvermerk* angebracht (BGB § 368). Auch die Buchung in einem Kontoauszug gilt als Quittung.

DM od. EUR	Quittung
E U R	

Netto	242,00
+ 16 % MwSt.	38,72
Gesamt	280,72

Nr.

Betrag in Worten: Zweihundertachtzig----------------

von: Herrn Christian Wegener

für: Re. Nr. 12 687 vom 3. August ..

dankend erhalten

Datum/Ort: 8. August .. München

Buchungsvermerke   Stempel/Unterschrift des Empfängers

E. Ziegler

DM-DROGERIE MARKT
FILIALE 006 – KREFELD; HOCHSTRASSE 87

- **Filialnummer**

BASF VIDEOCASSE.	7,99
PROT.3D KLINGEN	8,99
SHAMPOO FOR MEN	2,99
BAD+BECKENREIN.	2,99
ALLZWECKR.EXOT.	3,69

- **Artikelbezeichnung**

SUMME DM	26,65	— Summe
MWST 16,00%	3,67	
GEGEBEN DM	30,00	— Gegebener Betrag
RUECKGELD DM	3,35	— Rückgeld

BONSUMME IN EURO

- **Kassenummer**

EUR	13,63	— Datum

- **Kasse**

103 005/00315 27.01.99 17:47 — Uhrzeit

- **Bon-Nummer**

DANKE FUER
IHREN EINKAUF

7.1.2.2 Barzahlung durch Postanweisung

Wer nicht direkt mit Scheinen oder Münzen zahlen will, aber auch kein Girokonto besitzt, kann eine **Postanweisung** verwenden. Der Zahler füllt den Postanweisungsvordruck aus und zahlt den Betrag bar am Postschalter ein. Der Empfänger erhält das Geld durch den Postzusteller bar ausgezahlt. Höchstbetrag der Postanweisung ist 3 000,00 DM.[1]

Im **Minutenservice** der Post kann ein Geldbetrag *weltweit* an einen Empfänger bar zugehen. Der Zahler zahlt bar am Postschalter ein, wobei eine *Transfernummer* die Zahlung begleitet. Der Empfänger wird sofort telefonisch, per Fax oder E-Mail benachrichtigt, gegen Vorlage seines Personalausweises wird ihm der Geldbetrag ausgezahlt. Das Postentgelt beträgt für 500,00 DM Zahlungsbetrag 50,00 DM, für jede weiteren 500,00 DM je 15,00 DM.

[1] Siehe Fußnote S. 170.

7.1.2.3 Barzahlung durch Wertbrief

Geht ein Wertbrief verloren, leistet die Post Schadenersatz bis zur Höhe des angegebenen Werts. Der Höchstbetrag der Wertangabe beträgt 100 000,00 DM.[1] Ab 500,00 DM Wertangabe muss ein Wertbrief so versiegelt werden, dass dem Inhalt ohne sichtbare Beschädigung der Umhüllung oder der Siegel nicht beizukommen ist. Die Bestimmungen der Post müssen hier genau beachtet werden.

Obwohl der Wertbrief zeitraubend, teuer und unbequem ist, ist er auch heute noch für viele kaufmännische Zwecke erforderlich, insbesondere im Bankgewerbe.

Banknoten oder andere wichtige Dokumente sollten stets mit **Einschreibebrief gegen Rückschein** versandt werden. Der Empfänger bestätigt auf dem Rückschein, dass er den Einschreibebrief erhalten hat.

7.1.2.4 Halbbare Zahlung mit Zahlschein

Besitzt *nur der Gläubiger* ein Konto, kann der Schuldner seine Verbindlichkeiten mit einem **Zahlschein auf das Bank- oder Postgirokonto** ausgleichen. Der Betrag wird in bar am Schalter eingezahlt, der Empfänger erhält eine Gutschrift auf seinem Konto.

Beispiel: Karl Huber, Bahnhofstraße 19, 94032 Passau, zahlt zur Begleichung der Re.-Nr. 139 vom 20. Oktober .. 354,60 DM an das Sporthaus Walter Kraft OHG, 81241 München, mit einem Zahlschein auf das Postgirokonto Nr. 93371-805 bei der Postbank München (BLZ 700 100 80) am Schalter des Postamtes Passau bar ein.

■ Zahlscheinvordruck

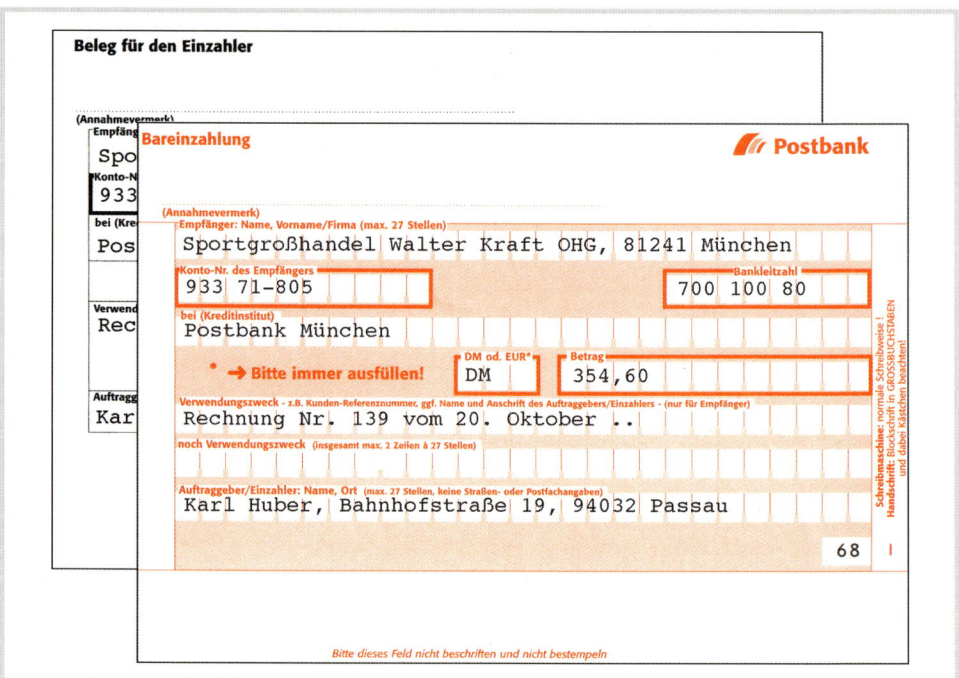

---

[1] Siehe Fußnote S. 170.

Postbankgebühren: Stand 1. September 1993

Einzahlung auf ein fremdes Konto	bis	10,00 DM	. . . .	5,00 DM
	über 10,00 DM bis	10 000,00 DM	. . . .	10,00 DM
	für jede weitere	10 000,00 DM	. . . .	10,00 DM

Banken und Sparkassen verlangen unterschiedliche Gebühren, häufig 0,50 EUR. Innerhalb der gleichen Bank ist die Zahlung stets kostenlos. Die Durchschrift ist der Beleg für den Einzahler.

■ Zahlungsweg des Zahlscheins der Post

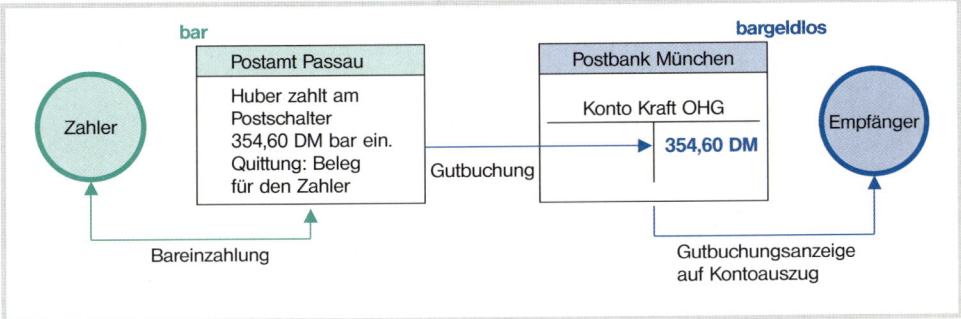

■ Die Postnachnahme

Versandhäuser, die täglich Tausende von Paketen versenden, können sich nicht auf den Zahlungswillen ihrer Kunden verlassen. Ihre Nachnahmepakete liefert der Paketzusteller nur gegen Barzahlung aus. Mit einem Zahlschein wird der nachgenommene Betrag dem Postgirokonto des Versandhauses gutgeschrieben. In ähnlicher Weise können auch fällige Forderungsbeträge durch die Post „nachgenommen" werden (siehe auch S. 263!).

Nachnahmen der Deutschen Post AG sind bis 7 000,00 DM[1] bei freigemachten Briefen, Postkarten und Post-Paketen zulässig.

Zusammenfassung

- ■ Barzahlung ist möglich mit **Banknoten** und **Münzen, Wertbriefen** und **Postanweisungen.** Die Barzahlung ist in der Regel unwirtschaftlich.
- ■ Mit einer **telegrafischen Postanweisung** kann mit der Geschwindigkeit eines Telegramms Geld übermittelt werden (hohe Gebühren).
- ■ Der Zahler braucht als Beweis für seine Zahlung stets eine **Quittung.**
- ■ Die Post ersetzt bei **Verlust von Wertbriefen** im Allgemeinen den Schaden bis zum angegebenen Wert.
- ■ Mit einem **Zahlschein** kann auf ein Girokonto einer Bank, Sparkasse oder einer Postbank eingezahlt werden.
- ■ **Nachnahmesendungen** werden dem Empfänger nur gegen Bezahlung des Nachnahmebetrages (bis 7 000,00 DM) ausgehändigt.
- ■ Postanweisung, Wertbrief und Zahlschein werden hauptsächlich von **Privatleuten** zur Zahlung verwendet.

---

[1] Siehe Fußnote S. 170.

1 Auf welche Weise kann eine bare oder halbbare Zahlung quittiert werden?

2 Was muss eine Quittung enthalten, um eine beweiskräftige Urkunde für die Zahlung zu sein?

3 Prüfen Sie, ob der nebenan abgebildete Zahlungsbon der Tankstelle eine beweiskräftige Quittung ist!

4 Welches ist die günstigste Zahlungsmöglichkeit, wenn der Gläubiger ein Girokonto besitzt?

5 Karl ist auf einer Ferienreise das Geld ausgegangen. Wie kann ihm sein Vater auf schnellstem Wege 1 500,00 DM zusenden?

6 Ein Münzhändler versendet an Sammler wertvolle Münzen. Welche Postsendungsart wird er wählen?

7 Warum fügen viele Kaufleute den Rechnungen Zahlungsvordrucke bei, in denen alle Angaben außer dem Betrag und dem Absender schon eingedruckt sind?

8 Welchen Vorteil bieten Postnachnahmen für den Versender? Sehen Sie auch Nachteile?

```
ARAL SB-TANKSTELLE
ROLF KIESS
VAIHINGER STRASSE 70
70567 STUTTGART
TELEFON 07 11 / 71 45 75


WAGENPFLEGE          25,00 DM 1

MWST-BRUTTOUMS  25,00 DM
16,00% MWST 1          3,45 DM
NETTOUMSATZ        21,55 DM

BAR                       25,00 DM
                      = 12,78 EUR
```

9 Warum muss bei einer Postnachnahme der Nachnahmebetrag höher sein als der Zahlscheinbetrag?

10 Warum muss der Schuldner die Zahlungsgebühren entrichten? Vergleichen Sie BGB § 270 (1)!

11 **Aufgaben zur Vordruckausfüllung:**

1. Quittung

Bernhard Kunz, Heckenstraße 3, 74080 Heilbronn, kauft am 9. Mai .. von der Büroangestellten Karin Welle, Kochergasse 10, 74523 Schwäbisch Hall, ein gebrauchtes Radio für 150,00 DM. Kunz zahlt bar und möchte eine beweiskräftige Urkunde (Quittung).

2. Zahlschein der Post

Die Firma Bauer & Co., Lebensmittelgroßhandlung, Rote Straße 5, 74613 Öhringen, hat von der Firma Karl Wagner, Lebensmittelfabrik, Torstraße 55, 70173 Stuttgart, Waren im Wert von 2 645,00 DM laut ER 208 vom 3. August bezogen und begleicht den Rechnungsbetrag mit einem Zahlschein der Post am 8. August; die Zahlungsbedingungen lauten: „Bei Zahlung innerhalb 10 Tagen 3 % Skonto, innerhalb 20 Tagen 2 % Skonto, 30 Tage netto." Unter Bankverbindung steht auf der Rechnung von Wagner: Postgiro Nr. 284 63-700 bei der Postbank Stuttgart (BLZ 600 100 70).
Füllen Sie den Zahlschein aus!

3. Zahlschein der Banken

Franz Neumeister, Frankfurter Straße 39, 74072 Heilbronn, zahlt zum Ausgleich der Rechnung Nr. XP 7365 vom 13. Mai .. über 10 005,00 DM abzüglich 3 % Skonto und abzüglich einer Gutschrift Nr. 468 über 38,60 DM auf das Girokonto Nr. 1 407 023, Dresdner Bank Stuttgart, Bankleitzahl 600 240 01, des Einrichtungshauses Grohe KG, Schillerstraße 5, 70173 Stuttgart. Herr Neumeister zahlt am 19. Mai .. und benutzt hierzu einen Zahlschein der Volksbank Heilbronn.
Füllen Sie den Zahlschein aus!

7.1.3 Die bargeldlose Zahlung durch Bank- und Postüberweisung

Problem

Im Zahlungsverkehr zwischen Kaufleuten spielt die Überweisung die Hauptrolle. 1996 betrug der Wert aller Überweisungen, Lastschriften und Scheckverrechnungen, also des gesamten bargeldlosen Zahlungsverkehrs 40,5 Billionen DM. Der milliardenfache Zahlungsausgleich wäre ohne die bargeldlose Überweisung von Konto zu Konto undenkbar. Daher verfügen auch die meisten Betriebe über mehrere Girokonten sowie über ein Postgirokonto.

Warum wird der gesamte bargeldlose Zahlungsverkehr eines Unternehmens nicht über ein einziges Konto abgewickelt?

Sachdarstellung

7.1.3.1 Voraussetzungen für den Überweisungsverkehr[1]

Giro- und *Postgirokonten* dienen nur dem Zahlungsausgleich. Sie sollen daher stets ein *Guthaben* aufweisen, das auf Girokonten mit $\frac{1}{2}$ % bis 1 % oder überhaupt nicht *verzinst* wird. Wer sein Girokonto überzieht, muss zz. bis zu 12 % Überziehungszinsen zahlen. Für die Führung der Konten verlangen fast alle Geldinstitute einschließlich der Postbanken unterschiedliche „*Kontoführungsgebühren*".

Der bargeldlose Zahlungsverkehr bringt dem Kaufmann folgende Vorteile:

- kein zeitraubendes Zählen des Geldes,
- keine Verluste durch Verzählen,
- keine Verluste durch Annahme von Falschgeld,
- sichere Geldaufbewahrung bei den Banken,
- Zinserträge für das eingelegte Geld,
- bequemer und rascher Zahlungsausgleich.

7.1.3.2 Das Überweisungsverfahren

Die Überweisung wird durch **Umbuchung** von Konto zu Konto durchgeführt. Auf dem Konto des Zahlers wird der Überweisungsbetrag abgebucht, auf dem Konto des Zahlungsempfängers mit Wertstellung am Tag des Zahlungseingangs gutgeschrieben. Mit der Gutschrift ist die Zahlungspflicht des Schuldners aus einem Vertrag erfüllt. Die Zahlung des Schuldners ist dann rechtzeitig erbracht, wenn der Überweisungsauftrag vor Fristablauf während der Geschäftszeit bei einem Geldinstitut eingegangen ist und das Konto des Schuldners Deckung aufweist.

Beispiel: Wenn eine Zahlungsfrist am 12. März abläuft, so genügt die Übergabe des Überweisungsauftrags am 12. März.

Der Gang der Überweisung ist am einfachsten, wenn Zahler und Empfänger ein Konto bei derselben Bank unterhalten:

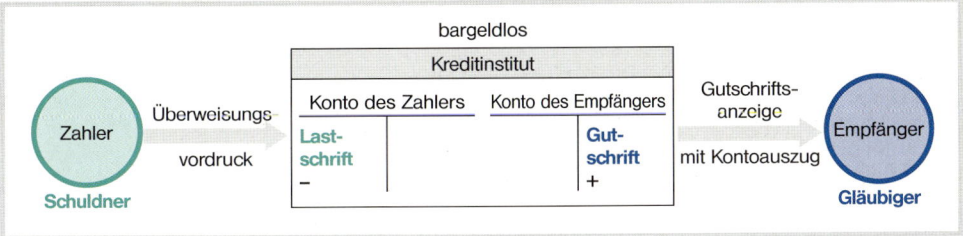

---

[1] Vom 1. Januar 1999 bis zum 31. Dezember 2001 kann der bargeldlose Zahlungsverkehr wahlweise in DM oder in Euro durchgeführt werden.

Haben dagegen Zahler und Zahlungsempfänger ein Konto bei *verschiedenen* Kreditinstituten, muss mindestens über zwei miteinander in Verbindung stehende Banken, meist sogar über die Zentralen der Gironetze verrechnet werden.

7.1.3.3 Die Banküberweisung

■ Das Girokonto

Ein Girokonto wird in erster Linie zur einfachen, schnellen und sicheren Erledigung des baren, halbbaren und bargeldlosen Zahlungsverkehrs eröffnet. Über die auf dem Konto gebuchten Gelder kann der Konteninhaber täglich und uneingeschränkt verfügen oder von einem Bevollmächtigten verfügen lassen (Sichteinlagen).

Rechtlich ist das Girokonto ein **Kontokorrentkonto,** auch laufendes Konto genannt (HGB §§ 355–357). Auf ihn kann auch Kredit in Anspruch genommen werden.

Das Girokonto muss vom **Sparkonto** unterschieden werden. Dort verbuchte Spareinlagen dienen der Geldanlage, nicht für den Zahlungsverkehr.

Für Gelder, die nicht jederzeit, sondern erst zu einem *bestimmten Termin* oder nach einer *vereinbarten Kündigungsfrist* zurückgezahlt werden, führen die Banken für ihre Kunden **Depositenkonten,** auch *Termin-* oder *Kündigungsgeldkonten* genannt.

Bei der **Konteneröffnung** erhält der Kunde Folgendes:

● Kontoeröffnungsantrag
● Unterschriftskarte
● Allgemeine Geschäftsbedingungen des Kreditinstituts.

Personalien des Antragstellers, Unterschriften der verfügungsberechtigten Personen, z. B. Ehefrau, Kinder, Angestellte, werden hierdurch festgehalten.

Mit der Kontoeröffnung erhält der Kunde die für den Geschäftsverkehr erforderlichen Vordrucke.

■ Der Banküberweisungsvordruck

Beispiel: Das Einrichtungshaus Bauer, Bad Homburg, erhält von der Möbelwerkstätte Heinrich in Kelkheim (Taunus) eine Rechnung über 2 634,20 DM. Bauer zahlt die Rechnung vom 17. Mai am 24. Mai von seinem Girokonto bei der Frankfurter Volksbank eG, Hauptzweigstelle Bad Homburg, Nr. 9638, auf das Girokonto der Firma Heinrich bei der Kreissparkasse Kelkheim, Nr. 744 14. Der Betrag wird dem Konto der Firma Bauer bei der Frankfurter Volksbank belastet, dem Konto der Firma Heinrich bei der Kreissparkasse Kelkheim hingegen gutgeschrieben.

Die Überweisungsvordrucke sind genormt und nur im Farbton unterschiedlich. Es sind entweder zwei- oder dreiteilige Durchschreibevordrucke. Für Sammelüberweisungsaufträge und für EDV-Anlagen gibt es besondere Vordrucke.

240   © Verlag Gehlen

Durchschrift für Kontoinhaber
Frankfurter Volksbank eG

Empfänger: Name, Vorname/Firma (max. 27 Stellen)
Heinrich, Möbelwerkstätte
Konto-Nr. des Empfängers

Bankleitzahl
50150303

Betrag
2634,20

Bauer

Überweisungsauftrag an
Frankfurter Volksbank eG

Empfänger: Name, Vorname/Firma (max. 27 Stellen)
Heinrich, Möbelwerkstätte

Konto-Nr. des Empfängers
74414

Bitte kräftig durchschreiben!

Bankleitzahl
50150303

bei (Kreditinstitut)
Kreissparkasse Kelkheim i. Ts.

*Bis zur Einführung des Euro (=EUR) nur DM; danach DM oder EUR.
DM od. EUR*
DM

Betrag
2634,20

Kunden-Referenznummer – noch Verwendungszweck, ggf. Name und Anschrift des Auftraggebers – (nur für Empfänger)
Rechn. 01756 v. 17. Mai ..

noch Verwendungszweck (insgesamt max. 2 Zeilen à 27 Stellen)

Kontoinhaber: Name, Vorname/Firma, Ort (max. 27 Stellen, keine Straßen- oder Postfachangaben)
Bauer, Einrichtungshaus

Konto-Nr. des Kontoinhabers
96384

Datum und Unterschrift
20

Und zum Schluß bitte nicht vergessen:
24. Mai ..   Bauer

Teil A ist der eigentliche **Überweisungsauftrag**. Er muss mit der Unterschrift des Zahlers versehen sein und bleibt bei der Bank als Buchungsbeleg.
Teil B ist die **Quittung** für den Zahler.

■ Zahlungsweg der Banküberweisung

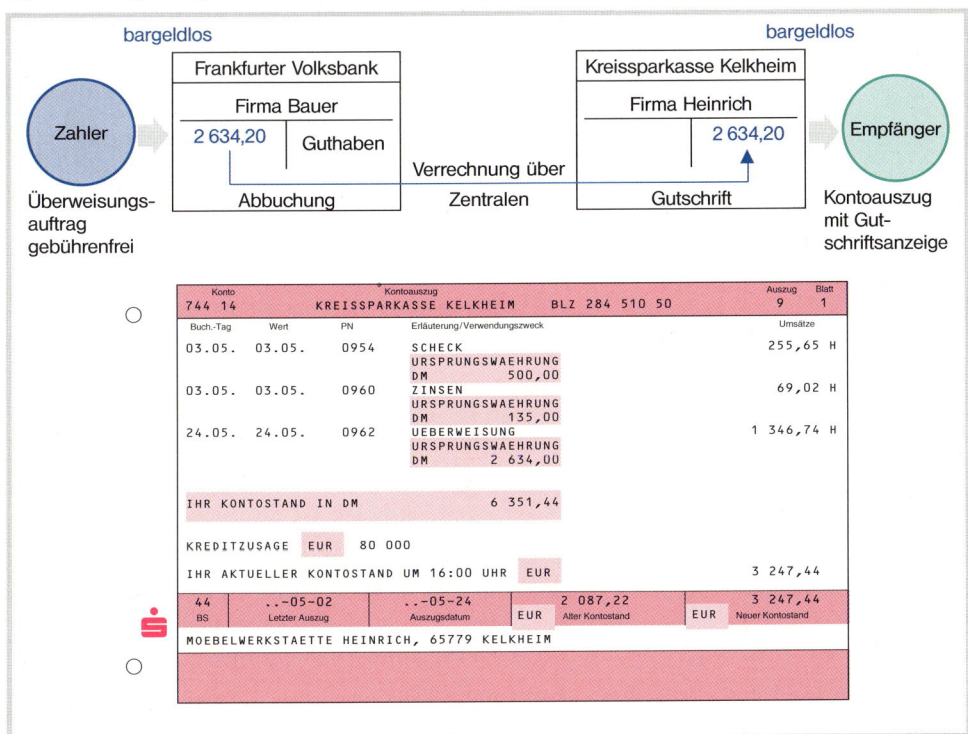

7.1.3.4 Die Postüberweisung

■ Der Postüberweisungsauftrag

Im Gironetz der Postbanken werden ähnliche Vordrucke wie bei den Banken und Sparkassen verwendet. Wer bei einem Postamt den *Antrag auf Eröffnung eines Postgirokontos* stellt, erhält als Erstausstattung folgende Vordrucke gegen geringe Gebühr:

Postüberweisungsvordrucke für Überweisungen von Konto zu Konto,
50 **Postgiroaufträge** zum Einreichen von Verrechnungsschecks usw.,
50 **Auszahlungsscheine** für Barabhebungen,
Zahlscheine für Einzahlungen auf das eigene Postgirokonto, z. B. zur Verstärkung des Guthabens oder zur Einzahlung überschüssiger Barbeträge auf das Postgirokonto,
50 **Postgirobriefumschläge** für die *gebührenfreie Einsendung* aller Aufträge an die Postbank.

Beispiel: Harald Kluge, Jelinstraße 3, 70567 Stuttgart, überweist von seinem Konto 284 62-700 bei der Postbank Stuttgart 1 234,12 DM auf das Konto 7234 56-705 bei der Postbank Saarbrücken der Firma Ewald Müller, Holunderstraße 25, 66115 Saarbrücken. Überweisungsdatum 1. Februar ..

Eine Besonderheit des Postgiroverkehrs ist die **„Postbank Card"** für die Inhaber eines Postgirokontos. Mit dieser Karte kann in mehr als 11 000 Poststellen Deutschlands und deren Geldautomaten Bargeld bis 1 000,00 DM täglich am Geldautomaten oder mit Postbarscheck oder Auszahlungsschein ohne Ausweis, bis 20 000,00 DM mit Personalausweis oder Reisepass abgehoben werden (siehe S. 248!).

■ Zahlungsweg der Postüberweisung

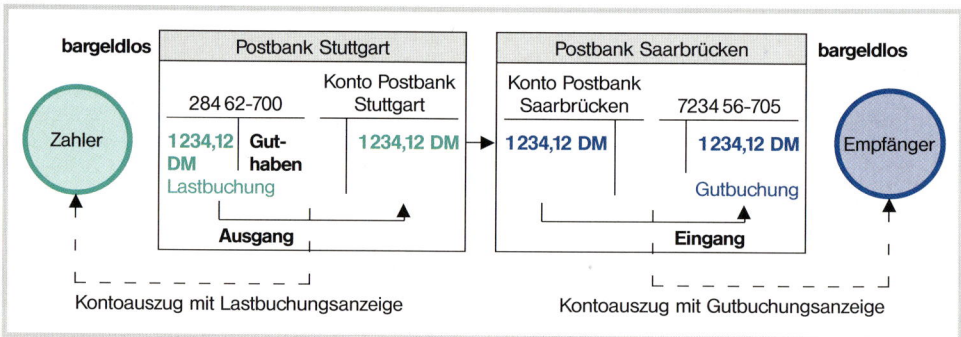

Nach jeder Buchung bzw. zu den mit dem Kontoinhaber vereinbarten Terminen sendet die Postbank dem Kontoinhaber einen oder mehrere **Kontoauszüge** und fügt, falls vorhanden, Gutbuchungs- und Lastbuchungszettel bei. Diese müssen mit den Buchungen verglichen werden.

7.1.3.5 Besonderheiten im Überweisungsverkehr

Der **Dauerauftrag** dient für Zahlungen, die *regelmäßig wiederkehren und in ihrer Höhe gleich sind*, wie Miete, Beiträge, Steuern, Zinsen, Tilgungsraten und Versicherungsprämien. Hierzu wird dem Geldinstitut einmalig ein Überweisungsauftrag erteilt, den es dann unaufgefordert bis auf Widerruf oder bis zu einem vorher festgelegten Zeitpunkt ausführt.

Im **Lastschriftverkehr** erledigen die Geldinstitute Zahlungen ihrer Kunden, die *regelmäßig wiederkehren, aber in ihrer Höhe veränderlich sind*, wie Gas-, Wasser-, Strom- und Fernsprech-

242

gebührenrechnungen. Hierbei beauftragt und ermächtigt der Zahler den Empfänger, Rechnungen unmittelbar an die Bank zu schicken. Diese bucht die Beträge dann von seinem Konto ab. Der Kunde kann hierzu dem Geldinstitut einen *Abbuchungsauftrag* oder dem Zahlungsempfänger eine *Einzugsermächtigung* erteilen. Bei der Einzugsermächtigung kann eine irrtümliche oder missbräuchliche Belastung durch die kontoführende Bank sofort storniert werden. Durch **Sammelüberweisungen** können mehrere Überweisungsaufträge zusammengefasst werden.

Hierzu sind besondere Durchschreibevordrucke erforderlich. Da eventuell nur *einmal* unterschrieben werden muss, wird Zeit, und weil die Buchungsgebühr bei Kreditinstituten nur einmal erhoben wird, auch Geld gespart.

Beim **Blitzgiroverfahren** wird der Überweisungsbetrag am gleichen Tag belastet und gutgeschrieben (per Telefax oder Telex oder telefonisch gegen besondere Gebühr).

Der **Online-Dienst der Telekom (T-Online)** bietet die Möglichkeit des **Telebanking** (Home-Banking) an. Der Teilnehmer kann vom Arbeitsplatz bzw. von seiner Wohnung aus seine **Überweisungen** per Tastatur und Bildschirm vornehmen. Ende 1999 wurden bereits über 10 Millionen Girokonten in Deutschland über T-Online geführt.

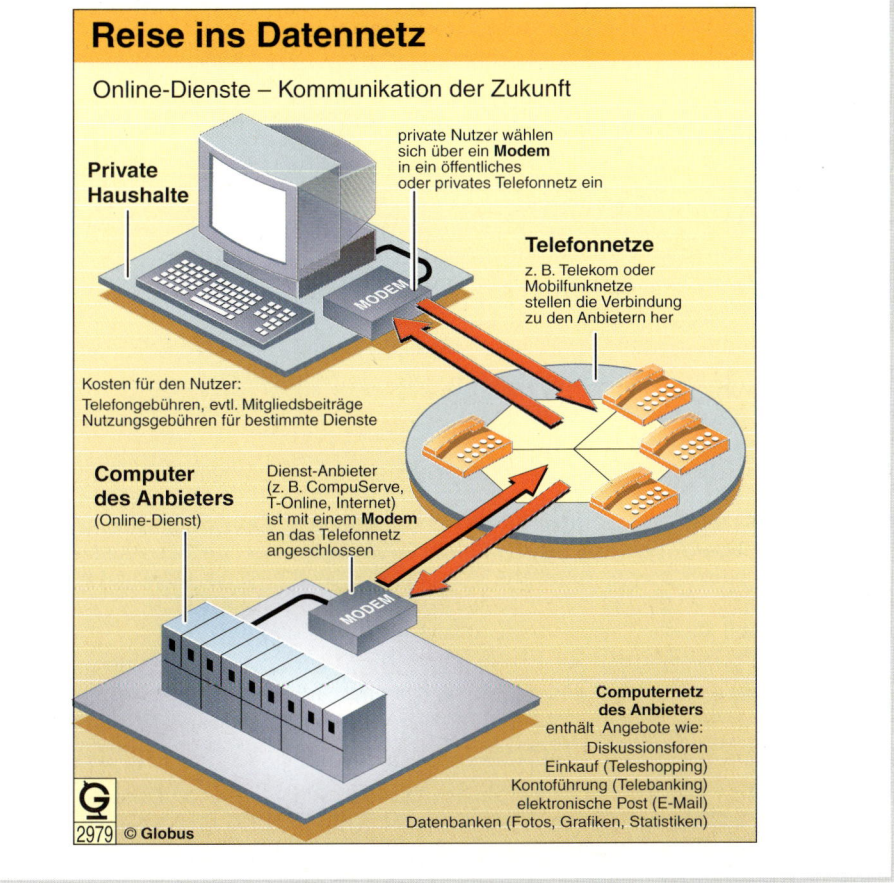

- Die **bargeldlose Überweisung** setzt voraus, dass Zahler und Empfänger ein Giro- oder Postgirokonto besitzen.

- Es wird von **Konto zu Konto** umgebucht: Lastschrift beim Zahler, Gutschrift beim Zahlungsempfänger. Im Postgiroverkehr verwendet man die Begriffe Gutbuchung und Lastbuchung.

- Der **Überweisungsvordruck** begleitet die Zahlung. Der Empfänger erhält eine Gutschriftsanzeige zusammen mit einem Kontoauszug, aus dem er die Veränderungen seines Kontos erkennen kann.

- **Blitzüberweisung, Dauerauftrag, Lastschriftverkehr, Sammelüberweisung** und **Telebanking** (Online-Dienst) sind besonders zeitsparende Überweisungsformen.

Aufgaben

1 Welche Vorteile bringt der bargeldlose Überweisungsverkehr?

2 Welche Zahlungsform würden Sie in folgenden Fällen wählen? Begründen Sie Ihre Ansicht!

a) Ein Schneider hat für ein Textilgeschäft Anzüge geändert und insgesamt 650,00 DM berechnet. Der Schneider hat kein Girokonto. Er möchte das Geld sofort haben.

b) Auf einer Lieferantenrechnung steht: Bankverbindung Städt. Sparkasse Köln, Konto Nr. 338 756; Dresdner Bank Leipzig, Konto Nr. 882 35; Postbank Köln Nr. 4893 75. Der Schuldner hat ein Girokonto bei einer Sparkasse.

c) Auf einer Rechnung ist als Bankverbindung nur ein Postgirokonto angegeben. Der Zahler hat kein Girokonto, aber ein Sparkonto bei einer Bank.

d) Der Schuldner wohnt in Hamburg, der Gläubiger in Dresden. Beide haben kein Konto. Betrag 10 000,00 DM.

e) Die Monatsmiete des Geschäfts beträgt 3 800,00 DM. Der Mieter und der Hauseigentümer haben Girokonten.

f) Sie haben ein Girokonto. Wie zahlen Sie am zweckmäßigsten die Gas-, Wasser-, Strom- und Fernsprechrechnungen?

3 Wie können Sie Kosten sparen, wenn täglich viele Beträge an verschiedene Lieferer überwiesen werden müssen?

4 Welche Form haben die Quittungen bei a) Bank- und b) Postüberweisungen?

5 Warum ist es nicht selbstverständlich, am Lastschriftverkehr teilzunehmen?

6 **Aufgaben zur Vordruckausfüllung:**

1. Banküberweisung

a) Die Maschinenfabrik Gebert & Co. OHG, Bachgasse 35, 72070 Tübingen hat von der Firma Mannesmann AG, Eisenstraße 8–16, 42389 Wuppertal Stahlröhren bezogen. ER 7762 vom 5. Juni .. über 25 000,00 DM zuzüglich 16 % Umsatzsteuer. Zahlungsziel 30 Tage rein netto. Am 5. Juli .. wird der Betrag überwiesen. Der Schuldner hat ein Konto Nr. 63378, bei der Volksbank Tübingen, BLZ 641 901 10, der Gläubiger ein Konto Nr. 756 68 bei der Deutschen Bank, Filiale Wuppertal BLZ 330 700 90.

Füllen Sie die Banküberweisung aus!

b) Die Textilfabrik Peter Holle & Sohn OHG, Schwanenstraße 12–18, 70329 Stuttgart, überweist die Eingangsrechnung der Maschinenfabrik Bauer AG, Parkstraße 15–21, 60322 Frankfurt am Main. Diese Rechnung vom 22. Oktober .., Nr. 3337779 über einen Warenwert von 36 300,00 DM zuzüglich 16 % Umsatzsteuer wird unter Abzug von 3 % Skonto und der Gutschrift Nr. 2244 über 2 600,00 DM am 2. November .. vom Girokonto Nr. 53333 bei der Württembergischen Bankzentrale Stuttgart auf das Postgirokonto Nr. 3293 51-608 bei der Postbank Frankfurt, BLZ 500 100 60 überwiesen.

Füllen Sie die Postüberweisung aus!

7.1.4 Die Zahlung mit Bank- und Postscheck

7.1.4.1 Der Bankscheck

Problem

Der Architekt Peter Grieser aus Günzburg hat am 10. August . . in dem Papiergeschäft Bauer in Günzburg Zeichenpapier und Büromaterial für 120,00 DM gekauft. An der Kasse zieht er statt seiner Geldbörse sein Scheckbuch aus der Tasche und füllt den unten stehenden Scheck aus. Wann nur ist diese Zahlung für den Papierhändler sicher? In welchem Fall wird er die Scheckzahlung ablehnen?

Sachdarstellung

■ Der Scheckvordruck

Herr Bauer, der Inhaber des Papiergeschäfts, geht am nächsten Morgen zur Kreissparkasse Günzburg und erhält den Scheckbetrag bar ausgezahlt. Er hätte den Betrag auch seinem Girokonto gutschreiben lassen können.

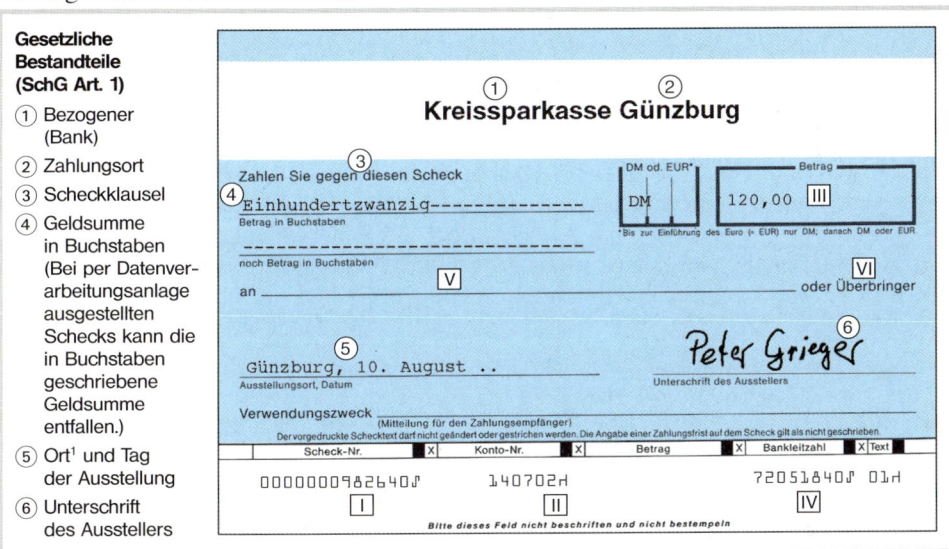

Gesetzliche Bestandteile (SchG Art. 1)

1. Bezogener (Bank)
2. Zahlungsort
3. Scheckklausel
4. Geldsumme in Buchstaben (Bei per Datenverarbeitungsanlage ausgestellten Schecks kann die in Buchstaben geschriebene Geldsumme entfallen.)
5. Ort[1] und Tag der Ausstellung
6. Unterschrift des Ausstellers

Die mit römischen Ziffern bezeichneten Textstellen sind **Kaufmännische Bestandteile** des Schecks.

■ Zahlungsweg des Bankschecks

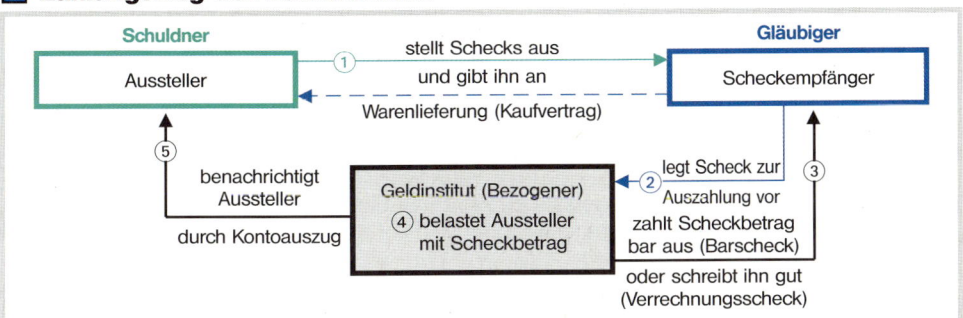

[1] Schecks sind nur mit vollständiger Ortsangabe gültig. Abkürzungen machen den Scheck ungültig, es sei denn, sie sind allgemein gültig, z. B. Autokennzeichen.

■ Bestandteile des Schecks

Das *Scheckgesetz* schreibt sechs **gesetzliche Bestandteile** vor. Alle übrigen Bestandteile des Schecks, wie Kontonummer, Schecknummer u.a., sind **kaufmännische Bestandteile,** welche die Arbeit des Bankkaufmanns erleichtern sollen. Fehlt ein gesetzlicher Bestandteil, ist der Scheck ungültig (SchG Art. 2).

■ Verschiedene Scheckarten

Der **Inhaber- oder Überbringerscheck.** Jeder Scheckempfänger kann die Einlösung des Schecks verlangen, dessen „Inhaber" er ist. Die Streichung des Zusatzes „oder Überbringer" ist ohne Bedeutung, d. h. die Banken lösen den Scheck auch ein, wenn der Überbringervermerk gestrichen ist *(Einlösungsprinzip).* Daher ist es auch nicht erforderlich, aber üblich, den Namen des Zahlungsempfängers auf einem Inhaberscheck anzugeben.

Der **Namensscheck (Orderscheck)** muss den Namen des Scheckempfängers (Order) enthalten. Er wird durch ein Indossament (Übertragungsvermerk) auf einen Dritten übertragen und enthält daher keine Überbringerklausel. Der Orderscheck wird meist beim Zahlungsverkehr der Banken untereinander und bei hohen Scheckbeträgen verwendet.

Beim **Barscheck** wird der Scheckbetrag dem Überbringer bar am Schalter des Geldinstituts ausgezahlt, wenn dieser Bezogener ist.

Beim **Verrechnungsscheck** dagegen darf der Scheckbetrag nur dem Konto des Überbringers gutgeschrieben werden. In der linken oberen Ecke des Scheckformulars muss der Vermerk „Nur zur Verrechnung" eingetragen sein. Jeder Barscheck kann durch diesen Vermerk zu einem Verrechnungsscheck gemacht werden, nicht aber umgekehrt ein Verrechnungsscheck zu einem Barscheck (SchG Art. 39).

Barschecks, bei denen fremde Banken Bezogene sind, werden wie Verrechnungsschecks behandelt. Nur wenn der Vorleger dem Schalterpersonal gut bekannt ist, können solche Barschecks auch bar ausgezahlt werden. Bei der Hereinnahme von Verrechnungsschecks ist das Kreditinstitut im Gegensatz zu Barschecks grundsätzlich nicht verpflichtet, die Berechtigung des Scheckinhabers nachzuprüfen. Sie haftet nur für grobe Fahrlässigkeit.

Wer einen „Eurocheque-Vordruck" besitzt und eine „Eurocheque-Karte" vorweist, kann in den meisten europäischen Ländern Beträge bis zu 400,00 DM (200,00 EUR) mit einem Scheck bezahlen oder bei einem Geldinstitut bzw. einem Postamt abheben. Es muss nur geprüft werden, ob die Scheckkarte gültig ist und ob Kontonummer und Unterschrift des Kunden auf dem Scheck und der Scheckkarte übereinstimmen. Missbräuchliche Verwendung der Scheckkarte wird als Betrug bestraft. Der Eurocheque kann auch wie jeder andere Scheck verwendet werden, also auch für Beträge über 400,00 DM (200,00 EUR), doch gelten dann die gewöhnlichen Haftungsbestimmungen für den Scheckverkehr[1].

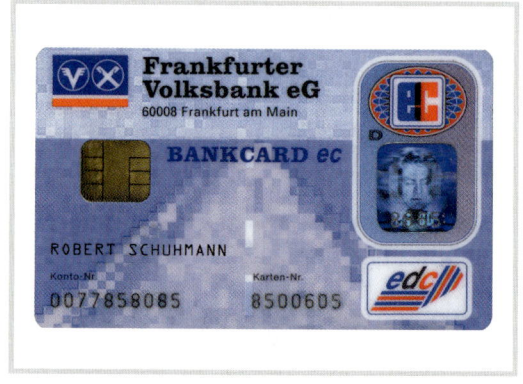

Für einen in ausländischer Währung ausgestellten Eurocheque werden auf dem Konto des Scheckausstellers 1,75% Provision vom Scheckbetrag belastet. Es wird nach dem Devisenkurs des Vortags abgerechnet.[2]

[1] Die Eurocheque-Karten-Garantie läuft jedoch am 31. Dezember 2001 aus.
[2] Teurer als Reiseschecks (Traveller-Schecks).

Eine moderne Zahlungsart ist „**electronic cash**" für Inhaber von Eurocheque-Karten, Kreditkarten und Kundenkarten einer Bank. Der Rechnungsbetrag des Kunden wird an der Kasse sofort von seinem Girokonto abgebucht. Diese automatischen Kassen werden auch **POS-Kassensystem** genannt (POS ist die Abkürzung für den englischen Begriff „point of sale" = Verkaufsstelle).

Bei diesem neuen Zahlungssystem steckt der Kunde z. B. seine EC-Karte in ein Terminal, das den Rechnungsbetrag anzeigt und die Karte auf Echtheit prüft. Mit dem Eintippen der persönlichen Geheimzahl (PIN-Nummer) des Kunden wird der Rechnungsbetrag bestätigt. Die Daten werden über eine DATEX-P-Leitung an die dafür zuständigen Stellen der Kreditinstitute gesandt (Autorisierungsstellen). Innerhalb von 10 Sekunden gibt der Rechner sein O.K. und der Zahlungsvorgang ist beendet.

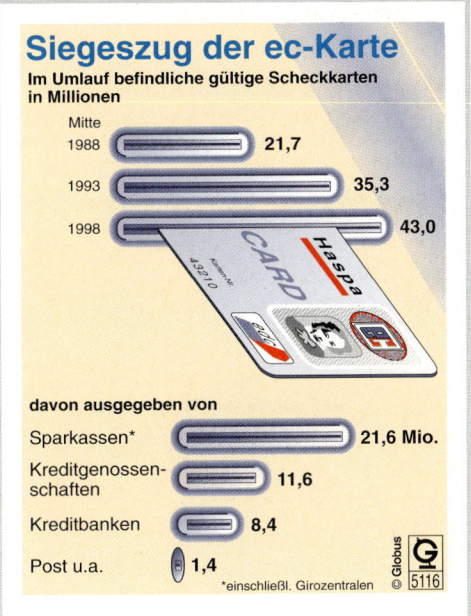

Siegeszug der ec-Karte
Im Umlauf befindliche gültige Scheckkarten in Millionen

Mitte 1988	21,7
1993	35,3
1998	43,0

davon ausgegeben von

Sparkassen*	21,6 Mio.
Kreditgenossenschaften	11,6
Kreditbanken	8,4
Post u.a.	1,4

*einschließl. Girozentralen
© Globus 5116

■ *Verwendungsmöglichkeiten des Schecks*

Neben der **Barauszahlung** und der **Scheckgutschrift** kann ein in Zahlung genommener Scheck auch als **Zahlungsmittel an einen Gläubiger weitergegeben** werden. Es genügt formlose Übergabe an den Gläubiger, wenn es sich um Inhaberschecks handelt. Bei höheren Scheckbeträgen verlangen die Banken meist aus Sicherheitsgründen (Scheckdeckung) die Unterschrift des Scheckeinreichers auf der Rückseite des Schecks.

Weder Bar- noch Verrechnungsschecks sollten wegen der Diebstahlsgefahr nicht mit gewöhnlichem Brief versandt werden. Die Überweisung ist vorzuziehen. Die Post übernimmt keine Haftung.

■ *Die Scheckeinlösung*

Der Scheck muss **bei Sicht** von der bezogenen Bank eingelöst werden, also dann, wenn ihn der Inhaber am Bankschalter vorlegt. Die Vorlagefrist beträgt innerhalb der Bundesrepublik 8 Tage (SchG Art. 28, 29). In der Regel lösen die Banken den Scheck auch noch nach Ablauf der Frist ein, falls der Aussteller den Scheck nicht widerrufen hat.

Man spricht von **vordatierten Schecks,** wenn am Tag der Ausstellung nicht das augenblickliche, sondern ein späteres Datum als Ausstellungsdatum eingesetzt wird (missbräuchliche Verwendung des Schecks als Kreditmittel!). Der Inhaber des Schecks kann ihn trotzdem vor dem Ausstellungsdatum vorlegen, da der Scheck nach gesetzlicher Vorschrift stets bei Sicht fällig ist.

■ *Der Scheckverlust*

Geht ein Barscheck verloren, so kann ein unehrlicher Finder ihn ohne weiteres bei einer Bank einlösen, da die Bank nicht nachprüfen muss, ob der Vorleger auch der Scheckberechtigte ist.

Wer einen Scheck verliert, sollte daher sofort die Bank benachrichtigen und den Scheck sperren lassen. Es empfiehlt sich, Scheckvordrucke so sorgsam wie Geld zu behandeln.[1]

7.1.4.2   Der Postscheck

Wer ein Postgirokonto besitzt, kann – ähnlich dem Bankscheck – mit einem Postscheck bezahlen.

Der Postscheck ist vielseitiger verwendbar als der Bankscheck, weil den Postbanken der gesamte Postdienst zur Verfügung steht (Postbankdienste). Der Vordruck entspricht genau dem Vordruck der Kreditinstitute; er ist in blauem Farbton gedruckt.

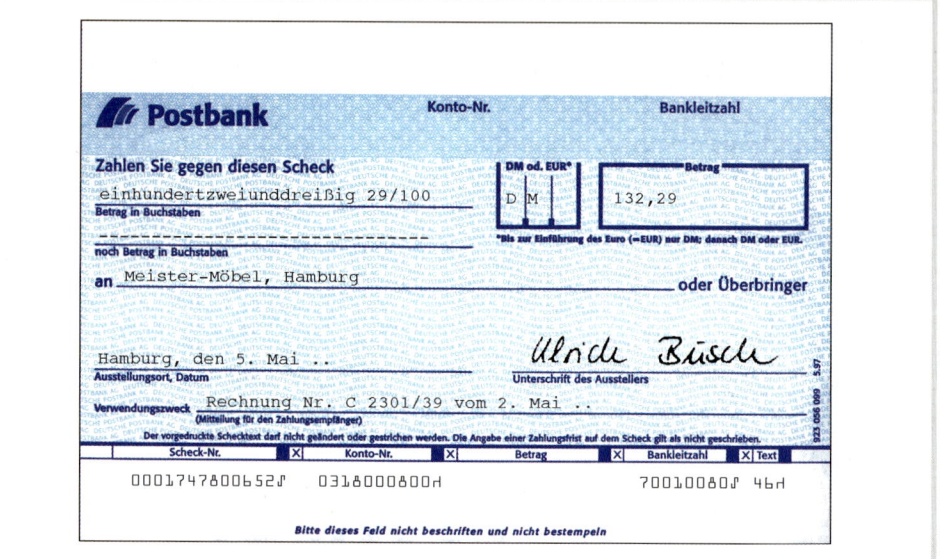

■ Der Postbank-Bargeld-Service

Mit einem **Postbank-Eurocheque** kann wie bei den Banken in allen Postbank-Zweigstellen und den Postämtern Bargeld abgehoben werden, im Inland entgeltfrei (500,00 EUR je Scheck). An Postschaltern im Inland, die das **Postbank-Karten-Banking** anbieten, können auch höhere Beträge abgehoben werden, falls das Konto Deckung aufweist.

An Postschaltern mit dem Postbank-Karten-Service kann mit der **Postbank Card**

oder der **Postbank-EC-Karte** unter Eingabe der persönlichen Geheimzahl (PIN) Geld abgehoben werden. Der aktuelle Stand des Postbank-Girokontos wird abgefragt. Bei Abhebungen über 500,00 EUR (1 000,00 DM) an einem Tag muss der Reisepass oder der Personalausweis vorgelegt werden.

[1] Verloren gegangene Eurocheque-Karten können unter der Sammelrufnummer (0 18 05) 02 10 21 gesperrt werden. Auf keinen Fall darf dabei die persönliche Geheimzahl angegeben werden.

An bundesweit rund 1 500 **Postbank-Geldautomaten** können täglich bis 500,00 EUR im Inland mit der Postbank-Card, im In- und Ausland täglich 500,00 EUR mit der Postbank-EC-Karte abgehoben werden.

Gegen Entgelt kann Bargeld auch an allen EC-Geldautomaten anderer Geldinstitute erhalten werden. Stets ist die persönliche Geheimzahl einzugeben.

7.1.4.3 *Die Zahlung mit Kreditkarten*

Kreditkarten sind weltweit Ersatz für Bargeld. In zahlreichen Geschäften, Hotels, Reisebüros, Fluglinien kann damit jeder Betrag gezahlt werden. Die Kreditkarte erspart das Mitführen von Bargeld, das Umwechseln von Geld in fremde Währungen zu günstigem Devisenkurs (nicht Sortenkurs!), bietet eine Verkehrsmittel-Unfallversicherung und weitere Vorteile. Die Kreditkartengesellschaft stellt monatlich eine Sammelrechnung aus und bucht sie vom Konto des Karteninhabers ab. Dies spart Buchungsgebühren und bringt einen Zinsgewinn.

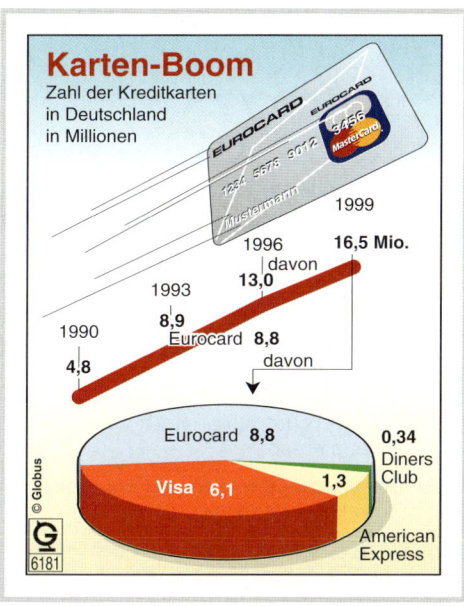

Der Kreditkarteninhaber muss für eine Kreditkarte einen Jahresbeitrag zwischen 30 EUR und 70 EUR bezahlen, den ein Geschäftsmann aber steuerlich als Betriebsausgaben geltend machen kann, wodurch die tatsächliche Beitragshöhe weit geringer ist. Andere Zahlungsarten, z. B. mit Schecks, verursachen gleichfalls Gebühren.

Nur kreditwürdige Personen können eine Kreditkarte erhalten. Die Kreditkartenunternehmen holen dazu Auskünfte bei der Bank oder dem Arbeitgeber des Antragstellers ein.

Von den Geschäften verlangen die Kreditkartenunternehmen eine Umsatzprovision von 5 bis 7 Prozent. Da die Beträge erst am Monatsende gutgeschrieben werden, bedeutet dies für den Geschäftsmann Liquiditätsverlust.

Jede fünfte Mark per Karte

Die Zahl der Kunden, die an der Kasse im Einzelhandel bar zahlen, nimmt weiter ab. Griffen im Jahr 1994 noch 79 Prozent zum Portemonnaie, wenn es ans Bezahlen ging, so ist der Anteil der Barzahler auf 73 Prozent zurückgegangen. Stark zulegen konnte das Plastikgeld – ec-Karte, Kreditkarten und andere Karten steigerten ihren Anteil von sechs auf fast 21 Prozent. Das Bezahlen mit Scheck oder nach Zusendung der Rechnung per Überweisung spielt heute kaum noch eine Rolle. Wenig Akzeptanz findet auch die wiederaufladbare Geldkarte: Die Zahl der Kunden, die so bezahlen, ist verschwindend gering. (Quelle: Globus)

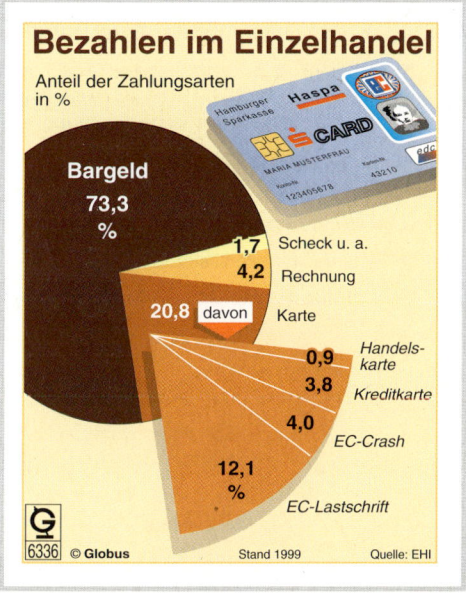

Ob Scheine von Hand zu Hand gehen oder ob Bits und Bytes via Datenleitung übertragen werden – wenn Geld den Besitzer wechselt, sind **Vorsichtsmaßnahmen** immer angebracht. In den traditionellen Bereichen von Finanzen und Handel existieren seit langem Mechanismen, die den beteiligten Parteien eine gewisse Sicherheit garantieren.Sei es die Unterschrift unter einem Vertrag oder der Umstand, dass Verkäufer und Käufer bei einer Transaktion persönlich anwesend sind.

Juristisch gesehen werden hier Willenserklärungen ausgetauscht, die notfalls auch vor Gericht einklagbar sind. Bei der **elektronischen Datenübertragung** fehlt bisher eine vergleichbare Standardisierung. Diese Regelungslücke wurde durch das Gesetz zur digitalen Signatur geschlossen.

Zusammenfassung

- Mit einem **Scheck** weist ein Kontoinhaber ein Geldinstitut an, aus seinem Guthaben den Scheckbetrag zu zahlen.

- Das **Scheckgesetz** schreibt für den Bankscheck sechs *gesetzliche Bestandteile* vor. Fehlt einer dieser Bestandteile, ist der Scheck ungültig.

- Beim **Inhaber-** oder **Überbringerscheck** gilt die Streichung des Zusatzes „oder Überbringer" als nicht erfolgt. Daher kann ihn jeder Inhaber bei einem Geldinstitut einlösen oder an einen Gläubiger zur Zahlung weitergeben.

- **Barschecks** werden bar ausbezahlt, **Verrechnungsschecks** dem Girokonto gutgeschrieben.

- Der Scheck ist **bei Sicht fällig**. Die Vorlegungsfrist beträgt acht Tage.

- Wer eine **Eurocheque-Karte** besitzt, kann in den meisten europäischen Staaten mit Eurocheque bezahlen.

- Der **Verlust eines Schecks** muss sofort dem Geldinstitut gemeldet werden, damit es den Scheck sperren kann.

- Im **Giro- und Scheckverkehr der Postbank** stehen dem Kunden die zahlreichen Postämter und Postbankfilialen zur Verfügung.

Aufgaben

1 Walter Büttner zahlt an die Textil-Zentrale GmbH in Konstanz einen Anzug mit einem Scheck über 680,00 EUR auf die Stadtsparkasse Konstanz (heutiges Datum). Beschreiben Sie den Verlauf der Scheckzahlung mithilfe einer Skizze!

2 Weshalb ist die Namensangabe des Scheckempfängers bei einem Barscheck überflüssig?

3 Wie können Sie einen in Zahlung genommenen Scheck verwenden?

4 Welche Vorteile bietet die Scheckzahlung für den Zahlungsverkehr?

5 Warum ist Vordatieren eines Schecks Selbstbetrug? Beachten Sie SchG Art. 28 und Art. 3!

6 Was unternehmen Sie, wenn Ihnen ein Barscheck

a) verloren geht,
b) vor Ihren Augen verbrennt?

7 Was verlangen Sie als vorsichtiger Kaufmann von einem Ihnen unbekannten Kunden, der einen Einkauf in Ihrem Cash-and-carry-Lager in Höhe von 580,00 EUR mit Schecks bezahlen möchte?

Begründen Sie Ihr Vorgehen!

8 Wodurch unterscheidet sich der Inhaberscheck vom Orderscheck? Vergleichen Sie hierzu SchG Art. 5, 6 und 14!

9 Beurteilen Sie die Gültigkeit des nachstehenden Schecks! Beachten Sie SchG Art. 1, 2 und 9 und begründen Sie dann Ihre Ansicht!

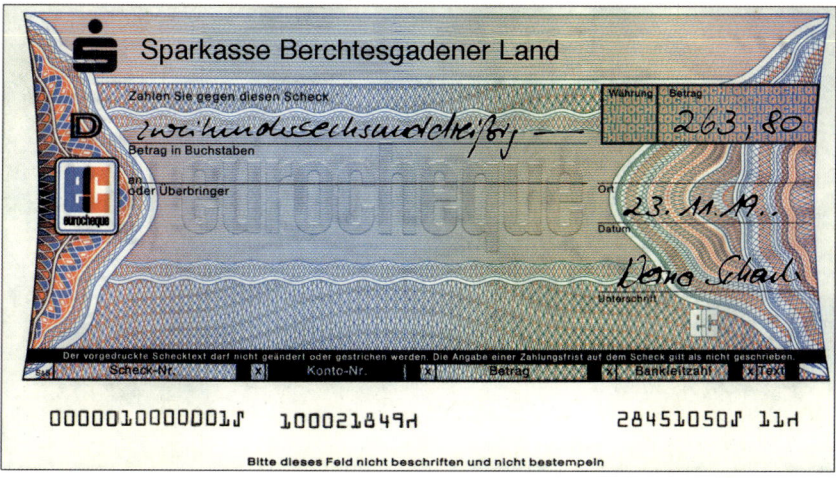

10 Welche Postscheckart verwenden Sie in folgenden Fällen:

a) Wenn Sie bei einem Postamt aus Ihrem Postgiroguthaben 100,00 DM abheben wollen?

b) Wenn Sie bei Ihrer kontoführenden Postbank 5 000,00 DM abheben wollen?

c) Wenn Sie eine Lieferverbindlichkeit begleichen wollen?

11 Besorgen Sie sich bei einer Bank oder Sparkasse einen Vordruck für die Scheck-Einlieferung und tragen Sie den Scheck auf S. 245 und den auf S. 250 dargestellten Scheck ein!

7.1.5 Die Zahlung mit Wechsel

7.1.5.1 Die Wechselziehung

Problem

Das Textilgeschäft Karl Huber in München hat von der Textil-AG in Berlin Anzüge im Wert von 2 230,00 EUR gekauft. Die Herstellerfirma will über den Betrag sofort verfügen, Huber aber besteht auf einem Zahlungsziel von drei Monaten. Daher vereinbaren die beiden Firmen in den Zahlungsbedingungen des Kaufvertrages, die Schuld durch einen Wechsel zu begleichen.

Sachdarstellung

■ Der Wechsel an eigene Order

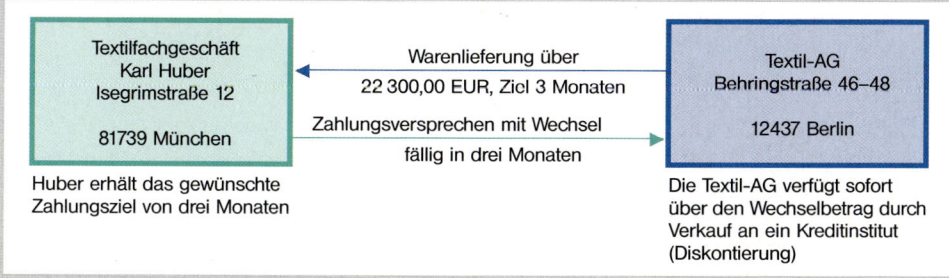

Berlin	den	29. Juni ..	370	München	..-09-29
Ort und Tag der Ausstellung (Monat in Buchstaben)			Nr. d. Zahl-Ortes	Zahlungsort	Verfalltag

Gegen diesen **Wechsel** - erste Ausfertigung - zahlen Sie am _Monat in Buchstaben_ _____

an ___ eigene Order _____   ☐ DM ☒ Euro _Betrag in Ziffern_ 22 300,00

Betrag in Worten __ Zweiundzwanzigtausenddreihundert------------------

Bezogener Textilfachgeschäft Karl Huber

Isegrimstraße 12   TEXTIL AG BERLIN
                                                    ppa.
in ___ 81739 München ___   *Breuner*
Ort und Straße (genaue Anschrift)

Zahlbar in ___ München ___
                        Zahlungsort
bei ___ Bayernbank AG ___ 77/82333
Name des Kreditinstituts   J.L.Konto Nr.

Unterschrift und genaue Anschrift des Ausstellers

Angenommen *Karl Huber*

Durch die Unterschrift auf der Wechselurkunde verpflichtet sich Huber, in drei Monaten zu zahlen. Die Textil-AG als Gläubigerin erhält sofort Geld durch Verkauf des Wechsels an eine Bank.

Durch eine Wechselziehung werden also zwei unvereinbar scheinende Wünsche erfüllt:

1. der Schuldner erhält sein gewünschtes Zahlungsziel (Liefererkredit),
2. der Gläubiger kann sofort über den Wechselbetrag verfügen.

■ *Der Wechsel an fremde Order*

Im obigen Beispiel hätte die Textil-AG, anstatt sich selbst, einen ihrer Lieferanten, z. B. die Maschinenfabrik Bauer in Köln, als Zahlungsempfänger in die Wechselurkunde eintragen können. Mit der Übergabe des Wechsels an die Maschinenfabrik hätte sie dann ihre Verbindlichkeit beglichen.

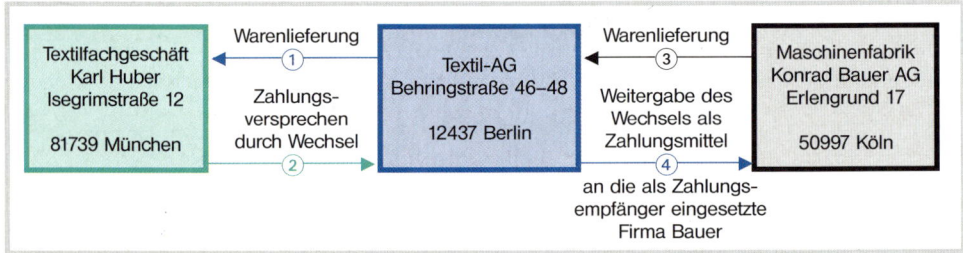

Hieraus erkennen wir die *Aufgaben des Wechsels:*

1. Er ist ein **Kreditmittel,** da die Schuld des Käufers erst zu einem späteren Zeitpunkt fällig wird; darin liegt seine wirtschaftliche Hauptaufgabe;
2. er ist ein **Zahlungsmittel,** da der Käufer seine Schuld an den Verkäufer mit dem Wechsel begleicht;
3. er ist überdies ein **Sicherheitsmittel,** da für den Wechsel die strengen Rechtsvorschriften des Wechselgesetzes gelten.

Der Wechsel an eigene Order ist die im Geschäftsleben weitaus am häufigsten verwendete Wechselart.

► **Weg der Wechselzahlung**

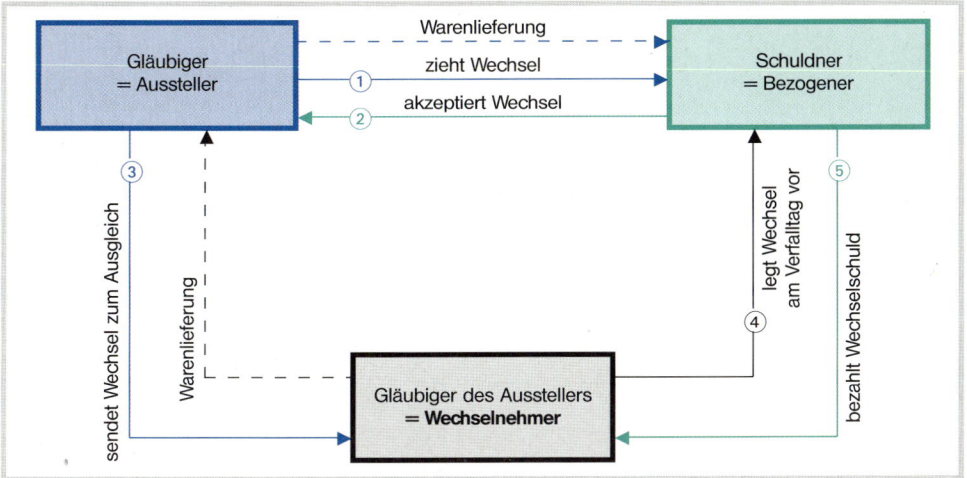

Aussteller:	der Gläubiger, der den Wechsel zieht oder ausstellt;
Bezogener:	der Wechselschuldner;
Wechselnehmer:	ein Gläubiger des Ausstellers, der zum Ausgleich einer Verbindlichkeit einen Wechsel in Zahlung nimmt;
Tratte:	gezogener Wechsel;
Besitzwechsel:	Inhaber verfügt über einen Wechsel, zu dessen Zahlung sich ein anderer verpflichtet hat;
Schuldwechsel:	Bezogener ist durch sein Akzept zur Zahlung verpflichtet;
Akzept:	angenommener Wechsel (bedeutet aber auch Annahmevermerk des Bezogenen auf dem Wechsel);
Rimesse:	ein als Zahlungsmittel weitergegebener Wechsel;
Solawechsel:	Wechselverpflichtung des Ausstellers, an einem bestimmten Tag an eine bestimmte Person oder Firma eine bestimmte Summe zu zahlen.

■ ***Gesetzliche und kaufmännische Bestandteile des Wechsels***

Die gesetzlichen Bestandteile sind nach WG Art. 1:

① **Ort und Tag der Ausstellung;**

② das **Wort Wechsel** im Text der Urkunde;

③ die **Verfallzeit,** d. h. der Tag der Fälligkeit der Wechselschuld.
   Fällt der Verfalltag auf einen Sonnabend, einen Sonntag oder einen gesetzlichen Feiertag, so gilt der nächste Werktag als Verfalltag (WG Art. 72);

④ der **Wechselempfänger,** an den gezahlt werden soll:
   Dies kann der Aussteller selbst sein (Wechsel an eigene Order) oder ein Gläubiger des Ausstellers (Wechsel an fremde Order);

⑤ der **Wechselbetrag** in Worten und/oder Ziffern (Geldsumme);

⑥ der **Bezogene;**

⑦ der **Zahlungsort;**

⑧ die Unterschrift des **Ausstellers.**

Fehlen die Bestandteile ①, ③ und ⑦, so ist der Wechsel trotzdem gültig (WG Art. 2).

Die kaufmännischen Bestandteile des Wechsels sind:

I — Die **Ortsnummer,** um die Verwechslung gleichnamiger Zahlungsorte zu vermeiden; sie entspricht den ersten drei Ziffern der Bankleitzahl, nicht den Postleitzahlen.

II — die **Wiederholung des Zahlungsorts, des Verfalltags** und des **Wechselbetrags in Ziffern** in der rechten oberen Ecke des Wechsels erleichtert kaufmännische Arbeiten mit dem Wechsel, wie sortieren, suchen, kontrollieren, einordnen usw.;

III — der **Zahlstellenvermerk** (Angabe einer Bank), um den Wechselinhaber die Vorlage und dem Bezogenen die Einlösung des Wechsels zu erleichtern.

■ Das Akzept

Die Textil-AG in Berlin hat einen Wechsel auf Huber in München gezogen. Huber wird zwar hierdurch zur Zahlung aufgefordert, aber noch nicht verpflichtet, den Wechsel auch einzulösen. Daher verlangt die Textil-AG seine Unterschrift, sein *Akzept*.

Durch die quergeschriebene Unterschrift auf der linken Seite des Wechsels verpflichtet sich der Bezogene, den Wechselbetrag am Verfalltag zu zahlen. Diese Unterschrift heißt **Akzept.** Unter Akzept versteht man deshalb auch den mit dem Annahmevermerk versehenen Wechsel (WG Art. 25, 28).

Es gibt verschiedene **Akzeptarten:**

Kurzakzept	Unterschrift des Bezogenen, z. B. „Karl Huber"
Vollakzept	Z. B. „Angenommen 22 300,00 EUR, fällig am 29. September .., München, 3. Juli .., Karl Huber (Stempel)"
Blankoakzept	Annahmeerklärung auf einem nicht oder nur teilweise ausgeführten Wechselvordruck.
Teilakzept	Bezogener unterschreibt nicht für den vollen Wechselbetrag, z. B. „Angenommen nur für 20 000,00 EUR" (WG Art. 26).
Bürgschaftsakzept (Avalakzept)	Als zusätzliche Sicherheit wird noch die Unterschrift eines Bürgen verlangt. Der Bürge haftet dann wie der Bezogene (selbstschuldnerische Haftung, WG Art. 30 ff.).

Aufgaben

1 Warum zieht die Textil-AG auf Huber einen Wechsel? (Siehe „Problem" auf S. 251!)

2 Warum ist der Wechsel a) ein Kreditmittel, b) ein Zahlungsmittel, c) ein Sicherheitsmittel?

3 Wie heißen beim Wechsel a) der Schuldner, b) der Gläubiger?

4 Was ist a) eine Tratte, b) ein Akzept?

5 Für wen ist der Wechsel a) ein Besitzwechsel, b) ein Schuldwechsel?

6 Wer ist der Wechselnehmer?

7 Wann ist ein Wechsel fällig, dessen Verfalltag auf einen Karfreitag fällt? Begründen Sie Ihre Ansicht!

8 Erklären Sie den Unterschied zwischen einem „Wechsel an eigene Order" und einem „Wechsel an fremde Order"!

9 Warum muss auf dem Wechsel ein Zahlungsort angegeben werden?

10 a) Wie heißt die Unterschrift des Bezogenen auf dem Wechsel?
b) Welche Bedeutung hat die Unterschrift für den Bezogenen?

11 a) Welche Fehler enthält nachstehender Wechsel?
b) Welche Akzeptart enthält er?

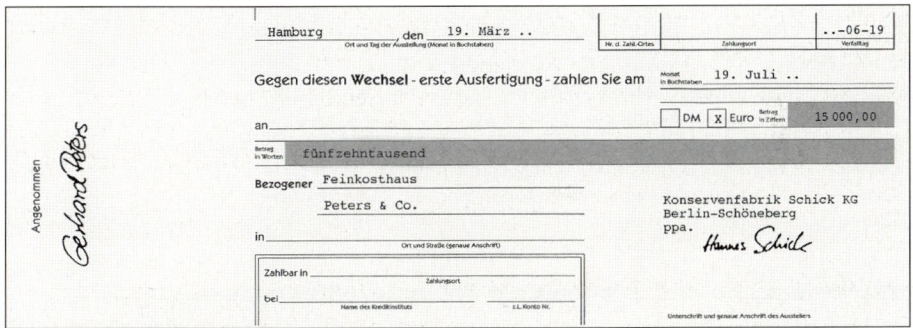

12 Wie heißen folgende Akzepte?
a) Nur für 36 000,00 EUR angenommen,
b) Per Aval. Werner Pfleiderer,
c) Karl Magsam,
d) Für 6 500,70 EUR angenommen; Wittenberg, 10. März .. Ingo Münchmann,
e) Unterschrift auf einem leeren Wechsel-Einheitsformular.

13 a) Welche Gefahren birgt ein Blankoakzept? Wann nur kann es verwendet werden?
b) Aus welchen Gründen könnte der Bezogene zu einem Teilakzept veranlasst sein?
c) Wann wird ein Bürgschaftsakzept erforderlich sein? Wie beurteilen Sie dies für die Qualität des Wechsels?

Problem

Die Maschinenfabrik Bauer in Köln ist der Wechselnehmer des von der Textil-AG in Berlin auf das Textilfachgeschäft Karl Huber in München gezogenen Warenwechsels. Der Leiter der Buchhaltung, Herr Prokurist Westrup, überlegt gerade, wie er den Besitzwechsel am besten verwenden könnte.

Die Lohnzahlungen sind fällig, Bargeld ist erforderlich. Er könnte hierzu den Wechsel sofort, also Monate vor dem Verfalltag, gegen Zinsabzug an eine Bank verkaufen. Er könnte den Wechsel aber auch anderweitig zur Zahlung an einen seiner *Gläubiger weitergeben,* falls dieser damit einverstanden sein sollte. Unter Umständen müsste Herr Westrup ihm ebenfalls Zinsen bezahlen. Am einfachsten wäre es natürlich, den *Wechsel bis zum Verfalltag zu behalten,* aber hierzu bedarf es hoher Geldreserven.

Wie würden Sie entscheiden, wenn Sie der Prokurist der Maschinenfabrik wären?

Sachdarstellung

■ Die Diskontierung des Wechsels durch die Bank

Benötigt ein Eurocheque-Inhaber den Wechselbetrag schon vor dem Verfalltag, so kann er den Wechsel *diskontieren lassen,* d. h. an ein Geldinstitut, meist die Hausbank des Betriebes, verkaufen. Dies ist die am häufigsten vorkommende Wechselverwendung. Für den Wechselkredit verlangt die Bank Zinsen, den Diskont, den sie bei Auszahlung des Barwertes von der Wechselsumme abzieht:

Ausstellungstag
13. Juli ..

Bank oder Sparkasse gewährt für 88 Tage Kredit

Verfalltag
13. Okt. ..

15. Juli .. Diskontierung: Wechselbetrag – Diskont = Barwert am 15. Juli ..

In der Regel stellen die Kreditinstitute an einen zum Diskont eingereichten Handelswechsel folgende Bedingungen:

- Mindestlaufzeit: 1 Monat, maximale Restlaufzeit: 6 Monate
- Währung: auf Euro oder nationale Währung lautend
- Sitz des Schuldners: Deutschland
- Bonitätsbeurteilung des Unternehmens: mindestens ein Wechselmitverbundener muss von der Deutschen Bundesbank als notenbankfähig eingestuft sein
- Bewertung: Abzinsung mit dem 3-Monats-Euribor-Satz (Basiszinssatz)
- Bewertungsabschlag: 2 Prozent
- weitere Bedingungen: Wechselinkasso durch die Deutsche Bundesbank

■ Die Weitergabe des Wechsels als Zahlungsmittel (Indossierung)

Jeder Wechselinhaber kann zum Ausgleich seiner Verbindlichkeiten den Wechsel an einen seiner Gläubiger weitergeben, falls dieser damit einverstanden ist. Dieser Vorgang heißt „indossieren", weil auf der Rückseite des Wechsels der Übertragungsvermerk angebracht werden muss, das sogenannte *Indossament.* Der Weitergebende heißt daher *Indossant,* der Empfänger *Indossat.*

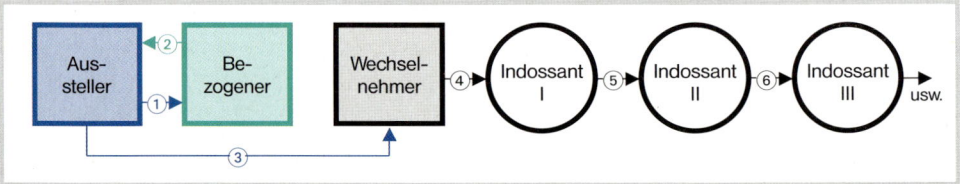

Durch das **Indossament gehen die Rechte aus dem Wechsel auf den Empfänger über. Der Weitergebende haftet durch seine Unterschrift allen Nachmännern gegenüber für den Wechsel.** Kann der Bezogene am Verfalltag den Wechsel nicht bezahlen, kann der letzte Wechselinhaber von jedem Zahlung verlangen, der auf dem Wechsel unterschrieben hat.

Die Wechselindossierung tritt im Wirtschaftsleben wesentlich weniger als die Diskontierung auf, da diese einfacher handzuhaben ist.

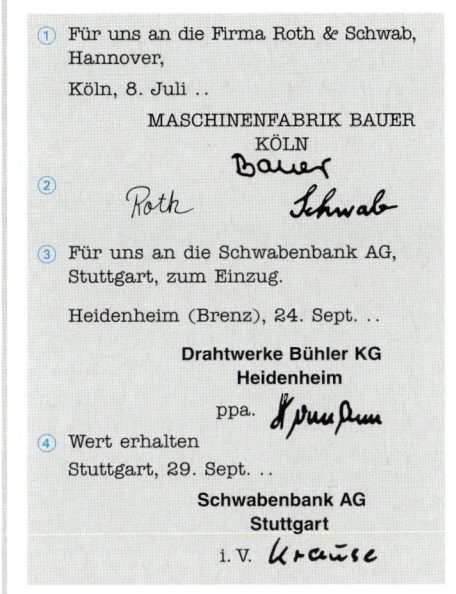

① Für uns an die Firma Roth & Schwab, Hannover,

Köln, 8. Juli ..

MASCHINENFABRIK BAUER
KÖLN
Bauer

② *Roth*   *Schwab*

③ Für uns an die Schwabenbank AG, Stuttgart, zum Einzug.

Heidenheim (Brenz), 24. Sept. ..

Drahtwerke Bühler KG
Heidenheim

ppa. *[Unterschrift]*

④ Wert erhalten

Stuttgart, 29. Sept. ..

Schwabenbank AG
Stuttgart

i. V. *Krause*

Beispiel:

① **Vollindossament**

Häufigste Übertragungsart.

② **Kurz- oder Blankoindossament**

Der Indossat wird nicht eingetragen, wenn dessen Einverständnis mit der Wechselziehung noch nicht sicher ist. Sobald hier eine Adresse eingetragen ist, entsteht ein Vollindossament.

③ **Inkasso- oder Einzugsindossament**

Hierdurch erhält die Bank den Auftrag, den Wechsel am Verfalltag beim Bezogenen einzuziehen. Die Bank *haftet* aber nicht für den Wechsel, da sie durch das Indossament nur Besitz, aber nicht Eigentum erwirbt (zwischen Wechseleinreicher und Bank besteht kein Schuldverhältnis).

④ **Quittungsvermerk der Bank**

Nach Empfang des Geldes oder Belastung des Kontos erteilt die Bank den Quittungsvermerk. Dem Bezogenen wird danach die Wechselurkunde ausgehändigt.

Reicht die Wechselrückseite für die Indossamente nicht aus, kann hier eine **Allonge** angeklebt werden. Diese Wechselverlängerung muss auf der Vorderseite die gesetzlichen Bestandteile des Wechsels enthalten.

◼ *Der Wechseleinzug*

Am **Verfalltag** oder **an einem der beiden folgenden Werktage, spätestens bis 18 Uhr,** muss der letzte Wechselinhaber oder die von ihm zum Einzug beauftragte Bank den Wechsel dem Bezogenen zur Zahlung vorlegen (Zahlungstag). Wer die Vorlegefrist nicht einhält, verliert sein Rückgriffsrecht (WG Art. 38 ff., Art. 53).

Verfalltag	Letzter Vorlegungstag	Zahlungstage
Di	Do	Di bis Do
Do	Mo	Do bis Mo
Do = Feiertag	Di	Fr bis Di
Sa/So	Mi	Mo bis Mi

Der Wechsel kann im Geschäft oder der Privatwohnung eingezogen werden. Meist übergibt aber der Wechselinhaber die Urkunde einem Geldinstitut *zum Inkasso.*

Die meisten Wechsel sind bei einem Kreditinstitut zahlbar gestellt, wodurch der bankmäßige Wechseleinzug erheblich erleichtert wird.

- Der **Inhaber eines Wechsels** kann:
  1. den Wechsel vor dem Verfalltag an eine Bank verkaufen (diskontieren lassen);
  2. den Wechsel als Zahlungsmittel an einen Gläubiger weitergeben;
  3. den Wechsel bis zum Verfalltag aufbewahren und dann selbst vorlegen oder vorlegen lassen.

- Ein **Indossament** ist ein Übertragungsvermerk auf der Rückseite eines Wechsels. Damit werden die Wechselrechte auf den neuen Inhaber übertragen. Vollindossament, Kurz- oder Blankoindossament und Inkassoindossament sind im Geschäftsleben am häufigsten.

- Der Wechsel muss **dem Bezogenen** am Verfalltag oder spätestens an einem der folgenden beiden Werktage bis abends 18 Uhr in seinen Geschäfts- oder Privaträumen **zur Zahlung vorgelegt werden** (Zahlungstag).

- Mit dem **Wechseleinzug** (Inkasso) wird in der Praxis meist eine Bank oder Sparkasse beauftragt.

Aufgabe

1 Warum machen Kaufleute von der Wechseldiskontierung gerne Gebrauch? Vergleichen Sie die Sollzinssätze für die verschiedenen Kreditarten! In der Schalterhalle jeder Bank oder Sparkasse sind sie ausgehängt!

2 **Aufgabe:** Füllen Sie den Wechsel aus!
Die Montanwerke Walter GmbH, Gartenweg 20, 93055 Regensburg, haben an die Firma Fritz Müller, Apparatebau, Katharinenstraße 13-16, 89079 Ulm, eine Schleifmaschine im Wert von 32 200,00 EUR gegen ein Dreimonats-Akzept gesandt.
Die Montanwerke Walter ziehen am 3. August .. den Wechsel, den Fritz Müller mit einem Kurzakzept annimmt und an den Wechselnehmer Haug & Kohl, Maschinengroßhandel OHG, Urbanstraße 120, 81371 München, weiterleitet. Zahlstelle ist die Württembergische Bank, Filiale Ulm, Konto-Nr. 830 222 078. Der Wechsel wird vom Prokurist Baumann unterzeichnet.
Der Wechsel wird wie folgt indossiert:
a) Am 7. August .. geben Haug & Kohl den Wechsel als Zahlungsmittel an die Maschinenfabrik Schneider KG, Stuttgart, weiter (Unterschrift: ppa. Haug).
b) Die Schneider KG will damit ihre Verbindlichkeit an die Kartonagenfabrik Erhard Bayer & Söhne, Esslingen, zahlen, weiß aber noch nicht, ob die Firma Bayer damit einverstanden ist (Unterschrift: Karl Schneider).
c) Bayer & Söhne geben am 2. November .. der Deutschen Bank, Filiale Esslingen, den Auftrag zum Einzug des Wechsels am Verfalltag (Unterschrift: Eugen Bayer).
d) Die Deutsche Bank AG legt den Wechsel der Zahlstelle des Fritz Müller in Ulm zur Zahlung vor. Sie erhält den Wechselbetrag am 4. November .. gutgeschrieben und quittiert dies auf dem Wechsel.

3 Wer wird in Aufgabe 2 bei den einzelnen Übertragungsvermerken Eigentümer, wer Besitzer des Wechsels!

4 Was wird der Bezogene vor Einlösung des Wechsels prüfen?

5 Weshalb gewährt das WG Art. 38 eine Vorlagefrist von zwei Werktagen nach dem Verfalltag?

6 Wie beurteilen Sie ein Blankoindossament?

7 Klären Sie die Begriffe Transportfunktion, Garantiefunktion und Legitimationsfunktion des Indossaments mithilfe des WG Art. 14 bis 16!

8 Was bedeutet der Vermerk „Wert zur Sicherheit" auf einem Wechsel? Klären Sie diesen Begriff mithilfe des WG Art. 19!

9 Wenn Sie im Fach Wirtschaftsrechnen die Wechseldiskontierung schon gelernt haben: Besorgen Sie sich bei einer Bank oder Sparkasse ein Wechsel-Abrechnungsformular und lösen Sie darin eine Übungsaufgabe zur Wechseldiskontierung mit mehreren Wechseln!

Papiergroßhandel Treffaur & Munz KG, Rostock

1273 Konto: F. Müller, Ulm

Zahlungsbedingungen
14 Tage 2 % oder 30 Tage netto

Buchungs-datum	Rechnungs-datum	Journal-seite	Soll	Haben	Saldo
01.01.	–	13	1 300,00		1 300,00
03.01.	02.01	14	2 800,00		4 100,00
04.02.	04.02	14	3 400,00		7 500,00
05.02.	–	18		1 300,00	6 200,00
08.02.	07.02	19	800,00		7 000,00

Sie kontrollieren dieses Debitorenkonto (Forderungen an Kunden) am 8. März! Wie beurteilen Sie die Zahlungssituation der Firma Müller aus Ulm? Was muss gegen Müller unternommen werden?

Der Käufer gerät in Zahlungsverzug, wenn er seine Zahlungspflicht aus einem rechtsgültig abgeschlossenen Kaufvertrag *nicht erfüllt.* Bei gesetzlicher Regelung hat der Schuldner dann erfüllt, wenn er an seinem Wohnort die Zahlung veranlasst hat (Geldschulden sind Schickschulden!).

Nach BGB § 284 Abs. 3 gilt für eine Geldforderung folgendes:

- Ein Schuldner kommt **ohne Mahnung** 30 Tage nach Fälligkeit **und** Zugang einer Rechnung über den zu zahlenden Betrag in Verzug.

- Der Schuldner hat ab Zugang der Rechnung also 30 Tage Zeit zur Zahlung – ohne Verzinsungspflicht.

- Bei Schuldverhältnissen, die wiederkehrende Geldleistungen zum Gegenstand haben, z. B. Ratenverträgen, kommt der Schuldner ab Fälligkeitstag in Verzug (BGB § 284 Abs. 2).

Im Übrigen hat der Verkäufer die gleichen Rechte wie der Käufer beim Lieferungsverzug, insbesondere das **Rücktrittsrecht vom Vertrag,** welches ihm aber meist schon aus der Vereinbarung des **Eigentumsvorbehalts** zusteht (BGB § 455). Hiernach geht das Eigentum an der Ware erst nach Zahlung an den Käufer über.

Da dem Verkäufer durch den Zahlungsverzug des Käufers ein finanzieller Schaden entsteht, erlaubt ihm das Gesetz, **Verzugszinsen** sowie **Kostenersatz** zu verlangen.

Die Höhe der Verzugszinsen beträgt bei beiderseitigen Handelsgeschäften nach HGB § 352 mindestens 5 %, bei einseitigen Handelsgeschäften nach BGB § 288 mindestens 5 % über dem Basiszinssatz der Europäischen Zentralbank (EZB). Weist der Lieferer nach, dass er höhere Bankzinsen zahlen muss, so kann er diese verlangen.

- **Zahlungsverzug** tritt ein, wenn der Schuldner seine Zahlungspflicht nicht erfüllt.
  - Der Schuldner einer Geldforderung kommt **ohne Mahnung** 30 Tage nach Fälligkeit **und** Zugang einer Rechnung über den zu zahlenden Betrag in Verzug.
  - Bei Schuldverhältnissen, die wiederkehrende Geldleistungen zum Gegenstand haben, z. B. Ratenverträgen, kommt der Schuldner ab Fälligkeitstag in Verzug (BGB § 284 Abs. 2).

- **Rechte des Verkäufers**
  - Zahlung verlangen (außergerichtliches Mahnverfahren bis zur Klage)
  - Zahlung und Schadenersatz verlangen (Verzugszinsen und Auslagen)
  - Rücktritt vom Vertrag und Schadenersatz wegen Nichterfüllung, falls nachweisbar

Aufgabe

1 Wann tritt der Zahlungsverzug ein, wenn die Zahlungsbedingungen lauten: Zahlung innerhalb 10 Tagen mit 2 % Skonto, in 30 Tagen netto Kasse (Rechnungsdatum 28. Februar ..)?

2 a) Was versteht man unter Verzugszinsen?

   b) Wie hoch wären die Verzugszinsen in Frage 1, wenn der Rechnungsbetrag über 10 000,00 EUR am 15. April mit einer Rate von 6 000,00 EUR und am 20. Mai mit dem Restbetrag bezahlt worden wäre? Zinsfuß 12 %.

3 Formulieren Sie möglichst kurz den Text für eine Mahnung, um den Schuldner in Verzug zu setzen! Wählen Sie Absender und Empfänger selbst!

4 a) Welche möglichen Ursachen können zum Zahlungsverzug führen?

   b) Welche Ursache kommt nach Ihren Erfahrungen am häufigsten vor? Unterhalten Sie sich hierzu mit dem Sachbearbeiter für das Mahnwesen Ihres Ausbildungsbetriebs!

5 Entscheiden Sie über die zu treffenden Maßnahmen bei folgenden Ursachen für den Zahlungsverzug:

   a) Im Betrieb des Kunden ist durch eine Unwetterkatastrophe schwerer Schaden entstanden. Der Wiederaufbau benötigt Monate!

   b) Der Kunde verweigert böswillig die Zahlung.

   c) Der Kunde entschuldigt sich, da er durch den Konkurs eines Großhändlers erhebliche Verluste erlitten habe.

7.3 Maßnahmen zur Vermeidung von Forderungsausfällen

7.3.1 Debitorenkontrolle – außergerichtliches Mahnverfahren

Problem

In einer Werkzeuggroßhandlung gehen täglich im Durchschnitt 600 Rechnungen mit sehr unterschiedlichen Rechnungsbeträgen und Zahlungszielen an die Kunden. Überlegen Sie, wie man den Zahlungseingang am besten kontrollieren könnte!

■ *Debitorenkontrolle*

Es kommt im Geschäftsleben oft vor, dass ein Kunde seine Verbindlichkeiten (Debitoren) nicht fristgerecht begleicht und in Zahlungsverzug gerät.

Ursachen dafür können sein: Vergessen (Übersehen eines fälligen Betrags), ungeordnete Buchführung, schlechte Finanzlage (kein Geld zum Zahlen), schleppender Eingang der Forderungen, Ausfall von Forderungen infolge Insolvenzverfahren von Kunden, Betriebsstörungen (Brand, Streiks) oder böswillige Verweigerung der Zahlung.

Die Fälligkeitstermine der Forderungen werden ständig überwacht, um säumige Kunden festzustellen und zu mahnen. Die Art und Weise der **Terminkontrolle** richtet sich nach der Zahl der Außenstände, dem Umfang der Forderungen bzw. nach der Organisation der Buchführung. Für kleinere Betriebe eignen sich ein Terminbuch, eine **Terminkartei** oder einfach ein Ordner (Mahnmappe), in den Rechnungsdurchschläge in der Reihenfolge der Fälligkeit der Rechnungen abgelegt werden. Zeitsparender, klarer und übersichtlicher ist es aber, die Debitoren mithilfe der **Datenverarbeitung** zu überwachen. Der Computer liefert jederzeit eine Debitorenliste bzw. eine Liste mit den überfälligen Rechnungsbeträgen, die angemahnt werden müssen.

Die Überwachung der Forderungen ist in der Regel Aufgabe der Buchhaltungsabteilung. Größere Unternehmungen haben dafür eine besondere Mahnabteilung. In einem **Finanzplan** werden künftige Einnahmen und Ausgaben einander gegenübergestellt, um die Zahlungsfähigkeit überprüfen zu können (**Liquidität**). Es müssen stets genügend flüssige Mittel (Kassenbestand, Bank- und Postgiroguthaben) vorhanden sein, um die fälligen Schulden (Verbindlichkeiten) zahlen zu können.

Inkassounternehmen zur Eintreibung von Forderungen können vom Gläubiger in Anspruch genommen werden, deren hohe Bearbeitungskosten dürfen aber dem Schuldner nicht belastet werden, ganz im Gegensatz zu den Gebühren eines Rechtsanwalts oder eines Gerichts. Die Rechtsprechung geht davon aus, dass der Kaufmann das außergerichtliche Mahnverfahren durchführt.

■ *Factoring* (siehe Abschnitt 9.2.5.2)

■ *Das außergerichtliche Mahnverfahren*

Der **Lieferer** betreibt **das außergerichtliche Mahnverfahren,**

- um den Schuldner zur Zahlung des fälligen Rechnungsbetrags zu veranlassen,
- zur Sicherung der **Liquidität** (Zahlungsfähigkeit), um nicht selbst in Zahlungsschwierigkeiten zu geraten und ggf. teure Bankkredite aufnehmen zu müssen,
- um jederzeit so flüssig zu sein, dass er seinerseits **Liefererskonto** ausnutzen kann,
- um vor **Verlusten bei Insolvenzverfahren eines Kunden** geschützt zu sein,
- um Verluste durch **Verjährung von Forderungen** zu vermeiden (siehe S. 275 ff.).

Beispiel für Mahnung in Form eines Kontoauszugs:

ABC-Computer-System 9

Heinrich Mucker
Großhandel
Ulmenstraße 22

23966 Wismar

ABC Datensysteme Datenservice

ABC-Arbeitsmittel verbinden Anlage, Programm und
Verfahren zu ABC-Anwender-Systemen

- Endlos- und Schnelltrennsätze
- Organisationsvordrucke · Ablagemittel
- Kontei-Ordnungsmittel · Organisationsmöbel
- Konteikästen und -geräte

ABC bietet alles aus einer Hand

MAHNUNG – KONTOAUSZUG

Datum	Kunden-Nr.	Zahlungen bis
11.02...	10247 7	11.02...

Rechnungs-Datum	Rechnungs-Nr.	Text	Noch nicht fällig	Fälligkeitsüberschreitung von		
				max. 30 Tagen	max. 60 Tagen	mehr als 60 Tagen
08.10...	16241					1 247,50
10.11...	16241	Anzahlung				800,00-
04.12...	16599				412,00	
28.12...	16923			614,90		
14.01...	24063		132,50			
16.02...	27401	RE 29.12...	1 412,00			
Gesamtsaldo 2 123,90			Davon 1 544,50	614,90	412,00	447,50
Überfällig			Zins-zahl 678	Verzugs-zinsen 18,83	Gesamt fällig	1 493,23

Ist eine EDV-Organisation vorhanden, wird das Mahnverfahren mithilfe der elektronischen Datenverarbeitungsanlagen von der Terminkontrolle bis zum Mahnschreiben abgewickelt.

Das Mahnen ist für den Kaufmann eine heikle Aufgabe, denn durch eine ungeschickte Zahlungserinnerung kann er den Kunden verletzen und damit verlieren. Die Mahnung muss daher ganz auf die Art des Kunden und die vermutliche Ursache für die Zahlungsverzögerung abgestellt sein. Ein allgemein gültiges Schema für das Mahnverfahren gibt es nicht.

Beispiel: In einer kleineren Werkzeugmaschinenfabrik geht man etwa so vor:

Fälligkeitstag: Erinnerung durch Zusendung einer Rechnungsdurchschrift oder eines Kontoauszugs.
14 Tage später: Zusendung eines Kontoauszugs mit dem Betreff „Mahnung".
14 Tage später: Zweite Mahnung in Form eines höflichen Briefes (Vordruck genügt; niemals auf offener Postkarte).
14 Tage später: Dritte Mahnung in Form eines schärfer abgefassten Briefes mit Androhung einer Postnachnahme. Ggf. Einschreibebrief, um der Zahlungsaufforderung Nachdruck zu verleihen.

8 Tage später: Zustellung einer **Postnachnahme,** durch die Forderungen mithilfe des Vordrucks *Postkarte mit Nachnahme und Zahlschein* eingezogen werden. Die Gebühr setzt sich aus der Vorzeigegebühr und der Beförderungsgebühr für eine gleichartige Sendung zusammen. Auf dem Zahlschein ist der um die Zahlscheingebühr gekürzte Nachnahmebetrag einzusetzen. Will man Anlagen, wie Rechnungsdurchschriften, Kontoauszüge u. Ä. mitsenden, so muss ein *Nachnahmebrief* gesandt werden. Dieser wird nur gegen den Nachnahmebetrag ausgehändigt, der außen auf dem Briefumschlag vermerkt sein muss.

Bei Nichteinlösung: Vierte Mahnung in Form eines Schreibens in schärferem Ton (Terminbrief). Es wird ein letzter Termin für die Zahlung gesetzt und der Mahnbescheid angedroht.

Letzter Termin: Zustellung eines Mahnbescheids. Damit beginnt das *gerichtliche Mahnverfahren.* Die Androhung gerichtlicher Maßnahmen darf wegen der Zahlung der Gerichtskosten durch den Schuldner nicht unterbleiben. Zwischen dem Terminbrief und dem Antrag auf Erlass eines Mahnbescheids sollten 14 Tage verstreichen.

Zusammenfassung

- Die **Organisation des außergerichtlichen Mahnverfahrens** hängt von der Unternehmensgröße und der daraus sich ergebenden Organisation des Rechnungswesens ab.

- Ein allgemein gültiges, für jeden Kunden passendes außergerichtliches Mahnverfahren gibt es nicht. Jedenfalls soll der säumige Schuldner nicht durch zu schroffe Zahlungserinnerungen verärgert werden.

- In den meisten Betrieben geht man folgenden **Weg für das außergerichtliche Mahnverfahren:** Rechnungsdurchschlag oder Kontoauszug → Zweiter Kontoauszug → Brief mit Androhung der Postnachnahme → Postnachnahme → Terminbrief → Mahnbescheid = Beginn des **gerichtlichen Mahnverfahrens.**

Aufgabe

1. In welcher Weise können dem Kaufmann Verluste entstehen, wenn er die außergerichtliche Mahnung unterlässt?

2. Beschreiben Sie das außergerichtliche Mahnverfahren (ab Terminüberwachung) Ihres Ausbildungsbetriebs! Prüfen Sie auch die hierbei verwendeten Vordrucke!

3. Verbessern Sie folgenden Text für eine zweite Mahnung:
   „Wir haben Sie bereits wiederholt an Ihre Zahlungsverpflichtungen uns gegenüber erinnert. Nun ist Schluss damit. Durch Postnachnahme wird morgen der Betrag nebst 15 % Verzugszinsen und 200,00 EUR Mahngebühren bei Ihnen kassiert.
   Künftige Bestellungen Ihrerseits werden wir in Zukunft nicht mehr ausführen."

4. Formulieren Sie den Text einer ersten Mahnung für das Eingangsbeispiel auf S. 259!

Schriftverkehr[1] zu 7.3.1 Das außergerichtliche Mahnverfahren

Außer dem **Terminbrief,** dem letzten Schreiben an den säumigen Kunden vor der Zustellung des Mahnbescheids, sind in der Regel die Mahnschreiben *Vordrucke* oder *Schemabriefe,* in die lediglich Datum und Rechnungsbeträge eingetragen werden müssen.

Aufgabe

Unsere Firma: Anton Eberle, Textilfabrik, Akazienweg 12, 96050 Bamberg.

Vorgang: Für die kommende Wintersaison haben wir am 10. Juli dieses Jahres der Firma Uwe Torwaldsen, Textilgroßhandlung, Marktstraße 5, 06749 Bitterfeld, einen Posten Skipullover, Modell Tirol, geliefert. Der Rechnungsbetrag in Höhe von 2 565,00 EUR war am 10. August fällig.

[1] Briefgestaltung nach DIN 5008 ist Inhalt des Faches Textverarbeitung.

Die Firma Torwaldsen wurde von uns am 25. August und 11. September mit sehr taktvoll abgefassten Briefen gemahnt, jedoch ohne Erfolg. Ohne Antwort blieben auch der in schärferem Ton gehaltene Brief vom 17. September .. sowie unsere Postnachnahme vom 25. September ..

Text unseres Briefes vom 17. September:

```
Unser Guthaben über 2 565,00 EUR (3. Mahnung)

Sehr geehrter Herr Torwaldsen!

Sie haben bisher weder unsere Briefe vom 25. August und 11. September
beantwortet noch unsere Rechnung beglichen.

Wir sind darüber sehr erstaunt, da Sie doch bisher immer pünktlich
gezahlt haben. Aus diesem Grunde konnten wir Ihnen bislang auch die
günstigen Preise einräumen. Unsere Preise sind unter der Voraussetzung
pünktlichen Zahlungseingangs kalkuliert.

Bitte überweisen Sie daher den oben angegebenen Betrag umgehend. Will-
kürliche Zielverlängerungen bedeuten Darlehen, die wir leider nicht
gewähren können.

Sollten Sie bis zum 24. September den überfälligen Betrag nicht überwie-
sen haben, müssen wir Ihnen Bankzinsen als Verzugsschaden berechnen. Wir
nehmen an, daß Sie mit dem Einzug durch Postnachnahme einverstanden sind.

Mit freundlichem Gruß
```

Herr Eberle beauftragte Fräulein Lorenz, die Sachbearbeiterin für Mahnwesen, an die Firma Torwaldsen ein letztes Mahnschreiben unter Androhung gerichtlicher Maßnahmen zu richten. Dabei soll auch auf die Folgen (hohe Gerichtskosten, Abbruch der Geschäftsbeziehungen) eines solchen Schrittes hingewiesen werden. Um diese Folgen zu vermeiden, soll ein letzter Zahlungstermin angeboten werden.

Angaben zur Bearbeitung: Schreiben Sie diesen Terminbrief!

Lösung

Der betriebswirtschaftlich-rechtliche Sachverhalt

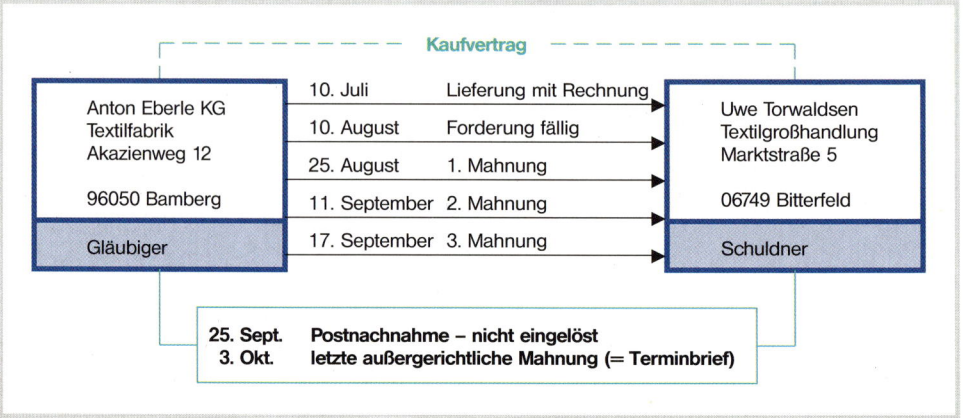

(1) Durch die Lieferung am 10. Juli hat die Firma Eberle KG ihre Pflichten aus dem Kaufvertrag erfüllt und dadurch eine Kaufpreisforderung gegen die Firma Uwe Torwaldsen begründet.

(2) 30 Tage nach Rechnungsdatum, also am 10. August, beginnt der Zahlungsverzug des Kunden.

(3) Befindet sich der Schuldner im Zahlungsverzug, hat der Gläubiger die Möglichkeit, neben der Kaufpreisforderung auch noch Schadenersatz geltend zu machen, z. B. Verzugszinsen, wie es die Firma Eberle KG in ihrem Schreiben vom 17. September und mit ihrer Postnachnahme vom 25. September auch getan hat.

Gliederung des Brieftextes

Bezugszeichenzeile: *Ihr Zeichen, Ihre Nachricht vom:* –; *Unser Zeichen, unsere Nachricht vom:* L.; *Telefon, Name:* (09 51) 37 16-18 Anton Eberle; *Datum:* ..-10-03

Betreff: Unsere Forderung über 2 645,05 EUR = letzte Zahlungsaufforderung.

Inhalt:
1. Bezugnahme auf uneingelöste Nachnahme
2. Letzte Terminsetzung
3. Folgen bei Nichtzahlung
4. Hinweis auf Aufstellung der Gesamtforderung
5. Gruß

Musterbrief: siehe S. 266!

Übungsaufgaben

Aufgabe 1

Unsere Firma: Franken-Radio GmbH, Radio- und Fernsehgerätefabrik, Maintalstraße 15, 63743 Aschaffenburg.

Vorgang: Die Kundenliste der Firma Karl Weber, Elektrogeräte, Kirchheimer Straße 30, 72622 Nürtingen, zeigt folgende Zahlen:

Karl Weber
Elektrogeräte
Kirchheimer Straße 30

72622 Nürtingen

Kunde seit: Mai 1980

Umsatz .. EUR 35 300

Bestellung vom:	geliefert am:	Rechnung EUR	Zahlungstermin	bezahlt am:	Bemerkungen
28.01.	03.02.	3 548,00	03.03.	29.02.	Zahlungserinnerung 23.08.
10.03.	15.03.	2 282,00	15.04.	13.04.	
17.04.	20.04.	3 016,00	20.05.	21.05.	1. Mahnung 05.09.
05.06.	09.06.	4 146,00	09.07.	05.07.	2. Mahnung 20.09.
12.07.	18.07.	4 977,00	18.08.		Postnachnahme 25.09.

Angaben zur Bearbeitung: Ihr Chef gibt Ihnen Anweisung: „Bitte weiterbearbeiten; Terminbrief schreiben!"

ANTON EBERLE KG TEXTILFABRIK KIEL

Polstergeschäft
Uwe Torwaldsen
Am Bullenkrooch 8

23568 Lübeck

Ihr Zeichen, Ihre Nachricht vom	Unser Zeichen, unsere Nachricht vom	Telefon, Name (04 31) 18 64 -	Datum
28 / k .. - 06 - 30	L .. - 09 - 25	18 Anton Eberle	.. - 10 - 03

Unsere Forderung über 2 645,05 EUR – letzte Zahlungsaufforderung

Sehr geehrter Herr Torwaldsen,

trotz verschiedener Zahlungsaufforderungen haben Sie unsere Rechnung
vom 10. Juli .. immer noch nicht beglichen. Heute kam auch unsere Postnachnahme
uneingelöst zurück.

Wir setzen Ihnen daher als letzten Zahlungstermin den

10. Oktober ..

Sollten Sie bis zu diesem Zeitpunkt nicht bezahlt haben, werden wir unverzüglich das
gerichtliche Mahnverfahren gegen Sie einleiten oder unsere Forderung einem
Inkassoinstitut übergeben. Unsere Gesamtforderung ersehen Sie aus der unten stehenden
Aufstellung.

Mit freundlichen Grüßen

ANTON EBERLE KG

Eberle

Eberle

Aufstellung

Rechnungsbetrag	2 565,00 EUR
12 % Verzugszinsen vom 10. August .. bis 10. Oktober ..	51,30 EUR
Mahnkosten	25,00 EUR
16 % Umsatzsteuer auf Mahnkosten	4,00 EUR
Gesamtforderung zum 10. Oktober ..	2 645,30 EUR

Aufgabe 2

Unsere Firma: Ostdeutsche Textilwerke AG, Uferstraße 3–8, 18147 Rostock.

Vorgang: Am 25. Oktober vorigen Jahres lieferten wir 160 m Anzugstoff zu 86,00 EUR je m an die Textil-großhandlung Alfred Münckemann, Thuner Straße 24, 12205 Berlin. Dem Kunden wurden zwei Monate Zahlungsziel eingeräumt. Am 4. Januar dieses Jahres mahnten wir zum ersten Mal, am 1. Februar mahnten wir wiederum und setzten als letzten Zahlungstermin den 20. Februar. Eine Postnachnahme kam uneingelöst zurück.

Angaben zur Bearbeitung: Schreiben Sie einen Terminbrief. Es wird Zahlung bis zum 10. März erwartet, sonst Übergabe an Rechtsanwalt. Bisherige Kosten: 95,00 EUR Verzugszinsen und 28,50 EUR für Auslagen.

Aufgabe 3

Unsere Firma: Elektrogroßhandlung Werner Conzelmann KG, Alpenstraße 25, 89075 Ulm.

Vorgang: Wir verkauften am 15. März .. dem Elektrogeschäft Walter Hoffmann, Hechinger Str. 9, 72336 Balingen, ein Videogerät zum Preis von 1 380,00 EUR gegen Ratenzahlung.

Folgende Vereinbarungen wurden getroffen:
1. Sofortige Anzahlung in Höhe von 500,00 EUR
2. Raten am
   1. April ..   300,00 EUR
   1. Mai ..   300,00 EUR
   1. Juni ..   280,00 EUR
3. Eigentumsvorbehalt

Die Bezahlung der zweiten Rate steht bis heute aus.

Angaben zur Bearbeitung: Schreiben Sie die Mahnung an Herrn Hoffmann! Weisen Sie den Kunden auf die Vereinbarungen des Kaufvertrags hin (Fälligkeit der zweiten Rate, Eigentumsvorbehalt)! Geben Sie dem Kunden bis 21. Mai .. Zeit zur Begleichung der fälligen Rate! Zahlschein wird beigefügt. Briefdatum 7. Mai ..

Aufgabe 4

Unsere Firma: Film-Studio Oswald Hanecamp OHG, Postfach 6 66, 99407 Wismar.

Vorgang: Frau Ute Wolfermann, Sonnenhalde 84, 99867 Gotha, erhielt vom Film-Studio am 15. April .. eine Videokamera zum Preis von 2 200,00 EUR. Zahlungsvereinbarung: Anzahlung die Hälfte, Rest in vier gleichen Monatsraten ohne Aufschlag. Anzahlung sowie zwei Monatsraten pünktlich bezahlt. 3. Rate ging trotz zweimaliger Mahnung nicht ein.

Angaben zur Bearbeitung: Schreiben Sie eine **dritte Mahnung** mit der Aufforderung, die beiden letzten Raten von zusammen 550,00 EUR umgehend zu bezahlen! Drohen Sie bei Nichtzahlung den Einzug durch Postnachnahme an! *Datum:* 8. August ..

7.3.2 Die Inanspruchnahme des Gerichts zur Beitreibung von Forderungen (Gerichtliches Mahnverfahren, Zwangsvollstrekkung)

Problem

Der Terminbrief der Textilfabrik Eberle KG an die Textilgroßhandlung Torwaldsen – siehe Vorgang Seite 263 ff. – blieb unbeantwortet. Auf keinem unserer Konten ist der längst fällige Forderungs-betrag eingegangen. Nun bleiben nur noch zwei Wege: dem Schuldner einen *Mahnbescheid* zu senden oder ihn auf *Zahlung zu verklagen*.

In jedem Fall muss dazu die Hilfe des Gerichts in Anspruch genommen werden.

7.3.2.1 Das gerichtliche Mahnverfahren[1]

Verweigert ein Schuldner die Zahlung, so wird der Gläubiger durch ein **gerichtliches Mahnverfahren,** den **Mahnbescheid,** versuchen, zu seinem Recht zu kommen (ZPO §§ 688 ff.); siehe das Schaubild auf S. 269 und den Mahnbescheid auf S. 271. Im gerichtlichen Mahnverfahren wird der *Gläubiger* **Antragsteller,** der *Schuldner* **Antragsgegner** genannt.

Erläuterungen zum Schaubild auf der nächsten Seite:

(1) Der **Antrag auf Erlass eines Mahnbescheids** muss unabhängig von der Höhe der Forderung bei dem **Amtsgericht** gestellt werden, wo der Antragsteller seinen allgemeinen Gerichtsstand hat. Mit dem Antrag beginnt das gerichtliche Mahnverfahren zu laufen.

Für den Antrag wird in der Regel ein beim Gericht, aber auch in Schreibwarenhandlungen erhältlicher **Vordruck** verwendet und in **fünffacher Ausfertigung** dem Amtsgericht zugeleitet.

Der Antrag muss enthalten:
- die Bezeichnung des Gerichts,
- die Bezeichnung der Parteien (Gläubiger = Antragsteller; Schuldner = Antragsgegner),
- den Forderungsbetrag,
- den Anspruchsgrund, z. B. Kaufpreisforderung aus einem Kaufvertrag.

(2) Der Mahnbescheid wird vom Amtsgericht erlassen, dem Antragsgegner zugestellt und dieser damit aufgefordert, die Forderung samt Zinsen und Gerichtskosten zu bezahlen oder – falls er die Schuld bestreiten kann – beim Amtsgericht binnen 14 Tagen **Widerspruch** zu erheben.

Die Mahnkosten des Gerichts werden dem Antragsteller in Rechnung gestellt[2]. Sie betragen von 25,00 DM Mindestgebühr bis 117,50 DM bei einem Forderungsbetrag bis 10 000,00 DM, jeweils zuzüglich Zustellentgelt der Post.

(3) Erhebt der Antragsgegner Widerspruch, verliert der Mahnbescheid seine Kraft. Der Antragsteller wird darüber benachrichtigt. Dieser kann dann einen **Antrag auf eine mündliche Verhandlung vor Gericht** stellen.

(4) Jetzt mündet das gerichtliche Mahnverfahren in den ordentlichen Zivilprozess ein[3]. Beweismittel, wie z. B. der Kaufvertrag, müssen vorgelegt werden. Ergibt die Gerichtsverhandlung, dass die Forderung des Antragstellers zu Recht besteht, ist dieser berechtigt, gegen den Antragsgegner die Zwangsvollstrekkung zu beantragen.

(5) Beachtet der Antragsgegner den Mahnbescheid überhaupt nicht, kann der Antragsteller **ohne Gerichtsverhandlung** sofort den **Vollstreckungsbescheid** beantragen.

Damit kann durch den Gerichtsvollzieher sofort das Vermögen des Schuldners gepfändet werden, falls dieser nicht zahlt oder nicht binnen 2 Wochen **Einspruch** erhebt. Der Einspruch führt dann wieder zu einer mündlichen Verhandlung vor Gericht (Klageverfahren), (ZPO § 700).

(6) **Die Zwangsvollstreckung.** Verweigert der Schuldner trotz des Vollstreckungsbescheids oder gerichtlichen Urteils die Zahlung, wird die Forderung zwangsweise mithilfe des Gerichtsvollziehers eingetrieben. Das Vermögen des Schuldners wird dazu soweit in Bargeld umgewandelt, dass die Forderung und die anfallenden Kosten beglichen werden können (ZPO §§ 704 ff.).

---

[1] Die Wertgrenzen der ZPO werden voraussichtlich erst am 01.01.2002 von DM auf den Euro umgestellt, wenn dieser alleiniges gesetzliches Zahlungsmittel ist.
[2] Automatische Berechnung und Eintragung beim Mahnverfahren mittels Elektronischer Datenverarbeitung (siehe S. 270 f.).
[3] Bis 10 000,00 DM Streitwert beim Amtsgericht, über 10 000,00 DM beim Landgericht am Erfüllungsort des Schuldners.

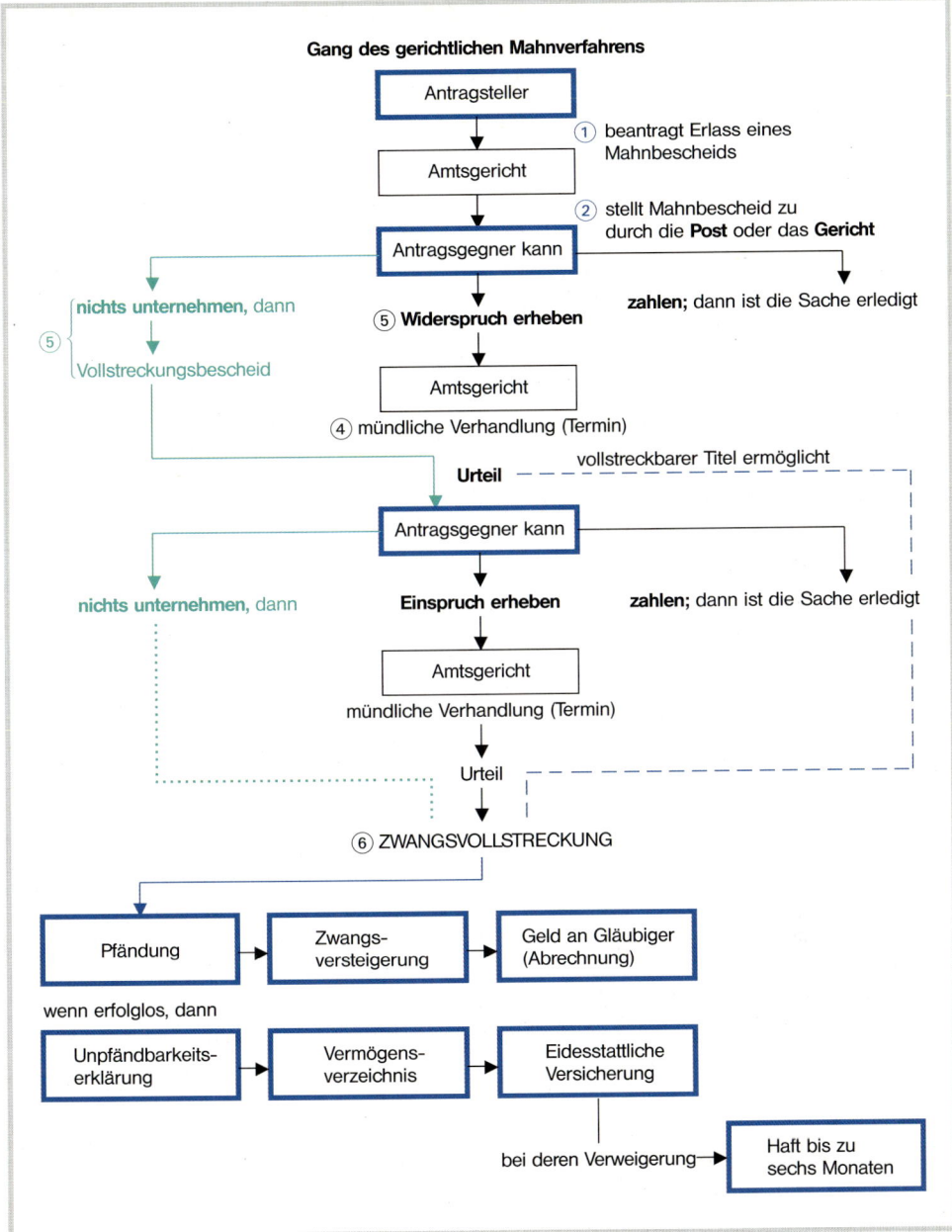

Gang des gerichtlichen Mahnverfahrens

Antragsteller

① beantragt Erlass eines Mahnbescheids

Amtsgericht

② stellt Mahnbescheid zu durch die **Post** oder das **Gericht**

Antragsgegner kann

zahlen; dann ist die Sache erledigt

nichts unternehmen, dann

Vollstreckungsbescheid

⑤

⑤ **Widerspruch erheben**

Amtsgericht

④ mündliche Verhandlung (Termin)

Urteil — — — — vollstreckbarer Titel ermöglicht

Antragsgegner kann

nichts unternehmen, dann

Einspruch erheben   **zahlen;** dann ist die Sache erledigt

Amtsgericht

mündliche Verhandlung (Termin)

Urteil

⑥ ZWANGSVOLLSTRECKUNG

Pfändung → Zwangs-versteigerung → Geld an Gläubiger (Abrechnung)

wenn erfolglos, dann

Unpfändbarkeits-erklärung → Vermögens-verzeichnis → Eidesstattliche Versicherung

bei deren Verweigerung → Haft bis zu sechs Monaten

Alljährlich wird mithilfe des gerichtlichen Mahnverfahrens Geld aus rund vier Millionen nicht bezahlten Rechnungen eingetrieben, insgesamt eine Summe von etwa 3 Mrd. EUR. In 90 % aller Fälle hat das Verfahren Erfolg, die Säumigen bezahlen ihre Schuld sofort.

7.3.2.2 Beispiel für die Ausfüllung eines Mahnbescheid-Vordrucks mittels Elektronischer Datenverarbeitung[1]

Beispiel: Die Kammgarnweberei Hugo Kleinknecht OHG, Falkenstraße 12–16, 74072 Heilbronn, hat an die Tuchgroßhandlung Faber und Schneider GmbH & Co. KG, Berner Straße 13, 70619 Stuttgart, eine seit 15. Juni .. fällige Forderung über 21 318,00 DM (Rechnung-Nr. 4788 vom 15. Mai ..). Da die Tuchhandlung trotz mehrfacher außergerichtlicher Mahnungen nicht zahlte, stellt die Kammgarnweberei am 15. Oktober .. den Antrag auf Erlass eines Mahnbescheids beim zuständigen Amtsgericht. Gesetzlicher Vertreter des Antragstellers ist der Prokurist Friedrich Ostertag, Fuchsweg 3, 74078 Heilbronn, gesetzlicher Vertreter des Antraggegners ist der Geschäftsinhaber August Schneider, Hohe Straße 10, 70174 Stuttgart. Prozessbevollmächtigter ist Rechtsanwalt Dr. Kurt Hanselmann, Kaiserstraße 5, 74072 Heilbronn, Konto-Nr. 7 050 126 000 bei der Baden-Württembergischen Bank, BLZ 620 300 500.

Die Katalog-Nr. des amtlichen Anspruchskatalogs für Warenlieferungen ist die Nummer 43. Da der Antragsteller nachweislich zur Zeit 9,5 % Sollzinsen für Kontokorrentschulden zahlen muss, wird dieser Zinssatz dem Antragsgegner für Verzugszinsen berechnet. Die Auslagen des Antragstellers sind: Porto und Vordruck 4,20 DM, Mahnkosten 68,00 DM, für die Einholung einer Auskunft 180,00 DM.

(Ausgefüllte Vordrucke siehe S. 271 f.!)

7.3.2.3 Die Zwangsvollstreckung

■ **Die Zwangsvollstreckung in das bewegliche Vermögen**

Sie besteht in der *Pfändung* und in der *Versteigerung der gepfändeten Sachen* (ZPO §§ 803 ff.).

Pfändung beweglicher Sachen: Schmuck, Wertpapiere und wertvolle Gegenstände nimmt der Gerichtsvollzieher in seinen Besitz (Faustpfand). Bei schwer transportablen Gegenständen (Möbel, Maschinen) wird die Pfändung durch Aufkleben von *Pfändungsmarken (Pfandsiegel)* gekennzeichnet. Gegenstände, die zur Lebensführung und Berufsausübung unbedingt notwendig sind (Kleidung, Hausrat, Möbel, Werkzeug usw.) können *nicht* gepfändet werden (ZPO § 811). Ein wertvoller Pelzmantel z. B. würde aber trotzdem gepfändet und, wenn kein zweiter Mantel vorhanden ist, ein einfacher Mantel dafür gestellt *(Austauschpfändung).*

Die **Pfändung von Forderungen (Rechten)** geschieht durch einen *Pfändungs- und Überweisungsbeschluss* des Amtsgerichts. Das Guthaben bei Drittschuldnern (Kunden) wird dadurch beschlagnahmt und sofort an den Gläubiger überwiesen. Auf diese Art können auch Bankguthaben, Löhne und Gehälter gepfändet werden. Pfändungsfrei sind z. B. Löhne und Gehälter bis zu 1 209,00 DM monatlich für eine allein stehende Person. Dazu kommen Zuschläge für unterhaltsberechtigte Familienangehörige bis höchstens 3 081,00 DM (ZPO § 850 c).

Findet der Gerichtsvollzieher beim Schuldner keine pfändbaren Gegenstände (fruchtlose Pfändung), stellt der dem Gläubiger eine **Unpfändbarkeitserklärung** zu. Damit findet das Verfahren aber noch kein Ende, denn der Schuldner kann auch Vermögensgegenstände weggeschafft oder verheimlicht haben. Er kann daher gezwungen werden, ein **Vermögensverzeichnis** (Vordruck des Gerichts) aufzustellen und dessen Richtigkeit durch eine **eidesstattliche Versicherung** zu beschwören. Auf Meineid steht Freiheitsstrafe. Jeder Schuldner, der die eidesstattliche Versicherung geleistet hat, wird beim Amtsgericht in ein öffentliches Schuldnerverzeichnis eingetragen. Verweigert der Schuldner die eidesstattliche Versicherung, kann er auf Antrag und Kosten des Gläubigers vom Gerichtsvollzieher festgenommen und bis zu 6 Monaten **inhaftiert** werden. Ist das gesamte gerichtliche Mahnverfahren fruchtlos verlaufen – Schuldner ist völlig mittellos –, muss der Gläubiger die Forderung abschreiben, obwohl er bis zur Verjährung noch 30 Jahre lang Anspruch auf die Forderung besitzt (ZPO §§ 890, 900, 901 ff.).

---

[1] Gemäß Euro-Einführungsgesetz vom 9. Juni 1998 § 4 kann dieser Vordruck bis zum 31. Dezember 2001 weiter verwendet werden. In Baden-Württemberg und in einigen anderen Bundesländern wird das gerichtliche Mahnverfahren mittels **Elektronischer Datenverarbeitung** durchgeführt.

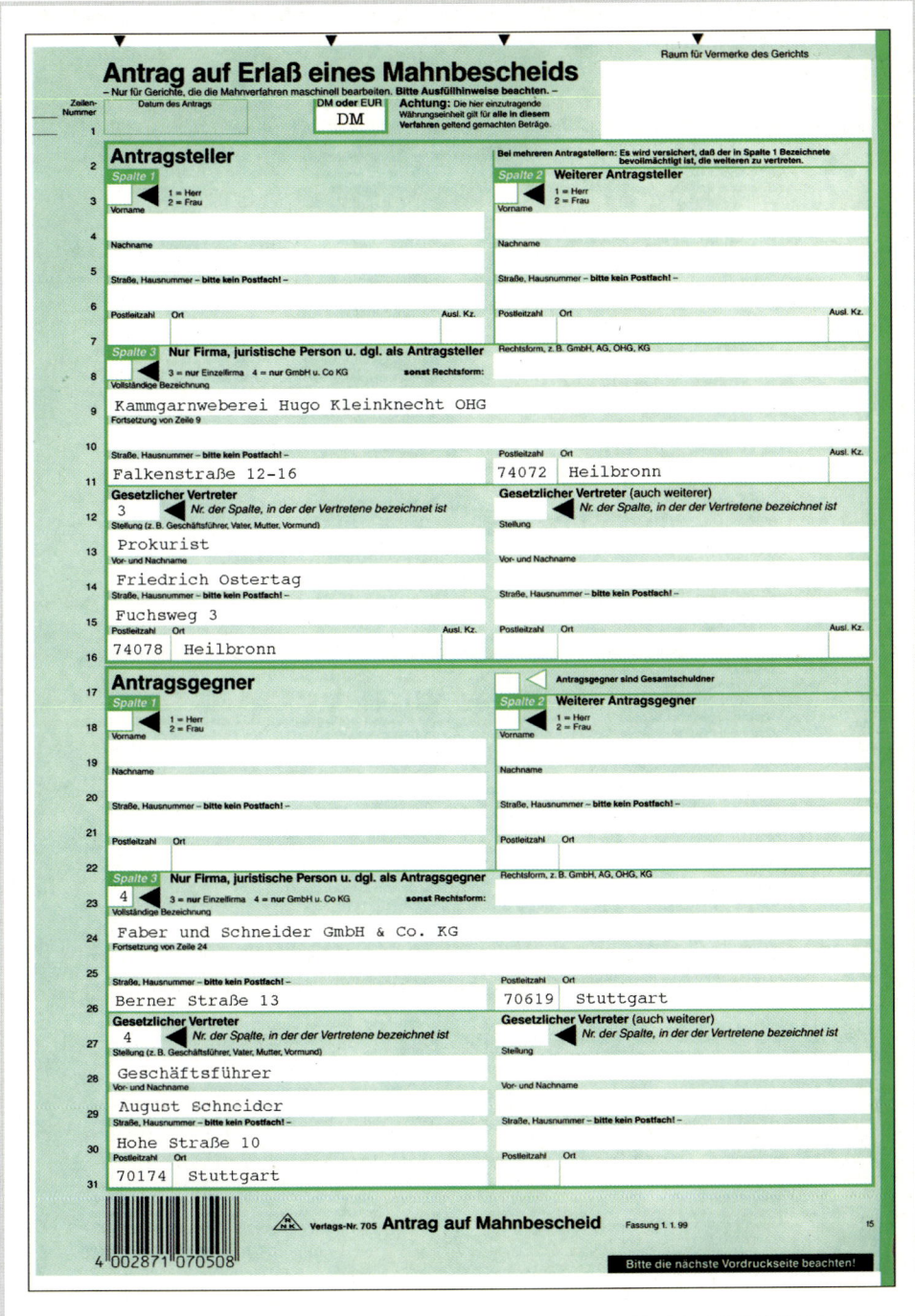

Antrag auf Erlaß eines Mahnbescheids

Raum für Vermerke des Gerichts

– Nur für Gerichte, die die Mahnverfahren maschinell bearbeiten. Bitte Ausfüllhinweise beachten. –

Zeilen-Nummer	Datum des Antrags	DM oder EUR	Achtung: Die hier einzutragende Währungseinheit gilt für alle in diesem Verfahren geltend gemachten Beträge.
1		**DM**	

Antragsteller

Bei mehreren Antragstellern: Es wird versichert, daß der in Spalte 1 Bezeichnete bevollmächtigt ist, die weiteren zu vertreten.

Spalte 1

Spalte 2 · Weiterer Antragsteller

1 = Herr
2 = Frau
Vorname

Nachname

Straße, Hausnummer – bitte kein Postfach! –

Postleitzahl · Ort · Ausl. Kz.

Spalte 3 · Nur Firma, juristische Person u. dgl. als Antragsteller

3 = nur Einzelfirma   4 = nur GmbH u. Co KG   **sonst Rechtsform:**
Rechtsform, z. B. GmbH, AG, OHG, KG

Vollständige Bezeichnung

Kammgarnweberei Hugo Kleinknecht OHG
Fortsetzung von Zeile 9

Straße, Hausnummer – bitte kein Postfach! –
Falkenstraße 12-16   Postleitzahl · Ort · Ausl. Kz.   **74072 Heilbronn**

Gesetzlicher Vertreter
3 ◄ Nr. der Spalte, in der der Vertretene bezeichnet ist
Stellung (z. B. Geschäftsführer, Vater, Mutter, Vormund)

Gesetzlicher Vertreter (auch weiterer)
◄ Nr. der Spalte, in der der Vertretene bezeichnet ist
Stellung

Prokurist
Vor- und Nachname

Friedrich Ostertag
Straße, Hausnummer – bitte kein Postfach! –

Fuchsweg 3
Postleitzahl · Ort · Ausl. Kz.

74078 Heilbronn

Antragsgegner

◄ Antragsgegner sind Gesamtschuldner

Spalte 1

Spalte 2 · Weiterer Antragsgegner

1 = Herr
2 = Frau
Vorname

Nachname

Straße, Hausnummer – bitte kein Postfach! –

Postleitzahl · Ort

Spalte 3 · Nur Firma, juristische Person u. dgl. als Antragsgegner

4 ◄ 3 = nur Einzelfirma   4 = nur GmbH u. Co KG   **sonst Rechtsform:**
Rechtsform, z. B. GmbH, AG, OHG, KG

Vollständige Bezeichnung

Faber und Schneider GmbH & Co. KG
Fortsetzung von Zeile 24

Straße, Hausnummer – bitte kein Postfach! –
Berner Straße 13   Postleitzahl · Ort   **70619 Stuttgart**

Gesetzlicher Vertreter
4 ◄ Nr. der Spalte, in der der Vertretene bezeichnet ist
Stellung (z. B. Geschäftsführer, Vater, Mutter, Vormund)

Gesetzlicher Vertreter (auch weiterer)
◄ Nr. der Spalte, in der der Vertretene bezeichnet ist
Stellung

Geschäftsführer
Vor- und Nachname

August Schneider
Straße, Hausnummer – bitte kein Postfach! –

Hohe Straße 10
Postleitzahl · Ort

70174 Stuttgart

Verlags-Nr. 705 **Antrag auf Mahnbescheid**   Fassung 1. 1. 99   t5

4 002871 070508

Bitte die nächste Vordruckseite beachten!

---

[1] Es gibt noch keinen Vordruck, der die Rechtschreibreform berücksichtigt. Siehe Fußnote S. 270.

Bezeichnung des Anspruchs

*Die von Ihnen in Zeile 1 angegebene Währungseinheit gilt für sämtliche Beträge.

I. Hauptforderung – siehe Katalog in den Hinweisen –

Zeilen-Nummer	Katalog-Nr.	Rechnung/Aufstellung/Vertrag oder ähnliche Bezeichnung	Nr. der Rechng./des Kontos u. dgl.	Datum bzw. Zeitraum vom	bis	Betrag*
32	43	Rechnung	4766	..–05–15		21 318,00
33						
34						

Postleitzahl	Ort als Zusatz bei Katalog-Nr. 19, 20, 90	Ausl. Kz.	Vertragsart als Zusatz bei Katalog-Nr. 28	
35				-Vertrag

Sonstiger Anspruch – nur ausfüllen, wenn im Katalog nicht vorhanden – mit Vertrags-/Lieferdatum/Zeitraum vom ... bis ...

	Fortsetzung von Zeile 36	vom	bis	Betrag*
36				
37				

Nur bei Abtretung oder Forderungsübergang:
Früherer Gläubiger – Vor- und Nachname, Firma (Kurzbezeichnung)

Seit diesem Datum ist die Forderung an den Antragsteller abgetreten/auf ihn übergegangen.

	Datum	Postleitzahl	Ort	Ausl. Kz.
38				
39				

IIa. Laufende Zinsen

	Zeilen-Nr. der Hauptforderung	Zinssatz %	oder % über Basiszinssatz	1 = jährl. / 2 = mtl. / 3 = tägl.	Betrag* nur angeben, wenn abweichend vom Hauptforderungsbetrag	Ab Zustellung des Mahnbescheids, wenn kein Datum angegeben. ab oder vom	bis
40	32	9,5				..–06–16	
41							
42							

IIb. Ausgerechnete Zinsen

Gemäß dem Antragsgegner mitgeteilter Berechnung für die Zeit

III. Auslagen des Antragstellers für dieses Verfahren

	vom	bis	Betrag*	Vordruck/Porto Betrag*	Sonstige Auslagen Betrag*	Bezeichnung
43				4,20		

IV. Andere Nebenforderungen

	Mahnkosten Betrag*	Auskünfte Betrag*	Bankrücklastkosten Betrag*	Inkassokosten Betrag*	Sonstige Nebenforderung Betrag*	Bezeichnung
44	68,00	180,00				

Ein streitiges Verfahren wäre durchzuführen vor dem

1 = Amtsgericht
2 = Landgericht
3 = Landgericht – KfH
4 = Amtsgericht – Familiengericht
6 = Sozialgericht

		Postleitzahl	Ort		Im Falle eines Widerspruchs beantrage ich die Durchführung des streitigen Verfahrens.
45	3 ◄	70182	Stuttgart	X ◄	

Prozeßbevollmächtigter des Antragstellers

Ordnungsgemäße Bevollmächtigung versichere ich.

Bei Rechtsanwalt oder Rechtsbeistand: Anstelle der Auslagenpauschale des § 26 BRAGO werden die nebenstehenden Auslagen verlangt, deren Richtigkeit versichert wird.

		1 = Rechtsanwalt / 4 = Herr, Frau / 2 = Rechtsanwälte / 5 = Rechtsanwältin / 3 = Rechtsbeistand / 6 = Rechtsanwältinnen	Betrag*		Der Antragsteller ist nicht zum Vorsteuerabzug berechtigt.
46	1			◄	

	Vor- und Nachname			
47	Dr. Kurt Hanselmann			

	Straße, Hausnummer – bitte kein Postfach! –	Postleitzahl	Ort	Ausl. Kz.
48	Kaiserstraße 5	74072	Heilbronn	

	Bankleitzahl	Konto-Nr.	bei der/dem
49	62030050	7050126000	Baden-Württemb. Bank Heilbronn

Von Kreditgebern (auch Zessionar) zusätzlich zu machende Angaben bei Anspruch aus Vertrag, für den das Verbraucherkreditgesetz gilt:

	Zeilen-Nr. der Hauptforderung	Vertragsdatum	Effektiver Jahreszins	Zeilen-Nr. der Hauptforderung	Vertragsdatum	Effektiver Jahreszins	Zeilen-Nr. der Hauptforderung	Vertragsdatum	Effektiver Jahreszins
50									

	Geschäftszeichen des Antragstellers/Prozeßbevollmächtigten
51	

An das
Amtsgericht Stuttgart
– Mahnabteilung –

52 Olgastraße 5

53 70182 Stuttgart
Postleitzahl, Ort

Ich beantrage, einen Mahnbescheid zu erlassen und in diesen die Kosten des Verfahrens aufzunehmen.

Ich erkläre, daß der Anspruch von einer Gegenleistung

☐ ◄ abhängt, diese aber bereits erbracht ist.   X ◄ nicht abhängt.

Unterschrift des Antragstellers/Vertreters/Prozeßbevollmächtigten

Friedrich Oskrtag

Verlags-Nr. 705   Fassung 1. 1. 99

© Verlag Gehlen

■ Die Zwangsvollstreckung in das unbewegliche Vermögen (Grundstücke)

Die Zwangsvollstreckung in Grundstücke wird auf folgende Weise durchgeführt (ZPO § 866):

- Belastung des Grundstücks mit einer **Sicherungshypothek.**
- **Zwangsversteigerung** des Grundstücks, wobei aus dem Versteigerungserlös die Gläubiger befriedigt werden. Ein Mehrerlös gehört nach Deckung der Gerichtskosten dem Schuldner.
- **Zwangsverwaltung** des Grundstücks, wobei dem Schuldner nicht das Eigentum, aber das Verfügungsrecht über sein Grundstück entzogen wird. Das Gericht setzt so lange einen Zwangsverwalter ein, bis aus dem Grundstücksertrag, die Gläubiger befriedigt sind.

Dieses Zugriffsmöglichkeiten können einzeln oder nebeneinander angeordnet werden und müssen stets **im Grundbuch eingetragen** sein.

7.3.2.4   Die Klage im Zivilprozess[1]

Alle Rechtsstreitigkeiten, die nicht im gerichtlichen Mahnverfahren oder im Wechselprozess abgewickelt werden, entscheidet das Gericht durch einen **Zivilprozess** (im Gegensatz zum Strafprozess).

Einspruch und Widerspruch beim gerichtlichen Mahnverfahren münden ebenfalls in einen Zivilprozess ein. Die Klage wird beim **örtlich** und **sachlich zuständigen Gericht** erhoben.

Der Rechtsstreit ist in der Regel in einem umfassend vorbereiteten Termin zur mündlichen Verhandlung (Haupttermin) zu erledigen (ZPO § 272). Sie soll so früh wie möglich stattfinden. Die Parteien sollen möglichst anwesend sein.

Örtliche Zuständigkeit:

Das Gericht, in dessen Bezirk der Erfüllungsort liegt (ZPO § 29).

Sachliche Zuständigkeit:

Sie richtet sich nach dem Streitwert des Prozesses (Höhe der Forderung). Bei einem Streitwert bis 10 000,00 DM ist das Amtsgericht, über 10 000,00 DM das Landgericht zuständig. Klagen beim Landgericht können durch einen Rechtsanwalt erhoben werden *(Anwaltszwang)* (GVG § 23; ZPO § 689).

Erhebung der Klage:

Schriftlich mit einem Schriftsatz (meist durch einen Rechtsanwalt). Die Klageschrift muss enthalten: Bezeichnung des Gerichts, der Parteien (Gläubiger, Schuldner), den Grund für die Klage, den Klageantrag und die Unterschrift des Klägers (ZPO § 253).

Mündlich. Die Klage wird beim Gericht mündlich zu Protokoll gegeben.

Zusammenfassung

- ■ **Gerichtliche Hilfen** zur Beitreibung von Forderungen sind u.a.
  - das gerichtliche Mahnverfahren
  - das Vollstreckungsverfahren
  - die Klage im Zivilprozess
- ■ Das Gericht trifft nur **Maßnahmen gegen den Schuldner = Antragsgegner**, wenn der **Gläubiger = Antragsteller** einen Antrag stellt:
  Antrag des Gläubigers **(Antragsteller)**
  - beim gerichtlichen Mahnverfahren ist der *Mahnbescheid*
  - beim Vollstreckungsverfahren ist der *Vollstreckungsbescheid*
  - bei der Klage im Zivilprozess ist die *Klageerhebung*

---

[1]   Die Wertgrenzen der ZPO werden voraussichtlich erst am 1. Januar 2002 von DM auf den Euro umgestellt, wenn dieser alleiniges gesetzliches Zahlungsmittel ist.

- Der Schuldner **(Antragsgegner)** kann
  - gegen den Mahnbescheid Widerspruch erheben
  - gegen den Vollstreckungsbescheid Einspruch erheben

- **Gesetzliche Grundlage** für das gerichtliche Verfahren zur Beitreibung von Forderungen sind das *BGB* und die *Zivilprozessordnung (ZPO).*

- Die **Zwangsvollstreckung** kann sein

in das bewegliche Vermögen: *Pfändung und Versteigerung von*	*in unbewegliches Vermögen:* *Verfügung über ein Grundstück durch*

in unbewegliches Vermögen:
Verfügung über ein Grundstück durch
- Zwangsversteigerung
- Belastung mit einer Zwangshypothek
- Zwangsverwaltung
Eintragung in das Grundbuch ist erforderlich

bewegliche Sachen durch
- Wegnahme (Faustpfand)
- Pfandsiegelanbringung
- Austauschpfändung

soweit nicht unpfändbare Gegenstände

Forderungen und Rechten durch
- Pfändungs- und Überweisungsbeschluss des Amtsgerichts

Pfändungsfreigrenzen müssen beachtet werden

- Im **Zivilprozess** werden *bürgerliche Rechtsstreitigkeiten* durch das Gericht entschieden. Rechtsgrundlage ist die *Zivilprozessordnung.*

  Das *gerichtliche Mahnverfahren* sowie der *Wechsel- und Urkundenprozeß* sind **vereinfachte** und daher schnellere und kostensparende **Verfahren.**

Aufgaben

1 Wann wird das gerichtliche Mahnverfahren in Gang gesetzt?

2 Wo und wie muss ein Mahnbescheid beantragt werden?

3 Füllen Sie aufgrund der Angaben des Terminbriefs auf S. 266 einen Mahnbescheid aus! (Ohne Kostenrechnung des Gerichts, Datum 11. Oktober ..)

4 Ein Kunde erhält einen Mahnbescheid für eine Rechnung, die er nachweisbar schon längst bezahlt hat. Was kann er tun? Welche Folgen treten dann ein?

5 a) Wann wird die Zwangsvollstreckung erforderlich?
   b) Wie kann die Zwangsvollstreckung durchgeführt werden?

6 Wie wird der Gerichtsvollzieher bei der Zwangsvollstreckung folgende Gegenstände behandeln: Auto, Schmuck, wertvolles Bild, Rundfunkgerät im Wert von etwa 800,00 DM, Waschmaschine, Schreibmaschine eines Schriftstellers, Bettzeug, Pelzmantel im Wert von etwa 8 000,00 DM, Eheringe, Wohnhaus, Fahrrad, Schreibtisch eines Lehrers, Konzertflügel, Baumgrundstück, Wochenendhaus, Gehalt, sechsprozentige Pfandbriefe, AEG-Aktien. Schreiben Sie die Gegenstände untereinander und daneben die jeweilige Antwort!

7 Ermitteln Sie den möglichen Lohnpfändungsbetrag (ZPO § 850c + Tabelle) in den folgenden Fällen:
   Lehmann: Monatseinkommen 1801,00 DM netto, verheiratet, 1 Kind
   Baumann: Monatseinkommen 2715,00 DM netto, ledig
   Althuber: Monatseinkommen 3989,50 netto, Unterhaltspflicht für geschiedene Ehefrau und 5 Kinder.

8 Wie beurteilen Sie folgende Verhaltensweisen von Kunden:
   a) Verzicht auf Ausnutzung von Skonto, schleppende Zahlung, Zielüberschreitung
   b) Umstellung von Scheck- auf Wechselzahlung, Prolongation des Wechsels bei Fälligkeit
   c) Erteilung von nicht gerechtfertigten Mängelrügen
   d) Begründung von Zahlungsverzögerungen durch Umstellung auf EDV-Organisation.

7.4 Die Verjährung von Ansprüchen aus Forderungen

Die Metallwarenfabrik Grohe GmbH in Ulm erhält folgendes Schreiben von einem Kunden, einer Werkzeuggroßhandlung in München:

```
                                                    München, 3. Januar 2001
...
Es tut uns leid, dass wir Ihren Anspruch auf Bezahlung der Rechnung
Nr. 338 759, fällig am 3. August 1998, über 5 600,00 EUR ablehnen
müssen. Nach Ablauf von zwei Jahren ist die Forderung verjährt ...
```

Herr Faßbender, der Prokurist der Grohe GmbH, schmunzelt und meint: „Keine Sorge, unser Anspruch verjährt erst in vier Jahren. Wir wollen die Herren in München gerne über den Inhalt der §§ 196 und 197 des BGB aufklären!"

Hat Herr Faßbender recht? Prüfen Sie selbst im BGB nach!

Eine Forderung ist verjährt, wenn eine vom Gesetz genau bestimmte Frist abgelaufen ist. Der Schuldner muss dann nicht mehr zahlen (BGB §§ 194, 222).

Will der Gläubiger nach Ablauf der Verjährungsfrist die Forderung gerichtlich eintreiben, hat der Schuldner im Prozess **die Einrede der Verjährung.** Die Forderung besteht aber trotzdem weiter. Der Schuldner kann nur nicht mehr gerichtlich zur Zahlung gezwungen werden. Bezahlt er z. B. in Unkenntnis der Verjährung eine bereits verjährte Forderung, kann er das Geld nicht mehr zurückfordern.

Die sich aus dem vereinbarten *Eigentumsvorbehalt* ergebenden Rechte des Verkäufers gehen aber durch die Verjährung nicht verloren. Die Verjährung kann durch Rechtsgeschäft, z. B. in den Kaufvertragsbedingungen oder Allgemeinen Geschäftsbedingungen weder ausgeschlossen noch erschwert werden. Nur eine Abkürzung der Verjährungsfrist ist zulässig (BGB § 225).

7.4.1 Die wichtigsten Verjährungsfristen

30 Jahre

Regelmäßige Verjährungsfrist

Beginn am Fälligkeitstag

Es verjähren die Ansprüche in **30 Jahren:**

- aus rechtskräftigen Urteilen,
- aus Darlehensforderungen,
- aus Vollstreckungsbescheiden u. a.
- der Privatleute untereinander.

Die Verjährung in 30 Jahren beginnt mit dem Tag **der Fälligkeit der Schuld** (BGB § 198).

4 Jahre

↓

Beginn
am Jahresende
(31. Dezember)

Es verjähren die Ansprüche in **4 Jahren:**

- der Gewerbetreibenden im Sinne des HGB untereinander (außer Darlehen),
- auf Zinsen,
- auf regelmäßig wiederkehrende Leistungen (Miete, Pacht, Rente, Unterhaltsbeiträge usw.).

Die Verjährung in vier Jahren beginnt mit dem **Schluss des Jahres, in dem der Anspruch entstanden ist.**

2 Jahre

↓

Beginn
am Jahresende
(31. Dezember)

Es verjähren Ansprüche in **2 Jahren:**

- der Gewerbetreibenden im Sinne des HGB an Privatleute,
- der Transportunternehmungen,[1]
- der Gastwirte,
- der Lohn- und Gehaltsempfänger,
- der freien Berufe (Ärzte, Rechtsanwälte, Architekten, Ingenieure usw.).

Bei der zweijährigen Verjährung beginnt die Frist ebenfalls mit dem **Ende des Jahres zu laufen, in dem der Anspruch entstanden ist.**

7.4.2 Die Unterbrechung der Verjährung

Die Verjährung kann unterbrochen werden durch:

- Mahnbescheid (aber nicht durch außergerichtliche Mahnung!),
- Klage,
- Anmeldung der Forderung zum Insolvenzverfahren,
- Teilzahlung des Schuldners,
- Zinszahlung des Schuldners,
- Schriftliche Stundungsbitte (Zahlungsaufschub),
- Schuldanerkenntnis, z. B. durch Schuldschein.

Durch die **Unterbrechung** beginnt die Verjährung **von neuem** zu laufen. Die Verjährungsfrist vor der Unterbrechung gilt nicht mehr (BGB § 217).

In der Praxis mündet die Verjährung meist in die 30-jährige Frist ein, da jeder ordentlich geführte Betrieb mahnt und dafür sorgt, dass die Verjährung unterbrochen wird.

Beispiel: Honorarforderung des Rechtsanwaltes Dr. Berger an den Unternehmer Josef Ampfinger. Verjährungsfrist 2 Jahre. Rechnungsdatum: 12. September 1996, Zahlungsbedingungen: netto Kasse; Ampfinger leistet nach der 2. Mahnung am 1. Februar 1997 eine Teilzahlung (siehe I. in der Abbildung auf der nächsten Seite!).

---

[1] Bei Ansprüchen wegen Beschädigung, Verlust oder verspäteter Ablieferung des anvertrauten Transportgutes beträgt die Verjährungsfrist 1 Jahr.

7.4.3 Die Hemmung der Verjährung

Die Verjährung ist gehemmt, solange

- die Forderung durch den Gläubiger gestundet ist,
- der Schuldner die Zahlung berechtigt verweigern kann (z. B. infolge eines Gegenanspruchs),
- die Rechtspflege in den letzten sechs Monaten der Verjährungsfrist stillsteht (Krieg, Naturkatastrophen),
- über das Vermögen des Schuldners die Geschäftsaufsicht besteht (Insolvenzverfahren).

Die **Hemmung verlängert** die Verjährungsfrist. Der Zeitraum der Hemmung wird der normalen Verjährungsdauer **hinzugerechnet.**

Beispiel: Ampfinger bittet nach einer erneuten Mahnung am 1. April 1997 um eine Stundung von einem Monat. Dr. Berger gewährt sie bis zum 1. Mai 1997 (siehe II. in der folgenden Abbildung).

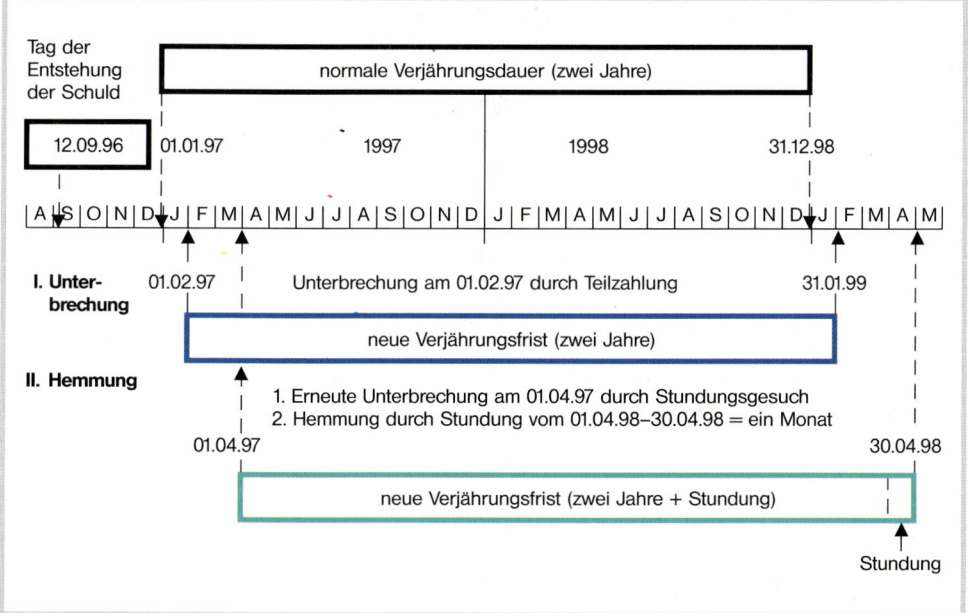

1 Was bedeutet der Satz „Ihre Forderung ist verjährt."?

2 Welche Forderungen verjähren in 30, vier und zwei Jahren?

3 Stellen Sie die Verjährungsfrist bei folgenden Ansprüchen fest:

    a) Maier schuldet Müller Darlehenszinsen.

    b) Maier zahlt ein Darlehen nicht zurück.

    c) Der Bauer Megerle hat Anspruch auf Pachtzahlung für einen Acker.

    d) Der Arbeiter Lorch hat Lohnansprüche an seinen Arbeitgeber.

    e) Der Rechtsanwalt Dr. Wust hat eine Honorarforderung an einen Klienten.

    f) Das Modehaus Banholzer hat eine Forderung an Frau Kircher wegen eines Pelzmantels.

    g) Die Firma Elektro-Enderle installiert in einer Fabrik eine Maschine. Die Rechnung lautet über 6 000,00 EUR.

    h) Der Privatmann Christ verkauft eine gebrauchte Motorhacke an den Privatmann Fuchs.

    i) Der Fuhrunternehmer Megerle hat einen Frachtanspruch an die Großhandlung Bauer.

    k) Aufgrund eines Gerichtsurteils hat Herr Klenk einen Anspruch auf Bezahlung von 1 200,00 EUR.

    l) Frau Friedle hat einen Unterhaltsanspruch über 1 500,00 EUR monatlich an ihren geschiedenen Mann.

    m) Der Hotelbesitzer Baumann hat an eine Reisebüro-GmbH einen Anspruch über 22 000,00 EUR.

    n) Ein Bauherr verweigert einem Architekten die Honorarzahlung.

    o) Das Gehalt eines Angestellten wird seit zwei Monaten nicht gezahlt.

4 Wann beginnt die Verjährung zu laufen:

    a) bei 30 Jahren Verjährungsfrist?

    b) bei zwei und vier Jahren Verjährungsfrist?

5 Lösen Sie folgende Fälle und begründen Sie in Stichworten Ihre Lösung: Wann wären die einzelnen Ansprüche verjährt?

    a) Die Eisenwarenhandlung Killy hat an den Handwerker Raschke eine Forderung in Höhe von 867,80 EUR. Zahlungsbedingungen: netto Kasse, Rechnungsdatum 23. Juli 1996.

    b) Seit dem 1. Oktober 1996 zahlt der Mieter Obermann dem Hausbesitzer keine Miete. Der Hausbesitzer ist kein gewerbsmäßiger Vermieter.

    c) Maier hat Müller am 1. Juni 2000 ein Darlehen über 10 000,00 EUR gewährt. Wann würden Zinsansprüche aus diesem Darlehen verjähren?

    d) Der Arbeiter Schulze verkaufte am 13. September 2000 seinem Arbeitskollegen Sahm ein gebrauchtes Auto für 2 000,00 EUR.

    e) Das Feinkosthaus Ringler lieferte der Familie Harprecht Lebensmittel für 150,00 EUR. Rechnungsdatum 12. Juni 2000, Zahlung netto Kasse sofort.

    f) Ein Architekt hat einem privaten Bauherrn eine Honorarrechnung über 5 000,00 EUR geschickt. Rechnungsdatum 17. April 2000, Zahlung sofort ohne Abzug.

6 Wodurch kann die Verjährung unterbrochen werden?

7 Welche Folgen hat die Unterbrechung der Verjährung?

8 Lösen Sie folgende Fälle und begründen Sie in Stichworten Ihre Lösung![1]

a) Forderung der Firma Blech-Huber an die Konservenfabrik Sauer. Rechnungsdatum 13. Februar 2000. Zahlungsbedingung: vier Wochen Zahlungsziel. Da Sauer nicht zahlt, sendet Huber am 16. Juni 2000 einen Mahnbescheid. Wann ist die Forderung verjährt?

b) Ein Rechtsanwalt hat an eine Versicherungsgesellschaft eine Honorarforderung über 800,00 EUR laut Rechnung vom 3. November 2000. Zahlung sofort ohne Abzug. Da die Versicherung nicht zahlt, lässt der Rechtsanwalt am 3. Februar 2001 einen Mahnbescheid zustellen. Darauf erhält er am 10. Februar 2001 eine Teilzahlung über 400,00 EUR. Am 7. Mai 2001 erfährt der Rechtsanwalt, dass die Versicherungsgesellschaft den Konkurs angemeldet hat. Am gleichen Tag meldet er seine Restforderung dem Konkursgericht an. Wann ist der Anspruch des Anwalts auf seine Restforderung verjährt?

c) Ein Omnibusunternehmer hat an die EUROP-Reise-GmbH seit dem 10. Juli 2000 eine Forderung über 25 480,00 EUR. Die Reise-GmbH zahlt nicht. Darauf geschieht folgendes:

20. Okt. 2000 erste außergerichtliche Mahnung,

5. Nov. 2000 zweite außergerichtliche Mahnung,

15. Nov. 2000 Androhung des Mahnbescheids (Terminbrief),

25. Nov. 2000 Antrag auf Erlass eines Mahnbescheids beim zuständigen Amtsgericht,

7. Jan. 2001 Teilzahlung der Reise-GmbH über 10 000,00 EUR,

13. Jan. 2001 Die Reise-GmbH überweist die seit 10. Sept. 2000 fälligen Zinsen.

1. Feb. 2001 Der Omnibusunternehmer erhält von der Reise-GmbH eine schriftliche Bitte um Stundung des Betrags bis 1. Sept. 2001 gegen 9 % Zinsen.

Wann ist der Anspruch des Omnibusunternehmers verjährt?

9 Wodurch wird die Verjährung gehemmt?

10 Was ist die Folge der Hemmung der Verjährung?

11 Lösen Sie folgende Fälle und begründen Sie in Stichworten Ihre Meinung!

a) Die Schraubenfabrik Müller oHG hat an die Eisenwarenhandlung Fuchslocher lt. Rechnung vom 1. September 2000 eine Forderung auf Grund einer Schraubenlieferung in Höhe von 3 260,00 EUR, Zahlungsfrist vier Wochen. Am 15. Oktober 2000 bittet Fuchslocher um Stundung des Rechnungsbetrags für ein halbes Jahr gegen Zahlung von 12 % Verzugszinsen. Da Fuchslocher ein langjähriger Kunde ist, erklärt sich die Schraubenfabrik mit der Stundung einverstanden. Wann ist der Anspruch der Schraubenfabrik Müller OHG verjährt?

b) Forderung des Möbeltransporteurs Hutter an den Angestellten Borsig, dem er einen Umzug nach München besorgte. Rechnung über 2 870,00 EUR netto Kasse, Rechnungsdatum 3. April 2000. Borsig leistet am 1. August 2000 eine Teilzahlung über 500,00 EUR, eine weitere Teilzahlung in der gleichen Höhe am 1. Dezember 2000. Dann stellt er seine Zahlungen ein. Hutter läßt ihm am 15. Januar 2001 einen Mahnbescheid zustellen, worauf er am 15. März 2001 weitere 200,00 EUR bezahlt. Am 1. April 2001 bittet Borsig um Stundung des Restbetrags für ein Jahr, was ihm Huber gegen Zahlung von 10 % Verzugszinsen ab Rechnungsdatum gewährt. Diese Verzugszinsen werden von Borsig am 15. Juli 2001 bezahlt. Wann ist der Anspruch Hutters verjährt?

---

[1] **So löst man Aufgaben zur Feststellung der Verjährungsfrist:**

1. Feststellen, wie lange die Verjährungsfrist ist!
2. Feststellen, wann hiernach die Verjährung zu laufen beginnt!
3. Feststellen, ob eine Unterbrechung vorliegt!
Beachte:
   – Unterbrechungen vor Verjährungsbeginn sind bedeutungslos.
   – Außergerichtliche Mahnungen sind keine Unterbrechung!
4. Feststellen, ob eine Hemmung vorliegt! Zeitraum der Hemmung dazuzählen!
5. Zeitstrahl anfertigen!

c) Forderung der Heizungsbau Schäfer GmbH an die Metallwarenfabrik Bauer OHG wegen Heizungsinstallation. Fälligkeit der Rechnung: 15. Dezember 2000. Am 15. Januar 2001 lässt Schäfer einen Mahnbescheid zustellen. 14 Tage später meldet die Bauer OHG das Insolvenzverfahren an; am 13. Februar 2001 meldet Schäfer dem Insolvenzgericht seine Forderung an. Das Insolvenzverfahren läuft genau ein Jahr, drei Monate und sechs Tage. Wann ist die Forderung von Schäfer verjährt?

12 Die Spezialmaschinenfabrik Bäcker GmbH, Mannheim, hat der Pharmazeutischen Fabrik Chemo AG, Magdeburg, im November 2001 eine im Sonderauftrag gefertigte Disperser-Maschine (= Maschine, die Trockenstoffe in Flüssigkeiten einarbeitet) im Werte von 87 000,00 EUR geliefert. Im Kaufvertrag wurde u. a. vereinbart: „Zahlbar bis 15. Dezember 2002."

a) Bis zum 15. Januar 2003 ist die Rechnung von der Chemo AG noch nicht bezahlt worden.
   (1) Geben Sie das Datum an, an dem diese Forderung verjährt!
   (2) Überprüfen Sie, ob sich die Chemo AG am 15. Januar 2003 in Zahlungsverzug befindet, und begründen Sie Ihre Entscheidung!
   (3) Nennen und begründen Sie, welches Recht die Bäcker GmbH bei einem möglichen Zahlungsverzug am sinnvollsten geltend machen sollte!
   (4) Geben Sie an, wie viel Prozent Verzugszinsen die Bäcker GmbH bei einem möglichen Zahlungsverzug verlangen könnte, wenn im Vertrag hierüber nichts vereinbart wurde!
   (5) Nennen Sie ein Beispiel für einen konkreten Schaden, für den die Bäcker GmbH bei Zahlungsverzug Schadenersatz verlangen könnte!

b) Die Bäcker GmbH liefert alle Maschinen unter Eigentumsvorbehalt (siehe Seite 106 f.!).
   (1) Erläutern Sie, welche Wirkung dieser Eigentumsvorbehalt für die Bäcker GmbH hat!
   (2) Nennen Sie vier Fälle, in denen ein Eigentumsvorbehalt grundsätzlich erlischt!
   (3) Erläutern Sie, wie die Bäcker GmbH den Eigentumsvorbehalt sichern könnte, falls bei Vertragsabschluss feststünde, dass die Chemo AG die Maschine weiterverkaufen will!

c) Auch nach dreimaliger Mahnung (16. Januar, 1. Februar, 15. Februar 2003) hat die Chemo AG bis zum 28. Februar 2003 die fällige Rechnung noch immer nicht bezahlt. Daher beantragt die Bäcker GmbH am 1. März 2003 einen Mahnbescheid.
   (1) Warum entscheidet sich die Bäcker GmbH für das gerichtliche Mahnverfahren und nicht für die Klage?
   (2) Erläutern Sie, wie sich kaufmännische Mahnungen einerseits und der gerichtliche Mahnbescheid andererseits auf die Verjährung dieser Forderungen auswirken!
   (3) Als der Mahnbescheid der Chemo AG zugestellt wird, erhebt sie Widerspruch mit der Begründung, die Maschine funktioniere nicht!
      – Bei welchem Gericht (sachlich und örtlich) wird dieser Widerspruch verhandelt?
      – Erläutern Sie, welche Wirkung der Widerspruch auf das gerichtliche Mahnverfahren hat!
   (4) Begründen Sie, warum es für die Chemo AG von Nachteil gewesen wäre, wenn sie auf den Mahnbescheid nicht reagiert hätte!

7.5 *Factoring* (siehe Abschnitt 9.2.5.2)

Unternehmensformen

Einzel-
unternehmen

Gesellschaft
des bürgerlichen
Rechts

Stille
Gesellschaft

Offene
Handelsgesellschaft

Kommandit-
gesellschaft

Personengesellschaften

Gesellschaft mit
beschränkt. Haftung

Kommanditgesell-
schaft auf Aktien

Aktiengesellschaft

Eingetragene
Genossenschaft

**sonstige
Gesellschaft**

Kapitalgesellschaften

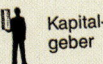 Kapital-
geber

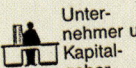 Unter-
nehmer u.
Kapital-
geber

 Geschäfts-
führer,
Direktor,
Vorstand

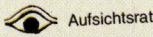 Aufsichtsrat

8.1 Einzelunternehmen und Gesellschaftsunternehmen

Gerhard Zettl, Elektro-Ingenieur, macht sich selbstständig. In der Garage seines Hauses richtet er sich eine Werkstätte mit Lager ein, konstruiert und baut Spezialgeräte für den Elektro-Fischfang, entwirft Prospekte und versucht auf allen Wegen, Kunden zu gewinnen. Sein Unternehmen steht. Er hat den Betrieb ordnungsgemäß angemeldet und die Rechtsform der Einzelunternehmung gewählt.

Welche Gründe könnten ihn dazu veranlasst haben?

Sachdarstellung

Die Unternehmung tritt in verschiedenartigen **Rechtsformen** auf. Diese unterscheiden sich vor allem durch

1. die Zahl der Teilhaber und deren Verfügungsberechtigung (Eigentumsverhältnisse, Geschäftsführung, Vertretung),
2. die Kapitalaufbringung (Finanzierung),
3. die Haftung der Teilhaber gegenüber Dritten (Ergebnisverteilung, d. h. Risikotragung, Gewinnaufteilung),
4. die Kreditbasis (Möglichkeit Kredite zu bekommen),
5. die Firmierung (die Firma ist der Name eines Kaufmanns, unter dem er seine Geschäfte betreibt, HGB § 17).

8.1.1 Die Einzelunternehmung

■ Wesen der Einzelunternehmung

Unternehmer ist jeder, der sich *selbständig* und *nachhaltig* am *Wirtschaftsleben* in der Absicht beteiligt, *Gewinn* zu erzielen.

Beispiel: Ein Angestellter, der seinen Pkw veräußert, wird durch diese einmalige wirtschaftliche Betätigung nicht zum Unternehmer. Dasselbe gilt für einen Briefmarkensammler, der Marken kauft, tauscht oder wieder verkauft, solange er diese Tätigkeit als Hobby betreibt.

Die ursprüngliche Form der Unternehmung ist die **Einzelunternehmung**. Sie kommt auch heute noch am häufigsten vor, nimmt aber ständig ab.

Der Einzelunternehmer als *alleiniger Eigentümer* des Geschäftsvermögens hat folgende Rechte und Pflichten bzw. Nachteile:

- Er hat das ausschließliche *Recht* zur **Geschäftsführung**. Er kann deshalb schnell und ohne andere fragen zu müssen entscheiden. Auf ihm liegt aber auch die ganze Verantwortung.
- Er hat das *Recht*, den **Gewinn** allein zu beanspruchen. Allerdings muss er auch einen *Verlust* allein tragen.
- Er hat die *Pflicht*, das ganze **Kapital** zur Verfügung zu stellen.
- Er hat die *Pflicht*, allein die **Haftung** für eingegangene Verbindlichkeiten zu übernehmen. Die Haftung des Unternehmers erstreckt sich dabei auch auf das gesamte Privatvermögen.
- Die **Kreditbasis** ist verhältnismäßig klein. Sein Kapital ist oft gering. Kredit wird ihm nur aufgrund seiner Vertrauenswürdigkeit gewährt (Personalkredit). Deshalb haben nur Unter-

© Verlag Gehlen

nehmen mit hoher Rentabilität gute Kreditchancen. Langfristige Kapitalien sind nicht leicht zu bekommen, sodass Betriebserweiterungen nur in begrenztem Umfang möglich sind.

- Als **Firma** führt er eine Personen-(Namens-), Sach- oder Fantasiefirma mit einem die Rechtsform kennzeichnenden Zusatz, z. B. „eingetragener Kaufmann", „eingetragene Kauffrau", „e.K.", „e.Kfm.", „e.Kfr.".

◼ *Bedeutung der Einzelunternehmung*

Die Einzelunternehmung ist die geeignete Rechtsform für wagemutige Unternehmer, die ihre eigenen Ideen verwirklichen wollen; denn hier haben sie die größte Entfaltungsmöglichkeit für ihre Fähigkeiten. Die begrenzte Haftungsgrundlage dieser Unternehmungsform beschränkt sie aber in der Regel auf kleinere und mittlere Unternehmen.

Aus der Einzelunternehmung haben sich alle übrigen Rechtsformen der Gesellschaften entwickelt.

8.1.2 Die Gesellschaftsunternehmungen

◼ *Ursachen für die Gesellschaftsbildung*

Rechtliche, wirtschaftliche, persönliche oder soziale Umstände können zu der Umwandlung einer Einzelunternehmung in eine Gesellschaft (Unternehmensform mit mehreren Inhabern) führen. Gründe dafür können sein:

- Krankheit, Alter oder Tod des bisherigen Einzelunternehmers (Erbfall),
- Heranziehung von Fachleuten (z. B. zum Kaufmann den Techniker),
- Suche nach weiteren, am Unternehmen direkt interessierten Führungskräften zur Verteilung der Verantwortung und Arbeit,
- Risikoverteilung, Kapitalvermehrung und Verbreiterung der Kreditbasis,
- Mitbeteiligung von Arbeitnehmern am Betrieb (z. B. durch Belegschaftsaktien),
- Abrundung des Fertigungsprogrammes oder Sortimentes (z. B. um größere Krisensicherheit zu erlangen) und Patentauswertung,
- Angliederung fremder Unternehmungen (durch Beteiligung oder Aufkauf), um deren Konkurrenz auszuschalten,
- Ausnutzung der steuerlichen Vorteile bestimmter Unternehmungsformen.

◼ *Kennzeichen einer Gesellschaft*

Kennzeichen einer Gesellschaft sind:

- Das **Kapital** wird von *mehreren* aufgebracht, die dadurch Teilhaberrechte erwerben.
- **Haftung** und **Risiko** verteilen sich auf die Teilhaber.
- Die **Kreditwürdigkeit** steigt, weil die Sicherheitsgrundlage breiter geworden ist.
- Die **Verantwortung** (Geschäftsführungsbefugnis, Vertretungsbefugnis) liegt bei mehreren Teilhabern oder wird auf Angestellte übertragen.
- Die **Firma** ist eine Sach-, Personen- oder Fantasiefirma mit einem das Gesellschaftsverhältnis andeutenden Zusatz.

◼ *Der Gesellschaftsvertrag*

Bei der Gründung eines Unternehmens schließen die Gesellschafter einen gewöhnlich schriftlich abgefaßten Gesellschaftsvertrag, der ihre Beziehungen zueinander genau regelt. Bei Aktiengesellschaften, Gesellschaften mit beschränkter Haftung und wenn Grundstücke eingebracht werden, ist dabei notarielle Beurkundung erforderlich. Der Vertrag enthält z. B. Bestimmungen über die Kapitaleinlage des einzelnen Gesellschafters, das Recht zur Geschäftsführung, die Art der Gewinnverteilung usw. Von den wenigen, zwingenden Vorschriften des Gesellschaftsrechtes abgesehen, dienen alle in diesen Gesetzen vorgesehenen nachgiebigen Normen der Ergänzung dieses Vertrages.

■ Einteilung der Gesellschaften

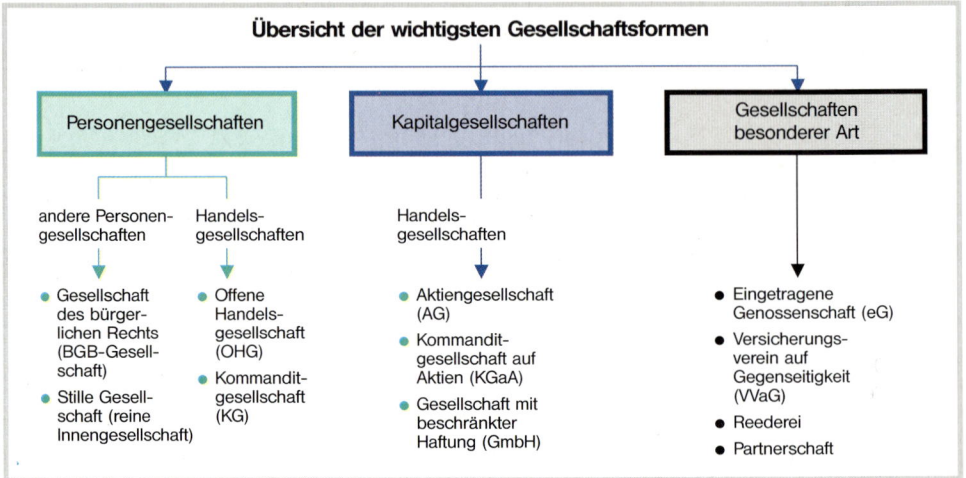

- Bei **Personengesellschaften** stehen die persönliche Mitarbeit und die Haftung der Inhaber im Vordergrund.
- Bei **Kapitalgesellschaften** (juristische Personen) ist dagegen das aufgebrachte Kapital entscheidend. Die Teilhaber der letzteren (z. B. Aktionäre) haften Dritten gegenüber meist nur mit ihrem Einlagekapital und sind nicht in dem Unternehmen tätig.

  Gesellschaften besonderer Art (juristische Personen) verfolgen mit ihrem Geschäftsbetrieb im Gegensatz zu den übrigen Gesellschaftsformen hauptsächlich das Ziel, die wirtschaftliche Tätigkeit ihrer Mitglieder zu fördern und nicht vor allem einen hohen Gewinn zu erzielen.
- Auf **Handelsgesellschaften** finden (neben BGB-Bestimmungen) die für Kaufleute gegebenen gesetzlichen Vorschriften Anwendung (HGB § 6).

Die Gesellschaft des bürgerlichen Rechts (Gelegenheitsgesellschaft):

Schließen sich mehrere Personen lose zur gemeinsamen Abwicklung eines Geschäfts zusammen, so benützen sie dazu die Rechtsform der BGB-Gesellschaft. Sie ist oft für Dritte nicht erkennbar und endet mit Abwicklung des Geschäfts, z. B. eine zum Bau einer Trabantenstadt gegründete BGB-Gesellschaft wird nach Fertigstellung der Bauvorhaben aufgelöst. Die Gesellschaft führt keine Firma, z. B. Arztpraxengemeinschaft, Arbeitsgemeinschaft der Rundfunkanstalten Deutschlands (ARD).

Jeder Gesellschafter hat die festgelegten Beiträge zu leisten, die gemeinschaftliches Vermögen (**Gesamthandseigentum**) werden. Geschäftsführung und Vertretung stehen, ebenso wie die Einsicht in betriebliche Angelegenheiten, allen Gesellschaftern gemeinsam zu. Für Verbindlichkeiten haften alle gesamtschuldnerisch. Gewinn und Verlust werden nach Köpfen oder Gesellschaftsvertrag verteilt. Eine Kündigung ist jederzeit möglich, kann aber zu Schadenersatz verpflichten (BGB §§ 705 ff.).

Die stille Gesellschaft:

Hier beteiligt sich ein Kapitalgeber an einem Handelsgewerbe, ohne dass dies Dritten gegenüber erkennbar zutage tritt. Der stille Gesellschafter ist vertraglich am Gewinn, aber gewöhnlich nicht am Verlust beteiligt und hat kein Widerspruchs-, wohl aber ein Kontrollrecht, das dem des Kommanditisten entspricht. Kündigung, Vereinbarung, Erreichen des vereinbarten Zweckes, Tod und Insolvenz des Inhabers, nicht aber

Tod des stillen Gesellschafters, lösen die Gesellschaft auf. Die stille Gesellschaft eignet sich als Rechtsform gut zur Beteiligung der Betriebsangehörigen am Unternehmen. Sie ist eine reine Innengesellschaft (HGB §§ 230 ff.).

Die Partnerschaft

Die Partnerschaft ist eine Gesellschaft, in der sich Angehörige Freier Berufe, z. B. unterschiedlicher Fachrichtung, zur Berufsausübung zusammenschließen (PartGG § 1). Sie ist teilrechtsfähig wie die OHG, hat einen Namen (Familienname mindestens eines Partners und Zusatz „und Partner" oder „Partnerschaft"), kann Rechte und Pflichten erwerben, klagen und verklagt werden, wird im Grundbuch eingetragen, kann dem Insolvenzverfahren unterworfen werden und entsteht mit der Eintragung ins Partnerschaftsregister (PartGG § 1 ff.).

■ *Bedeutung der Gesellschaftsunternehmungen*

Die Gesellschaft ist die geeignete Rechtsform für mittlere und große Unternehmungen. Für jede gewünschte Art der Risikostreuung, Kapitalaufbringung, Verantwortungsteilung und Ergebnisbeteiligung kann eine zweckmäßige Gesellschaft nach geltendem Recht gebildet werden.

Zusammenfassung

- Unternehmungsformen sind die **Rechtsformen**, in denen Unternehmen betrieben werden.
- Die **Unterschiede in den Unternehmungsformen** haben ihre Ursache in der Teilhaberzahl, der Kapitalaufbringung, den Eigentumsverhältnissen, der Verantwortungsübernahme, der Haftungsregelung und der Gewinnberechtigung.
- **Einzelunternehmen** sind geprägt durch die Vereinigung aller Rechte und Pflichten in der Person des alleinigen Eigentümers. Sie sind die ursprüngliche Form der Unternehmung.
- **Gesellschaften** sind gekennzeichnet durch die Aufteilung aller Rechte und Pflichten auf in der Regel mehrere Personen (Ausnahme: Einmann-Kapitalgesellschaften).
- Die Gesellschaft des bürgerlichen Rechts ist eine Gelegenheitsgesellschaft.
- Bei **der stillen Gesellschaft** beteiligt sich der Kapitalgeber mit einer Einlage am Handelsgewerbe eines anderen, ohne dass dies nach außen in Erscheinung tritt (Innengesellschaft).
- Die **Partnerschaft** ist ein Zusammenschluss Angehöriger freier Berufe.
- Einzelunternehmen oder Gesellschaften haben ihre besonderen Vorzüge und Schwächen. Sie sind für die Bewältigung unternehmerischer Probleme unterschiedlich gut geeignet. Die Wahl der richtigen Unternehmungsform muss deshalb sorgfältig überlegt und nach allen denkbaren Gesichtspunkten hin geprüft werden.

Rechtsform	Vorteile	Nachteile
Einzel-unternehmung	● Unternehmer kann – allein, – frei, – rasch Entscheidungen fällen ● Meinungsverschiedenheiten sind ausgeschlossen ● Unternehmer hat alleinige Gewinnchance	● Unternehmer trägt das Risiko allein ● Er haftet mit dem gesamten geschäftlichen und privaten Vermögen ● Er hat nur begrenzte Möglichkeiten, sich Kapital zu beschaffen ● Beeinflussung der betrieblichen Arbeit durch die persönlichen Eigenheiten, die privaten Vermögensverhältnisse und den Lebensstil des Unternehmers ● oft unzureichende Organisation

Rechtsform	Vorteile	Nachteile
Gesellschafts-unternehmung	• Entscheidungen werden von mehreren verantwortet • Risiko verteilt sich auf mehrere • Kapitalzuführung von mehreren • Erweiterte Kreditbasis durch breitere Haftungsgrundlage • u. U. steuerliche Vorteile	• Entscheidungen werden u. U. verzögert • Meinungsverschiedenheiten sind möglich • Gewinn wird aufgeteilt

Aufgaben

1 Welche persönlichen Gründe können einen Unternehmer veranlassen, seine Einzelunternehmung in eine Gesellschaft umzuwandeln?

2 Welche sachlichen Gründe können zur Aufnahme eines gleichberechtigten Teilhabers führen?

3 Welche Eigenheiten der Einzelunternehmung kommen in konjunkturschwachen Zeiten besonders zum Tragen?

4 Vergleichen Sie Einzelunternehmung und Gesellschaftsunternehmung hinsichtlich Leitung, Beteiligung und Haftung!

5 Prüfen Sie nach den unter vier genannten Punkten die Eignung von Einzelunternehmung und Gesellschaft für kleine, mittlere, größere und ganz große Betriebe!

8.2 Personengesellschaft – Kapitalgesellschaft (Beispiele)

8.2.1 Die Personengesellschaften, ausführlich dargestellt am Beispiel der Rechtsform der offenen Handelsgesellschaft (OHG)

Problem

Schreinermeister Karl Schubert hat im Laufe der Jahre aus seinem Handwerksbetrieb eine kleine Fabrik gemacht und sich auf die Herstellung bestimmter Küchenmöbel für einige große Einrichtungshäuser spezialisiert. Um die daraus entstandene Abhängigkeit zu vermindern plant Schubert eine Erweiterung seines Verkaufsprogrammes durch die Angliederung einer Möbelhandlung mit entsprechenden Ausstellungsräu-

men. Sein Freund Heinz Krug ist bereit, sich mit seinen Ersparnissen und einer Erbschaft an dem Geschäft zu beteiligen. Als langjähriger Angestellter eines Möbelgeschäfts ist er mit den kaufmännischen Problemen des Möbelhandels vertraut. Schubert und Krug beschließen, eine OHG zu gründen, in die Schubert seine Fabrik, Krug hingegen 130 000,00 EUR in bar einbringt.
Wie ist vorzugehen?

Sachdarstellung

Die offene Handelsgesellschaft ist ein Zusammenschluss mehrerer Personen zum Betrieb eines Handelsgewerbes unter gemeinsamer Firma (Personengesellschaft). Jeder Gesellschafter hat gleiche Rechte und Pflichen und haftet gegenüber den Gläubigern der Gesellschaft mit seinem ganzen Vermögen unbeschränkt.

Die OHG ist auf das Vertrauen der Gesellschafter zueinander aufgebaut und gilt rechtlich als Arbeits- und Vermögensgemeinschaft zur gesamten Hand; das bedeutet, die Gesellschafter müssen gemeinschaftlich arbeiten und können über das Vermögen nur gemeinsam verfügen (HGB §§ 105 ff.).

Die OHG kann auch von *Kleingewerbetreibenden* oder von *Vermögensverwaltungsgesellschaften* als Rechtsform gewählt werden [HGB § 105 (2)].

8.2.1.1 Gründung

Der **Gesellschaftsvertrag** (siehe Seite 284!) wird im Allgemeinen schriftlich abgeschlossen. Werden von den Gesellschaftern Grundstücke eingebracht, ist notarielle Beurkundung erforderlich.

Die OHG muss schriftlich mit notariell beglaubigten Unterschriften oder persönlich von allen Gesellschaftern beim zuständigen Handelsregister **angemeldet** und dort **eingetragen** werden. Die Eintragung enthält insbesondere Namen, Vornamen, Geburtsdatum und Wohnort jedes Gesellschafters, Firma, Sitz und Beginn der Gesellschaft (HGB §§ 106, 108, 123).

Im Verhältnis der Gesellschafter untereinander, d. h. im *Innenverhältnis,* entsteht die Gesellschaft zu dem vertraglich bestimmten Termin; Dritten gegenüber, d. h. im *Außenverhältnis,* entsteht sie im Allgemeinen mit der vorgeschriebenen Eintragung in das Handelsregister. Sie gilt jedoch für Außenstehende schon **vor** der Eintragung als entstanden, wenn ein Gesellschafter unter der Firma bereits vorher Geschäfte abgeschlossen hat.

8.2.1.2 Firma

Die Firma kann eine Personen-, eine Sach- oder eine Fantasiefirma oder eine Mischform davon sein. Bei ihr muss die Bezeichnung „offene Handelsgesellschaft" oder eine allgemein verständliche Abkürzung dieser Bezeichnung, z. B. „OHG", enthalten sein; z. B. Frischeiergroßhandel OHG, Schober Söhne OHG.

Wenn in einer offenen Handelsgesellschaft keine natürliche Person persönlich haftet, muss die Firma eine Bezeichnung enthalten, welche die Haftungsbeschränkung angibt, z. B. Krug-Bücher GmbH & Co OHG, Schwarz und Müller GmbH und Co OHG.

8.2.1.3 Kapitalaufbringung

Jeder Gesellschafter hat die Pflicht, die vereinbarten Beiträge aufzubringen. Dies sind übertragbare Vermögenswerte, wie Geldkapital, Sachen, Forderungen, Rechte aller Art oder Dienstleistungen. Alle Leistungen der Gesellschafter, die in das Vermögen der OHG nach dem Gesellschaftsvertrag übergehen sollen, sind Beiträge und heißen **Einlagen.**

Art und Höhe der Einlagen der Gesellschafter werden durch den Gesellschaftsvertrag festgelegt. Ist darin keine Vereinbarung getroffen, so müssen die Gesellschafter Beiträge in gleicher Höhe leisten. Eine Mindesthöhe der Einlagen ist nicht vorgeschrieben. Das Geschäftsvermögen wird *gemeinschaftliches* Vermögen der Gesellschafter, *Vermögen zur gesamten Hand.* Das hat zur Folge, dass der einzelne Gesellschafter keinen Anspruch auf einzelne Vermögensteile hat, z. B. einen bestimmten Lkw, einen PC u. a., sondern einen Anspruch auf einen Anteil am Gesamtvermögen (BGB §§ 706, 718 f.).

Der **Kapitalanteil des Gesellschafters** ist rechtlich von Bedeutung für

- die Gewinnverteilung (HGB §§ 120 f.)
- das Recht auf Privatentnahme (HGB § 122);
- die Berechnung des Abfindungsguthabens beim Ausscheiden eines Gesellschafters (BGB §§ 738 ff.);
- die Berechnung des Auflösungsguthabens im Falle der Liquidation (HGB § 155);
- u. U. für die Stimmrechtsausübung.

8.2.1.4 Haftung

Jeder Gesellschafter **haftet** für die *Verbindlichkeiten der Gesellschaft:*

- *unbeschränkt,* d. h., er haftet nicht nur mit seinem Geschäftsvermögen, sondern auch mit seinem gesamten Privatvermögen;
- *unmittelbar,* d. h., die Gläubiger können sich direkt an jeden der Gesellschafter halten;
- *gesamtschuldnerisch,* d. h., jeder Gesellschafter haftet allein für die gesamten Schulden der Gesellschaft, kann also nicht die Einrede der Haftungsteilung geltend machen.

Beispiel: Gesellschafter Krug hat, ohne vorher Gesellschafter Schuberts Zustimmung einzuholen, im Namen der Gesellschaft einen Lieferwagen gekauft. Er hat damit zwar seine Geschäftsführungsbefugnis überschritten, das Rechtsgeschäft ist jedoch für die OHG bindend. Der Lieferer kann sich für seine Forderung ganz oder teilweise entweder an die OHG, an Krug oder an Schubert wenden.

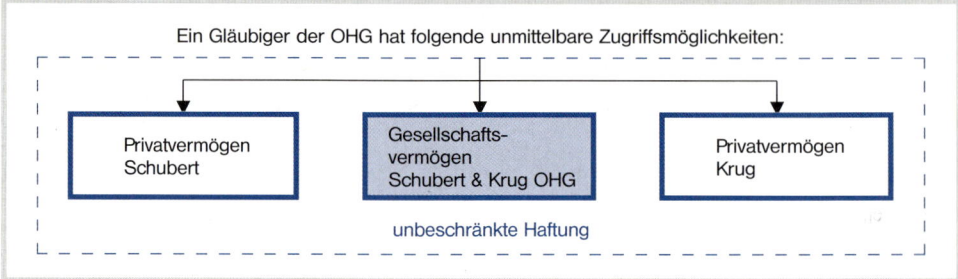

Bezahlt einer der Gesellschafter die gesamte Verbindlichkeit, so hat er gegen den oder die anderen einen Ausgleichsanspruch. Diese sehr weitgehende Haftung ist bei der Prüfung der *Kreditwürdigkeit* einer OHG von erheblicher Bedeutung.

Bei *Eintritt* in eine OHG **haftet** der neue Gesellschafter für alle bereits bestehenden Schulden; beim *Ausscheiden* **haftet** ein Gesellschafter noch fünf Jahre für die bei seinem Austritt vorhandenen Verbindlichkeiten (HGB §§ 130, 159).

8.2.1.5 Rechte und Pflichten der OHG-Gesellschafter

Die Bestimmungen des Gesetzes und der Gesellschaftsvertrag regeln, inwieweit die Gesellschafter im Verhältnis zueinander und gegenüber Dritten berechtigt und verpflichtet sind.

▶ **Recht auf/und Pflicht zur Geschäftsführung und Vertretung**

Grundsätzlich ist jeder Gesellschafter zur **Geschäftsführung** berechtigt und verpflichtet. Bei *gewöhnlichen* Geschäften (z. B. übliche Kreditgewährung) kann er die erforderlichen Entscheidungen und Anordnungen *allein* treffen, bei *außergewöhnlichen* Geschäften hingegen (z. B. Errichten einer Zweigniederlassung) bedarf es eines *Gesamtbeschlusses* aller Gesellschafter (HGB §§ 114 ff.).

Jeder Gesellschafter hat darüber hinaus das Recht zur **Vertretung** der Gesellschaft, d. h., er kann *allein* Willenserklärungen abgeben, durch welche die Gesellschaft berechtigt und verpflichtet wird. Dies gilt sowohl für *gewöhnliche* (z. B. Abschluss eines Kaufvertrages über 20 000 l Heizöl) als auch für außergewöhnliche Geschäfte (z. B. Aufnahme eines Großkredits). Zum Schutze eines Dritten ist zwingend vorgeschrieben, dass die Vertretungsbefugnis nur im Innenverhältnis wirksam beschränkt werden kann (HGB §§ 125 ff.); nach außen gelten diese Beschränkungen nicht.

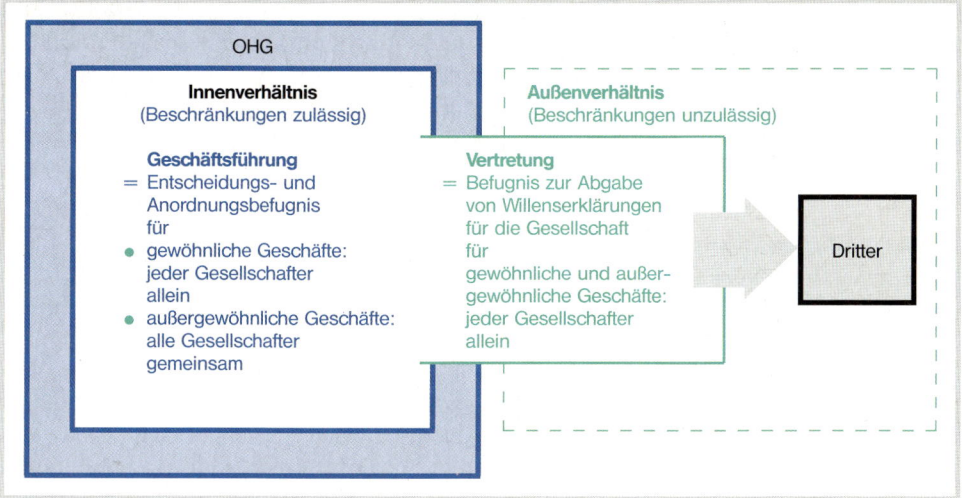

▶ **Recht auf Aufwandsersatz**

Entstehen einem Gesellschafter geschäftlich bedingte Aufwendungen (z. B. Hotelkosten bei Fachkongress), so sind sie ihm von der Gesellschaft zu vergüten (HGB § 110).

▶ **Kontrollrecht**

Wer von der Geschäftsführung ausgeschlossen ist, hat das Recht, sich über die Angelegenheiten der Gesellschaft persönlich zu unterrichten, z. B. ihre Handelsbücher und Schriften einzusehen und sich daraus eine Bilanz zu erstellen (HGB § 118).

▶ **Kündigungsrecht**

Ist eine Gesellschaft für unbestimmte Zeit gegründet worden, so kann jeder Teilhaber spätestens sechs Monate vor Abschluss eines Geschäftsjahres zu dessen Ende kündigen. Der Gesellschafter scheidet mit Ablauf der Kündigungsfrist aus (HGB § 131).

▶ **Wettbewerbsverbot**

Die Gesellschafter dürfen ohne die Zustimmung der anderen keine eigenen Geschäfte im Bereich des Handelsgewerbes durchführen oder sich als persönlich haftende Gesellschafter an einer gleichartigen Unternehmung beteiligen. Ein Verstoß gegen dieses **Konkurrenzverbot** kann zur Auflösung der Gesellschaft führen.

Verboten sind Geschäfte im gleichen Handelszweig und die Beteiligung mit persönlicher Haftung an gleichartigen Handelsgesellschaften, z.B. Huber ist Gesellschafter der Bautransport OHG und betreibt daneben als vollhaftender Gesellschafter noch einen Gabelstabler-Verleih und -Vertrieb Huber KG (HGB §§ 112 f.).

8.2.1.6 *Ergebnisverteilung (Gewinn-bzw. Verlustverteilung)*

Sofern vertraglich nichts vereinbart wird, gilt die **gesetzliche Regelung** für die Gewinn- bzw. Verlustverteilung.

Danach erhält jeder Gesellschafter als **Gewinnanteil zunächst 4 % Verzinsung seines Kapitalanteils; ein Restgewinn wird nach Köpfen** verteilt. Der Gewinnanteil wird dem Kapitalkonto eines jeden Gesellschafters gutgeschrieben. Ergibt sich am Jahresende ein Verlust, wird er nach Köpfen verteilt; die Verlustanteile werden den Kapitalkonten belastet.

Unabhängig davon, ob ein Gewinn oder Verlust festgestellt wurde, kann jeder Gesellschafter bis zu 4 % seines Kapitalanteils für seine private Lebensführung entnehmen. Höhere Entnahmen bedürfen der Zustimmung der übrigen Gesellschafter.

Der Gewinn oder der Verlust werden aufgrund der für den Schluss jedes Geschäftsjahres aufzustellenden Bilanz ermittelt. Aus dem Vergleich der neuen Bilanz mit der des Vorjahres ergibt sich die Vermehrung (= Gewinn) bzw. die Verminderung (= Verlust) des Gesamtvermögens der Gesellschaft (HGB §§ 120 ff.).

8.2.1.7   Mitbestimmung der Arbeitnehmer

Die Sozialpartnerschaft zwischen Unternehmer und Arbeitnehmer erfordert eine mit weitgehenden Rechten und Pflichten ausgestattete Vertretung der Arbeitnehmer. Nach dem Betriebsverfassungsgesetz (BetrVerfG) vom 23. Dezember 1988 ist dies der **Betriebsrat**.

Die *Mitwirkung* und *Mitbestimmung* der Arbeitnehmer ist durch ihn garantiert. Sobald mindestens fünf Mitarbeiter (über 18 Jahre) in der Firma arbeiten, wählen sie für vier Jahre in freier, geheimer und unmittelbarer Wahl ihre Interessenvertreter, die über 18 Jahre alt sind, mindestens sechs Monate dem Betrieb angehören und wahlberechtigt sein müssen (BetrVerfG §§ 7 und 8).

Arbeitgeber und Betriebsrat sollen zum Wohl aller Betriebsangehörigen, des Betriebs und zum Gemeinwohl vertrauensvoll zusammenarbeiten. Die Tarifverträge sind dabei zu beachten. Bei Meinungsverschiedenheiten soll, wenn keine Einigung erzielbar ist, eine Einigungsstelle angerufen werden. Alle Betriebsangehörigen müssen gleichbehandelt werden.

Das **Mitbestimmungsrecht** des Betriebsrats erstreckt sich auf **soziale Angelegenheiten**, z. B. Betriebsordnung, Entlohnungsgrundsätze; **personelle Angelegenheiten**, z. B. Einstellungen; **wirtschaftliche Angelegenheiten**, z. B. geplante Betriebsänderungen.

8.2.1.8   Auflösung

Eine OHG wird durch Zeitablauf, Beschluss der Gesellschafter, Eröffnung des Insolvenzverfahrens über das Gesellschaftsvermögen oder durch gerichtliche Entscheidung aufgelöst.

Tod eines Gesellschafters, Eröffnung des Insolvenzverfahrens über das Vermögen eines Gesellschafters, Kündigung eines Gesellschafters u. a. führen mangels abweichender Bestimmungen zum Ausscheiden eines Gesellschafters, aber nicht zur Auflösung der OHG [HGB § 131 (3)].

8.2.1.9   Bedeutung

Bei der OHG steht die Zusammenarbeit der Gesellschafter im Vordergrund. Sie beruht auf deren Vertrauen zueinander.

Ihr wirtschaftlicher Erfolg hängt von den Fähigkeiten ihrer Gesellschafter, deren Tatkraft und deren Vermögensverhältnissen ab. Sie ist die geeignete Rechtsform für einsatzbereite, schöpferische Unternehmer, die nur über eine begrenzte Kapitalsumme verfügen.

Die OHG ist wegen ihrer strengen Haftungsbestimmungen und der Risikostreuung kreditwürdiger als ein Einzelunternehmen.

Zusammenfassung

■ Eine **OHG** ist eine **vertraglich vereinbarte** Gesellschaft von zwei oder mehr Personen zum Betrieb eines Handelsgewerbes unter einer gemeinschaftlichen Firma mit *unbeschränkter, unmittelbarer* und *gesamtschuldnerischer Haftung aller Gesellschafter*.

■ Von der Einzelunternehmung unterscheidet sich die Rechtsform der OHG durch **andere Regelungen** für folgende wesentliche Sachverhalte: Firma, Kapitalaufbringung, Haftung, Geschäftsführung und Vertretung, Ergebnisverteilung.

■ Das **Gesellschaftsvermögen** wird gemeinschaftliches Vermögen der Gesellschafter.

- Die Pflichten und Rechte der Gesellschafter regeln den **Gesellschaftsvertrag** und das Gesetz.
- **Pflichten der Gesellschafter** (soweit vertraglich nicht anders geregelt)
  - Leistung der festgesetzten Einlage
  - Persönliche Arbeitsleistung
  - Wettbewerbsenthaltung
  - Verlustbeteiligung (Anteil nach Köpfen).
- **Rechte der Gesellschafter** (soweit vertraglich nicht anders geregelt)
  - Geschäftsführung: für gewöhnliche Geschäfte allein, für außergewöhnliche Geschäfte nur mit Zustimmung der übrigen Gesellschafter
  - Vertretung: Einzelvertretungsbefugnis für alle Rechtsgeschäfte
  - Gewinnanteil: 4 % der Einlage, Restanteil nach Köpfen
  - Privatentnahme: bis zu 4 % der Einlage
  - Kündigung: sechs Monate auf Schluss des Geschäftsjahres.
- Die Mitbestimmung der Arbeitnehmer erfolgt durch den Betriebsrat.

Aufgaben

1 Vier junge Kaufleute, ein Industrie-, ein Großhandels-, ein Bank- und ein Versicherungskaufmann, sind Teilhaber eines Unternehmens, das sich auf die Einarbeitung und die Vermarktung von „software", also Problemlösungen für EDV-Anlagen, spezialisiert hat.

I ist mit 85 000,00 EUR, G mit 1/4, B mit 1/5 und V mit 1/8 des Gesamtkapitals beteiligt.
  a) Wie hoch sind die Einlagen von G, B und V?
  b) Wie groß ist das Gesamtkapital?
  c) Wie viel EUR erhält jeder, wenn der Reingewinn von 80 000,00 EUR im Verhältnis der Kapitaleinlagen auf die vier Gesellschafter verteilt werden soll?

2 Wem gehören die Sachwerte, Guthaben und Barmittel nach ihrer Einbringung in die OHG?

3 Was bedeutet „Vermögen zur gesamten Hand"? (Vgl.BGB §§ 718 f.!)

4 Weshalb können die gesetzlichen Bestimmungen über die OHG, die das Verhältnis der Gesellschafter zueinander regeln, z.B. über die Geschäftsführung sowie über die Gewinn- und Verlustverteilung, durch den Gesellschaftsvertrag geändert werden?

5 a) Wann wird ein Einzelunternehmer erwägen in die Rechtsform einer OHG umzuwandeln?
  b) Welche Vor-und Nachteile hat er vor seiner Entscheidung gegeneinander abzuwägen?

6 Angenommen, es würde Folgendes vereinbart:
  a) Der Gesellschafter Krug haftet nur bis zu einem bestimmten Betrag,
  b) er kann die OHG nur zusammen mit einem Handlungsbevollmächtigten vertreten.
  Welche Wirkung hätte dies einem Dritten gegenüber, der aus einem Krug allein abgeschlossenen Geschäft Ansprüche gegen die Gesellschaft geltend macht?

7 a) Die Brumme OHG wurde am 15. Mai . . gegründet, in das Handelsregister wurde sie aber erst am 1. Juli des Jahres eingetragen. Der Geschäftsbetrieb wurde auch erst am 1. Juli aufgenommen. Fritz Brumme hat am 20. Mai einen Lieferwagen für das Geschäft gekauft. Ist der Kaufvertrag zwischen Fritz Brumme und dem Fahrzeughändler oder zwischen der OHG und dem Fahrzeughändler zustande gekommen?
  b) Wie wäre es gewesen, wenn der Geschäftsbetrieb der OHG mit dem Gründungstag (15. Mai) begonnen hätte?
  c) Welche Folgen würden sich in beiden Fällen ergeben, wenn der Lieferwagen nicht bezahlt worden wäre? An wen müsste sich der Gläubiger wegen der Haftung wenden?

8.2.2 Die Kapitalgesellschaften, ausführlich dargestellt am Beispiel der Rechtsform der Aktiengesellschaft (AG)
(Aktiengesetz vom 6. September 1965 mit Änderungen)

Problem

In der Bundesrepublik Deutschland gibt es über 20 privatwirtschaftliche Großunternehmen mit Jahresumsätzen zwischen 10 und 50 Mrd. EUR und bis zu 384 000 Beschäftigten. Wie können diese Unternehmen die erforderlichen großen Kapitalsummen aufbringen?

Warum werden sie ausschließlich in der Rechtsform der Aktiengesellschaft geführt?

Sachdarstellung

8.2.2.1 Kapitalaufbringung, Haftung, Firma

Die Produktion und der Absatz hochwertiger Güter des Massenbedarfs erfordern so große Kapitalmengen, dass in der Regel weder eine einzelne Person noch eine kleine Gruppe von Personen imstande ist, diese Beträge bereitzustellen, geschweige denn, das damit verbundene Risiko zu tragen. Dasselbe gilt für die Abwicklung entsprechender Kredit- und Versicherungsgeschäfte.

Beispiel: Zur serienmäßigen Herstellung eines neuen Pkw-Modells bedarf es sehr großer Investitionen für Forschung, Entwicklung, Marktforschung und Versuche, für die Einrichtung von Fertigungsstraßen, für Werbemaßnahmen und für den Kundendienst. Die Kosten hierfür belaufen sich bei den gängigen Typen auf mehrere Milliarden EUR. Ob sie gedeckt werden können, hängt ausschließlich von den Absatzmöglichkeiten ab, die aber im Voraus nur abgeschätzt werden können.

Die Rechtsform der **Aktiengesellschaft** (AG) bietet die Möglichkeit, solche Riesensummen durch die *Beteiligung einer großen Zahl von Geldgebern* aufzubringen, die lediglich ihre *Einlage riskieren.* Die Verwaltung dieser großen Betriebe wird *Managern* übertragen, Männern und Frauen also, die über das notwendige Wissen und Können verfügen, die aber nicht an der Gesellschaft finanziell beteiligt sein müssen.

Die **AG ist eine Kapitalgesellschaft.** Ihr **Grundkapital** (in der Bilanz als *gezeichnetes Kapital* ausgewiesen) ist in zahlreiche Anteile, die **Aktien, zerlegt.** Die AG ist im Aktiengesetz (AktG) vom 6. September 1965 geregelt.[1]

Zur **Gründung einer AG** sind eine oder mehrere Personen, ein **Grundkapital** von wenigstens 50 000 EUR, ein notariell beurkundeter Gesellschaftsvertrag **(Satzung)** sowie die **Eintragung ins Handelsregister** erforderlich. Der bzw. die **Gründer übernehmen alle Anteile** (= Übernahme- oder Einheitsgründung) gegen Bareinlagen oder Sacheinlagen, z. B. Maschinen, Anlagen. Sacheinlagen werden besonders bei Umwandlung einer Unternehmung mit einer anderen Rechtsform in eine Aktiengesellschaft eingebracht. (AktG § 2, §§ 23 ff.)

Erst durch die **Eintragung ins Handelsregister**[2] entsteht die AG als **juristische Person,** d. h. als Körperschaft des privaten Rechts mit eigener Rechtspersönlichkeit.

Die Firma kann eine Personen-, eine Sach- oder eine Fantasiefirma oder eine Mischform davon sein. Sie muss die Bezeichnung „Aktiengesellschaft" oder eine allgemein verständliche Abkürzung dieser Bezeichnung enthalten, z. B. „AG"; Adam Opel AG, Kleingebäckherstellung „Schmanko" AG.

---

[1] Ergänzungen durch das Gesetz für kleine Aktiengesellschaften und zur Deregulierung des Aktienrechts vom 2. August 1994.

[2] Das Handelsregister (HR) ist u. a. das Verzeichnis aller Kaufleute und wird beim Amtsgericht geführt. HR A: Einzelkaufleute und Personengesellschaften, HR B: Kapitalgesellschaften.

Die Aktionäre, also die Eigentümer der Gesellschaft, deren Anteil und Mitgliedschaft in Aktienurkunden verbrieft sind, halten nur eine kapitalmäßige Beteiligung an der AG. Sie haften der Gesellschaft gegenüber mit ihrer Einlage und sind weder zur Geschäftsführung noch zur Vertretung befugt.

Die Urkunde über die Beteiligung an der AG, die **Aktie,** ist ein Wertpapier. Die Aktien können entweder als *Nennbetragsaktien* oder als *Stückaktien* ausgegeben werden. **Nennbetragsaktien** müssen mindestens auf einen Euro lauten. Aktien über einen geringeren Nennbetrag sind nichtig. Höhere Aktiennennbeträge müssen auf volle Euro lauten. **Stückaktien** lauten auf *keinen* Nennbetrag. Die Stückaktien einer Gesellschaft sind am Grundkapital in gleichem Umfang beteiligt. Der auf die einzelne Aktie entfallende anteilige Betrag darf einen Euro nicht unterschreiten.

Der Anteil am Grundkapital bestimmt sich bei Nennbetragsaktien nach dem Verhältnis ihres Nennbetrags zum Grundkapital, bei Stückaktien nach der Zahl der Aktien (AktG § 8).

Der tatsächliche Wert wird *Kurswert* genannt. Er ergibt sich aus Angebot und Nachfrage einer Aktie an der Wertpapierbörse.

Beispiel: Der Aktionär Müller besitzt Aktien einer AG, deren Grundkapital 1 Million EUR beträgt im Nennwert von 10 000 EUR. Er ist daher mit $1/100$ an dieser AG beteiligt.

Der Aktionär ist lediglich zur Leistung der übernommenen Einlage verpflichtet (AktG §§ 54). **Jede persönliche Haftung aus dem Besitz von Aktien gegenüber der AG ist ausgeschlossen** (AktG § 1).

Die Ausgabe von Aktien unter ihrem Nennwert *(unter pari)* ist nicht zulässig (AktG § 9).

Gehören alle Aktien einem Aktionär **(Einpersonen-Gesellschaft),** so muss dies dem zuständigen Gericht angemeldet werden.

◾ *Arten der Aktien*

▶ Unterscheidung nach der Übertragungsweise

- **Inhaberaktien.** Sie lauten auf den Inhaber und werden durch einfache Übergabe übertragen (die meisten gehandelten Papiere).

- **Namensaktien.** Diese sind auf einen bestimmten Namen ausgestellt und werden durch Indossament übertragen. Dies ist der AG zu melden und dort in das Aktionärsbuch einzutragen. Neuerdings stellen viele Unternehmen auf Namensaktien um, z. B. Deutsche Bank, Deutsche Telekom, Siemens.

- **Vinkulierte Namensaktien.** Eine Übertragung kann nur mit Zustimmung der AG erfolgen.

▶ Unterscheidung nach den mit dem Eigentum verbundenen Rechten

- **Stammaktien.** Sie gewähren die normalen Rechte des Aktionärs.

- **Vorzugsaktien.** Sie bieten besondere Rechte, z. B. erhöhten Gewinn- oder Liquidationsanteil usw.; das Stimmrecht wird oft ausgeschlossen (AktG § 139 ff.).

▶ Unterscheidung nach dem Ausgabezeitpunkt

- **Alte Aktien.** Sie waren vor einer Kapitalvermehrung vorhanden und werden bei ihr mit einem Bezugsrecht (Recht zum Ankauf junger Aktien) ausgestattet.

- **Junge Aktien.** Sie werden bei Kapitalerhöhungen ausgegeben (AktG §§ 8, 10, 11, 67, 68 u. a.).

8.2.2.2 Organe der AG-Geschäftsführung, Vertretung, Überwachung und Beschlussfassung

Die nach dem Gesetz vorgeschriebenen Organe zur Vertretung, Überwachung und Beschlussfassung der Aktiengesellschaft sind: **Vorstand (= leitendes Organ), Aufsichtsrat (= überwachendes Organ)** und **Hauptversammlung (= beschließendes Organ – Vertretung der Aktionäre).**

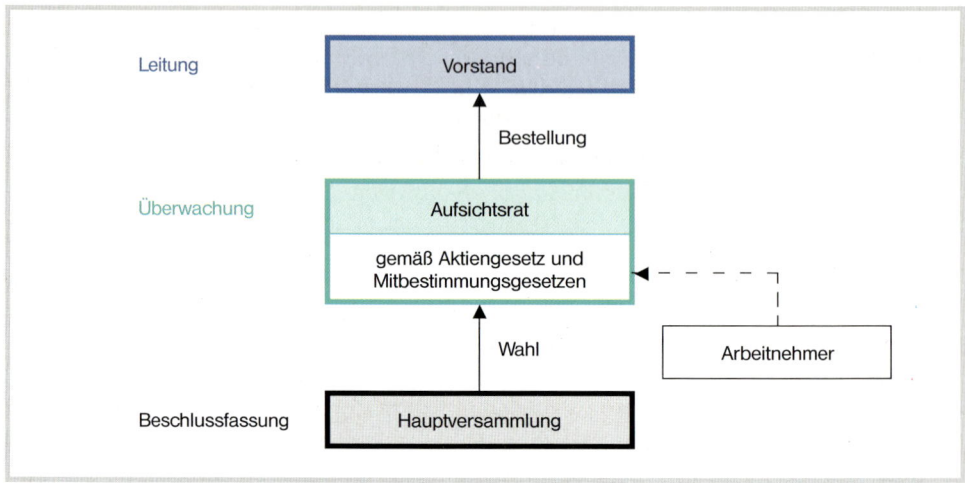

■ Vorstand – leitendes Organ *(AktG §§ 76 ff.)*

Der Vorstand wird vom Aufsichtsrat (AR) auf höchstens *fünf Jahre* bestellt. Wiederholte Bestellung ist möglich. Er besteht aus **einer oder mehreren Personen,** die nicht Aktionär zu sein brauchen, die aber auf keinen Fall Aufsichtsratsmitglieder sein dürfen (AktG § 105).

Bei einer AG von mehr als 3 Millionen EUR Grundkapital besteht er aus mindestens zwei Personen, wenn die Satzung nichts anderes bestimmt.

Der Vorstand **leitet** die Unternehmung in eigener Verantwortung. Bei mehreren Personen besteht grundsätzlich **Gesamtgeschäftsführungsbefugnis** und **Gesamtvertretungsbefugnis.** Hiervon abweichende Bestimmungen in der Satzung müssen in das Handelsregister eingetragen werden. Der Vorstand muss dem AR regelmäßig über Stand und Entwicklung der Unternehmung berichten, in den ersten drei Monaten eines neuen Geschäftsjahres den Jahresabschluss, einen dazugehörenden *Anhang* und den *Lagebericht* für das vergangene Jahr erstellen und ihn den Abschlussprüfern vorlegen. Außerdem muss er die ordentliche Hauptversammlung *einberufen.* Er hat seine Geschäfte mit der Sorgfalt eines ordentlichen Kaufmanns zu führen und das Wettbewerbsverbot zu beachten. Neben dem Gehalt kann den einzelnen Vorstandsmitgliedern eine Beteiligung am Jahresgewinn (Tantieme), eine Aufwandsentschädigung u. a. gewährt werden (HGB § 264, AktG §§ 86, 87) .

■ Aufsichtsrat – überwachendes Organ *(AktG § 95 ff.)*

Der Aufsichtsrat *überwacht* die Tätigkeit des Vorstandes, *kontrolliert* den Jahresabschluss, Lagebericht und Prüfungsbericht sowie den Vorschlag des Vorstandes über die Verwendung des Bilanzgewinns und berichtet hierüber der Hauptversammlung. Er kann eine außerordentliche Hauptversammlung einberufen. Außerdem kann er den Vorstand abberufen, wenn ein wichtiger Grund vorliegt. Für seine Tätigkeit kann ihm ein Anteil am Jahresgewinn gewährt werden – *Tantieme* – (AktG § 113).

▶ **Zusammensetzung des Aufsichtsrats in Gesellschaften mit bis zu 2 000 Arbeitnehmern**

Der Aufsichtsrat wird nach dem Betriebsverfassungsgesetz 1952[1] (§ 76) zu $^2/_3$ von der *Hauptversammlung* und zu $^1/_3$ von den *Arbeitnehmern* der AG auf *vier Jahre* gewählt. Er besteht aus *mindestens drei Mitgliedern*. Eine von der Satzung festgelegte höhere Zahl muss durch drei teilbar sein.

▶ **Zusammensetzung des Aufsichtsrats in Gesellschaften mit mehr als 2 000 Arbeitnehmern**

Diese Unternehmen unterliegen dem **Mitbestimmungsgesetz** für Großbetriebe und Konzerne. Der Aufsichtsrat setzt sich aus der gleichen Zahl von Mitgliedern der Anteilseigner und der Arbeitnehmer zusammen – *paritätische[2] Mitbestimmung* – (MitbestG §§ 1, 7).

■ *Hauptversammlung – beschließendes Organ* (AktG § 118 ff.)

Die Hauptversammlung ist die *Versammlung der Aktionäre,* die in der Regel einmal jährlich stattfindet. Sie *beschließt* – in Anwesenheit eines Notars – über alle *Grundfragen* der AG, die einer *Satzungsänderung* bedürfen, z. B. Kapitalerhöhung, Verschmelzung mit einer anderen Gesellschaft (Fusion) und Auflösung. Sie beschließt ferner über die *Verwendung des Bilanzgewinns,* über die *Entlastung* des Vorstandes und des Aufsichtsrats und über die Bestellung der Abschlussprüfer. Es wird nach *Aktiennennwerten,* d. h. nach Anteilen abgestimmt. *Großaktionäre* haben deshalb meist einen beherrschenden Einfluss nicht nur in der Hauptversammlung, sondern letztlich auch im Aufsichtsrat, da sie die Wahl der Aktionärsvertreter im Aufsichtsrat weit gehend bestimmen. Die Stellung des Vorstandes ist in solchen Fällen wesentlich schwächer als in einer Aktiengesellschaft mit stark gestreutem Aktienbesitz (Publikums-AG).

Grundsätzlich ist für die Beschlüsse der Hauptversammlung nur die einfache Mehrheit der abgegebenen Stimmen erforderlich. Beschlüsse über Satzungsänderungen bedürfen zusätzlich einer *qualifizierten Mehrheit* von mindestens 75 % des bei der Beschlussfassung vertretenen Grundkapitals.

Jeder **Aktionär** kann *Auskünfte* über Angelegenheiten der AG verlangen, allerdings nur insoweit, als dies zur sachgemäßen Beurteilung eines Gegenstandes der Tagesordnung erforderlich ist. An der Hauptversammlung muss er nicht persönlich teilnehmen; er kann sich vertreten lassen. Geldinstitute üben für ihn im Umfang der im Bankdepot befindlichen Aktien das Stimmrecht aus, sofern seine schriftliche Vollmacht vorliegt (= **Depotstimmrecht**). Depot ist der Aufbewahrungsort der Wertpapiere.

8.2.2.3 *Rechnungslegung, Ergebnisverteilung und Ergebnisveröffentlichung*

Unter Rechnungslegung versteht man die Aufstellung und das Bekanntmachen des Jahresabschlusses und des Lageberichts (HGB § 242).

Spätestens drei Monate nach Ablauf eines Geschäftsjahres hat der Vorstand den fertigen **Jahresabschluss,** welcher um einen Anhang (vgl. HGB §§ 264, 268, AktG § 160) erweitert ist, und den **Lagebericht** (Ergänzung zum Jahresabschluss, der diesen und die wirtschaftliche Lage des Unternehmens erläutert) aufzustellen (HGB § 289).

Der **Jahresabschluss** besteht aus **Bilanz** und **Gewinn- und Verlustrechnung.** Er ist um einen **Anhang** zu erweitern (HGB §§ 242, 264). Der Jahresabschluss zeigt in knapper Darstellung das Jahresergebnis, d. h. den Gewinn bzw. Verlust des Geschäftsjahres. Zwingende Gliede-

---

[1] In Aktiengesellschaften („kleine Aktiengesellschaften") mit weniger als 500 Arbeitnehmern kann die Belegschaft keine Mitglieder in den Aufsichtsrat entsenden. Für Aktiengesellschaften, die vor dem 10. August 1994 eingetragen worden sind, gilt dies nur, wenn sie Familiengesellschaften sind. Bei Gesellschaften der Montanindustrie besteht der Aufsichtsrat aus 11 Mitgliedern (darunter mindestens 4 Arbeitnehmer), die mit bestimmten Einschränkungen alle von der Hauptversammlung gewählt werden.

[2] paritätisch = gleichberechtigt, gleichgestellt

rungs- und Bewertungsvorschriften des Aktiengesetzes müssen bei seiner Aufstellung beachtet werden. Deren Einhaltung prüfen der Abschlussprüfer (Wirtschaftsprüfer), der den Bestätigungsvermerk erteilt. Zusammen mit seinem Prüfungsbericht werden dann Jahresabschluss und Lagebericht dem Aufsichtsrat durch den Vorstand zur Kontrolle und Billigung vorgelegt (HGB § 316 ff., AktG § 176).

Für die **Ergebnisverteilung,** d. h. Verwendung des Gewinns, sind die gesetzlichen Regelungen zu beachten (HGB § 272, AktG § 58, 150, 158, 174).

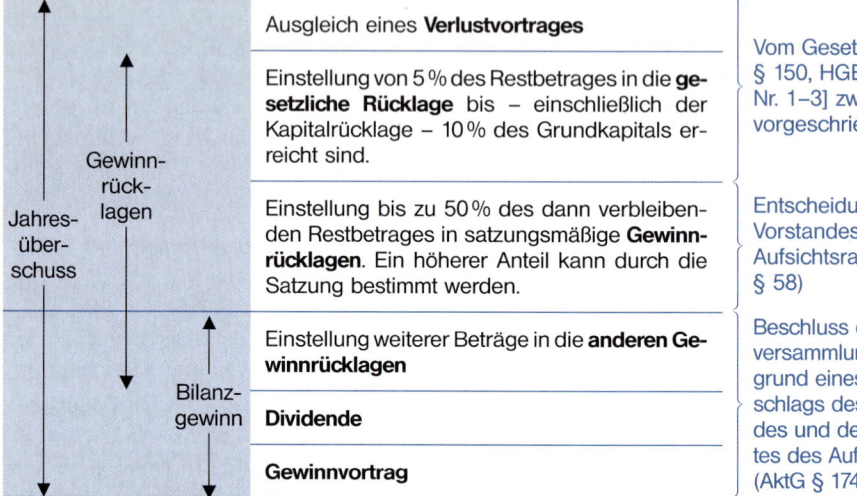

Jahresüberschuss	Gewinnrücklagen	Ausgleich eines **Verlustvortrages**	Vom Gesetz [AktG § 150, HGB § 272 (2) Nr. 1–3] zwingend vorgeschrieben
		Einstellung von 5 % des Restbetrages in die **gesetzliche Rücklage** bis – einschließlich der Kapitalrücklage – 10 % des Grundkapitals erreicht sind.	
		Einstellung bis zu 50 % des dann verbleibenden Restbetrages in satzungsmäßige **Gewinnrücklagen**. Ein höherer Anteil kann durch die Satzung bestimmt werden.	Entscheidung des Vorstandes und des Aufsichtsrats (AktG § 58)
	Bilanzgewinn	Einstellung weiterer Beträge in die **anderen Gewinnrücklagen**	Beschluss der Hauptversammlung aufgrund eines Vorschlags des Vorstandes und des Berichtes des Aufsichtsrats (AktG § 174)
		Dividende	
		Gewinnvortrag	

Die Möglichkeit, durch die Unterbewertung von Vermögensteilen oder die Überbewertung von Schulden **stille Rücklagen** zu bilden, d. h. tatsächlich verdiente Gewinne buchmäßig nicht darzustellen, wird durch die strengen Bewertungsvorschriften des Aktiengesetzes erheblich eingeschränkt.

Jahresabschluss und Lagebericht müssen beim Handelsregister eingereicht werden. Der Jahresabschluss muss außerdem in den Gesellschaftsblättern **veröffentlicht** und im Bundesanzeiger (Großunternehmen) bekannt gemacht werden (Publikationspflicht – Offenlegung – HGB § 325 ff.).

8.2.2.4 *Mitbestimmung der Arbeitnehmer*

Bei der Aktiengesellschaft spielt sich die Mitbestimmung der Arbeitnehmer in *zwei Bereichen* ab:

- *Mitbestimmung durch den Betriebsrat* nach dem BetrVerfG von 1988; vgl. Abschnitt 8.2.1.7, S. 290!
- *Mitbestimmung der Arbeitnehmer im Aufsichtsrat*[1] entsprechend dem BetrVerfG 1952 bzw. dem MitbestG von 1976; siehe S. 295! Bei Kampfabstimmungen hat nach dem MitbestG der Aufsichtsratsvorsitzende – normalerweise ein Vertreter der Anteilseigner – zwei Stimmen.

8.2.2.5 *Auflösung*

Nach den zwingenden Vorschriften des AktG wird die AG aufgelöst durch: Zeitablauf, Beschluss der Hauptversammlung, Eröffnung des Insolvenzverfahrens, Verfügung des Registergerichts wegen eines Satzungsmangels und Löschung im Handelsregister wegen Vermögenslosigkeit. Die freiwillige Auflösung heißt *Liquidation.* Die Aktionäre erhalten bei Auflösung im Verhältnis der Nennbeträge einen *Anteil am Reinerlös* aus der Verwertung des Vermögens nach Begleichung der Schulden (AktG § 262 ff.).

[1] Vgl. auch Fußnote 1, S. 295!

8.2.2.6　Bedeutung

Die AG ist die geeignete Unternehmungsform für die Verwirklichung großer und größter wirtschaftlicher Aufgaben; sie ist die typische Form des Großbetriebs, vor allem in der Industrie, bei verschiedenen Banken und Versicherungen. Die enormen Aufwendungen für die Forschung, die Entwicklung neuer Produkte (z. B. Chemische Industrie, Elektronik usw.) können nur über eine große Zahl von Teilhabern aufgebracht werden. Die „kleine AG" ist auch für mittelständische Unternehmen geeignet, wenn sie, z. B. für eine raschere Expansion, vermehrt Eigenkapital benötigen.

Für die **Gesamtwirtschaft** hat die Rechtsform der AG große Bedeutung. Entscheidend ist die *Zerlegung* des Grundkapitals in eine Vielzahl von Anteilen, die leicht veräußert werden können, die *Beschränkung* der Haftung auf das Gesellschaftsvermögen, die klare *Trennung* von Geschäftsführung und Beteiligung sowie die *„Durchsichtigkeit"*, welche durch strenge Rechnungslegungsvorschriften, Pflichtprüfungen, Lageberichte und durch die Offenlegung des Jahresabschlusses erreicht wird.

Die großen Kapitalgesellschaften ziehen viele Arbeitskräfte an. Sie leisten damit einen wesentlichen Beitrag zur gesamtwirtschaftlichen *Beschäftigung* und *Einkommensbildung*. Das *Mitbestimmungsrecht* als Mittel zum Abbau der sozialen Spannungen zwischen Arbeitgebern und Arbeitnehmern ist bisher in der AG am weitesten entwickelt worden. Die Aktie kann im Rahmen einer modernen Sozialpolitik zu einem Mittel *breit gestreuter Vermögensbildung* (Volksaktien) werden, z. B. VW-Aktien, VEBA-Aktien. Andererseits begünstigt gerade die Rechtsform der AG, indem z. B. eine AG die Aktien einer anderen (zu übernehmenden) AG aufkauft und sich so eine Mehrheitsbeteiligung sichert, den *Konzentrationsprozess* in der Wirtschaft.

Zusammenfassung

■ Die **AG** ist eine Kapitalgesellschaft mit eigener Rechtspersönlichkeit und einem verselbstständigten Vermögen (juristische Person).

● Ihr **Grundkapital = gezeichnetes Kapital** (mindestens 50 000 EUR) ist in Aktien *(Nennbetragsaktien* – mindestens ein EUR – oder *Stückaktien)* zerlegt.

● **Aktien** sind normierte, verbriefte Anteilsrechte, die leicht übertragbar sind und sich daher für den Börsenhandel eignen.

● Die **Haftung** ist auf das Gesellschaftsvermögen beschränkt. Eine persönliche Haftung der Aktionäre ist ausgeschlossen.

● Der **Aktionär** hat einen Anspruch auf einen Teil am Bilanzgewinn (Dividende), auf den Bezug junger Aktien (Bezugsrecht) sowie auf einen Anteil am Liquidationsreinerlös, jeweils im Verhältnis der Aktiennennbeträge. Außerdem hat er Stimmrecht in der Hauptversammlung.

● Die **Hauptversammlung** (= beschließendes Organ) ist die Versammlung der Aktionäre. Sie beschließt u. a. über Grundfragen der AG, soweit hierfür Satzungsänderungen erforderlich sind, sowie über die Verwendung des Bilanzgewinns. Sie bestellt die Abschlussprüfer. Das Stimmrecht wird nach Aktiennennbeträgen ausgeübt.

● Der **Aufsichtsrat** (= überwachendes Organ) wird bei *Unternehmen bis zu 2 000 Arbeitnehmern* zu $\frac{2}{3}$ von der Hauptversammlung und zu $\frac{1}{3}$ von der Belegschaft gewählt. Bei *mehr als 2 000 Arbeitnehmern* wird der Aufsichtsrat von Anteilseignern und Arbeitnehmern zu gleichen Teilen gewählt und besetzt. Der Aufsichtsrat bestellt den Vorstand und überwacht seine Tätigkeit. In der Regel erhält er eine Tantieme. Bei „kleinen AGs" entfällt die Beteiligung der Belegschaft im Aufsichtsrat.

- Der **Vorstand** (= leitendes Organ) leitet die AG in eigener Verantwortung und vertritt sie nach außen. Er erhält Gehalt und in der Regel eine Tantieme. Er muss den Jahresabschluss mit Anhang und den Lagebericht aufstellen und den Prüfern vorlegen sowie die Billigung des Aufsichtsrates einholen. Er beruft die ordentliche Hauptversammlung jährlich einmal ein.

- Vorstands- und Aufsichtsratsmitglieder brauchen nicht die Aktionäre zu sein. **Geschäftsführung und Beteiligung** sind bei der AG eindeutig **getrennt.**

- **Rechnungslegung, Ergebnisverteilung** und **Publikation** des Jahresergebnisses sind für die AG im Handelsgesetzbuch und im Aktiengesetz verbindlich festgelegt.

- Die Mitbestimmung der Arbeitnehmer erfolgt im Betriebsrat und im Aufsichtsrat.

- Die AG ist die geeignete Unternehmungsform für die Verwirklichung großer und größter wirtschaftlicher Aufgaben; sie ist die **typische Rechtsform des Großbetriebs.** Als „Kleine AG" eignet sie sich auch für mittelständische Betriebe.

- Für die Gesamtwirtschaft ist die AG als Rechtsform von großer Bedeutung.

Aufgaben

1 a) Welche Organe hat die Aktiengesellschaft?
  b) Welche Hauptaufgaben haben diese Organe?

2 Die Aktiengesellschaft ist eine juristische Person.
  a) Wann entsteht sie?
  b) Wie hat sie zu firmieren?

3 a) Wer erstellt in einer Aktiengesellschaft Jahresabschluss und Lagebericht?
  b) Wer kontrolliert den Jahresabschluss der AG?
  Begründen Sie Ihre Auffassung unter Heranziehung des Gesetzestextes!

4 Muss ein Aktionär an der Hauptversammlung seiner Gesellschaft teilnehmen? Begründen Sie Ihre Entscheidung!

5 Wie unterscheiden sich OHG und AG hinsichtlich der Haftung der Gesellschafter?

6 Für welche Unternehmen gilt die Beteiligung der Arbeitnehmer in den Aufsichtsräten nach dem Betriebsverfassungsgesetz, für welche nach dem Mitbestimmungsgesetz?

7 Wer soll bei der AG durch die strengen Bilanzierungsvorschriften, durch Pflichtprüfungen und durch die Publikationspflicht geschützt werden?

8 Welche Folge hat die Bindung des Stimmrechts an die Aktie?

9 Welcher Stimmenmehrheit bedürfen Satzungsänderungen bei der AG?

10 Banken sind häufig im Aufsichtsrat vertreten ohne selbst an der AG nennenswert beteiligt zu sein. Wie ist das zu erklären und welche Vorteile ergeben sich daraus für die AG und die betreffende Bank?

11 Was ist typisch für die Kapitalaufbringung, Haftung, Geschäftsführung und Vertretung
  a) bei Kapitalgesellschaften,
  b) bei Personengesellschaften?

8.2.3 Vergleichende Übersicht über die wichtigsten Unternehmungsformen

Neben der OHG und der Aktiengesellschaft werden Unternehmen in der Rechtsform der **Kommanditgesellschaft (KG),** der **Gesellschaft mit beschränkter Haftung (GmbH)** und der **Genossenschaft (eG)** geführt. Die wichtigsten Unterscheidungsmerkmale dieser Gesellschaften sind in der folgenden vergleichenden Übersicht aufgeführt.

Vergleichende Übersicht über die wichtigsten Unternehmensformen

Unternehmungs-formen / Unter-scheidungs-merkmale	Einzel-unternehmung HGB §§ 1–104	Offene Handels-gesellschaft HGB §§ 105–160	Kommandit-gesellschaft HGB §§ 161–177
① Gründung (Mindestgründer-zahl)	allein	zwei und mehr Personen	zwei und mehr Personen
② Firma Register	Personen-, Sach-, Fantasie- oder Mischfirma; Handelsregister	Personen-, Sach-, Fantasie- oder Mischfirma Zusatz OHG; Handelsregister	Personen-, Sach-, Fantasie- oder Mischfirma Zusatz KG; Handelsregister
③ Kapitalaufbringung (Eigen- und Fremd-finanzierungs-möglichkeiten)	aus Privatvermögen; Selbstfinanzierung; begrenzte Kredit-basis	aus Privatvermögen der Gesellschafter; Selbstfinanzierung; Neuaufnahme von Gesellschaftern; breitere Kreditbasis	wie OHG, aber bessere Möglichkeit der Eigenfinanzierung durch Aufnahme weiterer Kommanditisten
④ Mindestkapital und Kapitalbezeichnung	keines; Kapitaleinlage	keines; Kapitaleinlage	keines; Kapitaleinlage
⑤ Haftung	allein unbeschränkt	jeder Gesellschafter haftet unmittelbar, unbeschränkt, solidarisch	**Vollhafter** (Komplementär) wie OHG; **Teilhafter** (Kommanditist) bis zur Höhe der Einlage, danach nicht mehr
⑥ Geschäftsführung und Vertretung	Einzelkaufmann allein	jeder Gesellschafter	nur Vollhafter; Widerspruchs- und Kontrollrecht des Kommanditisten
⑦ Ergebnisbeteiligung und Vertretung	allein	4 % der Kapital-einlage, Rest nach Köpfen	4 % der Kapital-einlage, Rest in angemessenem Verhältnis
⑧ Verlust	allein	nach Köpfen oder Gesellschaftsvertrag	angemessene Anteile oder Gesellschafts-vertrag
⑨ Auflösungsanteil	allein	jeder Gesellschafter nach seinem Anteil	angemessene Anteile
⑩ Auflösungsgrund	Liquidation, Insolvenzverfahren, Tod des Inhabers	Zeitablauf, Liquidation, Insolvenzverfahren über Gesellschafts-vermögen, Gerichts-entscheidung	Zeitablauf, Liquidation, Insolvenzverfahren über Gesellschafts-vermögen, Gerichts-entscheidung

Aktiengesellschaft AktG §§ 1 ff.	Gesellschaft mit beschränkter Haftung GmbHG §§ 1 ff.	Genossenschaften GenG §§ 1 ff.
① einer oder mehrere Personen; Übernahmegründung	ein und mehr Gesellschafter	sieben Personen und mehr
② Personen-, Sach-, Fantasie- oder Mischfirma mit Zusatz „Aktiengesellschaft", Handelsregister	Personen-, Sach-, Fantasie- oder Mischfirma mit Zusatz „Gesellschaft mit beschränkter Haftung", Handelsregister	Personen-, Sach-, Fantasie- oder Mischfirma mit Zusatz „eG", Genossenschaftsregister
③ aus Vermögen der Aktionäre; Eigenfinanzierung über Kapitalmarkt; große Kreditwürdigkeit wegen Gläubigerschutz	aus Vermögen der Anteilseigner; Selbstfinanzierung durch Aufnahme weiterer Gesellschafter; aber gegenüber AG wegen fehlender Börsenzulassung begrenzt; beschränkte Kreditwürdigkeit	aus Einlagen der Genossen; Finanzierungsmöglichkeiten ansonsten wegen Stimmrechtsbegrenzung und Mitgliederwechsel beschränkt.
④ 50 000 EUR; Grundkapital (= Gezeichnetes Kapital) (Mindesteinzahlung 25 % des Nennwertes)	25 000 EUR; Stammkapital (= Gezeichnetes Kapital); (Mindesteinzahlung 25 % der Stammeinlage, mindestens die Hälfte des Mindeststammkapitals)	keines Geschäftsanteil
⑤ Gesellschaftsvermögen der AG	Gesellschaftsvermögen der GmbH, ggf. mindestens mit Stammeinlage (mindestens je 100 EUR), ansonsten je nach Gesellschaftsvertrag (Nachschusspflicht)	mindestens mit Geschäftsanteil, ansonsten je nach Statut; keine Nachschusspflicht oder Nachschusspflicht beschränkt auf Haftsumme oder unbeschränkt mit Gesamtvermögen
⑥ Vorstand; Kontrolle durch AR und HV	Geschäftsführer; Kontrolle durch Gesellschaftsversammlung und ggf. AR	Vorstand; Kontrolle durch Generalversammlung und ggf. AR
⑦ anteilsmäßiger Gewinnbetrag (Dividende)	anteilsmäßiger Gewinnbetrag oder nach Gesellschaftsvertrag	im Verhältnis der Geschäftsguthaben oder lt. Statut
⑧ keinen Anteil, außer bei Insolvenzverfahren	beschränkte Haftpflicht mit Geschäftsanteil; Nachschusspflicht	Abzug vom Geschäftsguthaben; Geschäftsguthaben oder lt. Statut
⑨ Aktienbetrag	jeder Gesellschafter nach Anteil	Geschäftsguthaben
⑩ Zeitablauf, Beschluss, Insolvenzverfahren über das Gesellschaftsvermögen	Zeitablauf, Beschluss, Insolvenzverfahren über das Gesellschaftsvermögen	Zeitablauf, Beschluss, weniger als sieben Genossen

■ **Die GmbH & Co. KG**

Die *GmbH & Co. KG ist eine* **Kommanditgesellschaft** mit der *GmbH* als **Vollhafter** *(Komplementär)* und einem oder mehreren **Teilhaftern** *(Kommanditisten)*. Oft sind die Kommanditisten gleichzeitig Gesellschafter der GmbH *(GmbH & Co. KG im engeren Sinn)*. Da die Haftung des Vollhafters GmbH auf das Geschäftsvermögen und die der Kommanditisten auf die Einlagen beschränkt ist, wird eine Haftungsbeschränkung aller Gesellschafter erreicht. Die Geschäftsführung und Vertretung liegt bei der GmbH.

Für die KG gelten die Vorschriften des HGB § 161 ff., für die GmbH das GmbHG.

Die Wahl dieser im Gesetz nicht vorgesehenen Rechtsform hat einmal steuerliche Gründe, zum anderen sind es wirtschaftliche Gesichtspunkte, wie Haftungsbeschränkung, bessere Finanzierungsmöglichkeiten, Nachfolgeregelung, z. B. kann auch ein Außenstehender zum Geschäftsführer der GmbH bestellt werden. Im Extremfall kann sogar eine **Einmann-GmbH & Co. KG** errichtet werden. Dabei ist der Eigentümer sämtlicher GmbH-Anteile gleichzeitig Kommanditist der KG.

8.3 Die Wahl der geeigneten Rechtsform der Unternehmung

Problem

Herr Friedrich Früh und Frau Margarete Gruber wollen gemeinsam einen Lebensmittelgroßhandel betreiben. Herr Früh legt Wert auf die Berechtigung zur Geschäftsführung und Vertretung, ist ggf. bereit, in vollem Umfang zu haften, möchte aber auch entsprechend seiner Leistung und seinem Kapitaleinsatz am Ergebnis beteiligt sein. Frau Gruber, die erst kürzlich eine stattliche Summe geerbt hat, legt keinen großen Wert darauf die Geschäfte zu führen, sondern möchte ihr Kapital einbringen, um einen angemessenen Gewinn zu erzielen, ist im Verlustfalle aber nur bereit, bis zur Höhe ihrer Einlage zu haften. Am liebsten wäre es ihr, wenn sie persönlich überhaupt nicht zur Haftung herangezogen werden könnte. In jedem Falle wollen die beiden Geschäftspartner aber eine Unternehmungsform wählen, bei der die Rechnungslegung keiner umfangreichen Offenlegungs- und Prüfungspflicht unterliegt und die Arbeitnehmer nicht mitbestimmungsberechtigt sind.

Welche geeigneten Rechtsformen kommen für Herrn Früh und Frau Gruber in Frage? Für welche Rechtsform sollten sich beide unter Berücksichtigung aller für die Wahl wichtigen Bestimmungsgrößen entscheiden?

Sachdarstellung

Wie vorne dargestellt, tritt die Unternehmung in verschiedenen Rechtsformen auf. Diese unterscheiden sich vor allem durch folgende Gesichtspunkte (Kriterien):

- der **Unternehmenszweck,** d. h., wozu soll das Unternehmen gegründet werden;
- die **Kapitalbeschaffung,** d. h. durch die Zahl der Teilhaber (= Eigentumsverhältnisse), die Art der Kapitalaufbringung (Finanzierung) und die Kreditbasis (Möglichkeit, Kredite zu bekommen);
- die **Leitungsbefugnis,** d. h. die Verfügungsberechtigung der Teilhaber (Geschäftsführung und Vertretung);
- die **Haftung** der Teilhaber gegenüber Dritten.

Bei der Entscheidung für eine der möglichen Rechtsformen der Unternehmung sind vor allem die o. a. Kriterien wesentlich. Zusätzlich von Bedeutung sind aber auch die Gesichtspunkte Gründungsvoraussetzungen, Besteuerung, Pflicht zur Offenlegung und Prüfung von Jahresabschluss und Lagebericht, Ergebnisverteilung, Mitbestimmung der Arbeitnehmer, Auflösung und Vererbung, weil sie die Interessen des oder der Eigentümer besonders betreffen. Es sind zugleich diejenigen Merkmale, die auch die Interessen Dritter berühren, die mit dem Unternehmen geschäftlich zu tun haben.

Die Rechtsform der Unternehmen ist im Einzelfall nur dann optimal, wenn sie unter Berücksichtigung aller betrieblichen Besonderheiten situationsbezogen „maßgeschneidert" ausgewählt wurde.

Folgende Bestimmungsfaktoren für die Wahl der einen oder der anderen Rechtsform sind heute, geordnet nach ihrer Bedeutung, in der Wirtschaftspraxis ausschlaggebend:

1. Zahl der Gründer,
2. Haftung der Eigentümer bzw. des Unternehmens (Risikotragung und Gewinnaufteilung),
3. Besteuerung des Unternehmers bzw. der Unternehmung,
4. Leitungsbefugnis (Geschäftsführung und Vertretung),
5. Geschäftsumfang des Unternehmens,
6. Möglichkeiten der Kapitalbeschaffung,
7. Publizitätspflicht (Offenlegung und Prüfung von Jahresabschluss und Lagebericht),
8. Gründungs- und laufende Kosten der gewählten Rechtsform,
9. Liquidationsmöglichkeiten,
10. Möglichkeiten der Vererbung,
11. Sonstige Gesichtspunkte, z. B. Kündigungsmöglichkeit, Vertragsdauer u. a.

Bei der Wahl der Unternehmungsform gibt es kein Patentrezept. Es ist auch keine Rechtsform begründbar, die auf Dauer in allen Situationen für ein Unternehmen die vorteilhafteste ist. Je nachdem wie wichtig im Einzelfall die Faktoren Haftungsbeschränkung, Geschäftsführung und Vertretung, Kreditbasis, Offenlegungs- und Prüfungspflicht, Mitbestimmung oder steuerliche Belastung u. a. bewertet werden, wird die Entscheidung zugunsten der einen oder anderen Rechtsform fallen. Die Entscheidung ist dann richtig, wenn sie in ausgewogenem Maße die Interessen der Eigentümer, diejenigen von Dritten, die mit dem Unternehmen zu tun haben, und diejenigen der Unternehmung selbst berücksichtigt.

Dazu ist es aber nötig, die rechtlichen und wirtschaftlichen Wesensmerkmale der verschiedenen Unternehmungsformen sowie ihre Vor- und Nachteile und ihre besondere Eignung zu kennen.

Zusammenfassung

■ Für die Wahl der Unternehmensform sind insbesondere folgende Kriterien maßgebend:
  - Unternehmenszweck,
  - Kapitalbeschaffung,
  - Leitungsbefugnis,
  - Haftung.

Aufgabe

1 Suchen Sie nach Bestimmungsgründen für die Rechtsform Ihres Ausbildungsbetriebes!

Kaufmannseigenschaft nach HGB, Firma, Handelsregister

Siehe Anhang S. 504 ff.

Vermögens- und Kapitalstruktur eines Industriebetriebs in den Jahren 1989, 1994 und 2000 in % der Bilanzsumme

Vermögen	1989	1994	2000		Kapital	1989	1994	2000
Anlagevermögen	**33,7**	**27,8**	**26,9**		**Eigenmittel**	**24,4**	**17,0**	**16,2**
Sachanlagen	32,0	25,5	23,8		Eigenkapital	20,2	14,4	13,3
dar.: Grundstücke und Gebäude	22,9	16,3	14,2		Rücklagen	4,2	2,6	2,9
Wertpapiere und Beteiligungen	1,7	2,3	3,1		**Langfristige Verbindlichkeiten**	**23,2**	**25,1**	**26,6**
Umlaufvermögen	**62,6**	**65,3**	**64,1**					
Vorräte	38,0	42,4	39,4					
dar.: Waren	36,8	40,5	37,7		**Kurzfristige Verbindlichkeiten**	**45,3**	**52,1**	**50,3**
Kassenmittel	4,4	3,7	4,6					
Forderungen	20,2	19,2	20,1		dar.: aus Waren-lieferungen und Leistungen	24,6	25,6	24,5
kurzfristige	18,7	17,7	18,3					
dar.: aus Lieferungen und Leistungen	13,8	11,5	11,5					
langfristige	1,5	1,5	1,8		**Rückstellungen**	**5,4**	**5,0**	**6,2**
Sonstige Aktiva (z.B. Berichtigung EK.)	3,7	6,9	9,0		**Sonstige Passiva**	**1,7**	**0,8**	**0,7**
Bilanzsumme		100			Bilanzsumme		100	

Langfristig gebundenes Vermögen
Kurzfristig gebundenes Vermögen
Langfristig gebundenes Kapital
Kurzfristig gebundenes Kapital

Finanzierungsstruktur eines Großhandelsbetriebs in %

Kennziffer	1994	1997	2000
Deckung des Anlagevermögens durch Eigenkapital	72	61	60
Deckung des Anlagevermögens durch Eigenkapital und langfristiges Fremdkapital	141	151	159
Zusätzliche Deckung des Umlaufvermögens durch langfristiges Kapital	22	22	25

9.1 Zusammenhang zwischen Finanzierung und Investition

Problem

① Viele meinen, der Gedanke, eine Unternehmung zu gründen, entspringe einfach dem Wunsch, eine bestimmte Geldsumme gewinnbringend anzulegen. Tatsächlich ist es häufig anders. Den Anstoß gibt eine bestimmte unternehmerische Idee, die aus der aufmerksamen Beobachtung der Umwelt oder aus der Auseinandersetzung mit ihr entsteht. So ergab sich z. B. die Herstellung zusammenklappbarer Fahrräder aus dem weitverbreiteten Bedürfnis nach einem Fahrrad, das im Auto bequem mitgeführt werden kann.

② „Diplomingenieur sucht zur Auswertung eines konkurrenzlosen Gebrauchsgegenstandes – Patent ist erteilt – finanzkräftigen Geldgeber. Kaufmännische Mitarbeit erwünscht." – „Entwicklung des neuen Pkw-Modells kostet 1,5 Milliarden EUR."

Solche Anzeigen und Schlagzeilen zeigen, dass neue Gedanken den Unternehmer zu der Überlegung zwingen: „Woher bekomme ich die Mittel für die Verwirklichung meiner Ideen?"

Welche Wege der Kapitalbeschaffung stehen offen?

Sachdarstellung

9.1.1 Finanzierung

Finanzierung umfasst alle Probleme, die sich aus der optimalen Gestaltung des Geldstromes vom Absatzmarkt über den Betrieb zum Beschaffungsmarkt ergeben.

Der Finanzierungsbegriff wird nicht einheitlich gefasst:

Finanzierung im engeren Sinne umfasst die Kapitalbeschaffung, also die Beschaffung von Geld oder Sachgütern für die Zwecke der Unternehmung.

Die Art der Kapitalbeschaffung zeigt sich auf der Passivseite, dem Kapitalbereich, als Eigen- und Fremdkapital, je nachdem, wer das Kapital zur Verfügung gestellt hat.

Finanzierung im weiteren Sinne umschließt neben der Kapitalbeschaffung auch noch die Steuerung des Geldstromes, die Kapitaldisposition, d. h. die Abstimmung zwischen Kapitalbedarf und verfügbarem Kapital.

In diesem Sinne verstehen wir unter **Finanzierung** alle Maßnahmen, die auf die optimale Gestaltung des geldwirtschaftlichen Teils des Wertekreislaufes des Betriebes gerichtet sind. Dazu gehören alle Maßnahmen zum Aufrechterhalten und Steuern des Einnahmen- und Ausgabenstromes, z. B. Darlehensaufnahme, Kapitalerhöhung, Freisetzung investierter Geldmittel durch Abschreibungen, Rückstellungen, Investitionsausgaben u. a. Die finanzwirtschaftlichen Vorgänge stellen einen Regelkreis im Rahmen des betriebswirtschaftlichen Leistungsprozesses dar.

9.1.2 Investition

Die *Verwendung finanzieller Mittel* zur Anschaffung von Sachgütern, z. B. von Maschinen, Rohstoffen und Rechten, wie Patente, Lizenzen, heißt **Investition.** Unter Investition ist deshalb ganz allgemein die Umwandlung von Kapital in Vermögen zu verstehen.

Investition zeigt sich auf der *Aktivseite der Bilanz, dem Vermögensbereich,* in den Positionen Anlage- und Umlaufvermögen.

Aktiva (= Vermögensbereich)	Bilanz	(Kapitalbereich =) Passiva
• Anlagevermögen • Umlaufvermögen	• Eigenkapital • Fremdkapital	
Mittelverwendung **= Investierung**	*Mittelherkunft* **= Finanzierung**	

Damit steht der Beschaffung finanzieller Mittel, d. h. der Finanzierung, die Verwendung dieser Mittel, d. h. die Investition, gegenüber. Die Investition ist in der Regel der Anlass für die Finanzierung.

Die Überbrückung der zeitlichen Differenz zwischen den *Ausgaben* durch Investitionen und den *Einnahmen,* die sich daraus später ergeben, erfordert von dem Unternehmen den **Finanzbedarf.**

Die *Freisetzung der im Betrieb investierten Mittel* durch Rückfluss der Geldmittel aus dem Absatz der Produkte am Markt heißt **Desinvestition.**

Kapital wird im Unternehmen ständig gebunden und wieder freigesetzt, also investiert, desinvestiert und anschließend wieder im Unternehmen ganz oder teilweise investiert, also **reinvestiert.** Der Investitionsprozess verläuft in einem **Regelkreis,** einem ständigen Kreislauf von Investition, Desinvestition und Reinvestition.

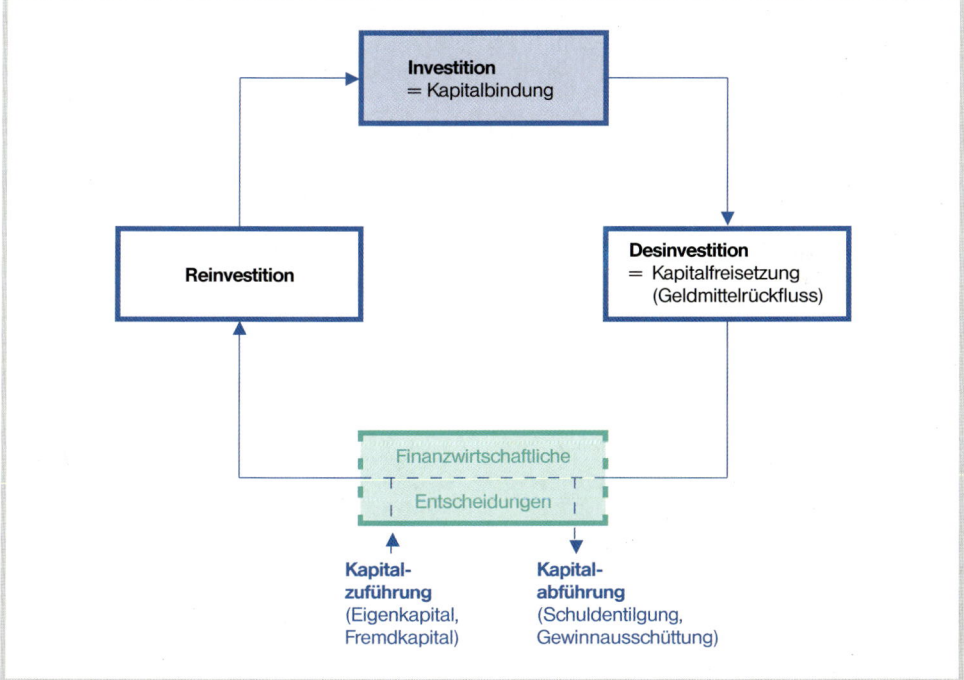

Mit dem **Investitionsrisiko** ist auch noch das **Liquiditätsrisiko** verbunden, nämlich, dass investierte Mittel nicht erwartungsgemäß wieder verflüssigt werden, sodass Liquiditätsprobleme auftreten. Die Art der Investition ist hier von wesentlicher Bedeutung.

Investitionen können nach verschiedenen Gesichtspunkten unterschieden werden. Die häufigste Form der **Unterteilung** ist die **nach dem Investitionsanlass.**

Die Errichtung der Unternehmung führt zu **einmaligen Investitionen** anläßlich der Gründung oder Erstellung eines neuen Betriebes oder Betriebsteil. Die Sachinvestitionen der Anfangsphase des betrieblichen Umsatzprozesses fallen hierunter. Aber auch während des laufenden betrieblichen Leistungsprozesses sind ständig Investitionen nötig. Verbrauchte Produktionsmittel müssen, um die Betriebskapazität zu erhalten, ersetzt werden **(Ersatzinvestitionen).** Die Einsatzbereitschaft und Leistungsfähigkeit der betrieblichen Anlagen muss erhalten oder wieder hergestellt werden, z.B. durch Großreparaturen, Generalüberholungen **(Instandhaltungs-investitionen).** Aus Absatzgründen ist zumeist der Produktionsmittelbestand zu erweitern und damit die Betriebskapazität zu vergrößern **(Erweiterungsinvestitionen).** Zur Angleichung des Produktionsapparates an den technischen Fortschritt **(Modernisierungsinvestitionen)** und zur Verbesserung des Verhältnisses zwischen Mitteleinsatz und Ausbringung **(Produktivität)** einer Anlage **(Rationalisierungsinvestitionen)** sind laufend Vermögenswerte aus Kapital zu schaffen.

Werden die Produktionsziele geändert, muss also die Nutzung einer vorhandenen Anlage verändert werden, sind **Umstellungsinvestitionen** nötig.

Auch für sonstige betriebliche Zwecke, Forschungslaboratorien, Sozialeinrichtungen, Einrichtungen der Aus- und Fortbildung u.a. sind beständig Investitionen erforderlich **(sonstige Investitionen).**

Alle diese betrieblich notwendigen Aktivitäten binden Kapital, verlangen Entscheidungen, die mit Unsicherheiten behaftet sind. Planung ist deshalb unerlässlich.

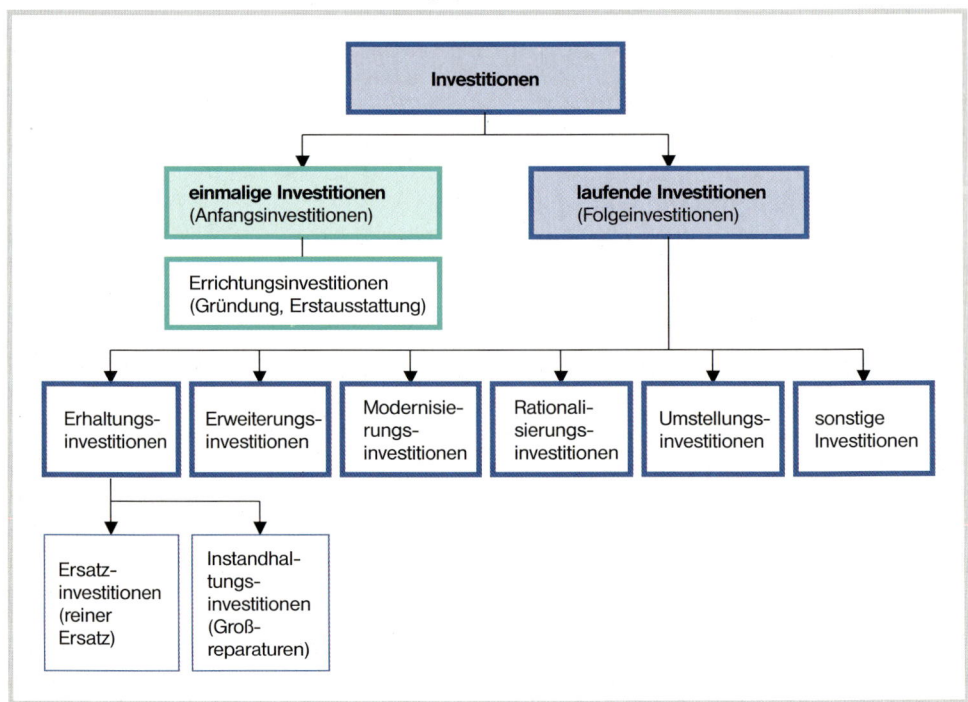

© Verlag Gehlen

Zusammenfassung

- Der Unternehmer muss den **betrieblichen Leistungsprozess finanzieren.**

- Es besteht eine völlige **Abhängigkeit** zwischen dem güterwirtschaftlichen und dem finanzwirtschaftlichen Teil des betrieblichen Umsatzprozesses.

- Die Beschaffung finanzieller Mittel ist **Finanzierung im engeren Sinne.** Erweitert man die Kapitalbeschaffung um die Maßnahmen der Kapitaldisposition im Rahmen des betrieblichen Umsatzprozesses, so spricht man von **Finanzierung im weiteren Sinne.**

- Die Verwendung der finanziellen Mittel für betriebliche Zwecke heißt **Investition,** die Freisetzung der im Betrieb investierten Mittel bezeichnet man als **Desinvestition.**

- Der betriebliche Leistungsprozess ist ein Ablauf **ständigen Investierens und Freisetzens** von Mitteln.

- Die finanziellen Vorgänge im Betrieb lassen sich sowohl als **Regelkreis** darstellen als auch als Veränderung der Zusammensetzung und des Bestandes des Gesamtvermögens und des Gesamtkapitals in der Bilanz.

Aufgaben

1 Erläutern Sie anhand des betrieblichen Umsatzprozesses eines Unternehmens den Unterschied zwischen Finanzierung im engeren und im weiteren Sinne!

2 Wie lassen sich die Kapitalbeschaffungsvorgänge nach der Art der Risikotragung unterteilen?

3 Weshalb ist der Zeitfaktor von wesentlicher Bedeutung bei der Finanzierung eines Unternehmens?

4 Was versteht man unter
a) Investitionen,
b) Desinvestitionen,
c) Reininvestitionen?

5 Welcher Zusammenhang besteht zwischen Finanzierung und Investition?

6 Welche Arten der Investition lassen sich, unterteilt nach dem Investitionsanlass, unterscheiden?

7 Worin liegt das Investitionsrisiko? Nennen Sie Beispiele!

9.2 Finanzierungsarten

9.2.1 Überblick über die Finanzierungsmöglichkeiten einer Unternehmung

Problem

Der Lebensmittelgroßhändler Karl Bauer verzeichnet Jahr für Jahr höhere Umsätze. Büro- und Lagerräume reichen zur Bewältigung der Aufgaben längst nicht mehr aus. Er entscheidet sich für einen Neubau, der nach seinen Berechnungen 2 Millionen EUR Kapital erfordert.

Bauer kann die zur Finanzierung benötigte Summe nicht allein aufbringen. Aus Ersparnissen und einer Erbschaft stehen ihm rund 650 000,00 EUR zur Verfügung. Ein Onkel wäre u. U. bereit sich mit 200 000,00 EUR zu beteiligen. Über einen befreundeten Geschäftsmann hat er Kontakt zu weiteren möglichen Kapitalgebern aufgenommen. Nun erhebt sich aber die Frage, in welcher Rechtsbeziehung diese Kapitalgeber zu der Unternehmung stehen, d. h. ob sie als Miteigentümer oder als Gläubiger gewonnen werden sollen.

9.2.1.1 Außen- und Innenfinanzierung

Je nachdem, wie der Kapitalbedarf gedeckt wird, d. h. woher die Mittel kommen, unterscheidet man *Außen-* und *Innenfinanzierung.*

Bei der **Außenfinanzierung** wird das Kapital dem Unternehmen von außen zugeführt und stammt nicht aus dem betrieblichen Umsatzprozess. Es kann in Form von Krediten als lang- oder kurzfristiges Fremdkapital *(= Fremdfinanzierung)* oder in Form von Einlagen *(Beteiligung = Eigenfinanzierung)* durch die Eigentümer zugeführt werden (Unternehmer, Gesellschafter, Aktionäre).

In jedem Falle muss bei dieser Form der Kapitalzuführung eine Gegenleistung (Zins, Dividende, Gewinnanteil) erbracht werden. Welche Art der Außenfinanzierung letztlich gewählt wird, hängt von wirtschaftlichen, rechtlichen und steuerrechtlichen Überlegungen ab.

Bei der **Innenfinanzierung** stammt das Kapital aus dem Umsatzprozess des Unternehmens. Sie kann durch *Zurückbehalten erwirtschafteter Gewinne (= Selbstfinanzierung)* oder durch zeitlich begrenzte *Freisetzung von Kapital,* z. B. aus Abschreibungen, Vermögensverkauf oder Auflösung von Rückstellungen geleistet werden.

Eine besondere Form der Finanzierung ist das **Leasing.** Dabei werden Anlagegüter nicht gekauft, sondern gemietet, z. B. elektronische Datenverarbeitungsanlagen, Kraftfahrzeuge u. a. (siehe auch Abschnitt 9.2.5.1 Leasing!).

9.2.1.2 Finanzierung und Unternehmungsform

Der Kapitalbedarf eines Unternehmens hängt ab:

- vom Geschäftszweig,
- von den notwendigen Bau- und Einrichtungskosten,
- von den laufenden Betriebskosten,
- von der Umschlagshäufigkeit des Lagers,
- von Saison- und Konjunkturschwankungen,
- von der notwendigen Kundenfinanzierung; d. h., je länger die gewährten Zahlungsziele sind, um so mehr Kapital ist erforderlich.

Dieser Kapitalbedarf des Unternehmens kann durch *Eigenkapital* und *Fremdkapital* gedeckt werden.

Eigenkapital ist das vom Geschäftsinhaber aus eigenen Mitteln aufgebrachte Kapital.

Der Betrieb ist gut finanziert und damit weit gehend unabhängig, wenn der Anteil der eigenen Mittel verhältnismäßig hoch ist. Schwierigkeiten durch ausstehende Zahlungen und Verluste können dann leichter aufgefangen werden.

Fremdkapital entsteht durch Aufnahme von Geld- oder Sachkrediten. Bei *Geldkrediten* verpflichtet sich der Kreditnehmer, den Kreditbetrag laufend zu verzinsen und vertragsgemäß zu tilgen. In der Regel verlangt der Kreditgeber Sicherheitsleistung für seinen Rückzahlungsanspruch. *Sachkredite* werden durch Lieferung von Vermögensgegenständen (Waren, Maschinen usw.) auf Ziel gewährt. Sie sind in der Regel kurzfristig.

Man unterscheidet:

- **Langfristiges Fremdkapital,** z. B. die Aufnahme von Hypotheken u. a. Dieses ermöglicht die Anschaffung des Anlagevermögens (Grundstücke, Gebäude, Maschinen, Fuhrpark usw.). Die Kapitalverfügbarkeit erstreckt sich über einen längeren Zeitraum.

- **Kurzfristiges Fremdkapital,** z. B. Wechselkredite u. a. Es dient zur Finanzierung des Umlaufvermögens, z. B. des Warenlagers. Sehr häufig gewährt der Lieferant seinen Kunden einige Wochen Ziel (Lieferantenkredit), sodass bis zur Bezahlung dieser Schulden bereits ein Teil der Waren verkauft ist. Die Kapitalverfügbarkeit erstreckt sich nur über einen kurzen Zeitraum.

Bei allen Maßnahmen der Kapitalbeschaffung wägt der Unternehmer zwischen steter *Zahlungsfähigkeit* auf der einen und höchster *Rentabilität des Kapitaleinsatzes* auf der anderen Seite ab. Je nachdem, ob er neben seinem Gewinnstreben mehr auf Sicherheit oder mehr auf rasches Wachstum des Unternehmens aus ist, wird er einen größeren oder kleineren Teil des Kapitals als Barreserve halten und nicht investieren, um jederzeit seinen Verpflichtungen nachkommen zu können.

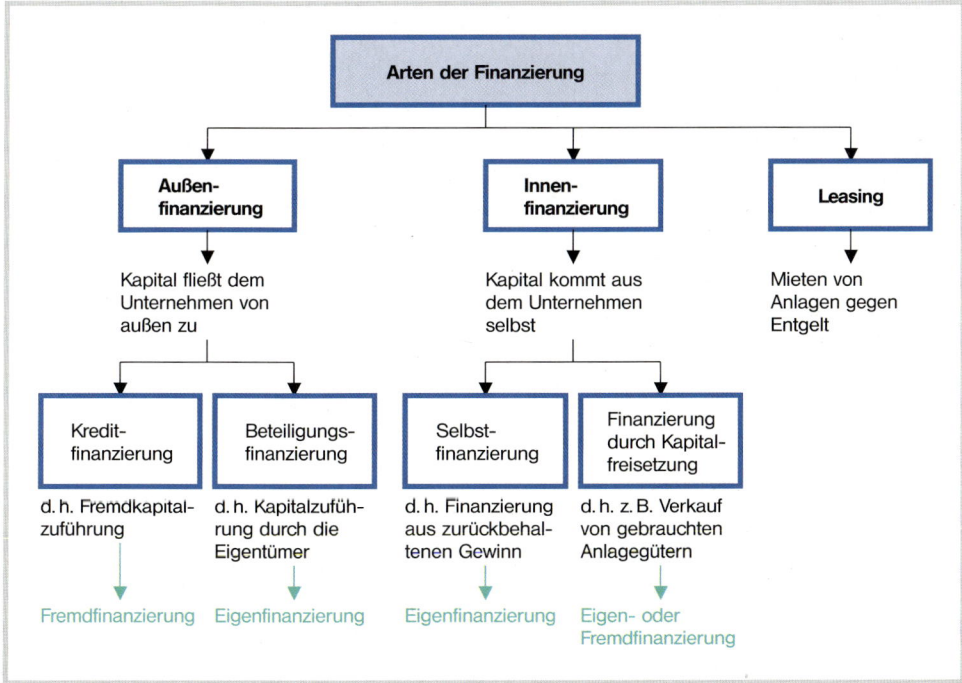

Können die erforderlichen flüssigen Mittel nicht beschafft werden, ist also der Kapitalbedarf nicht zu decken, dann muss das Unternehmen so viele Abstriche vom Gesamtwirtschaftsplan und seinen Teilplänen – Beschaffungsplan, Produktionsplan, Absatzplan – machen, bis Kapitalbedarf und Kapitalaufbringung wieder übereinstimmen.

■ **Eigenfinanzierung** liegt u. a. vor, wenn der Eigentümer bzw. die Miteigentümer Geld oder Sachgüter in die Unternehmung einbringen. Sie spielt vor allem bei der Gründung einer Unternehmung eine wichtige Rolle.

● Durch die Eigenfinanzierung entsteht Eigenkapital.

● Form und Inhalt der Eigenfinanzierung hängen von der Rechtsform der Unternehmung ab. Diese wird aber oft entscheidend von den Finanzierungsmöglichkeiten beeinflusst.

■ **Selbstfinanzierung** ist ebenfalls eine Form der Eigenfinanzierung. Sie entsteht durch

● die Nichtausschüttung tatsächlicher erzielter Gewinne.

● Kapitalfreisetzung, z. B. Verkauf von Anlagegütern.

■ Bei der **Fremdfinanzierung** übertragen fremde Personen der Unternehmung Geld oder Sachmittel gegen die Verpflichtung zur späteren (Rück-)Zahlung. Sie werden dadurch zu Gläubigern.

● Neben der Tilgung werden in der Regel Zinsen verlangt, und zwar unabhängig vom Geschäftserfolg.

● Den Gläubigern müssen in der Regel Sicherheiten gestellt werden.

■ Von der Zahlungsbereitschaft und der Sicherheit der Unternehmung her gesehen, ist **Eigenkapital grundsätzlich dem Fremdkapital vorzuziehen.** Andererseits kann durch eine angemessene Fremdfinanzierung die Rentabilität verbessert und zusätzlicher Einfluss auf die Geschäftsführung abgewehrt werden.

■ Durch **Leasing** wird der Kapitalbedarf gemindert.

Aufgaben

1 Welche Finanzierungsart liegt in folgenden Fällen vor?

a) Aufnahme eines Darlehens über 50 000,00 EUR.

b) Nichtausschüttung von 150 000,00 EUR Gewinn.

c) Eine OHG nimmt einen dritten Gesellschafter auf, der 2 Millionen Kapital einbringt.

d) Verkauf eines gebrauchten Lastzugs für 150 000,00 EUR. Er steht mit 60 000,00 EUR Restwert in der Buchführung.

e) Ein Personalcomputer wird für 750,00 EUR monatlich gemietet.

2 Wodurch ist die Eigenfinanzierung gekennzeichnet?

3 Das Eigenkapital einer Unternehmung zz. 500 000,00 EUR. Von einer geplanten Investition mit 80 000,00 EUR wird ein zusätzlicher Gewinn von 12 000,00 EUR pro Jahr erwartet. Angenommen, der Jahresgewinn (ohne Investition) werde durchschnittlich mit 55 000,00 EUR veranschlagt; wie groß wäre die Rentabilität des Eigenkapitals

a) bei Finanzierung der Investition durch Fremdkapital (Zinsfuß 7 %)?

b) wenn Finanzierung mit zusätzlichen 80 000,00 EUR Eigenkapital durch Einlage eines Gesellschafters?

Welche Schlussfolgerung kann hieraus gezogen werden?

4 Welche Konsequenzen ergeben sich aus der Feststellung, dass Fremdfinanzierung stets befristet ist?

9.2.2 Eigenfinanzierung[1]

9.2.2.1 Beteiligungsfinanzierung als Form der Eigenfinanzierung

Die Fritz Müller Maschinengroßhandlung KG benötigt zur Geschäftsausweitung weiteres Kapital. Sie könnte einen Bankkredit in Anspruch nehmen. Da das Zinsniveau jedoch verhältnismäßig hoch ist, sucht sie nach anderen Geldquellen, zumal bei Eignung des Geldgebers auch persönliche Mitarbeit im Unternehmen erwünscht ist.

Was würden Sie vorschlagen?

■ Beteiligungsfinanzierung als Eigenfinanzierung

Sie liegt vor, wenn der **Eigentümer** oder – falls die Unternehmung mehreren Personen gehört – **die Miteigentümer** Geld oder Sachmittel in das Unternehmen einbringen. Dies geschieht nicht nur anlässlich der Gründung, sondern kommt auch noch in späteren Jahren vor. Dieses Kapital stellt **Eigenkapital** dar. Das Eigenkapital steht der Unternehmung normalerweise *unbefristet* zur Verfügung. Es bietet den Gläubigern der Unternehmung die Gewähr für die Einlösung ihrer Forderungen. Sind mehrere Personen am Unternehmen beteiligt, so besitzen sie einen *quotenmäßigen* Anteil am *tatsächlichen* Betriebsvermögen, nehmen am *Gewinn*, aber auch am *Verlust* teil und *riskieren* zumindest ihre Einlage. Andererseits können sie die *Geschicke der Unternehmung* bestimmen oder zumindest mitgestalten. In welcher Weise die Beteiligungsfinanzierung erfolgt, hängt von der **Rechtsform** der Unternehmung ab. Zum anderen ist oft gerade die Kapitalbeschaffung ausschlaggebend für die Wahl dieser Rechtsform.

■ Eigenfinanzierung bei der Einzelunternehmung

Der Unternehmer bringt das Eigenkapital bei der Gründung **allein** durch die Übertragung von Geld oder von Sach- und Rechtswerten aus seinem Privatvermögen auf. Bei den Sachwerten kann es sich z. B. um Grundstücke, Kraftwagen und Einrichtungsgegenstände, bei den Rechtswerten um Wertpapiere und Patente handeln. Bei Bedarf kann er in späteren Jahren das Eigenkapital durch weitere **Privateinlagen** in bar oder in Sach- und Rechtswerten vergrößern. Ob ein Gegenstand zum Betriebsvermögen oder zum Privatvermögen gehört, ist in manchen Fällen, z. B. bei einem Pkw, nur aufgrund der buchhalterischen Behandlung zu erkennen. Die Entscheidung trifft allein der Unternehmer.

Die Eigenfinanzierung bei der Einzelunternehmung

Unternehmer	Barmittel	Unternehmung
Privatvermögen	Sach- und Rechtswerte →	Betriebsvermögen

---

[1] Siehe auch Kapitel 8 Rechtsformen der Unternehmung.

Geschäfts- und Privatvermögen sind oft schwer voneinander zu trennen, z. B. bei gemischt genutzten Gebäuden. Die Kapitalkraft von Einzelunternehmungen ist meist begrenzt. Es gibt zwar auch mittlere und vereinzelt sogar sehr große Einzelunternehmungen, sie haben sich jedoch aus sehr kleinen Anfängen erst nach und nach aus eigener Kraft zu ihrer jetzigen Größe entwickelt. Häufig werden Einzelunternehmungen später in andere Unternehmungsformen umgewandelt, z. B. beim Tod des Einzelunternehmers.

■ Beteiligungsfinanzierung bei der offenen Handelsgesellschaft

Das Eigenkapital wird durch die im Gesellschaftsvertrag festgelegten **Bar- und Sacheinlagen der Gesellschafter** eingebracht (s. HGB § 111). Eine spätere Erhöhung der Kapitalanteile durch weitere Einlagen kann vereinbart werden. Es können auch weitere Gesellschafter eintreten. Der Ausweitung des Eigenkapitals durch die Aufnahme zusätzlicher Gesellschafter sind aber u. a. dadurch enge Grenzen gezogen, dass es schwierig ist, eine größere Zahl von Personen mit sehr unterschiedlichen Kenntnissen und Fähigkeiten an der Geschäftsführung maßgeblich zu beteiligen.

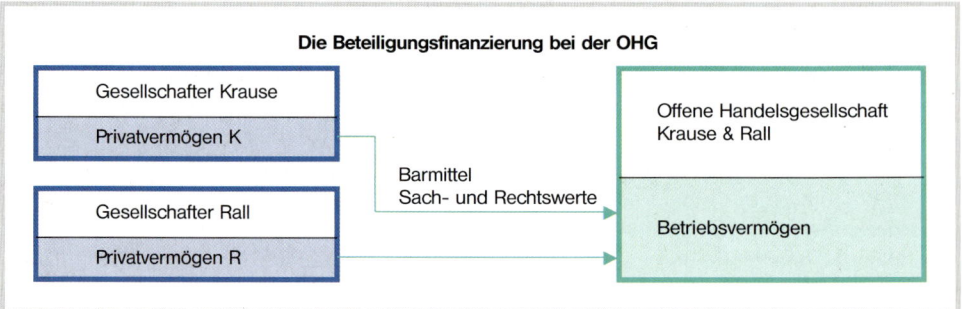

■ Beteiligungsfinanzierung bei der Kommanditgesellschaft

Komplementär(e) – *Vollhafter* – und **Kommanditist(en)** – *Teihafter* – bringen das Eigenkapital dadurch auf, dass sie die vereinbarten Einlagen leisten.

Der Kommanditist als Teilhafter ist Miteigentümer der Unternehmung und daher am tatsächlichen Betriebsvermögen beteiligt. Auch am Gewinn oder Verlust ist er beteiligt (s. HGB § 168). Die Geschäftsführungs- und Vertretungsbefugnis steht ausschließlich dem Komplementär zu, und die Haftung des Kommanditisten ist auf die vertraglich zu leistende Einlage beschränkt. Die Rechtsform der Kommanditgesellschaft wird vor allem gewählt, wenn das Eigenkapital durch **Einlagen** vergrößert werden soll, ohne den Kapitalgebern einen Einfluss auf die Unternehmungsführung zu gewähren.

Deshalb entsteht die Kommanditgesellschaft auch häufig bei größerem Kapitalbedarf aus der Umwandlung einer Einzelunternehmung (Einzelunternehmer wird Komplementär) oder einer offenen Handelsgesellschaft (OHG-Gesellschafter werden Komplementäre). Die Zahl der Kommanditisten kann beliebig groß sein, da hierdurch die einheitliche Willensbildung in der Unternehmung kaum beeinträchtigt wird.

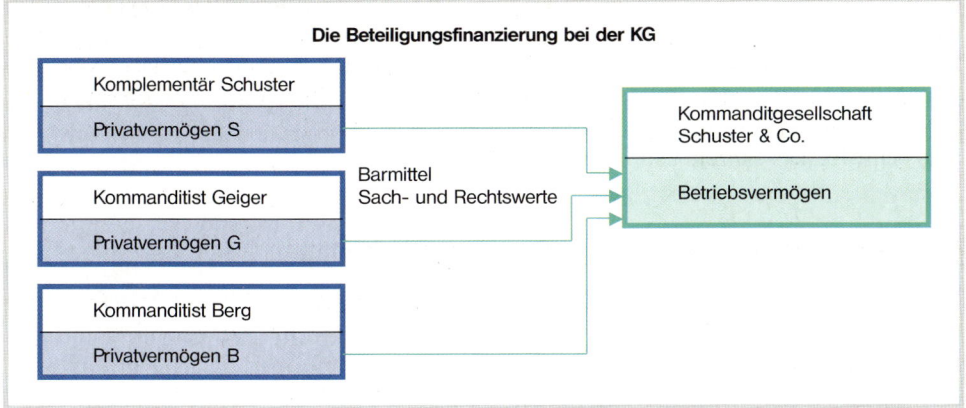

Die Beteiligungsfinanzierung bei der KG

| Komplementär Schuster |
| Privatvermögen S |

| Kommanditist Geiger |
| Privatvermögen G |

| Kommanditist Berg |
| Privatvermögen B |

Barmittel
Sach- und Rechtswerte

| Kommanditgesellschaft Schuster & Co. |
| Betriebsvermögen |

◼ *Beteiligungsfinanzierung bei der Aktiengesellschaft*

Die Rechtsform der Aktiengesellschaft bietet die idealen Voraussetzungen für die Beteiligungs-finanzierung im großen Umfang, wie sie etwa für die Massenproduktion oder für die Anwendung bestimmter technischer Verfahren unerlässlich ist.

Merkmale der Aktiengesellschaft	Vorteile für Beteiligungsfinanzierung
• Trennung von Geschäftsführung und Beteiligung • Zerlegung des Grundkapitals in eine Vielzahl von Anteilen	Beteiligung einer großen Zahl von Kapitalgebern möglich. Eine Veräußerung einzelner Anteile berührt die Unternehmung nicht.
• keine persönliche Haftung • Rechte des Aktionärs durch Gesetz und Satzung eindeutig festgelegt • strenge Gründungsvorschriften • ins Einzelne gehende Rechnungslegungs-(Bilanzierungs-)vorschriften • Pflichtprüfung und Veröffentlichung des Jahresabschlusses und des Lageberichts	Kapitalgeber gehen nur ein beschränktes überschaubares Risiko ein. Gründliche Geschäftskenntnisse sind nicht unbedingt erforderlich. Gegen betrügerische Manipulationen sind sie weitgehend durch das Aktiengesetz und das Publizitätspflichtgesetz geschützt.

Beteiligungsfinanzierung liegt bei der **Gründung** und bei einer **späteren Ausgabe** (Emission) junger **Aktien** vor.

Das Aktiengesetz schreibt vor, dass die Gründer (mindestens fünf) sämtliche Aktien, d. h. das gesamte **Grundkapital,** das nach AktG § 152 als gezeichnetes Kapital in der Bilanz auszuweisen ist, gegen Bar- oder Sacheinlagen übernehmen (AktG § 29). Gelegentlich wird auch das Vermögen anderer Unternehmungen in die Aktiengesellschaft eingebracht. Bei Sacheinlagen gelten strenge Bewertungsvorschriften. Für die Gründung kommt in der Regel nur ein kleiner Kreis interessierter Personen oder Unternehmungen in Betracht. Ist das aufzubringende Grundkapital sehr groß, treten häufig Banken als Mitgründer auf, welche dann die übernommenen Aktien ganz oder teiweise wieder bei ihren Kunden unterbringen.

Soll das **Grundkapital durch die Ausgabe junger Aktien erhöht werden,** bedarf es eines Beschlusses der Hauptversammlung mit qualifizierter Mehrheit, da hierzu eine Satzungsänderung notwendig ist (AktG § 182).

Jeder Aktionär hat bei Ausgabe junger Aktien ein **Bezugsrecht** im Verhältnis seines Kapitalanteils (AktG § 186). Die jungen Aktien werden den Aktionären häufig zu einem Vorzugskurs angeboten. Will ein Aktionär sein Bezugsrecht nicht ausüben, kann er es verkaufen. Aktiengesellschaften mit sehr hohen Rücklagen geben gelegentlich **Gratisaktien** aus, durch die Kapitalrücklage und Gewinnrücklagen in Grundkapital umgewandelt werden (AktG § 207 f.). Tatsächlich tritt dadurch für den Aktionär zunächst keine Werterhöhung ein, da der Kurs der alten Aktien dementsprechend sinkt.

Zusammenfassung

■   Merkmale der Beteiligungsfinanzierung

Beteiligungsverhältnis (Anteil am Vermögen)	Gewinn- und Verlustbeteiligung	Risiko (zumindest Einlage)	Beteiligung oder Mitgestaltung an der Geschäftsführung

■ **Form und Inhalt der Beteiligungsfinanzierung** hängen von der Rechtsform der Unternehmung ab. Diese wird aber oft entscheidend von den Finanzierungsmöglichkeiten beeinflusst.

■ **Einzelunternehmung**
- Eigenfinanzierung = Einbringung der Gründungseinlage und späterer Privateinlagen.
- Abgrenzung zwischen Betriebs- und Privatvermögen ist oft schwierig.
- Begrenzte Kapitalkraft; daher später häufig eine Umwandlung in eine andere Rechtsform.

■ **Offene Handelsgesellschaft**
- Beteiligungsfinanzierung = Einbringung der Einlagen der Gesellschafter; Vereinbarung über Erhöhung der Einlagen möglich.
  Eventuell Aufnahme weiterer Gesellschafter zur Vergrößerung des Eigenkapitals.
- Zahl der Gesellschafter ist aber tatsächlich begrenzt (Schwierigkeiten bei Organisation der Geschäftsführung, Auszehrung durch Privatentnahmen).
- Die Möglichkeiten der Beschaffung von Eigenkapital sind beschränkt, dennoch ist die Kapitalkraft größer als bei der Einzelunternehmung.

■ **Kommanditgesellschaft**
- Beteiligungsfinanzierung = Einbringung der Einlagen der **Komplementäre** und **Kommanditisten.**
- Kommanditist ist juristisch zwar Miteigentümer, wirtschaftlich aber häufig nur Kapitalgeber.
- Die Möglichkeiten, zusätzlich Eigenkapital zu beschaffen, sind günstiger als bei der OHG, da die Zahl der Kommanditisten sehr groß sein kann.

■ **Aktiengesellschaft**
- Beteiligungsfinanzierung = Ausgabe bzw. Übernahme von Aktien.
- Das Grundkapital – gezeichnetes Kapital – ist starr.
- Die Rechtsform der AG ermöglicht durch die Zerlegung des Grundkapitals in Anteile die Beteiligung einer großen Zahl von Kapitalgebern. Die Interessen der Kapitalgeber (Aktionäre) werden durch den Aufsichtsrat und in der Hauptversammlung vertreten und durch strenge Vorschriften geschützt. Die AG ermöglicht daher die Eigenfinanzierung in großem Umfang, insbesondere bei Zulassung der Aktien zum Börsenhandel.
- Bei der Gründung müssen die Gründer (mindestens fünf) sämtliche Aktien übernehmen.
- Bei späteren Kapitalerhöhungen erhält jeder Aktionär ein **Bezugsrecht** auf die jungen Aktien, das er auch verkaufen kann.
- Bei der Ausgabe von **Gratisaktien** werden die Kapitalrücklage und Gewinnrücklage in Grundkapital umgewandelt.

1 Weshalb hängt die Möglichkeit der Eigenfinanzierung von der Rechtsform einer Unternehmung ab?

2 Die AG wird als „Prototyp" einer Kapitalgesellschaft bezeichnet. Inwiefern ist dies richtig?

3 Wie unterscheidet sich die Eigenfinanzierung von OHG und KG?

4 Fertigen Sie eine Übersicht nach folgendem Schema an:

Rechtsform der Unternehmung	Möglichkeiten der Eigenfinanzierung	Grenzen der Eigenfinanzierung
1. Einzelunternehmung		
2. OHG 3. ...		

9.2.2.2 Selbstfinanzierung als Form der Eigenfinanzierung

Problem

Die Lackfabrik Groner OHG, Chemnitz, muss aufgrund der ständig steigenden Aufträge die Produktion erhöhen. Eine neue Fabrikhalle für 3,5 Millionen DM muss gebaut werden. Wie soll die Halle finanziert werden, wenn eine Kreditaufnahme bei einer Bank, die Aufnahme von Gesellschaftern und Leasing nicht infrage kommen? Die Gewinn- und Verlustrechnung weist einen Jahresgewinn von 65 Millionen DM bei einer Unternehmerrentabilität von 23 % aus. Die Gesellschafter wollen ihre Gehälter und Entnahmen niedrig halten und den restlichen Gewinn in der Unternehmung lassen. Dadurch rechnen sie mit geringeren Kosten für den Hallenneubau. Welche Kosten z. B. können verringert werden?

Sachdarstellung

■ Wesen der Selbstfinanzierung

Wenn Gewinne nicht an die Unternehmungseigentümer ausgeschüttet werden, sondern in der Unternehmung verbleiben, erhöhen sie nicht nur das tatsächliche Betriebsvermögen, sondern vergrößern auch das Eigenkapital. Dies wird als **Selbstfinanzierung** bezeichnet.

Aktiva	Bilanz	Passiva
Vermögen zum Jahresbeginn	Schulden	
	Eigenkapital zum Jahresbeginn	
Vermögenszuwachs	Nicht ausgeschütteter Gewinn = zusätzliches Eigenkapital = Selbstfinanzierung	

Ohne Selbstfinanzierung wäre ein Wachstum der Unternehmer nur durch weitere Einlagen, d. h. durch Eigenfinanzierung möglich. Die Selbstfinanzierung gehört zur Beteiligungsfinanzierung, da *zusätzliches Eigenkapital* gebildet wird.

■ Die offene Selbstfinanzierung

Die verdienten Gewinne werden offen gelegt, d. h., sie werden im Jahresabschluss (Gewinn- und Verlustrechnung und Bilanz) ausgewiesen. Sie werden aber nicht ausgeschüttet, sondern **erhöhen** das in der Bilanz ausgewiesene **Eigenkapital.**

● **Einzelunternehmung:** Der Gewinn wird dem Kapitalkonto gutgeschrieben. Die Differenz zwischen Jahresgewinn und Privatentnahmen stellt die Selbstfinanzierung dar (Selbstfinanzierung = Jahresgewinn – Privatentnahmen).

S	Konto Eigenkapital	H
Privatentnahmen	Anfangsbestand	
nicht entnommener Gewinn = Selbstfinanzierung Schlussbestand	Jahresgewinn	

● **Offene Handelsgesellschaft:** Auch hier gibt sich die Selbstfinanzierung aus der Differenz zwischen dem den Kapitalkonten der Gesellschaft zugebuchten Gewinnanteil und den Privatentnahmen. Wenn ein Gesellschafter seinen Gewinnanteil weit gehend nicht entnimmt, vergrößert er damit nicht nur seinen Kapitalanteil, sondern auch seinen Einfluss in der Gesellschaft.

● **Kommanditgesellschaft:** Für die Komplementäre gilt dasselbe wie für die OHG-Gesellschafter. Beim Kommanditisten werden die Gewinnanteile nur solange dem Kapitalkonto gutgeschrieben, wie die Pflichteinlage noch nicht geleistet ist oder sein Kapital durch Verluste vermindert wurde. In allen Fällen stellen die Gewinnanteile Schulden der KG dar. Der Kommanditist trägt somit zur offenen Selbstfinanzierung nicht bei.

● **Aktiengesellschaft:** Das gezeichnete Kapital kann nur durch einen satzungsändernden Beschluss der Hauptversammlung erhöht oder herabgesetzt werden. Der Jahresüberschuss kann also – soweit er nicht in Form von Dividenden an die Aktionäre ausgeschüttet wird – nicht dem Grundkapital zugebucht werden, vielmehr wird er den **Gewinnrücklagen** zugeführt. Der Restüberschuss wird als Gewinnvortrag in neue Rechnung übernommen. Die Bildung der Rücklagen geschieht aufgrund gesetzlicher Vorschriften (**gesetzliche Rücklagen** siehe AktG § 150) und aufgrund der Satzung, durch Entscheidungen des Vorstandes und des Aufsichtsrates sowie durch Beschlüsse der Hauptversammlung (**andere Gewinnrücklagen**).

■ Die stille Selbstfinanzierung

Durch **Unterbewertung des Betriebsvermögens** und **Überbewertung der Betriebsschulden** werden tatsächlich erzielte **Gewinne nicht ausgewiesen.** Die *Unterbewertung der Aktiva* geschieht meist durch überhöhte bilanzmäßige Abschreibungen auf das Anlagevermögen, die *Überbewertung der Passiva* oft durch übertrieben hoch angesetzte ungewisse Schulden (Rückstellungen). In beiden Fällen werden höhere Aufwendungen in der Gewinn- und Verlust-Rechnung dargestellt, als tatsächlich eingetreten sind, wodurch der Gewinn buchmäßig niedriger ist als in Wirklichkeit. In Höhe des nicht ausgewiesenen Gewinns entstehen **stille Reserven,** die *zusätzliches Eigenkapital* darstellen, das aber – wie der Name schon sagt – aus der Buchführung nicht ersichtlich ist. Das tatsächliche Eigenkapital ist daher höher als das in der Bilanz ausgewiesene Eigenkapital.

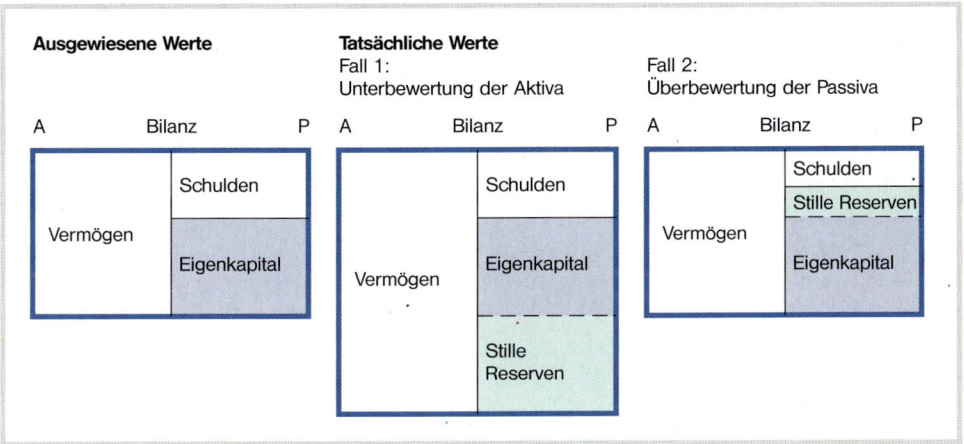

Beispiel *für Überbewertung von Schulden:*

Steuerrückstellung (für geschätzte Steuerverbindlichkeit) 2000	100 000,00 EUR
Steuerbescheid für 2000 (tatsächliche Steuerzahlung)	70 000,00 EUR
Überbewertung der Steuerschuld = Stille Reserve	30 000,00 EUR

Die stillen Reserven können oft nur grob geschätzt werden. Ein sicherer Hinweis für stille Reserven sind z. B. Erinnerungsposten mit 1 EUR in der Bilanz. Stille Reserven werden erst bei der Veräußerung der unterbewerteten Vermögensgegenstände sichtbar, weil dann der Veräußerungserlös höher ist als der Buchwert. Es entsteht ein *Veräußerungsgewinn,* der zu versteuern ist.

Beispiel *für stille Reserve bei unterbewerteten Vermögensgegenständen:*

Maschine, betriebsgewöhnliche Nutzungsdauer vier Jahre. Anschaffungswert netto (ohne Umsatzsteuer) 500 000,00 EUR. Abschreibung linear 25 %. Die Maschine wird nach vier Jahren für 150 000,00 EUR netto verkauft. Es ist also:

Maschine Anschaffungswert	500 000,00 EUR
AfA 4 × 25 % (in vier Jahren)	500 000,00 EUR
Buchwert = Restwert	0,00 EUR
(oder 1 EUR Erinnerungswert)	
Tatsächlicher Verkaufswert (Veräußerungsgewinn) = Auflösung der stillen Reserve	150 000,00 EUR

Vorausgesetzt, dass der Marktpreis zumindest die Selbstkosten deckt, werden dem Betrieb in den Verkaufserlösen auch die kalkulierten Abschreibungen vergütet. Wird ein Teil der eingehenden flüssigen Mittel sofort wieder investiert, entstehen für die gekauften Anlagegüter neue Abschreibungsmöglichkeiten und damit neue Möglichkeiten stille Reserven zu bilden. Der Ausweis verdienter Gewinne kann somit weiter hinausgeschoben werden. Im Übrigen dürfen stille Reserven nicht mit *Betriebsreserven,* etwa einer Reservemaschine oder einem Reservelager für den Notfall, gleichgesetzt werden. Es sind rein **buchmäßige** Reserven, die oft ebenso still wieder verschwinden, wie sie entstanden sind. Sie kommen bei **allen Unternehmungsformen** vor; bei der Aktiengesellschaft wurde allerdings die Bildung stiller Reserven durch strengere Bewertungsvorschriften im Interesse der Aktionäre eingeschränkt (Gläubigerschutz).

Die Selbstfinanzierung ist vielfach gelobt, aber auch – vor allem die stille Selbstfinanzierung – häufig kritisiert worden. Tatsächlich hat die Selbstfinanzierung beim Aufbau unserer Wirtschaft nach dem Kriege eine sehr wichtige Rolle gespielt und erfüllt diesen Zweck auch noch heute.

Selbstfinanzierung

Vorteile	Nachteile
• Zur Erhöhung des Eigenkapitals sind weder Kreditaufnahme noch zusätzliche Privateinlagen der Gesellschafter nötig	• bei erheblichen stillen Reserven: Verlust der Aussagekraft der Bilanz.
• keine Finanzierungskosten	• Gefahr der Fehlinvestitionen, weil wegen der fehlenden Belastungen nicht so scharf gerechnet wird
• keine Belastung durch Zins- und Tilgungsverpflichtungen	• durch die Auflösung stiller Reserven können Fehler in der Unternehmungsführung vertuscht werden
• Erhöhung der Sicherheit für die Unternehmung und für die Gläubiger durch zusätzliches Eigenkapital. Tilgung von Schulden ist ohne Substanzverlust möglich.	• da die Finanzierung über den Preis erfolgt, muss bei extremer Selbstfinanzierung letztlich der Verbraucher die Kapitalerhöhung bezahlen, ohne davon zu „profitieren".
• größere Unabhängigkeit in der Unternehmungspolitik durch Erhöhung des Eigenkapitals	

Zusammenfassung

■ **Selbstfinanzierung** entsteht durch die Nichtausschüttung tatsächlich erzielter Gewinne.

■ Bei der **offenen Selbstfinanzierung** werden die verdienten Gewinne im Jahresabschluss ausgewiesen; die Gewinne weden nicht ausgeschüttet, sondern erhöhen das ausgewiesene Eigenkapital.

  • In der **Einzelunternehmung** und bei **Personengesellschaften** stellt der nicht entnommene Gewinn, der dem Kapitalkonto zuwächst, *die offene Selbstfinanzierung* dar (Ausnahme: Kommanditist).

  • Bei den **Kapitalgesellschaften** werden die nichtausgeschütteten Gewinne den satzungsgemäßen Rücklagen und/oder anderen Gewinnrücklagen und ggf. einem Gewinnvortrag zugeführt, da das gezeichnete Kapital eine starre Größe ist.

■ Bei **Aktiengesellschaften** wird der nicht als Dividende ausgezahlte Jahresüberschuss den **Gewinnrücklagen** zugeführt.

■ Bei der **stillen Selbstfinanzierung** werden tatsächlich verdiente Gewinne durch *Unterbewertung der Aktiva* und (oder) durch *Überbewertung der Schulden* nicht ausgewiesen.

Die dadurch gebildeten stillen Reseven stellen zusätzliches Eigenkapital dar, das aber aus der Bilanz nicht ersichtlich ist. Das tatsächliche Eigenkapital ist somit größer als das bilanzmäßig ausgewiesene Eigenkapital.

© Verlag Gehlen

Aufgaben

1 a) Wodurch unterscheiden sich Beteiligungsfinanzierung und Selbstfinanzierung voneinander?
   b) Welche Gemeinsamkeiten weisen die beiden Finanzierungsformen auf?

2 Welche wesentlichen Unterschiede bestehen zwischen der offenen und stillen Selbstfinanzierung?

3 Welche Vor- und Nachteile hat die Bildung stiller Reserven für das Unternehmen?

4 Weshalb verstößt die Schaffung stiller Reserven nicht gegen den Gläubigerschutzgedanken?

5 Warum war die deutsche Wirtschaft nach dem Kriege auf die Selbstfinanzierung dringend angewiesen?

6 Der Jahresüberschuss von 950 000,00 EUR einer AG wird wie folgt verwendet (die gesetzliche Rücklage gemäß § 150 AktG ist bereits gebildet):

Einstellung in die anderen Gewinnrücklagen	400 000,00 EUR
Dividende, 10 % auf das gezeichnete Kapital von 5 000 000,00 EUR	500 000,00 EUR
Gewinnvortrag auf neue Rechnung	50 000,00 EUR

Den bilanzmäßigen Abschreibungen von 1 Mio. EUR liegt ein tatsächlicher Werteverzehr von 600 000,00 EUR zugrunde.

Wie groß ist
a) die offene Selbstfinanzierung?
b) die stille Selbstfinanzierung?

9.2.3   Fremdfinanzierung[1]

Problem

Großhändler Otto Hafner ärgert sich oft über säumige Kunden. Die Überwachung der Zahlungstermine und die Durchführung des Mahnverfahrens verursachen viel Arbeit und hohe Kosten. Was ihn aber am meisten beunruhigt, ist, dass dadurch häufig die Zahlungsfähigkeit (Liquidität) des Betriebes so angespannt ist, dass er selbst den Skontoabzug bei den Lieferantenrechnungen nicht mehr oder nur mithilfe eines Bankkredits vornehmen kann. Was muss Hafner berechnen?

Sachdarstellung

9.2.3.1   Der Liefererkredit

Der Liefererkredit entsteht, wenn ein **Zahlungsziel durch den Lieferer** eingeräumt wird. Das bedeutet, der Kunde muss seine Schuld aus der Lieferung z. B. erst einen Monat nach dem Wareneingang begleichen. Bei vorzeitiger Zahlung erhält er Skonto. Liefererkredite gehören zu den teuersten Krediten, wenn der Skontoabzug nicht vorgenommen wird. Um Skonto auszunützen ist es zumeist rentabel einen Bankkredit aufzunehmen.

Beispiel: Die Rechnung der Firma Kurz & Co., Stendal, über 34 200,00 EUR ist gemäß den Zahlungsbedingungen spätestens nach 30 Tagen fällig. Wenn wir innerhalb von zehn Tagen zahlen, erhalten wir 2 % Skonto. Für einen Bankkredit werden 10 % Zins verlangt.

---

[1] Eigentumsvorbehalt siehe Abschnitt 4.5.1.1 Wesen des Angebots

Rechnungsbetrag	34 200,00 EUR
abzügliche 2 % Skonto	684,00 EUR
Zahlungsbetrag	33 516,00 EUR

Kreditaufnahme für 20 Tage zu 10 % Zins, um mit Skontoabzug zahlen zu können:

$$\text{Zins} = \frac{\text{Kapital} \cdot \text{Zinsfuß} \cdot \text{Tage}}{100 \cdot 365} = \frac{33\,516 \cdot 10 \cdot 20}{100 \cdot 365} = 183{,}65 \text{ EUR}$$

Skontobetrag	684,00 EUR
– Zins für Kreditaufnahme	183,65 EUR
effektiver Skontoertrag	500,35 EUR

Ergebnis: Es lohnt sich einen Kredit aufzunehmen, um Skonto abziehen zu können.

9.2.3.2 Der Bankkredit (Darlehens- und Kontokorrentkredit)[1]

■ Wesen und Bedeutung des Kredits

Den Banken wird im Passivgeschäft Geld anvertraut. Sie leihen im Vertrauen auf die Kreditwürdigkeit des Kunden dieses Geld wieder aus, hauptsächlich zur

- Errichtung, Erweiterung und Erneuerung von Anlagen (**Investitionskredit**),
- Verstärkung des Umlaufvermögens (**Betriebsmittelkredit**),
- Überbrückung von augenblicklicher Geldknappheit (**Saison-, Zwischenkredit**).

■ Die Arten der Kredite

Im allgemeinen Sprachgebrauch wird der Begriff Kredit mit **Geldkredit** – und hier wiederum mit Bankkrediten – gleichgesetzt; tatsächlich spielt aber auch der **Sachkredit** eine große Rolle, z. B. bei Lieferungen von Waren oder Einrichtungen auf Ziel oder gegen Ratenzahlung. Kredit ist also die Zuwendung von Geld, Sachgütern oder Dienstleistungen an einen Dritten im Vertrauen auf eine spätere Gegenleistung.

Bankkredite können nach verschiedenen Gesichtspunkten eingeteilt werden, z. B.:

Laufzeit		Verfügungsart
• kurzfristig	• langfristig	• Kontokorrentkredit
• mittelfristig		• Darlehen

■ Der Kreditvertrag

Der Kreditvertrag kommt zustande durch

- Kreditbewilligung aufgrund eines Kreditgesuchs,
- Einverständniserklärung des Schuldners.

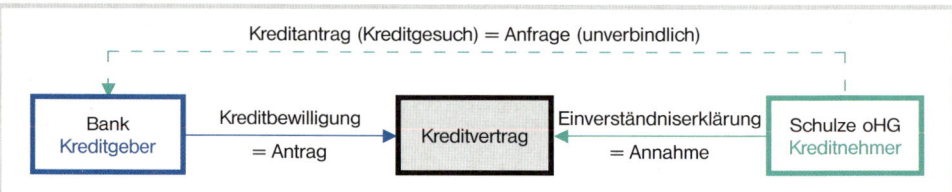

---

[1] Kredite können ab 1. Januar 1999 wahlweise in DM oder EUR aufgenommen werden. Altverträge können auf den EUR umgestellt werden. Ab 1. Januar 2002 werden alle auf DM lautenden Kredite auf den gleichwertigen Betrag in EUR umgestellt. In der Übergangsphase können auch bargeldlose Zins- und Tilgungszahlungen in DM oder EUR geleistet werden.

Der Kreditvertrag wird schriftlich geschlossen und enthält in der Regel Vereinbarungen über

- Kredithöhe oder Kreditgrenze,
- die Auszahlung bei Darlehen,
- Verwendungszweck,
- Zinsfuß, eventuell Provisionssatz, Zinstermine,
- Rückzahlung bzw. Kündigung des Kredits,
- Kreditsicherung, falls erforderlich.

■ Die Laufzeit der Kredite

Kurzfristige Kredite werden von den Geschäftsbanken bis zu sechs Monaten vor allem zur Überwindung zeitweiliger finanzieller Anspannungen, etwa vor der Saison, bei Ernteaufkäufen, Steuerzahlungen, Stundungen an Kunden usw. gewährt. Die Rückzahlung erfolgt, sobald die entsprechenden Verkaufserlöse eingehen.

Mittelfristige Kredite haben nach der banküblichen Einteilung eine Laufzeit von sechs Monaten bis zu vier Jahren. Sie ähneln teils den kurzfristigen, teils den langfristigen Krediten.

Langfristige Kredite dienen vor allem der Finanzierung des ständigen Mindestbestandes an nicht liquiden Umlaufgütern. Wenn eine erhebliche Schrumpfung des Betriebes bei der Rückzahlung vermieden werden soll, muss nicht nur der Zins erwirtschaftet, sondern auch die Tilgung aus den Gewinnen aufgebracht, d. h. durch Selbstfinanzierung abgedeckt werden. Bei langfristigen Krediten bindet sich der Gläubiger tatsächlich in erheblichem Maße an das Schicksal der Unternehmung. In der Praxis finden sich daher vielfache Übergänge zur Beteiligung und damit zur Eigenfinanzierung.

■ Das Darlehen

Darlehen werden als Ganzes oder in vorher vereinbarten Teilbeträgen durch Barauszahlung oder Gutschrift auf einem Girokonto zur Verfügung gestellt. Darlehenszinsen werden ab der *Auszahlung* berechnet. Dabei ist es unerheblich, wann der Schuldner den Kredit verwendet. Der Zinssatz ist im Allgemeinen kleiner als bei Kontokorrentkrediten. Meist ist der Auszahlungsbetrag etwas niedriger (Disagio) als die Darlehenssumme, d. h. der Rückzahlungsbetrag.

■ Der Kontokorrentkredit

Der Kontokorrentkredit wird dadurch eingeräumt, dass die Bank ihrem Kunden gestattet, bis zu einem vereinbarten Höchstbetrag durch Scheck oder Überweisungsauftrag über sein Konto zu verfügen, obwohl es kein Guthaben aufweist. Der Kunde kann also vertragsgemäß bis zu einem bestimmten Betrag, dem *Limit,* „ins Soll" kommen.

Sonst entspricht das *Kontokorrentkonto* dem *Girokonto*. Die Sollzinsen werden von dem tatsächlich in Anspruch genommenen Kredit berechnet. Der Zinsfuß ist verhältnismäßig hoch, da die Bank ständig Mittel für den Fall einer vollen Inanspruchnahme des Kredits bereithalten oder aber sich fehlende Mittel teuer am Geldmarkt beschaffen muss.

Der Kontokorrentkredit zählt zu den *kurzfristigen Krediten,* da er kurzfristig kündbar ist, auch wenn er bei gutem Geschäftsgang für lange Zeit gewährt wird. Er sollte aus diesem Grunde – und auch wegen der hohen Zinsen – nicht für langfristige Anschaffungen, sondern nur zur

Deckung eines Spitzenbedarfs verwendet werden. Die in Anspruch genommenen Kredite werden durch die eingehenden Zahlungen wieder vermindert oder abgedeckt (Kredit in laufender Rechnung). Das Kontokorrentverhältnis ist allgemein im HGB §§ 355–357 geregelt.

Ein **Dispositionskredit** liegt vor, wenn Privatleute Gehaltskonten um zwei oder mehr Gehälter überziehen können.

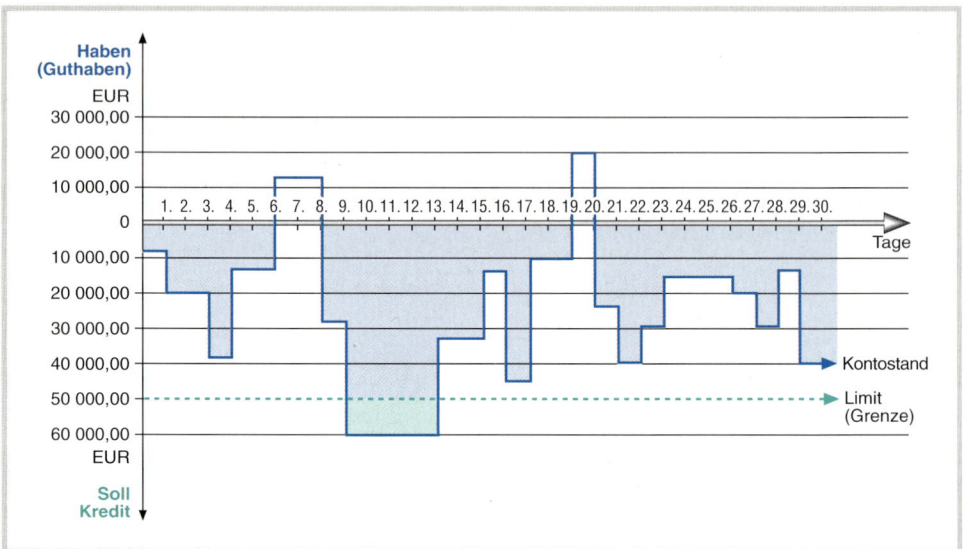

1 a) Ist die Inanspruchnahme eines Liefererkredites Eigen- oder Fremdfinanzierung?

    b) Warum zählt der Liefererkredit zu den Sachkrediten?

    c) Welche betriebswirtschaftliche Bedeutung hat der Liefererkredit
       für den Lieferer selbst,
       für den Kunden?

    d) Werden Liefererkredite stets zinslos gewährt? Begründung!

2 Unser Betrieb hat für 12 000,00 EUR Rohstoffe eingekauft. Zahlungsbedingungen: Innerhalb zehn Tagen 3 % Skonto, innerhalb 30 Tagen netto Kasse. Flüssige Mittel zur Bezahlung der Rechnung stehen erst in 30 Tagen zur Verfügung. Entscheiden Sie, was für den Betrieb günstiger ist:

    a) einen Bankkredit (Zinsfuß 8 %) aufzunehmen, um den Skonto auszunutzen,

    b) erst bei Ablauf des Ziels zu zahlen?

3 In welchem Bilanzposten schlägt sich der Liefererkredit nieder

    a) beim Lieferer,

    b) beim Kunden?

4 Die bei der Einteilung der Bankkredite herangezogenen Gesichtspunkte können auch auf Sachkredite angewandt werden.

    a) Ordnen Sie nach der *Laufzeit* folgende Fälle:
       Fall 1: Kauf einer Waschmaschine, Anzahlung 300,00 EUR, Rest in 24 Monatsraten.
       Fall 2: Eine Brauerei richtet einem Gastwirt das Lokal ein. Die Schuld wird innerhalb von zehn Jahren in Verbindung mit den Bierlieferungen (Abnahmeverpflichtung) in Teilbeträgen abgerechnet.
       Fall 3: Eine Baustoffhandlung liefert Zementsteine, Ziel 30 Tage.

    b) Ordnen Sie nach der *Verfügungsart* folgende Fälle:
       Fall 4: Eine Hausfrau „borgt" ihrer Nachbarin 1 kg abgepacktes Mehl.
       Fall 5: Ein Automobilwerk und eine Maschinenfabrik vereinbaren die Lieferung von Pkws und die Gegenlieferung von Maschinen mit halbjährlichem Ausgleich des Saldos unter Einbeziehung von Zinsen.

5 a) Welchen Zweck erfüllt ein Schuldschein? (Siehe hierzu auch BGB § 371!)

    b) Stellen Sie einen Schuldschein nach folgenden Angaben aus: Gewährung eines Darlehens in bar 1 000,00 EUR am 1. April .. durch Herrn Karl Schuster, Königsplatz 4, 80333 München, an Herrn Otto Roth, Friedrichstraße 12, 82319 Starnberg, Zinsfuß 7 %, Fälligkeit nach sechs Monaten.

6 a) Weshalb wäre die Finanzierung des Kaufes eines Grundstückes durch einen Kontokorrentkredit unwirtschaftlich und riskant?

    b) Warum wäre es unwirtschaftlich, sich für einen gelegentlich auftretenden finanziellen Spitzenbedarf ein Darlehen gewähren zu lassen? Vergleichen Sie den Darlehenszinsfuß und den Habenzinsfuß für das Girokonto!

7 Aus welchem Grund ist der Sollzinsfuß für Kontokorrentkredite höher als der Darlehenszinsfuß?

8 Häufig wird behauptet, ein Kontokorrentkredit sei dadurch gekennzeichnet, dass das Konto „überzogen" werden dürfe. Nehmen Sie dazu Stellung!

9.2.4 Die Sicherung der Kredite

Problem

Karl Bauer hat wegen ihm zur Finanzierung fehlenden 310 000,00 EUR bei seiner Bank einen Kreditantrag gestellt. Vor Eintritt in die Finanzierungsverhandlungen überlegt er, welche Kreditmöglichkeiten er überhaupt hat, welche Sicherheiten er ggf. zur Abdeckung der gewünschten Kredite anbieten kann, und welche Kreditarten für ihn wohl am günstigsten sind. Zu welchen Ergebnissen wird Bauer bei seinen Überlegungen kommen?

Sachdarstellung

9.2.4.1 Der Personalkredit

Ein Personalkredit wird ausschließlich aufgrund der **Kreditwürdigkeit des Schuldners** gewährt. Dies bedeutet freilich nicht, dass die Bank dem Schuldner „blindlings" Vertrauen schenkt, sondern sie versucht, sich aufgrund von Unterlagen, z. B. Bilanzen, Selbst- und Fremdauskünften, und durch persönliche Gespräche ein möglichst genaues Bild von den Vermögens- und Einkommensverhältnissen sowie von der Persönlichkeit des Schuldners zu verschaffen. Personalkredite brauchen deshalb keineswegs riskanter zu sein als andere; sie werden allerdings fast immer nur **kurzfristig** gegeben, meist als Kontokorrentkredit, gelegentlich auch als Darlehen.

Bei der Prüfung der Kreditwürdigkeit spielt auch die *Rechtsform* der Unternehmung eine wichtige Rolle. Bei der **Einzelunternehmung** muss berücksichtigt werden, dass das Schicksal des Betriebes weitgehend von der Person des Unternehmers abhängt, von seiner Tüchtigkeit, Lebensführung und Gesundheit. Ein weiteres Risiko liegt darin, dass er dem Betrieb nach Belieben Mittel zum persönlichen Verbrauch oder zur Übertragung an Dritte entziehen kann.

Bei der **OHG** hingegen haftet nicht nur eine Person, sondern es haften mehrere mit ihrem gesamten Privatvermögen; sie ist darum nicht nur kreditwürdiger als die Einzelunternehmung, sondern auch als eine vergleichbare **KG** und vor allem **GmbH;** bei letzterer kann sich der Gläubiger nur an das Betriebsvermögen halten, sofern die vereinbarten Stammeinlagen geleistet und keine Nachschüsse festgelegt wurden.

Obwohl bei der **AG** jede persönliche Haftung ausgeschlossen ist, gilt sie wegen der strengen Gründungs-, Bilanzierungs- und Bewertungsvorschriften sowie wegen der vorgeschriebenen Bildung von Rücklagen und der Prüfung und Veröffentlichung des Jahresabschlusses als die kreditwürdigste Unternehmungsform. Die **eG** kann hinsichtlich der Haftung – stark vereinfacht – mit der GmbH und der OHG verglichen werden.

9.2.4.2 Der verstärkte Personalkredit (Diskont-, Akzept-, Bürgschafts- und Zessionskredit)

Beim verstärkten Personalkredit haften neben dem Schuldner *weitere Personen* für die pünktliche Erfüllung der Kreditverpflichtungen. Vorausgesetzt, dass diese Personen zahlungskräftig sind, tritt dadurch eine Risikoverringerung beim Gläubiger ein.

■ Der Diskontkredit[1] (WG Art. 11 ff., KWG § 1, BGB § 19)

Der Einreicher überträgt der Bank durch Indossament die Rechte aus dem Wechsel. Die Bank stellt ihm dafür den **Barwert** zur Verfügung. Der Zins für die Restlaufzeit des Wechsels und damit für die Laufzeit des Kredits wird *im Voraus* abgezogen (= **Diskont).** Falls der Wechsel nicht eingelöst wird, belastet die Bank den Einreicher mit der Regresssumme. Darüber hinaus könnte sie sich an weitere Indossanten oder aber an den Bezogenen halten (siehe auch S. 256 f.!).

[1] Vgl. Abschnitt 4.3 Die Zahlung mit Wechsel!

Wegen seiner *einfachen Handhabung*, der weit reichenden Sicherung durch die *Wechselstrenge* und der jederzeitigen Verflüssigungsmöglichkeit durch *Refinanzierung bei der Zentralbank* ist der „Diskontkredit" der *billigste Kredit* (siehe auch Seite 256).

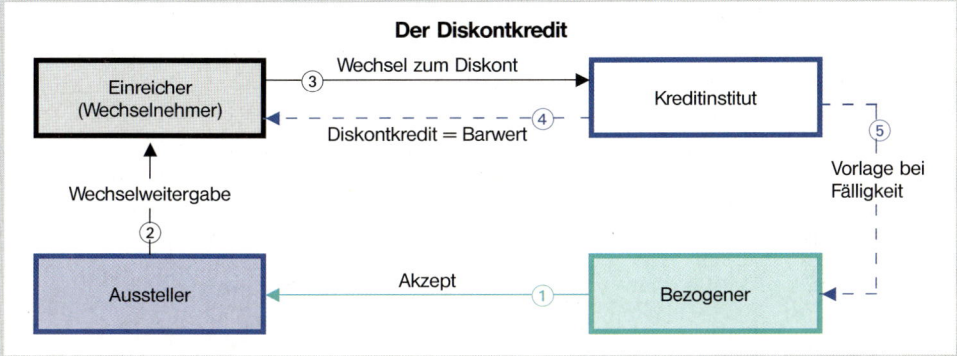

◼ *Der Akzeptkredit*

Beim Akzeptkredit akzeptiert die Bank einen von einem besonders angesehenen Kunden auf sie gezogenen Wechsel. Diesem Wechsel liegt kein Warengeschäft zugrunde. Er dient zur *Finanzierung* (**Finanzwechsel**). Der Bankkunde kann ein solches Bankakzept zum **Privatdiskontsatz** an eine Bank verkaufen oder weitergeben.

◼ *Der Bürgschaftskredit* (BGB §§ 765 ff., HGB §§ 349–351, WG Art. 30–32).

Der **Bürgschaftsvertrag** wird zwischen dem *Bürgen* und dem *Gläubiger*, z. B. einer Bank, durch die Abgabe eines Bürgschaftsversprechens und dessen formlose Entgegennahme abgeschlossen. Um voreiligen Zusicherungen des Bürgen vorzubeugen, ist für das Bürgschaftsversprechen Schriftform vorgeschrieben; nur *Vollkaufleute* können sich im Rahmen ihrer Handelsgeschäfte auch *mündlich* wirksam verbürgen. Banken verlangen aber aus Gründen der Beweissicherung stets die Schriftform.

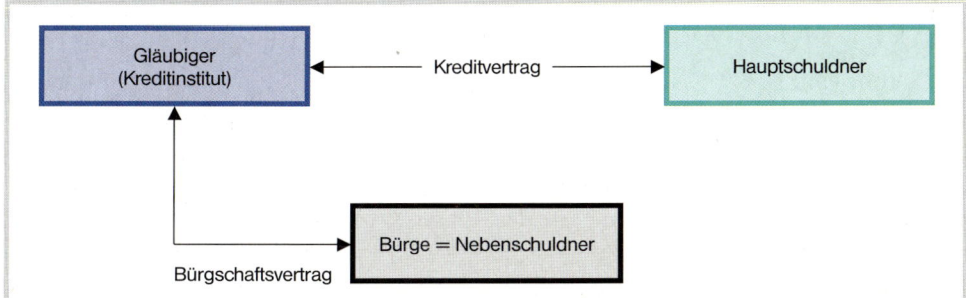

Bei der **Ausfallbürgschaft** kann der Bürge die „Einrede der Vorausklage" geltend machen; er braucht erst dann zu leisten, wenn z. B. Zwangsvollstreckungsmaßnahmen beim Schuldner erfolglos geblieben sind.

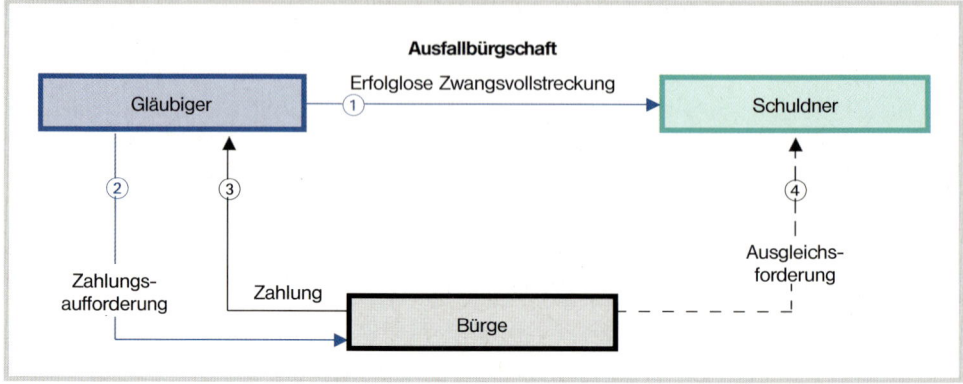

Da die Maßnahmen bei der Ausfallbürgschaft für den Gläubiger zeitraubend und mit Auslagen verbunden sind, verlangen die Banken meist, dass der Bürge vertraglich auf die Einrede der Vorausklage verzichtet. Dadurch entsteht eine **selbstschuldnerische Bürgschaft,** bei der sich der Gläubiger am Fälligkeitstag ohne weiteres direkt an den Bürgen wenden kann. Die *Bürgschaften des Vollkaufmanns* im Rahmen seines Handelsgeschäftes sowie *Wechselbürgschaften* sind auch ohne Verzichterklärung *stets selbstschuldnerisch.* Allerdings kann der Bürge dem Gläubiger in jedem Falle alle Einreden entgegensetzen, die auch dem Schuldner zustehen, z. B. Stundung.

Wird im Interesse des Bürgens ein Höchstbetrag festgelegt, bis zu dem er haftet, so wird dieser Betrag in der Regel etwas höher als der Kredit angesetzt, damit neben der Hauptsumme auch die Zinsen und Auslagen eindeutig durch die Bürgschaft gedeckt sind. Zahlt der Bürge an den Gläubiger, erlischt die Bürgschaftsverpflichtung. Die Forderung gegen den Hauptschuldner geht auf den Bürgen über. Durch den Tod des Bürgen erlischt die Bürgschaft jedoch nicht (Nachlassverbindlichkeit).

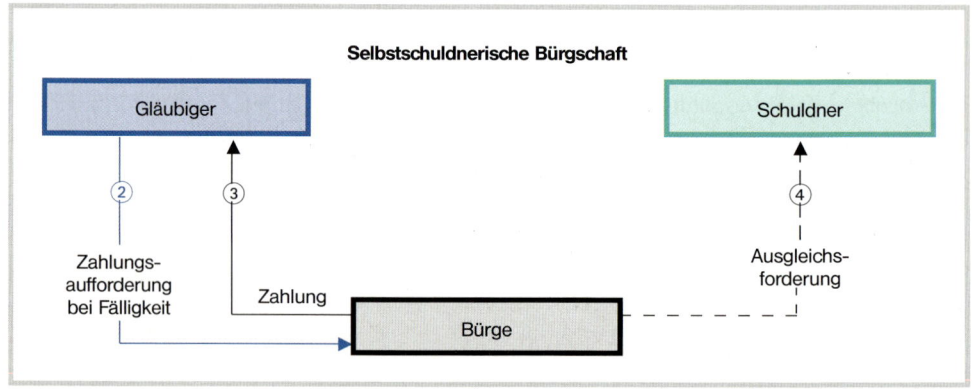

■ *Der Zessionskredit* (BGB §§ 398 ff.)

Der Schuldner vereinbart mit dem Gläubiger, dass seine Forderungen gegen Dritte (Drittschuldner) zahlungshalber auf den Gläubiger übergehen. Für den **Abtretungsvertrag** *(Zessionsvertrag)* besteht zwar keine Formschrift, er wird jedoch in der Regel schriftlich abgeschlossen.

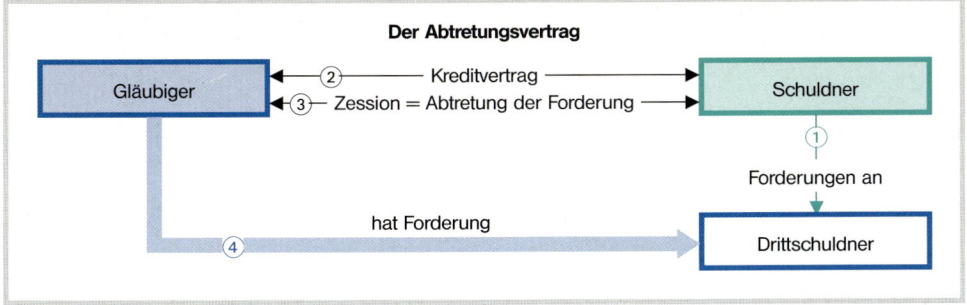

Der Abtretungsvertrag

Die Abtretung kommt ohne den Drittschuldner zustande, daher darf er nicht schlechter gestellt werden als vorher. Er kann dem Gläubiger alle Einreden entgegenhalten, die ihm gegenüber dem Schuldner zustehen, z. B. spätere Fälligkeit, mangelhafte Lieferung, Verjährung. Häufig erfährt der Drittschuldner nicht einmal von der Tatsache der Abtretung. Bei einer solchen **stillen Zession** zahlt er dementsprechend an den Schuldner. Bei einer **offenen Zession** hingegen wird ihm die Abtretung mitgeteilt. Er *kann* bei Fälligkeit mit befreiender Wirkung nur an den Gläubiger zahlen.

- **Stille Zession.** Sie liegt vor, wenn der Drittschuldner von der Abtretung der Forderung nichts erfährt. Er zahlt weiter an den Lieferer.

- **Offene Zession.** Hier wird dem Drittschuldner die Abtretung der Forderung mitgeteilt.

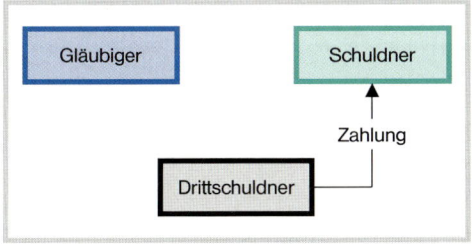
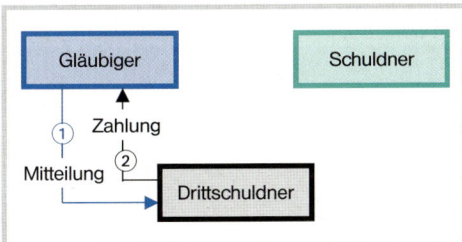

9.2.4.3 Die Real- oder Sachkredite (Lombardkredit, Sicherungs- übereignungskredit, Hypothckar- und Grundschuldkredite)

Bei den Real- oder Sachkrediten erhält der Gläubiger aus dem Vermögen des Schuldners eine zusätzliche Sicherung durch ein **unmittelbares Zugriffsrecht** auf bestimmte Sachen oder Vermögensrechte, z. B. Wertpapiere. Realkredite werden auch als **dinglich gesicherte Kredite** bezeichnet.

■ **Der Lombardkredit (Faustpfandkredit)** *(BGB §§ 1204 ff.)*

Hochwertige und wertbeständige **bewegliche Sachen** wie Edelmetalle und Schmuck oder auch **Wertpapiere** aller Art werden durch Einigung und Übergabe an den Gläubiger **verpfändet.**

Die Verpfändung

Gläubiger	← ① Einigung	Schuldner
←	Übergabe ②	
wird Besitzer des Pfandes	Pfand	bleibt Eigentümer des Pfandes

Befindet sich der Pfandgegenstand bereits im Besitz des Gläubigers, z. B. Aktien im Depot[1] der Bank, genügt die Einigung über das Bestehen des Pfandrechts. Bei Fälligkeit der Schuld, d. h. bei Pfandreife, kann der Gläubiger die Pfandsache nach vorheriger Androhung und nach Ablauf einer Wartefrist öffentlich versteigern oder ausnahmsweise auch verkaufen lassen und seine Forderung aus dem Erlös befriedigen. Zur Ausschaltung von Risiken wird nicht der volle Wert, sondern nur ein bestimmter Prozentsatz des Pfandwertes beliehen.

Lombardkredite sind meist kurzfristig. Da das Pfandrecht zwingend voraussetzt, dass dem Gläubiger der Besitz an der Sache verschafft wird, kommen hierfür nur solche Vermögensgegenstände infrage, die der Schuldner für die Fortführung des Betriebes nicht benötigt und die der Gläubiger leicht verwahren und verwerten kann. Deshalb scheidet eine Verpfändung von Fahrzeugen, Maschinen und Einrichtungen aus. Das Pfandrecht erlischt mit dem Ausgleich der Forderung und der Rückgabe der Pfandsache.

■ *Der Sicherungsübereignungskredit* *(BGB § 930)*

In einem gesonderten Vertrag wird das **Eigentum** an einer **beweglichen Sache** durch Einigung auf den **Gläubiger übertragen;** die Übergabe wird durch die Vereinbarung ersetzt, dass der **Schuldner** im Rahmen eines Pacht- oder Mietverhältnisses unmittelbarer **Besitzer** der Sache bleibt (Besitzkonstitut).

Durch die Überlassung des Besitzes kann der Schuldner weiterhin mit den verpfändeten Sachen, also Maschinen, Fuhrpark, Einrichtungen, aber auch Rohstoffen und Waren, arbeiten und damit die Voraussetzungen für pünktliche Zinszahlungen und Schuldentilgung schaffen.

Der Gläubiger erwirbt zwar Dritten gegenüber volles Eigentum, dem Schuldner gegenüber ist seine Verfügungsgewalt über die Sache auf das Verwertungsrecht bei Pfandreife beschränkt. Tatsächlich soll ihm ja auch nicht das endgültige Eigentum wie beim Kauf oder bei einer Schenkung übertragen, sondern lediglich ein „besitzloses" Pfandrecht eingeräumt werden.

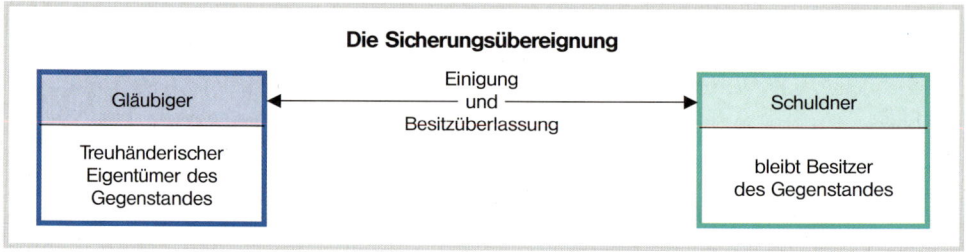

Die Sicherungsübereignung

| Gläubiger | ← Einigung und Besitzüberlassung → | Schuldner |
| Treuhänderischer Eigentümer des Gegenstandes | | bleibt Besitzer des Gegenstandes |

---

[1] Depot = Verwahrung und Verwaltung (z. B. Zinseinzug) von Wertpapieren durch die Bank.

Da die Sicherungsübereignung nach außen nicht erkennbar ist, riskiert der Gläubiger, dass die Sache bereits anderweitig übereignet wurde oder dass der Gegenstand an einen gutgläubigen Dritten veräußert wird. Die Sache kann beschädigt oder zerstört werden. Wegen dieser Gefahren und wegen des ungewissen Verwertungserlöses wird nur ein bestimmter Prozentwert der übertragenen Gegenstände beliehen. Oft wird das Risiko durch **Versicherungen** abgedeckt; z. B. Transportversicherung, Vollkaskoversicherung bei Fahrzeugen. Mit der Tilgung der Schuld geht das Eigentum automatisch wieder auf den Schuldner über.

9.2.4.4 *Die Grundpfandkredite*

■ *Wesen des Grundpfandkredits*

Durch Einigung und Eintragung im Grundbuch wird zugunsten des Gläubigers ein **Pfandrecht** an einer **unbeweglichen Sache,** d. h. einem Grundstück bestellt. Die Eintragung ersetzt die Übergabe, die ja bei einem Grundstück nicht möglich ist. Grundpfandrechte sind die idealen Sicherungsmittel für *langfristige* Kredite, da sie den Gläubiger von Veränderungen in den geschäftlichen und persönlichen Verhältnissen des Schuldners weitgehend unabhängig machen und nennenswerte Wertminderungen nicht zu erwarten sind. Für kurzfristige Kredite wären im Übrigen die Bestellung eines Grundpfandrechts auch zu umständlich und kostspielig.

Das **Grundbuch** (BGB §§ 873 ff.) ist ein öffentliches Register, das über die Rechtsverhältnisse eines Grundstücks Auskunft gibt. Das Recht auf Einsichtnahme hat jeder, der ein berechtigtes Interesse nachweisen kann. Aus dem Grundbuch sind die Größe, Lage, Benutzungsart usw. eines Grundstücks, der (die) Eigentümer, Rechte und Lasten sowie die Grundpfandrechte ersichtlich.

Eine im Grundbuch eingetragene Belastung eines Grundstückes zur Kreditsicherung gibt dem Gläubiger das **Recht, auf Zwangsvollstreckung** in das verpfändete Grundstück zu klagen, wenn der Kredit nicht fristgemäß zurückgezahlt wird (BGB §§ 873, 891, 1113 ff.).

Die Grundpfandrechte können mit erstem, zweitem, drittem **Rang** usw. eingetragen sein. Bei einer Zwangsvollstreckung muss zuerst die Forderung mit erstem Rang voll befriedigt werden, dann die mit zweitem Rang usw. Ist der Wert des Grundstücks geringer als die eingetragenen Belastungen, so können die mit letztem Rang eingetragenen Grundpfandrechte nur teilweise oder gar nicht befriedigt werden (BGB § 879).

Erster Rang	Zweiter Rang	Dritter Rang	Vierter Rang
40 000,00 EUR	50 000,00 EUR	20 000,00 EUR	10 000,00 EUR

gedeckt durch Wert des Grundstücks mit
➤ 100 000,00 EUR   ungedeckt

Kreditinstitute legen Wert auf den ersten Rang und beleihen in der Regel nicht mehr als 40–60 % des Grundstückswerts (Beleihungssatz).

Wichtig ist der **öffentliche Glaube** des Grundbuches, wonach sich jeder auf die Richtigkeit der Eintragungen verlassen kann.

■ *Der Hypothekarkredit*[1] *(BGB §§ 1113 ff.)*

Die Eintragung einer Hypothek in das Grundbuch setzt voraus, dass eine **persönliche Forderung** entweder bereits besteht oder mit Sicherheit entstehen wird. Das belastete Grundstück haftet **dinglich** für die eingetragene Hauptforderung und die Zinsen. Der Gläubiger kann bei Zahlungsverweigerung die Zwangsvollstreckung für das Grundstück beantragen. Außerdem haftet der Schuldner **persönlich** mit seinem gesamten übrigen Vermögen.

---

[1] Die Hypothek wurde in der Praxis weitgehend von der Grundschuld abgelöst.

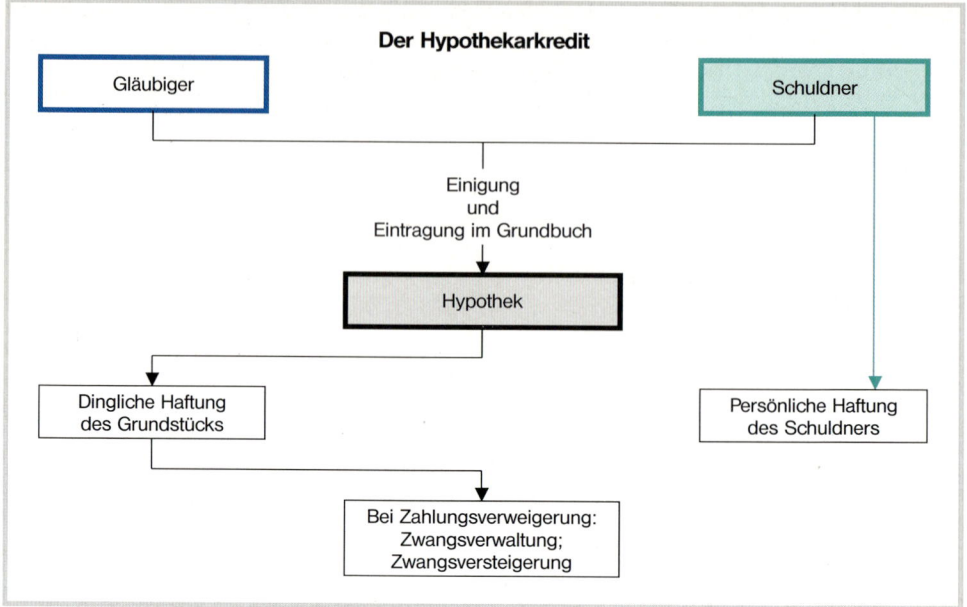

Der Hypothekarkredit

Gläubiger

Schuldner

Einigung
und
Eintragung im Grundbuch

Hypothek

Dingliche Haftung
des Grundstücks

Persönliche Haftung
des Schuldners

Bei Zahlungsverweigerung:
Zwangsverwaltung;
Zwangsversteigerung

Eine Hypothek kann als **Buchhypothek** oder als **Briefhypothek** bestellt werden. Eine Buchhypothek entsteht durch *Einigung* und *Eintragung*. Bei einer Briefhypothek kommt noch die Ausstellung eines *Hypothekenbriefes* dazu, der dann nicht nur zum Erwerb, sondern auch zur Übertragung und Geltendmachung der Hypothek erforderlich ist. Eine Briefhypothek erleichtert die Übertragung der Hypothek auf einen anderen Gläubiger, da hierbei die Übergabe des Briefes zusammen mit einer schriftlichen Abtretungserklärung genügt. Eine Umschreibung im Grundbuch kann, muss aber nicht vorgenommen werden.

Bei Rückzahlung der Schuld kann der Eigentümer die Hypothek mit Einwilligung des Gläubigers (Löschungsbewilligung) löschen lassen oder sie – vor allem bei einer Sicherungshypothek – als **Eigentümergrundschuld** stehen lassen, um einen späteren Kreditbedarf rasch befriedigen zu können.

■ *Der Grundschuldkredit* (BGB §§ 1191 ff.)

Die Eintragung einer Grundschuld setzt im Gegensatz zur Hypothek **keine persönliche Forderung** voraus. Ein Grundstück wird in der Weise belastet, dass an den Berechtigten eine bestimmte Summe aus dem Grundstück zu zahlen ist. Die Grundschuld ist also eine **dingliche Schuld,** die von der Person des Schuldners losgelöst ist. Nur das Grundstück haftet. Grundsätzlich gelten für die Grundschuld die Vorschriften über die Hypothek mit Ausnahme der Abhängigkeit von der persönlichen Forderung.

Eine Grundschuld kann als **Buchgrundschuld** oder als **Briefgrundschuld** bestellt werden, wobei letztere auch auf den Inhaber lauten kann. In diesem Falle geschieht die Übertragung durch formlose Übergabe des Grundschuldbriefes.

Eine Besonderheit stellt die **Eigentümergrundschuld** dar, bei welcher der Eigentümer selbst der Berechtigte aus der Grundschuld ist. Sie kann vor allem dadurch entstehen, dass der

Eigentümer für sich eine Grundschuld eingetragen oder aber eine getilgte Hypothek umschreiben lässt. Durch eine Eigentümergrundschuld kann sich der Eigentümer einen günstigen Rang sichern bzw. das Nachrücken der Gläubiger verhindern. Bei plötzlichem Kapitalbedarf kann er die Grundschuld abtreten oder verpfänden und spart dadurch Zeit und Kosten.

Die Grundschuld kommt in der Bankpraxis häufiger vor als die Hypothek. Bei einer Grundschuld ist das zugrunde liegende Rechtsgeschäft weder aus dem Grundbuch noch – bei einer Briefgrundschuld – aus dem Grundschuldbrief ersichtlich. Bei Inhabergrundschulden erscheint nicht einmal der Name des Gläubigers. Vor allem aber braucht der Grundschuldgläubiger nicht zu befürchten, dass ihm irgendwelche Einwendungen aus einem persönlichen Rechtsverhältnis entgegengehalten werden.

Zusammenfassung

■ Wir unterscheiden: **Kredite** nach den Sicherheiten

Personalkredite	Verstärkte Personalkredite	Realkredite
Ausschließlich maßgebend ist die Kreditwürdigkeit des Kunden (Vermögens- und Einkommensverhältnisse; Persönlichkeit; Rechtsform der Unternehmung) meist nur kurzfristige Kredite – vor allem Kontokorrentkredite, aber auch Darlehen	Neben der Kreditwürdigkeit des Kunden wird verlangt: **Zusätzliche Haftung weiterer Personen** ● Bürgschaftskredit ● Zessionskredit ● Diskontkredit – meist kurz- und mittelfristige Kredite – Kontokorrentkredite und Darlehen (Sonderfall: Diskontkredit)	**Unmittelbares Zugriffsrecht auf bestimmte Sachen** ● Lombardkredit ● Sicherungsübereignungskredit ● Grundpfandkredite (Hypothek, Grundschuld) Grundpfandkredite sind langfristige Kredite – vor allem Darlehen, aber auch Kontokorrentkredite

■ **Bürgschaftskredit:** Bürgschaftsvertrag zwischen dem Bürgen und der Bank (Schriftform).
  ● **Ausfallbürgschaft** – Bürge hat die Einrede der Vorausklage.
  ● **Selbstschuldnerische Bürgschaft** – Gläubiger kann sich am Fälligkeitstag direkt an den Bürgen wenden.
    Die Bürgschaft des Vollkaufmanns ist stets selbstschuldnerisch. Leistet der Bürge, geht die Forderung gegen den Hauptschuldner auf ihn über.

■ **Zessionskredit:** Abtretungsvertrag zwischen dem Schuldner und der Bank (schriftlich).
  ● **Stille Zession:** Drittschuldner weiß nichts von der Abtretung, zahlt also an den Schuldner (riskant für den Gläubiger).
  ● **Offene Zession:** Zession wird dem Drittschuldner mitgeteilt; er kann mit befreiender Wirkung nur an den Gläubiger, d. h. an die Bank, zahlen (schädigt den Ruf des Schuldners).

■ **Diskontkredit:** Einreichung eines Kundenwechsels bei einem Kreditinstitut zum Diskont; der Barwert wird gutgeschrieben, der Zins für die Restlaufzeit (Diskont) im Voraus abgezogen.

- **Lombardkredit:** Verpfändung hochwertiger beweglicher Sachen oder von Wertpapieren durch Einigung und Übergabe der Pfandsache an die Bank, die dadurch das Verwertungsrecht bei Pfandreife erhält. Der Gläubiger wird Besitzer des Faustpfandes, der Schuldner bleibt Eigentümer.

- **Sicherungsübereignungskredit:** Bei Maschinen, Einrichtungen, Fuhrparks usw. wird das Eigentum durch Einigung auf den Gläubiger übertragen, während die Übergabe durch die Vereinbarung ersetzt wird, dass der Schuldner unmittelbarer Besitzer der Sachen bleibt. Der Schuldner kann mit diesen Gegenständen weiterarbeiten.

- **Hypothekarkredit:** Eintragung eines Pfandrechts an einer unbeweglichen Sache durch Einigung und Eintragung im **Grundbuch,** wobei das Bestehen oder Entstehen einer **persönlichen Forderung** vorher nachgewiesen werden muss.

  Nötigenfalls kann der Gläubiger Befriedigung durch **Zwangsversteigerung** oder **Zwangsverwaltung** verlangen. Nach der Art der Bestellung der Hypothek unterscheiden wir **Buchhypothek** und **Briefhypothek.**

- **Grundschuldkredit:** Belastung eines Grundstücks mit einer bestimmten Geldsumme zugunsten des Berechtigten, der aber auch der Grundstückseigentümer sein kann (Eigentümergrundschuld).

Aufgaben

1 Weshalb werden Personalkredite meist nur kurzfristig gewährt?

2 Wie beurteilen Sie den Satz: „Jede Sicherheit ist letztlich nur soviel wert wie der Schuldner selbst?"

3 Die Bilanz einer Unternehmung weist folgende Vermögenswerte aus:

Grundstücke und Bauten	180 000,00 EUR
Maschinen	120 000,00 EUR
Betriebs- und Geschäftsausstattung	90 000,00 EUR
Fuhrpark	40 000,00 EUR
Rohstoffe	80 000,00 EUR
Unfertige Erzeugnisse	30 000,00 EUR
Fertige Erzeugnisse	50 000,00 EUR
Forderungen aus Lieferungen und Leistungen	70 000,00 EUR
Kundenwechsel	35 000,00 EUR
Kassenbestand, Postgiroguthaben	10 000,00 EUR
Guthaben bei Kreditinstituten	40 000,00 EUR
Wertpapiere	60 000,00 EUR

In welcher Weise könnten diese Vermögensteile zur Kreditsicherung verwendet werden?

4 a) Warum beleihen Banken niemals den vollen Bilanzwert oder Tageswert einer Sache?
  b) Wovon hängt die Höhe des Beleihungssatzes im Einzelfall ab, z. B. bei Aktien und festverzinslichen Wertpapieren?

5 Wie entsteht eine Eigentümergrundschuld?

6 Ein Industrieunternehmen möchte den innerbetrieblichen Transport rationalisieren. Der Aufwand für neue Transporteinrichtungen von 150 000,00 EUR muss durch einen Kredit finanziert werden. Welche Kreditart kommt hierfür infrage im Hinblick auf a) Laufzeit, b) Verfügbarkeit, c) Sicherung?

7 Ein Betriebsgrundstück ist wie folgt belastet: 1. Grundschuld 40 000,00 EUR, 2. Hypothek 50 000,00 EUR, 3. Grundschuld 20 000,00 EUR. Wie würden die Gläubiger befriedigt, wenn die Zwangsversteigerung 80 000,00 EUR erbringt?

9.2.5 Sonderformen der Finanzierung: Leasing und Factoring

(1) Fritz Meinhardt verdient nach Abschluss seiner Ausbildungszeit netto 1 900,00 EUR. Er hat 5 000,00 EUR gespart und möchte sich ein Auto kaufen, ohne dass er monatlich besonders stark finanziell belastet wird. Da liest er in der Tageszeitung folgende Anzeige:

OKA Kredit Bank Leasing- angebote	Mobi 850 C 25 kW/34 PS	Mobi 1000 G 32 kW/44 PS		Beispielhafte OKA Kredit Bank-Angeb.	Mobi 850 C 25 kW/34 PS	Mobi 1000 G 32 kW/44 PS
einmalige Mietsonder- zahlung (+ Über- führung)	2 959,00 EUR	3 248,00 EUR	**2,9 %** effektiver **Jahreszins bei 25 % Anzahlung Laufzeit bis 46 Monate** OKA Kredit Bank- Angebot	unser End- preis	10 650,00 EUR	13 450,00 EUR
				Anzahlung	2 650,00 EUR	3 450,00 EUR
Laufzeit	24 Monate	24 Monate		1. Rate	202,00 EUR	262,00 EUR
maximale Laufleistung	30 000 km	30 000 km		35 Raten à	233,00 EUR	291,00 EUR
monatliche Leasingrate	49,00 EUR	99,00 EUR		Finanzie- rungs-End- preise	11 007,00 EUR	13 897,00 EUR

Weshalb überlegt er sich ein Auto zu leasen? Was könnte ihn veranlassen, doch keinen Leasing-vertrag abzuschließen, da er sein Auto „ausfahren" will?

(2) Der Großhändler Ort ärgert sich über säumige Kunden. Diese machen durch die Zahlungsverzöge-rungen nicht nur zusätzliche Arbeit für Überwachung der Zahlungstermine und für die Durch-führung der Mahnverfahren, sondern verursachen auch Kosten. Auch kann er selbst u. U. keinen Skontoabzug bei seinen Einkäufen vornehmen, da er nicht liquide ist. Da erhält er den Rat, seine Forderungen an eine Factoring-Bank zu verkaufen. Soll er den Rat befolgen, um schneller zu seinem Geld zu kommen?

9.2.5.1 Leasing

Der technische Fortschritt vollzieht sich in atemberaubendem Tempo. Maschinen, die heute noch modernen Ansprüchen genügen, können morgen schon veraltet sein. Dementsprechend wird die Nutzungsdauer für viele Ausrüstungsgegenstände immer kürzer. Es liegt daher nahe, solche Anlagegüter nicht mehr zu kaufen, sondern nur noch zu mieten bzw. zu pachten.

Durch **Leasing** werden vertraglich die Nutzungsrechte an Maschinen und sonstigen beweg-lichen Anlagegütern für eine bestimmte Zeit auf den Mieter bzw. Pächter (**Leasingnehmer**) übertragen, der diese Güter in seinem Betrieb einsetzt. **An die Stelle des Kaufpreises tritt also die befristete Nutzung durch Miete oder Pacht.**

Vermieter bzw. Verpächter (**Leasinggeber**) können sein:

- die Hersteller der Ausrüstungsgegenstände, z. B. bei EDV-Anlagen IBM, Siemens,
- Leasing-Gesellschaften, welche die Gegenstände von der Herstellern erworben haben und sie nun vermieten. Sie übernehmen damit vor allem die zwischenzeitliche Finanzierung.

Unter der Voraussetzung, dass mithilfe der gemieteten Anlagen ein zusätzlicher Gewinn erwirtschaftet wird, kann ein Betrieb durch das Leasing-System seine Ausrüstung erneuern oder erweitern, ohne hierzu Kapital durch Eigen- oder Fremdfinanzierung bereitstellen zu müssen. Er muss aber den laufenden Mietzins aufbringen, der sehr hoch ist und der daher auf die Dauer die Liquidität und Rentabilität des Unternehmens erheblich belasten kann. Der Mietzins richtet sich nach der Vertragsdauer. Er beträgt im Allgemeinen

- bei dreijähriger Vertragsdauer monatlich etwa 3 %,
- bei fünfjähriger Vertragsdauer monatlich etwa 2 %.

Hinzu kommen weitere Kosten, z. B. für Transport, Montage, Einarbeitung des Personals sowie für Instandhaltung. Die gemieteten Gegenstände werden in der Bilanz des Mieters nicht ausgewiesen.

Leasing-Geschäfte kann man nach dem Mietobjekt unterteilen in:

- **Mobilien-Leasing:** es umfasst die Vermietung von Büromaschinen, Kraftfahrzeugen, Produktionsmaschinen u. a. und
- **Immobilien-Leasing:** es erstreckt sich auf Verwaltungsgebäude, Lagerhallen, Kraftwerke u. a.

Die **Vor- und Nachteile** des Leasings sind u. a.:

Vorteile
• Finanzierung ausschließlich mit Fremdmitteln; keine langfristige Bindung von Eigenkapital
• Verbesserung der Liquidität
• Stellung von Kreditsicherheiten nicht erforderlich
• keine Aktivierung der Güter in der Bilanz, sondern Abzugsfähigkeit der Leasingraten als Betriebsausgaben; dadurch Minderung der Gewerbe-, Einkommen- bzw. Körperschaftsteuer
• Möglichkeit der Anpassung der Mietzeit an die betrieblichen Bedürfnisse
• Bezahlung der Mieten aus den laufend erwirtschafteten Erträgen des Mietobjekts
• Möglichkeit der Austauschbarkeit des Leasingobjekts vor Vertragsablauf gegen ein neueres Modell. Dadurch erfolgt die laufende Anpassung an den technischen Fortschritt.

Nachteile
• teurer als Eigen- oder Fremdkapital
• laufende Mietzahlung unabhängig von der Liquiditäts- und Rentabilitätslage
• vertragliche Bindung auf mehrere Jahre
• Anfall sonstiger zusätzlicher Kosten

9.2.5.2 *Factoring*

Factoring-Banken kaufen von ihren Kunden offene Forderungen aus Lieferungen und Leistungen auf und schreiben ihnen sofort den Gegenwert abzüglich der Zinsen bis zum Fälligkeitstag und einer Factoring-Provision gut. Die Factoring-Provision wird für die Überwachung der Zahlungstermine, für die Eintreibung der Forderungen und für die Übernahme des Risikos bei Forderungsausfällen berechnet. Das Factoring-System wurde aus den USA übernommen.

Factoring ist eine besondere Form der Absatzfinanzierung. Diese Art der Fremdfinanzierung besteht im Kauf von Forderungen durch den **Factor** und ist eine Kombination von Kreditgewährung, Dienstleistung und Kreditsicherung.

Aufwand

1,4 % Factoring-Gebühr aus dem Umsatz (10 000,00 EUR)	140 000,00 EUR
8,5 % Sollzinsen aus der durchschnittlichen Kreditinanspruchnahme (rund 826 000,00 EUR)	70 210,00 EUR
Summe	210 210,00 EUR

Ersparnis

8 % Habenzinsen aus dem durchschnittlichen Sperrguthaben (rund 83 000,00 EUR)	6 640,00 EUR
4 % Skontoertrag aus durchschnittlichem Wareneinsatz	144 000,00 EUR
5 000,00 EUR Mehrumsatz bei einer Umsatzrendite von 1 % (vermutlich noch höher)	50 000,00 EUR
Günstigere Einkaufskonditionen, da Barzahler	10 000,00 EUR
Ersparnis von Sach- und Personalkosten im Rechnungswesen	20 000,00 EUR
Gewerbesteuereinsparung, da bei Factoring kein Dauerschuldverhältnis begründet wird	8 500,00 EUR
Wegfall des Delkredererisikos (keine Forderungsausfälle mehr)	15 000,00 EUR
Summe	254 000,00 EUR
Gesamt-Spareffekt	43 930,00 EUR

Die **Vor- und Nachteile** des Factoring-Systems sind u. a.:

Vorteile

- keine Wechselziehung auf die Kunden (keine Verärgerung des Kunden, weniger Arbeitsaufwand)
- dennoch Diskontierung, d. h. sofortige Verfügung über Barwert
- Ausnutzung des Lieferantenskontos
- Verringerung des Kapitalbedarfs
- Einsparung von Buchhaltungsarbeiten
- keine Eintreibung der Außenstände
- kein Risiko des Forderungsausfalls

Nachteile

- neben den Zinsen Abzug einer Provision für die Dienstleistungen der Bank
- Verärgerung einzelner Kunden durch schematische Einzugsverfahren

Zusammenfassung

- Beim **Leasing** werden Anlagegüter nicht gekauft, sondern für mindestens drei Jahre gemietet bzw. gepachtet.

- Vermieter bzw. Verpächter sind die Hersteller selbst oder aber Leasing-Gesellschaften (Finanzierungsgesellschaften).

- Leasing findet vor allem bei den Gegenständen Anwendung, die einem raschen Wandel durch den technischen Fortschritt unterliegen, z. B. EDV-Anlagen.

- Durch Leasing wird der Kapitalbedarf der Abnehmer verringert.

- **Factoring** ist eine besondere Form der Absatzfinanzierung. Es besteht im Kauf von Forderungen und ist damit eine Kombination von Kreditgewährung, Dienstleistung und Kreditsicherung.

- **Factoring-Banken** kaufen Buchforderungen ihrer Kunden auf, d. h. diskontieren sie, ohne dass Wechsel auf die Kunden gezogen werden müssen.

- Neben den Zinsen wird eine Factoring-Provision für die Überwachung und Eintreibung der Außenstände und für die Übernahme des Forderungsrisikos berechnet.

1 Nehmen Sie Stellung zu den Fragen bei den Problemen auf S. 333!

2 Was versteht man unter Leasing?

3 Wo liegen die wesentlichen Anwendungsbereiche für Leasing?

4 Wodurch kommen die Hersteller bzw. Leasing-Gesellschaften auf ihre Kosten? Rechnen Sie nach!

5 Weshalb sinkt der Leasingsatz mit zunehmender Vertragsdauer?

6 Was geschieht mit den Anlagen nach Ablauf des Leasingvertrages?

7 Wie wirkt sich das Leasing auf die Aussagekraft der Bilanz des Mieters aus?

8 Wer übernimmt beim Leasing die Finanzierung?

9 Was versteht man unter Factoring?

10 Durch welche Kosteneinsparungen und Erträge findet beim Factoring ein Ausgleich zu den von der Bank berechneten Zinsen und Provisionen statt?

11 Welche Kunden könnten vor allem durch ein schematisches Einzugsverfahren verärgert werden?

9.3 Die Not leidende Unternehmung

9.3.1 Ursachen von Zahlungsschwierigkeiten – Hilfsmaßnahmen durch Sanierung und Vergleich

Problem

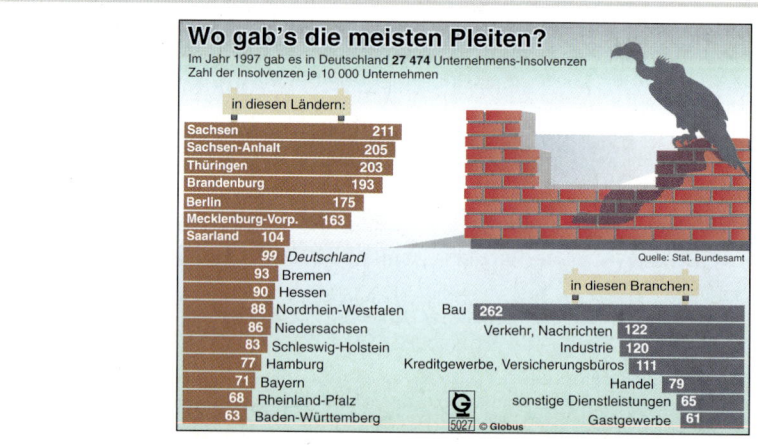

Eine Pleite ist der finanzielle Zusammenbruch einer Unternehmung.

a) Überlegen Sie mögliche Ursachen hierfür!

b) Wie könnte man ein „krankes" Unternehmen retten?

c) Suchen Sie nach Gründen, weshalb die einzelnen Länder und Wirtschaftszweige so verschieden betroffen sind!

9.3.1.1 Ursachen von Zahlungsschwierigkeiten

In jedem Unternehmen können finanzielle Schwierigkeiten auftreten, die sich meist im Umsatzrückgang und, damit verbunden, in einer Gewinnminderung oder gar in laufenden Verlusten bemerkbar machen.

Ursachen dafür können sein: Dispositionsfehler, Forderungsverluste, falsche Umsatzplanung, Überholung durch Mode und technischen Fortschritt, Konkurrenzdruck, Konjunkturabschwächung, zu hohe Privatentnahmen, schwerfälliger Organisationsaufbau im Betrieb u. a.

Wirtschaftliche und rechtliche Maßnahmen müssen zusammenwirken, um ein in Zahlungsschwierigkeiten geratenes Unternehmen gesunden zu lassen *(Sanierung, Vergleich)* oder aufzulösen, wenn es nicht mehr zu retten ist *(Liquidation, Insolvenzverfahren)*.

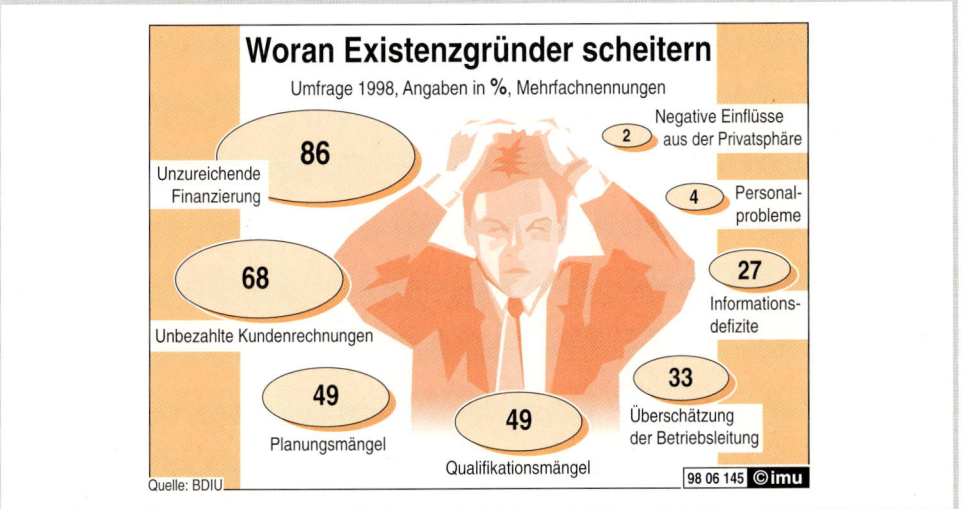

9.3.1.2 Hilfsmaßnahmen bei Zahlungsschwierigkeiten

Die verschiedenen Möglichkeiten der Hilfe sind aus folgendem Schaubild ersichtlich:

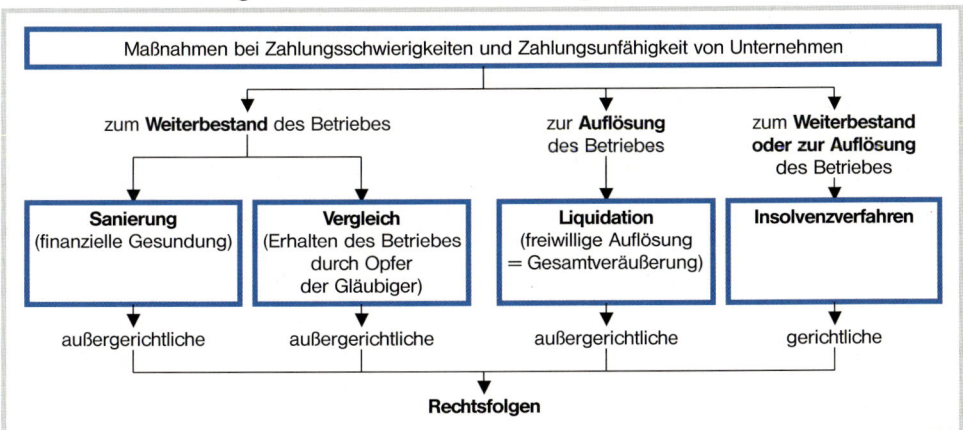

■ Die Sanierung

Zur **Sanierung** eines Unternehmens müssen alle Maßnahmen ergriffen werden, die Leistungsfähigkeit und Rentabilität wiederherzustellen.

Sanierungsmaßnahmen sind:

- *finanzielle Maßnahmen*
  - **Anpassung des Eigenkapitals** an das Vermögen des Unternehmens durch Kapitalherabsetzung *(formelle Sanierung);*
  - **Eigenfinanzierung,** z. B. Kapitalerhöhung, Zuzahlung auf Aktien, Verkauf nicht benötigter Gegenstände;
  - **Fremdfinanzierung,** wie Schulderlass, Zahlungsaufschub, Aufnahme von Darlehen.
- *organisatorische Maßnahmen*
  - Überprüfung und Änderung des Produktionsprogramms;
  - Kontrolle und Rationalisierung des Produktionsablaufs;
  - Umsatzsteigerung durch Auftragsbeschaffung und Absatzwerbung;
  - Überprüfung des Personalstandes mit dem Ziel, unfähige Mitarbeiter zu entlassen und durch fähige zu ersetzen.

Werden alle diese Grundsätze beachtet, wird im Allgemeinen das Unternehmen rasch wieder rentabel arbeiten können.

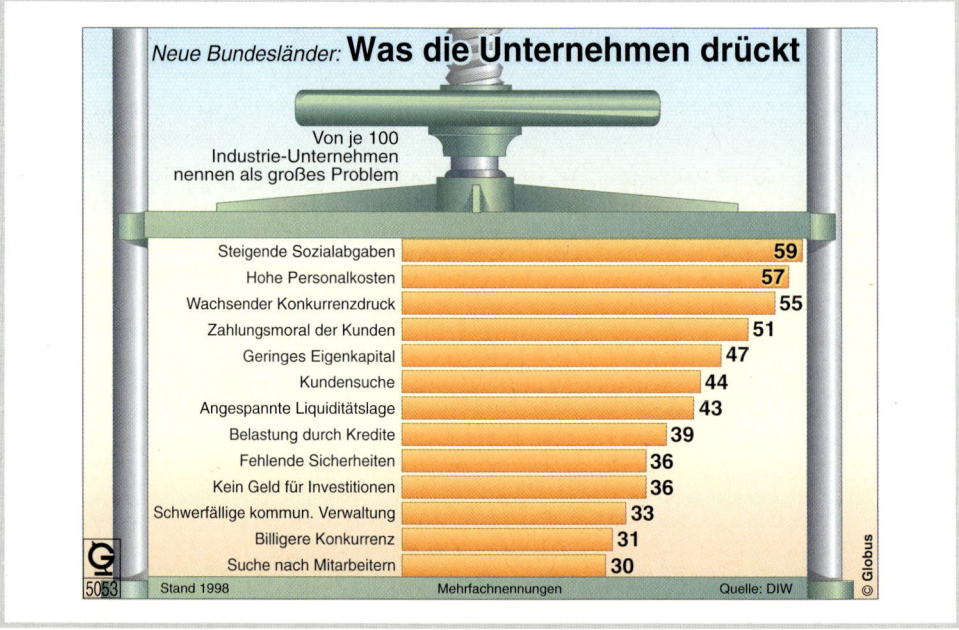

Neue Bundesländer: **Was die Unternehmen drückt**

Von je 100 Industrie-Unternehmen nennen als großes Problem

Steigende Sozialabgaben	59
Hohe Personalkosten	57
Wachsender Konkurrenzdruck	55
Zahlungsmoral der Kunden	51
Geringes Eigenkapital	47
Kundensuche	44
Angespannte Liquiditätslage	43
Belastung durch Kredite	39
Fehlende Sicherheiten	36
Kein Geld für Investitionen	36
Schwerfällige kommun. Verwaltung	33
Billigere Konkurrenz	31
Suche nach Mitarbeitern	30

5053 Stand 1998   Mehrfachnennungen   Quelle: DIW   © Globus

■ Der Vergleich

Beim **Vergleich** wird angestrebt, ein in Zahlungsschwierigkeiten geratenes Unternehmen durch einen teilweisen Forderungsverzicht der Gläubiger oder durch einen Zahlungsaufschub zu erhalten und wieder lebensfähig zu machen.

Der Vergleich wird ohne Hilfe des Gerichts durchgeführt.

Beim **Vergleich** *(freiwilliger Vergleich* oder *Akkord)* bittet der in Zahlungsschwierigkeiten geratene Unternehmer seine Gläubiger, einer der folgenden Vergleichsarten zuzustimmen, ohne das Gericht in Anspruch zu nehmen:

- **Erlassvergleich:** Die Forderungen werden *teilweise* erlassen.
- **Stundungsvergleich:** Die Forderungen werden gestundet. Der Schuldner erhält einen Zahlungsaufschub *(Moratorium).*

Der Schuldner muss nicht alle Gläubiger gleich behandeln, sondern kann mit Einzelnen verhandeln. Es ist aber ratsam, dem Schuldner nur unter der Bedingung entgegenzukommen, dass alle übrigen Gläubiger die gleichen Zugeständnisse machen. Die Gläubiger können die Einsetzung eines **Treuhänders** verlangen.

Kommt es zu einem Insolvenzverfahren, so können die Forderungen, auf die schon beim Akkord verzichtet worden war, nicht mehr geltend gemacht werden.

Zusammenfassung

- ■ Durch **Sanierung** werden Leistungsfähigkeit und Rentabilität eines Unternehmens wiederhergestellt. Dazu dienen finanzielle und organisatorische Sanierungsmaßnahmen.
- ■ Der **Vergleich** wird durchgeführt als
  - ● *Stundungsvergleich* → Zahlungsaufschub (Moratorium);
  - ● *Erlassvergleich* → teilweiser Forderungserlass.

Aufgaben

1 Worin besteht der Unterschied zwischen einer Sanierung und einem Akkord?

2 Welchen Nachteil hat ein Gläubiger, der einem Erlassvergleich zustimmt, wenn es zum Insolvenzverfahren kommt?

9.3.2 Die Auflösung der Unternehmung

Problem

Herr Obermann, Inhaber der Großhandlung Obermann & Co., stellt fest, dass sein Kunde Scholz sowohl laufend den eingeräumten Kredit von 8 000,00 EUR und auch das Zahlungsziel überschreitet. Außerdem fällt auf, dass Herr Scholz gelegentlich nicht verlangte Abschlagszahlungen leistet. Herr Obermann wird misstrauisch und verlangt von Herrn Scholz unverzüglich Einhaltung der vereinbarten Zahlungsbedingungen, da er mit Recht fürchtet, bald in den amtlichen Bekanntmachungen eine entsprechende Anzeige auch für die Firma Scholz zu lesen:

Amtsgericht Ulm
N 47/.. Über das Vermögen des Rolf *Friedrich,* Inhaber der im Handelsregister des Amtsgerichts Ulm eingetragenen Firma Schalgut Rolf Friedrich e. Kfm., Beton-Schaltechnik, Sitz Ulm-Wiblingen, wurde am 23. Januar .., 15:30 Uhr, das Insolvenzverfahren eröffnet. Insolvenzverwalter: Rechtsanwalt Dr. Heinrich Hübner, Hartmannstraße 25, 89073 Ulm. Anmeldefrist bis 20. März .. Erste Gläubigerversammlung am **22. Februar .., 14:00 Uhr,** vor dem Amtsgericht Ulm, Zimmer 1.

Was wird Herr Obermann unternehmen?

Das Ende einer Unternehmung kann *freiwillig* oder *zwangsweise* herbeigeführt werden.

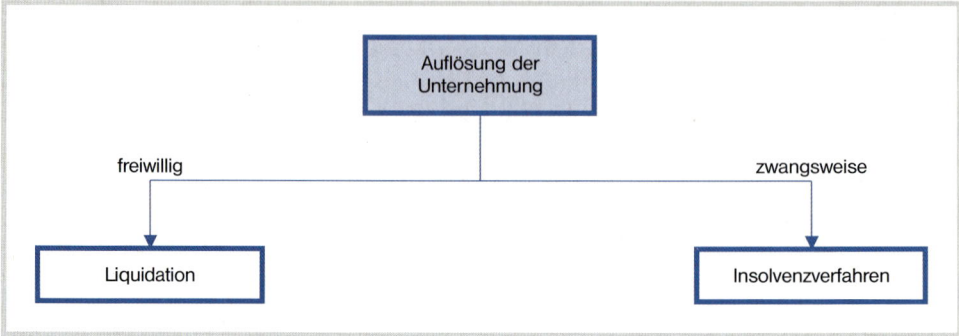

Auflösungsgründe für ein Unternehmen können sein:

persönliche Gründe	sachliche Gründe
z. B. Krankheit, Arbeitsunfähigkeit, vorgerücktes Alter oder Tod des Inhabers, Streit unter den Gesellschaftern oder Erben, Ausscheiden eines Gesellschafters	z. B. Verschlechterung der Geschäftslage durch erdrückenden Wettbewerb, Konjunkturkrisen, Zahlungsunfähigkeit, Erreichen des Unternehmungszieles

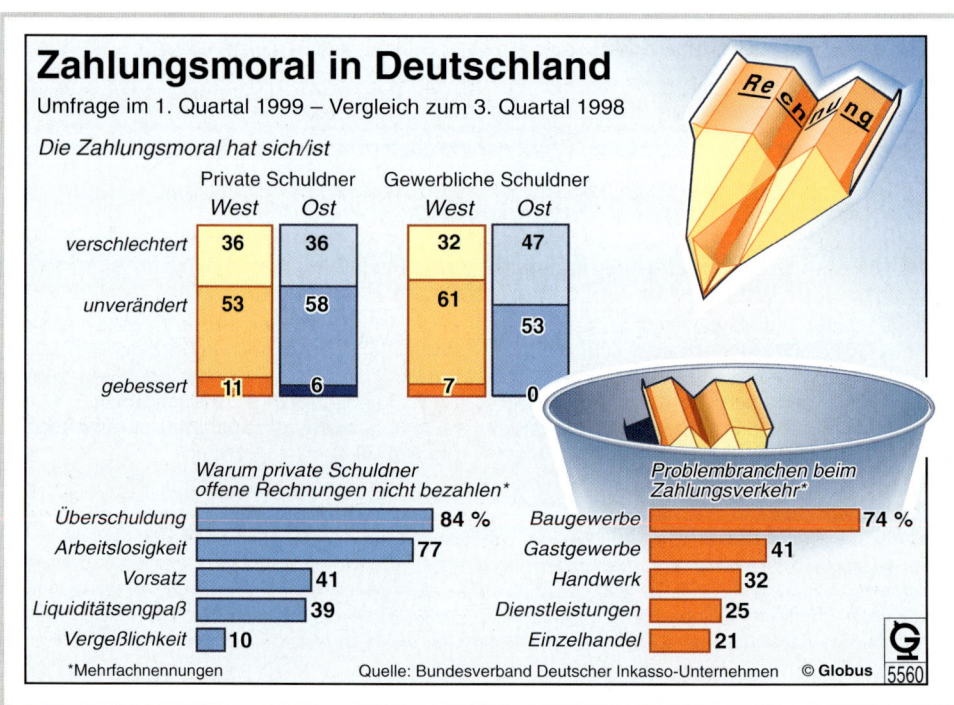

© Verlag Gehlen

9.3.2.1 Die freiwillige Auflösung

Bei der *freiwilligen Auflösung,* der **Liquidation,** werden alle Vermögenswerte einer Unternehmung liquidiert, d. h. in flüssige Mittel (Geld) umgewandelt und bestehende Schulden beglichen. Der als Reinerlös verbleibende Überschuss gehört dem Eigentümer.

Der **Liquidator** führt die Auflösung durch. Er verkauft die Vermögensteile einzeln oder im Ganzen:

- *Einzelverkauf* der Vermögensteile ist ratsam, wenn die Summe der einzelnen Vermögenswerte höher als der Gesamtwert der Unternehmung ist. Es liegt hier ein *Unternehmungsminderwert* vor.

- *Verkauf als Ganzes* ist anzustreben, wenn dieser mehr bringt als die Summe der Einzelverkäufe. Der *Unternehmungsmehrwert* kann z. B. durch die Übernahme eines bekannten Warenzeichens gerechtfertigt sein.

Die Firma erhält den Zusatz „i. L." (in Liquidation). Zu Beginn ist eine *Liquidations-Eröffnungsbilanz,* am Ende eine *Liquidations-Schlussbilanz aufzustellen.* Im Verlaufe der Liquidation darf nur noch gekauft werden, was zu ihrer vollständigen Durchführung nötig ist. Das Vorschieben oder Nachschieben von Waren ist verboten (z. B. Totalausverkauf im Einzelhandel). Beginn und Ende der Liquidation werden ins Handelsregister eingetragen und veröffentlicht.

Persönlich haftende Gesellschafter haften für Schulden noch 5 Jahre lang. Bei Kapitalgesellschaften darf der Erlös erst nach Ablauf eines Jahres *(Sperrjahr)* verteilt werden.

9.3.2.2 Das Insolvenzverfahren

Die Insolvenzordnung unterscheidet das **Insolvenzverfahren** – Unternehmensinsolvenzverfahren – (InsO § 1 ff.) und das **Verbraucherinsolvenzverfahren** (InsO § 304 ff.).

■ Das Insolvenzverfahren zur Auflösung eines Unternehmens

Der **Antrag auf Eröffnung** eines Insolvenzverfahrens wird beim **Insolvenzgericht,** das ist das Amtsgericht, in dessen Bezirk ein Landgericht ist, gestellt (InsO §§ 2, 13).

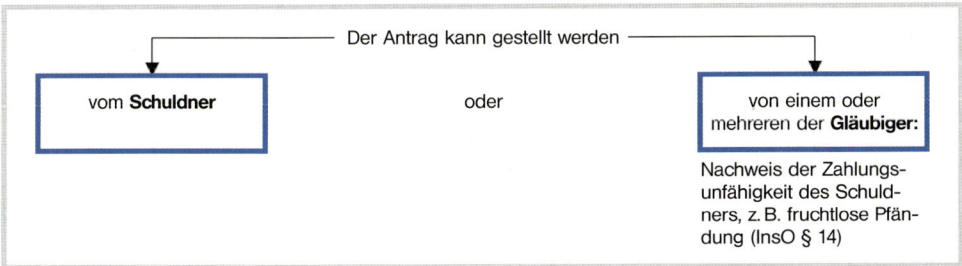

Ein **Insolvenzverfahren** kann über das *Vermögen jeder natürlichen und jeder juristischen Person* eröffnet werden. Dasselbe gilt für das Vermögen einer *Gesellschaft ohne Rechtspersönlichkeit* (z. B. offene Handelsgesellschaft, Kommanditgesellschaft, Gesellschaft des Bürgerlichen Rechts) und für einen *Nachlass* (Nachlassinsolvenzverfahren) (InsO § 11).

Die *Eröffnung* eines Insolvenzverfahrens setzt voraus, dass ein **Eröffnungsgrund** gegeben ist:

- *Allgemeiner Eröffnungsgrund* ist die **Zahlungsunfähigkeit.** Der Schuldner ist zahlungsunfähig, wenn er nicht in der Lage ist, die fälligen Zahlungspflichten zu erfüllen. Zahlungsunfähigkeit ist in der Regel anzunehmen, wenn der Schuldner seine Zahlungen eingestellt hat.

- Bei einer *juristischen Person* ist auch die **Überschuldung** Eröffnungsgrund. Überschuldung liegt vor, wenn das Vermögen des Schuldners die bestehenden Verbindlichkeiten nicht mehr deckt.

- Beantragt der *Schuldner* die Eröffnung des Insolvenzverfahrens, so ist auch die **drohende Zahlungsunfähigkeit** Eröffnungsgrund. Der Schuldner droht zahlungsunfähig zu werden, wenn er voraussichtlich nicht in der Lage sein wird, die bestehenden Zahlungsverpflichtungen im Zeitpunkt der Fälligkeit zu erfüllen (InsO § 16 ff.).

Mit dem Antrag kann das Insolvenzgericht **Sicherungsmaßnahmen** anordnen, um eine nachteilige Veränderung der Vermögenslage des Schuldners zu verhüten.

Solche Sicherungsmaßnahmen sind:

- Bestellung eines vorläufigen Insolvenzverwalters;

- Verfügungsverbot für den Schuldner;

- der Schuldner kann zwangsweise vorgeführt und nach Anhörung in Haft genommen werden (InsO § 21).

Das Insolvenzgericht prüft den Antrag und entscheidet über *Eröffnung* oder *Abweisung des Insolvenzverfahrens.* Es weist ihn **mangels Masse** ab, wenn das Vermögen die Kosten des Verfahrens nicht deckt. Der Schuldner wird in ein beim Vollstreckungsgericht geführtes **Schuldnerverzeichnis** eingetragen. Diese Eintragung wird nach fünf Jahren gelöscht (InsO § 26; ZPO § 915).

Der **Insolvenzverwalter** wird vom Insolvenzgericht mit der Eröffnung des Insolvenzverfahrens ernannt. Die Gläubiger müssen ihre *Forderungen anmelden* und mitteilen, ob sie an beweglichen Sachen oder Rechten *besondere Ansprüche* haben, z. B. gemietete Maschine. Gleichzeitig bestimmt das Insolvenzgericht einen Termin für die *Gläubigerversammlung* (InsO § 28 f.).

Der Insolvenzverwalter erstellt

- ein Verzeichnis aller Massegegenstände mit Wertangabe,

- ein Verzeichnis aller Insolvenzgläubiger,

- eine Vermögensübersicht durch Gegenüberstellung der Massegegenstände und der Verbindlichkeiten des Schuldners (InsO §§ 151–153).

Nicht zur Insolvenzmasse gehören *pfändungsfreie Gegenstände,* also Sachen, die dem persönlichen Gebrauch, dem Haushalt und der Berufsausübung dienen, wie Wäsche, Kleider, Hausrat, Handwerkszeug, Schreibmaschine (InsO § 38).

Reihenfolge der Verteilung	Feststellung und Verteilung der Insolvenzmasse
Aussonderung	Gegenstände, die dem Schuldner nicht gehören, z. B. entliehene Maschine, unter Eigentumsvorbehalt erhaltene Ware. Sie müssen dem Eigentümer zurückgegeben werden (InsO § 47).
Absonderung	Gegenstände, die mit einem fremden Recht belastet sind, z. B. Faustpfand, Hypothek, Sicherungsübereignung. Sie werden verkauft und die betreffenden Gläubiger nach Möglichkeit voll befriedigt (InsO §§ 49 bis 51). Ein verbleibender Restbetrag kann als Insolvenzforderung angemeldet werden. Ein Mehrerlös wird der Insolvenzmasse zugeschlagen.
Aufrechnung	Sie ist möglich, wenn ein Gläubiger nicht nur Forderungen, sondern auch Schulden gegenüber dem Insolvenzschuldner hat (InsO §§ 94 bis 96).

Das Restvermögen wird in der gesetzlich vorgeschriebenen Reihenfolge verteilt.

Reihenfolge der Verteilung	Feststellung und Verteilung der Insolvenzmasse
Vorwegansprüche Massegläubiger	● **Kosten des Insolvenzverfahrens** – Gerichtskosten – Vergütung und Auslagen des Insolvenzverwalters (InsO § 53). ● **Sonstige Verbindlichkeiten** z. B. Schulden, die erst nach der Eröffnung des Insolvenzverfahrens entstanden sind, z. B. durch Zukäufe, Lohn- und Gehaltsansprüche von Weiterbeschäftigten, Miete usw. (InsO § 55). ● **Verbindlichkeiten aus einem Sozialplan** (bis zu zweieinhalb Monatsverdiensten der von der Entlassung betroffenen Arbeitnehmer) (InsO § 123).
Insolvenzgläubiger	persönliche Gläubiger, die einen bei der Eröffnung des Insolvenzverfahrens berechtigten Anspruch haben (InsO § 38).
Nachrangige Insolvenzgläubiger	Diese Forderungen werden nach den übrigen Forderungen in folgender Reihenfolge ausgeglichen: ● die seit der Eröffnung des Insolvenzverfahrens laufenden Zinsen der Forderungen der Insolvenzgläubiger; ● die Kosten, die den einzelnen Insolvenzgläubigern durch ihre Teilnahme am Verfahren erwachsen; ● Geldstrafen, Geldbußen, Ordnungsgelder und Zwangsgelder (für weitere Einzelheiten siehe InsO § 39!).

Die Insolvenzgläubiger müssen sich gegebenenfalls mit einem *Bruchteil* ihrer Forderungen zufrieden geben, wenn die Insolvenzmasse nicht ausreicht.

Nach der Schlussverteilung hebt das Insolvenzgericht das Insolvenzverfahren auf (InsO § 200).

Mit der Beendigung ergeben sich u. a. folgende rechtliche Auswirkungen:

- Die Firma erlischt;
- der Schuldner erhält seine volle Handlungsfreiheit zurück;
- die Restforderungen verjähren nach 30 Jahren (InsO § 201).

Pleitewelle ebbt ab
Zahl der Unternehmens-Insolvenzen in Deutschland

1991 1992 1993 1994 1995 1996 1997 1998 1999 2000

Prognose

8 837
10 920
15 148
18 837
22 344
25 530
27 474
27 828
26 400
23 800

Quelle: Stat. Bundesamt,
Bundesverband Dt. Inkasso-Unternehmen
© Globus 6265

Ist der Schuldner eine **natürliche Person,** so wird er auf Antrag von den im Insolvenzverfahren nicht erfüllten Verbindlichkeiten gegenüber den Insolvenzgläubigern *befreit* (**Restschuldbefreiung).** Damit wird es dem Schuldner ermöglicht, sich eine neue Existenz aufzubauen.

Voraussetzung für die Restschuldbefreiung ist die Abtretung der pfändbaren auf Bezüge aus einem Dienstverhältnis oder sonstige laufende Bezüge für *sieben Jahre* (InsO § 286 ff.).

Eine **Restschuldbefreiung** wird *nicht gewährt,* wenn dies im Schlusstermin von einem Insolvenzgläubiger beantragt worden ist. Gründe dafür sind u. a.:

- wenn der Schuldner durch falsche Angaben Kredite erschlichen hat;
- wenn dem Schuldner in den letzten zehn Jahren vor der Insolvenzeröffnung schon einmal Restschuldbefreiung gewäht worden ist;
- wenn der Schuldner seine Auskunfts- und Mitwirkungspflicht während des Insolvenzverfahrens vorsätzlich oder fahrlässig verletzt hat;
- wenn der Schuldner sein Vermögensverzeichnis, das Gläubiger- und das Schuldnerverzeichnis gefälscht hat (für Einzelheiten siehe InsO § 290!).

■ *Insolvenzverfahren zur Erhaltung eines Unternehmens*

Das Insolvenzverfahren kann abweichend von den *gesetzlichen Vorschriften* der Insolvenzordnung auch **vertraglich** abgewickelt werden. Dabei können in einem **Insolvenzplan** z. B. die Befriedigung der *absonderungsberechtigten Gläubiger* und der *Insolvenzgläubiger* oder die Haftung des Schuldners nach Beendigung des Insolvenzverfahrens geregelt werden.

Der Insolvenzplan kann vom Insolvenzverwalter oder vom Schuldner eingereicht werden. Er besteht aus

- dem **darstellenden Teil:** Beschreibung der seit der Eröffnung des Insolvenzverfahrens getroffenen Maßnahmen;

- dem **gestaltenden Teil:** Festlegung der Rechtsstellung der Beteiligten.

Jede Gruppe der Gläubiger stimmt gesondert über den Insolvenzplan ab. Er gilt als angenommen, wenn in jeder Gruppe

- die *Mehrheit* der abstimmenden Gläubiger dem Plan *zustimmt;*

- die Summe der Forderungen der *zustimmenden Gläubiger* mehr als 50 % der Forderungen der *abstimmenden Gläubiger* beträgt (InsO § 244).

Ist im Insolvenzplan nichts anderes bestimmt, so ist der Schuldner nach Erfüllung seiner Verpflichtungen von seinen **restlichen Verbindlichkeiten befreit** (InsO § 227).

Damit kann das Unternehmen fortgeführt werden.

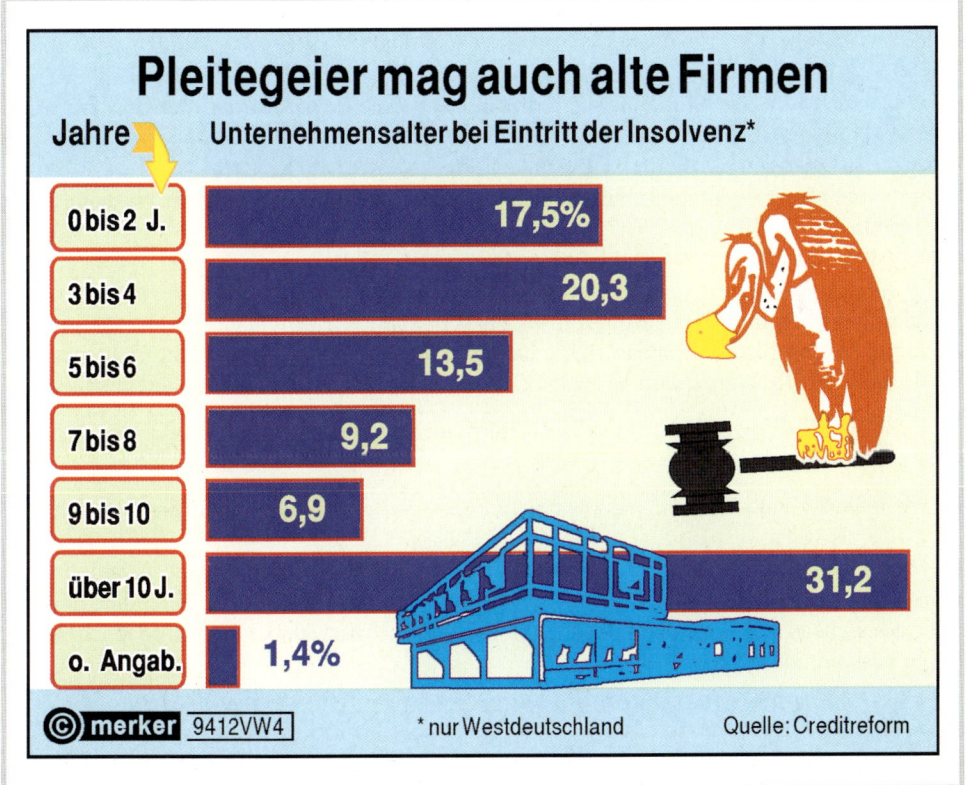

© Verlag Gehlen

345

■ *Verbraucherinsolvenzverfahren*

Dieses Verfahren ist vorgesehen, wenn der Schuldner eine **natürliche Person** ist, *die keine oder nur eine geringfügige selbstständige wirtschaftliche Tätigkeit* ausübt (InsO § 304 ff.).

Mit dem *Antrag* auf **Eröffnung des Insolvenzverfahrens** durch den *Schuldner* müssen vorgelegt werden:

- eine Bescheinigung, die von einer geeigneten Person[1] oder Stelle ausgestellt ist. Aus ihr muss hervorgehen, dass eine *außergerichtliche Einigung* mit den Gläubigern innerhalb der letzten *sechs Monate* vor dem Eröffnungsantrag *erfolglos versucht* worden ist;

- der Antrag auf Erteilung von *Restschuldbefreiung* oder die Erklärung, dass eine Restschuldbefreiung nicht beantragt werden soll;

- ein Verzeichnis

  - des vorhandenen Vermögens und des Einkommens **(Vermögensverzeichnis)**
  - der Gläubiger
  - der gegen ihn gerichteten Forderungen

  mit einer Erklärung, dass alle Angaben richtig und vollständig sind;

- ein **Schuldenbereinigungsplan:** dieser soll alle Regelungen enthalten, die zu einer angemessenen Schuldenbereinigung führen (InsO § 305).

Der Schuldenbereinigungsplan ist angenommen, wenn mehr als die Hälfte der Gläubiger, die mehr als die Hälfte der Forderungen vertreten, zustimmen. Dies ist ein (gerichtlicher) Vergleich im Sinne der ZPO § 794.

Wird der Schuldenbereinigungsplan abgelehnt, wird ein vereinfachtes Insolvenzverfahren eingeleitet (InsO § 311 ff.).

Beim **vereinfachten Insolvenzverfahren** werden in einem Prüfungstermin die angemeldeten Forderungen überprüft. Anstelle eines Insolvenzverwalters übernimmt ein *Treuhänder* die Abwicklung des Insolvenzverfahrens. Auf seinen Antrag bestimmt das Insolvenzgericht, dass die Verwertung der Insolvenzmasse unterbleibt. wenn der Schuldner an den Treuhänder einen Betrag bezahlt, der dem Wert der an die Gläubiger zu verteilenden Masse entspricht *(vereinfachte Verteilung)*.

Der Schuldner kann auch hier einen Antrag auf *Restschuldbefreiung* stellen (InsO 311 – 314).

Das Verbraucherinsolvenzverfahren ermöglicht es dem Privatmann, nach sieben Jahren seine Verpflichtungen loszuwerden. Dadurch wird vermieden, dass der private Schuldner für den Rest des Lebens mit dem pfändungsfreien Teil seines Arbeitseinkommens oder gar seiner Rente auskommen muss.

---

[1] Die Länder können bestimmen, welche Personen oder Stellen als geeignet anzusehen sind; z. B. Rechtsanwälte, Schuldnerberatungsstellen.

- **Liquidation** ist die *freiwillige* Auflösung einer Unternehmung.

- Beim **Unternehmensinsolvenzverfahren** wird das Unternehmen zwangsweise gerichtlich aufgelöst.

- Voraussetzung ist

  - Zahlungsunfähigkeit
  - Überschuldung

- Wird ein **Insolvenzplan** angenommen, so bleibt das Unternehmen bestehen. Der Schuldner ist nach Erfüllung seiner Verpflichtungen aus dem Insolvenzplan von den restlichen Verbindlichkeiten befreit.

- Die Eröffnung eines Insolvenzverfahrens wird *mangels Masse* abgelehnt, wenn Verfahrenskosten ungedeckt sind.

- Das *Insolvenzausfallgeld* schützt den Arbeitnehmer insbesondere dann, wenn der Konkurs mangels Masse nicht eröffnet wird.

- Das **Verbraucherinsolvenzverfahren** ist eine vereinfachte Form des Insolvenzverfahrens. Der Schuldner muss dabei eine natürliche Person sein.

- *Restschuldbefreiung* bei natürlichen Personen kann nach sieben Jahren erfolgen, wenn der Schuldner vorher allen seinen Verpflichtungen nachgekommen ist.

- Vergleichende Übersicht: Liquidation und Insolvenzverfahren

	Liquidation	Insolvenzverfahren
Gericht	–	zuständiges Amtsgericht (Insolvenzgericht)
Unternehmung	wird aufgelöst	wird aufgelöst
Quote	–	Höhe unbestimmt
Restschulden	Haftung bei Personengesellschaften fünf Jahre; bei Kapitalgesellschaften Sperrjahr	bleiben bestehen (Verjährung 30 Jahre)

1 Suchen Sie nach Beispielen, wo der Grund für eine Liquidation das Erreichen des Unternehmungszieles ist!

2 Wann ist ein Einzelverkauf der Vermögensteile angebracht?

3 Unterscheiden Sie: Zahlungsunfähigkeit – Überschuldung!

4 Der Insolvenzverwalter Dr. Müller hat u. a. folgende Fälle im Insolvenzverfahren der Licht-technik-GmbH zu bearbeiten:

  a) Die Scholz KG hat der Lichttechnik GmbH zwei Verpackungsmaschinen im Wert von 2 500,00 EUR geliehen (InsO § 47).

  b) Die Volksbank eG gab der Lichttechnik-GmbH einen durch Grundschuld gesicherten Kredit über 25 000 EUR. Das verpfändete Haus hat einen Verkehrswert von 220 000 EUR. Welches Recht hat die Volksbank eG (vgl. InsO § 49)?

  c) Die Lampenfabrik Huber GmbH fordert für 10 000,00 EUR unter Eigentumsvorbehalt gelieferte Lampen zurück. Am Lager sind davon nur noch für 3 000,00 EUR, der Rest ist verkauft. Welche Rechte hat die Lampenfabrik (vgl. InsO § 47)?

  d) Der Elektrohändler Heinzelmann hat der Lichttechnik-GmbH 12 000,00 EUR geliehen und erhielt dafür den Geschäftswagen Mercedes E 240, zwei Jahre alt, 48 000 km, zur Sicherung übereignet. Da Heinzelmann ein Auto braucht, verlangt er Herausgabe des Mercedes (vgl. InsO § 50).

  Beurteilen Sie die einzelnen Fälle!

5 Welche Gründe können eine freiwillige Auflösung eines Unternehmens verursachen?

6 Worin unterscheiden sich grundsätzlich ein
  – Insolvenzverfahren zur Auflösung eines Unternehmens von einem
  – Insolvenzverfahren zur Erhaltung eines Unternehmens?

7 Welche Gläubigergruppen sind von einem Insolvenzplan betroffen?

8 Welche Rechtsfolgen hat ein Insolvenzverfahren?

9 Was ist die Voraussetzung für die Restschuldbefreiung?

10 Was soll mit dem Verbraucherinsolvenzverfahren erreicht werden?

Soziale Marktwirtschaft

Staat
- Wirtschaftspolitik
- Sozialpolitik
- Steuerpolitik
- Wirtschaftsförderung
- Wettbewerbsordnung
- Wirtschafts- und Gewerbekontrole

Banken Versicherungen — Industrie und Handwerk — Handel — Verkehr — Arbeitskräfte — Einkommen Verbrauch — Land-wirtschaft — Haushalte

ANGEBOT NACHFRAGE
Verträge
MARKT
Verträge
PREISBILDUNG

Unternehmerische Planung und Entscheidung
Ergebniskontrolle

ZAHLENBILDER
200 250
© Erich Schmidt Verlag

Bundesgesetzblatt ⁹³⁷

Teil I

G 5702

Nr. 29

2000   Ausgegeben zu Bonn am 30. Juni 2000

Seite

10.1   Idealtypische Wirtschaftsordnungen

10.1.1   Gesellschaftspolitische Grundentscheidungen

Problem

GG Art.14: „Das Eigentum und das Erbrecht werden gewährleistet..." – GG Art.15: „... Produktionsmittel können zum Zwecke der Vergesellschaftung durch ein Gesetz, das Art und Ausmaß der Entschädigung regelt, in Gemeineigentum ... überführt werden." Steht der Artikel 15 GG nicht im Widerspruch zu unserer demokratisch-freiheitlichen Grundordnung?

Sachdarstellung

10.1.1.1   Individualismus – Kollektivismus

Die Stellung des Einzelnen zum Staat ist im Wesentlichen mitentscheidend für die Wirtschaft eines Volkes. Dabei kann im Extremfall der Einzelne sein wirtschaftliches Handeln nach dem Individuum oder nach der Gesellschaft, dem Kollektiv, ausrichten:

- **Individualismus:** Hier steht der Mensch, das *Individuum,* als freies, selbständiges und vernunftbegabtes Wesen im Mittelpunkt. Alle diese Einzelwesen bilden zusammengefasst den Staat.

  Der Einzelne ist in seinen Entscheidungen frei und unabhängig. Der Individualismus ist deshalb ohne den **Liberalismus**[1] nicht denkbar. Es wird davon ausgegangen, dass die freie Entscheidung und Entfaltung des Individuums gleichzeitig einen gesamtgesellschaftlichen Idealzustand herbeiführt. Durch die Vernunft werde das Erwerbsstreben des Einzelnen durch den freien Wettbewerb in solche Bahnen gelenkt, dass es gleichzeitig trotz der egoistischen Grundhaltung auch dem Gemeinwohl am besten dienen muss. Es wird also der Hersteller eine Ware möglichst billig herstellen und möglichst teuer verkaufen, um einen entsprechenden Nutzen zu erzielen. Der Käufer hingegen wird möglichst billig kaufen wollen. Angebot und Nachfrage werden sich dort einpendeln, wo die umgesetzte Menge maximal ist. Deshalb ist der **Eigennutz gleichzeitig Gemeinnutz**.

  Geistiger Vater dieser Überlegungen war der englische Nationalökonom *Adam Smith* (1723 bis 1790) mit seinem Buch „Wealth of Nations" (Reichtum der Nationen).

- Der **Kollektivismus** steht im Gegensatz zum Individualismus. Die Gesellschaft hat Vorrang vor dem einzelnen Individuum. Das Denken und Handeln des Menschen wird ausschließlich vom Kollektiv (Staat, Partei, Gemeinde, Gruppe) bestimmt, in das er sich ein- bzw. dem er sich unterordnen muss. Im Nationalsozialismus wurde dies durch die Parole „Du bist nichts, dein Volk ist alles" ausgedrückt.

  Im wirtschaftlichen Bereich bedeutet dies, dass, da sich die Einzelinteressen nicht mit den Gruppeninteressen decken, von zentraler Stelle aus geplant werden muss. Das Privateigentum an Produktionsmitteln wird vielfach aufgehoben und in das Eigentum des Staates übernommen (z. B. im Sozialismus und Kommunismus). Es gilt der Grundsatz: **Gemeinnutz geht vor Eigennutz.**

---

[1]   lat. liber = frei

10.1.1.2   Marktwirtschaft – Zentralverwaltungswirtschaft

Die oben genannten gesellschaftlichen Gegensätze spiegeln sich in zwei Wirtschaftsformen bzw. -systemen wider:

- der **Marktwirtschaft** mit dem Individualismus als geistiger Grundlage,
- der **Zentralverwaltungswirtschaft** (siehe S. 354 ff.) mit dem Kollektivismus als geistiger Grundlage.

Gesellschaftliche Grundentscheidungen	Wirtschaftliche Konsequenzen
Individualismus	➡ Marktwirtschaft
Kollektivismus	➡ Zentralverwaltungswirtschaft

In den folgenden Abschnitten werden die Merkmale und auch die Schwächen dieser Wirtschaftsformen aufgezeigt.

Zusammenfassung

- ■ **Individualismus:** Einzelinteressen stehen im Vordergrund.
- ■ **Marktwirtschaft:** Wirtschaftsordnung des Individualismus.
- ■ **Kollektivismus:** Die Einzelinteressen müssen dem Gesamtinteresse untergeordnet werden.
- ■ **Zentralverwaltungswirtschaft:** Wirtschaftsordnung des Kollektivismus.

Aufgaben

1 Weshalb ist mit dem Individualismus die Idee des Liberalismus verbunden?

2 Erklären Sie: „Gemeinnutz geht vor Eigennutz!"

3 Haben im Individualismus alle Menschen gleiche wirtschaftliche Chancen? Begründen Sie Ihre Meinung!

10.1.2   Die freie Marktwirtschaft

Problem

„Angebot und Nachfrage regeln den Preis!" – In der Bundesrepublik Deutschland gibt es z. Z. mehr als 3 Millionen Arbeitslose. Wie würde diese Tatsache sich auf das Lohnniveau des Einzelnen auswirken, wenn alles dem freien Spiel der Kräfte überlassen bliebe? Ziehen Sie daraus Ihre Schlüsse!

Sachdarstellung

10.1.2.1   Merkmale der freien Marktwirtschaft

Die Vertreter der **freien (liberalen) Marktwirtschaft** sind der Meinung, dass die *natürliche Ordnung der Wirtschaft* sich einstellt, wenn jede staatliche Beeinflussung unterbleibt.

Die wesentlichen **Merkmale der freien Marktwirtschaft** sind

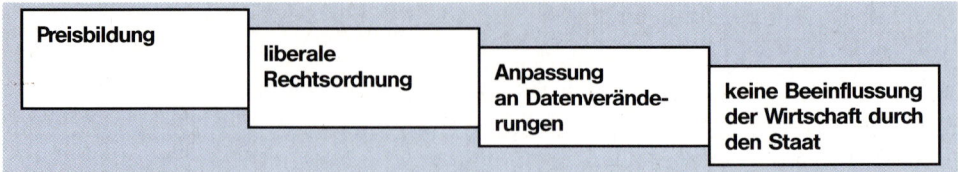

- **Preisbildung:** Viele Anbieter und viele Nachfrager stehen sich am Markt gegenüber. Angebot und Nachfrage gleichen sich beim *größtmöglichen Umsatz* zum *höchstmöglichen* Preis aus **(Marktautomatismus).** Steigt der Bedarf und damit die Nachfrage, führt der erhöhte Preis zu einer Steigerung der Produktion. Sie bewirkt ein Sinken des Preises und damit wieder eine größere Nachfrage.

So werden die *individuellen* Pläne der Unternehmen und Haushalte, z. B. Produktions-, Investitions- und Konsumpläne, über die **freie Preisbildung** koordiniert.

- **Liberale Rechtsordnung:** Eine freie Marktwirtschaft ist nur dort möglich, wo die Rechte des einzelnen Bürgers besonders stark ausgeprägt sind und die Ansprüche der Gesellschaft in den Hintergrund treten.

Unabdingbare Voraussetzungen sind insbesondere:

- **Privateigentum:** Das uneingeschränkte Recht auf Eigentum, insbesondere an Produktionsmitteln, gewährleistet dem Unternehmer, die Produktion unabhängig zu planen. Er kann damit sein Eigentum nach seinem Dafürhalten optimal einsetzen.

- **Vertragsfreiheit:** Jeder Teilnehmer am Wirtschaftsleben muss vom Staat ungehindert Verträge abschließen können (vgl. auch S. 92!).

- **Freie wirtschaftliche Betätigung:** Neben der Freiheit, ohne Beschränkung einen Gewerbebetrieb gründen und die Art der produzierten Güter autonom bestimmen zu können *(Gewerbefreiheit),* muss auch die freie Wahl des betrieblichen Standorts gewährleistet sein *(Niederlassungsfreiheit).* Export und Import müssen ohne Beschränkung erlaubt sein *(Freihandel).* Ebenso darf der Arbeitnehmer in der *freien Berufswahl* und der *freien Wahl des Arbeitsplatzes* nicht beschränkt werden. Zum Zwecke der optimalen Güterversorgung

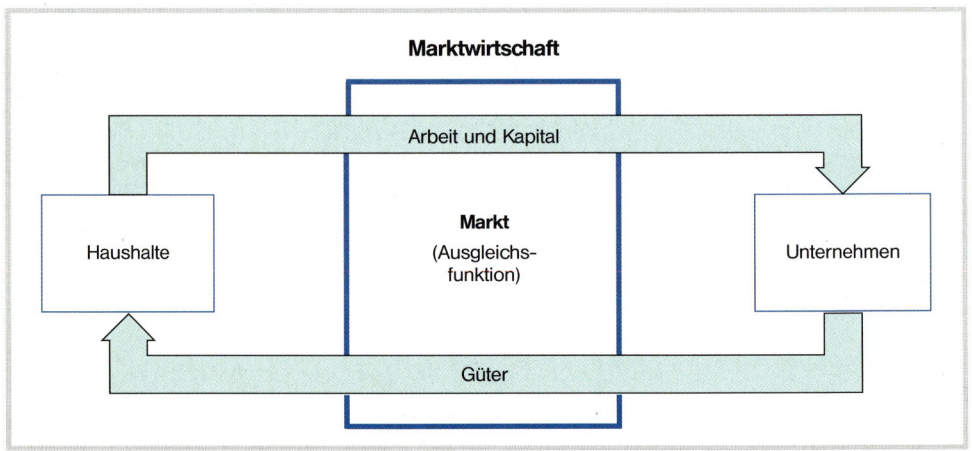

herrscht also ein *uneingeschränkter Wettbewerb* auf dem Kapital-, dem Sachgüter-, dem Dienstleistungs- und dem Arbeitsmarkt.

- **Anpassung an Datenveränderungen:** Der einzelne Unternehmer reagiert rasch, dank seiner Entscheidungsmöglichkeit, auf veränderte Marktdaten. Die Anpassungsgeschwindigkeit ist sehr hoch. Dies bezieht sich sowohl auf die Einführung neuer Produktionstechniken, z. B. neues Schweißverfahren, als auch auf die Anpassung der Produktionsmenge, z. B. bei einer Änderung der Einkommenshöhe.

- **Keine Beeinflussung der Wirtschaft durch den Staat:** In der freien Marktwirtschaft hat der Staat lediglich die Aufgabe, die Person und das Eigentum zu schützen und die bestehende Ordnung zu garantieren. Alle staatlichen Eingriffe, insbesondere in die Wirtschaft, werden abgelehnt. Dieses Staatsideal wurde von Ferdinand Lassalle (1825–1864) spöttisch als „Nachtwächterstaat" bezeichnet.

10.1.2.2   Mängel der freien Marktwirtschaft

Das Modell der freien Marktwirtschaft ist in der Praxis nicht verwirklicht. Von der Grundeinstellung her wurde im **Kapitalismus** des 19. Jahrhunderts nach den Grundsätzen der freien Marktwirtschaft gewirtschaftet. Trotz großer wirtschaftlicher Erfolge traten auch die starken Mängel zutage, die diesem System anhaften. Insbesondere Karl Marx (1818–1883) und Friedrich Engels (1820–1895) griffen in ihren Schriften diese Missstände an.

Der freien Marktwirtschaft haften im Wesentlichen folgende Mängel an:

- **Güterproduktion nur nach Rentabilitätsgesichtspunkten:** Die Produktion ist nicht nur von der *individuellen* Nachfrage abhängig. Wird nur im Hinblick auf Rentabilität produziert, können bestimmte Aufgaben der Gesellschaft nicht erfüllt werden, z. B. Waffenbedarf des Staates zum Schutz der Bürger.

- **Tendenz zur Einschränkung des freien Wettbewerbs:** Die unkontrollierte, freie Entfaltung der Wirtschaftssubjekte bringt es mit sich, dass der *Marktmechanismus* gestört wird. Ungleichheit in Intelligenz, Fähigkeiten, Kenntnissen, Durchsetzungsvermögen, aber auch Skrupellosigkeit und Gebrauch der Ellenbogen führen dazu, Mitbewerber auszuschalten und die Konkurrenz dadurch zu beschränken. Auch ist durch hohen Investitionsbedarf in einer fortentwickelten Industriegesellschaft keine uneingeschränkte Konkurrenz vieler kleiner Betriebe möglich. Dies bezieht sich insbesondere auf die Produktion von Großgütern, z. B. Lokomotiven, Dampfschiffe.

  Dadurch kommt es zu einer *Konzentration* wirtschaftlicher Macht, da jetzt beim Oligopol oder gar beim Monopol der Preis nicht mehr vom Markt bestimmt, sondern gegebenenfalls z. B. vom Monopolisten diktiert wird.

- **Einkommensverteilung nur nach Leistung:** Wenn Einkommen leistungsgerecht verteilt wird, wird diese Verteilung häufig sozial ungerecht. Am Arbeitsmarkt herrscht ebenfalls das Prinzip, dass Angebot und Nachfrage den Preis, hier Lohn, bestimmen. Dieser liegt, besonders bei bestehender Arbeitslosigkeit, beim Existenzminimum und kann nicht als "leistungsgerecht" empfunden werden. Dagegen fließt ohne Rücksicht auf soziale Momente der gesamte „Mehrwert" der Arbeit dem Unternehmer zu, dem ja die übrigen Produktionsfaktoren gehören.

- **Vermögenskonzentration:** Aufgrund der in den obigen Abschnitten dargelegten Fakten kommt es zu einer Vermögenskonzentration, da die überschüssigen Gewinne wieder investiert werden. Weniger finanzkräftige Konkurrenten werden ausgeschaltet.

- **Starke Abhängigkeit der Arbeitnehmerschaft:** Da weder tarifliche noch staatlich garantierte Mindestlöhne festgelegt sind, wird der Lohn nach marktwirtschaftlichen Gesichtspunkten aufgrund von Angebot und Nachfrage gebildet. Da durch die steigende Bevölkerungszahl eine „industrielle Reservearmee" (Karl Marx) von Arbeitslosen existiert, pendelt sich das Lohnniveau höchstens beim Existenzminimum ein, da es sonst sofort von Arbeitslosen unterboten würde. Kinderarbeit, Hunger und Krankheit bewirken eine allgemeine Verelendung des Proletariats, das – ohne soziale Sicherheit, Krankenversorgung usw. – völlig vom Unternehmer abhängig ist.

Zusammenfassung

- In der freien Marktwirtschaft gilt uneingeschränkte Konkurrenz.
- Die freie Marktwirtschaft ist ein Modell, das in seiner Form nicht zu verwirklichen ist.
- Beim Gleichgewichtspreis entsprechen sich Angebot und Nachfrage.
- Eine liberale Rechtsordnung gewährleistet das Privateigentum, Vertragsfreiheit und freie wirtschaftliche Betätigung.
- Der Staat hat in der freien Marktwirtschaft „Nachtwächterfunktion".
- Mängel der freien Marktwirtschaft sind:
  - Güterproduktion nur unter Rentabilitätsgesichtspunkten,
  - Tendenz zur Einschränkung des freien Wettbewerbs,
  - Einkommensverteilung nur nach Leistung ohne soziale Gesichtspunkte,
  - Vermögenskonzentration,
  - starke Abhängigkeit der Arbeitnehmerschaft.

Aufgabe

1 Wie kommt auf dem vollkommenen Markt der Gleichgewichtspreis zustande?

2 Begründen Sie: Der Preis beeinflusst die Höhe von Angebot und Nachfrage!

3 Welche Gefahr beinhaltet ein uneingeschränkter Wettbewerb auf dem Arbeitsmarkt?

4 Weshalb wird der Staat bei der freien Marktwirtschaft in die Rolle des „Nachtwächters" gedrängt?

5 Einer der Kritikpunkte der freien Marktwirtschaft ist, dass das Einkommen nur nach der Leistung verteilt wird. Nehmen Sie dazu Stellung!

6 Wie kommt es zur Vermögenskonzentration?

10.1.3 Die Zentralverwaltungswirtschaft

Problem

Selbst die schärfsten Kritiker der westlichen Unternehmerwirtschaft geben heute zu: „In der unzweifelhaft ungerechten Ordnung der kapitalistischen Welt ist mehr konkrete Menschlichkeit und individuelle Freiheit realisiert worden als in der gerechteren des Kommunismus" (Scezsny) ... Noch knapper drückt dies Dilemma der russische Volkswitz aus, wenn er den Sender Eriwan auf die Frage nach dem Unterschied zwischen der sozialistischen und der kapitalistischen Praxis antworten lässt: „Im Kapitalismus wird der Mensch durch den Menschen ausgebeutet. Im Sozialismus ist es umgekehrt!"[1]

Worauf basiert nun die Zentralverwaltungswirtschaft?

[1] Wurm, Franz F., Wirtschaft und Gesellschaft heute; Leske Verlag und Budrich GmbH, Opladen, 1976, S. 177.

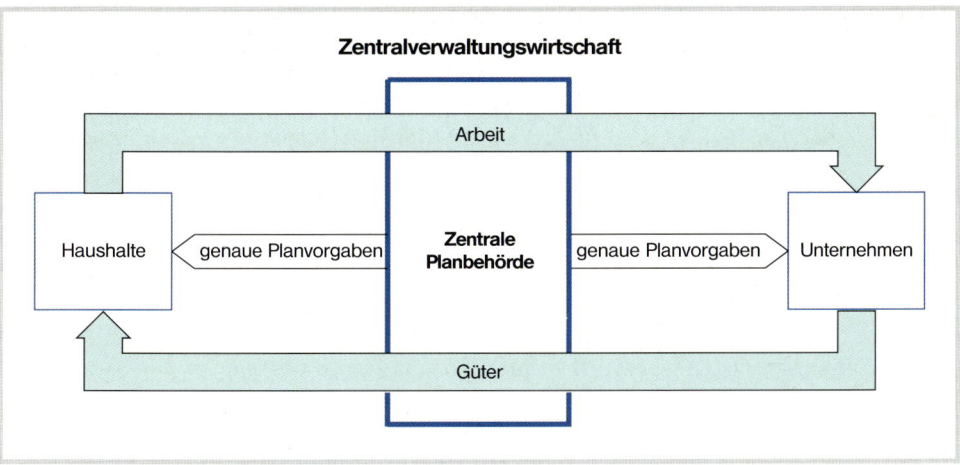

10.1.3.1 Merkmale der Zentralverwaltungswirtschaft

Hatte die freie Marktwirtschaft den Individualismus und uneingeschränkten Liberalismus als Ideal, so gründet sich die Zentralverwaltungswirtschaft in ihrer Modellform auf dem Prinzip der absoluten *Unterstellung des Einzelnen* unter einen **Gesamtplan** und damit auch unter die absolute Kontrolle durch den Staat. Man meint, am „grünen Tisch" unter Ausschaltung der Einzelinteressen durch Funktionäre die wirtschaftlichen Probleme genau so gut, ja besser lösen zu können als unter marktwirtschaftlichen Gegebenheiten.

Die wesentlichen **Merkmale der Zentralverwaltungswirtschaft** sind:

● `Zentrale Planung:` Die Pläne werden vom **Staat** als oberster Planungsbehörde **zentral** festgelegt. Er entscheidet, was *produziert* wird und was dementsprechend *verbraucht* werden kann. Die Information über vorhandene Rohstoffe, Halbfabrikate, Produktionsmittel und Arbeitskräfte müssen von den Betrieben an die Zentrale gemeldet werden. Diese Informationen werden zu einem **zentralen Plan** verarbeitet und den Betrieben als **Plan-Soll** vorgegeben. Die **Koordination** der Einzelpläne erfolgt nicht – wie in der Marktwirtschaft – durch die Märkte, sondern **durch Befehl.**

Bei der Abstimmung der einzelnen betrieblichen Pläne zum Gesamtplan müssen *Produktionsstufen* vom Konsumgut für den öffentlichen, gesellschaftlichen oder privaten Bedarf *(Güter 1. Ordnung)* über die dazu notwendige Arbeit, Halbfabrikate, Produktionseinrichtungen *(Güter 2. Ordnung)* über Güter 3. und weiterer Ordnungen bis hin zu den letzten Einheiten, den Engpaßgütern und Rohstoffen *(Güter letzter Ordnung)* verfolgt werden. Die Differenziertheit etwa eines Autos, eines Flugzeugs, eines Fernsehgeräts macht die Schwierigkeit, ja die Unmöglichkeit deutlich, ohne Leerlauf und Lücken zentral planen zu können.

Jeder Plan ist zunächst ein **Mengenplan.** Die politische Führung hat bei der Zielvorgabe großes Interesse, möglichst große Produktionsziffern mit dem vorhanden Produktionsapparat zu erreichen. Sie wird deshalb das Ziel **(Soll-Planung)** möglichst hoch ansetzen **(harte**

Pläne). Demgegenüber liegt es im Bestreben der Leitungen der Einzelbetriebe, die Anforderungen in den Einzelplänen nicht zu hoch anzusetzen, damit sie leichter erfüllbar sind. Die Regulierung der Produktionsmenge über den Preis entfällt.

„Die einzelwirtschaftlichen und die individuellen Interessen tendieren also dahin, möglichst solche ‚weichen' Pläne auszuarbeiten und von den zentralen Instanzen genehmigen zu lassen. Hierbei sind sie darauf aus, die Kosten möglichst hoch anzugeben, möglichst große Reserven an Materialien, aber auch an Arbeitskräften zu haben und die Leistungsnormen nicht zu hart werden zu lassen. Die betrieblichen Interessen tendieren in dieser Wirtschaftsordnung zur Unwirtschaftlichkeit im gesamtwirtschaftlichen Sinn."[1]

- **Planperioden:** Die zentrale Planung muss einerseits einen möglichst langen Zeitraum umfassen, andererseits aber genügend flexibel zur Anpassung an veränderte wirtschaftliche Daten sein.

  Als **Planungsperioden** können deshalb z. B. unterschieden werden:
  - *langfristige Planung* → z. B. Prognose für 20 Jahre
  - *mittelfristige Planung* → z. B. 5 Jahre
  - *kurzfristige Planung* → z. B. Volkswirtschaftsplan für 1 Jahr.

  Die Weiterentwicklung der Wirtschaft verlangt die Festlegung von Grundtendenzen und Schwerpunktbildung. So kann z. B. die Förderung der Konsumgüterindustrie oder der Ausbau der Rüstungsindustrie in den Vordergrund gestellt werden.

  Wachstumsziele können dabei durch *prozentuale Steigerungsraten* dargestellt werden, z. B. Ausbau der Investitionsgüterindustrie um 5 %. Es können auch gegebenenfalls *negative* Wachstumsziele bei Festlegung der entsprechenden Schwerpunkte genannt werden, z. B. Herabsetzung der Produktion von Luxusgütern um 2 %.

- **Plankontrolle:** Über die Staatliche Planrevision werden die Produktionsergebnisse durch einen Soll-Ist-Vergleich kontrolliert. Kontrollinstrumente sind die verschiedenen Kennziffern (z. B. Bruttoproduktion, Selbstkostensenkung, Arbeitsproduktivität).

  Damit ein *Leistungsanreiz* zur *Erfüllung* oder gar *Überfüllung des Plan-Solls* gegeben ist, werden *Prämien* gewährt. Auch werden besondere Arbeitsleistungen, z. B. durch Orden und Ehrenzeichen, Berichte in Zeitungen, Rundfunk und Fernsehen hervorgehoben. *Nichterfüllung* von Plänen kann als *Sabotage* ausgelegt werden und mit Strafen, z. B. Versetzung, bedroht sein.

- **Kollektiveigentum an Produktionsmitteln:** Das System der Zentralverwaltungswirtschaft setzt voraus, dass mindestens bei den Produktionsmitteln das Privateigentum abgeschafft ist. Dadurch gibt es auch keine privaten Unternehmer, sondern ausschließlich Staatsbetriebe.

- **Zentral gelenkter Arbeitskräfteeinsatz:** Zentrale Planung der Produktion bedingt auch zentrale Planung des Arbeitseinsatzes in der Zentralverwaltungswirtschaft. In reiner Form wird dabei jedem Arbeitnehmer sein Arbeitsplatz zugeteilt (**Arbeitsplatzgarantie**). Wegen des *Arbeitszwangs* herrscht zwar keine Arbeitslosigkeit, andererseits braucht auf die Produktivität der eingesetzten Arbeitskräfte keine große Rücksicht genommen werden.

---

[1] Hensel, K. Paul, Grundformen der Wirtschaftsordnung, Verlag C. H. Beck München, 2. Aufl., 1974, S. 139.

Die schulische und die berufliche Ausbildung wird so gelenkt, dass jeweils entsprechend dem **voraussichtlichen Arbeitskräftebedarf** ausgebildet wird, also z. B. nur so viele Ingenieure, wie tatsächlich benötigt werden. Dieses Verfahren löst die Arbeitsplatzsituation zwar quantitativ, aber keinesfalls qualitativ.

- **Gelenkter Verbrauch:** Genau wie die Produktion festgelegt ist, wird auch vom Staat bestimmt, was der Einzelne verbrauchen darf. Er teilt jedem genau seine ihm zustehenden Güter zu. In der strengsten Form der Zuteilung muss das zugeteilte Gut vom Empfänger gebraucht bzw. verbraucht werden. Es darf nicht getauscht werden, um sich dadurch u. U. einen Nutzen zu verschaffen. Die einzige Möglichkeit des Einflusses wäre, auf die Zuteilung zu verzichten.

  In etwas gelockerter Form kann auch freie Konsumauswahl gestattet sein. Jedoch nimmt der Staat Einfluss auf die Festsetzung des Arbeitslohnes und die Einkommensverteilung.

- **Staatlich festgesetzter Preis.** Eine echte Preisfindung wird erschwert, wenn nicht gar unmöglich, da kein Wettbewerb besteht. Die Preise werden staatlich festgesetzt, sie sind vielfach lediglich Verrechnungspreise. Beim Export werden die Güter oft unter den Herstellungskosten angeboten *(Dumping)*.

10.1.3.2 Mängel der Zentralverwaltungswirtschaft

In einer modernen Volkswirtschaft werden viele Millionen verschiedener Güter und Dienstleistungen erzeugt. Während in der freien Wirtschaft die Planung dezentralisiert von Millionen am Wirtschaftsleben verantwortlich Beteiligter vorgenommen wird, müssen in der Zentralverwaltungswirtschaft diese Aufgaben von einer weitaus geringeren Zahl von Planern bewältigt werden. Dies kann zu schwerwiegenden Mängeln bei der Planung führen.

- **Falsche Prioritätensetzung und unrealistische Planziele durch die oberste Planbehörde.** Jeder Jahreswirtschaftsplan setzt bestimmte Schwerpunkte. So kann z. B. die Produktionsgüterindustrie zu Lasten der Konsumgüterindustrie im Hinblick auf künftige bessere Versorgung bevorzugt werden. Dies kann jedoch nur geschehen, wenn genügend Vorräte und eine gedrosselte Erzeugung von Konsumgütern vorhanden sind, um die notwendigsten Bedürfnisse zu erfüllen. Ist dies nicht gewährleistet bzw. stößt das Verlangen der Regierung nach zu starkem Konsumverzicht in der Gegenwart im Hinblick auf die Zukunft auf den Widerstand der Bürger, so kann dies leicht zu politischen Unruhen führen. Dasselbe gilt für zu hoch angesetzte Planziele.

Auch außergewöhnliche Ereignisse können Pläne illusorisch machen, wobei sich dann der Mangel an Flexibilität zeigt. Wird z. B. in einer Planungsperiode der Technisierung der Landwirtschaft Priorität eingeräumt, so können ungünstige Witterungsverhältnisse die Plandurchführung unmöglich machen.

Die Zentrale und nicht das Individuum bestimmt den Bedarf. Damit muss jede Abweichung zwischen Plan (Konsumerwartung) und Konsumverhalten Korrekturen der Pläne auslösen.

Diese Korrekturen erfolgen jedoch (systemnotwendig) mit einer solch großen zeitlichen Verzögerung, dass sie u. U. ohne Wirkung sind. Ist die Nachfrage nach einem Gut, z. B. Taschenrechner, größer als die geplante Produktion, so entscheiden staatliche Stellen, ob die Produktion erhöht wird, da die dafür benötigten Arbeitskräfte, Maschinen, Rohstoffe und Halberzeugnisse in anderen Bereichen eingespart werden müssen. Ist die Nachfrage geringer als die geplante Produktion, so sind die Verhältnisse umgekehrt.

Der Tendenz zur Maximalplanung durch die Zentrale in Form der *harten Pläne* steht die Tendenz der Einzelbetriebe entgegen, durch *weiche Pläne* den Druck von oben aufzufangen.

● **Schwerfällige Anpassung an Datenveränderungen.** Die durch die Pläne starr festgelegte Produktion und die Bindung der Betriebe verhindern eine rasche Anpassung an veränderte Verhältnisse. Die Betriebe haben keine eigene Entscheidungsfreiheit. Außerdem würde die Änderung eines einzelnen Produktionsplans wiederum fächerartige Änderung anderer Produktionspläne nach sich ziehen.

● **Hemmung technischen Fortschritts.** Die Erfüllung des Plan-Solls ist Ziel der Produktion. Dieses Ziel soll zwar mit dem geringsten Einsatz an Produktionsfaktoren erreicht werden. Da jedoch *Mengendenken (Planerfüllung)* und *nicht Gewinndenken* vorherrscht, besteht kein Anlass und kein Anreiz, den Produktionsablauf zu rationalisieren.

„In den öffentlichen Verlautbarungen der sozialistischen Länder wird erstaunlich oft darüber geklagt, dass die Betriebe sich gegen den wirtschaftlichen Fortschritt stemmen. ‚Es war für die Betriebe vorteilhafter, mit der alten Technik weiterzuproduzieren.‘ ‚Die Betriebe sind materiell ungenügend an der Durchsetzung des wissenschaftlich-technischen Fortschritts interessiert… Fassen wir die Mängel unseres jetzigen Systems der Planung und Bewertung der Arbeit zusammen, so müssen wir feststellen, dass sie unseren Kampf um den technisch-wissenschaftlichen Höchststand der Produktion ernsthaft behindern.‘“[1]

Werden in einem Betrieb größere *Rationalisierungsinvestitionen* durchgeführt, so werden auch die *Produktionsnormen neu* festgelegt. Bei dem bereits erwähnten Hang des Einzelbetriebs zu weichen Plänen können so Produktionsreserven verloren gehen und damit die Möglichkeit wegfallen, Prämien zu erhalten.

● **Geringe Eigeninitiative der Wirtschaftssubjekte.** Infolge der Fremdbestimmung der einzelnen Wirtschaftssubjekte durch den Zentralplan wird die Eigeninitiative nicht gefördert: Ziel ist nicht Rationalisierung, sondern Planerfüllung.

Anreize zur Eigeninitiative können jedoch in der Prämiengewährung und den öffentlichen Auszeichnungen liegen.

Eigeninitiative wird auch gezeigt, wenn es darum geht, durch geschicktes Taktieren den Plan zu erfüllen oder sogar ein Über-Soll zu erzielen. „So neigte man in einer Schraubenfabrik, deren Produktionsauflage in Tonnen vorgeschrieben war, dazu, möglichst schwere Schrauben herzustellen; lautet die Auflage in Stück Schrauben, so konnte dieser Plan am einfachsten mit möglichst vielen kleinen Schrauben erfüllt werden; wurde die Auflage der Bruttoproduktion gerechnet in Umsatz zu Planpreisen, neigte der Betrieb dazu, die Produktion auf diejenige Schraubenart zu spezialisieren, bei der das Produkt aus Menge mal Preis am günstigsten schien.“[2]

Der *Grundtyp* der *total gelenkten Zentralverwaltungswirtschaft* kann durch Mischformen *aufgelockert* werden. Solche **Auflockerungsformen** können z. B. sein:

● freie Konsumwahl;
● freie Wahl des Berufes und des Arbeitsplatzes;
● freies Sparen von Geldvermögen;
● Marktorientierung der Konsumindustrie;
● private Kleinbetriebe in Handwerk, Handel und in der Landwirtschaft.

[1] Zitiert nach: Hensel, K. Paul, a. a. O., S. 153.
[2] Hensel, K. Paul, a.ua. O., S. 142.

- **Zentralverwaltungswirtschaft:** Produktion, Verteilung, Konsum und Arbeitskräfteeinsatz werden durch den Staat geplant.

- Merkmale der Zentralverwaltungswirtschaft:
  - Zentrale Planung,
  - Festlegung der Planperioden,
  - Plankontrolle,
  - Kollektiveigentum an Produktionsmitteln,
  - Zentral gelenkter Arbeitskräfteeinsatz,
  - Gelenkter Verbrauch,
  - Staatlich festgesetzter Preis.

- Anreize zur Planerfüllung sind Prämien und öffentliche Ehrungen.

- Mängel der Zentralverwaltungswirtschaft können sein:
  - Falsche Prioritätensetzung und unrealistische Planziele,
  - schwerfällige Anpassung an Datenveränderungen,
  - Hemmnisse bei der Realisierung technischen Fortschritts,
  - geringe Eigeninitiative der Wirtschaftssubjekte.

Aufgaben

1. Welche Nachteile hat die Einschränkung der freien Berufswahl für den einzelnen und für die Gesellschaft?

2. Warum ist eine reine Zentralverwaltungswirtschaft nur in einer Diktatur möglich?

3. Wie unterscheiden sich die Pläne der freien Wirtschaft von denen der Zentralverwaltungswirtschaft?

4. Weshalb ist es den sozialistischen Wirtschaftssystemen möglich, auf dem Weltmarkt starke Konkurrenz zu bilden?

5. Weshalb kann in einer Zentralverwaltungswirtschaft auf Marktveränderungen nicht rasch reagiert werden?

6. Warum wird in der Zentralverwaltungswirtschaft die technische Weiterentwicklung beim Einzelbetrieb weniger gefördert als in der Marktwirtschaft?

10.2 Die soziale Marktwirtschaft

Problem

GG Art.20 „Die Bundesrepublik Deutschland ist ein demokratischer und sozialer Bundesstaat." – Der schrankenlose Gebrauch wirtschaftlicher Macht in der freien Marktwirtschaft führt zwangsläufig zur Ausnützung der wirtschaftlich Schwachen, insbesondere der Arbeitnehmer. Es wäre unmenschlich, z.B. einen kranken oder alten Arbeitnehmer sich selbst ohne irgendein Einkommen zu überlassen.

Weshalb ist dies mit dem o. a. Artikel des GG nicht zu vereinbaren? Welcher Grundsatz steht entgegen?

10.2.1 Begriff und Elemente der sozialen Marktwirtschaft

Alfred Müller-Armack[1] prägte den Begriff der sozialen Marktwirtschaft und versteht darunter die Verbindung des Freiheitsprinzips auf dem Markt mit dem sozialen Ausgleich. Dies entspricht auch der Zielsetzung des Grundgesetzes.

Die soziale Marktwirtschaft sichert so die *persönlichen Freiheitsrechte* durch Begrenzung der staatlichen Eingriffe auf ein sozial verträgliches Mindestmaß. Gleichzeitig beruht sie auf *verantwortungsvollem Gebrauch* dieser individuellen Freiheit **und** auf *solidarischem Verhalten* aller im Hinblick auf die sozial Schwächeren der Gesellschaft.

Die wesentlichen **Merkmale der sozialen Marktwirtschaft** sind:

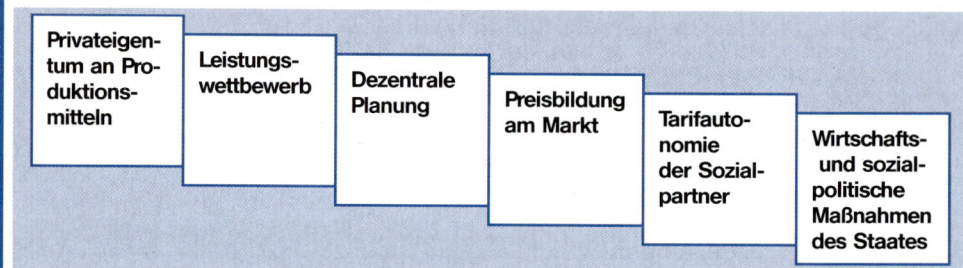

- **Privateigentum an Produktionsmitteln:** Das Privateigentum, auch das an Produktionsmitteln ist im GG garantiert. Allerdings sind in der Bundesrepublik Deutschland der Staat und auch Verbände, z. B. Gewerkschaften, Eigentümer von Produktionsmitteln. Diese werden nach marktwirtschaftlichen Grundsätzen verwaltet und den Spielregeln des Wettbewerbs unterworfen.

Durch Ausgabe von „Volks"-Aktien, Volkswagenwerk, Veba-Konzern, wurden Teile der staatlichen Produktionsmittel wieder privatisiert.

- **Leistungswettbewerb:** Auf den Märkten der Bundesrepublik Deutschland herrscht i. a. *unvollständige Konkurrenz,* da sie in vielen Fällen von Oligopolen beherrscht werden. Die modernen Technologien ermöglichen es jedoch oft, ein Gut gegen ein anderes zu tauschen (substituieren), sodass auf vielen Teilmärkten *Substitutionskonkurrenz* besteht.

- **Dezentrale Planung:** Die am Wirtschaftsgeschehen beteiligten Unternehmen und Haushalte entscheiden jeweils in eigener Verantwortung.

Das einzelne **Unternehmen** plant seine Produktion *(Produktionsplan)* aufgrund der Absatzerwartung *(Absatzplan).* Es entscheidet, wie die Ware dem Kunden nahe gebracht wird *(Werbeplan).*

Die einzelnen **Haushalte** planen den Einsatz ihrer Produktionsfaktoren (Arbeit, Geldanlage) und entscheiden souverän über die Verwendung ihres Einkommens.

---

[1] Nationalökonom und Soziologe, war unter Ludwig Erhard Leiter der Abteilung Wirtschaftspolitik im Bundesministerium für Wirtschaft.

- **Marktpreisbildung:** Zur Förderug des Wettbewerbs wurde bis auf wenige Ausnahmen, z. B. Druckerzeugnisse, die *Preisbindung der zweiten Hand* aufgehoben. Es sind lediglich empfohlene Verkaufspreise erlaubt.

Dadurch wird der Wettbewerb entscheidend gefördert, der allerdings im negativen Fall bis zur Verdrängung des wirtschaftlich Schwächeren vom Markt führen kann *(Verdrängungswettbewerb)*. Auf dem Arbeitsmarkt sind durch tarifliche Grenzen ruinösen Auswüchsen Grenzen gesetzt; so ist z. B. ein Mindestlohn garantiert.

- **Tarifautonomie der Sozialpartner:** Die Arbeitnehmervertreter (Gewerkschaften) und die Arbeitgebervertreter (Arbeitgeberverbände) handeln Löhne und Arbeitsbedingungen im Rahmen ihrer *Tarifhoheit* aus. Zur Durchsetzung ihrer Ziele stehen als Kampfmaßnahmen Streik und Aussperrung zur Verfügung.

10.2.2   Wirtschafts- und sozialpolitische Maßnahmen des Staates

Der Staat greift durch ein Bündel von Maßnahmen dann ein,

- wenn die freiheitliche Wirtschaftsordnung gefährdet erscheint,
- wenn zum Schutze des Einzelnen und des Gesamtwohls Maßnahmen notwendig werden.

10.2.2.1   Gesetzliche Maßnahmen

Durch **Gesetze** versucht der Staat, Auswüchse in der Wirtschaft zu vermeiden und seiner sozialen Verpflichtung gerecht zu werden.

- Das **Gesetz gegen Wettbewerbsbeschränkungen** *(Kartellgesetz)* vom 26. August 1998 verbietet u. a. Machtmissbrauch durch wirtschaftliche Zusammenschlüsse. Die Preisbindung der zweiten Hand, also durch den Hersteller, ist nur noch bei Druckerzeugnissen erlaubt.

- Das **Gesetz gegen den unlauteren Wettbewerb** vom 7. Juni 1909 verbietet alle geschäftlichen Maßnahmen, die gegen die guten Sitten verstoßen und die den Wettbewerb verfälschen.

- Der **Schutz des geistigen Eigentums** ist in verschiedenen Gesetzen gesichert, z. B. im **Patentgesetz** vom 16. Dezember 1980, im **Gebrauchsmustergesetz** vom 28. August 1986, im **Urheberrechtsgesetz** vom 9. September 1965. Durch solche Bestimmungen wird die wirtschaftliche Nutzung eines Erzeugnisses nicht allgemein freigegeben, sondern auf den jeweils Berechtigten beschränkt.

- Seiner **ökologischen Verpflichtung** wird der Staat einerseits durch vorausschauende *Forschungsvorhaben* zur Umwelterhaltung *(Vorsorgeprinzip)*, andererseits durch die gesetzliche Verpflichtung zur Einhaltung von Auflagen zum Umweltschutz gerecht. Solche Gesetze sind z. B. das Gesetz über die Vermeidung und Entsorgung von Abfällen (Abfallgesetz) vom 27. August 1986, das Gesetz über Abgaben für das Einleiten von Abwasser in Gewässer (Abwasserabgabengesetz) in der Fassung vom 5. März 1987, das Gesetz zum Schutz vor schädlichen Umwelteinwirkungen durch Luftverunreinigungen, Geräusche, Erschütterungen und ähnliche Vorgänge (Bundes-Immissionsschutzgesetz) in der Fassung vom 14. Mai 1990. Der Umweltschutz ist also in engem Zusammenwirken zwischen der öffentlichen Hand, der Wirtschaft und der Bürgerschaft zu gestalten *(Kooperationsprinzip)*, wobei grundsätzlich derjenige die Kosten tragen soll, der sie verursacht *(Verursacherprinzip)*. Die heranwachsende Generation sollte sich hier besonders angesprochen fühlen und mithelfen, weitere Schäden möglichst zu vermeiden.

- Eine Reihe weiterer Gesetze schränken die absolute wirtschaftliche Freiheit in der sozialen Marktwirtschaft ein, z. B. Betriebsverfassungsgesetz, Ladenschlussgesetz, Jugendarbeitsschutzgesetz, Mutterschutzgesetz.

10.2.2.2 Marktkonforme Maßnahmen

Der Staat ergreift außerdem Maßnahmen, die dem Marktablauf angepasst sind **(marktkonforme Maßnahmen)**, um wirtschaftliche Schwierigkeiten auszuräumen. Dazu gehören u. a.

- Steuerung von Angebot und Nachfrage durch **Einfuhren** oder **Einfuhrverbote.** Diese Wirkung kann auch durch Senkung oder Erhöhung von Zöllen oder durch Einfuhrabgaben (Abschöpfungen) oder Exportprämien erreicht werden.

- Bei lebenswichtigen Gütern, insbesondere bei Gütern des täglichen Bedarfs, werden bei Überangebot **Waren** vom Staat **eingelagert** und bei Bedarf wieder auf den Markt gebracht (Rindfleisch; Butterberg!) Zu starker Preisverfall oder Preisauftrieb werden vermieden. Allerdings besteht die Gefahr, dass wegen evtl. garantierter Mindestpreise der Produktionsanreiz so stark sein kann, dass die Bestände zweckentfremdet verwertet werden müssen, z. B. Butter → Schmierfett, Getreide → Viehfutter. Es kann selbst zur Vernichtung von Vorräten kommen, z. B. Aprikosen und Tomaten in Südfrankreich.

- Um Problemen einzelner Wirtschaftszweige zu begegnen und grundsätzliche Aufgaben zu fördern, gibt der Staat **Subventionen.** Nach dem Bundeshaushalt sind dies z. B. Finanzierungshilfen für die Werftindustrie, Zuschüsse zur Sicherung des Steinkohleneinsatzes in der Elektrizitätswirtschaft, Förderung des deutschen Messewesens im Ausland, Förderung der auf technisch-wirtschaftliche Zwecke gerichteten Forschung und Entwicklung, Ausgaben für Investitionen an Unternehmen des Steinkohlebergbaus, Förderung der technischen Entwicklung der EDV, Förderung der Luftfahrttechnik u. a.

  Bei unrentabler Produktion gibt der Staat u. U. auch Subventionen unter der Auflage der Produktionseinschränkung bzw. -stilllegung **(Stilllegungsprämien).** Man spricht hier vom *Anpassungs-Interventionismus.*

  Außerdem übernimmt die Bundesrepublick Deutschland besonders bei Ausfuhrgeschäften und für Finanzierung der Kapitalhilfe an Entwicklungsländer **Bundesbürgschaften** in Milliardenhöhe.

- **Steuerliche Vorteile,** wie Steuersenkungen, Steuervergünstigungen[1] (z. B. Einkommensteuergesetz, Umsatzsteuergesetz, Grunderwerbsteuergesetz, Investitionszulagengesetz, Fördergebietsgesetz; für den einzelnen Steuerpflichtigen besonders wichtig: Wohnungsbauprämiengesetz, 5. Vermögensbildungsgesetz, 2. Wohnungsbaugesetz).

  Durch Prämien und Steuervorteile wird Kapital gebildet, das einerseits in den Konsum fließen kann und dadurch die Konjunktur belebt, andererseits aber zu Investitionen zur Verfügung steht.

- Der Einzelne ist nicht mehr – wie in der freien Marktwirtschaft – schutzlos dem Marktmechanismus von Angebot und Nachfrage preisgegeben, sondern durch die Tarifautonomie der Sozialpartner und ein – im Vergleich zu vielen anderen Ländern – hohes Maß an **Sozialleistungen des Staates** abgesichert. Sie dienen vor allem der *sozialen Sicherung* des Einzelnen und der *sozialen Gerechtigkeit.*

  Die staatlichen Sozialleistungen setzen i. A. ein, sobald die *Notlage* gegeben ist, z. B.
  – Krankenversicherung im Krankheitsfall,
  – Pflegeversicherung bei Pflegebedürftigkeit,
  – Arbeitslosenversicherung bei Arbeitslosigkeit,
  – Wohngeld bei Unterschreiten einer bestimmten Einkommenshöhe,
  – Sozialhilfe bei entsprechender Bedürftigkeit,
  – Sozialtarife (z. B. Deutsche Bahn AG) bei Schülern, Rentnern.

  Eine Reihe von *vorbeugenden Maßnahmen* sollen die Notwendigkeit eines staatlichen Eingriffs vermeiden oder verzögern helfen. Dazu zählen z. B. Umschulung bei Arbeitslosen, Vorsorgeuntersuchungen zur Früherkennung von Krankheiten, Kuraufenthalte zur Erhaltung der Gesundheit, Maßnahmen zur Unfallverhütung.

  Einer freiheitlich-demokratischen Grundhaltung entspricht es jedoch, dass sich der Einzelne nicht auf den Staat allein verlässt, sondern durch **individuelle Vorsorge** zu seiner persönlichen Sicherung beiträgt. Dazu zählen z. B. Lebensversicherung, sonstige Versicherungen (wie Hausrat-, Haftpflichtversicherung), Erwerb von Wohnungseigentum. Der Staat hilft auch hier mit Steuervergünstigungen.

---

[1] Für Einzelheiten siehe die jeweiligen Steuergesetze!

- Die Sozialleistungen, Steuervergünstigungen und die Steuerprogression (bei der Einkommensteuer bis 53 %) sind Ansatzpunkte für die besonders auch von den Gewerkschaften geforderte *Umverteilung des Einkommens,* um Ansammlung von Riesenvermögen zu vermeiden. Für den Einzelnen besteht die Möglichkeit, durch Wertpapiersparen (z. B. Investmentzertifikate) sich am Produktionsvermögen der Wirtschaft zu beteiligen.

Zusammenfassung

- Die soziale Marktwirtschaft ist eine Kombination des freiheitlichen Wirtschaftssystems mit der Verpflichtung zum sozialen Ausgleich.

- Auch staats- und gewerkschaftseigene Unternehmen werden nach marktwirtschaftlichen Gesichtspunkten verwaltet.

- Auf den Märkten der Bundesrepublik Deutschland herrscht i. A. unvollständige Konkurrenz.

- Unternehmen und Haushalte planen dezentralisiert und eigenverantwortlich.

- Die Aufhebung der Preisbindung ermöglicht die Bildung eines Marktpreises.

- Der Staat greift zum Schutz der Wirtschaft, zum Schutz der Umwelt und der sozialen Sicherung des Einzelnen in Form von
  - Gesetzen und
  - marktkonformen Maßnahmen

  in das Wirtschaftsgeschehen ein.

- Maßnahmen des Staates sind z. B.
  - Steuerung der Einfuhren,
  - Eingriffe bei Überangebot lebenswichtiger Güter,
  - steuerliche Vorteile,
  - Subventionen,
  - Sozialleistungen.

Aufgaben

1 Wie stehen Sie zu der Behauptung, dass ein Volk politisch so frei wie seine Wirtschaft sei?

2 Viele Versorgungsbetriebe (Gas, Wasser, Strom) mit Monopolcharakter sind in öffentlichem Besitz. Lässt sich dies mit der sozialen Marktwirtschaft vereinbaren? Denken Sie daran, dass u. U. verschiedene Tarife gewährt werden!

3 In der sozialen Marktwirtschaft soll u. a. der Verbraucher geschützt werden. Was kann dieser selbst tun, um seine Stellung zu stärken?

4 Inwiefern kann unsere Wirtschaft vom Ausland gefährdet werden?

5 Was verstehen Sie unter „Verdrängungswettbewerb"?

6 Ist nach dem Grundgesetz die Einschränkung oder Aufhebung des Eigentums an Produktionsmitteln möglich? Begründen Sie Ihre Meinung!

7 Die Gewerkschaften streben eine Umverteilung des Einkommens an. Wie könnte sich die u. U. auf die Wirtschaft auswirken?

8 Wie können sich Arbeitnehmer am Produktivvermögen beteiligen?

9

In der freien Marktwirtschaft gibt es keinen Zentralplan, sondern alle Haushalte und Unternehmen stellen selbständig für ihre Bereiche Konsum- und Produktionspläne auf und versuchen, ihre Planungen auch durchzuführen. Deshalb handelt es sich hier um eine Mehrplanwirtschaft oder dezentral geplante Wirtschaft. Die Abstimmung oder der Bezug der Wirtschaftspläne aufeinander erfolgt durch den Wettbewerb. Tatsächlich ist dieser koordinierende Selbsteuerungsmechanismus ein besonderes Problem ... In der Marktwirtschaft ist das Privateigentum grundsätzlich auch an allen Produktionsgütern möglich. Soll dieser Aspekt betont werden, so spricht man auch von „kapitalistischer" Wirtschaftsordnung. Die Grenzen der einzelwirtschaftlichen Aktivität und der Verfügungsmacht über das Eigentum werden von allgemein gültigen Gesetzen gezogen. Statt staatlicher Detailanweisung beschränkt sich der Staat darauf, einen Ordnungsrahmen zu setzen. Der eigentliche Ablauf des Wirtschaftsprozesses soll von staatlichen Eingriffen möglichst frei bleiben. Eine marktwirtschaftliche Ordnung tritt in der Regel in Verbindung mit der Demokratie als Staatsform auf.

(Quelle: Bartling/Luzius: Grundzüge der Volkswirtschaftslehre. 2. Aufl. Verlag Franz Vahlen. München 1979. S. 39.)

a) Weshalb wäre die Wirtschaftsordnung der freien Marktwirtschaft heute kaum zu verwirklichen? Denken Sie z. B. auch an Umweltprobleme!

b) Wie steht es in der freien Marktwirtschaft mit der Bereitstellung „Öffentlicher Güter" (z. B. Verteidigung, Straßennutzung)?

c) Inwiefern lässt die freie Marktwirtschaft die sozialen Belange außer Betracht?

d) Wie wurde versucht, die sozialen Missstände zu bekämpfen?

e) Wodurch wird die steigende Verelendung der arbeitenden Klasse in der freien Marktwirtschaft ausgelöst?

f) Man sagt: „In der freien Marktwirtschaft regelt sich Angebot und Nachfrage über den Preis von selbst." Wodurch kann dieser Marktmechanismus gestört werden?

g) Weshalb sind freie Marktwirtschaft und Diktatur unvereinbar?

Quelle: Herbstgutachten der Institute 2000

Wachstumsrate sinkt auf 2,8 Prozent

Die Konjunktur im Euroland legt im nächsten Jahr einen niedrigeren Gang ein. Nach einem Wachstum von 3,3 Prozent im laufenden Jahr erwarten die sechs führenden Wirtschaftsforschungsinstitute für das Jahr 2001 eine Abschwächung auf 2,8 Prozent. Die höchsten Wachstumsraten werden der Prognose zufolge Irland und Luxemburg haben (6,5 und 5.0 Prozent); schwach entwickelt sich die Wirtschaft in Italien mit einem Plus von 2,2 Prozent. Die Arbeitslosenquote in Euroland wird unter die Neun-Prozent-Marke sinken; der Preisauftrieb, der wegen der hohen Ölpreise und des schwachen Außenwerts des Euros im laufenden Jahr 2,3 Prozent erreichen wird, schwächt sich etwas ab.

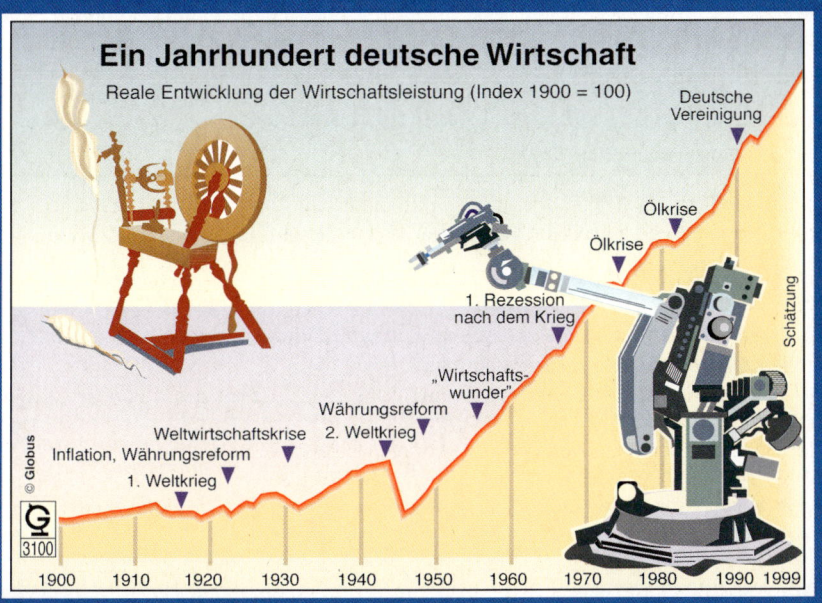

Ein Jahrhundert deutsche Wirtschaft

Reale Entwicklung der Wirtschaftsleistung (Index 1900 = 100)

Deutsche Vereinigung

Ölkrise

Ölkrise

1. Rezession nach dem Krieg

„Wirtschafts-wunder"

Währungsreform
2. Weltkrieg

Weltwirtschaftskrise

Inflation, Währungsreform

1. Weltkrieg

Schätzung

© Globus
3100

1900 1910 1920 1930 1940 1950 1960 1970 1980 1990 1999

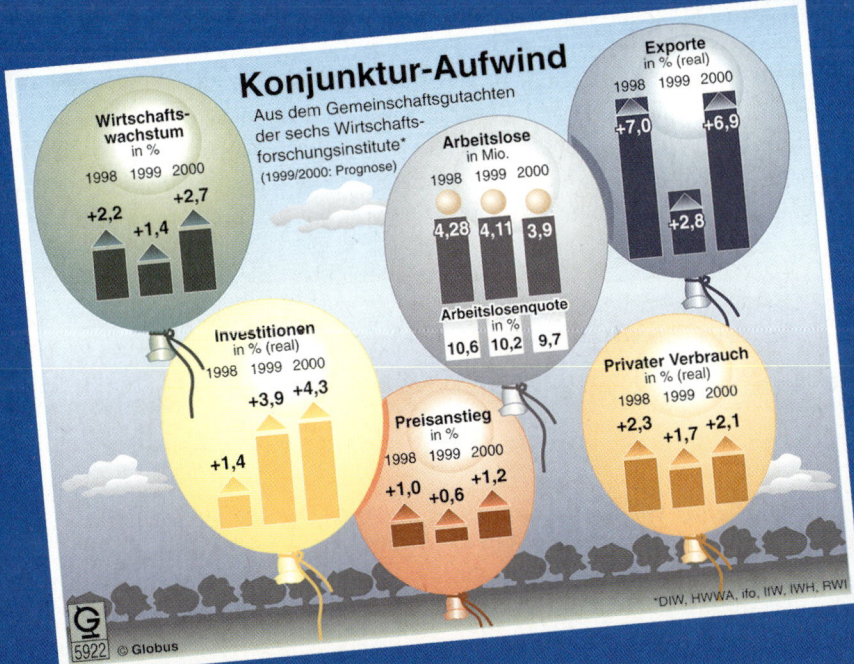

Konjunktur-Aufwind

Aus dem Gemeinschaftsgutachten
der sechs Wirtschafts-
forschungsinstitute*
(1999/2000: Prognose)

Wirtschafts-wachstum
in %
1998 1999 2000
+2,2 +1,4 +2,7

Arbeitslose
in Mio.
1998 1999 2000
4,28 4,11 3,9
Arbeitslosenquote
in %
10,6 10,2 9,7

Exporte
in % (real)
1998 1999 2000
+7,0 +6,9 +2,8

Investitionen
in % (real)
1998 1999 2000
+1,4 +3,9 +4,3

Preisanstieg
in %
1998 1999 2000
+1,0 +0,6 +1,2

Privater Verbrauch
in % (real)
1998 1999 2000
+2,3 +1,7 +2,1

*DIW, HWWA, ifo, IfW, IWH, RWI

© Globus
5922

11.1 Wirtschaftspolitische Hauptziele

11.1.1 Wesen der Wirtschaftspolitik

Die Bereitstellung von Gütern zur Deckung des privaten und öffentlichen Bedarfs ist das Ziel wirtschaftlichen Handelns in unserer freien, marktwirtschaftlichen Wirtschaftsordnung. Um von einer „gesunden" oder „stabilen" Volkswirtschaft sprechen zu können müssen folgende Faktoren beachtet werden:

- Die **Stabilität des Geldwerts** als Folge eines **stabilen Preisniveaus;**
- die **Vollbeschäftigung der Arbeitskräfte;**
- angemessenes **Wirtschaftswachstum;**
- eine sozial ausgewogene und **gerechte Verteilung des Volkseinkommens,** was Voraussetzung für den sozialen Frieden in einem Lande ist;
- Erzielung einer **ausgewogenen Zahlungsbilanz** gegenüber dem Ausland, d. h., die Geldströme vom Ausland müssen denen in das Ausland einigermaßen entsprechen. Sonst entstehen Zahlungsbilanzdefizite bzw. Zahlungsbilanzüberschüsse.

Die Wirtschaftpolitik hat die Aufgabe diese Ziele so gut wie möglich zu erreichen, wobei sie oft einem Ziel Vorrang vor einem anderen geben muss, z. B. Preisstabilität vor Wirtschaftswachstum oder Vollbeschäftigung vor Geldwertstabilität. Bei der Entscheidung über den Vorrang in solchen **Zielkonflikten** spielen die politischen Zielsetzungen der Regierung eine entscheidende Rolle.

Träger der Wirtschaftspolitik sind:

- der **Staat,** d. h. Parlament und Regierung (Bundeswirtschaftsministerium),
- die **Europäische Zentralbank (EZB)** in Frankfurt am Main. Sie hat die Hauptverantwortung für die Stabilität des Geldwerts. Geldpolitische Entscheidungen werden von ihr in eigener Verantwortung ohne Beeinflussung und Abhängigkeit von den Regierungen der 11 Euroländer getroffen.
- Nichtstaatliche Institutionen wie die **Gewerkschaften und Arbeitgeberverbände.** Es herrscht Tarifautonomie, d. h. Unabhängigkeit vom Staat bei Verhandlungen über Arbeitsentgelte und Arbeitsbedingungen (Tarifverträge).

11.1.2 Gesamtwirtschaftliches Gleichgewicht als Hauptziel der Wirtschaftspolitik

Problem

§ 1 des **Gesetzes zur Stabilität und des Wachstums der Wirtschaft** (Stabilitätsgesetz vom 8. Juni 1967) lautet:

§ 1 **Erfordernisse der Wirtschaftspolitik.** Bund und Länder haben bei ihren wirtschafts- und finanzpolitischen Maßnahmen die Erfordernisse des gesamtwirtschaftlichen Gleichgewichts zu beachten. Die Maßnahmen sind so zu treffen, dass sie im Rahmen der marktwirtschaftlichen Ordnung gleichzeitig zur Stabilität des Preisniveaus, zu einem hohen Beschäftigungsstand und außenwirtschaftlichem Gleichgewicht bei stetigem und angemessenem Wirtschaftswachstum beitragen.

Betrachten Sie die Bildstatistik über die gesamtwirtschaftliche Entwicklung (Diagnose der „Fünf Weisen" auf der Seite 365!

Sie erkennen hieraus die Ziele der Wirtschaftspolitik: Gesamtwirtschaftliches Gleichgewicht durch stabiles Preisniveau, Vollbeschäftigung, außenwirtschaftliches Gleichgewicht und Wachstum der Wirtschaft. Wie können Zielkonflikte bereinigt werden, z. B. übermäßiges Wachstum der Wirtschaft auf Kosten der Preisstabilität, stabile Preise auf Kosten der Vollbeschäftigung?

11.1.2.1 Stabilität des Preisniveaus (Geldwert- oder Kaufkraftstabilität)

Der Wert des Geldes ist abhängig von seiner Kaufkraft, d. h. von den Preisen der Güter und Dienstleistungen, die um eine Geldeinheit, z. B. um 100 EUR, gekauft werden können. Steigen die Preise, können weniger Güter gekauft werden, die Kaufkraft wird geringer, der Geldwert sinkt. Der umgekehrte Vorgang ergibt sich, wenn die Preise fallen.

Es geht hierbei nicht um die in einer Marktwirtschaft laufende Veränderung der Preise durch Anpassung an die Situation von Angebot und Nachfrage, sondern um das **Preisniveau,** also den Durchschnitt aller Preise für Güter und Dienstleistungen.

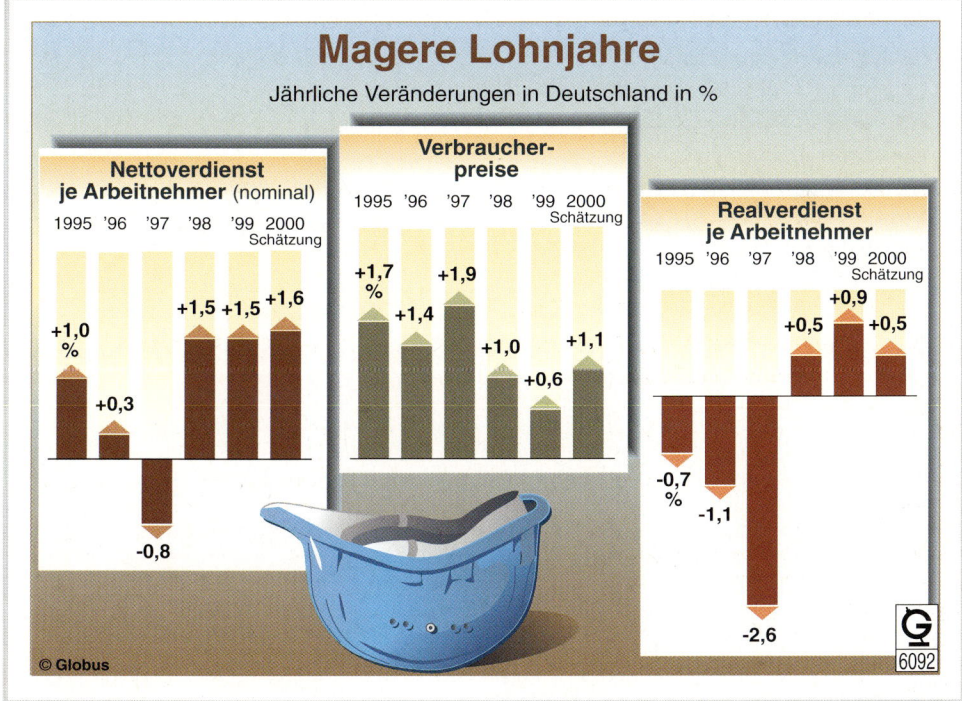

Die Entwicklung der Kaufkraft wird anhand von *Indexzahlen* gemessen. Hierbei wird der Durchschnittspreis für Güter, die nach bestimmten Gesichtspunkten ausgewählt wurden, unter Berücksichtigung der Mengen zu einem festgelegten Zeitpunkt ermittelt und mit 100 % angesetzt. Die für spätere Termine errechneten Durchschnittspreise derselben Güter werden auf diesen Ausgangswert bezogen und ebenfalls als Prozentsätze ausgedrückt.

Am bekanntesten ist der *Lebenshaltungskostenindex,* durch den die Preisveränderungen bei den Gütern des täglichen Bedarfs festgestellt werden. Bei ihm wird ein Preisvergleich für den monatlichen Waren- und Dienstleistungskorb einer „typischen" Familie (vierköpfige Arbeitnehmerfamilie) aufgrund von Haushaltsbüchern vorgenommen. Das Statistische Bundesamt berechnet und veröffentlicht daraus den Index.

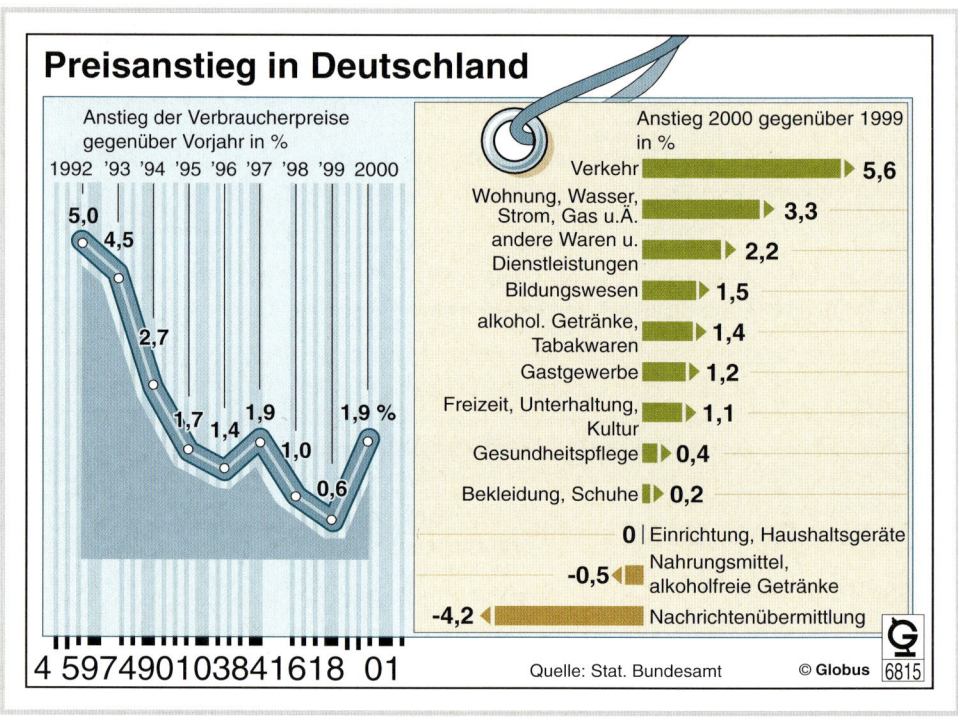

Die Preise in Deutschland sind wieder deutlich in Bewegung, und zwar – zum Leidwesen der Verbraucher – nach oben. Das Statistische Bundesamt errechnete für das Jahr 2000 einen Preisanstieg für die Lebenshaltung von 1,9 Prozent, nach 0,6 Prozent im Jahr 1999. Verantwortlich für diesen Preisschub waren insbesondere die Preise für Energie, also fürs Aufofahren und Heizen. Der Posten Verkehr verteuerte sich um 5,6 Prozent, und fürs Wohnen mussten die Bundesbürger 3,3 Prozent mehr aufwenden als im Vorjahr. Billiger wurden dagegen Nahrungsmittel und alkoholfreie Getränke; hier brachte der harte Wettbewerb im Lebensmitteleinzelhandel wohltuende Entlastung für die Haushaltskassen. Auch rund um das Telefon konnten die Bundesbürger Geld sparen. Nachrichtenübermittlung (wie es bei den Statistikern heißt) kostete im Jahr 2000 durchschnittlich 4,2 Prozent weniger als im Jahr 1999.

Ein sich über mehrere Jahre erstreckender Preisanstieg mit damit verbundenem Geldwertschwund wird als **Inflation** bezeichnet, der umgekehrte Vorgang als **Deflation.** Die Ursachen dieser Gleichgewichtsstörungen werden im Abschnitt 11.2.1 Die Bedeutung des stabilen Geldwerts ausführlich dargestellt.

11.1.2.2 Vollbeschäftigung (hoher Beschäftigungsgrad)[1]

Der Arbeitsmarkt

Der Arbeitsmarkt ist wie der Gütermarkt eine Beziehung von Angebot und Nachfrage: Das **Arbeitsvolumen** sind die Milliarden Arbeitsstunden der arbeitswilligen Personen. Dieser Nachfrage nach Arbeit steht das Angebot an Arbeitsplätzen der Unternehmungen (und des Staates) gegenüber, das wiederum von der Güterproduktion und den Dienstleistungen abhängig ist, also von der gesamtwirtschaftlichen Nachfrage. Sie entscheidet letztlich über die Nachfrage nach Arbeit und damit über die Beschäftigungslage. Arbeitslosigkeit entsteht dann, wenn das Arbeitsvolumen größer ist als das Beschäftigungsangebot (= Nachfrage nach Arbeitskräften).

Vollbeschäftigung ist in einer Volkswirtschaft dann erreicht, wenn die vorhandenen Arbeitsplätze mit Arbeitswilligen besetzt sind. Die Unternehmungen nutzen dann ihre Betriebskapazität voll aus. Wenn mehr als 2 % Arbeitslose vorhanden sind, gilt die Vollbeschäftigung als gefährdet.

Erscheinungsformen und Ursachen der Arbeitslosigkeit

Man unterscheidet:

- **Friktionelle Arbeitslosigkeit.** Sie entsteht durch den ständig sich vollziehenden Arbeitsplatzwechsel. Sie ist immer kurzfristig und zu einem geringen Prozentsatz stets vorhanden.

- **Strukturelle Arbeitslosigkeit.** Sie ist z. B. bedingt durch den technischen Fortschritt (Wegrationalisieren von Arbeitsplätzen) bei Ersatz des Menschen durch Maschinen, durch regionale Ursachen, z. B. in industriearmen Grenzgebieten, Strukturänderung eines Wirtschaftszweigs, z. B. Kohlebergbau, Produktionsverlagerung in Billiglohnländer wie Polen, Tschechien, Russland, Ungarn oder Fernost-Länder.

- **Konjunkturelle Arbeitslosigkeit.** Konjunkturen sind Schwankungen des Wirtschaftsablaufs. Durch Rückgang der Produktion wird vielen Arbeitnehmern gekündigt. Es entsteht Arbeitslosigkeit.

- **Saisonale Arbeitslosigkeit.** Dies ist die jahreszeitlich bedingte Arbeitslosigkeit infolge Entlassung von Arbeitskräften z. B. nach der Ernte oder im Baugewerbe im Winter.

[1] Siehe auch Abschnitt 11.2.3.2 Hauptursachen der strukturellen Arbeitslosigkeit.

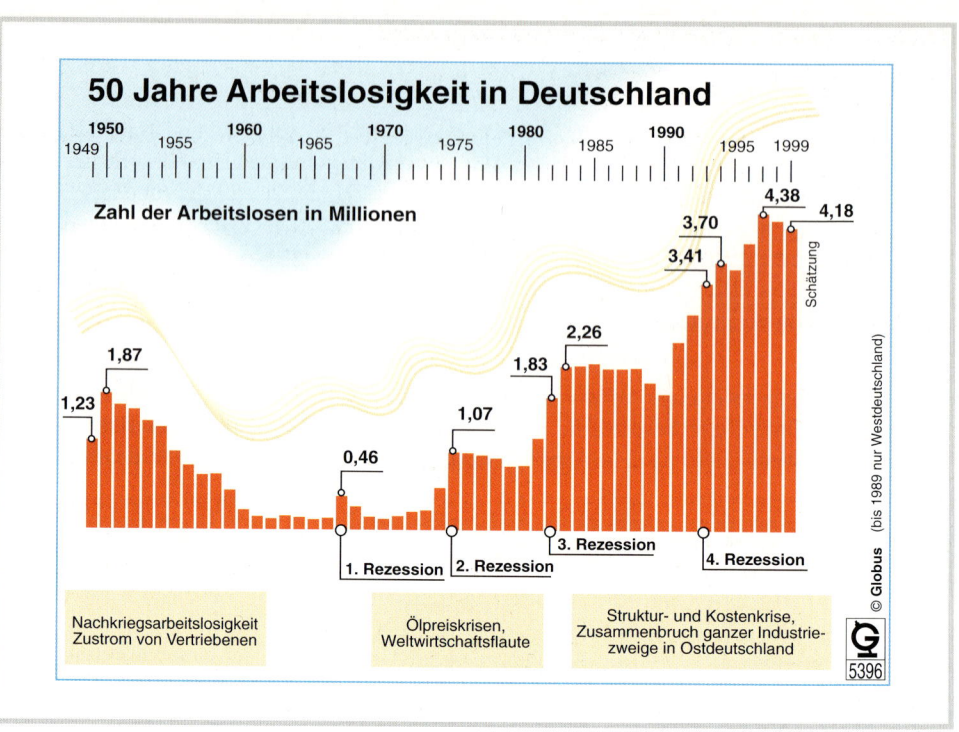

50 Jahre Arbeitslosigkeit in Deutschland

1949 1950 1955 1960 1965 1970 1975 1980 1985 1990 1995 1999

Zahl der Arbeitslosen in Millionen

1,23
1,87
0,46
1,07
1,83
2,26
3,41
3,70
4,38
4,18

Schätzung

© Globus (bis 1989 nur Westdeutschland)

1. Rezession
2. Rezession
3. Rezession
4. Rezession

Nachkriegsarbeitslosigkeit Zustrom von Vertriebenen

Ölpreiskrisen, Weltwirtschaftsflaute

Struktur- und Kostenkrise, Zusammenbruch ganzer Industriezweige in Ostdeutschland

5396

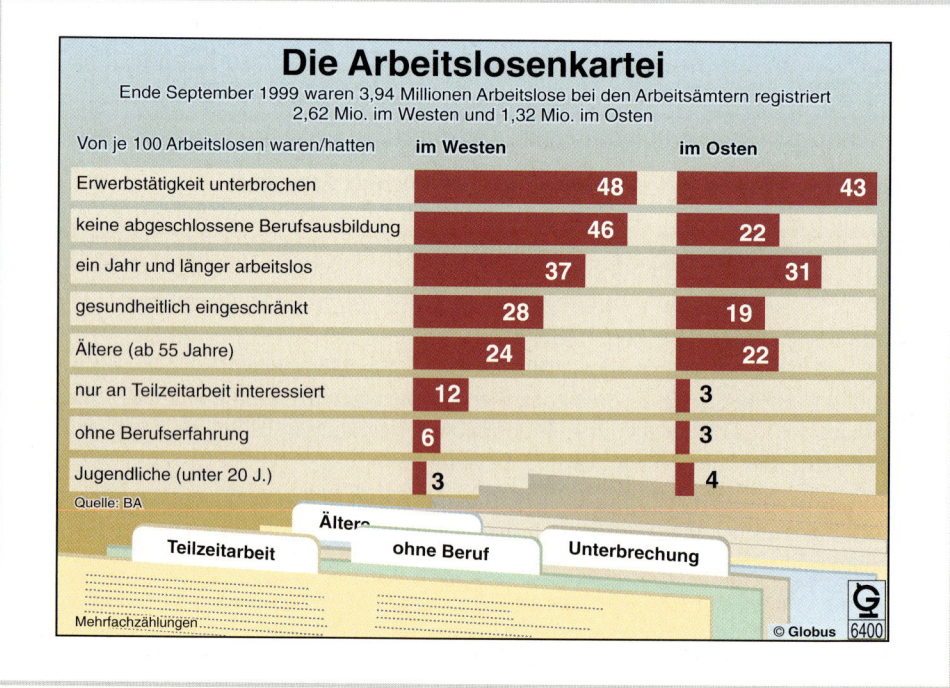

Die Arbeitslosenkartei

Ende September 1999 waren 3,94 Millionen Arbeitslose bei den Arbeitsämtern registriert
2,62 Mio. im Westen und 1,32 Mio. im Osten

Von je 100 Arbeitslosen waren/hatten	im Westen	im Osten
Erwerbstätigkeit unterbrochen	48	43
keine abgeschlossene Berufsausbildung	46	22
ein Jahr und länger arbeitslos	37	31
gesundheitlich eingeschränkt	28	19
Ältere (ab 55 Jahre)	24	22
nur an Teilzeitarbeit interessiert	12	3
ohne Berufserfahrung	6	3
Jugendliche (unter 20 J.)	3	4

Quelle: BA

Ältere
Teilzeitarbeit
ohne Beruf
Unterbrechung

Mehrfachzählungen

© Globus 6400

11.1.2.3 Außenwirtschaftliches Gleichgewicht

Außenwirtschaftliches Gleichgewicht liegt dann vor, wenn über mehrere Jahre hinweg der *Zufluss* an Gold und Devisen vom Ausland dem *Abfluss* an das Ausland entspricht.

Zahlungen aus dem Ausland fließen aus dem Exporthandel, Kreditaufnahmen im Ausland, Kapitalanlagen von Ausländern im Inland u. a. zu. Zahlungen an das Ausland entstehen durch Importgeschäfte, Kreditgewährungen an das Ausland, Kapitalanlagen im Ausland, Transfer der Gastarbeitereinkommen u. a.

Der gesamte Zahlungsverkehr in Gold und Devisen wird in der **Zahlungsbilanz** rechnerisch erfasst (siehe Abschnitt 11.2.2.1 Wesen und Inhalt der Zahlungsbilanz).

11.1.2.4 Wirtschaftswachstum

Unter Wirtschaftswachstum versteht man eine Zunahme des realen Bruttoinlandsprodukts (BIP). Es ist der Zuwachs von Gütern und Dienstleistungen in einer Volkswirtschaft von Jahr zu Jahr (siehe S. 373 ff.).

■ Wesen und Ursachen des Wirtschaftswachstums

Wachstum wird in einer Volkswirtschaft angestrebt, um bestimmte gesellschaftspolitische Ziele verwirklichen zu können, z. B. den Wohlstand der Bürger zu erhöhen, eine hohe Beschäftigung sicherzustellen, bestehende Umweltschäden zu beseitigen und ein möglichst umweltschonendes Wirtschaften zu erreichen.

Es gibt zwei **Hauptursachen** für das Wachstum der Wirtschaft:

- Der mengenmäßige **(quantitative)** Einsatz der Produktionsfaktoren Arbeit und/oder Kapital wurde erweitert (= „Input-Erhöhung"), z. B. eine neue, vollautomatische Fertigungsstraße wird in Betrieb genommen.
- Die **Qualität** der Produktionsfaktoren (= **technischer Fortschritt**), die eingesetzt werden, wurde verbessert (= „Output-Erhöhung pro Input-Einheit"), z. B. durch Umstellen der Fertigung auf Industrieroboter, durch Verwendung von verzinktem Blech im Karosseriebau usw.

■ Der mengenmäßige Einsatz der Produktionsfaktoren

Die Höhe des Bruttoinlandsprodukts ist abhängig von den eingesetzten Produktionsfaktoren Arbeit, Kapital und Boden. Fasst man den Boden mit den sonstigen Produktionsanlagen, den Vorräten und Ausrüstungen zusammen, so hängt das **Wachstum von der Zunahme von Arbeit und Kapital ab.**

▶ Der Produktionsfaktor Arbeit

Dem vermehrten mengenmäßigen Einsatz des Faktors Arbeit sind Grenzen gesetzt, weil der Anteil der Erwerbspersonen in einer Volkswirtschaft abhängig ist von der Altersstruktur der Bevölkerung, dem Eintrittsalter (Schulabgang) in das Erwerbsleben, dem Ausscheiden aus dem Produktionsprozess (Rentenalter), dem Umfang der Erwerbstätigkeit der Frauen und von der gesellschaftspolitisch verkraftbaren Aufnahme von Aussiedlern, Gastarbeitern, Asylbewerbern u. a.

Bei angenommenem Gleichbleiben des Produktionsfaktors Kapital und unbegrenzter Produkt- und Dienstleistungsnachfrage wächst das Bruttoinlandsprodukt, wenn der Produktionsfaktor Arbeit vermehrt eingesetzt wird. In der Praxis der Bundesrepublik Deutschland wurde aber der vom Produktionsfaktor Arbeit ausgehende Wachstumsimpuls in den letzten Jahrzehnten weit gehend wieder durch zunehmende Arbeitszeitverkürzung aufgesogen. Der **entscheidende Wachstumsfaktor** ist in modernen Industriestaaten das **Kapital.**

▶ Der Produktionsfaktor Kapital

Die Produktivität (= Produktmenge je Arbeitsstunde) der Arbeit steigt durch den Einsatz zusätzlicher Maschinen, Anlagen und Ausrüstungen, also durch vermehrten Kapitaleinsatz in Produktivgüter. Diese **Investitionen** (Neuinvestitionen, nicht Ersatzinvestitionen) bestimmen auf zweifache Art und Weise die Größe des Wirtschaftswachstums:

● Für die Dauer der Durchführung der Investition erzeugt diese als Teil der volkswirtschaftlichen Gesamtnachfrage zusätzliche Beschäftigung und zusätzliches Einkommen, sowohl direkt in der Investitionsgüterindustrie als auch indirekt in der Konsumgüterindustrie.

Dieser Vorgang lässt die Erwerbs- und Vermögenseinkommen insgesamt um ein Vielfaches der Investitionsausgaben steigen. Hinzu kommt, dass Mehrausgaben in einem Wirtschaftsbereich zu einer überproportionalen Mehrnachfrage in anderen Bereichen führen und so den Wachstumsprozess zusätzlich beschleunigen. Beide Effekte verstärken einen eingeleiteten Wachstumsanstieg.

● Nach Durchführung der Investitionen hat sich in der Regel der Produktionsapparat vergrößert. Damit ist die Kapazität, die Ausbringungsmöglichkeit von Erzeugnissen, gestiegen.

Beispiel: Die Errichtung einer neuen Produktionsstätte für Pkw im Gesamtwert von z. B. 1,8 Mrd. EUR (rd. 3,5 Mrd. DM) bewirkt einen Beschäftigungsschub in der Bauwirtschaft, der Maschinenbauindustrie, der Zuliefererindustrie, dem örtlichen Handwerk usw. mit der Folge zusätzlichen Einkommens. Dieses tritt wiederum als verstärkte Nachfrage auf anderen Märkten auf und beschleunigt den Wachstumsprozess.

Damit Investitionen überhaupt zustande kommen, ist Kapital erforderlich. Die Kapitalbildung für Produktivzwecke verlangt eine Einschränkung des Konsums, d. h. Sparen zugunsten der Investition (siehe S. 33 ff.).

Investitionen sind die Triebkräfte der Wirtschaftsentwicklung. Mehr investieren bedeutet, die Leistungsfähigkeit der Wirtschaft zu erhöhen. Kein Unternehmer investiert allerdings, wenn er nicht wenigstens auf lange Sicht einen Gewinn erwarten kann. Die Investitionsbereitschaft hängt davon ab, ob sich die Investitionen lohnen, ob also das zur Schaffung von Arbeitsplätzen oder Anschaffung von Maschinen und Anlagen eingesetzte Kapital eine ausreichende Rendite abwirft. Denn nur eine ausreichende Ertragskraft des Unternehmens sichert das Überleben im Wettbewerb und damit Arbeitsplätze und Kapitalrückfluss.

Wenn der Ausstoß aus zusätzlichen Investitionen voll abgesetzt werden soll, sind wieder neue Investitionen nötig, die einen *Einkommenseffekt* hervorrufen, weil stets ein Teil des Einkommens gespart wird. Deshalb kann mit dem Einkommen aus einer Investition nicht die volle Produktion, die durch die Neuinvestition entstanden ist, gekauft werden. Investitionen erfordern deshalb immer neue Investitionen in einer ganz bestimmten Höhe, damit die Wirtschaft stetig weiterwächst.

■ Die Qualitätsverbesserung der Produktionsfaktoren

Hand in Hand mit der *mengenmäßigen Verbesserung* der Produktionsfaktoren geht in der Regel auch eine **Verbesserung der Qualität von Arbeit und Kapital, also der Faktorqualitäten, und deren Kombination, also der Faktorkombinationen.**

Die **Höherqualifizierung des Produktionsfaktors Arbeit,** z. B. durch verbesserte Allgemeinbildung, gezielte fachliche Schulung und Ausbildung sowie besondere Fort- bzw. Weiterbildung, steigert die Produktivität ganz erheblich. Die Erfahrung zeigt, dass die Steigerung der Qualität des Produktionsfaktors Arbeit u. U. einen größeren Wachstumsimpuls bewirkt als die Erhöhung der Quantität dieses Produktionsfaktors.

372

Dieser Wachstumsimpuls kommt nur voll zum Tragen, wenn einerseits die **Qualität des Sachkapitals,** also die Zuverlässigkeit und die geringe Störanfälligkeit der Anlage und Ausrüstungen, ihre präzise Arbeit bei möglichst geringem Ausschuss u. a., gesteigert werden kann und andererseits aber gleichzeitig auch die **gesamte Faktorkombination** verbessert wird.

Beispiel: Bevor die microcomputer-gesteuerte (CNC-)Maschine ein Werkstück bearbeitet, hat der Arbeiter den gesamten Bearbeitungsvorgang im Detail zu durchdenken und in Form eines Ablaufdiagramms niederzuschreiben. Das Ablaufdiagramm muss er in ein Programm für die Maschinen umsetzen.

Wesentlich ist einmal die *Verbesserung des Zusammenspiels* von Menschen mit Menschen, von Menschen mit Maschinen und von Maschinen mit Maschinen, also das der *Produktionsfaktoren untereinander;* aber auch die Arbeitsaufteilung mithilfe einer genauen *Arbeitsorganisation* ist von Bedeutung, um stetige Wachstumsimpulse auszulösen.

Zum anderen gehen mit der mengenmäßigen Vermehrung des Produktionsfaktors Kapital stets die Erzeugung neuer und verbesserter Produkte mit neuen oder technisch verbesserten Produktionsverfahren einher, z. B. bei der Umstellung der Produktion von Halb- auf Vollautomaten.

Der **Hauptträger des Wachstums** einer Volkswirtschaft ist der **technische Fortschritt** mit zukunftsträchtigen *Innovationen,* d. h. die Verwirklichung wirtschaftlicher Neuerungen. Der technische Fortschritt bestimmt langfristig entscheidend die Wachstumsrate der Volkswirtschaft (siehe S. 397 f.).

Innovations- und Wettbewerbspolitik Ziel: Modernisierung der Wirtschaft und Erschließung chancenträchtiger Wachstumsfelder durch neue wettbewerbsfähige Produkte und Verfahren							
Grundlagenforschung stärken	Indirekte Forschungsförderung stärken	Forschungsmanagement verbessern	Wissens- und Technologietransfer beschleunigen	Zukunftsträchtige Qualifikationen ausbauen	Technologiefreundliches Klima schaffen	Risikokapital bereitstellen	Wettbewerb scharf halten

11.1.2.5 Zielsetzung der Bundesregierung: Gesamtwirtschaftliches Gleichgewicht

Volkswirtschaftlich gelten in Deutschland folgende Bedingungen für das wirtschaftliche Gleichgewicht:

- **Preisniveau:** Die Differenz zwischen der Zunahme des nominalen und realen Bruttoinlandsprodukts darf nicht größer als 1 Prozent sein.

- **Vollbeschäftigung:** Die Arbeitslosenquote darf nicht mehr als 0,8 Prozent betragen (bei normalem Winterwetter).

- **Wirtschaftswachstum:** Anstieg des realen Bruttoinlandsprodukts um 4 Prozent.

- **Außenwirtschaftliches Gleichgewicht:** Anteil des Außenbeitrags am Bruttoinlandsprodukt von 1,5 Prozent (siehe S. 371).

Die Abbildung auf S. 365 unten zeigt, inwieweit diese wirtschaftspolitischen Ziele in den vergangenen Jahren erreicht worden sind.

Die wirtschaftspolitischen Instrumente, um sich diesen Zielen anzunähern oder sie zu erreichen, werden als **Globalsteuerung** bezeichnet. Grundsätzlich sollen diese Ziele in unserer Wettbewerbswirtschaft *marktwirtschaftlich* durch den Preismechanismus von Angebot und Nachfrage erreicht werden. Ist dies aber nicht gewährleistet, soll von staatlicher Seite oder durch die Zentralbank steuernd eingegriffen werden, z. B. durch Erhöhung des Leitzinses, wodurch die Kreditnachfrage erheblich beeinflusst werden kann. Im Vordergrund steht dabei die Einflussnahme auf die Nachfrage, weniger auf das Angebot.

Beispiel: Staatliche Zulagen oder Steuererleichterungen für bestimmte gezielte Investitionen, wie Investitionszulagen, Abschreibungsvergünstigungen, Baumaßnahmen des Staates, Steuersenkungen zur Belebung der Nachfrage nach Verbrauchs- und Produktionsgütern, Senkung der hohen Lohnnebenkosten und der Unternehmenssteuern zur Belebung der Investitionen und damit Schaffung von Arbeitsplätzen.

11.1.2.6 Zielkonflikte der Wirtschaftspolitik

Die Hauptziele der Wirtschaftspolitik, nämlich stabiles Preisniveau, Vollbeschäftigung, Wachstum und außenwirtschaftliches Gleichgewicht können nicht voneinander getrennt betrachtet werden. Sie bedingen sich gegenseitig oft sehr stark und führen dann zu den sogenannten *Zielkonflikten*. Entwicklungen, die das eine Ziel begünstigen, erschweren es ein anderes Ziel zu erreichen. Steuert man wiederum dieses an, wird dadurch ein anderes gefährdet.

Beispiel:

(1) Staatliche oder zentralbankpolitische Maßnahmen zur *Stabilität des Preisniveaus* bzw. um den Geldwert zu erhalten sind konjunktur- und damit wachstumshemmende Maßnahmen, wie die Erhöhung des Leitzinses oder andere nachfragehemmende Mittel. *Wachstumshemmung* hat aber eine Verringerung des Bruttoinlandsprodukts zur Folge, weniger Güter werden produziert, die *Vollbeschäftigung* schlägt in Arbeitslosigkeit um. Andererseits erhöhen sich bei gleichbleibenden Preisen die Exportchancen, was wiederum Zahlungsbilanzüberschüsse nach sich zieht und das *außenwirtschaftliche Gleichgewicht* in Frage stellt.

(2) Fördert der Staat bzw. die Europäische Zentralbank das *Wirtschaftswachstum* durch Ankurbelung der Konjunktur, z. B. durch Senkung der Leitzinsen, Investitionszulagen, Subventionen an die Wirtschaft, zusätzliche Kreditaufnahmen usw., so nimmt die Güterproduktion zu, das Bruttoinlandsprodukt steigt, vorhandene Arbeitslosigkeit wird geringer. Bei vorhandener Vollbeschäftigung entsteht Überbeschäftigung. Hierdurch erhöhte Einkommen wirken nachfragesteigernd und damit preiserhöhend, der Geldwert sinkt. Das außenwirtschaftliche Gleichgewicht wird durch eine Verringerung des Exportvolumens beeinflusst, da erhöhte Preise die Nachfrage des Auslandes verringert.

(3) Wenn bei stabilem Preisniveau der Geldwert des Auslands inflationiert bzw. der Grad der Preissteigerung im Inland erheblich geringer ist als im Ausland, so ergeben sich erhöhte Ausfuhrmöglichkeiten für den inländischen Exporteur. Die Einfuhr dagegen wird sinken, da die ausländische Ware zu teuer ist. Es wird ein Überschuss der Exporte über die Importe entstehen. Die inländische Beschäftigung wird zunehmen, das Bruttoinlandsprodukt wird steigen und preissteigernde Wirkung nach sich ziehen. Man nennt dies *importierte Inflation*. Dies kann so lange gehen, bis der inländische Preisanstieg den Inflationsgrad des Auslandes erreicht hat. Danach wird die umgekehrte Richtung eintreten: Exporte nehmen ab, Importe nehmen zu, das außenwirtschaftliche Gleichgewicht wird wieder hergestellt, das ursprüngliche Preisniveau besteht aber nicht mehr.

▶ Zielkonflikte der Wirtschaftspolitik

(Beachten Sie, dass es sich hierbei um *mögliche* Folgen handelt, nicht um absolut so verlaufende Entwicklungen.)

1. vorrangiges Ziel: stabiles Preisniveau

● *mögliche Folgen:*   kein Wirtschaftswachstum
⬇
Vollbeschäftigung schlägt in Arbeitslosigkeit um
⬇
Zahlungsbilanzüberschüsse infolge erhöhter Exporte

2. vorrangiges Ziel: Wirtschaftswachstum

● *mögliche Folgen:*   Konjunkturbelebung (Nachfrageerhöhung oder angebotsorientierte Investitionsbelebung)
⬇
Preissteigerung
⬇
Geldwertverschlechterung
⬇
Vollbeschäftigung bzw. Überbeschäftigung   ➡ sinkender Export
⬇   ⬇
erhöhte Nachfrage durch Lohnanstieg   unausgeglichene Außenwirtschaft
⬇
Lohn-Preis-Spirale
⬇
erneuter Preisdruck
⬇
Inflationsgefahr

3. vorrangiges Ziel: Vollbeschäftigung

● *mögliche Folgen:*   Erhöhung der Güterproduktion
⬇
Wachstum der Wirtschaft
⬇
Preissteigerung   ➡ Geldwertverschlechterung
⬇
Verringerung der Exportchancen durch überhöhte Exportpreise
⬇
Verschlechterung der Zahlungsbilanz: Außenwirtschaftliches Ungleichgewicht

■ **Oberstes Ziel der Wirtschaftspolitik unseres Landes ist ein gesamtwirtschaftliches Gleichgewicht**

■ Eckpfeiler des Wirtschaftsgleichgewichts sind
- **stabiles Preisniveau,** d. h. keine Geldwertverschlechterung
- hoher Beschäftigungsgrad, d. h. **Vollbeschäftigung** (unter 0,8 % Arbeitslosigkeit)
- **außenwirtschaftliches Gleichgewicht,** d. h. langfristig ausgeglichener Geld- und Devisenzufluss und Abfluss (ausgeglichene Zahlungsbilanz)
- **Wirtschaftswachstum,** d. h. Erhöhung des realen Bruttoinlandsprodukts.

■ Die Entwicklung der Kaufkraft wird mit Preisindizes (Einzahl: Preisindex) gemessen. Das Preisniveau (Durchschnittspreise) wird auf ein zurückliegendes Basisjahr = 100 % bezogen. Hohe Aussagekraft hat der **Preisindex für Lebenshaltung.**

■ Man unterscheidet strukturelle, konjunkturelle, friktionelle und saisonbedingte Arbeitslosigkeit. **Bestimmungsgründe des Wachstums sind:**

1. **Quantitative Erweiterung der Produktionsfaktoren durch**
- Vergrößerung des Arbeitskräftepotentials
- Vergrößerung des Kapitalbestands

2. **Qualitative Verbesserung der Produktionsfaktoren durch**
- verbesserte Qualität des Produktionsfaktors
  - Höherqualifizierung der Arbeitskräfte durch Erziehung und Ausbildung
  - Verbesserung der Sachkapitalqualität
- verbesserte Qualität der Faktorkombination
  - verbesserte Faktororganisation (organisatorischer Fortschritt)
  - verbesserter Produktionsapparat (technischer Fortschritt)

3. **Strukturverbesserungen durch**
- Infrastrukturverbesserungen
- Gewerbebetriebsstrukturverbesserungen
- Arbeitskräftestrukturverbesserungen

4. **Außerökonomische Faktoren z. B.**
- Rohstoffvorkommen
- Bevölkerungsstruktur
- Klimabedingungen
- politische Verhältnisse (Wirtschaftsordnung)

■ Der **Jahreswirtschaftsbericht der Bundesregierung** stellt fest, inwieweit die Hauptziele der Wirtschaftspolitik erreicht worden sind.

■ Unter **Globalsteuerung** versteht man Maßnahmen des Staates, um möglichst weit gehend die Hauptziele zu erreichen (wirtschaftspolitisches Instrumentarium). Die staatlichen Eingriffe dürfen den Marktmechanismus als Grundlage unserer Wirtschaftsordnung nicht beeinträchtigen, sie müssen *marktkonform* sein. Es wird hierbei in erster Linie die gesamtwirtschaftliche Nachfrage beeinflusst.

■ Gesetzliche Grundlage für die Globalsteuerung der Bundesregierung ist das „Gesetz zur Förderung der Stabilität und des Wachstums der Wirtschaft **(Stabilitätsgesetz)**" vom 8. Juni 1967. Es hat sich bis heute für die Konjunkturpolitik unseres Landes bewährt.

■ **Zielkonflikte** entstehen durch die Verflochtenheit der volkswirtschaftlichen Größen (Interdependenz). Sie lassen nicht zu, dass die Hauptziele der Wirtschaftspolitik optimal erreicht werden.

1 Siehe Abbildung auf S. 364 unten:

   a) Beschreiben Sie die Aussage der Statistik über die Konjunktur seit 1997!

   b) Erklären Sie mögliche Ursachen für die Entwicklung bei den einzelnen Hauptzielen!

2 a) Was versteht man unter Globalsteuerung?

   b) Welches Gesetz berechtigt die Bundesregierung, Steuerungsmaßnahmen zu treffen, um die Wirtschaft im Gleichgewicht zu halten?

   c) Was heißt wirtschaftliches Gleichgewicht?

   d) Die marktwirtschaftliche Ordnung darf durch die Globalsteuerung der Bundesregierung nicht verletzt werden. Sie darf nur marktkonforme Maßnahmen treffen. Welche der nachstehend aufgeführten Steuerungsmaßnahmen sind marktkonform bzw. nicht marktkonform, also dirigistisch?

     1. Konjunkturzuschlag zur Einkommensteuer
     2. Staatliche Festlegung von Höchstpreisen für Lebensmittel
     3. Einschränkung der Butterproduktion auf die Hälfte der bisherigen Produktionsmenge
     4. 30 Mrd. EUR Kreditaufnahme des Bundes (Staatsverschuldung)
     5. Investitionszulage durch direkte Geldzuwendung, z. B. für Energie sparende Maßnahmen, oder durch Abzug von der Steuerschuld
     6. Erhöhung des Leitzinses durch die Europäische Zentralbank
     7. Wettbewerbsverbot für die Automobilindustrie, um die Typenvielfalt einzuschränken.

3 Welche Ursachen kann der Anstieg des Preisniveaus haben

   a) kostenbedingt?

   b) nachfragebedingt?

   c) sozialpolitisch bedingt?

   d) wettbewerbsbedingt (Öl-Multis, Tante-Emma-Läden)?

4 Welche Folgen hat Arbeitslosigkeit

   a) für den einzelnen Arbeitslosen?

   b) gesamtwirtschaftlich?

   c) politisch?

5 Welche Erkenntnisse gewinnen Sie aus den Abbildungen auf S. 370 zur Arbeitslosigkeit (Ursachen?)

6 Welche Folgen für die gesamtwirtschaftliche Entwicklung haben

   a) stark steigende Kapitalkosten?

   b) stark steigende Investitionsgüternachfrage?

7 *Wirtschaftsentwicklung – Zielkonflikte*

   a) Vergleichen Sie die Wirtschaftsdaten der Abbildungen auf S. 365 unten und auf S. 378 oben mit den Zielsetzungen der Bundesregierung für das wirtschaftliche Gleichgewicht!

   b) Überlegen Sie mögliche Ursachen für die Abweichungen!

   c) Stellen Sie einen Zielkonflikt der wirtschaftlichen Entwicklung fest. Mit welchen wirtschaftspolitischen Maßnahmen wäre die Entwicklung anders verlaufen?

   d) Wie würden Sie bei einem Zielkonflikt Preisstabilität – Vollbeschäftigung entscheiden? Begründen Sie Ihre Entscheidung volkswirtschaftlich und politisch!

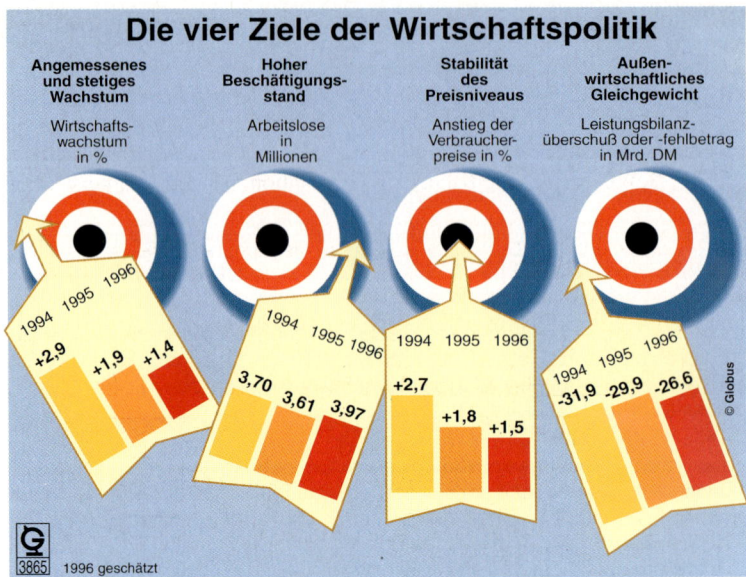

8

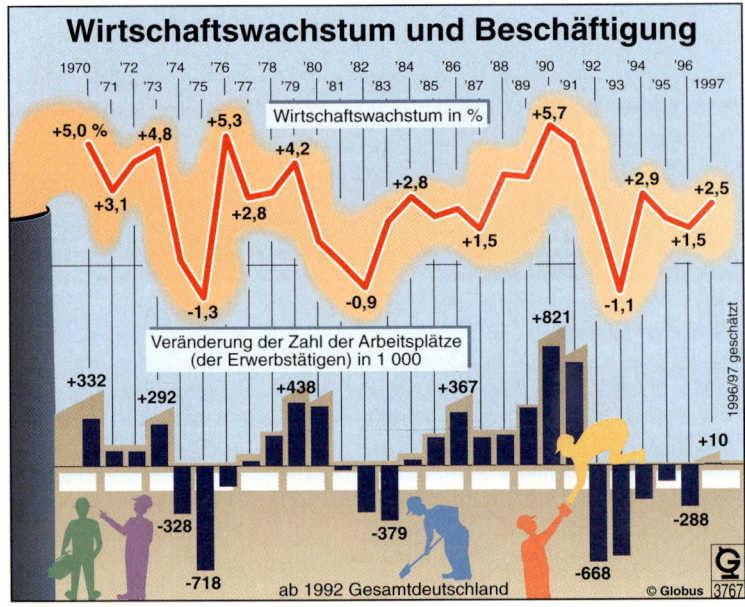

Wirtschaftswachstum

a) Welchen Zusammenhang erkennen Sie zwischen Wirtschaftswachstum und Beschäftigung (Grad der Arbeitslosigkeit)?

b) Welche volkswirtschaftliche Auswirkung hat eine Steigerung des Wirtschaftswachstums um zwei Prozent in einer Jahres-Periode?

c) Wie würden Sie im Zielkonflikt Wirtschaftswachstum – Preisstabilität entscheiden? Begründen Sie Ihre Entscheidung volkswirtschaftlich und politisch!

11.2 Merkmale, Ursachen und Auswirkungen gesamtwirtschaftlicher Ungleichgewichte

Werden auf Dauer die Hauptziele der Wirtschaftspolitik, nämlich Geldwertstabilität, Vollbeschäftigung, angemessenes, nicht überhitztes Wachstum und außenwirtschaftliches Gleichgewicht nicht erreicht, so gerät die Wirtschaft aus dem Gleichgewicht mit meist schwer wiegenden Folgen für die Bevölkerung. Politische Krisensituationen haben zumeist ökonomische Ursachen.

Beispiel: Hitlers Machtergreifung 1933 wäre ohne die vorausgegangene Weltwirtschaftskrise mit hoher Arbeitslosigkeit nicht möglich gewesen.

Problem

11.2.1 Die Bedeutung eines stabilen Geldwerts

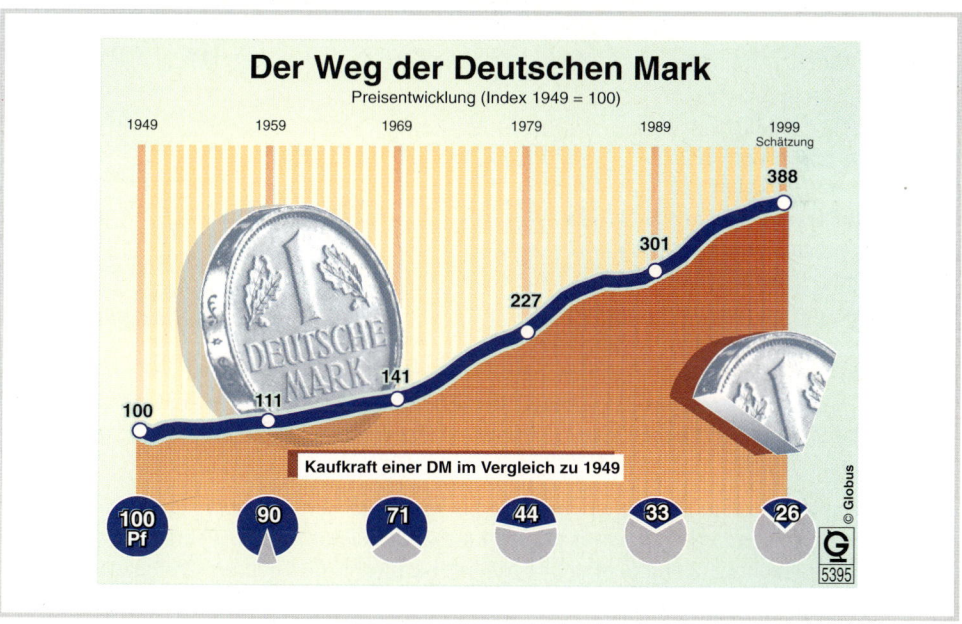

Was erkennen Sie aus dieser Abbildung? Ursachen?

Sachdarstellung

11.2.1.1 Die Aufgaben des Geldes

Wer einen Anzug oder ein Kleid kauft, zahlt dafür vielleicht 300 EUR, für einen Bleistift etwa 0,50 EUR. So gesehen ist das Geld **Zahlungs-** oder **Tauschmittel.** Es besitzt *Kaufkraft,* denn man kann damit Güter kaufen.

Das Geld hat aber noch eine andere Funktion: wir können damit Preise ausdrücken. Ein Brötchen kostet 0,50 EUR, ein Auto z. B. 28 360 EUR, ein Haus z. B. 460 000 EUR. So kann jeder den Wert seines Eigentums zusammenzählen, der Unternehmer seine Bilanz machen, die Volkswirtschaftler das Sozialprodukt ermitteln, denn das Geld ist eine **Recheneinheit** für alle wirtschaftlichen Werte. Das Geld ist auch **Wertmesser.**

Geld kann aber auch gespart werden. Wer jeden Monat 50 EUR auf das Sparkonto einzahlt, hat nach zehn Jahren 6 000 EUR gespart, wobei Zins und Zinseszinsen, aber auch Kaufkraftverlust durch Inflationserscheinungen nicht eingerechnet sind. Somit ist das Geld auch ein **Wertaufbewahrungsmittel.**

Der Patenonkel, der seinem Paten zu Weihnachten einen Hundertmarkschein schenkt, hat Kaufkraft oder Wert in Höhe von 100 EUR übertragen. Geld ist also auch ein **Wertübertragungsmittel.**

11.2.1.2 Die Kaufkraft des Geldes – Geldwert

Durch die Entlohnung in Form von **Geld** erhält jeder, der zur Produktion beigetragen hat, einen seinem produktiven Beitrag entsprechenden Anteil an der Gesamtheit der hergestellten Güter. Er hat nun die Freiheit, aus der Masse der Güter diejenigen auszuwählen, die seinen Bedürfnissen am besten entsprechen. Dies gilt allerdings nur, solange er die Gewähr hat, dass er sich für sein Geld die benötigten Güter auch tatsächlich kau-

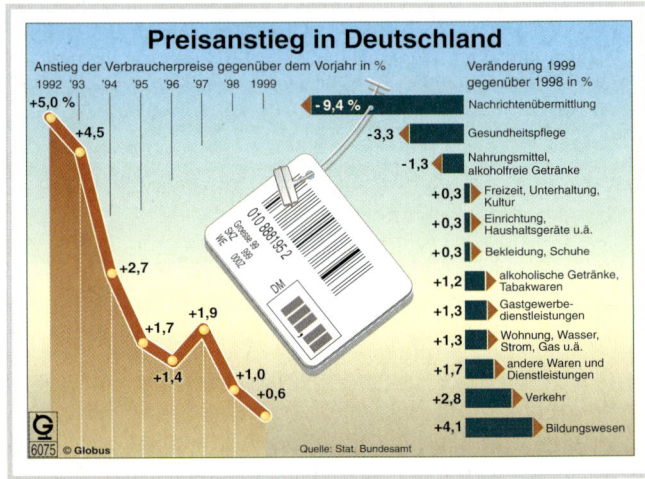

fen kann. Das hängt aber davon ab, ob andere den Erwerb von Geld so hoch schätzen, dass sie bereit sind, dafür Güter herzugeben. Die *allgemeine Wertschätzung* des Geldes beruht also auf seiner *Knappheit.*

Diese Knappheit wird im Wesentlichen durch das *Verhältnis der vorhandenen Geldmenge zur Menge der produzierten Güter* bestimmt. Je kleiner die Geldmenge im Vergleich zur Gütermenge ist, desto mehr Güter kann man sich für eine bestimmte Geldmenge kaufen, desto größer ist also der Wert des Geldes. Umgekehrt: Je mehr Geld im Vergleich zur Gütermenge im Umlauf ist, desto weniger Güter können wir für eine Geldeinheit erwerben, desto geringer ist also der Geldwert. Der Wert des Geldes wird ausschließlich von seinem *Tauschwert* bestimmt, d. h. von seiner *Kaufkraft.*

11.2.1.3 Inflation – Deflation

■ Das Wesen der Inflation

Unter Inflation versteht man einen Prozess ständiger Preissteigerung mit sinkendem Geldwert, d. h. laufender Verringerung der Kaufkraft.

Dabei handelt es sich nicht um den Anstieg einzelner Preise, sondern um den des Preisniveaus, also der Preisindizes (siehe S. 368 f.). Anders ausgedrückt kann man definieren: Inflation liegt dann vor, wenn das nominelle Sozialprodukt innerhalb eines Jahres gegenüber dem realen Sozialprodukt um mehr als 1 % steigt oder: Inflation entsteht, wenn innerhalb einer Periode die Gesamtnachfrage nach Gütern und Dienstleistungen größer ist als das reale, in Preisen der vorhergehenden Periode ausgedrückte Angebot.

■ Die Ursachen der Inflation

▶ Monetäre, von der Geldmenge abhängige Ursachen

Wird die Gütermenge eines Jahres als *Handelsvolumen* (H) und der *durchschnittliche Preis dieser Güter mit P* bezeichnet, dann stellt das Produkt aus H · P den Gesamtpreis des Handelsvolumens dar, zu dessen Erwerb die entsprechende *Menge an Bar- und Buchgeld (G)* benötigt wird. Hieraus ergibt sich die Gleichung: $G = H \cdot P$.

Hierbei wird davon ausgegangen, dass das Handelsvolumen *auf einmal* abgesetzt worden ist.

Tatsächlich wird aber die Güterproduktion *nach und nach* abgesetzt. Die Verkaufserlöse fließen in die Betriebe, wo das Geld erneut zur Vergütung der produktiven Beiträge der Haushalte verwendet wird. Die Empfänger können hierfür erneut Güter erwerben, deren Erlös dann wieder für produktive Zwecke verwendet wird usw. Je rascher das Geld wieder in Umlauf gebracht wird, je größer also die *Umlaufgeschwindigkeit (U)* des Geldes ist, desto kleiner kann die Geldmenge sein, die zum Umsatz des Handelsvolumens benötigt wird.

Aus dieser Überlegung ergibt sich die **Verkehrsgleichung** als wichtige Bestimmungsgröße für das allgemeine Preisniveau.

Geldmenge	Umlaufgeschwindigkeit		Handelsvolumen		Durchschnittspreise
G	**U**	**=**	**H**	**·**	**P**

Die praktische Bedeutung der Verkehrsgleichung liegt in der Veranschaulichung der Zusammenhänge zwischen Kaufkraft und Preisniveau sowie der Beziehung zwischen Güter- und Geldmenge in Verbindung mit der Umlaufgeschwindigkeit des Geldes. Steigendes Preisniveau bedeutet sinkende Kaufkraft des Geldes und umgekehrt. Das Preisniveau muss ansteigen, wenn die Geldmenge und/oder die Umlaufgeschwindigkeit des Geldes bei unverändertem Handelsvolumen zunehmen oder aber, wenn das Handelsvolumen abnimmt, nicht aber die Geldmenge oder die Umlaufgeschwindigkeit.

Da sich die Umlaufgeschwindigkeit des Geldes normalerweise nur wenig ändert, gilt: Der Geldwert, d. h. die Kaufkraft des Geldes, bleibt nur erhalten, wenn die Geldmenge rechtzeitig den Veränderungen des Handelsvolumens angepasst wird.

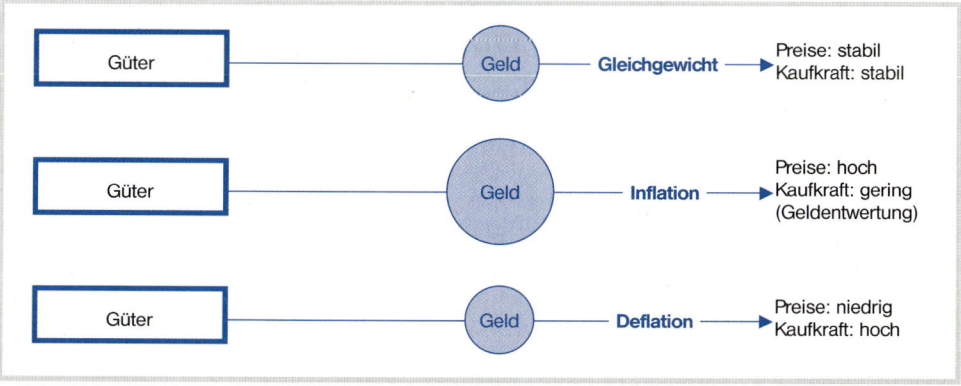

▶ Nicht monetäre Ursachen

● **Die Nachfrageinflation:** Die gesamte Nachfrage besteht aus der Nachfrage der privaten Haushalte, der Unternehmungen und des Staates nach Konsum- und Investitionsgütern sowie Dienstleistungen. Hinzu kommt die Nachfrage des Auslandes (= Export). Übersteigt diese Nachfrage das gesamtwirtschaftliche Angebot (einschließlich Import), so kommt es zu Preissteigerungen.

Eine besondere Art der Nachfrageinflation ist die **importierte Inflation.** Sie entsteht dann, wenn bei festen Wechselkursen die Nachfrage des Auslandes so stark ist, dass das inländische Preisniveau ansteigt (siehe auch S. 436!).

● **Die Angebotsinflation:** Von der Angebotsseite her können Preissteigerungen durch Kostendruck entstehen. Erhöhte Kosten treiben die Preise in die Höhe, erhöhte Preise verursachen wiederum höhere Kosten. Die *Lohn-Preis-Spirale* gerät in Bewegung.

Man unterscheidet folgende Ursachen für die Angebotsinflation:

● **Lohnkostendruck:** Durch Tarifverhandlungen der Gewerkschaften werden Lohn- und Gehaltserhöhungen durchgesetzt. Da die Unternehmer ihren Gewinn nicht schmälern wollen, werden die erhöhten Lohnkosten auf die Preise der Güter fortgewälzt.

● **Gewinndruck:** Die Unternehmer erhöhen die Gewinne durch Preiserhöhungen. Die gleiche Wirkung tritt ein, wenn Kostensenkungen durch Produktionssteigerungen sich in den Preisen niederschlagen.

● **Die Anspruchsinflation:** Anspruch bezieht sich in diesem Zusammenhang auf die Verteilung des Nationaleinkommens oder, von der anderen Seite her gesehen, des Volkseinkommens. Dazu gehören die Ansprüche der Gewerkschaften für die Arbeitnehmer höhere Einkommen zu schaffen wie auch der Anspruch der Unternehmer nach höheren Gewinnen. Auch der Staat verursacht eine Anspruchsinflation, wenn er durch erhöhte Schulden seinen Anteil am Nationaleinkommen vergrößert. Ein ganz besonderes, dem normalen Marktgeschehen völlig zuwiderlaufendes Beispiel sind die Willkürpreise der OPEC-Staaten (Erdöl produzierende Länder, siehe S. 443 f.).

■ Schleichende und galoppierende Inflation

Je nach der Geschwindigkeit des inflatorischen Prozesses spricht man von schleichender, trabender und galoppierender Inflation.

▶ Schleichende Inflation

Sie liegt dann vor, wenn die Preissteigerung sehr langsam, über Jahre hinweg verläuft, in Zahlen ausgedrückt: wenn der Preisindex von Jahr zu Jahr um 2,5 bis 5 % steigt. Viele Ökonomen sind darüber nicht besorgt, solange das Realeinkommen über der Inflationsrate liegt, d.h. also der reale Zuwachs des Nationaleinkommens nach Abzug der Inflationsrate immer noch einen Zuwachs zeigt. Es kann aber auch darin eine große Gefahr gesehen werden, da sich aus der schleichenden rasch eine schneller anwachsende Inflation ergeben kann.

▶ Galoppierende Inflation

Das Preisniveau wird binnen kurzer Zeit auf ein Vielfaches der Ausgangssituation angehoben, z. B. mehr als 50 %, wie es bei der Inflation in Deutschland nach dem Ersten Weltkrieg der Fall war oder heute in Osteuropa[1], Brasilien, Mexiko und zahlreichen Entwicklungsländern.

Der Geldwert sinkt rasch ab. Das Geld verliert seine Aufgabe als Wertaufbewahrungsmittel, da die Flucht in die Sachwerte (Edelmetalle, Edelsteine, Grundstücke, Antiquitäten usw.) beginnt.

[1] Z.B. für das ehemalige Jugoslawien 20 000 Prozent (!) im Jahr 1992.

◼ Offene und gestoppte Inflation

Je nachdem, ob die Inflation sichtbar ist oder nicht, spricht man von einer *offenen* und einer *gestoppten* oder *zurückgestauten* Inflation.

▶ Offene, sichtbare Inflation

Sie liegt dann vor, wenn die Regierung die Ergebnisse der volkswirtschaftlichen Gesamtrechnung, insbesondere die Preisindizes, offen legt. Dies ist in demokratischen Staaten gesetzlich verankert.

▶ Gestoppte, zurückgestaute (unsichtbare) Inflation

Bei ihr wird die Preissteigerung nicht ersichtlich, da der Staat durch dirigistische Maßnahmen, insbesondere Preisstopp, die tatsächliche Entwicklung verschleiert. Güterrationierung, Zuteilungswesen mit Bezugsscheinen sind die Folge. Der Staat muss die Einhaltung des Preisstopps kontrollieren. Sofort bildet sich ein „Grauer oder Schwarzer Markt", auf dem die Güter zu einem erheblich höheren als dem staatlich verordneten Preis gekauft werden können (Deutschland in und nach dem Zweiten Weltkrieg, kommunistische Staaten des 1989 aufgelösten Ostblocks).

Auf die Dauer lässt sich dieses Preissystem nicht durchhalten. Eines Tages werden entsprechend höhere Preise dirigiert (z. B. osteuropäische Staaten seit 1981).

◼ Folgen der Inflation

- Eigentümer von Geldvermögen erleiden Verluste, wenn der Preisanstieg nicht durch höhere Zinserträge aufgefangen wird. 1 % Inflation jährlich bedeutet eine Geldentwertung in Höhe von 25 Milliarden EUR.

- Eigentümer von Grundvermögen (Grundstücke, Gebäude) erleiden Verluste, wenn die Preise für ihr Grundvermögen langsamer steigen, als das allgemeine Preisniveau.

- Die Schuldner (Staat, Unternehmungen, Bauherren) gewinnen entsprechend den Verlusten der Vermögensbesitzer. Am meisten profitiert der Staat, da er die größte Schuldenlast in unserem Land trägt. Die Folgen sind riesige Vermögensumschichtungen.

- Lohn- und Gehalts-(Einkommens-)bezieher sowie Gewinneinkommen erleiden dann keine Inflationsverluste, wenn das Realeinkommen (Nominaleinkommen abzüglich Preissteigerungen) höher ist als in der Vorperiode.

- Einkommen aus Renten, Mieten und Kapital (Zinseinkommen) erleiden Verluste, wenn keine Indexbindung besteht (z. B. dynamische Rente, welche sich von Jahr zu Jahr dem Preisniveau anpasst).

- Der Staat ist der größte Gewinner an einer Inflation, da seine Steuereinnahmen durch Preiserhöhungen auch ansteigen. Dies gilt insbesondere für die Umsatzsteuer und für die Verbrauchsteuern.

◼ Deflation und Stagflation

▶ Deflation

Wird die Geldmenge einseitig *in ungewöhnlichem Maße verringert,* z. B. durch Schwierigkeiten in der Kreditversorgung, so spricht man von einer **Deflation.** Die durch eine Deflation bewirkte Senkung des Preisniveaus führt zwar zu einem entsprechenden Ansteigen der Kaufkraft des

Geldes. Dies nützt aber den meisten Menschen nur wenig, da die Deflation in aller Regel einen erheblichen Rückgang der Beschäftigung und damit des Einkommens zur Folge hat. Wer seinen Arbeitsplatz verliert, empfindet es als einen schwachen Trost, wenn gleichzeitig die Preise fallen. Bei einer hohen Arbeitslosigkeit besteht immer die Gefahr, dass radikale politische Kräfte die Oberhand gewinnen. So kann z. B. eine Erhöhung der Preise für Brötchen durch einen Preisrückgang bei Gemüse ausgeglichen werden.

Inflation und Deflation sind Prozesse, welche die *gesamte Wirtschaft* erfassen. Es wäre daher voreilig aus Preisveränderungen bei einzelnen Gütern zu schließen, dass eine Inflation oder Deflation im Gange sei. Gesamtwirtschaftlich gab es in der Bundesrepublik Deutschland noch keine Deflation.

▶ **Stagflation**

Sind inflationäre Erscheinungen die Ursache für geringere Sparbereitschaft der Bevölkerung, derzufolge das Investitionsvolumen absinkt und Arbeitslosigkeit ausgelöst wird, so spricht man von **Stagflation,** d. h. also rückläufiges Wirtschaftswachstum (Stagnation) bei steigendem Preisniveau (**Stag**nation + In**flation = Stagflation.**)

Zusammenfassung

- Die **Aufgaben des Geldes** sind: Zahlungsmittel, Tauschmittel, Recheneinheit, Wertmesser, Wertaufbewahrungsmittel und Wertübertragungsmittel.

- Der **Wert des Geldes** wird durch seine **Kaufkraft** bestimmt.

- Unter **Inflation** versteht man eine ständige Verringerung der Kaufkraft des Geldes infolge steigendem Preisniveau.

- **Ursachen der Inflation**
  - *monetäre,* d. h. von der Geldmenge abhängige Faktoren. Die Verkehrsgleichung Geldmenge · Umlaufgeschwindigkeit = Handelsvolumen · Durchschnittspreis gerät aus dem Gleichgewicht.
  - *nicht monetäre Ursachen*
    1. *Nachfrageinflation,* wenn die gesamtwirtschaftliche Nachfrage das gesamtwirtschaftliche Angebot übersteigt
    2. *Angebotsinflation,* wenn Preissteigerungen durch Kostendruck entstehen
    3. *Anspruchsinflation,* wenn infolge erhöhter Ansprüche an die Verteilung des Volkseinkommens die Preise steigen

- Nach der Geschwindigkeit des inflatorischen Prozesses unterscheidet man *schleichende* (sehr langsamer Preisanstieg) und *galoppierende* oder *Hyperinflation* (sehr schneller Preisanstieg).

- *Offene Inflation:* Der Staat veröffentlicht die Preisentwicklung.
  Gestoppte oder zurückgestaute Inflation: Der Staat verschleiert die tatsächliche Preisentwicklung durch dirigistische Maßnahmen, wie Preisstopp u. a.

- **Folgen der Inflation**
  Es entstehen Verluste für die Eigentümer von Geldvermögen und Grundvermögen. Gewinner sind die Schuldenbesitzer, in erster Linie der Staat. Der Staat profitiert auch durch höhere Steuereinnahmen infolge steigender Preise.

1 Analysieren Sie die Abbildung auf S. 379!

   a) Weshalb zogen beide Weltkriege eine Inflation nach sich?

   b) Um welche Arten von Inflation handelt es sich hierbei?

   c) Welche Erkenntnisse ziehen Sie aus der Gesamtentwicklung des Geldwerts?

2 Welche Bedeutung hat das Verhältnis von Güter- und Geldmenge einschließlich der Umlaufgeschwindigkeit des Geldes in einer Volkswirtschaft?

3 a) Was versteht man unter Lohnkostendruckinflation?

   b) Welche Folge hat sie, wenn die Lohnerhöhungen sich nicht als Nachfrageerhöhung niederschlagen?

4 a) Was versteht man unter Gewinndruckinflation?

   b) Welche Voraussetzungen müssen hierfür vorliegen?

5 a) Bilden Sie ein Zahlenbeispiel für die Verluste von Geldvermögen als Auswirkung der Inflation! (Vgl. Abb. auf S. 379 Geldwertschwund!)

   b) Welche besonderen Probleme ergeben sich hierdurch für die Geldanlage in festverzinslichen Wertpapieren?

   c) Wann tritt ein Substanzverlust des Geldvermögens durch inflatorische Prozesse ein?

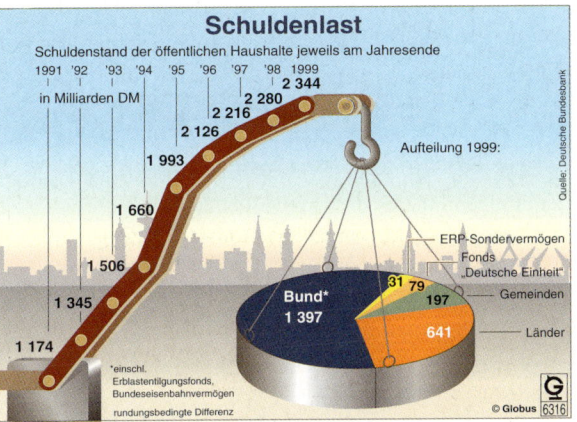

   d) Welche Personengruppen leiden am stärksten unter dem Verlust des Geldvermögens?

6 a) Weshalb entsprechen die Verluste der Geldvermögensbesitzer den Inflationsgewinnen der Schuldner?

   b) Welche Folgen hat die Tatsache, dass der Staat als größter Schuldner durch die Inflation am meisten gewinnt?

11.2.2 Außenwirtschaftliches Ungleichgewicht (Zahlungsbilanzgleichgewichte)

Die Abbildung auf S. 386 oben zeigt die internationale Handelsverflechtung der Bundesrepublik Deutschland. Zur Abrechnung der Ausfuhr und Einfuhr fließen riesige Geldströme, die in der *Handelsbilanz* erfasst werden. Voraussetzung dafür ist die Austauschbarkeit der Währungen (Konvertibilität). Die Handelsbilanz ist aber nur ein Teil einer größeren Bilanz, der **Zahlungsbilanz,** die sämtliche Geldströme erfasst.

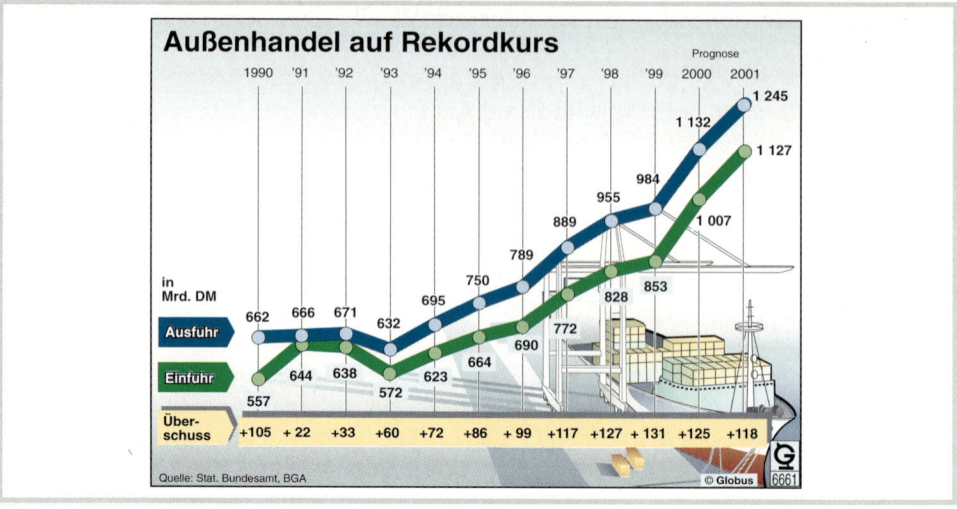

Außenhandel auf Rekordkurs

	1990	'91	'92	'93	'94	'95	'96	'97	'98	'99	2000	2001
Ausfuhr	662	666	671	632	695	750	789	889	955	984	1 132	1 245
Einfuhr	557	644	638	572	623	664	690	772	828	853	1 007	1 127
Überschuss	+105	+ 22	+33	+60	+72	+86	+ 99	+117	+127	+ 131	+ 125	+118

Prognose 2000 2001

in Mrd. DM

Quelle: Stat. Bundesamt, BGA

© Globus 6661

11.2.2.1 Wesen und Inhalt der Zahlungsbilanz

Die Zahlungsbilanz ist die Gegenüberstellung sämtlicher Zahlungsforderungen und Zahlungsverpflichtungen eines Landes gegenüber dem Ausland innerhalb eines Jahres. Sie erfasst also die gesamten grenzüberschreitenden Geld- und Kapitalströme.

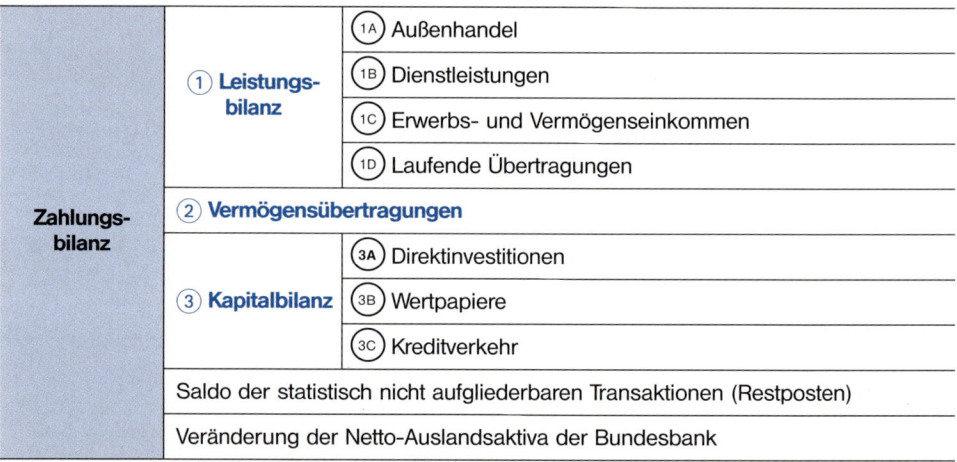

Zahlungsbilanz	① Leistungsbilanz	①A Außenhandel
		①B Dienstleistungen
		①C Erwerbs- und Vermögenseinkommen
		①D Laufende Übertragungen
	② Vermögensübertragungen	
	③ Kapitalbilanz	③A Direktinvestitionen
		③B Wertpapiere
		③C Kreditverkehr
	Saldo der statistisch nicht aufgliederbaren Transaktionen (Restposten)	
	Veränderung der Netto-Auslandsaktiva der Bundesbank	

Die Zahlungsbilanz gliedert sich in verschiedene **Teilbilanzen:**

■ Die Leistungsbilanz

Sie besteht aus der Außenhandelsbilanz, der Dienstleistungsbilanz und der Bilanz der Erwerbs- und Vermögenseinkommen und der Bilanz der laufenden Übertragungen.

- Die **Außenhandelsbilanz** stellt Einfuhr und Ausfuhr einander gegenüber.
- Die **Dienstleistungsbilanz** erfasst die Geldströme aus dem grenzüberschreitenden Reiseverkehr, aus Lohnveredelungen, aus Lizenzen, Gewinnen und Provisionen.

- Die **Bilanz der Erwerbs- und Vermögenseinkommen** erfasst Einkommen und Kapitalerträge aus unselbstständiger Tätigkeit.
- Die **Bilanz der laufenden Übertragungen** verrechnet die nicht aus Handelsgeschäften entstehenden Zahlungen zwischen Inland und Ausland (aber ohne Vermögensübertragungen). Hierzu gehören insbesondere die Transferzahlungen der Gastarbeiter an ihre Familien.

▍ *Vermögensübertragungen*

Z. B. Schenkungen, Erbschaften, Schuldenerlasse (einmalige Vermögensübertragungen).

▍ *Die Kapitalbilanz*

- Sie erfasst die Exporte und Importe von Kapital; z. B. Wertpapieranlagen, Direktinvestitionen, Kreditverkehr, sonstige Transaktionen.
- Der Geldstrom der *öffentlichen Hand* ergibt sich zum größten Teil aus militärischen Gründen (z. B. Stationierungskosten für ausländische Truppen in der Bundesrepublik Deutschland).

Wichtige Posten der Zahlungsbilanz in Mrd. DM

Position	1995[1]	1996[1]	1997[1]	1998[1]
I. Leistungsbilanz	− 27,2	− 8,4	− 2,4	− 6,2
1. Warenhandel	+ 93,2	+ 107,4	+ 125,1	+ 140,5
Ausfuhr (fob)	749,9	786,5	885,9	948,7
Einfuhr (fob)	656,7	679,1	760,8	808,2
2. Dienstleistungen	− 65,0	− 66,2	− 71,7	− 77,3
darunter Reiseverkehr	− 49,0	− 50,5	− 51,7	− 53,7
3. Erwerbs- und Vermögenseinkommen	+ 0,3	+ 1,7	− 3,0	− 16,1
darunter Kapitalerträge	+ 1,7	+ 3,5	− 1,3	− 14,3
4. Laufende Übertragungen	− 55,7	− 51,3	− 52,8	− 53,3
darunter				
Nettoleistungen zum EG-Haushalt	− 29,3	− 27,2	− 28,1	− 29,6
Sonstige laufende öffentliche Leistungen an das Ausland (netto)	− 11,0	− 8,1	− 8,8	− 7,8
II. Vermögensübertragungen	− 3,8	− 3,3	+ 0,1	+ 1,3
III. Kapitalbilanz (Nettokapitalexport: −)	+ 63,5	+ 23,2	− 0,7	+ 23,5
1. Direktinvestitionen	− 38,7	− 68,0	− 53,2	− 117,4
Deutsche Anlagen im Ausland	− 56,0	− 76,5	− 69,9	− 152,4
Ausländische Anlagen im Inland	+ 17,2	+ 8,5	+ 16,7	+ 35,0
2. Wertpapiere	− 49,6	+ 96,0	+ 4,4	+ 9,4
Deutsche Anlagen im Ausland	− 25,5	− 46,0	− 154,1	− 246,0
darunter				
Aktien	+ 1,7	− 21,9	− 62,6	− 108,5
Rentenwerte	− 24,1	− 20,6	− 76,6	− 109,2
Ausländische Anlagen im Inland	+ 75,1	+ 142,1	+ 158,5	+ 255,5
darunter				
Aktien	− 1,7	+ 22,1	+ 27,4	+ 97,2
Rentenwerte	+ 86,0	+ 102,8	+ 122,9	+ 147,9
3. Finanzderivate	− 1,0	− 8,8	− 15,1	− 12,0
4. Kreditverkehr	+ 58,8	+ 8,0	+ 68,3	+ 151,1
Kreditinstitute	+ 42,4	− 5,0	+ 63,9	+ 140,8
darunter kurzfristig	+ 3,6	− 28,2	+ 67,8	+ 144,1
Unternehmen und Privatpersonen	+ 23,8	+ 9,4	+ 21,6	+ 10,0
darunter kurzfristig	+ 25,8	+ 10,5	+ 23,1	− 3,8
Staat	− 4,2	+ 4,9	− 17,1	− 3,2
darunter kurzfristig	− 4,1	+ 4,0	− 6,6	+ 6,9
Bundesbank	− 3,3	− 1,3	− 0,1	+ 3,4
5. Sonstige Kapitalanlagen	− 5,2	− 4,0	− 5,1	− 7,6
IV. Veränderung der Währungsreserven zu Transaktionswerten (Zunahme: −)	− 10,4	+ 1,9	+ 6,6	− 7,1
V. Saldo der statistisch nicht aufgliederbaren Transaktionen (Restposten)	− 22,1	− 13,4	− 3,5	− 11,4

(Quelle: Deutsche Bundesbank, Geschäftsbericht 1998)

[1] *Ergebnisse durch Änderung in der Erfassung des Außenhandels mit größerer Unsicherzeit behaftet.*

11.2.2.2 Unausgeglichenheit der Zahlungsbilanz

Zahlungsbilanzüberschüsse oder Zahlungsbilanzdefizite verursachen eine unausgeglichene Zahlungsbilanz. Eine **aktive Zahlungsbilanz** stellt einen Zahlungsbilanzüberschuss dar, der sich durch eine Vermehrung des Devisenbestandes eines Landes ergibt. Umgekehrt ergibt sich eine **passive Zahlungsbilanz.**

Es ist durchaus möglich, dass bei einer *aktiven Außenhandelsbilanz* die Zahlungsbilanz passiv ist. Die USA z. B. haben durch hohen Gold- und Devisenabfluss für Auslandshilfe, Militärausgaben und Kapitalexporte trotz Handelsbilanzüberschüssen meist eine passive Zahlungsbilanz. Durch die Geldüberweisungen der Gastarbeiter an ihre Familien entstand auch in der Bundesrepublik Deutschland schon ein Zahlungsdefizit.

Durch Gold- und Devisenreserven können Zahlungsbilanzdefizite ausgeglichen werden. Die Reserven müssen aber irgendwann einmal durch Zahlungsbilanzüberschüsse verdient worden sein. Zahlungsbilanzüberschüsse, insbesondere verursacht durch eine aktive Handels- und Dienstleistungsbilanz bedeuten steigende Nachfrage nach Inlandsgütern, was wiederum zu Preissteigerungen führt (Inflationsgefahr).

Zusammenfassung

- Die **Zahlungsbilanz ist die Gegenüberstellung aller Zahlungsforderungen und Zahlungsverpflichtungen eines Landes gegenüber dem Ausland innerhalb eines Jahres.**

- Teilbilanzen der Zahlungsbilanz sind:
  - Die **Leistungsbilanz**. Sie umfasst
    - die Außenhandelsbilanz = Gegenüberstellung der Einfuhr und Ausfuhr,
    - die Dienstleistungsbilanz,
    - die Bilanz der Erwerbs- und Vermögenseinkommen,
    - die Bilanz der laufenden Übertragungen,
  - **Vermögensübertragungen,**
  - die **Kapitalbilanz** (Direktinvestitionen, Wertpapieranlagen, Kreditverkehr).

- **Aktive Zahlungsbilanz** heißt: Zahlungsforderungen an das Ausland sind *größer* als die Zahlungsverpflichtungen.

- **Passive Zahlungsbilanz** heißt: Zahlungsforderungen an das Ausland sind *kleiner* als die Zahlungsverpflichtungen.

- Die Zahlungsbilanz kann durch Abbau oder Vermehrung der Reservewährungen (Gold, Devisen) ausgeglichen werden.

Aufgaben

1 Warum ist es möglich, dass trotz aktiver Außenhandelsbilanz die Zahlungsbilanz passiv ist?

2 Auswertung der Statistik „Zahlungsbilanzen der Bundesrepublik Deutschland" auf S. 387:
  a) Wie beurteilen Sie in der Leistungsbilanz die Entwicklung der Salden ① Außenhandel, ② Dienstleistungen und ③ Erwerbs- und Vermögenseinkommen? Was könnte(n) Ursache(n) hierfür sein?
  b) Wie beurteilen Sie in der Kapitalbilanz die Entwicklung ① der Direktinvestitionen, ② der Wertpapieranlagen und ③ des Kreditverkehrs insgesamt? Was könnte(n) Ursache(n) hierfür sein?
  c) Wie hoch waren die Salden der Leistungsbilanzen der Jahre 1995 bis 1998? Waren die Teilbilanzen der Zahlungsbilanz 1998 aktiv oder passiv?

3 Welche Ursachen können

a) Zahlungsbilanzüberschüsse b) Zahlungsbilanzdefizite haben?

4 Im Wirtschaftsteil der Zeitungen werden laufend Informationen über Außenhandels- und Zahlungsbilanzprobleme gebracht. Welche Probleme stehen gegenwärtig im Vordergrund?

5 In welchen Teilbilanzen wirken sich folgende Vorgänge aus?

a) Gastarbeiter überweisen Geld in die Türkei.

b) Die Bundesrepublik Deutschland kauft Holz in Russland.

c) Südafrika bezieht Landmaschinen aus Stuttgart.

d) Zahlung einer Reisegesellschaft an ein Hotel in Tunesien.

e) Die Daimler Chrysler AG erhält Lizenzgebühren aus Japan.

f) Die BASF baut eine Produktionsstätte für Düngemittel in Brasilien.

g) Aus den USA kommt eine Erbschaft über 10 Mio. Dollar.

h) Ein Großverdiener kauft für 1 Million Dollar US-Anleihen.

i) Die EZB verkauft Gold an die USA, um den EU-Kurs zu stützen.

k) Die Bundesrepublik Deutschland zahlt an die GUS-Staaten (frühere Sowjetunion) einmalig acht Milliarden DM für den Rückzug der rund 400 000 Soldaten aus der ehemaligen DDR.

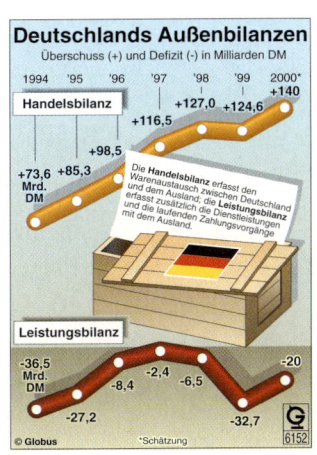

Deutschlands Außenbilanzen
Überschuss (+) und Defizit (-) in Milliarden DM

Die **Handelsbilanz** erfasst den Warenaustausch zwischen Deutschland und dem Ausland, die **Leistungsbilanz** erfasst zusätzlich die Dienstleistungen und die laufenden Zahlungsvorgänge mit dem Ausland.

11.2.3 Beschäftigungsschwankungen (Überbeschäftigung – Unterbeschäftigung)

Problem

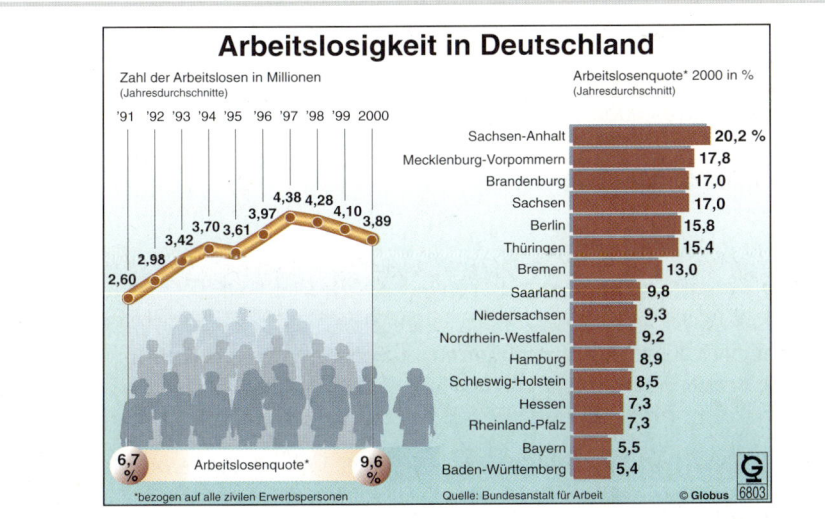

Arbeitslosigkeit in Deutschland

*bezogen auf alle zivilen Erwerbspersonen — Quelle: Bundesanstalt für Arbeit — © Globus

Was sind die Ursachen für die hohe Arbeitslosigkeit?

Welche Maßnahmen zu ihrer Bekämpfung können getroffen werden?

11.2.3.1 Wesen der Arbeitslosigkeit

Arbeitslosigkeit liegt dann vor, wenn für einen Teil der arbeitsfähigen und beim herrschenden Lohnniveau arbeitswilligen Arbeitnehmer *Beschäftigungsmöglichkeiten fehlen.*

In diesem Fall spricht man von **Unterbeschäftigung** (= Unterschreiten des normalen Beschäftigungsgrades). **Überbeschäftigung** liegt bei Überschreiten des normalen Beschäftigungsgrades (Vollbeschäftigung) vor.

Ein Grundproblem der modernen Industriegesellschaften ist die **strukturelle Arbeitslosigkeit.**

Sie entsteht, wenn sich Arbeitslosigkeit als Folge des wirtschaftlichen Wachstums oder Umbruchs (neue Bundesländer) ergibt, denn damit ist in der Regel ein Wandel des Güterbedarfs, der Produktionsweisen, der Arbeitsanforderungen, der Bevölkerungsentwicklung, der Einkommensverteilung und Einkommensverwendung verbunden. Strukturelle Arbeitslosigkeit ist eine Folge des **Strukturwandels in der Wirtschaft.** Sie umfasst Beschäftigte von Branchen,

- die an wirtschaftlicher Bedeutung verlieren, z. B. Schiffbau, Eisen schaffende Industrie, Bekleidung und Textiltechnik u. a.,
- die neue, arbeitssparende Technologien einführen, z. B. Werkzeugbau, Fahrzeugbau, Telekommunikationstechnik,
- die unter langfristigen Anpassungsschwierigkeiten leiden, z. B. Kohlebergbau, Nahrungsmittelindustrie, Stahlindustrie u. a.

11.2.3.2 Hauptursachen der strukturellen Arbeitslosigkeit

Strukturelle Arbeitslosigkeit hat **angebots-** und **nachfragebedingte** Ursachen.

■ Angebotsbedingte Ursachen

Die **geburtenstarken Jahrgänge (demographische Entwicklung)** der vergangenen Jahrzehnte drängten auf den Arbeitsmarkt. Erst jetzt ab der Jahrtausendwende ist diese Situation überwunden. Es tritt, sofern die *Zuwanderungen* dieses Absinken nicht ausgleichen, sogar wieder ein *Arbeitskräftemangel* zumindest in Teilbereichen ein, weil die Nachwuchsjahrgänge kleiner werden.

Auch die **Zunahme der Erwerbstätigkeit der 20- bis 55-jährigen Frauen in den alten Bundesländern** um rund 10 % in den letzten Jahren und die sehr **hohe Erwerbsbeteiligung der Frauen in den neuen Bundesländern** hat die Zahl der auf den Arbeitsmarkt Unterzubringenden erhöht.

Die **Ausländerbeschäftigung der 60er- und 70er-Jahre** (rund 4,5 Millionen Erwerbstätige) hat dazu geführt, dass die Zuwanderung in die alten Bundesländer durch das Nachholen der Familien erheblich gestiegen ist; hinzu kommen deutsche Aussiedler aus Osteuropa, Gastarbeiter aus den verschiedensten Ländern und aufgenommene Asylanten aus aller Welt, die als Erwerbstätige auf dem Arbeitsmarkt auftreten und das Arbeitskräfteangebot erhöhen.

Die strukturelle Erwerbslosigkeit wurde ferner durch den fast schlagartigen **Umbau der Wirtschaft** Ostdeutschlands von der Plan- in eine Marktwirtschaft verschärft. Hinzu kommt, dass eine **Reihe von Arbeitslosen weder räumlich noch zeitlich mobil** ist, d. h., dass sie ihren Wohnort nicht aufgeben wollen oder ihre **berufliche Qualifikation nicht** der von den Betrieben geforderten **entspricht.** So entsteht bei hohem Arbeitslosenstand ein *Facharbeitermangel* in

Teilbereichen, z. B. bei Drehern und Fräsern, die CNC-gesteuerte Maschinen und CAD (= computergestütztes Zeichnen auf dem Bildschirm) beherrschen sowie bei den informationstechnischen Berufen u. a.

Die Folge dieser angebotsbedingten Ursachen ist, dass das *Angebot an Arbeitskräften* in den letzten Jahren erheblich *gestiegen* ist und durch Zuwanderung und zunehmende Erwerbsneigung der Frauen zunächst noch etwas steigen wird.

■ Nachfragebedingte Ursachen

Sinkende Umsatzrenditen. Die Umsatzrendite ist der Umsatz in Prozent des Jahresüberschusses einer Unternehmung. Er ist seit Ende der 60er-Jahre in den Betrieben auf dem Gebiet der alten Bundesländer gesunken (1968 3,6 % – 1982 1,5 % im Durchschnitt). Dies führte zu einem **Absinken der Gewinne und der Eigenkapitaldecke** der Unternehmen. Seit 1983 sind, abgesehen von einem starken Einbruch 1992/93, Umsatzrendite und haftendes Eigenkapital wieder angestiegen. Die Umsatzrendite liegt inzwischen wieder bei 1,5 % bis 2 % und das Eigenkapital in % der Bilanzsumme bei 20 %. Das Absinken der Werte hatte folgende Hauptursachen:

- **Steigende Produktionskosten** aufgrund hoher Löhne und Lohnnebenkosten, starker Reglementierung des Arbeitsmarktes sowie gestiegener Energie- und Rohstoffkosten;
- **Erlösminderungen** aufgrund von Marktsättigungen, Zunahme des Wettbewerbs durch Auftreten ausländischer Konkurrenzprodukte, insbesondere aus Niedriglohnländern und Abnahme des Einsatzes öffentlicher Mittel (Haushaltsdefizite) für Investitions- und Konsumzwecke.

Die **Trendumkehr** im alten Bundesgebiet seit Anfang 1983 bis 1992 beruhte auf ununterbrochenem Wachstum mit steigender Wirtschaftsleistung, einem Kaufkraftzuwachs von 22 % und Rekordexportüberschüssen. Damit konnten rund 2 Mio. Arbeitsplätze für die neu auf den Arbeitsmarkt drängenden Kräfte und zur Verminderung der Arbeitslosenzahl geschaffen werden.

Danach hat sich der **Trend erneut gewendet.** Die Zahl der registrierten Arbeitslosen ist bis 1994 ständig gestiegen, hat aber ihren Höhepunkt von rund 4,38 Mio. Menschen 1997 erreicht und sinkt langsam auf einen Sockel von rund 3,5 bis 3,9 Mio. Als Ursachen gelten: fast drei Jahre währende Rezession mit erheblichen Produktionseinbrüchen in Schlüsselbranchen, das Bestreben der Betriebe die Fertigungskosten durch konsequentes Rationalisieren zu senken und hochtechnisierte Fertigungsverfahren einzusetzen, um mit weniger Arbeitsplätzen auszukommen und so die Personalkosten zu mindern, sowie die gestiegenen Qualifikationsansprüche an die Arbeitnehmer im Dienstleistungssektor. Weitere Ursachen liegen in den tariflichen Mindestlöhnen und den hohen Lohnzusatzkosten, in dem grundsätzlichen Bestreben, die Unternehmen zu „verschlanken" und dem Strukturwandel in den neuen Bundesländern. Alte Arbeitsplätze fallen weg und neue werden nicht in gleichem Umfange geschaffen. Die derzeit positive Arbeitsmarktentwicklung gilt vorrangig für den Westen, im Osten nimmt die Arbeitslosigkeit in einzelnen Regionen zu.

■ Auswirkungen

- Diese Vorgänge führten und führen zu einem verstärkten Bemühen der Unternehmen, die **Produktivität durch Rationalisierung zu steigern,** um die Rentabilität zu erhöhen. Die Kluft zwischen angebotener und nachgefragter Arbeitsmenge wurde und wird dadurch immer weiter, sofern nicht neue Arbeitsplätze in entsprechender Anzahl in anderen Wirtschaftssektoren entstehen.
- Die laufend gestiegenen Arbeitskosten (Lohn- und Lohnnebenkosten) führten zu **Produktionsverlagerungen ins Ausland,** z. B. in Niedrigpreisländer.

  Ganze Industriezweige exportierten damit Arbeitsplätze in Schwellenländer, in Entwicklungsländer und in die osteuropäischen Reformländer, z. B. Textilindustrie, Schuhfabrikation, Unterhaltungselektronik, Zulieferer für die Automobilindustrie.

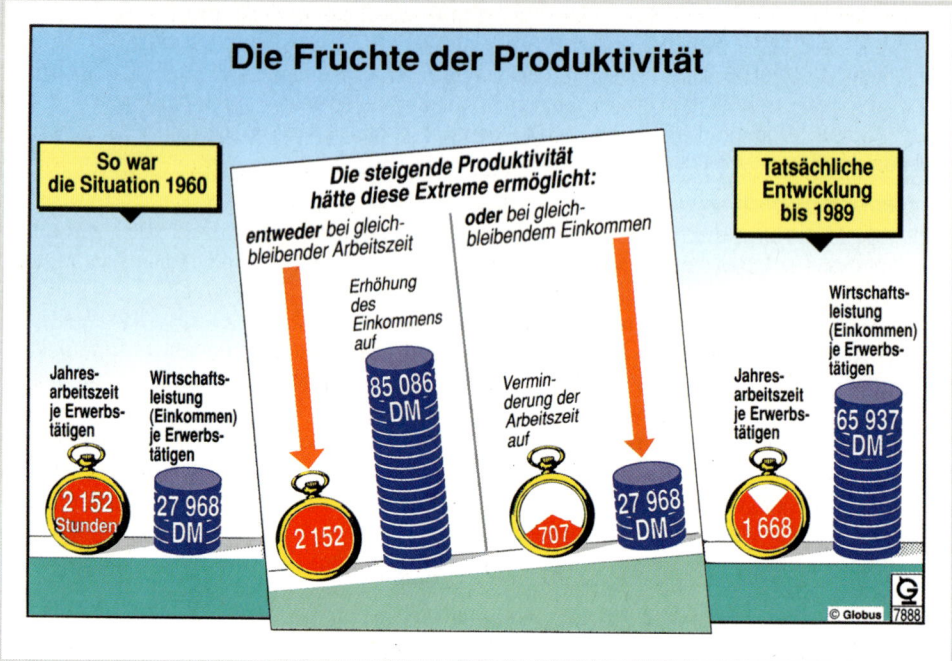

Die Früchte der Produktivität

So war die Situation 1960

Die steigende Produktivität hätte diese Extreme ermöglicht:

entweder bei gleichbleibender Arbeitszeit

oder bei gleichbleibendem Einkommen

Tatsächliche Entwicklung bis 1989

Erhöhung des Einkommens auf 85 086 DM

Verminderung der Arbeitszeit auf 707

Wirtschaftsleistung (Einkommen) je Erwerbstätigen 65 937 DM

Jahresarbeitszeit je Erwerbstätigen 2 152 Stunden

Wirtschaftsleistung (Einkommen) je Erwerbstätigen 27 968 DM

2 152

27 968 DM

Jahresarbeitszeit je Erwerbstätigen 1 668

© Globus 7888

- Die Steigerung der Produktivität durch Nutzung des technischen Fortschritts, die Hinwendung der Unternehmen zu Produkten, die ein ausgefeiltes technologisches Potential und „Know-how" erfordern, bewirkten und bewirken auch zukünftig einen **Wandel der Berufs- und Arbeitsanforderungen.**

Mikroelektronik und Informationstechnik prägen die neuen Arbeitsplätze und haben einen Strukturwandel im Anforderungsprofil von Arbeitsplätzen im Produktions- und Dienstleistungsbereich zur Folge.

Beispiel: aus der Elektrotechnik: Der Elektroniker war bei der Installation, Reparatur oder Wartung gewohnt, die Eigenschaften seiner Schaltungen zum Beispiel mit Drähten und Leiterbahnen festzulegen. Sein Handwerkszeug waren unter anderem Zange, Schraubendreher und Lötkolben. Mit dem Einzug der Mikroelektronik tritt an die Stelle der konventionell verdrahteten Elektronikschaltungen das Programm. Statt eine Schaltung zu entwickeln, hat der Elektroniker die Schaltung zu programmieren. Das bedeutet: die Aufgaben des Überwachens, des Leitens und Planens nehmen zu. Routinearbeiten treten zurück.

- *Verstärkte Umorganisation* und *Schwerpunktbildung bei den Unternehmen* haben zu einer **Verlagerung von Arbeitsplätzen innerhalb bestimmter Regionen der Bundesrepublik Deutschland** geführt. Das bewirkt wiederum bei fehlender Flexibilität der Arbeitskräfte *Fachkräfteüberschuss* in der einen und *Fachkräftemangel* in der anderen Region, z. B. herrschte lange Zeit im Raum Stuttgart ein starker Fachkräftemangel, im Raum Bremen ein Überschuss.

- Der **verschärfte Wettbewerb** auf nationalen und internationalen Märkten sowie der **Rückgang des Wirtschaftswachstums** am Beginn der 80er-Jahre und seit der Rezession ab Ende 1992 verursachten eine sprunghafte Steigerung von **Unternehmenszusammenbrüchen** (Insolvenzen), die weiterhin auf hohem Niveau anhält.

Aus den genannten Gründen sank in den alten Bundesländern die Nachfrage nach Arbeitskräften bis 1983 im Bereich der Industrie kontinuierlich, ohne dass die gleichzeitige Zunahme in den Dienstleistungsberufen die Abnahme ausgleichen konnte. In den neuen Bundesländern verlief dieser Umstrukturierungsprozess in sich beschleunigender Form. Der Schrumpfungsprozess – seit 1991 sind 2,6 Mio. Arbeitsplätze verloren gegangen – wird bei einem mittleren Wachstum der Wirtschaft auch zukünftig noch abgeschwächt anhalten, weil durch den *Strukturwandel beachtliche Produktivitätssteigerungen* auch weiterhin erzielt werden, die das voraussichtliche *Wirtschaftswachstum übertreffen* werden. Aufgrund der **demographischen Entwicklung,** der wachsenden internationalen Arbeitsteilung (Stichwort: Globalisierung) und der Zuwanderung ist eine Verbesserung der Beschäftigungssituation auch weiterhin nur in kleinen Schritten und in begrenztem Maße möglich. Dabei setzt sich der **Trend von der Industrie- zur Dienstleistungsgesellschaft** fort. Der anhaltende Strukturwandel der Wirtschaft führt zu **nachhaltigen Veränderungen der Tätigkeitsbereiche der Arbeitnehmer** (z. B. werden voraussichtlich 2010 nur noch 10 % – heute 20 % – ungelernte Arbeitnehmer benötigt) und lässt völlig neuartige Arbeitsplätze entstehen, z. B. Heimarbeitsplätze für qualifizierte Arbeiten, die über Kommunikationssysteme vernetzt sind (Telearbeitsplätze).

11.2.3.3 Maßnahmen gegen die Arbeitslosigkeit

Eine Politik *staatlicher Beschäftigungsprogramme* ist für den *Abbau der strukturellen Arbeitslosigkeit langfristig nicht wirksam,* weil in den allerwenigsten Fällen damit Dauerarbeitsplätze geschaffen werden. Deshalb ist es notwendig, dass Tarifparteien und politisch Verantwortliche **langfristige, arbeitsmarktpolitische Konzepte** entwickeln. Dabei müssen die **Rahmendaten der strukturellen Arbeitslosigkeit** berücksichtigt werden (siehe Seite 369 ff.).

Arbeitspolitische Maßnahmen im Rahmen eines arbeitsmarktpolitischen Konzeptes können sein:

- **Gründliche Berufsausbildung** der Jugendlichen auf breiter Basis mit *umfassender, allgemeiner* und *fachlicher Bildung,* die zum *flexiblen Einsatz* befähigt.

- **Nachqualifizierung** von bereits *Erwerbstätigen* oder *Arbeitslosen durch Umschulung und berufliche Fortbildung,* damit das *Anforderungsprofil* des Arbeitsplatzes mit dem *Befähigungsprofil* des Arbeitnehmers übereinstimmt.

- **Förderung der Mobilität und Flexibilität** im Hinblick auf die Bereitschaft umzuziehen, in einer anderen Branche, in einer ganz anderen Art der Arbeit, in einer anderen beruflichen Position, mit einer anderen Zeiteinteilung, einem anderen Verdienst tätig sein zu wollen. *Staat, Arbeitsverwaltung und Betriebe* müssen durch *geeignete Maßnahmen,* z. B. Mobilitätshilfen, dazu beitragen die räumliche Beweglichkeit der Arbeitnehmer zu erhöhen.

Nur durch ein solches *Maßnahmenbündel* ist es möglich, Arbeitsangebot und Arbeitsnachfrage nicht nur der Menge nach, sondern auch der Art nach in Einklang zu bringen und zu verhindern, dass bei *Massenarbeitslosigkeit* gleichzeitig ein *Mangel an qualifizierten Arbeitskräften* herrscht.

Der **Bundesanstalt für Arbeit** in Nürnberg stehen auf der Grundlage des Arbeitsförderungsgesetzes **Mittel zur Milderung der finanziellen Folgen und zur Überwindung der Arbeitslosigkeit** zur Verfügung. Sie bestreitet damit u. a. folgende Maßnahmen:

Zahlung von Arbeitslosengeld, Arbeitslosenhilfe, Kurzarbeitergeld (siehe Seite 488 ff.); Berufsberatung (Vermittlung von Ausbildungsstellen und Überlassen von Orientierungshilfen zur Berufsfindung); Arbeitsvermittlung; Förderung der Berufsausbildung durch Lehrgänge und Kurse zur Aus-, Fortbildung und Umschulung sowie durch ausbildungsbegleitende Hilfen (abH); Darlehen zur Industrieansiedlung in wirtschaftlich unterentwickelten Gebieten; Sofortprogramm zum Abbau der Jugendarbeitslosigkeit u. a.

- Der Staat – Bundesregierung, Landesregierungen und Kommunen – muss durch ausreichende *Anreize* die Voraussetzungen *für wachsende Investitionen und dauerhaft steigende Beschäftigung* schaffen, z. B. durch steuerliche Anreize, durch Investitionszulagen, durch Strukturhilfen u. a. Maßnahmen der **Europäischen Zentralbank,** vertreten durch die **Bundesbank** (Geldpolitik) und der **Tarifpartner** (maßvolle Lohnpolitik, kostenneutrale Arbeitszeitverkürzung) *müssen das staatliche Vorgehen flankieren,* damit der Strukturwandel sich in Wachstum und Beschäftigungsaufbau niederschlagen kann.

Zusammenfassung

■ **Arbeitslosigkeit** liegt vor, wenn für einen Teil der arbeitsfähigen und arbeitswilligen Arbeitnehmer **Beschäftigungsmöglichkeiten fehlen.**

■ **Unterbeschäftigung** kennzeichnet das Unterschreiten, **Überbeschäftigung** das Überschreiten des normalen Beschäftigungsgrades in einer Volkswirtschaft.

■ **Strukturelle Arbeitslosigkeit** bedeutet Beschäftigungslosigkeit als Folge der Veränderungen im Verlauf des wirtschaftlichen Wachstumsprozesses. Die Ursachen der strukturellen Arbeitslosigkeit können angebots- oder nachfragebedingt sein.

- **Angebotsbedingte Ursachen:**
  - Hoher Zuwachs der Erwerbstätigenbevölkerung (starke Jahrgänge junger Leute) bei geringem Abgang von Erwerbstätigen aus dem Arbeitsmarkt,
  - zunehmende Erwerbstätigkeit der Frauen,
  - Zunahme der Erwerbstätigenbevölkerung durch Einwanderung,
  - fehlende Mobilität der Arbeitskräfte in qualitativer, regionaler und zeitlicher Hinsicht,
  - Wechsel von der Plan- in die Marktwirtschaft.

- **Nachfragebedingte Ursachen:**
  Sinkende Umsatzrendite und knappe Eigenkapitalausstattung aufgrund steigender Produktionskosten, eines verschärften Wettbewerbs (Globalisierung) sowie von Erlösminderungen bewirken:
  - Verknappung der Arbeitsplätze durch Rationalisierung,
  - Wandel des Anforderungsprofils der Arbeitsplätze und des Befähigungsprofils der Arbeitnehmer,
  - Verlagerung von Arbeitsplätzen in andere Regionen der Bundesrepublik Deutschland durch Straffung der Unternehmensorganisation,
  - Produktionsverlagerung ins Ausland,
  - Ansteigen der Insolvenzen mit einem Verlust von Arbeitsplätzen aufgrund von Marktsättigungen und verschärfter Konkurrenz.

■ **Arbeitspolitische Maßnahmen** gegen die Arbeitslosigkeit sind:

- Maßnahmen zur Besserqualifikation von Jugendlichen in der Berufsausbildung,
- Maßnahmen zur Nachqualifikation von Erwerbstätigen und Arbeitslosen mit dem Ziel der Anpassung an den durch den technischen Fortschritt hervorgerufenen Strukturwandel,
- Maßnahmen des Staates, um Anreize zu schaffen für Investitionen, Wachstum und Dauerarbeitsplätze,
- Maßnahmen der Tarifparteien zum Abschluss situationsgemäßer Tarifverträge und produktivitätskonformer Arbeitszeitverkürzungen,
- Maßnahmen aller Verantwortlichen aus Politik und Wirtschaft zur Verbesserung der Mobilität der Arbeitnehmer und der Flexibilität von arbeitsrechtlichen und sozialen Regelungen.

1 a) Was versteht man unter Arbeitslosigkeit?
   b) Wann liegt Unter-, wann Überbeschäftigung vor?

2 a) Was ist strukturelle Arbeitslosigkeit?
   b) Welche Ursachen haben die strukturelle Arbeitslosigkeit in der Bundesrepublik Deutschland ausgelöst?

3 Wodurch wird die Veränderung der Beschäftigungsstruktur beeinflusst?

4 a) Erläutern Sie die Aussage: Unter demographischen Gesichtspunkten ist die angebotene Arbeitskräftezahl in den 90er-Jahren und über die Jahrtausendwende hinaus relativ groß geblieben!
   b) In dem vergangenen Jahrzehnt sind Millionen von Menschen aus Ostdeutschland und verschiedenen osteuropäischen Ländern sowie sonstigen ausländischen Staaten nach Westdeutschland gekommen, um sich hier eine neue Existenz aufzubauen. Die meisten von ihnen fanden überraschend schnell einen Arbeitsplatz. Dies scheint im Widerspruch zur hohen Zahl der Arbeitslosen zu stehen. Versuchen Sie diesen Sachverhalt und die Zuwanderungsproblematik zu erklären.

5 Welcher Zusammenhang besteht zwischen Produktivitätsfortschritt und Arbeitslosigkeit? (Siehe Abb. S. 392!)

6 Welche Maßnahmen können ergriffen werden, um die Arbeitslosigkeit zu bekämpfen und Vollbeschäftigung anzustreben?

7 a) Analysieren Sie die Abbildung auf S. 389 und beschreiben Sie die prognostizierten Veränderungen in den Bereichen
    ① Wachstum, ② Arbeitsplätze und Arbeitslose.
   b) Ziehen Sie das zum Zeitpunkt Ihrer Bearbeitung vorhandene aktuelle Material heran und vergleichen Sie die tatsächliche Entwicklung mit der Prognose! Welche Erkenntnisse sind daraus abzuleiten?

11.3   Aktuelle wirtschaftliche Grundprobleme

11.3.1   Die Grenzen des quantitativen Wachstums – Umweltschutz

Problem

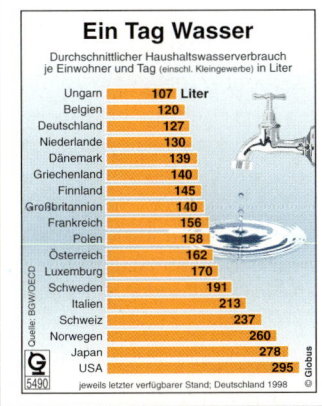

Ein Tag Wasser
Durchschnittlicher Haushaltswasserverbrauch je Einwohner und Tag (einschl. Kleingewerbe) in Liter

Land	Liter
Ungarn	107
Belgien	120
Deutschland	127
Niederlande	130
Dänemark	139
Griechenland	140
Finnland	145
Großbritannien	140
Frankreich	156
Polen	158
Österreich	162
Luxemburg	170
Schweden	191
Italien	213
Schweiz	237
Norwegen	260
Japan	278
USA	295

Quelle: BGW/OECD
jeweils letzter verfügbarer Stand; Deutschland 1998

Der Preis für eine bessere Umwelt
Bedarfsschätzung des Ifo-Instituts bis zum Jahr 2000 in Mrd. DM (zu Preisen von 1980)

Umweltbereich insgesamt: 249 – 325 Mrd. DM
Gewässerschutz* 162 – 216
Abfall / Altlasten 64 – 77
Luftreinhaltung 21 – 29
Lärmschutz 2 – 3
*Kläranlagen, Abwasserleitungen u.a.

Grenzen des Wirtschaftswachstums kommen in Sicht. Die Umwelt ist in höchster Gefahr. Wasser wird ein knapper Rohstoff.
Wo aber liegen die endgültigen Grenzen des Wachstums der Wirtschaft, wo die der Belastbarkeit der Natur? Welche Strategien müssen entwickelt werden, damit die Menschheit auch im Jahre 2030 noch überleben kann?

11.3.1.1 Knappe Rohstoffvorräte – Engpässe in der Energieversorgung

Wachstumsgrenzen sind gesetzt, wenn man davon ausgeht, dass die *natürlichen Vorräte* unvermehrbar sind, ihre **Erschöpfbarkeit** also weit gehend absehbar ist. Dies gilt aber nur, wenn man annimmt, dass die bisher bekannten mineralischen Rohstoffe auch die einzigen zukünftigen Rohstoffe sein werden. Die Wachstumsgrenze wäre dann vorprogrammiert, Stagnation und Verarmung kämen in Sicht.

Die Entwicklung im vergangenen Jahrzehnt hat aber bewiesen, dass es möglich ist, *natürliche Rohstoffe durch künstliche zu ersetzen, gebrauchte wieder aufzubereiten, alten Energieträgern neue Energiequellen* entgegenzustellen und *umweltschonend zu produzieren.* Durch den technischen Fortschritt, die Flexibilität der Märkte und die Anpassungsfähigkeit der Bevölkerung ist es möglich die Wachstumsgrenzen fließend hinauszuschieben.

Vor allem durch **qualitatives**, statt quantitatives (auf Verschwendung, Überfluss ausgerichtetes) **Wachstum**, werden die Wachstumsgrenzen erweitert. Neue, bessere, umweltfreundlichere, Rohstoff sparendere, Energie sparendere, kostengünstigere Produkte und Verfahren lösen zunehmend mehr umweltbelastende, minderwertige, unnütze, nicht reparaturfähige Güter der Überflussgesellschaft ab. Rohstoffe werden aufgrund neuer technischer Verfahren sparsamer verwendet oder durch andere Stoffe ersetzt.

Beispiel: Die Abfallmenge in der Automobilindustrie konnte durch das Computer gesteuerte, Material sparende Zerlegen der Bleche drastisch reduziert werden; der Kupferverbrauch kann bei Ersatz der Kupfertelefonkabel durch Glasfaserkabel zukünftig stark vermindert werden.

Allerdings darf nicht übersehen werden, dass Öl als Hauptenergieträger und wesentlicher Rohstoff moderner Industriegesellschaften auch weiterhin seine Schlüsselrolle in der Wirtschaft beibehalten wird, weil eine Umstellung nur allmählich möglich ist.

Ersatzenergieträger müssen erst aufgebaut werden. Drei **Anforderungen** sind dabei zu stellen. Die neuen Energieträger müssen **sicher, preiswert** und **umweltfreundlich** sein. Eine grundlegende Umstrukturierung der Energieverbrauchsgeräte und -anlagen, die nur langfristig erfolgen kann, ist notwendig (z. B. Umstellung der Heizungen von Öl auf Strom aus alternativen Energiequellen). **Sparmaßnahmen** bei gleichzeitiger **Umstellung des Lebensstils** sind unerlässlich. Eine **weltweite Zusammenarbeit aller Länder** ist auf dem Energie- und Rohstoffsektor unumgänglich, damit mit den knappen Gütern sinnvoller umgegangen wird.

Das „**Recycling**", d. h. die Wiederverwendung bereits genutzter Rohstoffe, ist eine weitere, immer bedeutender werdende technisch-wirtschaftliche Aufgabe, um mit den begrenzten natürlichen Rohstoffen auszukommen. Es wird inzwischen bei Glas, Papier, Weißblech, Autoreifen, Aluminium in großem Stil praktiziert.

Beispiel: Abfälle aus Eisen und Stahl werden bereits heute zu 91 %, aus Glas zu 89 %, aus Papier zu 93 %, aus Aluminium zu 86 %, Verbundmaterial zu 78 % und aus Kunststoff zu 69 % zu neuen Rohstoffen aufgearbeitet. In der Automobilindustrie werden bereits jetzt Neuteile aus Altwerkstoff (recycelter Kunststoff) hergestellt, z. B. Stoßfänger, Innenkotflügel, Spoiler, Treibstofftank.

11.3.1.2 Erhaltung der Umweltqualität als Wachstumsgrenze

■ **Ursachen des Umweltproblems und Instrumente staatlicher Umweltpolitik**

Die Ursachen des Umweltproblems gehen zurück auf:

- das rasche Ansteigen der Weltbevölkerung,
- die sich fast überschlagende Geschwindigkeit der technischen Entwicklung, die einherging mit starkem, quantitativen, industriellen Wachstum und

- das weit verbreitete, umweltfeindliche menschliche Verhalten, sowie den damit einhergehenden unverantwortlichen Gebrauch von Wissenschaft und Technik, der jahrhundertelang mehr von dem Gedanken der Ausbeutung als von der Erhaltung der natürlichen Umwelt geprägt war.

Die überforderte Absorptionsfähigkeit (= In-sich-Aufnehmen) der Umwelt macht heute und in Zukunft Maßnahmen zur Erhaltung und zu ihrem Schutz erforderlich. Dieses Grundproblem moderner Industriegesellschaften ist von internationaler Bedeutung und hat Gewicht auch für die Entwicklungsländer (= Umweltschutz als globales Problem – siehe auch Abschnitt 2.2 S. 37).

Zur Durchsetzung der als richtig erkannten Umweltpolitik hat der Staat *direkte und indirekte Instrumente.* Zu den direkten Instrumenten gehören z. B. Erlass von Gesetzen, Verordnungen und technischen Vorschriften, Kreislaufwirtschafts- und Abfallgesetz, Umwelthaftungsgesetz, Verpackungsverordnung, Europäische Verpackungsrichtlinie u. a.), Verbot bestimmter Produkte oder Produktionsverfahren (FCKW), Erlass von Auflagen (Zwangspfand) u. a. *Indirekte Instrumente,* sind z. B. wirtschaftliche Belastungen oder Entlastungen in Form von Abgaben (Öko-Steuern) oder Zuschüssen, wie sie z. B. bei der Steuerbegünstigung schadstoffarmer und der Steuerbelastung Schadstoff erzeugender Kraftfahrzeuge angewandt werden oder bei der Abfallbeseitigung als erhöhte Kosten zum Tragen kommen.

Der Gesetzgeber hat darüber hinaus die erforderlichen **Rahmenbedingungen** mit genauen Grenzwertvorgaben zu schaffen, sodass zuverlässig entschieden werden kann, was unter dem Gesichtspunkt des Umweltschutzes an Produktion und Konsum noch vertretbar und was verboten ist. Die Wirtschaft der Bundesrepublik Deutschland muss – wie die aller verantwortlich wirtschaftenden Staaten – zu einer ökologisch-sozialen Marktwirtschaft ausgebaut werden, in der vorsorgende **Umweltschonung** genauso wichtig genommen wird wie wiedergutmachende Umweltreparatur. Das bedeutet, die großen Stoffströme – Energie-, Rohstoff- und Bodenverbrauch (-versiegelung) – müssen im Wirtschaftsalltag bestmöglich auf die ökologischen Erfordernisse ausgerichtet werden, sodass eine umweltgerechte, nachhaltige, zukunftsverträgliche Entwicklung sichergestellt ist.

■ Kosten und Nutzen des Wirtschaftsfaktors Umweltschutz

Umweltschutzmaßnahmen, d. h. Schutz von Luft, Wasser, Boden und vor Lärm, verursachen nicht nur Lasten (1,4 % des BIP 1999), sondern können auch Gewinn bringen.

Nach Schätzungen von Fachleuten ist an der Beseitigung eines Umweltschadens von 3 Millionen EUR mindestens 1 Million EUR zu verdienen. Deutschland ist mit 2 500 Unternehmen, 960 000 Beschäftigten und 28 Mrd. EUR Umsatz größter Anbieter von Umweltschutztechnik auf dem Weltmarkt (Marktanteil: 20,5 %). Über ein Viertel der weltweiten Umweltschutz-Patente stammen aus Deutschland. Dort, wo Umweltschutz nur Lasten bringt, ist Wachstum erst recht unabdingbar, weil sonst aus anderen Wirtschaftsbereichen Mittel abgezogen werden müssen, die in die Erstellungskosten der Güter und Dienstleistungen eingehen.

Die **Kosten der Umweltverschmutzung** sollte in einem marktwirtschaftlichen System grundsätzlich der übernehmen, der sie verursacht hat. Allerdings muss dieses **Verursachungsprinzip** bei der Sanierung bestehender Umweltbelastungen, z. B. in den neuen Bundesländern, und bei der Entwicklung und Förderung neuer umweltfreundlicher Technologien, durch das Prinzip der gemeinschaftlich durch die Gesellschaft getragenen Last *(= Gemeinlastprinzip)* ergänzt werden, damit sich Wachstum gleichmäßig vollziehen kann.

■ Technischer Fortschritt und Umweltschutz

Neue, **komplexe Techniken** mit einem *breiten Anwendungsfeld,* einer *besseren Nutzen-Kosten-Relation* als bisher, bilden die **Grundlage des technischen Fortschritts** zur *Sicherung des qualitativen Wachstums* und des *wirksameren Schutzes der Umwelt.*

Diese **Schlüsseltechnologien** tragen dazu bei, dass Rohstoffknappheit, Energieversorgung und Umweltschutz keine Wachstumsgrenzen darstellen, sondern über die Problemlösung *Wachstumsschübe* ausgelöst werden.

Solche wichtigen Technologien sind:

- Die *Oberflächentechnologie,* mit der über die Beeinflussung von Oberflächeneigenschaften von Werkstoffen der Rohstoffeinsatz erheblich verringert werden kann und völlig neue Produkte geschaffen werden können.

- Die *Biomassetechnologie,* mit der aus Biomasse (Gras, Gülle, Rüben u. a.) Energie gewonnen werden kann.

- Die *Energiespeichertechnologie,* mit deren Hilfe Umwandlungsverluste aus alternativer Energiegewinnung (Solar-, Wind, Gezeiten- und Wasserkraftwerken) so reduziert werden können, dass die Energiegewinnung so wirtschaftlich wird, dass auf die Energieerzeugung aus fossilen Brennstoffen verzichtet werden kann.

- Die *Recyclingtechnologie,* mit der der Kreislauf von Werkstoffen zwischen Produktion und Verwertung nahtlos geschlossen werden kann. Voraussetzung dazu ist, dass bereits bei der Konstruktion und der Herstellung auf die Wiederverwertbarkeit abgestellt wird.

Unter diesen Voraussetzungen sind Umweltschutz und qualitatives Wirtschaftswachstum keine sich gegenseitig ausschließenden, sondern sich vielfach ergänzende Faktoren. *Wachstum* und wirksamer *Umweltschutz* sind *harmonisierbar.* Der ökologische Umbau zu einer *Marktwirtschaft mit vorsorgendem Umweltschutz* (Kreislaufwirtschaft) ist in Deutschland in vollem Gang.

So sichtbar teilweise Wachstumseinschränkungen im Bereich der Sachgüterproduktion sind, so wenig sind Wachstumsgrenzen im Bereich der **Schlüsseltechnologien,** also der **Informations- und Kommunikationstechnik,** z. B. im Markt von Telekommunikation und Multimedia u. a., der **Umweltschutztechnik,** z. B. im Markt für Entsorgungstechnik, und im Bereich der **Dienstleistungen** in absehbarer Zukunft erkennbar, z. B. im Markt für „Software bei Computern aller Art" oder bei Dienstleistungsunternehmen, die sich an den Wünschen der ständig älter werdenden Menschen orientieren, z. B. Reisen, Gesundheit, Finanzen, Altenpflege, Hobbys.

Bei Beachtung der **Ausgewogenheit zwischen ökologischen Grundvoraussetzungen, ökonomischen und sozialen Notwendigkeiten** sind Energie-, Rohstoffknappheit und Erhaltung der natürlichen Umwelt keine exakt absteckbare, endgültige Wachstumsgrenze, sondern dank der Schlüsseltechnologien und der Anpassungsfähigkeit von Märkten und Gesellschaft Wachstumsfaktoren.

Zusammenfassung

- Die Abkehr von der Überflussgesellschaft mit Wegwerfmentalität und die Hinwendung zu einem neuen Lebensstil mit Lebensqualität bei **angemessenem, qualitativem, umweltverträglichem Wachstum** der Wirtschaft sind erforderlich.

- Knapper werdende Rohstoffvorräte, vorübergehende Engpässe in der Energieversorgung und Belastungen der Umwelt setzen einem **quantitativen Wachstum der Sachgüterproduktion und damit der bisherigen Art Bedürfnisse zu befriedigen, Grenzen.**

- Nutzung des **technischen Fortschritts (Schlüsseltechnologien), Ersatz natürlicher durch künstliche Rohstoffe,** alle Formen des **„Recyclings",** also der Wiederaufbereitung und -verwendung gebrauchter Rohstoffe, Einsatz von neuen alternativen Energiequellen (Sonne, Erdwärme, Wind, Wellen u. a.), Änderung des Lebensstils, Sparen von Rohstoffen und Energien, Schonung der Umwelt, setzen eine qualitativ angemessen wachsende Wirtschaft voraus, die Milliarden EUR in Forschung und Entwicklung investieren kann.

- Rohstoff-, Energieknappheit und Umweltschutz sind nur **bei kurzfristiger Betrachtung Wachstumsgrenzen.** Langfristig stellen sie Wachstumsfaktoren dar.

- Innovationen, Förderprogramme und Kreativität in Verbindung mit einem geschärften allgemeinen Umweltbewusstsein, schaffen die Voraussetzungen, dass **Teile der Sozialkosten** der Umweltbelastung über neue Technologien **als Gewinne wieder hereinkommen** und dass die Probleme der Umweltbelastung in den Griff zu bekommen sind.

- Die öffentliche Hand muss **Rahmenbedingungen** setzen, damit die Grenzen der Belastbarkeit der Ökosysteme dauerhaft nicht überschritten werden, die natürlichen Lebensgrundlagen erhalten bleiben und Umweltschutz notfalls auch zwangsweise durchgesetzt werden kann.

- Bei der **Nutzung der Schlüsseltechnologien**, bei **Dienstleistungen und in der Umweltschutztechnik sind dank der Anpassungsfähigkeit von Märkten und Menschen Wachstumsgrenzen z. Z. nicht erkennbar.**

Aufgaben

1 Was versteht man beim Umweltschutz unter
a) Verursachungsprinzip und
b) Gemeinlastprinzip?

2 Welche Rahmenbedingungen muss der Gesetzgeber setzen, damit die Umweltbelastung nicht zur Wachstumsgrenze wird?

3 In welchen Bereichen sehen Sie eine fast unbeschränkte Wachstumsmöglichkeit des Dienstleistungssektors?

4 Worin liegen die Grenzen der Sachgüterproduktion in unserer Wirtschaft? Stellen Sie den Sachverhalt dar
a) am Beispiel der Bundesrepublik Deutschland,
b) unter Berücksichtigung eines weltweiten Zusammenhangs!

5 Welche Bedeutung hat der technische Fortschritt für
a) das Wachstum,
b) den Umweltschutz?

6 Ermitteln Sie aus dem Schaubild auf Seite 395 (alte Bundesländer) die Umweltschutzaufwendungen pro Kopf der Bevölkerung bis zum Jahr 2000
a) für die alten Bundesländer (62,1 Mio. Einwohner),
b) für die neuen Bundesländer (16,5 Mio. Einwohner),
c) für Gesamtdeutschland.

Legen Sie der Berechnung obige Bevölkerungszahlen der Zählung von 1989 zugrunde und berücksichtigen Sie noch einen Gesamtbedarf von 210 Mrd. DM an Umweltaufwendungen für das Gebiet der neuen Bundesländer (Beitrittsgebiet).

Ziehen Sie Schlussfolgerungen aus den errechneten Ergebnissen. Rechnen Sie die DM-Werte in EUR um.

7 Welche Maßnahmen werden in Ihrem Ausbildungsbetrieb getroffen zur
a) Abfallminderung,
b) Abfallumwandlung,
c) Abfallnutzung,
d) Energieeinsparung,
e) Lärmminderung?

8 a) In welchen Bereichen der Umweltverschmutzung werden die häufigsten Delikte begangen?
b) Wo sind Ihres Erachtens im nächsten Jahrzehnt die Schwergewichte der Umweltaufwendungen zu setzen?

Problem

Die Haushaltseinkommen

Durchschnittliches ausgabefähiges Einkommen je Haushalt im 1. Halbjahr 1998 in DM

Selbstständige   8 571 DM
Beamte   7 810
Angestellte   6 135
Arbeiter   4 494
Rentner und Nichterwerbstätige   3 790
Arbeitslose   3 037

Quelle: Stat. Bundesamt   © Globus   5998

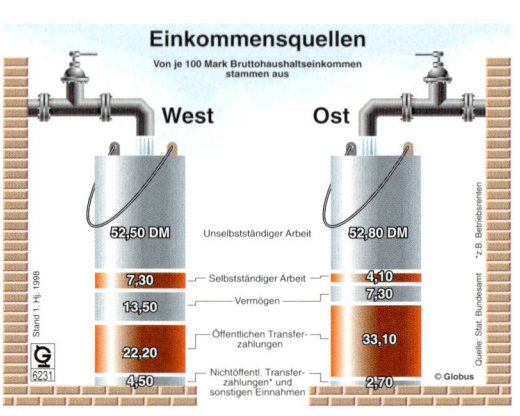

Einkommensquellen

Von je 100 Mark Bruttohaushaltseinkommen stammen aus

Stand 1. Hj. 1998

	West	Ost	
Unselbstständiger Arbeit	52,50 DM	52,80 DM	
Selbstständiger Arbeit	7,30	4,10	
Vermögen	13,50	7,30	
Öffentlichen Transferzahlungen	22,20	33,10	
Nichtöffentl. Transferzahlungen* und sonstigen Einnahmen	4,50	2,70	

*z. B. Betriebsrenten

Quelle: Stat. Bundesamt   © Globus   6231

(1) Welche Erkenntnisse gewinnen Sie aus diesen Bildstatistiken?

(2) Ist die Verteilung der Einkommen und des Vermögens auf die verschiedenen gesellschaftlichen Gruppen angemessen, wird sie von sozialer Gerechtigkeit bestimmt? Nach welchen Prinzipien wird verteilt, wer beeinflusst die Verteilung, welche Probleme und Konflikte entstehen aus dem Kampf um die Verteilung von Einkommen und Vermögen?

Sachdarstellung

11.3.2.1   Einkommensverteilung

Einkommensverteilung bezeichnet die Aufteilung der unmittelbar aus der Erwerbstätigkeit fließenden oder der übertragenen Einkommen.

Die **Verteilung des Volkseinkommens** wird unter verschiedenen Gesichtspunkten betrachtet:

Die Aufteilung des Volkseinkommens auf die am Produktionsprozess Beteiligten, wird als **funktionelle Einkommensverteilung** bezeichnet. Die Einkommensverteilung auf die einzelnen Einkommensbezieher nennt man **personelle Einkommensverteilung.** Berücksichtigt man noch den Einfluss des Staates auf die Verteilung, so spricht man von **sekundärer Einkommensverteilung.** Sie ist das Ergebnis der staatlichen Umverteilungspolitik aufgrund der Steuer- und Abgabenpolitik.

■ Die funktionelle Einkommensverteilung

Die funktionelle Einkommensverteilung zeigt, welcher Anteil des Gesamteinkommens auf den *Produktionsfaktor Arbeit* (= Einkommen aus unselbständiger Arbeit) und auf den *Produktionsfaktor Kapital* (= Einkommen aus selbständiger Arbeit und Vermögen) entfällt. Der Produktionsfaktor Boden wird dabei dem Produktionsfaktor Kapital untergeordnet.

Der Anteil des Einkommens aus unselbstständiger Arbeit am Volkseinkommen wird als **Lohn-quote** bezeichnet. Der Anteil des Einkommens aus Unternehmertätigkeit und Vermögen heißt **Gewinnquote**.

◼ *Die personelle Einkommensverteilung*

Die personelle Einkommensverteilung stellt fest, wie gleichmäßig oder ungleichmäßig die Einkommen nach Personen und Haushalten verteilt sind, wie einzelne Gruppen und Personen ihren bisherigen Anteil am Volkseinkommen zu Lasten der Anteile anderer verbessern konnten. Die personelle Verteilung der Einkommen ergibt sich als **Zusammenspiel von Lohn-, Preis- und Zinsbildung auf dem Markt.** Sie wird wesentlich beeinflusst durch den **Staat.** Er greift durch *unterschiedliche Besteuerung* niedriger und hoher Einkommen, durch das System der *zwangsweisen Mitgliedschaft in der Sozialversicherung* und durch eine Reihe von *Transferzahlungen* erheblich in die Einkommensverteilung ein und gleicht soziale Härten aus, z. B. durch Zahlung von Wohngeld, durch Gewährung zinsfreier Darlehen, durch Gewährung von Sozialhilfe u. a.

Das führt dazu, dass in der Bundesrepublik Deutschland die **Nettoeinkünfte gleichmäßiger verteilt** sind **als die Bruttoeinkünfte.** Dies ist das Ziel der Wirtschaftspolitik in der sozialen Marktwirtschaft.

◼ *Einflussmöglichkeiten auf die Einkommensverteilung*

Die Einkommensunterschiede der einzelnen gesellschaftlichen Gruppen führen zwangsläufig dazu, dass jede Gruppe versucht, das Verteilungsergebnis für sich günstig zu beeinflussen. Die Beeinflussung des Verteilungsprozesses geschieht dabei sowohl auf den Arbeits-, Kapital- und Gütermärkten als auch über die Einwirkung auf die staatliche Steuer- und Sozialpolitik und durch die Ausübung von Macht der gesellschaftlichen Gruppen.

Verteilungspolitische Haupteinflussmöglichkeiten sind:

▶ Die Lohnpolitik

Die Tarifparteien sind durch die zwischen ihnen ausgehandelten Löhne und Gehälter in der Lage, die Verteilung der Einkommen zwischen Unselbstständigen und Selbstständigen nachhaltig zu beeinflussen und die gesamtwirtschaftliche *Lohnquote* bzw. *Gewinnquote* zu verändern. Die Lohnquote (1999: 71,4 %) misst den Anteil der Löhne, die Gewinnquote (1999: 28,6 %) den Anteil der Gewinne am Volkseinkommen. Die Quote der Bruttoarbeitseinkommen (Lohnquote) sinkt seit 1993, die der Bruttoeinkommen aus Unternehmertätigkeit und Vermögen (Gewinnquote) steigt entsprechend an. Inwieweit einer der Tarifpartner seine Ziele durchsetzen kann, hängt letztlich davon ab, welche **Marktmacht** er besitzt.

▶ Preis- und Wettbewerbspolitik

Das Unternehmereinkommen ergibt sich als *Überschuss der Erlöse* aus dem erzielten Preis über die für die Leistungserstellung aufgewandten Kosten. Je nach Marktgängigkeit seines Produktes erzielt der Unternehmer dadurch ein höheres Einkommen und beeinflusst so die Einkommensverteilung.

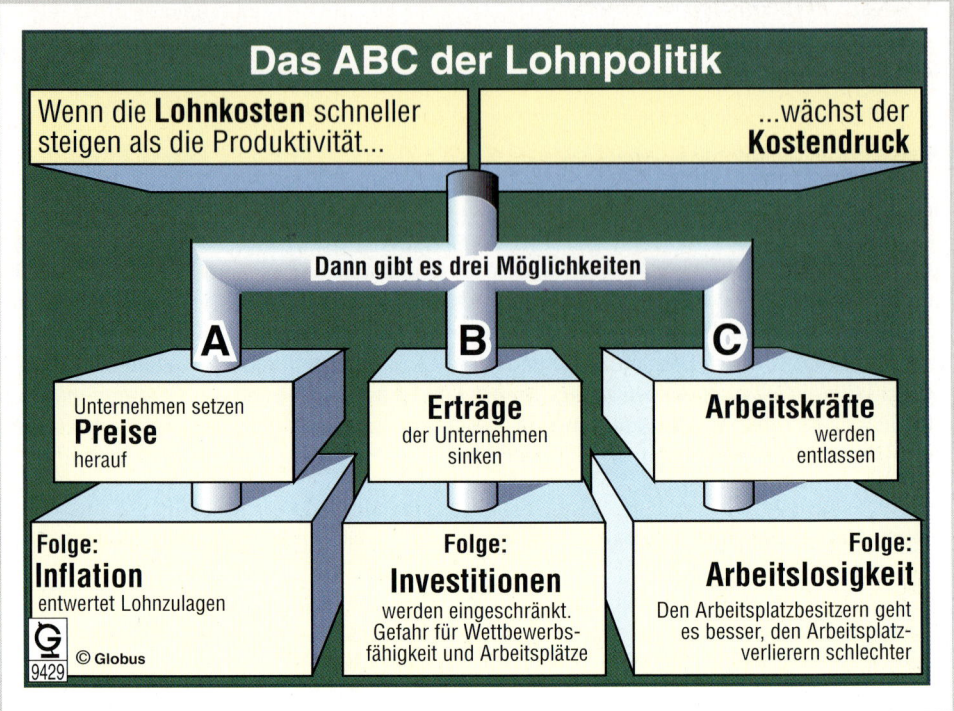

Das ABC der Lohnpolitik

Wenn die **Lohnkosten** schneller steigen als die Produktivität...

...wächst der **Kostendruck**

Dann gibt es drei Möglichkeiten

A

Unternehmen setzen **Preise** herauf

Folge: **Inflation** entwertet Lohnzulagen

© Globus
9429

B

Erträge der Unternehmen sinken

Folge: **Investitionen** werden eingeschränkt. Gefahr für Wettbewerbsfähigkeit und Arbeitsplätze

C

Arbeitskräfte werden entlassen

Folge: **Arbeitslosigkeit** Den Arbeitsplatzbesitzern geht es besser, den Arbeitsplatzverlierern schlechter

▶ **Steuer- und Sozialpolitik**

Die aus dem Marktprozess entstandenen Einkommen (Bruttolöhne, Zinseinkommen, Mieteinkommen) und Bruttogewinne führen häufig zu sozialen Ungerechtigkeiten. Aus diesem Grunde korrigiert der Staat durch Maßnahmen der Steuer- und Sozialpolitik diese Ungerechtigkeiten und versucht, sie durch **Umverteilung** zu mildern. Instrumente dazu sind die Ausgestaltung des Steuertarifs, der zunächst linear verläuft, dann progressiv und anschließend wieder linear, und die Zahlung von **Transfereinkommen,** also staatlichen Unterstützungszahlungen für bestimmte Einkommensempfänger (Rentner, Sozialhilfe-, Kindergeld-, Arbeitslosengeldbezieher u. a.).

Die staatliche **Einkommensumverteilung** zielt auf einen Ausgleich zwischen Besser- und Schlechterverdienenden.

Beispiel: Haushalte mit einem monatlichen Gesamteinkommen (= Bruttoerwerbs- und Vermögenseinkommen) von weniger als 510,00 EUR wurden in einem bestimmten Jahr mit durchschnittlich 899,00 EUR netto durch den Umverteilungsprozess subventioniert; Haushalte ab 1 534,00 EUR Gesamteinkommen mussten 309,00 EUR und mehr in den Umverteilungstopf einzahlen, als sie daraus in Form verschiedener, staatlicher Transfereinkommen zurückerstattet erhielten.

Die Folge der staatlichen Umverteilung ist, dass die verfügbaren Einkommen der einzelnen Haushaltsgruppen erheblich von der Höhe der ursprünglich erzielten Bruttoeinkommen abweichen.

Neben den privaten Haushalten empfangen aber auch die **Unternehmen staatliche Transferleistungen** in erheblichem Umfang in Form von Subventionen und als Vermögensübertragungen in Form von Investitionszuschüssen.

© Verlag Gehlen

■ Vermögensbildung

Unter **Vermögen** versteht man im Allgemeinen die einer Person zustehenden, in Geld bewertbaren Güter. Wirtschaftlich betrachtet ist Vermögen alles, was sich auf der Aktivseite der Bilanz befindet. Einen eindeutigen Vermögensbegriff gibt es nicht. Vermögen wird häufig eingeteilt in folgende **Vermögensarten:**

- **Geldvermögen** (Bargeld, Sichtguthaben, Sparguthaben u. a.),

- **Gebrauchsvermögen** (Gegenstände, die der privaten Nutzung dienen, Haus, Grund und Boden, Wohnungseinrichtung, Auto u. a.),

- **Erwerbsvermögen** (Gegenstände, die der Erzielung von Einkommen dienen, betriebliches Anlage- und Umlaufvermögen, also Produktivvermögen).

Neben dem Einkommen stellt auch das Vermögen eine Größe dar, die seinem Besitzer Ansehen und Freiheit in der Entfaltung verschafft.

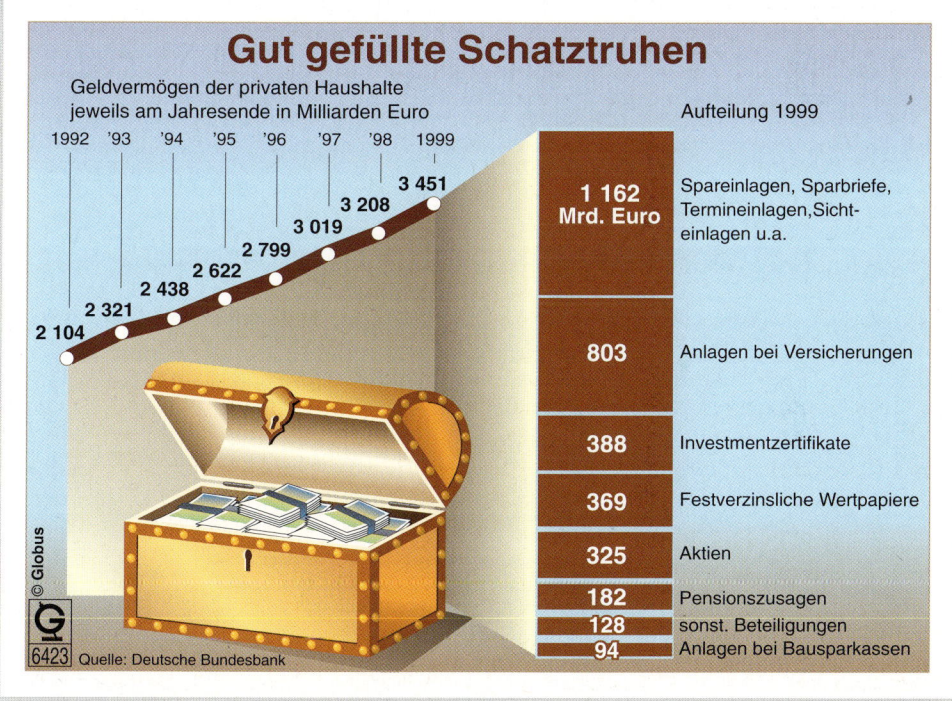

Gut gefüllte Schatztruhen

Geldvermögen der privaten Haushalte jeweils am Jahresende in Milliarden Euro

Aufteilung 1999

1992	'93	'94	'95	'96	'97	'98	1999
2 104	2 321	2 438	2 622	2 799	3 019	3 208	3 451

1 162 Mrd. Euro	Spareinlagen, Sparbriefe, Termineinlagen, Sichteinlagen u.a.
803	Anlagen bei Versicherungen
388	Investmentzertifikate
369	Festverzinsliche Wertpapiere
325	Aktien
182	Pensionszusagen
128	sonst. Beteiligungen
94	Anlagen bei Bausparkassen

© Globus

6423 Quelle: Deutsche Bundesbank

Das private Geldvermögen in der Bundesrepublik Deutschland, das 1970 noch 268 Mrd. EUR (Westdeutschland) betrug, ist bis Ende 1999 auf rund 3,45 Billionen EUR (Gesamtdeutschland) gestiegen. Das waren 242 Mrd. EUR oder 7,5 % mehr als im Vorjahr. Gegenüber dem Beginn der 90er-Jahre ist der Geldvermögensberg um fast zwei Drittel angewachsen. Das Immobilien- und Betriebsvermögen ist dabei nicht berücksichtigt. Die großen Vermögen konzentrieren sich allerdings auf sehr wenige Personen. 12,3 % der zur Vermögenssteuer herangezogenen Personen sind im Besitz von mehr als 59 % des vermögenssteuerstatistisch erfassten Gesamtvermögens. Ein Viertel des gesamten Vermögens liegt in den Händen von nur 0,6 % der Steuerpflichtigen (alte Bundesländer).

Das *Geldvermögen* in der Bundesrepublik Deutschland ist zwar breit gestreut, das Gesamtvermögen jedoch ist ungleich verteilt. Besonders zeigt sich dies beim Produktivvermögen. Über 80 % davon befinden sich in Händen von nur 20 % der Haushalte.

Die bessere Verteilung, insbesondere des *Produktivvermögens,* ist deshalb von außerordentlicher Wichtigkeit, weil die Verfügung über Produktivvermögen zugleich den Besitz von wirtschaftlicher Macht bedeutet. Denn wo er über Produktivvermögen verfügt, entscheidet über Menschen, ihren Einsatz als Arbeitskräfte und über den Einsatz von Maschinen.

Die **staatliche Vermögenspolitik** versucht die ungleichgewichtige Vermögensbildung der sozialen Gruppen durch Fördermaßnahmen gleichgewichtiger zu gestalten.

Dies geschieht:

- aus *sozialpolitischen Gründen,* um über eine gleichmäßigere Verteilung des Vermögens für die unteren und mittleren Einkommensschichten einen besseren finanziellen Rückhalt zu schaffen,

- aus *gesellschaftspolitischen Gründen,* um die Spannungen zwischen den Produktionsfaktoren Arbeit und Kapital abzubauen und eine breite Schicht von Eigentümern an Produktivmitteln zu schaffen,

- aus *wirtschaftspolitischen Gründen,* um die eigenen Finanzmittel der Unternehmen zu vermehren und ihre Liquidität zu stärken,

- aus *einkommenspolitischen Gründen,* um neben dem Einkommen aus unselbstständiger Tätigkeit ein zweites Einkommen zu erreichen.

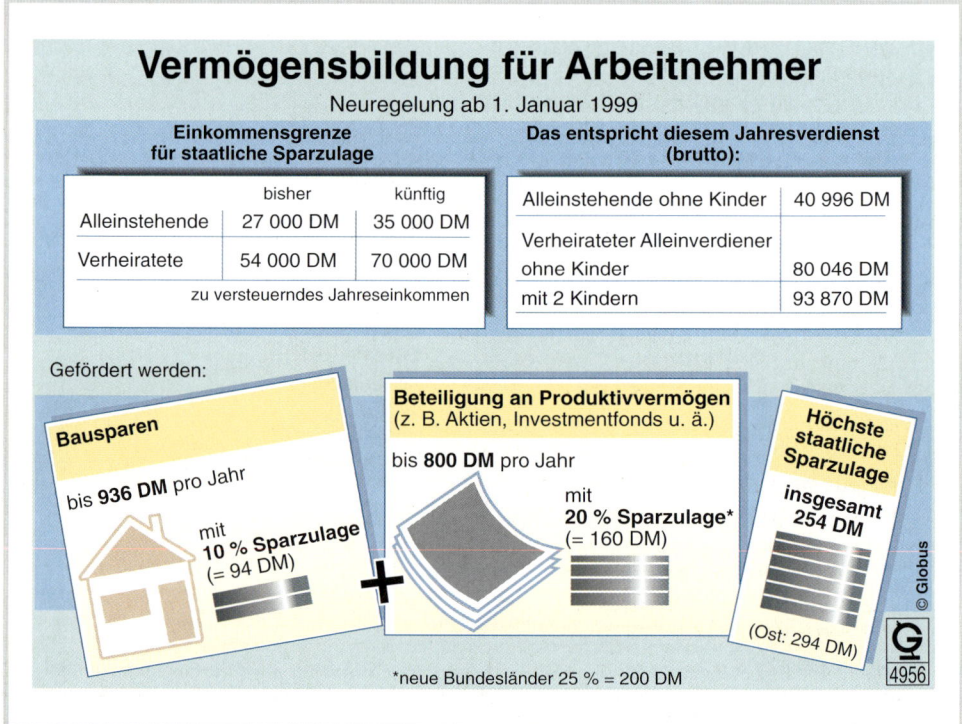

Vermögensbildung für Arbeitnehmer

Neuregelung ab 1. Januar 1999

Einkommensgrenze für staatliche Sparzulage			Das entspricht diesem Jahresverdienst (brutto):	
	bisher	künftig	Alleinstehende ohne Kinder	40 996 DM
Alleinstehende	27 000 DM	35 000 DM	Verheirateter Alleinverdiener	
Verheiratete	54 000 DM	70 000 DM	ohne Kinder	80 046 DM
zu versteuerndes Jahreseinkommen			mit 2 Kindern	93 870 DM

Gefördert werden:

Bausparen

bis **936 DM** pro Jahr

mit **10 % Sparzulage** (= 94 DM)

+

Beteiligung an Produktivvermögen (z. B. Aktien, Investmentfonds u. ä.)

bis **800 DM** pro Jahr

mit **20 % Sparzulage*** (= 160 DM)

Höchste staatliche Sparzulage

insgesamt **254 DM**

(Ost: 294 DM)

© Globus

4956

*neue Bundesländer 25 % = 200 DM

▪ Mittel der Vermögenspolitik

Mittel der Vermögenspolitik sind

- staatliche Sparförderung einschließlich Förderung der Beteiligung am Produktivvermögen,
- tarifliche Vermögensbildung und
- betriebliche Vermögensbeteiligung.

Schwerpunkt der **Vermögensbildungsförderung** ist heute die verstärkte Förderung der Beteiligung am Produktivvermögen.

▪ Verteilungskonflikte

Die Verteilungskämpfe zwischen den gesellschaftlichen Gruppen können die **wirtschaftspolitischen Ziele,** die im Stabilitätsgesetz als **„magisches Viereck"** vorgegeben sind, gefährden (siehe S. 373 ff.!). Im Einzelnen kann dies geschehen durch:

- überhöhte Lohnsteigerungen oder Preisanhebungen (Löhne treiben Preise; Preise treiben Löhne!);

- überzogene Einkommensverteilung zulasten der Unternehmenserträge und damit starke Einengung der Gewinnquote (ohne Erträge keine Investitionen, ohne Investitionen kein Wachstum und zunehmende Arbeitslosigkeit);

- Beeinträchtigung der internationalen Wettbewerbsfähigkeit aufgrund zu starker inländischer Lohn- und Preissteigerungen.

Zusammenfassung

- ▪ **Einkommensverteilung** bezeichnet die Aufteilung der unmittelbar aus der Erwerbstätigkeit fließenden oder übertragenen Einkommen.

- ▪ **Die funktionelle Einkommensverteilung** zeigt, welcher Anteil des Gesamteinkommens auf die **Produktionsfaktoren Arbeit** (= Einkommen aus unselbständiger Arbeit) und **Kapital** (= Einkommen aus selbständiger Arbeit und Vermögen) entfällt.
  - **Lohnquote** bezeichnet den Anteil des Einkommens aus unselbständiger Arbeit am Volkseinkommen.
  - **Gewinnquote** heißt der Anteil des Einkommens aus Unternehmertätigkeit und Vermögen am Volkseinkommen.

- ▪ Die **personelle Einkommensverteilung** ist die Einkommensverteilung auf die einzelnen Einkommensbezieher, also die Haushalte und Einzelpersonen. Sie wird stark beeinflusst durch die **staatlichen Transferzahlungen.**

- ▪ Unter **Vermögen** versteht man im Allgemeinen die einer Person zustehenden, in Geld bewertbaren Güter.

- ▪ An **Vermögensarten** werden unterschieden:
  - *Geldvermögen* (Bargeld, Sichtguthaben, Sparguthaben u. a.)
  - *Gebrauchsvermögen* (Gegenstände, die der privaten Nutzung dienen, Haus und Grundstücke, Wohnungseinrichtungen u. a.)
  - *Erwerbsvermögen* (Gegenstände, die der Erzielung von Einkommen dienen, betriebliches Anlage- und Umlaufvermögen u. a.)

- ▪ Die **staatliche Vermögenspolitik** ist aus sozial-, gesellschafts-, wirtschafts- und einkommenspolitischen Gründen bestrebt, die ungleichgewichtige Vermögensbildung der sozialen Gruppen durch Fördermaßnahmen gleichgewichtiger zu gestalten.

- Die **Mittel der Vermögenspolitik** sind
  - die *staatliche Sparförderung* einschließlich der Förderung der Beteiligung am Produktivvermögen,
  - die *tarifliche Vermögensbildung* und
  - die *betriebliche Vermögensbeteiligung* der Arbeitnehmer.
  - Die **gesetzliche Grundlage** bildet das *5. Vermögensbildungsgesetz,* zuletzt geändert durch das Dritte Vermögensbeteiligungsgesetz (Fördergrenze 936 DM plus 800 DM für Beteiligungen am Produktivvermögen).

- **Vermögensverteilung** bezeichnet die Aufteilung des Vermögens auf die verschiedenen gesellschaftlichen Schichten.

- **Verteilungkonflikte** im Rahmen der Einkommensverteilung können resultieren aus überhöhten Lohnsteigerungen oder Preisanhebungen, aus überzogener Einkommensumverteilung zulasten der Unternehmenserträge und aus einer Beeinträchtigung der internationalen Wettbewerbsfähigkeit wegen zu starker inländischer Lohn- und Preisanhebungen.

- Der **Verteilungsprozess** wird beeinflusst durch die **Lohnpolitik,** die **Preis-** und **Wettbewerbspolitik,** die **Steuerpolitik** und langfristig durch die **Bildungs- und Vermögenspolitik.**

Aufgabe

1 Was versteht man unter:
  a) funktioneller Einkommensverteilung,
  b) personeller Einkommensverteilung,
  c) primärer Einkommensverteilung,
  d) sekundärer Einkommensverteilung?

2 Erklären Sie die Begriffe Lohnquote und Gewinnquote!

3 a) Woraus ergibt sich die personelle Verteilung der Einkommen?
  b) Wodurch kann sie der Staat erheblich beeinflussen?

4 Wie kommt es, dass die Nettoeinkünfte in der Bundesrepublik Deutschland gleichmäßiger verteilt sind als die Bruttoeinkünfte?

5 Welche Haupteinflussmöglichkeiten auf die Einkommensverteilung bestehen für
  a) Arbeitnehmer,
  b) Unternehmer,
  c) den Staat?

6 Wie kann mithilfe der Lohnpolitik
  a) die Lohnquote,
  b) die Lohnstruktur,
  c) das Preisgefüge verändert werden?

7 Wovon hängt die Marktmacht ab, mit der die Tarifpartner versuchen ihre verteilungspolitischen Ziele durchzusetzen?

8 Inwiefern haben Preis- und Wettbewerbspolitik Einfluss auf die Einkommensverteilung?

9 Der Staat versucht Ungerechtigkeiten bei der Einkommensverteilung zu mildern. Welche Instrumente stehen ihm dazu zur Verfügung?

10 a) Was versteht man im Allgemeinen unter Vermögen?
  b) Was ist wirtschaftlich betrachtet Vermögen?
  c) In welche Arten wird Vermögen meist eingeteilt?

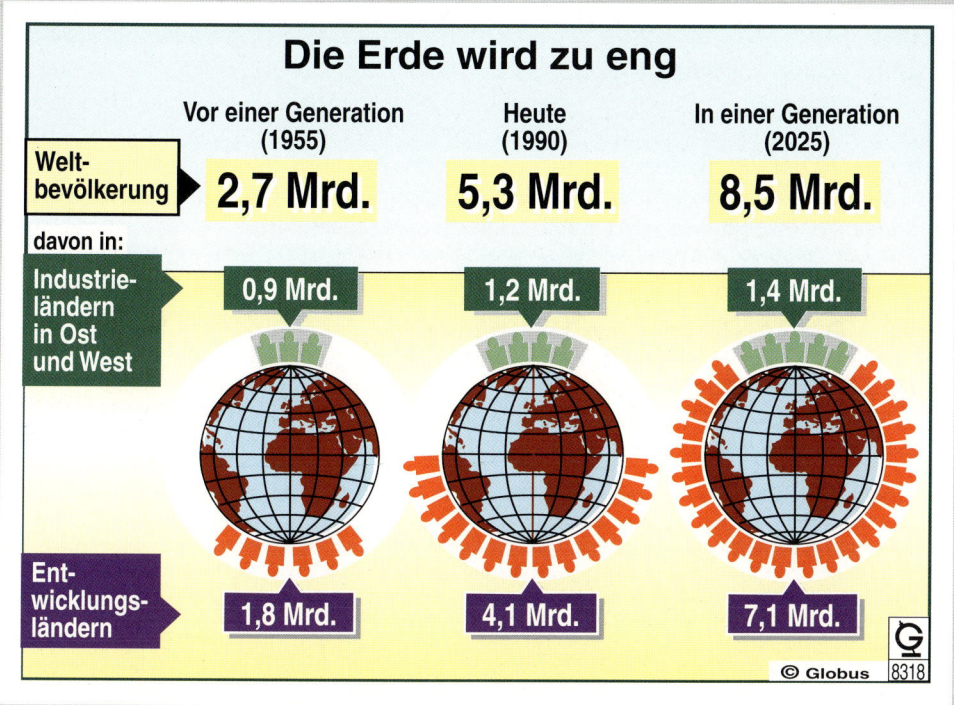

Wie viel Menschen kann die Erde auf die Dauer ertragen: 6 Milliarden wie gegenwärtig? 8,5 Milliarden, wie sie für das Jahr 2025 vorausgeschätzt werden? Oder gar 11 Milliarden, wie sie für das Ende des kommenden Jahrhunderts in Sicht kommen?

Was ist zu tun?

Welche Veränderungen stehen an?

Sachdarstellung

11.4.1   Das Bevölkerungswachstum und seine Folgen

Die Weltbevölkerung wächst in einem nie gekannten Ausmaß.

Die Gesamtzahl der **Bevölkerung in den Industriestaaten stagniert** oder nimmt ab. Es ändert sich in diesen Staaten allerdings die Altersstruktur, weil immer mehr Menschen älter werden und von immer weniger Erwerbstätigen mitversorgt werden müssen.

Mehr als ¾ **der Erdbevölkerung** leben in den **Entwicklungsländern.** Vor allem dort wächst die Bevölkerung weiter. ⁹/₁₀ der 87 Mio. Menschen, um die die Weltbevölkerung jährlich wächst, werden dort geboren.

Dabei liegt die *Ursache für den Zuwachs* nicht in einer gestiegenen Geburtenrate – sie ist auf hohem Niveau mit 30 pro 1000 weitgehend gleichgeblieben oder sogar gesunken –, sondern in dem *Absinken der Sterbeziffern* (von 30 auf 10 pro 1000), also der erhöhten Lebenserwartung. Am deutlichsten wachsen die ärmsten Staaten.

Dabei wäre ein *langsameres Bevölkerungswachstum* für die derzeit ärmsten Entwicklungsländer die Grundlage für die wirtschaftliche und umweltverträgliche Entwicklung ihrer Gebiete. Diesem wünschenswerten Ziel stehen neben *religiösen Einstellungen vor allem die wirtschaftlichen Zwänge* entgegen. *Kinder* sind in diesen Gesellschaften der *Garant für die Altersversorgung* der Eltern, weil es keine oder nur eine *unzureichende sonstige Alterssicherung, z. B.* in Form eines Sozialversicherungssystems, gibt. Da alle Neugeborenen essen, sich kleiden, wohnen und einen bescheidenen Wohlstand erreichen wollen, wird ein *Teufelskreis* ausgelöst, indem die dortige Bevölkerung die eigenen Lebensgrundlagen zerstört.

11.4.2 Die Zerstörung von Lebensraum[1]

Die rücksichtslose Ausbeutung der Erde durch die Menschheit drängt die **globalen Umweltprobleme** immer mehr in den Vordergrund, **Umweltschutz** und **Lebensraumerhaltung** sind **Fragen erster Ordnung** für das Überleben der Menschheit als Ganzes geworden.

Die *Gefahren der Umweltzerstörung* sind unübersehbar: Die Abholzung von Wäldern, die nicht wieder aufgeforstet werden, Brandrodungen für den Ackerbau, zu hoher Viehbestand auf kargen Weiden, Ausdehnung des Anbaus auf Steilhänge und Trockengebiete lassen die Wälder als Wasserspeicher und Luftreiniger schrumpfen, die Wüstengebiete weltweit wachsen, die Böden verarmen und die Bodenerosion zunehmen.

Das *Erdklima* ist durch das *Ansteigen der Temperatur der Erdatmosphäre* (Treibgaseffekt) bedroht. Über den Ausstoß von Kohlendioxid (50 %), Metan (13 %), Fluorkohlenwasserstoff (FCKW 17 %), Distickstoffoxid (5 %) und Ozon (7 %) tragen die Industrieländer mit ihrem hohen Energiebedarf und ihrer großen Güterproduktion genauso bei wie in vermindertem Umfang die Entwicklungsländer durch Heizen, Autofahren und Brandrodung.

Luft, Wasser und *Boden* sind *Umweltfaktoren,* auf die menschliches Leben nicht verzichten kann. Die *Belastung der Lebensräume* – Atmosphäre, Gewässer, Wälder, Böden – *darf* deshalb *langfristig nicht über deren natürliche Regenerationsfähigkeit hinausgehen.*

11.4.3 Wohlstandsmehrung im Nord-Süd-Gefälle

In den Entwicklungsländern leben fünfmal mehr Menschen als in den Industrienationen des Westens. Jeder *Bewohner der Industrieländer* verbraucht *zehnmal soviel Energie* wie ein Bürger der sogenannten Dritten oder Vierten Welt. Das Sozialprodukt pro Kopf beträgt bei der überwältigenden Mehrheit der Entwicklungsländer nur knapp 5 % des durchschnittlichen Prokopfsozialproduktes eines Bewohners der Industrieländer.

Die Bevölkerungsexplosion lässt *keinen Spielraum für Kapitalbildung,* für die Ausbildung von Fachkräften, für die Einführung wirksamer Methoden der Nahrungsmittelerzeugung, -lagerung, -verteilung, für politische Reformen und deren praktische Umsetzung.

---

[1] Siehe auch Abschnitt 2.2 Zielkonflikte: Ökonomie – Ökologie S. 37 ff.

- geringes durchschnittliches Prokopfeinkommen,
- extrem ungleiche Verteilung des tatsächlichen Einkommens (das Monatseinkommen eines Plantagenbesitzers liegt 100-mal höher als das des Plantagenarbeiters),
- geringe Sparneigung,
- niedrige Investitionstätigkeit,
- mangelhaftes Verkehrsnetz (unzureichende Infrastruktur),
- hohe Analphabetenquote,
- geringe Produktivität,
- niedriger Industrialisierungsgrad,
- Unter- und Mangelernährung,
- Abhängigkeit von den wenigen Exportprodukten, die an der Wirtschaftsstruktur der Industrieländer ausgerichtet sind,
- ungünstiges Austauschverhältnis von Export und Import,
- hohe Wachstumsraten der Bevölkerung mit der Folge einer schnellen Verstädterung,
- autoritär geführte Staaten, deren Führungsschicht zum Teil die Bevölkerung ausbeutet.

Die Folge ist, dass diese Länder sich *zunehmend verschulden* und inzwischen über 25 % ihrer Jahresexporte für Schuldzinsen und Tilgung aufbringen müssen. Dabei bestehen große Unterschiede zwischen den einzelnen Entwicklungsländern (siehe auch Abschnitt 11.6.5.3, S. 442).

Eine **Wohlstandsmehrung im Süden** ist nur möglich **durch innere Reformen** in diesen Ländern (Abbau staatlicher Planungen und Preisregulierungen, marktwirtschaftliche Umorientierung, Abkehr vom Sozialismus und von Diktaturen u. a.).

Die **ungerechte Verteilung des Wohlstandes** zwischen den Industrienationen und den Entwicklungsländern **gefährdet den Frieden** in der Welt und die Bewältigung einer **intakten Umwelt.** Eine Wohlstandszunahme auf der Südhalbkugel durch **Wohlstandsübertragung** von der Nordhalbkugel liegt deshalb im Interesse auch der wohlhabenden Industrienationen, die aus diesen Ländern ihre wichtigsten Rohstoffe zu niedrigen Preisen beziehen und in diese ihre Fertigwaren exportieren.

11.4.4 Zukunftsperspektiven

- Die **weltwirtschaftliche Verflechtung,** die internationale Arbeitsteilung, der globale Handel nehmen zu.
- Für alle Staaten gilt, dass sie sich nur noch entwickeln können, wenn sie eingebettet sind in eine **gesicherte Rohstoff- und Energieversorgung** sowie in die internationalen Finanzmärkte und so **Zugang** haben **zu den weltwirtschaftlichen Absatzmärkten.**
- Die Verflechtung der Wirtschaftsbeziehungen erlaubt immer weniger eine nationale, eigenständige Steuerung des Wirtschaftsgeschehens und erhöht die **Anfälligkeit gegenüber Störungen im Weltwirtschafts- und Währungssystem,** weil viele Arbeitsplätze (in der Bundesrepublik Deutschland jeder dritte) vom Export abhängen.
- Aufgrund der *global* eingesetzten, neuesten Erkenntnisse von Wissenschaft und Technik werden auch die damit verbundenen **Gefahren grenzüberschreitend** (z. B. Reaktorkatastrophen, Folgen des Missbrauchs der Gentechnologie u. a.).
- Die **Zentren der** *wirtschaftlichen* und *politischen* **Macht verlagern sich** auf die Gebiete **Nordamerika, Europäischer Wirtschaftsraum** und **pazifischer Raum.**

- **Schwellenländer** unter den Entwicklungsländern, wie Indien, die Philippinen, Brasilien, **gewinnen an** wirtschaftlicher und technologischer **Bedeutung.** Sie werden so zu regionalen Vormächten.

- Überbevölkerung, Unterentwicklung, militärische Aufrüstung in Verbindung mit nationalem und religiösem Fanatismus schaffen zugleich neue **Krisenherde** mit Bürgerkriegen, Staatsstreichen und zwischenstaatlichen Auseinandersetzungen.

- In den **Industrienationen** wird aufgrund der zunehmenden Abhängigkeiten zukünftig vermehrt **Kooperation statt Konfrontation** das Zusammenleben bestimmen müssen, wenn die globalen Probleme gelöst werden sollen.

Zusammenfassung

- Die **Weltbevölkerung** wächst jährlich um 87 Mio. Menschen. Die Bevölkerung in den Industriestaaten nimmt ab oder stagniert. Über **75 % der Erdbevölkerung** leben in den **Entwicklungsländern.**

- Einem **langsameren Bevölkerungswachstum** stehen in den Entwicklungsländern **religiöse Einstellungen** und **wirtschaftliche Zwänge entgegen** (Teufelskreis).

- Die **Ausbeutung der Erde** durch den Menschen belastet und/oder zerstört die Lebensräume Atmosphäre, Gewässer, Wälder, Böden. **Umweltprobleme von globalem Ausmaß** sind zu lösen.

- Der **Wohlstandsunterschied** zwischen der Nord- und Südhalbkugel der Erde ist so gravierend, dass langfristig **Verteilungskämpfe** drohen, die den **Frieden gefährden** und die Bewältigung der Umweltprobleme verhindern.

- **Hilfe** zur Wohlstandsmehrung im Süden ist deshalb eine **zentrale Aufgabe der wohlhabenden Staaten** der Nordhalbkugel (Hilfen zur Selbsthilfe, Entlastungen durch Schuldzinsenstundung oder -erlass).

- Als **Trends** für die Zukunft zeichnen sich ab
  - eine Zunahme der **weltwirtschaftlichen Verflechtung,**
  - die Herausbildung **neuer** wirtschaftlicher und politischer **Machtzentren.**

Aufgaben

1 Welches sind die Ursachen für das starke Bevölkerungswachstum in den Entwicklungsländern?

2 Welcher Zusammenhang besteht zwischen Geburtenziffer und Sterbeziffer eines Landes im Hinblick auf das Bevölkerungswachstum?

3 Weshalb sind Lebensraumerhaltung und Umweltschutz für das Überleben der Menschheit zu einem zentralen Problem geworden?

4 Erläutern Sie die Aussage: Die Mehrheit der Entwicklungsländer auf der Südhalbkugel der Erde lebt in einem „Teufelskreis der Armut". Nennen Sie Ursachen, die diese Behauptung erhärten!

5 Was versteht man unter
  a) Nord-Süd-Gefälle,
  b) Nord-Süd-Konflikt?
  Erläutern Sie die mit diesen Begriffen verbundenen Probleme!

6 Nennen Sie die Ursachen für die Zerstörung der Umwelt in den Industriestaaten und in den Entwicklungsländern, vergleichen Sie beides miteinander und stellen Sie Gemeinsamkeiten und Unterschiede heraus!

7 a) Welche Trends der wirtschaftlichen und allgemeinen Entwicklung zeichnen sich für das nächste Jahrzehnt länderübergreifend unter Berücksichtigung der Ost-West-Veränderungen und des Nord-Süd-Gefälles ab!

b) Welche Folgerungen leiten Sie daraus für Ihr eigenes Leben ab?

c) Überlegen Sie, welche Rolle für beide Fragen die immer raschere Entwicklung neuer Technologien haben könnte!

11.5 Konjunkturelle Schwankungen – Einwirkungsmöglichkeiten des Staates und der Europäischen Zentralbank (EZB)

11.5.1 Konjunkturelle Schwankungen

Problem

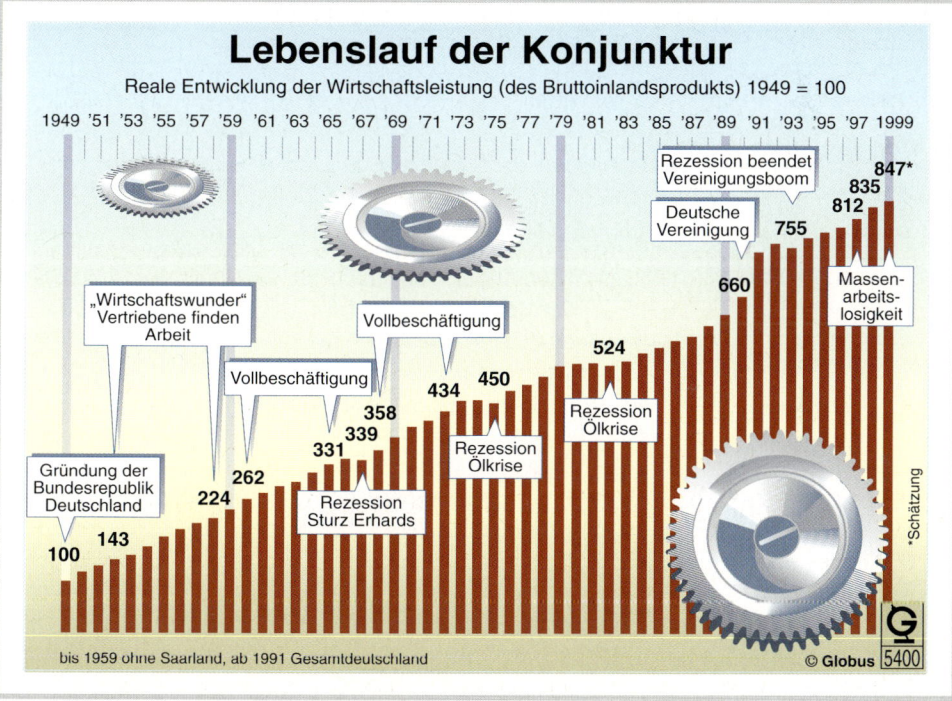

Welche Erkenntnisse gewinnen Sie aus dieser Bildstatistik?

Sachdarstellung

11.5.1.1 Konjunkturphasen

■ Das Wesen der Konjunktur

Konjunkturen sind *Wirtschaftsschwankungen,* die verschiedene Ursachen haben können.

In Zeiten ansteigenden Wirtschaftswachstums spricht man von „guter Konjunktur", umgekehrt von „schlechter Konjunktur". Wirtschaftswissenschaftlich genauer werden unterschieden:

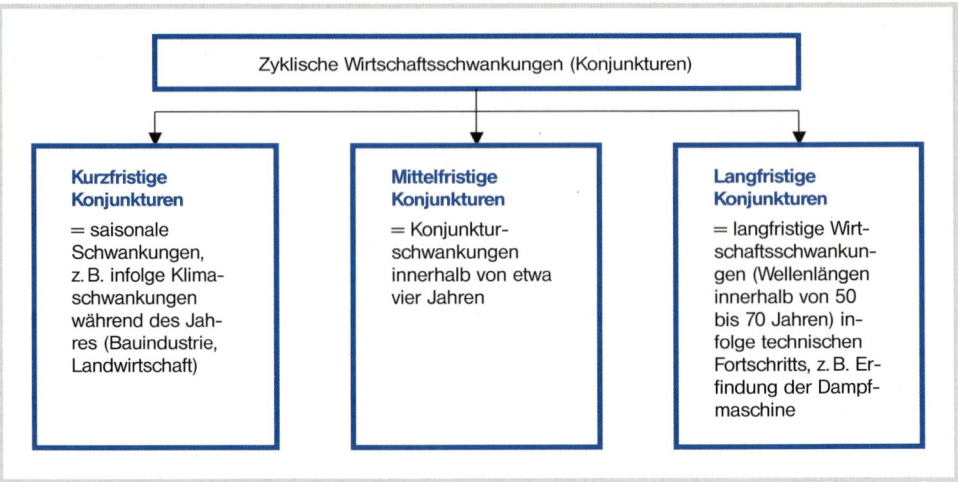

Zyklische Wirtschaftsschwankungen (Konjunkturen)

Kurzfristige Konjunkturen

= saisonale Schwankungen, z. B. infolge Klimaschwankungen während des Jahres (Bauindustrie, Landwirtschaft)

Mittelfristige Konjunkturen

= Konjunkturschwankungen innerhalb von etwa vier Jahren

Langfristige Konjunkturen

= langfristige Wirtschaftsschwankungen (Wellenlängen innerhalb von 50 bis 70 Jahren) infolge technischen Fortschritts, z. B. Erfindung der Dampfmaschine

■ *Der Konjunkturverlauf*

In der Regel zeigen Konjunkturschwankungen folgende Verlaufsabschnitte (Phasen): *Tiefstand, Aufschwung, Hochkonjunktur (Boom), Abschwung.*

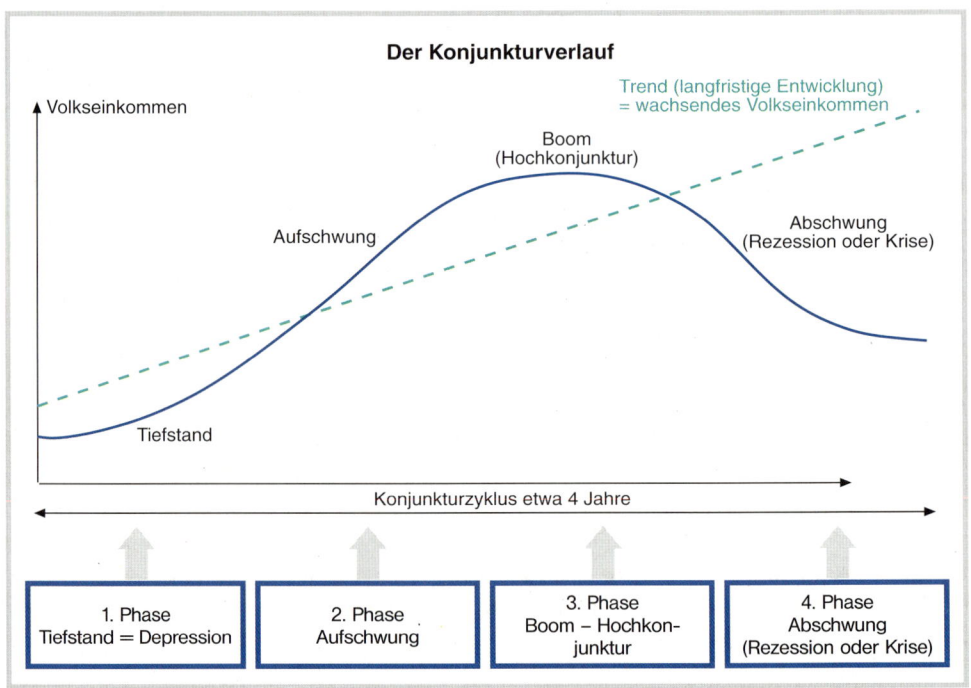

Der Konjunkturverlauf

Volkseinkommen

Trend (langfristige Entwicklung) = wachsendes Volkseinkommen

Boom (Hochkonjunktur)

Aufschwung

Abschwung (Rezession oder Krise)

Tiefstand

Konjunkturzyklus etwa 4 Jahre

1. Phase
Tiefstand = Depression

2. Phase
Aufschwung

3. Phase
Boom – Hochkonjunktur

4. Phase
Abschwung (Rezession oder Krise)

▶ 1. Phase: Tiefstand (Depression)

Merkmale:

- Tiefstand der Produktion, des Umsatzes und der Güterpreise
  Der geringere Bedarf an den Produktionsfaktoren Arbeit und Kapital hat *Arbeitslosigkeit* und *hohe Fixkosten* der Unternehmungen durch unausgenützte Kapazitäten zur Folge. Die wirtschaftlich schwächsten Unternehmungen (Grenzunternehmen) scheiden aus (Konkurse).

  Niedrige Güterpreise verursachen niedrige Gewinne, was sich wiederum auf das Lohn- und Zinsniveau auswirkt.

- depressive (= niedergedrückte) wirtschaftliche Stimmung der Produzenten und Konsumenten
  Infolge ihrer Existenzsorgen bzw. geringer Rentabilitätserwartungen sind die Unternehmer nicht investitionsfreudig. Diese geringe Investitionsneigung wird durch die zögernde Kaufhaltung der Konsumenten noch verstärkt, weil sie weitere Preissenkungen erwarten.

Starke Arbeitslosigkeit kann die Arbeitnehmer für politischen Radikalismus anfällig machen (z. B. starkes Anwachsen der Anhänger Adolf Hitlers durch die Wirtschaftskrise des Deutschen Reiches in den Jahren 1929 bis 1933).

▶ 2. Phase: Aufschwung

Merkmale:

- Anstieg der Produktion, des Umsatzes und (langsam) der Güterpreise
- Zunahme der Investitionen
- Ansteigen der Wertpapierkurse, insbesondere der Aktienkurse
- Rückgang der Arbeitslosigkeit
- optimistische Unternehmererwartungen und ansteigende Kaufhaltung der Konsumenten

Ursache für den Aufschwung (**expansive Entwicklung**) sind steigende Unternehmergewinne, da die Rohstoffpreise in der Depression stärker sinken als die Preise der Fertigprodukte. Dies stimuliert die Investitionsfreude der Unternehmer.

Geht der Aufschwung rasch vor sich, entsteht ein Boom (Konjunkturüberhitzung), der bereits die 3. Phase, die Hochkonjunktur, darstellt oder zumindest einleitet.

▶ 3. Phase: Hochkonjunktur (Boom)

Merkmale:

- große Produktion, hohe Umsätze, hohes, immer mehr steigendes Preis- und Lohnniveau (Lohn-Preis-Spirale), hohe Kapitalzinsen
- Vollbeschäftigung, meist Überbeschäftigung. Sie veranlasst die Unternehmer, Arbeitskräfte durch Maschinen zu ersetzen (Automation), was Kapitalerweiterungen nötig macht.
- gedämpfte Erwartungen der Unternehmer. Inflationsangst beeinflusst das wirtschaftliche Handeln der Menschen.

Die Hochkonjunktur beginnt dann wieder abzusinken, wenn die Produktion infolge der hohen Güterpreise nicht mehr voll nachgefragt wird. Dies führt zu einer **Rezession,** wenn die Industrieproduktion bis zu etwa 20 % zurückgeht oder das Bruttonationaleinkommen bis zu 6 % sinkt. Was darüber noch hinausgeht, kennzeichnet die **Krise,** die zur Depression führt.

Merkmale:

- Rückgang der Produktion, des Umsatzes und der Güterpreise
- beginnende, steigende Arbeitslosigkeit
- Fallen der Wertpapierkurse
- sinkendes Zinsniveau
- rückläufige Lohnentwicklung
- pessimistische Stimmung der Produzenten und Konsumenten

11.5.1.2 *Konjunkturindikatoren*

Ein Indikator ist ein „Anzeiger", auf die Konjunktur bezogen ein Messwert der konjunkturellen Situation. Mit ihrer Hilfe ist es der Deutschen Bundesbank, der Bundesregierung sowie den wissenschaftlichen Forschungsinstituten möglich, sowohl eine **Konjunkturdiagnose** als auch eine **Konjunkturprognose** zu stellen.

Eine **Konjunkturdiagnose** ist die Beschreibung des gegenwärtigen Konjunkturzustandes, eine **Konjunkturprognose** sind Aussagen über die zukünftige wirtschaftliche Entwicklung.

Konjunkturindikatoren sind beispielsweise:

1 Zur Konjunktur des Verbrauchs

- Einzelhandelsumsätze
- Produktion der Verbrauchsgüterindustrie
- Einfuhr von Verbrauchsgütern
- Auftragseingang der Verbrauchsgüterindustrie
- Preisindex für die Lebenshaltung der privaten Haushalte (siehe S. 368)

2 Zur Konjunktur der Industrie

- Produktion
- Kapazitätsauslastung
- Zahl der Beschäftigten
- Löhne und Gehälter (Gesamthöhe als auch je Produkteinheit)
- Preise der erzeugten Güter
- Nachfrage Inland und Ausland

3 Zur Konjunktur der Investitionsgüterindustrie

wie bei 2, aber bezogen auf den Bereich der Investitionsgüterindustrie, z. B. Maschinenbau

4 Konjunktur der Außenwirtschaft (Import/Export)

- Auftragseingang aus dem Ausland
- Ausfuhrmengen und Ausfuhrpreise
- Einfuhrmengen und Einfuhrpreise

- **Konjunkturen** sind kurzfristige, mittelfristige und langfristige Wirtschaftsschwankungen.

- Der **Konjunkturverlauf** zeigt vier Phasen:
  1. Tiefstand = Depression
  2. Aufschwung
  3. Hochkonjunktur = Boom
  4. Abschwung = Rezession oder Krise

- **Konjunkturindikatoren** zeigen den Stand der wirtschaftlichen Entwicklung (= *Konjunkturdiagnose*) und ermöglichen die zukünftige Entwicklung aufzuzeigen (= *Konjunkturprognose*).

Aufgaben

1 a) Suchen Sie weitere Beispiele für kurzfristige Wirtschaftsschwankungen!

b) Suchen Sie nach weiteren Beispielen für umwälzende technische Neuerungen, die eine langfristige Konjunktur verursacht haben!

2 Siehe Bildstatistik auf S. 411. Beantworten Sie folgende Fragen:

a) Weshalb ergibt sich zwangsläufig die „Berg- und Talfahrt" der Konjunktur (volkswirtschaftliche Gesetzmäßigkeiten)?

b) In welcher Konjunkturphase befindet sich die Bundesrepublik Deutschland gegenwärtig? Nennen Sie die ① Merkmale und ② mögliche Ursachen!

3 „Die Depression birgt bereits die Ursachen für die Gesundung der Wirtschaft." Versuchen Sie diesen Satz volkswirtschaftlich zu begründen!

4 a) Weshalb fallen in der Krise die Aktienkurse?

b) Weshalb sinken in der Krise die Zinsen?

5 In der Bundesrepublik Deutschland befinden sich fast drei Millionen ausländische Erwerbstätige (1998).[1] Welche Probleme entstehen für sie in einer Krise?

6 Theoretisch müssen in einer Krise die Löhne sinken. Wer wird sich dagegen wehren? Welche volkswirtschaftlichen Folgen ergeben sich aus dieser Situation?

7 Angenommen, die Indikatoren der Verbrauchskonjunktur zeigen folgendes Bild:

- Einzelhandelsumsätze sind stark rückläufig
- Preisindex für die Lebenshaltung ist erheblich gestiegen
- Der Auftragseingang der inländischen Verbrauchsgüterindustrie ist rückläufig.

a) Welche Prognose für die Konjunktur im Bereich Verbrauch können sie hiernach stellen?

b) Welche gesamtwirtschaftlichen Auswirkungen sind zu erwarten:
  1. für die Beschäftigung
  2. für das Wirtschaftswachstum
  3. für die Preisstabilität
  4. für den Außenbeitrag?

---

[1] Nicht zu verwechseln mit den fast acht Millionen Ausländern, die in Deutschland leben.

11.5.2 Geldpolitische Maßnahmen der Europäischen Zentralbank (EZB)

Problem

Neue Zinssenkung ist nicht in Sicht

Der Präsident der Europäischen Zentralbank, Wim Duisenberg, hat Erwartungen auf weitere Zinssenkungen zur Ankurbelung der Konjunktur im Euro-Raum gedämpft. „Die Geldpolitik kann nicht viel mehr tun", sagte Duisenberg. Obwohl er weitere Senkungen nicht kategorisch ausschloss, sagte er: „Die Zinsen sind auf einem historisch niedrigen Niveau und haben ohnehin nur einen begrenzten Einfluss auf die Investitionen."

Duisenberg betonte, die Zinsen hätten ohnehin nur einen geringen Einfluss auf die Investitionen. Wichtig sei vielmehr, dass die einzelnen Eurostaaten dafür sorgten, die Arbeitsmärkte flexibler zu gestalten. Als eines der größten Probleme bezeichnete er die nach wie vor hohen Defizite der öffentlichen Haushalte. „Der Stabilitätspakt enthält aber die klare Vorgabe, dass die Haushalte ausgeglichen sein sollten.

(dpa/AP vom 16. 12. 1998)

Welche Probleme der Geldpolitik der EZB werden hier von deren Präsidenten, dem Holländer Wim Duisenberg, aufgezeigt? (Beim „Stabilitätspakt" handelt es sich um alle wirtschaftlichen Maßnahmen zur Erhaltung des Geldwerts.)

Sachdarstellung

11.5.2.1 Grundbegriffe der Geldpolitik

▶ **Wesen der Geldpolitik**

Aufgabe der Geldpolitik ist die **Sicherung des Geldwertes** und die **Gewährleistung der Preisstabilität. Hierfür verantwortlich ist das Europäische System der Zentralbanken (ESZB)** mit der **Europäischen Zentralbank (EZB).** Sie wurde am 1. Juli 1998 mit Sitz in Frankfurt am Main errichtet. Die EZB ist von den Regierungen der Teilnehmerstaaten an der Europäischen Währungsunion (EWU) unabhängig. Die Regierungen können bei der EZB keine Kredite aufnehmen, eine Staatsverschuldung über die Notenpresse ist nicht möglich.

Die Aufgaben des ESZB bestehen vor allem darin,

- die **Geldpolitik** der Gemeinschaft festzulegen und auszuführen (**Leitzinsen**),
- **Devisengeschäfte** durchzuführen,
- die **Währungsreserven** der Mitgliedstaaten zu halten und zu verwalten
- und das reibungslose **Funktionieren der Zahlungssysteme** zu fördern.

Die **nationalen Zentralbanken,** so z. B. die Deutsche Bundesbank, sind integraler Bestandteil des ESZB und handeln gemäß den Leitlinien und Weisungen der EZB. Daneben können sie auch andere als die im ESZB-Statut bezeichneten Aufgaben wahrnehmen, soweit dies mit den Zielen und Aufgaben des ESZB vereinbar ist.

§ 3 des Bundesbankgesetzes (BBankG) legt fest:
„Die Deutsche Bundesbank ist als Zentralbank der Bundesrepublik Deutschland Teil des Europäischen Systems der Zentralbanken. Sie wirkt an der Erfüllung seiner Aufgaben mit dem vorrangigen Ziel mit, die Preisstabilität zu gewährleisten, und sorgt für die bankmäßige Abwicklung des Zahlungsverkehrs im Inland und mit dem Ausland. Sie nimmt darüber hinaus die ihr nach diesem Gesetz oder anderen Rechtsvorschriften übertragenen Aufgaben wahr."

Die währungspolitischen Entscheidungen des EZB-Rates werden durch die nationalen Zentralbanken umgesetzt. Vor allem wird die **Refinanzierung der Kreditinstitute** wie bisher durch die nationalen Zentralbanken erfolgen.

▶ Kredit[1]

Unter Kredit versteht man die zeitweilige Überlassung einer Geldsumme an einen anderen, der die Rückzahlung und die Entrichtung von Zinsen verspricht. Der Preis für den überlassenen Geldbetrag ist der **Zins,** ausgedrückt in Prozent des Kreditbetrags pro Jahr, z. B. 6 % Zinssatz oder Zinsfuß pro Jahr (pro anno).

▶ Kreditinstitute

Dies sind Unternehmen, die Bankgeschäfte betreiben. Bankgeschäfte sind gemäß § 1 Abs. 1 des *Kreditwesengesetzes* u. a.:

- das **Einlagengeschäft,** d. h. die Annahme fremder Gelder (Passivgeschäft);
- das **Kreditgeschäft,** d. h. die Gewährung von Darlehen (Aktivgeschäft);
- das **Refinanzierungsgeschäft** für die Kreditinstitute;
- das **Effektengeschäft,** d. h. der Kauf und Verkauf von Wertpapieren, z. B. Aktien oder festverzinslichen Wertpapieren;
- das **Depotgeschäft,** d. h. die Verwahrung und Verwaltung von Wertpapieren für andere;
- das **Girogeschäft,** d. h. die Durchführung des bargeldlosen Zahlungsverkehrs;
- das **Garantiegeschäft,** d. h. die Übernahme z. B. von Bürgschaften.

▶ Liquidität („Flüssigkeit")

Dies ist der Begriff für folgende Tatbestände:

- die Eigenschaft von Vermögensgegenständen, z. B. Grundstücken, Gebäuden, Warenvorräten, Wertpapieren, Wechseln, Schecks, Forderungen, Bankguthaben, Bargeld, als *Zahlungsmittel* zu dienen und in eine gewünschte *Vermögensform umgewandelt* werden zu können;
- die Fähigkeit eines Wirtschaftssubjektes, z. B. eines Kaufmanns oder einer Aktiengesellschaft, zu einem bestimmten Zeitpunkt vorhandene Zahlungsverpflichtungen erfüllen zu können.

▶ Refinanzierung

Unter Finanzierung versteht man die Beschaffung von Geldmitteln für Investitionen, z. B. den Bau einer Fabrik. Typisch ist die Finanzierung über einen Bankkredit. Wenn nun der Kreditgeber (Bank) den Kredit nicht aus eigenen Mitteln gewähren kann oder will, so muss er diese erst von anderer Stelle beschaffen, sie **refinanzieren.** Die häufigste Form der Refinanzierung ist die Inanspruchnahme eines **Zentralbankkredits,** also bei der EZB. Hierzu gibt es verschiedene Möglichkeiten, z. B. Offenmarktpolitik (Kauf und Verkauf von Wertpapieren) oder sogenannte „Fazilitäten" (Kreditmöglichkeiten). Siehe Seite 320 ff.

---

[1] Siehe auch Abschnitt 9.2.3.2 Der Bankkredit.

▶ Mindestreserven

Dies sind die Beträge, welche die Kreditinstitute von ihren Einlagen (Verbindlichkeiten gegenüber ihren Kunden) bei der Zentralbank anlegen müssen. Der *Mindestreservesatz* ist der von der EZB hierfür vorgeschriebene Prozentsatz.

Erhöhen sich die Einlagen der Bankkunden, so müssen die Mindestreserven entsprechend aufgestockt werden; ein Teil der Bankenliquidität wird hierdurch abgeschöpft (Liquiditätsbremse).

▶ Zentralbank-Geldmenge

Dies ist die maßgebliche Größe für die Geldmengenpolitik der EZB. Sie erfasst das Bargeld und die Mindestreserven, die die Banken zinslos bei der Notenbank halten müssen. Man unterscheidet:

M 1: Bargeldumlauf und täglich fällige Einlagen (Giroguthaben).

M 2: M 1 plus Termineinlagen mit einer Laufzeit von bis zu zwei Jahren und die Einlagen mit einer Kündigungsfrist bis zu drei Monaten.

M 3: M 2 + Reprogeschäfte + Geldmarktfondanteile + Geldmarktpapiere + Marktschuldverschreibungen unter zwei Jahre Laufzeit. Dieser umfassende Geldmengenbegriff wird nun zur Grundlage für die Geldpolitik der Zentralbank.

11.5.2.2 Das geldpolitische Instrumentarium der Europäischen Zentralbank (EZB)

Die **Steuerung der Geldmenge** hat sich gut bewährt, um Preisstabilität zu erhalten und Inflation zu bekämpfen (siehe S. 441 ff.). Die Geldmenge soll möglichst so groß sein, dass ein Preisanstieg begrenzt wird, trotzdem aber Wirtschaftswachstum möglich ist. Hierzu dienen die **Refinanzierungspolitik** und die **Mindestreservepolitik** der Zentralbank (siehe S. 444). Zur Refinanzierung dienen **Offenmarktgeschäfte** und **Ständige Fazilitäten** (Kreditmöglichkeiten).

■ Offenmarktgeschäfte[1]

Darunter versteht man den Kauf und Verkauf von Wertpapieren an die Geschäftsbanken. Werden Offenmarktpapiere von der Zentralbank verkauft, so verringern sich die Zentralbankguthaben der Kreditinstitute. Hierdurch *verringert* sich die Geldmenge, die von den Geschäftsbanken dem Geldmarkt zur Verfügung gestellt werden kann. Bei unveränderter Nachfrage werden die Zinssätze am Geldmarkt steigen. Kauft dagegen die Zentralbank Offenmarktpapiere an, fließt den Geschäftsbanken Zentralbankgeld zu, d. h. der Geldmarkt wird flüssiger, das Geldangebot steigt, das Zinsniveau sinkt bei gleichbleibender Nachfrage.

Von zentraler Bedeutung sind hierzu die **Hauptrefinanzierungsgeschäfte in Form regelmäßiger wöchentlicher „Standardtender" (Zins- und Mengentender).** Hierbei verpflichten sich die Geschäftsbanken, an die Zentralbank verkaufte Wertpapiere innerhalb von 14 Tagen wieder zurückzukaufen. Die Initiative hierzu geht stets von der Zentralbank aus, welche den Zinssatz, die Laufzeit und die Menge der Wertpapiere je nach Bedarf verändern kann.

Das **Tenderverfahren** ist eine Art „Versteigerung" von Zentralbankgeldern an die meistbietende Geschäftsbank mithilfe eines **Ausschreibungsverfahrens.**

Beim **Zinstender (Festmengenverfahren)** legt die Zentralbank zu einem Mindestbietsatz die Geldmenge fest und überlässt es dem Geldmarkt, zu welchem Zinssatz die Geschäfte abgeschlossen werden. Je höher das Zinsgebot einer Geschäftsbank über dem Mindestbietsatz der Zentralbank liegt, desto größer ist ihre Chance, Zentralbankgeld zugeteilt zu bekommen.

[1] Bis zur Einführung des Euro Ende 1998 Wertpapierpensionsgeschäfte genannt.

Beim **Mengentender (Festzinsverfahren)** veröffentlicht die Zentralbank den Zinssatz für den Kauf und Verkauf von Wertpapieren. Ist dieser zu hoch angesetzt, erhält die Geschäftsbank zu wenig Geld, ist er zu niedrig, erhält sie zu viel Liquidität.

Natürlich hängt die Wirkung der Offenmarktpolitik davon ab, ob die Geschäftsbanken auch bereit sind, die Offenmarktpapiere zu handeln (kaufen oder verkaufen) oder nicht. Es muss ihnen von der Zentralbank eine hierzu anreizende Rendite geboten werden. Ein weiterer Anreiz für die Banken, mit Offenmarktpapieren zu handeln, besteht darin, dass sie damit ihre Mindestreserven erhöhen bzw. senken.

Neben dem kurzfristigen Hauptrefinanzierungsgeschäft gibt es **langfristige Refinanzierungsgeschäfte,** auch als Zinstender abgewickelt, aber mit dreimonatiger Laufzeit, in der Regel monatlich erneuert.[1]

■ *Ständige Fazilitäten (Kreditmöglichkeiten)*

Unter diesem Instrument der Geldpolitik der EZB versteht man ein „Girokonto" der Geschäftsbanken bei der EZB, das jederzeit überzogen werden kann. Überziehen die Geschäftsbanken das Konto **(Spitzenrefinanzierungsfazilität genannt),** so steigt die Geldmenge, bilden sie Guthaben **(Einlagefazilität genannt),** so sinkt die Geldmenge.

Bei der **Spitzenrefinanzierungsfazilität** gewährt die EZB einer Geschäftsbank Zentralbankgeld mit einer Laufzeit von einem Tag („über Nacht") in der beantragten Höhe zu einem vorgegebenen Zinssatz. Eine Kontoüberziehung gilt als „Übernachtkredit".

Bei einer **Einlagefazilität** können die Geschäftsbanken überschüssige Habensalden auf ihrem „Girokonto" bei der EZB „über Nacht" als Einlage zu einem vorgegebenen Zinssatz anlegen.

Die Zinssätze dieser Ständigen Fazilitäten bilden die Ober- und Untergrenze für die Tagesgeldzinssätze des Geldmarktes, sozusagen einen „Zinskanal" für Bildung des **Leitzinses der EZB.**

Euro-Leitzinsen der EZB (Stand 3. Februar 2001)

Refinanzierung (Refi)		
Mindestbietungssatz 4,75 %		
2-Wochen-Tender, wöchentlich	(fällig 31. Januar 2001)	4,75 %
2-Wochen-Tender, wöchentlich	(fällig 7. Februar 2001)	4,75 %
Längerfristiger Refi-Satz		
3-Monats-Tender, monatlich	(fällig 1. März 2001)	5,03 %
3-Monats-Tender, monatlich	(fällig 29. März 2001)	4,75 %
3-Monats-Tender, monatlich	(fällig 25. April 2001)	4,66 %
Zinskanal für Tagesgeld		
Spitzenrefinanzierungsfazilität	(seit 6. Oktober 2000)	5,75 %
Einlagefazilität	(seit 6. Oktober 2000)	3,75 %
Mindestreserve		
Verzinsung	(seit 30. Januar 2001)	4,76 %
Basiszins		
Diskontsatz-Ersatz gem. § 1 Überleitungs-Gesetz	(ab 1. September 2000)	4,26 %

■ *Mindestreservepolitik*

Mit der Erhöhung und Senkung der Mindestreservesätze (siehe S. 447) verfügt die Zentralbank (EZB) über ein Instrument, um die Liquidität des Bankensystems zu beeinflussen und hierdurch das Kreditvolumen auszudehnen oder zu verringern.

● **Erhöhung der Mindestreservesätze**

Danach müssen die Kreditinstitute *höhere* Guthaben bei der Zentralbank unterhalten. Hierdurch verringert sich die Möglichkeit, dem Geldmarkt Mittel zuzuführen, was zu Zins-

[1] Bis 1999 Diskontkredit genannt.

erhöhungen führt. So kann die EZB indirekt das Konjunkturklima dämpfen (kontraktive Wirkung), denn bei Verringerung der Kreditvergabe wird die Nachfrage entspannt oder vermindert, das Produktionsvolumen gesenkt.

- **Senkung der Mindestreservesätze**
  Hierdurch verfügen die Kreditinstitute über freie Guthaben, die sie zuvor bei der Zentralbank als Mindestreserve unterhalten mussten. Die Banken werden bestrebt sein, diese freien Mittel am Geldmarkt als Kredite unterzubringen, wodurch die Zinssätze gesenkt werden können. Macht die Wirtschaft Gebrauch von dem verbilligten Kreditangebot, wird die Investitionstätigkeit angekurbelt, die Nachfrage belebt, das Produktionsvolumen ausgedehnt (expansive Wirkung).

Die Mindestreservepolitik ist ein sehr wirksames geldpolitisches Instrument der EZB, da sie hiermit unmittelbar auf die Liquidität der Kreditinstitute einwirken kann. Sie kann zwar nicht direkt die Nachfrage beeinflussen, aber doch Voraussetzungen dafür schaffen.

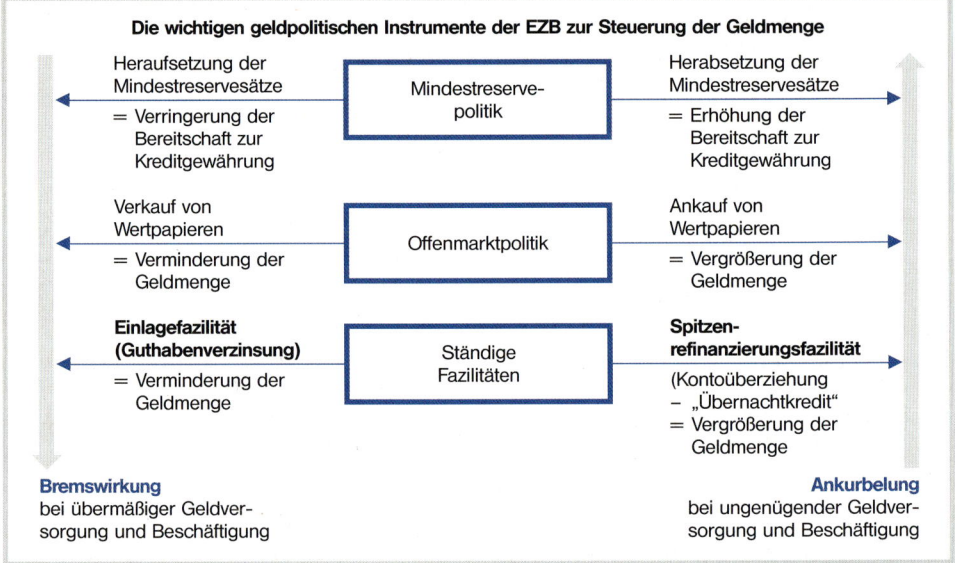

Die wichtigen geldpolitischen Instrumente der EZB zur Steuerung der Geldmenge

Heraufsetzung der Mindestreservesätze	**Mindestreserve-politik**	Herabsetzung der Mindestreservesätze
= Verringerung der Bereitschaft zur Kreditgewährung		= Erhöhung der Bereitschaft zur Kreditgewährung
Verkauf von Wertpapieren	**Offenmarktpolitik**	Ankauf von Wertpapieren
= Verminderung der Geldmenge		= Vergrößerung der Geldmenge
Einlagefazilität (Guthabenverzinsung)	**Ständige Fazilitäten**	**Spitzen-refinanzierungsfazilität**
= Verminderung der Geldmenge		(Kontoüberziehung – „Übernachtkredit" = Vergrößerung der Geldmenge

Bremswirkung bei übermäßiger Geldversorgung und Beschäftigung

Ankurbelung bei ungenügender Geldversorgung und Beschäftigung

---

Zusammenfassung

- **Oberstes Ziel der Geldpolitik** ist, die Kaufkraft des Geldes zu erhalten (Geldwertstabilität).

- **Geldpolitik** ist in erster Linie die Steuerung der Geldmenge durch die Europäische Zentralbank (EZB).

- **Geldpolitisches Instrumentarium der EZB** ist die
  - **Mindestreservepolitik**
  - **Offenmarktpolitik**
  - **Ständigen Fazilitäten**

- **Die EZB ist unabhängig von Weisungen und Einflussnahmen der Regierungen der elf Euroländer.**

- Die **Deutsche Bundesbank** regelt den Geldumlauf und die Kreditversorgung der Wirtschaft. Sie ist Kassenhalterin für Bund und Länder und regelt den Zahlungsverkehr im Inland und mit dem Ausland.

1 Welches Gesetz enthält die Zielvorstellungen der Wirtschaftspolitik und ist damit auch Richtschnur der Konjunkturpolitik?

2 Erklären Sie folgende Begriffe:
   a) Haushaltspolitik
   b) Steuerpolitik
   c) aktive Fiskalpolitik
   d) antizyklische Finanzpolitik
   e) deficit spending

3 Wie kann mithilfe des Instruments der Steuerpolitik eine Nachfragedämpfung im Falle einer drohenden Überkonjunktur bewirkt werden?

4 Wann sind Haushaltsüberschüsse vom Staat konjunkturpolitisch zweckmäßigerweise zur vermehrten Schuldentilgung zu verwenden?

5 Wie können Abschreibungen auf das Anlagevermögen, z. B. auf Fahrzeuge, Gebäude
   a) konjunkturbelebend
   b) konjunkturdämpfend
   eingesetzt werden? Bilden Sie jeweils ein Beispiel!

6 Warum ist bei einer sinnvollen und wirksamen staatlichen Konjunkturpolitik eine Koordination der Wirtschafts- und Finanzpolitik zwischen Bund, Ländern und Gemeinden notwendig?

7 Wo liegen die Grenzen staatlicher Konjunktursteuerungsmöglichkeiten?

8 Fiskalpolitische Maßnahmen der Steuer- und Ausgabenpolitik der öffentlichen Haushalte wirken in Bezug auf die Konjunktur pro- oder antizyklisch. In der Regel werden sie von den politischen Gremien aufgrund des Stabilitätsgesetzes und von Steuerveränderungsgesetzen antizyklisch eingesetzt, können aber auch in ungünstigen Fällen prozyklische Wirkungen hervorrufen.

Entscheiden Sie, welche Absicht – Konjunkturbelebung, Konjunkturdämpfung – hinter nachfolgend genannten Stabilitätsmaßnahmen der Fiskalpolitik steht. Stellen Sie jeweils auch stichwortartig dar, was die Maßnahme bewirken soll und unter welchen Voraussetzungen die antizyklisch gedachten Maßnahmen prozyklisch wirken kann:

   a) Eine Steuer für den Selbstverbrauch mit sinkenden Sätzen (Investitionssteuer) wird erhoben.
   b) Steuererleichterungen (verbesserte Abschreibungsbedingungen für Wirtschaftsgebäude, z. B. je 10 % in den ersten vier Jahren statt bisher 5 % sowie Sonderabschreibungsmöglichkeiten zur Förderung Energie sparender Maßnahmen im Bereich des Heizungsbaus) werden gewährt.
   c) Die Bundesmittel für die Städtebauförderung werden verdreifacht und die Vergabebedingungen für zinsgünstige Kredite werden erweitert und wesentlich verbessert.
   d) Die degressive Absetzung für Abnutzung (AfA) für Gebäude wird gestrichen.
   e) Ein befristeter, nicht rückzahlbarer Stabilitätszuschlag zur Einkommens- und Körperschaftsteuer wird erhoben.
   f) Die Zulagen nach dem Investitionszulagengesetz werden a) herabgesetzt, b) heraufgesetzt.
   g) Der Sonderausgabenabzug für private Schuldzinsen entfällt.
   h) Der Schuldzinsenabzug für Besitzer von selbst genutzten Einfamilienhäusern und Eigentumswohnungen wird neu eingeführt.
   i) Die degressive Abschreibung auf bewegliche Wirtschaftsgüter des Anlagevermögens und die erhöhten Absetzungen auf Einfamilien-, Zweifamilienhäuser und Eigentumswohnungen werden für fünf Jahre ausgesetzt.
   j) Die steuerliche Bindungsfrist für die Verwendung von Bausparmitteln nach dem Wohnungsbauprämiengesetz wird von zehn auf sieben Jahre reduziert.

11.5.4 Einfluss der Verbände und der Medien auf die wirtschaftliche Entwicklung

Problem

„Parlamente stehen still, wenn mein starker Arm es will!" (Zeichnung: Klaus Böhle)
Was will die Karikatur aussagen?

Sachdarstellung

11.5.4.1 Verbandseinflüsse auf die wirtschaftliche Entwicklung

Interessenverbände sind freiwillige Vereinigungen von Personen, um die aus ähnlichen Lebensbedingungen der Mitglieder hervorgehenden Interessen zu vertreten und durchzusetzen. Das pluralistische Gesellschaftssystem der Bundesrepublik Deutschland ist durch sie geprägt.

Im Gegensatz zu den Parteien, denen nur etwa 3 % aller Wähler der Bundesrepublik Deutschland angehören, ist ein großer Teil der Bürger unseres Landes Mitglied bei Verbänden. Sie sind so zahlreich wie die Berufe, Tätigkeiten und Zweige unserer Wirtschaft. Rechtlich bilden sie einen Verein, dessen Gründung das Grundgesetz erlaubt (GG Art. 9).

Außer „Verband" nennen sich solche Organisationen auch oft Bund, Vereinigung oder Gesellschaft. Große Organisationen sind stark gegliedert und haben „Dach- und Spitzenverbände".

426

© Verlag Gehlen

Starke Verbände mit großem Einfluss auf die Wirtschaft sind:

Bundesvereinigung der Deutschen Arbeitgeberverbände (BDA)	757 Arbeitgeberverbände (57 Mitgliedsverbände, denen ihrerseits 700 Arbeitgeberverbände angehören)
Bundesverband der Deutschen Industrie (BDI)	34 Mitgliedsverbände (untergliedern sich in 124 Landesverbände bzw. -gruppen, 349 Fachbereiche, -vereinigungen bzw. -gemeinschaften, 33 korporativ angeschlossene Verbände).
Deutscher Industrie- und Handelstag (DIHT)	69 Hauptgeschäftsstellen (repräsentieren ca. 1 439 000 Unternehmer der gewerblichen Wirtschaft)
Deutscher Bauernverband (DBV)	296 Kreisverbände (zusammen rund eine Million Einzelmitglieder)
Deutscher Gewerkschaftsbund (DGB) (repräsentiert 16 Industriegewerkschaften)	11 800 000 Mitglieder
Deutsche Angestellten Gewerkschaft (DAG)	585 000 Mitglieder

Die Verbände versuchen ihre Interessen durch folgende Maßnahmen durchzusetzen:

● **Einflussnahme auf die Willensbildung in den Parteien**

So treten Verbandsmitglieder in die politischen Parteien ein, führen Gespräche mit Partei-funktionären. Jene drängen in höhrere Parteiämter.

● **Einflussnahme auf die Willensbildung in den Parlamenten**

– Verbandsfunktionäre besuchen oder schreiben Briefe an diese, um sie für ihre Interessen zu gewinnen. Man nennt diese Erscheinung „Lobbyismus" (von engl. lobby = Warte-zimmer, Wandelhalle, Vorraum). Hierzu unterhalten die Verbände besondere Büros in Bonn, wo über 1 400 Verbände registriert sind.

– Verbände unterstützen Abgeordnete, die ihre Interessen im Parlament vertreten, indem sie z. B. die öffentliche Meinung für sie einsetzen.

– Verbände versuchen ihre Mitglieder als Abgeordnete bestimmter Parteien in die Parla-mente zu bringen. So sind über die Hälfte der SPD-Abgeordneten des Deutschen Bundes-tages Gewerkschaftsfunktionäre.

– Verbandsvertreter versuchen insbesondere die Ausschüsse des Deutschen Bundestages zu beeinflussen, die – wie z. B. der Wirtschaftsausschuss, der Sozialausschuss usw. – bestimmte Bereiche für die Gesetzgebung vorbereiten. Der Landwirtschaftsausschuss und der Sozialpolitische Ausschuss sind beispielsweise fast bis zur Hälfte mit Interessen-vertretern, Funktionären des Bauernverbandes und der Gewerkschaften, besetzt.

● **Einflussnahme auf die Entscheidungen der Regierungen**

Verbandsfunktionäre unterhalten enge Kontakte zu den Ministerien und den Staatsverwal-tungen, um sowohl bei der Vorbereitung von Gesetzesvorschlägen als auch bei Verordnun-gen ihre Vorstellungen einzubringen und durchzusetzen.

- **Einflussnahme auf die öffentliche Meinung**

  Dies geschieht durch verbandseigene Zeitungen und Zeitschriften, Interviews, Anzeigen und Darstellungen in Tageszeitungen, Rundfunk- und Fernsehsendungen.

- **Einflussnahme auf die Wahlen**

  Begünstigung politisch gleichgesinnter Parteien durch Spenden, aktive Eingriffe in den Wahlkampf durch Zeitungsanzeigen, Aufrufe, Demonstrationen usw. Beeinflussung der Mitglieder eine bestimmte Partei zu wählen.

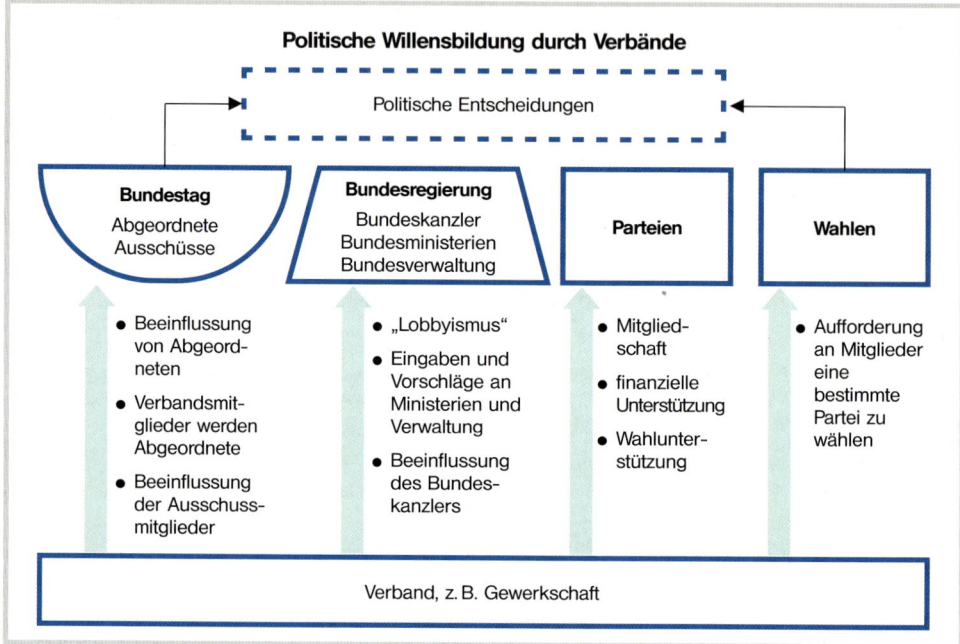

In einer pluralistischen Gesellschaft muss es Verbände geben. Würde man sie verbieten, wäre dies ein Verstoß gegen das Grundrecht der Vereinigungsfreiheit. Der Staat muss aber um des Interessenausgleichs willen dafür sorgen, dass die Verbände nicht ein „Staat im Staate" werden und Aufgaben an sich reißen, die nur den gewählten und damit vom Volk beauftragten Vertretern in Parlament und Regierung verfassungsmäßig zugewiesen sind.

Es gilt Mißständen und Auswüchsen zu begegnen, die Gefahrenpunkte für die parlamentarische Demokratie darstellen können. Hierzu wird in erster Linie die **Offenlegung des Verbandseinflusses** gefordert.

11.5.4.2 Einfluss der Medien auf die wirtschaftliche Entwicklung

▶ **Politische Willensbildung durch die „Öffentliche Meinung"**

Öffentliche Meinung sind die Überzeugungen der Menschen zu Problemen des Lebens, gebildet durch die **Massenmedien** Presse, Hörfunk, Film und Fernsehen sowie Diskussionen und Meinungsumfragen.

Das Recht auf öffentliche Meinungsbildung ist im Grundgesetz verankert. Dort heißt es:

GG Art. 5 (1): Jeder hat das Recht seine Meinung in Wort, Schrift und Bild frei zu äußern und zu verbreiten und sich aus allgemein zugänglichen Quellen ungehindert zu unterrichten. Die Pressefreiheit und die Freiheit der Berichterstattung durch Rundfunk und Film werden gewährleistet. Eine Zensur findet nicht statt.

▶ Arten der Massenmedien (Massenkommunikationsmittel)

Zu den Massenmedien zählen:

- die Presse: also Zeitungen, Zeitschriften (Printmedien);
- Hörfunk, Film und Fernsehen;
  Presse, Hörfunk und Fernsehen erhalten ihre Nachrichten von Nachrichtenagenturen, wie z. B. United Press International (UPI), Deutsche Presse-Agentur (dpa).
- Bücher und sonstige Druckschriften.

▶ Neue Technologien zur Informationsübermittlung

Der rasche technische Fortschritt des vergangenen Jahrzehnts führt zu einer ganzen Reihe neuer Medien, insbesondere im Bereich des Fernsehens. Beim **Kabelfernsehen** werden Fernsehprogramme durch Kabelnetze übermittelt. Hierdurch können nicht nur drei, sondern viele Programme empfangen werden. **Bildschirmtext** und **Videotext** sind weitere Neuerungen.

Der **Medienstaatsvertrag** vom 3. April 1987 regelt das Nebeneinander von öffentlich-rechtlichem und privatem Hörfunk und Fernsehen sowie die Ausstrahlung von Satellitenrundfunk. Hierdurch wird das Monopol der öffentlich-rechtlichen Medien verhindert.

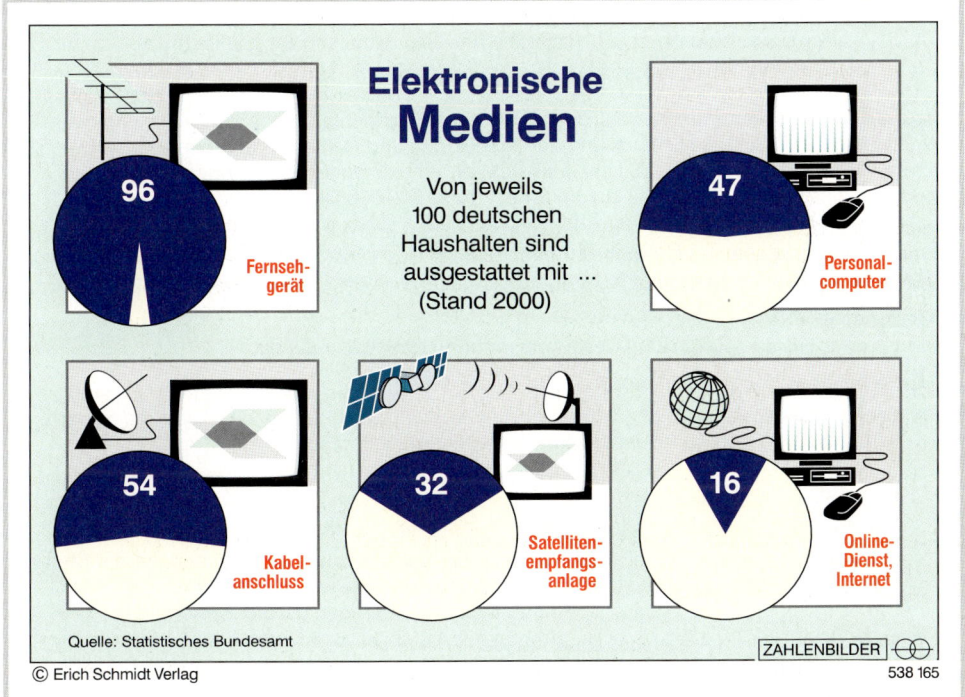

Elektronische Medien

Von jeweils 100 deutschen Haushalten sind ausgestattet mit … (Stand 2000)

96 Fernsehgerät
47 Personalcomputer
54 Kabelanschluss
32 Satellitenempfangsanlage
16 Online-Dienst, Internet

Quelle: Statistisches Bundesamt

ZAHLENBILDER

© Erich Schmidt Verlag

538 165

▶ Die politische Aufgabe der Massenmedien

Neben der Aufgabe die Menschen zu informieren und zu unterhalten haben die Massenmedien auch eine politische Aufgabe. In einer Demokratie besteht sie darin,

- das Volk über die politischen und staatlichen Vorgänge vollständig objektiv und verständlich zu *unterrichten* und damit Anteilnahme am politischen Geschehen zu wecken;
- bei der *öffentlichen Meinungsbildung* mitzuwirken;
- die Maßnahmen des Staates zu kritisieren, um sie zu verbessern und ein Höchstmaß an Erfolg zu erreichen. Oft spüren die Massenmedien Missstände auf, was zu parlamentarischen Anfragen und zur Einsetzung von Untersuchungsausschüssen führen kann.

Auf diese Weise kommt den Massenmedien eine wichtige *politische Kontrollaufgabe* zu.

Die öffentliche Meinung kann durch sämtliche Arten der Massenmedien beeinflusst werden. Wichtig ist, dass jeder Leser oder Hörer von Informationen und Meinungen erkennt, wer dahinter steht, welche Interessen vertreten und welche politischen Ziele damit verfolgt werden.

▶ Die Beeinflussung der wirtschaftlichen Entwicklung durch die Massenmedien

Die **wirtschaftliche Entwicklung** wird durch die Medien in folgenden Bereichen erheblich beeinflusst:

1. Einfluss auf das **Verbraucherverhalten** (Konsum) durch die **Werbung**, die sich insbesondere der Printmedien, des Fernsehens und des Rundfunks bedient (siehe auch Abschnitt 5.1.4 Die Werbung – Public Relations).

2. **Wirtschaftsnachrichten und Kommentare**, am stärksten in der Presse (Zeitungen und Zeitschriften), aber auch Fernsehmagazine und Rundfunksendungen beeinflussen die Entscheidungen aller Wirtschaftssubjekte wie Unternehmer, Verbraucher, Geldanleger usw.

Beispiele hierzu sollen dies verdeutlichen: Wirtschaftsnachrichten, auch politische Informationen, beeinflussen werktäglich die Entwicklung der Aktienkurse und Rentenwerte an der Börse. Durch die Golfkrise 1990 sackten z. B. die Aktienkurse weltweit um ein Drittel ihres Wertes ab. Ein Aktienvermögen von einer Million war über Nacht nur noch rund 600 000 DM wert.

Negative Nachrichten über bestimmte Wirtschaftsbereiche und einzelne Länder beeinflussen unternehmerische Entscheidungen. Wird z. B. bekannt, dass das Land XY seine Schulden nicht zurückzahlen kann, werden Unternehmer wohl überlegen, dorthin noch zu liefern oder zu investieren.

Zusammenfassung

- **Verbände** vertreten die Interessen ihrer Mitglieder.
- **Großverbände** sind z. B. der Deutsche Gewerkschaftsbund (DGB), der Deutsche Bauernverband (DBV) oder der Bundesverband der Deutschen Industrie (BDI).
- Verbände versuchen mit allen ihnen gebotenen Mitteln (von Geldzuwendungen bis zum Streik) Einfluss auf die Parteien, die Regierung und Verwaltung sowie das Parlament (Gesetzgebung) zu gewinnen. Oft sind wirtschaftliche Interessen die Zielsetzung.
- **Öffentliche Meinung:** Darunter versteht man die Ansichten und Überzeugungen der Menschen zu Problemen des Lebens, die sich durch die Massenmedien Presse, Rundfunk, Film, Fernsehen sowie Diskussionen und Meinungsumfragen (Demoskopie) bilden.
- **Meinungs- und Informationsfreiheit ist ein** *Grundrecht* unserer Verfassung. Information ist stets abhängig vom Grad der Freiheit in einem Staat. Diktaturen filtern oder sperren die Informationen durch Zensur.

- Information ist in einer Gesellschaft notwendig, denn sie vermittelt Kenntnisse und bereichert das eigene Wissen. Sie dient zur Überwindung von Vorurteilen und zur Korrektur unserer eigenen Meinung. Der Einzelne muss aber in der Lage sein *Manipulationen* zu erkennen, um aus der Vielzahl von Informationen die Grundlagen für sein eigenes Urteil zu gewinnen und seine Meinung zu vertreten.
- Durch die Medien wird die **wirtschaftliche Entwicklung** erheblich beeinflusst, insbesondere
  - das **Verbraucherverhalten** durch die Werbung
  - **Entscheidungen der Unternehmer, Verbraucher und Geldanleger** durch Informationen über Wirtschaft und Politik.

Aufgaben

1 Großverbände beeinflussen erheblich die wirtschaftliche Entwicklung, z.B. die Gewerkschaften für Lohnerhöhungen und Arbeitszeitverkürzungen, der Bauernverband für höhere Preise der Agrarprodukte usw.

a) Nennen Sie weitere Beispiele!

b) Warum ist solcher Verbandseinfluss erlaubt?

2 Durch welche Verbände wird Ihr persönliches Verbraucherverhalten oder das Ihrer Eltern am stärksten beeinflusst?

11.6 Überstaatliche Wirtschaftspolitik – Möglichkeiten und Grenzen

Problem

Die Auftragsbücher sind voll. Die Nachfrage aus dem Ausland ist lebhaft wie seit Jahren nicht mehr; und sie bringt die deutsche Wirtschaft in Schwung. Waren und Dienstleistungen im Wert von 564 Milliarden Mark wurden im ersten Halbjahr 2000 exportiert, das waren 17,4 Prozent mehr als im ersten Halbjahr 1999. Der Ausfuhrüberschuss aber blieb fast gleich, denn ebenso wie die Ausfuhren stiegen auch die Einfuhren: Aus dem Ausland kamen für 505 Milliarden Mark Waren nach Deutschland, 20,4 Prozent mehr als im Vorjahreszeitraum. Somit betrug der Außenhandelssaldo 59 Milliarden Mark (1. Halbjahr 1999: 60,6 Milliarden Mark). – Die meisten Exporte gingen in die europäischen Nachbarländer. In die EU der 15 gingen Exporte in Höhe von 327 Milliarden Mark oder 58 Prozent aller Exporte.

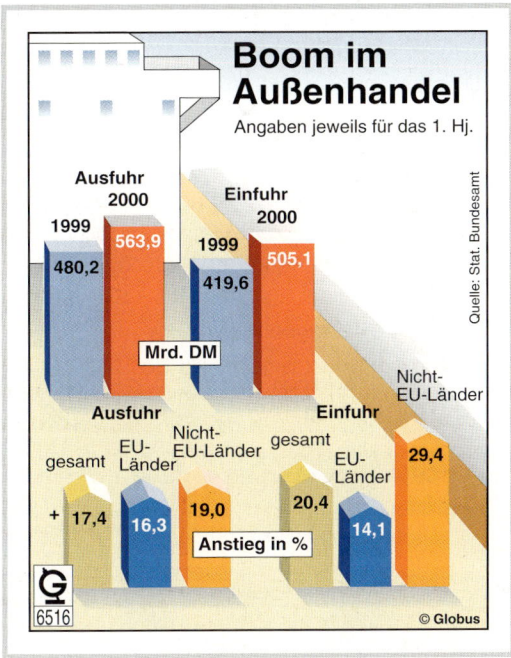

Boom im Außenhandel

Angaben jeweils für das 1. Hj.

Quelle: Stat. Bundesamt

Ausfuhr
1999: 480,2   2000: 563,9

Einfuhr
1999: 419,6   2000: 505,1

Mrd. DM

Ausfuhr
gesamt + 17,4   EU-Länder 16,3   Nicht-EU-Länder 19,0

Einfuhr
gesamt 20,4   EU-Länder 14,1   Nicht-EU-Länder 29,4

Anstieg in %

6516   © Globus

11.6.1 Arten der außenwirtschaftlichen Beziehungen

Die Bundesrepublik Deutschland gehört zu den am dichtesten besiedelten Staaten der Erde. Die deutsche Landwirtschaft kann trotz der gewaltigen Steigerung der Erträge je ha nur rund 80 % des heimischen Bedarfs an Nahrungsmitteln decken. Kaffee, Tee, Kakao, Apfelsinen, Tabak usw. müssen ohnehin von südlichen Ländern bezogen werden. Vor allem aber sind viele wichtige Rohmaterialien und Energiestoffe für die gewerbliche Produktion bei uns in geringen Mengen vorhanden oder sie fehlen ganz. Andererseits ist in Deutschland dank des fachlichen Könnens und des Fleißes der Arbeiter und Angestellten sowie der Umsicht und Tatkraft der Unternehmer eine außerordentlich leistungsfähige Industrie entstanden, die weit mehr Güter produziert, als der inländische Markt aufnehmen kann.

Die Bundesrepublik Deutschland ist somit in erheblichem Maße auf den Außenhandel angewiesen.

Die Wirtschaftsbeziehungen der Länder untereinander können wie folgt eingeteilt werden:

- **Warenverkehr (Außenhandel)**
  - Import (Einfuhr)
  - Export (Ausfuhr)

- **Dienstleistungsverkehr**
  - Transportleistung
  - Tourismus
  - Kapitalerträge, z. B. Zinsen, Dividenden
  - Lizenzgebühren

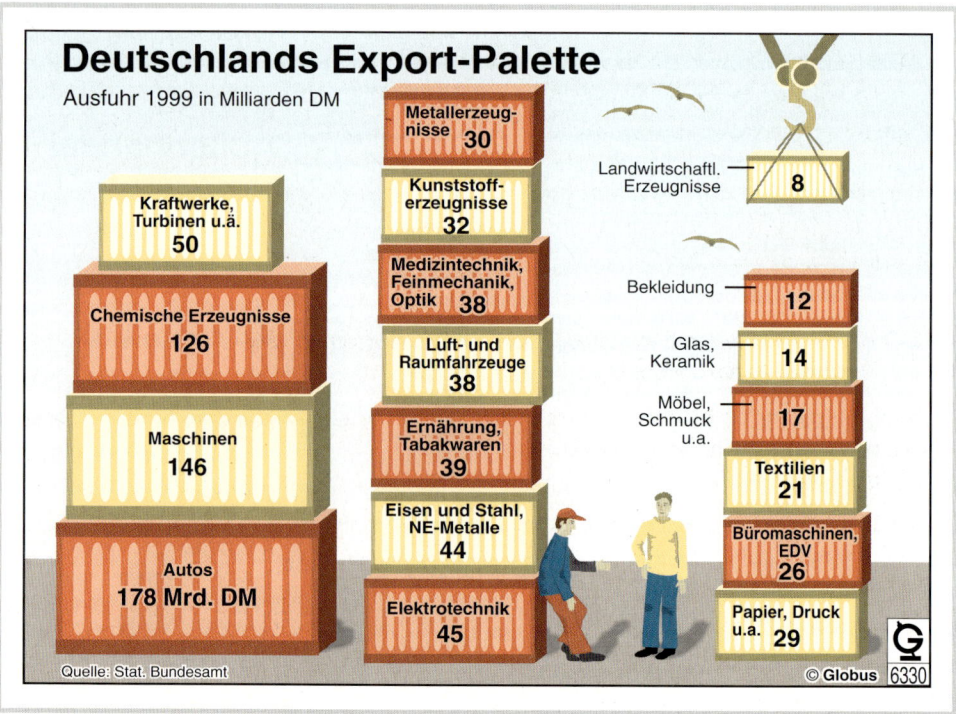

Deutschlands Export-Palette

Ausfuhr 1999 in Milliarden DM

Kraftwerke, Turbinen u.ä. **50**

Chemische Erzeugnisse **126**

Maschinen **146**

Autos **178 Mrd. DM**

Metallerzeugnisse **30**

Kunststofferzeugnisse **32**

Medizintechnik, Feinmechanik, Optik **38**

Luft- und Raumfahrzeuge **38**

Ernährung, Tabakwaren **39**

Eisen und Stahl, NE-Metalle **44**

Elektrotechnik **45**

Landwirtschaftl. Erzeugnisse **8**

Bekleidung **12**

Glas, Keramik **14**

Möbel, Schmuck u.a. **17**

Textilien **21**

Büromaschinen, EDV **26**

Papier, Druck u.a. **29**

Quelle: Stat. Bundesamt

© Globus 6330

- **unentgeltliche Leistungen**
  - Geldzahlungen von Gastarbeitern an ihre Angehörigen im Ausland, Leistungen für die Entwicklungshilfe
  - Wiedergutmachungsleistungen, z. B. unseres Landes an Israel (insgesamt über 105 Mrd. DM bis 1998), Zahlungen an die USA, England und Frankreich im Golf-Krieg 1991.
- **Kapitalverkehr**, z. B.
  - Gewährung und Inanspruchnahme von Krediten
  - An- und Verkauf von Wertpapieren
- **Gold- und Devisenverkehr** zwischen den Zentralbanken bzw. den Währungsbehörden.

In der Zahlungsbilanz eines Landes werden die Summen dieser Transaktionen verzeichnet (siehe S. 386 f.).

Ein Land, das z. B. keine Ausfuhrmöglichkeiten hat, verfügt auch über keine Zahlungsmittel (Devisen), um die notwendigen Einfuhren bezahlen zu können. Daher beeinträchtigt eine ganze Reihe von Handelshemmnissen den internationalen Freihandel.

11.6.2 Hemmnisse für den internationalen Güteraustausch

Ursachen für die Behinderung des internationalen Warenhandels sind:
- Schutz der eigenen Wirtschaft vor der ausländischen Konkurrenz, insbesondere in Ländern, deren Industrie sich im Aufbaustadium befindet, z. B. in Entwicklungsländern. Dies nennt man *Protektionismus*.
- Verhinderung zu starker wirtschaftlicher Abhängigkeit vom Ausland, was bei politischen Auseinandersetzungen von entscheidender Bedeutung sein kann, z. B. Ölkrise 1973/74 und 1979/80/81 und 1999/2000, Golfkrise 1990/91.
- Furcht vor Wirtschaftskrisen infolge zu starker internationaler wirtschaftlicher Verflechtungen. So weitete sich z. B. die Weltwirtschaftskrise 1929 bis 1933, ausgehend von den USA, sofort auf alle miteinander verbundenen Handelspartner aus, am stärksten auf Deutschland.
- Politisch verursachte Maßnahmen, wie z. B. Verhinderung des Exports in ein missliebiges Land, um dieses wirtschaftlich zu schädigen.

11.6.3 Handels- und zollpolitische Maßnahmen des Außenwirtschaftsverkehrs

Hierunter werden allen Maßnahmen verstanden, um den Außenhandel eines Staates zu beeinflussen und zu gestalten. Diese können sein:
- **marktkonform:** ohne Verletzung marktwirtschaftlicher Grundsätze;
- **marktkonträr:** dirigistische Maßnahmen des Staates, also Gebote und Verbote für den Außenhandel und die Banken;
- **autonom:** ohne Rücksicht auf ausländische Volkswirtschaften;
- **vertraglich:** Vereinbarungen zwischen den beteiligten Handelsstaaten.

Die meisten außenhandelspolitischen Maßnahmen dienen der **Exportförderung** und der Erhaltung des **außenwirtschaftlichen** Gleichgewichts.

11.6.3.1   Mittel der Außenwirtschaftspolitik

Die Mittel der Außenwirtschaftspolitik lassen sich wie folgt einteilen:

- **Preispolitische Maßnahmen,** z. B.
  - Zölle
  - Ausfuhrgarantien
  - Steuerbegünstigungen
  - Subventionen
  - Krediterleichterungen
  - Staatliche Stützungskäufe oder Verkäufe
  - Festsetzung von Ein- und Ausfuhrquoten

- **mengenpolitische Maßnahmen,** z. B.
  - Außenhandelskontingente
  - Außenhandelsgenehmigungen
  - Festsetzung der Ein- und Ausfuhrmengen
  - Produktionsvorschriften, z. B. Zusatzmengen von Zellwolle zu Schafwolle, von Alkohol zu Benzin

- **währungspolitische Maßnahmen,** z. B.
  - Wechselkurspolitik
  - Devisenbewirtschaftung

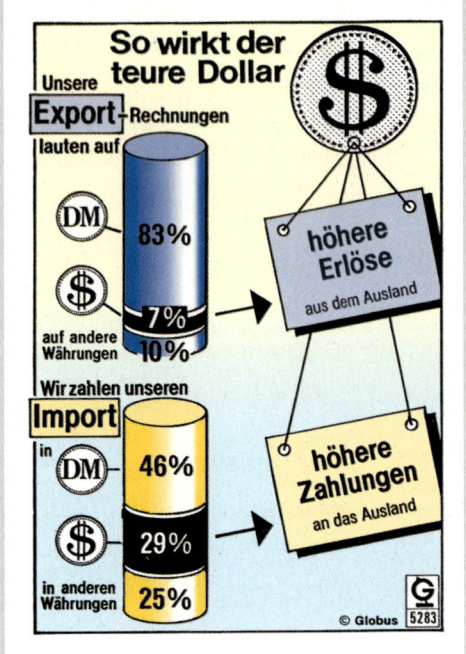

11.6.3.2   Handelsverträge (internationale Handelsabkommen)

Dies sind für lange Zeiträume geltende Verträge zur Regelung von Wirtschaftsbeziehungen. *Bilaterale Handelsverträge* werden zwischen zwei Staaten abgeschlossen, bei *multilateralen Handelsverträgen* sind mehrere Staaten an dem Vertragswerk beteiligt.

Wesentlicher Bestandteil solcher Handelsverträge ist in der Regel die **Meistbegünstigungsklausel**. Sie verpflichtet die Vertragspartner sich gegenseitig alle Handelsvorteile zu gewähren, die *gleichzeitig oder später* auch einem anderen Handelspartner eingeräumt werden. Zweiseitige Handelsvorteile müssen also automatisch für alle anderen Länder gelten.

Vereinbart z. B. die Bundesrepublik Deutschland mit Japan eine bestimmte Zollermäßigung für bestimmte Güter, so zwingt die Meistbegünstigungsklausel die Bundesrepublik Deutschland diesen Zollsatz auch an Indien zu gewähren. Dies gilt umgekehrt aber auch für Japan, sodass weltweit günstige internationale Austauschbedingungen die Folge sein müssen. Durch diese Verallgemeinerung der Handelsbedingungen wird der internationale Wettbewerb verbessert.

11.6.3.3   Ein- und Ausfuhrverbote

Dies sind die strengsten Mittel zur Unterbindung des internationalen Güteraustausches. Sie können für einzelne oder für alle Güter angeordnet werden. Man spricht von **Sanktionen**, wenn solche Zwangsmaßnahmen gegen ein Land oder eine Gruppe von Ländern gerichtet sind.

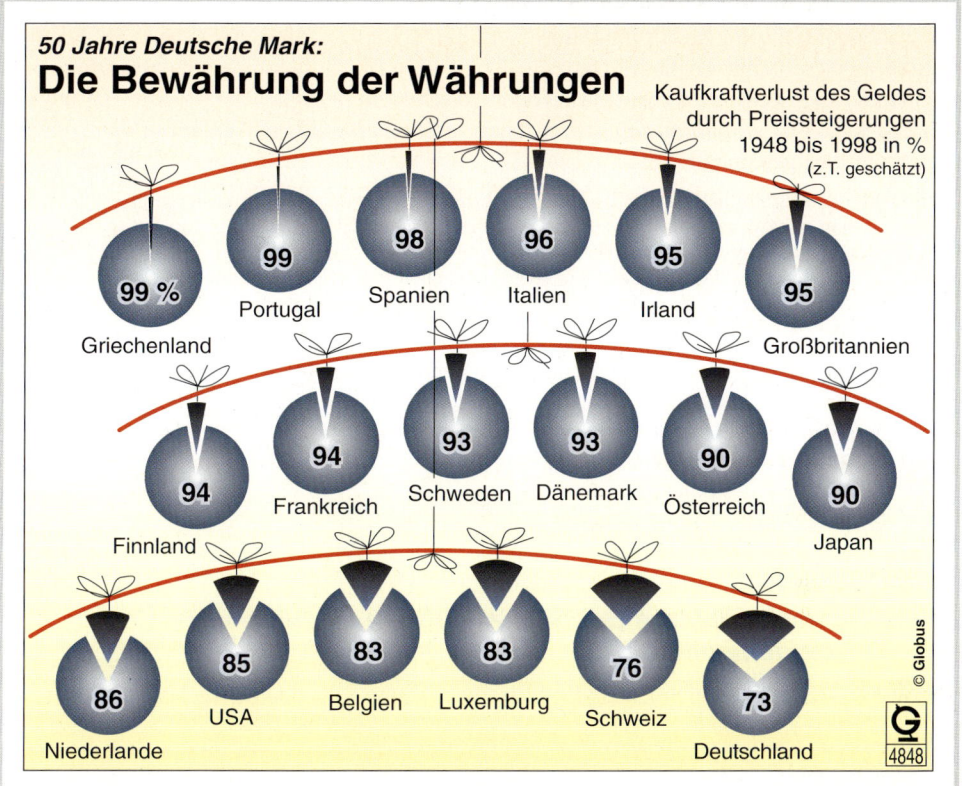

50 Jahre Deutsche Mark:
Die Bewährung der Währungen

Kaufkraftverlust des Geldes
durch Preissteigerungen
1948 bis 1998 in %
(z.T. geschätzt)

99 % — Griechenland
99 — Portugal
98 — Spanien
96 — Italien
95 — Irland
95 — Großbritannien
94 — Finnland
94 — Frankreich
93 — Schweden
93 — Dänemark
90 — Österreich
90 — Japan
86 — Niederlande
85 — USA
83 — Belgien
83 — Luxemburg
76 — Schweiz
73 — Deutschland

© Globus
4848

- **Einfuhrverbote,** z. B. aus wettbewerbspolitischen Gründen, wenn durch den Import den inländischen Erzeugern ernsthafter Schaden zugefügt wird. Von **Dumping** spricht man, wenn Güter zu Exportpreisen verkauft werden, die unter den tatsächlichen volkswirtschaftlichen Kosten liegen und auf diese Weise rücksichtslos ein Absatzmarkt erobert werden soll. Einfuhr kann verboten werden zum Schutz des Lebens und der Gesundheit von Menschen und Tieren, z. B. zur Verhinderung des Einschleppens von pflanzlichen oder tierischen Schädlingen oder von Seuchen durch die Einfuhr nicht einwandfreier Lebensmittel.

- **Ausfuhrverbote,** z. B. die Unterbindung der Ausfuhr von Waffen, Munition und Kriegsmaterial, um die Sicherheit des eigenen Landes nicht zu gefährden. Ein solches **Embargo** hat stets politische Ursachen, z. B. das Embargo gegen den Irak in der Golf-Krise 1990/91.

11.6.3.4 Devisenbewirtschaftung

Bei der *Devisenzwangswirtschaft* müssen Exporteure erhaltene Auslandszahlungen sofort gegen Inlandswährung umtauschen, also z. B. US-Dollar in EUR. Importeure unterliegen der Devisenkontingentierung, d. h. sie erhalten Devisen nur für staatlich genehmigte Einfuhren zugeteilt.

Nicht *marktkonträr* wie die devisenzwangswirtschaftlichen Maßnahmen sind die *marktkonformen* währungspolitischen Mittel eines Staates, insbesondere zur Steuerung des *Wechselkurses*, also des Preises für ausländische Währungen.

Die volkswirtschaftlichen Auswirkungen der Devisenbewirtschaftung hängen davon ab, ob eine volle oder nur teilweise Bewirtschaftung eingeführt worden ist. Meist wird zuerst der **Kapitalverkehr** eingeschränkt. Kapitalfluchtbewegungen entstehen gerne, wenn eine Abwertung oder wenn Preissteigerungen zu erwarten sind oder Unsicherheit bezüglich der politischen Entwicklung besteht. Die *Kapitalausfuhr* kann dann beschränkt werden. Ähnliches kann mit der *Kapitaleinfuhr* geschehen.

Wenn z. B. in unserem Land eine Aufwertung der Währung zu erwarten ist, d. h. für den Ausländer eine Wertsteigerung zu erwarten ist, wenn er Geld in die Bundesrepublik Deutschland transferiert, so können große Geldmengen in unser Land aus dem Ausland einströmen. Die Folge ist eine erhebliche Liquiditätszunahme, die wiederum das Preisniveau anhebt (siehe auch importierte Inflation auf S. 382). Ist diese Gefahr tatsächlich vorhanden, wird man durch Kapitaleinfuhrbeschränkungen dem Kapitalstrom entgegenwirken.

Reichen diese Maßnahmen für den Kapitalverkehr noch nicht aus, um die Zahlungsbilanzsituation zu verbessern, müssen Beschränkungen im *Dienstleistungsverkehr*, z. B. im Reiseverkehr sowie im Handelsverkehr erwogen werden. Pro Person und Jahr stehen dann nur eine bestimmte Menge an Reise- bzw. Importdevisen zur Verfügung.

Niedrigere Zahlungen für Reisen und Importe verringern dann den Abfluss von Gold und Devisen.

11.6.4 *Hauptprobleme der gegenwärtigen internationalen Handelspolitik*

Die wichtigsten Probleme ergeben sich hauptsächlich auf folgenden Ursachen:

► **Interessengegensatz zwischen den reichen Industrieländern und den armen Entwicklungsländern**

Das Welt-Bruttonationaleinkommen ist außerordentlich ungleichmäßig verteilt. In den westlichen Industrieländern wohnen 843 Millionen Menschen; das sind 16 % der Weltbevölkerung von rund 5,2 Milliarden Menschen. Aber sie haben weit über die Hälfte – 57 % – des Welt-Einkommens zur ihrer Verfügung. Die fast vier Milliarden Menschen in den Entwicklungsländern – 76 % der Weltbevölkerung – müssen mit 30 % des Welt-Einkommens vorlieb nehmen. Freilich, die Reichen der Welt verzehren nicht nur den größten Teil des Welt-Einkommens, sie produzieren es auch. Sie verfügen über technisches Können, Ausbildung, funktionierende Verwaltung, über Produktionseinrichtungen und Infrastrukturen, die die menschliche Arbeit weit überdurchschnittlich ergiebig machen. Ihr Reichtum ist also ein Reichtum des Könnens und des Fleißes, nicht des Besitzes. Dennoch liegt in der Kluft zwischen Arm und Reich Sprengstoff. Denn Armut ist ein Nährboden für Konflikte, die auch den Weltfrieden bedrohen können.

► **Interessenkonflikt zwischen den verschiedenen Gesellschafts- und Wirtschaftssystemen der westlichen kapitalistischen Länder und der östlichen kommunistisch-sozialistischen Länder**[1]

Die Wirtschaftsordnung der kommunistischen Staaten war bis 1985 ausnahmslos die *Zentralverwaltungswirtschaft*. Der Staat verfügt über ein Außenhandelsmonopol und legt gemäß Wirtschaftsplan Export und Import mengen- und preismäßig fest. Sozialistische Länder importieren

[1] Wesentlich entschärft durch die demokratische Entwicklung dieser Staaten seit 1989, insbesondere ausgelöst durch die Revolution in der ehemaligen DDR am 9. November 1989.

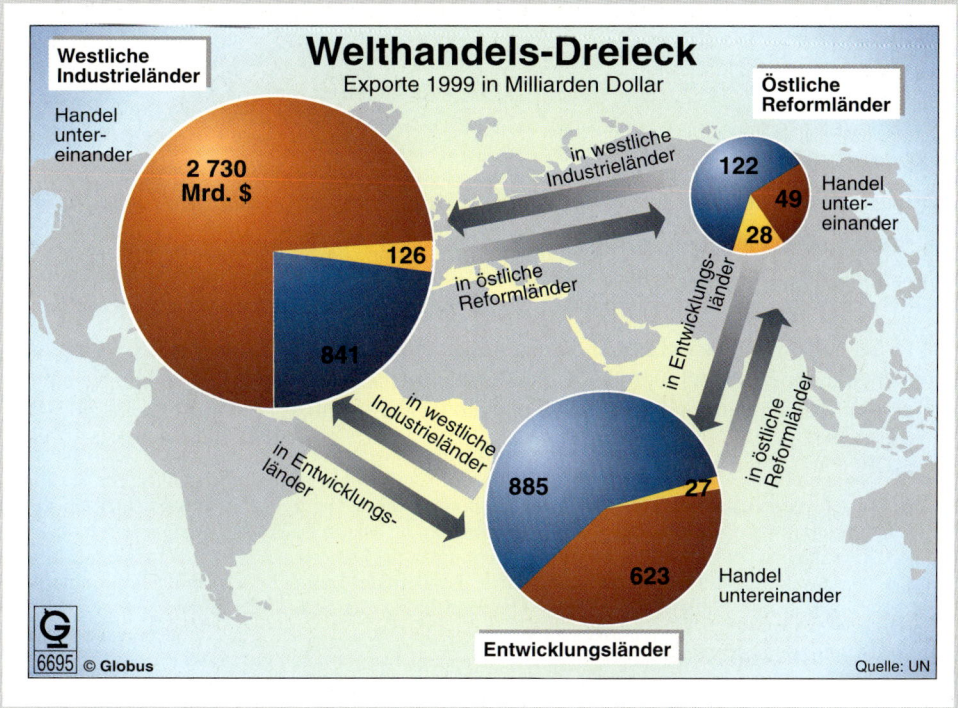

Welthandels-Dreieck
Exporte 1999 in Milliarden Dollar

Westliche Industrieländer

Handel untereinander

2 730 Mrd. $

126 in westliche Industrieländer

841

in östliche Reformländer

in westliche Industrieländer

in Entwicklungs- länder

Östliche Reformländer

122
49
28

Handel untereinander

in Entwicklungs- länder

in östliche Reformländer

885
27
623

Handel untereinander

Entwicklungsländer

6695 © Globus

Quelle: UN

in der Regel nur Güter, die für ihre eigene Produktion notwendig sind, und planen Exporte nur unter dem Gesichtspunkt Devisen für die Zahlung der Importe zu erhalten. Kostenvorteile im Sinne der internationalen Arbeitsteilung nehmen sie nicht wahr, da das Gewinnstreben des privaten Unternehmers fehlt.

▶ **Bestreben nach wirtschaftlicher Integration**

Dazu gehören die Verschmelzung einzelner Volkswirtschaften zu einem einheitlichen Wirtschaftsgebiet, wie z. B. der Europäischen Union (EU).

Die wirtschaftliche Übermacht eines derartigen Großwirtschaftsraums kann gegenüber Drittländern eine Handelspolitik zur Folge haben, die den internationalen Wettbewerb verzerrt und dadurch das Wachstum des gesamten Welthandels hemmt. Die handelspolitischen Auseinandersetzungen zwischen der Europäischen Union und den USA innerhalb des GATT (siehe S. 441 f.) haben hierin ihre Ursache.

▶ **Übergewicht und Überlegenheit wirtschaftlich starker Länder**

Ein wirtschaftlich starkes Land wird stets versuchen seine wirtschaftliche Machtstellung zu seinem Vorteil zu nutzen. Dies führt letztlich zu Wettbewerbsverzerrungen und Handelshemmnissen. Die zunehmende Stärke der Europäischen Union wird, so gesehen, einen positiven Machtausgleich zur Folge haben.

11.6.5 Überstaatliche Zusammenschlüsse und Konferenzen

11.6.5.1 Die Europäische Union (EU) und die Organisation für wirtschaftliche Zusammenarbeit und Entwicklung (OECD)

▪ Übersicht

Die wichtigsten wirtschaftlichen Zusammenschlüsse des Westens sind die *Europäische Union (EU)* und die *Organisation für wirtschaftliche Zusammenarbeit und Entwicklung (OECD)*.

In der **Europäischen Union** sind die Verträge über die Europäische Wirtschaftsgemeinschaft (EWG), die Europäische Atomgemeinschaft (EAG oder EURATOM) und die Montanunion (EGKS = Europäische Gemeinschaft für Kohle und Stahl) miteinander verschmolzen.

Die **Organisation für wirtschaftliche Zusammenarbeit und Entwicklung (OECD)** umfasste bei ihrer Gründung 1961 18 europäische Länder und hat darüber hinaus die USA und Kanada als Mitglieder. Später traten bei: Japan 1964, Finnland 1969, Australien 1971 und Neuseeland 1973.

Vier große Wirtschaftsräume sind auf den Weltmärkten tonangebend: Asean, EU, Nafta und Mercosur. Nach Köpfen gezählt ist Asean der größte Wirtschaftsraum der Welt: Der Zusammenschluss von zehn asiatischen Staaten bringt es auf eine Zahl von 495 Millionen Verbrauchern. Gemessen an seiner jährlichen Wirtschaftsleistung von 748 Milliarden Dollar nimmt sich die asiatische Zehnergemeinschaft jedoch gegenüber der Nafta und der EU wie ein Zwerg aus. So bringt es der Dreierbund Nafta auf eine Wirtschaftsleistung von 8 727 Milliarden Dollar, und hinter den 15 Ländern der Europäischen Union steckt eine Wirtschaftskraft von 8 584 Milliarden Dollar. – Die Bedeutung der jeweiligen Bündnispartner für den Außenhandel ist recht unterschiedlich. Am wichtigsten ist die Gemeinschaft für die Länder der EU, wickeln sie doch über 60 Prozent des Außenhandels untereinander ab. Die Nafta kommt auf 49 Prozent, bei Mercosur und Asean beträgt der Anteil des Handels untereinander erst 24 Prozent.

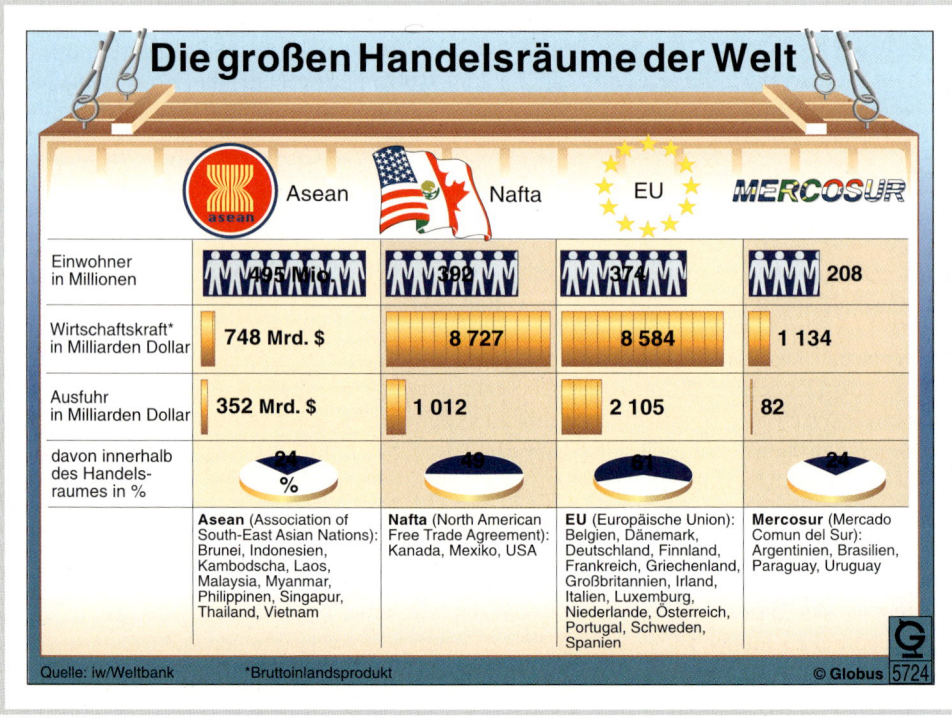

Die großen Handelsräume der Welt

	Asean	Nafta	EU	MERCOSUR
Einwohner in Millionen	495 Mio.	390	372	208
Wirtschaftskraft* in Milliarden Dollar	748 Mrd. $	8 727	8 584	1 134
Ausfuhr in Milliarden Dollar	352 Mrd. $	1 012	2 105	82
davon innerhalb des Handelsraumes in %	24 %	49	61	24

Asean (Association of South-East Asian Nations): Brunei, Indonesien, Kambodscha, Laos, Malaysia, Myanmar, Philippinen, Singapur, Thailand, Vietnam

Nafta (North American Free Trade Agreement): Kanada, Mexiko, USA

EU (Europäische Union): Belgien, Dänemark, Deutschland, Finnland, Frankreich, Griechenland, Großbritannien, Irland, Italien, Luxemburg, Niederlande, Österreich, Portugal, Schweden, Spanien

Mercosur (Mercado Comun del Sur): Argentinien, Brasilien, Paraguay, Uruguay

Quelle: iw/Weltbank   *Bruttoinlandsprodukt   © Globus 5724

Hauptaufgabe der OECD (engl.: Organization for Economic Cooperation and Development) ist, zur bestmöglichen Wirtschaftsentwicklung ihrer Mitgliedsstaaten beizutragen, insbesondere für Beschäftigung, höheren Lebensstandard und Stabilität des Geldwerts.

Die **Integration der Europäischen Union** ist weit fortgeschritten.

Es wurde erreicht:

- **Allgemeiner gemeinsamer Markt für alle Wirtschaftszweige** durch schrittweise Abschaffung der Zölle und der mengenmäßigen Beschränkung zwischen den Mitgliedstaaten.
- **Gemeinsamer Zolltarif gegenüber Drittländern.**
- **Wirtschaftlicher Großraum, in dem die gleichen Wettbewerbsbedingungen gelten (EU-Binnenmarkt).**

  Hierzu gehören insbesondere:
  1. Freizügigkeit der Arbeitnehmer;
  2. Niederlassungsfreiheit der Unternehmer;
  3. freier Dienstleistungsverkehr;
  4. freizügiger Kapitalverkehr (keine Devisenbeschränkung).

- **Währungsunion** mit dem **Euro** als Währung für 12 Euroländer seit dem 1. Januar 2001 (ohne Dänemark, Großbritannien und Schweden). Die Geldpolitik wird durch die **Europäische Zentralbank (EZB)** in Frankfurt am Main bestimmt (siehe S. 416 ff.).
- **Gemeinsame Regelungen (Harmonisierung) für:**
  1. den wirtschaftlichen Wettbewerb;
  2. die Steuersysteme;
  3. die Rechtsvorschriften;
  4. die Wirtschaftspolitik, also die Konjunktur-, Handels-, Verkehrs- und Sozialversicherung, Umsiedlung u. a.).

- **Assoziierung der überseeischen Länder und Hoheitsgebiete.**

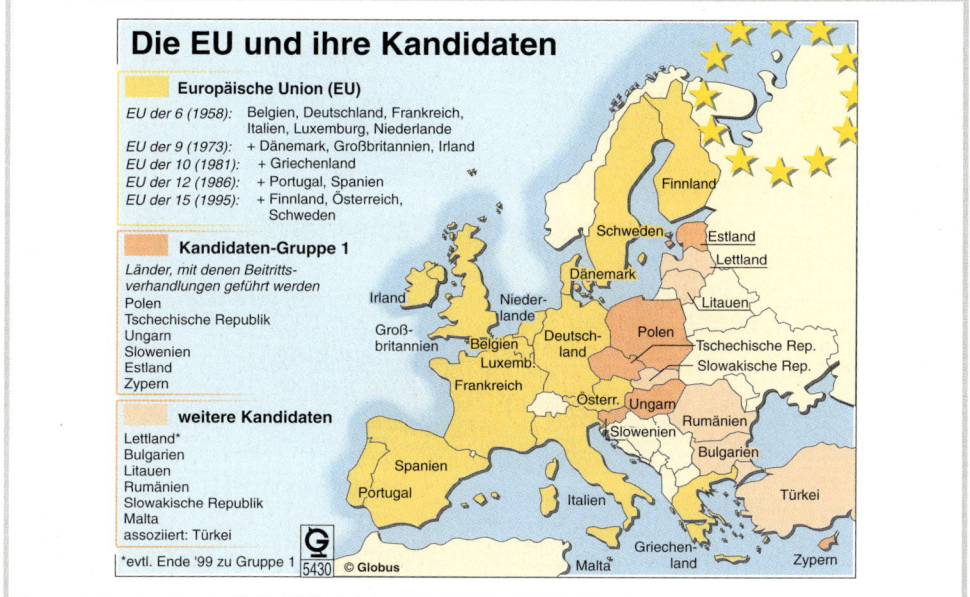

- Noch nicht integriert sind: Außen- und Sozialpolitik, teilweise die Wirtschaftspolitik, die Bildungspolitik und die Verkehrspolitik.

Nicht nur der Handel innerhalb der Gemeinschaftsländer, sondern auch der Handel mit Drittländern hat durch die EU einen starken Aufschwung, mehr als eine Verdoppelung, erhalten.

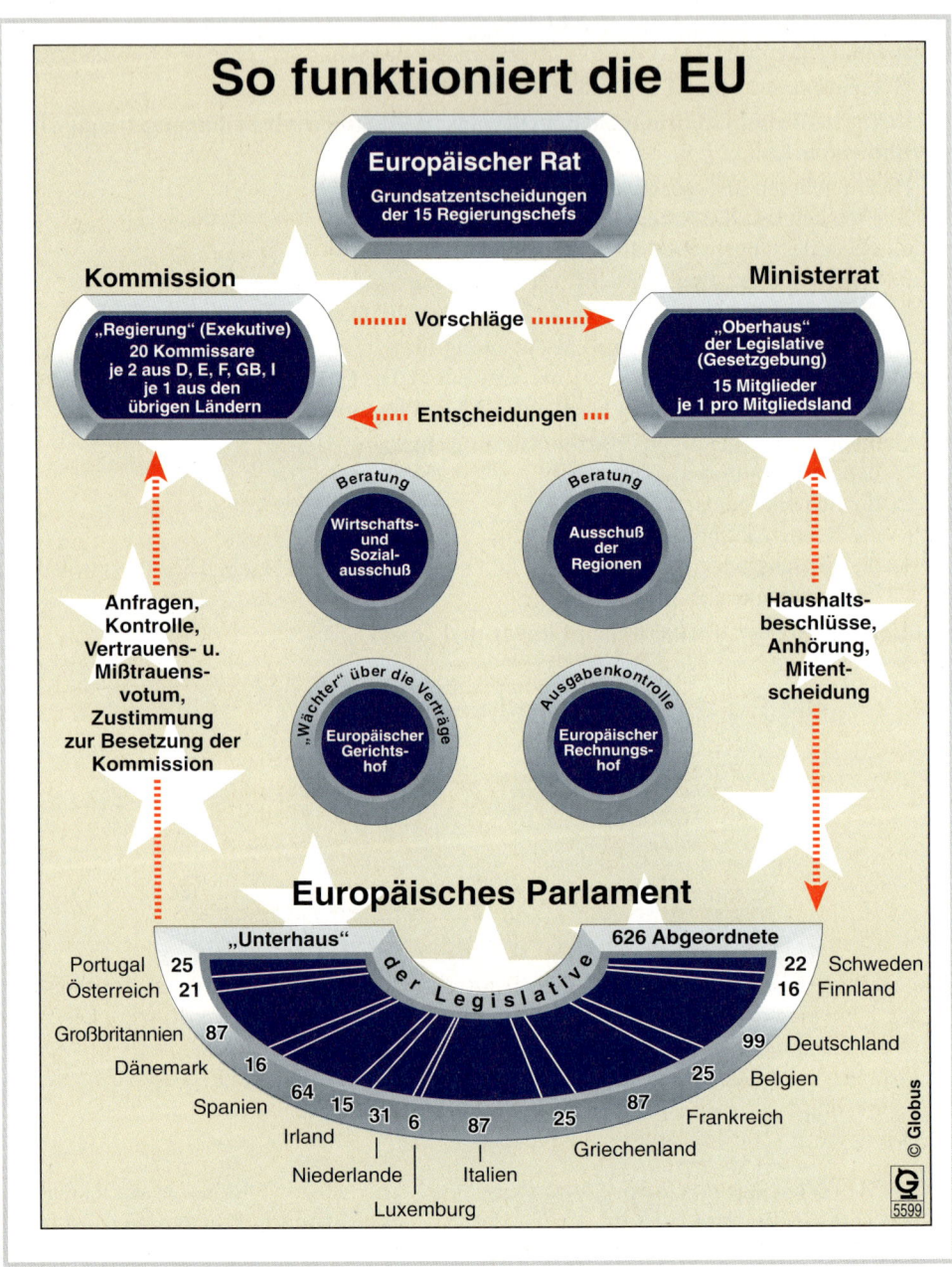

© Verlag Gehlen

11.6.5.2 General Agreement on Tariffs and Trade (GATT) – Welthandelsorganisation (WTO)

Dieses *„Allgemeine Zoll- und Handelsabkommen"* ist ein multilateraler Handelsvertrag zwischen heute 125 Staaten der Erde, der im Jahre 1947 geschlossen worden ist. Die meisten Entwicklungsländer gehören der GATT nicht an.

Grundsätze und Zielsetzungen der GATT sind:

- Abbau der *Zölle* und anderer Handelshemmnisse.

- Alle Mitglieder gewähren sich gegenseitig die *Meistbegünstigungsklausel* (siehe S. 434). Das ist das Hauptanliegen des Abkommens. Jeder Handelsvorteil, den ein GATT-Partner einem anderen gewährt, steht allen zu.

- Die Produktion eines Landes soll nicht durch Kontingentierung und andere handelshemmende Maßnahmen, sondern durch Zölle geschützt werden.

- *Importbeschränkungen* eines Landes sollen nur nach gemeinsamer Beratung getroffen werden.

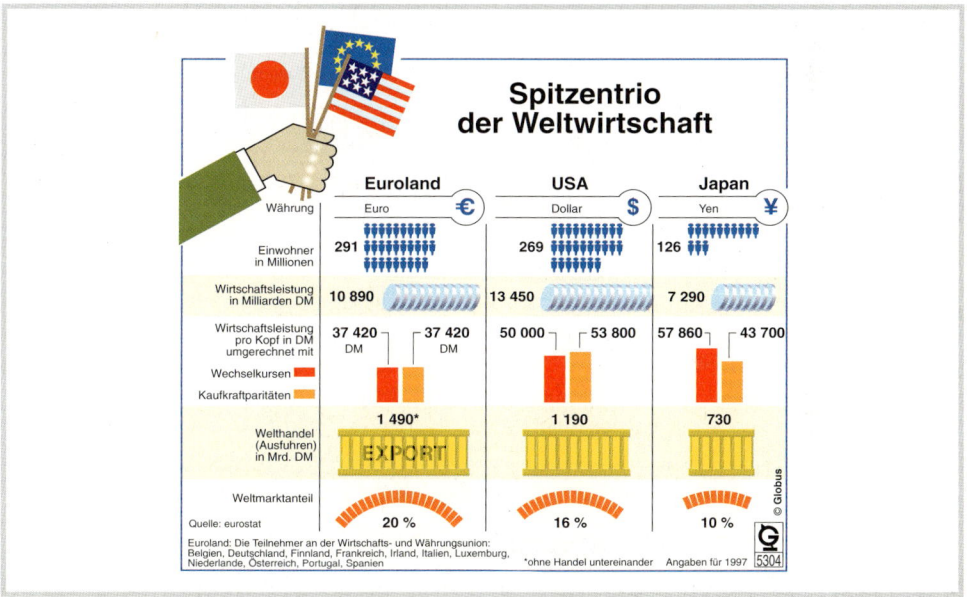

Die **Welthandelsorganisation – World Trade Organization (WTO)** ist das Ergebnis der sieben Jahre lang dauernden Verhandlungen der Mitgliedstaaten (Uruguay-Runde). Die WTO soll die Einhaltung der Handelsregeln viel strenger als bisher überwachen, Sanktionen (Zwangsmaßnahmen) ergreifen können und Schlichtungsinstanz für Rechtsstreitigkeiten sein. Sie erhält damit den gleichen Rang wie die *Weltbank* für monetäre Probleme und der *Internationale Währungsfonds (IWF)* für finanzielle Fragen.

Das WTO besteht aus *drei Teilorganisationen:* Der bisherigen **GATT,** die für den Warenhandel zuständig bleibt, der **GATS** für den Handel mit Dienstleistungen (Banken, Versicherungen usw.) und dem **TRIPS** für den Schutz geistiger Eigentumsrechte.

11.6.5.3 Internationaler Währungsfond (IWF)

Der Internationale Währungsfond (engl.: International Monetary Fund) ist eine im Jahr 1944 gegründete **Sonderorganisation der Vereinten Nationen (UNO)** in Washington (USA). Seine Aufgabe ist, zusammen mit der **Weltbank** für *stabile Wechselkurse* zu sorgen. Er vergibt kurzfristige Kredite an Mitgliedsstaaten, die in Zahlungsschwierigkeiten geraten sind und von den Banken keine Kredite mehr erhalten. Empfänger sind in erster Linie Entwicklungsländer. Konflikte entstehen durch die Vorschriften des IWF für die Wirtschaftspolitik der Empfängerländer. Andererseits muß ein wirkungsvoller Einsatz der Kredite gewährleistet sein.

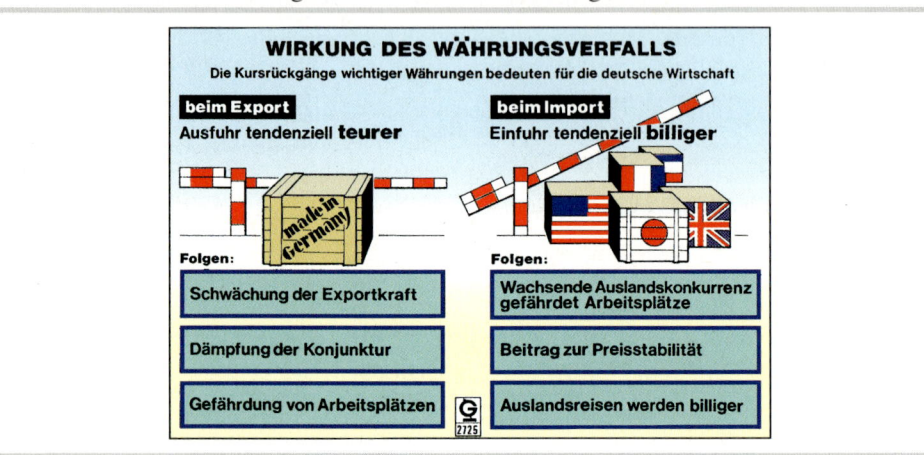

Die Verschuldung der Dritten Welt wächst weiter. Bis Ende 1995 werden nach Berechnungen des Internationalen Währungsfonds die Schulden weiter auf 1 749 Milliarden Dollar wachsen. Dass sich die Situation der Dritten Welt trotz der gestiegenen Verschuldung etwas verbessert hat, zeigt sich, wenn man die Schulden in Beziehung zur Wirtschaftsleistung setzt: Machte die Schuldenlast der Dritten Welt 1986 noch 40 Prozent ihrer jährlichen Wirtschaftsleistung (Bruttoinlandsprodukt) aus, so werden es Ende 1995 „nur" noch 31 Prozent sein. Allerdings gibt es große Unterschiede zwischen den einzelnen Ländergruppen: Während die Schuldenlast in den asiatischen Entwicklungsländern 25 Prozent der Wirtschaftsleistung erreicht, beträgt der Wert für Afrika über 60 Prozent.

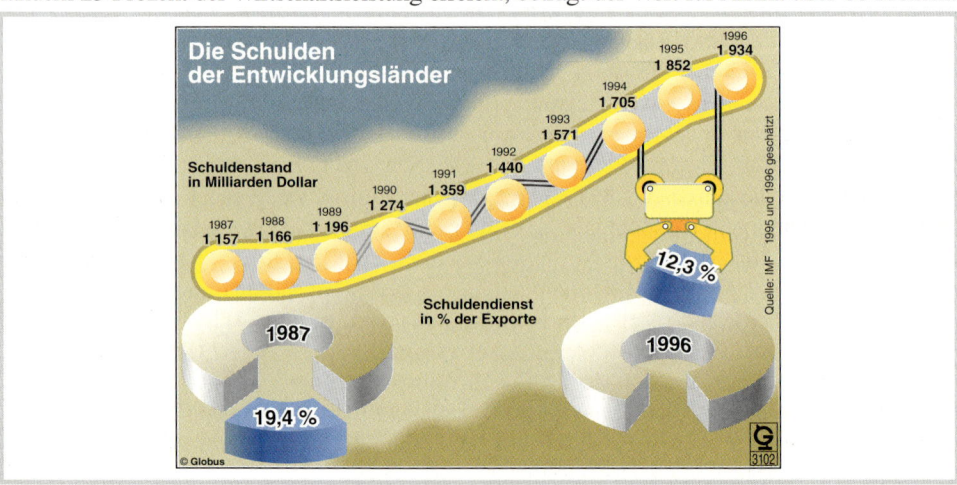

11.6.5.4   *Organisation Erdöl exportierender Länder (OPEC)*

Die OPEC (engl.: Organization of Petroleum Exporting Countries) ist ein 1960 gegründetes Kartell von 13 Erdöl exportierenden Ländern zur Abstimmung ihrer Preise und Fördermengen für Erdöl. Der Anteil der OPEC an der weltweiten Erdölförderung betrug 1990 35,8 %. Die Entwicklung des Ölpreises zeigt die nachstehende Abbildung.

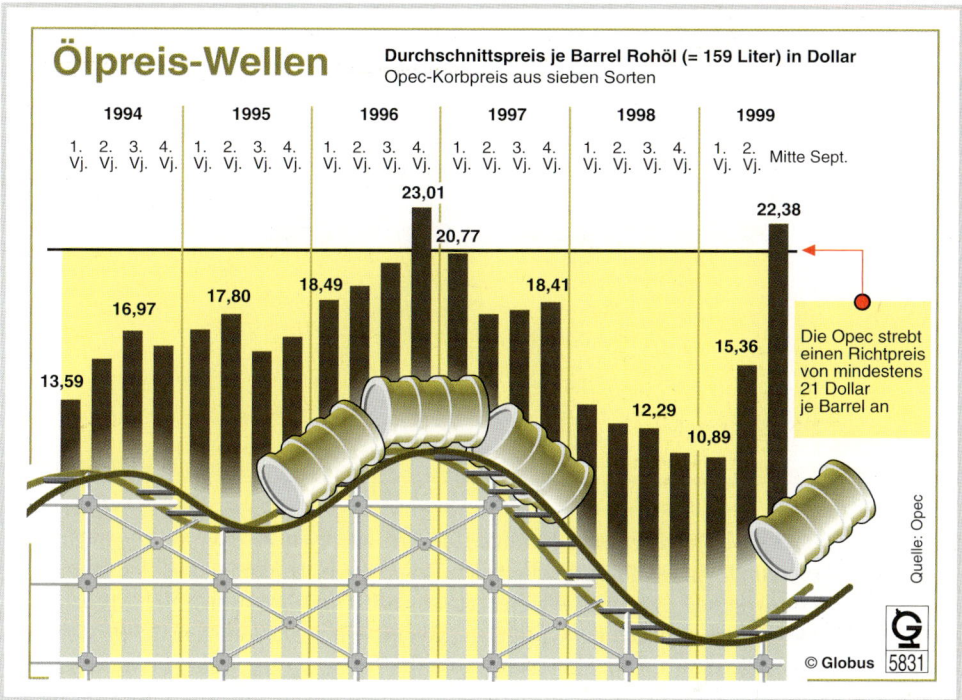

Stand am 1. September 2000: 32,90 USD, am 1. Februar 2001 27 USD

In den 70er-Jahren hatte die OPEC den Ölmarkt fest im Griff. Es gelang ihr, den Preis für das Fass Rohöl (= 159 Liter) von 3,40 Dollar im Jahr 1973 auf 34,50 Dollar im Jahr 1981 hinaufzuschrauben. Eine weltweite Rezession mit Inflation und Massenarbeitslosigkeit war die Folge. Dann aber änderte sich die Lage auf den Ölmärkten grundlegend. Die Nachfrage sank, weil die Verbraucher Öl sparten. Neue Anbieter kamen hinzu, andere weiteten ihre Produktion aus, und die OPEC-Staaten gerieten untereinander immer heftiger in Streit, weil vereinbarte Förderquoten und Richtpreise nicht von allen Mitgliedern eingehalten wurden. Die ehemaligen Kriegsgegner Iran und Irak förderten und verkauften, so viel sie konnten, weil sie dringend Geld für die Beseitigung der Kriegsschäden brauchten. Der Ölpreis geriet ins Rutschen. 1988 kostete das Fass Rohöl im weltweiten Durchschnitt weniger als 15,00 Dollar. Nach dem irakischen Überfall auf Kuwait im August 1990 hat die Angst vor einer neuerlichen Ölkrise den Preis inzwischen auf rund 40,00 Dollar hochgetrieben. Seitdem ist der Preis wieder abgebröckelt. Im vergangenen Jahr betrug er 13,72 Dollar je Barrel und lag damit deutlich unter dem von der OPEC anvisierten Preisziel von 21,00 Dollar. Seit dem Frühjahr 1999 hat sich die Ölpreiswelt drastisch verändert. Die wieder gewonnene Disziplin der Opec-Länder hinsichtlich der vereinbarten Förderquoten und die Belebung der Weltwirtschaft haben den Ölpreis erneut in die Höhe getrieben.

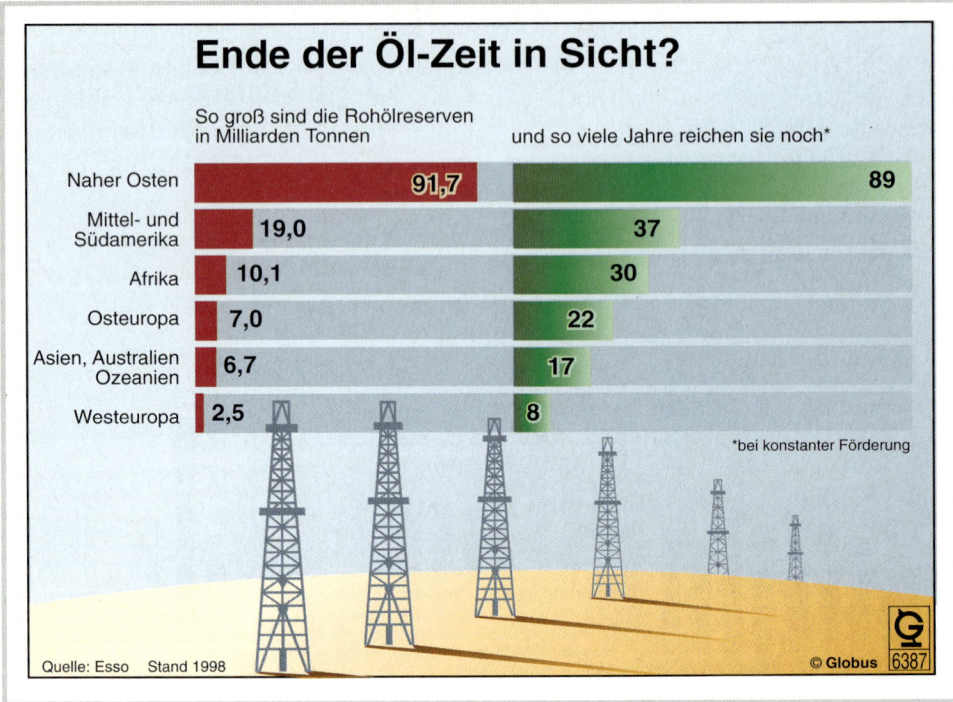

Ende der Öl-Zeit in Sicht?

So groß sind die Rohölreserven in Milliarden Tonnen ... und so viele Jahre reichen sie noch*

	Rohölreserven (Mrd. t)	Jahre
Naher Osten	91,7	89
Mittel- und Südamerika	19,0	37
Afrika	10,1	30
Osteuropa	7,0	22
Asien, Australien Ozeanien	6,7	17
Westeuropa	2,5	8

*bei konstanter Förderung

Quelle: Esso   Stand 1998   © Globus 6387

Die Erdölvorräte der Welt sind begrenzt. Doch die Quellen werden noch eine Weile sprudeln. Die bisher gefundenen und wirtschaftlich gewinnbaren Reserven reichen dafür aus, den Weltbedarf noch gut 39 Jahre zu decken. Das heißt jedoch nicht, dass die Ölquellen danach versiegt sind. Voraussichtlich werden in den nächsten Jahren und Jahrzehnten weitere Vorkommen nachgewiesen; so ist es jedenfalls in den letzten 20 Jahren geschehen. Von 1980 bis heute haben sich die Welt-Rohölreserven – trotz gestiegener Förderung – nahezu verdoppelt. Auch gilt: Je knapper das Öl, desto höher der Ölpreis. Und je höher der Preis, desto lohnender wird es, bisher unwirtschaftlich gewinnbare Vorkommen zu fördern. – Über die größten Reserven verfügen die Länder des Nahen Ostens. Ihr Anteil an den Weltreserven beträgt rund 69 Prozent. Diese Reserven haben – konstante Förderung unterstellt – eine Reichweite von 89 Jahren.

In den Ländern mit freier Marktwirtschaft sind die Unternehmungen weltweit tätig und international miteinander verflochten. Die sich aus der *internationalen Arbeitsteilung* ergebenden Kostenvorteile können hierdurch optimal genutzt werden, einmal zum Vorteil der Eigentümer der Industrie- und Handelskonzerne, aber auch durch den weltweiten Wettbewerb zum Vorteil der Verbraucher.

11.6.5.5   *Weltweit tätige Unternehmen*

Der Weltmarkt ist die Summe der Außenhandelsverflechtungen aller offenen (freien) Binnenmärkte. Das Ausmaß des Welthandels wird von der jeweils vorherrschenden Wirtschaftsordnung beeinflusst. Freie Marktwirtschaft befürwortet den Freihandel (Liberalismus) und wirkt positiv auf den Außenhandel ein, negativ dagegen sind die Auswirkungen des **Protektionismus** (siehe S. 433), welcher in extremer Form zumindest bis zum Jahr 1989 von allen Ländern mit Zentralverwaltungswirtschaften (zumeist kommunistische Ostblockstaaten) gehandhabt worden ist.

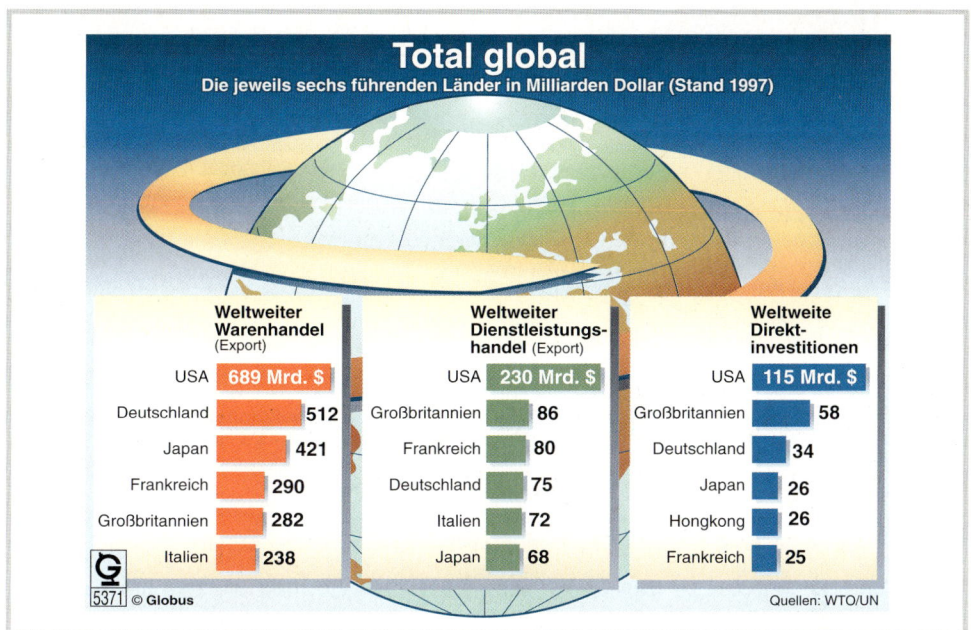

Total global
Die jeweils sechs führenden Länder in Milliarden Dollar (Stand 1997)

Weltweiter Warenhandel (Export)

USA	**689 Mrd. $**
Deutschland	512
Japan	421
Frankreich	290
Großbritannien	282
Italien	238

Weltweiter Dienstleistungshandel (Export)

USA	**230 Mrd. $**
Großbritannien	86
Frankreich	80
Deutschland	75
Italien	72
Japan	68

Weltweite Direktinvestitionen

USA	**115 Mrd. $**
Großbritannien	58
Deutschland	34
Japan	26
Hongkong	26
Frankreich	25

5371 © Globus

Quellen: WTO/UN

Beispiel *für Verflechtungen eines weltweit tätigen Unternehmens:*

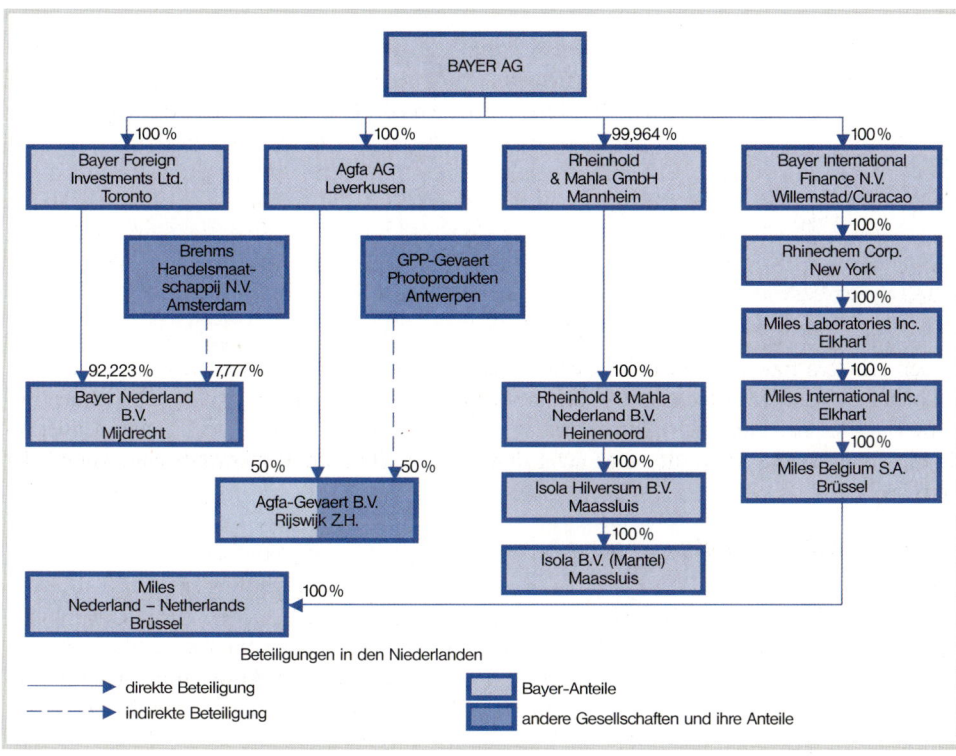

Beteiligungen in den Niederlanden

→ direkte Beteiligung
--→ indirekte Beteiligung

☐ Bayer-Anteile
☐ andere Gesellschaften und ihre Anteile

■ **Außenhandel** = gewerbsmäßiger **Warenaustausch** mit anderen Volkswirtschaften

| Import (Einfuhr) | Export (Ausfuhr) | Transithandel (Durchfuhrhandel) |

■ **Ursachen des Außenhandels**
  - ungleiche Verteilung der Rohstoffe und Energiequellen
  - unterschiedliche klimatische Bedingungen und Bodenbeschaffenheit
  - spezielle Fertigkeiten der Bevölkerung
  - verschiedenartige Wirtschaftsstruktur der Staaten
  - unterschiedliches Tempo des technischen Fortschritts in Verbindung mit Standortvorteilen

■ **Internationale wirtschaftliche Zusammenarbeit soll das Volkseinkommen und damit den Lebensstandard der Völker erhöhen.** Diese Zusammenarbeit hat folgende wirtschaftliche Ursachen:
  - notwendiger internationaler Güteraustausch
  - Kostenvorteile durch internationalen Güteraustausch
  - internationale Arbeitsteilung; sie setzt Freihandel (Liberalisierung) voraus.

■ **Außenhandelspolitische Maßnahmen eines Landes dienen meist der Exportförderung.** Solche Maßnahmen können sein:
  - Zollpolitik
  - Handelsverträge (bilateral zwischen zwei Staaten, multilateral zwischen mehreren Staaten)
  - Kontingentierung der Wareneinfuhr (Einfuhrlizenzen, Ein- und Ausfuhrverbote)
  - Devisenbewirtschaftung
  - Subventionen, z. B. Exportprämien
  - Dumping-Abkommen (durch GATT international verboten)
  - Handelsembargo = Ausfuhrverbot für bestimmte Waren in bestimmte Länder, meist für Rüstungsgüter

■ Eine **Meistbegünstigungsklausel** in internationalen Handelsverträgen verpflichtet die Vertragspartner sich gegenseitig alle Handelsvorteile zu gewähren, die gleichzeitig oder später auch anderen Handelspartnern gewährt werden.

■ **Hauptprobleme der internationalen Handelspolitik** ergeben sich aus:
  - dem Interessengegensatz zwischen reichen Industrie- und armen Entwicklungsländern
  - den Konflikten infolge verschiedener Gesellschaftssysteme: kapitalistische Länder und sozialistische bzw. kommunistische Länder
  - aus wirtschaftlichen Integrationsbestrebungen
  - aus dem Übergewicht wirtschaftlich starker Länder

■ Die **Europäische Union** (EU) ist der Zusammenschluss von 15 westeuropäischen Ländern zur wirtschaftlichen Zusammenarbeit (Integration).
  - Zölle und Handelsbeschränkungen zwischen den Mitgliedsstaaten gibt es nicht mehr.
  - Es besteht ein gemeinsamer Zolltarif und gegenseitig abgestimmte Handelspolitik gegenüber Drittländern.
  - Die EU ist ein wirtschaftlicher Großraum mit gleichen Wettbewerbsbedingungen (freier Dienstleistungs- und Kapitalverkehr, Harmonisierung), d. h. Angleichung des Handels- und Steuerrechts.
  - **Europäisches Währungssystem (EWS)** mit dem **Euro** als gesetzlichem Zahlungsmittel für 12 Euroländer (seit 1. Januar 2001). Die **Europäische Zentralbank (EZB)** in Frankfurt am Main bestimmt die Geldpolitik.

- **Die Organisation für wirtschaftliche Zusammenarbeit und Entwicklung (OECD)** fördert die Wirtschaftsentwicklung ihrer 24 Mitgliedsstaaten (Industrieländer mit freien Wirtschaftsordnungen).

- Das **Internationale Zoll- und Handelsabkommen (GATT)** dient zur Beseitigung von Handelshemmnissen und zur optimalen Ausgestaltung der Handelsbeziehungen der 125 Mitgliedsstaaten (1995).

- Die **Welthandelsorganisation (WTO)** überwacht die Einhaltung der Handelsregeln, kann Zwangsmaßnahmen (Sanktionen) ergreifen und ist Schlichtungsinstanz für Rechtsstreitigkeiten.

- Der **Internationale Währungsfonds (IWF)** hat zum Ziel zusammen mit der Weltbank die Wechselkurse stabil zu halten und Kredite an Entwicklungsländer zu gewähren.

- Die **Organisation Erdöl exportierender Länder (OPEC)** ist ein Kartell von 13 Erdöl fördernden Ländern zur Abstimmung über Erdölpreise und Erdölfördermengen.

Aufgaben

1 Warum ist der Außenhandel für Bundesrepublik Deutschland lebensnotwendig?

2 Welche Erkenntnisse gewinnen Sie aus den Statistiken auf den Seiten 386 und 431 f. über den Außenhandel der Bundesrepublik Deutschland?

3 Was können Ursachen für Autarkiebestrebungen eines Landes sein?

4 Suchen Sie Beispiele für Güter, die internationale Kostenvorteile bringen, und beschreiben Sie die Ursachen dafür!

5 a) Welche Hemmnisse können den internationalen Güteraustausch behindern?
b) Suchen Sie nach Beispielen, die solche Hemmnisse rechtfertigen!

6 Suchen Sie je ein Beispiel für marktkonforme, marktkonträre, autonome und vertragliche Maßnahmen der Außenhandelspolitik!

7 Überlegen Sie Probleme, die durch Herabsetzung von Einfuhrzöllen entstehen!

8 Wann halten Sie a) Einfuhrkontingentierung und b) Devisenzwangswirtschaft für volkswirtschaftlich gerechtfertigt?

9 Wodurch kann der Export a) eines modernen Industrielandes und b) eines Entwicklungslandes gefördert werden?

10 Welche Folgen hat die Meistbegünstigungsklausel in Handelsverträgen? Denken Sie den Sachverhalt mithilfe eines Beispiels (Baumaschinen zwischen den USA und der Bundesrepublik Deutschland) durch!

11 Weshalb entstehen durch unterschiedliche Wirtschaftsordnungen einzelner Staaten Schwierigkeiten für die Liberalisierung des Außenhandels?

12 a) Welche Zielsetzung hat die EU erreicht?
b) Welche Probleme verhindern oft das reibungslose Funktionieren des gemeinsamen Marktes?

13 Welche Nachteile bringt die Devisenbewirtschaftung?

14 a) Erklären Sie die Begriffe Sanktionen, Dumping, Embargo!
b) Wie beurteilen Sie die wirtschaftliche Wirkung dieser Ein- und Ausfuhrverbote?

15 a) Nennen Sie die Hauptprobleme der gegenwärtigen internationalen Handelspolitik!
b) Machen Sie Vorschläge zur Verringerung oder zur Lösung dieser Probleme!

16 Weshalb ist es sehr schwierig die Sozial-, Verkehrs- und Bildungspolitik der EU-Staaten zu integrieren (harmonisieren)?

17 Welche wirtschaftliche Folgen hat ein fallender Dollarkurs für den Export und den Import z. B. der Bundesrepublik Deutschland nach den USA? (Siehe dazu Abb. auf den Seiten 434 und 442.)

18 a) Weshalb ist seit 1970 der Ölpreis stark verteuert worden? (Siehe Abb. auf S. 443.)
   b) Welche Folgen hat die Ölpreissteigerung für die ölabhängigen Importländer?
   c) Warum hat sich nach der 1. Ölkrise 1973 und nach der 2. Ölkrise 1979/80 die Konjunktur der Ölimportländer, ganz besonders der Bundesrepublik Deutschland, wieder erholt?
   d) Nennen Sie Beispiele, wie jeder Einzelne dazu beitragen kann den Energieverbrauch zu vermindern!
   e) „Das Schwert der OPEC kann schnell stumpf werden!" Wie ist diese Aussage zu verstehen?

19

Die Messlatte für den Euro

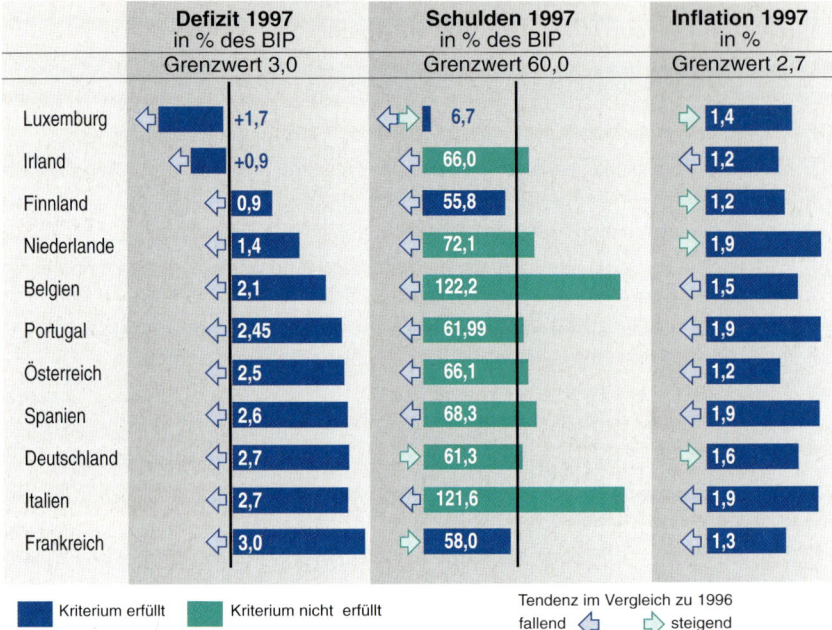

	Defizit 1997 in % des BIP Grenzwert 3,0	Schulden 1997 in % des BIP Grenzwert 60,0	Inflation 1997 in % Grenzwert 2,7
Luxemburg	+1,7	6,7	1,4
Irland	+0,9	66,0	1,2
Finnland	0,9	55,8	1,2
Niederlande	1,4	72,1	1,9
Belgien	2,1	122,2	1,5
Portugal	2,45	61,99	1,9
Österreich	2,5	66,1	1,2
Spanien	2,6	68,3	1,9
Deutschland	2,7	61,3	1,6
Italien	2,7	121,6	1,9
Frankreich	3,0	58,0	1,3

■ Kriterium erfüllt ■ Kriterium nicht erfüllt

Tendenz im Vergleich zu 1996
fallend ⇦   ⇨ steigend

Am 1. Januar 1999 hat die **Europäische Währungsunion** mit dem **Euro** als gesetzlichem Zahlungsmittel für 11 Mitgliedstaaten (Euroländer) begonnen.
a) Welche Vorteile bringt diese Währungsunion der Wirtschaft der Euroländer?
b) Welche Gefahren könnten im Hinblick auf die Einhaltung der Maastricht-Kriterien für die Währungsunion entstehen?

Anleitung
zur Einkommensteuererklärung,
zum Antrag auf Arbeitnehmer-Sparzulage
und zur Erklärung zur Feststellung
des verbleibenden Verlustvortrags

2000

Abgabefrist:
Einkommensteuererklärung
– wenn Sie zur Abgabe verpflichtet sind: bis 31. Mai 2001
– wenn Sie die Veranlagung beantragen: bis 31. Dezember 2002
Antrag auf Arbeitnehmer-Sparzulage bis 31. Mai 2001
Erklärung zur Feststellung des verbleibenden Verlustvortrags bis 31. Dezember 2002

Stichwortverzeichnis
siehe Seite 14

Diese Anleitung soll Sie darüber informieren,
– wie Sie die Vordrucke richtig ausfüllen,
– welche Möglichkeiten Sie haben, Steuern zu sparen,
– aber auch über Ihre steuerlichen Pflichten.

Sie kann allerdings nicht alle Fragen beantworten.
Wesentliche Rechtsänderungen gegenüber der Anleitung für 1999 sind
durch senkrechte Linien gekennzeichnet.

Einkommensteuererklärung
Erklärung zur Feststellung des verbleibenden
Verlustvortrags
Zur Erklärung gehören der vierseitige **Hauptvordruck**, zur Berücksichtigung von Kindern die **Anlage Kinder**, sowie zusätzlich für
jeden Arbeitnehmer   die **Anlage N**
(Einkünfte aus nichtselbständiger Arbeit, für
Angaben zum Arbeitslohn, zur Arbeitnehmer-

– wenn im Lohnsteuerabzugsverfahren Entschädigungen oder Arbeitslohn
für mehrere Jahre ermäßigt besteuert worden sind.
Personen, **die keinen Arbeitslohn bezogen haben,** werden mit ihren
steuerpflichtigen Einkünften zur Einkommensteuer veranlagt und haben
deshalb ebenfalls eine Einkommensteuererklärung abzugeben.

Antrag auf Einkommensteuerveranlagung
Besteht keine Erklärungspflicht, kann sich ein Antrag auf Einkommensteuerveranlagung insbesondere lohnen.
– wenn Sie nicht ununterbrochen in einem Dienstverhältnis gestanden haben;
– wenn die Höhe Ihres Arbeitslohns im Laufe des Jahres geschwankt und
Ihr Arbeitgeber keinen Lohnsteuer-Jahresausgleich durchgeführt hat;
– wenn sich Ihre Steuerklasse oder die Zahl der Kinderfreibeträge im Laufe des
Jahres zu Ihren Gunsten geändert hat und dies noch nicht bei einer Lohnsteuer-Jahresausgleich durch Ihren Arbeitgeber berücksichtigt worden ist;
– wenn Sie Anspruch auf einen Betreuungsfreibetrag für ein Kind haben
(vgl. Erläuterungen zu den Zeilen 39 bis 43 der Anlage Kinder);
– wenn Ihnen Werbungskosten, Sonderausgaben oder außergewöhnliche
Belastungen entstanden sind, für die kein Freibetrag auf Ihrer Lohnsteuerkarte eingetragen worden ist;
... oder Ihr Ehegatte im Ausland wohnen, Ihre Einkünfte nahezu ... Einkommensteuer unterliegen und Sie bis-... z. B. durch-

Versicherungen: notwendig oder überflüssig?

Bauleistungsversicherung	🟥	
Rohbaufeuerversicherung	🟦🟦🟦	
Gebäudefeuerversicherung	🟦🟦🟦	
Gebäudeleitungswasservers.	🟨🟨	
Gebäudesturmversicherung	🟥	
Glasbruchversicherung	🟥	
Leuchtröhrenversicherung	☐	
Inhaltfeuerversicherung	🟦🟦🟦	
Inhaltleitungswasservers.	🟥	
Inhaltsturmversicherung	☐	
Einbruchdiebstahlvers.	🟨🟨	
Einbruchdiebstahlvers.		
inkl. Vandalismusschäden	🟥	
Ausstellungsversicherung	🟥	
Politische Gefahren (Gebäude)	☐	
Politische Gefahren (Inhalt)	☐	
Elektronikversicherung	🟥	
Datenträgerversicherung	🟥	
Transportversicherung	🟥	
Werkverkehrsversicherung	☐	
Musterkollektionsvers.	☐	
Kfz-Haftpflichtversicherung	🟦🟦🟦	
Kfz-Vollkaskoversicherung	🟨🟨	
Kfz-Teilkaskoversicherung	🟨🟨	
Kfz-Insassen-Unfallvers.	☐	

Feuer-Betriebsunterbre-chungsversicherung bzw. Klein-BU-Versicherung	🟦🟦🟦
Einbruchdiebstahl-Betriebs-unterbrechungsversicherung	🟥
Leitungswasser-Betriebs-unterbrechungsversicherung	🟥
Feuer-Betriebsunterbre-chungsversicherung inkl. politischer Gefahren	☐
Mehrkostenversicherung	☐
Betriebshaftpflichtvers.	🟦🟦🟦
Haus- und Grundbesitzer-haftpflichtversicherung	🟦🟦🟦
Gewässerschadenhaftpflicht-versicherung	🟨🟨
Bauherrenhaftpflichtvers.	🟦🟦🟦
Vertrauenschadenvers.	☐
Computer-Missbrauchvers.	🟥
Firmen-Rechtsschutzvers.	🟥
Verkehrs-Rechtsschutzvers.	🟥

☐ = selten erforderlich
🟥 = vielfach ratsam
🟨 = erforderlich
🟦🟦🟦 = unbedingt erforderlich

12.1 Überblick über die Steuern

Problem

„Steuererhöhung zur Deckung des Bundeshaushaltes unvermeidlich" – „Keine Änderung der Kilometerpauschale" – „Krankenhausbau kostet 8 Millionen mehr". Wenn Herr Müller morgens zur Arbeit fährt, nimmt er schon „kostenlos" Leistungen der Öffentlichkeit in Anspruch: Straßen, Beleuchtung, Verkehrsregelung durch Ampeln oder Polizisten usw. Seine Kinder gehen kostenlos zur Schule.

Weshalb erhebt der Staat Steuern, wie verwendet er sie?

Sachdarstellung

12.1.1 Einteilung nach dem Steuergegenstand

Steuergegenstand und damit Besteuerungsgrundlage können sein

- der Besitz → Besitzsteuern
- der Verbrauch → Verbrauchsteuern
- ein Verkehrsvorgang → Verkehrsteuern
- die Ein- und Ausfuhr → Zölle

■ Die Besitzsteuern

Die **Besitzsteuern** werden in *Personensteuern* und *Real-(Objekt-)Steuern*[1] untergliedert.

Personensteuern sind normalerweise aus dem *Gewinn* bzw. den *Einkünften* zu zahlen. Dabei wird oft der Familienstand, auch das Alter bei der Festsetzung der Höhe der Steuer berücksichtigt, z. B. bei der *Einkommen-* und der *Vermögensteuer.* Es werden sowohl natürliche als auch juristische Personen *(Körperschaftsteuer)* besteuert.

Bei der **Realsteuer** ist eine *Sache* Besteuerungsgrundlage, z. B. der Gewerbebetrieb *(Gewerbesteuer)* oder Grundstücke und land- und forstwirtschaftliche Betriebe *(Grundsteuer).*

Die wichtigsten Steuern nach dem Steuergegenstand und der Finanzhoheit sind:

Besitzsteuern		Verkehrsteuern		Verbrauchsteuern und Zölle	
Personensteuern	Realsteuern				
Ein-kommen-steuer B 42,5% Lohn-steuer L 42,5% G 15 % Aufsichts-rats-steuer	Grundsteuer G Gewerbe-steuer B 20% L 20% G 60% Hundesteuer G	Umsatz-steuer B 50,5%[2] L 49,5%[2] G 2,2%[2]		Biersteuer L Kaffeesteuer B Mineralölsteuer B	
		Grund-erwerb-steuer L 43% G 57%		Branntwein-abgaben B Schaumweinsteuer B Tabaksteuer B	
Körper-schaft-steuer B 50% Kapital-ertrag-steuer L 50%		Kraftfahrzeugsteuer L		Zölle B Einfuhr-umsatzsteuer B	
Erbschaftsteuer L (Schenkungsteuer) Kirchensteuer					

(B = Bundessteuern, L = Landessteuern, G = Gemeindesteuern)

[1] Objekt = Gegenstand

[2] Der Bund erhält im Voraus 5,63 % der USt. Vom Rest erhalten die Gemeinden wegen des Wegfalls der Gewerbekapitalsteuer 2,2 % der USt. Der übrig bleibende Betrag wird zwischen Bund und Ländern im Verhältnis 50,5 % zu 49,5 % geteilt.

■ **Die Verkehrsteuern**

Durch die **Verkehrsteuern** werden *Rechtsvorgänge*, das sind Übertragungen von Rechten oder Vermögenswerten erfasst; z. B. notarieller Kaufvertrag über ein Grundstück, der den Anspruch auf Eigentumsübertragung begründet *(Grunderwerbsteuer)*, Entnahme von Waren aus dem Unternehmen für den privaten Verbrauch *(Umsatzsteuer)*.

■ **Die Verbrauchsteuern**

Die **Verbrauchsteuern** belasten bestimmte Verbrauchs- und Gebrauchsgüter, z. B. *Genussmittel* – Schaumweinsteuer, Kaffeesteuer, Branntweinabgaben usw. – und *sonstige Gebrauchs- und Verbrauchsgüter* – Mineralölsteuer.

Verbrauchsteuern werden bereits beim Hersteller erhoben und von den *Zollämtern* verwaltet.

Die Einfuhrumsatzsteuer gilt ebenfalls als Verbrauchsteuer [UStG § 21 (1)].

12.1.2 Einteilung nach der Erhebungsart: Direkte und indirekte Steuern

Direkte Steuern sind unmittelbar von demjenigen abzuführen, der sie auch tragen soll, z. B. Erbschaftsteuer ist vom Erben zu bezahlen. Steuerzahler und Steuerträger sind dieselbe Person.

Bei den **indirekten Steuern** sind Steuerträger und Steuerzahler nicht dieselbe Person. Die Steuer wird durch einen Preisaufschlag in der Kalkulation abgewälzt; z. B. Umsatzsteuer: der Verbraucher zahlt sie, der Unternehmer führt sie ab. Insbesondere die Verbrauchsteuern sind indirekte Steuern.

12.1.3 Einteilung nach der Abzugsfähigkeit: Betriebsteuern und Personensteuern

Unter **Betriebsteuern** sind die Steuerarten zu verstehen, welche als *Kosten* in die Kalkulation *gewinnmindernd* eingehen. Dazu gehören z. B. die Grundsteuer (für Betriebsgrundstücke), die Hundesteuer (für Wachhund), die Kraftfahrzeugsteuer (für Geschäftsfahrzeug), die Versicherungsteuer (für Betriebsversicherungen).

Die **Personensteuern** können *nicht vom Gewinn abgezogen* werden, um so die Besteuerungsgrundlage zu verringern. Sie werden aus dem Betriebsgewinn bzw. dem Überschuss der Einnahmen über die Werbungskosten berechnet, vgl. S. 454!

Bei *Kapitalgesellschaften*, z. B. einer AG, wird aus dem Gewinn Körperschaftsteuer (= Einkommensteuer der juristischen Person) bezahlt. Der Aktionär muss jedoch seine Dividende bei der Einkommensteuer nochmals versteuern. Um solche *Doppelbesteuerungen* zu vermeiden, wird die einbehaltene Kapitalertragsteuer auf die Einkommensteuerschuld angerechnet. Außerdem erhält der Steuerschuldner eine **Steuergutschrift**[1] für die auf seine Dividende angefallene Körperschaftsteuer. Diese Gutschrift mindert ebenfalls die Einkommensteuerschuld.

12.1.4 Einteilung nach dem Steuerempfänger

Das Grundgesetz regelt im Artikel 106 genau die **Finanzhoheit**, d. h., welche Steuern dem **Bund**, den **Ländern** und den **Gemeinden** zustehen (für Einzelheiten siehe GG Art. 106!).

Es wird dort auch festgelegt, auf wen **Gemeinschaftsteuern** zu verteilen sind. Gemeinschaftsteuern sind solche Steuern, die insbesondere Bund und Länder gemeinsam erhalten, z. B. Einkommensteuer, Körperschaftsteuer, Umsatzsteuer (vgl. Tabelle S. 450!).

---

[1] Ab 2001 entfällt die Steuergutschrift. Im Halbeinkünfteverfahren bei Dividenden darf von der auf die Hälfte der Dividenden entfallenden Einkommensteuer lediglich die einbehaltene Kapitalertragsteuer abgezogen werden.

Die *Kirchen* erheben von ihren Gläubigen **Kirchensteuer**. Diese wird über die Finanzämter eingezogen und an die Kirchen weitergeleitet.

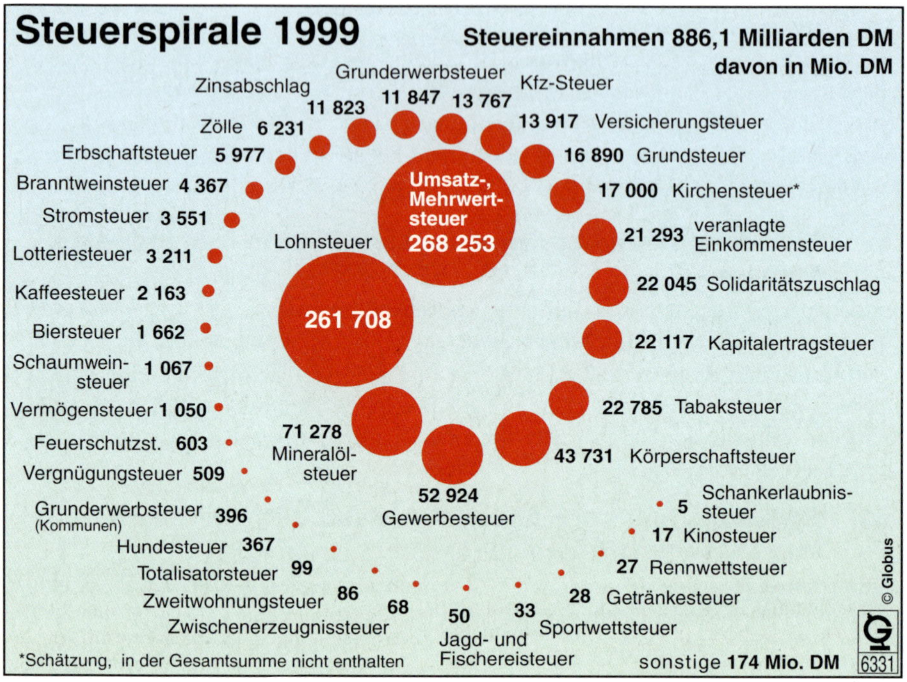

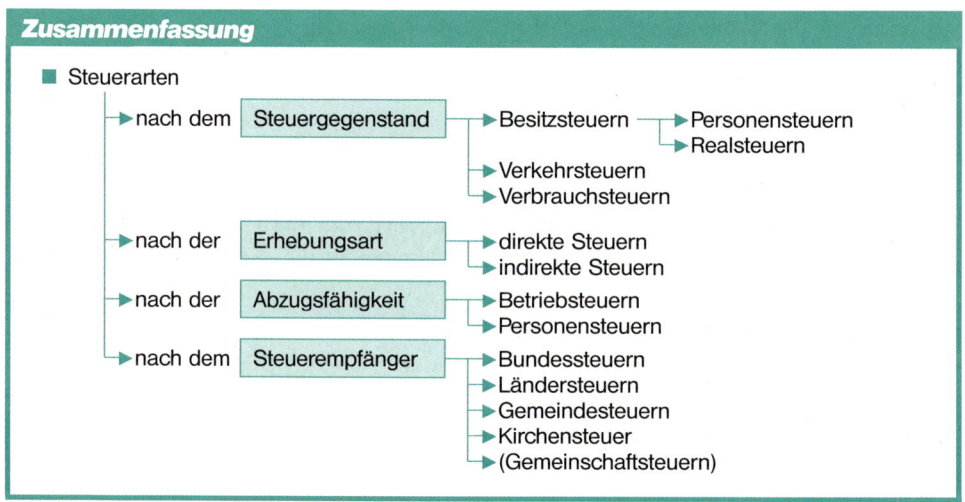

Steuerspirale 1999 — Steuereinnahmen 886,1 Milliarden DM, davon in Mio. DM

- Umsatz-, Mehrwertsteuer 268 253
- Lohnsteuer 261 708
- Mineralölsteuer 71 278
- Gewerbesteuer 52 924
- Körperschaftsteuer 43 731
- Tabaksteuer 22 785
- Kapitalertragsteuer 22 117
- Solidaritätszuschlag 22 045
- veranlagte Einkommensteuer 21 293
- Kirchensteuer* 17 000
- Grundsteuer 16 890
- Versicherungsteuer 13 917
- Kfz-Steuer 13 767
- Grunderwerbsteuer 11 847
- Zinsabschlag 11 823
- Zölle 6 231
- Erbschaftsteuer 5 977
- Branntweinsteuer 4 367
- Stromsteuer 3 551
- Lotteriesteuer 3 211
- Kaffeesteuer 2 163
- Biersteuer 1 662
- Schaumweinsteuer 1 067
- Vermögensteuer 1 050
- Feuerschutzst. 603
- Vergnügungsteuer 509
- Grunderwerbsteuer (Kommunen) 396
- Hundesteuer 367
- Totalisatorsteuer 99
- Zweitwohnungsteuer 86
- Zwischenerzeugnissteuer 68
- Jagd- und Fischereisteuer 50
- Sportwettsteuer 33
- Getränkesteuer 28
- Rennwettsteuer 27
- Kinosteuer 17
- Schankerlaubnissteuer 5

*Schätzung, in der Gesamtsumme nicht enthalten

sonstige 174 Mio. DM

© Globus 6331

Zusammenfassung

■ Steuerarten

- nach dem **Steuergegenstand**
  - ➤ Besitzsteuern
    - ➤ Personensteuern
    - ➤ Realsteuern
  - ➤ Verkehrsteuern
  - ➤ Verbrauchsteuern
- nach der **Erhebungsart**
  - ➤ direkte Steuern
  - ➤ indirekte Steuern
- nach der **Abzugsfähigkeit**
  - ➤ Betriebsteuern
  - ➤ Personensteuern
- nach dem **Steuerempfänger**
  - ➤ Bundessteuern
  - ➤ Ländersteuern
  - ➤ Gemeindesteuern
  - ➤ Kirchensteuer
  - ➤ (Gemeinschaftsteuern)

1 Wie können die Besitzsteuern unterteilt werden? Nennen Sie dazu Beispiele!

2 Welche Steuern fallen bei folgenden Vorfällen an? Unterscheiden Sie dabei nach Erhebungsart, Steuergegenstand und Steuerempfänger!

   a) Fritz Grüner tankt mit seinem Pkw 35 l Super bleifrei.

   b) Frau Scholz erhält einen Zwergpudel geschenkt.

   c) Für einen gemütlichen Abend kauft Xaver Huber zwei Packungen Zigaretten, fünf Flaschen Bier und eine Flasche Obstler.

   d) Franz Hofmann kauft sich eine Eigentumswohnung zum Preis von 185 000 EUR.

   e) Herbert Müller verdient monatlich 2 600 EUR; er ist katholisch.

   f) Hans Meindl erhält für seine BMW-Aktien Dividende gutgeschrieben.

12.2 Besteuerung und wichtige Steuerarten

Problem

① Herr Mayer muss im Jahr 30 000 DM, Herr Schulze 60 000 DM Einkommen versteuern. Herr Mayer muss dafür 4 298,00 DM, Herr Schulze 14 016,00 DM Einkommensteuer (ESt-Grundtabelle 2000) bezahlen.

Kommentar von Herrn S.: „Ich sehe nicht ein, dass ich mehr als das Dreifache von Herrn M. bezahlen soll, obwohl ich nur das Doppelte von Herrn M. verdiene. Ich werde also für meine Tüchtigkeit bestraft. Das ist doch ungerecht. Im Übrigen brauche ich vom Staat nicht mehr an Leistungen, z. B. Straßen, als Herr M."

Kommentar von Herrn M.: „Ich kann zwar Herrn S. verstehen, aber bei seinem hohen Einkommen fallen ihm die 14 016 DM wesentlich leichter zu zahlen, als mir 4 298 DM. Ich meine, man sollte Gut- und Schlechterverdienende nicht gleich stark besteuern."

Überlegen Sie weitere Argumente und überlegen Sie, wem Sie zustimmen könnten!

② Herr Huber verdient als selbständiger Handelsvertreter jährlich etwa 80 000 bis 100 000 DM. Sein Geld legt er zum Teil in einer Ferienwohnung, die er vermietet, zum Teil in Wertpapieren an. Aus beiden Geldanlagen bezieht er zusätzliche Einkünfte. Wie muss er sein Einkommen versteuern?

Sachdarstellung

12.2.1 Die Besteuerung

Wie oben dargestellt besorgt sich der Staat den Hauptanteil des Geldes zur Erfüllung seiner Aufgaben durch Einzug von Steuern. Es erhebt sich dabei die Frage: Nach welchen Grundsätzen ist die Steuerbelastung festzulegen? Was ist gerecht?

Je nach dem Standpunkt kann unter **Steuergerechtigkeit** zweierlei verstanden werden:

- Jeder Steuerpflichtige hat unabhängig von allen Umständen die *gleiche Steuerbelastung* zu tragen.

- Der Einzelne bzw. das einzelne Unternehmen soll *nach seiner Leistungsfähigkeit*, d. h. seiner wirtschaftlichen Kraft, zur Steuerzahlung herangezogen werden.

Im *deutschen Steuerrecht* geht man im Allgemeinen – Ausnahmen sind z. B. die Umsatz- und die Verbrauchsteuern – davon aus, dass der Steuerpflichtige nach seiner *wirtschaftlichen Fähigkeit* Steuern zu zahlen hat. Die Steuer muss jedoch auf alle Fälle ohne wirtschaftliche Gefährdung leistbar sein.

Der Steuersatz ist so angesetzt, dass die Steuer im Allgemeinen aus dem Ertrag beglichen werden kann. Bei steigendem Einkommen nimmt die Einkommensteuer geradlinig zu (Steuerprogression), bis 51 %[1] erreicht sind. Dann jedoch steigt der Steuersatz prozentual nicht mehr weiter. Zurzeit wird zusätzlich ein Solidaritätszuschlag von 5,5 % als Ergänzungsabgabe auf die Einkommen-, Lohn- und Körperschaftsteuer erhoben.

Wer viel verdient, muss also mehr Steuern zahlen. Das Steuerrecht nimmt jedoch auch Rücksicht auf *persönliche Verhältnisse*[2], wie Familienstand und Zahl der Kinder (Steuerklassen), Alter (Altersentlastungsbetrag), besondere persönliche Verhältnisse (außergewöhnliche Belastung).

12.2.2 Wichtige Steuern vom Einkommen

Die für Unternehmen, Unternehmer und Mitarbeiter wichtigsten Steuerarten vom Einkommen sind:

Einkommensteuer, Lohnsteuer, Körperschaftsteuer.

12.2.2.1 Die Einkommensteuer

■ Die Ermittlung des Einkommens

Unbeschränkt einkommensteuerpflichtig sind natürliche Personen, wenn sie im Inland einen Wohnsitz haben (EStG § 1).

Der Einkommensteuer unterliegen die **Einkünfte**, die aus verschiedenen Quellen stammen können:

Einkunftsarten	Einkünfte sind:
1. Einkünfte aus Land- und Forstwirtschaft; 2. Einkünfte aus Gewerbebetrieb; 3. Einkünfte aus selbstständiger Arbeit;	der jeweilige *Gewinn*
4. Einkünfte aus nichtselbstständiger Arbeit; 5. Einkünfte aus Kapitalvermögen; 6. Einkünfte aus Vermietung und Verpachtung; 7. sonstige Einkünfte, z. B. Renten, Spekulationsgewinne (EStG § 2).	der jeweilige *Überschuss* der Einnahmen über die Werbungskosten

Diese **Einkünfte** wurden jeweils um die *abzugsfähigen Beträge*, das sind die *Betriebsausgaben* bzw. *Werbungskosten*, gekürzt.

Betriebsausgaben: Die **Einnahmen** zu den Einkünften 1. bis 3. können jeweils um die Betriebsausgaben *(durch den Betrieb veranlasste Aufwendungen*, EStG § 4) gekürzt werden. Zu den Betriebsausgaben gehört auch die **Absetzung für Abnutzung** (AfA) für die Abnutzung unterliegende Wirtschaftsgüter des Anlagevermögens. Geringwertige Anlagegüter können im Jahr der Anschaffung voll als Betriebsausgaben abgesetzt werden, wenn die Anschaffungs- oder Herstellungskosten 410 EUR zuzüglich Umsatzsteuer nicht übersteigen (z. B. Kaufpreis einer Schreibmaschine einschließlich 16 % Umsatzsteuer höchstens 475,60 EUR [EStG § 6]).

Werbungskosten: Die **Einnahmen** zu den Einkünften 4. bis 7. können um die Werbungskosten *(Aufwendungen zur Erwerbung, Sicherung und Erhaltung der Einnahmen*, EStG § 9) gekürzt werden (siehe S. 459!).

---

[1] Stufenweise Absenkung bis 42 % im Jahre 2005.
[2] Siehe unter: Einkommensteuer, Lohnsteuer.

Die *Summe der Einkünfte* eines Steuerpflichtigen, ggf. vermindert um den Altersentlastungsbetrag, ist der **Gesamtbetrag der Einkünfte**. Dieser darf noch um die **Sonderausgaben** und die **außergewöhnlichen Belastungen** gekürzt werden. Daraus ergibt sich das **Einkommen** (EStG § 2).

Den **Altersentlastungsbetrag** erhält der Steuerpflichtige für die auf die Vollendung des 64. Lebensjahr folgenden Jahre. Er beträgt 40 % des Arbeitslohns und der übrigen Einkünfte, höchstens 1 908 EUR im Jahr (EStG § 24 a).

Sonderausgaben sind vom Staat aus sozial-, wirtschafts- und finanzpolitischen Gründen steuerbegünstigte Ausgaben, die im Kalenderjahr bezahlt wurden und weder Betriebsausgaben noch Werbungskosten sind (EStG § 10).

Dazu gehören:

- Unterhaltsleistungen an geschiedene oder getrennt lebende Ehegatten bis jährlich 13 805 EUR,
- Renten, die auf besonderen Verpflichtungsgründen beruhen (z. B. auf rechtskräftigem Urteil),
- Beiträge zu Kranken-, Pflege-, Unfall- und Haftpflichtversicherungen, den gesetzlichen Rentenversicherungen und der Arbeitslosenversicherung, außerdem Beiträge für Versicherungen auf den Erlebens- oder Todesfall (Vertragsdauer mindestens 12 Jahre), Risiko- und Rentenversicherungen,
- gezahlte Kirchensteuer,
- Steuerberatungskosten,
- Aufwendungen für Berufsausbildung oder Weiterbildung in einem nicht ausgeübten Beruf bis zu 920 EUR jährlich, bei auswärtiger Unterbringung bis zu 1 227 EUR,
- Aufwendungen für Hausgehilfin bis 9 204 EUR jährlich, wenn Pflichtbeiträge zur gesetzlichen Rentenversicherung entrichtet werden.
- 30 % des Schulgelds an Ersatz- oder Ergänzungsschulen, wenn ein Kinderfreibetrag oder wenn Kindergeld gewährt wird.

Vorsorgeaufwendungen (Beiträge zu den oben genannten Versicherungen und an Bausparkassen) können nur bis zu 1 334 EUR je Ehegatten abgezogen werden. Darüber hinausgehende Zahlungen können noch zur Hälfte, höchstens jedoch bis 50 % der oben genannten Höchstbeträge abgezogen werden. Vor Anwendung der oben angeführten Sätze können für die oben erwähnten Versicherungen je Ehegatten 3 068 EUR voll abgesetzt werden (EStG § 10).

- **Spenden** für mildtätige, kirchliche, religiöse, wissenschaftliche und gemeinnützige Zwecke sind bis zur Höhe von insgesamt 5 % des Gesamtbetrags der Einkünfte abzugfähig (für Einzelheiten vgl. EStG § 10 b). Beiträge und Spenden an politische Parteien können bis zur Höhe von insgesamt 1 534 EUR[1] abgezogen werden, soweit keine Steuerermäßigung nach EStG § 34 g gegeben worden ist, siehe EStG § 10 b (2).

Ohne Einzelnachweis – also auch, wenn keine Sonderausgaben angefallen sind – werden bei jedem Steuerpflichtigen 36 EUR[1] als **Sonderausgaben-Pauschbetrag** berücksichtigt. Hat der Steuerpflichtige Arbeitslohn[2] bezogen, so wird für Vorsorgeaufwendungen (z. B. Kranken-, Lebensversicherungen; Bausparbeiträge) eine **Vorsorgepauschale**[3] abgezogen. Sie beträgt:

1. 20 % des Arbeitslohns, höchstens 3 068 EUR[1] abzüglich 16 % des Arbeitslohns zuzüglich
2. höchstens 1 334 EUR[1], soweit der Teilbetrag nach Nummer 1 überschritten wird, zuzüglich
3. höchstens die Hälfte bis zu 667 EUR[1], soweit die Teilbeträge nach den Nummern 1 und 2 überschritten werden (EStG § 10 c).

[1] Bei Zusammenveranlagungen von Ehegatten verdoppelt sich dieser Betrag.
[2] = Arbeitslohn abzüglich Versorgungsfreibetrag und Altersentlastungsbetrag.
[3] In bestimmten Fällen verringert sich die Vorsorgepauschale auf höchstens 1 134 EUR [vgl. EStG § 10 c (3) und (4)].

Pauschbeträge sind steuerfreie Beträge, die jedem Steuerpflichtigen zustehen, auch wenn er überhaupt keine Aufwendungen z. B. für Werbungskosten oder Sonderausgaben hatte.

Außergewöhnliche Belastungen sind dann gegeben, wenn einem Steuerpfichtigen zwangsläufig größere Aufwendungen erwachsen als der überwiegendem Mehrzahl der Steuerpflichtigen gleicher Einkommens- und Vermögensverhältnisse, z. B. bei Krankheit, Tod, Aussteuer (EStG §§ 33, 33 a). Wenn die Aufwendungen einen nach der Höhe des Einkommens und dem Familienstand gestaffelten Vomhundertsatz übersteigen *(zumutbare Eigenbelastung)*, wird auf Antrag der übersteigende Betrag vom Gesamtbetrag der Einkünfte abgezogen. In besonderen Fällen sind EUR-Beträge festgesetzt, die abgezogen werden können.

Steuerpflichtige erhalten für Kinder in Berufsausbildung auf Antrag *Ausbildungsfreibeträge*, vgl. EStG § 33 a:

Ausbildungsfreibeträge	bis 18 Jahre	über 18 Jahre
Unterbringung im Haushalt des Steuerpflichtigen	–	1 236 EUR
auswärtige Unterbringung	924 EUR	2 148 EUR

■ Die Berechnung des zu versteuernden Einkommens

Herr Huber muss nicht sein ganzes *Einkommen* versteuern. Es stehen ihm vielmehr **Sonderfreibeträge** zu, die abgezogen werden (EStG § 32). Hierbei werden persönliche Verhältnisse berücksichtigt.

Sonderfreibeträge (EStG § 32)		
Haushaltsfreibetrag	Alleinstehende mit mindestens einem Kind	2 916 EUR
Kinderfreibetrag	je Kind	7 188 EUR
Betreuungsfreibetrag	je Kind unter 16 Jahren	1 548 EUR

Im Rahmen des *Familienlastenausgleichs* wird wahlweise der **Kinderfreibetrag** nach EStG § 32 gewährt oder **Kindergeld** nach EStG § 62 ff. gezahlt. Dieses beträgt monatlich für das 1. und 2. Kind je 138 EUR, für das 3. Kind 154 EUR und für jedes weitere Kind 179 EUR (EStG § 66).

Das Finanzamt wählt bei der Veranlagung die für den Steuerpflichtigen günstigere Lösung (EStG § 31).

Für rund 90 Prozent der Familien ist es gegenwärtig vorteilhafter, auf die Inanspruchnahme des Kinderfreibetrags zu verzichten und stattdessen das Kindergeld direkt zu kassieren, da erst bei einer hohen Steuerprogression die Anwendung des Kinderfreibetrags eine größere Steuerentlastung bewirkt.

Außerdem stehen dem Steuerpflichtigen *Freibeträge* bei den *einzelnen Einkunftsarten* zu, die dort jeweils abgezogen werden, z. B.:

- *bei Einkünften aus nichtselbständiger Arbeit*
  Versorgungsfreibetrag: 40 % der Versorgungsbezüge, z. B. Beamtenpension, höchstens 3 072 EUR
  Arbeitnehmerpauschbetrag: 1 044 EUR (EStG §§ 9 a, 19)

- *bei Einkünften aus Kapitalvermögen*
  Sparerfreibetrag: 1 550 EUR, Ehegatten 3 100 EUR (neben einem Pauschbetrag für Werbungskosten von 51 EUR bzw. 102 EUR); (EStG §§ 9 a, 20)

■ **Die Berechnung der Einkommensteuerschuld**

Nach Ablauf des Kalenderjahres setzt das Finanzamt aufgrund des von Herrn Huber in der **Steuererklärung** angegebenen Einkommens die Steuer fest[1] (**Veranlagung**, EStG § 25, AO § 166). Herr Huber erhält vom Finanzamt einen **Steuerbescheid** mit Angaben über Restschuld (**Abschlusszahlung**) oder Überzahlung durch zu hohe **Vorauszahlungen** und über künftige Vorauszahlungen zum 10. März, 10. Juni, 10. September und 10. Dezember (EStG §§ 36, 37).

Er kann bei seinem Finanzamt gegen den Steuerbescheid und gegen die Festsetzung der Vorauszahlungen innerhalb eines Monats **Einspruch** einlegen (AO §§ 348, 355).

Ehegatten, die beide unbeschränkt steuerpflichtig sind, werden im Allgemeinen *zusammen veranlagt*. Dabei wird das **Splittingverfahren** angewandt:

Das gesamte Einkommen wird halbiert, daraus die Steuer berechnet und diese dann verdoppelt (EStG § 32 a, vgl. Beispiel unten).

Beispiel *für die Berechnung der Einkommensteuer:* Ein verheirateter Steuerpflichtiger hat drei Kinder unter 18 Jahren. Er hat 112 400 DM Einkünfte aus Gewerbebetrieb, 4 540 DM aus Kapitalvermögen. Seine Sonderausgaben betragen 22 430 DM (davon 7 980 DM Kranken- und Pflegeversicherung, 12 600 DM Lebensversicherung, 1 850 DM Kirchensteuer).

Einkünfte aus Gewerbebetrieb			112 400 DM
+ Einkünfte aus Kapitalvermögen			4 540 DM
Gesamtbetrag der Einkünfte			116 940 DM
– Sonderausgaben:			
unbegrenzt abzugsfähig		1 850	
vorab für Versicherung abzugsfähig:			
2 × 6 000	= 12 000		
im Rahmen der Höchstbeträge voll abzugsfähig:			
2 610 + 2 610	= 5 220		
vom darüber hinausgehenden Betrag			
(20 580[2] – 17 220 = 3 360) die Hälfte[3]	1 680	18 900	20 750 DM
Einkommen			96 190 DM
– Kinderfreibeträge[4]			–– DM
zu versteuerndes Einkommen			96 190 DM
Einkommensteuer lt. Splittingtabelle 2000			
aus 96 190 DM			19 730 DM
+ Ergänzungsabgabe 5,5 % aus 19 730 DM[5]			1 085 DM
ESt + Ergänzungsabgabe			20 815 DM

Stand: Jan. 00

12.2.2.2 Die Lohnsteuer

Walter Schulze ist kaufmännischer Angestellter. Sein Gehalt sind steuerliche *Einkünfte aus nichtselbst- ständiger Arbeit*. Die Einkommensteuer wird ihm monatlich im Form von **Lohnsteuer** vom Arbeitgeber *abgezogen* und bis zum 10. des nächsten Monats an das Finanzamt abgeführt. Hat Herr Schulze z. B. neben seinem Gehalt noch Mieteinnahmen, so muss er u. U. nachträglich eine Einkommensteuererklärung abge- ben, damit auch diese Einnahmen von der Steuer erfasst werden.

[1] Grundfreibetrag (steuerfrei): 2001/2002: 7 235; 2003/2004: 7 426; ab 2005: 7 664.
[2] 20 580 DM = Kranken- und Pflegeversicherung 7 980 DM + Lebensversicherung 12 600 DM.
[3] Höchstens aber 50 % der Höchstbeträge, also höchstens $\frac{1}{2}$ von 5 220 DM = 2 610 DM.
[4] Es wird Kindergeld bezogen.
[5] Seit 1. Januar 1998 wird ein Solidaritätszuschlag als Ergänzungsabgabe in Höhe von 5,5 % auf die Einkommen-, Lohn- und Körperschaftsteuer erhoben.

Lohnsteuerpflichtige müssen u. a. eine Einkommensteuererklärung abgeben,

- wenn die Nebeneinkünfte höher als 410 EUR sind;
- wenn der Steuerpflichtige nebeneinander von mehreren Arbeitgebern Arbeitslohn bezogen hat;
- wenn beide Ehegatten Arbeitslohn bezogen haben und einer Steuerklasse V oder VI hatte (EStG § 46).

■ Die Grundlage für den Lohnsteuerabzug

Grundlage ist das jeweilige Bruttoentgelt des Arbeitnehmers.

Lohnsteuerfrei sind z. B. Arbeitslosengeld, Krankengeld, Abfindungen des Arbeitgebers bis 8 181 EUR bei Kündigung, Heiratsbeihilfen bis 358 EUR (für Einzelheiten siehe EStG § 3).

Der Arbeitnehmer erhält von der Gemeindebehörde seines Wohnsitzes eine **Lohnsteuerkarte**. Sie enthält neben dem Namen und der Wohnung des Arbeitnehmers alle für die Steuerberechnung zu berücksichtigende Angaben, wie Geburtstag, Religionszugehörigkeit und die Steuerklasse.

Die Lohnsteuerpflichtigen (Arbeiter, Angestellte und Beamte) werden in Steuerklassen eingeteilt (genauer Wortlaut siehe EStG § 38 b):

Steuerklasse I:	Arbeitnehmer, die ledig sind, verheiratet, verwitwet oder geschieden sind und bei denen die Voraussetzungen für die Steuerklasse III oder IV nicht erfüllt sind;
Steuerklasse II:	Arbeitnehmer wie Steuerklasse I mit mindestens einem Kind;
Steuerklasse III:	Verheiratete Arbeitnehmer, wenn Ehegatte keinen Arbeitslohn bezieht oder auf Antrag in Steuerklasse V ist. Verwitwete und Geschiedene unter bestimmten Voraussetzungen, siehe EStG § 38 b (3)b) und c);
Steuerklasse IV:	Verheiratete, wenn beide Ehegatten Arbeitslohn beziehen;
Steuerklasse V:	(auf Antrag): Wenn beide Ehegatten Arbeitslohn beziehen; der andere Ehegatte erhält dann Steuerklasse III;
Steuerklasse VI:	(bei mehreren Dienstverhältnissen): für jedes zweite und weitere gleichzeitig bestehende Dienstverhältnis.

Auf der Lohnsteuerkarte werden vom Finanzamt auf Antrag Werbungskosten, Sonderausgaben und außergewöhnliche Belastungen als **steuerfreie Beträge** eingetragen, wenn der Arbeitnehmer-Pauschbetrag (1 044 EUR) und/oder die anrechenbaren Sonderausgaben[1] und außergewöhnlichen Belastungen um mehr als 600 EUR überschritten werden [EStG § 39 a (2)].

Werbungskosten sind u. a.:
- Beiträge zu Berufsständen und Berufsverbänden, z. B. Gewerkschaftsbeiträge;
- Fahrtkosten[2] zwischen Wohnung und Arbeitsstätte, z. B. mit einem Kraftfahrzeug (Pauschbeträge je km Entfernung: Pkw 0,36 EUR, Motorrad 0,17 EUR);
- Aufwendungen für Arbeitsmittel, z. B. Werkzeuge, typische Berufskleidung, Fachliteratur;
- Aufwendungen für doppelte Haushaltsführung aus beruflichen Gründen (EStG § 9).

Sonderausgaben und **außergewöhnliche Belastungen** kann ein lohnsteuerpflichtiger Arbeitnehmer in der gleichen Art wie der Einkommensteuerpflichtige geltend machen (vgl. S. 455 f.).

■ Erstattung zu viel bezahlter Lohnsteuer – Antragsveranlagung durch das Finanzamt bzw. Lohnsteuerjahresausgleich durch den Arbeitgeber –

Übersteigt die im Laufe des Kalenderjahres *einbehaltene Lohnsteuer* bei einem Steuerpflichtigen die Steuer, die auf den gesamten Jahreslohn entfällt *(Jahreslohnsteuer)*, so wird die zu viel bezahlte Lohnsteuer im Wege der **Antragsveranlagung** durch das Finanzamt erstattet. Dieser Fall kann z. B. gegeben sein bei schwankendem Arbeitslohn, bei Arbeitslosigkeit (dann wird der für einen Teil des Jahres gezahlte Lohn als Jahreslohn angesehen), bei Geburt eines Kindes, bei erhöhten Werbungskosten und Sonderausgaben.

---

[1] Vorsorgeaufwendungen werden nicht mitgerechnet, da sie in der Lohnsteuertabelle bereits als Vorsorgepauschale eingerechnet sind.
[2] Erhöhung wegen der Ökosteuer geplant.

Das **Finanzamt** führt die Antragsveranlagung durch – Antragsfrist: Ablauf des auf das Ausgleichsjahr folgenden zweiten Kalenderjahres (z. B. Ausgleichsjahr 2000, letzte Antragsfrist 31. Dezember 2002) – und erteilt darüber dem Antragsteller einen Steuerbescheid.

Der **Arbeitgeber** ist *berechtigt*, wenn er mindestens 10 Arbeitnehmer am 31. Dezember beschäftigt, *verpflichtet*, seinen unbeschränkt einkommensteuerpflichtigen Arbeitnehmern, die während des abgelaufenen Kalenderjahres (Ausgleichsjahr) **ständig** beschäftigt waren, die für das Ausgleichsjahr einbehaltene Lohnsteuer insoweit zu erstatten, als sie die auf den *Jahresarbeitslohn* entfallende *Jahreslohnsteuer* übersteigt (**Lohnsteuerjahresausgleich**).

Der Arbeitgeber darf den Lohnsteuerjahresausgleich u. a. dann **nicht** durchführen, wenn

● der Arbeitnehmer es beantragt;
● der Arbeitnehmer für das Ausgleichsjahr oder einen Teil davon nach den Steuerklassen V oder VI zu besteuern war;
● der Arbeitnehmer für einen Teil des Ausgleichsjahrs nach den Steuerklassen III oder IV zu besteuern war; für weitere Einzelheiten siehe EStG § 42 b!

Der Arbeitgeber führt also den Lohnsteuerjahresausgleich dann durch, wenn die Sachverhalte klar und keine Entscheidungen notwendig sind.

12.2.2.3   Die Körperschaftsteuer

Juristische Personen, wie Aktiengesellschaften, Kommanditgesellschaften auf Aktien, Gesellschaften mit beschränkter Haftung, eingetragene Genossenschaften und Vereine unterliegen ebenfalls einer *Einkommensteuer*, der **Körperschaftsteuer**. Befreit davon sind die im Gesetz genannten Unternehmen, z. B. die Deutsche Post AG, die Deutsche Telekom AG, das Bundeseisenbahnvermögen, die staatlichen Lotterien (KStG §§ 1 und 5).

Die Sätze der Körperschaftsteuer werden teilweise nach der Art der Unternehmung und der Höhe des Vermögens gestaffelt. Bei unbeschränkt steuerpflichtigen Kapitalgesellschaften beträgt die Steuer 40 %[1] des nicht ausgeschütteten Gewinns. Für Gewinnausschüttungen ermäßigt sie sich auf 30 %[2]. Der Anteilseigner erhält für die bezahlte Körperschaftsteuer eine *Steuergutschrift*[3], die er zur Begleichung seiner Einkommensteuerschuld verwenden kann. Muss er keine Einkommensteuer bezahlen, so erhält er die Körperschaftsteuer auf Antrag ausbezahlt.

12.2.2.4   Die Antragsveranlagung[4]

Die Kenntnisse über die Einkommen- und Lohnsteuer, besonders auch über die Antragsveranlagung, auf Seite 454 ff. ermöglichen es, nach Ablauf des Kalenderjahres die Rückzahlung zu viel bezahlter Lohnsteuer bis zum Ende des auf das Ausgleichsjahr folgenden zweiten Kalenderjahres auf den dafür vom Finanzamt vorgesehenen Vordrucken „ESt 1 A", „Anlage N", „Anlage Kinder" und „Anlage KSO" zu beantragen.

Aufgabe
Stellen Sie den Antrag auf Veranlagung wegen zu viel bezahlter Lohnsteuer am 15. Juni des laufenden Jahres!

Sachverhalt
Antrag beim Finanzamt Starnberg (Kenn-Nr. des Vorjahres 62805-13227) auf Veranlagung wegen zu viel bezahlter Lohnsteuer (die Angaben beziehen sich immer auf das Vorjahr):

Ehemann: Manfred Loibl, Mechaniker, röm.-kath., geb. 16. Mai 1949, Andechser Straße 38, 82319 Starnberg, verheiratet seit 18. August 1973

Ehefrau: Luise geb. Huber, Büroangestellte, röm.-kath., geb. 5. November 1951

Gemeinsame Kinder: 1. Sabine L.; geb. 28. Mai 1977, Studentin an der Universität Ulm, ledig, wohnhaft Neutorstraße 18, 89073 Ulm (von Januar bis Dezember ..) eigene Einkünfte: Ferienarbeit 2 376,00 DM. 2. Andreas L., Schüler im Goethe-Gymnasium Starnberg, geb. 19. März 1984, keine Einkünfte.

[1] und [2]: ab 2001 25 %.
[3] Ab 2001 entfällt die Steuergutschrift. Im Halbeinkünfteverfahren darf von der auf die Hälfte der Dividenden entfallenen Einkommensteuer lediglich die einbehaltene Kapitalertragsteuer abgezogen werden.
[4] Früher Lohnsteuerjahresausgleich.

Bankverbindung: 623 571 Kreissparkasse Starnberg, BLZ 700 540 80

Telefon: 0 81 51 / 6 44 13

Ehemann: Lohn lt. Lohnsteuerkarte (Steuerklasse drei/zwei) vom 1. Januar bis 30. September .. 41 212,00 DM (vom 1. Oktober bis 31. Dezember .. arbeitslos wegen Insolvenzverfahren gegen das Unternehmen); einbehaltene Lohnsteuer 3 681,00 DM; einbehaltener Solidaritätszuschlag 202,45 DM; einbehaltene Kirchensteuer 257,67 DM; vermögenswirksame Leistungen auf Ratensparvertrag 468,00 DM; gesetzliche Sozialversicherungsbeiträge (Arbeitnehmeranteil) 8 654,52 DM; Fahrtkosten ins Geschäft nach 80335 München, Dachauer Straße 96 mit Pkw STA-M 633 an 147 Tagen (einfache Fahrt 22 km, 5-Tage-Woche, Urlaub 28 Tage); Gewerkschaftsbeitrag monatlich 26,00 DM; Arbeitskleidung einschließlich Reinigung 238,00 DM; Arbeitslosengeld 1. Oktober bis 31. Dezember .. 6 685,00 DM.

Ehefrau: Gehalt lt. Steuerkarte (Steuerklasse fünf) vom 1. Januar bis 31. Dezember .. (Halbtagsarbeit) 18 264,00 DM; einbehaltene Lohnsteuer 4 262,00 DM; einbehaltener Solidaritätszuschlag 234,41 DM; einbehaltene Kirchensteuer 340,96 DM; vermögenswirksame Leistungen auf Ratensparvertrag 624,00 DM; gesetzliche Sozialversicherungsbeiträge (Arbeitnehmeranteil) 3 835,44 DM; Buskosten ins Geschäft Monatskarte 85,50 DM; Arbeitsschürzen 185,00 DM.

Sonstiges: Kfz-Haftpflichtversicherung 416,00 DM (Erstattung ..: 46,00 DM); Unfallversicherung jährlich 129,00 DM; Lebensversicherung für Ehemann monatlich 148,00 DM; .. erstattete Kirchensteuer 35,00 DM; Spende für politische Parteien 30,00 DM; Spende für Flüchtlingshilfe 80,00 DM. Ausgezahltes Kindergeld je Kind 3 000,00 DM; Zahnarzt-, Arzt- und Kurkosten 8 675,00 DM (davon Kassenerstattung 4 260,00 DM).

Zinserträge aus vermögenswirksamen Anlagen: Ehemann 193,00 DM; Ehefrau 212,00 DM.

Lösung

Siehe Seiten 461 bis 468 auf amtlichem Vordruck!

Es muss für jeden Arbeitnehmer eine Anlage N abgegeben werden. Es wäre also für Frau Loibl eine gesonderte Anlage N auszufüllen. Außerdem muss gegebenenfalls eine gemeinsame „Anlage KSO" abgegeben werden.

Übungsaufgabe

Stellen Sie beim Finanzamt Ingolstadt einen Antrag auf Erstattung zu viel bezahlter Lohnsteuer nach den folgenden Angaben und benützen Sie dazu ein gültiges Antragsformular des Finanzamtes!

Sachverhalt

Kenn-Nr. des Vorjahres: 42610/26101

Ehemann: Hans Stober, kaufmännischer Angestellter, Münzbergstraße 17, 85049 Ingolstadt, evangelisch, geb. 18. Juli 1968, verheiratet seit 30. September 1993.

Ehefrau: Adelheid S. geb. Fischer, kaufmännische Angestellte, evangelisch, geb. 7. April 1970.

Gemeinsame Kinder: 1. Barbara S., geb. 10. Dezember des Jahres, für welches die Lohnsteuerrückzahlung beantragt wird; 2. Gabriele S., geb. 10. Dezember (Zwillinge)

Bankverbindung: Postbank München (BLZ 700 100 80) 3765-806

Telefon: 08 41 / 5 82 67

Ehemann: Gehalt lt. Lohnsteuerkarte (Steuerklasse drei/null)[1] vom 1. Januar bis 31. Dezember .. 83 600,00 DM; einbehaltene Lohnsteuer 13 762,00 DM; einbehaltener Solidaritätszuschlag 756,91 DM; einbehaltene Kirchensteuer 1 100,96 DM; vermögenswirksame Leistungen auf Ratensparvertrag 624,00 DM; private Krankenversicherung, private Pflegeversicherung 5 413,20 DM; gesetzliche Sozialversicherung (nur Arbeitnehmeranteil Renten- und Arbeitslosenversicherung) 8 694,40 DM; Fahrtkosten zur Arbeitsstelle nach 86633 Neuburg (Donau), Dammstraße 44, mit Pkw IN-SL 606 an 212 Tagen (einfache Fahrt 24 km, 5-Tage-Woche, Urlaub 30 Tage); Fachbücher und Fachzeitschriften 1 288,00 DM; Managementlehrgang 650,00 DM.

---

[1] Die Geburt der Zwillinge ist nicht berücksichtigt.

Lösung

© Verlag Gehlen

Name und Vorname	**Anlage N**	**2000**
Loibl, Manfred		
Steuernummer	Jeder Ehegatte	
62805-13227	mit Einkünften aus nichtselbständiger Arbeit	
	hat eine eigene Anlage N abzugeben.	

Bitte Lohnsteuerkarte(n) im Original beifügen!

Stpfl. / Ehemann = 7.
Ehefrau = 8

99 4

Einkünfte aus nichtselbständiger Arbeit

Zeile	Angaben zum Arbeitslohn	Erste Lohnsteuerkarte		Weitere Lohnsteuerkarte(n)		
1		Steuerklasse				
		10 DM	Pf	11 DM	Pf	85 Veranlagungs-grund
						10
2	Bruttoarbeitslohn	41 212	—	41		
		40		41		40
3	Lohnsteuer	3 681	00			50
		50		51		
4	Solidaritätszuschlag	202	45			42
		42		43		44
5	Kirchensteuer des Arbeitnehmers	257	67			11
6	Nur bei konfessionsverschiedener Ehe: Kirchensteuer für den Ehegatten	44		45		41
7	Nachträgliche Steuerbefreiung für Arbeitslohn (in Zeile 2 enthalten) aufgrund geringfügiger Beschäftigung(en) – sog. **630-DM-Arbeitsverhältnisse** – für den der Arbeitgeber den pauschalen Rentenversicherungsbeitrag (12 %) entrichtet hat. (Bitte Bescheinigung des Arbeitgebers beifügen.)			28		51
8	Versorgungsbezüge (in Zeile 2 enthalten)			32		43
9	Außerordentliche Einkünfte, die ermäßigt besteuert werden sollen (vgl. Zeile 45 des Hauptvordrucks): **Versorgungsbezüge für mehrere Jahre**			33	—	45
10	**Arbeitslohn für mehrere Jahre**			13	—	28
11	**Entschädigungen** (Bitte Vertragsunterlagen beifügen.)			66	—	32
12	Steuerabzugsbeträge zu den Zeilen 9 bis 11	46 Lohnsteuer		52 Solidaritätszuschlag		33
13		48 Kirchensteuer Arbeitnehmer		49 Kirchensteuer Ehegatte		13
14	Steuerpflichtiger Arbeitslohn, von dem kein Steuerabzug vorgenommen worden ist			15	—	Vom Arbeitgeber ausge-zahltes Kindergeld
15	**Steuerfreier Arbeitslohn** nach Doppelbesteuerungsabkommen zwischenstaatlichen Übereinkommen	Staat / Organisation		39	—	70
16	nach Auslandstätigkeitserlass	Staat		36	—	Länderschlüssel (Arbeit-geber-FA) 67
17	**Zu Zeile 15:** Unter bestimmten Voraussetzungen erfolgt eine Mitteilung über die Höhe des in Deutschland steuerfreien Arbeitslohns an den anderen Staat. Einwendungen gegen eine solche Weitergabe bitte als Anlage beifügen.					86
18	Grenzgänger nach Beschäftigungsland Arbeitslohn ►			16 in ausländischer Währung		17 Länder-schlüssel
19	Schweizerische Abzugsteuer			35 SFr		
20	Steuerfrei erhaltene Aufwandsentschädig. aus der Tätigkeit als			Betrag		
21	Kurzarbeitergeld, Winterausfallgeld, Zuschuss zum Mutterschaftsgeld, Verdienstausfallentschädi-gung nach dem Bundes-Seuchengesetz, Aufstockungsbeträge nach dem Altersteilzeitgesetz, Altersteilzeitzuschläge nach Besoldungsgesetzen (lt. Lohnsteuerkarte)	19				19
22	Andere Lohnersatzleistungen (z. B. Arbeitslosengeld, Arbeitslosenhilfe, Altersübergangsgeld, Über-brückungsgeld lt. Bescheinigung d. Arbeitsamts u. Krankengeld, Mutterschaftsgeld lt. Leistungsnachweis)	20		6 685	—	20
23	Angaben über Zeiten und Gründe der Nichtbeschäftigung (Bitte Nachweise beifügen.) 1. Oktober - 31. Dezember Insolvenz der Firma					

Angaben zum Antrag auf Festsetzung der Arbeitnehmer-Sparzulage

24	Beigefügte Bescheinigung(en) vermögenswirksamer Leistungen (Anlage VL) des Anlageinstituts/Unternehmens	1 Anzahl	

Stpfl. / Ehemann = 7.
Ehefrau = 8

Ergänzende Angaben zu den Vorsorgeaufwendungen

99 8

25	Es bestand 2000 **keine gesetzliche Rentenversicherungspflicht** aus dem aktiven Dienstverhältnis / aus der Tätigkeit		Vorsorgepauschale gekürzt = 1 ungekürzt = 2
26	☐ als Beamter. ☐ als Vorstandsmitglied / GmbH-Gesellschafter-Geschäftsführer. ☐ im Rahmen von Ehegattenarbeitsverträgen, die vor dem 1. 1. 1967 abgeschlossen wurden.		35 Bemessungsgrundl. für Vorwegabzug ohne Kürz
27	☐ als (z. B. Praktikant, Student)		
28	Aufgrund des vorgenannten Dienstverhältnisses / der Tätigkeit bestand **eine** Anwartschaft auf Altersversorgung (ganz oder teilweise ohne eigene Beitragsleistungen). ☐ Ja ☐ Nein		15
29	Im Rahmen des vorgenannten Dienstverhältnisses / der Tätigkeit wurden steuerfreie Arbeitgeberzuschüsse zur Kranken-, Pflege-, Renten- oder Arbeitslosenversicherung gezahlt. ☐ Ja ☐ Nein		
30	Ich habe 2000 bezogen ☐ beamtenrechtliche od. gleichgestellte Versorgungsbezüge. ☐ Altersrente aus der gesetzlichen Rentenversicherung.		

Anlage N für Einkünfte aus nichtselbständiger Arbeit

328 c OFD Frankfurt am Main 9.00 (232)

Zeile	Werbungskosten													40		Tage
31														41		km
32	**Fahrten zwischen Wohnung und Arbeitsstätte**													43		Tage
	Aufwendungen für Fahrten mit eigenem oder zur Nutzung überlassenem															km
33	x privaten Pkw	Firmenwagen	Motorrad/ Motorroller	Letztes amtl. Kennzeichen	STA - M 633						Moped/ Mofa	Fahr-rad		44		Tage
34	Arbeitstage je Woche 5	Urlaubs- und Krankheitstage 28	**Erhöhter Kilometersatz wegen Behinderung**										46		km
			Behinderungsgrad mindestens 70	Behinderungsgrad mindestens 50 und erhebliche Gehbehinderung									47		
35	Arbeitsstätte in (Ort und Straße) – ggf. nach besonderer Aufstellung – 80375 München, Dachauer Str. 96			Einsatzwechseltätigkeit vom – bis	40 benutzt an 1 4 7 Tagen		41 einfache Entfernung 2 2 km						61		Schlüsselz. zu Kz 41
36					43 Tagen		44 km						62		Schlüsselz. zu Kz 44
37					46 Tagen		47 km						63		Schlüsselz. zu Kz 47
38	Aufwendungen für Fahrten mit öffentlichen Verkehrsmitteln			DM	steuerfrei ersetzt DM – ▶		49 DM						49		
39	Fahrtkostenersatz, der vom Arbeitgeber pauschal besteuert oder bei Einsatzwechseltätigkeit steuerfrei gezahlt wurde						50						50		
40	**Beiträge zu Berufsverbänden** (Bezeichnung der Verbände) Gewerkschaft IG Metall						51 312						51		
41	**Aufwendungen für Arbeitsmittel** – soweit nicht steuerfrei ersetzt – (Art der Arbeitsmittel bitte einzeln angeben) DM Arbeitskleidung einschl. Reinigung 238														
42						+									
43						+									
44						+ ▶	52 238						52		
45	**Weitere Werbungskosten** (z. B. Fortbildungskosten, Reisekosten bei Dienstreisen) – soweit nicht steuerfrei ersetzt –														
46						+									
47						+									
48						+ ▶	53						53		
49	**Pauschbeträge für Mehraufwendungen für Verpflegung**					Vom Arbeit-geber steuerfrei ersetzt ▼									
50	bei Einsatzwechseltätigkeit		bei Fahrtätigkeit												
51	Abwesenheit mind. 8 Std. Zahl der Tage ×10 DM	Abwesenheit mind. 14 Std. Zahl der Tage ×20 DM	Abwesenheit von 24 Std. Zahl der Tage ×46 DM	Summe = DM		DM – ▶	54						54		
52													64		Werbungskosten zu Zeile 7
53	**Mehraufwendungen für doppelte Haushaltsführung** Der doppelte Haushalt wurde aus beruflichem Anlass begründet		Beschäftigungsort										57		Werbungskosten zu Zeile 15 und 16
54	Grund am	und hat seitdem ununter-brochen bestanden bis 2000	Es bestand bereits eine frühere doppelte Haus-haltsführung am selben Beschäftigungsort	vom – bis											
55	Eigener Hausstand Nein Ja, in	seit	Falls nein, wurde Unterkunft am bisherigen Ort beibehalten? Nein Ja										58		Werbungskosten zu Zeile 14 und 18
56	**Kosten d. ersten Fahrt zum Beschäftigungsort u. d. letzten Fahrt zum eigenen Hausstand** mit öffentlichen Verkehrsmitteln	mit eigenem Kfz Entfernung km ×	= DM										59		Werbungskosten zu Zeilen 9 und 10
57	**Fahrtkosten für Heimfahrten** mit öffentlichen Verkehrsmitteln	m. eigenem Kfz (Ent-fernung km)	Einzelfahrt DM × Anzahl = DM										60		Werbungskosten zu Zeile 11
58	Kosten der Unterkunft am Arbeitsort (lt. Nachweis)		DM												
59	**Verpflegungsmehraufwendungen**					Vom Arbeit-geber steuerfrei ersetzt ▼									
60	Abwesenheit mind. 8 Std. Zahl der Tage ×10 DM	Abwesenheit mind. 14 Std. Zahl der Tage ×20 DM	Abwesenheit von 24 Std. Zahl der Tage ×46 DM	= DM											
61				DM											
62	Summe der Zeilen 56 bis 61		DM			DM – ▶	55						55		

2000

12	Nummer		Zeitr.	11	Steuernummer		10	00	Vorg.	Fallgruppe

Eingangsstempel

☒ **Einkommensteuererklärung**

☒ **Antrag auf Festsetzung der Arbeitnehmer-Sparzulage**

☐ **Erklärung zur Feststellung des verbleibenden Verlustvortrags**

An das Finanzamt
Starnberg

Steuernummer   bei Wohnsitzwechsel: bisheriges Finanzamt
62805-13227

☒ Ich rechne mit einer Einkommen-steuererstattung.

Zeile		**Allgemeine Angaben**			
99	10	Steuerpflichtige Person (Stpfl.), bei Ehegatten: **Ehemann**	Telefonische Rückfragen tagsüber unter Nr.	40	Post-empfänger
2		Name: Loibl		69	Anschrift
3		Vorname: Manfred			
4		Geburtsdatum: Tag 1 6 Monat 0 5 Jahr 4 9 / Religion rk. / Ausgeübter Beruf Mechaniker			
5		Straße und Hausnummer: Andechser Str. 38			
6		Postleitzahl, derzeitiger Wohnort: 82319 Starnberg			
7		Verheiratet seit dem 18.08.73 / Verwitwet seit dem / Geschieden seit dem / Dauernd getrennt lebend seit dem			
8		**Ehefrau:** Vorname: Luise			
9		ggf. von Zeile 2 abweichender Name			
10		Geburtsdatum: Tag 0 5 Monat 1 1 Jahr 5 1 / Religion rk. / Ausgeübter Beruf Büroangestellte			
11		Straße und Hausnummer, Postleitzahl, derzeitiger Wohnort (falls von Zeilen 5 und 6 abweichend)			
12		**Nur von Ehegatten auszufüllen:** ☒ Zusammen-veranlagung / Getrennte Veranlagung / Besondere Veranlagung für das Jahr der Eheschließung / Wir haben Gütergemeinschaft vereinbart: Nein Ja		99	17

Art der Steuerfestsetzung

13		**Bankverbindung** Bitte stets angeben!		10	
14		Kontonummer 623571 / Bankleitzahl 70054080		11	Alter A B / Religion A B
15		Geldinstitut (Zweigstelle) und Ort: Kreissparkasse Starnberg		77	von bis / A Dauer der KiSt.-Pflicht von Monat bis Monat B
16		Kontoinhaber ☒ lt. Zeilen 2 u. 3 oder: / Name (im Fall der Abtretung bitte amtlichen Abtretungsvordruck beifügen)		78	
17		**Der Steuerbescheid soll nicht mir / uns zugesandt werden, sondern**		73	Angaben zur Er-stattung 83 / Bescheid ohne Anschrift Ja = 1
18	41	Name		74	Veran-lagungs-art 75 / Zahl d. zusätzl. Bescheide
19	42	Vorname		70	nichtamtlicher Vordruck Ja = 2
20	43	Straße und Hausnummer oder Postfach			
21	45	Postleitzahl, Wohnort			

	Unterschrift	Die mit der Steuererklärung angeforderten Daten werden aufgrund der §§ 149 ff. der Abgabenordnung und der §§ 25, 46 des Einkommensteuergesetzes erhoben.
22	Ich versichere, dass ich die Angaben in dieser Steuererklärung wahrheitsgemäß nach bestem Wissen und Gewissen gemacht habe. Mir ist bekannt, dass Angaben über Kindschaftsverhältnisse und Pauschbeträge für Behinderte erforderlichenfalls der Gemeinde mitgeteilt werden, die für die Ausstellung der Lohn-steuerkarten zuständig ist.	
23		

Bei der Anfertigung dieser Steuererklärung hat mitgewirkt:

24	
25	
26	2001-05-25 *Manfred Loibl Luise Loibl*
27	**Datum, Unterschrift(en)** Steuererklärungen sind eigenhändig – bei Ehegatten von beiden – zu unterschreiben.

ESt 1 A – Einkommensteuererklärung für unbeschränkt Steuerpflichtige -

OFD Frankfurt am Main 9.00 (232)
325

Die Anlage KSO braucht nicht abgegeben zu werden, da die Einnahmen aus Kapitalvermögen nicht mehr als 12 200 DM betrugen; es wurde kein Steuerabzug vorgenommen (vgl. Zeile 31 des Vordrucks ESt 1 A!).

© Verlag Gehlen

Zeile						
29	**Einkünfte im Kalenderjahr 2000** aus folgenden Einkunftsarten:					
30	Kapitalvermögen	lt. Anlage KAP		x		Die Einnahmen aus Kapitalvermögen betragen nicht mehr als **3 100 DM**, bei Zusammenveranlagung **6 200 DM**. Zur **Anrechnung von Steuerabzugsbeträgen** und bei **vergüteter Körperschaftsteuer** bitte Anlage KAP abgeben.
31						Der Gesamtgewinn aus privaten Veräußerungsgeschäften, insbesondere aus Grundstücks- und Wertpapierveräußerungen, ist positiv und beträgt weniger als 1000 DM, im Fall der Zusammenveranlagung bei jedem Ehegatten weniger als 1000 DM.
32	Sonstige Einkünfte	lt. Anlage SO				
33	Nichtselbständige Arbeit	x	lt. **Anlage N** für steuerpflichtige Person (bei Ehegatten: Ehemann)	x	lt. **Anlage N** für Ehefrau	
34	Gewerbebetrieb / Selbständige Arbeit	lt. Anlage GSE				
35	Land- und Forstwirtschaft	lt. Anlage L				
36	Vermietung und Verpachtung	lt. Anlage(n) V	Anzahl			
37						
38	**Ausländische Einkünfte und Steuern / Meldungen über Betriebe oder Beteiligungen im Ausland**					
39		lt. Anlage(n) AUS	Anzahl			
40	**Angaben zu Kindern**	x	lt. Anlage(n) Kinder	Anzahl 1		
41						
42	**Förderung des Wohneigentums**	lt. Anlage(n) FW	Anzahl			
43						

Zeile		99	18
44	**Sonstige Angaben und Anträge**		
45	Für alle 2000 bezogenen außerordentlichen Einkünfte wird die ermäßigte Besteuerung beantragt.	75	Ja = 1
46	Steuerfrei belassener Arbeitslohn aufgrund Freistellungsbescheinigung(en) für geringfügige Beschäftigung(en) – sog. **630-DM-Arbeitsverhältnisse** – (Lohnsteuerbescheinigung(en) des Arbeitgebers bitte beifügen.) **73** Stpfl./Ehemann DM **74** Ehefrau DM	73	
47	**Nur bei getrennter Veranlagung von Ehegatten ausfüllen:** Laut beigefügtem gemeinsamen Antrag beträgt der bei mir zu berücksichtigende Anteil an den Aufwendungen für ein hauswirtschaftliches Beschäftigungsverhältnis und den außergewöhnlichen Belastungen %	74	
48			
49	Einkommensersatzleistungen, die dem Progressionsvorbehalt unterliegen, z. B. Krankengeld, Mutterschaftsgeld (soweit nicht in Zeile 21 oder 22 der Anlage N eingetragen) lt. beigefügter Bescheinigung **20** Stpfl./Ehemann DM **21** Ehefrau DM	20	
50	**Nur bei zeitweiser unbeschränkter Steuerpflicht im Kalenderjahr 2000:**	21	
51	Im Inland ansässig vom – bis		
52	Ausländische Einkünfte, die außerhalb des in Zeile 51 genannten Zeitraums bezogen wurden und nicht der deutschen Einkommensteuer unterlegen haben (Nachweise bitte beifügen.) **22** DM	22	
53	**Nur bei im Ausland ansässigen Personen, die auf Antrag als unbeschränkt steuerpflichtig** behandelt werden:		
54	Positive Summe der nicht der deutschen Einkommensteuer unterliegenden Einkünfte **24** DM	24	
55	**Nur bei im Ausland ansässigen steuerpflichtigen Personen:** Ich beantrage, für die Anwendung personen- und familienbezogener Steuervergünstigungen als unbeschränkt steuerpflichtig behandelt zu werden.		
56	Die „Bescheinigung EU / EWR" ist beigefügt.		
57	Die „Bescheinigung außerhalb EU / EWR" ist beigefügt.		
58	**Nur bei im EU- / EWR-Ausland lebenden Ehegatten / Kindern:**		
59	Ich beantrage als Staatsangehöriger eines EU- / EWR-Mitgliedstaates die Anwendung familienbezogener Steuervergünstigungen. Die „Bescheinigung EU / EWR" ist beigefügt.		
60	**Nur bei im Ausland ansässigen Angehörigen des deutschen öffentlichen Dienstes, die im dienstlichen Auftrag außerhalb der EU oder des EWR tätig sind:**		
61	Ich beantrage die Anwendung familienbezogener Steuervergünstigungen. Die „Bescheinigung EU / EWR" ist beigefügt.		

464

Zeile					99 52
62	**Sonderausgaben**				
					30
63	**Arbeitnehmeranteil am Gesamtsozialversicherungsbeitrag** und / oder befreiende Lebensversicherung sowie andere gleichgestellte Aufwendungen (ohne steuerfreie Zuschüsse des Arbeitgebers)	DM	DM		31
64	– in der Regel auf der Lohnsteuerkarte bescheinigt –	30 Stpfl./Ehemann 8 655	31 Ehefrau 3 836		82
	Nur bei steuerpflichtigen Personen, die nach dem 31. 12. 1957 geboren sind:	82	87		87
65	**Zusätzliche freiwillige Pflegeversicherung** (nicht in Zeilen 64 und 68 enthalten)				
66					
67	**Freiwillige** Angestellten-, Arbeiterrenten-, **Höherversicherung** (abzüglich steuerfreier Arbeitgeberzuschuss) sowie Beiträge von **Nichtarbeitnehmern** zur Sozialversicherung	41 Stpfl./Ehegatten			41
68	**Kranken- und Pflegeversicherung** (abzüglich steuerfreie Zuschüsse, z. B. des Arbeitgebers; ohne Beiträge in den Zeilen 64 und 65)	2000 gezahlte Beiträge –	2000 erstattete Beiträge ▶	40	40
69	**Unfallversicherung**	129	– ▶	42 129	42
70	**Lebensversicherung** – nicht in der Anlage VL enthalten – (einschl. Sterbekasse u. Zusatzversorgung; ohne Beträge in Zeile 64)	1 776	– ▶	44 1 776	44
71	**Haftpflichtversicherung** (ohne Kasko-, Hausrat- und Rechtsschutzversicherung)	416	– 46 ▶	43 370	43
72					11
73	**Renten**	Rechtsgrund, Datum des Vertrags	11 tatsächlich gezahlt	12 abziehbar %	12 %
74	**Dauernde Lasten**	Rechtsgrund, Datum des Vertrags	10		10
75	**Unterhaltsleistungen** an den geschiedenen / dauernd getrennt lebenden Ehegatten lt. **Anlage U**			39	39
76					
77	**Kirchensteuer**	13 2000 gezahlt 599	14 2000 erstattet 35		13
78	Rentenversicherungspflichtig **Beschäftigte in der Hauswirtschaft** (grundsätzlich ohne sog. 630-DM-Arbeitsverhältnisse)				14
79	vom – bis	Höhe der Aufwendungen DM	Steuerfreie Einnahmen – DM	22 ▶	22
80	**Steuerberatungskosten**			16	16
81	Aufwendungen für die eigene **Berufsausbildung** oder die Weiterbildung in einem nicht ausgeübten Beruf	Art der Aus- / Weiterbildung			
82	Art und Höhe der Aufwendungen			17	17
83	**Schulgeld** an Ersatz- oder Ergän- zungsschulen für Kinder lt. Zeile(n) der Anlage Kinder	Bezeichnung der Schule		71	71
84	**Spenden in den Vermögensstock einer Stiftung** innerhalb des ersten Jahres nach Gründung dieser Stiftung	lt. beigef. Bestätigungen	lt. Nachweis Betriebsfinanzamt	27	27
85	Von den Spenden in Zeile 84 sollen in 2000 berücksichtigt werden			27	23
86	**Spenden an Stiftungen** (ohne Beträge in den Zeilen 84 und 85)	lt. beigef. Bestätigungen	lt. Nachweis Betriebsfinanzamt		24
87	**Spenden** und Beiträge (ohne Beträge in den Zeilen 84 bis 86) für wissenschaftliche, mildtätige und kulturelle Zwecke		+ ▶	18	25
88	für kirchliche, religiöse und gemeinnützige Zwecke	80	+ ▶	19 80	26
89	**Mitgliedsbeiträge und Spenden** an politische Parteien (§§ 34 g, 10 b EStG)	30	+ ▶	20 30	18
90	an unabhängige Wählervereinigungen (§ 34 g EStG)		+ ▶	70	19
91	**Verlustabzug**				20
92	Es wurde ein verbleibender Verlustvortrag nach § 10 d EStG zum 31. 12. 1999 festgestellt für	Stpfl. / Ehemann	Ehefrau		70
93	**Antrag auf Beschränkung des Verlustrücktrags nach 1999** – Von den nicht ausge- glichenen negativen Einkünften 2000 soll folgender Gesamtbetrag nach 1999 zurückgetragen werden			Summe der Umsätze, Löhne und Gehälter	21
94	Der Rücktrag nicht ausgeglichener negativer Einkünfte 2000 soll lt. **Anlage VA** für bestimmte Einkunftsarten begrenzt werden.				

Zeile										

Außergewöhnliche Belastungen

| 95 | **Behinderte und Hinterbliebene** | | | Nachweis | ist beigefügt. | | hat bereits vorgelegen. | | **99** | **53** |

| 96 | Name | Ausweis/Rentenbescheid/Bescheinigung ausgestellt am / gültig von – bis | hinter-blieben | behindert | blind / ständig hilflos | geh- und steh-behindert | Grad der Behinderung | | 56 | 1. Person *) |

| 97 | | | | | | | 56 | | 57 | 2. Person *) |
| 98 | | | | | | | 57 | | | *) bei Blinden u. ständig Pflege-bedürftigen "300" eintragen |

| 99 | Nur bei geschiedenen oder dauernd getrennt lebenden Eltern oder bei Eltern nichtehelicher Kinder: Laut beigefügtem gemeinsamen Antrag sind die für Kinder zu gewährenden Pauschbeträge für Behinderte / Hinterbliebene in einem anderen Verhältnis als je zur Hälfte aufzuteilen. | | | | | | | | 58 | Hinterblieb.-Pauschbetrag Anzahl |

| 100 | **Beschäftigung einer Hilfe im Haushalt** | vom – bis | Aufwendungen im Kalenderjahr | DM | | 60 | Hilfe im Haushalt/Unterbr. |

| 101 | Antragsgrund, Name und Anschrift der beschäftigten Person oder des mit den Dienstleistungen beauftragten Unternehmens | | | | 79 | Pflege-Pauschbetrag |

| 102 | **Heimunterbringung** | vom – bis | der steuerpflichtigen Person | des Ehegatten | 50 | Summe der Unterhalts-zeiträume in Monaten insgesamt |

| 103 | ohne Pflegebedürftigkeit | zur dauernden Pflege | Art der Dienstleistungskosten | | 51 | Eigene Einnahmen der unterhaltenen Person(en), ggf. "0" |

| 104 | Bezeichnung, Anschrift des Heims | | | | 52 | Betriebsausgaben, Werbungskosten / Kostenpauschale |

| 105 | **Pflege-Pauschbetrag** wegen **unentgeltlicher** persönlicher Pflege einer ständig hilflosen Person in ihrer oder in meiner Wohnung im Inland | Nachweis der Hilflosigkeit ist beigefügt. hat bereits vorgelegen. | | 55 | Öfftl. Ausbildungshilfen |

| 106 | Name, Anschrift und Verwandtschaftsverhältnis der hilflosen Person(en) | Name anderer Pflegepersonen | | 53 | Unterhaltsleistungen Dritter |

| 107 | **Unterhalt für bedürftige Personen** Name und Anschrift der unterhaltenen Person, Beruf, Familienstand | | | 54 | Tatsächl. Unterhalts-leistungen d. Stpfl. |

| 108 | Hatte jemand Anspruch auf Kindergeld oder einen Kinderfreibetrag für diese Person? Nein Ja | Verwandtschaftsver-hältnis zu dieser Person | Geburtsdatum | | 80 | Länderschlüssel 1 = ½ 2 = ⅓ |

| 109 | Die unterstützte Person ist der geschiedene Ehegatte. Die unterstützte Person ist als Kindesmutter/Kindesvater gesetzlich unterhaltsberechtigt. | | 61 | Personell berechneter Betrag (§§ 33a, 33b EStG) |

| 110 | Die unterstützte Person ist nicht unterhaltsberechtigt, jedoch wurden bei ihr öffentliche Mittel wegen der Unterhaltszahlungen gekürzt um | DM | | 62 | Anerkannte außer-gewöhnliche Belastung – vor Abzug der zumut-baren Belastung – |

| 111 | Aufwendungen für die unterhaltene Person (Art) | vom – bis | Höhe DM | | |

| 112 | Diese Person hatte a) im Unterhalts-zeitraum | Bruttoarbeitslohn DM | Werbungskosten DM | Öfftl. Ausbildungshilfen DM | Renten, andere Einkünfte, Bezüge, Vermögen | |
| 113 | b) außerhalb des Unterhalts-zeitraums | DM | DM | DM | | |

| 114 | Diese Person lebte in meinem Haushalt im eigenen / anderen Haushalt | zusammen mit folgenden Angehörigen | |

| 115 | Zum Unterhalt dieser Person haben auch beigetragen (Name, Anschrift, Zeitraum und Höhe der Unterhaltsleistungen) | | **99** | **12** |

116	**Andere außergewöhnliche Belastungen** Art der Belastung	Gesamtaufwand im Kalenderjahr DM	Erhaltene / zu erwartende Versicherungsleistungen, Beihilfen, Unterstützungen; Wert des Nachlasses usw. DM	Nr.	Wert
117	Zahnarzt-, Arzt- und Kurkosten lt. Aufstellung	8 675	4 260		
118					
119					

| **99** | **30** | 11 | Versp. Zuschl. in DM | 45 | Dauer der Verspätung in Monaten | 38 | |

Verfügung 1. Die aufgeführten Daten sind mit Hilfe des geprüften und genehmigten Programms sowie unter Berücksichtigung der ggf. gespeicherten Daten maschinell zu ver-arbeiten. In Höhe des maschinell ermittelten Ergebnisses werden die Steuern, die Zinsen, die Arbeitnehmer-Sparzulagen, der Verspätungszuschlag und die Vor-auszahlungen festgesetzt oder es wird die Nichtveranlagung verfügt. Der verbleibende Verlustvortrag wird festgestellt. Das Ergebnis ist bekannt zu geben.

Erledigt (Namensz., Datum)

2. ☐ Grunddaten prüfen

3. ☐ KM fertigen . . . . .

4. ☐ Belege zurückgeben . . .

5. ☐ Änderung / Berichtigung vermerken

6. Von der Steuererklärung wurde abgewichen ☐ nein ☐ ja

Stpfl. wurde(n) vorher angehört ☐ ja ☐ nein

Die Abweichung wurde im Bescheid erläutert ☐ ja ☐ nein

Erledigt (Namensz., Datum)

7. ☐ Zur Datenerfassung / Bearbeitereingabe

8. ☐ Bescheid ergänzen (Anlage beifügen)

9. ☐ LSt-Karte(n) entwerten . . . . .

10. ☐ Z. d. A.

Erfasst

Kontrollzahl

SGL Datum Bearb.

© Verlag Gehlen

Name und Vorname
Loibl, Manfred
Steuernummer
62805-13227

Anlage Kinder

Bei mehr als 4 Kindern
bitte weitere Anlagen Kinder abgeben.

1. Anlage = 6
2. Anlage = 7

99 3

Angaben zu Kindern

Zeile		Vorname ggf. abweichender Familienname	verheiratet seit dem	Anschrift	Bei Wohnsitz im Ausland bitte den Staat eintragen.
1		Sabine		Ulm	
2		Andreas		Starnberg	
3					
4					

Zeile	Kind in	Geburtsdatum		Für 2000 ausgezahltes Kindergeld / Höhe des zivilrechtlichen Ausgleichsanspruchs / vergleichbare Leistungen	Wohnort im				Volle KFB Zahl der Monate		Halbe KFB Zahl der Monate		Länderangaben in Drittel
5	Kind in				Inland vom bis		Ausland vom bis		Inland	Ausland	Inland	Ausland	
6		T T M M J J J J		15 DM	T T M M T T M M		T T M M T T M M						
7	Zeile 1	16 28 05 1977		15 3 000	01 01 31 12				10	12	11	13	14
8	Zeile 2	26 19 03 1984		25 3 000	01 01 31 12				20	22	21	23	24
9	Zeile 3	36		35					30	32	31	33	34
10	Zeile 4	46		45					40	42	41	43	44

Kindschaftsverhältnis

Zeile	Kind in	zur steuerpflichtigen Person			zum Ehegatten			Bei Pflegekindern: Empfangene Unterhaltsleistungen / Pflegegelder DM
11		leibliches Kind / Adoptivkind	Pflegekind	Enkelkind / Stiefkind	leibliches Kind / Adoptivkind	Pflegekind	Enkelkind / Stiefkind	
12	Kind in							
13	Zeile 1	x	☐	☐	x	☐	☐	
14	Zeile 2	x	☐	☐	x	☐	☐	
15	Zeile 3	☐	☐	☐	☐	☐	☐	
16	Zeile 4	☐	☐	☐	☐	☐	☐	

Kindschaftsverhältnis zu weiteren Personen

Zeile	Kind in	durch Tod des anderen Elternteils erloschen am:	hat bestanden zu (Name, letztbekannte Anschrift und Geburtsdatum dieser Personen, Art des Kindschaftsverhältnisses)	vom – bis
17				
18	Kind in			vom – bis
19	Zeile 1			
20	Zeile 2			
21	Zeile 3			
22	Zeile 4			

Kinder ab 18 Jahren

Zeile	Kind in	Kinder von 18 bis 27 Jahren				Kinder von 18 bis 21 Jahren	Behinderte Kinder, wenn die körperliche, geistige oder seelische Behinderung vor Vollendung des 27. Lebensjahres eingetreten ist	21 Jahre	27 Jahre Berufsausbildung oder Ausbildungsunterbrechung bis max. 4 Monate	Kinder über Dauer des gesetzlichen Grundwehr-/ Zivildienstes oder davon befreienden Dienstes	Maßgeblicher Ausbildungs- oder vergleichbarer Zeitraum (nach Vollendung des 18. Lebensjahres)
23		Schul-/ Berufsausbildung	Ausbildungsunterbrechung bis max. 4 Monate	Ausbildungsplatz fehlt	freiwilliges soziales od. ökologisch. Jahr; europäischer Freiwilligendienst	arbeitslos		arbeitslos		vom – bis	vom bis T T M M T T M M
24	Kind in										
25											
26	Zeile 1	x	☐	☐	☐	☐	☐	☐	☐		
27	Zeile 2	☐	☐	☐	☐	☐	☐	☐	☐		
28	Zeile 3	☐	☐	☐	☐	☐	☐	☐	☐		
29	Zeile 4	☐	☐	☐	☐	☐	☐	☐	☐		

Anlage Kinder

328
OFD Frankfurt am Main
9.00 (232)

2

Einkünfte und Bezüge der Kinder ab 18 Jahren

Zeile	Kind in		Bruttoarbeitslohn	darauf entfallende Werbungskosten	Öffentliche Ausbildungshilfen	Kapitalerträge (z. B. Zinseinnahmen)	andere Einkünfte/Bezüge (Art und Höhe)
30			DM	DM	DM	DM	
31	Zeile 1	Einnahmen des Kindes im maßgeblichen Zeitraum	2 376				
32		außerhalb des maßgeblichen Zeitraums					
33	Zeile 2	Einnahmen des Kindes im maßgeblichen Zeitraum					
34		außerhalb des maßgeblichen Zeitraums					
35	Zeile 3	Einnahmen des Kindes im maßgeblichen Zeitraum					
36		außerhalb des maßgeblichen Zeitraums					
37	Zeile 4	Einnahmen des Kindes im maßgeblichen Zeitraum					
38		außerhalb des maßgeblichen Zeitraums					

Betreuungsfreibetrag Wird für Kinder unter 16 Jahren grundsätzlich vom Finanzamt berücksichtigt.

19
29

39	Das Kind in	
40	Zeile 1	hat das 16. Lebensjahr vollendet und ist wegen einer Behinderung außerstande, sich selbst zu unterhalten.
41	Zeile 2	hat das 16. Lebensjahr vollendet und ist wegen einer Behinderung außerstande, sich selbst zu unterhalten.
42	Zeile 3	hat das 16. Lebensjahr vollendet und ist wegen einer Behinderung außerstande, sich selbst zu unterhalten.
43	Zeile 4	hat das 16. Lebensjahr vollendet und ist wegen einer Behinderung außerstande, sich selbst zu unterhalten.

39
49

86 Haushaltsfreibetrag Ja = 1

Übertragung des Kinderfreibetrags / Betreuungsfreibetrags

Übertragung von **Kinder- und Betreuungsfreibetrag**

	Kind in	Ich beantrage den vollen **Kinderfreibetrag**, weil der andere Elternteil seine Unterhaltsverpflichtung nicht zu mindestens 75% erfüllt hat.	Ich beantrage den vollen **Kinder- und Betreuungsfreibetrag**, weil der and. Elternteil im Ausland lebte vom – bis	Ich beantrage den vollen **Betreuungsfreibetrag**, weil das Kind bei dem anderen Elternteil nicht gemeldet ist.	Der Übertragung auf die Stief-/Großeltern wurde lt. **Anlage K** zugestimmt.	Nur bei Stief-/Großeltern: Die Freibeträge sind lt. **Anlage K** zu übertragen.
44						
45						
46	Zeile 1	ja		ja	ja	ja
47	Zeile 2	ja		ja	ja	ja
48	Zeile 3	ja		ja	ja	ja
49	Zeile 4	ja		ja	ja	ja

Haushaltsfreibetrag

	Kind in	Die Kinder lt. den Zeilen 19 bis 22 waren am 1. 1. 2000 (oder erstmals 2000) mit Wohnung gemeldet bei der stpfl. Person / dem nicht dauernd getrennt lebenden Ehegatten	und / oder bei sonstigen Personen (Name und Anschrift, ggf. Verwandtschaftsverhältnis zum Kind) oder in (Anschrift)	Bei Kindern, die bei beiden Elternteilen oder bei einem Elternteil und einem Großelternteil gemeldet sind:	
50					
51					
52	Zeile 1				
53	Zeile 2			Ich beantrage die Zuordnung der Kinder. Die Mutter / der Vater hat lt. **Anlage K** zugestimmt.	Ich habe zugestimmt, dass die Kinder dem Vater / dem Großelternteil zugeordnet werden.
54	Zeile 3		.		
55	Zeile 4				

Ausbildungsfreibetrag Bei Kindern unter 18 Jahren bitte auch die Zeilen 31 bis 38 ausfüllen.

99 53
Ausbildungsfreibeträge
65

	Kind in	Aufwendungen für die Berufsausbildung entstanden vom – bis	Auf den Ausbildungszeitraum entfallen aus den Zeilen 31, 33, 35 oder 37 DM	Bei auswärtiger Unterbringung Anschrift des Kindes		vom – bis
56						
57						
58	Zeile 1	01.01.-31.12.	2 376	Neutorstr. 18, 89073 Ulm		01.01.-31.12.
59	Zeile 2					
60	Zeile 3					
61	Zeile 4					

Nur bei geschiedenen oder dauernd getrennt lebenden Eltern oder bei Eltern nichtehelicher Kinder:

62		Laut beigefügtem gemeinsamen Antrag sind die Ausbildungsfreibeträge in einem anderen Verhältnis als je zur Hälfte aufzuteilen.

Ehefrau: Gehalt lt. Lohnsteuerkarte (Steuerklasse fünf) vom 1. Januar bis 28. Februar .. 4 400,00 DM (ab 1. März Berufstätigkeit freiwillig aufgegeben, keine Anwartschaft auf Arbeitslosengeld); einbehaltene Lohnsteuer 1 140,32 DM; einbehaltener Solidaritätszuschlag 62,72 DM; einbehaltene Kirchensteuer 91,22 DM; gesetzliche Sozialversicherung (nur Arbeitnehmeranteil) 924,00 DM; Fahrtkosten zur Arbeit mit öffentlichen Verkehrsmitteln 152,00 DM.

Sonstiges: Kfz-Haftpflichtversicherung 488,00 DM, Erstattung 15,00 DM; Privathaftpflicht 135,00 DM; Lebensversicherung 1 720,00 DM; Spende für kirchliches Hilfswerk 150,00 DM; Zinseinnahmen 812,00 DM; Krankheitskosten lt. Aufstellung 12 210,00 DM (davon von der Krankenkasse erstattet: 3 950,00 DM).

Zusammenfassung

■ Die Besteuerung erfolgt i. A. nach der wirtschaftlichen Leistungsfähigkeit.

■ Steuern müssen ohne wirtschaftliche Gefährdung leistbar sein.

■ Steuern vom Einkommen sind
  ● Einkommensteuer
  ● Lohnsteuer
  ● Körperschaftsteuer

■ Unbeschränkt steuerpflichtig sind alle natürlichen Personen mit einem Wohnsitz in der Bundesrepublik Deutschland.

■ **Berechnung des steuerpflichtigen Einkommens:**

Einnahmen–Betriebsausgaben   ➤ Einkünfte
+   +
Einnahmen–Werbungskosten ➤ Einkünfte
                           Summe der Einkünfte

  ● Altersentlastungsbetrag   ➤ Gesamtbetrag der Einkünfte
  ● Sonderausgaben
  ● außergewöhnliche Belastung } ➤ Einkommen
  ● Kinderfreibeträge[1], Haushaltsfreibetrag ➤ zu versteuerndes Einkommen

■ **Betriebsausgaben** sind durch den Betrieb verursachte Aufwendungen.

■ **Werbungskosten** sind Aufwendungen zur Erwerbung, Sicherung und Erhaltung der Einnahmen.

■ **Sonderausgaben** sind vom Staat steuerbegünstigte Ausgaben, die weder Betriebsausgaben noch Werbungskosten sind.

■ **Freibeträge** stehen dem Steuerpflichtigen aufgrund seiner persönlichen Verhältnisse zu.

■ Aufgrund der Steuererklärung veranlagt das Finanzamt den Steuerpflichtigen und erlässt einen Steuerbescheid.

■ Proportionaltarif = gleichbleibender Steuersatz.
Progressionstarif = ansteigender Steuersatz.

■ Bei der gemeinsamen Veranlagung wird das Splittingverfahren angewandt.

■ Die Lohnsteuer wird im Abzugsverfahren erhoben.

■ Die Lohnsteuerpflichtigen werden in Steuerklassen eingeteilt.

■ Bei der **Antragsveranlagung** wird zu viel bezahlte Lohnsteuer auf Antrag durch das Finanzamt erstattet.

■ Die **Körperschaftsteuer** ist die Einkommensteuer der juristischen Personen.

---

[1] Soweit kein Kindergeld bezahlt.

1 Zu welchen Einkunftsarten gehören

a) die Gewinne eines Fabrikanten,

b) das Gehalt eines Buchhalters,

c) die Mieteinnahme eines Hauseigentümers,

d) die Provision eines selbständigen Handelsvertreters,

e) das Gehalt eines Lehrers,

f) die Dividende für Aktien,

g) das Honorar eines Arztes?

2 Worin besteht der Unterschied zwischen Einnahmen und Einkünften?

3 Was sind Betriebsausgaben (mit Beispielen)?

4 Was sind Werbungskosten (mit Beispielen)?

5 Inwiefern ist es für den Staat von Vorteil, wenn er z. B. Kranken- und Lebensversicherungsbeiträge steuerlich als Sonderausgaben begünstigt?

6 Warum dürfen z. B. Zahlungen an Lebensversicherungen nicht in unbegrenzter Höhe steuerbegünstigt abgezogen werden?

7 Wie hilft der Staat einem Steuerpflichtigen, der z. B. hohe Krankenhauskosten bezahlt?

8 Wovon ist die Höhe der Einkommensteuer abhängig?

9 Berechnen Sie die Einkommensteuer für den Handwerksmeister Braun: verheiratet, 1 Kind, Gewinn 95 970 DM, Mieteinkünfte 14 880 DM, Kranken- und Pflegeversicherung 8 700 DM, Lebensversicherung 9 100 DM, Kirchensteuer 1 980 DM. Besorgen Sie sich eine Einkommensteuertabelle!

10 Wie erfährt das Finanzamt, welches Einkommen ein Steuerpflichtiger hat?

11 Inwiefern ist für die Finanzverwaltung das Abzugsverfahren günstiger?

12 a) Geben Sie Beispiele für einkommensteuer- und lohnsteuerfreie Einnahmen! Schlagen Sie im EStG nach!

b) Weshalb verzichtet der Staat wohl auf Besteuerung dieser Einnahmen?

13 Erklären Sie, was Sie unter einem Pauschbetrag verstehen?

14 Warum hat wohl der Staat Pauschbeträge für Werbungskosten und Sonderausgaben bei der Lohnsteuer festgelegt?

15 Welche Wirkung hat die Vorsorgepauschale?

16 Wie können Sie zu hohe Lohnsteuerabzüge vermeiden, wenn Sie schon im Voraus nachweisen können, dass die Pauschbeträge überschritten werden?

17 Wozu zählen folgende Ausgaben:

a) Fahrtkosten ins Geschäft,

b) Sozialversicherungsbeiträge,

c) Bausparkassenraten,

d) weiße Kittelschürze eines Laboranten?

18 Warum sind Unterschiede bei der Einstufung der Lohnsteuerpflichtigen in die Lohnsteuerklassen gerechtfertigt?

19 Was verstehen Sie unter der Antragsveranlagung?

20 Ein verheirateter Steuerpflichtiger hat unter Berücksichtigung von drei Kinderfreibeträgen (je 6 912 DM) ein zu versteuerndes Einkommen von 36 200 DM bzw. 76 950 DM.

a) Wie groß ist die Steuerersparnis durch die Kinderfreibeträge in beiden Fällen in DM?

b) Wie viel DM Kindergeld erhält er, wenn er im Rahmen des Familienlastenausgleichs die Kinderfreibeträge nicht geltend macht?

c) Was ist günstiger? Geben Sie die Unterschiede in DM und % an!

Besorgen Sie sich zur Berechnung eine Einkommensteuer-Splittingtabelle!

21 Was müssen Sie veranlassen, wenn Sie aufgrund einer Steuernachzahlung für das kommende Jahr zu hohe Einkommensteuervorauszahlungen leisten sollen?

12.2.3   Die Umsatzsteuer

Problem

Kauft Herr Schulze sich z. B. einen neuen Anzug, so sind im Kaufpreis 16 % Umsatzsteuer enthalten, die er als Endverbraucher tragen muss.

Dieser Steuersatz ist vom Einkommen des Herrn Schulze unabhängig.

Weshalb wird die Umsatzsteuer oft als „unsozial" bezeichnet?

Sachdarstellung

12.2.3.1   Steuerpflicht und Besteuerungsgrundlage

Beim einzelnen Unternehmer wird von jedem Umsatz nur die *Wertschöpfung*, der **Mehrwert**, besteuert. Dieser ist der Unterschied zwischen dem Einkaufs- und dem Verkaufspreis jeweils ohne Umsatzsteuer. Die Umsatzsteuer ist *wettbewerbsneutral*, in der Höhe unabhängig von der Zahl der Umsätze und damit für den Geschäftsmann ein *durchlaufender Posten*. Erst beim Endverbraucher ist sie Bestandteil des Preises (siehe Beispiel S. 472!).

Steuerbare und damit der Umsatzsteuer unterliegende **Umsätze** sind u. a.:

- Die Lieferungen und sonstigen Leistungen eines Unternehmens im Inland (Erhebungsgebiet) gegen Entgelt;
- der Eigenverbrauch durch Entnahme von Gegenständen für private Zwecke;
- die Einfuhr von Gegenständen aus dem Drittlandsgebiet in das Zollgebiet – Gebiet der EG – [*Einfuhrumsatzsteuer* (UStG § 1)].
- der *innergemeinschaftliche Erwerb im Inland* gegen Entgelt **(Erwerbsteuer)**; dabei ersetzt die Steuer auf den Erwerb innerhalb der EG die Besteuerung der Einfuhr an der Grenze.

Auch Geschäfte auf **Gegenrechnung**, z. B. ein Büroeinrichtungsgroßhändler bezieht Schreibtische und liefert dem Hersteller dafür einen Buchungsautomaten, und **Hilfsumsätze**, z. B. der Verkauf einer alten Schreibmaschine, sind steuerpflichtig.

Unternehmer und damit **steuerpflichtig** ist jeder, der eine *gewerbliche* oder *berufliche Tätigkeit selbständig* ausübt (UStG § 2).

Besteuerungsgrundlage sind grundsätzlich die **vereinbarten**, nur um die Umsatzsteuer gekürzten **Entgelte (Sollbesteuerung)**.

Hat sich die Bemessungsgrundlage für einen steuerpflichtigen Umsatz geändert, z. B. durch Gewährung von Boni, Rabatten, Skonti, so **muss**

- der Lieferer den geschuldeten Mehrwertsteuerbetrag berichtigen,
- der Käufer den in Anspruch genommenen Vorsteuerabzug entsprechend korrigieren.

Entsprechendes gilt bei uneinbringlichen Forderungen (UStG § 17).

Auf Antrag kann das Finanzamt gestatten, die Besteuerung nach **vereinnahmten Entgelten (Istbesteuerung)** vorzunehmen, wenn der Umsatz im alten Geschäftsjahr nicht mehr als 125 000 EUR war (UStG § 20).

12.2.3.2 Steuersätze und Abrechnungsverfahren

Steuersätze und Steuerbefreiungen

allgemeiner Umsatzsteuersatz 16 % (UStG § 12)

ermäßigter Umsatzsteuersatz 7 %, z. B.:

- bei den meisten Lebensmitteln (beim Verzehr in Gaststätten wird die volle Umsatzsteuer erhoben);
- für Bücher, Zeitungen, Zeitschriften und Noten;
- für Personenbeförderung im Kfz.-Linienverkehr und in Taxis;
- für Theateraufführungen, Konzerte;
- für Kunstgegenstände (Gemälde, Zeichnungen).

von der Umsatzsteuer befreit sind, z. B.:

- Ausfuhrlieferungen;
- Beförderung auf Wasserstraßen;
- Bankumsätze;
- Verpachtung und Vermietung von Grundstücken;
- Umsätze von Ärzten, Zahnärzten, Krankengymnasten;
- Umsätze von Bausparkassen- und Versicherungsvertretern;
- Umsätze von öffentlichen botanischen und zoologischen Gärten
  (vgl. UStG § 4; insgesamt 28 Ziffern).

Beispiel *für die Entwicklung einer Umsatzsteuerschuld:*

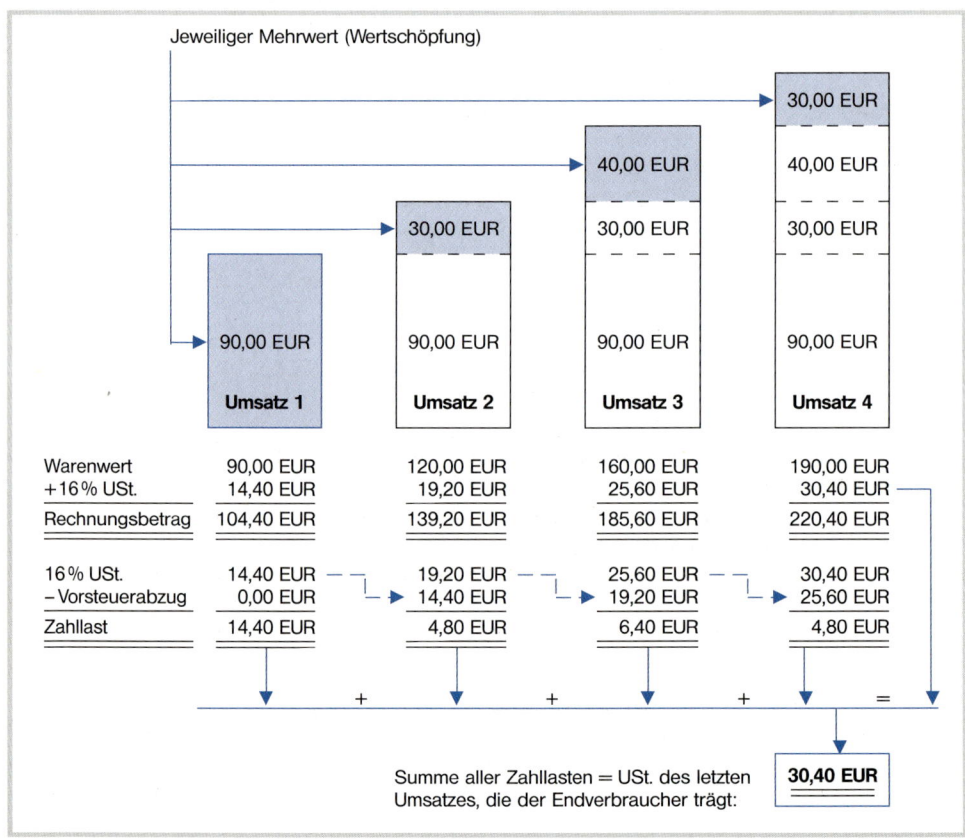

	Umsatz 1	Umsatz 2	Umsatz 3	Umsatz 4
Warenwert	90,00 EUR	120,00 EUR	160,00 EUR	190,00 EUR
+16 % USt.	14,40 EUR	19,20 EUR	25,60 EUR	30,40 EUR
Rechnungsbetrag	104,40 EUR	139,20 EUR	185,60 EUR	220,40 EUR
16 % USt.	14,40 EUR	19,20 EUR	25,60 EUR	30,40 EUR
– Vorsteuerabzug	0,00 EUR	14,40 EUR	19,20 EUR	25,60 EUR
Zahllast	14,40 EUR	4,80 EUR	6,40 EUR	4,80 EUR

Summe aller Zahllasten = USt. des letzten Umsatzes, die der Endverbraucher trägt: **30,40 EUR**

Vorsteuerabzug: Jeder Unternehmer wendet den vollen Umsatzsteuersatz auf seine Umsätze an *(Vorumsätze* zuzüglich eigener Mehrwert). Die dabei entstehende Steuerschuld wird um den Betrag der vom Vorlieferanten bereits bezahlten Umsatzsteuer gekürzt (Vorsteuerabzug). Dies ist möglich, da die Umsatzsteuer – mit Ausnahme beim Endverbraucher – auf der Rechnung **offen ausgewiesen** werden muss (UStG §§ 14, 15).

Umsatzsteuervoranmeldungen und **-vorauszahlungen** sind innerhalb der ersten 10 Tage jedes Vierteljahres an das Finanzamt zu senden, wenn die Umsatzsteuerschuld im Vorjahr nicht mehr als 6 136 EUR betrug. War sie höher, so ist sie bis zum 10. jedes folgenden Monats anzumelden und zu bezahlen. War die Umsatzsteuerschuld unter 512 EUR, so braucht keine Voranmeldung abgegeben werden. Jährlich einmal muss eine Umsatzsteuererklärung abgegeben werden (UStG § 18).

Im **Umsatzsteuerbescheid** wird die zu wenig gezahlte Steuer als **Abschlusszahlung** angefordert, überzahlte Beträge werden erstattet oder mit anderen Steuern verrechnet.

Zusammenfassung

- Bei jedem Umsatz wird der Mehrwert besteuert.
- Die Umsatzsteuer ist wettbewerbsneutral.
- Steuerpflichtig ist jeder Unternehmer, also jeder, der eine gewerbliche oder berufliche Tätigkeit selbständig ausübt.
- **Sollbesteuerung** = versteuert werden **vereinbarte** Entgelte.
- **Istbesteuerung**, d. h., Versteuerung der **vereinnahmten** Entgelte ist auf Antrag möglich.
- Steuersätze → 16 %
  → 7 % ermäßigter Satz.
- **Vorsteuerabzug:** Die an die Lieferer bezahlte Umsatzsteuer (Vorsteuer) wird von der eigenen Umsatzsteuerschuld abgezogen.
- **Zahllast** → der an das Finanzamt abzuführende Betrag.
  → Umsatzsteuerschuld abzüglich Vorsteuer.

Aufgaben

1 Erklären Sie: Ist- und Sollbesteuerung!

2 Warum ist auch der Eigenverbrauch (Privatentnahme von Waren) umsatzsteuerpflichtig (UStG § 1)?

3 Begründen Sie, warum Geschäfte auf Gegenrechnung umsatzsteuerpflichtig sind!

4 Entwerfen Sie eine Rechnung nach den Anforderungen des § 14 UStG mit Waren, die Sie selbst wählen können!

5 Wie groß ist die Zahllast in folgendem Fall: Nettoverkaufspreis 75,00 EUR einschließlich 15,00 EUR eigene Wertschöpfung; Steuersatz 16 %?

6 Warum wurde wohl der Umsatzsteuersatz für bestimmte Waren ermäßigt, z. B. für Lebensmittel?

7 Besorgen Sie sich ein Formular USt 1 A von Ihrem Finanzamt und füllen Sie es nach folgenden Angaben aus:
Finanzamt Schweinfurt, Postfach 4001, 97408 Schweinfurt, Steuernummer 16338/29480; Lebensmittelgroßhandlung Peter Müller, Kerschensteinerstraße 112, 97422 Schweinfurt, Telefon 0 97 21 / 2 36 52; USt.-Voranmeldung Oktober ..; umsatzsteuerfrei: –; umsatzsteuerpflichtig: 16 % 146 755 EUR, 7 % 344 269 EUR; Vorsteuerbeträge 26 745,75 EUR; Schweinfurt, den 8. November ..; Peter Müller. Wie hoch ist die Vorauszahlung für Oktober ..?

12.3 Risikoabsicherung durch Versicherungen

12.3.1 Individualversicherungen

12.3.1.1 Wesen der Individualversicherung – Versicherungsvertrag

Aus ungeklärter Ursache brannte die Lagerhalle der Textilgroßhandlung Manz GmbH & Co. bis auf die Grundmauern nieder. Der durch das Feuer angerichtete Sachschaden beträgt am Gebäude 450 000 EUR, an den Waren 160 000 EUR. Wie kann sich ein Unternehmen gegen eine solche Katastrophe sichern?

Sachdarstellung

Um dem Bedürfnis der Menschen nach Sicherheit entgegenzukommen, übernehmen es die Versicherungsgesellschaften, Träger gleicher Risiken zu **Gefahrengemeinschaften** *(Risikogruppen)* zusammenzufassen, z. B. Versender von Gütern können sich in einer Transportversicherung zusammenschließen.

Die *Höhe des Risikos* ist für den Einzelnen *nicht abschätzbar.* Die Versicherungsgesellschaften dagegen können aufgrund des *Gesetzes der großen Zahl*[1] die Wahrscheinlichkeit vorausberechnen, dass ein bestimmtes Ereignis eintritt, z. B. ein Transportschaden, ein Feuerschaden, ein Haftpflichtschaden.

Die *Höhe des Risikos* ist für die Versicherung also *abschätzbar.* Die besondere volkswirtschaftliche Bedeutung der Versicherung liegt in der dauernden Bereitschaft, bei einem plötzlich und zufällig eintretenden Schaden einzuspringen. Ein einzelnes Unternehmen wäre dazu aus eigener Kraft nicht in der Lage. Die Versicherung ermöglicht es dem Versicherten, ungewisse und regellos auftretende Risiken in regelmäßig anfallenden Aufwendungen *(Prämien)* umzuwandeln.

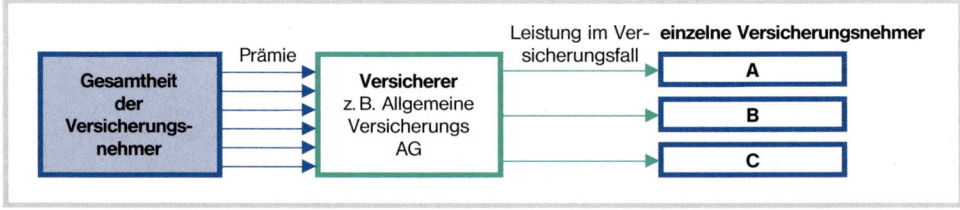

Bei auffälliger Schadenshäufung wird der Versicherer den Vertrag kündigen – i. A. drei Monate auf Ablauf des Versicherungsjahres – oder dem Versicherungsnehmer bestimmte Auflagen machen, z. B. Beißkorbzwang für bissigen Hund bei der Tierhaftpflichtversicherung.

---

[1] Ein Gesetz der Wahrscheinlichkeitsrechnung: Je größer die Zahl der statistisch beobachteten und ausgewerteten Fälle ist, desto genauer kann eine Aussage über die Wahrscheinlichkeit gemacht werden, dass ein bestimmtes Ereignis eintritt.

Auch der Staat hat ein besonderes Interesse daran, dass der Bürger sich selbst gegen Risiken absichert, um nicht seiner Fürsorge anheim zu fallen. Er begünstigt deshalb steuerlich die Zahlung von Prämien, z. B. zur Kranken-, Unfall-, Lebens- und Haftpflichtversicherung, als Sonderausgaben. Betriebliche Versicherungen sind Kosten.

Da bei den Versicherungsgesellschaften als *Kapitalsammelstellen* große Beträge zusammenlaufen, ist ihre Stellung auf dem Kapitalmarkt bedeutend. Sie kaufen in großem Umfang festverzinsliche Wertpapiere und geben sichere Kredite.

Während bei der **Sozialversicherung** das Versicherungsverhältnis **kraft Gesetzes** entsteht, schließt der *Versicherungsnehmer* bei der **Vertrags-** oder **Individualversicherung** mit dem *Versicherer* einen **Vertrag.** Gesetzliche Grundlagen hierfür sind neben den Vorschriften des BGB das *Gesetz über den Versicherungsvertrag* (Versicherungsvertragsgesetz – **VVG** –) vom 30. Mai 1908 und das *Gesetz über die Pflichtversicherung für Kraftfahrzeughalter* (Pflichtversicherungsgesetz – **PflVG** –) vom 5. April 1965 jeweils mit späteren Änderungen. Wichtiger Vertragsbestandteil sind die – meist kleingedruckten – *Versicherungsbedingungen.*

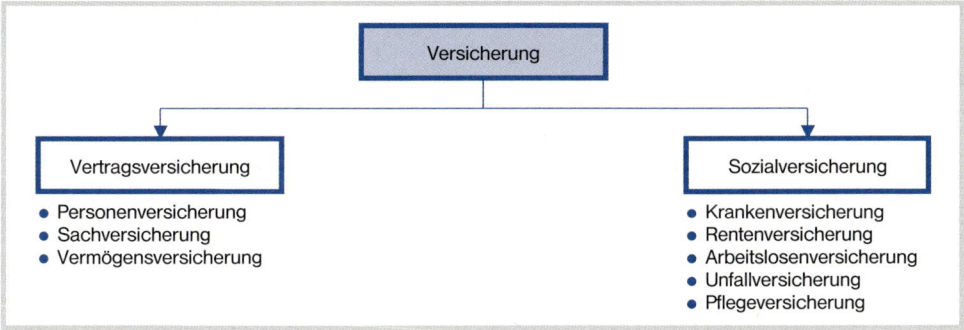

Der Einzelne kann sich jeweils nach seinen Bedürfnissen versichern lassen:

Gegen einen *Schaden* (**Schadensversicherung**), z. B. Leitungswasserversicherung, über eine bestimmte *Summe* (**Summenversicherung**), z. B. Lebensversicherung.

Über den Vertragsabschluss erhält der *Versicherungsnehmer* einen *Versicherungsschein* (Police).

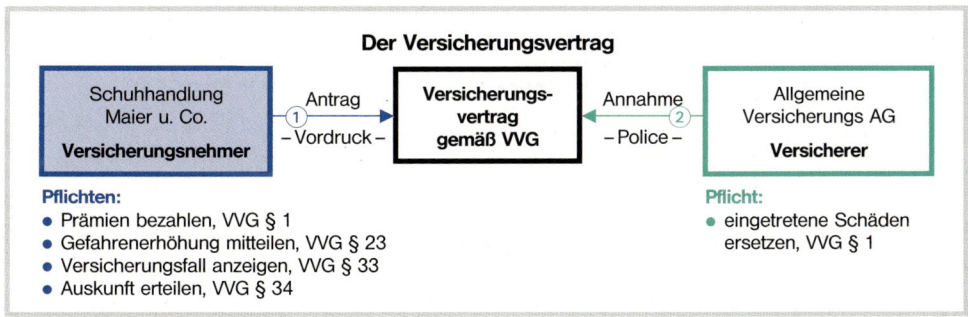

Grundsätzlich kann alles versichert werden, von der Stimme eines Heldentenors bis zu den Beinen einer Primaballerina, es muss sich nur eine Versicherungsgesellschaft zum Vertragsabschluss bereit finden.

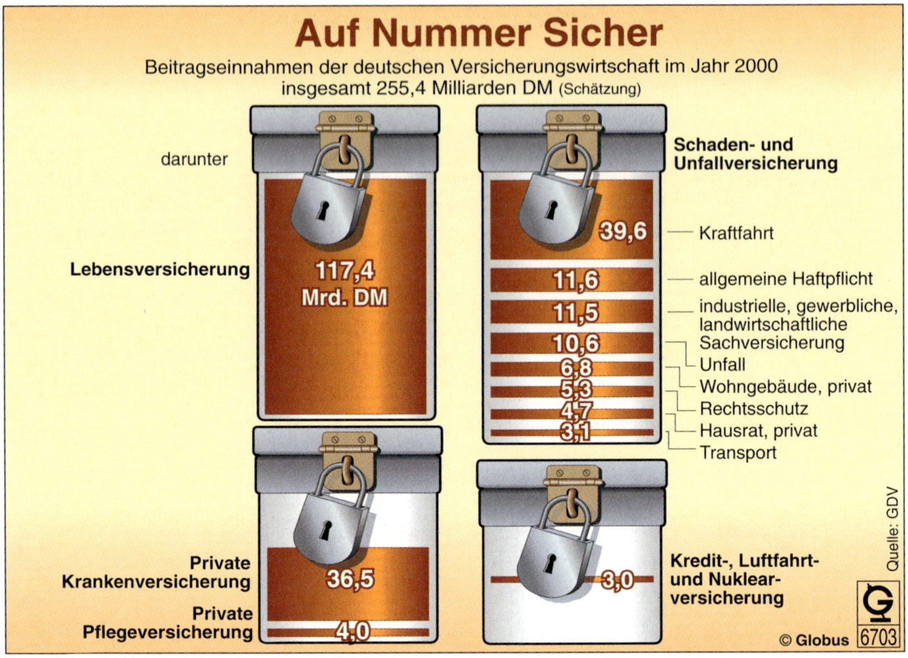

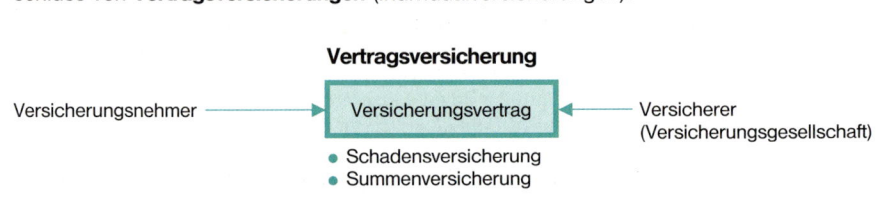

Auf Nummer Sicher

Beitragseinnahmen der deutschen Versicherungswirtschaft im Jahr 2000
insgesamt 255,4 Milliarden DM (Schätzung)

darunter

Lebensversicherung — 117,4 Mrd. DM

Schaden- und Unfallversicherung

39,6 — Kraftfahrt
11,6 — allgemeine Haftpflicht
11,5 — industrielle, gewerbliche, landwirtschaftliche Sachversicherung
10,6 — Unfall
6,8 — Wohngebäude, privat
5,3 — Rechtsschutz
4,7 — Hausrat, privat
3,1 — Transport

Private Krankenversicherung — 36,5

Private Pflegeversicherung — 4,0

Kredit-, Luftfahrt- und Nuklear-versicherung — 3,0

Quelle: GDV

© Globus 6703

Zusammenfassung

■ **Sozialversicherung** ist Versicherung **kraft Gesetzes.**

■ Die Versicherungen entsprechen dem Wunsch des Menschen nach Sicherheit.

■ Die Höhe des *Einzelrisikos* ist *nicht abschätzbar.*

■ Das *Risiko des Versicherers* ist aufgrund des Gesetzes der großen Zahl *abschätzbar.*

■ Das **Risiko** wird durch Zusammenschluss zu **Gefahrengemeinschaften** – *Risikogruppen* – verteilt.

■ Der **Staat** ist an der Absicherung seiner Bürger interessiert und fördert deshalb den Abschluss von **Vertragsversicherungen** (Individualversicherungen).

Vertragsversicherung

Versicherungsnehmer ⟶ | Versicherungsvertrag | ⟵ Versicherer (Versicherungsgesellschaft)

● Schadensversicherung
● Summenversicherung

476

Aufgaben

1 Welche Rechte haben Versicherer und Versicherungsnehmer aus dem Versicherungsvertrag?

2 Weshalb hat der Staat ein Interesse daran, dass sich seine Bürger versichern? Wie fördert er dies?

3 Worin unterscheiden sich Vertrags- und Sozialversicherung?

4 Besprechen Sie mit ihrem Ausbilder, welche Versicherungen Ihr Ausbildungsbetrieb abgeschlossen hat!

5 Welche Rechtsform haben die Gesellschaften, bei denen die einzelnen Versicherungen (vgl. Aufgabe 4) abgeschlossen sind?

12.3.1.2 Die Personenversicherungen

Problem

Der Großhändler Georg Braun hat auf seinem neu gebauten Haus Schulden von insgesamt 95 000 EUR. Nachdem er knapp einem Unfall entronnen ist, beschließt er, eine Lebensversicherung über 100 000 EUR abzuschließen. Was will er damit erreichen?

Sachdarstellung

Wer nicht sozialversicherungspflichtig ist oder wer sich zusätzlich schützen will, kann sich gegen Krankheit, Unfall oder auch sein Leben privat versichern lassen. *Versichert* ist dabei immer eine *bestimmte Person*.

■ Die Lebensversicherung

Die Lebensversicherung ist eine Summenversicherung und wird meist erst nach ärztlicher Untersuchung abgeschlossen.

Es gibt folgende Möglichkeiten:

- **Todesfallversicherung:** Die Versicherungssumme wird mit dem Tode des Versicherten fällig.

  Eine **Unfallzusatzversicherung** bewirkt, dass bei Unfalltod die doppelte Versicherungssumme bezahlt wird. Die **Risikoversicherung** wird nur für höchstens zehn Jahre abgeschlossen. Mit ihr werden vorübergehende Risiken abgedeckt, z. B. Auslandsreise, Zeit bis zur Abzahlung eines Baudarlehens. Stirbt der Versicherte nicht, so verfällt die Prämie. Die Versicherung kann aber eventuell als *Risikoumtauschversicherung* in eine reguläre Lebensversicherung umgewandelt werden.

- Eine **Erlebensfallversicherung** wird dann fällig, wenn der Versicherte ein bestimmtes Alter, z. B. 63 Jahre (Pensionsgrenze), erreicht.

- Bei der **gemischten Lebensversicherung** werden die beiden vorgenannten Arten gekoppelt, d. h. die Leistung wird bei Tod des Versicherten, spätestens aber zu einem bestimmten Zeitpunkt fällig.

Anstelle der **Barauszahlung** kann auch die Zahlung einer **Rente** vereinbart werden.

■ *Die private Krankenversicherung*

Wer nicht krankenversicherungspflichtig ist, kann sich durch einen Privatvertrag gegen Krankheit versichern lassen (Schadensversicherung). Im Allgemeinen besteht Versicherungsschutz erst nach einer dreimonatigen *Wartezeit*. Auch werden die Kosten für ärztliche Behandlung, Krankenhaus usw. meist nicht voll gedeckt. Die *Selbstbeteiligung* des Versicherten ist von seinem Vertrag abhängig.

Will ein gegen Krankheit Zwangsversicherter z. B. im Krankenhaus Chefarztbehandlung in Anspruch nehmen oder im Ein- oder Zweibettzimmer untergebracht sein, so kann er eine *Zusatzversicherung* mit einer privaten Krankenkasse abschließen, da die gesetzliche Krankenversicherung nur die allgemeine Pflegeklasse ersetzt.

■ *Die private Unfallversicherung*

Beim Mähen bringt Herr Mayer z. B. den Fuß in den laufenden Rasenmäher. Die große und zwei andere Zehen müssen amputiert werden. Neben *Tagegeld, ärztlicher Behandlung* und *Heilkosten* zahlt ihm seine private Unfallversicherung als *Invaliditätsentschädigung* nach der *Glieder-Taxe* z. B. für die große Zehe 5 % und für jede andere Zehe 2 % der Versicherungssumme.

Da die gesetzliche Unfallversicherung nur Berufsunfälle abdeckt, ist der Abschluss einer **privaten Unfallversicherung** *(kombinierte Summen-/Schadensversicherung)* empfehlenswert. Diese deckt im Allgemeinen das Berufs- *und* Freizeitunfallrisiko ab. Führt der Unfall zum Tode des Versicherten, so wird eine Todesfallentschädigung gezahlt, wenn neben der Invalidität auch der Unfalltod versichert war. Bergungskosten sind meist beitragsfrei mitversichert.

Zusammenfassung

- ■ **Personenversicherung**
  - → **Lebensversicherung** → **Todesfallversicherung** fällig beim Tod des Versicherten
    - ► **Erlebensfallversicherung** fällig beim Erreichen eines bestimmten Alters
    - ► **gemischte Lebensversicherung** Kombination der obigen Versicherungsformen
  - → **private Krankenversicherung** → wenn keine Versicherungspflicht besteht
    - ► **Zusatzversicherung** zur Sozialversicherung, z. B. für Chefarztbehandlung im Krankenhaus
  - → **private Unfallversicherung** → für Berufs- und Freizeitunfälle.

1 Weshalb werden Lebensversicherungen oft so abgeschlossen, dass sie mit dem 65. Geburtstag des Versicherten fällig werden? Welche Form der Auszahlung könnte sich anbieten?

2 Was soll durch eine Risikoumtauschversicherung bei der Lebensversicherung erreicht werden?

3 Welchen Sinn haben

    a) die ärztliche Untersuchung bei der Lebensversicherung?
    b) die dreimonatige Wartezeit bei der Krankenversicherung?

4 Nennen Sie Beispiele, für die ein Sozialversicherter bei einer privaten Krankenkasse eine Zusatzversicherung abschließen könnte!

5 Weshalb ist für Familien der Abschluss einer privaten Unfallversicherung besonders empfehlenswert?

6 Suchen Sie Fälle, in welchen die private Unfallversicherung einspringen muss!

7 Besorgen Sie sich bei einem Versicherungsbüro eine Glieder-Taxe und stellen Sie fest, wie hoch die Unfallentschädigung in folgendem Fall wäre: Versicherungssumme (Invalidität): 60 000 EUR; durch Sturz beim Anstreichen der Fassade des eigenen Hauses Verlust des Gehörs auf dem linken Ohr und Amputation des Daumens an der linken Hand.

12.3.1.3 Die Sachversicherungen

Problem

In der Elektrogroßhandlung Röser OHG haben unbekannte Diebe in der letzten Nacht zwei PCs und eine elektrische Schreibmaschine gestohlen. Außerdem wurden zwei Schreibtische gewaltsam aufgebrochen.

Wie kann sich die Röser OHG gegen diese Verluste absichern?

Sachdarstellung

Bei der **Sachversicherung** werden Sachen gegen Schädigung durch bestimmte Ereignisse, wie Feuer, Wasserschäden, Einbruch, Sturm versichert (Schadensversicherung).

Der Wert der versicherten Gegenstände, der **Versicherungswert,** soll der **Versicherungssumme** entsprechen.

■ Die Feuerversicherung

Sie ersetzt insbesondere Schäden, die durch Brand, Explosion, Blitzschlag oder Anprall oder Absturz bemannter Flugkörper und durch Löschen, Niederreißen oder Ausräumen an *beweglichen Sachen,* z. B. Waren, Büroeinrichtung, oder *Gebäuden* entstanden sind.

Gebäudebrandversicherung: Für Gebäude besteht in Teilen der Bundesrepublik Deutschland Versicherungspflicht.

Für die beleihende Bank ist eine abgeschlossene Feuerversicherung Voraussetzung bei der Hypotheken- und Grundschuldgewährung.

◼ Die Leitungswasserversicherung

Durch diese Versicherung werden Schäden erfasst, die durch Rohrbruch der Wasserversorgung, Einfrieren und Auftauen von Leitungen und durch Warmwasser- oder Dampfheizungen entstanden sind. Im *Versicherungsschein,* der *Versicherungspolice,* muss genau festgehalten werden, was gegen Wasserschäden versichert ist, z. B. Gebäude, Möbel, Maschinen, Vorräte.

◼ Die Schwachstromanlagenversicherung

Sie gliedert sich in die Versicherung von

- **Büromaschinen,** wie Buchungsautomaten, Diktiergeräte, Kopiergeräte, Rechenmaschinen, elektrische Schreibmaschinen, Schreibautomaten usw. und

- **kleinen und mittleren EDV-Anlagen,** eventuell einschließlich einer *Datenträgerversicherung.*

Versichert sind diese Maschinen und Anlagen gegen Zerstörung und Beschädigung durch ein unvorhergesehenes Ereignis, z. B. Bedienungsfehler, Kondenswasser, Feuchtigkeit, Kurzschluss, Über- oder Unterspannung, Materialfehler, höhere Gewalt usw.

◼ Die Einbruchdiebstahlversicherung

Außerhalb der Wohngebiete liegende Büro- und Produktionsräume sind gegen *Einbruchdiebstahl* besonders gefährdet. Ein Einbruchdiebstahl liegt vor, wenn ein Dieb in ein Gebäude einbricht, einsteigt, mit falschen Schlüsseln öffnet oder sich einschließen lässt. Ersetzt werden gestohlene Gegenstände und die durch den Einbruch verursachten Schäden, z. B. aufgebrochene Türen. Bestimmte Werte, wie Bargeld, Wertpapiere, Urkunden usw. müssen in besonders gesicherten Behältnissen aufbewahrt sein.

◼ Die Glas- und Leuchtröhrenversicherung

Sie empfiehlt sich insbesondere für Betriebe mit vielen Glasflächen, z. B. Schaufenster, Vitrinen, Firmenschilder, Firmenbeleuchtung, Glasfronten an modernen Bürohäusern, Gewächshäuser. Die versicherten Glasflächen werden genau bestimmt. Schäden durch Krieg, innere Unruhen, wie Landfriedensbruch, sind nicht versichert.

◼ Die Transportversicherung

Die Frachtführer decken ihr Transportrisiko durch diese Versicherung ab.

Alle Transportschäden an Waren sind versichert. Nicht gedeckt sind Schäden, wenn die versicherten Waren unsachgemäß verpackt wurden, oder solche Schäden, mit denen schon *vor* dem Transport zu rechnen war, z. B. Faulen von Obst, Frostschäden an Kartoffeln, Rost an Eisenwaren. Solche Schäden können jedoch zusätzlich versichert werden.

◼ Die Hausratversicherung

Private Haushalte können den Hausrat in einer kombinierten **Hausratversicherung** gegen *Feuer-, Einbruchdiebstahl-, Beraubungs-, Leitungswasser-, Sturm-* und *Glasbruchschäden* mit einem Vertrag versichern lassen.

　　　　　　　　　　　　　　　　　　© Verlag Gehlen

- **Sachversicherung:**   Versicherungssumme soll Versicherungswert entsprechen.

    ➤ **Feuerversicherung:** Schäden durch Brand, Explosion, Blitzschlag, Löschen.

    ➤ **Leitungswasserversicherung:** Rohrbruch, Schäden durch Einfrieren und Auftauen.

    ➤ **Schwachstromanlagenversicherung:** Zerstörung und Beschädigung von Büromaschinen und EDV-Anlagen.

    ➤ **Einbruchdiebstahlversicherung:** gestohlene Gegenstände, beim Einbruch verursachte Beschädigungen.

    ➤ **Glasversicherung:** Schaufenster, Firmenschilder u. a.

    ➤ **Transportversicherung:** Schäden an Gütern beim Transport.

    ➤ **Hausratversicherung:** Kombination der obigen Sachversicherungen – außer Transportversicherung – in einem Vertrag.

Aufgaben

Nehmen Sie zu den folgenden Fällen Stellung! Prüfen Sie ob und ggf. durch welche Versicherung Versicherungsschutz besteht. Es wird vorausgesetzt, dass die jeweils mögliche Versicherung abgeschlossen wurde.

1 Ein Teil einer unbemannten Rakete durchschlägt das Dach unserer Lagerhalle und richtet einen Sachschaden von 10 000 EUR an.

2 Im Lager einer Fotogroßhandlung lässt sich ein Dieb einschließen. Dieser bricht einen Schrank auf und entwendet 10 Kleinbildkameras. Außerdem nimmt er aus dem Regal 8 Objektive mit. Zur Flucht benützt er ein Fenster, wobei die Scheibe zerbricht.

3 Im Büro stößt eine Reinigungsfrau einen Wassereimer um. Der Teppichboden wellt sich und muss ausgewechselt werden.

4 Ein Heizkörper im Lager wird undicht. Sechs Ballen Stoff werden durchnässt und unbrauchbar.

5 Im Ausstellungsraum der Elektrogroßhandlung Merk OHG wird während der Geschäftszeit ein Musik-Wecker im Wert von 60,00 EUR gestohlen.

6 Bei der Demonstration in der Innenstadt werden im Bürogebäude der Textilgroßhandlung Funk drei große Isolierglasscheiben zerstört.

7 Der Großhändler Maurer betritt morgens sein Büro, sieht, dass ein Fenster eingeschlagen ist und findet seinen Tresor, welcher leer war, und seinen Schreibtisch aufgebrochen. Sachschaden 900,00 EUR. Gestohlen wurde nichts.

8 Während eines Gewitters entsteht eine kurzzeitige Überspannung im Stromnetz. Dies verursacht in unserer EDV-Anlage einen Schmorschaden.

9 In der Kaffeepause stellt die Sekretärin eine Tasse Kaffee auf die elektrische Schreibmaschine. Die Tasse wird umgestoßen. Der Kaffee ergießt sich in die Maschine, die anschließend nicht mehr funktioniert.

12.3.1.4 Die Vermögensversicherungen

Problem

Zeitungsschlagzeile: „Großbrand in einer Papier-großhandlung. Sachschaden rund 150 000 EUR. Arbeiter rauchte im Lager." Wer trägt den Schaden?

Sachdarstellung

Die Vermögensversicherung schützt gegen Vermögensminderungen, die durch Schadenersatzansprüche Dritter, Forderungsverluste oder durch sonstige Ereignisse, wie z. B. Betriebsunterbrechung infolge Brand entstehen können.

■ Die Haftpflichtversicherung

Der im Lager rauchende Arbeiter hat zumindest aus Fahrlässigkeit den Schaden verursacht und haftet deshalb nach BGB § 823 aus *unerlaubter Handlung.*

Schadenersatzpflichtig ist nämlich, wer vorsätzlich oder fahrlässig das Leben, den Körper, das Eigentum eines anderen widerrechtlich verletzt (vgl. BGB § 823).[1]

Die Haftpflichtversicherung deckt diese Ansprüche und zahlt *Schadenersatz* oder leistet *Rechtsschutz,* um ungerechtfertigte Ansprüche abzuweisen.

Die Höhe der Versicherungssumme muss jeweils vereinbart werden.

Wichtige Arten der Haftpflichtversicherung	
Betriebshaftpflicht	z. B. Sturz eines Besuchers auf dem Betriebsgelände bei Glatteis
Gewässerschadenhaftpflicht	z. B. Leck im Heizöltank und Auslaufen von Heizöl in das Grundwasser
Privathaftpflicht	z. B. Kind wirft Schaufenster ein
Berufshaftpflicht	z. B. Diagnosefehler eines Arztes
Gebäudehaftpflicht	z. B. Sturz auf schadhafter Treppe
Tierhaftpflicht	z. B. Hund beißt Passanten
Kraftverkehrshaftpflicht	z. B. Zusammenstoß durch Nichtbeachten der Vorfahrt

■ Die Kreditversicherung

Gegen Forderungsverluste im geschäftlichen Verkehr kann eine **Kreditversicherung** abgeschlossen werden.

Wichtig für den Großhandel ist die **Warenkreditversicherung.** Sie prüft und überwacht für den Lieferer fortwährend die Kreditwürdigkeit seiner ständigen Kunden und leistet Entschädigung, wenn es trotzdem zu einem Forderungsausfall kommt. Der Lieferer trägt von jedem Forderungsausfall in der Regel 30 % selbst *(Selbstbeteiligung).* Damit wird er gezwungen, bei der Auswahl seiner Kunden entsprechend vorsichtig zu sein.

Sonderformen der Kreditversicherung sind die Absicherung gegen innerbetriebliche Kriminalität, z. B. Unterschlagungen durch fingierte Käufe oder Verkäufe, durch die **Vertrauensschadenversicherung** und

---

[1] Wer nicht das siebente Lebensjahr vollendet hat, ist für einen Schaden, den er einem anderen zufügt, nicht verantwortlich, d. h., er ist nicht deliktsfähig (BGB § 828).

die Sicherung gegen Veruntreuungen im Bereich der EDV, z. B. Manipulationen an Programmen und Datenträgern, durch die **Computer-Missbrauch-Versicherung.**

Im Außenhandel übernimmt die Bundesrepublik Deutschland auf Antrag gegen Entgelt *Ausfuhrgarantien* und *-bürgschaften.*

■ Die Betriebsunterbrechungsversicherung

Gegen Vermögensschäden durch Betriebsunterbrechung, z. B. wegen eines Brandes, schützt die **Betriebsunterbrechungsversicherung.** Sie ersetzt den entgehenden Unternehmungsgewinn und die fortlaufenden Geschäftskosten, z. B. Gehälter, Löhne, Versicherungen, bis zum Ende der **Haftzeit** bzw. zur vorherigen Wiederaufnahme des Geschäftsbetriebs. Haftzeit ist die Zeit, für welche die Betriebsunterbrechungsversicherung vereinbarungsgemäß längstens zahlt – i. A. 12 Monate.

■ Die Rechtsschutzversicherung

Sie dient zur Durchsetzung eigener oder zur Abwehr fremder Ansprüche, z. B. bei Schadenersatzforderungen wegen einer unerlaubten Handlung durch Übernahme der Gerichts- und Anwaltskosten.

Wichtige Zweige sind Firmen- bzw. Berufs-Rechtsschutz, Daten-Rechtsschutz, Familien-Rechtsschutz, Verkehrs-Voll-Rechtsschutz.

Zusammenfassung

■ **Vermögensversicherung:**	Schutz vor Vermögensminderung.
➤ **Haftpflichtversicherung:**	Schadenersatz bei Vorsatz und Fahrlässigkeit, ggf. Rechtsschutz.
➤ **Kreditversicherung:**	gegen Forderungsverluste und innerbetriebliche Unregelmäßigkeiten.
➤ **Betriebsunterbrechungs-versicherung:**	gegen Gewinneinbußen, Ersatz der weiterlaufenden Kosten.
➤ **Rechtsschutzversicherung:**	Durchsetzung eigener oder Abwehr fremder Ansprüche.

Aufgaben

1 Wie kann sich ein Unternehmer gegen Forderungsverluste schützen?

2 Beurteilen Sie folgende Fälle und prüfen Sie, ob und ggf. durch welche Versicherung Versicherungsschutz besteht!

    a) Unser Kunde Hausmann teilt uns mit, dass er unsere Forderung über 9 300,00 EUR nicht begleichen könne. Er habe ein Insolvenzverfahren beantragt.

    b) Durch Abwässer der Textilfabrik „Texi" GmbH ist in der Lagerhalle der Papierwarengroßhandlung Gutmann & Co. ein Sachschaden von 22 000 EUR entstanden. Die Firma „Texi" weigert sich den Schaden anzuerkennen.

    c) Bei einer Betriebsprüfung wird festgestellt, dass drei Mitarbeiter des C+C-Großhandelslagers „Unterland" über einen Hehlerring Waren im Wert von 150 000 EUR verschoben haben.

3 Wegen Bruch des Wasserleitungsrohrs wurden die Betriebsstätten der Firma Hansen & Co. unter Wasser gesetzt. Die Produktion fiel zehn Tage lang aus. Weshalb war neben dem Abschluss einer Leitungswasserversicherung auch der Abschluss einer Betriebsunterbrechungsversicherung vorteilhaft?

12.3.1.5   Die Kraftverkehrsversicherung – Kombinierte Versicherung

Die Arzneimittelgroßhandlung Lohmann & Schröder hat im Eildienst zur Versorgung der Apotheken ständig 8 Kleinlastwagen im Einsatz. In der letzten Woche rutschte ein Wagen bei Glatteis in den Straßengraben, ein anderer streifte in einer Einfahrt eine Mauer und riss sich die Seitentür auf. Geschäftsführer Lohmann meint: „Ein Glück, dass wir Vollkasko versichert sind!" Was will er damit sagen?

Die Kraftfahrzeughaftpflichtversicherung ist im Gesetz über die **Pflichtversicherung** für Kraftfahrzeuge (PflVG) geregelt. Die übrigen Kraftverkehrsversicherungen werden nach dem Versicherungsvertragsgesetz (VVG) geschlossen.

Die Kraftverkehrsversicherung umfasst alle Zweige der **Vertragsversicherung:**

Personen-versicherung Kraftfahrtunfall-versicherung (Insassenunfall-versicherung)	**Pauschalsystem:** Die Versicherungssumme wird durch die zur Zeit des Unfalls Mitfahrenden geteilt. Daraus werden für jeden Geschädigten die Leistungen erbracht. **Platzsystem:** z. B. bei Omnibussen: Jeder Platz ist mit einer bestimmten gleichen Summe versichert.
Sachversicherung Fahrzeug-versicherung	**Teilkaskoversicherung:** Versichert ist die Beschädigung, die Zerstörung oder der Verlust des Fahrzeugs durch Brand, Explosion, Diebstahl, Unterschlagung, Sturm, Hagel, Blitz. Versicherungsschutz wird geleistet bei Zusammenstoß mit Haarwild, z. B. Rehen, und bei Glasbruch. Die Teilkaskoversicherung kann wahlweise ohne oder mit 150 EUR Selbstbeteiligung abgeschlossen werden. **Vollkaskoversicherung:** Sie deckt über die Teilversicherung hinaus alle Unfallschäden sowie durch mut- oder böswillige Handlungen Dritter verursachte Beschädigungen: ● **mit Selbstbeteiligung:** Der Versicherungsnehmer zahlt bei jedem Schaden einen bestimmten Betrag, z. B. 350 EUR, selbst. Die Prämie ist dadurch niedriger. ● **ohne Selbstbeteiligung:** Die Versicherung trägt den ganzen Schaden.
Gepäckversicherung	Sie bezieht sich auf Gegenstände, die der Versicherungsnehmer, die Fahrgäste oder der Fahrer zum *persönlichen* Bedarf bei sich haben. Ersatz wird u. a. bei Unfall, Brand, Diebstahl geleistet.

Vermögens-versicherung Kraftfahrzeug-Haftpflicht-versicherung	Diese Versicherung ist zum Schutze der Verkehrsteilnehmer **Pflicht.** Die Versicherungsgesellschaft kann gewählt werden. Sie ersetzt die einem Dritten schuldhaft zugefügten Personen-, Sach- und Vermögensschäden.
	Die gesetzlich vorgeschriebenen **Mindestversicherungssummen** sind 2,5 Mio. EUR für Personenschäden, 500 000 EUR für Sach- und 50 000 EUR für Vermögensschäden. Höhere Versicherungssummen können vereinbart werden. Die Versicherungsgesellschaft muss den Antrag annehmen, wenn nicht besondere Gründe entgegenstehen *(Kontrahierungszwang).*
Verkehrs-Rechtsschutz-versicherung	Sie verhilft dem Versicherten, seine Ansprüche bei Verkehrsunfällen, Führerscheinentzug, Reparaturkosten usw. durchzusetzen bzw. fremde Ansprüche abzuwehren.

Zusammenfassung

■ Die **Kraftverkehrsversicherung** umfasst

● *Personenversicherung:*
Kraftfahrtunfallversicherung

● *Sachversicherung:*
Fahrzeugversicherung, Gepäckversicherung

● *Vermögensversicherung:*
Kraftfahrzeughaftpflichtversicherung, Verkehrs-Rechtsschutzversicherung

■ **Kraftfahrzeughaftpflichtversicherung ist eine Pflichtversicherung.**

Aufgaben

1 Halten Sie unser System der zwangsweisen Kfz-Haftpflichtversicherung für richtig? Begründen Sie Ihre Meinung!

2 Im Ausland ist noch nicht überall jedes Kfz versichert. Wie versichern Sie sich auf Auslandsreisen mit dem Pkw am zweckmäßigsten?

3 Sie verursachen durch Nichtbeachten der Vorfahrt einen Zusammenstoß. Ihr Schaden am Pkw beträgt 1 200,00 EUR, der Schaden am beteiligten Fahrzeug 900,00 EUR. Ein bei Ihnen mitfahrender Bekannter wird verletzt: Arztkosten 150,00 EUR. Sie haben lediglich die Pflichtversicherung abgeschlossen.

Wer trägt den Schaden?

4 Die Windschutzscheibe eines Pkws wird durch Rollsplit zerstört. Der Verursacher des Schadens, ein entgegenkommendes Fahrzeug, kann nicht festgestellt werden. Wie viel ersetzt die Teilkaskoversicherung, wenn die Reparatur 95,00 EUR kostet?

5 Weshalb wird die Kraftverkehrsversicherung als kombinierte Versicherung bezeichnet?

12.3.2 Sozialversicherung

Problem

Der Angestellte Braun rutscht auf einer Treppe in seinem Reihenhaus aus: Oberschenkelhalsbruch. Er wird sofort ins Krankenhaus eingeliefert. Die Kosten übernimmt die Krankenkasse. Sein Gehalt wird von der Firma sechs Wochen weitergezahlt. Anschließend erhält er Krankengeld bis zu 100 % seines seitherigen Nettogehalts. Ist eine Kurbehandlung zur Wiederherstellung der Gesundheit notwendig, wird auch diese bezahlt. –

Wäre Herrn Braun der Unfall vor 100 Jahren passiert, wäre er ruiniert gewesen. Er wäre wegen Krankheit entlassen und – hätte er kein Vermögen gehabt – von der Armenfürsorge notdürftig unterstützt worden.

Woher erhält die Krankenkasse die Mittel, um die Zahlungen an und für Herrn Braun zu leisten?

Sachdarstellung

12.3.2.1 Allgemeine Grundsätze

Im Rahmen von Bismarcks Sozialgesetzgebung, 1881 durch die Kaiserliche Botschaft angekündigt, wurden 1883 die Krankenversicherung, 1884 die Unfallversicherung und 1889 die Invaliditäts- und Altersversicherung gesetzlich geregelt. 1927 trat das Arbeitslosenversicherungsgesetz in Kraft.

Die Sozialversicherungen sind, wie auch die übrigen Versicherungen, nach dem Prinzip der **Solidarität** aufgebaut. Die Versicherten tragen die verschiedenen Risiken weitgehend als *Selbsthilfeorganisation:* Einer für alle, alle für einen! Gleichzeitig sind die Sozialversicherungen aber auch *Zwangsversicherungen* für bestimmte Gruppen von Beschäftigten bestimmter Einkommensverhältnisse, wobei der Staat durch Gesetz zwingt, für bestimmte Risiken vorzusorgen.

Die gesetzlichen Sozialversicherungen werden von den Versicherten selbst verwaltet. Sie sind *Körperschaften des öffentlichen Rechts mit Selbstverwaltung.* Die Mitglieder wählen die *Vertreterversammlung* – je zur Hälfte Arbeitnehmer und Arbeitgeber – als beschließendes Organ und diese wiederum den *Vorstand,* dem die Geschäftsleitung untersteht.

12.3.2.2 Die Arten der Sozialversicherung

Zur Sozialversicherung gehören die Kranken-, die Renten-, die Arbeitslosen-, die Unfall- und die Pflegeversicherung. Die wichtigsten Einzelheiten sind in der Übersicht auf den Seiten 488 und 489 dargestellt.

Zusammenfassung

- Die Sozialgesetzgebung hat im Wesentlichen Bismarck begründet.
- Die Sozialversicherung ist eine gesetzliche Selbsthilfeeinrichtung der Arbeitnehmer, der erhebliche Staatszuschüsse gewährt werden.
- Die Sozialversicherung soll nicht nur krasse Not abwenden, sondern – soweit möglich – den Sozialstatus erhalten.
- Die Sozialversicherungen sind Selbstverwaltungskörperschaften. Alle Organe bestehen je zur Hälfte aus Arbeitnehmern und Arbeitgebern.
- Die Zweige der Sozialversicherung sind:
  Krankenversicherung, Rentenversicherung für Arbeiter bzw. Angestellte, Arbeitslosenversicherung, Unfallversicherung und Pflegeversicherung (Näheres siehe Tabelle!).

1 Warum ist der Staat am Funktionieren der Sozialversicherung interessiert?

2 Was verstehen Sie unter einer dynamischen Rente?

3 a) Unser Angestellter Schwarz verunglückt auf dem Heimweg von seiner Arbeitssätte so schwer, dass er arbeitsunfähig wird. Der schuldige Autofahrer begeht unerkannt Fahrerflucht. Welche Versicherung(en) werden einspringen?

   b) Wie wäre der Fall zu beurteilen, wenn Herr Schwarz auf dem Weg zu einem Fußballspiel verunglückt wäre? Ist es dabei erheblich, ob Herr Schwarz vier oder acht Jahre beschäftigt war?

4 Die Kontoristin Müller heiratet und scheidet nach 11-jähriger Tätigkeit aus ihrer Firma aus. Entfällt damit jeder Versicherungsschutz? Welche Versicherungen könnte Fräulein Müller ggf. fortsetzen? Begründen Sie Ihre Ansicht!

5 Beurteilen Sie folgende Fälle:

   a) Der Pförtner Maier hat im Toto 964 000 EUR gewonnen und kündigt. Er verlangt Arbeitslosengeld, da er ja arbeitslos sei und einen gesetzlichen Anspruch aus der Versicherung habe. Vergleichen Sie dazu SGB III §§ 117, 144!

   b) Im Lager wird eine automatische Warenausgabe eingerichtet. Der Lagerarbeiter Hopf ist dadurch überzählig und wird entlassen. Auch er will Arbeitslosengeld.

   c) Unser neuer Direktionsassistent Hauff erklärt, er verzichtet auf eine Arbeitslosenversicherung. Sein Gehalt von 2 600 EUR sei so hoch, dass er als Junggeselle für sich selbst sorgen könne. Auch sei er intelligent genug immer Arbeit zu finden.

   d) Wie wäre Fall c) hinsichtlich der Krankenversicherung zu beurteilen?

6 Frau Groß, seither als Hausfrau bei einer Privatkrankenkasse versichert, beginnt bei der Maschinen-GmbH als Stenotypistin. Ihr Gehalt ist 1 800 EUR.

   a) Frau Groß möchte bei ihrer bisherigen Krankenkasse bleiben und auf die Mitgliedschaft bei der AOK verzichten. Vergleichen Sie SGB V § 5!

   b) Morgens bringt Frau Groß ihre fünfjährige Tochter zum Kindergarten. Dabei muss sie auf dem Weg ins Geschäft einen Umweg von einem Kilometer machen. Auf dem Umweg stürzt sie und bricht sich ein Bein, welches steif bleibt. Kann sie Leistungen aus der gesetzlichen Unfallversicherung verlangen? Klären Sie den Fall anhand des § 8 SGB III!

7 Herr Altig hat die gesetzliche Altersgrenze erreicht und beantragt deshalb bei seiner Ortsbehörde für Angestelltenversicherung eine Altersrente.

   Aus welchen Gründen hätte er vor Erreichen des 65. Lebensjahres eine Rente beantragen können?

8 Frau Redlich, Angestellte in einem Handelsbetrieb, ist seit acht Wochen krank.

   a) Durch welche finanziellen Zuwendungen ist sie wirtschaftlich abgesichert?

   b) Welche Bedeutung hat die Beitragsbemessungsgrenze in der Krankenversicherungt?

Sozialversicherungszweige

Versicherungszweig	Krankenversicherung	Rentenversicherung	Arbeitslosenversicherung	Unfallversicherung	Pflegeversicherung
Vorsorgezweck[1]	Versicherungsschutz bei • Krankheit • Tod	Vorsorge für • Berufsunfähigkeit (Invalidität) • Alter • die Hinterbliebenen bei Tod	Hilfe bei • Arbeitslosigkeit Der Arbeitslose muss der Arbeitsvermittlung zur Verfügung stehen, die Anwartschaft erfüllt haben, sich beim Arbeitsamt arbeitslos gemeldet und Arbeitslosengeld beantragt haben (SGB III §§ 16, 117 ff.). Einem Arbeitslosen sind alle seiner Arbeitstätigkeit entsprechenden Beschäftigungen zumutbar, soweit allgemeine oder personenbezogene Gründe der Zumutbarkeit einer Beschäftigung nicht entgegenstehen (SGB III § 121).	Hilfe bei • Berufsunfällen • Berufskrankheiten Schutz auch bei Unfällen auf dem direkten Weg zum Betrieb und auf dem direkten Heimweg	Versicherungsschutz bei Pflegebedürftigkeit
Versicherungspflicht[1]	• Angestellte und Arbeiter bis 6525 DM Monatsverdienst • Rentner • Wehrdienstleistende • Auszubildende	• gegen Arbeitsentgelt Beschäftigte • Auszubildende • bestimmte Selbständige, z. B. Hebammen • sonstige Versicherte, z. B. Wehrdienstleistende SGB VI § 1 ff.	• alle Arbeiter • alle Angestellten • alle Auszubildenden (Arbeitnehmer über 65 Jahren sind arbeitslosenversicherungsfrei)	• alle Beschäftigten	• jeder in der gesetzlichen Krankenversicherung Versicherte – soziale Pflegeversicherung – • jeder in der privaten Krankenkasse Versicherte – private Pflegeversicherung –
Versicherungsträger	• Ortskrankenkassen (AOK) • Ersatzkassen (z. B. DAK, KKH, Barmer) • Betriebskrankenkassen	Rentenversicherung der Angestellten: • Bundesversicherungsanstalt für Angestellte in Berlin Rentenversicherung der Arbeiter: • Landesversicherungsanstalten	• Bundesanstalt für Arbeit in Nürnberg	• Berufsgenossenschaften	• Pflegekassen: Wahrnehmung der Aufgaben durch gesetzliche bzw. private Krankenkassen
Leistungen	• zur Verhütung von Krankheiten; z. B. Vorsorgekuren[2], Massagen, Bäder, zahnärztliche Untersuchung • zur Früherkennung von Krankheiten; z. B. Krebs, Herz-Kreislauf, Zucker • zur Behandlung einer Krankheit; z. B. Krankenpflege, Krankenhausbehandlung[3], Krankengeld (nach Beendigung der Lohnfortzahlung ab der 7. Woche ca. 70% des Bruttolohns plus Familienzuschläge); Krankengeld auch bei Betreuung eines erkrankten Kindes • Sterbegeld (für vor dem 1. Januar 1989 Versicherte) (SGB V §§ 11, 20 ff.)	• Maßnahmen zur Erhaltung, Besserung, Wiederherstellung der Erwerbsfähigkeit (Heilbehandlung, Berufsförderung, soziale Betreuung) • Rente wegen verminderter Erwerbsfähigkeit (wenn mindestens 60 Monate versichert) • Altersrente (Frauen und Arbeitslose ab 60 nach 15 Versicherungsjahren; sonstige Versicherte ab 63 nach 35, ab 65 nach 5 Versicherungsjahren)[5] • Renten wegen Todes • Abfindungen, Zuschüsse und Beitragserstattungen (SGB VI § 33 ff.)	• Arbeitsvermittlung (Berufsberatung, Umschulung, Zuschüsse zur Aus- und Fortbildung) • Arbeitslosengeld (nach mindestens zwölf Monaten Beschäftigung) längstens 12 Monate (60% des Nettolohns)[4] Erweiterte Ansprüche (SGB III § 127) Vollend. 45. Lebensjahr bis zu 18 Mon. Vollend. 47. Lebensjahr bis zu 22 Mon. Vollend. 52. Lebensjahr bis zu 26 Mon. Vollend. 57. Lebensjahr bis zu 32 Mon. • Arbeitslosenhilfe (53% des Nettolohns)[4] • Kurzarbeitergeld • Wintergeld (Bau) • Insolvenzgeld • Krankenversicherungsbeitragszahlung für Arbeitslose	• Verhütung und erste Hilfe bei Arbeitsunfällen (Aufklärung, Belehrung, Überwachung) • Maßnahmen zur Erhaltung, Besserung und Wiederherstellung der Erwerbsfähigkeit (z. B. Heilbehandlung, Berufsförderung) • Renten (Voll-, Teil-, Hinterbliebenenrente) • Rentenabfindungen • Sterbegeld • Haushaltshilfe (SGB I § 22)	**häusliche Pflege:** • Pflegeeinsätze durch ambulante Pflegedienste nach der Pflegebedürftigkeit: I. erheblich Pflegebedürftige (bis 750 DM) II. Schwerpflegebedürftige (bis 1 800 DM) III. Schwerstpflegebedürftige (bis 2 800 DM) Ausnahme: 3 750 DM) • weitere Leistungen: Pflegegeld, Pflegevertretung, Tages- und Nachtpflege, Kurzzeitpflege **stationäre Pflege:** • pflegebedürftige Aufwendungen (ohne Unterkunft und Verpflegung) bis 2 800 DM, Ausnahme: bis 3 300 DM SGB XI § 36 ff.

Beiträge	Beitragssatz: Ortskrankenkassen und Ersatzkassen um 13,6 % (unterschiedlich), Beitragsbemessungsgrenze 6 525 DM[6]; Arbeitgeber und Arbeitnehmer zahlen je die Hälfte[6]	Beitragssatz: 19,1 % des Bruttoverdienstes, Beitragsbemessungsgrenze 8 700 DM (Ost: 7 300 DM)[6]; Arbeitgeber und Arbeitnehmer zahlen je die Hälfte[6]	Beitragssatz: 6,5 % des Bruttoverdienstes, Beitragsbemessungsgrenze 8 700 DM (Ost: 7 300 DM)[6]; Arbeitgeber und Arbeitnehmer zahlen je die Hälfte[6]	Beitragshöhe unterschiedlich, je nach Unfallgefahren im jeweiligen Wirtschaftszweig; Arbeitgeber zahlt Beiträge allein	Beitragssatz 1,7 %; Beitragsbemessungsgrenze 6 525 DM; Arbeitgeber und Arbeitnehmer zahlen je die Hälfte[6,7]
Pflichten • Arbeitgeber	Anmeldung und Abmeldung innerhalb 14 Tagen; Beiträge einbehalten und abführen; Beitragsnachweis führen; Entgeltveränderung melden	Einstellung nur mit Versicherungsnachweisheft (u.a. Vordruck Versicherungsnachweis für Anmeldung, Abmeldung, Jahresmeldung); Beiträge einbehalten und abführen; Jährlich die Versicherungsnachweise maschinell ausfüllen (Bruttoentgelt, Beschäftigungsdauer, Betriebsnummer, Krankenkasse) und an den Versicherungsträger weiterleiten; 1. Durchschrift für Arbeitnehmer, 2. Durchschrift für Arbeitgeber	Anmeldung und Abmeldung innerhalb 14 Tagen bei zuständiger Krankenkasse; Arbeitnehmerbeiträge einbehalten und abführen; Nachweis über Beitragsleistung führen	Betrieb bzw. Änderungen innerhalb einer Woche melden; Nachweis über eingezahlte Beiträge führen; Unfälle innerhalb von drei Tagen melden; Haftung für Unfälle durch Vorsatz oder Fahrlässigkeit	Die Meldung zur gesetzlichen Krankenversicherung schließt die Meldung zur sozialen Pflegeversicherung ein
Pflichten • Arbeitnehmer	An- und Abmeldung bei Versicherung in einer Ersatzkasse; Meldung jeder Arbeitsunfähigkeit innerhalb von drei Tagen (ärztliches Attest); Kostenanteil zwischen 8,00 und 10,00 DM je Arzneimittel[8]; Verbandsmittel 8,00 DM; Heilmittel: Zuzahlung 15%; Hilfsmittel: Zuzahlung 20%. Bei Zahnersatz zahlt der Versicherte 50 % der Kosten; Krankenversicherungskarte vorlegen	Versicherungsnachweisheft im Betrieb abgeben (erhältlich beim Versicherungsträger; dieser teilt jedem Versicherten eine Versicherungsnummer zu); Versicherungsausweis dem Versicherungsnachweisheft entnehmen und sorgfältig aufbewahren; Kontrolle und Aufbewahrung der Versicherungsnachweisdurchschrift als Rentenanspruchsnachweis; Neubeschaffung eines Versicherungsnachweisheftes wird automatisch mit letztem Versicherungsnachweis, der ein „X" enthält, ausgelöst	persönlicher Antrag beim Arbeitsamt auf Arbeitslosengeld bzw. -hilfe; Bereitschaft, eine Beschäftigung anzunehmen und auszuüben; Vorlage des Sozialversicherungsausweises bei Beschäftigungsbeginn	Unfallverhütungsvorschriften beachten; Regresspflicht bei Vorsatz oder Fahrlässigkeit möglich	bei freiwillig Versicherten in der gesetzlichen Krankenversicherung gilt die Beitrittserklärung als Meldung zur sozialen Pflegeversicherung; freiwillig Versicherte in der privaten Krankenkasse müssen innerhalb von drei Monaten einen privaten Pflegeversicherungsvertrag abschließen
Streitigkeiten	Sozialgerichte entscheiden bei Streitigkeiten in Rentenangelegenheiten, bei Unklarheit über das Bestehen der Versicherungspflicht u. Ä. Fühlt sich jemand durch einen Bescheid eines Sozialversicherungsträgers ungerecht behandelt, muss er zuerst Widerspruch erheben. Ist dieser erfolglos, klagt er beim Sozialgericht.				

[1] Wer aus der Versicherungspflicht ausscheidet, kann sich freiwillig weiterversichern. Nichtversicherungspflichtige können sich im Normalfall nicht freiwillig versichern.

[2] Nur noch alle vier Jahre; Eigenanteil je Kurtag (gesamte Dauer) 17 DM.

[3] Je Krankenhaustag 17 DM Kostenbeteiligung, längstens 14 Tage (gilt auch bei stationären Reha-Maßnahmen).

[4] Für Arbeitslose mit mindestens einem Kind gelten 67 % bzw. 57 %

Stand: Januar 2001

[5] Flexible (bewegliche) Altersgrenze. Diese Altersgrenzen werden stufenweise auf 65 Jahre angehoben. Vorzeitige Altersrenten sind unter andauerndem Rentenabzug eines bestimmten Prozentsatzes im vorgezogenen Jahr möglich.

[6] Der Arbeitgeber zahlt bei Auszubildenden bis zu einem monatlichen Entgelt von 630 DM die Beiträge allein.

[7] Dies gilt, wenn in einem Bundesland ein Feiertag abgeschafft wurde. Sonst zahlt der Arbeitnehmer allein. Bei Rentnern übernimmt immer der Rentenversicherungsträger die Hälfte der Beiträge.

[8] Kostenanteil: Zuzahlung (bis) 8 DM Kleinpackung, 9 DM mittlere Packung, 10 DM Großpackung.

12.4 Die Sozialversicherung innerhalb des Systems der sozialen Sicherung

Wird die Rente oder Pension im Alter ausreichen, um den gewohnten Lebensstandard aufrecht erhalten zu können? Diese Frage stellen sich immer mehr Bürger angesichts leerer Staatskassen und der sich verändernden Altersstruktur der Gesellschaft. Mit dem schwindenden Vertrauen in die staatliche Vorsorge wächst die Überzeugung, eigene Vorsorge zu treffen. Oft fällt die Entscheidung zu Gunsten einer Kapital bildenden Lebensversicherung, nicht zuletzt weil ihre Erträge bisher steuerfrei ausbezahlt wurden. Dies soll sich allerdings nach den Plänen der Bundesregierung künftig ändern. – Erstmals konnten die deutschen Lebensversicherungs-Unternehmen im vergangenen Jahr mehr als 100 Milliarden Mark Brutto-Beitragszahlungen verbuchen. Die ausgezahlten Versicherungsleistungen erreichten mit 78,7 Milliarden Mark einen neuen Höchststand und betrugen fast ein Viertel dessen, was die Rentenversicherung der Arbeiter und Angestellten im Jahr 1998 ausgezahlt hat.

Weshalb ist diese zusätzliche Absicherung im Hinblick auf die Bevölkerungsentwicklung (immer mehr Rentner!) wichtig?

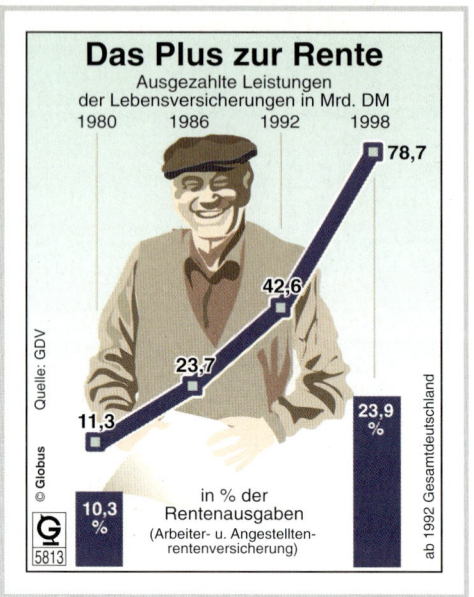

Das Plus zur Rente
Ausgezahlte Leistungen der Lebensversicherungen in Mrd. DM
1980   1986   1992   1998
78,7
42,6
23,7
11,3
10,3 %
23,9 %
in % der Rentenausgaben
(Arbeiter- u. Angestellten-rentenversicherung)
Quelle: GDV
© Globus 5813
ab 1992 Gesamtdeutschland

Die Bundesrepublik Deutschland ist nach Artikel 20 GG ein demokratischer und sozialer Bundesstaat. Diese soziale Verpflichtung des Staates beschränkt sich nicht darauf, dass nur in Notfällen eingegriffen wird, sondern gibt der Bevölkerung in einem **„sozialen Netz"** verschiedenster sozialer Leistungen Sicherheit und Freiheit zur Entfaltung der durch das Grundgesetz geschützten Menschenrechte. Dadurch trägt die Sozialpolitik wesentlich zum sozialen Frieden bei. Die Zahlungen aus der **Sozialversicherung** – Kranken-, Renten-, Arbeitslosen-, Unfall- und Pflegeversicherung – sind mit Abstand die größten Posten der Sozialleistungen.

Die Mitgliedschaft in der Sozialversicherung ist normalerweise vorgeschrieben. Der Staat *zwingt* bestimmte Personengruppen *kollektiv*[1], wichtige Risiken – *Krankheit, Alter, Arbeitslosigkeit* – abzusichern. Die Sozialversicherung nach diesem **Kollektivprinzip** ist also **erzwungene Selbstvorsorge**.

Nicht alle Personengruppen unserer Gesellschaft werden jedoch von der Sozialversicherung erfasst. Bestimmte gesellschaftliche Schichten, z. B. Beamten, Unternehmer, sind nicht sozialversicherungspflichtig. Der einzelne Angehörige dieser Personenkreise soll selbst für die Risiken des Lebens, z. B. durch Ersparnisbildung, vorsorgen **(= freiwillige Selbstvorsorge)**. Es gilt für diese Fälle das **Individualprinzip**.

---

[1] kollektiv = gemeinsam, gemeinschaftlich

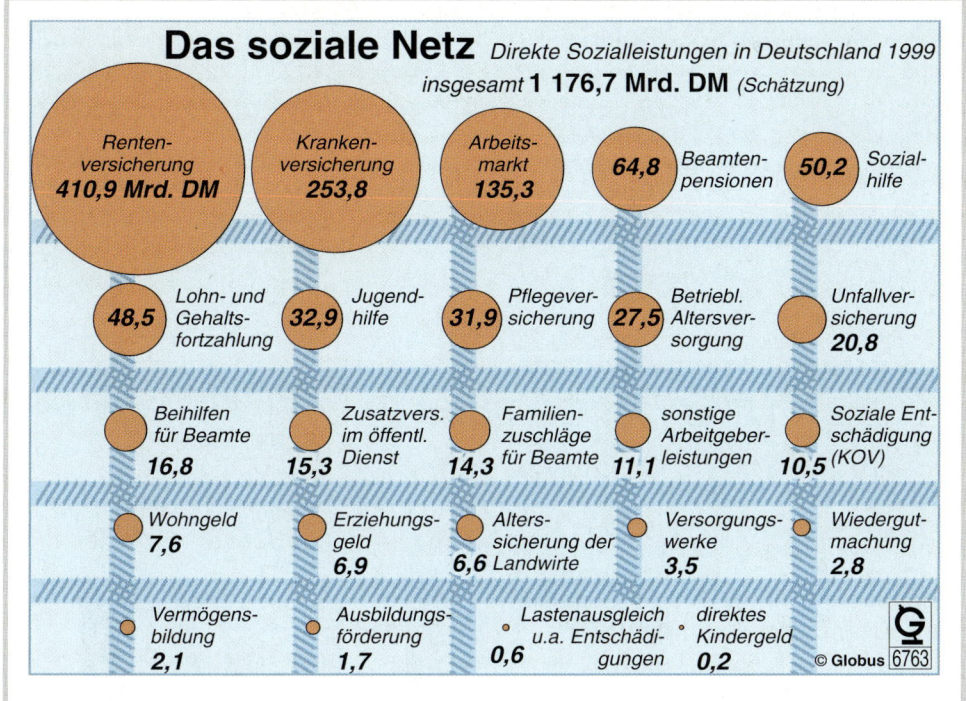

Das soziale Netz Direkte Sozialleistungen in Deutschland 1999
insgesamt **1 176,7 Mrd. DM** (Schätzung)

Renten-
versicherung
410,9 Mrd. DM

Kranken-
versicherung
253,8

Arbeits-
markt
135,3

64,8 Beamten-
pensionen

50,2 Sozial-
hilfe

48,5 Lohn- und
Gehalts-
fortzahlung

32,9 Jugend-
hilfe

31,9 Pflegever-
sicherung

27,5 Betriebl.
Altersver-
sorgung

Unfallver-
sicherung
20,8

Beihilfen
für Beamte
16,8

Zusatzvers.
im öffentl.
Dienst **15,3**

Familien-
zuschläge
für Beamte **14,3**

sonstige
Arbeitgeber-
leistungen **11,1**

Soziale Ent-
schädigung
(KOV) **10,5**

Wohngeld
7,6

Erziehungs-
geld
6,9

Alters-
sicherung der
Landwirte **6,6**

Versorgungs-
werke
3,5

Wiedergut-
machung
2,8

Vermögens-
bildung
2,1

Ausbildungs-
förderung
1,7

Lastenausgleich
u.a. Entschädi-
gungen **0,6**

direktes
Kindergeld
0,2

© Globus 6763

Die **Beiträge** zur Sozialversicherung werden *nicht* – wie bei den Privatversicherungen – *nach dem Risiko* oder *nach der Versicherungsleistung* erhoben. Dem Solidaritätsprinzip entspricht es vielmehr, dass die Besserverdienenden entsprechend ihrem Einkommen an den Lasten mittragen, die durch die weniger Verdienenden verursacht werden.[1] Im Krankheitsfall z. B. erhält jeder Sozialversicherte die *gleichen Leistungen* bei der Krankheitspflege unabhängig von der Höhe der Beitragsleistung. Bei Versicherten mit Familie sind auch die Familienangehörigen ohne erhöhte Beitragsleistung *mitversichert.*

War es früher Sinn der Sozialgesetzgebung zunächst die drückendste Not zu lindern, wird es heute als Aufgabe angesehen – ermöglicht durch erhebliche staatliche Zuschüsse – den Einzelnen auch im Krankheitsfall oder im Alter so zu stellen, dass sein sozialer Stand möglichst erhalten bleibt.

Die Renten werden jährlich zum 1. Juli angepasst **(dynamisiert),** sodass ein Rentner ebenfalls in den Genuss des Produktivitätszuwachses in der Wirtschaft kommt, auch wenn er keine Beiträge mehr zur Sozialversicherung leisten muss. Würde diese Anpassung durch meist *jährliche Rentenerhöhung* nicht erfolgen, könnte den Rentnern nicht die Aufrechterhaltung ihres während des Arbeitslebens erworbenen Lebensstandards ermöglicht werden (SGB VI § 65).

---

[1] Die Beitragsbemessungsgrenzen werden jährlich geändert.

Dies allerdings bringt es mit sich, dass bei steigenden Ansprüchen der Versicherten an die Sozialversicherung der „Preis" dafür immer höher wird. Er liegt heute rund zweieinhalbmal so hoch wie vor zehn Jahren. *Je mehr* Versicherte Leistungen aus der Krankenversicherung und *je früher* sie Leistungen aus der Rentenversicherung in Anspruch nehmen, *desto größer* wird die Belastung der Beitragszahler.

Die Kosten drohen der Sozialversicherung deshalb über den Kopf zu wachsen. Darum wurden z.B. im *Gesetz zur Strukturreform im Gesundheitswesen (Gesundheits-Reformgesetz)* vom 20. Dezember 1988 Maßnahmen beschlossen, welche die Versicherten zum Teil belasten und damit die Sozialversicherung entlasten.

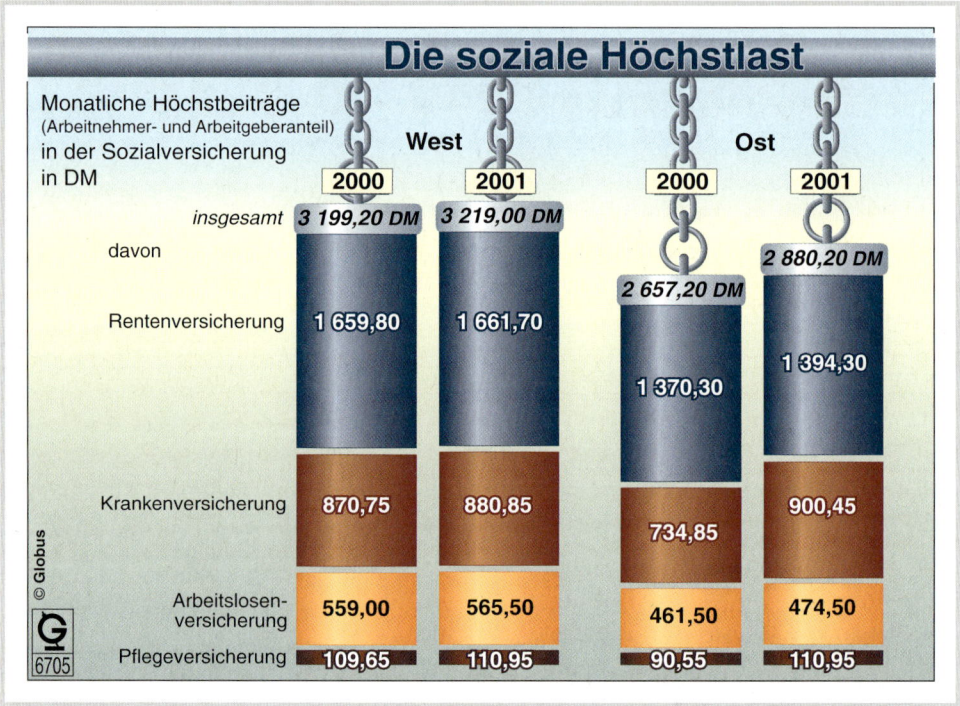

Früher konnte wegen des organischen Aufbaus der Bevölkerungsstruktur (Bevölkerungspyramide) davon ausgegangen werden, dass die *jeweils Erwerbstätigen* sowohl

- die *Mittel* für den Unterhalt, die Erziehung und Ausbildung der *Kinder und Jugendlichen* als auch
- die *Beiträge* und Steuern für die Renten der *Alten*

erwirtschaften. Dieser **„Generationen-Vertrag"** funktioniert jedoch nur, wenn die nachwachsenden Generationen genügend zahlreich sind. Das ist in Deutschland aber nicht mehr der Fall, da es hier immer weniger junge und immer mehr alte Menschen gibt. *Früher Rentenbeginn* und *steigende Lebenserwartung* verschärfen die Lage. Kamen 1995 auf 100 Beitragszahler 46 Rentner, so müssen z.B. nach amtlichen Schätzungen im Jahre 2040 100 Beitragszahler für 102 Rentner sorgen. Damit würden die laufenden Beitragszahlungen unerträglich steigen.

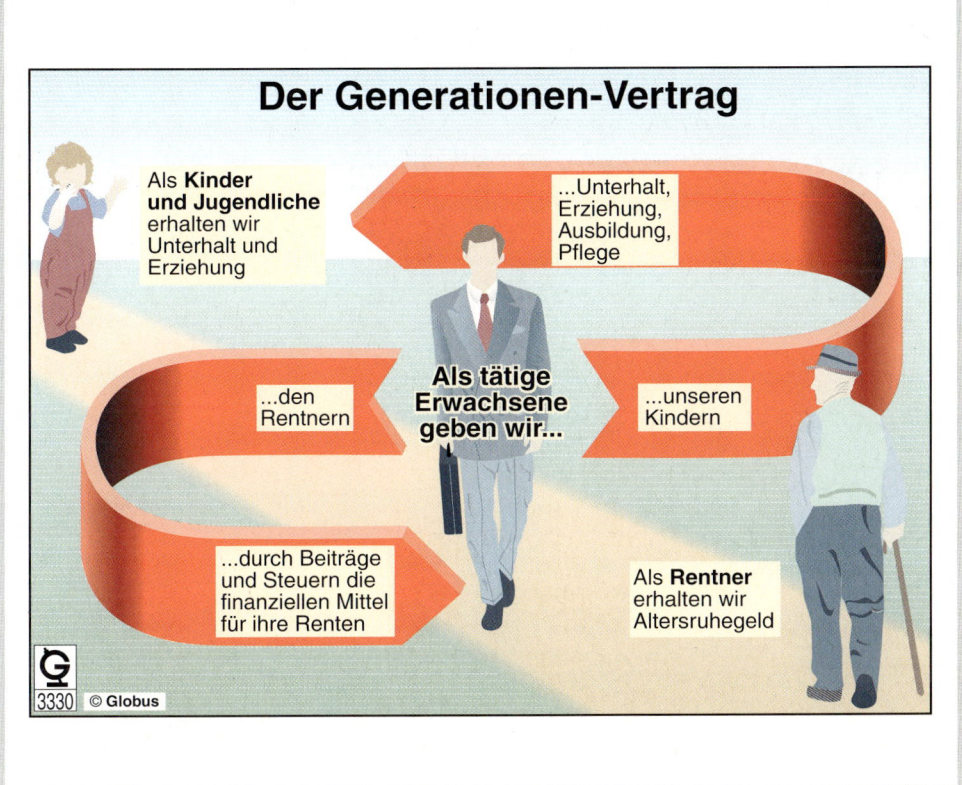

Der Generationen-Vertrag

Als **Kinder und Jugendliche** erhalten wir Unterhalt und Erziehung

...Unterhalt, Erziehung, Ausbildung, Pflege

Als tätige Erwachsene geben wir...

...den Rentnern

...unseren Kindern

...durch Beiträge und Steuern die finanziellen Mittel für ihre Renten

Als **Rentner** erhalten wir Altersruhegeld

3330 © Globus

Im *Gesetz zur Reform der gesetzlichen Rentenversicherung* (**Rentenreformgesetz 1992**) vom 18. Dezember 1989 wurde dieser Entwicklung Rechnung getragen.

Die Lasten werden dabei im Wesentlichen wie folgt verteilt:

- **Renter:** *Rentenfestsetzungen und -erhöhungen* erfolgen im Verhältnis der *verfügbaren Renten* zu den *verfügbaren Arbeitnehmerverdiensten* (**Nettorentenniveau**). Ab dem Jahr 2001 werden die vorgezogenen Altersgrenzen von 60 und 63 Jahren bis zur *Regelaltersgrenze* von 65 Jahren angehoben.

- **Beitragszahler:** Die *Beitragssätze* werden *allmählich erhöht.* Sie bleiben aber um rund 3 % unter dem Satz, der ohne Rentenreform notwendig wäre.

- **Staat:** Der *Bundeszuschuss* zur Rentenversicherung der Angestellten und Arbeiter wird *erhöht.* Er wird jährlich entsprechend dem Anstieg der Bruttoverdienste und der Erhöhung der Betragssätze angepasst (**dynamisiert).**

Mit diesen Maßnahmen wird erreicht, dass die Renten auch in der Zukunft gesichert sind und dass die Grenzen der Belastbarkeit durch die Kollektivversicherung nicht überschritten werden.

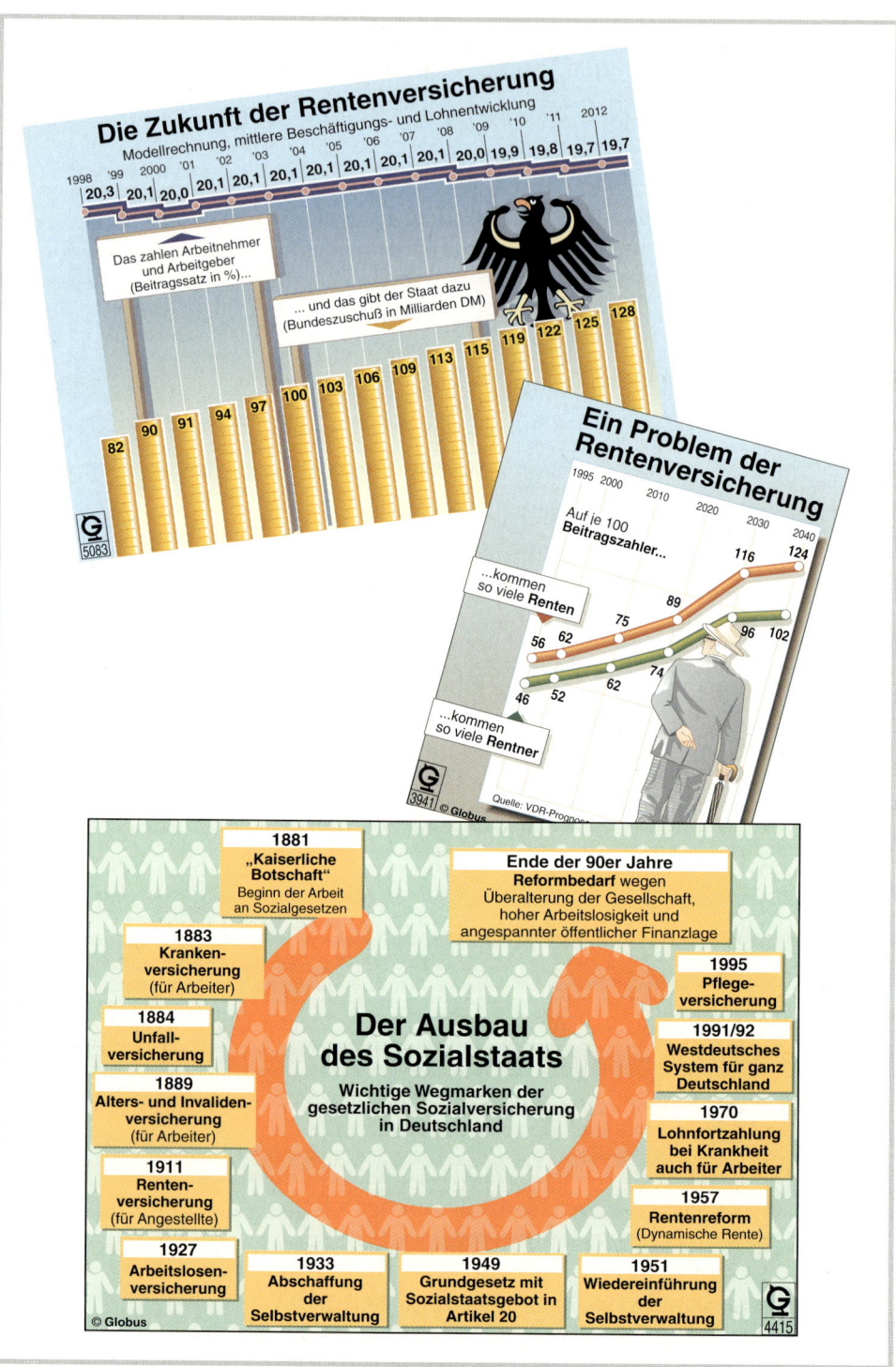

Die Zukunft der Rentenversicherung

Modellrechnung, mittlere Beschäftigungs- und Lohnentwicklung

1998	'99	2000	'01	'02	'03	'04	'05	'06	'07	'08	'09	'10	'11	2012
20,3	20,1	20,0	20,1	20,1	20,1	20,1	20,1	20,1	20,1	20,0	19,9	19,8	19,7	19,7

Das zahlen Arbeitnehmer und Arbeitgeber (Beitragssatz in %)...

... und das gibt der Staat dazu (Bundeszuschuß in Milliarden DM)

82 90 91 94 97 100 103 106 109 113 115 119 122 125 128

G 5083

Ein Problem der Rentenversicherung

1995	2000	2010	2020	2030	2040

Auf je 100 Beitragszahler...

...kommen so viele **Renten**

56 62 75 89 116 124

...kommen so viele **Rentner**

46 52 62 74 96 102

Quelle: VDR-Prognose

G 3941 © Globus

Der Ausbau des Sozialstaats

Wichtige Wegmarken der gesetzlichen Sozialversicherung in Deutschland

1881 „Kaiserliche Botschaft" Beginn der Arbeit an Sozialgesetzen

Ende der 90er Jahre Reformbedarf wegen Überalterung der Gesellschaft, hoher Arbeitslosigkeit und angespannter öffentlicher Finanzlage

1883 Krankenversicherung (für Arbeiter)

1995 Pflegeversicherung

1884 Unfallversicherung

1991/92 Westdeutsches System für ganz Deutschland

1889 Alters- und Invalidenversicherung (für Arbeiter)

1970 Lohnfortzahlung bei Krankheit auch für Arbeiter

1911 Rentenversicherung (für Angestellte)

1957 Rentenreform (Dynamische Rente)

1927 Arbeitslosenversicherung

1933 Abschaffung der Selbstverwaltung

1949 Grundgesetz mit Sozialstaatsgebot in Artikel 20

1951 Wiedereinführung der Selbstverwaltung

© Globus

G 4415

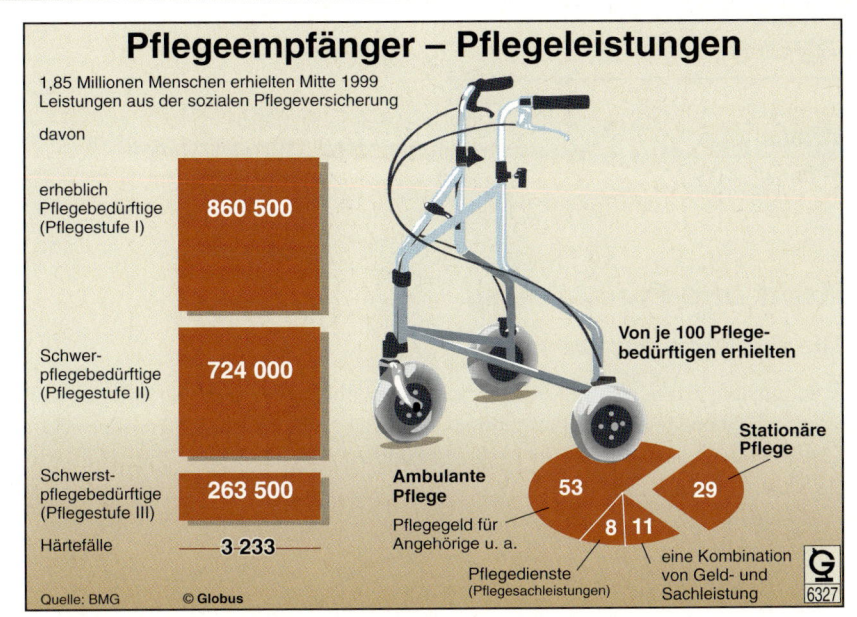

Pflegeempfänger – Pflegeleistungen

1,85 Millionen Menschen erhielten Mitte 1999
Leistungen aus der sozialen Pflegeversicherung

davon

erheblich
Pflegebedürftige
(Pflegestufe I) — **860 500**

Schwer-
pflegebedürftige
(Pflegestufe II) — **724 000**

Schwerst-
pflegebedürftige
(Pflegestufe III) — **263 500**

Härtefälle — 3 233

Quelle: BMG   © Globus

Von je 100 Pflege-
bedürftigen erhielten

Ambulante Pflege
Pflegegeld für Angehörige u. a. — 53
Pflegedienste (Pflegesachleistungen) — 8

Stationäre Pflege — 29
eine Kombination von Geld- und Sachleistung — 11

6327

Zusammenfassung

- Die **Renten werden dynamisiert**, d. h. der jeweiligen Einkommensentwicklung angepasst.
- Die Sozialversicherung beruht auf dem **Solidaritätsprinzip**: Einer für alle, alle für einen!
- Um Krankheitskosten zu senken werden die Versicherten an den Kosten beteiligt.

Solidaritätsprinzip	Grundsätze der Alterssicherung	Individualprinzip
• zwangsweise Selbst- vorsorge z. B. Sozialversicherung		• freiwillige Selbst- vorsorge z. B. Privatversicherung

- Da der **„Generationen-Vertrag"** aufgrund der (Bevölkerungs-)Entwicklung nicht mehr gilt, werden die Altersrenten durch zusätzliche Leistungen der Rentner, der Beitragszahler und des Staates finanzierbar gemacht.

Aufgaben

1 Wie lässt es sich vertreten, dass jeder gesetzlich Krankenversicherte die gleichen Leistungen erhält, obwohl die Versicherungsbeiträge verschieden hoch sind?

2 Nennen Sie Beispiele für Kostendämpfung bei der Krankenversicherung! Besorgen Sie sich dazu Prospekte Ihrer Krankenversicherung!

3 Weshalb werden nicht alle Bürger von der Sozialversicherung erfasst?

4 Welche Wirkungen hat die Anhebung der vorgezogenen Altersgrenzen auf die Regelaltersgrenze ab 2001?

5 Erläutern Sie kurz den Inhalt des „Generationen-Vertrags"!

6 Weshalb ist der „Generationen-Vertrag" nicht mehr wirksam? Nennen Sie mehrere Gründe!

Zusammenhang zwischen Angebot, Nachfrage und Preisbildung

1 Markt und Preisbildung

1.1 Die Funktion des Marktes

Ein **Markt** entsteht dann, wenn Anbieter, z. B. Warenhersteller, und Nachfrager, z. B. Endverbraucher, miteinander Kontakt aufnehmen, um Waren, Dienstleistungen oder auch Rechte – z. B. Patente – zu *tauschen* oder zu *verkaufen* und zu *kaufen*.

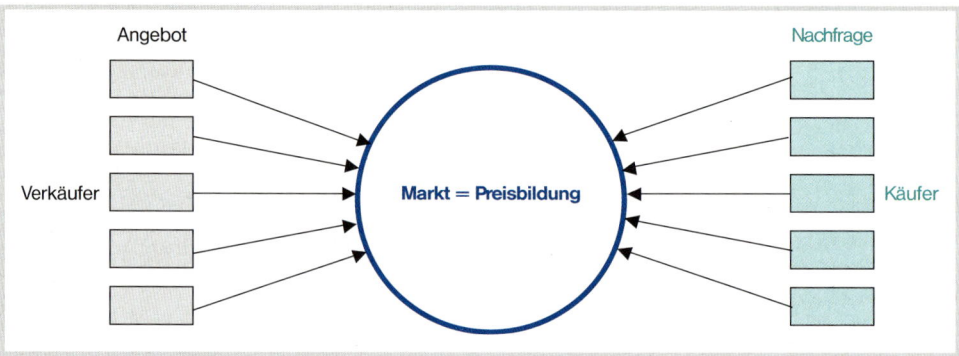

Am *Markt* treffen **Angebot und Nachfrage** zusammen.

Der Anbieter möchte so teuer wie möglich verkaufen, der Nachfrager möglichst billig einkaufen. Diese gegensätzlichen Interessen werden durch den Preis ausgeglichen, der sich dann am Markt bildet. Damit ist der **Markt** der **Ort der Preisbildung**.

Auf **organisierten Märkten**, z. B. Wochenmarkt, ist das Marktgeschehen unmittelbar sichtbar.

Der **nicht organisierte Markt** ist örtlich nicht begrenzt und kann sich über den ganzen Erdball erstrecken. Man spricht dann von einem Weltmarkt, z. B. für bestimmte Rohstoffe. Je nach dem *„Tauschgegenstand"*, der gehandelt wird, nennt man die einzelnen **Teilmärkte**: Arbeitsmarkt, Getränkemarkt, Gebrauchtwagenmarkt, Rohstoffmarkt, Wohnungsmarkt usw.

Die einzelnen Teilmärkte stehen alle mit- und zueinander in Verbindung, sie sind in der arbeitsteiligen Wirtschaft miteinander verflochten.

Jedes Wirtschaftssubjekt, ob Anbieter oder Nachfrager, handelt nach *Plänen*, die es selbst festgelegt hat. Am Markt sollen diese Vorstellungen so verwirklicht werden, dass die Pläne ineinander passen. Dies geschieht durch eine Annäherung von Angebot und Nachfrage bis zur Übereinstimmung. Wichtig sind hierbei die *Preise*, die sich bilden.

Um diesen *Preisbildungsvorgang* genauer beschreiben zu können, ist es notwendig, von einem Modell, dem **Modell des vollkommenen Marktes** auszugehen. Dieses Modell ist theoretisch und kommt in der reinen Form in der Praxis nicht vor.

Voraussetzungen für einen **vollkommenen Markt** sind:

- *vollkommen gleichartige* (homogene) Güter;
- *viele Nachfrager und Anbieter*, von denen keiner den Preis beeinflussen kann;
- *vollständige Marktübersicht (Markttransparenz)*, Angebot und Nachfrage müssen von allen Marktteilnehmern überschaubar sein;
- *keine Bevorzugung (Präferenz)* einzelner Verkäufer:
  - *sachliche* Präferenz könnte sein z. B. Unterschiede in der Aufmachung und Ausstattung der Ware, gute Qualität, technische Unterschiede, Zusatzleistungen (guter Kundendienst), Beeinflussung durch Werbung;
  - *räumliche* Präferenz ist z. B. gegeben durch geringe Transportkosten, wenn Verkäufer und Käufer nahe beieinander sind – Lebensmittelgeschäft im Wohngebiet –. Der vollkommene Markt ist jedoch auf einen Platz konzentriert. Er ist ein **Punktmarkt**.
  - *persönliche* Präferenz ist z. B. Bevorzugung wegen freundlicher, zuvorkommender Bedienung, langjährige Geschäftsfreundschaft, guter Name der Unternehmung.
- *rasche Anpassung* der Betriebe an die Verhältnisse des Marktes;
- *einheitliche Preisbildung,* d. h., alle Waren werden zum gleichen Preis angeboten.

Fehlt eine dieser Voraussetzungen, so wird von einem **unvollkommenen Markt** gesprochen.

Aufgaben

1 Nennen Sie mindestens drei Märkte für Dienstleistungen!

2 Was verstehen Sie unter Markttransparenz?

3 Unterscheiden Sie sachliche und räumliche Präferenz!

4 Wann spricht man von einem vollkommenen Markt?

5 Eine Hausfrau vergleicht die Preise bei fünf verschiedenen Lebensmittelgeschäften. Sie kauft im dritten Geschäft. Welcher Markt liegt vor (Mehrfachnennung möglich!)? Begründen Sie Ihre Ansicht!

1.2 Die Bildung des Marktpreises

1.2.1 Die Bildung des Gleichgewichtspreises

Um die **Preisbildung** am Modell darstellen zu können muss von der Annahme eines *vollkommenen Marktes* ausgegangen werden. Es soll also u. a. einer sehr großen Anzahl von Anbietern eine sehr große Anzahl von Nachfragern gegenüberstehen.

Die nachgefragte Menge hängt vom Preis ab und ist umso größer, je niedriger der Preis ist. Umgekehrt wird das Angebot um so größer sein, je höher der Preis ist, da ein niedriger Preis den Verbrauch, ein hoher Preis die Produktion anregt.

Der Preis, bei dem die umgesetzte Menge *maximal*, d. h. am größten ist, wird als der **Gleichgewichtspreis** bezeichnet. Nachfrage und Angebot gleichen sich aus. **Der Gleichgewichtspreis**

(Ausgleichspreis) **räumt demnach den Markt.** Im Beispiel würden sich beim Preis $P_0 = 63,00$ EUR Nachfrage und Angebot mit je 370 Stück entsprechen.

Angebotsmengen und Nachfragemengen sind also gleich.

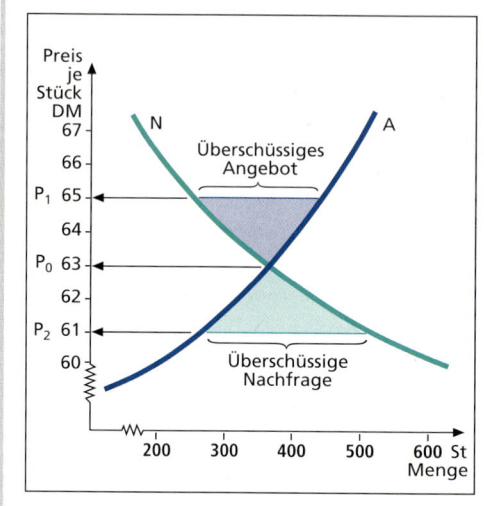

beim Preis EUR je Stück	Nachfrage St.	Angebot St.
60	630	200
61	530	270
62	440	320
63	370	370
64	310	410
65	260	450
66	220	480
67	180	510

Bei $P_1 = 65,00$ EUR stünde einem Angebot von 450 Stück nur eine Nachfrage von 260 Stück gegenüber. Um die Produktion absetzen zu können müssten die Preise bis P_0 herabgesetzt werden.

Wäre der Preis 61,00 EUR/Stück (P_2), so würden zwar 530 Stück nachgefragt, die Hersteller würden jedoch nur 270 Stück anbieten. Die Nachfrager müssten bereit sein, höhere Preise zu zahlen, damit die Produktion erhöht wird. Beim Preis P_0 würden sich dann Angebot und Nachfrage wieder decken.

Den Gleichgewichtspreis kann keiner der vielen Anbieter oder Nachfrager ändern, weil dazu sein *Marktanteil zu gering* ist. Der **Preis** ist in dieser Marktsituation ein **fester Faktor**, an dem sich er Einzelne mit der angebotenen bzw. nachgefragten **Menge anpasst**.

1.2.2 Die Aufgaben des Gleichgewichtspreises

Nur beim Modell des vollkommenen Marktes übernimmt der Preis bestimmte Funktionen:

- **Ausgleichsfunktion.** Angebot und Nachfrage gleichen sich aus. Der Gleichgewichtspreis räumt den Markt, d. h., es wird alles verkauft.
- **Signalfunktion.** Der Preis signalisiert Produzent und Konsument den Grad der Knappheit der Güter.
  Steigender Preis = geringes Angebot und/oder größere Nachfrage.
  Sinkender Preis = größeres Angebot und/oder geringere Nachfrage.
- **Lenkungsfunktion.** Die Investitionen werden dort gemacht, wo erhöhte oder neue Nachfrage vorhanden ist und damit hohe Preise und entsprechende Gewinne erwartet werden können.
- **Erziehungsfunktion.** Die Preise liegen wegen der unbeschränkten Konkurrenz fest (Gleichgewichtspreis). Deshalb werden die Produzenten versuchen die Kosten zu senken, d. h. zu

498

rationalisieren, um zu einer Erhöhung der Rentabilität zu kommen. Dies kann z. B. durch günstige Beschaffung von Produktionsgütern und durch günstige Kombination verschiedener Produktionsfaktoren geschehen oder durch eine Änderung des Verkaufssystems, z. B. Übergang von Voll- auf Selbstbedienung.

Allerdings werden die Mitbewerber rasch entsprechend reagieren.

Die Funktion ist beim *Oligopol* und besonders beim *Monopol* nicht wirksam.

- **Oligopol.** Es kann in drei verschiedenen Formen auftreten, und zwar als:
  - **Angebotsoligopol.** *Wenige Anbieter* stehen *vielen Nachfragern* gegenüber; z. B. vier Bekleidungshäuser in einer Stadt mit 20 000 Einwohnern.
  - **Nachfrageoligopol.** *Viele Anbieter* stehen *wenigen Nachfragern* gegenüber; z. B. 1 000 Milch produzierende Landwirtschaftsbetriebe in einer Region mit zwei Milchverarbeitungsbetrieben.
  - **Bilaterales Oligopol.** *Wenige Anbieter* stehen *wenigen Nachfragern* gegenüber; z. B. fünf Geflügelfarmen und zwei Nudelfabriken.

- **Monopol.** Es liegt vor, wenn auf einem Markt entweder die Angebotsseite oder die Nachfrageseite *nur aus einem Marktteilnehmer* besteht. Es können auch beide Seiten nur von je einem Marktteilnehmer vertreten werden; z. B. eine Zuckerrübenfabrik übernimmt die Zuckerrüben von 1 300 Landwirten zur Verarbeitung.

Neben diesen zwei Marktformen gibt es noch eine dritte, das

- **Polypol.** *Vielen Anbietern* stehen *viele Nachfrager* gegenüber; z. B. viele Zimmervermieter und viele Urlauber.

Aufgaben

1 Wie kommt auf dem vollkommenen Markt der Gleichgewichtspreis zustande?

2 Begründen Sie: Der Preis beeinflusst die Höhe von Angebot und Nachfrage!

3

Preis je Stück in EUR	Nachfrage (Stück)	Angebot (Stück)
175,00	2 600	800
176,00	1 800	1 800
177,00	1 200	2 600
178,00	800	3 200
179,00	600	3 700

  a) Zeichnen Sie die Angebots- und die Nachfragekurve entsprechend dem Schaubild auf Seite 498 (Angaben zur Lösung: x-Achse 500 Stück = 1 cm; y-Achse 1,00 EUR Preisdifferenz = 1 cm)!

  b) Ermitteln Sie den Gleichgewichtspreis!

4 Erklären Sie: „bilaterales Oligopol"!

5 Erklären Sie die Begriffe a) „Polypol", b) „Oligopol", c) „Monopol"! Suchen Sie jeweils ein Beispiel hierzu!

6 Weshalb haben wir es normalerweise mit unvollkommenen Märkten zu tun?

7 Welche Marktformen liegen vor? Begründen Sie jeweils Ihre Ansicht!

  a) auf dem Blumengroßmarkt   c) bei Paketverkehr
  b) beim Telefonverkehr   d) beim Markt für Eigentumswohnungen

8 Warum duldet der Staat die z. T. monopolartige Stellung öffentlicher Betriebe, z. B. in der Energieversorgung?

1 Die Aufgaben der Frachtführer, Spediteure und Lagerhalter

1.1 Der Frachtführer

Frachtführer sind gewerbliche Unternehmer, welche die Beförderung von Gütern zu Lande, zu Wasser und in der Luft durchführen (HGB § 407).

Solche Frachtführer sind die Bahn, Unternehmungen des Güterkraftverkehrs, der Binnen- und Seeschifffahrt sowie die Fluggesellschaften.

Für den Seehandel enthält das HGB besondere Vorschriften (HGB §§ 484 ff.). Die Reeder sind die Schiffseigentümer und heißen beim Seefrachtgeschäft *Verfrachter*. Der Auftraggeber wird *Befrachter* genannt.

Zwischen dem Frachtführer und dem Auftraggeber (Absender) wird ein Frachtvertrag mit einem Frachtbrief geschlossen. Durch den Frachtvertrag wird der Frachtführer verpflichtet, das Gut zum Bestimmungsort zu befördern und dort an den Empfänger abzuliefern (HGB § 407).

Der Frachtbrief ist eine *Beweisurkunde* für den Abschluss und den Inhalt des Beförderungsgeschäfts. Er ist gleichzeitig ein *Begleitpapier* für die Sendung vom Absender bis zum Empfänger und dient der *Frachtberechnung*.

Der Frachtführer hat gesetzliche **Pflichten und Rechte** zu beachten (HGB § 408 ff.):

HGB § 408 ff.	gegenüber dem Absender (Auftraggeber)	gegenüber dem Empfänger

Pflichten des Frachtführers	• Fristgerechte Beförderung
	• mangelfreie Ablieferung
	• unverzügliche Benachrichtigung bei Ablieferungshindernissen
	• Haftung für
	  – Verlust
	  – Lieferfristüberschreitung
	  – Beschädigung
	  – Nichtbefolgen nachträglicher Verfügungen des Absenders
		• Weisungsbefolgung
		• Erfüllung aller vertraglichen Verpflichtungen, z. B. Übergabe der Ware, Ausstellen eines Ladescheins

Rechte des Frachtführers	• Ausstellung eines Frachtvertrages (Frachtbrief) • Übergabe aller Begleitpapiere (z. B. Zoll- und Steuerpapiere) • Frachtzahlung • Erstattung der Auslagen • gesetzliches Pfandrecht am Beförderungsgut (auch noch drei Tage nach Ablieferung)	• Frachtzahlung, soweit Empfänger dazu verpflichtet ist, z. B. Rollgelder

1.2 Der Spediteur

Beispiel: Eine Kühlanlage, verladen in zwei Güterwaggons, soll von Stuttgart nach Haidarabad, eine Stadt im inneren Indiens, transportiert werden. Bahn-, Seeschiff- und Lkw-Transporte sind erforderlich.

Hierzu müssen mit mehreren, meist ausländischen Frachtführern Frachtverträge geschlossen werden. Zwischenlagerzeiten sollen so kurz wie möglich gehalten werden. Viele Spezialprobleme sind zu lösen, um die Kühlanlage mit möglichst geringen Kosten an ihren Bestimmungsort zu bringen.

Fachleute für die Lösung von Transportproblemen und Verkehrsfragen sind ganz allgemein die Spediteure, die häufig gleichzeitig Inhaber von Transportunternehmen und dann rechtlich nach Frachtführer sind.

Der Spediteur ist ein gewerblicher Unternehmer, der sich durch den Speditionsvertrag verpflichtet, die Versendung eines Gutes zu besorgen (HGB §§ 453 ff.).

Er bestimmt das Beförderungsmittel und den Beförderungsweg, wählt den ausführenden Frachtführer und Lagerhalter und sichert eventuelle Schadenersatzansprüche des Versenders.

Der Spediteur schließt die erforderlichen Verträge in *eigenem Namen* oder, falls bevollmächtigt, in *fremdem Namen* (des Versenders) ab.

Für das Speditionsgeschäft gelten neben dem HGB die **„Allgemeinen Deutschen Speditionsbedingungen" (ADSp).** Diese sind Handelsbrauch und gelten für jedes Speditionsgeschäft ohne besondere Vereinbarung.

Vielfach sind die Spediteure selbst Frachtführer oder Lagerhalter. Sie machen dann von ihrem Selbsteintrittsrecht Gebrauch.

Speditionsunternehmen besorgen nicht nur Transporte zu Land, zu Wasser und in der Luft. Zunehmend bieten sie als Transportspezialisten ihre Dienstleistung auch zur Lösung von Lagerbewegungsproblemen in Großlagern des Handels und der Industrie sowie von Beförderungsproblemen bei der industriellen Fertigung an. Alle in diesem Zusammenhang entstehenden Problembereiche nennt man **Logistik**.

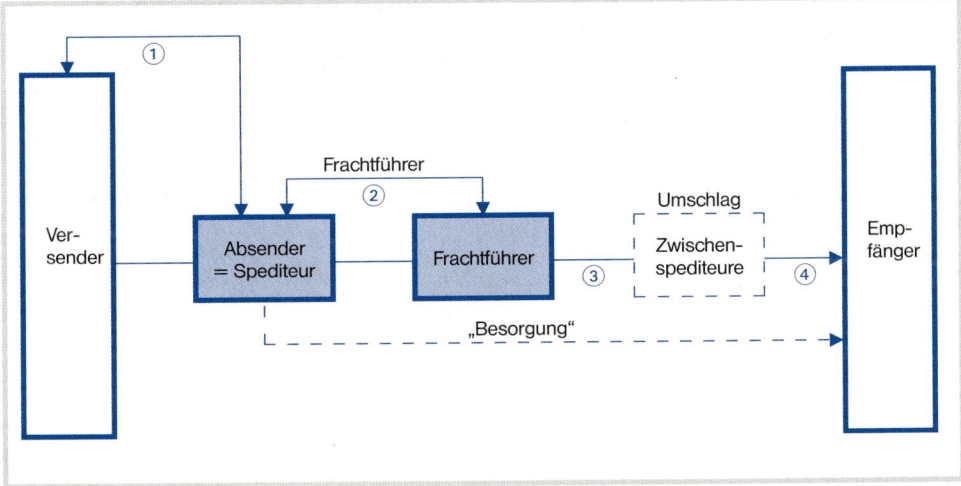

501

Im Einzelnen hat der Spediteur folgende gesetzliche **Pflichten und Rechte:**

Wichtige gesetzliche Pflichten des Spediteurs	Wichtige gesetzliche Rechte des Spediteurs
• **Haftung** bei Verlust oder Beschädigungen bei nachweisbarem Verschulden • **Sorgfalt** bei der Ausführung des Transportgeschäfts • **Interessenwahrung** als Treuhänder seiner Kunden • **Weisungsbefolgung** gegenüber Versandanweisungen der Auftraggeber • **Rechtswahrung** gegenüber seinem Auftraggeber, z.B. bei Gewährleistungsansprüchen infolge mangelhafter Lieferung	• **Vergütung** bezüglich Provision und Auslagenersatz bzw. Übernahmesatz oder Sammelladungssatz • **gesetzliches Pfandrecht** am Beförderungsgut • **Selbsteintrittsrecht**, wenn z.B. der Spediteur auch als Frachtführer einen Transport ausführt

Beim **Sammelladungsverkehr** stellt der Spediteur Stückgüter zu Wagenladungen zusammen, wobei die Wagenladungsfracht für den Spediteur wesentlich billiger ist als die Summe der hohen einzelnen Stückgutfrachten. Hierdurch ist es dem Spediteur möglich die Güterbeförderungen zu einem *Kundensatz* anzubieten, der zwischen dem Stückguttarif und dem Wagenladungstarif liegt und dadurch dem Kunden einen Kostenvorteil bringt.

Der Kundensatz bietet ebenso wie der **feste Übernahmesatz** als Entgelt für Speditionsleistungen für den Auftraggeber eine *sichere Kalkulationsgrundlage* und *einfache Vergleichsmöglichkeit* bei mehreren Speditionsangeboten.

1.3 Der Lagerhalter

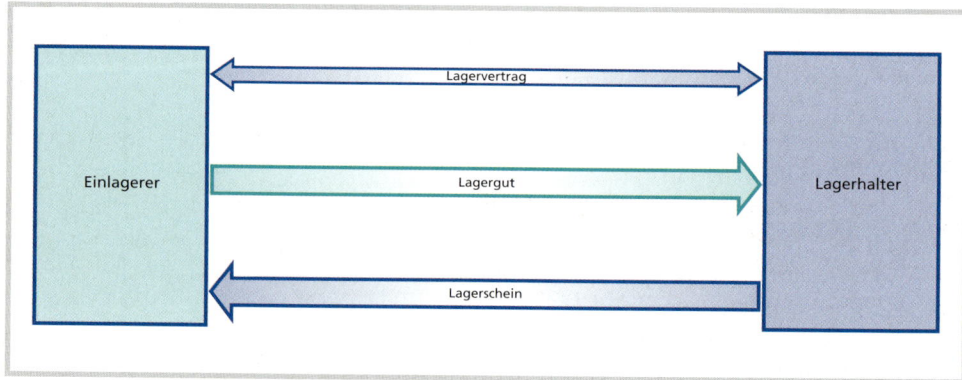

Der **Lagerhalter** ist ein gewerblicher Unternehmer, der die Lagerung und Aufbewahrung von Gütern übernimmt (HGB § 467).

Das Lagerhaltungsgeschäft wird meist zusammen mit dem Speditions- und dem Frachtführergeschäft betrieben.

Zwischen dem Auftraggeber und dem Lagerhalter wird ein **Lagervertrag** geschlossen. Rechte und Pflichten aus diesem Vertrag richten sich nach HGB §§ 467 bis 475 und besonderen vertraglichen Lagerbedingungen, die jeweils vereinbart werden müssen. In der Regel werden als Allgemeine Geschäftsbedingungen die Bestimmungen der Allgemeinen Deutschen Speditionsbedingungen (ADSp) übernommen.

Für das eingelagerte Gut wird ein **Lagerschein** ausgestellt, der ein Inhaber-, Namens- oder Orderpapier *(Warrant)* sein kann. Bei der Einzel- oder Sonderlagerung wird das Lagergut des Kunden getrennt von anderen Gütern, auch wenn eine Vermischung möglich wäre, z. B. bei Getreide.

Die **Sammellagerung** erlaubt eine Vermischung und Vermengung des Lagerguts von verschiedenen Eigentümern, falls diese damit einverstanden sind (HGB § 469). Die Lagerkosten werden hierdurch erheblich gesenkt.

Aufgaben

1 a) Unterscheiden Sie rechtlich Frachtführer, Spediteur und Lagerhalter!

b) Welche gleichartigen Rechte und Pflichten haben diese Absatzhelfer des Kaufmanns?

c) Welche rechtliche Bedeutung hat der Frachtbrief (siehe HGB § 409)?

d) Welche Rechte hat der Frachtführer bei gefährlichem Gut? (HGB § 410)

e) Stellen Sie in HGB § 414 fest, welche Verschulden unabhängige Haftung der Absender eines Gutes trägt.

f) In welchen Fällen ist der Frachtführer von der Haftung befreit? (HGB § 427)

2 a) Welche Erwägungen könnten ein Unternehmen dazu veranlassen die Gütertransporte durch eigene Lkw zu besorgen (Werkverkehr)?

b) Welche Arten von Unternehmungen werden stets auf die Hilfe der Frachtführer und Spediteure angewiesen sein?

c) Welche wirtschaftlichen Vorteile bringt der Sammelladungsverkehr sowohl dem Spediteur als auch dem Auftraggeber? Welche Nachteile können sich ergeben?

3 Spediteure, Frachtführer und Lagerhalter haben ein gesetzliches Pfandrecht am Transport bzw. Lagergut.

a) Worauf erstreckt sich dieses Pfandrecht bei den einzelnen Absatzhelfern (HGB § 441, 464, 475 b)?

b) Wie lange kann von diesem Recht Gebrauch gemacht werden?

4 Verfolgen Sie in Ihrem Ausbildungsbetrieb die Abwicklung von Frachtführer-, Speditions- und Lagerhaltungsgeschäften!

5 Welche Auswirkungen hat das Selbsteintrittsrecht des Spediteurs auf seine Provision [siehe HGB § 413 (2)]?

6 Inhaber-, Namens- und Orderlagerschein: Stellen Sie die rechtlichen und wirtschaftlichen Unterschiede fest (siehe HGB §§ 363 ff.)!

7 a) Unterscheiden Sie Einzel- und Sammellagerung!

b) Welche Güterarten eignen sich nur für Sammellagerung?

c) Welche Vorteile und Nachteile bringt z. B. die Sammellagerung von Getreide für den Auftraggeber?

Kaufmannseigenschaft nach HGB, Firma, Handelsregister

1 Kaufmannleute nach dem HGB

1.1 Kaufmannseigenschaft nach HGB

Kaufmann ist, wer ein Handelsgewerbe betreibt [HGB § 1 (1)]. Dies gilt unabhängig davon, in welcher Branche der Kaufmann tätig ist und ob es sich um eine natürliche oder juristische Person handelt. Die meisten Betriebe sind Handelsgewerbe, z. B. Groß- und Einzelhändler, Industriebetriebe, Handwerks- und Dienstleistungsbetriebe, es sei denn, sie zählen zu den Kleinbetrieben. Für *Kaufleute* gelten die besonderen Vorschriften des **HGB,** für Kleinbetriebe, also *Nicht-Kaufleute,* die des **BGB.**

1.2 Begriff des Handelsgewerbes nach HGB

Handelsgewerbe ist jeder Gewerbebetrieb, es sei denn, dass das Unternehmen nach Art oder Umfang einen in kaufmännischer Weise eingerichteten Geschäftsbetrieb **nicht** erfordert [HGB § 1 (2)], Da das HGB nicht festlegt, was ein Gewerbebetrieb ist, gilt für dessen Beschreibung die allgemeine Rechtsauffassung. Danach liegt ein Gewerbebetrieb nur dann vor, wenn eine Tätigkeit selbstständig ausgeübt, auf Dauer angelegt ist, planmäßig mit Gewinnerzielungsabsicht betrieben wird und der Betrieb auf dem Markt sichtbar hervortritt.

1.3 Ist-Kaufmann (Kaufmann kraft Gewerbebetrieb)

Ist-Kaufmann sind Kaufleute, deren Gewerbebetrieb nach Art und Umfang eine in kaufmännischer Weise eingerichtete Geschäftsorganisation erfordert [HGB § 1 (2)]. Für Ist-Kaufleute kommen die Vorschriften des HGB voll zur Anwendung, insbesondere die Bestimmungen über Firma, Handelsbücher und Prokura. Ihre Kaufmannseigenschaft entsteht nicht erst bei der Eintragung in das Handelsregister, sondern unabhängig davon durch den Beginn des Gewerbebetriebes. Die Eintragung der Ist-Kaufleute in das Handelsregister ist zwar verpflichtend, aber in ihrer Rechtswirkung ist sie nur deklaratorisch (rechtsbezeugend).

1.4 Kann-Kaufmann (Kaufmann kraft Eintragung nach § 3 HGB)

Auf Betriebe der Land- und Forstwirtschaft finden die Vorschriften des HGB § 1 keine Anwendung. Diese Betriebe gelten damit als Nicht-Kaufleute [HGB § 3 (1)]. Sofern land- und forstwirtschaftliche Unternehmen aber nach Art und Umfang einen in kaufmännischer Weise eingerichteten Geschäftsbetrieb erfordern, sind sie wie Kleingewerbetreibende (HGB § 2) berechtigt, sich in Handelsregister eintragen zu lassen [HGB § 3 (2)]. Die Bestimmungen für Kaufleute gelten für sie dann in vollem Umfang. Die Eintragung ist rechtserzeugend *(Kaufmann kraft Eintragung).*

1.5 Schein-Kaufmann (Kaufmann kraft Eintragung)

Jeder, dessen Firma ins Handelsregister eingetragen ist, gilt als Kaufmann. Ist seine Firma ins Handelsregister eingetragen, so kann er gegenüber demjenigen, der sich auf die Eintragung beruft, nicht geltend machen, dass unter der Firma betriebene Gewerbe kein Handelsgewerbe sei *(Schein-Kaufmann)* (HGB § 5).

1.6 Form-Kaufmann (Kaufmann kraft Rechtsform)

Alle Kapitalgesellschaften und eingetragenen Genossenschaften sind Kaufleute im Sinne des HGB, auch dann, wenn sie kein Handelsgewerbe betreiben (HGB § 6). Kaufmann wird nicht der Vorstand, sondern die Gesellschaft als juristische Person, also z. B. die AG, GmbH, eG. Die Eintragung der Firma ins Handelsregister wirkt rechtserzeugend (konstitutiv).

1.7 Nicht-Kaufmann

Gewerbetreibende, deren Unternehmen nach Art oder Umfang einen der kaufmännischen Art und Weise eingerichteten Geschäftsbetrieb erfordert, sind als Kleingewerbetreibende keine Kaufleute. Ob jemand Kaufmann oder Nicht-Kaufmann ist, hängt davon ab, ob objektiv betrachtet ein in kaufmännischer Weise eingerichteter Geschäftsbetrieb erforderlich ist oder nicht. Die Beweislast, ob jemand Kleingewerbetreibender ist und damit kein Kaufmann im Sinne des HGB, liegt beim Unternehmer, weil das HGB in § 1 von der Vermutung ausgeht, dass beim Vorliegen eines Gewerbebetriebes der Gewerbetreibende Kaufmann im Sinne des § 1 HGB ist. Merkmale für Kleingewerbetreibende sind u. a. Vermögen, Umsatz, Gewinn, Betriebsstätten-Mitarbeiterzahl.

Gilt jemand als Kleingewerbetreibender, so wird er dem Bürgerlichen Recht (BGB) und nicht dem Handelsrecht unterstellt, sofern er sich nicht freiwillig ins Handelsregister eintragen lässt. Kleingewerbetreibende haben die Möglichkeit, sich ins Handelsregister eintragen zu lassen.

Vergleich der Rechte und Pflichten des Kaufmanns und des Kleingewerbetreibenden (Nicht-Kaufmann)

Kaufmann	Rechte/Pflichten	Kleingewerbetreibender Nicht-Kaufmann
ja	**Firma**	nein
ja	**Eintragung ins Handelsregister**	nein
ja	**Prokuraerteilung**	nein
ja	**Handelsrichteramt**	nein
ja (HGB, AO)	**Buchführungspflicht einschließlich Inventar-, und Jahresabschluss-[1] und ggf. Lageberichterstellung**	nur nach AO (Wareneingangs- und Warenausgangsaufzeichnungen, Kassenbuch)
auch bei unverhältnismäßiger Höhe nicht anfechtbar	**Vertragsstrafen (Konventionalstrafen)**	bei unverhältnismäßiger Höhe anfechtbar
selbstschuldnerisch, mündlich	**Bürgschaft**	drittschuldnerisch, schriftlich

[1] Bilanz und Gewinn- und Verlustrechnung, ggf. mit Anhang.

2 Anmeldung des Unternehmens – Firma – Handelsregister

2.1 Die Anmeldepflicht

Ein neu zu gründendes Unternehmen **muss** bei folgenden öffentlichen Stellen angemeldet werden:

- beim zuständigen *Amtsgericht* zur Eintragung ins Handelsregister (HGB § 12);
- beim örtlichen *Gewerbeamt* (Gemeinde); es übernimmt die gewerbepolizeiliche Aufsicht (GewO § 14);
- beim *Finanzamt*, in dessen Bereich der Betrieb eröffnet wird, innerhalb eines Monats (AO § 138);
- bei der *Industrie- und Handelskammer*; diese betreut ihre Mitglieder und wahrt deren Interessen gegenüber Behörden und Verbänden;
- bei der *Berufsgenossenschaft*, um den Unfallversicherungsschutz für die Belegschaft sicherzustellen;
- bei den *sonstigen Trägern der Sozialversicherung* (Krankenkasse), wenn Arbeitnehmer beschäftigt werden, um den Versicherungsschutz zu erhalten (SGB).

2.2 Die Firma

Die Firma ist der **Name**, unter dem der **Kaufmann seine Geschäfte betreibt** und mit dem er **unterschreibt**. Er kann unter seiner Firma klagen und verklagt werden. Sie ist sein *kaufmännischer Name*, unter dem er bekannt wird und zu Ansehen gelangen kann (HGB § 17). Die Einzelvorschriften sind bei den jeweiligen Rechtsformen dargestellt.

Alle Kaufleute, gleichgültig, welche Rechtsform sie für ihr Unternehmen gewählt haben, können zwischen folgenden *Firmenarten wählen,* müssen aber jeweils die Unternehmensrechtsform mit angeben:

- **Namens- oder Personenfirma:** Sie setzt sich zusammen aus einem oder mehrere Personennamen zuzüglich der Rechtsform; z. B. Uta Müller eKfr.
- **Sachfirma:** Sie ist aus dem Gegenstand, der Leistungserstellung des Unternehmens abgeleitet. Die Rechtsform muss hinzugefügt werden, z. B. Süddeutsche Stuhlfabrik AG.
- **Fantasiefirma:** Sie wird aus einer frei erfundenen, möglichst werbewirksamen Bezeichnung gebildet. Die Rechtsform wird hinzugefügt, z. B. Briefmarkenecke OHG.
- **Mischfirma:** Sie setzt sich aus mindestens zwei der o. a. Firmenbezeichnungen zusammen, z. B. Gänseblümchen Mayer KG, Büromöbel Schulze AG.

■ Allgemeine Grundsätze

Eine Firma darf nicht unbefugt benützt werden. Dies ergibt sich u. a. aus den Grundsätzen über die Firma im HGB und BGB, aber auch aus dem Gesetz gegen den unlauteren Wettbewerb und dem Warenzeichengesetz. Die im HGB aufgestellten Grundsätze des Firmenrechts sind:

- **Firmenwahrheit, Firmenklarheit.** Der Außenstehende soll erkennen, wer Firmeninhaber ist und welche Unternehmensart vorliegt. Es dürfen keine unrichtigen Angaben über Art und Umfang der Unternehmung enthalten sein. Ein kleines Geschäft darf sich z. B. nicht „Möbelzentrale" nennen.

- **Firmenausschließlichkeit.** Jede Firma muss sich von allen an demselben Orte bereits bestehenden und schon ins Handelsregister eingetragenen Firmen unterscheiden (HGB § 30).

  Der neue Unternehmer muss seiner Firma ggf. einen Zusatz beifügen, durch den sie sich von der einer anderen unterscheidet (z. B. Erich Mayer sen.). Sehr häufig wird in solchen Fällen ein weiterer Vorname hinzugefügt. Für Unternehmen überörtlicher Bedeutung ist diese Bestimmung nicht immer ausreichend. Falls die Gefahr einer Verwechslung besteht, können sich daher die älteren Unternehmen auf das Wettbewerbsrecht berufen.

- **Firmenbeständigkeit.** Die Firma kann nicht ohne das Handelsgeschäft, für das sie geführt wird, veräußert werden. Dadurch sollen Irreführungen vermieden werden.

  Stimmen die bisherigen Geschäftsinhaber oder deren Erben **ausdrücklich** beim Verkauf eines Unternehmens zu, so darf der Erwerber die bisherige Firma fortführen. Es steht ihm frei, das Nachfolgeverhältnis durch einen Zusatz (Nachf.) anzudeuten. Dadurch kann der Firmenwert (Goodwill) erhalten bleiben.

- **Firmenöffentlichkeit.** Jeder Kaufmann muss seine Firma in das zuständige Handelsregister eintragen lassen. Laden- und Gaststätteninhaber müssen ihren Familiennamen mit mindestens einem ausgeschriebenen Vornamen an der Außenseite oder am Eingang des Geschäftes deutlich sichtbar anbringen (GewO § 15).

2.3 Das Handelsregister

Das Handelsregister ist ein beim Amtsgericht geführtes, **öffentliches Verzeichnis aller Kaufleute** des Amtsgerichtsbezirkes (HGB §§ 8–16).

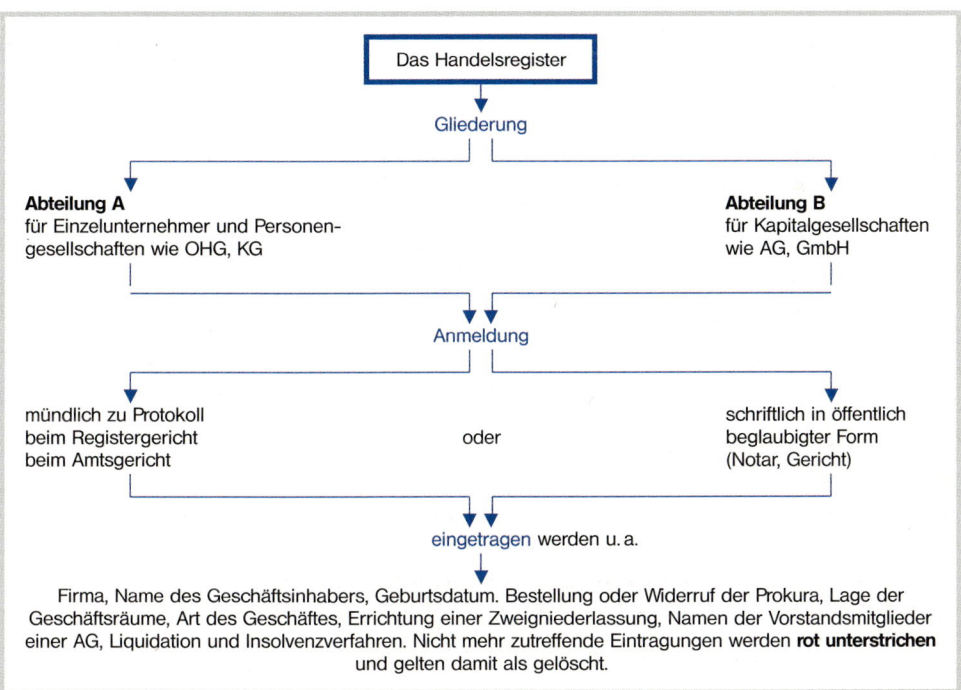

Die Eintragung hat zwei Rechtswirkungen zur Folge:

Wirkung der Eintragung	Bedeutung	*Beispiele:*
rechtsbezeugend (deklaratorisch)	Auch ohne Eintragung würden die Tatsachen bestehen. Sie werden nur öffentlich bekannt gemacht.	Prokura Eintragung des Inhabers einer Unternehmung.
rechtserzeugend (konstitutiv)	Erst durch die Eintragung wird die Tatsache rechtswirksam.	Ein Sollkaufmann erhält die Kaufmannseigenschaft erst durch die Eintragung. Eine AG oder GmbH wird durch die Eintragung rechtsfähig.

Veröffentlichung, HGB § 10

im Bundesanzeiger   in einem anderen Blatt, z. B. in einer örtlichen Tageszeitung   Einsicht für jedermann in HR

Eingetragene Tatsachen können jedermann gegenüber geltend gemacht werden, da das Handelsregister **öffentlichen Glauben** genießt. Ist z. B. jemand ins Handelsregister eingetragen, so gilt er als Kaufmann, *auch* wenn die Voraussetzungen dafür nicht vorliegen (dem Umfang seines Betriebes nach wäre er z. B. Nicht-Kaufmann – Kleingewerbetreibender, HGB § 15). Das Handelsregister dient somit der **Rechtssicherheit im Geschäftsverkehr**, insbesondere dem *Schutz des Gläubigers.*

Beispiel für Handelsregisterbekanntmachungen in einer Zeitung:

Handels-register

I. Neueintragungen

HRB 79 720 – 17. Jan. .. – **ESAT Amper GmbH, Stuttgart** (Leimbachstr. 3). Gegenstand des Unternehmens: Installation von elektrischen Anlagen, Erstellung von bauelektrischen Anlagen sowie Vertrieb von elektrischen Artikeln aller Art. Stammkapital: 50 000 EUR. Geschäftsführer: Amper, Ulla, Hausfrau in Stuttgart. GmbH mit Gesellschaftsvertrag vom 28. August 19.. Ist nur ein Geschäftsführer bestellt, so vertritt er die Gesellschaft allein. Sind mehrere Geschäftsführer bestellt, wird die Gesellschaft entweder durch zwei Geschäfts-führer oder durch einen Geschäftsführer zusammen mit einem Prokuristen vertreten. Jedoch vertritt die Geschäftsführerin Amper Ulla stets einzeln. Sie ist befugt, die Gesellschaft bei der Vornahme von Rechtsgeschäften mit sich selbst oder als Vertreter eines Dritten uneingeschränkt zu vertreten. Nicht eingetragen: Bekanntmachungsblatt ist der Bundesanzeiger.

II. Veränderungen

HRA 8737 – 14. Jan. .. – **Edmund Gans Verlag OHG, Stuttgart.** Gans Edmund ist nicht mehr Inhaber, Inhaberin ist nun Gans, Helene, Kauffrau, Stuttgart. HRA 12 199 – 14. Jan. .. – **Quetschwerk Mühlhauser & Sohn KG, Stuttgart.** Die Einlage eines Kommanditisten ist erhöht, eine Einlage ist herabgesetzt. HRB 74 187 – 14. Jan. .. – **Verla-Pharm-Arzneimittelfabrik GmbH, Stuttgart.** Die Prokura Dr. Oberdorfer Fritz ist erloschen.

III. Löschungs-ankündigungen

Das Registergericht beabsichtigt, die im Handelsregister Abteilung A Nummer 14 244 eingetragene Firma Teresa Wohlgemut e. Kfr. in Stuttgart, die in Abteilung B Nummer 41 617 eingetragene Firma Witte GmbH Industriebetrieb für Montage-Knöpfe und -Gürtel KG in Stuttgart von Amts wegen nach § 31 Abs. 2 HGB zu löschen. Die Frist zur Erhebung eines Widerspruchs gegen die beabsichtigte Löschung wird auf drei Monate festgesetzt.

IV. Löschungen

HRA 12778 – 19. Jan. .. – **E. Strasser K. G. Inhaber Erik Strasser, Stuttgart.** Die Firma ist erloschen. Die Prokuren für Egginger Horst, Staps Rolf, Becker Adolf, Horscheck Walter, Sippel Roland, Lücke Günter und Krauße Werner sind erloschen. HRA 40135 – 19. Jan. .. – **Selm KG, Stuttgart.** HRA 41313 – 19. Jan. .. – **Roman Natter, Stuttgart.**

Stuttgart, den 22. Jan. .. Amtsgericht Stuttgart – Registergericht

Auszug aus dem Handelsregister – Abt. B – des Amtsgerichts Crailsheim

Nummer der Eintragung	a) Firma b) Sitz c) Gegenstand des Unternehmens	Grundkapital oder Stammkapital EUR	Geschäftsinhaber Persönlich haftende Gesellschafter Geschäftsführer Abwickler	Prokura	Rechtsverhältnisse	a) Tag der Eintragung und Unterschrift b) Bemerkungen
1	2	3	4	5	6	7
1	a) **Baden-Württembergische Bank** Aktiengesellschaft Filiale Bad Mergentheim b) Bad Mergentheim Zweigniederlassung der	60 000 000	Dr. Hanns Goeser, Bankdirektor, Stuttgart, Dr. Manfred Prechtl, Bankdirektor, Stuttgart, Erwin Funk, Bankdirektor, Kornwestheim.	Prokuristen, je vertretungsberechtigt mit einem Vorstandsmitglied	Aktiengesellschaft. Satzung vom 20. Oktober 1871, mehrfach geändert, zuletzt geändert und neu gefaßt am 18. November 1977. Die Gesellschaft wird durch zwei Vorstandsmitglieder oder durch ein Vorstandsmitglied und einen Prokuristen vertreten.	a) Den 25. Jan. 1978 b) Satzung Bl. Sd. Bd. AG Stuttgart HRB 102

Aufgaben

1 Bei welchen öffentlichen Stellen muss das Unternehmen angemeldet werden?

2 Welche Gesetze und Verordnungen verpflichten zur Anmeldung des neuen Unternehmens?

3 Oskar Hunter betreibt ein kleines Lebensmittelgeschäft. Sein Vater, der ebenfalls Oskar heißt, hat am gleichen Ort seit Jahren einen großen Einzelhandelsbetrieb und firmiert: Lebensmittel-Großmarkt Oskar Hunter e. Kfm. Der Sohn möchte dem Vater nicht nachstehen und legt sich ebenfalls die Firma Lebensmittel-Großmarkt Oskar Hunter e. Kfm. zu. Gegen welche Firmengrundsätze verstößt er damit?

Verzeichnis der Gesetzesabkürzungen

AGBG	=	Gesetz zur Regelung des Rechts der Allgemeinen Geschäftsbedingungen
AktG	=	Aktiengesetz
AMBV	=	Arbeitsmittelbenutzungsverordnung
AO	=	Abgabenordnung
ArbGG	=	Arbeitsgerichtsgesetz
ArbZG	=	Arbeitszeitgesetz
BBankG	=	Gesetz über die Deutsche Bundesbank
BBiG	=	Berufsbildungsgesetz
BErzGG	=	Bundeserziehungsgeldgesetz
BewG	=	Bewertungsgesetz
BGB	=	Bürgerliches Gesetzbuch
BundUrlG	=	Bundesurlaubsgesetz
BetrVerfG	=	Betriebsverfassungsgesetz
DepotG	=	Depotgesetz
EntgeltfortzG	=	Entgeltfortzahlungsgesetz
EStG	=	Einkommensteuergesetz
GebrMG	=	Gebrauchsmustergesetz
GenG	=	Gesetz, betreffend die Erwerbs- und Wirtschaftsgenossenschaften
GeschmMG	=	Geschmacksmustergesetz
GewStG	=	Gewerbesteuergesetz
GG	=	Grundgesetz für die Bundesrepublik Deutschland
GmbHG	=	Gesetz, betreffend die Gesellschaften mit beschränkter Haftung
GewO	=	Gewerbeordnung
GrStG	=	Grundsteuergesetz
GüKG	=	Güterkraftverkehrsgesetz
GWB	=	Gesetz gegen Wettbewerbsbeschränkungen
HandWO	=	Handwerksordnung
HGB	=	Handelsgesetzbuch
InsO	=	Insolvenzordnung
JArbSchG	=	Jugendarbeitsschutzgesetz
KSchG	=	Kündigungsschutzgesetz
KStG	=	Körperschaftsteuergesetz
KWG	=	Gesetz über das Kreditwesen

LStDV	=	Lohnsteuer-Durchführungsverordnung
MarkenG	=	Markengesetz
MitbestG	=	Mitbestimmungsgesetz (für Großbetriebe und Konzerne)
MontanG	=	Gesetz über die Mitbestimmung der Arbeitnehmer in den Aufsichtsräten und Vorständen der Unternehmen des Bergbaus und der Eisen und Stahl erzeugenden Industrie
PatG	=	Patentgesetz
PostG	=	Postgesetz
ProdHaftG	=	Gesetz über die Haftung für fehlerhafte Produkte (Produkthaftungsgesetz)
ProdSG	=	Produktsicherheitsgesetz
RabattG	=	Rabattgesetz
SchG	=	Scheckgesetz
SGB	=	Sozialgesetzbuch
StabG	=	Stabilitätsgesetz
StGB	=	Strafgesetzbuch
StPO	=	Strafprozessordnung
TVG	=	Tarifvertragsgesetz
UmweltHG	=	Umwelthaftungsgesetz
UStG	=	Umsatzsteuergesetz (Mehrwertsteuer)
UWG	=	Gesetz gegen den unlauteren Wettbewerb
VerbrKrG	=	Verbraucherkreditgesetz
VerpackV	=	Verordnung über die Vermeidung und Verwertung von Verpackungsabfällen
VVG	=	Gesetz über den Versicherungsvertrag
WG	=	Wechselgesetz
ZPO	=	Zivilprozessordnung
ZugabeVO	=	Zugabeverordnung

Grunddaten zur Wirtschaftsentwicklung in Deutschland

Position	1995	1996	1997	1998
	Veränderung gegen Vorjahr in %			
Wachstum (real)[1]				
Privater Verbrauch	+ 1,8	+ 1,6	+ 0,5	+ 1,9
Staatsverbrauch	+ 2,0	+ 2,7	− 0,7	+ 0,6
Ausrüstungen	+ 1,6	+ 1,9	+ 3,9	+ 10,1
Bauten	− 1,0	− 3,1	− 2,5	− 4,3
Vorratsinvestitionen				
Veränderung (in Mrd. DM)	− 0,8	− 14,5	+ 37,8	+ 46,5
Inlandsnachfrage	+ 1,4	+ 0,7	+ 1,4	+ 3,1
Außenbeitrag[2]				
Veränderung (in Mrd. DM)	− 5,9	+ 17,1	+ 24,6	− 9,7
Ausfuhr	+ 6,6	+ 5,1	+ 11,1	+ 5,4
Einfuhr	+ 7,3	+ 2,9	+ 8,1	+ 6,6
Bruttoinlandsprodukt	+ 1,2	+ 1,3	+ 2,2	+ 2,8
Westdeutschland	+ 0,9	+ 1,1	+ 2,3	+ 2,8
Ostdeutschland	+ 4,4	+ 3,2	+ 1,7	+ 2,0
Beitrag zum BIP-Wachstum in %				
Inlandsnachfrage (ohne Vorräte)	+ 1,4	+ 1,2	+ 0,1	+ 1,6
Vorratsinvestitionen	+ 0,0	− 0,5	+ 1,2	+ 1,5
Außenbeitrag	− 0,2	+ 0,6	+ 0,8	− 0,3
Beschäftigung				
Erwerbstätige[3]	− 0,4	− 1,3	− 1,3	+ 0,0
Durchschnittliche Arbeitszeit je Erwerbstätigen	− 1,4	− 0,3	− 0,4	0,6
Arbeitsvolumen	− 1,7	− 1,5	− 1,8	+ 0,7
Arbeitslose (in Tausend)	3 612	3 965	4 385	4 279
Westdeutschland	2 565	2 796	3 021	2 904
Ostdeutschland	1 047	1 169	1 363	1 375
desgl. in % aller Erwerbspersonen	9,4	10,4	11,4	11,1
Westdeutschland	8,3	9,1	9,8	9,4
Ostdeutschland	14,0	15,7	18,1	18,2
Preise				
Preisindex für die Lebenshaltung	+ 1,7	+ 1,4	+ 1,9	+ 1,0
Westdeutschland	+ 1,6	+ 1,3	+ 1,9	+ 0,9
Ostdeutschland	+ 1,9	+ 1,9	+ 2,3	+ 1,1
Erzeugerpreise gewerblicher Produkte[4]	+ 1,7	− 1,2	+ 1,1	− 0,4
Gesamtwirtschaftliches Baupreisniveau[5]	+ 2,1	− 0,2	− 0,8	− 0,2
Einfuhrpreise	+ 0,4	+ 0,5	+ 3,2	− 2,9
Ausfuhrpreise	+ 1,7	+ 0,2	+ 1,5	+ 0,1
Terms of Trade	+ 1,2	− 0,4	− 1,6	+ 3,2
Preisindex für das Bruttoinlandsprodukt	+ 2,2	+ 1,0	+ 0,6	+ 0,9
Wertschöpfung und Lohnkosten				
Bruttoinlandsprodukt je Erwerbstätigenstunde[1]	+ 3,0	+ 2,8	+ 4,0	+ 2,1
Bruttoeinkommen aus unselbstständiger Arbeit je Arbeitnehmerstunde[3]	+ 5,4	+ 3,0	+ 2,3	+ 0,8
Lohnkosten je Wertschöpfungseinheit in der Gesamtwirtschaft[6]	+ 2,4	+ 0,1	− 1,8	− 1,3

Quellen: Statistisches Bundesamt; Bundesanstalt für Arbeit. − [1] In Preisen von 1991. − [2] Saldo des Waren- und Dienstleistungsverkehrs mit dem Ausland. − [3] Inlandskonzept. − [4] Inlandsabsatz. − [5] Eigene Berechnung. − [6] Quotient aus dem im Inland entstandenen Bruttoeinkommen aus unselbstständiger Arbeit je Arbeitnehmerstunde und dem realen Bruttoinlandsprodukt je Erwerbstätigenstunde. − Die Angaben aus den Volkswirtschaftlichen Gesamtrechnungen sowie die Angaben über Erwerbstätige sind ab 1996 vorläufig.

(Quelle: Geschäftsbericht der deutschen Bundesbank 1998)

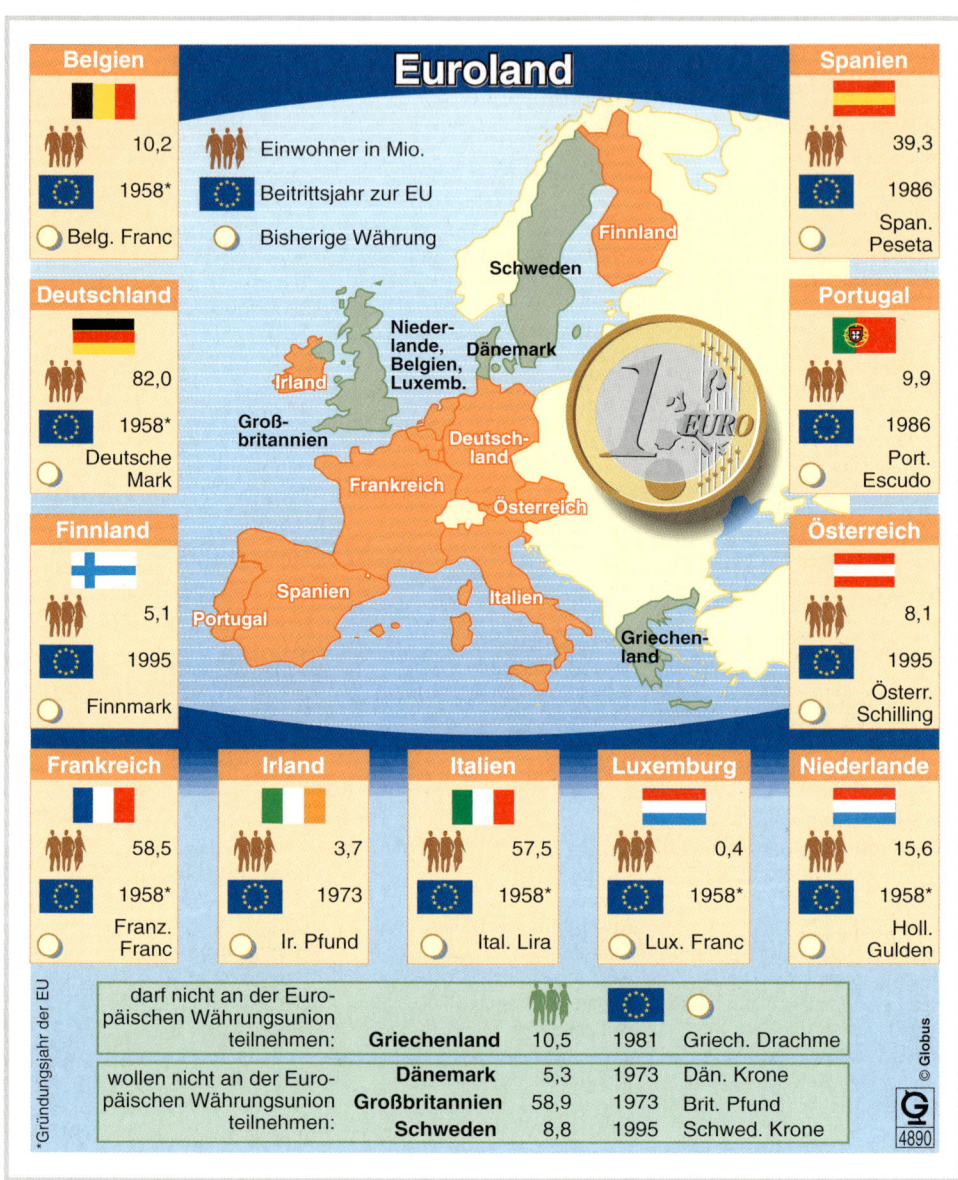

Euroland

Belgien		**Spanien**
10,2	Einwohner in Mio.	39,3
1958*	Beitrittsjahr zur EU	1986
Belg. Franc	Bisherige Währung	Span. Peseta
Deutschland		**Portugal**
82,0		9,9
1958*		1986
Deutsche Mark		Port. Escudo
Finnland		**Österreich**
5,1		8,1
1995		1995
Finnmark		Österr. Schilling

Finnland
Schweden
Niederlande, Belgien, Luxemb.
Dänemark
Irland
Groß-britannien
Deutsch-land
Frankreich
Österreich
Spanien
Italien
Portugal
Griechen-land

Frankreich	**Irland**	**Italien**	**Luxemburg**	**Niederlande**
58,5	3,7	57,5	0,4	15,6
1958*	1973	1958*	1958*	1958*
Franz. Franc	Ir. Pfund	Ital. Lira	Lux. Franc	Holl. Gulden

*Gründungsjahr der EU

darf nicht an der Euro-päischen Währungsunion teilnehmen:			
Griechenland	10,5	1981	Griech. Drachme
wollen nicht an der Euro-päischen Währungsunion teilnehmen: Dänemark	5,3	1973	Dän. Krone
Großbritannien	58,9	1973	Brit. Pfund
Schweden	8,8	1995	Schwed. Krone

© Globus

4890

Sachwortverzeichnis

Deutsche Aktienkurse und wichtige volkswirtschaftliche Daten

Freigabe des D-Mark Wechselkurses

Rücktritt Schillers
Brandt zum Bundeskanzler gewählt

Bundesbank verschärft Restriktionskurs
Ausbruch der 1. Ölkrise

Schmidt wird Bundeskanzler

„Programm zur Förderung von Beschäftigung und Wachstum"

Körperschaftssteuerreformgesetz in Kraft

Ausbruch der 2. Ölkrise

Afghanistan-Konflikt
Goldhöchststand 850 US-Dollar/Unze (21.01.)
Dow-Jones Index überschreitet die Marke von 1000 Punkten (19.11.)
Reagan neuer US-Präsident
Falkland-Konflikt

„Schwarzer Montag" an europ. Börsen (28.09.) –Granville Effekt–

Rekordwoche an der Wall-Street (16. – 20.08.)
Sturz der sozial-liberalen Koalition, Kohl wird Bundeskanzler
Bundestagswahl, christlich-liberale Koalition bestätigt

Kuponsteuer abgeschafft (rückwirkend zum 01.08.)
Reagan im Amt bestätigt (06.11.)
Dollar-Höchststand 3,46 D-Mark (26.02.)
„Big Five"-Erklärung (22.09.)

Phasen konjunktureller Abschwächung

Phasen konjunktureller Abschwächung

Diskontsatz¹

¹ab Januar 1999 Basiszinssatz der EZB